U0344135

# 灾难事件社会风险治理范式

## GOVERNANCE META-PARADIGM TOWARDS
## DISASTER-ORIENTED SOCIAL RISK

徐玖平 著

国家社会科学基金重大招标项目(17ZDA286)

科学出版社

北 京

# 内 容 简 介

网络时代，灾难事件信息裂变式传播引发的社会风险，具有概率高、爆发快、影响广、因素多等特点，是应急管理的棘手难题、社会治理的严峻挑战。本书构筑"应然—适然—实然—释然"的基本框架，对灾难事件社会风险治理进行理论研究与实践探索。应然，运用网络田野调查和知识图谱分析，探明公众风险感知的影响机理和灾难社会风险的演化规律，为治理明晰知识起点；适然，梳理社会风险基本理论，建立风险传播主体模型，剖析风险生态系统结构，为治理构筑行动框架；实然，针对自然、技术和人因三类灾难事件，分别构建风险传播模型，解析演化机理，开展情景模拟，为治理建立有效模式；释然，选取典型灾难事件做全景深度解析，提出应对策略，提炼治理经验，提供示范参考，使治理做到心中了然。

本书体例新颖、结构完整，兼具学理性、科学性、实践性与示范性，可供相关专业本科生、研究生、教师阅读，可为政府相关部门的风险防控和应急处置提供决策参考；公共管理和应急管理等相关领域的研究者也能从中获得有益启迪。

灾难事件社会风险治理范式/徐玖平著.—北京：科学出版社，2021.12

ISBN 978-7-03-070819-9

Ⅰ. ①灾… Ⅱ. ①徐… Ⅲ. ①灾害管理-社会管理-风险管理-系统工程
Ⅳ. ①X4 ②C916

中国版本图书馆 CIP 数据核字（2021）第 260507 号

责任编辑：王丹妮　陶　璇／责任校对：贾娜娜
责任印制：霍　兵／封面设计：有道设计

科 学 出 版 社 出版
北京东黄城根北街 16 号
邮政编码：100717
http://www.sciencep.com
北京汇瑞嘉合文化发展有限公司 印刷
科学出版社发行　各地新华书店经销
*
2021 年 12 月第 一 版　开本：880×1230　1/16
2021 年 12 月第一次印刷　印张：34 3/4
字数：1 176 000
定价：368.00 元
（如有印装质量问题，我社负责调换）

# 作 者 简 介

徐玖平，1962 年 9 月生，清华大学理学博士、四川大学理学博士。现任四川大学教授、博士生导师，校长助理、商学院院长、文科综合实验教学国家级示范中心主任。国际系统与控制科学院院士，蒙古国家科学院外籍院士，摩尔多瓦国家科学院荣誉院士；国家"万人计划"哲学社会科学领军人才，国家杰出青年科学基金获得者，教育部长江学者特聘教授，全国文化名家暨"四个一批"人才，新世纪百千万人才工程国家级人选，享受国务院政府特殊津贴专家。先后担任国际管理科学与工程管理学会理事长，《国际管理科学与工程管理》英文杂志主编；中国系统工程学会副理事长，中国优选法统筹法与经济数学研究会副理事长，中国管理科学与工程学会副理事长；四川省系统工程学会理事长，四川省工业与应用数学学会理事长。

主持国家社会科学基金重大招标项目、国家自然科学基金重点项目、国家科技支撑计划项目专题等科研项目 70 余项。获国际运筹学进展奖 2 项，中国青年科技奖。以第一完成人，获教育部自然科学一等奖 1 项，科技进步一等奖 2 项，人文社会科学二等奖 1 项、三等奖 3 项；获四川省科技进步一等奖 1 项，社会科学优秀成果一等奖 5 项。以第一/通讯作者，发表论文 700 余篇，SSCI/SCI 收录 140/280 余篇。以第一著者，在 Springer、Taylor & Francis、Wiley、Elsevier、Cambridge University Press、科学出版社等，出版著作 37 部；以第一发明人，获国家授权发明专利 9 项、实用新型专利 1 项、软件著作权 8 项。连续 3 年入选爱思唯尔"中国高被引学者"榜单（2018~2020 年），入选斯坦福大学"全球前 2% 顶尖科学家"榜单（2020 年）。组办大型国际学术会议 32 次，担任国际管理科学与工程管理系列会议的常任主席，已在加拿大、澳大利亚、日本、德国、美国、中国等 12 个国家持续举办 15 届。

讲授不同类别课程 80 余门，在高等教育出版社、经济管理出版社出版教材 21 部，编著的《运筹学》《管理经济学》入选普通高等教育"十一五"国家级规划教材、国家精品教材；培养理学、管理学门类的硕士 300 余名、博士 100 余名。2002 年获教育部高校青年教师奖，2015 年获宝钢优秀教师特等奖提名奖。以第一完成人，2013 年、2017 年分别获四川省优秀教学成果一等奖，2018 年获高等教育国家级教学成果二等奖。

# 序

　　灾难事件是自然发生或人为产生的、对人类社会造成严重危害性后果的事件。灾难事件社会风险是由灾难事件激发社会冲突、引发社会失序、触发社会失稳，进而爆发社会危机的可能性，存在单一风险向综合风险转化累积、自然风险与人为风险交织叠加、原有风险与新生风险交融并发等复杂特点，是风险社会和万物互联的时代情境下应急管理的棘手难题、社会治理的严峻挑战。灾难事件社会风险治理，是一项多主体参与、多层级互动、多阶段演替的复杂系统工程。就中国灾难事件频发、社会风险凸显的国情，以及政府和公众关注社会风险治理的社情，在"懂物理，明事理，通人理"的东方系统哲学思维下，应对这一复杂系统问题，需要构筑灾难事件社会风险治理范式，从"物理"上探明风险的形成机理与演化规律，从"事理"上提出风险的防范思路与应对策略，从"人理"上归纳风险的化解经验与治理模式。

　　马克思主义世界观认为，世界是一个普遍联系的有机整体；灾难事件社会风险汇集人、财、物、时、空、信息等多维要素，凸显其系统性和复杂性。灾难事件社会风险治理范式，以问题导向、情景应对，从人类知识库中统筹优选和综合集成适合的方法、适宜的工具来分析和解决问题，需要经历实践、认识、再实践、再认识的循环往复、螺旋上升的过程。从实践到认识，通过主观活动发现事物的客观规律，讲求学理性；从认识到再实践，基于认识规律设计行动路径，强调探索性；从再实践到再认识，具体实施工程进而总结经验，关注现实性；将多轮反复形成的经验认识推广，在不断的实践活动中达成"共识"，体现示范性。

　　灾难事件社会风险治理范式的整体框架由"怎么看、怎么办、怎么干、怎么规范"四个互嵌互构的维度组成。"怎么看"，运用现代田野调查和知识图谱分析，揭示灾难事件社会风险的公众感知机理和知识发展规律。"怎么办"，运用系统科学的原理和方法，分析灾难事件社会风险的系统结构，进而构建行动框架。"怎么干"，针对不同类型灾难事件，采用大数据分析、系统动力学等方法，构建风险传播模型，提出有效的社会风险治理模式。"怎么规范"，通过对典型案例的深度解析、系统复盘，提炼示范性经验模式，提出符合国情的一般性应对策略，为各类灾难事件社会风险治理提供实践参考，并在推广应用中进一步丰富发展。从内至外、由点及面，认识程度不断深化、实践范围不断扩展，构成灾难事件社会风险治理可以依循的一般步骤和逻辑规则。

## ▎一、机理规律

　　"怎么看"，探究机理、揭示规律。通过经验观察和逻辑推理等方式，发现事物的原理，搞清楚"是什么"，是一切工作的逻辑起点。从逻辑上说，灾难事件社会风险的发生源于公众对灾难事件社会风险的感知与反应及其差异性带来的矛盾冲突，这一过程有着独特的机理和规律。运用网络田野调查和知识图谱分析，研究公众风险感知的影响机理和灾难社会风险演化规律，可为灾难事件社会风险治理提供重要依据。

1. 公众风险感知影响机理

当今中国，网络已经成为社会公共生活最重要的场域之一。社会风险是灾难事件投射于物理空间和网络空间造成的不确定性；物理空间是直接的承灾体，网络空间则是社会风险的"发酵场"和"放大站"，同时它也为研究公众对灾难事件的风险感知影响机理提供了理想的场域。中国有10亿网民，这一庞大的群体通过网络互动深刻影响着灾难事件社会风险的生成与演化。公众的风险感知决定其在网络上参与灾难事件相关信息的点击、转发、评论等行为选择，这是影响风险信息传播、社会风险演化的关键因素。就某一灾难事件，公众风险感知越强，参与信息传播越积极，越容易刺激公众情绪、触发社会风险、诱发公共危机；公众风险感知越弱，参与积极性越弱，越不易形成社会风险。为此，探明公众风险感知影响机理，才能有效开展风险治理。

风险感知是人们对灾难事件的主观反映，受个体心理因素和外部环境因素综合作用，具有很强的主观性。人们对灾难事件的风险感知受到风险偏好、媒体议程引导、风险承受能力等主客观条件的制约，这就决定了对公众风险感知影响机理进行探究，必须对公众采取广泛深入的调查。通过网络田野调查，评估发现公众在面对灾难事件的风险感知总体水平和影响因素，把握公众对各种灾难事件的关注和倾向、对媒体发布信息的态度和偏好，梳理公众参与灾难事件网络传播的动机和热度，对灾难事件社会风险治理决策有重要的参考价值。

建立灾难事件社会风险的主观感受多维度测量方法，对受访者风险感知总体水平，风险感知的情感维度、风险感知的认知维度、风险感知的行为维度，以及对媒体的信任度、对传播的参与度等，进行利克特多维量表测度。应用相关分析、关联分析、卡方检验和残差分析等统计方法，分析风险感知的影响因素和作用机理。分析发现，媒体的公信力在不同的公众中有显著差异，公众参与灾难事件信息网络传播的动机有明显规律，公众在灾难风险感知的认知、情感和行为维度方面都表现出明显异化。通过情感及观点挖掘，识别公众在风险信息传播中的不同角色，进行网民群体分类和公众身份构建，把握风险信息传播过程中观点的同化趋势与异化趋势，为灾难事件社会风险的高效治理提供依据。

2. 灾难社会风险演化规律

灾难事件不是社会风险，它只是风险生成的诱因；风险客观存在、可防可控，关键是掌握风险的演化规律。就灾难事件社会风险及其治理，全球的科学家、管理者、工程师在各自的领域提出创新的理论、适宜的策略、有效的方法，并分享到互联网。综合运用数据挖掘算法、文献计量技术和知识图谱方法，汇总分析网络上时事新闻、政策文本和学术文献三方面信源，展示这一领域的研究主题与知识结构，归纳研究的进展与不足。分析发现，现有研究较少从信息传播和灾难类型的角度切入，对灾难事件社会风险演化规律作研判。缺乏对风险信息演化过程的阶段划分和不同类型灾难事件的特征刻画，就不能区分不同灾难事件公众的风险偏好，难以把握风险演化规律，就不能做好风险治理工作。

从信息传播角度探析风险演化规律，表现为生成、扩散、消退的阶段特征。灾难事件社会风险是灾难事件在信息传输中，由于信息失真、不确定、不充分等，与具有不同风险感知水平的公众交织互动而来。从灾难事件社会风险全生命周期看，没有灾难事件，信息处于随机离散状态，不会生成风险；灾难事件爆发，立刻吸引随机离散的个体关注到灾难事件，形成舆论集聚效应，进而由于政府、媒体与公众之间的信息不对称，产生信息裂变和风险扩散，形成风险放大态势；灾难事件平息后，舆论热点在持续一段时间后以数据趋稳的状态平息下去，风险逐渐消退。若遇到新的类似事件，在媒体报道下，部分灾难亲历者的情绪可能被再次唤起，带动大众关注灾难事件，生成新的社会风险，形成风险周期性反复的特点。把握风险演化的阶段规律，才能抓住防控风险的关键节点，动态研判，有的放矢。

从灾难类型角度探析风险演化规律，不同灾难事件要素和起因不同，引发的社会风险有不同的特点和阶段特征。自然灾难事件是孕灾环境、承灾体和致灾因子共同作用的结果，其引发的社会风险具有交互性、延续性、多变性等特点，一般要经历形成、爆发和终结等阶段；技术灾难事件是技术缺陷或者管理失误造成具有轰动效应的破坏性事件，其引发的社会风险具有隐匿性、爆发性、连锁性等特点，一般要经历爆发、蔓延和平息等阶段；人因灾难事件是因为人的主观恶意和社会行为失调而造成的恶性事件，其引发的社会风险具有极端性和情绪性等特点，一般要经历唤醒、激化和衰退等阶段。把握风险演化的类型规律，才能针对不同类型的灾难事件，差异施策，分类治理。

## ■ 二、知行框架

"怎么办"，分析结构、构建框架。先要认识系统，然后指导行动；前者"知"，后者"行"。针对灾难事件社会风险这一开放复杂系统，剖析社会风险生态系统的时间、空间和运行结构，形成"知"；从系统化风险治理模型、差异化风险治理模式、集成化风险治理体系三个层级，构建灾难事件社会风险治理的整体框架，指导"行"。

### 1. 灾难社会风险系统结构

在开放的系统环境下，灾难事件社会风险信息在运行主体之间交互流转，形成具有复杂适应特征的风险生态系统。系统环境是社会风险产生、传播、扩散的环境因子总和，主要包括网络技术环境与社会人文环境；风险信息是风险生态系统在网络空间的数据流，承载灾难事件的相关信息和纷繁言论；运行主体是风险生态系统中最活跃的因素，政府、媒体、公众在风险信息的流转和交互过程中形成复杂网络[①]。

（1）风险生态系统的时间结构。依据灾难事件风险信息传播全周期中数据的离散、裂变和趋稳特性，划分集聚期、扩散期、平息期三个阶段。集聚期是灾难事件发生后，媒体将事件信息投放到网络空间，广大网民转发评论，迅速形成网络热搜，呈现数据激增的特征；扩散期是事件信息的传播范围、获知群体不断扩大，涌现出更多具有变异性的议题、诉求、看法，呈现出数据裂变的特征；平息期是网络上不再有针对事件的议程设置型报道和帖文，网民的关注度显著弱化、事件的热议度逐渐消退，呈现出数据趋零的特征。

（2）风险生态系统的空间结构。灾难事件风险信息传播过程具有非线性、不确定、自组织等复杂特征[②]，呈现多层、多级、多维的空间网络结构，包含社交、环境和观点三个子网。社交子网是以参与事件讨论的舆论主体为节点构成的网络，包括新闻媒体、网络大V和网民大众等。环境子网表示事件信息演化形成的环境节点网络，社会风险形成及演化的前提条件就是环境信息的生成与传播。观点子网以舆论主体讨论的主题关键词汇集成的观点节点网络，观点碰撞、情绪交锋，形成事件的舆论场。

（3）风险生态系统的运行结构。在灾难事件风险信息的时空结构中，媒体、公众、政府扮演不同的角色，承担着风险信息的生成、传播、消费、分解等多种功能，在灾难事件应对全生命周期推动着风险信息的酝酿生成、扩散升级、集中爆发、消退转化。具体来讲，灾难事件爆发，各类媒体在平台上报道事件、在网络上传播消息，制造热点话题，形成风险信息，并推动扩散；公众被网络话题吸引，关注并传播信息，短时间内形成舆论热点；政府主动辟谣，阻止不实言论传播，加速风险信息从爆发走向消退。

### 2. 社会风险治理整体框架

灾难事件社会风险治理整体框架由"治理模型—治理模式—治理体系"三个层级构成。运用灾难事件社会风险生态系统理论，探究阶段特征和演变机理，建构社会风险治理模型；通过大数据分析工具和系统动力学模拟，解读灾难事件社会风险的数据特征、演变机理及化解路径，建立针对自然、技

---

① Strogatz S H. Exploring complex networks[J]. Nature, 2001, 410(6825): 268-276; Sugihara G, Ye H. Complex systems: cooperative network dynamics[J]. Nature, 2009, 458(7241): 979-980; Borgatti S P, Mehra A, Brass D J, et al. Network analysis in the socialsciences[J]. Science, 2009, 323(5916): 892-895

② 本质上讲，灾难事件社会风险是一个复杂适应系统，可以用复杂系统与复杂网络的理论来分析阐释。2009年7月美国《Science》出版了专辑"复杂系统与网络"（Complex Systems and Networks），反映了全球网络科学与应用研究发展的基本概况和若干重要进展。Science, 24 July 2009, Special Issue: Complex Systems and Networks, Vol 325, Issue 5939. 详见https://science.sciencemag.org/content/325/5939

术和人因三类灾难事件的社会风险治理模式；基于理论分析和实例解析，提出一套"多元多层多阶"的灾难事件社会风险治理体系。

（1）系统化风险治理模型。从灾难事件全生命周期看，社会风险在生成、扩散、消退等阶段呈现不同特征，表现出涨落、序变、冲突、衰退等非线性演化规律。针对灾难事件社会风险生态系统这一远离平衡态的开放系统[①]，探析灾难事件的信息数据本征和风险演化规律，政府、媒体和公众等主体共同参与风险治理的协同表征和交互作用，建构灾难事件社会风险治理模型，探究风险信息网络传播的非线性过程与多元治理的自组织机制。

（2）差异化风险治理模式。根据孕灾环境和致灾因子不同，将灾难事件划分为自然、技术、人因三种类型；不同类型灾难情境下，政府、媒体、公众三类主体的互动和博弈过程也不尽相同。一般说来，对于各主体，自然灾难，关注灾情变化；技术灾难，关心事故原因；人因灾难，关切社会问题。结合不同类型灾难事件中三类主体关注重点的不同、相互关系的变化，探究灾难事件社会风险治理的对策，站在政府的视角，分别提出以引导、回应和干预为主基调的治理模式。

（3）集成化风险治理体系。基于风险治理模型及治理模式，针对我国国情和应急管理体制，构建灾难事件社会风险的多元多层多阶治理体系。其中，多元治理，是政府主导下，媒体、公众等多主体共同参与；多层治理，是省、市、县多级政府上下联动；多阶治理，是事前预防、事中响应、事后恢复全程有效衔接。由于各方主体、特别是公众接触到的灾难事件信息是有限的，故参与治理的决策必然是有限理性的[②]。有限理性的参与各方构建风险治理体系，不追求最优方案和最全体系，而考虑具有实操性的满意方案和综合体系[③]。

## 三、治理模式

"怎么干"，推动实施、取得实效。实践是检验理论的试金石，是获得新知的必修课。针对自然、技术和人因三类灾难事件，运用动力系统模型和数据分析方法，辨析政府、媒体、公众三类主体的行为方式及博弈关系，探析风险生成、扩散、消退的三阶段演化规律，并基于具体案例解析提出灾难事件社会风险的有效方案与治理模式。

### 1. 自然灾难风险引导治理

自然灾难事件具有可预见性低、可控性差、影响范围大、损失程度高的特点。信息获取渠道的差异，导致政府、媒体和公众对灾难信息的不对称，各类主体在信息交互过程中容易观点分化、使风险裂变。分析自然灾难事件发生后政府、媒体和公众等各主体之间的信息互动过程，考虑灾害范围、受灾程度、响应速度、救援效果等影响风险信息扩散的因素，采用系统动力学建模与仿真，借鉴SEIR传染病模型建模思路[④]，建立自然灾难事件社会风险传播模型，测度分析社会风险演化过程，讨论系统

---

① 远离平衡态的开放系统是耗散结构理论的研究对象，这一系统通过不断与外界进行物质、能量和信息交换，从无序状态转变为有序状态，逐渐形成有序结构。耗散结构理论是1977年诺贝尔化学奖得主伊里亚·普里戈金（Ilya Prigogine）建立的关于非平衡系统自组织的理论。耗散结构理论研究开放系统在内外部交互作用下从无序走向有序的自组织过程，其形成的非平衡态下的新的、稳定的有序结构就是耗散结构。参见：Prigogine I. Entropy and dissipative structure//Lectures in Statistical Physics. Lecture Notes in Physics, vol 7. Berlin: Springer. 1971

② 根据赫伯特·西蒙（Herbert Simon）提出的有限理性模型（Bounded Rationality Model）推知。1978年诺贝尔经济学奖得主赫伯特·西蒙从有限理性出发，用"社会人"取代"经济人"，提出了满意型决策（Satisficing Decision Model），摒弃了完全理性下对最优型决策的苛求。参见：Simon H. Models of Bounded Rationality—Economic Analysis and Public Policy[M]. Cambridge: MIT Press, 1984

③ 由肯尼斯·阿罗（Kenneth Arrow）的不可能性定理（Impossibility Theorem）推断。1972年诺贝尔经济学奖得主肯尼斯·阿罗认为，如果众多的社会成员具有不同的偏好，而社会又有多种备选方案，就不可能通过投票得到令所有人都满意的结果。参见：Arrow K. Social Choice and Individual Values[M]. New York: John Wiley & Sons, 1951

④ SEIR传染病模型所研究的是有一定潜伏期的传染病，与灾难后风险传播过程类似。其中，S，即Susceptible，指易感传染病的人；E，即Exposed，指接触过感染者的人；I，即Infectious，指染上传染病的人，可经传播将S变为E或I；R，即Recovered，或因病愈而具有免疫力的人，如免疫期有限，R可重新变为S

的平衡点和稳定性，计算社会风险产生的阈值，探讨风险主要因素对自然灾难事件社会风险传播阈值的影响。

基于"政府引导、多方参与、广泛响应"的治理思路，政府应在灾后第一时间发布权威信息、有效控制风险，采取"引导为主、干预和回应为辅"的引导性治理模式。以2013年"四川芦山7.0级地震"和2013年"浙江余姚特大洪水"为例，分析说明政府引导下社会风险传播与控制系统的有效性和实用性，考察不同因素对公众风险感知状态转化的影响，并据此筛查重点控制因子，提出自然灾难事件社会风险的引导性治理方案。

2. 技术灾难风险回应治理

技术灾难事件具有过程隐蔽性、激烈突发性、后果严重性等特点，往往造成重大伤亡，必然引起高度关注。公众要求公布真相，媒体广泛传播信息，政府希望控制局面，若各自为战、缺乏协同，则无法化解社会风险。从系统角度对技术灾难事件社会风险的演化过程进行深入分析，以剖析其中的信息传播规律、主体交互关系和风险形成机理。考虑事故的严重程度、政府的处置水平和公众的情绪倾向，结合媒体正面宣传和负面报道对信息传播的影响，建立技术灾难事件社会风险传播模型。通过仿真实验对系统稳定性和参数敏感性的分析验证，发现主要因素对社会风险传播阈值的影响，给出合理的社会风险导控建议。

按"政府主导话语、媒体协力监督、公众身份建构"的治理思路，政府应及时回应公众舆论关注点，采取"以回应为主、引导和干预为辅"的回应性治理模式。通过2015年"8·12天津滨海新区爆炸事故"、2013年"11·22青岛黄岛输油管爆炸事故"两个典型案例分析推知，政府应加大信息公开程度，持续公布救援进展和追责结果，建立"快速反应、确认事实、妥善处理"的风险应对机制，提出技术灾难事件社会风险回应性治理方案。

3. 人因灾难风险干预治理

人因灾难事件主要由人为因素引发，往往因素复杂、多有反转，具有较强的不可预测性、随机动态性和信息不完全性，导致大量的虚假新闻、曲解言论通过互联网肆意传播，极易引发负面社会情绪。在深入挖掘影响人因灾难事件社会风险传播因素的基础上，抓住公众这个关键主体，着重考虑公众的卷入感、社会责任感和从众心理等因素的作用，以及政府、媒体和公众三方信息交互特征，来构建人因灾难事件社会风险传播模型。仿真分析系统的平衡点和稳定性，有助于探明社会风险传播阈值。通过对参数的控制，调整社会风险控制策略，可以为政府风险控制决策提供理论支持和决策依据。

结合人因灾难事件社会风险传播的模型分析结果，用主动干预的方法代替原来的被动治理，采取"干预为主、引导和回应为辅"的干预性治理模式。通过2014年"12·31上海外滩踩踏事件"、2017年"6·22杭州保姆纵火事件"两个典型案例，分析媒体发布信息的时间及数量变化情况，探究人因灾难事件中政府部门信息公开度对事件舆情演化的影响，研究政府与公众在网络舆论场中的信息互动及关系，提出人因灾难事件社会风险干预性治理方案。

## ▓ 四、案例示范

"怎么规范"，剖析案例、推广示范。理论与实践的辩证统一，既能证明理论的科学性与可验证性，又能保证实践的示范性与可推广性。精选三个典型实例，紧扣自然、技术、人因三种灾难，聚焦政府、媒体、公众三类主体，运用所构建灾难事件社会风险治理的系统分析框架和信息传播模型，实证分析，归纳经验，分析教训，为各类灾难事件社会风险治理提供可借鉴的有效模式、可拓展的应对策略。

1. 灾难事件实证案例选择

要以案说法、举例说明，揭示灾难事件社会风险演化的普遍原理和治理的一般道理，就需按典型性、时效性和重要性的标准来甄选案例。其中，典型性就要通过单一案例的推演与模拟，得出对同类灾难事件社会风险演化和治理普遍适用、可资借鉴的结论和方法体系。时效性要求案例要均衡考量事件信息的全面充分和事件发生的时间期限，信息越全、时间越新，研究才能越深入、发现才能更有效力。重要性要求选择的灾难事件社会舆论影响大、研究参考价值大。

综合考虑以上标准，选择2017年"8·8九寨沟地震"、2015年"8·12天津滨海新区爆炸事故"、2014年"3·1昆明火车站暴力恐怖案"，分别为自然、技术、人因三种灾难的典型案例。就典型性来说，地震、爆炸、暴恐，都是各自领域很有代表性的灾难事件，个案分析能发现一般结论；就时效性来说，三个事件都发生在10年以内，微博、微信等社交网络已经比较发达，公众积极在网络上参与灾难事件信息的交流与传播，能够收集充足数据，开展深入全面的研究；就重要性来说，三个事件都是当年全民关注的重大灾难事件，权威媒体报道、事件影响深远，从中归纳的经验和教训，对同类事件社会风险治理具有重要参考价值。

2. 社会风险演化过程剖析

按构框架、挖数据、建方法、精分析的脉络，进行灾难事件社会风险演化的案例复盘。一是构框架，按照灾难事件社会风险"一生成、三状态、一演化"的系统特征[①]，风险生成、扩散、消退的三个阶段，建立灾难事件社会风险治理的系统分析框架。二是挖数据，综合运用语义模糊处理方法和网络信息搜集技术对微博平台开源的信息进行挖掘，运用模糊信息处理方法对异构信息进行有效融合，支撑数据驱动的治理决策。三是建方法，针对风险信息的网络传播、反馈和交换中表现出的信息传播规律，构建以系统仿真模拟和风险传播模型为主的方法体系。四是精分析，运用系统动力学方法对仿真结果进行灵敏度测试，分析差异参数条件下政府、媒体、公众三类主体之间的交互结构变化程度，实现对三者系统架构的准确表达。

以"8·8九寨沟地震"为案例[②]，对微博平台上震后相关网络信息进行数据挖掘，分析数据特征，设计基准场景和参照场景；结合系统动力学建立不同状态下的风险传播模型，进行数学刻画，设计相应算法，调整关键参数，模拟三类主体在风险形成、爆发和终结过程中的特征。以"8·12天津滨海新区爆炸事故"为案例[③]，检索和挖掘微博平台上事故发生后的相关信息，梳理和分析信息发布人、转发人及转发次数等关键数据；运用风险传播模型计算三类主体在风险爆发、蔓延和平息过程中的特征。以"3·1昆明火车站暴力恐怖案"为例[④] 挖掘与收集微博平台数据，运用风险传播模型推演案件发生后社会冲突、失序、失稳三种风险状态的演进过程，分析三类主体在风险唤醒、激化和衰退过程中的特征。

政府、媒体和公众是灾难事件信息传播的核心主体，也是社会风险治理的主要参与者。在全面复盘基础上，对比场景差异、挖掘一般规律，构建以政府加强系统管控、媒体及时公正发声、公众客观对待风险为核心的多维度、多层次的灾难事件社会风险治理体系，充分发挥协同治理效应，为灾难事件风险治理能力的持续提升提供系统的对策建议和改进策略。

## 五、篇章体系

全书分为四篇12章。"引论"界定灾难事件社会风险的基本概念、内涵和特征；"应然篇"由第2章、第3章组成，分别运用网络田野调查和知识图谱分析，统计分析公众面对灾难事件的风险感知总体水平和影响因素，系统分析灾难事件社会风险的研究进展与发现，探明公众风险感知的影响机理

---

① "一生成、三状态、一演化"，即灾难事件诱发生成社会风险，呈现社会冲突、社会失序、社会失稳三状态，社会冲突激化、社会秩序破坏、社会稳定失衡可能演化为社会危机。详见：徐玖平. 灾害社会风险治理系统工程[M]. 北京：科学出版社，2019

② "8·8"九寨沟地震灾情及灾后恢复工作，参见九寨沟管理局灾后重建专题https://www.jiuzhai.com/zhuanti/8.8/

③ "8·12"天津滨海新区爆炸事故专题报道，参见：人民网http://society.people.com.cn/GB/369130/398135/index.html

④ "3·1"昆明火车站暴力恐怖案相关信息，参见百度百科转载人民网、新华网等权威报道

和灾难社会风险的演化规律，为灾难事件社会风险治理明晰知识起点，起于"应然"；"适然篇"由第4章、第5章构成，梳理社会风险基本理论，建立风险传播主体模型，剖析社会风险生态系统的框架结构、时空和运行结构，构建灾难事件社会风险治理体系，为灾难事件社会风险治理构筑行动框架，行于"适然"；"实然篇"由第6章、第7章、第8章集成，针对自然、技术和人因三类灾难事件，分别构建风险传播模型，解析演化机理，情景模拟仿真，为灾难事件社会风险治理建立有效模式，施于"实然"；"释然篇"由第9章、第10章、第11章汇成，分别选择自然、技术和人因灾难的三个典型案例，挖掘微博平台数据信息，分析仿真风险演化过程，总结经验、提出策略，使灾难事件社会风险治理做到心中了然，止于"释然"；"尾论"建立灾难事件后政府、媒体、公众三方信息交互模型，构建"多元多层多阶"灾难事件社会风险治理体系。全书的篇章结构如图0.1所示。

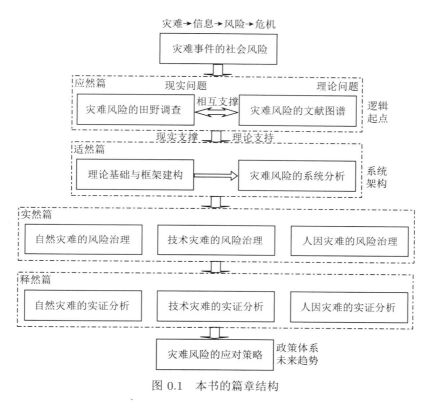

图 0.1　本书的篇章结构

　　灾难事件社会风险的形成机理、传导机制及演进规律，与其所在的具体社会的文化传统及现实国情密切相关。社会风险治理逻辑具有普适和特殊双重性。一方面，因灾难事件对人类社会的共同威胁、由风险演化客观规律所决定，呈现出普遍规律性和科学普适性；另一方面，由于不同社会的主导性文化及现实国情的不同，呈现为治理目标、指导哲学、方法论及具体技术路径的不同，表现出强烈的民族特色。

　　从大禹治水的传说时代开始，中国五千年一脉相承的文化传统，其形成、发展和赓续，从某种意义上说，就是一部中华民族团结一心战胜天灾人祸的斗争史，其间发展出极具特色而又深厚丰富的东方文明，深刻地影响了世界文明尤其是亚洲文明的发展，也为当今灾害风险防治各个方面的研究提供了极其深刻的哲学观和方法论的镜鉴。当今世界正面临百年未有之大变局。全球气候变化带来的干旱、洪水、飓风、高温热浪、寒潮等极端天气气候事件不断创出历史新高，地震、泥石流等地质灾害频仍，非典、甲型H1N1流感、中东呼吸综合征（MERS）、新冠病毒感染，国际突发公共卫生事件一波波袭来……灰犀牛式、黑天鹅式灾难事件充斥着21世纪前21年的历史。在中国共产党的坚强领导下，中国人民团结一心，抗击并战胜了各种灾难事件，取得了前所未有的抗灾战疫伟大成就，获得了举世瞩目的风险治理经验。

具备丰厚的历史积淀、理论基础与实践经验，构建符合中国国情、体现中国特色、展现中国风格、彰显中国气派的灾难事件社会风险治理范式，不仅必要，而且可行，更是正当其时。因而，在研究灾难事件社会风险治理的过程中，除了遵循科学研究的基本规范和逻辑路径之外，本书首先是贯彻马克思主义哲学观和方法论的指导，其次是从中国五千年抗击灾害的文明史中汲取民族智慧，融入了中国哲学的基本观点和传统经学的重要命题。具体而言，本书的研究中力图遵循以下五个中华传统哲学理念：①格物致知①，儒家哲学中关于认识论的命题，就是在躬行践履中探究灾难事件社会风险的机理和规律，从而获得知识；②知行合一②，儒家哲学中认识论和实践论的命题，讲求对灾难事件社会风险机理规律的认知和风险治理的行动要统一；③理一分殊③，宋明理学的重要命题，即灾难事件社会风险及其治理具有普遍原理，但具体事件的风险分析与治理则有其特殊情境；④道器相济④，"形而上"的"道"和"形而下"的"器"辩证统一的哲学命题，"以道驭器"依原理规律开展实践，"以器载道"用方法工作探寻道理；⑤止于至善⑤，表达理想与现实、理念与实践的辩证关系的哲学命题，指通过不断的理论与实践的交互创新，灾难事件社会风险治理持续改进、达到最优。

毛泽东指出，"通过实践而发现真理，又通过实践而证实真理和发展真理"⑥。"范式"是一个具有丰富内涵外延、在实践中不断发展的概念。这五个理念，"格物致知"，以身体力行来体悟知识；"知行合一"，融合认识与实践的过程；"理一分殊"，洞察普遍与特殊的对立；"道器相济"，推进抽象与具体的统一；四者循序渐进、精益求精，实现从必然王国向自由王国的飞跃，最终"止于至善"。对"范式"的发掘是一个艰辛的过程，需要不断打磨，不能一蹴而就。本书作为一项大胆的尝试和小心的探索，虽掀开了"范式"研究的大幕一隅，展露的却是"范式"真容的冰山一角。我想，一项里程碑式的研究成果，既要文明智慧，又要专业深度，还要领域宽度，更要哲学高度，才能立得住、站得稳、传得开、留得下。要四者兼有，着实极为不易。

老子云，"知人者智，自知者明"⑦。灾难事件社会风险治理范式研究是我们贯彻上述研究理念的一个"小切口"，我们为之做了大量的工作，一路行来，也有些许斑斓的收获，但我们深知，这样一个"小切口"仍是一项艰巨的任务，需要反复的揣摩、精细的雕琢，其中许多问题，仁者见仁、智者见智，限于时间和精力，本书的不足之处、不妥之点在所难免，恳请各位方家批评、指正。真诚期待您的意见建议，来信请发：xujiuping@scu.edu.cn。

徐玖平

2021年11月

于四川大学诚懿楼

---

① "格物致知"最早出自《礼记·大学》，是中国古代儒家思想的一个重要概念。"格物"为儒家认识事物的重要方法，意为探究万物的规律，是三纲八目中"八目"之基石

② "知行合一"是明代心学集大成者王守仁提出来的哲学理论，是阳明心学最核心的理论之一。王守仁在《传习录》中提出："知者行之始，行者知之成。"知与行合于道，即将认知与行动统一于"格物"获得的道理

③ "理一分殊"是宋明理学里讲"一理"与"万物"关系的重要命题，由程颐提出，朱熹系统论述。"理一"指同一性，"分殊"指差异性。所谓理一分殊，就是说天地间有一个理，而这个理又能在万事万物之中得以体现，即每个事物中存在自己的一个理

④ "形而上者谓之道，形而下者谓之器"，出自《周易·系辞上》，道理之法是无形的，称为"形而上"；器用之物是有形的，称为"形而下"

⑤ "止于至善"意指达到极完美的境界，出自《礼记·大学》："大学之道，在明明德，在亲民，在止于至善。"

⑥ 毛泽东《实践论》，选自人民出版社1991年版《毛泽东选集》第一卷第282-298页

⑦ 出自《道德经》第三十三章，意为能了解他人的人是智慧，能了解自己的人是聪明

# 目　录

## 实　然　篇

## 释　然　篇

## 尾　　论

# 引　论

灾难是真理的第一程。

——拉尔夫·瓦尔多·爱默生

1841 年《论文集》

Disaster is the first process of truth.

Ralph Waldo Emerson

*Collected Essays* published in 1841

一切灾难都带来几分善。

——罗曼·罗兰

1903 年《贝多芬传》

Toutes les catastrophes apportent une sorte de bien.

Romain Rolland

*Beethoven* published in 1903

第 1 章

# 灾难事件的社会风险

　　灾难，即灾祸苦难，是指自然发生或人为产生的各种自然和社会现象，对人类生命财产及其生存环境资源造成的严重危害性后果。近年来，全球范围内，灾难频繁爆发。从 2004 年席卷东南亚的印度洋海啸、2005 年肆虐美国的卡特里娜飓风，到 2008 年中国汶川 8.0 级地震，再到 2011 年东日本大地震引发的福岛核泄漏事件，不仅给人类造成了巨大的损失，也埋下了社会风险的隐患。具体到我国，各类灾难事件居高不下，伤亡重大、损失惨重，如图 1.1 所示。在新媒体的聚光灯下，突发性灾难事件信息（为描述方便，也简称灾难信息或灾情信息）急速传播、广泛扩散，刺激公众情绪、催生社会风险；若研判不准、处置不力、疏导不好，灾难事件与社会风险交互叠加，演化为次生风险灾难，可能会诱发公共危机，甚至危及社会稳定。

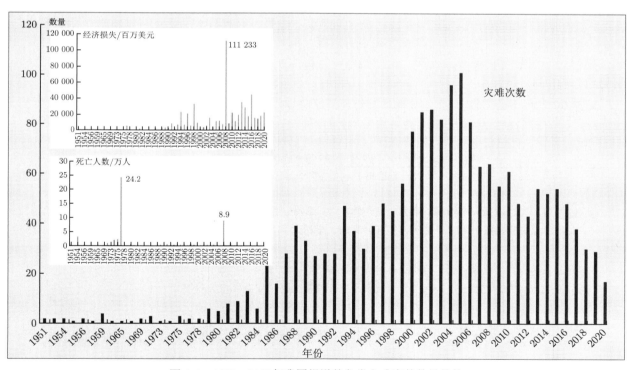

图 1.1　1951~2020 年我国报道的各类灾难事件数量趋势

资料来源：EM-DAT

　　社会风险爆发，灾难事件是重要导火索，信息传播是关键助燃剂。社会风险就是一种导致社会冲突，破坏社会秩序，危及社会稳定，直至引起社会危机的可能性。灾难事件社会风险作为一种不和谐

因素，发生在社会的各个领域，包括生命安全风险、财产损失风险、心理失衡风险、社会失序风险等多个方面；社会风险往往不是灾难直接引起的，而是灾难事件在信息传输中，受客观风险不确定性和主观风险认知差异的双重影响，信息失真和接收不充分等导致的。若风险疏导不及时不充分，甚至会引发公共危机。灾难事件社会风险治理，事关社会稳定，攸关国家安全。研究灾难事件社会风险治理模式和治理体系，构建相应的方法体系，以进一步提升政府部门针对灾难事件社会风险的研判、预警与快速响应能力，是管理学、情报学、传播学等学科共同关注的热点领域和亟待攻克的重大课题。

## 1.1 灾难事件分类

"灾难"，根据《现代汉语词典》的解释，意为灾祸造成的苦难，通常指自然的或人为的严重损害带来的对生命财产的重大伤害，与灾害、灾祸、灾患等词相近，英文可译作 disaster、calamity、catastrophe 等。例如，当蝗虫大量繁殖、毁损农作物，造成饥荒时，即成为蝗灾；传染病的大面积流行，可酿成疫情；计算机病毒的大规模暴发，可造成巨大灾难。美国灾难社会科学研究的先行者 Quarantelli 和 Dynes 曾提出："只有在我们澄清和获得关于灾难（disaster）概念最基本的共识后，方可继续灾难的特征及其结果等方面的研究。"[1] 然而，灾难这一应用极为广泛的概念尚未有科学统一的定义。自然科学家认为灾难是自然要素在其运动中发生的变异；社会学者认为灾难是一种社会性事件；灾害学者认为灾难是自然和社会原因造成的妨碍人的生存和发展的灾难；人类学学者认为灾难是人失去控制违背灾害规律而造成的祸事。可见，学者们对灾难的认识大都局限在对灾祸现象和后果的描述上，缺少严格的分类研究。

### 1.1.1 灾难分类标准

灾难事件是对人类产生危害的事件，有社会属性。森林火灾是自然的自净化，若没有威胁到人类，就不构成灾难。目前，学术界还没有对灾难给出统一的定义，更是缺乏关于灾难分类标准的研究。因此，我们从不同维度收集国家政策、新闻报道、国际组织和科研文献等多源信息，提出一套较为科学的灾难分类标准。

根据 2006 年国务院发布的《国家突发公共事件总体应急预案》对特别重大、重大突发公共事件分级标准，将突发公共事件分成四大类，如表 1.1 所示。

**表 1.1 国务院对突发公共事件的分类表**

| | |
|---|---|
| 自然灾害 | （1）地质灾害，主要指水土流失、地裂缝、土地盐碱化、火山、泥石流、地面沉降、滑坡、崩塌、土地沙漠化等。 |
| | （2）海洋灾害，指海水回灌、海啸、海平面上升、赤潮、潮灾、风暴潮等。 |
| | （3）气象灾害，指干旱、干热风、霜冻、暴雨、雷暴大风、寒潮、冷害、龙卷风、热带风暴等。 |
| | （4）洪水灾害，包括洪涝、江河泛滥等。 |
| | （5）森林灾害，指森林病虫害、森林火灾、鼠害等。 |
| | （6）农作物灾害，指鼠害、农业气象灾害、农作物病虫害、农业环境灾害等。 |
| | （7）地震灾害，指由地震引发的种种灾害，以及因地震而出现的次生灾害，如喷沙冒水、城市大火、沙土液化、河流与水库决堤等。 |
| 事故灾难 | （1）安全事故，包括坠机、撞机；水上突发事件、水上保安事件、运输船舶碰撞、触礁；铁路繁忙干线、国家高速公路网线路遭受破坏；重要港口瘫痪或遭受灾难性损失；通信故障或大面积骨干网中断；大型集会和游园拥挤、踩踏等。 |
| | （2）环境污染，包括危险化品（含剧毒品）泄漏；核事故；高致病病毒、细菌污染事故；非法倾倒、埋藏剧毒危险废物事件。 |
| | （3）生态破坏，包括河流、湖泊、水库及沿海水域大面积污染；盗伐、滥伐、聚众哄抢森林、林木资源等。 |

| 公共卫生事件 | （1）传染病疫情，主要指罕见或已消失的传染病、新传染病的疑似病例、动物间鼠疫、乙丙类传染病暴发或多例死亡、布氏菌病、肺炭疽和霍乱的暴发、炭疽等流行。<br>（2）群体性不明原因疾病，一定时间内（通常指 2 周内）在某个相对集中的区域内，经县级及以上医院特邀专家进行会诊，无法对病因进行解释，同时或连续出现超过 3 例的临床表现一致且存在重症病例和死亡病例的疾病。<br>（3）其他医源性感染暴发：如因为免疫接种、药品使用引起的群体性反应或某些死亡事件，水污染，食品污染，有毒有害的、放射性的化学性物质发生丢失和泄漏等对公众健康造成严重威胁或危害等事件，生物袭击、化学袭击、核辐射袭击等恐怖事件；有害的、有毒的化学品生物毒素引起的集体性急性中毒事件；学生因为意外事故、自杀或他杀，导致死亡人数超过 1 人，有潜在威胁的传染病动物的宿主或媒介生物发生了异常，以及上级卫生行政部门临时规定的其他重大事件。<br>（4）职业中毒，种类主要有：铅、汞、锰、镉、铊、钒、磷、砷及其化合物中毒，铍病，砷、氯气、二氧化硫、光气、氨、氮氧化合物、一氧化碳、二硫化碳、硫化氢、磷化氢、磷化锌、磷化铝等中毒，工业性氟病，氰及腈类化合物中毒，甲苯、二甲苯、正己烷、汽油、二氯乙烷中毒等 50 余种。<br>（5）动物疫情，包括口蹄疫、猪水泡病、猪瘟、非洲猪瘟、高致病性猪蓝耳病、非洲马瘟、牛瘟、牛传染性胸膜肺炎、牛海绵状脑病、羊瘙痒病、蓝舌病、小反刍兽疫、绵羊痘和山羊痘、高致病性禽流感、新城疫、鲤春病毒血症、白斑综合征等。<br>（6）重大食物中毒。 |
|---|---|
| 社会安全事件 | （1）群体性事件，如非法集会游行示威、上访请愿、聚众闹事、罢工（市、课）；因为民族宗教问题导致的严重破坏民族团结的群体性事件，涉及境内外的宗教组织的大型非法宗教活动；有人员伤亡的群体性械斗、冲突。<br>（2）涉外突发事件，如相关国家、地区出现的需要尽快撤离我国驻外机构和驻外人员的特别重大的突发事件及涉外事件。<br>（3）金融突发事件，如金融挤兑事件，非法设立金融机构、非法开办金融业务，可能影响全省（自治区、直辖市）范围经济社会秩序稳定的事件，重要数据损毁、丢失、泄露，或重要账册、重要空白凭证损毁、丢失可能导致重大损失的事件，因自然灾害、事故灾难、社会安全事件等引发的银行业金融机构无法正常营业及产生重大影响的事件等。<br>（4）影响市场稳定事件，如粮食市场突然明显波动的情况，即价格突然陡增、群众大量集中抢购、粮食脱销断档；省会城市或计划单列市出现的重要生活必需品供不应求，市场波动不正常等情况。<br>（5）恐怖袭击事件，如利用核辐射、核爆炸进行袭击，或利用装运核材料的工具及核设施进行攻击；利用生物制剂、化学毒剂进行大规模的袭击或攻击；对生化毒物设施、工具进行运输、贮存、生产；利用爆炸手段对党政军的首脑机关、城市标志性建筑物、警卫现场、主要军事设施、民生设施、国家重要基础设施、公众聚集场所、航空器等进行袭击。<br>（6）重大刑事案件，如纵火、邮寄危险物品、毒气、投放危险物质、爆炸、杀人等造成超过 10 人死亡的案件，或者在公共场所造成超过 6 人死亡的案件，或者通过劫持人质、绑架，并可能造成恶劣后果或是导致社会影响广泛的案件；抢劫民用运输航空器、客轮、货轮；抢劫运钞车或金融机构；或劫持处于境外的国内运输客轮、航空器、货轮；丢失、盗窃、泄露、出卖国家秘密资料；走私、盗窃军（警）用枪械、抢劫等可能会导致恶劣后果的案件等。 |

### 1. 权威报道

在人民网、央视网、央广网、中新网、环球网、新华网和光明网等权威媒体网站，搜索"灾难"新闻关键词，梳理出近年来有关灾难事件的报道。按照致灾因子进行分类，整理如表 1.2 所示。

从新闻报道中可以看出，全球范围内的灾难频发，但灾难对生命财产造成的损害有较大差异，不同事件造成的社会风险也不尽相同。同时发现，仅从致灾因子来划分灾难极不准确。某些灾难会同时具有两种或两种以上的致灾因子，如化学品爆炸，既有人员伤亡的致灾因子，也有环境污染的致灾因子。

**表 1.2　近年来央视网、人民网、央广网、新华网等报道的灾难事件示例**

| 灾难类型 | 灾难事件 |
|---|---|
| 地质灾害 | （1）宜宾长宁地震[1]。2019 年 6 月 17 日 22 时 55 分，四川宜宾市长宁县发生 6.0 级地震，震源深度 16 千米。截至 6 月 19 日 16 时，地震已造成 13 人死亡、220 人受伤、24 万余人受灾。<br>（2）贵州水城特大山体滑坡[2]。2019 年 7 月 23 日 21 时 20 分许，贵州六盘水市水城县鸡场镇坪地村岔沟组发生山体滑坡事件，21 幢房屋被埋。截至 7 月 28 日 23 时 30 分，山体滑坡造成 42 人死亡、9 人失踪。<br>（3）印度尼西亚西苏门答腊省金矿滑坡[3]。2018 年 4 月 18 日，印尼西苏门答腊省一处非法金矿发生滑坡，现场 9 名工人被埋身亡。<br>（4）利比里亚山体滑坡[4]。2020 年 5 月 5 日凌晨，利比里亚西北部大角山州发生两起山体滑坡，造成至少 45 人死亡。<br>（5）肯尼亚西北部泥石流[5]。2020 年 4 月 18 日，肯尼亚西北部因连日降雨导致泥石流，造成至少 15 人死亡、22 人失踪。 |
| 气象灾难 | （1）郑州特大暴雨[6]。2021 年 7 月 18 日 18 时至 21 日 0 时，郑州出现罕见持续强降水天气过程，全市普降大暴雨、特大暴雨，累积平均降水量 449 毫米。截至 2021 年 8 月 1 日 18 时，郑州市 292 人遇难、47 人失踪。<br>（2）印尼雅加达遭暴雨侵袭[7]。2019 年 12 月 31 日晚间至 2020 年 1 月 1 日凌晨，印尼首都雅加达及周边地区突降暴雨，引发洪涝灾害，罹难人数攀升至 60 人，雅加达及周边地区 9.8 万人流离失所。<br>（3）巴基斯坦雨雪灾害[8]。2020 年 1 月 14 日，连日暴雨和降雪在巴控克什米尔地区引发多场雪崩，雨雪灾害造成全国范围内至少 100 人死亡、90 人受伤。<br>（4）美国田纳西州遭龙卷风袭击[9]。2020 年 3 月 3 日，田纳西州遭龙卷风袭击，建筑物被毁，电力线路倒塌，造成至少 23 人死亡。<br>（5）肯尼亚洪灾[10]。2020 年 5 月 6 日，肯尼亚政府发布消息称，由于过去三周连续强降雨，多地发生洪灾，已造成 194 人死亡，10 万人流离失所。 |
| 生物灾难 | （1）非洲蝗灾[11]。2019 年 12 月以来，非洲肯尼亚发生 70 年来最严重的蝗灾，埃塞俄比亚和索马里也发生 25 年来最严重的蝗灾。据估计，这三个国家的蝗虫数量已达 3 600 亿只，三个国家随即宣布进入国家紧急状态。蝗虫侵入沙特阿拉伯、苏丹、也门、阿曼、伊朗等国，延至巴基斯坦和印度。<br>（2）非洲猪瘟[12]。2018 年的非洲猪瘟疫情在全球范围内较活跃，截至 11 月底，全球共有罗马尼亚、俄罗斯、波兰等 22 个国家共发生了 5 800 多起疫情。 |
| 战争灾难 | （1）伊拉克摩苏尔战事[13]。2017 年 2 月 19 日，伊拉克总理阿巴迪宣布发起解放摩苏尔西部城区的军事行动。经过近 5 个月的战斗，阿巴迪于 7 月 10 日宣布，极端组织"伊斯兰国"在摩苏尔的统治已被彻底推翻，这个城市全面解放。<br>（2）阿塞拜疆–亚美尼亚武装冲突[14]。2020 年 7 月 14 日，阿塞拜疆和亚美尼亚军队在两国北部边境地区激烈交火，至少 10 人在当天的冲突中丧生。 |
| 恐怖袭击 | （1）巴黎恐怖袭击事件[15]。2015 年 11 月 13 日晚，法国巴黎发生连环恐怖袭击事件，已有至少百余人死亡，另有数十人受伤。法国总统奥朗德宣布全国进入紧急状态并关闭边境。<br>（2）曼彻斯特恐怖袭击事件[16]。2017 年 5 月 22 日晚，英国曼彻斯特体育场发生爆炸，爆炸共造成 22 人死亡、59 人受伤。<br>（3）新西兰清真寺枪击案[17]。2019 年 3 月 15 日，新西兰克赖斯特彻奇市发生枪击事件，两座清真寺遭到枪手袭击，造成 51 人死亡。 |
| 环境污染 | （1）日本福岛核泄漏事故[18]。2011 年 3 月 11 日，日本东北太平洋地区发生 9.0 级地震，导致福岛第一核电站、福岛第二核电站泄漏，对世界环境造成的损害非常惨重，而且影响极其深远。<br>（2）美国墨西哥湾原油泄漏事件[19]。2010 年 4 月 20 日，英国石油公司在美国墨西哥湾租用的钻井平台"深水地平线"发生爆炸，导致大量石油泄漏，酿成一场经济和环境惨剧，是美国历史上最严重的一次漏油事故，也是世界历史上最严重的环境灾难之一。污染导致墨西哥湾沿岸 1 000 英里（1 英里≈1.61 千米）长的湿地和海滩被毁，渔业受损，脆弱的物种灭绝。 |

续表

| 灾难类型 | 灾难事件 |
|---|---|
| 交通事故 | （1）巴西圣保罗州重大交通事故[20]。2020 年 11 月 25 日，一辆大巴车和一辆货车在圣保罗州内陆城市塔瓜伊的一条高速公路上相撞，造成至少 41 人死亡。<br>（2）印度列车脱轨事故[21]。2016 年 11 月 20 日，印度北部发生快速列车脱轨事故，导致至少 146 人遇难、150 人受伤。 |
| 爆炸事故 | （1）昆山工厂爆炸事故[22]。2014 年 8 月 2 日，位于江苏省苏州市昆山市昆山经济技术开发区的昆山中荣金属制品有限公司抛光二车间发生特别重大铝粉尘爆炸事故，当天造成75人死亡、185人受伤。<br>（2）天津滨海新区爆炸事故[23]。2015 年 8 月 12 日，位于天津市滨海新区天津港的瑞海国际物流有限公司（简称瑞海公司）危险品仓库发生火灾爆炸事故，截至 14 日 15 时，此次爆炸事件已造成 56 人死亡，其中消防人员 21 人。 |
| 火灾 | （1）韩国物流仓库起火事故[24]。2020 年 4 月 29 日，韩国京畿道利川市一处物流仓库施工工地发生火灾，共造成 38 人死亡，10 人受伤。<br>（2）巴黎圣母院火灾事故[25]。2019 年 4 月 15 日，巴黎圣母院遭遇大火，整体建筑损毁严重，大部分顶部被烧毁，塔尖在大火中倒塌。 |
| 网络灾难 | （1）委内瑞拉国家电网干线遭攻击事件[26]。2020 年 5 月 5 日，委内瑞拉国家电网的 765 干线遭到攻击，除首都加拉加斯外，全国 11 个州府均发生停电。<br>（2）美国燃油供应大动脉遭黑客攻击[27]。2020 年 5 月 7 日，全美最大成品油输送管道的运营商 Colonial Pipeline 公司遭黑客勒索软件攻击，被迫全面暂停运营。美国东南部各州迅速出现大规模油料短缺，17 个受影响的州及华盛顿特区进入紧急状态。<br>（3）乌克兰大停电[28]。2015 年 12 月乌克兰首都基辅部分地区和乌克兰西部的 140 万名居民遭遇了一次长达数小时的大规模停电，至少三个电力区域被攻击，占全国一半地区。 |

1) http://m.news.cctv.com/2019/06/18/ARTI9jEvQTclXtnN2meDVsCW190618.shtml
2) http://news.cctv.com/2019/07/29/ARTIelNnaZjZvgOqRR4DCBuq190729.shtml; http://www.gov.cn/xinwen/2019-07/25/content_5414745.htm
3) https://baijiahao.baidu.com/s?id=1664409615838755599&wfr=spider&for=pc
4) https://baijiahao.baidu.com/s?id=1665863065320868079&wfr=spider&for=pc
5) https://baijiahao.baidu.com/s?id=1664678267581244883&wfr=spider&for=pc
6) https://baijiahao.baidu.com/s?id=1707006835787886623&wfr=spider&for=pc
7) https://world.huanqiu.com/article/9CaKrnKoIoX
8) http://world.people.com.cn/n1/2020/0116/c1002-31550549.html
9) https://world.huanqiu.com/article/3xHMmY6b3eI
10) https://baijiahao.baidu.com/s?id=1665948029775963203&wfr=spider&for=pc
11) https://baijiahao.baidu.com/s?id=1658491550072178087&wfr=spider&for=pc
12) http://politics.people.com.cn/n1/2018/1204/c1001-30442834.html
13) https://baijiahao.baidu.com/s?id=1572582510980886&wfr=spider&for=pc
14) https://m.gmw.cn/baijia/2020-07/15/1301366807.html
15) http://www.xinhuanet.com/world/blbz/index.htm
16) http://world.people.com.cn/n1/2017/0523/c1002-29294810.html
17) https://baijiahao.baidu.com/s?id=1676143620100271188&wfr=spider&for=pc
18) https://baijiahao.baidu.com/s?id=1693916684688906224&wfr=spider&for=pc
19) https://world.huanqiu.com/article/3xw8Hew6ICV
20) https://m.gmw.cn/baijia/2020-11/26/1301841383.html
21) https://www.chinanews.com.cn/gj/2016/11-21/8070337.shtml
22) http://politics.people.com.cn/n/2014/0805/c70731-25401402.html
23) http://news.cntv.cn/2015/08/14/ARTI1439545740045461.shtml
24) http://news.cctv.com/2020/04/30/ARTIR9fIxCrp6eg5h1oDq55y200430.shtml
25) http://baijiahao.baidu.com/s?id=1630928825032932705&wfr=spider&for=pc
26) http://world.people.com.cn/n1/2020/0506/c1002-31698471.html
27) https://news.cctv.com/2021/05/13/ARTIDGlZXTfl4lfUaMZA2I6G210513.shtml
28) https://news.china.com/internationalgd/10000166/20170916/31434503.html

2. 国际组织

世界卫生组织（World Health Organization, WHO）将灾难定义为破坏正常生存条件并造成超出受影响社区抵御能力的事件。根据致灾因子将其分为自然因素引发的灾难和人为因素引发的灾难，如表 1.3 所示。

**表 1.3　世界卫生组织对灾难的分类[2]**

| 引发因素 | | 具体灾难 |
| --- | --- | --- |
| 自然因素引发 | 突然发生（单因素） | 风暴、热浪、冰冻、地震、火山喷发 |
| | 逐渐发生（多因素） | 滑坡、干旱、洪水、病毒、虫害 |
| 人为因素引发 | 突然发生（单因素） | 火灾、爆炸、碰撞、海难、结构倒塌 |
| | 逐渐发生（多因素） | 环境污染、战争、经济危机 |

联合国减少灾害风险办公室（United Nations Office for Disaster Risk Reduction, UNDRR）在 2020 年出版的报告中对灾害的定义和分类进行了综述。通过与来自科学团体、联合国组织、私营部门等的 500 多名相关专家进行协商，最终将危害（hazard）定义为可能导致生命损失、伤害或其他健康影响、财产损失、社会和经济破坏或环境退化的过程、现象或人类活动；将灾难（disaster）定义为由于危险事件与暴露条件、脆弱性（vulnerability）和能力相互作用，对社区或社会的任何规模的运作造成严重破坏，导致人员、物质、经济和环境损失的情况。同时，该报告将 302 种灾害（包含危害和灾难）分为气象水文灾害、地外灾害、地质灾害、环境灾害、化学灾害、生物灾害、技术灾害、社会灾害 8 个类别，具体如表 1.4 所示。

**表 1.4　联合国减少灾害风险办公室对灾害的分类[3]**

| 灾害类型 | 灾害类别 | 具体灾害 |
| --- | --- | --- |
| 气象水文灾害 | 对流相关 | 下击暴流、闪电、雷暴 |
| | 洪灾相关 | 沿海洪灾、河口洪灾、暴洪、河流洪水、地下水泛滥、冰塞洪水、积水、融雪洪水、地表洪水、冰川湖溃决洪水 |
| | 尘粒相关 | 黑炭、沙尘暴、大雾、雾霾、空气污染、沙雾、烟尘 |
| | 海洋相关 | 海洋酸化、巨浪、海水入侵、海冰（冰山）、冰流、风暴潮、海啸等 |
| | 气压相关 | 温带气旋、亚热带气旋、酸雨、干旱、冰雹、冰暴、暴风雪 |
| | 温度相关 | 寒潮、冻结、霜（白霜）、冻雨、地霜、热浪、结冰、解冻 |
| | 陆地相关 | 雪崩、泥流、滑坡 |
| | 风力相关 | 大风（强风）、狂风、亚热带风暴、热带气旋（气旋风、热带风暴、龙卷风） |
| 地外灾害 | 地外灾害 | 紫外线辐射、流星撞击、电离层风暴、无线电中断、太阳风暴、空间灾害、近地天体（陨石） |
| 地质灾害 | 地震 | 地震、地面震动、液化（地震触发）、表面破裂/裂缝、沉降和隆起，包括海岸线变化（地震触发）、海啸（地震触发）、滑坡或泥石流（地震触发）、地面气体（地震触发） |
| | 火山地热 | 熔岩流、火山碎屑、泥石流/火山泥流/洪水、滑坡（火山触发）、地震动（火山地震）、地面气体（缓释）、火山气体和气溶胶、海啸（火山触发）等 |
| | 浅层地质灾害 | 地面震动（诱发地震、水库填土、大坝、空洞坍塌、地下爆炸、撞击、油气田、页岩勘探等）、液化（地下水触发）、地裂缝、沉降和隆起、滑坡或泥石流等 |

续表

| 灾害类型 | 灾害类别 | 具体灾害 |
|---|---|---|
| 环境灾害 | 环境恶化 | 空气污染（室外/慢性）、土地退化、土壤退化、径流/面源污染、生物多样性丧失、森林砍伐、森林衰退和枯死、森林干扰、森林入侵物种、野外火灾、荒漠化、红树林的消失、湿地丧失/退化等 |
| 化学灾害 | 气体 | 氨、一氧化碳 |
|  | 重金属 | 砷、镉、铅、汞 |
|  | 食品安全 | 食品和饲料中的污染物水平 |
|  | 持久性有机污染物 | 农药——高度危险、包括持久性有机污染物在内的农药残留、土壤中的有害农药污染、杀虫剂、杀菌剂、微塑料、磷化物、氯 |
|  | 碳氢化合物 | 石油污染、苯 |
|  | CBRNE[1) ] | 化学药剂 |
|  | 其他 | 石棉、黄曲霉毒素、氟化物（过量和不足）、甲醇、假药 |
| 生物灾害 | 水产养殖 | 海洋毒素、藻华 |
|  | 虫害 | 虫害侵扰、蝗虫 |
|  | 入侵物种 | 入侵杂草、入侵物种 |
|  | 人兽冲突 | 蛇毒、人与动物的冲突 |
|  | CBRNE | 生物制剂 |
|  | 精神健康 | 自杀集群 |
|  | 食品安全 | 抗生素耐药性、食源性微生物危害（包括人类肠道病毒和食源性寄生虫） |
|  | 传染病（植物） | 细菌性植物病害、真菌性植物病害、支原体、病毒和类病毒植物病害 |
|  | 传染病（人和动物） | 炭疽病、空气传播疾病、血源性病毒、水传播疾病、食源性疾病、性传播感染、被忽视的热带病等 |
| 技术灾害 | 辐射 | 放射性废物、放射性物质 |
|  | CBRNE | 辐射剂、核毒剂、爆炸剂 |
|  | 施工/结构故障 | 建筑物倒塌，建筑、高层、覆层结构倒塌（立式结构与地下结构），桥梁故障，大坝溃决 |
|  | 基础设施故障 | 供应系统故障、基础设施故障、核电厂、停电、应急通信故障、供水故障、无线电和其他电信故障 |
|  | 网络危害 | 软件和硬件配置错误、不符合性和互操作性、恶意软件、数据泄露、数据安全相关危害、停电、物联网相关危害、公民的隐私和数据安全——支持人类心理健康 |
|  | 工业故障/不合规 | 污染、爆炸、泄漏、火灾、矿难、与石油和天然气开采活动相关的安全隐患 |
|  | 废弃物 | 灾害废弃物、固体垃圾、废水、危险废物、塑料垃圾、海洋垃圾、电子垃圾、医疗风险废弃物、填埋物、废物潟湖 |
|  | 洪水 | 下水道和下水道泛滥、水库泛滥 |
|  | 交通 | 航空运输事故、内河航道事故、铁路事故、道路交通事故 |
| 社会灾害 | 冲突 | 国际武装冲突、非国际性武装冲突、内乱 |
|  | 冲突后 | 战争遗留爆炸物、冲突造成的环境退化 |
|  | 行为 | 暴力、踩踏或碾压 |
|  | 经济 | 金融冲击 |

1）CBRNE: chemical biological radiological nuclear and explosives，化学、生物、放射性、核爆炸物

　　红十字会与红新月会国际联合会（International Federation of Red Cross and Red Crescent Societies, IFRC）在与约翰斯·霍普金斯大学（Johns Hopkins University）共同完成的研究报告中，将灾难定义为突如其来的不可预见的事件。在家庭层面，灾难可能导致重大疾病、死亡、重大经济或社会不幸；在社区层面，它可能是洪水、火灾、地震中建筑物倒塌、生计遭到破坏、流行病或因冲突而流离

失所；当发生在地区或省级层面时，可能会影响到数十万、数百万人，乃至更多。它们将灾难分为自然因素引起的灾难、人为引起的自然灾难、人类直接造成的灾难三个类别，如表 1.5 所示。

表 1.5　红十字会与红新月会国际联合会对灾难的分类[4]

| 灾难类型 | 具体灾难 |
|---|---|
| 自然因素引起的灾难 | 飓风、台风、洪水、干旱、火山、地震、滑坡、海啸等 |
| 人为引起的自然灾难 | 砍伐引起的水土流失、饥荒、荒漠化等 |
| 人类直接造成的灾难 | 运输事故、工业事故、危险物质泄漏、建筑物倒塌等 |

3. 科研文献

选择灾难（disaster/hazard）为主关键词，洪水、火灾、爆炸、恐袭等具体灾害为辅关键词，以"主关键词+辅关键词"的方式，将前述不同灾难类型同时输入 Web of Science 核心合集数据库，选择 SCI（Science Citation Index，科学引文索引）、SSCI（Social Science Citation Index，社会科学引文索引）检索子库，时间范围限定为2011~2020年，文章类型限定为文章（Article）或综述（Review）进行检索，由于该主题的论文数量非常大，此处使用标题检索，检索过程如图 1.2 所示，具体命令如下，共计得到 7 435 篇相关文献。

TI＝(disaster* OR hazard*) AND

TI＝(flood* OR cyclone or tornado OR hurricane or typhoon or storm or thunderstorm or drought* or (hot waves) or (cold waves)

or earthquake* or (volcanic eruption*) or landslide* or tsunami or debris or mudflow*

or (global warming) or (climate change) or (ozone depletion) or (solar flare)

or accident* or explosion or fire* or spill* or leak* or radiation or poison*

or war or terror* or (civil unrest)

or pollution* or environment* or health or medical or epidemic or plague* or COVID)

　AND DOCUMENT TYPES: (Article OR Review)

Indexes＝SCI-EXPANDED, SSCI

Timespan＝2011-2020

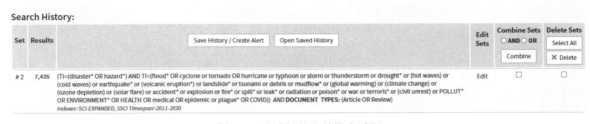

图 1.2　灾难相关文献检索过程

将检索得到的论文进行简单统计，能够发现灾难研究相关的文献呈现出逐年递增的趋势，其中 2020 年以 1 282 篇的论文数量占比高达 17%。通过进一步分析发现，这一年研究环境灾害、公共卫生灾害（COVID-19）的论文数量激增。将检索到的文献选取"全记录与参考文献"，以".txt"的格式导出，导入 Citespace（5.8.R1 版本）软件，用于分析科研文献中对灾难的研究情况。在 Citespace 软件中，选取时间区间为 2016~2020年，过滤准则（selection criteria）为 g-index（$k = 8$），裁剪方法为 pathfinder（pruning sliced networks, pruning the merged networks），聚类方法 All-in-one，绘制关键词共现知识图谱，如图 1.3 所示。从聚类结果来看，地震、飓风、洪水等形成了一个集群，火灾、辐射灾害等形成了一个集群，环境灾害、公共卫生等形成了一个集群。这三类集群涵盖了主要的关键词，我们将其命名为自然灾难、技术灾难和人因灾难。

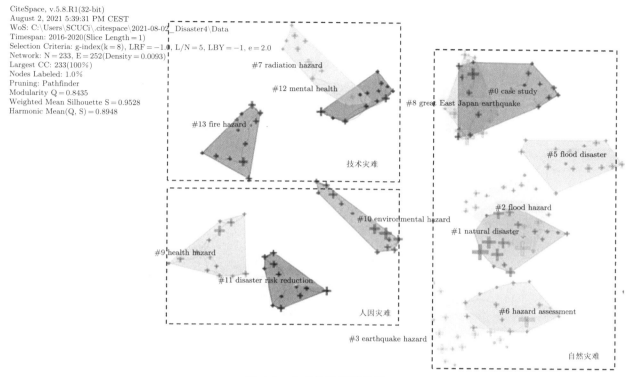

图 1.3　灾难关键词聚类图

文献 [5] 对灾难的定义进行了综述，认为灾难是非常规的自然或人为事件，包括技术系统失效引起的事件，这些事件超出了人类社区、自然环境的响应能力，并带来巨大的破坏、经济损失、生命损失。文献 [6] 将灾难分为纯自然灾难（purely natural disaster）、纯社会灾难（purely social disaster）和综合灾难（hybrid disaster）三类，纯自然灾难不由任何人类活动引起，如地震、飓风等；纯社会灾难仅由人类活动引起，如核反应堆因故障发生泄漏；综合灾难是由人为因素和自然因素共同造成的，如在已知洪水泛滥区受洪灾影响的社区。文献 [7] 对社会技术灾难（socio-technical disaster）进行研究，并将之分为四类：①涉及爆炸、有毒物质泄漏和实物资产结构倒塌等现象的工厂故障；②涉及碰撞和倾覆等事故的运输故障；③涉及火灾、结构倒塌和人群挤压的"公共场所"故障；④生产故障，如计算机系统故障和缺陷产品的生产和分销。文献 [8] 对灾难（disaster）和危机（crisis）进行综述，认为灾难的概念包合在危机之中，并将其分为社区危机（community crisis）和非社区危机（non-community crisis）。其中，社区危机又包含自然灾难引起的自然危机（natural crisis）、社会–技术灾难引起的工业危机（industrial crisis）和其他政治、社会、经济因素引起的非工业危机（non-industrial crisis）。

### 1.1.2　三类灾难事件

一切对人类生存社会、自然生态环境的物质和精神文明建设，尤其是人们的生命财产等造成重大危害的自然、技术和人因事件，都可以称为灾难事件。灾害不表示程度，通常指局部，可以扩张和发展演变成灾难。例如，传染病的大面积传播和流行、计算机病毒的大面积传播，即可酿成灾难。综合国家政策、权威报道、国际组织、科研文献等多源信息，将灾难划分为三类：自然灾难、技术灾难和人因灾难，如图 1.4 所示。

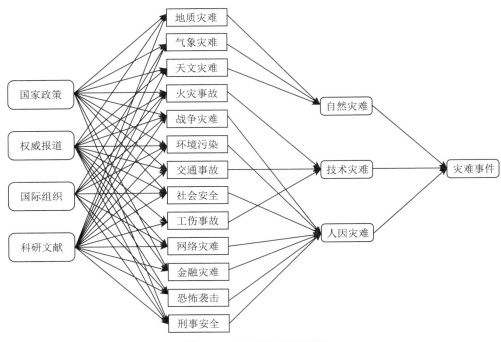

图 1.4　灾难事件分类过程

强烈的破坏性自然事件，称为自然灾难事件，如地震、洪水、飓风等；人类所掌握技术的自身缺陷或管理失误造成的巨大破坏性影响，称为技术灾难事件，如火灾、爆炸、交通事故等；人类主观行为导致的破坏性事件，称为人因灾难事件，如网络袭击、暴力事件、恐怖主义、公共卫生事件等。自然灾难事件可分为不可预测和可预测两种类型，技术灾难事件可由技术失误或技术缺陷造成，人因灾难事件可分为蓄意性或过失性两种情况。

这一分类方式，刚好与美国联邦应急管理署（Federal Emergency Management Agency, FEMA）对危害（hazard）的分类方式一致。FEMA 在其 2010 年出版的《综合防灾指南》（*Comprehensive Preparedness Guide*）中将危害分为自然危害（natural hazards）、技术危害（technological hazards）和人因危害（human-caused hazards）[9]。

由于灾难具有普遍性、随机性、突变性等特点，必然有无法完全归类到这三类灾难的其他灾难。这类灾难不具有普适性的规律和成因，因此不作为本书研究的重点。本书研究的三类灾难，如表 1.6 所示。

表 1.6　灾难事件分类表

| 灾难类型 | 具体灾难 |
| --- | --- |
| 自然灾难 | 天文灾难、地质灾难、水旱灾难、气象灾难等 |
| 技术灾难 | 交通事故、火灾事故、爆炸事故、核辐射事故等 |
| 人因灾难 | 暴力事件、恐怖袭击、公共卫生事件、金融灾难、网络袭击等 |

1. 自然灾难

自然灾难事件是一种以自然现象为原动力，对人类生存环境及社会结构产生超出其极限承受力的破坏性突发事件，包括寒潮、洪涝、台风、地震、暴雪等。《现代汉语词典》定义为："水、旱、病、虫、鸟、兽、风、雹、霜冻、地震等自然现象造成的灾害。"实际上，自然现象并不等同于自然灾害，只有当自然现象给人类社会带来破坏或损害并且严重超出人类生存环境的承受力时，才会形成自然灾害。自然灾害形成的过程不同，有的很久，有的很快，有的突发。当致灾因子的变化超过一定强度时，会在很短时间内表现为灾害行为，有时甚至是几秒钟。

自然灾难事件具有可预见性低、可控性差、影响范围大、损失程度高的特点，经常会引发次生和衍生灾难。这些自然灾难事件造成人员伤亡及财产损失的现象频现，引起社会关注，易造成公众恐慌。一般来讲，自然灾难事件具有以下特征。

（1）普遍性。自然灾难的分布范围很广，不管是海洋还是陆地，地上还是地下，城市还是农村，平原、丘陵还是山地、高原，只要有人类活动，自然灾难就有可能发生。

（2）区域性。自然灾难会因区域而异，自然地理环境的区域性又决定了自然灾难的区域性。沿海地区的台风，山区、盆地的地震，平原的风暴、沙尘暴，雪山的雪崩等都是因地形不同而异的。

（3）非重复性。自然灾难的过程和损伤结果都是唯一的，何种过程导致了何种结果是不可能重复的，这就是其非重复性。

（4）周期性。这是所有自然灾难的特性，人们往往会用"十年一遇/百年一遇的洪水、干旱、地震灾害"来形容，这实际上就是自然灾难周期性的一种民间表述，即其每隔一段时间便会发生。

（5）不确定性。人们无法预测何时何地会出现自然灾难，也正是因为如此，人们在自然灾难面前往往显得措手不及。

（6）频繁性。世界各地每年都会发生各类自然灾难，只不过是形式各异、程度不同。在全球气候变化影响下，气象类自然灾难在 21 世纪以来呈现出越来越频繁的趋势[10]。

（7）联系性。首先是它指出了各个不同区域之间存在的内在关联。例如，美国气象条件的变化可能是南美洲西南部海岸干旱地带的"厄尔尼诺"气候现象导致的；又如，加拿大的酸雨可能是美国工厂不加节制地排放污染废气导致的。其次也就是各种自然灾害之间必然存在一定联系性，如各种自然界和火山体的持续活动都会引发一系列自然灾害，包括泥石流、严重的自然大气污染、冰川冰雪融化、火山口喷发等。

（8）严重危害性。据中国应急管理部统计①，2019 年全年各种自然灾害共造成 1.3 亿人次受灾，909 人死亡失踪，528.6 万人次紧急转移安置；12.6 万间房屋倒塌，28.4 万间房屋严重损坏，98.4 万间房屋一般损坏；农作物受灾面积 19 256.9 千公顷，其中绝收 2 802 千公顷；直接经济损失 3 270.9 亿元。

（9）不可避免性。我们必须要承认的是，人与自然总是会出现矛盾，自然灾害存在于地球运动、人类活动、物质变化的每时每刻，就这一层面而言，自然灾害始终会发生。

（10）可减轻性。人类发展至今已经积累了丰富的防灾减灾经验，他们以科学、合理的手段预防灾害，并在灾害中积极自救，将灾害造成的损失降至最低，这一点是当代技术可以实现的。

据联合国减少灾害风险办公室的报告 *The Human Cost of Disasters——An Overview of the Last 20 Years 2000—2019*[11]，21 世纪前 20 年，全球有记录的自然灾难事件有 7 348 起，与上一个 20 年（1980~1999 年）相比，增加了 3 136 起，增长 74%；因灾害死亡人数 1980~1999 年为 199 万人，2000~2019 年为 123 万人；总受灾人口数从 30 亿增长至 40 亿；分别给全球带来 1.63 万亿美元和 2.97 万亿美元的经济损失。7 348 起自然灾害中，3 068 起发生在亚洲。中国受灾次数最多，达 577 起，居全球之首。中国是世界上受自然灾害影响最严重的国家之一。据国家减灾网统计数据②，自 2015 年 1 月至 2021 年 8 月，各类自然灾害共造成全国 10 亿人次受灾，6 471 人死亡失踪，4 164 万人次需紧急转移，1 349 万间房屋损毁倒塌，1.36 亿公顷农作物受灾，直接经济损失达 2.3 万亿元。各年具体损失如表 1.7 所示。

---

① 应急管理部发布 2019 年全国自然灾害基本情况. http://www.mem.gov.cn/xw/bndt/202001/t20200116_343570.shtml

② http://www.ndrcc.org.cn/sjcx/index.jhtml

表 1.7　2015～2021 年我国因自然灾害受损情况统计（截至 2021 年 8 月）

| 年份 | 受灾人次/亿人次 | 死亡失踪/人 | 紧急转移/万人次 | 房屋倒塌损坏/万间 | 农作物受灾/万公顷 | 直接经济损失/亿元 |
|---|---|---|---|---|---|---|
| 2015 | 1.9 | 967 | 644 | 275 | 2 177 | 2 704 |
| 2016 | 1.9 | 1 706 | 910 | 386 | 2 622 | 5 033 |
| 2017 | 1.4 | 979 | 525 | 47 | 1 848 | 3 019 |
| 2018 | 1.3 | 635 | 525 | 154 | 2 081 | 2 645 |
| 2019 | 1.3 | 909 | 529 | 139 | 1 926 | 3 271 |
| 2020 | 1.4 | 591 | 589 | 186 | 1 995 | 3 702 |
| 2021 | 0.8 | 684 | 442 | 162 | 920 | 2 512 |

2. 技术灾难

人类所掌握技术的缺陷或自身管理失误造成的巨大破坏性影响，称为技术灾难。1945 年 7 月，第一颗原子弹在美国新墨西哥州的沙漠中爆炸试验取得成功，开启了人类对技术灾难的恐惧和研究。人们对危险的感知发生了转移，从飓风、龙卷风、地震、洪水等自然灾难转移至威胁和破坏同样严重甚至更加严重的技术灾难。正是由于技术对人类及生物圈产生的重要影响，当技术开始成为人类乃至生物圈不可或缺的部分之后，技术灾难也悄然而至，所有的技术灾难都会不断发展、演化，而且每次灾难都会威胁人类的生存和发展，所以就此展开研究是很有必要的。

技术灾难事件的特征主要表现在其巨大危害性、难以察觉性和系统复杂性。

（1）巨大危害性。技术灾难事件爆发之后波及面广，破坏自然环境、威胁社会稳定。例如，1974 年 6 月，英国一家化工厂因正己烷泄漏而引发火灾，导致 28 人死亡，另有数百人受伤，而且还污染了周边环境。1984 年 11 月 19 日，墨西哥国家石油公司液化气站爆炸事故，造成当地约 500 人死亡，7 000 余人受伤，35 万人无家可归。印度博帕尔灾难（India Bhopal gas leak case）是历史上最严重的工业化学事故。1984 年 12 月 3 日凌晨，印度博帕尔市的美国联合碳化物公司一所农药厂发生氰化物泄漏，造成近 2 万人死亡，20 多万人受伤，5 万人失明，受害面积 40 平方公里，数千头牲畜被毒死。2011 年，日本东北部太平洋海域发生 9.0 级特大地震，使福岛核电站发生严重核泄漏、核污染，给日本及全球带来巨大的影响。可以想象，若发生核爆炸等重大技术灾难事件，人类社会和世界经济或会因此而出现短暂的停滞。

（2）难以察觉性。技术灾难事件的发生与某些可以预测及具有季节性的自然灾害不同，它几乎不给人任何反应的时间，十分迅速和突然，更有甚者，技术灾难事件发生在不知不觉之中，人们受其影响，却不明就里。例如，1990 年，美国能源部发布了一则报告称，华盛顿州里奇兰 1.3 万居民因为附近某核储备库泄漏了大量放射性碘而受到严重健康威胁。当地居民普遍患有心脏病、甲状腺机能障碍、癌症，被证实都与此高度相关。

（3）系统复杂性。技术灾难是多种因素造成的综合现象，其原因很复杂，归纳起来主要是技术因素、社会因素、自然因素、外界环境因素。另外大数据加速了风险的生成、发展和演化，使技术灾难事件社会风险呈现井喷状爆发、反应迅速、总量巨大、衰减急剧、易蔓延复发的演化规律。有的技术灾难过程难以被察觉，甚至有时都不知道其已经发生，当其超过临界值后，人们才能明显地发现问题所在。所以，这类复杂问题很难第一时间引起人们的注意，当意识到问题时，事件已经比较棘手。

3. 人因灾难

人类故意或非故意行为导致的灾难，称为人因灾难，如暴力事件、恐怖主义、公共卫生事件等。不同于其他灾难事件，人因灾难事件主要由人的因素引发，是一种不可预料的情形。它们被认为是不能预期的、不受欢迎的、具有广泛的不确定性的。灾害影响着人，人也影响着灾害。社会发展程度的日益提高，加剧了灾害带来的后果，又提高了人类防灾减灾的能力，可以重新构建人与自然、人与社会的平衡状态。以不同人因灾难事件的特点为基础，将人因灾难划分为蓄意性灾难事件和过失性灾难事件两种类型。

归纳起来，人因灾难事件具有偶然性、必然性、突然性、不确定性、危害性等特征。

（1）偶然性。人因灾难事件的发生往往令人难以预料，发生时间、发生地点具有很强的随机性，因此，偶然性是人因灾难事件的基本特征。虽然人因灾难事件爆发前可能会伴随着某些征兆，但其具体的发生时间、可能的表现形态、可能的发展规模和可能的影响深度，是无法准确预测的。

（2）必然性。人因灾难事件是多种因素交汇的结果。因此，人们难以在其发生后快速把握事件的发展方向，也难以对其性质及时做出准确、客观判断。人因灾难事件的衍生发展，是事物内在矛盾从量变累积到质变爆发的一个过程。根据海因里希法则（Heinrich's Law），在一件重大的安全事故背后，必有 29 件轻度的事故，还有 300 件潜在的隐患。也即随着潜在安全隐患的不断积累，人因灾难事件必然会爆发。

（3）突然性。人因灾难事件衍生、发展的整个过程，包括预警、爆发、发生、发展、高潮、结束，生命周期短，发生过程难以预料。人类对人因灾难的意识反应滞后。爆发初期，政府、媒体、公众掌握的事件信息匮乏，且难以及时准确跟进，导致它们无法做出正确的反应。在心理层面上，人们缺乏对难以预测的突然事件的心理准备，从而易于形成恐慌，削弱应变能力。

（4）不确定性。人因灾难事件的发生、发展、应对过程具有较强的不确定性。具体而言，如发生的地点、发生的时间、发展的方向、事件的后果及其严重程度等，都是不确定的。能不能把握并利用人因灾难事件的不确定性，决定了人因灾难事件是否会演变为社会危机。其中，发展方向的不确定性，对人因灾难事件衍生发展、事件进展监测都有着不可忽视的作用。大数据时代，信息分享快速、传播迅捷，灾难事件一旦发生，将对公众带来更大的冲击。能否在人因灾难事件的初始萌芽阶段，及时、合理、正确地引导事件的发展方向，从而降低灾难事件衍生发展的不确定性，避免其向无序方向发展，是降低人因灾难事件危害性的关键一环。

（5）危害性。人因灾难事件是负面事件，而不是中性事件，可能造成多种后果。虽然其后果既有积极正面的，也有中性的，但更多的是破坏性、灾难性的负面后果。不论人因灾难事件的性质和规模是怎样的，在宏观层面上，都会有造成生态环境严重破坏、人类社会严重危害、公共财产严重损失和公共安全重大危机的可能，如水污染事件；在微观层面上，会造成人员伤亡，对个人、集体造成财产损失、精神伤害等，如故意伤人事件。

### 1.1.3　灾难社会属性

属性是指事物自身客观存在、与生俱来的性质，以及在自然界中和其他事物之间的关联和联系。灾难是在人类存在的时空范围内，由人类的个体或集体活动与地球活动共同作用引发的破坏性变异，并对人类的生命财产和人类生存环境造成损害的现象或过程。自从人类在地球诞生以来，就不断地面临灾难造成的苦难和损失。纵览人类文明的发展历程，我们能够看到各种灾难总是伴随着人类文明和社会进步的进程。灾难是指人类的灾难，没有人类无所谓灾难。灾难在本质上体现了人与自然的关系，是人类社会系统与自然系统相互作用的过程，具有自然和社会双重属性。只有当自然界的变异对人类社会造成不可承受的损失时，才称之为灾难事件。地震、飓风、干旱、洪涝、海啸等我们避之唯恐不及的"灾难"，如果发生在荒无人烟的沙漠或海岛，也就不称其为灾难。灾难是对社会常规的破坏，首先带来的是死亡和损失，进而造成社会的失序和经济的中断。

Hewitt 出版了 *Interpretations of Calamity: From the Viewpoint of Human Ecology* 一书，改变了长期以来主流灾难研究将灾难与社会背景隔离的现状，从而直接影响了人们对灾难的理解与应对[12]。

Blaikie 等在 1994 年出版的专著 *At Risk: Natural Hazards, People's Vulnerability and Disasters* 中提出，飓风、洪水等都是自然灾害触发事件，而灾难事件出现本身源自社会状况、政治经济过程，使灾难事件与现存社会状态相联系，并视其为政治、经济、文化及社会作用的结果和体现[13]。可见，灾难问题常被视为一种社会问题。

灾难首先是针对人类而设立的概念，如果没有人类就无从谈及灾难，这是灾难定义的前提。灾难事件生成的起因，一是自然界自然变故所致；二是人认识自然和改造自然的非规则行为所致。因此，大多灾难事件是人与自然共同作用所致，这是从内在联系上界定的。人类社会从诞生开始就不断地从大自然中索取所需，不断去追寻更丰富的物质和精神产品和服务。工业革命以来，人类对自然的过度、不合理使用逐渐显露。这种不遵循自然规律、不尊重自然生态的行为最终给人类带来了很多灾难，大自然给予了人类无情的打击。在经历了惨痛的教训之后，人们开始主动去反思自身的行为，并开始重新思考人与自然的关系，如何合理地相处，合理地开发使用自然，逐渐认识到自身与自然之间是一个整体，是辩证和谐统一的关系。

灾难事件会对人类社会中的经济活动进行破坏，影响物质资料的生产、宏观经济管理方式策略及对其他政策制定施加影响，即灾难因其所具有的社会属性对人类社会施加影响。从灾难的社会属性着手，协调灾难相关人群的利益关系，协调人与自然的依存关系，提升人类社会对于灾难事件的承受与应对能力。人类社会不断演进发展，一方面科技进步可能抑制自然变异，避免形成灾祸，如山体加固减少泥石流灾害；另一方面人类活动又可能加剧自然变异、恶化形成灾害，如因人类工业碳排放而使全球气候变化加剧。在现代社会条件下，人口数量不断增加，人类活动地域不断扩大、征服自然的手段不断升级，自然灾害中的人为因素越来越突出，表现出越来越明显的社会属性。

灾难的社会属性是人类社会活动与自然环境变异相互作用所表现出来的社会特征。人类对自然的作用能力增强的同时，非理性干预自然引发或加剧了灾害，也就是"天灾"中还有"人祸"的因素。人类产生之后，从远古时期逐步进入现在的高度文明的工业时代，实现了从原始劳动、手工业和工场手工业到现代化大工业的转变。在这一进程中，随着社会的发展和科学技术的进步，人们对自然的认识与探索也不断加深，逐步增强了改造自然的能力。然而，由于人类对自然的不合理的过度干预，如工业化过程中盲目追求经济利益引发的废气、废水、废渣的超量、不当排放，为各类灾难事件的发生埋下了伏笔。

灾难的社会属性表现得十分广泛。灾难事件会破坏经济正常活动、影响物质资料生产、改变经济管理方式，对人口分布、产业配置、文化艺术等各方面造成影响。自然灾难事件发生在不同国家，会有不同的社会后果。例如，2010 年，南半球连续发生了两场大地震——海地 7.0 级地震和智利 8.8 级地震。智利 8.8 级大地震，是 1900 年以来的全球第五大地震。虽然两个国家都遭到严重破坏，但是海地的状况要比智利糟糕得多，死亡人数超过 23 万人，而智利死亡人数 700 余人。同样程度的自然灾难事件，发生在不同国家或地区，对社会造成的冲击可能不同。例如，2010 年的海地 7.0 级地震，造成 20 余万人死亡，政府完全瘫痪、国家陷入危机；2013 年的四川芦山 7.0 级地震，造成 196 人死亡，政社协同救灾，社会冲击较小。

人类与自然本身是一个有机统一的整体，即人类可以利用和改造自然，但必须以遵循自然规律、尊重自然为前提，一切以牺牲自然环境和生态生存环境为代价而换取自身发展的行为，最终只会导致人与自然关系的恶化，进而给人类社会带来严重的不可预料的后果。人类是灾难事件的直接承受者。自然界客观的演变过程以具有破坏力的方式对人类社会产生影响并且给人类社会的发展带来了破坏性的后果，人员伤亡、财产损失，严重影响了人类社会的生存环境和生活方式，威胁着人类社会的可持续发展。例如，一场大地震可以造成数万人的伤亡，带来巨大的经济损失，并且，其引发的二次灾害和衍生灾害可能会持续很长时间，带给人们长久的创伤。灾难的社会属性具有以下特征。

（1）灾难影响造成社会性事件。灾难是对人类社会生存发展而言的，是针对一个群体而不是对个人。灾难是指危及一个地区居民的社会性事件，这就同个人灾难区分开来。例如，日常一个家庭失火与一栋大厦发生火灾存在着巨大的差异。前者只为事故，后者才是灾难，后者的危害是社会性的，影响了一个地区的人类社会的生存发展环境，是社会性事件。

（2）灾难形成取决于社会脆弱性。灾难的本体与内容使人的生存受到了严重的阻碍与威胁，使正常生活不能进行。在灾难面前，人处于被动地保护自己的地位。从最终意义上讲，自然现象、人为事故是否、能否成为灾难，是自然及事故的破坏力和人的脆弱性之间的较量与对比决定的，前者超过了后者就构成灾难事件。以自然灾害为例，在自然界的客观运动所产生的破坏力量相对确定的情况下，灾难能否发生取决于作用区域的人类社会生存和抗灾的能力。

（3）灾难源于自然显现于社会。灾难是人类社会与自然环境相互作用的一种冲突结果，自然力作用于人类社会产生的社会危害性。人类社会实践只是人对自然的作用，它只是自然和社会相互作用的一个方面，而不是自然与社会相互作用的全部内容。一方面，有些灾害与人类劳动没有关系。人与水争地，水最终与人争地，从而造成水灾；氟利昂的过量排放造成南极的臭氧空洞等，这样的灾害与人的活动有关。但是地震、台风、太阳黑子、小行星相撞之类的灾害，是很难从人的活动中找到原因的。另一方面，灾害必须对人类的社会实践产生影响。因此，灾难事件是自然和社会相互作用的产物，只有在自然和社会的相互作用中才能对灾难进行全面正确的认识。

（4）灾难范围受制于社会情境。灾难是人类社会的生产生活需求满足过程被非正常中断，但是人类的需求是一个历史性的概念。以自然灾害为例，自然力作用于一个特定的区域，超出了人类社会的承受力，灾难就发生了。但是，同样的灾难作用于不同的区域，其受灾程度是不一样的。灾情的程度与当地的经济发展水平、生产生活水平、社会抗灾能力等相关。例如，在发展中国家和发达国家之间，在发达地区和欠发达地区之间，相同等级的自然灾害作用下所产生的灾害影响是不同的，是社会发展水平决定的。

## 1.2　社会风险概述

社会风险是由某一种突发事件导致社会冲突，危及社会稳定和社会秩序，直至产生社会危机的可能性。互联网越来越成为人们日常生活中不可或缺的一部分，深刻影响着人们的生活。在当今网络社会情境下，由信息传播导致的社会风险演化过程非常复杂，对它的全面考察是一个系统的实践活动。需正确识别、科学评估、准确预测各类突发事件可能带来的社会风险，做出合理应对决策，阻止社会风险转化为社会危机，使得社会发展成果稳定增长、全民共享。

### 1.2.1　社会风险内涵特征

"风险"指未来可能发生的不利后果或影响。作为社会历史现象，风险一词由来已久，伴随人类社会的始终。风险概念反映了人类认识世界和改造世界的主体意识，被应用在多个学科和领域。其中，社会风险是社会科学与自然科学跨学科、多学科交叉的研究领域。

1. 风险的概念特征

现代意义上的风险概念起源于西方社会。根据吉登斯和卢曼的考证，"风险"一词可以追溯到 17 世纪洲际商船航行时期，起源于西方航海和商业活动。为了规避航行中可能存在的危险，风险作为关键性概念范畴被创造出来。还有一种说法认为，"风险"这个概念来自航海捕鱼行业。出海捕鱼时经常会遇到大风，从而遭受巨浪的袭击，或者容易发生触礁、沉船等后果。人们将风与险联系在一起，将出海捕鱼遇到危险的可能性称为风险。

随着人类活动的不断拓展和复杂化，风险一词的意义也逐渐演化，被赋予更为深刻的含义，并且在社会学、政治学、经济学、统计学、保险学等领域得到了广泛的应用。随着风险概念进入社会科学领域，特别是风险社会等理论的提出，风险成为一个重要的社会科学概念，甚至成为一种普遍的公共话语。

从根本上看，风险最核心的含义包含损失性和不确定性两大基本属性。风险表现为某一件事情发生的概率与其后果的函数，用公式表达"风险"的方式有以下两种。通常对于风险的研究需要从风险事件发生的概率和结果的严重程度两个方面入手。

$$R = f(P, C) \tag{1.1}$$

其中，$R$ 表示某件事的风险；$P$ 为该事发生的概率；$C$ 为该事件造成的后果的严重程度。

$$R = f(Z, E, V) \tag{1.2}$$

其中，$R$ 表示某件事的风险；$Z$ 为该事件的危险性；$E$ 为风险客体的暴露性；$V$ 为风险客体的脆弱性。

从风险社会理论的范式看，灾害是人类自身制造出来的风险。Beck 等定义当代社会为"风险社会"，其重要特征就是"风险"不再是可计算的风险，而是具有大量不可计算的威胁[14]。Beck 等认为，中国正进入现代风险的高发期[15]。进一步解释，风险具有双重性，是客观存在和主观认知、消极结果和积极结果的结合体，兼具可计算性和不可计算性。也就是说，风险不仅包括客观存在的风险，也包括一些人们所感知的风险，可能是一种基于我们的文化背景和知识储备而建构出来的风险认知[16]。

在灾难事件频发的当下，风险具有极大的不确定性，结合贝克的理论，社会风险具有复杂性、突发性、破坏性、双重性和全球性等特质[17~19]。

（1）复杂性。人为的不确定性是社会风险最显著的特征，其特有的社会结构、社会关系充满了复杂和偶然性。现代社会结构及人类行为越来越复杂，导致风险的多样性、复杂性、难以预测性的特点也越来越明显。例如，核技术原本是为了开拓科学发展领域，造福人类，却有核战争、核泄漏、核污染等风险；工业革命极大地推动了生产力的发展，却带来了生态污染和能源风险。现代科学的高度发达、信息的高速交换、社会的高度不确定性导致风险的不可控性愈发增强。

（2）突发性。虽然科技的进步为人类带来了许多预防自然灾害的手段，如台风监测、海啸监测等，但仍有许多突发的、不可预测的灾难，如地震、大规模流感、恐怖袭击等，这些不可预测的灾难事件不断地对人类造成危害。与此同时，由于人类活动尤其是不合理活动的增加，引发的灾难种类数量也在不断攀升，新生的灾难往往极其棘手。由于人类活动所造成的环境污染、社会动乱、经济危机及恐怖主义等灾难，不仅发生频次惊人，而且具有高度的突然性，人类很难提前做出有效防范。

（3）破坏性。科研成果在推动社会进步和改善生活条件的同时，也可能会导致战争灾难和经济危机。广岛原子弹爆炸、切尔诺贝利核泄漏等全球危机就是科学技术给人类带来巨大灾难的例子。正如贝克所说，因为科学创新与科学进步，人类社会的工业化程度得到极大提升，但与此同时人类社会处于风险的火山口，具有巨大的潜在风险。这种由于科技发展而引发的巨大威胁，不仅难以预测，而且难以采取防御措施。

（4）双重性。一方面，灾难事件会对人类社会产生巨大的负面影响，一定程度上冲击社会的稳定性，直接造成经济损失和人员伤亡，同时还会对受灾群众的心理造成打击，进而引发风险；另一方面，灾难事件社会风险所带来的社会不稳定甚至动荡很可能会转变为社会改革的催化剂，推动社会的进步。

（5）全球性。全球化的迅速发展将世界各国联系在一起，构成全球命运共同体。在这种背景下，人们很难独善其身，灾难事件所引发的社会风险不再局限于灾害发生地，而是呈现出一种向全球化演变的趋势。例如，2011 年 3 月日本福岛核电站发生核泄漏事故，其危害波及全球，消除核事故的危害与影响需要数十年的时间。任何国家和地区都不是独立存在的，目前愈发严重的气候变化、海洋污染等灾难都不仅仅是一个国家或地区导致的，同时，世界各国都在遭受这些全球性灾害。贝克将这种现象视为全球社会风险。

2. 社会风险的含义

社会风险包括"社会"和"风险"两个方面。社会有广义与狭义之分，其中广义社会是一个包括政治、文化、经济等子系统的巨型复杂系统，指的是相对于自然界而言的人类社会；而狭义社会是相对个体和家庭而言的人类生活共同体，一般是与政治、文化、经济等相并列的系统。相应地，社会风险也有广义和狭义之分。广义的社会风险是指，由于自然灾害、政治因素、经济因素、技术因素及社会因素等而引发社会失序或社会动荡的可能性。狭义层面上的社会风险，指社会领域中可能导致社会冲突和社会不稳定的各种可能性因素，其本质是损失的不确定性。简言之，社会风险就是社会危机爆发的可能性。

社会风险是对社会产生损害的不确定性，这种损害包括社会心理的失衡、社会资源的流失、社会价值的破坏、社会结构的打破及社会秩序的混乱等。贝克认为人类社会经历了三种不同的风险形态，第一种为前工业社会的风险，主要来自不可抗的自然力量，如地震风险、洪涝风险、海啸风险等；第二种为工业社会早期的风险，即在资本原始积累过程中形成的两极分化、安全事故、劳资矛盾等的可能性；第三种被称为现代风险，主要包括生态恶化、环境污染、基因异变、核威胁等，是伴随现代科技进步而来的损失可能性。可见，引发社会风险的因素是多元的，既有自然灾害导致的社会风险，也有在经济发展、社会变革、技术革新过程中潜藏的社会风险。

随着人类实践活动深入自然界的各个角落，自然灾害爆发的频率越来越高，造成的损失也越来越大，由自然灾害造成的社会风险也越来越多。自然灾难事件社会风险指的是自然灾害系统自身演化而导致的未来社会损失的不确定性。自然灾害系统由孕灾环境子系统、承灾体子系统和致灾因子子系统组成，自然灾难事件社会风险是自然灾害系统演化的结果，是自然灾害孕育的。自然灾害的社会风险并不等同于前工业社会时期所面临的由纯自然力量带来社会损失的可能性。随着科学技术的进步和人类改造自然能力的增强，自然灾难事件社会风险的生成和演化及社会损失的发生，越来越多地受到人类活动的影响，带上了一定的人为色彩。例如，人类过多地排放二氧化碳，导致大气结构变化，造成温室效应，引起气候的异常，致使洪涝、干旱、冰冻、暴雪等气象灾害更为频繁且强度更大；一些大型工程的建设改变了地质结构，为地震及滑坡、泥石流、崩塌等地质灾害埋下了祸根；大量富含营养物质的生产、生活废水排入海洋，造成海水富营养化，改变了海洋生态环境，造成赤潮等海洋灾害。这些灾害可能造成人畜伤亡、农作物绝收、交通通信中断、水产养殖遭受损失等后果，进而影响社会经济的正常发展，引起社会失衡。

当自然灾害达到一定的程度成为灾害时，其引发的社会风险就是自然灾害的社会风险。自然灾害不仅本身会诱发社会风险，造成人类生存环境剧烈的改变，给人类生命财产造成严重损失，而且能够间接地产生社会风险，造成次生的突发事件，推动社会风险的升级，导致规模更大的社会失序和社会动荡，甚至引发公共危机。

因此，社会风险就是一种形成社会冲突、破坏社会秩序、危及社会稳定，直至演化为社会危机的可能性。灾难事件社会风险是由其形成社会冲突、社会秩序破坏、社会稳定失衡后转化为社会危机的可能性。由于灾害的破坏性大、影响面广，一方面它可以导致新的社会矛盾和不和谐因素产生，另一方面又极易激起各个领域积压的社会矛盾，引起社会冲突激化、社会秩序破坏、社会稳定失衡。因此，灾难事件社会风险一旦转化为社会危机，会对经济发展、社会建设造成重大损失。

3. 社会风险的特征

目前，各个国家、地区政治、经济、文化、社会的发展都有赖互联网的助力，这已经是不争的事实。那些依托网络平台对社会问题产生的各种观点和意见，会成为社会风险的重要发酵源，更是社会风险呈现的一种新形式。在网络社会中，社会风险表现出以下整体特征。

（1）生成简单。社会风险的产生往往非常简单、也非常迅速。通常来说，一个突发事件加上一些情绪化意见集聚，就可以迅速引爆风险。这是由于移动互联网使得网友获取信息、发表意见变得便捷，各种渠道的意见又可以迅速地进行互动，网民个体意见可以迅速地汇聚起来形成公共意见。

（2）传播迅速。社会风险的网络空间传播与传统信息传播不同，它打破了原有的传播秩序，以个人为节点，以用户之间的网状链接为纽带，呈"放射状"形成多个传播中心，将线性传播与立体传播结合起来，网络热点或者议题一旦被某一事件触发，风险就会从点至线，从线至面，多个渠道，多条路径，"病毒式"传播、"裂变式"扩散，速度极其惊人，呈现出网格化、全方位、立体式的传播现象，信息量大、互动性高、自主选择性强。

（3）演变复杂。一方面，社会风险涉及多个领域，风险热点、焦点、沸点异常复杂多变；另一方面，移动传播具有"信息碎片化"的特点，使得网友易对信息产生片面理解，结合其本身社会经历，极易裂解出其他子话题；另外，新媒体时代对信息时效提出更高要求，一些自媒体为"抢新闻""蹭热度"，用未经证实的信源、代入主观情绪以吸引眼球，形成热点后又会出现求证后与事实不符的情况，从而出现"风险反转"。

（4）影响广泛。社会风险涉及日常生活、社会治理的方方面面。社交媒体为公民提供了参与社会治理的渠道，为社会治理更加民主化、公平化、透明化创造了条件。网络作为一个信息集聚平台，也是信息扩散最好的抓手，正面风险可以通过网络得到宣扬和褒奖，净化社会环境，有利于形成良好的社会风气；负面风险也会通过这个平台不断放大，给社会治理、政府管理带来压力。

（5）处置困难。网络具有开放性和匿名性，又发展极快，在某些时段会存在法律机制不健全的"真空地带"，出现"无法可依"的情况；全媒体时代，公众接触信息的手段方式多样，但因本身辨别能力不足，易出现"首因效应"，形成"先入为主"的效果，且印象鲜明牢固，难以扭转；网民更加关注的可能并非事实的表达，而是情感的宣泄。

"快捷性"是全媒体时代网络信息传播优于传统媒体的地方，信息的传递可以发生在每时每刻以及所有地方，只要有网络平台作为支撑，用户就能每时每刻实现信息的互通，但是因为用户不会向对方表露自己的真实身份，所以存在虚假信息。也正是因为如此，从风险传播角度看，社会风险具有以下几点特征。

（1）突发性。互联网内充斥着各种各样传播速度极快的信息，这种特点也毫无保留地出现在风险的传播上，目前很多人会利用互联网来宣泄自己的情绪，发表自己对热点话题的看法，甚至将之当作展示自我才华的舞台，互联网俨然成了一个大型社会风险信息场，兼具隐匿性、交互性、开放性、虚拟性的特点。在复杂且庞大的网络世界中，任何一个环节都有可能引爆风险，且我们无法知晓风险会以何种方式在何时出现，一旦风险出现，就会呈现出病毒式的传播形式，而且控制起来十分困难。信息在媒介的作用下广泛且迅速传播，不需多时，受众就能围绕这个话题展开广泛的讨论、传播，风险就是在此背景下逐渐形成的。风险的趋势整体上受风险事件中信息发布时间、信息内容、当事人、信息发布方式的共同影响。

（2）多向性。风险新闻事件在当前新媒体和网络背景下朝着多向、多次的方向传播，而且会出现反转的现象。全媒体时代，信息互动更加频繁，传播的渠道多种多样，用户随时随地可以将自己的观点表达出来。此时只要出现一个网络热点，各种媒体平台便成了催生风险的温床，各种信息会迅速扩散开来。风险话题在群体极化（group polarization）效应下经过发酵然后彻底爆发，以音频为代表的新媒体会逐渐取代传统媒体成为风险的主要传播渠道，导致风险朝着更广、更深的方向发展。

（3）变异性。网络风险之所以会变异，是因为网民均不会在信息互通过程中公开自己的身份，任何人都有可能是传播社会风险的主体，其并非某个特定的群体。发布网络信息的主体也会因为所得到的信息并非来自现场采集而影响网络信息的真实度、可靠性和权威性，在各种不同媒介和社交网络背景下，海量的网络信息经过大量主体的转发、传播、加工而逐渐变异，这种变异性就是催生网络虚假信息的根源。

### 1.2.2　社会风险网络生态

随着互联网的迅猛发展，大数据、人工智能、云计算、虚拟现实等新技术正在逐渐改变网络的风险生态。在互联网普及的当下，网络言论载体的新形态层出不穷，网络空间为社会风险的产生和爆发提供了传播渠道。2016 年习近平总书记主持召开网络安全和信息化工作座谈会并发表重要讲话，他特别指出："网络空间是亿万民众共同的精神家园。网络空间天朗气清、生态良好，符合人民利益。网络空间乌烟瘴气、生态恶化，不符合人民利益。"他强调要"建设网络良好生态，发挥网络引导舆论、反映民意的作用。"①这为我们推进新时代社会风险网络生态建设指明了方向、提供了基本遵循。

1. 网络社会

随着互联网的普及和发展，社会俨然形成了独特的网络社会。网络社会的人际交往是以互联网为媒介的，这使它产生了与现实社会交往截然不同的特性，其在拓展人际交往时空限制之外，也产生了相应的社会风险。互联网应用的深化让吉登斯所表述的"时空抽离"（时间与空间分离）和"脱域机制"（空间与场所相分离）真正照进现实，通过互联网我们每天都在感受诸如日本福岛核泄漏、法国巴黎恐怖袭击、非洲埃博拉病毒疫情、欧洲难民问题等事件带来的不安全感，对风险的感知大大增强。

在自由、开放、匿名、互联的话语环境中，围绕着共同关注议题的公众依托网络社会形成了信息共同体，政府原本自上而下引导舆论的权威性被大大消解，现实问题在网络空间呈现出激烈的舆论风潮，甚至在政府和公众二者之间形成对立的冲突关系；同时虚拟的交往空间大大超越了政府实施管理所限定的地理界线，空间的无边界与管理的有边界产生了不匹配和不契合，不实信息更容易出现和传播，"造谣一张嘴，辟谣跑断腿，谣言满天飞"的现象频现，进一步加剧了公众对政府的不信任，使得现实社会中的各类矛盾与风险被强化、放大。

通过微博、微信公众号等互联网平台不难观察到，关于环境污染、贫富差距、司法不公、发展不平衡等问题引发的热点事件都被一桩桩记录在案。它们在网络环境中相互交织联系，建构了一种充满负性事件的拟态环境，进一步强化了公众对风险的感受，一定程度上导致了社会资本的流失，孕育了社会风险的温床。信息化形成的网络社会将社会风险贯穿于线上与线下、虚拟与现实之间，使得传统的管理和控制手段显得力不从心。

在这一风险传递的新生态下，数字技术所催生的网络因素所诱致、放大、介入或主导的各类社会风险事件频发，导致整个社会风险的发展和演化都呈现出更复杂的传播特征与途径。信息传播形式的多样化、信息数量的海量化、数据类型的异构与多样化、信息内容的高度分散化与各类会话的碎片化，使运用传统研究手段和方法进行风险信息的获取、组织和分析面临着严峻的挑战，进而导致社会风险分析呈现出准确率较低和效果下降的趋势，并且促使基于社会风险分析的决策风险也呈现出逐步加大的趋势。

中国互联网创建于 1994 年，2008 年成为拥有世界上第一大用户群体的互联网络。其发展历程，实际上就是互联网、大数据等技术与社会经济融合发展的过程。20 世纪 90 年代，互联网从美国引入中

---

① 习近平总书记在网络安全和信息化工作座谈会上的讲话[EB/OL]. http://www.cac.gov.cn/2016-04/25/c_1118731366.htm, 2016-04-25

国，中国政府、科研单位推动互联网从信息检索，到全功能接入，再到商业化探索，人民网、新华网、网易、搜狐、新浪等问世，门户时代正式开启。21世纪初，互联网走进千家万户，"内容为王"开始转向"关系为王"。各种桌面应用软件兴起，百度、阿里、腾讯都成长于这个阶段。互联网的可能性被深度开发，网络内容的缔造者不再只是网站，还包括个体用户。以移动互联网为特性的当下，移动应用与消息流型社交网络并存，智能化设备全面普及，接入互联网的门槛大幅降低，即时通信工具微信、移动支付、移动视频等海量应用覆盖了百姓生活的方方面面，云计算、大数据、人工智能、虚拟现实、5G等技术使中国互联网呈现出以智能化为特性的新格局。

在网络基础建设方面，截至2020年底，域名注册者在中国境内的网站数量达到443万个，其中，".CN"数量是295万个；网页数量是3 155亿，其中静态网页占68.3%，为2 155亿；动态网页占31.7%，为1 000亿。2020年全年，移动互联网接入流量消费总额达1 656亿GB，较2015年增加40倍。市场上移动互联网应用（application，APP）的数量是345万款，排名前四的依次是游戏类（25.7%）、日常工具类（14.6%）、电子商务类（9.9%）和生活服务类（9%）①。

2. 网络用户

网络用户（network user），特指利用互联网获取和交流信息的个人或团体。通俗意义上也叫"网民"（netizens），泛指所有通过计算机和互联网进行网络活动的人。有研究者认为，用网民这个词才能更好地突出网络对人们社会活动的巨大影响[20, 21]。中国互联网络信息中心（China Internet Network Information Center, CNNIC）发布的第48次《中国互联网络发展状况统计报告》显示，截至2021年6月，我国网民规模达10.11亿，较2020年12月增长2 175万，互联网普及率达71.6%。十亿用户接入互联网，形成了全球最为庞大、生机勃勃的数字社会。如此庞大的网民规模，一旦出现社会风险事件则极易引发大量非理性社会情绪的发酵和积聚，容易在网络上广泛传播和迅速扩散产生负面言论，造成社会风险事件的发生，且事件带来的后果也会更加严重。

截至2020年12月，中国即时通信用户数量达到9.8亿。99.2%的手机网民使用手机进行即时通信。网络新闻应用的用户规模为7.4亿，网络购物应用的用户规模为7.8亿，网络支付应用的用户规模为8.5亿，网络视频（其中包含短视频）应用的用户规模为9.3亿。互联网各类应用的用户规模及网民使用率如表1.8所示。

表1.8    互联网各类应用的用户规模及网民使用率（截至2020年12月）

| 应用 | 用户规模/亿 | 网民使用率 | 应用 | 用户规模/亿 | 网民使用率 |
|---|---|---|---|---|---|
| 即时通信 | 9.8 | 99.2% | 网络游戏 | 5.2 | 52.4% |
| 搜索引擎 | 7.7 | 77.8% | 网络视频 | 9.3 | 93.7% |
| 网络新闻 | 7.4 | 75.1% | 短视频 | 8.7 | 88.3% |
| 远程办公 | 3.5 | 34.9% | 网络音乐 | 6.6 | 66.6% |
| 网络购物 | 7.8 | 79.1% | 网络文学 | 4.6 | 46.5% |
| 网上外卖 | 4.2 | 42.3% | 网络直播 | 6.2 | 62.4% |
| 网络支付 | 8.5 | 86.4% | 网约车 | 3.7 | 36.9% |
| 网络理财 | 1.7 | 17.2% | 在线教育 | 3.4 | 34.6% |

资料来源：中国互联网络信息中心第48次《中国互联网络发展状况统计报告》

2018年，中国人民大学新闻学院和清华大学新闻与传播学院课题组通过线上问卷的方式对网民进行抽样调查，发布了《网络评论传播的用户分析报告》[22]。在对网络评论传播的典型用户画像中，将网络评论用户的使用动机和行为概括提炼为如下五个维度的特征。

---

① 资料来源：中国互联网络信息中心（CNNIC）第47次《中国互联网络发展状况统计报告》

（1）社交互动活跃度。高社交互动活跃度主要表现为经常与好友进行互动，如评论好友的日志/状态、发布信息时@好友等；低社交互动活跃度则主要表现为很少与好友进行互动，以浏览好友动态为主。

（2）兴趣享乐评论关注取向。取向的一端是偏集体取向的兴趣享乐评论关注，即倾向于关注与好友共同感兴趣的领域/偶像的信息；取向的另一端是偏个人取向的兴趣享乐评论关注，即倾向于关注个人感兴趣的领域/公众人物的评论。

（3）行业评论关注取向。取向的一端是碎片化的行业评论关注，即在使用社会化媒体的同时会去浏览行业评论；取向的另一端是集中化的行业动态关注，即不仅关注行业评论信息，还试图基于社会化媒体建构自己的行业小圈子，结识同行业人士并进行互动。

（4）新闻评论关注取向。一类是偏轻松的新闻评论关注，如娱乐评论、体育评论等；一类是偏严肃的新闻评论关注，如时政评论、经济评论等；一类是偏社会热点的新闻评论关注，主要通过社会化媒体关注当前的社会热点事件评论。

（5）自我表达积极性。积极的自我表达主要表现为愿意在社会化媒体上表达自己的观点，消极的自我表达表现为很少在社会化媒体上表达对社会事件/见闻的观点。

### 3. 网络理政

随着网络的日益普及，互联网在中国民众的政治、经济和社会生活中扮演着日益重要的角色，成为中国公民行使知情权、参与权、表达权和监督权的重要渠道。网络理政，就是政府通过互联网做宣传、做决策，了解民情、汇聚民智，以取之于民，用之于民[23]。从而实现科学决策、民主决策，真正做到全心全意为人民服务。例如，在 2012 年"7·21"北京特大暴雨洪涝灾害中，北京市政务微博小组彻夜运转，不停歇地向公众直播抢险救援的现场情况，利用北京市政务微博第一时间进行虚假消息辟谣，防止虚假信息网络传播和煽动广大人民群众，避免事态进一步蔓延和扩大，成为我国各级政府部门利用政务微博来应对灾难事件的一次实战演练和重要示范。

互联网政务方面，据中国互联网络信息中心发布的第 47 次《中国互联网络发展状况统计报告》，截至 2020 年 12 月，我国互联网政务服务用户规模达 8.43 亿，占整体网民的 85.3%。各级人民政府及部门、派出机构、承担行政职能的事业单位在互联网上开办包括政府门户网站、部门网站在内的网站1.4 万个，用以发布信息、互动交流、办理事务等，如表 1.9 所示。

**表 1.9 分省政府网站数量**

| 省份 | 数量/个 | 省份 | 数量/个 | 省份 | 数量/个 |
|------|--------|------|--------|------|--------|
| 北京 | 73 | 安徽 | 836 | 四川 | 921 |
| 天津 | 93 | 福建 | 435 | 贵州 | 422 |
| 河北 | 509 | 江西 | 540 | 云南 | 295 |
| 陕西 | 411 | 山东 | 899 | 西藏 | 234 |
| 内蒙古 | 552 | 河南 | 851 | 陕西 | 602 |
| 辽宁 | 562 | 湖北 | 609 | 甘肃 | 525 |
| 吉林 | 312 | 湖南 | 600 | 青海 | 133 |
| 黑龙江 | 204 | 广东 | 558 | 宁夏 | 128 |
| 上海 | 67 | 广西 | 549 | 新疆 | 161 |
| 江苏 | 653 | 海南 | 111 | 新疆生产建设兵团 | 54 |
| 浙江 | 563 | 重庆 | 87 | 合计 | 13 549 |

资料来源：中国互联网信息中心第 47 次《中国互联网络发展状况统计报告》

我国 31 个省、自治区和直辖市都已经开通了政务机构微博，超过 14 万个，其中数量前十的依次是河南、四川、江苏、广东、浙江、山东、陕西、安徽、北京、湖北；各级政府共开通政务头条号 83000 个，用以在今日头条发布政府公共信息，其中数量排名前十的是山东、河南、四川、甘肃、内蒙古、广东、河北、陕西、浙江、广西。开通政务抖音 26000 个，数量排名前十的是山东、四川、内蒙古、河北、浙江、甘肃、辽宁、河南、江西、黑龙江，具体数值如图 1.5 所示。

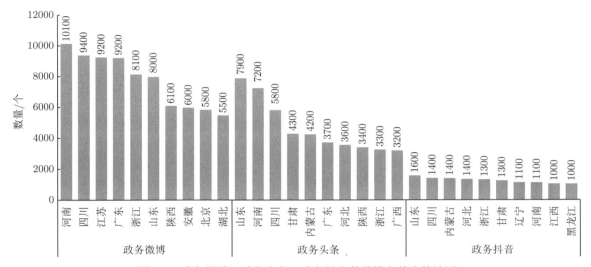

图 1.5　政务微博、政务头条、政务抖音数量排名前十的地区

资料来源：中国互联网络信息中心第 47 次《中国互联网络发展状况统计报告》

4. 网络媒体

网络媒体和传统的电视、报纸、广播等媒体一样，都是传播信息的渠道，是交流、传播信息的工具，信息的载体。与传统的音视频设备采用的工作方式不同，网络媒体依赖 IT（internet technology，互联网技术）设备开发商们提供的技术和设备来传输、存储和处理音视频信号。汶川 8.0 级地震也让我们看到了中国网媒的新闻报道力度。短短几天时间，各网络媒体对地震灾情及救灾工作进行了全方位多角度的报道。

在网络媒体时代，"两微一端"（指微博、微信及新闻客户端）已经成为现代人们了解日常生活大事的重要途径。网络媒体为民众打开了更多表达自身情感的渠道，使得在微博、微信、新闻客户端构筑的网络开放情境下，政府与公众之间形成互动，打破了政府、专家独揽话语权的时代。

中国网络媒体发展经历了三个阶段，1998~2004 年是以门户网站和新闻网站为载体的萌芽发展阶段，2005~2010 年是以博客为载体的快速发展阶段，2011 年至今是以微博、微信、抖音及新闻客户端为载体的融合发展阶段，如图 1.6 所示。

网络媒体成为网民获取新闻信息的重要渠道，根据中国社会科学院新闻与传播研究所的一项基于 3 万人的调查问卷结果（图 1.7），受访者中，从微信群、抖音、今日头条、微博获取新闻信息的人占比分别为 77.25%、39.02%、24.61% 和 24.03%[24]。从电视和其他获取新闻信息的人占比均在 7% 以下，从纸媒获取新闻的受访者占比仅 0.68%。数据可以看出，网络媒体已经成为我国网民获取新闻信息的主要渠道，腾讯微信是用户最多、最广泛的新闻信息获取平台。同时，微信群也被认为是最值得信任、更新速度最快的平台，而纸媒、电视等一般被视为"权威"的传统媒体。

当下，微信移动新闻客户端、微信、微博等新兴网络媒体的出现打破了媒体传播的固有格局，新媒体时代下自动化媒体的占比与日俱增，整个网络社会的信息表达方式变得多元，人人都可以参与其

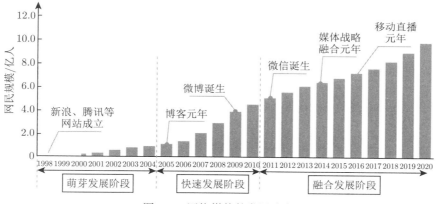

图 1.6　网络媒体的发展阶段

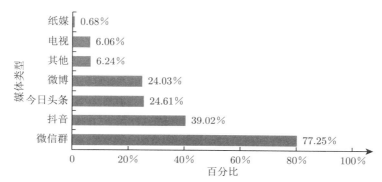

图 1.7　2019年中国网民获取新闻信息网络媒体类型分布情况[24]

中，充当信息的接收者和传递者，社会上涌现出大量的自媒体，加上媒体评选者直接将 2016 年定义为"虚拟现实技术元年"和"移动直播元年"，中国互联网新一代技术直播平台如雨后春笋般涌现，并表现出了蓬勃的生命力，其中以网络电台、AB 站、分答、知乎、搜狐最具代表性，传统网络风险话语格局也因此出现了一系列的巨变，传统线上线下网络空间与虚拟融合现实网络空间开始表现出明显的融合之势，无数的线下网络综合治理使得网络风险话语的具体表达朝着更加多元与两极化的方向发展，最后形成了一种前所未有的风险景观。

### 1.2.3　网络社会风险解构

社会风险造成的社会影响力取决于多种因素的共同作用，尤其是公众、政府、网民对于事件的关注程度，以及事件本身的敏感性，所以，主动管理好网络传播媒介，积极开展风险治理工作，引导网民正确看待风险事件是必要的。

1. 信息角度

从信息的生产者、传递者、分解者角度看社会风险的生成与演化。

（1）信息生产者。社会风险信息生产者指的是创造并生产事件信息的人员或机构。包括曝光事件的网民或媒体，跟进调查的自媒体、官方媒体，回应事件的主体等。例如，2021 年 9 月的"东北多地限电"事件，媒体"中国青年网"首先报道了此事件，时任《环球时报》总编辑胡锡进发表了评论，"辽宁晚报"报道此事更新信息，众多网友对事件进行了激烈的讨论，其中涉及的中国青年网、辽宁晚报等媒体，普通网民，以及国家电网，都是风险信息的生产者。

（2）信息传递者。风险信息的传递者是扩大"一手信息"影响、传播"一手信息"的个人或组织。例如，在上述"东北多地限电"事件中，胡锡进的微博被转发了 3 000 余次，普通网民通过转发博文，传递事件信息；同时，腾讯网、新浪新闻、问卷网、网易订阅、中国小康网、人民资讯等媒体都报道了胡锡进对事件的评论，从而进一步扩大了事件的传播。此过程中转发的网民、报道的媒体等都是事件信息的传递者。

（3）信息分解者。风险信息的分解者是风险信息的监测者和引导者，可以是政府部门，也可以是媒体等。常见的信息分解手段是辟谣。上述"东北多地限电"中，网络上出现"北京停电计划""上海停电计划"等不实信息，"国家电网"微博对北京停电时间进行回应，国网上海电力公司借助新华网、光明网等平台进行了辟谣。

2. 主体角度

从主体来看，作为信息接收者的公众，尤其是网民，对于事件的关注程度，作为信息管理者的政府，对事件的处理方式，作为信息发布者的媒体，对事件的传播渠道，都是社会风险识别、分析和管理的重要主体。

（1）公众。公众是在社会生活的大众，在网络中活动的个体，他们在互联网上观看视频、获取资料、交友聊天，如今也包括远程办公、远程学习等。部分公众在网络平台上就某一核心事件发表自己的观点、态度、意见、看法、情绪，经过网络的传播、扩散、集聚、放大，则可能形成风险，并对现实生活造成影响。普通网民都是公众的一分子。在一个成熟的网络社会中，公众必须拥有自我评价和信息甄别的能力，各种观点只有经过充分的表述和交锋后，才能够形成对观点的认同与对事件的共识。

（2）政府。政府指的是国家行政机关或管理机关，作为公共权力的行使者、公共政策的制定者、公共事务的管理者、公共产品的提供者，其也是网络空间的管理者。在社会风险管理过程中，政府承担着信息求证、信息引导、危机处理等多重角色。信息求证是指对风险事件的事实进行调查取证，并将结果公布给公众，如 2021 年的"吴亦凡事件"中，北京市公安局朝阳分局就负责对案件进行调查、通报和处理，并公布过程和结果。信息引导是指在风险传播过程中，选取适当时机，采用设置议题、新闻发布等多种方式，引导话题走向，避免信息被扭曲、风险走向极端等情况的发生。中央纪委发布文章《深度关注|整治"饭圈"乱象》，就将个人事件进行了提升，引导至整个"饭圈"的发展之上。危机处理是在风险即将造成伤害时采取措施避免伤害发生，或已经造成伤害的时候采取措施减小危机损伤。同时，政府也可能成为深陷风险漩涡的被讨论对象。

（3）媒体。社会风险中的媒体主要是网络媒体，包括新闻网站、各类论坛、微信、微博等多种渠道，具有信息发布、意见交流等综合功能。它们改变了传统信息源、传播者、接受者之间被动接受信息的关系，使普通公众都变成信息的传播者和新闻源。网络媒体具有信息容量大、信息形式多（文字、图片、视频）等特点，也具有虚拟性、隐蔽性、多元性和复杂性，但自媒体平台因缺乏信息取证、核实功能，容易造成不实信息的滋生和传播。在媒介的风险传播实践中，有许多由于媒体不适当报道而加剧甚至引发新风险的案例。2011 年 7 月的甬温线动车事故，媒体的报道经历了从"救援主题"到"诘难主题"，从"真相调查"到"情绪宣泄"的变化过程。事后反思，媒体的过度"监督"给当时的风险管控带来了巨大的压力，导致政府部门信誉严重受损，高铁建设严重受挫，也引发中国高铁行业一次史无前例的风险。

3. 要素角度

从主体、客体、本体和载体等角度，全方位分析网络社会中的社会风险构成。

（1）主体。网络社会中，社会风险的主体是风险信息的发布者和传播者，他们在网络空间表达自己的认知、态度、情绪和意见等。可以细分为自由主体、流量主体、管控主体和利益相关主体。其中，自由主体就是与事件无关的网民；流量主体是网络大 V 等，具有较大影响力；管控主体是政府机构发言人及专家，主要引导风险走向；利益主体是风险事件中的受害人、当事人、利益相关者等，在风险事件中有一定的利益诉求。

（2）客体。社会风险的客体是直接导致风险发生和传播的事件。包括地震、台风等自然灾害，火灾、爆炸等事故灾难，表现为热点新闻、热点话题等，能在极短的时间内吸引极多的媒体报道和网民关注，也会持续一定时间，并对现实世界产生影响。这可能发生在某一地区，也可能波及多个地区。不同类别风险分析中，风险客体可以具象为不同事物。

（3）本体。社会风险的本体是风险主体（网民等）针对事件表达的情绪、意愿、态度和意见等信息的总和。具体可以表现为一段文字、一张图片、一段视频、一个链接、一个图文组合、一个视频文字组合等；涉及风险核心事件的时间、地点、人物、因果，包含网友的意见倾向和情绪倾向等，由新闻网站、搜索引擎、问答社区、微博微信等媒体承载，是行为主体（网民）对行为对象（事件）产生的行为结果（风险）。

（4）载体。社会风险的载体是风险借以产生、传播、扩大、消失的媒介。传播媒介包括各类社交媒体 APP、新闻资讯 APP 等，最常见的是微博和微信，网民可以通过移动手机、平板电脑、笔记本电脑、台式机等多种终端接入。正是因为载体的多元化和便利性，使得人人都是"新闻人"，使得风险传播成本变低，加大了管控难度。

## 1.3　灾难社会风险

在 20 世纪中后期至 21 世纪初，经历了切尔诺贝利核泄漏、"9·11"恐怖袭击等事件后，灾难事件社会风险成为公众关注的重点。随着风险社会与网络社会的叠加，一旦发生灾难事件，极易因为信息不对称和认知不完备，造成不实信息传播、秩序混乱，对民众正常生活、社会平稳运行产生消极影响，增加灾难事件带来的损害。

### 1.3.1　灾难事件社会风险特征

本书所界定的灾难事件社会风险，不是灾难直接引起的社会风险，而是灾难事件在信息传输中，信息失真、不确定、不充分等导致的社会风险。灾难事件社会风险具有从灾难—风险—危机的"一生成、三状态、一演化"的演化路径和演变过程[25]。其中，最显著的特征是社会冲突、社会失序、社会失稳三状态，以"弱均衡、次协调、亚稳定"为中间态，通过"社会冲突激化、社会秩序破坏、社会稳定失衡"传导激化，形成社会危机。只有把握灾难事件社会风险特征，才能做好风险治理。

1. 风险状态

灾难事件社会风险主要包括社会冲突风险、社会失序风险和社会失稳风险，三者相辅相成、不可分割。

（1）社会冲突风险。灾难社会冲突，是指灾难特殊情境之下，不同群体之间因利益的差异和对立而产生的对抗行为，它由"均衡—弱均衡—失衡"依次演进。在演进过程中，不同的发展阶段具有各自相应的形成要素和特点规律。灾难事件可以造成新的社会冲突，或激发原有的社会矛盾从而引发冲突。地震、泥石流等某些自然灾害难以预测、无法回避，但如何应对灾难带来的社会冲突可以选择。为了降低灾难后的社会冲突风险，需要探究冲突的发生机理、表现形式、结构功能，剖析灾难社会冲突发生的深层原因，辨证看待、尽量调适社会冲突，将对立方的矛盾冲突变为促进社会合作、推动社会和谐的动力。

（2）社会失序风险。灾难影响社会的正常运行，对生命、财产、自然环境、社会关系等造成威胁、冲击和损害，使社会经历"协调—次协调—失调"的演替过程，沦入一种社会失序状态。从社会秩序暴露在灾难情景下看，主要存在个体、社会关系和制度层面的失序风险。识别灾难可能造成的社会失序类型、情景、原因、要素，分析社会秩序暴露特征，制定社会失序风险清单，对社会失序的波及面、可能性、严重度进行定性分析、有效度量和综合评估，评估灾难造成的社会失序风险，从而制定出有针对性的风险管理策略，防范和减少灾难给社会带来的损失。控制社会失序状态，避免社会危机爆发。

（3）社会失稳风险。灾难特殊情境下，当人们面临失去亲人的悲痛、失去家园的无助时，加之由于物资短缺、供求失衡、市场混乱等引起的社会冲突、社会失序，灾难事件社会风险因素会在较短的时间区间内累积，形成"稳定—亚稳定—失稳"的连锁反应，社会运行在稳定与动乱之间来回动荡，处于一种紊乱状态。如果控制不及时，进入非制度化失控状态，可能迅速转化为社会危机。这时要做的是，对灾难可能蕴含的社会稳定风险因素进行分析、评估、预测，从源头和过程做好综治维稳工作，切实提升以应急防范力为核心的风险管理成效。引导社会力量参与，群策群力、群防群治，预防和限制影响社会稳定风险的活动。

2. 演化要素

自然、技术和人因三类灾难事件所引发的社会风险不同。灾难事件社会风险会出现的孕育、完善、成长、发生、消亡、衰老、转化等一切可能的变化即演化。界定社会风险的演化环境、主体、客体、本体、媒介、效果等要素，是进一步分析风险演化特征的前提。

（1）演化环境。社会风险在何种环境下演化，这是环境要素的内核。外部环境对灾难事件社会风险的传播演化起到了影响和支持作用。风险演化的内部要素可以具体分为社会环境、技术环境和制度环境三个方面，这些要素可以看作彼此变化时与之关联的一切外部刺激性要素和制约性要素的集合。

（2）演化主体。灾难事件社会风险演化主体要素回答了灾难事件社会风险"由谁引发演化"的问题。主体也可分为三类，具体是：相关性高、紧急性高、影响性高的政府部门；相关性较高、影响性较大、紧急性较弱的传播媒介等；不太紧急、影响范围小、无直接关联的普通网民群体。

（3）演化客体。核心受众是经历灾难事件的主体，也是受灾群体，其正常的生活因为灾难事件而被打乱，为了适应环境的改变，他们对外部信息的需求十分强烈；外围受众则指政府部门、各类媒体、非政府组织，他们会主动关注风险，第一时间做出反应。边缘受众指普通网民，他们不会第一时间进行反应，关注度也比较低，但却会接收和传播风险信息。

（4）演化本体。对灾难事件社会风险以多种载体形式进行的信息表达，是灾难事件社会风险演化的本体。灾难事件社会风险演化本体要素回答了灾难事件社会风险"传播什么"的问题。总体而言，传递和扩散风险信息的过程就是风险传播演化的过程，社交媒体时代网民通过微博、微信来获取数据、消息、文本等风险，获取信息的渠道十分多元。

（5）演化媒介。风险信息从演化主体流通到演化客体所依托的介质称为风险演化媒介，可以将之理解为灾难事件社会风险传播的渠道。媒介工具在互联网背景下呈现出多元的特点，具体到灾难事件社会风险演化介质方面，要规避因媒介传播放大风险，就要将多元化的社交媒介和权威性的传统媒介结合，使之优势互补，这样才能更好地保证信息传播不失真。

（6）演化效果。通常情况下，需要从认知、态度、行为三个方面来把握风险演化最终取得了怎样的效果。在灾难事件社会风险传播和演化过程中，传播主体针对受众获取风险信息的需要会对传播媒介、传播内容、传播方式进行认真的选择，这些信息内容要符合受众的理解和认知水平，在披露灾情信息的过程中，民众的态度会有所变化，继而基于自身的态度调整行为。毫无疑问，这些行为也包含民众在线转发灾难事件的行为，这也可能催化为新的危机事件。

3. 演化周期

基于风险演化的全生命周期对不同风险构成要素之间的内在联系进行揭示，进而对灾难事件社会风险演化过程的发展情况进行描述，以便对灾难事件社会风险演化的关键点进行把握，从而为归纳风险演化动力要素奠定基础，如图1.8所示。

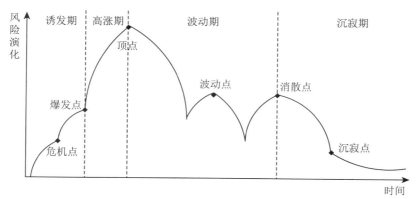

图 1.8　灾难事件风险演化周期

（1）诱发期。通常来说，风险诱发期就是灾难事件社会风险演化过程的起点。灾难事件社会风险通常都是按照"刺激—反应"的步骤形成，可以把灾难事件看作一个信息源，它具有刺激性，而且能够从现实场域实现所触发情绪能量到虚拟场域的转换，这往往是灾难事件社会风险进入诱发期的表现。身处灾难事件发生地的亲历者及有着不同利益诉求的公众，利用短视频、图片、文字等媒介，将其接收到的风险信息发送到虚拟网络空间。

（2）高涨期。不同背景、具有不同认知的群体对灾难事件社会风险场域中的信息有不同的解读，并通过在网络空间讨论灾难事件社会风险，使风险事件不断发酵，很快形成"爆炸式"的传播现象，将灾难风险推至风口浪尖，此时各个群体都会不断接收和转发风险信息，并扩散到社会各个领域和层面。风险场域中的信息在灾难事件社会风险爆炸式传播的过程中呈几何倍数增长，然而灾情信息报道依然是普通公众获取事件信息的主要渠道。具有权威性和专业性的传统媒体是粉碎不实信息的最佳主体，理性分析的新媒体也能起到重要助推作用。

（3）波动期。灾难事件社会风险"由盛转衰"的标志是其进入波动期，这一时期比前两个时期持续时间更长，灾难事件社会风险在此时已经具备了隐性特征，显性特征开始消失，灾难事件在网络中被提及的次数和频率会有所减少，但也并非完全消失，偶尔还是会有传播和讨论。在风险波动阶段，广大网民群体逐渐退出讨论，只有少量人回顾和反思灾难事件社会风险及其引发的现实问题。

（4）沉寂期。灾难事件社会风险进入沉寂阶段，此时网络上很少有人会主动讨论灾难事件。但是，风险沉寂并不是说灾难事件社会风险已经消失，受灾者因遭遇灾难事件而受到的情感创伤和经济损失，需要时间去适应，得到慰藉。灾难事件社会风险会进入阶段性沉寂过程，但也可能会因为出现新的诱因而被重新唤醒。受众群体在这一时期内会因为新事件的出现而逐渐不再过多关注原来的灾难事件，传播媒介也会渐渐停止更新灾难事件社会风险信息（为描述方便，也简称风险信息），就算有诸如灾情新议题等信息出现，也会采用单向传播的方式进行报道，这样的传播很难得到回应，而且难以在网络媒介上的风险场域掀起更多的涟漪。

4. 演变特征

如今的全媒体时代，每个人都是信息源、每个人都有麦克风，网络空间成为各类灾难事件信息的集散地，形成复杂交错的网络风险链，推动社会风险的快速生成、演化和发展，表现出如下几项突出特征。

（1）迅速生成，快速引爆。如今的灾难事件风险信息，官方媒体、权威专家、普通民众同时发声，通过抖音、微博、微信等多个平台同步推送，风险信息呈现出"饥渴—爆炸—过载"的动态生成过程。在这样的一个过程中，纷繁复杂的风险信息会迅速聚合、快速传播、急速蔓延、多层叠加并不断衍生发展，这也加大了对风险信息的把关和风险筛选的难度。铺天盖地的"真相"和"谎言"相互交织、层出不穷，在网络时空中不断发酵。各种浮夸的、博人眼球的虚假言论包裹着真实信息，掺杂在不同的社交群，穿梭于不同的风险场，在不断裂变的过程中，被生硬地进行二次删减、拼接，从而被夸大，产生变异，影响社会风险的走向和风险发展的态势。

（2）急速传播，辐射扩散。恐怖袭击、重大刑事案件等人因灾难事件社会风险事件一旦触发民众关注，就会在多个网络平台上迅速扩散，从而以叠加的传播速度在一瞬间引爆整个网络。在大数据技术、智能算法技术的支持下，公众能够快速读取灾难事件的最新信息，这进一步加速了信息的反馈、风险的传播，在这样一个快速获取、迅速解读、倍速扩散的循环过程中，社会风险会呈现裂变式的传播态势和辐射式的扩散效应，进而不断地被再次解读、再次传播、再次扩散。甚至可以说，一些不实信息的生产速度，远远超过了官方的辟谣速度，小道消息以病毒式传播，小事成大事、大事妖魔化，形成恶性循环，从而被无限放大、过度解读，点燃大众的焦虑情绪、不满情绪。

（3）广泛波及，扩大影响。风险形成之后，波及的范围会迅速扩大，风险影响力会如滚雪球般在网络空间蔓延、扩散和叠加，并以灾难事件为核心引发一连串的涟漪效应、落地效应。通过线上和线下双向联动的方式，社会风险的影响范围会从网络层面波及现实层面，从而进一步扩大事件的影响。具体来说，政府公共部门将被卷入整个社会风险场域中，正是由于风险的扩散、演化、耦合和转化存在强的不确定性和复杂性，加大了政府对社会风险引导的难度。另外，普通民众也会被卷入社会风险场域之中，从而导致公众的判断力下降，其恐慌、焦虑情绪蔓延，线上批评声、声讨声和线下哄抢行为、囤积行为层出不穷。更有一些不良媒体和网络平台，会放大事件处理、风险管控的漏洞。

### 1.3.2　灾难事件社会风险动因

灾难事件社会风险的出现和发展并非没有原因，我们可以从以下两个方面来理解和把握这些成因和诱因：直接来看，要从网民的言说能力、网络的表达功能、社会情感积累等层面来理解灾难网络空间内产生的灾难事件社会风险；间接来看，得从处理失当、诉求承载、信息缺失等方面来理解灾难中社会风险的生成和演化。灾难事件社会风险动因，如图1.9所示。

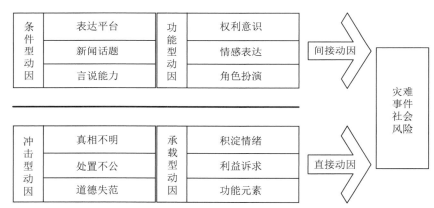

图 1.9　灾难事件社会风险的动因

资料来源：方付建. 突发事件网络舆情演变研究[D]. 华中科技大学, 2011

1. 条件型动因

网络表达平台、多样新闻话题和有言说能力的网民，构成了灾难事件社会风险的前提条件。

1）网络表达平台形成

在社会还未出现移动互联网时，主要是由政府特别是媒体从业精英、知识精英把握各类纸媒或电媒，如电视、广播、刊物、报纸。网络新闻和言论的传播，以及信息的表达由政府或者是知识精英掌握；虽然以社交网络为主要传播形式的媒体依然存在，但它们呈现公众话语及承载公众信息的能力有限，难以提供足够的言论空间供公众自由地发表自己的言论、看法和观点。作为新型媒介的现代网络，其自诞生之日起就属于典型的"自媒体"，网络打破了传统媒体信息量有限的格局，各个参与到网络中的主体能够随时随地地就事件发表自己的看法和观点。公民可以用低于传统媒介的成本来获取自己所需的信息，而且效率更高，方式更便捷。网络走进千家万户之后，人们获得了一个表达民情、民意的自由平台，其与政府之间的距离瞬间被拉近。自媒体的力量越来越强大，而且整体用户规模数量不断扩张，互联网媒体以一种强劲的态势成为政府实时发布和传播信息的新型方式。越来越多的网民依靠个人空间、博客、微博摇身一变成了一名"在线新闻记者"，他们只要登录网络，就能根据自己搜集到的信息成为一个不需要获得报纸出刊号，也不需要传播许可证就能发布信息的主体。

如果将网络看成一个新的社会空间，那么我们可以直接将互联网看作一个风险"硬空间"，在这个"硬的"社交风险空间内，网民能够自由表达自己的诉求、发泄自己的情绪，当这些信息的量达到一定程度之后，就会孕育出一个虚拟的风险广场。此时网络世界就成了人们讨论社会热点、焦点话题的主阵地，也成了人们互通信息的主要平台，如图1.10所示。传统渠道对于民意的传达不够有效和及时，所以当网络提供了这样一个机会给人们自由表达诉求和观点，且当中各种信息的传递不完全被政治权威和精英知识分子所管控和左右时，民众就会越来越热爱这个能够传达自己利益诉求的互联网平台。当越来越多的民众聚集在网络当中，表达各自的意见、观点时，就会孕育出一个风险场。网络在满足公众表达观点、意见诉求的过程中也慢慢成了一个公共风险聚集地，这一风险公共空间因为网络公众开放式、互动式的对话和交流而吸引了更多地区的网民，这些形形色色的网民聚集在一起讨论公共风险，最后使得风险迅速发酵，并传播到全国各个地区，甚至可能通过形成社会影响力影响有关政府部门做出相关决策。网络除了可以将民意集中在一起之外，还能为利益互动创造一个平台，供不同利益主体交换自己的观点、看法。

图 1.10　网民的资讯获取及情绪表达网络示意

2）多样新闻话题呈现

社会风险以信息源或新闻为诱发因素。以前人们获取信息的方式比较单一，只能从新闻中提炼，而且还存在一定的难度，其获取信息的便捷性远远不如总编、大型企业的项目经理人、记者、主持人及新闻专栏作家。目前越来越多的人已经主动参与到各类新闻和商业信息的综合创造、扩散和优化利用过程中。而且,传统的网络媒介因为受主观、客观因素的影响无法充分接触热点新闻,无法将民众的观点和诉求流畅地表达出来,但是这些对于网络媒介而言并非难事。尽管政府已经针对网络媒体登载和传播新闻采取了一些监管的手段和措施,而且力度越来越大,但是网络媒体新闻信息市场的巨大流量却促使各大网络新闻网站开始寻求一种摆脱监管的方法和路径。个别非网络新闻网站也开始生产、加工、传播新闻,这些行为的出现也使得网民和网站竞相模仿,开始自己加工、移植和转载新闻信息,这种现象的出现与我国网络知识产权保护意识淡薄不无关系,也正是因为如此,社会上每天才会出现海量的新闻(图 1.11),而且内容更加多样化。

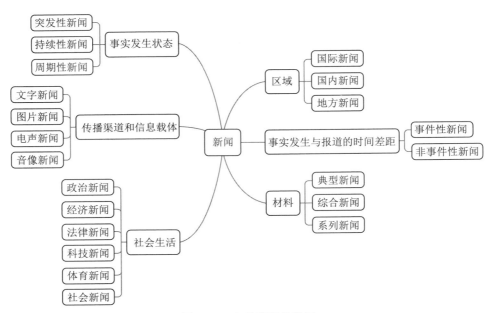

图 1.11 多种类型的新闻

当前一些大型新闻网站每天都要更新数万条新闻信息,诸如逸事、灾害、民生、时政等各种事件都能成为网络新闻。在浩瀚的新闻烟海当中,网民们已经懂得如何根据自己的喜好来选择阅读和接收新闻。每个人的喜好不同,新闻阅读取向也存在显著的差异,所以每种新闻都能吸引相应的受众,也可能会因为其相适性促发特定群体网民的语言冲动。同时,网络新闻批判评论又使得网民们的观察能力得到了提升,为其创造了机会。在一些网站或网络平台,网民对新闻评论的关注程度甚至比新闻本身还大,这已经是一种普遍现象。在网上发表言论的过程中,许多网民也明确表示,其对网络新闻进行浏览的过程中除了对新闻标题、内容进行阅读之外,还会仔细阅读评论和跟帖。广大网民群体依托新闻作为自己与他人交流的依据,同时也调动了网民表达自身观点和诉求的积极性,一些自由放任、带有偏见的表达,无形中孕育了社会风险。

3)网民言说能力提升

在互联网空间内,网民是话语与行为主体,当网民在网络中热烈地讨论某个事件时,就会形成社会风险热点,这样的热点话题往往拥有极高的评论数量。互联网社会的发展孕育了一批新的话语和行为主体,这一群体活跃在虚拟空间当中,他们就某些事件的看法和观点形成了一个浩大的"话语源"。我国网民话语量日益增多,其话语意识日益提高。在互联网平台当中,无数的网民及网民群体为互联网的社会化提供了动力。纵观网络发展历程可知,最初发明网络的是一群技术人才,第一批使用网络的群体是军事院校和大学的专家。过去网络只被少数人使用,而且具有明显的"商用"特征。随着网络的普及,企业/公司管理者逐渐成为网络的使用主体(图 1.12),这类使用群体拥有一定的计算机操作能力，知识面比较广，属于知识型人才，他们有着优于普通人的创造力和研判能力，属于社会中占比较高的话语群体。

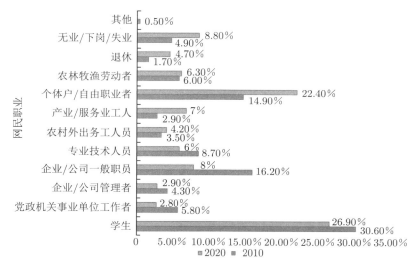

图 1.12　2010年和2020年中国网民职业结构

资料来源：中国互联网络信息中心

当网络走进千家万户之后，普通民众也具备了上网的条件，此时上网成本急剧降低，网民的组成也从单一变得多元，而且网民数量急剧膨胀，网民内部也开始发生一些显著的变化。不少学者通过研究表示，网络炒家、网络精英、网络政治工作者、普通网民是整个网络政治生态当中的主要群体，如果再继续进行细分会发现，高层次人才已经不再是整个网民队伍的主体，其逐渐表现出了草根化的趋势。一方面，网络空间中的主体大都是现实生活中普通的民众；另一方面，在网络空间中，网民扮演着不同的角色，他们有着不同的身份，属于不同的群体。随着我国网民队伍的不断壮大，越来越多低学历、低知识储备的个体也参与到其中。

就中国的实际情况分析，过去主要是由商业或知识型精英组成使用网络的群体，但是自从各种商业网站问世，加上电子政府的建立，以及教育科研网的出现，越来越多的人开始使用网络，此时网民队伍已经具有综合性、多元化的特点。尽管网民低学历化已经成了一种趋势，但是各类网络技术精英群体依然是使用网络的主要群体，其在信息拥有量方面占有绝对的优势，具有极强的言论能力。这些互联网的居民被称作"新意见阶层"，他们能够就社会上的一些现象发表自己独到的看法和观点，而且可以结合生活实际进行理性分析，给出准确的判断。不仅如此，这些网民热衷于对社会的公共事务进行讨论，具有极强的社会责任感、同情心和正义感，这群互联网群体能够凭借自己良好的言论意识正确引导社会风险。

2. 功能型动因

由于公民权利意识增强、社会共同情感表达和网民对各类社会角色的扮演，放大了灾难事件社会风险的功能。

1）公民权利意识增强

网络与生俱来的匿名性使得人们可以在互联网世界中畅所欲言，无须担心被权威干涉或是面对重大社交压力。从某种角度来看，网民表达观点、传递信息实际上已经脱离了传统"把关人"的视野，他们将个人电脑当作能够随时随地发表言论的载体，只要能够联网，他们就可以随时在网吧、办公桌、卧室发表自己的观点和诉求，这样一来，发布信息和观点就不再是某个群体才能做的事情，任何网络用户都可以做到。一些目前还无法融入社会政治生活的边缘人士、圈外人和其他政治制度外的人也能利用网络参与到政治讨论中。

网络已经成了部分网民的安抚慰藉之所和精神家园。各种虚拟群体和其他网民因为网络的话语权限性和赋权在各自的网络社交空间内发表想法、意见、观点，而微博、微信等就是他们的载体，网络社会的形成为这类人提供了一个表达自身政治诉求的平台和通道，而且网络具有"放大处理""聚焦热议""曝光查处"的功能，能够使网民的话语权和知情权得到充分的尊重，网民可以依托网络技术随时随地将自己的个人态度展现出来，并参与到特定政策、事件、活动、问题的讨论当中。

网民也力图借助"话语叠加"而形成的"话语风暴"来体现自己意见、观点、诉求的重要性。网民在网络世界中发表观点和看法的媒介主要是博文和帖子，这种依托网络媒介而进行的"发声"俨然成了网民在网络世界中寻找存在感的一种重要方法。当众多相同的观点聚集在一起时，这种观点和看法被重视的可能性就越高，而拥有此种观点和看法的网民此时就会感到十分有成就感，在这种正向激励的影响下，网民往往会产生自己是新闻事件"裁判员"或"评论家"的感觉，从而引发其进行更多评论的欲望。

2）社会共同情感表达

社会大众对社会存在的认知或反应即社会共同情感。社会问题会集中在社会动荡时期爆发，此时社会上往往存在各种各样的矛盾，社会情感也会十分复杂、多元，尤其是在社会转型过渡阶段，这种现象更明显。目前我国正处于社会转型的敏感时期，各种社会问题堆积在一起，逐渐逼近新的临界点。很多社会事件就是以社会转型时期为温床而爆发的，尤其是在互联网背景下，不但事件频发，而且极易引起社会公众的广泛讨论。随着讨论的深入，社会上会出现各种各样的社会情绪，这些情绪往往都指向了政府部门或干部，部分学者立足现有社会环境对诱发风险的因素进行了归纳，发现表达利益的渠道过于单一、收入差距的持续扩大、贪污腐败现象横生都是诱发风险产生的直接因素。网民在网络空间中围绕干部贪腐、政府办事效率低下等问题展开激烈的讨论，同时也因为看病成本高、就业压力大、房价攀升、教育资源不均等社会问题而感到强烈的不满和愤恨，此时他们会通过网络来宣泄这些社会情绪，如图1.13所示。当网民的共同情感在社会各种因素的影响下堆积在一起时，就会引起更多人对某些问题、行为、事件的关注，滋生仇官、仇富、仇医等不良情绪，这些情绪一旦得不到宣泄，就会造成更恶劣的结果。

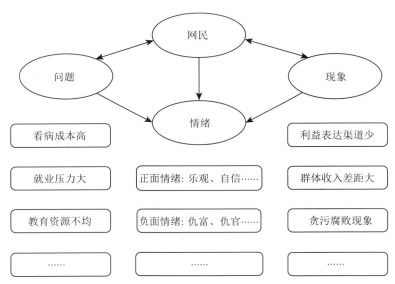

图1.13　网民情绪积累的触发事项

上述这些社会共同情感的出现会使得网民以一种几近"执迷"或是"极端"的方式来发表自己的

言论、观点，这实际上也是他们表达自身社会情感的一个途径，这种表现在某些特殊问题的讨论中显得尤为明显。尤其是当事件与富人、干部、医生有关时，网民们会处于一种亢奋的状态，他们会迫不及待地表达自己的观点和诉求，近年来风险炒作的最终结果就是造成了"逢富必纠""逢官必闹"的现象，尤其是当有些灾难事件与公众利益相关，或具有公益性，或涉及公权力时，网民们的情绪会随着事件风险的发展而高涨，他们会就公民权利的保障、公共秩序的维护、公共权利的监督表现出明显的正义感和道德感。而且只要网民接触到有关富人、贪腐、权力方面的新闻，他们就会变得十分敏感，而且会怀着一种强烈的抵触情绪展开讨论，这种讨论会转化成孕育社会风险的温床，加速灾难事件社会风险的产生。

3）网民社会角色扮演

所有的个体在社会生活中都扮演着某种角色，而且这些角色之间会相互转化，有些个体已经不再对这种角色的转化表现得排斥和陌生，会主动做出一些转变。在网络世界当中，网络社区信息群体的成员有着不同的身份，这是网络与生俱来的隐匿性赋予他们的特点，所以难免会出现信息交叉的现象，而这种身份隐匿性使得网民能够在不同身份之间自如切换，但是人们在现实生活中往往只有一个社会角色，这一点与其在网络世界中是完全不同的。

人们会通过转换自己的网络形象和身份来满足自己寻求刺激、参与冒险活动的需求，甚至是以此来体现自己的个性，这是大部分网民都具备的特点，他们希望以这种方式来寻求他人对新角色的认同，并且依靠这种认同感来产生成就感、存在感。网络在隐藏网民身份，赋予网民不同身份方面有着先天优势，其具有涂抹和修饰网民真实身份的功能，所以网民会通过发表不同的网络言论及进行不同社交行为来实现不同角色的转换，如图 1.14 所示。

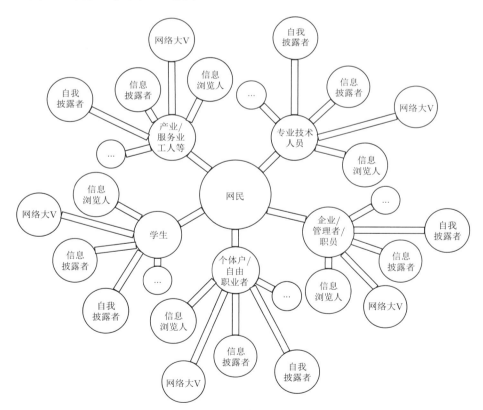

图 1.14　网民在网络中可扮演的各类角色

将网络世界中的群体划分为话题发起人、网络浏览人、宣传推销人、信息干扰者、意见回答者、自我披露者、资料询问者、体验分享者等类型。随着网络社会化程度的提升，人们被网络赋予了许多复杂的角色，某些人甚至可以在网络中扮演强势的角色，这样的角色拥有明显的权威性。例如，不少网民都有过成为网络大 V 的想法，成为能够左右网络言论和风险的主体，他们希望自己如同一名记者一般，能够在第一时间发布关于某些事件的信息和资料，从而成为引爆风险的起点。还有一些网民则希望自己能够成为倡导某种道德观念及引领某种风险的主体，这样就可以为那些弱势群体发言，为他们争取基本的权利，从而捍卫社会的正义和公平。也有网民希望成为组织网络中各种公益活动的主体，如募捐活动等，以通过这样的活动来获得一种成就感和满足感，从而体会到现实世界中从未体验过的"领导大众"的感觉。也有一些网民会主动调查和采访某些事件的成因和发展，收集民间资料，更新事件，并及时发布与事件相关的新闻信息，为风险的形成提供基石，这样自己就能成为主导风险及创造风险热点的焦点人物。总言之，社会风险因为网民所扮演的不同角色而拥有了各种各样的可能，这是现实世界中风险所不具备的特点。

3. 冲击型动因

广大网民的参与讨论和网络热点的新闻报道，源头还是灾难事件。其中，不真实的信息、不公正的裁决、不道德的行为等，容易在网络上形成冲击性的风险信息传播。

1）事件缺乏真实信息

网民在信息时代背景下能够轻松获得各种各样的信息，但是网络本身不具备甄别信息真假和质量的功能，网络也不会专门对某些特殊的信息进行标注，所以，网络上虽然充斥着海量的信息，但是其质量却参差不齐，信息可信度也成了备受网民关注的一个问题。同时，由于网民业余时间有限、能力参差不齐、认知差异较大，其无法对某个网络上传播的灾难事件的来龙去脉进行仔细考察，自然也不可避免地会接触到一些失真的信息，一旦这些失真信息被传播，就会导致谣言扩散，如图 1.15所示。

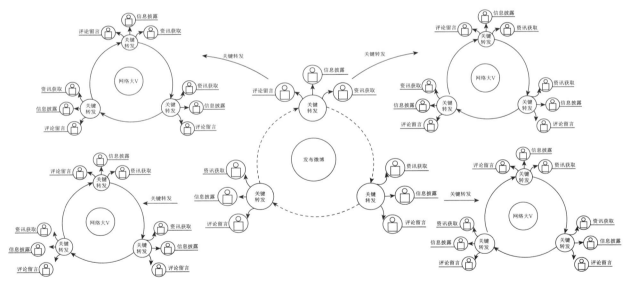

图 1.15    不实信息在网络中的传播路径

预测城市何时会发生灾难是极困难的，确认事件发生后会产生怎样的信息也一样，这种不确定性使得大众在信息传播中会接触到一些不真实的信息。不仅如此，当发生灾难事件之后，政府或者政府干部未及时报道事件相关信息，或是故意隐瞒事件真相，都会引起网民的猜测，此时一些不实的信息就会传播得更加凶猛。网民往往也会有更大的冲动和勇气去探求其中的真相。为了了解事件真相，不少网民会在灾难发生之后展开激烈的讨论，道听途说，各抒己见。一些网民因为媒体报道的不及时而感到焦虑、担忧，此时网民会自发地就事件展开讨论，通过信息的互通来了解事件的细节。由于提供信息的主体不同，自然会产生不一样的解读。尽管一个网民的力量很薄弱，传递出去的信息不多，但是这些信息汇聚在一起就会具有巨大的能量。

2) 事件需要公正裁决

就所发生的灾难事件而言，只要政府主动关注且公正处理了事件，媒体、网民、当事人对事件进行传播和讨论的热情就会慢慢减弱，这样就不会再出现新的风险。若网民就某些新闻事件表达了自己的看法和观点形成了新的负面风险，说明政府未妥善处理好事件，这是公众质疑政府公信力的一种表现，是网民的一种另类抗诉。网民、相关当事人、媒体之所以会在网络上就某事件展开大规模的讨论，目的就是引起政府部门对事件的重视，并尽快处理好。在广阔的网络空间内，网民参加各种有利于维持社会正义、保障自身权益和公共利益的活动是不受任何限制、也不必付出过多成本的，而且这个过程可以满足网民的精神需求。有些灾难可能是贫穷与富裕、公权与私权、强势与弱势群体之间的矛盾所引发的，如果政府在处理这些事件的过程中表现出不公，就会引起网民的不满，此时网民会通过不断地讨论来表达自己的诉求，以倒逼政府出面妥善处理事件，彰显社会公平与公正。

不难发现，互联网所迸发出的力量已经引起了政府的重视，网络社会风险的出现会影响社会的发展，处理不当会削弱政府的公信力，甚至会导致社会的倒退。因此政府和干部面对网民的诉求应该及时回应，努力增加网民对政策的认同感，这样才能树立良好的政府形象，加深网民对政府的信任。上级政府尤其是中央政府应该及时回应重大城市灾害期间的社会风险，监控好风险的传播，仔细倾听网民的诉求。风险的出现实际上就是网民对政府的一种要求，他们希望政府能够及时解决事件，消除疑虑。政府对灾难的处理能够让网民看到政府的决策力，这种行为符合网民对政府能力的预期，这种预期一旦得到满足，风险就会慢慢消退；相反，如果政府回应不及时，网民的反应就会格外强烈，产生一种"闹大才重视"的现象。

3) 事件触犯道德底线

社会的存在有着其固有的价值，这些价值有大小之分，这就是社会价值的框架。人类社会的发展也有其自身的规律，这种规律有着对应的价值，只有遵循这种规律，人类社会才能安定发展。所以，一旦出现了脱离社会价值体系的事情和现象，社会主体就会出现强烈反应。灾难事件中所呈现的各种话语和行为，以及事件本身的特殊性质都有可能会对现有价值体系和价值框架造成影响，这种影响促使网民将自己的真实感受表达出来，以引起某些重要部门的关注。

在网络世界中，网民们天生就是维护正义的主体，他们的大部分发言都是为了追求公平。例如，当弱势群体在灾难当中出现生存问题，或是遭遇了不公的对待，那么网民知情之后就会产生强烈的情绪。当城市灾害对人们造成了巨大的财产和健康损失，社会中出现一些违背现有价值取向的现象时，都有可能会直接刺激网民，使之产生一种要为弱势群体伸张正义的念头。以"虐猫事件"为例，网民认为这种行为是与现有伦理道德背道而驰的，但是却没有相关部门对虐猫主体进行处罚，此时网民就会自发地组织起来，要求对虐猫人实施处罚。政府不作为的表现就会引起网民的猜疑、愤慨，从而引发更强烈的讨论。现实社会中一旦发生了灾难事件，网民就会结合自己的生活经验、法律知识、社会实践，对政府的应对态度、处理方法、裁判结论进行思考和审视，最后发表自己的意见和观点。当最终的处理和裁判结果严重影响秩序、观念、规范、制度、价值时，就会引起人们在网络上的广泛探讨，如图 1.16 所示。从这个层面来看，网民实际上就是从合法性和道德层面对涉事主体的言行进行了价值裁判。

4. 承载型动因

灾难事件只有承载了一些网民积淀的不满情绪、契合部分群体的利益诉求、具备某些能诱发不良情绪的功能元素，才能激发社会风险。

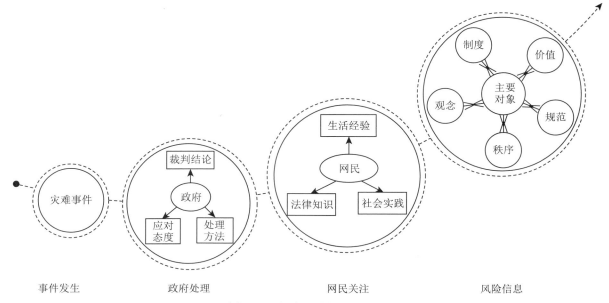

图 1.16   社会风险的价值动因

1）事件触动积淀情绪

在如今的风险社会里，各类城市风险事件层出不穷，而其中大部分事件皆为发散或衍生效应引起的，包括相同类型、相同标签、相同主体、相同时间段等。在当前这个信息爆炸的时代，人人都成为"自媒体"，如此便利的信息渠道也为各风险事件的传播提供了有力支撑，这也是近年来城市重大灾难报告率逐年递增的重要原因。很多看似微乎其微的社会偶然事件也常成为点燃潜伏已久社会危机的导火索，酝酿出令全社会震惊的巨大风险漩涡。在公民、记者与媒体的共同作为下，往往会有大量符合社会大众对社会期望或认知的新闻资讯涌现出来，而这些与群众主观认识一致的新闻一旦铺天盖地散播开来，群众将在内部情绪的刺激下寻求主动发言的机会，沉寂已久的情绪则濒至燃点。

网民们的点击率、跟帖量、关注度又是很多媒体或网站利润的主要来源，在这种利益驱使下，媒体或网站在这一过程中会竭尽所能地推波助澜，将宣泄的社会情绪推至最高点，另外网络可能制造、强化或凸显某种特定的社会情绪，同时极可能在即将出现的类似事件中产生更庞大的情绪排解或爆发。现实中灾难事件及社会风险演化过程，也表现出"事件爆发—情绪点燃—事件放大—情绪激化—风险演化"的循环历程，如图 1.17 所示。

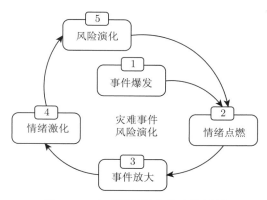

图 1.17   灾难事件风险热点的循环

2）事件契合利益诉求

人们的利益表达受利益驱动，现如今我国很多风险事件均因利益驱使，作为实践个体的网民，通过与社会组织、政府及其他网民的交互能够形成多种利益纠纷，如关系、权力、利益等方面的纠纷。依托互联网平台，很多网民将自己在现实生活中无法得到充分满足的诉求表达出来，久而久之也就让社交网络成了他们自由表达和自我宣泄的空间。网民还开始注意到在互联网上无目的发言常常很难获得政府部门的关注，开始懂得利用社会热点事件表达自身利益诉求。

很多网民通常会主动寻求某些互联网中正在滋生或蔓延的与自身诉求相契合的观点，加入到网络风险大军中成为其中的一分子。他们深知如果这种诉求在网络中愈演愈烈，势必会得到社会各界及政府的重点关注，进而他们会做出必要回应。虽然近年来我国网民的差异化趋势逐渐凸显，这种差异化可能分化出更多个性化诉求，同时经互联网传播媒介的作用还可能让很多共性诉求被进一步小众化，最终弱化或消解，但目前我国社会仍处于艰难的转型期，政府施政或其他资本运行方式所产生的各类问题仍是重要社会现实，很多基层群众在互联网社交平台上能够轻而易举地找到相似诉求，进而产生风险"最大公约数"。

3）事件具备功能元素

网民作为典型的复合型主体，实际上也扮演着极其复杂的多元角色，即便是一个网民也可能在网络中表达出多种不同诉求。不少网民将网络空间作为娱乐、恶搞、暴露的途径，利用网络的虚拟性将人性中的戏谑、趁火打劫、好玩、助人为乐等情感进一步放大，从而让整个互联网看上去仿佛如"狂欢场"一般。来自各行各业、各地各市的网民在这样的虚拟广场中尽情狂欢，他们使用诙谐幽默的网络用语相互交流，将各自对文化个性的渴望淋漓尽致地展现出来，这种网络上呈现出的精神文化形态极具多样化。诚如有学者所说，"读图时代"下的网民对于事物本身所具备的深刻性及价值提炼并没有太大的兴趣。

结合大部分灾难而言，其随之而来的社会风险成为很多网民宣泄个人情感的载体，它们为网民提供了重要素材。在许多灾难事件的信息传播与风险导向中，往往会涌现出一些具有消解性、文化戏谑性等特征的网络观点，不少网民通过对事件的嫁接创造出带有浓厚批评性色彩的搞笑语言，当然也有部分网民以事件风险为契机来转述自身的特殊诉求，还有些事件则成为网民实现自我报复、暴力、窥视、泄愤等负面意识和心理的宣泄口。

### 1.3.3　灾难事件社会风险治理

社会风险作为灾难事件引致社会危机的过程和状态，对风险的治理是避免危机的关键环节和重要内容。治理（governance）这一概念，最早出现于世界银行（World Bank）在 1989 年发表的报告 *Sub-Saharan Africa: From Crisis to Sustainable Growth* 中[26]。1995 年，联合国全球治理委员会（Commission on Global Governance）在报告 *Our Global Neighbourhood* 提出了治理的定义："治理是个人和公共或私人机构管理其公共事务的诸多方式的总和，它是使相互冲突的或不同的利益得以调和并采取联合行动的持续的过程，它既包括有权迫使人们服从的正式制度和规则，也包括人民和机构同意的或以为符合其利益的各种非正式的制度安排。"[27]治理有四个特征：治理不是一套规则，也不是一种活动，而是一个过程；治理过程的基础不是控制，而是协调；治理的主体既包括政府，也包括政府以外的私人机构；治理的权力不仅来源于正式制度，也来源于协商、合作、伙伴关系，确定认同及共同的目标[28]。

1. 风险治理主体

治理的四个特征，强调过程、协调、合作和互动，核心是通过社会多元主体的合作、协商，从而实现对公共事务的有效管理。灾难事件社会风险主体是风险系统中的主导性要素，主体在信息中所充当的角色及承担的社会职能，能够反映风险主体在风险治理中的角色定位、权责定位。灾难事件社会风险治理的主体是政府、媒体、公众。区别于传统政府组织中单一的、自上而下的权力流向，治理的多元主体间是开放、平等、互动与合作关系。

（1）政府。政府是管理公共事件的主力军，灾难事件社会风险的管理效果与之公共管理行为和对社会风险的态度休戚相关。作为官方力量，政府在网络上表达的观点、发布的信息不属于风险范畴。但是，政府作为事件处置的重要主体，其在事件发生前后的话语、行为深受网民关注，是网民议论的焦点。在灾难事件当中，我国政府既是接收社会风险信息的主体，也是采集、评估、组织危机信息的主体，如设计应对风险的方案、采集受众反馈的信息、执行应对风险的方案等。在多数情况下，政府是灾难事件社会风险最重要的指向对象。

在社会治理当中，政府部门扮演着"领头羊"的角色，需要做好表率作用，主动出击，通过开展各种工作来引导社会风险，使之朝着正能量的方向发展；期间还要灵活运用社会风险监测机制，控制好风险的发展进程，特别是出现不良的社会风险时，政府部门要及时出面就社会公众的质疑进行解释、回应，一旦公众的质疑未得到回应，风险就会朝着不可控的方向发展，从而埋下一系列问题隐患，政府应该通过保障公众的知情权来有效管理网络重大风险；政府主动转变管理者的身份，以服务者的方式开展风险管理工作，更能得到网民的认可和理解[29]。

（2）媒体。媒体包括传统媒体及其电子化呈现，如报纸、期刊及其电子版，电视、广播及其网络版，也包括微博、网络论坛、即时通信工具等网络媒体。互联网时代，媒体在影响社会大众的价值取向、思维方式与观念意识方面的作用日益增强，一方面，这些信息媒介大大加快了风险信息的传播，另一方面，它们也成为社会风险迅速蔓延的重要载体。媒体作为灾难事件社会风险的策源地和扩散器，其议程设置（agenda setting）与报道方向对风险的发展具有一定的引导作用；同时，媒体的报道速度、报道质量、评论转发量、平台影响力等，也将引导甚至决定风险的传播。

在信息爆炸的时代中每个人都是自媒体，网络信息无孔不入，这种肆意传播的新信息模式让传统媒体"把关人"深感对信息的控制弱化。随着信息技术的进步，这种言论自由的程度也会不断提高，尽管依托互联网人与人之间的信息交互更加便捷与自由，同时整个社会文化氛围也出现了活泼、开放和多元的良好局面，但这无疑也给社会风险创造了温床。灾难事件后，社会大众往往在社交圈、网络媒体等载体上表达自己对事件的看法和态度，这些复杂且分散的公共资讯开始在各个媒体上积聚，最终产生了哈贝马斯所说的"公共领域"。网络媒介便捷开放，会滋生和增加社会风险。

（3）公众。公众包括网络大V和普通公众，他们是社会风险传播的"大多数"。前者常常是"活跃分子"，能够在传播过程中为他人提供信息、意见、评论；而后者，可能是社会风险的发出者、传播者、接收者，也可能是直接受到灾难事件影响的受灾者、亲历者。公众是灾难事件的重要影响因素，非理性的公众可能会导致风险危机，而理性的公众可以化解危机。尤其是在大数据时代，公众可以在网络中获得话语空间和话语权利，并对不同类型的灾难产生不同的行为和反馈。

媒体、政府和公众开放互动的议程设置对灾难事件社会风险治理带来了重要影响，如图1.18所示。现如今互联网媒体的日益多样化，大大弱化了传统议程设置的功能与作用，社会大众完全可以基于个人偏好来选择要参与的议题，同时还可辅之相应的视频、声音与图像等，无论是表达方法还是表达内容都日益多元化。各类网络媒介让个体设置议程得到了充分表达，部分内容还可能引发其他个体的共鸣进而得到社会广泛关注，在这一过程中个体议题也就顺理成章成了社会风险的传播载体，而这种传播模式无疑也会加剧社会风险。

2. 风险治理阶段

从风险的全生命周期看，风险演化分为灾难事件前、灾难事件中和灾难事件后，不同时期的风险大数据呈现不同的特点，政府、媒体、公众在不同时期的互构和博弈过程也不尽相同。灾难事件社会风险演化阶段划分，如图1.19所示。

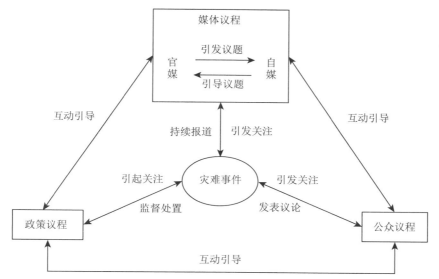

图 1.18　议程设置的互动机制

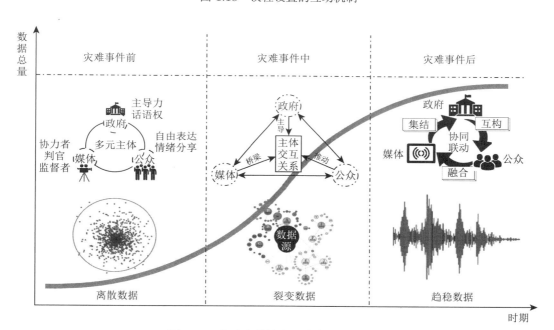

图 1.19　灾难事件社会风险演化阶段划分

在灾难事件爆发前，风险处于随机离散状态，并未形成风险。灾难事件发生后，立刻吸引随机离散的风险关注到灾难事件，形成集聚，但是很快就由于信息不对称产生裂变，因此，在灾难事件中就形成风险裂变的态势。在灾难事件平息后，风险并不会马上衰退，会持续一段时间，最终以趋稳数据的状态平息下去。但是遇到新的类似事件，相关情绪就会被唤起，从而形成周期性反复的特点。因此，风险治理不应只考虑灾难发生到灾难平息这个时期，还应将风险治理扩展到灾难事件前和灾难事件后，形成一套周期性的治理体系，使政府、媒体和公众三者之间构建起一个互动流通的良性风险场。

（1）事前预防。事前治理，旨在"不打无准备之仗"。需要研发风险监测技术，搭建自动化监测平台。由社会风险中心与重点高校风险研究实验室合作，借助资深风险服务机构的技术支持，自主研发社会风险监测大数据技术。运用大规模风险信息采集、高性能风险信息检索等技术，构建社会风险数据监测体系，充分记录和获取网络平台（如微信、微博、论坛等）的数据，尤其是它能够筛选、甄别、监测音频、视频、图片等数据，极大地拓展了风险监测的宽度和广度，并且克服了人工筛查容易导致有价值风险信息遗漏的问题。构建集多维度风险扫描、多载体全网监视、全天候风险监测、自动生成报告等功能为一体的社会风险监测平台，将数据抓取、分类解读、主题检测、内容剖析、热点发现等环节全部自动化，自动生成日报、周报、月报和专报，缩短报告时间，减少人员投入，提高监测效能，为风险分析和研判提供专业依据。

（2）事中响应。除了应急处理本身外，风险事中响应主要是根据事前建立的分类机制，及时干预负面风险，主动引导正向风险。建立负面风险反馈响应机制，第一时间全面监测、系统分析与准确研判网情民意，从瞬息万变的风险数据中找准风险危机的关键节点；风险中心联合网络监察、电信等部门，有的放矢地瞄准清除。同时，发挥政府新媒体平台的权威澄清和风险引导作用，回应网民关切的问题，避免信息失真、群众误解、风险滋生。建立重大决策风险评估机制和党政机构首席风险官制度，在发布重大政策、启动重大工程、开展重大活动前，通过社会风险监测分析研判，把握主流风险趋势，进而有针对性地强化正向风险引导力、提高网民信息鉴别力，实现社会风险引导的良性循环，增强宣传主动性，增加政府公信力。

（3）事后恢复。从历史案例中汲取经验教训，通过推进信息交互共享，健全分类处置机制等，螺旋上升式提升治理水平。加快出台相关法律法规，要求各地方各部门将数据提供给风险数据管理中心，实现数据信息的共享，充分发挥风险数据中心交换和存储风险数据的作用，这样才能交流互通、统一存储各层级、各领域的风险数据，破解协调力度不够、部门权责不清的问题。建议由省委宣传部根据发布载体、传播速度、网评数量、风险反响等指标，制定标准清晰、流程规范、授权到位的差异化社会风险处置指导意见。分清轻重缓急，分类有效处置，解决风险事件处置缺乏行动规范的问题。

3. 风险治理之策

不同灾难事件所引发的社会风险不同，分类研究自然、技术和人因灾难事件的风险表征和风险演化规律，提出针对性的治理策略是必要手段。

1）自然灾难

自然灾难事件具有参与者众多、演变迅速、持续时间短的特点，且集中在受自然灾害影响较大的地区。内容包括自然灾害的信息、影响，灾害带来的损失，以及抢险救灾情况。官方媒体是网友获取灾情信息的首要选择，影响力极大，是灾情信息公布、社会风险引导的重要平台。因其账号信息质量高，它也是风险预警、减灾知识、救助信息等发布的重要平台。面对自然灾害，网民祈愿祝福等积极情绪占比最高，也有部分分享自然灾害发生的各种动态；消极情绪占比较低，但数量不小，主要内容有对灾害带来的伤害表示伤痛，或有对主管部门的质疑，对相关组织的问责，此类信息如果不及时引导，有可能会恶化产生二次灾害。

自然灾难事件社会风险的治理以引导为主，特别是及时准确地更新灾情信息、伤亡信息，以及政府、组织、民众的救援信息；同时发布相关灾害防灾减灾知识。当网络上出现问责、质疑等声音时，及时调查事件真相并公布是很必要的。灾情信息风险引导的主体应以权威媒体为主，如新华网、人民日报；减灾知识引导倾向于大V原创、多个有影响力媒体转发的方式；对于问责和质疑，则应以当事组织或个人发言为佳，对正能量事件的报道也有助于将部分负面情绪引导至积极情绪。

2）技术灾难

技术灾难事件风险具有社会关注度高、专业性强、动态性强的特点。网友关注的是事件发生的原因、现场救援情况及对相关人员的问责情况。技术灾难事件社会风险中最易出现掩盖事实真相、权责划分模糊而导致的负面风险。例如，2018年泉州碳九烃类泄漏事故，涉事企业一再恶意隐瞒泄漏量，并在环境通报中声称问题已解决，结果引起民愤，风险持续发酵；"8·12天津滨海新区爆炸事故"中谣言四起、风险汹涌，就是因为涉及的多个职能部门缺乏总体统筹，且相关部门不敢担当，对问题遮遮掩掩、回应含糊不清、信息没有针对性、信息发布内容前后不连续等多种因素。

技术灾难事件风险的治理要以回应为主。对于事故原因等民众最关心的问题，官方应第一时间发声，做事件的"第一定义者"，并及时准确跟进事故救援进展。对于其他相关信息，如 8·12 天津滨海新区爆炸事故中，民众关心的是是否会二次爆炸、污染程度有多大、遗留化学品是否威胁周边居民健康等一系列问题，需要及时、准确地给出专业、权威、可靠的回应。为在风险治理中做到回应"有效"，需要强化政府公信力、提高政务媒介素养，并建立常态化的风险引导机制。必要时主动设置议题，并引导媒体议程等，加强各部门组织信息发布的管理、协调，避免信息不一致导致的混乱。

3）人因灾难

人因灾难事件覆盖面很广，其风险特征总体呈现突发多发、热点转换迅速等特点，但因具体案例而异。例如，重庆公交坠江事故，是极具代表性的风险反转案例，一开始事故原因被误导为"女司机逆行"，随着事故调查的进展，才揭露出乘客与公车司机互殴的真实原因；长春长生疫苗造假，是具有代表性的公共卫生安全案例；还有大连轿车肇事逃逸、杭州保姆纵火案都是具有代表性的案例。在这些案件中，大量信息会在极短的时间内形成压倒性、倾向性的言论，容易激发社会紧张情绪。

人因灾难事件风险治理的关键在于在适当的时机对当事组织或个人进行一定程度的干预。这种干预需要有风险监测、预警、评估、应对、学习机制做支撑。使用人工智能、机器学习等技术，运用数据共享的大数据平台对网络动向进行监测，并设置对应的预警机制是必要的；采用人机结合的评估机制研判风险动向，并研讨合理的应对策略以供参考，在风险演化过程中实时跟踪，必要时发声是重要的选择；在事件结束后以案例方式进行螺旋式提升，并对案件处置优劣进行评价学习是必要的。

应　然　篇

调查就像"十月怀胎"，而解决问题就像"一朝分娩"。调查就是解决问题。

——毛泽东
1930年《反对本本主义》

尽管我读过各种各样的科学书籍，但以前从来没有使我彻底意识到，科学在于对事实进行分组，以便从中得出一般规律或结论。

——查尔斯·罗伯特·达尔文
1887年《查尔斯·达尔文的生平和书信》

Nothing before had ever made me thoroughly realise, though I had read various scientific books, that science consists in grouping facts so that general laws or conclusions may be drawn from them.

Charles Robert Darwin
*The life and letters of Charles Darwin* published in 1887

笛卡儿（1596~1650年）在其著作《寻找真理的方法》中批评有人认识事物"往往极其杂乱无秩序，恨不得双脚一蹦就跳上楼房的屋顶"。科学严谨的研究需要规范的逻辑过程，构建到达"屋顶"的楼梯。应然篇一方面通过网络调查，理性认识公众面对不同灾难事件时的风险感知总体水平和影响因素，把握公众对各种灾难事件的关注态度和倾向性、对媒体发布信息的态度，梳理公众参与灾难事件网络传播的动机，为灾难事件社会风险治理提供现实逻辑起点；另一方面通过文献知识图谱研究，剖析学术领域灾难事件社会风险治理研究的研究进程、发展规律和存在问题，为灾难事件社会风险治理提供理论逻辑起点。

1. 网络调查

通过大规模网络调查，理性认识公众在面对不同灾难事件的风险感知总体水平和影响因素，把握公众对各种灾难事件的关注态度和倾向性、对媒体发布信息的态度，梳理公众参与灾难事件网络传播的动机。

1）理论意义

在灾难事件社会风险治理的过程中，通过大规模网络调查，理性认识公众在面对不同灾难事件的风险感知总体水平和影响因素，把握公众对各种灾难事件的关注态度和倾向性、对媒体发布信息的态度，梳理公众参与灾难事件网络传播的动机，对政府的灾难事件社会风险治理决策有着重要的参考价值，是灾难事件社会风险治理的现实逻辑起点。

2）实现路径

根据已有灾难风险的主观感受多维度测量方法，设计网络调查问卷，通过试调研检验问卷的信度和效果，确定调研配额、样本量、调研流程和编排，完成数据搜集；应用相关分析、列联表关联分析、卡方检验和残差分析等统计方法，分析人文统计变量和生活满意度对于风险感知总体水平、风险感知的情感维度、认知维度、行为维度、对媒体发布信息的信任度、网络传播的动机的影响。

参考已有面对灾难风险的主观感受多维度测量方法，将从以下几个方面对风险感知进行测量：① 风险感知的总体水平。② 风险感知的情感维度测量。③ 风险感知的认知维度测量。④ 风险感知的行为维度测量。⑤ 对媒体发布信息的信任度测量。⑥ 网络传播的动机测量。⑦ 生活满意度测量。通过标准生活满意度量表测量被访者的生活满意度，作为人文统计变量调查的补充。问卷最后调查被访者的人口学统计特征，包括性别、年龄、社会阶层、学历、工作年限、月收入、婚姻状况。2021 年 3 月初，在四川省成都市通过网络发放 350 份问卷进行试调研。在试调研过程中，测试了问卷逻辑，问卷问题的可理解程度，效果良好。2021 年 3~4 月，向手机网民投放了 3 327 份问卷，为排除网络调查固有的刷单风险，设置了测谎问题，剔除了未通过测谎问题及问卷回答时间少于 420 秒的问卷，得到有效问卷 2 408 份。应用相关分析、列联表关联分析、卡方检验和残差分析等统计方法，分析人文统计变量和生活满意度对于风险感知总体水平、风险感知的情感维度、认知维度、行为维度、对媒体发布信息的信任度、网络传播的动机的影响。

3）关键发现

网络调查总结了不同群体面对不同灾难的风险感知总体水平；发现了对风险感知总体水平及不同维度有显著影响的人文统计变量；比较了不同群体对灾难中媒体信任度的差异；揭示了公众参与网络传播灾难事件的主要动机；此外还通过交叉分析，讨论了风险感知总体水平与风险感知的情感维度、认知维度、行为维度、对媒体信任度的调查及灾难中网络传播动机的联系。

2. 知识图谱

知识图谱章节从学术论文角度切入，剖析学术领域灾难事件社会风险治理研究的研究进程、发展规律和存在问题。

1）理论意义

知识图谱方法将复杂的知识领域利用空间形态呈现出来，如通过呈现领域、学科、专业和个人之间的相互关系，揭示知识领域的动态发展规律；通过使用引文分析、作者共现分析、关键词共现分析等手段，发现学术研究的热点问题和发展方向。知识图谱的这些优势，可以为学科研究提供非常有价值的参考。灾难事件社会风险治理既有实践难题，又有理论难题，既需现实经验，又需理念探索。全球的科学家、管理者、工程师在各自的领域针对这一系统工程从专业角度提出适宜的策略，实践有效的方法，并通过学术论文进行传播。因此，利用知识图谱工具对该领域研究进行梳理，找准研究的理论的逻辑起点，是至关重要的先决条件。

2）实现路径

采用大数据的视角，综合运用信息可视化方法、文献计量方法和数据挖掘算法，以可视化的方式显示城市灾难事件社会风险治理研究领域的研究主题与结构关系，明确风险治理的演化路径和发展趋势。特别是，学术研究者重点关注的灾难综合风险清单、灾难信息风险清单也在图谱分析过程中被识别出来。

（1）综合风险图谱。此分析比较全面，只要与灾难事件社会风险相关，该论文就被纳入分析范围。从外文文献角度看，从Web of Science 核心合集数据库标题中检索含有"hazard"或"disaster"且同时含有"risk"一词的SCI/SSCI 论文，共计 4 304 篇。统计文献出版年份，分析该领域研究热度随时间的变化；然后从国家合作网络、机构合作网络、作者合作网络把握重要贡献单位及个人，识别出美国、中国、英国等国家的研究人员在该领域的活跃程度；然后从关键词、被引文献等维度剖析主流研究内容及研究前沿；最后对检索到的论文标题、关键词和摘要进行整理，得到英文文献中研究者重点关注的灾难风险清单。中文文献方面，从CNKI（China National Knowledge Infrastructure，中国国家知识基础设施）数据库下载与"灾难事件社会风险"相关的科学论文，共得到 864 篇相关文献，从关键词共现、聚类、突现角度对研究热点和研究前沿进行梳理，利用作者突现分析找到主流研究人员的依托单位及研究主题信息，并整理对应的风险清单。

（2）信息风险图谱。此分析比较聚焦，侧重分析灾难信息传播过程中信息失真、信息不确定、信息不充分等问题导致社会失序、失稳、失衡现象的论文。外文文献角度，选择Web of Science 核心合集数据库，检索标题中含有"hazard"或"disaster"且同时含有"risk"一词的信息领域的SCI/SSCI论文，共计 800 余篇。首先统计文献的出版年份，分析研究热度随时间的变化；其次，运用Citespace软件可视化论文的国家合作网络、机构合作网络、作者合作网络，识别出灾难信息风险研究影响力和重要性排名靠前的国家、机构和作者，并对各个主体的核心研究内容进行聚类；最后，依靠关键词聚类工具，识别出灾难信息风险领域的研究趋势和技术动态。中文文献方面，在CSSCI（Chinese Social Sciences Citation Index，中文社会科学引文索引）期刊数据库中检索标题中含有"灾难"或"灾害"或"事故"或"事件"的文章，共计350余篇。通过Citespace软件分析研究热点和研究前沿，识别出危机事件、危机管理、突发事件和媒介融合等 15 个热点领域。

3）关键发现

分析发现：① 灾难风险系统研究不足，现有文献对灾难风险系统的研究仍然值得深化；② 针对不同灾难的研究不够，较少有研究提炼某一类灾难事件的普适性风险，更少有研究系统地将灾难事件进行归类，并从类别出发对其内涵、特征、演化进行差异化剖析；③ 灾难主体交互研究不全，随着社交媒体逐渐成为人们生活的必需品和政府治理的必要工具，不同主体之间的交互研究仍可继续深化；④ 灾难信息风险研究较少，对灾难信息风险进行治理是需要政府、公众、媒体多方支持，需要顶层、中层、底层多级联动的系统工程，现有信息失真风险研究还远远跟不上。

# 第2章

# 灾难风险的田野调查

风险概念反映了人类认识世界和改造世界的主体意识，有必要从面对灾难事件的人类视角出发，深入调查分析灾难事件风险感知的状态和规律，为治理决策提供参考。风险感知是指人们对威胁自身生命安全和健康的风险的一种认知和态度。它是一种对自身受影响的可能性的有意识或无意识的主观评价，这种评价不同于客观的风险评估。同时，也是一种对自身脆弱性和所拥有的应对资源（coping resources）的评估。它受个人情感（emotion）和认知偏差（cognitive bias）影响，是一种关于感知到的风险（perceived risk）的心理处理机制（psychological process）[30]。学者认为，就个人而言，个体的社会地位、文化信仰、价值观会影响个人对风险的感受。大部分民众缺乏基本的概率推论（probabilistic information）能力，他们对风险的评价主要来源于感性的认知（intuitive mechanisms），这些感性认知将会影响民众对风险严重程度和风险发生的可能性的判断[31]。在灾难事件社会风险治理的过程中，理性认识公众面对自然灾难事件、技术灾难事件、人因灾难事件时的风险感知影响因素，把握人们对各种灾难事件的关注态度和倾向性、对媒体发布信息的态度，梳理公众参与灾难事件网络传播的动机，对政府的治理决策有重要的参考价值。因此，研究团队组织了一次大规模灾难风险网络调查。

## 2.1 调查方法框架

以下详细介绍灾难风险网络调查中的抽样方法，包括配额、确定调查流程和编排、样本量和变量测量、试调研和信效度检查。

### 2.1.1 调研对象

在信息时代的飞速发展中，新媒体逐步成为如今信息传播的主要载体。根据 2021 年 2 月，中国互联网络信息中心正式发布的第 47 次《中国互联网络发展状况统计报告》，截至 2020 年 12 月，我国网民规模达 9.89 亿，较 2020 年 3 月增长 8 540 万，互联网普及率达 70.4%，较 2020 年 3 月提升 5.9 个百分点；我国手机网民规模达 9.86 亿，较 2020 年 3 月增长 8 885 万，网民使用手机上网的比例达 99.7%，较 2020 年 3 月提升 0.4 个百分点[32]。灾难事件相关信息在新媒体的传播，成了塑造公众灾害风险认知的重要因素，因此本次灾难风险的网络调查将调查对象设置为我国手机网民。

### 2.1.2 配额

根据第 47 次《中国互联网络发展状况统计报告》[32]，截至 2020 年 12 月，我国农村网民规模达 3.09 亿，占整体网民的 31.3%，较 2020 年 3 月增长 5 471 万；城镇网民规模达 6.80 亿，占整体网民的 68.7%，农村与城镇网民比例接近 3:7，因此设置农村与城镇样本比例为 3:7。从年龄段来说，21~60 岁是手机网民的主力，因此调研对象中将该年龄段作为调研的重点，值得注意的是，互联网有进一步向中老年群体渗透的趋势，因此，样本中不能忽视这部分人群。

### 2.1.3　确定调查流程和编排

由于调查对象为手机网民，确定了调查方式为网络问卷调查这一对调查对象来说熟悉且便捷的方式。确定了问题回答形式为封闭提问，问题用词、顺序设置参考文献[33]和文献[34]，确保描述简单清晰。封闭式提问的选择使得操作方便，便于数据处理，不受被访问人的性格影响，易于了解不同风险认知的分布，找到风险认知的主要特征，容易量化程度和评价。问卷包含两大部分，一是主体问题，包含风险感知总体水平、风险感知的情感维度、风险感知的认知维度、风险感知的行为维度、对媒体的信任度调查及灾难中网络传播的动机调查；二是人文统计学信息，包含地域、性别、职业、学历、年龄、婚姻状况、工作年限、社会经济地位、月收入，以及生活满意度，如图 2.1 所示。数据主要分析聚焦人文统计变量和生活满意度对于风险感知总体水平、风险感知的情感维度、风险感知的认知维度、风险感知的行为维度、对媒体的信任度调查、灾难中网络传播的动机调查的影响。

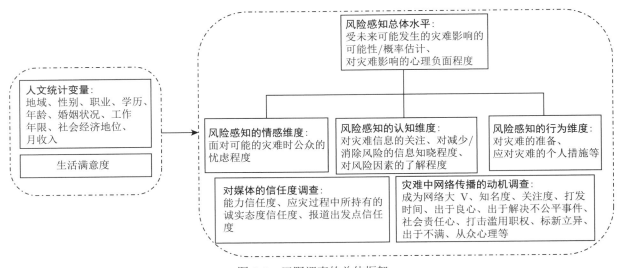

图 2.1　田野调查的总体框架

### 2.1.4　变量测量

20 世纪 50 年代以来，心理学家通过收集、处理、评估具有不确定后果的灾难事件的主观感受，包括对风险的认识、面对风险的情绪、是否对可能的风险有所准备等，来度量受访者的风险感知，一些量表由此被设计出来[31, 35]。学者们还针对不同的风险情境设计出不同的多维度测量方法，如采用信息知晓度、控制性和恐惧程度等指标测量民众的地震风险感知[36]；从恐惧程度、后果严重性和可能性三个方面测量洪水风险感知[37]；询问受访者在食品安全事件中感知到的风险大小和受到的威胁程度[38]；从功能障碍、危机事件、文化冲突三个方面度量汶川 8.0 级地震后旅游风险感知[39] 等。参考已存在的面对灾难风险的主观感受多维度测量方法，将从以下几个方面对风险感知进行测量。

（1）风险感知总体水平测量。通常对于灾害风险感知水平的共同特征是：灾后风险感知总体水平立即达到最高水平，但过一段时间后，该水平下降[34]。调研对象如果在调研发生前 5 年内均无重大灾难经历，就无法对灾难造成的对公共设施、财产、个人身体或生命安全、日常生活秩序等的危害严重性有明确的估计，因此采用最常用的受灾难影响的可能性/概率估计，以及用对灾难影响的心理负面程度来度量公众的风险感知总体情况，设置四个问题（以自然灾难为例）"由于我（和我的家人）对自然灾难事件的高度关注，我认为我和家人受到影响的概率非常小"，"因为我（和我的家人）有良好的生活方式，我认为受自然灾难事件影响的概率很低"，"由于我（和我的家人）了解专业的防护知识，我认为受自然灾难事件影响的概率很低"，"因为我（和我的家人）身体健康，我认为我们受自然灾难事件影响的概率很低"来度量受灾难影响的可能性/概率；设置 5 个问题度量心理负面程度（以自然灾难为例）——"我很焦虑和担忧受自然灾难事件影响可能带来的后果""我很恐惧和害怕受自然灾难事件影响可能带来的后果""我非常痛恨受自然灾难事件影响可能带来的后果""我对受自然灾难事件影响可能造成的后果坐立不安和感到不满""我对受自然灾难事件影响可造成的后果感到非常愤怒"。调查社会灾难和人因灾难的风险感知总体情况的问题设置与自然灾难类似。选取利克特五级量表进行测量（1：完全不同意，5：完全同意）。利克特量表（Likert scale）是属评分加总式量表最常用的一种，属同一构念的这些项目用加总方式来计分，单独或个别项目是无意义的。它是 1932 年由美国社会心理学家利克特在原有总加量表基础上改进而成的。该量表由一组陈述组成，每一陈述有"完全同意""同意""不一定""不同意""完全不同意"五种回答，分别记为 5、4、3、2、1，每个被调查者的态度总分就是他对各道题的回答所得分数的加总，这一总分可说明他的态度强弱或他在这一量表上的不同状态[40]。利克特量表不仅容易设计，可以用来测量多维度的复杂概念或态度，而且具有比相同长度量表更高的信度，适合对风险感知的调查。

（2）风险感知的情感维度测量。面对可能的自然、技术、人因灾难时公众的情感维度主要是忧虑/担忧的心理，参考灾难风险感知情绪量表[34]，设置 9 个问题度量公众担忧程度："在我生活的城市里经历灾难事件的风险让我害怕""在我生活的国家里，经历一场灾难事件的风险让我感到害怕""对潜在的灾难事件没有采取必要的措施，这使我感到不安""在灾难事件发生时，身处人群密集的地方（购物中心、学校、公共交通、社会活动区等）让我很担心""我担心在可能发生的灾难事件中，我可能会暂时失联，别人无法在短时间内联系到我""一场可能发生的灾难事件发生后，搜索和救援队伍可能无法进入，这让我很担心""一想到在可能发生的灾难事件后无法得到足够的支持（身体上的，心理上的，住房上的），我就担心""我害怕在一场潜在的灾难事件之后，与亲戚之间会出现沟通问题""社会意识只有在自然灾难事件发生时才会提高，这一事实令人担忧"，采用五级量表测量（1：完全不同意，5：完全同意）。

（3）风险感知的认知维度测量。研究证明：公众对特定灾难的相关知识如果了解得比较全面，对其认知能够客观地知觉，或者能够接受多个而不是单一方面的信息，并能够辩证地看待和评价灾难对自己和对社会的影响以及有适当的行为反应，那么，这样的个体能够更理性地对待灾难[41]，因此认知是灾难风险感知的重要维度。设置 7 个问题测量风险感知的认知维度："我对各类灾难事件有基本的了解""我知道如何减少和/或消除与灾难事件相关的风险因素""我有足够的关于家庭灾难计划的信息""关于我住的房子/宿舍的安全，我有足够的信息""我知道住在家里/宿舍的非结构性风险因素是什么""我知道我需要做什么来减少我住的房子/宿舍的非结构性风险因素""我知道在人潮拥挤的地方（购物中心、学校、公共交通、社会活动区等），灾难事件发生时该如何表现"，采用五级量表测量（1：完全不同意，5：完全同意）。

（4）风险感知的行为维度测量。理性行为理论（theory of reasoned action）认为人们的主观态度（attitude）和主观准则（subjective norms）通过影响人们的行为意向（behavioral intention）进而影响人们的行为[42]。在灾难风险感知影响个体的情感、认知以后，个体在压力情境下产生了相应的应对机制，可定义为灾难应对行为[43]，这种行为按照不同的分类，包括积极应灾行为/回避行为，或减灾行为/应急准备行为/恢复准备行为，或理性行为/情感导向行为/回避行为[44]。行为的选择是人们内心灾难风险感知的镜子。参考已有的风险感知的行为维度测量量表[33]，设置 7 个问题测量风险感知的行为维度："我想我已经为潜在的自然灾难事件做好了准备""我备份了我的个人信息和文件，以防万一出现自然灾难事件""我们为可能发生的自然灾难事件准备了家庭防灾计划""我有一个灾难应急包""在我和家人居住的家里，我们准备了灭火器等""我有必要的知识在自然灾难事件中保护自己""在紧急情况下，我能正确、准确地沟通"，采用五级量表测量（1：完全不同意，5：完全同意）。

（5）对媒体的信任度调查。根据 2019 年修订的《中华人民共和国政府信息公开条例》，"各级人民政府应当加强依托政府门户网站公开政府信息的工作，利用统一的政府信息公开平台集中发布主动公开的政府信息"；根据 2018 年颁布的《微博客信息服务管理规定》，"微博客服务提供者应当建立健全辟谣机制，发现微博客服务使用者发布、传播谣言或不实信息，应当主动采取辟谣措施"。根据《国家气象灾害应急预案》的规定，气象信息的发布途径主要分为两种：一种是官方自媒体，如官方微博、微信、门户网站、短信系统等；另一种是通过第三方的媒体发布，如召开新闻发布会、电视和广播等[33]。度量公众对以上官方媒体的信任度，参考国内外对媒体信任度的测量[33, 45]，从能力、应灾过程中所持有的诚实和报道出发点三个角度设置问题："我十分信任媒体对于危机事件的报道能力"，"我十分信任媒体对于危机事件的报道过程中没有过度和夸张"，"我十分信任媒体出于对公众健康的关心的角度来报道危机事件"，这 3 个测项仍然采取五级量表测量（1：完全不同意，5：完全同意）。

（6）灾难中网络传播的动机调查。为把握公众参与城市灾难事件进行网络传播的动机，田野调查中对13个可能的传播动机进行了符合程度五级测量（1：非常不符，5：非常符合）：成为网络大V、提高知名度、获得关注、无聊、全民参与、出于良心、出于社会责任感、给相关部门压力、自由表达、标新立异、出于对生活不满、出于从众心理、出名。

（7）生活满意度测量。为进一步把握田野调查对象的群体特征，通过标准生活满意度量表（satisfaction with life scale，SWLS）[46]测量被访者的生活满意度，作为人文统计变量调查的补充。生活满意度量表包含 5 个测项："我的生活大致符合我的理想"，"我的生活状况非常圆满"，"我满意自己的生活"，"直到现在为止，我都能够得到我在生活上希望拥有的重要东西"，"如果我能重新活过，差不多没有东西我想改变"，采取七级量表测量（1：完全不同意，7：完全同意）。如果总和分数在31～35 分为非常满意，26～30 分为满意，21～25 分为基本满意，20 分为中等，15～19 分为基本不满意，10～14 分为不满意，5～9 分为极不满意。

### 2.1.5 试调研及信效度检查

2021 年 3 月初，在四川省成都市通过网络发放了 350 份问卷，回收合格问卷 322 份。在试调研的过程中，测试了问卷逻辑和问卷问题的可理解程度，效果良好。基于试调研数据，计算了问卷信度和效度。

信度（reliability）即可靠性，它指的是采取同样的方法对同一对象重复进行测量时，其所得结果相一致的程度[47]。选取 Cronbach's alpha 系数作为衡量信度的指标，系数越大表明信度越高。一般而言，若信度系数在 0.9 以上，说明信度非常好；若在 0.8～0.9，则说明可以接受；在 0.5～0.8，则说明勉强接受；在 0.5 以下，则说明信度过低测量不可用[48]。

效度（validity），是指能够测到该测验所预测心理或行为特质到何种程度，即一个测验对其所要测量的特性测量到什么程度的估计。根据效度的内涵，测量结果与要考察的内容越吻合，则效度越高。效度包括内容效度、结构效度和收敛效度等[49]。内容效度（content validity）是指测验用的测题对整个测试内容范围的代表性程度。即测试题目的取样要具有代表性，覆盖面广。内容效度一般由研究者拟订题项，然后请有关专家做出评判进行修订[49]。邀请四川大学华西医院心理卫生中心 3 名专家对内容效度进行评判并顺利通过。结构效度（construct validity）指编制出来的测验是否真正体现了最初所依据的理论结构，能够测量到理论建构心理特质的程度[49]。结构效度是对结构合理性的要求，包括：①量表与总量表之间的相关。应该大于各子量表之间的相关。这样保证各子量表之间有一定相对独立性，而子量表又不能偏离总量表。②各子量表与所属分量表的相关，应该大于子量表与总量表的相关。子量表是各分量表划分的维度，分量表是总量表划分的维度，因此，子量表与分量表是直接关系，分量表与总量表是直接关系，子量表与总量表是间接关系。③分量表之间的相关，应该小于它们各自与总量表之间的相关，这样保证各分量表之间有一定相对独立性，而分量表又不能偏离总量表[49]。一般而言，可以用因素分析方法判断结构效度，计算 KMO 值。若 KMO 值在 0.9 以上，说明结构效度非常好；若在 0.8~0.9，则说明结构效度较好；在 0.7~0.8，则说明结构效度尚可；在 0.6~0.7，则说明结构效度较差；在 0.5~0.6，则说明结构效度很差；在 0.5 以下，则说明由于结构效度太差测量不可用。收敛效度（convergent validity）是运用不同测量方法测定同一特征时测量结果的相似程度，即不同测量方式应在相同特征的测定中聚合在一起[49, 50]。收敛效度采用平均方差抽取量（average variance extracted，AVE）评价，当 AVE > 0.50 时，表明收敛效度良好[48]。

　　从表 2.1 可以看出，各变量的 Cronbach's alpha 值为 0.945，大于 0.8；KMO值为 0.868，大于 0.8。由此可以认为研究变量的测量指标具有较高的内在一致性信度和效度，是比较可靠的。另外，还运用验证性因子分析对风险感知总体水平、公众受灾难影响的心理负面程度、风险感知的情感维度、风险感知的认知维度、风险感知的行为维度、对媒体的信任度、灾难中网络传播的动机及生活满意度八个方面进行了收敛效度分析。分析结果如表 2.2所示，题项编码参见附录 A 问卷。从结果可以看出，公众的风险感知总体水平、受灾难影响的心理负面程度、风险感知的情感维度、风险感知的认知维度、风险感知的行为维度、对媒体的信任度、灾难中网络传播的动机、生活满意度八个方面的组合信度值均大于0.8，所有变量的 AVE 值均在0.5 以上，标准载荷系数均达到了0.001的显著性水平。说明问卷问题之间拥有良好的聚合效度。从试调研中也发现，问卷问答时长在 420~900 秒。

**表 2.1　试调研中问卷信度和结构效度检验**

| Cronbach's alpha | KMO | 项数 |
| --- | --- | --- |
| 0.945 | 0.868 | 83 |

**表 2.2　试调研中问卷收敛效度检验**

| 问卷问题 | 题项 | 标准载荷系数 | 组合信度 | AVE值 |
| --- | --- | --- | --- | --- |
| 公众风险感知总体水平 | ZRGZ1 | 0.771 | 0.963 | 0.682 |
| | ZRGZ2 | 0.784 | | |
| | ZRGZ3 | 0.833 | | |
| | ZRGZ4 | 0.831 | | |
| | JSGZ1 | 0.818 | | |
| | JSGZ2 | 0.857 | | |
| | JSGZ3 | 0.837 | | |
| | JSGZ4 | 0.866 | | |
| | RYGZ1 | 0.818 | | |
| | RYGZ2 | 0.836 | | |
| | RYGZ3 | 0.815 | | |
| | RYGZ4 | 0.839 | | |
| 公众受灾难影响的心理负面程度 | ZRXL1 | 0.725 | 0.969 | 0.675 |
| | ZRXL2 | 0.779 | | |
| | ZRXL3 | 0.710 | | |
| | ZRXL4 | 0.816 | | |
| | ZRXL5 | 0.747 | | |
| | JSXL1 | 0.863 | | |
| | JSXL2 | 0.867 | | |
| | JSXL3 | 0.851 | | |
| | JSXL4 | 0.887 | | |
| | JSXL5 | 0.864 | | |
| | RYXL1 | 0.815 | | |
| | RYXL2 | 0.845 | | |
| | RYXL3 | 0.834 | | |

| 问卷问题 | 题项 | 标准载荷系数 | 组合信度 | AVE值 |
|---|---|---|---|---|
| 公众受灾难影响的心理负面程度 | RYXL4 | 0.864 | 0.969 | 0.675 |
| | RYXL5 | 0.832 | | |
| 风险感知的情感维度 | QG1 | 0.487 | 0.929 | 0.599 |
| | QG2 | 0.780 | | |
| | QG3 | 0.798 | | |
| | QG4 | 0.843 | | |
| | QG5 | 0.766 | | |
| | QG6 | 0.815 | | |
| | QG7 | 0.871 | | |
| | QG8 | 0.768 | | |
| | QG9 | 0.772 | | |
| 风险感知的认知维度 | RZ1 | 0.725 | 0.916 | 0.609 |
| | RZ2 | 0.791 | | |
| | RZ3 | 0.789 | | |
| | RZ4 | 0.767 | | |
| | RZ5 | 0.818 | | |
| | RZ6 | 0.830 | | |
| | RZ7 | 0.739 | | |
| 风险感知的行为维度 | XW1 | 0.717 | 0.884 | 0.532 |
| | XW2 | 0.852 | | |
| | XW3 | 0.876 | | |
| | XW4 | 0.854 | | |
| | XW5 | 0.683 | | |
| | XW6 | 0.584 | | |
| | XW7 | 0.422 | | |
| 对媒体的信任度 | MT1 | 0.889 | 0.909 | 0.770 |
| | MT2 | 0.851 | | |
| | MT3 | 0.892 | | |
| 灾难中网络传播的动机 | DJ1 | 0.826 | 0.948 | 0.599 |
| | DJ2 | 0.883 | | |
| | DJ3 | 0.875 | | |
| | DJ4 | 0.818 | | |
| | DJ5 | 0.406 | | |
| | DJ6 | 0.557 | | |
| | DJ7 | 0.533 | | |
| | DJ8 | 0.424 | | |
| | DJ9 | 0.868 | | |
| | DJ10 | 0.883 | | |
| | DJ11 | 0.916 | | |
| | DJ12 | 0.872 | | |
| | DJ13 | 0.903 | | |
| 生活满意度 | MY1 | 0.862 | 0.917 | 0.689 |
| | MY2 | 0.875 | | |
| | MY3 | 0.873 | | |
| | MY4 | 0.844 | | |
| | MY5 | 0.679 | | |

### 2.1.6　抽样方法和样本概况

由于我国网民75％分布在广东省、江苏省、浙江省、山东省、河南省、河北省、北京市、福建省、四川省、上海市、湖南省、安徽省、湖北省、辽宁省[32]，为达到足够的代表性和随机性，2021 年 3～4 月，向 IP 地址在以上地域的手机网民按配额投放了 3 327 份问卷，为排除网络调查固有的刷单风险，设置了测谎问题，剔除了未通过测谎问题以及问卷回答时间少于 420 秒的问卷，得到 2 408 份有效问卷，合格的样本给予了 10 元的物质奖励。

从表 2.3 可以看出此次调查样本的人口学统计特征，样本中共有男性 952 人，占比 39.5％；女性 1 456 人，占比 60.5％。年龄分布方面，占比最高的是 20～40 岁（含），占比 85.8％，40～60 岁（含）、20 岁及以下占比为 7.6％、6.1％，60 岁以上占比较少，为 0.5％。 家庭社会经济地位方面，采用指导语："请您想象一下这个梯子代表了中国不同的家庭所处的不同的社会阶层，等级越高，表示其所处的阶层地位越高。例如，01 代表社会最底层，来自这些家庭的人其生活境况是最糟糕的，教育水平最低、工作最不体面、收入最低下；10 代表社会最高层，来自这些家庭的人其生活境况是最优裕的，他们受教育程度高、工作最体面、收入最高。现在，请结合您的状况，思考一下您觉得自己出身的家庭位于梯子的哪一级？"由调研结果可见，阶层5占比最高，为 32.8％；其次是阶层 6 和阶层 4，分别占比为 23.1％ 和 12.5％。工作年限方面，10 年及以下、10～20年（含）、20～30 年（含）、30 年以上分别占比为 83.7％、10.8％、4.4％、1.2％。收入分布方面，10 000元以下累计占比达 74.5％，其中 7 000～10 000 元（含），3 000 元及以下和 5 000～7 000 元（含）占比均匀分布，分别为 20.9％，20.3％，20.2％。

表 2.3　样本概况

| 统计特征 | | 人数 | 百分比 | 统计特征 | 人数 | 百分比 |
|---|---|---|---|---|---|---|
| 年龄组 | 20岁及以下 | 147 | 6.1 % | 10 年及以下 | 2 016 | 83.7 % |
| | 20～40岁（含） | 2 065 | 85.8 % | 10～20年（含） | 259 | 10.8 % |
| | 40～60岁（含） | 184 | 7.6 % | 20～30年（含） | 105 | 4.4 % |
| | 60岁以上 | 12 | 0.5 % | 30年以上 | 28 | 1.2 % |
| 社会经济地位 | 1 | 118 | 4.9 % | 3 000元及以下 | 490 | 20.3 % |
| | 2 | 86 | 3.6 % | 3 000～5 000元（含） | 316 | 13.1 % |
| | 3 | 204 | 8.5 % | 5 000～7 000元（含） | 487 | 20.2 % |
| | 4 | 301 | 12.5 % | 7 000～10 000元（含） | 503 | 20.9 % |
| | 5 | 789 | 32.8 % | 10 000～15 000元（含） | 369 | 15.3 % |
| | 6 | 556 | 23.1 % | 15 000～20 000元（含） | 149 | 6.2 % |
| | 7 | 237 | 9.8 % | 20 000～30 000元（含） | 63 | 2.6 % |
| | 8 | 84 | 3.5 % | 30 000元以上 | 31 | 1.3 % |
| | 9 | 9 | 0.4 % | 男 | 952 | 39.5 % |
| | 10 | 24 | 1.0 % | 女 | 1 456 | 60.5 % |

注：工作年限对应前四行，月收入对应3 000元及以下至30 000元以上各行，性别对应男、女两行。

## 2.2　数据分析结果

基于 2 408 份有效问卷，分别对自然灾难事件、技术灾难事件和人因灾难事件风险感知进行数据分析。分析之前再次用 2 408 份有效问卷数据进行信度分析，仍然选取 Cronbach's alpha 系数作为衡量信度的指标，此外采用因子载荷KMO值度量效度。信度和效度检验结果如表 2.4所示，问卷共分为七大变量测量项，Cronbach's alpha 系数均表明信度是可以接受的，KMO 值表明效度较好且 $P$ 值显著。因此，问卷七个部分的量表编制具有良好的结构效度。

表 2.4　问卷信度和效度检验

| 变量测量项 | 信度检验 | | 效度检验 | |
| --- | --- | --- | --- | --- |
| | Cronbach's alpha | 项数 | 因子载荷 KMO 值 | P值 |
| 风险感知总体水平 | 0.851 | 27 | 0.917 | 0.000 |
| 风险感知的情感维度 | 0.786 | 9 | 0.854 | 0.000 |
| 风险感知的认知维度 | 0.783 | 7 | 0.835 | 0.000 |
| 风险感知的行为维度 | 0.801 | 7 | 0.854 | 0.000 |
| 对媒体的信任度 | 0.784 | 3 | 0.705 | 0.000 |
| 灾难中网络传播的动机 | 0.807 | 13 | 0.890 | 0.000 |
| 生活满意度 | 0.797 | 17 | 0.821 | 0.000 |

### 2.2.1　自然灾难风险感知统计分析

以下将对有效问卷中关于自然灾难风险感知问题项回答进行描述性统计和人文统计变量影响分析。

1. 自然灾难风险感知总体水平描述性统计

自然灾难风险感知总体水平的描述性统计结果（不同打分项的人数占总人数的比例）如表 2.5所示。其中Q1 至 Q4 展示了被访者对受到自然灾难的影响概率的估计，有相当部分的被访者（26.87%~31.40%）不确定自己及家人受到自然灾难影响的概率，而 Q1 至 Q3 中同意受到自然灾难影响的概率小的比例大于不同意的比例。Q5 至 Q9 体现了被访者对自然灾难影响的心理负面程度。

表 2.5　自然灾难风险感知总体水平描述性统计结果——不同打分项的人数占总人数的比例

| 打分 | Q1 | Q2 | Q3 | Q4 | Q5 | Q6 | Q7 | Q8 | Q9 |
| --- | --- | --- | --- | --- | --- | --- | --- | --- | --- |
| 1–完全不同意 | 3.99% | 7.89% | 6.10% | 12.58% | 3.78% | 5.94% | 3.78% | 5.90% | 7.06% |
| 2–不同意 | 19.93% | 24.75% | 22.09% | 27.08% | 18.90% | 16.90% | 10.51% | 20.31% | 22.59% |
| 3–不确定 | 31.40% | 27.78% | 30.98% | 26.87% | 18.19% | 17.73% | 20.31% | 27.41% | 26.99% |
| 4–同意 | 37.75% | 28.03% | 31.35% | 25.42% | 44.56% | 36.67% | 39.99% | 32.56% | 30.69% |
| 5–完全同意 | 6.94% | 11.54% | 9.47% | 8.06% | 14.58% | 22.76% | 25.42% | 13.83% | 12.67% |

九个题项如下： Q1："由于我（和我的家人）对自然灾难事件的高度关注，我认为我和家人受到影响的概率非常小"； Q2："因为我（和我的家人）有良好的生活方式，我认为受自然灾难事件影响的概率很低"； Q3："由于我（和我的家人）了解专业的防护知识，我认为受自然灾难事件影响的概率很低"； Q4："因为我（和我的家人）身体健康，我认为我们受自然灾难事件影响的概率很低"； Q5："我很焦虑和担忧受自然灾难事件影响可能带来的后果"； Q6："我很恐惧和害怕受自然灾难事件影响可能带来的后果"； Q7："我非常痛恨受自然灾难事件影响可能带来的后果"； Q8："我对受自然灾难事件影响可能造成的后果坐立不安和感到不满"； Q9："我对受自然灾难事件影响可造成的后果感到非常愤怒"。

2. 人文统计变量影响分析

关于自然灾难风险感知总体水平的九个测项可以分为两类分别进行人文统计变量影响分析。在受自然灾害影响概率的估计的题项中，题项的打分越高，表示被调查者对该选项的同意程度越高，证明被调查者受自然灾难影响概率估计越小；在自然灾难风险对被调查者的心理负面影响程度的题项中，题项的打分越高，表明自然灾难对被调查者造成的心理负面影响程度越大。因此，分别对受自然灾难影响概率的估计和心理负面影响程度进行人文统计变量影响分析。

本书将以上两类测项分别加总求均值，记为因子分，因子分将被分为 1~5 五个等级，对应的因子分区间分别为：0~1.5 分（1 级）、1.5~2.5 分（2 级）、2.5~3.5 分（3 级）、3.5~4.5 分（4 级）、4.5~5.5

分（5 级），并用该因子分等级表示被调查者受自然灾害影响概率的估计和自然灾难造成的心理负面影响，并通过列联表分析不同人文统计变量与受自然灾难影响概率的估计和心理负面影响的关系。

人文统计变量与受自然灾难影响概率的估计影响分析如下。

第一，职业与被调查者受自然灾难影响概率估计的关系。职业被划分为 1～10 十类，对应的职业为：公务员或事业单位及政府工作人员、企业职员、专业技术人员、行政人员和文职人员、社会生产服务和生活服务人员、管理人员、生产制造及有关人员、学生、无业或退休人员、其他。不同职业受自然灾难影响概率的评分人数如图 2.2 所示，职业与受自然灾难影响概率评分等级列联表如表 2.6 所示。

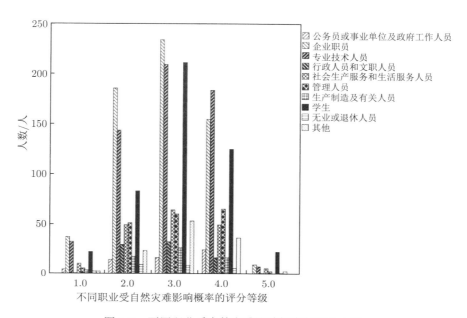

图 2.2  不同职业受自然灾难影响概率的评分人数

**表 2.6  不同职业受自然灾难影响概率评分等级列联表**

| 职业 | 评分等级1 | 评分等级2 | 评分等级3 | 评分等级4 | 评分等级5 |
|---|---|---|---|---|---|
| 1–公务员或事业单位及政府工作人员 | 5(1.0) | 15(−0.2) | 17(−1.8) | 25(2.1) | 0(−1.2) |
| 2–企业职员 | 38(1.0) | 187(2.9) | 236(−0.5) | 156(−2.3) | 10(−1.3) |
| 3–专业技术人员 | 38(0.5) | 145(−0.4) | 211(−1.3) | 185(2.1) | 8(−1.7) |
| 4–行政人员和文职人员 | 1(−1.7) | 30(2.3) | 33(0.3) | 17(−1.6) | 1(−0.7) |
| 5–社会生产服务和生活服务人员 | 11(0.5) | 50(0.6) | 65(−0.8) | 50(−0.3) | 6(1.0) |
| 6–管理人员 | 6(−1.3) | 52(0.7) | 61(−1.8) | 66(2.1) | 3(−0.7) |
| 7–生产制造及有关人员 | 4(0.3) | 18(0.3) | 27(0.4) | 17(−0.5) | 0(−1.3) |
| 8–学生 | 23(−0.4) | 84(−4.2) | 213(3.5) | 126(−0.8) | 23(4.2) |
| 9–无业或退休人员 | 3(1.2) | 10(1.1) | 9(−0.9) | 6(1) | 1(0.4) |
| 10–其他 | 3(−1.4) | 24(−1.5) | 54(1.4) | 37(0.5) | 3(0.1) |

列联表中括号内的数值为列联表的调整后残差，卡方检验如表 2.7 所示，相关性检验如表 2.8 所示。调整后残差表中只有 3 个调整后残差的绝对值大于 3，其余调整后残差的绝对值都小于 3。皮尔森卡方检验和似然比卡方检验结果在 5% 水平下显著，证明职业与受自然灾难影响概率的估计具有相关关系。相关系数的三个指标都大于 0 且显著，也说明职业与受自然灾难影响概率的估计有关联。对应图如图 2.3 所示。

表 2.7    不同职业受自然灾难影响概率评分等级的卡方检验

| 指标 | 数值 | df | P值 |
| --- | --- | --- | --- |
| 皮尔森卡方检验 | 81.017 | 36 | 0.000 |
| 似然比卡方检验 | 82.610 | 36 | 0.000 |

表 2.8    不同职业受自然灾难影响概率评分等级的相关性检验

| 指标 | 数值 | P值 |
| --- | --- | --- |
| Spearman 相关性检验 | 0.068 | 0.001 |
| Kendall's tau-b | 0.056 | 0.001 |
| Kendall's tau-c | 0.053 | 0.001 |

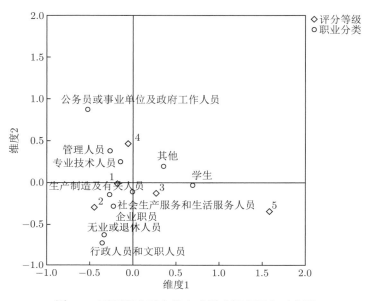

图 2.3    不同职业受自然灾难影响概率评分对应图

由对应图 2.3 可见,相对于平均水平而言,受自然灾难影响概率的评分等级在第 2 级的多为分类为 2、4、7、9 的职业,即企业职员、行政人员和文职人员、生产制造及有关人员、无业或退休人员;受自然灾难影响概率的评分等级在第 4 级的多为分类为 1、3、6 的职业,即公务员或事业单位及政府工作人员、专业技术人员、管理人员。根据列联表中的残差,同样可以分析得到企业职员、行政人员和文职人员多在评分第 2 级,公务员或事业单位及政府工作人员、专业技术人员、管理人员多在评分第 4 级。因此,公务员或事业单位及政府工作人员、专业技术人员、管理人员受自然灾难影响概率估计低于其他职业。

第二,年龄与被调查者受自然灾难影响概率估计的关系。年龄被划分为 1~4 四个等级,对应的区间为:20 岁及以下、20~40 岁(含)、40~60 岁(含)、60 岁以上。不同年龄受自然灾难影响概率的各评分等级人数如图 2.4 所示,年龄等级与受自然灾难影响概率评分等级列联表如表 2.9 所示。

列联表的调整后残差为列联表中括号内的数值,卡方检验如表 2.10 所示,相关性检验如表 2.11 所示。调整后残差表中只有 1 个调整后残差的绝对值大于 3,其余调整后残差的绝对值都小于 3。皮尔森卡方检验和似然比卡方检验结果在 5% 水平下显著,证明年龄与受自然灾难影响概率的估计具有相关关系。相关系数的三个指标都小于 0,但十分接近 0 且不显著,说明年龄与受自然灾难影响概率的估计相关性不强。对应图,如图 2.5 所示。

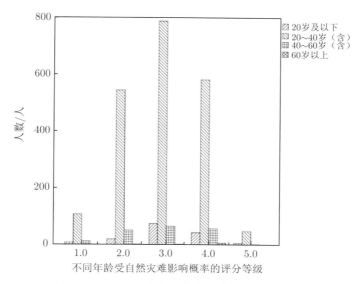

图 2.4　不同年龄受自然灾难影响概率的评分人数

表 2.9　不同年龄受自然灾难影响概率评分等级列联表

| 年龄 | 评分等级1 | 评分等级2 | 评分等级3 | 评分等级4 | 评分等级5 |
|---|---|---|---|---|---|
| 20岁及以下 | 8(0.1) | 19(-3.6) | 73(2.9) | 42(0.0) | 5(0.9) |
| 20~40岁（含） | 106(-0.8) | 544(2.2) | 787(-0.9) | 581(-0.8) | 47(-0.1) |
| 40~60岁（含） | 12(0.8) | 50(0.5) | 64(-1.1) | 56(0.6) | 2(-1.1) |
| 60岁以上 | 1(0.5) | 2(-0.7) | 2(-1.6) | 6(1.7) | 1(1.4) |

表 2.10　不同年龄受自然灾难影响概率评分等级的卡方检验

| 指标 | 数值 | df | $P$值 |
|---|---|---|---|
| 皮尔森卡方检验 | 24.242 | 12 | 0.019 |
| 似然比卡方检验 | 25.299 | 12 | 0.013 |

表 2.11　不同年龄受自然灾难影响概率评分等级的相关性检验

| 指标 | 数值 | $P$值 |
|---|---|---|
| Spearman 相关性检验 | -0.028 | 0.168 |
| Kendall's tau-b | -0.026 | 0.164 |
| Kendall's tau-c | -0.014 | 0.164 |

　　由对应图 2.5可见，相对于平均水平而言，20 岁及以下年龄段对受自然灾难影响概率的估计集中在较高水平，2 级和 3 级。根据列联表中的残差，同样可以分析 20 岁及以下群体较多出现在评分第 3 级，较少出现在评分第 2 级；20~40 岁（含）群体较多出现在评分第 2 级。因此，20~40 岁（含）的群体受自然灾难影响概率的估计高于其他年龄段群体。

　　第三，月收入与被调查者受自然灾难影响概率的关系。月收入被划分为 1~8 八个等级，对应的区间为：3 000 元及以下、3 000~5 000 元（含）、5 000~7 000 元（含）、7 000~10 000 元（含）、10 000~15 000 元（含）、15 000~20 000 元（含）、20 000~30 000 元（含）、30 000 元以上。不同收入等级受自然灾难影响概率的评分人数如图 2.6 所示，不同收入等级与受自然灾难影响概率评分等级列联表如表 2.12所示。

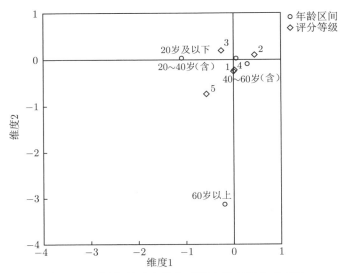

图 2.5    不同年龄受自然灾难影响概率评分对应图

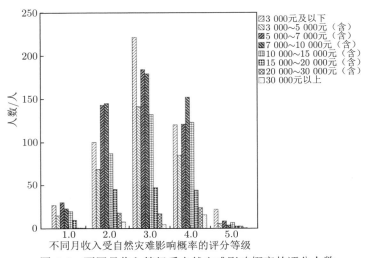

图 2.6    不同月收入等级受自然灾难影响概率的评分人数

**表 2.12    不同月收入等级受自然灾难影响概率的评分等级人数列联表**

| 月收入 | 评分等级1 | 评分等级2 | 评分等级3 | 评分等级4 | 评分等级5 |
|---|---|---|---|---|---|
| 3 000 元及以下 | 27(0.3) | 100(−2.9) | 221(3.4) | 120(−2.2) | 22(3.7) |
| 3 000~5 000 元（含） | 15(−0.4) | 69(−1.6) | 141(2.4) | 85(−0.7) | 6(−0.5) |
| 5 000~7 000 元（含） | 30(1.0) | 143(2.2) | 184(−0.3) | 121(−2.0) | 9(−0.7) |
| 7 000~10 000 元（含） | 23(−0.8) | 145(1.9) | 179(−1.5) | 152(1.0) | 4(−2.5) |
| 10 000~15 000 元（含） | 20(0.1) | 87(−0.9) | 132(−1.2) | 123(2.3) | 7(−0.5) |
| 15 000~20 000 元（含） | 10(0.8) | 45(1.3) | 47(−1.8) | 44(0.3) | 3(−0.2) |
| 20 000~30 000 元（含） | 1(−1.3) | 18(0.6) | 17(−1.9) | 24(1.7) | 3(1.3) |
| 30 000 元以上 | 1(−0.5) | 8(0.0) | 5(−2.6) | 16(2.9) | 1(0.4) |

列联表的调整后残差为列联表中括号内的数值，卡方检验如表 2.13 所示，相关性检验如表 2.14 所示。调整后残差表中只有 2 个调整后残差的绝对值大于 3，其余调整后残差的绝对值都小于 3。皮尔森卡方检验和似然比卡方检验结果在 5% 水平下显著，证明月收入与受自然灾难影响概率的估计具有相

关关系。相关系数的三个指标都大于 0，但十分接近 0 且不显著，说明月收入与受自然灾难影响概率的估计相关性不强。

表 2.13　不同月收入等级受自然灾难影响概率评分等级的卡方检验

| 指标 | 数值 | df | P值 |
| --- | --- | --- | --- |
| 皮尔森卡方检验 | 71.042 | 28 | 0.000 |
| 似然比卡方检验 | 70.626 | 28 | 0.000 |

表 2.14　不同月收入等级受自然灾难影响概率评分等级的相关性检验

| 指标 | 数值 | P值 |
| --- | --- | --- |
| Spearman 相关性检验 | 0.007 | 0.714 |
| Kendall's tau-b | 0.006 | 0.732 |
| Kendall's tau-c | 0.006 | 0.732 |

由对应图 2.7 可见，相对于平均水平而言，受自然灾难影响概率的评分等级在第 1、3 级的多为分类为2的月收入等级，即 3 000~5 000 元（含）；受自然灾难影响概率的评分等级在第 2 级的多为分类为3、6 的月收入等级，即 5 000~7 000 元（含）、15 000~20 000 元（含）；受自然灾难影响概率的等级在第 4 级的多为分类为 5 的月收入等级，即 10 000~15 000 元（含）。根据列联表中的残差，同样可以分析得到收入在 3 000~5 000 元（含）较多出现在评分第 3 级；收入在 5 000~7 000 元（含）较多出现在评分第 2 级，较少出现在评分第 4 级；收入在 7 000~10 000 元（含）较少出现在评分第 5 级；收入在 10 000~15 000 元（含）较多出现在评分第 4 级；收入在 30 000 元以上较多出现在评分第 4 级，较少出现在评分第 3 级。因此，收入在 10 000~15 000 元（含）、30 000 元以上的群体对受自然灾难影响概率的估计低于其他月收入群体。

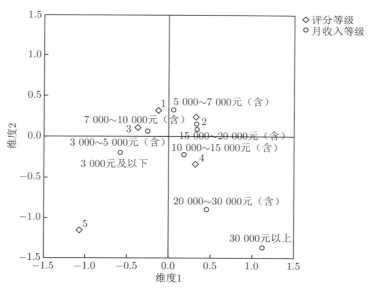

图 2.7　不同月收入等级受自然灾难影响概率的评分对应图

第四，社会阶层与被调查者受自然灾难影响概率的关系。社会阶层被划分为 1~10 十个等级，等级越高，表示其所处的阶层地位越高。不同社会阶层受自然灾难影响概率的各评分等级人数如图 2.8 所示，不同社会阶层与受自然灾难影响概率评分等级列联表如表 2.15 所示。

列联表的调整后残差为列联表中括号内的数值，卡方检验如表2.16所示，相关性检验如表 2.17 所

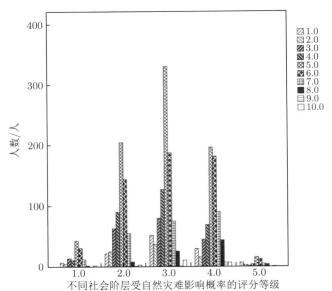

图 2.8　不同社会阶层受自然灾难影响概率的评分人数

**表 2.15　不同社会阶层与受自然灾难影响概率评分等级列联表**

| 社会阶层 | 评分等级1 | 评分等级2 | 评分等级3 | 评分等级4 | 评分等级5 |
|---|---|---|---|---|---|
| 社会阶层1 | 7(0.3) | 22(−1.8) | 52(1.3) | 30(−0.7) | 7(2.7) |
| 社会阶层2 | 5(0.2) | 25(0.8) | 37(0.9) | 16(−2.1) | 3(0.8) |
| 社会阶层3 | 14(1.1) | 63(1.8) | 80(0.2) | 45(−2.1) | 2(−1.3) |
| 社会阶层4 | 11(−1.3) | 90(1.9) | 127(1.4) | 69(−2.7) | 4(−0.6) |
| 社会阶层5 | 43(0.3) | 204(0.2) | 330(2.4) | 196(−2.3) | 16(−1.2) |
| 社会阶层6 | 31(0.4) | 144(0.2) | 187(−2.7) | 181(2.4) | 13(0.1) |
| 社会阶层7 | 12(−0.2) | 55(−0.9) | 75(−2.3) | 90(3.4) | 5(−0.2) |
| 社会阶层8 | 2(−1.2) | 8(−3.4) | 26(−1.4) | 44(4.9) | 4(1.5) |
| 社会阶层9 | 0(−0.7) | 1(−1.0) | 1(−1.7) | 7(3.3) | 0(−0.5) |
| 社会阶层10 | 2(0.7) | 3(−1.5) | 11(0.7) | 7(0.1) | 1(0.6) |

示。调整后残差表中只有 4 个调整后残差的绝对值大于 3，其余调整后残差的绝对值都小于 3。皮尔森卡方检验和似然比卡方检验结果在 5% 水平下显著，证明社会阶层与受自然灾难影响概率的估计具有相关关系。相关系数的三个指标都大于 0 且显著，说明社会阶层与受自然灾难影响概率的估计有关联，对应图，如图2.9所示。

**表 2.16　不同社会阶层受自然灾难影响概率评分等级的卡方检验**

| 指标 | 数值 | df | $P$值 |
|---|---|---|---|
| 皮尔森卡方检验 | 99.699 | 36 | 0.000 |
| 似然比卡方检验 | 97.031 | 36 | 0.000 |

**表 2.17　不同社会阶层受自然灾难影响概率评分等级的相关性检验**

| 指标 | 数值 | $P$值 |
|---|---|---|
| Spearman 相关性检验 | 0.107 | 0.000 |
| Kendall's tau-b | 0.087 | 0.000 |
| Kendall's tau-c | 0.082 | 0.000 |

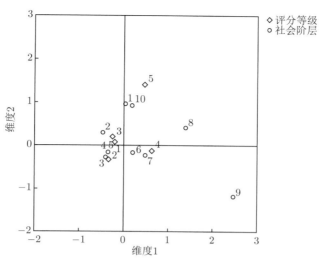

图 2.9　不同社会阶层受自然灾难影响概率的评分对应图

由对应图 2.9 可见，相对于平均水平而言，受自然灾难影响概率的评分等级在第 2 级的多为等级为 3、4 的社会阶层；受自然灾难影响概率的评分等级在第 3 级的多为等级为 5 的社会阶层；受自然灾难影响概率的评分等级在第 4 级的多为等级 6、7 的社会阶层。根据列联表中的残差，同样可以分析得到等级为 2、3 的社会阶层较少出现在评分第 4 级；等级为 4 的社会阶层较少出现在评分第 4 级；等级为 5 的社会阶层较多出现在评分第 3 级，较少出现在评分第 4 级；等级为 6、7 的社会阶层较多出现在评分第 4 级，较少出现在评分第 3 级；等级为 8 的社会阶层较多出现在评分第 4 级，较少出现在评分第 2 级；等级为 9 的社会阶层较多出现在评分第 4 级。因此，等级为 6、7、9 的社会阶层群体受自然灾难的影响概率估计低于其他社会阶层群体。

第五，性别与被调查者受自然灾难影响概率的关系。序号 1 代表男性，序号 2 代表女性。不同性别受自然灾难影响概率的评分人数如图 2.10 所示，不同性别与受自然灾难影响概率评分等级列联表如表 2.18 所示。

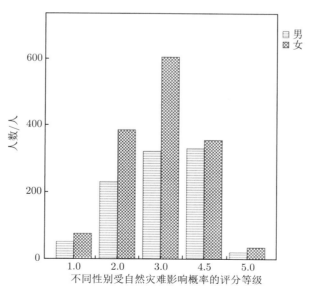

图 2.10　不同性别受自然灾难影响概率的评分人数

**表 2.18　不同性别与受自然灾难影响概率评分等级列联表**

| 性别 | 评分等级1 | 评分等级2 | 评分等级3 | 评分等级4 | 评分等级5 |
|---|---|---|---|---|---|
| 1 | 51(0.1) | 230(−1.3) | 321(−3.9) | 330(5.5) | 20(−0.5) |
| 2 | 76(−0.1) | 385(1.3) | 605(3.9) | 355(−5.5) | 35(0.5) |

　　列联表的调整后残差为列联表中括号内的数值，卡方检验如表 2.19 所示，相关性检验如表 2.20 所示。调整后残差表中 6 个调整后残差的绝对值小于 3，四个调整后残差的绝对值大于 3。皮尔森卡方检验和似然比卡方检验结果在 5% 水平下十分显著，证明性别与受自然灾难影响概率的估计具有相关关系。相关系数的三个指标都小于 0 且显著，说明性别与受自然灾难影响概率的估计有关联，即男性的受自然灾难影响概率的估计低于女性，但相关性不大。

**表 2.19　不同性别受自然灾难影响概率评分等级的卡方检验**

| 指标 | 数值 | df | $P$值 |
|---|---|---|---|
| 皮尔森卡方检验 | 32.005 | 4 | 0.000 |
| 似然比卡方检验 | 31.748 | 4 | 0.000 |

**表 2.20　不同性别受自然灾难影响概率评分等级的相关性检验**

| 指标 | 数值 | $P$值 |
|---|---|---|
| Spearman 相关性检验 | −0.071 | 0.001 |
| Kendall's tau-b | −0.065 | 0.001 |
| Kendall's tau-c | −0.076 | 0.001 |

　　根据列联表中的残差可以分析得到男性较多出现在评分第 4 级，较少出现在评分第 3 级；女性较多出现在评分第 3 级，较少出现在评分第 4 级。因此，男性受自然灾难影响概率的估计低于女性。

　　人文统计变量与自然灾难对被调查者的心理负面影响分析如下。

　　第一，职业与自然灾难对被调查者心理负面影响的关系。自然灾难对不同职业群体的心理负面影响评分人数如图 2.11 所示，不同职业与自然灾难对被调查者心理负面影响的评分等级人数列联表如表 2.21所示。

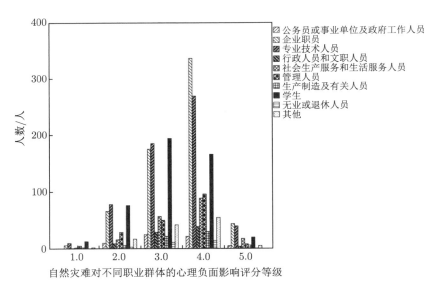

图 2.11　自然灾难对不同职业群体的心理负面影响评分人数

表 2.21 不同职业与自然灾难对被调查者心理负面影响的评分等级人数列联表

| 职业 | 评分等级1 | 评分等级2 | 评分等级3 | 评分等级4 | 评分等级5 |
|---|---|---|---|---|---|
| 1–公务员或事业单位及政府工作人员 | 0(−1.0) | 10(0.8) | 25(1.3) | 22(−1.7) | 5(0.6) |
| 2–企业职员 | 6(−1.7) | 66(−2.0) | 175(−3.0) | 336(4.2) | 44(0.9) |
| 3–专业技术人员 | 10(0.0) | 78(0.4) | 185(−0.6) | 269(−0.1) | 40(0.7) |
| 4–行政人员和文职人员 | 1(−0.3) | 9(−0.5) | 29(0.5) | 39(0.2) | 4(−0.5) |
| 5–社会生产服务和生活服务人员 | 2(−0.7) | 16(−1.7) | 57(−0.4) | 89(0.7) | 18(2.1) |
| 6–管理人员 | 5(1.1) | 29(1.1) | 50(−1.9) | 96(1.4) | 8(−1.2) |
| 7–生产制造及有关人员 | 2(0.8) | 6(−0.9) | 22(0.1) | 30(−0.1) | 6(1.0) |
| 8–学生 | 13(2.0) | 76(2.4) | 194(4.4) | 166(−5.3) | 20(−2.0) |
| 9–无业或退休人员 | 0(−0.7) | 3(−0.4) | 11(0.6) | 14(0.2) | 1(−0.6) |
| 10–其他 | 2(0.0) | 17(0.4) | 42(0.5) | 55(−0.2) | 5(−1.0) |

列联表的调整后残差为列联表中括号内的数值，卡方检验如表 2.22 所示，相关性检验如表 2.23 所示。调整后残差表中只有 4 个调整后残差的绝对值大于等于 3，其余调整后残差的绝对值都小于 3。皮尔森卡方检验和似然比卡方检验结果在 5% 水平下显著，证明职业与自然灾难对被调查者造成的心理负面影响具有相关关系。相关系数的三个指标都小于 0 且显著，说明职业与自然灾难对被调查者造成的心理负面影响具有负相关关系。对应图如图 2.12 所示。

表 2.22 职业与自然灾难对被调查者心理负面影响的卡方检验

| 指标 | 数值 | df | $P$值 |
|---|---|---|---|
| 皮尔森卡方检验 | 73.662 | 36 | 0.000 |
| 似然比卡方检验 | 75.438 | 36 | 0.000 |

表 2.23 职业与自然灾难对被调查者心理负面影响的相关性检验

| 指标 | 数值 | $P$值 |
|---|---|---|
| Spearman 相关性检验 | −0.104 | 0.000 |
| Kendall's tau-b | −0.085 | 0.000 |
| Kendall's tau-c | −0.078 | 0.000 |

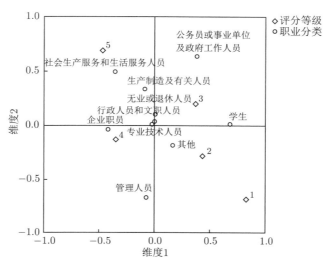

图 2.12 职业与自然灾难对被调查者心理负面影响的评分对应图

由对应图 2.12 可见，相对于平均水平而言，心理负面影响评分等级在第 3 级的多为分类为 8、9 的职业，即学生、无业或退休人员。心理负面影响评分等级在第 4 级的多为分类为 2 的职业，即企业职员。根据列联表中的残差可以分析得到企业职员较多出现在评分第 4 级，较少出现在评分第 3 级；学生较多出现在评分第 3 级，较少出现在评分第 4 级。因此，自然灾难对企业职员的心理负面影响高于其他职业。

第二，年龄与自然灾难对被调查者心理负面影响的关系。自然灾难对不同年龄群体的心理负面影响评分人数如图 2.13 所示，年龄与自然灾难对被调查者心理负面影响的评分等级列联表如表 2.24 所示。

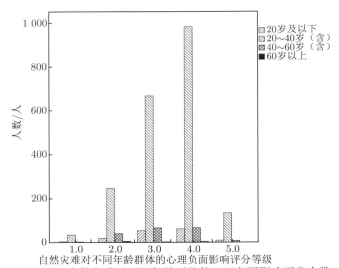

图 2.13　自然灾难对不同年龄群体的心理负面影响评分人数

**表 2.24　年龄与自然灾难对被调查者心理负面影响的评分等级人数列联表**

| 年龄 | 评分等级1 | 评分等级2 | 评分等级3 | 评分等级4 | 评分等级5 |
|---|---|---|---|---|---|
| 20 岁及以下 | 4(1.0) | 18(−0.2) | 54(1.0) | 62(−1.0) | 9(−0.1) |
| 20~40 岁（含） | 34(−0.5) | 247(−3.3) | 667(−1.3) | 983(3.0) | 134(1.1) |
| 40~60 岁（含） | 3(−0.1) | 40(3.7) | 66(0.9) | 67(−2.8) | 8(−1.1) |
| 60 岁以上 | 0(−0.5) | 3(3.0) | 3(−0.6) | 4(−0.9) | 0(−0.9) |

列联表的调整后残差为列联表中括号内的数值，卡方检验如表 2.25 所示，相关性检验如表 2.26 所示。调整后残差表中只有4个调整后残差的绝对值大于等于3，其余调整后残差的绝对值都小于3。皮尔森卡方检验和似然比卡方检验结果在 5% 水平下显著，证明年龄与自然灾难对被调查者造成的心理负面影响具有相关关系。相关系数的三个指标都小于 0 且显著，说明年龄与自然灾难对被调查者造成的心理负面影响具有负相关关系。对应图，如图 2.14 所示。

**表 2.25　年龄与自然灾难对被调查者心理负面影响的卡方检验**

| 指标 | 数值 | df | P值 |
|---|---|---|---|
| 皮尔森卡方检验 | 30.698 | 12 | 0.002 |
| 似然比卡方检验 | 27.195 | 12 | 0.007 |

**表 2.26　年龄与自然灾难对被调查者心理负面影响的相关性检验**

| 指标 | 数值 | P值 |
|---|---|---|
| Spearman 相关性检验 | −0.052 | 0.011 |
| Kendall's tau-b | −0.047 | 0.015 |
| Kendall's tau-c | −0.026 | 0.015 |

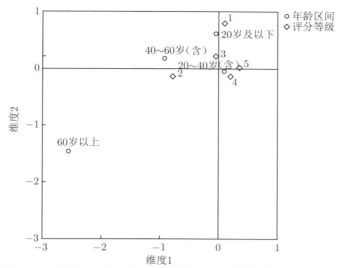

图 2.14　年龄与自然灾难对被调查者心理负面影响的评分对应图

由对应图 2.14 可见，相对于平均水平而言，心理负面影响评分等级在第 2 级的 20~40 岁（含）的群体较多；心理负面影响评分等级在第 3 级的多为 20 岁及以下的群体；心理负面影响评分等级在第 4 级的多为 20~40 岁（含）的群体。根据列联表中的残差可以得到 20~40 岁（含）群体较多出现在评分第 4 级，较少出现在评分第 2 级；40~60 岁（含）群体较多出现在评分第 2 级，较少出现在评分第 4 级；60 岁以上群体较多出现在评分第 2 级。因此，自然灾难对 20~40 岁（含）群体的心理负面影响高于其他年龄段群体。

第三，月收入与自然灾难对被调查者心理负面影响的关系。自然灾难对不同月收入群体的心理负面影响评分人数如图 2.15 所示，月收入与自然灾难对被调查者心理负面影响的评分等级人数列联表如表 2.27 所示。

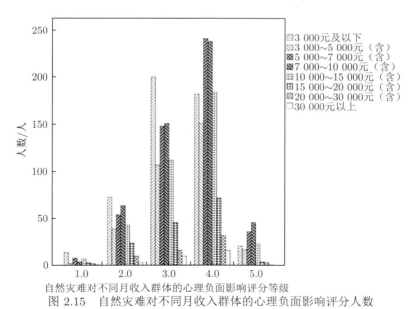

自然灾难对不同月收入群体的心理负面影响评分等级
图 2.15　自然灾难对不同月收入群体的心理负面影响评分人数

列联表中括号内的数值为列联表的调整后残差，卡方检验如表2.28所示，相关性检验如表 2.29 所示。调整后残差表中只有 3 个调整后残差的绝对值大于等于 3，其余调整后残差的绝对值都小于 3。皮尔森卡方检验和似然比卡方检验结果在5%水平下显著，证明月收入与自然灾难对被调查者造成的

**表 2.27　月收入与自然灾难对被调查者心理负面影响的评分等级人数列联表**

| 月收入 | 评分等级1 | 评分等级2 | 评分等级3 | 评分等级4 | 评分等级5 |
|---|---|---|---|---|---|
| 3 000元及以下 | 14(2.2) | 73(1.5) | 200(4.2) | 182(−4.6) | 21(−2.0) |
| 3 000~5 000元（含） | 2(−1.6) | 39(−0.3) | 107(0.4) | 151(−0.6) | 17(−0.7) |
| 5 000~7 000元（含） | 8(−0.1) | 54(−1.3) | 148(−1.3) | 241(1.6) | 36(1.1) |
| 7 000~10 000元（含） | 4(−1.8) | 64(−0.1) | 151(−1.5) | 238(0.5) | 46(3.0) |
| 10 000~15 000元（含） | 7(0.3) | 43(−0.8) | 112(−1.1) | 184(1.5) | 23(0.0) |
| 15 000~20 000元（含） | 3(0.3) | 24(1.2) | 46(−0.5) | 72(0.5) | 4(−1.9) |
| 20 000~30 000元（含） | 2(0.9) | 10(0.7) | 16(−1.3) | 32(0.7) | 3(−0.5) |
| 30 000元以上 | 1(0.7) | 3(−0.5) | 10(−0.1) | 16(0.6) | 1(−0.7) |

心理负面影响具有相关关系。相关系数的三个指标都大于 0 且显著，说明月收入与自然灾难对被调查者造成的心理负面影响具有正相关关系。对应图，如图 2.16 所示。

**表 2.28　月收入与自然灾难对被调查者心理负面影响的卡方检验**

| 指标 | 数值 | df | $P$值 |
|---|---|---|---|
| 皮尔森卡方检验 | 55.238 | 28 | 0.002 |
| 似然比卡方检验 | 56.063 | 28 | 0.001 |

**表 2.29　月收入与自然灾难对被调查者心理负面影响的相关性检验**

| 指标 | 数值 | $P$值 |
|---|---|---|
| Spearman 相关性检验 | 0.067 | 0.001 |
| Kendall's tau-b | 0.056 | 0.001 |
| Kendall's tau-c | 0.051 | 0.001 |

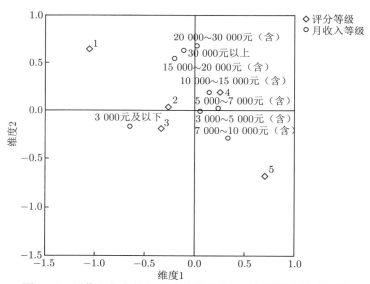

图 2.16　月收入与自然灾难对被调查者心理负面影响的对应图

由对应图 2.16 可见，相对于平均水平而言，心理负面影响评分等级在第 3 级的多为收入在 3 000 元以下的群体。根据列联表中的残差可以分析得到月收入在 3 000 元及以下的群体较多出现在评分第 3 级，较少出现在评分第 4 级；月收入在 7 000~10 000 元（含）的群体较多出现在评分第 5 级，较少出现在评分第 1 级。因此，自然灾难对月收入在 7 000~10 000 元（含）群体的心理负面影响高于其他月收入水平群体。

第四，婚姻状况与自然灾难对被调查者心理负面影响的关系。婚姻状况被划分为 1~4 四个等级，分别对应已婚、未婚、离异再婚、离异单身。自然灾难对不同婚姻状况群体的心理负面影响评分等级人数如图2.17所示，婚姻状况与自然灾难对被调查者心理负面影响的评分等级人数列联表如表2.30所示。

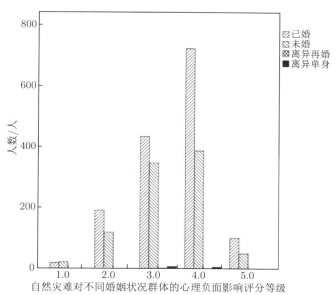

图 2.17　自然灾难对不同婚姻状况群体的心理负面影响评分人数

表 2.30　婚姻状况与自然灾难对被调查者心理负面影响的评分等级人数列联表

| 婚姻状况 | 评分等级1 | 评分等级2 | 评分等级3 | 评分等级4 | 评分等级5 |
|---|---|---|---|---|---|
| 1–已婚 | 19(−1.9) | 191(0.3) | 434(−4.2) | 722(3.5) | 101(1.6) |
| 2–未婚 | 22(2.0) | 119(0.0) | 347(3.9) | 387(−3.5) | 50(−1.4) |
| 3–离异再婚 | 0(−0.2) | 0(−0.7) | 2(1.2) | 1(−0.5) | 0(−0.4) |
| 4–离异单身 | 0(−0.5) | 0(−1.4) | 7(1.6) | 6(0.0) | 0(−0.9) |

列联表中括号内的数值为列联表的调整后残差，卡方检验如表 2.31 所示，相关性检验如表 2.32 所示。调整后残差表中只有 4 个调整后残差的绝对值大于 3，其余调整后残差的绝对值都小于 3。皮尔森卡方检验和似然比卡方检验结果在 5% 水平下显著，证明婚姻状况与自然灾难对被调查者造成的心理负面影响具有相关关系。相关系数的三个指标都小于 0 且显著，说明婚姻状况与自然灾难对被调查者造成的心理负面影响具有负相关关系。即自然灾难对已婚和未婚的人造成的负面影响更低。对应图，如图 2.18 所示。

表 2.31　婚姻状况与自然灾难对被调查者心理负面影响的卡方检验

| 指标 | 数值 | df | $P$值 |
|---|---|---|---|
| 皮尔森卡方检验 | 29.724 | 12 | 0.003 |
| 似然比卡方检验 | 32.389 | 12 | 0.001 |

表 2.32　婚姻状况与自然灾难对被调查者心理负面影响的相关性检验

| 指标 | 数值 | $P$值 |
|---|---|---|
| Spearman 相关性检验 | −0.076 | 0.000 |
| Kendall's tau-b | −0.070 | 0.000 |
| Kendall's tau-c | −0.053 | 0.000 |

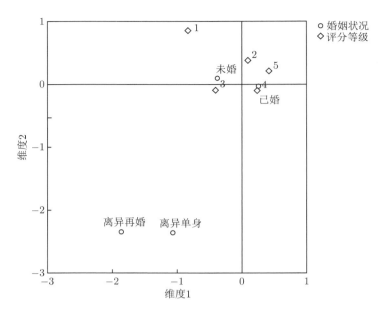

图 2.18　婚姻状况与自然灾难对被调查者心理负面影响的对应图

由对应图 2.18 可见，相对于平均水平而言，心理负面影响评分等级在第 3 级的多为未婚的群体；心理负面影响评分等级在第 4 级的多为已婚的群体。根据列联表中的残差可以分析得到已婚群体较多出现在评分第 4 级，较少出现在评分第 3 级；未婚群体较多出现在评分第 3 级，较少出现在评分第 4 级。因此，自然灾难对已婚群体的心理负面影响高于其他婚姻状况群体。

第五，工作年限与自然灾难对被调查者心理负面影响的关系。工作年限被划分为 1~4 四个等级，分别对应：10 年及以下、10~20 年（含）、20~30 年（含）、30 年以上。自然灾难对不同工作年限群体的心理负面影响评分人数如图 2.19 所示，工作年限与自然灾难对被调查者心理负面影响评分列联表如表 2.33 所示。

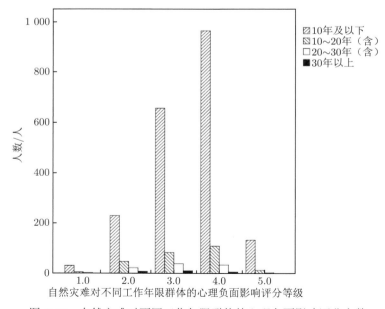

图 2.19　自然灾难对不同工作年限群体的心理负面影响评分人数

表 2.33 工作年限与自然灾难对被调查者心理负面影响的评分等级人数列联表

| 工作年限 | 评分等级1 | 评分等级2 | 评分等级3 | 评分等级4 | 评分等级5 |
|---|---|---|---|---|---|
| 10年及以下 | 32(−1.0) | 230(−4.9) | 656(−0.6) | 965(3.4) | 133(1.5) |
| 10~20年（含） | 6(0.8) | 48(2.9) | 83(−0.3) | 109(−1.5) | 13(−0.9) |
| 20~30年（含） | 3(0.9) | 23(2.8) | 40(1.2) | 35(−2.7) | 4(−1.1) |
| 30年以上 | 0(−0.7) | 9(3.1) | 11(0.7) | 7(−2.3) | 1(−0.6) |

列联表中括号内的数值为列联表的调整后残差，卡方检验如表 2.34 所示，相关性检验如表 2.35 所示。调整后残差表中只有 3 个调整后残差的绝对值大于 3，其余调整后残差的绝对值都小于 3。皮尔森卡方检验和似然比卡方检验结果在 5% 水平下显著，证明工作年限与自然灾难对被调查者造成的心理负面影响具有相关关系。相关系数的三个指标都小于 0 且显著，说明工作年限与自然灾难对被调查者造成的心理负面影响具有负相关关系。对应图，如图 2.20 所示。

表 2.34 工作年限与自然灾难对被调查者心理负面影响的卡方检验

| 指标 | 数值 | df | $P$值 |
|---|---|---|---|
| 皮尔森卡方检验 | 38.844 | 12 | 0.000 |
| 似然比卡方检验 | 36.122 | 12 | 0.000 |

表 2.35 工作年限与自然灾难对被调查者心理负面影响的相关性检验

| 指标 | 数值 | $P$值 |
|---|---|---|
| Spearman 相关性检验 | −0.104 | 0.000 |
| Kendall's tau-b | −0.095 | 0.000 |
| Kendall's tau-c | −0.055 | 0.000 |

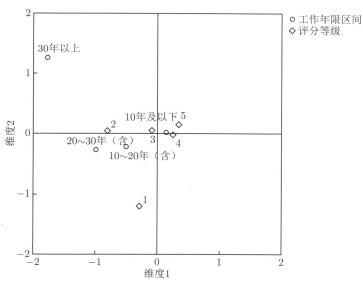

图 2.20 工作年限与自然灾难对被调查者心理负面影响的对应图

由对应图 2.20 可见，相对于平均水平而言，心理负面影响评分等级在第 2 级的多为工作年限在 10~20 年（含）、20~30 年（含）的群体。根据列联表中的残差可以分析得到工作年限为 10 年及以下的群体较多出现在评分第 4 级，较少出现在评分第 2 级；工作年限为 10~20 年（含）、20~30 年（含）、

30 年以上的群体较多出现在评分第 2 级，较少出现在评分第 4 级。因此，自然灾难对工作年限在 10 年及以下群体的心理负面影响高于其他工作年限群体。

### 2.2.2 技术灾难风险感知统计分析

以下将对有效问卷中关于技术灾难风险感知问题项的回答进行描述性统计和人文统计变量影响分析。

1. 技术灾难风险感知总体水平描述性统计

技术灾难风险感知的描述性统计结果（不同打分项的人数占总人数的比例）如表 2.36 所示。其中问题 1 至问题 4 展示了被访者对受到技术灾难的影响概率的估计，问题 5 至问题 9 体现了被访者对技术灾难影响可能带来的后果表现出了明显的负面情绪，特别是"焦虑、担忧""痛恨"的情绪较为显著。

**表 2.36　技术灾难风险感知总体水平描述性统计结果——不同打分项的人数占总人数的比例**

| 打分 | Q1 | Q2 | Q3 | Q4 | Q5 | Q6 | Q7 | Q8 | Q9 |
|---|---|---|---|---|---|---|---|---|---|
| 1–完全不同意 | 3.53% | 5.65% | 5.36% | 8.64% | 2.99% | 5.07% | 3.86% | 5.61% | 6.15% |
| 2–不同意 | 20.31% | 18.44% | 18.56% | 24.75% | 15.91% | 15.41% | 12.79% | 19.02% | 17.32% |
| 3–不确定 | 30.27% | 26.70% | 29.65% | 31.60% | 19.64% | 19.73% | 21.72% | 28.57% | 25.62% |
| 4–同意 | 37.92% | 36.38% | 34.80% | 26.54% | 46.93% | 36.84% | 37.67% | 33.89% | 32.39% |
| 5–完全同意 | 7.97% | 12.83% | 11.63% | 8.47% | 14.53% | 22.97% | 23.96% | 12.92% | 18.52% |

九个题项如下，Q1："由于我(和我的家人)对技术灾难的高度关注，我认为我和家人受到影响的概率非常小"；Q2："因为我(和我的家人)有良好的生活方式，我认为受技术灾难影响的概率很低"；Q3："由于我(和我的家人)了解专业的防护知识，我认为受技术灾难影响的概率很低"；Q4："因为我(和我的家人)身体健康，我认为我们受技术灾难影响的概率很低"；Q5："我很焦虑和担忧受技术灾难影响可能带来的后果"；Q6："我很恐惧和害怕受技术灾难影响可能带来的后果"；Q7："我非常痛恨受技术灾难影响可能带来的后果"；Q8："我对受技术灾难事件影响可能造成的后果坐立不安和感到不满"；Q9："我对受技术灾难事件影响可造成的后果感到非常愤怒"。

2. 人文统计变量影响分析

关于技术灾难风险感知的九个问卷问题可以分为两类分别进行人文统计变量影响分析。九个问卷问题描述了技术灾难风险感知的总体情况，前四个问题是关于被调查者受技术灾难影响概率的估计；后五个问题是关于技术灾难对被调查者的心理负面影响程度。在受技术灾难影响概率的题项中，题项的打分越高，表示被调查者对该选项的同意程度越高，证明被调查者受技术灾害影响概率越小；在技术灾难风险对被调查者的心理负面影响程度的题项中，题项的打分越高，证明技术灾难对被调查者造成的心理负面影响程度越大。因此，分别对受技术灾难影响概率的估计和心理负面影响程度进行人文统计变量影响分析。

本书将灾难风险感知的四个题项打分和心理负面影响的五个题项打分分别加总求均值，记为因子分，因子分将被分为 1~5 五个等级，对应的因子分区间分别为：0~1.5 分、1.5~2.5 分、2.5~3.5 分、3.5~4.5 分、4.5~5.5 分，并用该因子分等级表示被调查者受技术灾难影响概率的估计和技术灾难造成的心理负面影响，并通过列联表分析不同人文统计变量与受技术灾难影响概率的估计和心理负面影响的关系。

人文统计变量与被调查者受技术灾难影响概率的分析如下：

第一，职业与被调查者受技术灾难影响概率的关系。职业被划分为 1~10 十类，对应的职业为：公务员或事业单位及政府工作人员、企业职员、专业技术人员、行政人员和文职人员、社会生产服务和生活服务人员、管理人员、生产制造及有关人员、学生、无业或退休人员、其他。不同职业受技术灾难影响概率的各评分人数如图 2.21 所示不同，不同职业与受技术灾难影响概率评分等级列联表如表 2.37 所示。

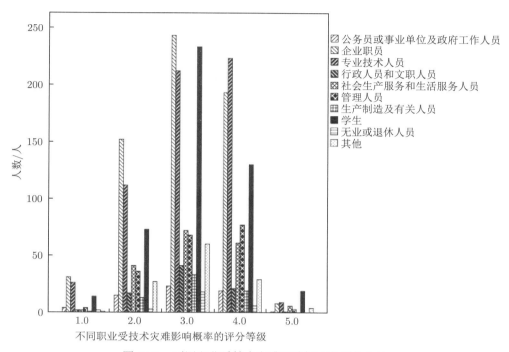

图 2.21　不同职业受技术灾难影响概率的评分人数

表 2.37　不同职业与受技术灾难影响概率评分等级列联表

| 职业 | 评分等级1 | 评分等级2 | 评分等级3 | 评分等级4 | 评分等级5 |
|---|---|---|---|---|---|
| 1–公务员或事业单位及政府工作人员 | 4(1.2) | 15(0.8) | 23(−0.7) | 19(−0.3) | 1(−0.3) |
| 2–企业职员 | 31(2.1) | 152(2.8) | 243(−1.7) | 193(−1.0) | 8(−1.7) |
| 3–专业技术人员 | 26(1.3) | 112(−0.7) | 212(−2.9) | 223(3.6) | 9(−1.1) |
| 4–行政人员和文职人员 | 2(−0.6) | 17(0.1) | 41(1.6) | 21(−1.3) | 1(−0.6) |
| 5–社会生产服务和生活服务人员 | 2(−1.9) | 41(0.8) | 72(−0.6) | 61(0.4) | 6(1.1) |
| 6–管理人员 | 4(−1.1) | 36(−0.4) | 68(−1.6) | 77(2.6) | 3(−0.5) |
| 7–生产制造及有关人员 | 1(−0.9) | 13(−0.1) | 33(1.4) | 19(−0.6) | 0(−1.2) |
| 8–学生 | 14(−0.8) | 73(−2.8) | 233(3.9) | 130(−2.4) | 19(3.2) |
| 9–无业或退休人员 | 2(1.0) | 3(−1.3) | 18(2.2) | 6(−1.3) | 0(−0.8) |
| 10–其他 | 1(−1.7) | 27(0.6) | 60(1.8) | 29(−2.0) | 4(0.9) |

列联表的调整后残差为列联表中括号内的数值，卡方检验如表 2.38 所示，相关性检验如表 2.39 所示。调整后残差表中只有 3 个调整后残差的绝对值大于 3，其余调整后残差的绝对值都小于 3。皮尔森卡方检验和似然比卡方检验结果在 5% 水平下显著，证明职业与受技术灾难影响概率的估计具有相关关系。相关系数的三个指标都大于 0 且显著，说明职业与受技术灾难影响概率的估计有关联。对应图，如图 2.22 所示。

表 2.38　不同职业受技术灾难影响概率评分等级的卡方检验

| 指标 | 数值 | df | $P$值 |
|---|---|---|---|
| 皮尔森卡方检验 | 85.086 | 36 | 0.000 |
| 似然比卡方检验 | 87.270 | 36 | 0.000 |

表 2.39　不同职业受技术灾难影响概率评分等级的相关性检验

| 指标 | 数值 | $P$ 值 |
|---|---|---|
| Spearman相关性检验 | 0.041 | 0.047 |
| Kendall's tau-b | 0.033 | 0.048 |
| Kendall's tau-c | 0.030 | 0.048 |

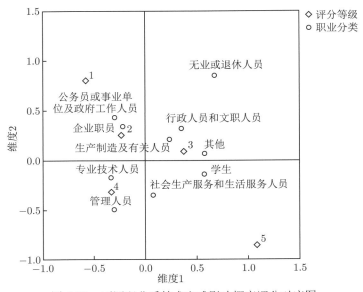

图 2.22　不同职业受技术灾难影响概率评分对应图

由对应图 2.22 可见，相对于平均水平而言，受技术灾难影响概率的评分等级在第 2 级的多为分类为 2 的职业，即企业职员；受技术灾难影响概率的评分等级在第 4 级的多为分类为 3、6 的职业，即专业技术人员、管理人员。根据列联表中的残差可以分析得到，企业职员较多出现在评分第 2 级；专业技术人员、管理人员较多出现在评分第 4 级，较少出现在第 3 级。因此，专业技术人员、管理人员受技术灾难影响概率的估计低于别的职业群体。

第二，月收入与被调查者受技术灾难影响概率的关系。月收入被划分为 1~8 八个等级，对应的区间为：3 000 元及以下、3 000~5 000 元（含）、5 000~7 000 元（含）、7 000~10 000 元（含）、10 000~15 000 元（含）、15 000~20 000 元（含）、20 000~30 000 元（含）、30 000 元以上。不同月收入等级受技术灾难影响概率的评分人数如图 2.23 所示，月收入等级与受技术灾难影响概率评分等级列联表如表 2.40 所示。

列联表中括号内的数值为列联表的调整后残差，卡方检验如表 2.41 所示，相关性检验如表 2.42 所示。调整后残差表中有 6 个调整后残差的绝对值大于 3，其余调整后残差的绝对值都小于 3。皮尔森卡方检验和似然比卡方检验结果在 5% 水平下显著，证明月收入与受技术灾难影响概率的估计具有相关关系。相关系数的三个指标都大于 0 且显著，说明月收入与受技术灾难影响概率的估计有关联。对应图，如图 2.24 所示。

由对应图 2.24 可见，相对于平均水平而言，受技术灾难影响概率的评分等级在第 1 级的多为分类为 3 的月收入等级，即 5 000~7 000 元（含）；受技术灾难影响概率的评分等级在第 2 级的多为分类为 4 的月收入等级，即 7 000~10 000 元（含）；受技术灾难影响概率的评分等级在第 4 级的多为分类为 5、6、8 的月收入等级，即 10 000~15 000 元（含）、15 000~20 000 元（含）、30 000 元以上。根据列联表中的残差可以分析得到，月收入在 3 000 元及以下的群体较多出现在评分第 3 级，较少出现在第 4 级；月收入在 5 000~7 000 元（含）的群体较多出现在评分第 1 级，较少出现在第 4 级；月收入在

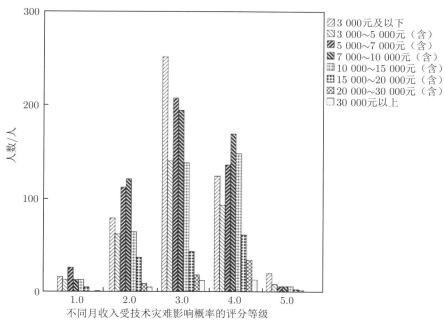

图 2.23　不同月收入等级受技术灾难影响概率的评分人数

**表 2.40　不同月收入等级受技术灾难影响概率评分等级列联表**

| 月收入 | 评分等级1 | 评分等级2 | 评分等级3 | 评分等级4 | 评分等级5 |
|---|---|---|---|---|---|
| 3 000 元及以下 | 16(−0.5) | 79(−2.6) | 251(4.8) | 124(−3.7) | 20(3.4) |
| 3 000~5 000 元（含） | 13(0.5) | 62(−0.3) | 140(1.0) | 93(−1.2) | 8(0.5) |
| 5 000~7 000 元（含） | 26(2.3) | 112(1.7) | 207(0.4) | 136(−2.3) | 6(−1.5) |
| 7 000~10 000 元（含） | 13(−0.4) | 121(2.3) | 194(−1.6) | 169(0.7) | 6(−1.6) |
| 10 000~15 000 元（含） | 13(−0.1) | 64(−1.5) | 138(−1.8) | 148(3.5) | 6(−0.7) |
| 15 000~20 000 元（含） | 5(−0.2) | 37(1.4) | 43(−3.3) | 61(2.3) | 3(−0.1) |
| 20 000~30 000 元（含） | 0(−1.6) | 9(−1.2) | 18(−2.1) | 34(3.7) | 2(0.6) |
| 30 000 元以上 | 1(−0.1) | 5(−0.6) | 12(−0.3) | 13(1.2) | 0(−0.8) |

**表 2.41　不同月收入等级受技术灾难影响概率评分等级的卡方检验**

| 指标 | 数值 | df | $P$值 |
|---|---|---|---|
| 皮尔森卡方检验 | 91.109 | 28 | 0.000 |
| 似然比卡方检验 | 91.377 | 28 | 0.000 |

**表 2.42　不同月收入等级受技术灾难影响概率评分等级的相关性检验**

| 指标 | 数值 | $P$值 |
|---|---|---|
| Spearman 相关性检验 | 0.059 | 0.004 |
| Kendall's tau-b | 0.048 | 0.004 |
| Kendall's tau-c | 0.045 | 0.004 |

7 000~10 000 元（含）的群体较多出现在评分第 2 级；月收入在 10 000~15 000 元（含）、15 000~20 000 元（含）、30 000 元以上的群体较多出现在评分第 4 级。因此，月收入等级在 10 000~15 000 元（含）、15 000~20 000 元（含）、30 000 元以上的群体受技术灾难影响概率的估计低于其他月收入等级群体。

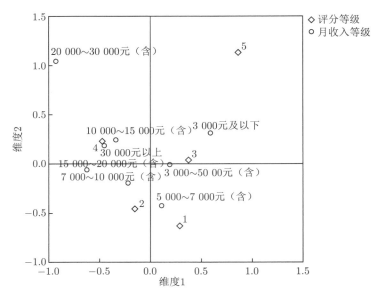

图 2.24　不同月收入等级受技术灾难影响概率评分对应图

第三，社会阶层与被调查者受技术灾难影响概率的关系。社会阶层被划分为 1～10 十个等级，等级越高，表示其所处的阶层地位越高。不同社会阶层受技术灾难影响概率的评分人数如图 2.25 所示，不同社会阶层与受技术灾难影响概率评分等级列联表如表 2.43 所示。

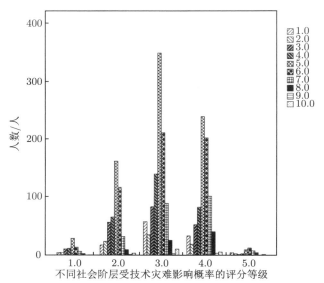

图 2.25　不同社会阶层受技术灾难影响概率的评分人数

**表 2.43　不同社会阶层与受技术灾难影响概率评分等级列联表**

| 社会阶层 | 评分等级1 | 评分等级2 | 评分等级3 | 评分等级4 | 评分等级5 |
|---|---|---|---|---|---|
| 社会阶层1 | 5(0.4) | 18(−1.4) | 57(1.5) | 33(−1.0) | 5(1.6) |
| 社会阶层2 | 5(1.1) | 24(1.8) | 35(−0.2) | 19(−2.1) | 3(0.9) |
| 社会阶层3 | 11(1.4) | 56(2.7) | 83(−0.3) | 52(−2.2) | 2(−1.2) |
| 社会阶层4 | 12(0.4) | 65(0.6) | 139(1.7) | 82(−2.0) | 3(−1.4) |
| 社会阶层5 | 29(0.1) | 162(0.2) | 349(1.8) | 239(−1.5) | 10(−2.0) |
| 社会阶层6 | 14(−1.6) | 116(0.4) | 211(−2.0) | 202(2.3) | 13(0.4) |
| 社会阶层7 | 7(−0.6) | 32(−2.4) | 89(−1.3) | 101(3.6) | 8(1.4) |

续表

| 社会阶层 | 评分等级1 | 评分等级2 | 评分等级3 | 评分等级4 | 评分等级5 |
|---|---|---|---|---|---|
| 社会阶层8 | 3(0.0) | 10(−1.9) | 26(−2.0) | 40(3.1) | 5(2.5) |
| 社会阶层9 | 0(−0.6) | 2(0.1) | 3(−0.5) | 4(0.8) | 0(−0.4) |
| 社会阶层10 | 1(0.1) | 4(−0.4) | 11(0.4) | 6(−0.8) | 2(2.1) |

列联表中括号内的数值为列联表的调整后残差，卡方检验如表 2.44 所示，相关性检验如表 2.45 所示。调整后残差表中只有 2 个调整后残差的绝对值大于 3，其余调整后残差的绝对值都小于 3。皮尔森卡方检验和似然比卡方检验结果在 5% 水平下显著，证明社会阶层与受技术灾难影响概率的估计具有相关关系。相关系数的三个指标都大于 0 且显著，说明社会阶层与受技术灾难影响概率的估计有关联。对应图，如图2.26所示。

**表 2.44    不同社会阶层受技术灾难影响概率评分等级的卡方检验**

| 指标 | 数值 | df | P值 |
|---|---|---|---|
| 皮尔森卡方检验 | 81.535 | 36 | 0.000 |
| 似然比卡方检验 | 78.238 | 36 | 0.000 |

**表 2.45    不同社会阶层受技术灾难影响概率评分等级的相关性检验**

| 指标 | 数值 | P值 |
|---|---|---|
| Spearman 相关性检验 | 0.125 | 0.000 |
| Kendall's tau-b | 0.104 | 0.000 |
| Kendall's tau-c | 0.096 | 0.000 |

由对应图 2.26 可见，相对于平均水平而言，受技术灾难影响概率的评分等级在第 2 级的多为等级为 3 的社会阶层；受技术灾难影响概率的评分等级在第 4 级的多为等级 6、7 的社会阶层；受技术灾难影响概率的评分等级在第 5 级的多为等级为 10 的社会阶层。根据列联表中的残差可以分析得到等级为 3 的社会阶层较多出现在评分第 2 级，较少出现在第 4 级；等级为 6、7、8 的社会阶层较多出现在评分第 4 级；等级为 10 的社会阶层较多出现在评分第 5 级。因此，等级为 6、7、8、10 的社会阶层群体受技术灾难影响概率的估计低于其他社会阶层群体。

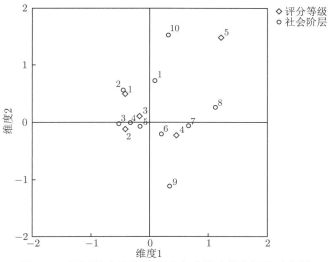

图 2.26    不同社会阶层受技术灾难影响概率评分对应图

人文统计变量与技术灾难对被调查者的心理负面影响分析如下。

第一，职业与技术灾难对被调查者心理负面影响的关系。技术灾难对不同职业的心理负面影响各等级评分人数如图 2.27所示，不同职业与技术灾难对被调查者心理负面影响的评分等级人数列联表如表 2.46所示。

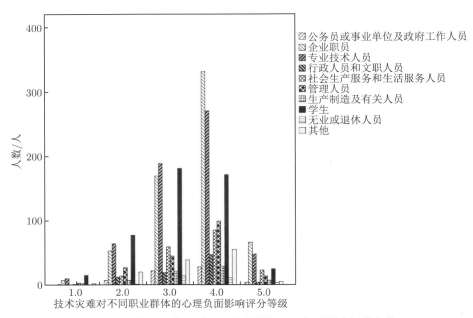

图 2.27　技术灾难对不同职业群体的心理负面影响评分人数

**表 2.46　职业与技术灾难对被调查者心理负面影响的评分等级人数列联表**

| 职业 | 评分等级1 | 评分等级2 | 评分等级3 | 评分等级4 | 评分等级5 |
|---|---|---|---|---|---|
| 1–公务员或事业单位及政府工作人员 | 1(−0.1) | 7(−0.1) | 22(0.7) | 28(−0.3) | 4(−0.5) |
| 2–企业职员 | 7(−1.3) | 53(−3.0) | 169(−2.8) | 332(3.6) | 66(2.4) |
| 3–专业技术人员 | 10(0.0) | 64(−0.6) | 189(0.6) | 271(−0.2) | 48(0.0) |
| 4–行政人员和文职人员 | 0(−1.2) | 12(0.8) | 19(−1.6) | 47(1.9) | 4(−1.1) |
| 5–社会生产服务和生活服务人员 | 1(−1.3) | 14(−1.8) | 59(0.3) | 85(0.0) | 23(2.2) |
| 6–管理人员 | 3(−0.1) | 27(1.2) | 45(−2.3) | 99(1.7) | 14(−0.4) |
| 7–生产制造及有关人员 | 2(0.8) | 7(−0.3) | 21(0.1) | 29(−0.5) | 7(0.7) |
| 8–学生 | 15(2.8) | 77(3.5) | 181(3.7) | 171(−5.0) | 25(−2.6) |
| 9–无业或退休人员 | 0(−0.7) | 1(−1.4) | 14(2.0) | 11(−1.0) | 3(0.4) |
| 10–其他 | 2(0.0) | 20(1.7) | 39(0.2) | 55(−0.3) | 5(−1.7) |

列联表中括号内的数值为列联表的调整后残差，卡方检验如表 2.47 所示，相关性检验如表 2.48 所示。调整后残差表中只有 4 个调整后残差的绝对值大于等于 3，其余调整后残差的绝对值都小于 3。皮尔森卡方检验和似然比卡方检验结果在 5% 水平下显著，证明职业与技术灾难对被调查者造成的心理负面影响具有相关关系。相关系数的三个指标都小于 0 且显著，说明职业与技术灾难对被调查者造成的心理负面影响具有负相关关系。对应图，如图 2.28 所示。

**表 2.47　职业与技术灾难对被调查者心理负面影响的卡方检验**

| 指标 | 数值 | df | P值 |
|---|---|---|---|
| 皮尔森卡方检验 | 92.017 | 36 | 0.000 |
| 似然比卡方检验 | 94.338 | 36 | 0.000 |

**表 2.48　职业与技术灾难对被调查者心理负面影响的相关性检验**

| 指标 | 数值 | $P$值 |
|---|---|---|
| Spearman 相关性检验 | −0.125 | 0.000 |
| Kendall's tau-b | −0.103 | 0.000 |
| Kendall's tau-c | −0.095 | 0.000 |

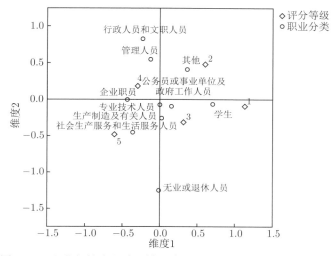

图 2.28　职业与技术灾难对被调查者心理负面影响的评分对应图

由对应图 2.28 可见，相对于平均水平而言，心理负面影响评分等级在第 4 级的多为分类为 2 的职业，即企业职员；心理负面影响评分等级在第 5 级的多为分类为 5 的职业，即社会生产服务和生活服务人员。根据列联表中的残差可以分析得到，企业职员较多出现在评分第 4 级，较少出现在第 2 级；社会生产服务和生活服务人员较多出现在评分第 5 级。因此，技术灾难对社会生产服务和生活服务人员造成的心理负面影响要高于其他职业群体。

第二，月收入与技术灾难对被调查者心理负面影响的关系。技术灾难对不同月收入等级的心理负面影响评分人数如图 2.29 所示，月收入等级与技术灾难对被调查者心理负面影响评分列联表如表 2.49 所示。列联表的调整后残差为列联表中括号内的数值，卡方检验如表 2.50 所示，相关性检验如表 2.51 所示。

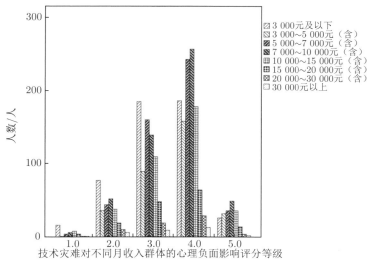

图 2.29　技术灾难对不同月收入群体的心理负面影响评分人数

表 2.49　月收入与技术灾难对被调查者心理负面影响的评分等级人数列联表

| 月收入 | 评分等级1 | 评分等级2 | 评分等级3 | 评分等级4 | 评分等级5 |
|---|---|---|---|---|---|
| 3 000 元及以下 | 16(3.0) | 77(3.1) | 185(3.4) | 186(−4.4) | 26(−2.7) |
| 3 000~5 000 元（含） | 1(−2.0) | 36(−0.2) | 89(−1.4) | 158(1.2) | 32(1.3) |
| 5 000~7 000 元（含） | 4(−1.7) | 44(−2.1) | 160(0.7) | 243(1.5) | 36(−0.8) |
| 7 000~10 000 元（含） | 6(−1.0) | 52(−1.1) | 139(−2.1) | 257(2.1) | 49(1.4) |
| 10 000~15 000 元（含） | 8(0.8) | 38(−0.9) | 109(−0.9) | 178(0.6) | 36(1.1) |
| 15 000~20 000 元（含） | 4(1.0) | 19(0.4) | 48(0.2) | 64(−1.0) | 14(0.5) |
| 20 000~30 000 元（含） | 1(−0.1) | 10(1.0) | 19(−0.2) | 29(−0.1) | 4(−0.6) |
| 30 000 元以上 | 1(0.7) | 6(1.3) | 9(−0.3) | 13(−0.6) | 2(−0.4) |

表 2.50　月收入与技术灾难对被调查者心理负面影响的卡方检验

| 指标 | 数值 | df | $P$值 |
|---|---|---|---|
| 皮尔森卡方检验 | 62.098 | 28 | 0.000 |
| 似然比卡方检验 | 62.968 | 28 | 0.000 |

表 2.51　月收入与技术灾难对被调查者心理负面影响的相关性检验

| 指标 | 数值 | $P$值 |
|---|---|---|
| Spearman 相关性检验 | 0.068 | 0.001 |
| Kendall's tau-b | 0.057 | 0.001 |
| Kendall's tau-c | 0.052 | 0.001 |

　　调整后残差表中只有 4 个调整后残差的绝对值大于等于 3，其余调整后残差的绝对值都小于 3。皮尔森卡方检验和似然比卡方检验结果在 5% 水平下显著，证明月收入与技术灾难对被调查者造成的心理负面影响具有相关关系。相关系数的三个指标都大于 0 且显著，说明月收入与技术灾难对被调查者造成的心理负面影响具有正相关关系。对应图，如图 2.30 所示。

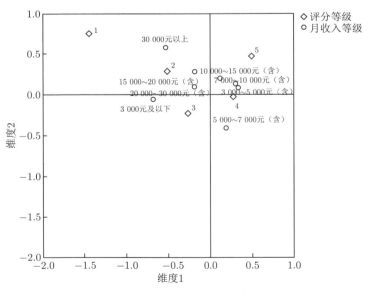

图 2.30　月收入与技术灾难对被调查者心理负面影响的评分对应图

由对应图 2.30 可见，相对于平均水平而言，心理负面影响评分等级在第 4 级的多为月收入在 7 000～10 000 元（含）的群体。根据列联表中的残差可以分析得到月收入为 7 000～10 000 元（含）的群体较多出现在评分第 4 级，较少出现在第 3 级。因此，技术灾难对月收入在 7 000～10 000 元（含）的群体造成的心理负面影响要高于其他月收入群体。

第三，婚姻状况与技术灾难对被调查者心理负面影响的关系。婚姻状况被划分为 1～4 四个等级，分别对应已婚、未婚、离异再婚、离异单身。技术灾难对不同婚姻状况群体的心理负面影响评分人数如图 2.31 所示，婚姻状况与技术灾难对被调查者心理负面影响的评分等级人数列联表如表 2.52 所示。

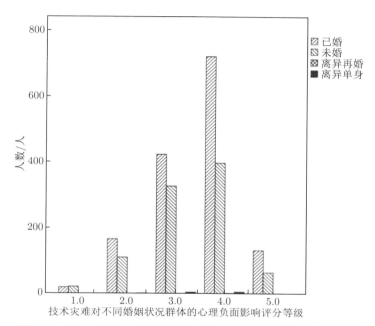

图 2.31　技术灾难对不同婚姻状况群体的心理负面影响评分人数

**表 2.52　婚姻状况与技术灾难对被调查者心理负面影响的评分等级人数列联表**

| 婚姻状况 | 评分等级1 | 评分等级2 | 评分等级3 | 评分等级4 | 评分等级5 |
|---|---|---|---|---|---|
| 1-已婚 | 19(−1.9) | 168(−0.5) | 424(−3.4) | 722(2.9) | 134(1.9) |
| 2-未婚 | 22(2.0) | 112(0.5) | 328(3.3) | 398(−3.0) | 65(−1.7) |
| 3-离异再婚 | 0(−0.2) | 0(−0.6) | 1(0.1) | 2(0.7) | 0(−0.5) |
| 4-离异单身 | 0(−0.5) | 2(0.4) | 5(0.5) | 6(0.0) | 0(−1.1) |

列联表中括号内的数值为列联表的调整后残差，卡方检验如表 2.53 所示，相关性检验如表 2.54 所示。调整后残差表中只有 3 个调整后残差的绝对值大于等于 3，其余调整后残差的绝对值都小于 3。皮尔森卡方检验和似然比卡方检验结果在 5% 水平下显著，证明婚姻状况与技术灾难对被调查者造成的心理负面影响具有相关关系。相关系数的三个指标都小于 0 且显著，说明婚姻状况与技术灾难对被调查者造成的心理负面影响具有负相关关系。对应图，如图 2.32 所示。

**表 2.53　婚姻状况与技术灾难对被调查者心理负面影响的卡方检验**

| 指标 | 数值 | df | $P$值 |
|---|---|---|---|
| 皮尔森卡方检验 | 22.119 | 12 | 0.036 |
| 似然比卡方检验 | 23.866 | 12 | 0.021 |

表 2.54　婚姻状况与技术灾难对被调查者心理负面影响的相关性检验

| 指标 | 数值 | P值 |
|---|---|---|
| Spearman 相关性检验 | −0.078 | 0.000 |
| Kendall's tau-b | −0.073 | 0.000 |
| Kendall's tau-c | −0.055 | 0.000 |

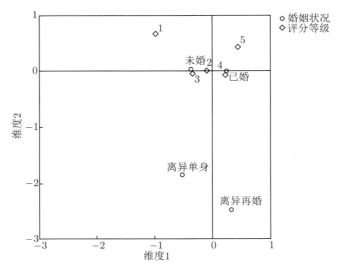

图 2.32　婚姻状况与技术灾难对被调查者心理负面影响的评分对应图

由对应图 2.32 可见，相对于平均水平而言，心理负面影响评分等级在第 3 级的多为未婚的群体；心理负面影响评分等级在第 4 级的多为已婚的群体。根据列联表中的残差可以分析得到，已婚群体较多出现在评分第 4 级，较少出现在第 3 级；未婚群体较多出现在评分第 3 级，较少出现在第 4 级。因此，技术灾难对已婚群体造成的心理负面影响高于其他三种婚姻状况的群体。

第四，工作年限与技术灾难对被调查者心理负面影响的关系。工作年限被划分为 1~4 四个等级，分别对应：10 年及以下、10~20 年（含）、20~30 年（含）、30 年以上。不同工作年限的心理负面影响评分人数如图2.33所示，工作年限与技术灾难对被调查者心理负面影响的评分等级人数列联表如表 2.55 所示。

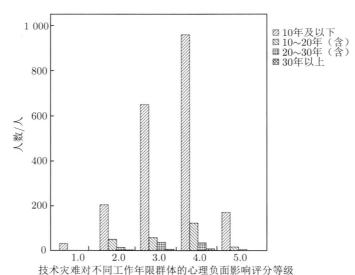

图 2.33　技术灾难对不同工作年限群体的心理负面影响评分人数

表 2.55　工作年限与技术灾难对被调查者心理负面影响的评分等级人数列联表

| 工作年限 | 评分等级1 | 评分等级2 | 评分等级3 | 评分等级4 | 评分等级5 |
|---|---|---|---|---|---|
| 10年及以下 | 34(−0.6) | 206(−6.9) | 649(1.6) | 955(2.3) | 172(1.9) |
| 10~20年（含） | 3(−1.2) | 52(5.1) | 60(−4.4) | 125(1.2) | 19(−0.5) |
| 20~30年（含） | 3(1.5) | 17(1.7) | 40(2.8) | 37(−4.0) | 8(−0.2) |
| 30年以上 | 1(1.4) | 7(3.8) | 9(0.2) | 11(−1.4) | 0(−3.2) |

列联表中括号内的数值为列联表的调整后残差，卡方检验如表 2.56 所示，相关性检验如表 2.57 所示。调整后残差表中只有 6 个调整后残差的绝对值大于 3，其余调整后残差的绝对值都小于 3。皮尔森卡方检验和似然比卡方检验结果在 5% 水平下显著，说明工作年限与技术灾难对被调查者造成的心理负面影响具有相关关系。相关系数的三个指标都小于 0 且显著，说明工作年限与技术灾难对被调查者造成的心理负面影响具有负相关关系。对应图，如图 2.34 所示。

表 2.56　工作年限与技术灾难对被调查者心理负面影响的卡方检验

| 指标 | 数值 | df | $P$ 值 |
|---|---|---|---|
| 皮尔森卡方检验 | 88.271 | 12 | 0.000 |
| 似然比卡方检验 | 93.723 | 12 | 0.000 |

表 2.57　工作年限与技术灾难对被调查者心理负面影响的相关性检验

| 指标 | 数值 | $P$ 值 |
|---|---|---|
| Spearman 相关性检验 | −0.101 | 0.000 |
| Kendall's tau-b | −0.090 | 0.000 |
| Kendall's tau-c | −0.069 | 0.000 |

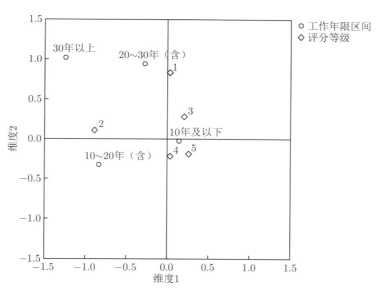

图 2.34　工作年限与技术灾难对被调查者心理负面影响的评分对应图

由对应图 2.34 可见，相对于平均水平而言，心理负面影响评分等级在第 2 级的多为工作年限在 10~20 年（含）的群体；心理负面影响评分等级在第 4 级的多为工作年限在 10 年及以下的群体。根据列联表中的残差可以分析得到，工作年限在 10 年及以下的群体较多出现在评分第 4 级，较少出现在第 2 级；工作年限在 10~20 年（含）的群体较多出现在评分第 2 级，较少出现在第 3 级；工作年限在 20~30 年（含）的群体较多出现在评分第 3 级，较少出现在第 4 级；工作年限在 30 年以上的群体较多出现在评分第 2 级，较少出现在第 5 级。因此，技术灾难对工作年限较长的群体造成的心理负面影响较低。

### 2.2.3　人因灾难风险感知统计分析

以下将对有效问卷中关于人因灾难风险感知问题项的回答进行描述性统计和人文统计变量影响分析。

1. 人因灾难风险感知总体水平描述性统计

人因灾难风险感知总体水平的描述性统计结果（不同打分项的人数占总人数的比例）如表 2.58所示。其中问题 1 至问题 4 展示了被访者对受到人因灾难的影响概率的估计，问题 5 至问题 9 体现了被访者对人因灾难影响可能带来的后果表现出的明显的负面情绪，特别是"焦虑、担忧""痛恨"的情绪较为显著。

**表 2.58　人因灾难风险感知描述性统计结果——不同打分项的人数占总人数的比例**

| 打分 | Q1 | Q2 | Q3 | Q4 | Q5 | Q6 | Q7 | Q8 | Q9 |
|---|---|---|---|---|---|---|---|---|---|
| 1–完全不同意 | 5.44% | 5.81% | 5.90% | 7.97% | 3.16% | 4.11% | 3.16% | 4.90% | 5.52% |
| 2–不同意 | 21.72% | 19.39% | 19.19% | 22.80% | 12.75% | 15.03% | 12.33% | 17.48% | 13.79% |
| 3–不确定 | 25.25% | 27.62% | 29.82% | 29.78% | 18.69% | 20.18% | 20.97% | 26.79% | 24.88% |
| 4–同意 | 37.62% | 32.97% | 34.26% | 29.15% | 46.14% | 37.42% | 37.00% | 35.51% | 34.26% |
| 5–完全同意 | 9.97% | 14.20% | 10.83% | 10.30% | 19.27% | 23.26% | 26.54% | 15.32% | 21.55% |

九个题项如下，Q1："由于我（和我的家人）对人因灾难的高度关注，我认为我和家人受到影响的概率非常小"；Q2："因为我（和我的家人）有良好的生活方式，我认为受人因灾难影响的概率很低"；Q3："由于我（和我的家人）了解专业的防护知识，我认为受人因灾难影响的概率很低"；Q4："因为我（和我的家人）身体健康，我认为我们受人因灾难影响的概率很低"；Q5："我很焦虑和担忧受人因灾难影响可能带来的后果"；Q6："我很恐惧和害怕受人因灾难影响可能带来的后果"；Q7："我非常痛恨受人因灾难影响可能带来的后果"；Q8："我对受人因灾难可能造成的后果坐立不安和感到不满"；Q9："我对受人因灾难可能造成的后果感到非常愤怒"。

2. 人文统计变量影响分析

关于人因灾难风险感知的九个问卷问题可以分为两类分别进行人文统计变量影响分析。九个问卷问题描述了人因灾难风险感知的总体情况，前四个问题是关于被调查者对受人因灾难影响的概率估计；后五个问题是关于人因灾难对被调查者的心理负面影响程度。在受人因灾难影响概率的题项中，题项的打分越高，表示被调查者对该选项的同意程度越高，证明被调查者对受人因灾难影响概率估计越小；在人因灾难风险对被调查者的心理负面影响程度的题项中，题项的打分越高，证明人因灾难对被调查者造成的心理负面影响程度越大。因此，分别对受人因灾难影响概率的估计和心理负面影响程度进行人文统计变量影响分析。

本书将灾难风险感知的四个题项打分和心理负面影响的五个题项打分分别加总求均值，记为因子分，因子分被分为 1~5 五个等级，对应的因子分区间分别为：0~1.5 分、1.5~2.5 分、2.5~3.5 分、3.5~4.5 分、4.5~5.5 分，并用该因子分等级表示被调查者受人因灾难影响概率的估计和人因灾难造成的心理负面影响，并通过列联表分析不同人文统计变量与受人因灾难影响概率的估计和心理负面影响的关系。

人文统计变量与受人因灾难影响概率的分析如下。

第一，职业与被调查者受人因灾难影响概率的关系。职业被划分为 1~10 十类，对应的职业为：公务员或事业单位及政府工作人员、企业职员、专业技术人员、行政人员和文职人员、社会生产服务和生活服务人员、管理人员、生产制造及有关人员、学生、无业或退休人员、其他。不同职业受人因灾难影响概率的评分人数如图 2.35 所示，不同职业与受人因灾难影响概率评分等级列联表如表 2.59 所示。

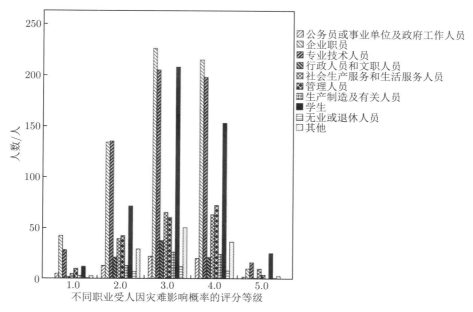

图 2.35　不同职业受人因灾难影响概率的评分人数

表 2.59　不同职业与受人因灾难影响概率评分等级列联表

| 职业 | 评分等级1 | 评分等级2 | 评分等级3 | 评分等级4 | 评分等级5 |
|---|---|---|---|---|---|
| 1-公务员或事业单位及政府工作人员 | 5(1.3) | 13(0.0) | 22(-0.4) | 20(-0.2) | 2(0.1) |
| 2-企业职员 | 42(2.9) | 134(0.3) | 226(-1.1) | 215(0.4) | 10(-2.4) |
| 3-专业技术人员 | 28(0.3) | 135(1.5) | 205(-1.5) | 198(0.2) | 16(-0.4) |
| 4-行政人员和文职人员 | 2(-1.2) | 21(1.1) | 37(1.4) | 21(-1.6) | 1(-1.0) |
| 5-社会生产服务和生活服务人员 | 5(-1.0) | 39(0.2) | 65(-0.6) | 63(0.3) | 10(2.1) |
| 6-管理人员 | 10(0.5) | 42(1.5) | 60(-1.7) | 72(1.4) | 4(-0.7) |
| 7-生产制造及有关人员 | 3(0.0) | 13(-0.2) | 26(0.3) | 24(0.5) | 0(-1.4) |
| 8-学生 | 12(-2.4) | 71(-3.4) | 208(3.2) | 153(-0.5) | 25(3.3) |
| 9-无业或退休人员 | 1(-0.3) | 7(0.4) | 12(0.4) | 8(-0.7) | 1(0.1) |
| 10-其他 | 3(-1.1) | 29(0.8) | 50(0.8) | 36(-0.9) | 3(-0.3) |

列联表中括号内的数值为列联表的调整后残差，卡方检验如表 2.60 所示，相关性检验如表 2.61 所示。调整后残差表中只有 3 个调整后残差的绝对值大于 3，其余调整后残差的绝对值都小于 3。皮尔森卡方检验和似然比卡方检验结果在 5% 水平下显著，说明职业与受人因灾难影响概率的估计具有相关关系。相关系数的三个指标都大于 0 且显著，说明职业与受人因灾难影响概率的估计有关联。对应图，如图 2.36 所示。

表 2.60　不同职业受人因灾难影响概率评分等级的卡方检验

| 指标 | 数值 | df | $P$值 |
|---|---|---|---|
| 皮尔森卡方检验 | 61.082 | 36 | 0.006 |
| 似然比卡方检验 | 62.831 | 36 | 0.004 |

表 2.61   不同职业受人因灾难影响概率评分等级的相关性检验

| 指标 | 数值 | P 值 |
|---|---|---|
| Spearman 相关性检验 | 0.048 | 0.019 |
| Kendall's tau-b | 0.039 | 0.018 |
| Kendall's tau-c | 0.037 | 0.018 |

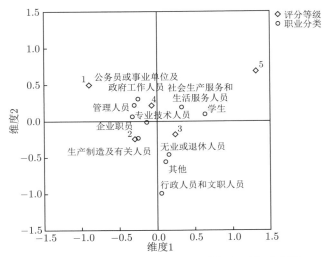

图 2.36   不同职业受人因灾难影响概率评分对应图

由对应图 2.36 可见,相对于平均水平而言,受人因灾难影响概率的评分等级在第2级的多为分类为 2 的职业,即企业职员。根据列联表中的残差可以分析得到企业职员较多出现在评分第 1 级,较少出现在第 5 级;学生较多出现在评分第 5 级,较少出现在第 2 级。因此,学生受人因灾难影响概率的估计要相对低于其他职业。

第二,年龄与被调查者受人因灾难影响概率的关系。年龄被划分为 1~4 四个等级,对应的区间为:20 岁及以下、20~40 岁(含)、40~60 岁(含)、60 岁以上。不同年龄等级受人因灾难影响概率的评分人数如图 2.37 所示,不同年龄等级与受人因灾难影响概率评分等级列联表如表 2.62 所示。

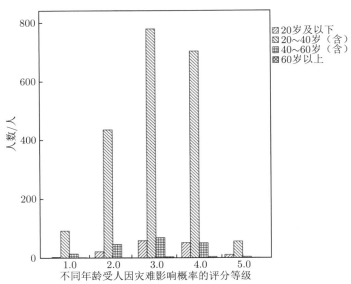

图 2.37   不同年龄等级受人因灾难影响概率的评分人数

表 2.62　不同年龄等级与受人因灾难影响概率评分等级列联表

| 年龄 | 评分等级1 | 评分等级2 | 评分等级3 | 评分等级4 | 评分等级5 |
|---|---|---|---|---|---|
| 20岁及以下 | 3(−1.5) | 22(−1.8) | 59(0.6) | 52(0.5) | 11(3.3) |
| 20~40岁（含） | 92(−0.9) | 435(0.4) | 779(−0.3) | 703(1.0) | 56(−2.0) |
| 40~60岁（含） | 14(2.0) | 46(1.4) | 69(−0.1) | 51(−1.8) | 4(−0.7) |
| 60岁以上 | 2(2.0) | 1(−1.1) | 4(−0.3) | 4(0.0) | 1(1.1) |

　　列联表中括号内的数值为列联表的调整后残差，卡方检验如表 2.63 所示，相关性检验如表 2.64 所示。调整后残差表中只有 1 个调整后残差的绝对值大于 3，其余调整后残差的绝对值都小于 3。皮尔森卡方检验和似然比卡方检验结果在 5% 水平下显著，证明年龄与受人因灾难影响概率的估计具有相关关系。相关系数的三个指标都小于 0 且显著，说明年龄与受人因灾难影响概率的估计具有负相关关系。对应图，如图 2.38 所示。

表 2.63　不同年龄等级受人因灾难影响概率评分等级的卡方检验

| 指标 | 数值 | df | $P$值 |
|---|---|---|---|
| 皮尔森卡方检验 | 28.915 | 12 | 0.004 |
| 似然比卡方检验 | 24.658 | 12 | 0.017 |

表 2.64　不同年龄等级受人因灾难影响概率评分等级的相关性检验

| 指标 | 数值 | $P$值 |
|---|---|---|
| Spearman 相关性检验 | −0.071 | 0.000 |
| Kendall's tau-b | −0.065 | 0.001 |
| Kendall's tau-c | −0.036 | 0.001 |

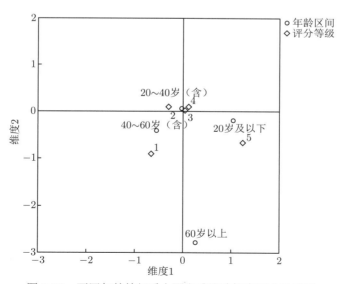

图 2.38　不同年龄等级受人因灾难影响概率评分对应图

　　由对应图 2.38 可见，相对于平均水平而言，受人因灾难影响概率的评分等级在第 1 级的多为分类为 3 的年龄区间，即 40~60 岁（含）；受人因灾难影响概率的评分等级在第 5 级的多为分类为 1 的年龄区间，即 20 岁及以下。根据列联表中的残差可以分析得到，20 岁及以下的群体较多出现在评分第 5 级；40~60 岁（含）的群体较多出现在评分第 1 级。因此，20 岁及以下的群体受人因灾难影响概率的估计低于其他年龄段的群体。

　　第三，月收入与被调查者受人因灾难影响概率的关系。月收入被划分为 1~8 八个等级，对应的区间为：3 000 元及以下、3 000~5 000 元（含）、5 000~7 000 元（含）、7 000~10 000 元（含）、10 000~15 000 元（含）、15 000~20 000 元（含）、20 000~30 000 元（含）、30 000 元以上。不同月收入等级受人因灾难影响概率的评分人数如图 2.39 所示，不同月收入等级与受人因灾难影响概率评分等级列联表如表 2.65 所示。

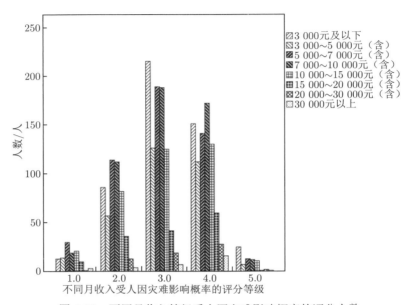

图 2.39　不同月收入等级受人因灾难影响概率的评分人数

**表 2.65　不同月收入等级与受人因灾难影响概率评分等级列联表**

| 月收入 | 评分等级1 | 评分等级2 | 评分等级3 | 评分等级4 | 评分等级5 |
|---|---|---|---|---|---|
| 3 000 元及以下 | 13(−2.3) | 86(−2.1) | 215(3.1) | 151(−1.5) | 25(3.1) |
| 3 000~5 000 元（含） | 14(−0.2) | 57(−1.4) | 126(0.8) | 112(0.7) | 7(−0.9) |
| 5 000~7 000 元（含） | 30(1.8) | 114(1.5) | 189(0.5) | 141(−2.5) | 13(−0.5) |
| 7 000~10 000 元（含） | 19(−1.0) | 112(0.8) | 188(−0.2) | 172(0.3) | 12(−0.9) |
| 10 000~15 000 元（含） | 21(1.1) | 82(0.7) | 125(−1.7) | 130(0.7) | 11(0.0) |
| 15 000~20 000 元（含） | 10(1.3) | 36(1.0) | 42(−2.5) | 60(1.8) | 1(−1.7) |
| 20 000~30 000 元（含） | 1(−1.2) | 13(−0.1) | 19(−1.3) | 28(1.8) | 2(0.1) |
| 30 000 元以上 | 3(1.4) | 4(−1.1) | 7(−1.8) | 16(2.1) | 1(0.1) |

　　列联表中括号内的数值为列联表的调整后残差，卡方检验如表 2.66 所示，相关性检验如表 2.67 所示。调整后残差表中只有 2 个调整后残差的绝对值大于 3，其余调整后残差的绝对值都小于 3。皮尔森卡方检验和似然比卡方检验结果在 5% 水平下显著，证明月收入与受人因灾难影响概率的估计具有相关关系。相关系数的三个指标都小于 0，但十分接近 0 且不显著，说明月收入与受人因灾难影响概率估计相关性不强。对应图，如图 2.40 所示。

**表 2.66　不同月收入等级受人因灾难影响概率评分等级的卡方检验**

| 指标 | 数值 | df | P 值 |
|---|---|---|---|
| 皮尔森卡方检验 | 57.324 | 28 | 0.001 |
| 似然比卡方检验 | 57.987 | 28 | 0.001 |

表 2.67　不同月收入等级受人因灾难影响概率评分等级的相关性检验

| 指标 | 数值 | $P$值 |
| --- | --- | --- |
| Spearman 相关性检验 | −0.010 | 0.616 |
| Kendall's tau-b | −0.009 | 0.604 |
| Kendall's tau-c | −0.008 | 0.604 |

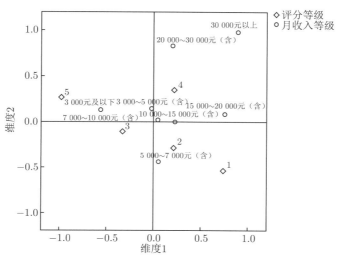

图 2.40　不同月收入等级受人因灾难影响概率评分对应图

由对应图 2.40 可见，相对于平均水平而言，受人因灾难影响概率的评分等级在第 5 级的多为分类为 1 的月收入等级，即 3 000 元及以下。根据列联表中的残差可以分析得到，月收入在 3 000 元及以下的群体较多出现在评分第 5 级，较少出现在评分第 1 级。因此，月收入在 3 000 元及以下的群体受人因灾难影响概率的估计高于其他月收入水平的群体。

第四，社会阶层与被调查者受人因灾难影响概率的关系。社会阶层被划分为 1~10 十个等级，等级越高，表示其所处的阶层地位越高。不同社会阶层受人因灾难影响概率的评分人数如图 2.41 所示，不同社会阶层与受人因灾难影响概率评分等级列联表如表 2.68 所示。

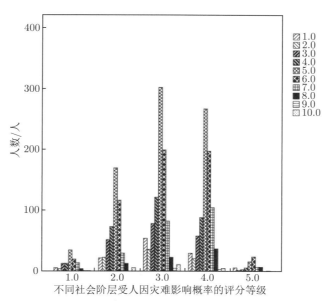

图 2.41　不同社会阶层受人因灾难影响概率的评分人数

表 2.68　不同社会阶层与受人因灾难影响概率评分等级列联表

| 社会阶层 | 评分等级1 | 评分等级2 | 评分等级3 | 评分等级4 | 评分等级5 |
|---|---|---|---|---|---|
| 社会阶层1 | 6(0.3) | 22(−0.6) | 54(1.8) | 30(−1.9) | 6(1.4) |
| 社会阶层2 | 4(0.0) | 23(1.3) | 36(0.8) | 21(−1.8) | 2(−0.4) |
| 社会阶层3 | 13(1.3) | 52(1.7) | 78(0.1) | 58(−1.6) | 3(−1.3) |
| 社会阶层4 | 13(−0.3) | 73(1.5) | 121(0.9) | 88(−1.7) | 6(−1.1) |
| 社会阶层5 | 35(−0.3) | 169(0.4) | 302(0.3) | 267(0.1) | 16(−1.9) |
| 社会阶层6 | 20(−1.3) | 116(0.0) | 199(−1.1) | 197(1.0) | 24(2.1) |
| 社会阶层7 | 14(1.0) | 30(−3.3) | 82(−1.1) | 104(3.5) | 7(0.0) |
| 社会阶层8 | 4(0.1) | 13(−1.3) | 23(−2.0) | 37(2.1) | 7(2.9) |
| 社会阶层9 | 1(0.9) | 0(−1.5) | 5(1.1) | 3(0) | 0(−0.5) |
| 社会阶层10 | 1(−0.1) | 6(0.5) | 11(0.8) | 5(−1.3) | 1(0.3) |

列联表中括号内的数值为列联表的调整后残差，卡方检验如表2.69所示，相关性检验如表 2.70 所示。调整后残差表中只有 2 个调整后残差的绝对值大于 3，其余调整后残差的绝对值都小于 3。皮尔森卡方检验和似然比卡方检验结果在 5% 水平下显著，说明社会阶层与受人因灾难影响概率的估计具有相关关系。相关系数的三个指标都大于 0 且显著，说明社会阶层与受人因灾难影响概率的估计具有正相关关系。对应图，如图2.42所示。

表 2.69　不同社会阶层受人因灾难影响概率评分等级的卡方检验

| 指标 | 数值 | df | $P$值 |
|---|---|---|---|
| 皮尔森卡方检验 | 66.838 | 36 | 0.001 |
| 似然比卡方检验 | 67.113 | 36 | 0.001 |

表 2.70　不同社会阶层受人因灾难影响概率评分等级的相关性检验

| 指标 | 数值 | $P$值 |
|---|---|---|
| Spearman 相关性检验 | 0.104 | 0.000 |
| Kendall's tau-b | 0.086 | 0.000 |
| Kendall's tau-c | 0.080 | 0.000 |

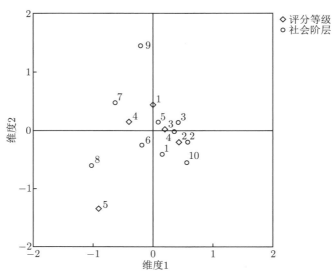

图 2.42　不同社会阶层受人因灾难影响概率评分对应图

由对应图 2.42 可见，相对于平均水平而言，受人因灾难影响概率的评分等级在第 4 级的多为等级为 7 的社会阶层；受人因灾难影响概率的评分等级在 5 级的多为等级为 8 的社会阶层。根据列联表中的残差可以分析得到，等级为 7 的社会阶层的群体较多出现在评分第 4 级；等级为 8 的社会阶层的群体较多出现在评分第 5 级，较少出现在评分第 3 级。因此，社会阶层处于第 8 等级的群体受人因灾难影响概率的估计最高。

第五，婚姻状况与被调查者受人因灾难影响概率的关系。婚姻状况被划分为 1~4 四个等级，分别对应：已婚、未婚、离异再婚、离异单身。不同婚姻状况受人因灾难影响概率的评分人数如图 2.43 所示，不同婚姻状况与受人因灾难影响概率评分等级列联表如表 2.71 所示。

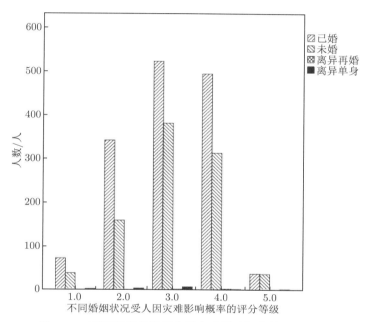

图 2.43　不同婚姻状况受人因灾难影响概率的评分人数

**表 2.71　不同婚姻状况与受人因灾难影响概率评分等级列联表**

| 婚姻状况 | 评分等级1 | 评分等级2 | 评分等级3 | 评分等级4 | 评分等级5 |
|---|---|---|---|---|---|
| 1-已婚 | 72(0.9) | 342(3.6) | 523(−2.8) | 494(0.0) | 36(−1.9) |
| 2-未婚 | 37(−1.1) | 159(−3.6) | 381(2.7) | 313(0.2) | 35(1.8) |
| 3-离异再婚 | 0(−0.4) | 0(−0.9) | 1(−0.2) | 2(1.2) | 0(−0.3) |
| 4-离异单身 | 2(1.9) | 3(0.2) | 6(0.6) | 1(−2.0) | 1(1.0) |

列联表中括号内的数值为列联表的调整后残差，卡方检验如表 2.72 所示，相关性检验如表 2.73 所示。调整后残差表中只有 2 个调整后残差的绝对值大于 3，其余调整后残差的绝对值都小于 3。皮尔森卡方检验和似然比卡方检验结果在 5% 水平下显著，证明婚姻状况与受人因灾难影响概率的估计具有相关关系。相关系数的三个指标都大于 0 且显著，说明婚姻状况与受人因灾难影响概率的估计有关联。对应图，如图 2.44 所示。

**表 2.72　不同婚姻状况受人因灾难影响概率评分等级的卡方检验**

| 指标 | 数值 | df | $P$值 |
|---|---|---|---|
| 皮尔森卡方检验 | 28.113 | 12 | 0.005 |
| 似然比卡方检验 | 28.569 | 12 | 0.005 |

表 2.73 不同婚姻状况受人因灾难影响概率评分等级的相关性检验

| 指标 | 数值 | $P$值 |
|---|---|---|
| Spearman 相关性检验 | 0.049 | 0.017 |
| Kendall's tau-b | 0.045 | 0.016 |
| Kendall's tau-c | 0.035 | 0.016 |

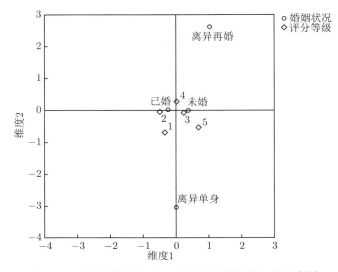

图 2.44 不同婚姻状况受人因灾难影响概率评分对应图

由对应图 2.44 可见,相对于平均水平而言,受人因灾难影响概率的评分等级在第 2 级的多为已婚的群体;受人因灾难影响概率的评分等级在第 3 级的多为未婚的群体。根据列联表中的残差可以分析得到,已婚群体较多出现在评分第 2 级,较少出现在评分第 3 级;未婚群体较多出现在评分第 3 级,较少出现在评分第 2 级。因此,未婚群体受人因灾难影响概率的估计低于已婚群体。

人文统计变量与人因灾难对被调查者的心理负面影响分析如下。

第一,职业与人因灾难对被调查者心理负面影响的关系。不同职业的心理负面影响评分人数如图 2.45 所示,不同职业与人因灾难对被调查者心理负面影响的评分等级人数列联表如表 2.74 所示。

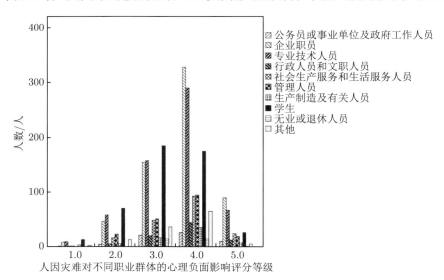

图 2.45 人因灾难对不同职业群体的心理负面影响评分人数

表 2.74　职业与人因灾难对被调查者心理负面影响的评分等级人数列联表

| 职业 | 评分等级1 | 评分等级2 | 评分等级3 | 评分等级4 | 评分等级5 |
|---|---|---|---|---|---|
| 1–公务员或事业单位及政府工作人员 | 1(0.0) | 4(−0.9) | 21(0.8) | 26(−1.0) | 10(1.4) |
| 2–企业职员 | 8(−0.7) | 46(−2.6) | 155(−2.9) | 328(2.3) | 90(3.3) |
| 3–专业技术人员 | 9(−0.1) | 58(0.0) | 158(−1.3) | 290(0.8) | 67(0.6) |
| 4–行政人员和文职人员 | 1(−0.3) | 5(−1.2) | 20(−1.0) | 44(1.0) | 12(1.1) |
| 5–社会生产服务和生活服务人员 | 1(−1.2) | 16(−0.6) | 48(−0.9) | 93(0.8) | 24(1.1) |
| 6–管理人员 | 0(−1.8) | 23(1.1) | 51(−0.7) | 95(0.6) | 19(−0.3) |
| 7–生产制造及有关人员 | 3(2.0) | 5(−0.7) | 16(−0.9) | 35(0.8) | 7(−0.1) |
| 8–学生 | 13(2.3) | 70(4.0) | 185(5.4) | 175(−5.3) | 26(−4.1) |
| 9–无业或退休人员 | 0(−0.7) | 0(−1.8) | 14(2.3) | 14(0.0) | 1(−1.3) |
| 10–其他 | 2(0.1) | 13(0.3) | 36(0.1) | 65(1.2) | 5(−2.4) |

　　列联表中括号内的数值为列联表的调整后残差，卡方检验如表2.75所示，相关性检验如表2.76 所示。调整后残差表中只有 5 个调整后残差的绝对值大于 3，其余调整后残差的绝对值都小于 3。皮尔森卡方检验和似然比卡方检验结果在5% 水平下显著，证明职业与人因灾难对被调查者造成的心理负面影响具有相关关系。相关系数的三个指标都小于 0 且显著，说明职业与人因灾难对被调查者造成的心理负面影响具有负相关关系。对应图，如图 2.46 所示。

表 2.75　职业与人因灾难对被调查者心理负面影响的卡方检验

| 指标 | 数值 | df | P值 |
|---|---|---|---|
| 皮尔森卡方检验 | 109.847 | 36 | 0.000 |
| 似然比卡方检验 | 116.492 | 36 | 0.000 |

表 2.76　职业与人因灾难对被调查者心理负面影响的相关性检验

| 指标 | 数值 | P值 |
|---|---|---|
| Spearman 相关性检验 | −0.145 | 0.000 |
| Kendall's tau-b | −0.119 | 0.000 |
| Kendall's tau-c | −0.109 | 0.000 |

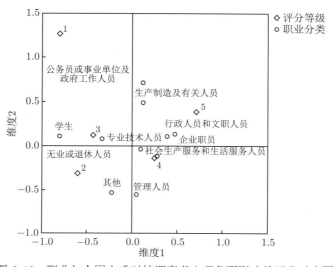

图 2.46　职业与人因灾难对被调查者心理负面影响的评分对应图

由对应图 2.46 可见，相对于平均水平而言，心理负面影响评分等级在第3级的多为分类为8、9的职业，即学生、无业或退休人员。心理负面影响评分等级在第 5 级的多为分类为 2 的职业，即企业职员。根据列联表中的残差可以分析得到，企业职员较多出现在评分第 5 级，较少出现在评分第 3 级；学生、无业或退休人员较多出现在评分第 3 级。因此，人因灾难对企业职员造成的心理负面影响高于其他的职业人员。

第二，月收入与人因灾难对被调查者心理负面影响的关系。人因灾难对不同月收入群体的心理负面影响评分人数如图 2.47 所示，月收入与人因灾难对被调查者心理负面影响的评分等级人数列联表如表 2.77 所示。

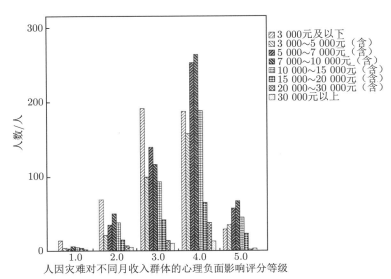

图 2.47　人因灾难对不同月收入群体的心理负面影响评分人数

**表 2.77　月收入与人因灾难对被调查者心理负面影响的评分等级人数列联表**

| 月收入 | 评分等级1 | 评分等级2 | 评分等级3 | 评分等级4 | 评分等级5 |
|---|---|---|---|---|---|
| 3 000元及以下 | 14(2.5) | 69(3.4) | 191(5.3) | 187(−5.1) | 29(−3.9) |
| 3 000～5 000元（含） | 4(−0.5) | 21(−2.1) | 99(0.9) | 157(0.5) | 35(0.1) |
| 5 000～7 000元（含） | 3(−1.9) | 35(−2.3) | 139(−0.4) | 253(1.8) | 57(0.7) |
| 7 000～10 000元（含） | 6(−0.8) | 50(0.0) | 116(−3.4) | 264(2.1) | 67(2.0) |
| 10 000～15 000元（含） | 5(−0.4) | 38(0.2) | 93(−1.9) | 188(1.1) | 45(0.9) |
| 15 000～20 000元（含） | 4(1.1) | 15(0.0) | 42(−0.3) | 65(−1.2) | 23(1.9) |
| 20 000～30 000元（含） | 2(1.0) | 7(0.3) | 14(−1.2) | 38(1.9) | 2(−2.0) |
| 30 000元以上 | 1(−0.7) | 5(1.2) | 10(0.4) | 13(−0.7) | 3(−0.2) |

列联表中括号内的数值为列联表的调整后残差。卡方检验如表 2.78 所示，相关性检验如表 2.79 所示。调整后残差表中只有 5 个调整后残差的绝对值大于 3，其余调整后残差的绝对值都小于 3。皮尔森卡方检验和似然比卡方检验结果在 5% 水平下显著，证明月收入与人因灾难对被调查者造成的心理负面影响具有相关关系。相关系数的三个指标都大于 0 且显著，说明月收入与人因灾难对被调查者造成的心理负面影响具有正相关关系。对应图，如图 2.48 所示。

**表 2.78　月收入与人因灾难对被调查者心理负面影响的卡方检验**

| 指标 | 数值 | df | $P$值 |
|---|---|---|---|
| 皮尔森卡方检验 | 92.757 | 28 | 0.000 |
| 似然比卡方检验 | 95.256 | 28 | 0.000 |

表 2.79 月收入与人因灾难对被调查者心理负面影响的相关性检验

| 指标 | 数值 | $P$值 |
|---|---|---|
| Spearman相关性检验 | 0.104 | 0.000 |
| Kendall's tau-b | 0.086 | 0.000 |
| Kendall's tau-c | 0.080 | 0.000 |

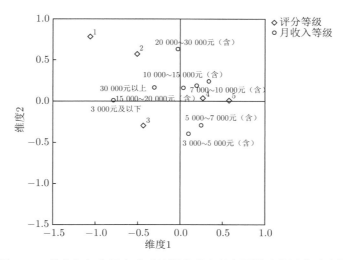

图 2.48 月收入与人因灾难对被调查者心理负面影响的评分对应图

由对应图 2.48 可见，相对于平均水平而言，心理负面影响评分等级在第 5 级的多为收入在 7 000~10 000 元（含）的群体。根据列联表中的残差可以分析得到收入等级在 7 000~10 000 元（含）的群体较多出现在评分第 4、第 5 级，较少出现在评分第 3 级。因此，人因灾难对月收入在 7 000~10 000 元（含）的群体造成的心理负面影响要高于其他月收入等级群体。

第三，婚姻状况与人因灾难对被调查者心理负面影响的关系。人因灾难对不同婚姻状况群体的心理负面影响评分人数如图 2.49 所示，婚姻状况与人因灾难对被调查者心理负面影响的评分等级人数列联表如表 2.80 所示。

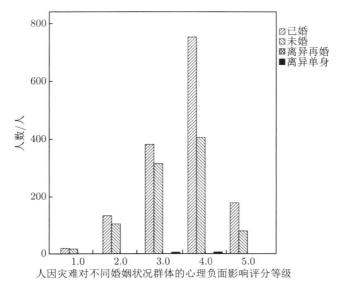

图 2.49 人因灾难对不同婚姻状况群体的心理负面影响评分人数

表 2.80　婚姻状况与人因灾难对被调查者心理负面影响的评分等级人数列联表

| 婚姻状况 | 评分等级1 | 评分等级2 | 评分等级3 | 评分等级4 | 评分等级5 |
|---|---|---|---|---|---|
| 已婚 | 20(−1.1) | 134(−1.7) | 382(−4.3) | 752(3.5) | 179(2.7) |
| 未婚 | 18(1.1) | 105(1.8) | 315(4.1) | 406(−3.5) | 81(−2.6) |
| 离异再婚 | 0(−0.2) | 1(1.4) | 1(0.2) | 0(−1.7) | 1(1.3) |
| 离异单身 | 0(−0.5) | 0(−1.2) | 6(1.3) | 7(0.4) | 0(−1.3) |

列联表中括号内的数值为列联表的调整后残差，卡方检验如表 2.81 所示，相关性检验如表 2.82 所示。调整后残差表中只有 4 个调整后残差的绝对值大于 3，其余调整后残差的绝对值都小于 3。皮尔森卡方检验和似然比卡方检验结果在 5% 水平下显著，证明婚姻状况与人因灾难对被调查者造成的心理负面影响具有相关关系。相关系数的三个指标都小于 0 且显著，说明婚姻状况与人因灾难对被调查者造成的心理负面影响具有关联性。对应图，如图 2.50 所示。

表 2.81　婚姻状况与人因灾难对被调查者心理负面影响的卡方检验

| 指标 | 数值 | df | $P$值 |
|---|---|---|---|
| 皮尔森卡方检验 | 37.897 | 12 | 0.000 |
| 似然比卡方检验 | 40.958 | 12 | 0.000 |

表 2.82　婚姻状况与人因灾难对被调查者心理负面影响的相关性检验

| 指标 | 数值 | $P$值 |
|---|---|---|
| Spearman 相关性检验 | −0.106 | 0.000 |
| Kendall's tau-b | −0.074 | 0.000 |
| Kendall's tau-c | −0.055 | 0.000 |

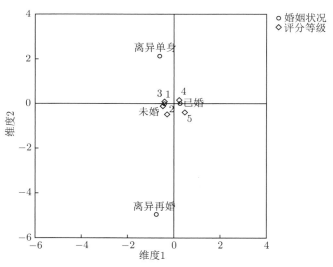

图 2.50　婚姻状况与人因灾难对被调查者心理负面影响的评分对应图

由对应图 2.50 可见，相对于平均水平而言，心理负面影响评分等级在第 3 级的多为未婚的群体；心理负面影响评分等级在第 4 级的多为已婚的群体。根据列联表中的残差可以分析得到，已婚群体较多出现在评分第 4 级，较少出现在评分第 3 级；未婚群体较多出现在评分第 3 级，较少出现在评分第 4 级。因此，人因灾难对已婚群体造成的心理负面影响高于其他三种婚姻状况的群体。

第四，工作年限与人因灾难对被调查者心理负面影响的关系。工作年限被划分为 1~4 四个等级，分别对应：10 年及以下、10~20 年（含）、20~30 年（含）、30 年以上。人因灾难对不同工作年限群体的心理负面影响评分人数如图 2.51 所示，工作年限与人因灾难对被调查者心理负面影响的评分等级人数列联表如表 2.83 所示。

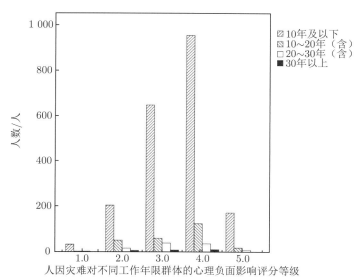

图 2.51   人因灾难对不同工作年限群体的心理负面影响评分人数

**表 2.83   工作年限与人因灾难对被调查者心理负面影响的评分等级人数列联表**

| 工作年限 | 评分等级1 | 评分等级2 | 评分等级3 | 评分等级4 | 评分等级5 |
|---|---|---|---|---|---|
| 10 年及以下 | 34(−0.1) | 206(−5.2) | 649(1.7) | 955(1.2) | 172(1.1) |
| 10~20 年（含） | 3(−0.7) | 52(4.4) | 60(−3.0) | 125(0.5) | 19(−0.6) |
| 20~30 年（含） | 3(0.9) | 17(1.5) | 40(1.5) | 37(−2.4) | 8(−0.2) |
| 30 年以上 | 1(0.8) | 7(2.2) | 9(0.1) | 11(−0.8) | 0(−1.6) |

列联表中括号内的数值为列联表的调整后残差，卡方检验如表 2.84 所示，相关性检验如表 2.85 所示。调整后残差表中只有 3 个调整后残差的绝对值大于等于 3，其余调整后残差的绝对值都小于 3。皮尔森卡方检验和似然比卡方检验结果在 5% 水平下显著，证明工作年限与人因灾难对被调查者造成的心理负面影响具有相关关系。相关系数的三个指标都小于 0 且显著，说明工作年限与人因灾难对被调查者造成的心理负面影响具有负相关关系。对应图，如图2.52所示。

**表 2.84   工作年限与人因灾难对被调查者心理负面影响的卡方检验**

| 指标 | 数值 | df | $P$值 |
|---|---|---|---|
| 皮尔森卡方检验 | 41.066 | 12 | 0.000 |
| 似然比卡方检验 | 40.135 | 12 | 0.000 |

**表 2.85   工作年限与人因灾难对被调查者心理负面影响的相关性检验**

| 指标 | 数值 | $P$值 |
|---|---|---|
| Spearman 相关性检验 | −0.064 | 0.002 |
| Kendall's tau-b | −0.058 | 0.003 |
| Kendall's tau-c | −0.034 | 0.003 |

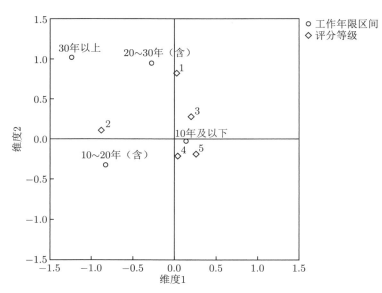

图 2.52　工作年限与人因灾难对被调查者心理负面影响的评分对应图

由图 2.52 可见，相对于平均水平而言，心理负面影响评分等级在第 2 级的多为工作年限在 10～20年（含）的群体。根据列联表中的残差可以分析得到，工作年限在 10～20 年（含）的群体较多出现在评分第 2 级，较少出现在评分第 3 级；工作年限在 30 年以上的群体多出现在评分第 2 级。

### 2.2.4　灾难风险感知认知、情感和行为维度统计分析

以下将针对灾难风险感知的认知、情感和行为维度分别进行统计分析。

1. 灾难风险感知的认知维度统计分析

在风险感知的认知维度，对灾难事件相关信息知晓度的描述性统计结果（不同打分项的人数占总人数的比例）如表 2.86 所示。七个题项如下，Q1:"我对各类灾难事件有基本的了解"；Q2:"我知道如何减少和/或消除与灾难事件相关的风险因素"；Q3:"我有足够的关于家庭灾难计划的信息"；Q4:"关于我住的房子/宿舍的安全，我有足够的信息"；Q5:"我知道住在家里/宿舍的非结构性风险因素是什么"；Q6:"我知道我需要做什么来减少我住的房子/宿舍的非结构性风险因素"；Q7:"我知道在人潮拥挤的地方(购物中心、学校、公共交通、社会活动区等)，灾难事件发生时该如何表现"。

表 2.86　灾难事件相关信息知晓度描述性统计结果——不同打分项的人数占总人数的比例

| 打分 | Q1 | Q2 | Q3 | Q4 | Q5 | Q6 | Q7 |
|---|---|---|---|---|---|---|---|
| 1–完全不同意 | 0.75% | 1.50% | 6.40% | 3.82% | 4.19% | 4.19% | 1.21% |
| 2–有点不同意 | 7.77% | 11.00% | 24.96% | 15.16% | 16.90% | 16.86% | 7.23% |
| 3–中立 | 23.21% | 29.65% | 35.26% | 28.78% | 28.49% | 29.53% | 23.17% |
| 4–有点同意 | 56.98% | 44.56% | 25.08% | 35.71% | 40.53% | 35.76% | 48.17% |
| 5–完全同意 | 11.29% | 13.29% | 8.30% | 16.53% | 9.88% | 13.66% | 20.22% |
| 均值 | 3.70 | 3.57 | 3.04 | 3.46 | 3.35 | 3.38 | 3.79 |
| 标准差 | 0.797 | 0.906 | 1.043 | 1.054 | 1.008 | 1.048 | 0.887 |

将灾难风险感知的认知维度的七个题项加总求均值，记为因子分，用其代表公众对灾难事件相关信息知晓度，其均值和标准差分别为 3.47 和 0.638。把人文统计变量作为自变量，把对灾难事件相关信息知晓度作为因变量，探究显著影响灾难事件相关信息知晓度的人文统计变量。

(a) 性别对灾难风险感知认知维度的影响

通过方差分析发现，$F(1, 2\ 406) = 24.166$，$P = 0.000$。男性对灾难风险的信息知晓度（$M = 3.55$，$SD = 0.628$）显著高于女性对灾难风险的信息知晓度（$M = 3.42$，$SD = 0.639$），不同性别的具体数据如表 2.87 所示。

表 2.87　性别对灾难风险的信息知晓度描述统计

| 性别 | 频数 | 均值 | 标准差 |
|---|---|---|---|
| 男 | 952 | 3.55 | 0.628 |
| 女 | 1 456 | 3.42 | 0.639 |
| 总数 | 2 408 | 3.47 | 0.638 |

(b) 职业对灾难风险感知认知维度的影响

通过方差分析发现，$F(9, 2\ 398) = 3.632$，$P = 0.000$，说明不同职业的人群对灾难事件相关信息知晓度存在显著差异。使用LSD（least significant difference，最小显著差异）多重比较分析可得出，管理人员对灾难事件相关信息知晓度显著高于职业为企业职员、行政人员和文职人员、学生、无业或退休和其他的人群；无业或退休人员对灾难事件相关信息知晓度显著低于职业为公务员或事业单位及政府工作人员、企业职员、专业技术人员、社会生产服务和生活服务人员以及其他的人群；学生对灾难事件相关信息知晓度显著低于职业为企业职员、专业技术人员、社会生产服务和生活服务人员的人员（$\alpha = 0.05$）。各职业与对灾难事件相关信息知晓度之间的关系如图 2.53 所示。

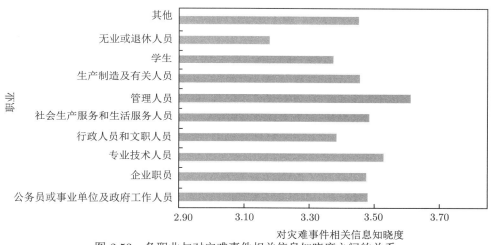

图 2.53　各职业与对灾难事件相关信息知晓度之间的关系

(c) 学历与对灾难事件相关信息知晓度

通过方差分析发现，$F(5, 2\ 402) = 2.966$，$P = 0.011$。使用 LSD 多重比较分析可得出，学历为专科和中专或高中的人群对灾难事件相关信息知晓度显著低于学历为硕士研究生和本科的人群（$\alpha=0.05$）。不同学历群体对灾难事件相关信息知晓度如图 2.54 所示。

(d) 婚姻状况与对灾难事件相关信息知晓度

通过方差分析发现，$F(3, 2\ 404) = 8.734$，$P = 0.000$。使用LSD多重比较分析可得出，未婚的人群对灾难事件相关信息知晓度显著低于已婚的人群（$\alpha = 0.05$）。不同婚姻状况群体对灾难事件相关信息知晓度如图 2.55 所示。

(e) 认知社会阶层与对灾难事件相关信息知晓度

公众认知社会阶层与对灾难事件相关信息知晓度之间的Pearson相关系数为 0.205，在 0.01 的显著性水平下显著，公众认知的社会阶层越高，对灾难事件相关信息知晓度就越高。

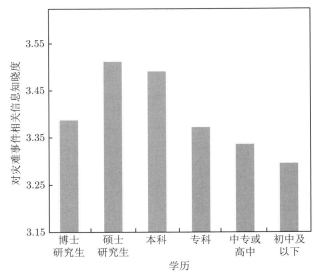

图 2.54　不同学历群体对灾难事件相关信息知晓度

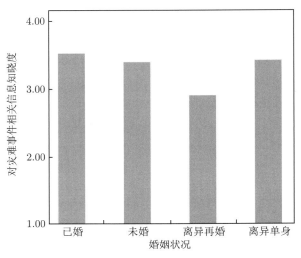

图 2.55　不同婚姻状况群体对灾难事件相关信息知晓度

(f) 月收入水平与对灾难事件相关信息知晓度

通过方差分析发现，$F(7, 2\,400) = 9.601, P = 0.000$。使用LSD多重比较分析可得出，月收入为 3 000 元及以下、3 000~5 000 元（含）、5 000~7 000 元（含）的人群对灾难事件相关信息知晓度显著低于月收入为 7 000~10 000 元（含）、10 000~15 000 元（含）、15 000~20 000 元（含）、20 000~30 000 元（含）和 30 000 元以上的人群（$\alpha = 0.05$）。不同月收入水平群体对灾难事件相关信息知晓度如图 2.56 所示。

2. 灾难风险感知的情感维度统计分析

在风险感知的情感维度，对灾难事件相关负面情绪有九个关联的题项，表示了人们对于灾难事件的担忧。九个关联的题项的描述性统计结果（不同打分项的人数占总人数的比例）如表 2.88 所示。从统计结果来看，所有题项均值均大于 3，说明公众对灾难事件的相关负面情绪较强，对灾难事件抱有较大的担忧，但是所有题项标准差均大于 1，说明分布离散程度高。

九个题项如下：Q1:"在我生活的城市里经历灾难事件的风险让我害怕"；Q2:"在我生活的国家里，经历一场灾难事件的风险让我感到害怕"；Q3:"对潜在的灾难事件没有采取必要的措施，这使我

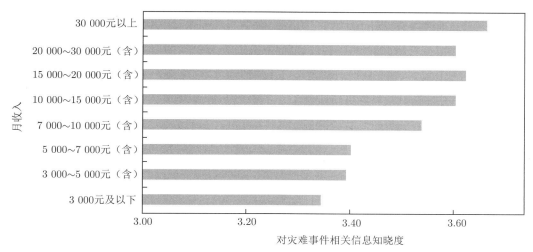

图 2.56　不同月收入水平群体对灾难事件相关信息知晓度

**表 2.88　灾难事件相关负面情绪描述性统计结果——不同打分项的人数占总人数的比例**

| 打分 | Q1 | Q2 | Q3 | Q4 | Q5 | Q6 | Q7 | Q8 | Q9 |
|---|---|---|---|---|---|---|---|---|---|
| 1-完全不同意 | 6.85% | 9.72% | 3.99% | 3.03% | 2.78% | 2.62% | 4.19% | 7.73% | 4.32% |
| 2-有点不同意 | 22.26% | 20.55% | 12.91% | 10.18% | 9.55% | 8.26% | 11.88% | 22.92% | 10.88% |
| 3-中立 | 27.49% | 22.30% | 24.38% | 22.55% | 19.98% | 18.61% | 25.79% | 30.40% | 25.17% |
| 4-有点同意 | 28.57% | 33.06% | 38.75% | 40.32% | 39.91% | 40.57% | 36.63% | 27.16% | 38.04% |
| 5-完全同意 | 14.83% | 14.37% | 19.97% | 23.92% | 27.78% | 29.94% | 21.51% | 11.79% | 21.59% |
| 均值 | 3.22 | 3.22 | 3.58 | 3.72 | 3.80 | 3.87 | 3.59 | 3.12 | 3.62 |
| 标准差 | 1.152 | 1.205 | 1.068 | 1.033 | 1.035 | 1.017 | 1.078 | 1.126 | 1.070 |

感到不安"；Q4："在灾难事件发生时，身处人群密集的地方(购物中心、学校、公共交通、社会活动区等)让我很担心"；Q5："我担心在可能发生的灾难事件中，我可能会暂时失联，别人无法在短时间内联系到我"；Q6："一场可能发生的灾难事件发生后，搜索和救援队伍可能无法进入，这让我很担心"；Q7："一想到在可能发生的灾难事件发生后无法得到足够的支持(身体上的、心理上的、住房上的)，我就担心"；Q8："我害怕在一场潜在的灾难事件之后，与亲戚之间会出现沟通问题"；Q9："社会意识只有在自然灾难事件发生时才会提高，这一事实令人担忧"。

将灾难事件相关负面情绪关联的九个题项加总求均值，记为因子分，用其代表公众对灾难事件相关负面情绪程度，其均值和标准差分别为 3.53 和 0.661。把人文统计变量作为自变量，把对灾难事件相关负面情绪程度作为因变量，探究显著影响对灾难事件相关负面情绪程度的人文统计变量。

(a) 职业与对灾难事件相关负面情绪程度

通过方差分析发现，$F(9, 2398) = 9.499$，$P = 0.000$。使用LSD多重比较分析发现，学生对灾难事件相关负面情绪程度显著低于职业为公务员或事业单位及政府工作人员、企业职员、专业技术人员、行政人员和文职人员、社会生产服务和生活服务人员、管理人员、生产制造及有关人员、其他职业的人群（$\alpha = 0.05$）。专业技术人员对灾难事件相关负面情绪程度显著低于职业为企业职员、行政人员和文职人员的人群（$\alpha = 0.05$），不同职业群体对灾难事件相关负面情绪程度如图 2.57 所示。

(b) 年龄与对灾难事件相关负面情绪程度

通过方差分析发现，$F(3, 2404) = 6.759$，$P = 0.000$。使用LSD多重比较分析发现，20~40 岁（含）的人群对灾难事件相关负面情绪程度显著高于 20 岁及以下、40~60 岁（含）、60 岁以上人群

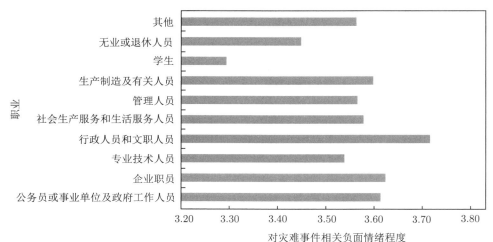

图 2.57　不同职业群体对灾难事件相关负面情绪程度

（$\alpha = 0.05$）。40～60 岁（含）人群对灾难事件相关负面情绪程度显著高于 60 岁以上人群（$\alpha = 0.05$），不同年龄群体对灾难事件相关负面情绪程度如图 2.58 所示。

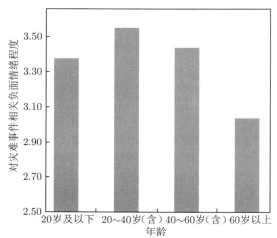

图 2.58　不同年龄群体对灾难事件相关负面情绪程度

(c) 婚姻状况与对灾难事件相关负面情绪程度

通过方差分析发现，$F(3, 2\,404) = 18.131, P = 0.000$，不同婚姻状况的人群对灾难事件相关负面情绪程度不同。使用LSD多重比较分析发现，未婚人群（$M = 3.40, \mathrm{SD} = 0.647$）对灾难事件相关负面情绪程度显著低于已婚人群（$M = 3.61, \mathrm{SD} = 0.659$）（$\alpha = 0.05$），不同婚姻状况群体对灾难事件相关负面情绪程度如图 2.59 所示。

(d) 工作年限与对灾难事件相关负面情绪程度

由于方差非齐，故运用Kruskal-Wallis方法对工作年限与对灾难事件相关负面情绪程度之间的关系进行检验。统计量$H = 13.117, P = 0.004$,说明不同工作年限的群体对灾难事件相关负面情绪程度存在显著差异。通过两两比较发现，工作年限为 30 年以上的群体对灾难事件相关负面情绪程度显著低于工作年限为 10 年及以下和10～20 年（含）的群体，但与工作年限为 20～30 年（含）的群体对灾难事件相关负面情绪程度没有显著差异（$\alpha = 0.05$）。不同工作年限群体对灾难事件相关负面情绪程度如图 2.60 所示。

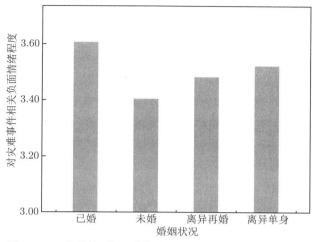

图 2.59　不同婚姻状况群体对灾难事件相关负面情绪程度

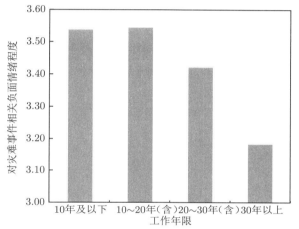

图 2.60　不同工作年限群体对灾难事件相关负面情绪程度

(e) 月收入水平与对灾难事件相关负面情绪程度

通过方差分析发现，$F(7, 2\,400) = 9.287, P = 0.000$，不同月收入水平的群体对灾难事件相关负面情绪程度不同。使用 LSD 多重比较分析发现，月收入为 3 000 元及以下的群体对灾难事件相关负面情绪程度显著低于月收入为 3 000～5 000 元（含）、5 000～7 000 元（含）、7 000～10 000 元（含）、10 000～15 000 元（含）、15 000～20 000 元（含）、20 000～30 000 元（含）的群体，但与月收入为 30 000 元以上的人群对灾难事件相关负面情绪程度没有显著差异（$\alpha = 0.05$）；月收入为 15 000～20 000 元（含）的人群对灾难事件相关负面情绪程度显著低于月收入为 7 000～10 000 元（含）的人群（$\alpha = 0.05$）。不同月收入水平对灾难事件相关负面情绪程度如图 2.61 所示。

3. 灾难风险感知的行为维度统计分析

在风险感知的行为维度，公众的灾难事件准备充足度共七个关联题项，七个关联题项的描述性统计结果（不同打分项的人数占总人数的比例）如表 2.89 所示。其中"我备份了我的个人信息和文件，以防万一出现自然灾难"题项和"我有一个灾难应急包"题项的均值不超过 3，且持正向态度（有点同意、完全同意）的比例不超过 40%，说明只有少数人群有备份个人信息和文件及准备灾难应急包的行为措施来应对可能的灾害；标准差基本大于 1，说明分布较为离散。

七个题项如下，Q1："我想我已经为潜在的自然灾难事件做好了准备"；Q2："我备份了我的个人信息和文件，以防万一出现自然灾难事件"；Q3："我们为可能发生的自然灾难事件准备了家庭防灾计

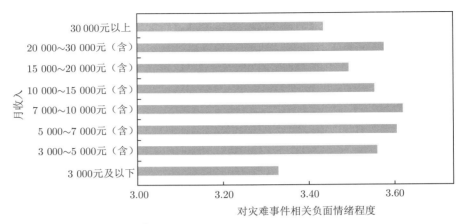

图 2.61    不同月收入水平对灾难事件相关负面情绪程度

划"；    Q4："我有一个灾难应急包"；    Q5："在我和家人居住的家里，我们准备了灭火器等"；    Q6："我有必要的知识在自然灾难事件中保护自己"；    Q7："在紧急情况下，我能正确、准确地沟通"。

表 2.89    公众的灾难事件准备充足度描述性统计结果——不同打分项的人数占总人数的比例

| 打分 | Q1 | Q2 | Q3 | Q4 | Q5 | Q6 | Q7 |
|---|---|---|---|---|---|---|---|
| 1–完全不同意 | 5.30% | 14.40% | 9.50% | 19.70% | 8.60% | 2.20% | 1.20% |
| 2–有点不同意 | 21.60% | 25.80% | 21.70% | 23.60% | 16.90% | 9.50% | 6.90% |
| 3–中立 | 34.30% | 24.90% | 29.10% | 18.90% | 17.80% | 22.90% | 29.40% |
| 4–有点同意 | 30.70% | 25.20% | 28.20% | 22.60% | 35.60% | 41.50% | 43.90% |
| 5–完全同意 | 8.20% | 9.70% | 11.50% | 15.10% | 21.10% | 24.00% | 18.60% |
| 均值 | 3.15 | 2.90 | 3.10 | 2.90 | 3.44 | 3.76 | 3.72 |
| 标准差 | 1.020 | 1.210 | 1.152 | 1.359 | 1.234 | 0.992 | 0.887 |

将公众的灾难事件准备充足度关联的七个题项加总求均值，记为因子分，用其代表公众的灾难事件准备充足程度，其均值和标准差分别为 3.28 和 0.764。把人文统计变量作为自变量，把对公众的灾难事件准备充足度作为因变量，探究显著影响灾难事件准备充足度的人文统计变量。

(a) 性别与灾难事件准备充足度

由于方差非齐，故运用Kruskal-Wallis方法对性别与灾难事件准备充足度之间的关系进行检验。统计量$H = 41.639$，$P = 0.000$，说明不同性别人群的灾难事件准备充足度存在显著差异。男性（$M = 3.40$，$SD = 0.727$）的灾难事件准备充足度显著高于女性（$M = 3.20$，$SD = 0.778$）（$\alpha = 0.05$）。不同性别与灾难事件准备充足度之间的关系如表 2.90 所示。

表 2.90    不同性别与灾难事件准备充足度之间的关系

| 性别 | 频数 | 均值 | 标准差 |
|---|---|---|---|
| 男 | 952 | 3.40 | 0.727 |
| 女 | 1 456 | 3.20 | 0.778 |
| 总数 | 2 408 | 3.28 | 0.764 |

(b) 职业与灾难事件准备充足度

由于方差非齐，故运用Kruskal-Wallis方法对不同职业与灾难事件准备充足度之间的关系进行检验。统计量$H = 58.439$，$P = 0.000$，说明不同职业人群的灾难事件准备充足度存在显著差异。通过两两比较发现，管理人员的灾难事件准备充足度显著高于职业为企业职员、专业技术人员、行政人员和文职人员、社会生产服务和生活服务人员、学生及无业或退休的人群（$\alpha = 0.05$）。专业技术人员的灾难事件准备充足度显著高于学生（$\alpha = 0.05$），不同职业的灾难事件准备充足度具体情况如图 2.62 所示。

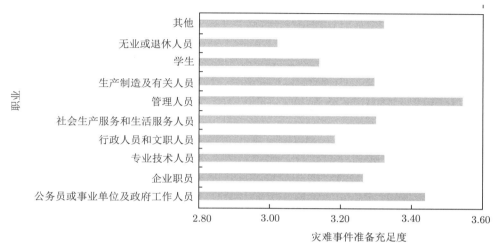

图 2.62　不同职业的灾难事件准备充足度具体情况

(c) 学历与灾难事件准备充足度

通过方差分析发现，$F(5, 2\,402) = 2.327, P = 0.040$，说明不同学历人群的灾难事件准备充足度存在显著差异。通过LSD两两比较发现，博士研究生和专科学历人群的灾难事件准备充足度显著低于硕士研究生和本科学历的人群（$\alpha = 0.05$），不同学历的灾难事件准备充足度具体情况如图 2.63 所示。

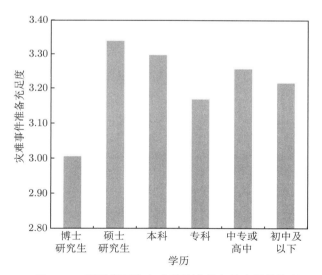

图 2.63　不同学历的灾难事件准备充足度具体情况

(d) 年龄与灾难事件准备充足度

通过方差分析发现，$F(3, 2\,404) = 4.381, P = 0.004$，说明不同年龄人群的灾难事件准备充足度存在显著差异。通过LSD两两比较发现，20~40 岁（含）人群的灾难事件准备充足度（$M = 3.30$，$\mathrm{SD} = 0.759$）显著高于 40~60 岁（含）人群（$M = 3.13, \mathrm{SD} = 0.809$）（$\alpha = 0.05$），不同年龄的灾难事件准备充足度具体情况如图 2.64 所示。

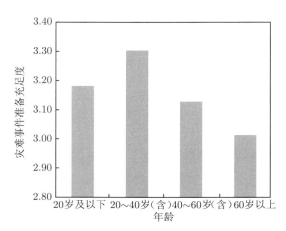

图 2.64　不同年龄的灾难事件准备充足度具体情况

(e) 婚姻状况与灾难事件准备充足度

通过方差分析发现，$F(3, 2\,404) = 13.102, P = 0.000$，说明不同婚姻状况人群的灾难事件准备充足度存在显著差异。通过LSD两两比较发现，未婚人群的灾难事件准备充足度（$M = 3.16, \mathrm{SD} = 0.749$）显著低于已婚人群（$M = 3.36, \mathrm{SD} = 0.764$）（$\alpha = 0.05$），不同婚姻状况人群的灾难事件准备充足度具体情况如图 2.65 所示。

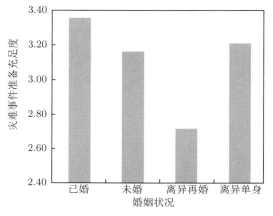

图 2.65　不同婚姻状况人群的灾难事件准备充足度具体情况

(f) 认知社会阶层与灾难事件准备充足度

公众认知社会阶层与灾难事件准备充足度之间的 Pearson 相关系数为 0.182，在 0.01 的显著性水平下显著，即公众认知的社会阶层越高，灾难事件准备充足度就越高。

(g) 工作年限与灾难事件准备充足度

通过方差分析发现，$F(3, 2\,404) = 3.418, P = 0.017$，说明不同工作年限的人群的灾难事件准备充足度存在显著差异。通过LSD 两两比较发现，工作年限为 20~30 年（含）的人群的灾难事件准备充足度显著低于工作年限为 10 年及以下和 10~20 年（含）的人群，但是与工作年限为 30 年以上的人群的灾难事件准备充足度没有显著差异（$\alpha = 0.05$），不同工作年限人群的灾难事件准备充足度具体情况如图 2.66 所示。

(h) 月收入水平与灾难事件准备充足度

由于方差非齐，故运用 Kruskal-Wallis 方法对不同月收入的人群与灾难事件准备充足度之间的关系进行检验。统计量 $H = 96.098, P = 0.000$，说明不同月收入人群的灾难事件准备充足度存在显著差异。通

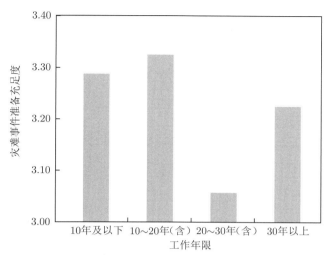

图 2.66　不同工作年限人群的灾难事件准备充足度具体情况

过两两比较发现，月收入为 7 000~10 000 元（含）、10 000~15 000 元（含）、15 000~20 000 元（含）、30 000 元以上的人群的灾难事件准备充足度显著高于月收入为 3 000 元及以下、3 000~5 000 元（含）、5 000~7 000 元（含）的人群（$\alpha = 0.05$）。月收入在 20 000~30 000 元（含）的人群的灾难事件准备充足度显著高于月收入为 3 000 元及以下和 3 000~5 000 元（含）的人群（$\alpha = 0.05$），不同月收入人群的灾难事件准备充足度具体情况如图 2.67 所示。

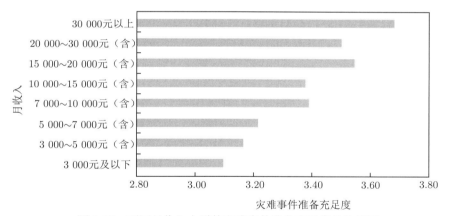

图 2.67　不同月收入人群的灾难事件准备充足度具体情况

### 2.2.5　公众对媒体的信任度统计分析

在对媒体信任度的测量中，公众对灾难中媒体的信任度共有三个关联题项，三个关联题项的描述性统计结果如表 2.91 所示。三个题项的均值均大于 3，说明公众对于灾难中媒体的信任度比较高。第二个题项标准差大于 1，说明公众对媒体对于危机事件的报道过程中没有过度和夸张的信任度离散程度较大。

三个题项如下，Q1："我十分信任媒体对于危机事件的报道能力"，Q2："我十分信任媒体对于危机事件的报道过程中没有过度和夸张"，Q3："我十分信任媒体出于对公众健康的关心的角度来报道危机事件"。

本书将公众对灾难中媒体的信任度的三个关联题项加总求均值，记为该变量的因子分，其均值为 3.41，标准差为 0.832。将人文统计变量作为自变量，将公众对灾难中媒体的信任度作为因变量，探究两者之间的关系。

**表 2.91　公众对灾难中媒体的信任度描述性统计结果——不同打分项的人数占总人数的比例**

| 打分 | Q1 | Q2 | Q3 |
|---|---|---|---|
| 1-完全不同意 | 2.45% | 5.86% | 2.16% |
| 2-有点不同意 | 13.37% | 19.52% | 10.59% |
| 3-中立 | 32.31% | 36.21% | 30.81% |
| 4-有点同意 | 38.95% | 26.70% | 39.66% |
| 5-完全同意 | 12.92% | 11.71% | 16.78% |
| 均值 | 3.47 | 3.19 | 3.58 |
| 标准差 | 0.960 | 1.063 | 0.959 |

1. 性别与对灾难中媒体的信任度

通过方差分析发现，$F(1, 2\,406) = 17.880, P = 0.000$。男性对灾难中媒体发布信息的信任度（$M = 3.50, \text{SD} = 0.835$）显著高于女性（$M = 3.35, \text{SD} = 0.825$），不同性别对灾难中媒体的信任度的具体数据如表 2.92 所示。

**表 2.92　不同性别对灾难中媒体的信任度的具体数据**

| 性别 | 频数 | 均值 | 标准差 |
|---|---|---|---|
| 男 | 952 | 3.50 | 0.835 |
| 女 | 1 456 | 3.35 | 0.825 |
| 总数 | 2 408 | 3.41 | 0.832 |

2. 职业与对灾难中媒体的信任度

由于方差非齐，故运用 Kruskal-Wallis 方法对职业与对灾难中媒体发布信息的信任度之间的关系进行检验。统计量 $H = 69.053$，$P = 0.000$,说明不同职业对危机中媒体发布信息的信任度存在显著差异。通过两两比较发现，学生对灾难中媒体发布信息的信任度显著低于职业为公务员或事业单位及政府工作人员、企业职员、专业技术人员、社会生产服务和生活服务人员、管理人员、生产制造及有关人员的公众，但与职业为行政人员和文职人员、无业或退休、其他职业的公众对灾难中媒体的信任度没有显著差异（$\alpha = 0.05$）。同时，企业职员对灾难中媒体的信任度显著低于管理人员，但与其余的职业对灾难中媒体发布信息的信任度没有显著差异（$\alpha = 0.05$），不同职业对灾难中媒体发布信息的信任度如图 2.68 所示。

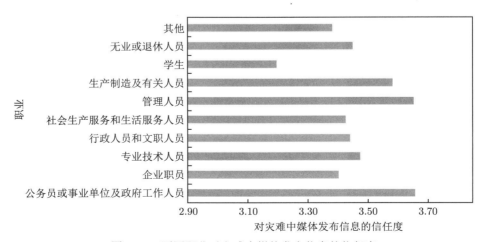

图 2.68　不同职业对灾难中媒体发布信息的信任度

3. 年龄与对灾难中媒体的信任度

通过方差分析发现，$F(3, 2\,404) = 5.764, P = 0.001$，说明不同年龄组对灾难中媒体发布信息的信任度存在显著差异。使用LSD多重比较分析可得，20 岁及以下的人群对灾难中媒体的信任度显著低于 20~40 岁（含）和 40~60 岁（含）的人群；年龄在 20~40 岁（含）人群对灾难中媒体的信任度显著低于 40~60 岁（含）的人群（$\alpha = 0.05$），各年龄组对灾难中媒体的信任度如图 2.69 所示。

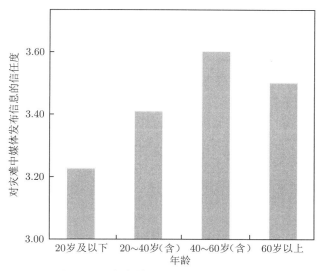

图 2.69　各年龄组对灾难中媒体的信任度

4. 婚姻状况与对灾难中媒体的信任度

通过方差分析发现，$F(3, 2\,404) = 26.653, P = 0.000$，说明不同婚姻状况的人群对灾难中媒体的信任度存在显著差异。使用 LSD 多重比较分析可得，已婚人群对灾难中媒体的信任度显著高于未婚人群，但与离异再婚、离异单身人群对灾难中媒体发布信息的信任度没有显著差异（$\alpha = 0.05$），不同婚姻状况对灾难中媒体的信任度如图 2.70 所示。

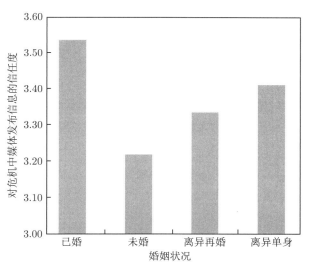

图 2.70　不同婚姻状况对灾难中媒体的信任度

5. 认知社会阶层与对灾难中媒体的信任度

公众认知社会阶层和对灾难中媒体的信任度之间的Pearson相关系数为 0.117，在 0.01 的显著性水平下显著，即公众认知的社会阶层越高，对灾难中媒体发布信息的信任度就越高。

6. 工作年限与对灾难中媒体的信任度

由于方差非齐，故运用 Kruskal-Wallis 方法对工作年限与对灾难中媒体发布信息的信任度之间的关系进行检验。统计量 $H = 39.271$，$P = 0.000$，说明不同工作年限的人群对灾难中媒体的信任度存在显著差异。通过两两比较发现，工作年限为 10 年及以下的人群对灾难中媒体的信任度显著低于工作年限为 10~20 年（含）、30 年以上的人群，但与工作年限 20~30 年（含）的人群对灾难中媒体发布信息的信任度没有显著差异（$\alpha = 0.05$），不同工作年限对灾难中媒体发布信息的信任度如图 2.71 所示。

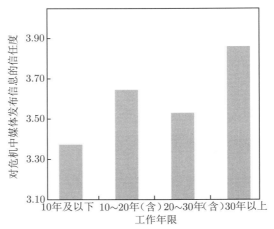

图 2.71　不同工作年限对灾难中媒体发布信息的信任度

7. 月收入水平与对灾难中媒体的信任度

由于方差非齐，故运用 Kruskal-Wallis 方法对不同月收入水平与对灾难中媒体发布信息的信任度之间的关系进行检验。统计量 $H = 75.055$，$P = 0.000$，说明不同月收入水平的人群对灾难中媒体的信任度存在显著差异。通过两两比较发现，月收入在 3 000 元及以下的人群对灾难中媒体的信任度显著低于月收入为 5 000~7 000 元（含）、7 000 元~10 000 元（含）、10 000~15 000 元（含）、15 000~20 000 元（含）、20 000~30 000 元（含）的人群，但与月收入为 30 000 元以上的人群对灾难中媒体发布信息的信任度没有显著差异；月收入为 3 000~5 000 元（含）、5 000~7 000 元（含）的人群对灾难中媒体的信任度显著低于月收入为 20 000~30 000 元（含）的人群（$\alpha = 0.05$），不同月收入水平对灾难中媒体的信任度如图 2.72 所示。

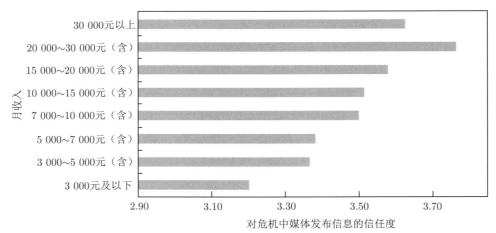

图 2.72　不同月收入水平对灾难中媒体的信任度

### 2.2.6 灾难事件网络传播动机统计分析

灾难事件网络传播动机可以分为自我表现、跟风好玩、社会公益、自我放纵四个动机。分别将四个动机关联的题项加总求均值，记为因子分，表示动机的强度，具体情况如表 2.93 所示。可以看出社会公益动机强度的均值为 3.93，是四个动机中最高的，说明大多数人出于社会公益动机用网络传播灾难事件。

**表 2.93 灾难事件网络传播不同动机的强度描述性统计**

| 动机 | 均值 | 标准差 |
|---|---|---|
| 自我表现 | 2.29 | 0.914 |
| 跟风好玩 | 2.45 | 0.967 |
| 社会公益 | 3.93 | 0.626 |
| 自我放纵 | 2.00 | 0.955 |

1. 不同性别的动机强度分析

不同性别不同动机的强度均值如图 2.73 所示。可以看出不论男女动机强度均值最高的都为社会公益，男性的所有动机强度均值均高于女性。

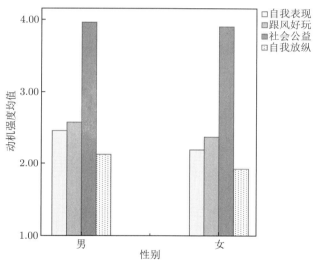

图 2.73 不同性别不同动机的强度均值

2. 不同职业的动机强度分析

不同职业不同动机的强度均值如图 2.74 所示。可以看出不论哪种职业，动机强度均值最高的都为社会公益，生产制造及有关人员的自我表现动机和自我放纵动机强度均值最高，其他职业的人群跟风好玩的动机强度均值最高。

3. 不同学历的动机强度分析

不同学历不同动机的强度均值如图 2.75 所示。可以看出不论哪种学历，动机强度均值最高的都为社会公益，学历为初中及以下的人群自我表现动机强度和自我放纵动机强度均值最高，学历为中专或高中的人群跟风好玩的动机强度均值最高。

4. 不同年龄的动机强度分析

不同年龄不同动机的强度均值如图 2.76 所示。可以看出不论哪种年龄，动机强度均值最高的都为社会公益，20 岁及以下的人群自我表现动机强度、跟风好玩的动机强度和自我放纵动机强度均值都最高。

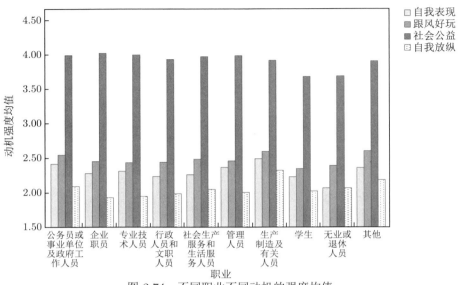

图 2.74　不同职业不同动机的强度均值

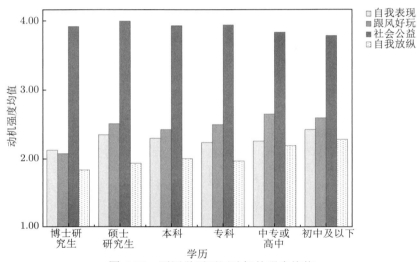

图 2.75　不同学历不同动机的强度均值

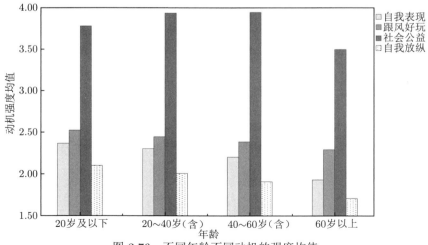

图 2.76　不同年龄不同动机的强度均值

5. 不同婚姻状况的动机强度分析

不同婚姻状况不同动机的强度均值如图 2.77 所示。可以看出不论婚姻状况如何，动机强度均值最高的都为社会公益。离异单身的人群自我表现动机强度和自我放纵动机强度均值最高，已婚人群跟风好玩的动机强度均值最高。

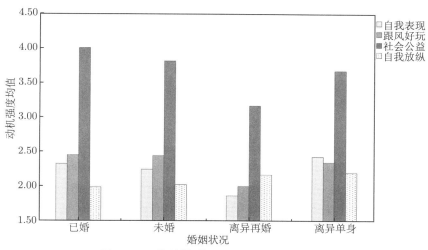

图 2.77 不同婚姻状况不同动机的强度均值

6. 不同工作年限的动机强度分析

不同工作年限不同动机的强度均值如图 2.78 所示。可以看出不论工作年限多长，动机强度均值最高的都为社会公益。工作年限 10～20 年（含）的人群自我表现动机强度和跟风好玩动机强度均值最高，工作年限 10 年及以下人群的自我放纵动机强度均值最高。

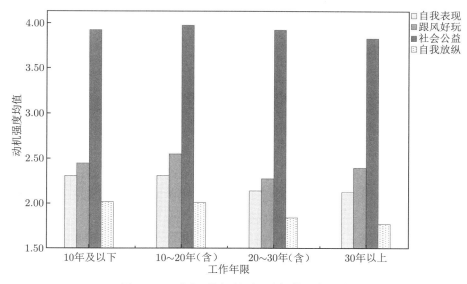

图 2.78 不同工作年限不同动机的强度均值

7. 不同月收入水平的动机强度分析

不同月收入水平不同动机的强度均值如图 2.79 所示。可以看出不论月收入多少，动机强度均值最高的都为社会公益。月收入为 20 000～30 000 元（含）的人群自我表现动机强度、跟风好玩和自我放纵动机的强度均值都最高。

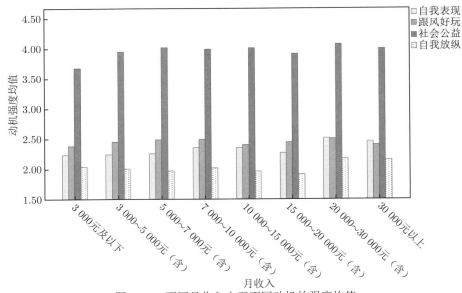

图 2.79　不同月收入水平不同动机的强度均值

### 2.2.7　生活满意度与城市灾难风险感知总体情况统计分析

在对生活满意度的测量中，关于被调查者生活满意度的五个关联题项如下。 Q1："我的生活大致符合我的理想"； Q2："我的生活状况非常圆满"； Q3："我满意自己的生活"； Q4："直到现在为止，我都能够得到我在生活上希望拥有的重要东西"； Q5："如果我能重新活过，差不多没有东西我想改变"。以上问题使用七级量表测量，该量表由一组陈述组成，每一陈述有"非常符合""符合""比较符合""不确定""比较不符合""不符合""非常不符合"七种回答，分别记为7、6、5、4、3、2、1，每个被调查者的态度总分就是他对各道题的回答所得分数的加总，并使用每个被调查者态度总分的均值衡量该调查者的生活满意度，与自然灾难、技术灾难、人因灾难风险感知的总体情况 $y$ 分别进行相关性分析，结果如表 2.94 所示。

表 2.94　生活满意度与城市灾难感知总体情况的相关关系

| 调查项 | 相关系数 | $P$值(双侧) |
|---|---|---|
| 生活满意度与自然灾难感知总体情况的相关关系 | −0.240 | 0.000 |
| 生活满意度与技术灾难感知总体情况的相关关系 | −0.284 | 0.000 |
| 生活满意度与人因灾难感知总体情况的相关关系 | −0.248 | 0.000 |

由分析结果得到，生活满意度与城市灾难感知总体情况十分显著，且具有负相关关系，由上文可知，城市灾难感知总体情况得分越高，被调查者受到城市灾难影响的概率越大，心理负面影响越大。所以，分析结果说明被调查者对生活满意度越高，城市灾难感知总体情况得分越低，即被调查者受到城市灾难影响概率的估计越小，心理负面影响也越小。

### 2.2.8　各调查项之间的交叉影响关系

此部分对各调查项包括对自然灾难、技术灾难和人因灾难的风险感知的总体水平、对灾难事件相关信息的知晓程度、灾难事件准备充足度等之间的关系影响进行研究。

将各调查项对应的题项打分分别加总求均值，记为因子分，因子分被分为1~4四个等级，对应的因子分区间分别如下：1~2分、2~3分、3~4分、4~5分。

1. 风险感知与其他调查项之间的相关关系

受自然灾难影响概率的估计与其他调查项之间的相关关系如表 2.95 所示。自然灾难风险感知评分与灾难事件准备充足度、灾难事件相关信息的知晓度呈显著正相关关系，也就是说受自然灾难影响概率小的公众对灾难事件相关信息的知晓度较高。

**表 2.95　自然灾难风险感知评分与其他调查项之间的相关关系**

| 评分 | 调查项 | 相关系数 | P值(双侧) |
| --- | --- | --- | --- |
| 自然灾难风险感知评分 | 灾难事件准备充足度 | 0.245 | 0.000 |
| | 灾难事件相关信息的知晓度 | 0.306 | 0.000 |

受技术灾难影响概率的估计与其他调查项之间的相关关系如表 2.96 所示。技术灾难风险感知评分与灾难事件准备充足度、灾难事件相关信息的知晓度及对媒体的信任度之间呈显著正相关关系，也就是说，受技术灾难影响概率的估计越小对灾难事件准备充足度、灾难事件相关信息的知晓度和对媒体的信任度就越高。

**表 2.96　技术灾难风险感知评分与其他调查项之间的相关关系**

| 评分 | 调查项 | 相关系数 | P值(双侧) |
| --- | --- | --- | --- |
| 技术灾难风险感知评分 | 灾难事件准备充足度 | 0.307 | 0.000 |
| | 灾难事件相关信息的知晓度 | 0.415 | 0.000 |
| | 对媒体的信任度 | 0.222 | 0.000 |

受人因灾难影响概率的估计与其他调查项之间的相关关系如表 2.97 所示。人因灾难风险感知评分与灾难事件准备充足度、灾难事件相关信息的知晓度及对媒体的信任度之间呈显著正相关关系，也就是说，受人因灾难影响概率的估计越小对灾难事件准备充足度、灾难事件相关信息的知晓度和对媒体的信任度就越高。

**表 2.97　人因灾难风险感知评分与其他调查项之间的相关关系**

| 评分 | 调查项 | 相关系数 | P值(双侧) |
| --- | --- | --- | --- |
| 人因灾难风险感知评分 | 灾难事件准备充足度 | 0.268 | 0.000 |
| | 灾难事件相关信息的知晓度 | 0.369 | 0.000 |
| | 对媒体的信任度 | 0.200 | 0.000 |

自然灾难、技术灾难及人因灾难造成的心理负面影响程度与其他调查项之间的相关关系如表 2.98 所示。自然灾难、技术灾难及人因灾难造成的心理负面影响程度都与与灾难事件网络传播的社会公益动机强度之间呈显著正相关关系，也就是说公众感知的自然灾难、技术灾难及人因灾难造成的心理负面影响程度越强，网络传播灾难事件的社会公益动机强度就越强。

**表 2.98　自然灾难、技术灾难及人因灾难造成的心理负面影响程度与其他调查项之间的相关关系**

| 不同灾难造成的心理负面影响程度 | 调查项 | 相关系数 | P值(双侧) |
| --- | --- | --- | --- |
| 自然灾难造成的心理负面影响程度 | 社会公益动机强度 | 0.216 | 0.000 |
| 技术灾难造成的心理负面影响程度 | 社会公益动机强度 | 0.240 | 0.000 |
| 人因灾难造成的心理负面影响程度 | 社会公益动机强度 | 0.259 | 0.000 |

2. 对媒体信任度与其他调查项之间的相关关系

对媒体信任度与其他调查项之间的相关关系如表 2.99 所示，可以看出对媒体信任度和对灾难事件相关信息的知晓度、灾难事件准备充足度及网络传播灾难事件的社会公益动机强度之间呈显著正相关关系，也就是说，对媒体信任度越高的群众对灾难事件相关信息的知晓度、灾难事件准备充足度及网络传播灾难事件的社会公益动机强度越高。

**表 2.99　对媒体信任度与其他调查项之间的相关关系**

| 调查项 | 相关系数 | $P$值(双侧) |
|---|---|---|
| 灾难事件相关信息的知晓度 | 0.330 | 0.000 |
| 灾难事件准备充足度 | 0.316 | 0.000 |
| 社会公益动机强度 | 0.208 | 0.000 |

## 2.3　研究结论启示

总结数据分析结果，可得到以下灾难风险的网络调查研究结论。

### 2.3.1　灾难风险感知总体水平

以下分别对田野调查中得出的自然灾难、技术灾难、人因灾难风险感知总体水平分析结果进行总结。

1. 自然灾难风险感知总体水平

被访者对受到自然灾难影响的可能性估计表现乐观，然而被访者对自然灾难影响可能带来的后果表现出了明显的负面情绪，特别是"焦虑、担忧""痛恨"的情绪较为显著。职业与受到自然灾难影响概率的估计有关联。企业职员、行政人员和文职人员、生产制造及有关人员、无业或退休人员受到自然灾难影响概率的估计较高；公务员或事业单位及政府工作人员、专业技术人员、管理人员受到自然灾难影响概率的估计较低。年龄与自然灾难风险感知总体水平有关联，20岁及以下年龄段被访者对受到自然灾难影响概率的估计都集中在中等水平，20~40岁（含）年龄段对受到自然灾难影响概率的估计都集中在较高水平。自然灾难对20~40岁（含）群体的心理负面影响低于其他年龄段群体。月收入与自然灾难风险感知总体水平有关联。高月收入 [10 000~15 000 元（含）、30 000 元以上] 的群体受到自然灾难影响概率的估计低于其他月收入水平群体。自然灾难对月收入在 7 000~10 000 元（含）群体的心理负面影响高于其他月收入水平群体。社会阶层与受到自然灾难影响概率的估计有关联。社会阶层等级为 6、7、9 的社会阶层群体对受到自然灾难影响概率的估计低于其他社会阶层群体。性别与受到自然灾难影响概率的估计有关联。男性的受到自然灾难影响概率的估计低于女性。职业与自然灾难对被调查者造成的心理负面影响具有相关关系。自然灾难对企业职员的心理负面影响高于其他职业群体。婚姻状况与自然灾难对被调查者造成的心理负面影响具有相关关系。自然灾难对已婚群体的心理负面影响高于其他婚姻状况群体。工作年限与自然灾难对被调查者造成的心理负面影响具有负相关关系。自然灾难对工作年限在 10 年及以下群体的心理负面影响高于其他工作年限群体。

2. 技术灾难风险感知总体水平

职业与技术灾难风险感知总体水平有关联。专业技术人员、管理人员对受到技术灾难影响概率的估计低于其他职业。月收入与技术灾难风险感知总体水平具有正相关关系。月收入等级在 10 000~15 000 元（含）、15 000~20 000 元（含）、30 000 元以上的群体对受到技术灾难影响概率的估计低于其他月收入等级群体。技术灾难对月收入大于 10 000 元的群体造成的心理负面影响要高于其他水平月收入群体。社会阶层与受到技术灾难影响概率的估计具有正相关关系。等级为 6、7、10 的社会阶层群体对受到技术灾难影响概率的估计低于其他社会阶层群体。婚姻状况与技术灾难对被调查者造成的心理负面影响有关联。技术灾难对已婚群体造成的心理负面影响低于离异再婚和离异单身的群体。工作年限与技术灾难对被调查者造成的心理负面影响具有负相关关系。技术灾难对工作年限较长的群体造成的心理负面影响要低于工作年限较短群体。

3. 人因灾难风险感知总体水平

职业与受到人因灾难影响概率的估计有关联。人因灾难对企业职员造成的心理负面影响高于其他职业。年龄与对受到人因灾难影响概率的估计具有负相关关系。20 岁及以下的群体对受到人因灾难影响概率的估计低于其他年龄段的群体。月收入与人因灾难造成的心理负面影响有显著的关联性。人因灾难对企业职员造成的心理负面影响高于其他职业。月收入与受到人因灾难影响概率的估计相关性不强，但相对来说，月收入在 3 000 元及以下的群体（收入偏低的群体）对受到人因灾难影响概率的估计低于其他月收入水平的群体。人因灾难对月收入在 7 000~10 000 元（含）的群体造成的心理负面影响要高于其他等级月收入群体。　社会阶层与人因灾难风险感知总体水平具有正相关关系。婚姻状况与人因灾难风险感知总体水平有关联。未婚群体比已婚群体对受到人因灾难影响概率的估计更低。人因灾难对已婚群体造成的心理负面影响低于离异再婚和离异单身的群体。工作年限与人因灾难对被调查者造成的心理负面影响具有负相关关系。工作年限在 30 年以上的群体受到人因灾难的心理负面影响较低。

### 2.3.2　灾难风险感知的认知维度

不同职业的人群对灾难事件相关信息知晓度存在显著差异。管理人员对灾难事件相关信息知晓度显著高于职业为企业职员、行政人员和文职人员、学生、无业或退休和其他职业的人群；无业或退休人群对灾难事件相关信息知晓度显著低于职业为公务员或事业单位及政府工作人员、企业职员、专业技术人员、社会生产服务和生活服务人员以及其他职业人群对灾难事件相关信息知晓度；学生对灾难事件相关信息知晓度显著低于职业为企业职员、专业技术人员、社会生产服务和生活服务人员的人群。学历对灾难事件相关信息知晓度有显著影响。学历为专科和中专或高中的人群对灾难事件相关信息知晓度显著低于学历为硕士研究生和本科的人群。婚姻状况对灾难事件相关信息知晓度有显著影响。未婚的人群对灾难事件相关信息知晓度显著低于已婚的人群。社会阶层与对灾难事件相关信息知晓度有显著的相关性。公众认知的社会阶层越高，对灾难事件相关信息知晓度就越高。月收入与对灾难事件相关信息知晓度有显著的相关性。月收入越高，对灾难事件相关信息知晓度越高。

### 2.3.3　灾难风险感知的情绪维度

职业与对灾难事件相关负面情绪程度有关联。学生对灾难事件相关负面情绪程度显著低于职业为公务员或事业单位及政府工作人员、企业职员、专业技术人员、行政人员和文职人员、社会生产服务和生活服务人员、管理人员、生产制造及有关人员、其他职业的人群。年龄与对灾难事件相关负面情绪程度有关联。20~40 岁（含）的人群对灾难事件相关负面情绪程度较高。不同婚姻状况的人群对灾难事件相关负面情绪程度不同。未婚人群对灾难事件相关负面情绪程度显著低于已婚人群。不同工作年限的人群对灾难事件相关负面情绪程度存在显著差异。工作年限为 30 年以上的人群对灾难事件相关负面情绪程度显著低于工作年限为 10 年及以下和 10~20 年（含）的人群。不同月收入水平的人群对灾难事件相关负面情绪程度不同。月收入为 3 000 元及以下的人群对灾难事件相关负面情绪程度显著低于月收入为 3 000~5 000 元（含）、5 000~7 000 元（含）、7 000~10 000 元（含）、10 000~15 000 元（含）、15 000~20 000 元（含）、20 000~30 000 元（含）的人群。

### 2.3.4　灾难风险感知的行为维度

不同职业人群的灾难事件准备充足度存在显著差异。管理人员的灾难事件准备充足度显著高于职业为企业职员、专业技术人员、行政人员和文职人员、社会生产服务和生活服务人员、学生及无业或退休的人群。不同学历人群的灾难事件准备充足度存在显著差异。博士研究生和专科学历人群的灾难事件准备充足度显著低于硕士研究生和本科学历的人群。不同年龄人群的灾难事件准备充足度存在显著差异。20~40 岁（含）人群的灾难事件准备充足度显著高于 40~60 岁（含）人群。不同婚姻状况人群的灾难事件准备充足度存在显著差异。未婚人群的灾难事件准备充足度显著低于已婚人群。公众认知的社会阶层越高，灾难事件准备充足度就越高。不同工作年限的人群的灾难事件准备充足度存在显著差异。工作年限为 20～30 年（含）的人群的灾难事件准备充足度显著低于工作年限为 10 年及以下和 10～20 年（含）的人群。不同月收入水平的人群的灾难事件准备充足度存在显著差异。月收入为 7 000～10 000 元（含）、10 000～15 000 元（含）、15 000～20 000 元（含）、30 000 元以上的人群的灾难事件准备充足度显著高于月收入为 3 000 元及以下、3 000～5 000 元（含）、5 000～7 000 元（含）的人群。

### 2.3.5　灾难中对媒体的信任度

男性对灾难中媒体的信任度显著高于女性。不同职业对灾难中媒体的信任度存在显著差异。学生对灾难中媒体发布信息的信任度显著低于职业为公务员或事业单位及政府工作人员、企业职员、专业技术人员、社会生产服务和生活服务人员、管理人员、生产制造及有关人员的公众。不同年龄组对灾难中媒体发布信息的信任度存在显著差异。20 岁及以下人群对灾难中媒体发布信息的信任度显著低于 20～40 岁（含）和 40～60 岁（含）的人群；年龄在 20～40 岁（含）的人群对灾难中媒体发布信息的信任度显著低于 40～60 岁（含）的人群。不同婚姻状况的人群对灾难中媒体信任度显著不同。已婚人群对灾难中媒体的信任度显著高于未婚人群。社会阶层越高，对灾难中媒体的信任度就越高。不同工作年限的人群对灾难中媒体的信任度存在显著差异。工作年限为 10 年及以下的人群对灾难中媒体的信任度显著低于工作年限为 10～20 年（含）、30 年以上的人群。不同月收入水平的人群对灾难中媒体的信任度存在显著差异。月收入在 3 000 元及以下的人群对灾难中媒体的信任度显著低于月收入为 5 000～7 000 元（含）、7 000～10 000 元（含）、10 000～15 000 元（含）、15 000～20 000 元（含）、20 000～30 000 元（含）的人群。

### 2.3.6　灾难中网络传播的动机调查

社会公益动机强度是灾难事件网络传播动机中最高的，大多数人出于社会公益动机网络传播灾难事件。不论性别、职业、学历、年龄、婚姻状况、工作年限、月收入怎样，网络传播动机强度均值最高的都为社会公益。

### 2.3.7　交叉分析

自然灾难风险感知能力与灾难事件相关信息的知晓度呈显著正相关关系，也就是说自然灾难风险感知能力强的公众对灾难事件相关信息的知晓度也较高。技术灾难风险感知能力与灾难事件准备充足度、灾难事件相关信息的知晓度及对媒体的信任度之间呈显著正相关关系，也就是说，技术灾难风险感知能力越强对灾难事件准备充足度、灾难事件相关信息的知晓度和对媒体的信任度就越高。人因灾难风险感知能力与灾难事件准备充足度、灾难事件相关信息的知晓度及对媒体的信任度之间呈显著正相关关系，也就是说人因灾难风险感知能力越强对灾难事件准备充足度、灾难事件相关信息的知晓度和对媒体的信任度就越高。自然灾难、技术灾难及人因灾难造成的心理负面影响程度都与灾难事件网络传播的社会公益动机强度之间呈显著正相关关系，也就是说公众感知的自然灾难、技术灾难及人因灾难造成的心理负面影响程度越强，网络传播灾难事件的社会公益动机强度就越强。对媒体信任度和对灾难事件相关信息的知晓度、灾难事件准备充足度及网络传播灾难事件的社会公益动机强度之间呈显著正相关关系，也就是说对媒体信任度越高的群众对灾难事件相关信息的知晓度、灾难事件准备充足度及网络传播灾难事件的社会公益动机强度也越高。生活满意度与城市灾难感知总体情况十分显著，且具有负相关关系，对生活满意度越高，城市灾难感知总体情况得分越低，即被调查者受到城市灾难概率的估计越小，心理负面影响也越小。

### 2.3.8　治理启示

研究表明，风险感知越大，应对灾难的行为越积极且行为越谨慎，风险感知越小，应对灾难的行为越消极[51~53]。在面对灾难时，民众的行为和行为意向随着风险感知的不同而发生改变，因此灾难风险的田野调查对灾难事件社会风险治理有着重要的现实支撑作用，也是现实的逻辑起点。

　　如图 2.80 所示，由于自然灾难、技术灾难、人因灾难引发的社会风险不断对风险主体的情感与观点进行塑造，由政府、媒体、公众多元协同联动的风险主体在风险场中不断感知、试图参与治理灾难事件引发的社会风险。在灾难事件社会风险治理系统工程问题的驱动下，需要理性认识风险内容，对风险生态系统进行系统分析，对风险信息的演化和传播进行建模分析，厘清风险演化与传播规律。同时，通过网络调查发现，媒体的公信力在不同的公众中有显著差异，公众参与灾难事件信息网络传播的动机有明显规律，公众在灾难风险感知的认知维度、情感维度、行为维度方面都表现出明显异化，需要科学解析风险主体，对主导话语的政府、信息发布的媒体和观点同化与异化交织的公众进行交互分析、行为分析和协同分析。重点把握风险信息在公众中的传播规律，以人文统计变量为分析基础，实现灾难事件社会风险的重点治理；通过情感及观点挖掘进行群体分类，识别公众中风险信息的不知者、潜伏者、传播者、抑制者，实现灾难事件社会风险有针对性的治理；通过传播力及影响分析进行公众身份构建，区分网络大V、普通公众，把握风险信息传播过程中观点的同化趋势与异化趋势，实现灾难事件社会风险的系统治理。

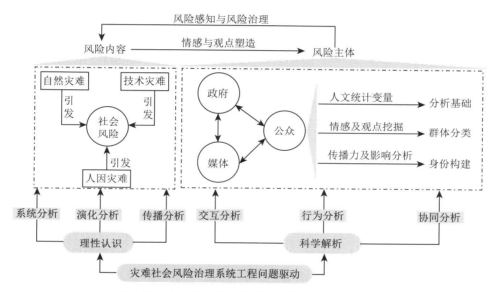

图 2.80　灾难事件社会风险治理系统工程问题驱动

# 第 3 章

# 灾难风险的文献图谱

文献图谱概念从知识图谱发展而来。知识图谱通过显示科学知识的进展与结构关系来揭示科学发展的态势，并通过可视化工具展示科学知识的结构、关系与演化过程[54]，为学科研究提供有价值的、切实的参考。文献图谱以某一领域科研文献为分析对象，通过可视化技术描述文献资源及载体，挖掘、分析、构建并显示文献研究的发展进程和结构关系。本章通过检索、下载、分析灾难社会风险和灾难信息风险相关中英文文献，分析该领域的国家合作情况、机构合作情况和作者合作情况，剖析灾难社会风险研究的空间特点；利用关键词共现和聚类分析，识别灾难社会风险领域的研究热点，形成中英文研究重点灾难事件社会风险清单，厘清现有不足之处并梳理潜在研究方向，为灾难事件社会风险治理提供坚实的理论起点。

## 3.1 知识图谱方法

本章使用知识图谱方法对灾难风险中文与英文文献进行系统分析。在此之前，对知识图谱方法的概念、应用及常用工具、常用工具优缺点进行系统比较。

### 3.1.1 知识图谱

知识图谱是一种显示知识发展进程与结构关系的研究方法。这种方法整合了统计学、应用数学、信息科学、图形学等理论，以及计量学中的引文分析、共现分析等方法，通过挖掘、分析、构建、绘制知识的发展进程与结构关系，用可视化图谱呈现学科的核心结构、发展进程、研究前沿、研究热点、知识架构，是一种多学科融合的研究方法。其优势在于，将复杂的知识领域利用空间形态呈现出来，通过呈现领域、学科、专业和个人之间的相互关系，揭示知识领域的动态发展规律；通过引文分析、作者共现分析、关键词共现分析等手段，发现学术研究的热点问题和发展方向。知识图谱为学科研究提供了非常有价值的参考。

知识图谱在情报学分析中使用广泛，主要用于展示学科的发展趋势与研究进展，识别该领域的研究热点与研究前沿（词频统计、词共现、共被引聚类），识别核心研究人员及各个研究人员之间的互引关系（作者共现、共被引分析），描述核心期刊群及期刊之间的相互引用关系；识别核心研究国家、研究机构等。

除此之外，知识图谱在医学、国际科学、国际创新管理、体育学、历史等众多领域可视化分析方面，也得到了广泛的应用。

### 3.1.2 常用工具

知识图谱分析工具很多，下面介绍几种常用的软件，并对相关软件可实现的功能、常用的分析方法进行比较。

1）工具简介

Pajek。该软件由安德烈·姆尔瓦（Andrej Mrvar）和弗拉迪米尔·巴塔杰利（Vladimir Batagelj）于 1996 年开发，是基于 Windows 的免费的大型网络分析和可视化软件。与其他网络分析软件相比，Pajek 的优势在于，允许用户处理高达几百万节点的大型网络，也可以从大网络中提取若干小网络单独进行分析；并且能够通过双模式网络、纵向网络和时间网络等功能，达到同时处理各种网络的目的。软件的数据结构分为网络、分类、向量、排序、群和层级等六种。绘图功能能够支持二维、三维网络和 3D 的可视化。

UCINET。该软件由加州大学欧文分校的一群网络分析者编写，是一款网络分析集成软件。它集成了 Netdraw、Mage、Pajek 等软件的功能，虽然本身不包含可视化过程，但因与上述软件的集成，能够实现可视化。软件可处理 32 767 个网络节点，能够很好地分析数据及数据之间的关联性。

Netdraw。该软件由美国肯塔基州立大学的史蒂夫·博加蒂（Steve Borgatti）教授开发，是绘制网络图的工具。与其他工具相比，它具有形象直观的图形化显示功能，可以灵活地调整节点的颜色、形状和大小，并进行中心性、子图、角色分析。

Bibexcel。该软件由瑞典科学家奥勒·佩尔松（Olle Persson）开发，是一款文献计量学软件。使用此软件可用 ISI Web of Knowledge 平台上的数据进行共引分析、文献耦合、文献聚类及知识图谱绘制等操作。

Citespace。该软件由德雷塞尔大学（Drexel University）陈超美（Chaomei Chen）教授于 2003 年使用 Java 语言开发，是一款信息可视化的文献分析工具。主要用于对特定领域的文献进行计量，通过作者共现、机构共现、国家共现、引文分析、文献耦合等分析方式，探寻该领域的演化路径、关键节点等。

HistCite。该软件最早由尤金·加菲尔德（Eugene Garfield）博士于 2003 年开发，现属于 Clarivate Analytics 旗下产品，是一款文献计量分析和信息可视化软件。适用于分析 Web of Science 导出的数据，可用于发现某一领域的文献历史、关键文献和关键研究者等重要的脉络。

VOSviewer。该软件由荷兰莱顿大学（Leiden University）的内斯·简·梵·埃克（Nees Jan van Eck）和卢多·沃尔特曼（Ludo Waltman）共同开发，是一款免费的文献计量分析软件。与其他软件相比，该软件的优势在于具有更好的可视化效果和更全面的分析功能，软件提供标签视图、密度视图、聚类密度视图和分散视图四种方式对生成图谱进行查看。

2）软件比较

此处从软件开源获取、支持的关系矩阵和常用的分析方法三个层面对上述常用工具进行比较（表3.1）。关系矩阵是可视化知识图谱的重要因素，包括作者耦合、文献耦合、期刊耦合；作者共现、国家共现、机构共现；作者共被引、文献共被引、期刊共被引等；各个软件在构建这类矩阵时有一些不同。其中，Bibexcel 和 Citespace 提供支持实现的关系矩阵更为全面。

**表 3.1 常用知识图谱工具比较**

| 序号 | 软件名称 | 是否开源 | 支持实现的关系矩阵 | 常用分析方法 |
| --- | --- | --- | --- | --- |
| 1 | Pajek | 否 | 无此功能 | 构建网络、时序分析 |
| 2 | UCINET | 否 | 关键词共现<br>作者共现、机构共现<br>共引文献、共引期刊 | 构建网络 |
| 3 | Netdraw | 否 | 无此功能 | 构建网络 |
| 4 | Bibexcel | 否 | 文献耦合、关键词共现<br>作者共现、国家共现、机构共现<br>共引作者、共引文献、共引期刊 | 构建网络 |

续表

| 序号 | 软件名称 | 是否开源 | 支持实现的关系矩阵 | 常用分析方法 |
|---|---|---|---|---|
| 5 | Citespace | 是 | 文献耦合、关键词共现<br>作者共现、国家共现、机构共现<br>共引作者、共引文献、共引期刊 | 构建网络、时序分析<br>突发检测、空间分析 |
| 6 | HistCite | 否 | 无此功能 | 时序分析 |
| 7 | VOSviewer | 否 | 无此功能 | 社区检测、构建网络 |

不同软件也有不同的分析方法。其中，构建网络法指的是计算中心度、聚类指数、排序、多维尺度分析等；时序分析是指按时间顺序排列文献观察结果；突发检测是指观察变量在某一时间阶段的剧烈变化；空间分析是指在地理空间展示事件的发生地点及其相互影响关系。这些软件中，Citespace 分析方法和可比较内容更为全面。

### 3.1.3　分析方法

知识图谱分析主要用到的数据分析方法包括文献检索法、词频分析法、聚类分析法和可视化方法，下面将分别进行陈述。

1）文献检索

文献检索（information retrieval），是指将信息按一定的方式组织和存储起来，并根据信息用户的需要找出有关信息的过程，所以它的全称为"信息的存储与检索"（information storage and retrieval），这是广义的信息检索。狭义的信息检索仅指该过程的后半部分，即从信息集合中找出所需要的信息的过程，相当于人们通常所说的信息查询（information search）。这里所说的文献检索为后者，指在相关数据库里找寻目标文献。

文献检索是一项实践性很强的活动，要求通过思考，并通过经常性的实践，逐步掌握检索规律，从而迅速、准确地获得所需文献。一般来说，文献检索可分为四个步骤——明确查找目的与要求、选择检索工具、确定检索途径和方法、根据文献线索查阅文献。

2）词频分析

词频分析法主要用于揭示某个研究领域的热点问题或预测其发展动向。它通过统计文献的核心关键词在设定领域文献内的频率和次数得到这一领域的研究重点和研究水平，是文献计量学中的重要信息计量方法。关键词从某个角度代表了研究文献的核心内容，如果某一关键词在多篇文献中出现，就说明它是该研究领域内的热点话题。频次越高，热度越高。因此，可以通过那些频次较高的关键词获取研究热点。词频分析法具有客观性、准确性、系统性、实用性等特点，它避免了人为文献综述总结导致的结果过于主观及分析不深入问题，在各领域的研究热点分析中流行。

3）聚类分析

聚类是将数据分类到不同的类或者簇的一个过程，所以同一个簇中的对象有很大的相似性，而不同簇间的对象有很大的相异性。聚类分析的目标就是在相似的基础上收集数据来分类。通过聚类对相似的类别进行提取、区分，发现规律探索热点等。涉及的指标有：度中心性（degree centrality）、紧密中心性（closeness centrality）及中介中心性（betweenness centrality），而所用到的过滤指标则是度中心性。度中心性是在网络分析中最直接的刻画节点中心性（centrality）的度量指标。一个节点的节点度越大，就意味着这个节点的度中心性越高，该节点在网络中就越重要。

4）可视化

可视化就是借助于图形化的手段，清晰、快捷有效地传达与沟通信息。从用户的角度看，可视化方法可以让用户快速抓住要点信息，让关键的数据点从人类的眼睛快速通往大脑深处。数据可视化一般具备以下特点：准确性、创新性和简洁性。目前有许多可视化的方法及软件。陈超美教授使用 Pathfinder 算法实现了对超文本链接网络聚类的分析，扩展和提高了文献引文共被引网络分析的效率和引用范围。因此，这里主要通过 Citespace 的可视化与分析能力来研究灾难事件社会风险的发展热点与前沿。

## 3.2 综合风险图谱

利用 Web of Science 数据库和 CNKI 数据库，从全球文献扫描和国内文献分析两个角度对灾难事件社会风险综合图谱进行多维度分析。

### 3.2.1 全球文献扫描

从 Web of Science 核心合集数据库下载与"灾难事件社会风险"相关的科学论文，并从国家合作网络、机构合作网络、作者合作网络把握重要贡献单位及个人，从关键词、被引文献等维度剖析主流研究内容及研究前沿。

1. 文献检索过程

Web of Science 核心合集数据库收录了 11 000 多种世界权威的、高影响力的学术期刊，是获取全球学术信息的重要数据库。数据库包括 SCI、SSCI、艺术人文引文索引（Arts and Humanities Citation Index，A&HCI）、会议论文引文索引（Conference Proceedings Citation Index，CPCI）、新兴资源英文索引（Emerging Sources Citation Index，ESCI）、化学反应数据库（Current Chemical Reactions，CCR-EXPANDED）和化学索引数据库（Chemical Index，CI）等七个重要部分。数据库基本检索支持文献检索、作者检索、被引参考文献检索三种方式，高级检索需要检索者使用布尔运算符与字段表示组合形成检索式，具有更高的检索精度。

在灾难事件社会风险研究的检索过程中，选择 Web of Science 核心合集数据库，选定 SCI 和 SSCI 引文索引，输入检索式，检索标题中含有"hazard"或"disaster"且同时含有"risk"一词的 SCI/SSCI 论文。选择文献类型（document type）为论文（article）或综述（reviews），只留下语言为英语的文献，得到 4 304 篇相关文献，检索过程如图 3.1 所示。

图 3.1 Web of Science 数据库文献检索过程

将检索得到的文献的出版年份进行统计，得到 Web of Science 核心合集数据库中灾难事件社会风险相关论文的发文数量统计图（图 3.2）。从图中可以看出，1980~2005 年，发文数量呈现缓慢增长的趋势，但每年的发文数量都少于 60 篇；2006~2010 年，发文数量稍增，在每年 60~120 篇波动；自 2011 年始，发文数量从 2011 年的 121 篇开始直线上升，2020 年和 2021 年论文数量已经超过 450 篇，达到每年 473 篇和 466 篇。由于论文数量较多，经过计算发现，72% 的论文发表时间都是近 10 年（2011~2021 年），因此，导出该时间段的论文共 3 792 篇（图 3.3）进行后续分析。

Web of Science 支持 10 种文献导出格式，包括 Endnote online，Endnote desktop，Bibtex，Excel，和 Plain text file 等。选中所有相关文献（共 3 792 篇），选择导出全记录与参考文献（full record and

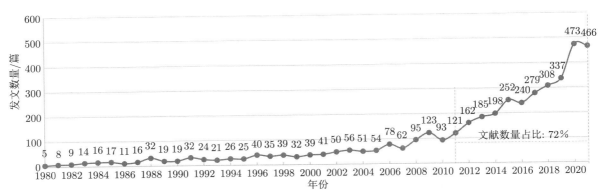

图 3.2　Web of Science 灾难事件社会风险相关论文的发文数量

图 3.3　进行可视化分析的论文数量

cited references），将之以 Plain text file 格式导出，并重命名为 download_X，然后使用 Citespace 软件进行文献可视化分析。

2. 文献可视分析

在 Citespace 软件中，将时间切片（time slicing）设置为 2011~2021 年，每一年为一个切片（1 year per slice），节点类型（node types）依次选择国家（country）、机构（institution）和关键词（keyword），进行核心国家、核心机构和核心关键词分析。

（1）国家合作分析

在 Citespace 软件中，节点选择标准（selection criteria）为 G 指数（g-index），为包含更多节点，此处规模指数 $k$ 设置为 25。网络裁剪方法为"选择路径"（pathfinder），同时复选裁剪切片网络（pruning sliced networks）和裁剪合并网络（pruning the merged networks），以简化关键词网络并突出其中的重要结构，生成灾难事件社会风险英文文献核心研究国家共现图谱，如图 3.4 所示。图中节点表示关键词，节点越大，表示关键词出现的频次越多；节点与节点之间的连线表征了关键词同时出现的关系。

A. 共现分析

将国家合作网络共现图中的关键节点按照节点频次和中介中心性进行整理，得到表 3.2。从图 3.4 和表 3.2 中可以看出，美国和中国研究者发文数量（节点频次）在所有被分析的论文中遥遥领先，其中有 685 篇论文由美国作者参与，556 篇由中国作者参与，分别排名第一和第二；除此之外，英国（313）、意大利（197）、澳大利亚（186）、德国（178）、日本（172）、加拿大（143）、新西兰（133）、法国（118）、瑞士（100）作者参与撰写的论文数量都超过了 100 篇。从节点中心性来看，肯尼亚的节点中心性最高，达到 0.68，从图 3.4 可以看出，该国与日本、智利、荷兰、比利时合作紧密；爱沙尼亚的中介中心性第二高，为 0.64，该国作者与葡萄牙、西班牙、斯洛文尼亚、新西兰、智利的作者合作紧密；合作网络中的其他关键节点有：葡萄牙（0.55）、尼泊尔（0.45）、丹麦（0.38）等。

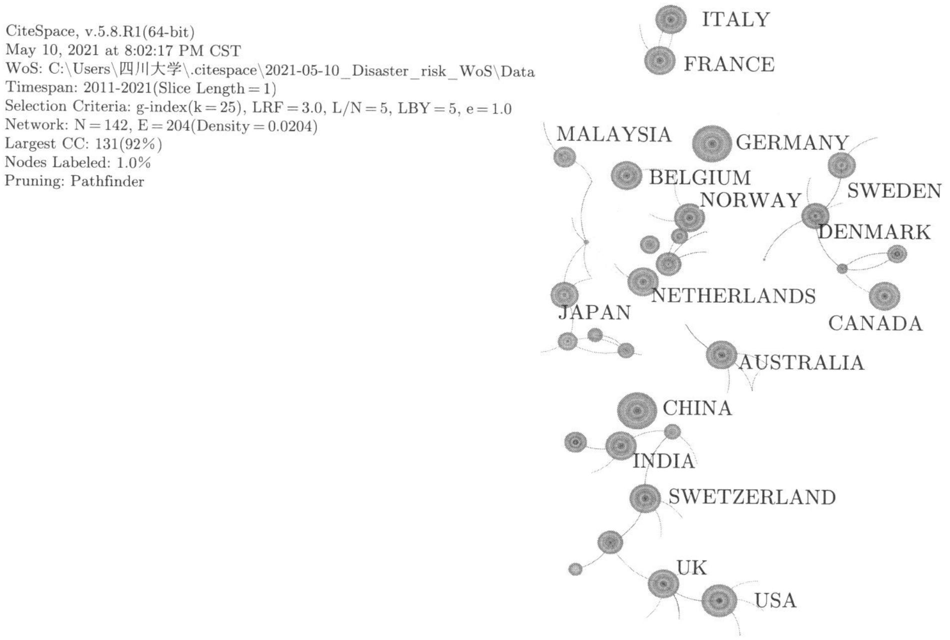

图 3.4　国家合作网络共现图谱

**表 3.2　国家合作网络共现图中关键节点的频次和中介中心性**

| 指　标 | 关键国家及指标数值 |
|---|---|
| 频次 | 美国（685）、中国（556）、英国（313）、意大利（197）、澳大利亚（186）、德国（178）、日本（172）、加拿大（143）、新西兰（133）、法国（118）、瑞士（100） |
| 中心性 | 肯尼亚（0.68）、爱沙尼亚（0.64）、葡萄牙（0.55）、尼泊尔（0.45）、丹麦（0.38）、瑞士（0.32）、智利（0.29）、坦桑尼亚（0.28） |

B. 聚类分析

在国家合作网络共现图谱（图3.4）基础上，对图谱进行聚类，得到国家合作网络聚类图谱（图3.5），聚类标签词选择 Citespace 默认的加权算法（TF*IDF），这个算法根据施引文献的题目（title）生成聚类标签，具有强调研究主流的优势。图的左上角提供了模块值（$Q$ 值）和平均轮廓值（Silhouette，简称 $S$ 值）两个指标，用以评判图谱的效果。一般而言，$Q > 0.3$ 意味着聚类结构显著，$S > 0.5$ 表示聚类合理，$S > 0.7$ 表示聚类结果较好。从图中可以看出，此次聚类的 $Q = 0.7907$，$S = 0.9613$，表示聚类的结构较合理、结果很好。从图 3.5 可以看出，各个国家因合作关系形成了不同的类别，Citespace 识别出了其中的 10 类。具体情况如下。

0#：包括加拿大、瑞典、奥地利、土耳其、丹麦、芬兰等国，侧重于灾害风险管理；

1#：包括中国、荷兰、西班牙、葡萄牙、智利、巴西等国，侧重于减灾研究；

2#：包括日本、肯尼亚等国，侧重于地震风险；

3#：包括德国、马来西亚、坦桑尼亚等国，侧重于非洲社区民众健康生活；

4#：包括瑞士、印度等国，侧重于地震灾害；

5#：包括美国、英国等国，侧重于风险管理；

6#：包括韩国、巴基斯坦、沙特阿拉伯、新加坡等国，侧重于宗教、金融风险；

7#: 包括意大利、法国、挪威、伊朗和比利时等国，侧重于自然灾害风险；

8#: 包括澳大利亚、孟加拉国和印度尼西亚等国，侧重于海岸线安全；

9#: 包括新西兰和南非等国，侧重于灾害风险感知研究。

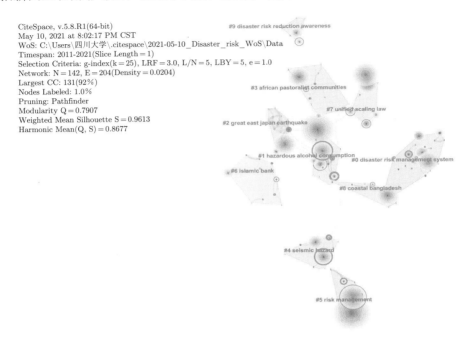

图 3.5    国家合作网络聚类图谱

C. 突现分析

Citespace 的突现功能用以探测某一时段引用量有较大变化的情况，可以发现某一主题词、关键词衰落或兴起的情况。国家突现分析可以探测某一时段出现频率变化较大的国家，在控制面板（control panel）上选择突现（burstness）选项卡，得到并导出引用量变化最大的国家，如图 3.6 所示。从图中可以看出，在 2011~2021 年，发文数量变化较大的前五个国家依次是法国、奥地利、乌克兰、加纳和瑞典，其中，法国作者发文集中在 2011~2012 年，奥地利作者发文集中在 2011~2015 年，乌克兰作者发文时间集中在 2014~2016 年。2017 年后，瑞典和泰国两国发文数量变化较大。

突现强度最大的6个国家

|  | 国家 | 年份 | 强度 | 开始 | 结束 | 2011~2021 |
|---|---|---|---|---|---|---|
| 法国 | France | 2011 | 5.39 | **2011** | 2012 | |
| 奥地利 | Austria | 2011 | 5.36 | **2011** | 2015 | |
| 乌克兰 | Ukraine | 2011 | 2.58 | **2014** | 2016 | |
| 加纳 | Ghana | 2011 | 2.79 | **2015** | 2018 | |
| 瑞典 | Sweden | 2011 | 4.97 | **2017** | 2018 | |
| 泰国 | Thailand | 2011 | 3.09 | **2017** | 2019 | |

图 3.6    国家合作网络突现分析

（2）机构合作分析

同样地，在 Citespace 软件中，将节点类型设置为机构，其他参数与国家合作分析一致，得到机构合作网络共现图谱（图 3.7）、机构合作网络聚类图谱，以及机构合作网络突现分析图。

图 3.7　机构合作网络共现图谱

A. 共现分析

从机构合作网络共现图谱（图 3.7）可以直观地看到，北京师范大学（Beijing Normal University）、伦敦大学学院（University College London）、奥克兰大学（University of Auckland）、中国科学院（Chinese Academy of Sciences）、中国科学院大学（Chinese Academy of Sciences University）和英格兰公共卫生局（Public Health England）所对应的节点较大，表示这些机构贡献的论文数量较多。将节点频次（发文数量）和节点中心性排名前 10 的关键机构分别进行整理，得到表 3.3 和表 3.4。

表 3.3　频次（发文数量）排名前 10 的关键机构

| 序号 | 机构名（英文） | 机构名（中文） | 所在国 | 频次 |
| --- | --- | --- | --- | --- |
| 1 | Chinese Academy of Sciences | 中国科学院 | 中国 | 73 |
| 2 | Beijing Normal University | 北京师范大学 | 中国 | 56 |
| 3 | University College London | 伦敦大学学院 | 英国 | 41 |
| 4 | Nanjing University of Information Science & Technology | 南京信息工程大学 | 中国 | 29 |
| 5 | Chinese Academy of Sciences University | 中国科学院大学 | 中国 | 29 |
| 6 | University of Auckland | 奥克兰大学 | 新西兰 | 28 |
| 7 | University of Oxford | 牛津大学 | 英国 | 28 |
| 8 | Kyoto University | 京都大学 | 日本 | 27 |
| 9 | Harvard University | 哈佛大学 | 美国 | 25 |
| 10 | Tohoku University | 东北大学 | 日本 | 23 |

从表 3.3 可以发现，发文数量排名前 10 的机构中，前五位中有四个都来自中国，它们是中国科学院（73），北京师范大学（56），南京信息工程大学（29）和中国科学院大学（29）。英国的伦敦大学学

院和牛津大学，日本的京都大学和东北大学，以及新西兰的奥克兰大学和美国的哈佛大学发文数量也较多。值得一提的是，从国家层面来看，美国是发文数量最高的国家，但排名前10的机构仅一个，这说明灾难事件社会风险研究在美国各个研究机构之间是比较分散的；而与之相反，在中国，灾难事件社会风险研究比较集中于中国科学院、北京师范大学、南京信息工程大学和中国科学院大学。

**表 3.4　中心性排名前 10 的关键机构**

| 序号 | 机构名（英文） | 机构名（中文） | 所在国 | 中心性 |
| --- | --- | --- | --- | --- |
| 1 | University of Washington | 华盛顿大学 | 美国 | 0.27 |
| 2 | University College London | 伦敦大学学院 | 英国 | 0.26 |
| 3 | Public Health England | 英格兰公共卫生局 | 英国 | 0.26 |
| 4 | Boston University | 波士顿大学 | 美国 | 0.22 |
| 5 | Harvard T.H. Chan School of Public Health | 哈佛大学公共卫生学院 | 美国 | 0.2 |
| 6 | National Oceanic and Atmospheric Administration | 美国国家海洋和大气管理局 | 美国 | 0.19 |
| 7 | Technical University of Denmark | 丹麦技术大学 | 丹麦 | 0.19 |
| 8 | Tohoku University | 东北大学 | 日本 | 0.18 |
| 9 | Johns Hopkins University | 约翰斯·霍普金斯大学 | 美国 | 0.17 |
| 10 | Kyoto University | 京都大学 | 日本 | 0.14 |

从表 3.4 可以发现，中心性排名前 10 的机构中，美国有五个机构，分别是华盛顿大学、波士顿大学、哈佛大学公共卫生学院、美国国家海洋和大气管理局和约翰斯·霍普金斯大学，这与表 3.3 的结论相互印证，说明美国研究灾难事件社会风险的各个机构虽然比较分散，但各个研究机构之间的合作很紧密；英国有伦敦大学学院和英格兰公共卫生局两个机构，日本有东北大学和京都大学，这说明英国伦敦大学、日本东北大学、日本京都大学不论是在发文数量还是机构合作上，都有比较突出的表现。相反地，在合作中心性排名前 10 的机构中，没有来自中国的机构，印证了表 3.3 的发现，中国灾难事件社会风险研究比较集中，但机构之间的合作关系不太紧密。

B. 聚类分析

在机构合作网络共现图谱基础上，进一步操作，生成聚类图谱（图 3.8）。聚类标签词选择 Citespace 默认的加权算法（TF*IDF），这个算法根据施引文献的题目生成聚类标签，具有强调研究主流的优势。图的左上角提供了模块值（$Q$ 值）和平均轮廓值（Silhouette，简称 $S$ 值）两个指标，用以评判图谱的效果。从图中可以看出，此次聚类的 $Q = 0.875\,2$，$S = 0.967\,1$，表示聚类的结构较合理、结果很好，各个机构因合作关系形成了不同的类别，Citespace 识别出了其中的 16 类，具体情况如下。

0#：包括哈佛大学、墨尔本大学、乌普萨拉大学等机构，侧重于自然灾害风险评估；

1#：包括伦敦大学学院、宾夕法尼亚大学、德州农工大学等，侧重于癌症风险；

2#：包括北京师范大学、北卡罗来纳大学、纽卡斯尔大学等，侧重于自然灾难研究；

3#：包括东京大学、香港中文大学、四川大学等，侧重于减灾研究，特别是利益相关者关系；

4#：包括中国科学院、中国科学院大学、南京信息工程大学等，侧重减灾研究；

5#：包括东北大学、英格兰公共卫生局等机构，侧重于灾难伤亡风险；

6#：包括京都大学、丹麦科技大学等，侧重于灾难过程中人类的健康风险；

7#：包括哈佛大学、中国矿业大学等，侧重于自然灾害风险评估；

8#：包括奥克兰大学、西北大学、查尔斯·达尔文大学等，侧重灾难中的安全屋建设；

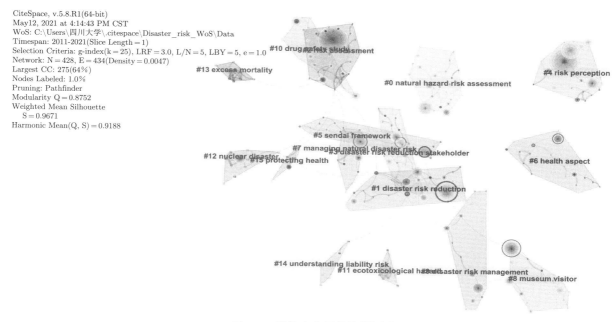

图 3.8　机构合作网络聚类图谱

9#: 包括隆德大学、伦敦国王学院、科罗拉多大学等, 侧重于灾害对非洲城镇化造成的风险;

10#: 包括河海大学、乌得勒支大学、北卡罗来纳州立大学罗利分校等, 侧重于风险模式研究。

11#: 包括渥太华大学、明尼苏达大学等, 侧重于生态毒理学危害;

12#: 包括格里菲斯大学等, 侧重于核灾难;

13#: 包括图卢兹大学等, 侧重于灾难人员伤亡研究;

14#: 包括内布拉斯加大学、耶鲁大学等, 侧重于了解责任风险;

15#: 包括俄亥俄州立大学、澳大利亚国立大学等, 侧重于在灾难中保护人类健康。

C. 突现分析

Citespace 的突现功能用以探测某一时段引用量有较大变化的情况, 可以发现研究机构重点研究某一领域或不重点研究某一领域的情况。机构突现分析可以探测某一时段发文频率变化较大的机构, 在控制面板上选择突现选项卡, 得到 28 个引用量变化最大的机构, 并导出前 5 个, 如图 3.9 所示。从图中可以看出, 在 2011~2021 年, 发文数量变化较大的前 5 个机构依次是北卡罗来纳大学、北京师范大学、东北师范大学、斯坦福大学和牛津大学。其中, 美国北卡罗来纳大学 2011~2013 年侧重于灾难事件社会风险研究, 中国北京师范大学集中于 2012~2016 年, 中国东北师范大学研究者在 2013~2015 年对此话题非常重视, 美国斯坦福大学集中于 2014~2016 年, 英国牛津大学研究者则集中在 2018~2019 年。

突现强度最大的5个机构

| 机构 | | 年份 | 强度 | 开始 | 结束 | 2011~2021 |
|---|---|---|---|---|---|---|
| 北卡罗来纳大学 | Univ N Carolina | 2011 | 3.94 | **2011** | 2013 | |
| 北京师范大学 | Beijing Normal Univ | 2011 | 6.29 | **2012** | 2016 | |
| 东北师范大学 | NE Normal Univ | 2011 | 4.38 | **2013** | 2015 | |
| 斯坦福大学 | Stanford Univ | 2011 | 4.22 | **2014** | 2016 | |
| 牛津大学 | Univ Oxford | 2011 | 4.26 | **2018** | 2019 | |

图 3.9　机构合作网络突现分析

（3）作者合作分析

在 Citespace 软件中，将节点类型设置为作者，其他参数与前述分析一致，得到作者合作网络共现、聚类图谱和作者突现分析图。

A. 共现分析

在 Citespace 软件中，节点类型选择作者，节点选择标准为 G 指数，为了包含更多节点，此处规模指数 $k$ 选择默认值 25。网络裁剪方法为"选择路径"，同时复选裁剪切片网络和裁剪合并网络，以简化作者共现网络并突出其中的重要结构。通过作者共现分析图（图 3.10）能够发现灾难事件社会风险研究的突出贡献研究人员。图中节点表示作者，节点越大，表示作者出现的频次越多；节点与节点之间的连线表征了作者合作发表论文的关系。

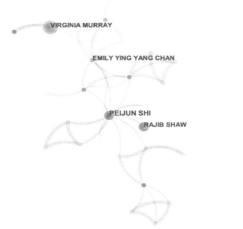

图 3.10　作者合作网络共现分析

图 3.10 列出了发文数量较高的作者姓名，将左侧出现的作者名字和"文献检索过程"中的检索策略一起，输入 Web of Science 再次检索，能够找到更多该作者的单位及论文主题信息。结合图 3.10 及检索结果发现，单人发文数量最高的作者是奥克兰大学的盖拉德（Gaillard）教授，其论文侧重于减灾研究（disaster risk reduction），其引用量最高的两篇论文分别发表于 2013 和 2015 年，其中，论文[55]指出，虽然人类对灾害进行了大量的研究，但将知识转化为行动方面仍有较多不足，该论文提出了包括"自下而上"和"自上而下"来弥合知识与行动差距的一体化过程，并讨论了实施该路线需要克服的问题。论文[56]使用脆弱性（vulnerability）和恢复力（resilience）来对气候变化在未来减少灾害风险中的作用进行探讨。发文频次较高的其他作者，如史培军（Peijun Shi）、张继权（Jiquan Zhang）、弗吉尼亚·默里（Virginia Murray）等共同形成了图 3.10 所示的合作网络。

B. 聚类分析

将图 3.10 进一步进行聚类，得到作者聚类分析（图 3.11）。主要得到两个关键类别，#0 包括史培军（Peijun Shi）、拉吉布·肖（Rajib Shaw）等作者，他们聚焦于灾害风险的模糊综合评价；#3 包括张继权（Jiquan Zhang）、弗吉尼亚·默里（Virginia Murray）等作者，他们聚焦于综合灾害风险。

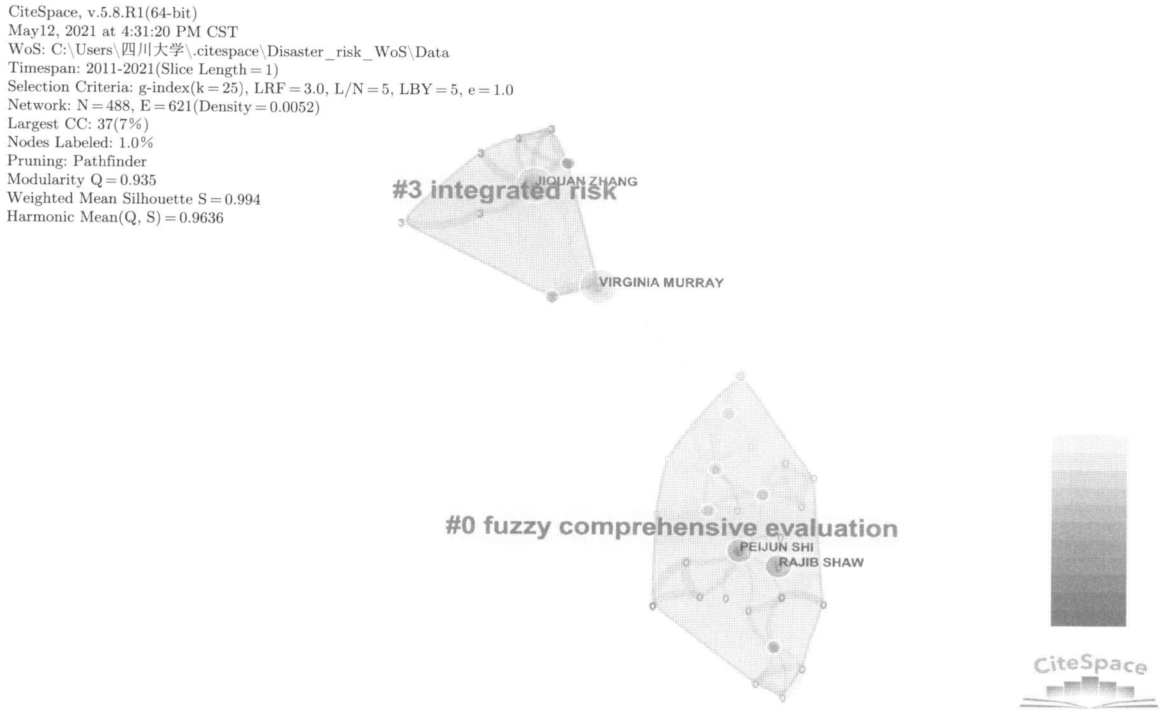

图 3.11　作者合作网络聚类分析

    #0 中的核心节点所代表的作者是史培军（Peijun Shi），他是北京师范大学教授，研究环境演变和自然灾害；他研究的内容包括中国大陆沿海和海洋灾害风险和影响的时空变化[57]，中国干旱灾害的风险管理[58]和干旱对农作物风险的评估[59]，全球环境背景下灾害风险的综合治理[60]特别是政府在灾害风险综合治理中的作用[61]等。日本京都大学 Rajib Shaw 教授的研究专长包括气候变化适应、城市管线管理和灾害环境教育等，他发表的论文侧重于 COVID 减灾教育[62]、知识创新与灾害可持续发展[63]，以及科学、技术及学术界在减少灾害风险方面的责任[64]等。

    #3 中的核心节点所代表的作者张继权（Jiquan Zhang），是东北师范大学的教授，研究气象灾害风险评价与管理；他发表的论文侧重用数学模型对灾害风险进行定量评估，包括基于贝叶斯网络和 Newmark 模型对地震–塌陷–滑坡灾害链的风险评估[65]，基于 Copula 的桃尔河盆地多灾种干旱风险综合评价[66]，以及基于蒙特卡罗方法的样本量对正常信息扩散的影响研究[67]等。另一节点代表的作者是 Virginia Murray，她是英格兰公共卫生局教授，研究气候变化适应；她发表的论文侧重于突发卫生事件和灾害风险管理，包括仙台框架[68]、研究方法[69]、开放数据[70]等。

    C. 突现分析

    Citespace 的突现功能用于探测某一时段引用量有较大变化的情况，可以发现作者发表论文集中或分散的情况。在控制面板上选择突现选项卡，得到三个引用量变化最大的作者并导出，如图 3.12 所示。将作者名字和"文献检索过程"中的检索策略一起，输入 Web of Science 再次检索，能够找到更多该作者的单位及论文主题信息。

    突现强度最高的作者是陈成武（译名），他在 2011~2012 年发表论文数量较多，包括自然灾害风险控制决策模型[71]、自然灾害旅游风险快速评估模型[72]、灾害危机管理与风险设计[73]等；突现强度居于第二位的作者是张继权，他所发论文集中于 2013~2015 年；突现强度居于第三位的作者是徐定德，

| 突现强度最大的3个作者 | | | | | |
|---|---|---|---|---|---|
| 作者 | | 年份 | 强度 | 开始 | 结束 | **2011~2021** |
| 陈成武(译) | CHENGWU CHEN | 2011 | 3.64 | **2011** | 2012 | |
| 张继权 | JIQUAN ZHANG | 2011 | 3.31 | **2013** | 2015 | |
| 徐定德 | DINGDE XU | 2011 | 2.69 | **2018** | 2021 | |

图 3.12　作者突现分析

他在 2018~2021 年发表的论文数量较多，他的研究侧重于灾害风险感知，特别是农民、社区对洪水灾害[74]和地震灾害[75]的风险感知。

（4）核心关键词分析

在 Citespace 软件中，将节点类型设置为关键词，其他参数与前述分析一致，得到关键词共现图谱、关键词聚类图谱和突现分析图。

A. 共现分析

在 Citespace 软件中，节点选择标准为 G 指数，由于节点太多，为生成分类更清晰的图谱，此处规模指数 k 设置为 8。网络裁剪方法为"选择路径"，同时复选裁剪切片网络和裁剪合并网络，以简化关键词网络并突出其中的重要结构。通过关键词共现分析图（图 3.13）能够发现灾难事件社会风险研究的研究热点。图中节点表示关键词，节点越大，表示关键词出现的频次越多；节点与节点之间的连线表征了关键词同时出现的关系。将图 3.13 中出现频次高于 35 的关键词按照触发事件、内涵细分和重点对象进行整理，生成 Web of Science 数据库中灾难事件社会风险相关研究的热点内容（表 3.5）。

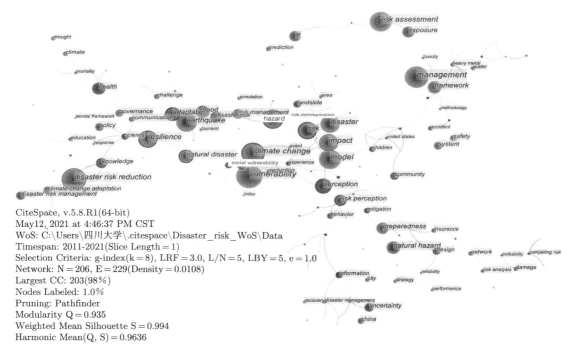

图 3.13　关键词共现分析

灾难事件风险研究中，触发事件的 A 类包含关键词 hazard 和 disaster 两词，出现的频次分别是 203 和 195 次，从 B 类和 C 类关键词可以看出，气候变化导致的灾害事件及自然灾害事件（特别是地震、洪水和滑坡）的风险在被检索论文中是非常热点的内容。其中，气候变化（climate change）出现的频次是 286 次，气候变化适应（climate change adaption）的频次是 68 次。

表 3.5 Web of Science 数据库中灾难事件社会风险相关研究的热点内容

| 类 别 | 热点关键词及频次 |
|---|---|
| 触发事件 | A. hazard (203), disaster (195)<br>B. climate change (286), climate change adaptation (68), climate (48)<br>C. natural disaster (123), natural hazard (120), earthquake (178), flood (105), landslide (63) |
| 内涵细分 | A. management(264), risk management (77), disaster risk management (79), prediction (37)<br>B. disaster risk reduction (241), exposure (100), uncertainty (88)<br>C. risk assessment (229), system (86), knowledge (79), impact (213)<br>D. perception (116), risk perception (106), information (45), communication (44), network (43)<br>E. policy (64), governance (59), decision making (39) |
| 重点对象 | A. vulnerability (348), resilience (203), adaptation (122), preparedness (102)<br>B. community (66), children (39), education (37), insurance (37) |

灾难事件风险研究的内涵细分可以分为风险管理、减灾、风险评估、风险感知和风险决策五个类别。其中，风险管理（A 类）相关的关键词有管理（management）、风险管理（risk management）、灾难风险管理（disaster risk management）等；减灾（B 类）相关的关键词有灾难减灾（disaster risk reduction）、暴露（exposure）、不确定性（uncertainty）；C 类涵盖的关键词包括风险评估（risk assessment）、系统（system）、知识（knowledge）、影响（impact）等，主要内容是风险的评估；风险感知（C 类）和风险决策（D 类）相关的关键词及频次分别包含感知（perception）、风险感知（risk perception）、信息（information）、沟通（communication）、网络（network）、政策（policy）、治理（governance）、决策（decision making）等。

灾难事件风险研究的重点对象，一类是承灾系统的脆弱性（vulnerability）和韧性（resilience），以及与脆弱性、韧性相关的适应能力（adaptation）和准备能力（preparedness）；另一类则是具体的社区（community）、儿童（children）、教育（education）、保险（insurance）等实体对象。

B. 聚类分析

在关键词共现知识图谱的基础上，进一步生成聚类图谱（图 3.14 和图 3.15）。聚类标签词选择 Citespace 默认的加权算法（TF*IDF），这个算法根据施引文献的题目生成聚类标签，具有强调研究主流的优势。图的左上角提供了模块值（Q 值）和平均轮廓值（Silhouette，简称 S 值）两个指标，用于评判图谱的效果。从图中可以看出，此次聚类的 $Q = 0.829\,4$，$S = 0.933\,4$，表示聚类的结构较合理、结果很好，各个机构因合作关系形成了不同的类别，Citespace 识别出了其中的 13 类，具体情况如下。

0#: 包含 disaster risk reduction, policy, knowledge 等词，侧重降低灾害风险；

1#: 包含 community, children, system, safety 等词，侧重灾害情况下维持社区功能；

2#: 包含 earthquake, flood, adaptation 等词，侧重沿海地区灾害风险；

3#: 包含 network, design, damage, reliability 等词，侧重竞争风险；

4#: 包含 hazard, risk, risk management 等词，侧重地质灾害风险；

5#: 包含 natural hazard, preparedness, perception 等词，侧重火山灾害；

6#: 包含 information, uncertainty 等词，侧重减灾系统设计；

7#: 包含 risk assessment, exposure 等词，侧重风险评估；

8#: 包含 risk perception, disaster, experience 等词，侧重风险感知；

9#: 包含 resilience, health, climate 等词，侧重非即时风险管理；

10#: 包含 vulnerability, climate change, impact 等词，侧重极端灾害管理；

11#: 包含 drought, heavy metal, toxicity 等词，侧重风险定量评估；

12#: 包含 management, framework 等词，侧重自然灾害风险治理。

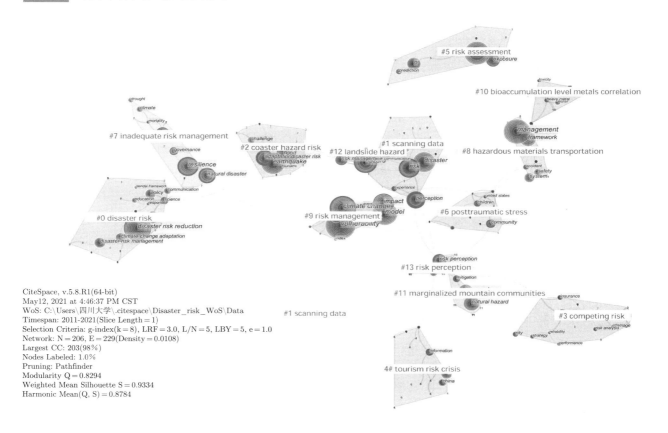

图 3.14　关键词聚类分析（类别视图）

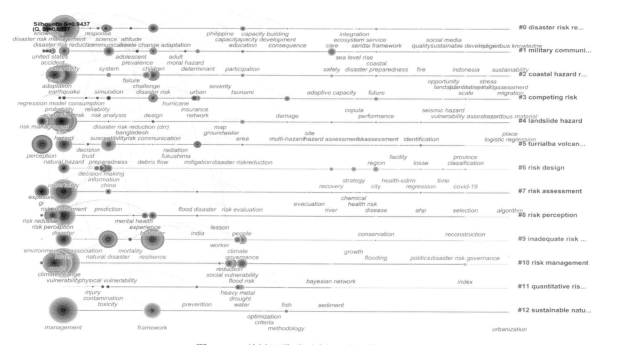

图 3.15　关键词聚类分析（时间轴视图）

时间轴视图（图 3.15）表明，所聚类别关键词集中于 2011 年，有少数词出现在 2011~2014 年，这种趋势表明，各个话题都是延续时间超过 10 年的较为经典的话题。

C. 突现分析

Citespace 的突现功能用以探测某一时段引用量有较大变化的情况，可以发现关键词兴起或衰落的情况。在控制面板上选择突现选项卡，得到 53 个引用量变化最大的机构，并导出前 10 个，如图 3.16 所示。风险（risk）一词主要出现在 2011~2014 年，population 一词在 2011~2017 年持续作为研究者重点使用的关键词。自 2018 年始，performance，flooding 和 participation 是重点使用的关键词，而且 performance 这个关键词一直持续至 2021 年，是该领域的研究前沿。

突现强度最大的10个关键词

| 关键词 | | 年份 | 强度 | 开始 | 结束 | 2011~2021 |
|---|---|---|---|---|---|---|
| 风险 | risk | 2011 | 9.77 | **2011** | 2014 | |
| 人口 | population | 2011 | 4.93 | **2011** | 2017 | |
| 伤亡 | injury | 2011 | 4.99 | **2012** | 2014 | |
| 观点 | perspective | 2011 | 4.76 | **2012** | 2015 | |
| 流行率 | prevalence | 2011 | 7.22 | **2013** | 2015 | |
| 保险 | insurance | 2011 | 6.17 | **2014** | 2018 | |
| 道德风险 | moral hazard | 2011 | 5.62 | **2014** | 2015 | |
| 表现 | performance | 2011 | 6.8 | **2018** | 2021 | |
| 洪水 | flooding | 2011 | 5.33 | **2018** | 2019 | |
| 参与 | participation | 2011 | 4.78 | **2018** | 2019 | |

图 3.16  关键词突现分析

（5）文献类别分析

灾难信息风险是一个多学科交叉的研究领域，这里继续对文献所属的 Web of Science 类别进行分析，剖析现有文献所属类别及各类别的交叉情况。

A. 共现分析

在 Citespace 软件中，节点类型选择文献类别，节点选择标准为 G 指数，为了包含更多节点，此处规模指数 k 选择默认值 25。网络裁剪方法为"选择路径"，同时复选裁剪切片网络和裁剪合并网络，以简化文献类别共现网络并突出其中的重要结构。从文献类别共现分析图（图 3.17）能够发现灾难事件社会风险研究文献所属的 Web of Science 文献分类。图 3.17 中节点表示文献类别，节点越大，表示该类别文献数量越多；节点与节点之间的连线表征了文献同时属于多个类别的关系。

从图 3.17 可以看出，灾难事件社会风险研究的论文所属类别最大的几个类别分别是：地质学（geology）、地球科学（geosciences）、多学科（multidisciplinary）、水资源（water resources）、环境科学与生态学（environmental sciences & ecology）、气象和大气科学（meteorology & atmospheric sciences）、环境科学（environmental science）、工程学（engineering）。

B. 聚类分析

进一步地对上述图谱进行聚类，生成文献类别聚类图谱，如图 3.18 所示。频次较高节点涵盖地质学（geology）、地球系统科学–多学科（geosciences，multidisciplinary）、土木工程（engineering civil）、能源与燃料（energy and fuels）、运筹学与管理科学（operations research and management science）、经济学（economics）和水资源（water resources）等。表明灾难事件社会风险交叉研究主要出现在以上领域。

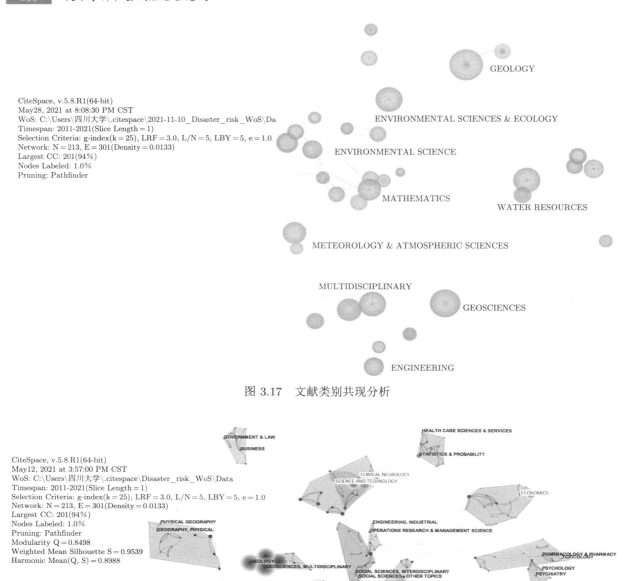

图 3.17 文献类别共现分析

图 3.18 文献类别聚类图谱

C. 突现分析

Citespace 的突现功能用以探测某一时段引用量有较大变化的情况，可以发现某类别文献兴起或衰落的情况。在控制面板上选择突现选项卡，得到 12 个引用量变化最大的文献类别，如图 3.19 所示。2011~2017 年是灾难信息风险研究扩领域交叉研究的高峰，涵盖社会学（social sciences-other topics；social science，interdisciplinary；social sciences，mathematical methods；mathematical methods in social sciences）、地质学（geography）、食品科学与技术（food sciences and technology）、人类学（anthropology）和生物多样性保护（biodiversity conservation）等领域。

突现强度最大的12个类别

| 类别 | | 年份 | 强度 | 开始 | 结束 | 2011~2021 |
|------|------|------|------|------|------|------|
| 社会科学-其他 | SOCIAL SCIENCES-OTHER TOPICS | 2011 | 7.33 | **2011** | 2013 | |
| 社会科学-交叉 | SOCIAL SCIENCES, INTERDISCIPLINARY | 2011 | 6.37 | **2011** | 2015 | |
| 地质学 | GEOGRAPHY | 2011 | 4.11 | **2011** | 2013 | |
| 药物滥用 | SUBSTANCE ABUSE | 2011 | 3.72 | **2011** | 2014 | |
| 兽医科学 | VETERINARY SCIENCES | 2011 | 2.74 | **2011** | 2012 | |
| 食品科学与技术 | FOOD SCIENCE & TECHNOLOGY | 2011 | 3.76 | **2012** | 2013 | |
| 人类学 | ANTHROPOLOGY | 2011 | 2.8 | **2012** | 2016 | |
| 社会科学-数学方法 | SOCIAL SCIENCES, MATHEMATICAL METHODS | 2011 | 2.64 | **2012** | 2014 | |
| 社会科学中的数学方法 | MATHEMATICAL METHODS IN SOCIAL SCIENCES | 2011 | 2.64 | **2012** | 2014 | |
| 人体工程学 | ERGONOMICS | 2011 | 2.85 | **2013** | 2015 | |
| 生物多样性与保护 | BIODIVERSITY & CONSERVATION | 2011 | 4.48 | **2015** | 2017 | |
| 生物多样性保护 | BIODIVERSITY CONSERVATION | 2011 | 4.48 | **2015** | 2017 | |

图 3.19　文献类别突现分析

**3. 灾难风险清单**

通过对检索得到的论文标题、关键词和摘要进行整理，得到了 Web of Science 数据库文献中研究者重点关注的灾难事件社会风险清单，如图 3.20 所示。

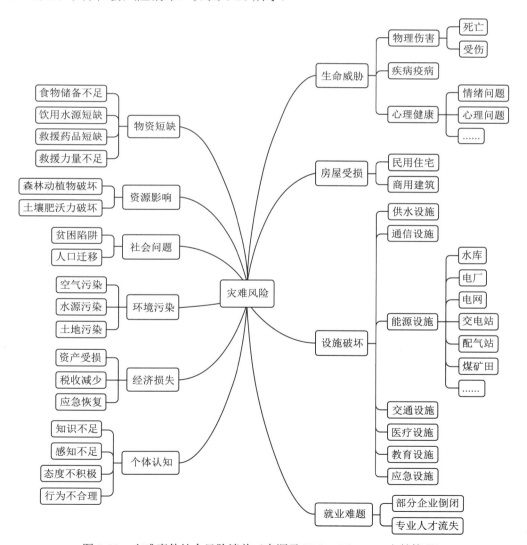

图 3.20　灾难事件社会风险清单（来源于 Web of Science 文献梳理）

灾难事件的发生首先会给人类或动物的生命造成威胁。文献研究表明，环境灾害会给家畜带来死亡的风险，不少研究对该类风险进行了定量评估和预测，如文献[76]到文献[78]；野生动物的生命也因灾害的发生受到威胁，如论文[79]指出，巴西米纳斯吉拉斯州一座采矿大坝倒塌，有毒泥浆污染河流，导致河里的鱼类及周边野生动物大量死亡；论文[80]指出，日本沿海地区常见的风暴潮和海啸等灾害给沿海野生动物带来威胁，他们调查了沿海居民保护沿海野生动物的边际支付意愿。灾难事件的发生也为人类的生命安全、心理健康带来威胁，紧急灾难数据库（Emergency Events Database，EM-DAT）汇集了自 1900 年以来的世界各地发生自然、技术、人因灾害的伤亡数据。

灾难事件发生会给居民和商用建筑物带来破坏。论文[81]构建了仿真模型来分析滑坡撞击对建筑物的破坏风险；论文[82]提供了更全面和及时的风险清单对北安纳托利亚断层周边 15 871 座现有建筑的地震风险进行评估；论文[83]将自然灾害风险纳入建筑全生命周期进行成本核算；论文[84]为建筑部门应对灾害风险和提高灾害韧性提供了一套新的原则。论文[85]为中东地区 12 个国家的建筑存量（包括建筑物数量、人口特征等）进行建模，并以此为依据对该地区进行了多灾种灾害风险评估。论文[86]特别考虑了多灾种（地震和风灾）对建筑物防灾设计的影响。

灾难事件同时会给基础设施带来损坏，如供水设施、通信设施、能源设施、交通设施、医疗设施、教育设施、应急设施等。论文[87]用实证检验的方法研究了基础设施服务中断对灾害期间脆弱人群的影响，他们的研究发现，与电力和通信服务相比，交通、固体废物、食品和水基础设施服务的中断对脆弱人群的正常生活具有更显著的影响。论文[88]提出了一种半定量的评估自然灾害对基础设施造成的风险的模型，并将之应用于评估挪威两个城市恶劣天气和自然灾害对主要道路、供水、电力网络造成的风险。论文[89]指出，世界各地的交通基础设施都面临自然灾害，他们首先对全球的公路和铁路基础设施多灾种风险进行了估计，结果表明，全球大约 27% 的公路和铁路资产至少面临一种灾害，大约 73% 的公路和铁路资产直接损失是由地表和河流洪水造成的。论文[90]通过对马来西亚 400 余家医院的调查，识别了医院关键基础设施（电力和供水）面临的四大威胁，主要是淹没、技术故障、准备不足和意外事件，他们据此为医院提供了详尽的关键基础设施减灾行动计划。

灾难事件同时给稳定就业带来影响。论文[91]指出，灾害风险增加导致就业、产出、投资、股票价格和利率下降；论文[92]指出，洪水对巴基斯坦的农业部门造成了严重破坏，受灾农民的正常生活大受影响，通过多元化机会就业，加强农民的非农就业活动，能够在一定程度上减少气候风险的严重影响。论文[93]侧重于港口灾害，其指出，在各类交通运输系统中，港口提供了大量就业机会和工业活动，为国家和区域发展做出贡献，泥石流和海啸等自然灾害的袭击会使其正常运行受到影响。

灾害事件也会带来环境污染，衍生为次生灾害。论文[94]指出，海上运输危险货物事故会导致灾难性的环境、生命和金钱损失，基于 1990~2018 年的 348 起事故报告，他们对港口内危险货物交易相关的多因素风险进行了评估，并指出注意相关人员的资质、培训和态度对于提高安全性和降低与港口危险货物交易相关的风险具有重要价值。水污染方面，论文[95]根据危害程度和污染物类型，对地下水、污染物（按其化学和水化学特性）和地下水污染风险进行污染危害分类，论文[96]等对石油有害物质运输造成的水资源污染进行了风险评估，论文[97]探讨了农业氮过剩危害转化为地下水污染的风险。

### 3.2.2　国内文献分析

从 CNKI 数据库下载与"灾难事件社会风险"相关的科学论文，从关键词共现、聚类、突现角度对研究热点和研究前沿进行梳理，利用作者突现分析找到主流研究人员的依托单位及研究主题信息。

1. 文献检索过程

CNKI 数据库提供学术期刊、学位论文、会议、报纸、年鉴、图书、专利、标准等文献资料的检索，支持高级检索、专业检索、作者发文检索、句子检索、一框式检索、知识元检索、引文检索等检索方式。在灾难事件社会风险国内文献梳理过程中，将检索范围限定为"学术期刊"，文献来源限定为SCI 来源期刊、EI 来源期刊和 CSSCI 来源期刊，检索方式选择"专业检索"。

专业检索是用户按照自己实际需求使用逻辑表达式和关键词进行组合检索的方式，它具有提高检索效率的优势。专业检索中常用到的检索字段有：主题（SU）、题名（TI）、关键词（KY）、摘要（AB）、作者（AU）、机构（AF）等；常用的逻辑运算符有：逻辑"与"（AND）、逻辑"或"（OR）和逻辑"非"（NOT）；此外，复合运算符 "*"、"+"、"−" 也常用来表达复杂、高效的检索语句，"A*B" 表示同时包含A 和B，"A+B" 表示包含 A 或包含 B，"A−B" 表示包含 A 但不包含 B。检索过程中使用的语句如图 3.21 所示。

图 3.21　CNKI 数据库文献检索过程

图 3.21 所示检索语句的前半段[TI ＝（灾难+灾害+事故+事件+突发+应急） AND TI ＝ 风险]意义为：检索CSSCI 期刊库中标题含有"灾难"或"灾害"或"事故"或"事件"或"突发"或"应急"，且同时含有"风险"一词的所有 SCI、EI、CSSCI 论文。语句后半段[KY ＝ （灾难+灾害+事故+事件+突发+应急） AND KY ＝ 风险]意义为：检索CSSCI 期刊库中关键词含有"灾难"或"灾害"或"事故"或"事件"或"突发"或"应急"，且同时含有"风险"一词的所有 SCI、EI、CSSCI 论文。语句前后两段是逻辑"或"的关系。

检索共得到 864 篇相关文献，文献的发表年份如图 3.22 所示。从文献数量上看，可以分为三个阶段，1998~2007 年是第一阶段，这一阶段的文献数量较少，每年文献数量在10 篇左右；2008~2018 年是第二阶段，这一阶段的文献数量总体大幅增加，且呈现先增后减的趋势，文献数量在 30~76 篇，于2015 年达到最大值，并逐渐回落，到 2018 年，文献数量为 44 篇；从 2018 年开始为第三阶段，这一阶段的文献数量又迅速增加，于 2020 年达到所有年度的最高值，为 88 篇。

CNKI 支持11种文献导出格式，包括GB/T 7714—2015格式、CAJ-CD格式、MLA格式、Refworks格式等。为后续使用 Citespace 软件进行文献可视化分析，选中所有检索文献（共 851 篇，不包括网络首发文献），将之以 Refworks 格式导出，并重命名为download_X，然后使用 Citespace 软件，对文件进行格式转换，从而进行文献可视化分析。

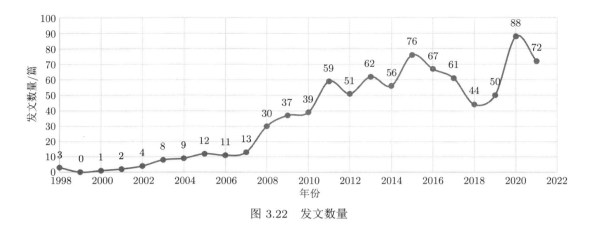

图 3.22　发文数量

**2. 文献可视分析**

利用 Citespace 软件，将导出的文献的关键词进行可视化分析，重点关注关键词的共现图谱、聚类图谱和突现情况。

**1）共现分析**

在 Citespace 软件中，将时间切片设置为1998~2021，每一年为一个切片，节点类型为关键词，节点选择标准为 G 指数，为了包含更多节点，规模指数 k 设置为 25。网络裁剪方法为"选择路径"，同时复选裁剪切片网络和裁剪合并网络，以简化关键词网络并突出其中的重要结构，生成的关键词共现图谱如图 3.23 所示。

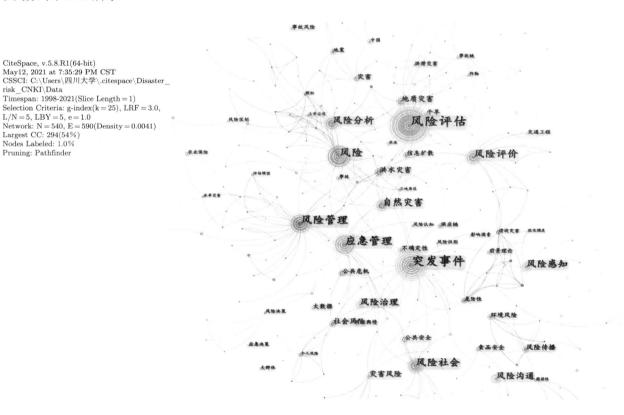

图 3.23　中文文献关键词共现分析

由关键词共现分析图（图 3.23）能够发现灾难事件社会风险的研究热点。图右侧节点表示关键词，节点越大，表示关键词出现的频次越多；节点与节点之间的连线表征了关键词同时出现的关系。可以看出，在频次排名前 10 的热点关键词中，分别包括对灾难事件社会风险的评估、评价、分析、管理、感知和沟通等，具体为"风险评估"（78）、"风险管理"（34）、"风险评价"（26）、"风险分析"（24）、"风险感知"（21）和"风险沟通"（19）；"突发事件"这个触发风险事件的主体以 56 次排名第二，"自然灾害"排名第八；除此之外，风险事件引发的"应急管理"以 38 次排名第三。

因此，将关键词频次大于 3 的词组按照触发事件、风险类型和内涵细分进行整理，得到灾难事件社会风险相关研究的核心内容，如表 3.6 所示。从触发事件来看，一类研究热点是自然灾害（22），特别是洪水灾害（10）、地质灾害（9）、洪涝灾害（5）和滑坡灾害（4），值得一提的是，自然灾害对农业生产带来的风险（农业自然灾害）也是重要的研究热点；第二类热点是突发事件（56），如突发公共卫生事件（9）、突发公共事件（7）、突发环境事件（4）等，出现频次也很高；其他研究热点包括交通事故（3）、群体性事件（18）和食品安全（6）等。从风险类型来看，一类侧重于"因"，即某类事故或事件的风险，如灾害风险（11）、事故风险（5）和灾难事件社会风险（4）；一类侧重于"果"，即对哪种对象带来风险，如社会风险（9）、环境风险（6）、个人风险（3）、系统性风险（3）等。从风险内涵进行细分，研究热点包括风险评估（78）、风险评价（26）和风险分析（24）；风险管理（34）、风险沟通（19）和风险治理（17）；风险感知（21）、风险识别（4）和风险认知（4）；以及针对风险事件的应急管理（38）和对应的应急决策（4）。

表 3.6　CNKI数据库中灾难事件社会风险相关研究的热点内容

| 类　别 | 热点关键词及频次 |
| --- | --- |
| 触发事件 | A. 自然灾害（22）、洪水灾害（10）、地质灾害（9）、洪涝灾害（5）、滑坡灾害（4）、农业自然灾害（4）<br>B. 突发事件（56）、突发公共卫生事件（9）、突发公共事件（7）、突发环境事件（4）<br>C. 严重事故（6）、交通事故（3）<br>D. 群体性事件（18）<br>E. 食品安全（6） |
| 风险类型 | A. 灾害风险（11）、事故风险（5）、灾难事件社会风险（4）<br>B. 社会风险（9）、环境风险（6）、个人风险（3）、系统性风险（3） |
| 内涵细分 | A. 风险评估（78）、风险评价（26）、风险分析（24）<br>B. 风险管理（34）、风险沟通（19）、风险治理（17）<br>C. 风险感知（21）、风险传播（8）、风险识别（4）、风险认知（4）、风险区划（4）<br>D. 应急管理（38）、风险决策（4）、应急决策（4） |

2）聚类分析

在关键词共现知识图谱的基础上，继续使用Citespace软件对关键词进行聚类，生成关键词聚类图谱（图 3.24 和图 3.25）。图的左上角提供了模块值（$Q$ 值）和平均轮廓值（Silhouette，简称 $S$ 值）两个指标，用以评判图谱的效果。一般而言，$Q > 0.3$ 意味着聚类结构显著，$S > 0.5$ 表示聚类合理，$S > 0.7$ 表示聚类结果较好。从图中可以看出，此次聚类的 $Q = 0.900\,7$，$S = 0.968\,9$，表示聚类的结构合理、结果很好。

由图 3.24 可知现有文献对灾难事件社会风险研究的分类及该类别涵盖的核心关键词，如下所示：

#0 突发事件：突发事件、应急管理、风险社会、风险治理、大数据、公共危机、突发环境事件；
#1 风险：风险、自然灾害、灾害、地震、模拟、边坡程；
#2 风险管理：风险管理、洪水灾害、水旱灾害、应急机制、风险区划；
#3 风险社会：风险社会、风险沟通、危机报道、公共管理；
#4 风险感知：风险感知、风险传播、调度优化；

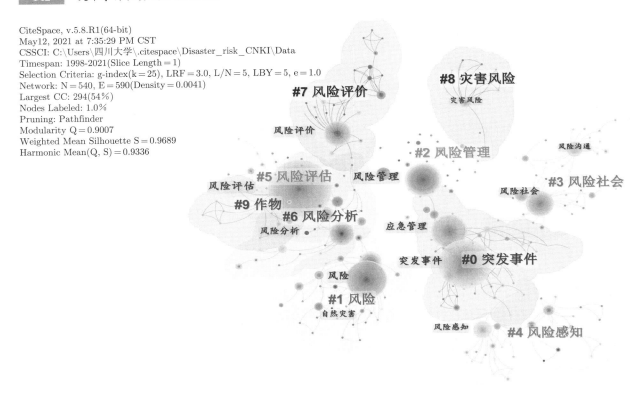

图 3.24　关键词聚类分析（聚类视图）

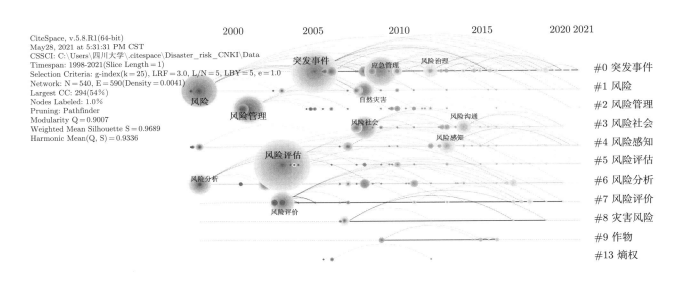

图 3.25　关键词聚类分析（时间轴视图）

#5 风险评估：风险评估、信息扩散、地质灾害；
#6 风险分析：风险分析、地质灾害、事故风险；
#7 风险评价：风险评价、划拨灾害、风险预测；
#8 灾害风险：风险灾害、旅游资源、社区机制；

#9 作物：气象灾害、全球产量、冬小麦。

可从触发事件、风险类型和内涵细分对关键词聚类图谱进行解读。触发事件方面，主流研究聚焦于 #0 突发事件；风险类型方面，侧重于 #8 灾害风险；从风险内涵细分来看，#2 风险管理、#4 风险感知、#5 风险评估、#6 风险分析、#7 风险评价等都是灾难事件社会风险的研究热点。

风险、风险管理、风险评估、风险分析、风险评价等 5 个研究话题兴起于 2005 年之前，其中风险评估话题在 2003 年左右出现且一直是热点话题；突发事件话题在 2005 年左右出现，内涵不断被应急管理、风险治理等内容丰富；风险社会、风险感知、风险沟通等话题兴起于 2008 年之后，逐渐成为新的热点。

3）突现分析

Citespace 的突现功能用以探测某一时段引用量有较大变化的情况，可以发现某一主题词、关键词衰落或兴起的情况。关键词突现分析可以探测某一时段出现频率变化较大的词组，可以称之为该段时间的研究前沿；作者突现分析可探测某一时段发文数量变化较大的作者，可以称之为突出贡献研究人员。

A. 关键词突现分析

在控制面板上选择突现选项卡，得到并导出关键词引用量变化最大的关键词，如图 3.26 所示。从图中可以看出，2001~2013 年，洪水灾害很受研究人员关注，2003~2005 年，滑坡灾害备受关注；关键词"风险管理""自然灾害"集中在 2007~2011 年和 2008~2011 年；2009~2015 年，关键词"群体性事件"是重要的研究焦点；2013~2016 年，"风险决策"和"风险评估"依次成为研究焦点；自 2016 年始，"风险沟通""风险治理""风险感知"，以及"大数据"的作用受到越来越多关注。从上面的分析可以看出，灾难社会风险的研究在 2010 年之前侧重于洪水、滑坡等自然灾害的风险管理，2011~2016 年侧重于群体性事件风险所对应的决策和评估，2016 年至今，风险沟通、风险治理、风险感知和大数据成为研究前沿。

B. 作者突现分析

在 Citespace 软件中，节点类型选择作者，其余参数与关键词分析时一致，导出论文作者共现分析图（图 3.27）。从图中可以看出，2002~2003 年，发文数量变化较大的作者是殷坤龙；2012~2013 年，发文数量变化较大的作者是李华强；2014~2017 年，发文数量变化较大的作者是陈国进、兰月新、刘星星、刘仁志；2017~2021 年，发文数量变化较大的作者是徐选华、刘浪、陈晓红。进一步地，可以对作者在对应时段所发表文献进行检索和分析。

2002~2003 年，突现强度最大的作者是殷坤龙，他发表了《地质灾害风险分析与 GIS①技术应用研究》[98]、《基于 GIS 的中国滑坡灾害风险分析》[99] 和《物元模型在滑坡灾害风险预测中的应用》[100] 三篇论文，侧重于使用 GIS 软件对地质灾害风险进行评估。其中，论文[98]和论文[99]对 GIS 软件中区域地质灾害风险分析系统的设计思路、基本结构和工作流程进行了介绍，并借助此工具对中国全国范围内的滑坡灾害进行了危险性分析和社会经济易损性分析，从而对地质灾害进行风险评估；论文[100]将物元模型与 GIS 技术相结合，对三峡水库蓄水条件下巴东新县城的滑坡灾害进行了危险性、易损性和风险性综合预测研究。

2012~2013 年，突现强度最大的作者是李华强，他研究了灾害事件发生时，公众对风险的感知及风险感知情况对公众行为的影响。他发表了食品安全事件中的公众风险感知及应对行为[38]，食品安全事件中公众感知风险的动态变化[101]，以及重大灾害情境下感知风险对消费者信心的影响[102] 三篇论文。其中，论文[38]以三聚氰胺问题奶粉事件为例，构建了公众的风险感知与应对行为关系模型，揭示了风险信息对消费者风险感知和控制感的影响；论文[101]对比了不同细分人群的感知风险差异及其持久性变化情况，揭示了感知风险变化对公众应对行为和消费行为变化的影响。论文[102]以汶川 8.0 级

---

① GIS: geographic information system 或 geo-information system，地理信息系统

地震的调研数据为基础，构建了重大灾害情境下感知风险与消费者信心关系的理论模型。

突现强度最大的前11个关键词

| 关键词 | 年份 | 强度 | 开始 | 结束 | 1998~2021 |
|---|---|---|---|---|---|
| 洪水灾害 | 1998 | 2.28 | 2001 | 2013 | |
| 滑坡灾难 | 1998 | 2.49 | 2003 | 2005 | |
| 风险管理 | 1998 | 3.37 | 2007 | 2011 | |
| 自然灾害 | 1998 | 3.26 | 2008 | 2011 | |
| 群体性事件 | 1998 | 5.49 | 2009 | 2015 | |
| 风险决策 | 1998 | 2.29 | 2013 | 2014 | |
| 风险评估 | 1998 | 3.81 | 2015 | 2016 | |
| 风险沟通 | 1998 | 5.51 | 2016 | 2021 | |
| 风险治理 | 1998 | 4.46 | 2018 | 2021 | |
| 风险感知 | 1998 | 4.08 | 2018 | 2021 | |
| 大数据 | 1998 | 3.79 | 2019 | 2021 | |

图 3.26　关键词突现分析

突现性最强的前9名作者

| 作者 | 年份 | 强度 | 开始 | 结束 | 1998~2021 |
|---|---|---|---|---|---|
| 殷坤龙 | 1998 | 1.95 | 2002 | 2003 | |
| 李华强 | 1998 | 2.23 | 2012 | 2013 | |
| 陈国进 | 1998 | 2.94 | 2014 | 2015 | |
| 兰月新 | 1998 | 1.96 | 2014 | 2016 | |
| 刘星星 | 1998 | 1.76 | 2014 | 2015 | |
| 刘仁志 | 1998 | 1.66 | 2014 | 2017 | |
| 徐选华 | 1998 | 3.35 | 2017 | 2021 | |
| 刘浪 | 1998 | 1.66 | 2017 | 2021 | |
| 陈晓红 | 1998 | 3.11 | 2019 | 2021 | |

图 3.27　作者突现分析

2014~2015 年，突现强度最大的作者是陈国进，他发表了罕见灾难事件社会风险与股市波动、宏观经济波动和国债风险溢价系列论文五篇。其中，《灾难风险与中国股市波动性之谜》[103]验证了我国确实存在"股市波动之谜"，并将广义期望效用函数和时变罕见灾难风险引入无套利资产定价模型，解释了我国现实数据的股市高波动性。《罕见灾难风险和中国宏观经济波动》[104]分析了全要素生产率灾难、资本灾难与双重灾难相关的灾难风险因素对我国经济波动的解释能力，从而量化灾难事件对宏观经济的影响，量化政府财政政策支持对灾后经济复苏的作用。《灾难风险、习惯形成和含高阶矩的资产定价模型》[105]通过引入习惯形成因素，推导出包含灾难风险与习惯形成的高阶矩资产定价模型。《罕见灾难、不确定性冲击和国债风险溢价——基于非线性DSGE 模型》[106]基于三阶矩近似解下非线性动态随机一般均衡模型的理论框架，比较分析了罕见灾难和不确定性技术冲击对中国长期国债风险溢价的影响。《罕见灾难风险和股市收益——基于我国个股横截面尾部风险的实证分析》[107]实证分析了罕见灾难风险作为定价因子对我国股市收益的预测能力和横截面收益的解释能力。

2014~2016 年，突现强度最大的作者是兰月新，他发表了突发事件舆情信息风险评估和管理相关论文四篇。其中三篇论文侧重于舆情信息风险管理，《基于HHM 的公共危机事件网络舆情风险管理研究》[108]分析了公共危机事件网络舆情风险因素，并对其进行了风险量化和评级，为政府公共危机事件网络舆情风险管理提供参考；《全媒体语境下突发事件舆情信息风险管理模式研究》[109]总结了全媒体语境下舆情信息风险管理主客体的特征，为舆情信息风险管理职能部门风险管理提供理论参考；《大数据环境下群体性事件舆情信息风险管理研究》[110]分析了大数据环境下的群体性事件舆情信息风险管理的特征，制定了对应的风险管理策略，并确立了相应的预防预警机制、决策处置机制和善后恢复机制。《面向舆情预测的突发事件首发信息风险评估研究》[111]侧重于风险评估，构建了基于突发事件首发信息的风险评估指标体系。

2014~2015 年，突现强度最大的作者是刘星星，他发表了非常规突发事件风险识别主题的论文三篇。其中，《基于分类基因的非常规突发事件免疫风险识别模型》[112]运用免疫学基因理论研究非常规突发事件识别问题；《基于免疫系统的非常规突发事件风险识别模型》[113]建立了基于免疫系统的非常规突发事件风险识别标准体系及其模型；《基于免疫危险理论的非常规突发事件风险识别双信号方法》[114]将非常规突发事件风险识别转化为多峰函数优化问题，发掘非常规突发事件的演化规律，发现最佳应对时机。

2014~2017 年，突现强度最大的作者是刘仁志，他发表了突发性大气污染、水污染、环境污染等事故风险的评价论文共计四篇。其中《流域突发性水污染事故风险评价方法及其应用》[115]借鉴区域生态风险评价中的相对风险模型，结合水质模型和 GIS 空间分析技术，提出突发性水污染事故风险的流域相对风险评价方法；《滨海地区突发性水污染事故风险评估》[116]在流域突发性水污染事故风险评价方法的基础上，针对滨海水体复杂、生态敏感、风险突出的特征，构建了滨海地区突发性水污染事故风险评估模型。《区域突发性大气污染事件风险评价方法及其应用》[117]通过借鉴风险分级思想，利用矩阵法、模型模拟手段和 GIS 工具等评估，通过核算综合区域的风险值对区域突发性大气污染事件的风险进行评价。《公众对区域突发环境风险的可接受水平及影响因素研究》[118]研究了不同人群在风险感知、风险知识和公众信任上的特征差异，为环境风险管理和风险沟通提供依据。

2017~2021 年，突现强度最大的作者是徐选华，他与陈晓红院士合作发表了一系列大群体应急决策类论文。其中，《基于权利分布风险测度的工程建设重大突发事件大群体应急决策方法》[119]，针对大型工程项目突发事件应急决策参与者权利分布导致的风险，提出了一种大群体风险应急决策方法；《基于累积前景理论的大群体风险型动态应急决策方法》[120]针对复杂环境下决策者对于应急事件作出的决策往往会面对偏好转移的问题，提出一种新的大群体风险型动态应急决策方法；《基于决策者风险偏好大数据分析的大群体应急决策方法》[121]针对重大突发事件应急决策大群体成员的风险偏好复杂难测问题，提出了一种新的基于决策者风险偏好大数据分析的大群体应急决策方法；《基于属性关联的不完全风险偏好信息大群体应急决策方法》[122]针对特大突发事件应急决策中大群体专家存在偏好信息不完全的问题，提出了一种新的不完全风险性信息大群体应急决策方法。同时，极端偏好影响的大群体应急决策风险演化[123]、基于多主体仿真的大群体应急决策风险致因分析[124]、风险视域下的大群体应急决策策略选择[125]和大群体冲突、风险感知与应急决策质量的关系[126]也是重要的研究内容。

3. 灾难风险清单

对检索到的论文标题、关键词和摘要进行整理，得到 CNKI 数据库文献中研究者重点关注的灾难事件社会风险清单，如图 3.28 所示。

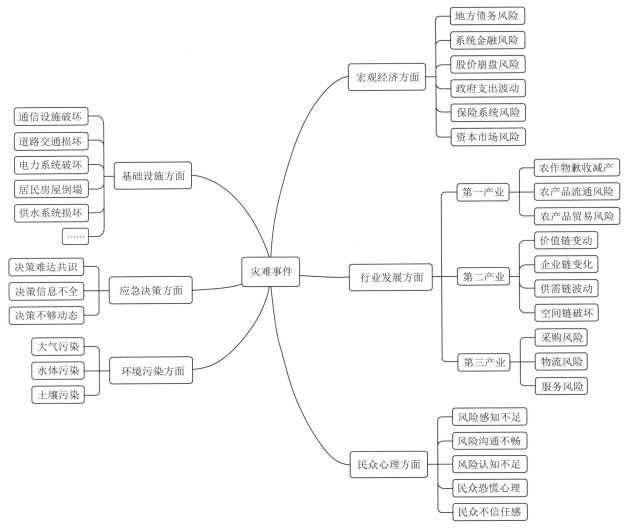

图 3.28    灾难事件社会风险清单

基础设施方面，灾害的发生会导致通信、道路交通、电力系统、供水供气等设施及居民房屋的损坏和破坏。文献[127]针对大规模灾难事件社会风险下通信网基础设施虚拟网的生存性问题，提出一种多虚拟机快速协同撤离机制，在一定程度上提高了虚拟网撤离完成率。文献[128]构建了恶劣天气下高速公路实时事故风险预测模型，其研究结果表明，天气条件对事故风险有显著影响，将天气条件纳入模型可以显著提高实时事故风险模型的预测精度。地震、暴雨、覆冰、磁暴等灾害都会给电力系统正常运行带来风险，为应对极端自然灾害频发对电力系统稳定运行的潜在风险，文献[129]提出了一种自然灾害下高风险多重故障集快速生成方法；文献[130]研究了适用于严重灾害下特高压交直流混合电网的安全性分析方法；文献[131]提出了基于短期覆冰预测的电网覆冰灾害风险评估方法。居民房屋在灾害（特别是自然灾害和技术灾害事件）中也极其脆弱，文献[132]使用参与式 GIS 概率（情景）风险分析方法，开展了社区尺度的洪涝灾害风险研究，研究结果表明洪涝灾害对社区造成的影响十分显著；文献[133]表明，地震发生后的房屋保险问题若管理不善，也会演变为影响社会稳定运行的风险因素之一。

宏观经济方面，灾害的发生可能会导致地方债务风险、系统金融风险、股价崩盘风险、政府支出波动、保险系统风险和资本市场风险。例如，文献[134]表明，在重大突发公共卫生事件的冲击下，地方政府债务的信用风险与偿债风险对金融压力均具有正向冲击作用；文献[135]探讨了突发公共卫生事件、经济政策不确定性与系统性金融风险之间的关系，研究发现，突发公共卫生事件既可以直接影响系统性金融风险，也可通过经济政策不确定性而间接影响系统性金融风险。文献[136]考察了重大突发公共卫生事件对我国宏观经济与金融市场 16 个部门、共计 174 个变量的冲击影响，从"守住不发生系统性金融风险的底线"角度出发，提出了对应的宏观治理应对机制与风险防范对策。与上述突发公共卫生事件带来的经济波动风险研究不同，文献[137]提出，台风灾害产生的恐慌情绪也会传递给资本市场，引起一系列连锁反应，他们探讨了台风灾害对股价崩盘风险的影响，发现企业遭受台风破坏的程度与股价崩盘风险呈显著的正相关关系。文献[138]、文献[139]和文献[140]则分析了突发事件背景下系统性风险的生成逻辑与演化过程，讨论了突发事件与资本市场制度的不完善对系统性风险的影响机制，并研究了罕见灾难事件社会风险的传导机制与宏观经济影响。

行业发展方面，气象和生物灾害对农产品生产、农作物贸易和交易构成严重威胁。文献[141]等从文献综述角度指出，气象和生物灾害对粮食安全构成严重威胁，并分析了农业灾害的特征、影响及防灾减灾抗灾机制。为降低云南省自然灾害对农业生产的影响，文献[142]等基于 1960~2015 年的云南省 31 个气象站点的数据，研究了云南省极端气候指数的时空变化；文献[143]建立了融合自然灾害、农业保险及道德风险的动态模型，以分析农业保险是否可以减轻自然灾害对农业经济的负面影响，他们的数据表明，每增加 1 元农业保险保费，自然灾害导致的第一产业损失可以降低 8.19 元。

应急决策方面，还可能产生决策难达共识、决策信息不全、决策不够动态等问题；环境污染方面，灾害导致的大气、水体、土壤污染也是潜在的风险因素；民众心理方面，民众对风险感知、认知不足，政府与民众之间的沟通不畅，民众内部产生恐慌心理及对政府部门产生不信任感，都是社会风险的重要来源。

### 4. 法律法规完善

灾难事件社会风险必须依法治理，法律法规在实践过程中不断完善。对灾难事件社会风险的法律研究进行图谱分析，理清研究脉络，发现研究热点，明确存在问题。在 CNKI 数据库中，以"[TI =（灾难+灾害+事故+事件+突发+应急）] and TI = 法律"为检索命令，在 CSSCI 学术期刊中检索对灾难事件社会风险法律进行研究的论文，共得到 306 篇相关论文。对论文标题进行浏览，删除与灾难信息不相关的论文，如学校事故法律责任、高校突发事件应急法律机制、意外事故民事责任等，共得到 154 篇紧密相关的论文。

将得到的论文导出，在 Citespace 软件中转换后，选择时间切片为 2002~2021，节点类型为关键词，选择标准为 G-index，其中 $k = 100$，裁剪方式都不勾选，生成灾难事件社会风险法律研究论文的关键词共现图谱，并以关键词进行聚类，得到图 3.29 所示的灾难事件社会风险法律研究论文的关键词聚类图谱。从图 3.29 中的聚类结果可以看出，目前灾难事件社会风险法律研究论文主要研究热点有两大类，第一类是 #0 突发事件应急状态紧急处置权法律规制探析，主要包括突发事件、法律规制、疫情防控、法律规则、网络谣言、法律风险等关键词；第二类是 #1 公共卫生应急法律制度的构建和完善，主要关键词有应急管理、紧急状态和法律机制等。

将得到的论文按照发表年份进行排序，得到灾难事件社会风险法律研究论文的时间分布，154 篇论文分布于 2002~2021 年，这 20 年间，每年论文数量波动较大，大致可分为四个阶段。第一阶段是 2002~2008 年，此阶段每年发表的论文数量为 1~5 篇；第二阶段是 2009~2014 年，此阶段每年论文数量为 11~21 篇；第三阶段是 2015~2019 年，此阶段每年论文数量为 3~5 篇；第四阶段是 2020~2021 年，每年论文数量再次升高，2020 年为 17 篇，2021 年为 14 篇。以下将分阶段对各年的研究论文进行分析。

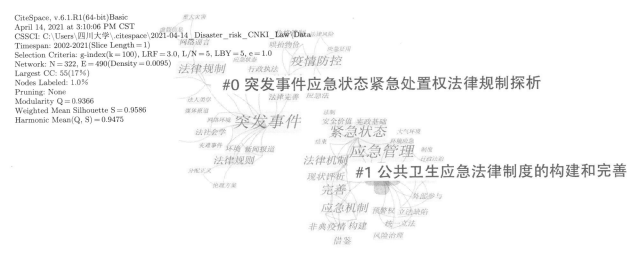

图 3.29    灾难事件社会风险法律研究论文的关键词聚类图谱

第一阶段（2002～2008 年）论文的关键词共现图谱如图 3.30 所示，这一阶段论文数量不多，主题较为分散。出现频次较高的关键词是应急机制和不可抗力。特别是，针对"非典"疫情事件的发生，论文[144]探讨了突发公共卫生事件中国家公共安全和公民知情权的重要性；论文[145]基于我国公共卫生应急机制存在的问题，讨论了公共卫生应急法律制度的构建和完善问题；针对松花江污染事故，论文[146]和论文[147]分别对我国水污染事故行政罚款的法律问题完善进行了探讨。该阶段还有一些其他论文，如由大连海域溢油事故引发的对我国海洋环境保护法律的思考[148]，对重大突发事件中民商法律问题的讨论[149]，对在自然灾害中毁损、灭失房屋按揭贷款法律问题的探讨等[150]。

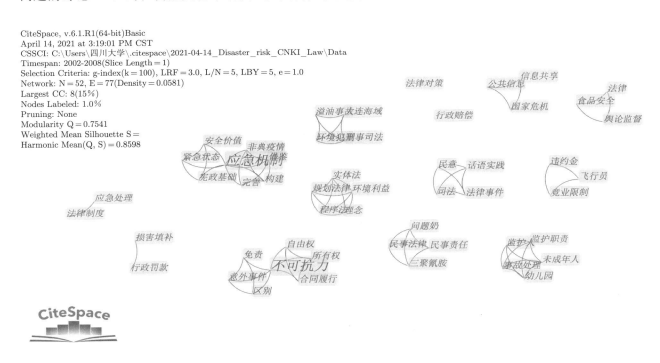

图 3.30    2002～2008 年灾难事件社会风险法律研究论文关键词共现图谱

第二阶段（2009～2014 年）论文的关键词共现图谱如图 3.31 所示，出现频次最高的关键词是突发事件、应急管理、事故调查、法律责任等。这一阶段论文数量较多，主题丰富，不同年度主要是以不同的事件为导向。

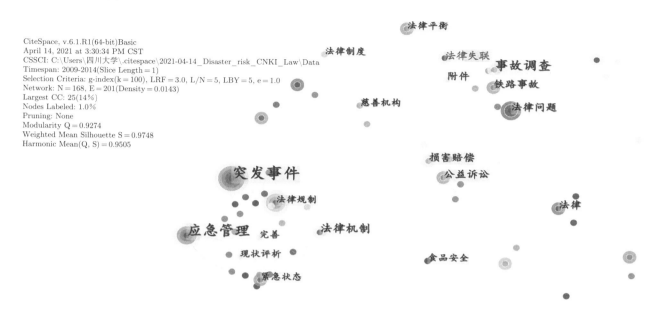

图 3.31　2009～2014 年灾难事件社会风险法律研究论文关键词共现图谱

　　2009 年的论文主要以"三鹿奶粉事件"为切入点，论文[151]提出尽快制定《缺陷产品召回法》，构建我国的缺陷产品召回法律制度；论文[152]提出在修改《国家赔偿法》时，引入保护规范理论；论文[153]对《食品安全法》第 55 条关于名人代言虚假广告的法律责任的相关规定做出学术评论；论文[154]提出了我国食品安全事故的法律责任分析框架。

　　2010 年有 3 篇论文都聚焦于群体性事件的法律问题，其中论文[155]对群体事件的政治概念和法律概念进行了界定，论文[156]提出通过完善制定和修改农村法律制度、加强法律宣传解决民族地区农村群体性突发事件；论文[157]指出群体性事件的安全风险，指出法律制度需要在保障群体性表达权利的同时加以限制，在两方面把握好平衡。

　　2011～2012 年的论文主要以"渤海湾油田溢油""塔斯曼海轮溢油""墨西哥湾溢油"等环境污染事故为切入点，论文[158]对渤海油田漏油事故的法律问题进行了较全面的分析，指出了海洋局因未及时主动公开事件信息应承担行政责任，事故责任人应承担清理油污、赔偿海洋生态损害等民事责任和相应的刑事责任。刑事责任方面，论文[159]对《刑法修正案（八）》中重大环境污染事故罪的修改进行了讨论，论文[160]指出我国海洋环境保护法律责任制度的缺陷及完善，指出应出台"污染环境罪"的司法解释，并修改相应条文。损害赔偿方面，论文[161]以塔斯曼海轮溢油事故为例，对船舶溢油海洋环境损害赔偿法律问题进行了深入研究，论文[162]对渤海溢油事故海洋生态损害赔偿法律问题进行了深入研究，论文[163]梳理了墨西哥湾原油泄漏事件对我国海洋环境责任保险制度的启示。

　　2013～2014 年的论文侧重于法律制度的完善和马航 MH370 事件的法律问题。法律制度完善方面，研究者对国际河流洪水灾害防治的法律制度的构建[164]、我国食品安全事故补偿基金法律制度[165]和大气污染应急管理法律制度[166]的完善进行了探讨。在马航 MH370 事件方面，研究者探讨了国际航空事故的赔偿问题[167]和航空事故调查法律责任[168]。

　　第三阶段（2015～2019 年）论文的关键词共现图谱如图 3.32 所示，这一阶段出现频次较高的关键词是风险社会、善后处理、基因编辑等。这一阶段的论文数量不多，主题较为发散。论文[169]从"芦山地震"切入，论述了制定和颁行《心理救援条例》对规避地震等自然灾害引发的"二次伤害"的必要性；论文[170]从"余姚水灾"切入，论述了提升灾害应急预案供给与启动的法律效用的重要性；论文[171]和论文[172]从"基因编辑婴儿事件"切入，分别讨论了人体胚胎基因编辑的伦理及法律问题，以及人体基因编辑技术运用的法律规制问题。论文论述了构建和完善洪水灾害保险的法律制度[173]、突发环境事件预警法律制度[174]和雾霾应急法律机制[175]的紧迫性。

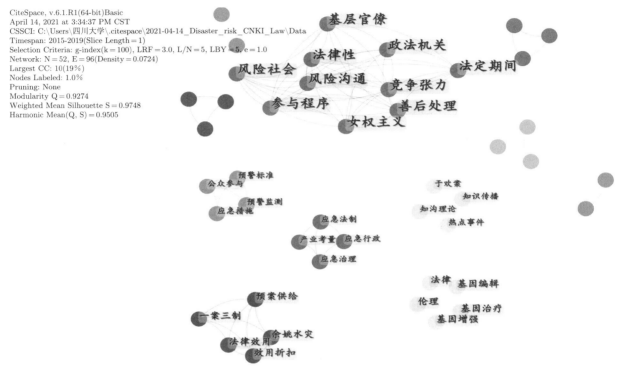

图 3.32　2015~2019 年灾难事件社会风险法律研究论文关键词共现图谱

第四阶段（2020~2021 年）论文的关键词共现图谱如图 3.33 所示，这一阶段出现频次较高的关键词是突发事件、疫情防控、应急管理、信息公开、信息发布等。这一阶段的论文围绕新型冠状病毒感染疫情（简称新冠疫情）这一突发公共卫生事件展开，研究内容十分丰富。网络谣言方面，论文[176]和[177]界定了何为网络谣言，论述了信息社会网络谣言传播的特点，提出了完善谣言发布、传播和认定处理三类主体法律责任的紧迫性。价格管制方面，论文[178]和[179]论述了重大突发公共事件中价格管制的正当性及其法律规制，并提出应当完善《价格法》的相关规定，依法规制突发事件下的哄抬物价行为。信息利用、公开和发布方面，论文[180]论述了突发事件应对中的个人信息利用与法律规制，论文[181]指出了《传染病防治法》与《突发事件应对法》在信息公开方面存在新的一般规定与旧的特别规定之间的冲突，并提供了《传染病防治法》第 38 条的修改建议；论文[182]为突发传染病信息发布的法律设置构建了决策责任、集中权威、就地效能和监督矫正四项原则。应急法律体系构建和完善方面，论文[183]指出我国应急管理法律体系建设还存在缺少"基本法"的问题，提出构建"1+4"全过程应急管理法律体系对推动应急管理法治化进程的重要作用，论文[184]和论文[185]分别从风险治理视角和紧急状态视角提出了突发传染病应急管理法律制度的完善路径。

## 3.3　信息风险图谱

灾难信息传播过程中，容易出现信息失真、不确定、不充分等问题，导致社会失序、失稳、失衡。

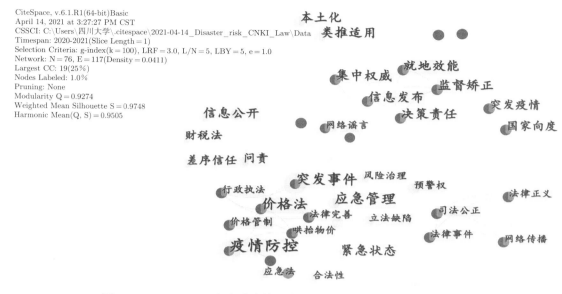

CiteSpace, v.6.1.R1(64-bit)Basic
April 14, 2021 at 3:27:27 PM CST
CSSCI: C:\Users\四川大学\.citespace\2021-04-14_Disaster_risk_CNKI_Law\Data
Timespan: 2020-2021(Slice Length = 1)
Selection Criteria: g-index(k = 100), LRF = 3.0, L/N = 5, LBY = 5, e = 1.0
Network: N = 76, E = 117(Density = 0.0411)
Largest CC: 19(25%)
Nodes Labeled: 1.0%
Pruning: None
Modularity Q = 0.9274
Weighted Mean Silhouette S = 0.9748
Harmonic Mean(Q, S) = 0.9505

图 3.33　2020~2021 年灾难事件社会风险法律研究论文关键词共现图谱

本节利用文献可视化工具对灾难信息风险图谱进行绘制、剖析和解读。

### 3.3.1　全球文献扫描

　　Web of Science 数据库是全球科学家发表文献的重要平台，其数据具有全面性、及时性，首先对全球重点国家、重点机构和重要作者等信息进行探索。

1. 文献检索过程

　　在文献检索过程中（图 3.34），选择 Web of Science 核心合集数据库，选定 SCI 和 SSCI 引文索引，检索标题中含有"hazard"或"disaster"且同时含有"risk"一词的信息领域的 SCI/SSCI 论文。限定包含的文献类型为论文或综述，限定文献的语言为英语，得到 800 余篇相关文献。

图 3.34　灾难信息风险 Web of Science 文献检索过程

　　将检索得到的文献按照出版年份进行统计，得到 Web of Science 核心合集数据库中灾难事件信息风险相关论文的统计图，如图 3.35 所示。从图中可以看出，1984~2007 年，发文数量呈现缓慢增长的趋势，但每年的发文数量都少于 20 篇；自 2008 年始，发文数量开始上升，2020 年论文数量已经超百篇。由于近 15 年（2007~2021年）灾难信息风险相关论文占所检索论文的86%，呈现出较为集中的趋势，此处导出该时间段的论文共 787 篇进行后续分析。 Web of Science 支持 10 种文献导出格式，选中所有相关文献，选择导出全记录与参考文献，将之以 Plain text file 格式导出，然后使用 Citespace

软件进行文献可视化分析。

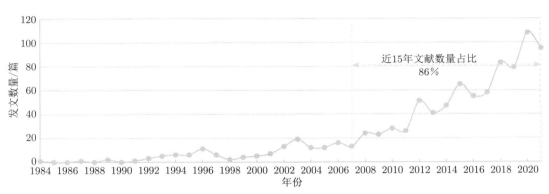

图 3.35 灾难信息风险 Web of Science 文献时间分布

2. 文献可视分析

在 Citespace 软件中,将时间设置为 2007~2021 年,每一年为一个切片,节点类型依次选择国家、机构和关键词,进行核心国家、核心机构和核心关键词分析。

1) 国家合作分析

在 Citespace 软件中,采用 G 指数(g-index)节点选择标准,规模指数 k 设置为 25。网络裁剪方法为"选择路径",复选裁剪切片网络和裁剪合并网络,生成灾难信息风险英文文献核心研究国家共现图谱,如图 3.36 所示。

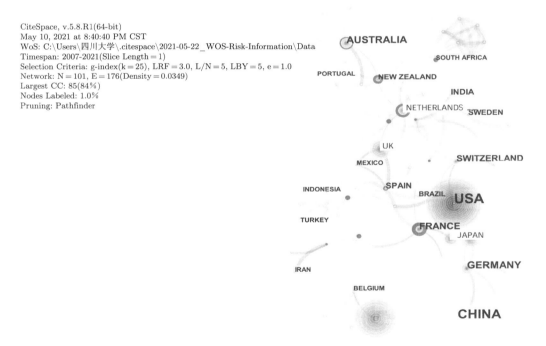

图 3.36 灾难信息风险核心研究国家共现分析

A. 共现分析

图3.36 中的节点表示国家,节点越大,表示该国学者发表的论文越多;节点与节点之间的连线表征了国家合作关系。

结合表 3.7 可以看出，共有 193 篇论文是由美国（USA）研究人员发表，居世界第一位，中国（China）的研究人员以 162 篇居于第二位。从国家合作角度来看，法国（France）的中心性达到 0.48，丹麦（Denmark）中心性达 0.39，荷兰（Netherlands）的中心性是 0.23，它们是国家与国家合作中的关键节点。将发文频次排名前 10 的国家和中心性排名前 10 的国家进行整理，得到表 3.7。可见，发文频次高的国家和合作关键节点国家几乎不同，但法国和丹麦不论是在发文频次上，还是在合作关键程度上，都位于前 10 名之列。

**表 3.7  按发文频次及中心性排序的灾难信息风险研究核心国家**

| 序号 | 国家 | | 频次 | 序号 | 国家 | | 中心性 |
| --- | --- | --- | --- | --- | --- | --- | --- |
| | 中文 | 英文 | | | 中文 | 英文 | |
| 1 | 美国 | USA | 193 | 1 | 法国 | France | 0.48 |
| 2 | 中国 | China | 162 | 2 | 丹麦 | Denmark | 0.39 |
| 3 | 英国 | UK | 75 | 3 | 挪威 | Norway | 0.38 |
| 4 | 意大利 | Italy | 70 | 4 | 新西兰 | New Zealand | 0.33 |
| 5 | 日本 | Japan | 55 | 5 | 南非 | South Africa | 0.27 |
| 6 | 德国 | Germany | 49 | 6 | 荷兰 | Netherlands | 0.23 |
| 7 | 澳大利亚 | Australia | 43 | 7 | 希腊 | Greece | 0.20 |
| 8 | 法国 | France | 42 | 8 | 西班牙 | Spain | 0.18 |
| 9 | 荷兰 | Netherlands | 34 | 9 | 秘鲁 | Peru | 0.17 |
| 10 | 瑞士 | Switzerland | 30 | 10 | 尼泊尔 | Nepal | 0.16 |

B. 聚类分析

在共现图谱的基础上，继续使用Citespace的聚类按钮，对上述内容进行聚类，生成灾难信息风险核心研究国家的聚类图谱（图 3.37）。

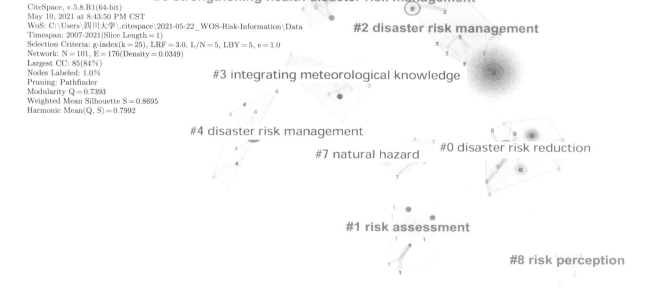

图 3.37  灾难信息风险核心研究国家聚类分析

图的左上角提供了模块值（Q 值）和平均轮廓值（Silhouette，简称 S 值）两个指标，用以评判图谱的效果。一般而言，$Q > 0.3$ 意味着聚类结构显著，$S > 0.5$ 表示聚类合理，$S > 0.7$ 表示聚类结果较好。此次聚类的 $Q = 0.7393$，$S = 0.8695$，表示聚类的结构合理、结果很好。由图 3.37 可知各个国家对灾难信息风险研究的分类以及该类别涵盖的重要国家。

#0 减灾研究（disaster risk reduction），核心国家是法国、德国、意大利、罗马尼亚、埃及；

#1 风险评估（risk assessment），核心国家是希腊、挪威、印度尼西亚、伊朗、土耳其、捷克；

#2 灾难风险管理（disaster risk management），包括澳大利亚、尼泊尔、印度、奥地利；

#3 气象信息集成（integrating meteorological knowledge），核心国家是丹麦、新西兰、越南；

#4 风险管理系统（disaster risk management system），核心国家是荷兰、加拿大、瑞典；

#5 灾难健康风险管理（strengthening health disaster risk management），核心国家是南非；

#7 自然灾害（natural hazard），核心国家是西班牙、哥伦比亚、英国、巴西、墨西哥等；

#8 风险感知（risk perception），核心国家是中国、比利时等。

C. 突现分析

Citespace 的突现功能用以探测某一时段引用量有较大变化的情况，可以发现该国研究人员关注某个话题的时段情况。在控制面板上选择突现选项卡，得到 5 个发文数量变化较大的国家，如图 3.38 所示。

突现强度最大5个国家

| | 国家 | 年份 | 强度 | 开始 | 结束 | 2007～2021 |
|---|---|---|---|---|---|---|
| 美国 | USA | 2007 | 6.36 | **2007** | 2009 | |
| 法国 | France | 2007 | 2.64 | **2007** | 2015 | |
| 奥地利 | Austria | 2007 | 2.68 | **2009** | 2016 | |
| 德国 | Germany | 2007 | 2.33 | **2009** | 2011 | |
| 挪威 | Norway | 2007 | 2.05 | **2011** | 2012 | |

图 3.38 灾难信息风险核心研究国家突现分析

美国的科学研究者在 2007～2009 年较为关注灾难信息风险方面的问题，利用国家和年份数据对初始论文进行筛选，发现该时段内美国的作者共发表了 26 篇论文，其中，文献[186]构建了一种基于统计学习理论的关键基础设施自然灾害风险分析方法，他们的研究首先指出，对配电系统、交通系统、供水系统和天然气系统进行风险评估，存在典型的数据过剩问题，有效利用这些"大数据"对基础设施系统进行评估是困难的，因此，他们设计了一套从大型复杂数据集中进行推理的多样化方法。铁路危险品运输路线风险分析[187]、公众的减灾意识[188]、风险认知[189]等问题，也是该时段美国科研人员关注的话题。

法国的科研工作者在 2007～2015 年都很关注灾难信息风险相关的问题，通过过滤，法国科研人员在该时段共发表论文共计 25 篇。其中，文献[190]总结了利用 GIS 和遥感进行灾害风险治理的主要贡献和挑战，文献[191]提出使用灾害知识矩阵来重构和评估减少灾害风险，文献[192]提出了支持灾害风险评估的人口密度模型。

2）机构合作分析

同样地，在 Citespace 软件中，将节点类型设置为机构，其他参数与国家合作分析一致，得到机构合作网络共现图谱（图 3.39）和机构合作网络聚类图谱。

A. 共现分析

从机构合作网络共现图谱（图 3.39）可以直观地看到，中国科学院、北京师范大学、东北师范大学、英格兰公共卫生局、牛津大学、哈佛大学所对应的节点较大，表示这些机构贡献的论文数量较多。

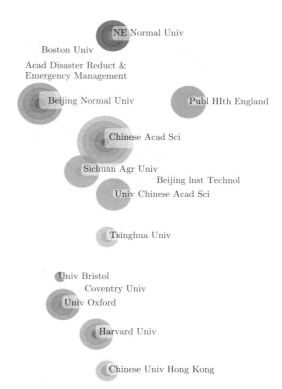

CiteSpace, v.5.8.R1(64-bit)
May 10, 2021 at 8:46:58 PM CST
WoS: C:\Users\四川大学\.citespace\2021-05-22_WOS-Risk-Information\Data
Timespan: 2007-2021(Slice Length = 1)
Selection Criteria: g-index(k = 25), LRF = 3.0, L/N = 5, LBY = 5, e = 1.0
Network: N = 383, E = 316(Density = 0.0043)
Largest CC: 48(12%)
Nodes Labeled: 1.0%
Pruning: Pathfinder
Modularity Q = 0.7393
Weighted Mean Silhouette S = 0.8695
Harmonic Mean(Q, S) = 0.7992

图 3.39　灾难信息风险核心研究机构共现分析

在文献数量排名前十的机构中，中国的科研机构居多，其他机构包括英国的牛津大学、美国的哈佛大学等。总体来讲，由于图 3.39 中没有中心性大于 0.1 的节点，表示各个机构的合作并不是特别紧密。东北师范大学、北京师范大学、中国科学院、清华大学、英格兰公共卫生局、牛津大学、哈佛大学、香港中文大学和布里斯托大学构成了最大的合作网络，其他发表论文的机构比较分散。

B. 聚类分析

在共现图谱的基础上，继续使用 Citespace 的聚类按钮，对上述内容进行聚类，生成灾难信息风险核心研究机构的聚类图谱（图 3.40）。

图的左上角提供了模块值（$Q$ 值）和平均轮廓值（Silhouette，简称 $S$ 值）两个指标，用以评判图谱的效果。一般而言，$Q > 0.3$ 意味着聚类结构显著，$S > 0.5$ 表示聚类合理，$S > 0.7$ 表示聚类结果较好。此次聚类的 $Q = 0.934$，$S = 0.9859$，表示聚类的结构合理、结果很好。由图 3.40 可知各个机构对灾难信息风险研究的分类以及该类别涵盖的重要机构。

\#0 自然灾难系统，核心机构包括中国科学院（Chinese Academy of Sciences）、中国科学技术大学（University of Science and Technology of China）、南京大学（Nanjing University）、中国农业大学（China Agricultural University）、四川农业大学（Sichuan Agricultural University）、福建师范大学（Fujian Normal University）等；

\#2 家畜冰雪灾难，核心机构包括东北师范大学（Northeast Normal University）、西北师范大学（Northwest Normal University）、波士顿大学（Boston University）、肯特州立大学（Kent State University）、中国水利水电科学研究院水资源研究所（China Institute of Water Resources and Hydro Power Research, Department of Water Resources）；

\#3 灾害鉴别研究，核心机构包括哈佛大学（Harvard University）、香港中文大学（Chinese University of Hong Kong）、牛津大学（University of Oxford）、英格兰公共卫生局（Public Health England)、滑铁卢大学（University of Waterloo)、世界卫生组织（World Health Organization ）等；# 8 灾难概率研究，核心机构包括剑桥大学（University of Cambridge)、布里斯托大学（University of Bristol)、卡利亚里大学（University of Cagliari）等。

其他类别比较分散，此处暂不做更多分析和说明。

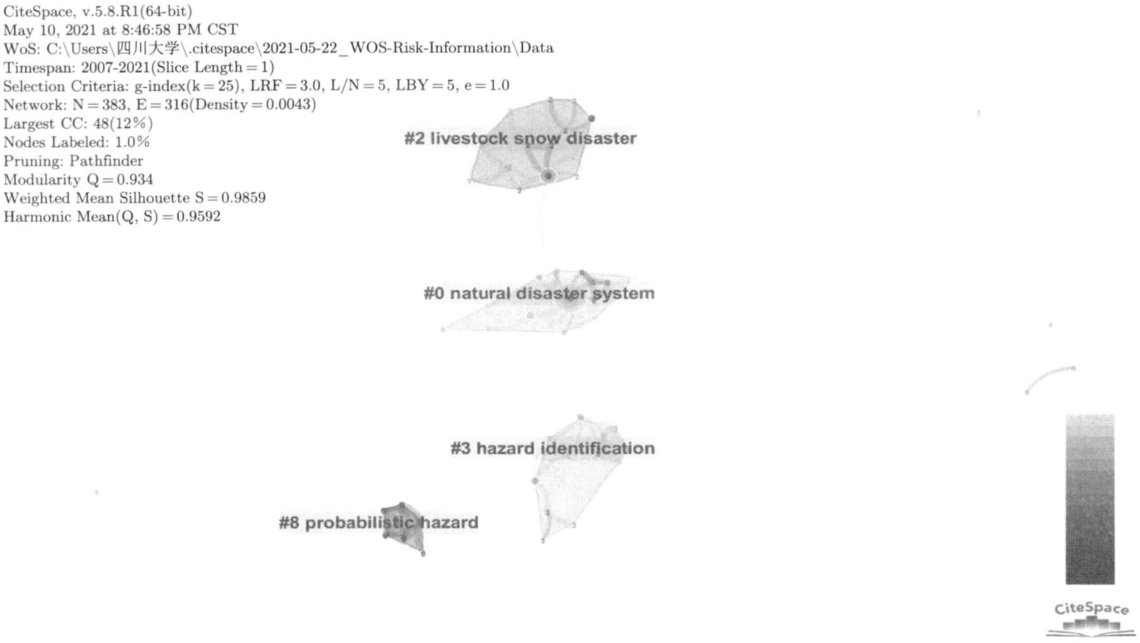
CiteSpace, v.5.8.R1(64-bit)
May 10, 2021 at 8:46:58 PM CST
WoS: C:\Users\四川大学\.citespace\2021-05-22_WOS-Risk-Information\Data
Timespan: 2007-2021(Slice Length = 1)
Selection Criteria: g-index(k = 25), LRF = 3.0, L/N = 5, LBY = 5, e = 1.0
Network: N = 383, E = 316(Density = 0.0043)
Largest CC: 48(12%)
Nodes Labeled: 1.0%
Pruning: Pathfinder
Modularity Q = 0.934
Weighted Mean Silhouette S = 0.9859
Harmonic Mean(Q, S) = 0.9592
#2 livestock snow disaster
#0 natural disaster system
#3 hazard identification
#8 probabilistic hazard
CiteSpace

图 3.40 灾难信息风险文献机构研究主体聚类分析

C. 突现分析

Citespace 的突现功能用以探测某一时段引用量有较大变化的情况，可以发现研究关注某个话题时间的情况。在控制面板上选择突现选项卡，得到 53 个引用量变化最大的机构，并导出前 8 个，如图 3.41 所示。牛津大学（ University of Oxford）的突现强度高达 3.12，在 2017～2019 年在灾难信息风险上关注度极高；东北师范大学（Northeast Normal University）的突现强度为 3.05，在 2009～2014 年持续对这个话题进行研究。

突现强度最大的8个机构

| | 机构 | 年份 | 强度 | 开始 | 结束 | 2007～2021 |
|---|---|---|---|---|---|---|
| 麦考瑞大学 | Macquarie Univ | 2007 | 1.79 | **2008** | 2009 | |
| 东北师范大学 | NE Normal Univ | 2007 | 3.05 | **2009** | 2014 | |
| 高雄海洋大学 | Kaohsiung Marine Univ | 2007 | 1.75 | **2011** | 2012 | |
| 隆德大学 | Lund Univ | 2007 | 2.27 | **2015** | 2019 | |
| 中国气象局 | China Meteorol Adm | 2007 | 1.69 | **2015** | 2018 | |
| 牛津大学 | Univ Oxford | 2007 | 3.12 | **2017** | 2019 | |
| 天津大学 | Tianjin Univ | 2007 | 1.87 | **2017** | 2018 | |
| 四川农业大学 | Sichuan Agr Univ | 2007 | 2.45 | **2019** | 2021 | |

图 3.41 灾难信息风险核心研究机构突现分析

3）作者合作分析

同样地，在 Citespace 软件中，将节点类型设置为作者，其他参数与国家、机构合作分析一致，但是生成的作者共现图谱非常分散，没有比较大型的作者合作网络形成，因此此处未放置作者共现图谱和作者聚类图谱。但是突现分析发现了 5 位发文数量变动较大的作者，如图 3.42 所示。

突现强度最大的5个作者

| 作者 | | 年份 | 强度 | 开始 | 结束 | 2007~2021 |
|---|---|---|---|---|---|---|
| 陈成武(译) | CHENGWU CHEN | 2007 | 2.08 | **2010** | 2012 | |
| 蔡中鸿(译) | CHUNGHUNG TSAI | 2007 | 1.18 | **2010** | 2011 | |
| 卡尔·博坦 | CARL BOTAN | 2007 | 1.14 | **2011** | 2012 | |
| 张继权 | JIQUAN ZHANG | 2007 | 2.29 | **2013** | 2014 | |
| 亚历山大·费克特 | ALEXANDER FEKETE | 2007 | 1.32 | **2019** | 2021 | |

图 3.42　灾难信息风险核心研究作者突现分析

2010~2012 年，突现强度最大的作者是陈成武（译，Chen Cheng-Wu），他在该时段发表了四篇灾难信息风险相关的论文，分别论述基于模糊建模的泥石流潜在危害分析与风险评估[193]、通过优化统计分析进行危害管理和风险设计[73]、基于风险评估信息的旅游业地震灾害管理机制[194]和酒店业台风洪水风险评估与灾害管理机制的开发[195]，他的研究侧重信息在灾害风险评估、灾害危机管理过程中的重要作用。

2010~2011 年，突现强度最大的作者是蔡中鸿（译，Tsai Chung-Hung），他与陈成武是合作者，研究侧重于自然灾难事件对酒店的影响。在该时段，他发表了两篇灾难信息风险相关论文，主要研究基于风险评估信息的旅游业地震灾害管理机制[194]，以及酒店业台风洪水风险评估与灾害管理机制的开发[195]。

其他突现强度较高的作者有卡尔·博坦 2011~2012 年，张继权 2013~2014 年，亚历山大·费克特 2019~2021 年等。

4）研究热点分析

研究热点指的是灾难信息风险研究领域最核心的一个或多个主题，代表着研究者们最关注的理论知识、技术应用。通过对研究热点进行了解，可以跟进该领域的主流研究方向。这里选择 Citespace 中的共词分析功能，节点类型选择关键词，节点选择标准选择 G-指数，为了包含较多的节点，这里规模指数 k 的值选择默认值 25，网络裁剪方法选择关键路径算法，同时复选裁剪切片网络和裁剪合并网络，绘制出灾难信息风险领域的研究热点知识图谱（图 3.43）。

图 3.43 可以直观地反映灾难信息风险研究领域的热点情况。其中，节点的大小表示对应关键词在文献中出现的频次，节点之间的连线代表热点词汇同时出现的关联强度。从图中可以看出，词 model 对应的节点最大，表示灾难信息风险领域对信息传播模型的研究是重要的热点。

根据各个节点的频次统计结果列出排名前 10 的热点词汇列表（表3.8）。在所列词汇中，"hazard"（灾害/灾难），"climate change"（气候变化）和"earthquake"（地震）这三个热点词是灾难信息风险的触发事件；"risk assessment"（风险评估）、"management"（风险管理）、"disaster risk reduction"（减灾）这三个词的频次分别是 72 次、63 次和 52 次，是灾难信息理论和实践应用的重点方面；除此之外，研究人员还关注灾难信息风险的数学模型（model）、承灾体面对灾害的脆弱性（vulnerability）、灾难对社会经济等各个方面的影响（impact）和信息（information）在灾难风险识别、评估、管理等过程中的重要作用等。

5）研究前沿分析

一个研究领域的研究前沿主要探讨的是该领域当下兴起的研究趋势和技术动态。当下的研究前沿既可能在未来成为研究热点，也可能在短暂兴起后迅速淡出研究视野。总体来说，研究前沿代表时下最先进、最具创新性和最具研究潜力的主题。

在 Citespace 软件中，并没有直接的研究前沿分析按钮，但是根据研究前沿具有的近今性、中低频性、高价值性和高突现性，可以通过使用文献共被引分析得到。近今性，是指研究前沿距离当前时间

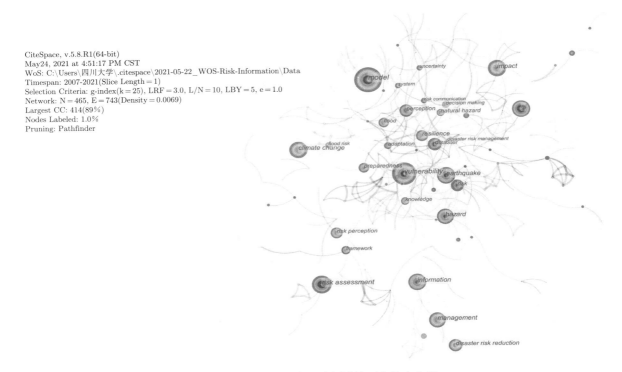

图 3.43　灾难信息风险领域的研究热点分析

**表 3.8　灾难信息风险热点词汇列表**

| 序号 | 频次 | 中心度 | 年份 | 热点词 |
|---|---|---|---|---|
| 1 | 93 | 0.11 | 2008 | model |
| 2 | 87 | 0.05 | 2008 | vulnerability |
| 3 | 72 | 0.09 | 2009 | risk assessment |
| 4 | 66 | 0.14 | 2009 | hazard |
| 5 | 63 | 0.02 | 2012 | management |
| 6 | 63 | 0.00 | 2007 | climate change |
| 7 | 62 | 0.06 | 2008 | earthquake |
| 8 | 56 | 0.05 | 2012 | impact |
| 9 | 55 | 0.08 | 2010 | information |
| 10 | 52 | 0.01 | 2011 | disaster risk reduction |

节点比较近，一般为近三至五年；中低频性，是指研究前沿主题关键词频次不是处于较高水平；高价值性，是指代表研究前沿的词汇在短时间内获得大量引用，其中介中心性较高；高突现性，是指关键词在短时间里爆发。在软件中，将节点类型选择参考文献，其他参数与热点分析一致，运行软件后对参考文献进行聚类，生成灾难信息风险研究前沿分析的聚类视图（图 3.44）和时间轴视图（图 3.45）。聚类视图可以清晰地看到现有灾难信息风险研究分为七个主题，时间轴视图则可以明确显示各个研究主题被重点关注的时段。

2015 年之前，该领域主要聚焦#0 备灾（disaster preparedness），#1 沿海灾害（coastal hazards），#4 国际框架（international framework）和 #6 风险描述（description of risk）。

备灾（#0 disaster preparedness）指的是国家、地方、社区、个人在灾难发生之前所做的救援物资、避险场所、食物、饮用水和药物等各方面的储备，还包括应急预案的编制和抢险救援的演习等。

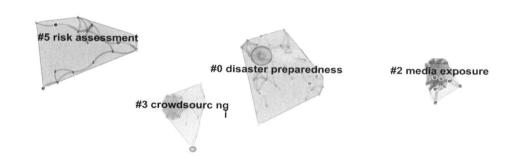

CiteSpace, v.5.8.R1(64-bit)
May25, 2021 at 3:17:28 PM CST
WoS: C:\Users\四川大学\.citespace\2021-05-22_WOS-Risk-Information\Data
Timespan: 2007-2021(Slice Length = 1)
Selection Criteria: g-index(k = 25), LRF = 3.0, L/N = 10, LBY = 5, e = 1.0
Network: N = 560, E = 901(Density = 0.0058)
Largest CC: 161(28%)
Nodes Labeled: 1.0%
Pruning: Pathfinder
Modularity Q = 0.9256
Weighted Mean Silhouette S = 0.981
Harmonic Mean(Q, S) = 0.9525

图 3.44　灾难信息风险研究前沿分析（聚类视图）

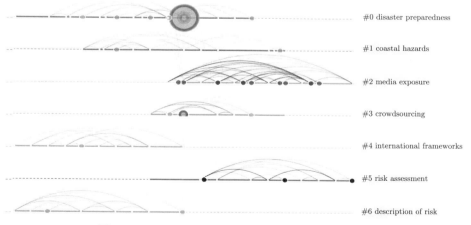

图 3.45　灾难信息风险研究前沿分析（时间轴视图）

通过实地调查的手段探索备灾情况对家庭、社区风险感知的影响[196]，或风险感知对家庭、社区备灾情况的影响[197]，以及某个国家现在的备灾水平是否足以应对某类灾害[198]，是较为常见的备灾研究内容；通过减灾银行[199]、家庭保险[200]和减灾教育来提升个人、家庭、社区面对灾害的感知和韧性也是备灾的重要手段；探索地球观测和数据及云计算手段如何满足灾害管理领域的信息需求[201]，如用以减弱应急决策过程的人为错误，弥补决策部门效率偏低、社区家庭准备不足的问题[202]，是前沿研究方向。

沿海灾害（#1 coastal hazards）是指使沿海地区面临财产损失、生命损失和环境退化风险的物理现象，包括海地地震和山体滑坡引起的海啸，伴随强风、海浪和海啸的大型旋风等。灾难信息在不同群体之间传播、沟通不畅往往会导致准备不足，从而加重灾害损失，意识到这个关系，文献[203]调查不同家庭社会经济资产情况与其对灾害的认知、准备、应对措施是否有影响，他们的研究结果证明，家庭采取应对措施的程度主要取决于其社会经济资产状况的要素和气旋危害后果的持续时间；文献[204]指出，因为数据的复杂性，保险公司要将沿海灾害破坏性结果的风险概率建模结果传达给客户是很困难的，这种沟通不畅会阻止客户进行投资或导致不恰当的高保费水平，不利于灾后快速恢复。评估沿海居民、微观行政单位和城市对沿海灾害风险的意识、感知和防备能力，也是重要的研究内容。

国际框架（#4 international framework）对于人类更好地应对不确定的未来、提高抵御灾害风险和气候变化的能力具有重要作用。在过去 20 年间，建设更安全世界的横滨战略和行动计划（Yokohama Strategy and Plan of Action for a Safer World）、2005~2015 年兵库行动框架（Hyogo Framework for Action，HFA）和仙台减少灾害风险框架 2015~2030（Sendai Framework for Disaster Risk Reduction，SFDRR）是三个影响最广泛的国际战略和行动方案[205]。横滨战略于 1994 年通过，这是第一份在国际层面为准备、预防和减轻灾害影响提供指导方针的文件；兵库行动框架于 2005 年通过，旨在"通过建立国家和社区的抗灾能力，到 2015 年大幅减少灾害损失"，是普及减灾概念的最重要的国际文件。仙台减灾框架于 2015 年敲定，它包括一套自愿的目标和优先事项，以增强对当前和未来灾害的抵御能力，并防止因小型和大型灾害而导致发展受挫。

风险描述（#6 description of risk）对灾害风险管理决策感知具有重要作用。文献[206]调查了从事灾害风险管理工作的专业人员如何看待不同风险描述的有用性，研究发现，描述情景的可能性和后果的方式会影响风险感知有用性。

2015 年至今，该领域主要聚焦于媒体报道（#2 media exposure）、众包（#3 crowdsourcing）和风险评估（#5 risk assessment）。

媒体报道（#2 media exposure），媒体对灾难事件的报道一方面披露事实，一方面引导民众的心理和行为。文献[207]以中国汶川 8.0 级地震和芦山 7.0 级地震的调查数据为基础，探索了媒体曝光度、灾害经历严重程度、居民对发生灾害可能性和严重程度的感知之间的关联，研究发现，媒体曝光度与居民对发生灾害可能性和严重程度的感知呈负相关关系，灾害经历严重程度与居民对发生灾害可能性和严重程度的感知呈正相关关系。进一步地，文献[208]指出，信息可信度是有效灾害沟通的重要因素，其强度影响居民的疏散意愿。

众包（#3 crowdsourcing）本是一种商业模式，指的是把原来公司内部完成的任务交给互联网大众完成，这个概念最初由美国的记者杰夫·豪（Jeff Howe）于 2006 年提出，中国的学者刘锋在 2005 年提出"威客"的概念，与之意思相同，但侧重从信息技术方面阐述"众包"的概念[209]。这一技术的发展为降低灾害风险带来了新的机遇。在灾中和灾后的救援工作中，高度可靠的位置信息是至关重要的，但要获取此类信息往往不甚容易，利用志愿者众包的方式，公民可以通过在线申请的方式提交待救援信息，这种趋势将有利于政策制定者和灾害风险管理人员作出更明智的决策[210]。另外，志愿者也可以通过这样的系统提交自己所在的地理信息，再辅以 GIS 数据和遥感技术，可以更加综合、全面地对接救援和待救援信息[190]。

风险评估（#5 risk assessment）是传统且重要的话题，但近几年主要集中于多灾种灾害风险评估。文献[211]评估了受多灾种灾害影响家庭的风险感知和应对能力，发现尽管案例研究区域的居民经历过严重的洪水和缺水灾害，但其对同类灾害的风险应对能力仍然很低，文献提出需要将信息、信任和激励等三项措施结合起来，以提高居民的应对能力并增强复原力。文献[212]指出，有效的知识库是支持风险知情规划战略的关键，并指出对多灾害城市中暴露和脆弱性的综合评估是风险知情规划战略的关键工具。文献[213]以中国汶川为例，对"地震–滑坡–泥石流"灾害链造成的人口流失风险进行了评估。

### 3.3.2 国内文献梳理

从 CNKI 数据库下载与"灾难事件信息风险"相关的科学论文，从关键词共现、聚类、突现角度对研究热点和研究前沿进行梳理。

1. 文献检索过程

在 CNKI 数据库中，将检索范围限定为"学术期刊"，文献来源限定为 SCI 来源期刊、EI 来源期刊和 CSSCI 来源期刊，检索方式选择"专业检索"。检索过程中使用的语句如图 3.46 所示，检索语句"TI ＝（灾难＋ 灾害＋ 事故＋事件） and TI＝（风险＋ 危机） and SU ＝信息"含义为：检索 CSSCI 期刊库中**标题**含有"灾难"或"灾害"或"事故"或"事件"，且同时含有"风险"或"危机"任一词的所有信息领域的 SCI、EI、CSSCI 论文。

图 3.46　灾难信息风险 CNKI 文献检索过程

检索共得到 353 篇相关文献，文献的发表年份如图 3.47 所示。从文献数量上看，可以分为三个阶段，2001~2007 年是第一阶段，这一阶段的文献数量较少，每年文献数量在 10 篇以下；2008~2015 年是第二阶段，这一阶段的文献数量总体大幅增加，文献数量在 10~30 篇，到 2016 年，文献数量为 38 篇；从 2016 年开始为第三阶段，这一阶段的文献数量波动很大，先大幅回落，2018 年仅 12 篇相关论

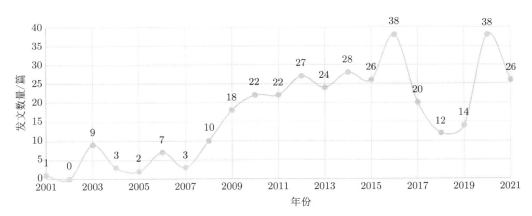

图 3.47　灾难信息风险 CNKI 文献时间分布

文，然后论文数量开始上升，于 2020 年又达到所有年度的最高值。

CNKI支持 11 种文献导出格式，包括 GB/T 7714-2—015 格式、CAJ-CD 格式、MLA 格式、Refworks 格式等。为后续使用 Citespace 软件进行文献可视化分析，选中所有检索文献（共 356 篇，不包括网络首发文献），将之以 Refworks 格式导出，并重命名为 download_X，然后使用 Citespace 软件，对文件进行格式转换，从而进行文献可视化分析。

2. 文献可视分析

通过 Citespace 软件，对 CNKI 数据库灾难信息风险相关文献进行研究热点和研究前沿分析。

1）研究热点

在 Citespace 软件中，将节点类型设置为关键词，节点选择标准选择 G-指数，规模指数 $k$ 的值选择默认值 25，网络裁剪方法选择关键路径算法，同时复选裁剪切片网络和裁剪合并网络，绘制出灾难信息风险 CNKI 文献呈现的研究热点知识图谱，如图 3.48 所示。

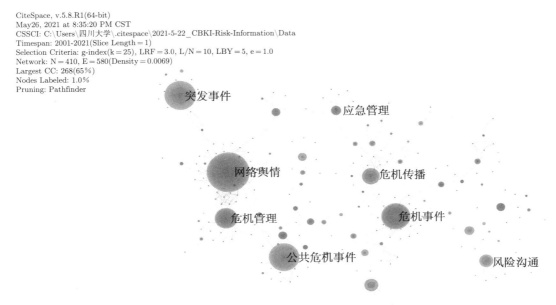

图 3.48    灾难信息风险 CNKI 文献研究热点

图 3.48 可以直观地反映 CNKI 文献中灾难信息风险研究的热点情况。其中节点的大小表示对应关键词在文献中出现的频次，节点之间的连线代表热点词汇同时出现的关联强度。从图中可以看出，词汇"网络舆情"对应的节点最大，表示灾难信息风险领域对网络舆情的研究是重要的热点，除此之外，突发事件、危机事件、公共危机事件、危机传播、危机管理等词汇所对应的节点也很大，是灾难信息风险研究的重点。

根据各个节点的频次统计结果列出排名前 15 的热点词汇列表，如表 3.9 所示。在所分析的文献中，网络舆情、危机预警和网络分析法首次出现的年份是 2001 年，且对应的频次也较高，分别为 42 次、22 次和 21 次，可见，用网络分析法对网络舆情进行研究，并探索舆情危机预警是重要的研究热点；危机事件、突发事件和危机管理首次出现的年份是 2003 年，其频次很高，分别为 34 次、24 次和 22 次，可见，危机事件、突发事件的概念自 2003 年起在灾难信息风险领域的研究开始受到重视；2006~2007 年，公共危机事件、公共危机进入研究者视野；2008 年开始，对危机传播、信息扩散和信息公开的重视程度逐渐加深；2015 年之后，风险沟通、风险感知及大数据在灾难信息风险中的研究涌现出来。

表 3.9　灾难信息风险 CNKI 文献热点词汇列表（高频次）

| 序号 | 关键词 | 频次 | 中心性 | 首次出现年份 |
|---|---|---|---|---|
| 1 | 网络舆情 | 42 | 0.17 | 2001 |
| 2 | 危机事件 | 34 | 0.32 | 2003 |
| 3 | 公共危机事件 | 31 | 0.32 | 2006 |
| 4 | 突发事件 | 24 | 0.11 | 2003 |
| 5 | 危机管理 | 22 | 0.34 | 2003 |
| 6 | 危机预警 | 22 | 0.00 | 2001 |
| 7 | ANP（网络分析法） | 21 | 0.00 | 2001 |
| 8 | 危机传播 | 18 | 0.10 | 2008 |
| 9 | 公共危机 | 14 | 0.19 | 2007 |
| 10 | 风险沟通 | 11 | 0.03 | 2016 |
| 11 | 应急管理 | 9 | 0.05 | 2016 |
| 12 | 信息扩散 | 8 | 0.03 | 2008 |
| 13 | 大数据 | 7 | 0.12 | 2016 |
| 14 | 信息公开 | 7 | 0.03 | 2008 |
| 15 | 风险感知 | 7 | 0.01 | 2015 |

　　根据各个节点的中心性统计结果列出排名前 10 的热点词汇列表，如表 3.10 所示。其中，危机事件、公共危机事件、突发事件都是引发"灾难信息风险"的触发事件；灾难事件发生后，会引发"网络舆情"，舆情中的负面信息逐渐扩散传播，有可能会引起"公共危机"，这个过程是"危机传播"的一种形式，分析其"传播机制"、"应对机制"及"大数据"在舆情产生、危机传播，特别是危机管理中的作用，是十分重要的研究话题。

表 3.10　灾难信息风险 CNKI 文献热点词汇列表（高中心性）

| 序号 | 关键词 | 频次 | 中心性 | 首次出现年份 |
|---|---|---|---|---|
| 1 | 危机管理 | 0.34 | 22 | 2003 |
| 2 | 危机事件 | 0.32 | 34 | 2003 |
| 3 | 公共危机事件 | 0.32 | 31 | 2006 |
| 4 | 公共危机 | 0.19 | 14 | 2007 |
| 5 | 网络舆情 | 0.17 | 42 | 2001 |
| 6 | 图书馆管理 | 0.13 | 2 | 2006 |
| 7 | 大数据 | 0.12 | 7 | 2016 |
| 8 | 突发事件 | 0.11 | 24 | 2003 |
| 9 | 危机传播 | 0.10 | 18 | 2008 |
| 10 | 应对机制 | 0.10 | 3 | 2005 |

2）研究前沿

　　在热点图谱的基础上，继续使用软件的聚类按钮，选用关键词生成聚类标签，得到 CNKI 灾难信息风险研究前沿分析的聚类视图（图 3.49）和时间轴视图（图 3.50）。从聚类视图可以清晰看到，现有灾难信息风险研究分为 15 个主题，时间轴视图则可以明确显示各个研究主题被重点关注的时段。

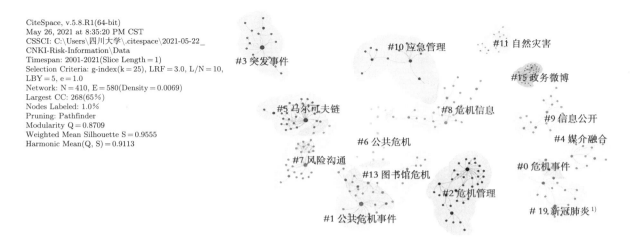

CiteSpace, v.5.8.R1(64-bit)
May 26, 2021 at 8:35:20 PM CST
CSSCI: C:\Users\四川大学\.citespace\2021-05-22_
CNKI-Risk-Information\Data
Timespan: 2001-2021(Slice Length = 1)
Selection Criteria: g-index(k = 25), LRF = 3.0, L/N = 10,
LBY = 5, e = 1.0
Network: N = 410, E = 580(Density = 0.0069)
Largest CC: 268(65%)
Nodes Labeled: 1.0%
Pruning: Pathfinder
Modularity Q = 0.8709
Weighted Mean Silhouette S = 0.9555
Harmonic Mean(Q, S) = 0.9113

图 3.49　灾难信息风险 CNKI 文献聚类分析（聚类视图）

1）2022年12月26日，国家卫生健康委员会将"新型冠状病毒肺炎"更名为"新型冠状病毒感染"

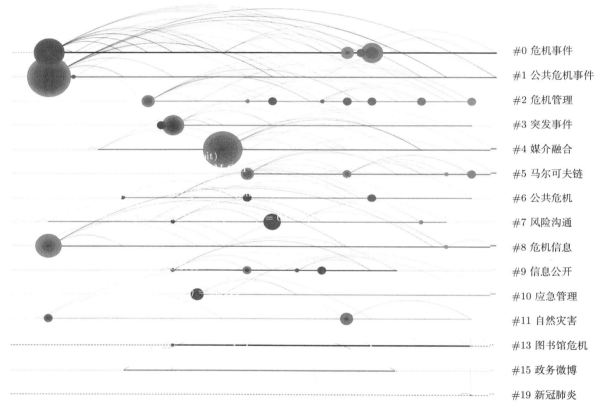

图 3.50　灾难信息风险 CNKI 文献聚类分析（时间轴视图）

　　研究类别一是#0危机事件，该类别中的主要关键词（图3.49）有危机事件、风险社会、应对机制、政府形象、非典型性肺炎，其中节点最大的主要关键词是"危机事件"；从时间轴看（图3.50），危机事件一词最初在 2003 年出现，与之同时期的关键词还有非典型性肺炎、风险社会、应对机制和危机事件；2007 年前后，侧重于使用"矩阵模型"研究危机事件；2010~2013 年，该关键词常与企业发展危机、网络传播危机同时期出现；2016 年至今，危机事件的"媒介逻辑信息表征""信息需求""信息服务"是重点内容。用关键词"危机事件"对检索到的文献进行过滤，得到 51 篇文献，其中影响力最大的论文是《公共部门危机管理体制：以非典型肺炎事件为例》[214]，文章针对我国在抗击"非典"过程中暴露的公共管理体制问题，提出要建立有效的预警机制、内部协调机制、政府间或国家间的合作机制，发展专业化的组织能力并建立社会支持系统，吸收公民和社区的参与。

研究类别二是 #1 公共危机事件，该类别的主要关键词有公共危机事件、公众舆论、自媒体、新媒体语境、网络舆论和全球性风险等，其中节点最大的主要关键词是"公共危机事件"；从时间轴看，公共危机事件关键词最初出现在 2006 年，与之同时期的关键词还有国务院、突发公共事件、政府公共危机和议题管理等；2010 年后，公共危机事件一词主要与公民传播权、网络舆论、新媒体语境被同时使用；2016 年后，山东疫苗事件备受关注，2019 年后，网络谣言、COVID-19 等公共危机对社会稳定运行带来的冲击与挑战成为研究重点。用关键词"公共危机事件"对检索到的文献进行过滤，得到 52 篇文献，其中影响力最大的论文是《公共危机事件网络舆情内在演变机理研究》[215]和《公共危机事件网络舆情应对机制及策略研究》[216]，其中，前者分析了公共危机事件网络舆情的形成机理、发展机理、变异机理、作用机理和终结机理，并剖析了公共危机事件网络舆情生命周期的演变路径、演变表现和演变动因；后者在归纳总结舆情演变机理基础上，分析了公共危机事件网络舆情应对机制与演变机理，从运行机制、预警机制、处置机制和善后机制四个方面提出了舆情危机的应对策略。

研究类别三是 #2 危机管理，该类别的主要关键词有危机管理、危机沟通、事件研究、社会化媒体等，其中节点最大的主要关键词是"危机管理"；从时间轴看，危机管理关键词最初出现在 2003 年，与之同时期的关键词还有社会网络、信用风险、事件研究等，2006~2010 年，危机管理一词常与危机意识、危机影响、危机沟通、台风灾害等关键词同时出现，2012 年，则主要与信息科技风险同时被使用，值得注意的是，2016 年之后，危机管理一词较少被使用。用关键词"危机管理"对检索到的文献进行过滤，得到 23 篇文献，其中影响力最大的论文有《SARS 事件与中国危机管理体系建设》[217]和《防范与重构：从 SARS 事件看转型期中国的危机管理》[218]，其中，前者从危机管理角度分析了SARS危机具有的复合性、全球性、结构良性特点，从政府功能、媒体与公众沟通、社会网络及法律框架四个方面对中国危机管理体系建设进行了详细分析；后者强调了危机事件的常态性、不可回避性和危机管理体系建设的紧迫性，并指出必须对我国旧有危机管理体系进行重构。

研究类别四是 #3 突发事件，该类别的主要关键词有突发事件、大数据、重大突发公共卫生事件、风险治理、舆论引导等，其中节点最大的主要关键词是"突发事件"；从时间轴看，2006 年，突发事件常与政府管理和危机储备同时出现，2006 年，则常与传播模式、大数据、舆论引导等关键词同时被使用，2019年后，突发事件、大数据和政策工具、风险治理等关键词常同时出现。用关键词"危机管理"对检索到的文献进行过滤，得到 44 篇文献，其中影响力最大的论文是《突发事件中政务微博的网络舆论危机应对研究——以上海踩踏事件中的@上海发布为例》[219]，它通过对上海踩踏事件中微博号"@上海发布"进行案例分析和统计分析，发现政务微博应该在活跃与网民的深度互动、加强与传统媒体的信息协调、深化与微信类社交媒体的联动等方面实现网络舆论危机的合力治理。

研究类别五是 #4 媒介融合，该类别的主要关键词有媒介融合、主流媒体等，其中节点最大的主要关键词是"媒介融合"；从时间轴看，媒介融合关键词最初出现在 2008 年，与之同时期的关键词还有灾害报道、危机传播等；2010 年，该词常与互联网、主流媒体、传播特点等关键词一起出现；2013 年，传播机制、传播特征和信息攻防常与媒介融合同时被使用，2013 年之后，该词较少被使用。用关键词"媒介融合"对检索到的文献进行过滤，得到两篇文献，其中，《美国灾害和危机新闻报道中新媒体的应用》[220]介绍了 2007 年美国媒体在火灾、雪灾、龙卷风、校园枪击案等自然和人为灾害和危机报道中的新媒体应用，并分析了我国类似报道对这些创新的借鉴可能；《媒介融合语境下主流媒体的危机传播探析——从突发公共事件报道的当下转型说起》[221]分析了突发公共事件报道的当下转型及在媒介融合语境下如何进行主流媒体的危机传播。

研究类别六是 #5 马尔可夫链，该类别的主要关键词有网络舆情、危机预警、马尔可夫链、信息流等，其中节点最大的主要关键词是"网络舆情"；从时间轴看，网络舆情关键词最初出现在 2001 年，与之同时期的关键词还有危机预警等；2010 年前后，该关键词主要与信息博弈、群体性事件同时被使用；直至2020 年前后，使用传播动力学模型、BP 神经网络等方法分析网络舆情演化过程，以及公众心理特征等研究成为重点。用关键词"马尔可夫链"对检索到的文献进行过滤，得到一篇文献，题为《基于ANP 和随机Petri 网的突发事件网络舆情危机预警机制研究》[222]，论文指出，突发事件网络舆情危机一旦暴发会引发民心不安，阻碍社会安定，为及时有效预报危机触点、预防舆论暴发和预控事态升级，研究危机预警已刻不容缓。

研究类别七是 #6 公共危机，该类别的主要关键词有公共危机、危机公关、手机媒体、公众参与、疫情防控、影响因素等，其中节点最大的主要关键词是"公共危机"；从时间轴看，该关键词最早出现在2008 年前后，此后常与传播效果、危机公关、公众参与等词一起被使用。用关键词"公共危机"对检索到的文献进行过滤，得到 15 篇文献，其中，影响力最大的论文是《公共危机中"次生舆情"的生成与演化——基于对"8·12天津港爆炸事故"的考察》[223]，论文从政府、传媒、公众三方的互动中，探寻"次生舆情"的生成原因与演化路径，研究发现，公众信息诉求、利益诉求、价值诉求没有获得满足是生成次生舆情的根本原因，政府对于舆情的不当回应是促发次生舆情的直接原因。

研究类别八是 #7 风险沟通，该类别的主要关键词有风险沟通、风险感知、社交媒体、突发公共卫生事件、舆论场域等，其中节点最大的主要关键词是"风险沟通"；从时间轴看，该关键词最初出现在 2015 年前后，与之同时期出现的关键词还有灾难事件、风险感知、社交媒体、舆论场域等；2020 年及以后，该关键词常与传播行为、危机治理、不确定风险等关键词一同被使用。用关键词"风险沟通"对检索到的文献进行过滤，得到 15 篇文献，其中，影响力最大的论文是《疫苗事件中风险放大的心理机制和社会机制及其交互作用》[224]，论文指出，主观感知的风险和客观存在的风险很不一致，风险常常被放大或者缩小，但造成这种差异的内在机理仍不清楚，他们以山东非法疫苗事件为例，在风险的社会放大框架下，利用社交网络的大数据再现了疫苗事件从持续发酵到舆情爆发的全过程，分析了风险放大过程中的心理机制和社会机制。

研究类别九是 #8 危机信息，该类别的主要关键词有危机信息、社会影响、信息传播、舆情信息、核泄漏等，其中节点最大的主要关键词是"危机信息"；从时间轴看，该关键词最早出现在 2009 年前后，与之同时期被使用的关键词还有信息传播、传播网络等；2010 年，该关键词常与信息源、大停电和核泄漏同时出现；2016 年，则常与公众恐慌、危险化学品、水污染等关键词同时出现，2017 年及之后，关键词较少被使用。用关键词"危机信息"对检索到的文献进行过滤，得到六篇文献，其中，影响力最大的论文是《公共危机中的信息公开问题初探——基于对 2008 年南方雪灾事件的思考》[225]，它通过危机信息传播与公众行为模式关系模型分析了信息公开在危机传播过程中的重要性，提出了危机事件中政府信息公开的解决方案。

研究类别十是 #9 信息公开，该类别的主要关键词有信息公开、新冠肺炎疫情、地方政府、公共卫生事件、新闻发布等，其中节点最大的主要关键词是"信息公开"；从时间轴看，该关键词最初出现在 2008 年，与之同时期出现的关键词还有新闻传播、国家和社会等；2019 年，该关键词常与健康传播、新闻发布、利益协调和新冠肺炎疫情一起出现。用关键词"危机信息"对检索到的文献进行过滤，得到九篇文献，其中，影响力最大的论文是《问责、惯性与公开：基于 97 个公共危机事件的地方政府行为研究》[226]，论文的研究结果表明问责和惯性是地方政府危机信息公开与否的主要激励来源，信息公开相关制度、信息环境变化并未对其产生实质影响。

研究类别十一是 #10 应急管理，该类别的主要关键词有应急管理、企业危机管理等，其中节点最大的主要关键词是"应急管理"；从时间轴看，该关键词最初出现在 2016 年，与之同时期被使用的关键词还有区域差异、叠加型风险、应急管理等。用关键词"应急管理"对检索到的文献进行过滤，得到 14 篇文献，其中，影响力最大的论文是《突发性灾害中的公众风险感知与应急管理——以 5 · 12 汶川地震为例》[227]，论文指出，灾害所导致的巨大风险感知是引发人们一系列心理和行为反应的核心中介变量，并以汶川 8.0 级地震为例，用实际调研数据构建了一个完整的风险感知理论模型。

研究类别十二是 #11 自然灾害，该类别的主要关键词有信息扩散和自然灾害等，其中节点最大的主要关键词是"信息扩散"；从时间轴看，该关键词最早出现在 2012 年左右，该类别其他关键词还包括台风暴潮、广东沿海、九寨沟景区等。用关键词"自然灾害"对检索到的文献进行过滤，得到六篇文献，其中，影响力最大的论文是《城市电网规划自然灾害风险评价研究》[228]，论文基于风险评价理论和信息扩散理论，建立了自然灾害发生的概率及对电网影响的风险评价模型。

研究类别十三是 #13 图书馆危机，该类别的主要关键词是图书馆管理，其中节点最大的主要关键词也是图书馆管理。此类别与灾难信息风险联系并不紧密，此处不做深入解读。

研究类别十四是 #15 政务微博，该类别的主要关键词是政务微博，其中节点最大的主要关键词也是"政务微博"；从时间轴看，该关键词主要在 2013 年前后被使用，同时期的其他关键词还有事件公关、危机应对等。用关键词"政务微博"对检索到的文献进行过滤，得到九篇文献，其中，影响力最大的论文是在 #3 突发事件解读过的《突发事件中政务微博的网络舆论危机应对研究——以上海踩踏事件中的@上海发布为例》[219]。

研究类别十五是 #19 新冠肺炎，该类别的主要关键词是新冠肺炎等，其中节点最大的主要关键词也是"新冠肺炎"；从时间轴看，该关键词主要在 2019 年后被使用，同时被使用的关键词还有信息利用、健康信息素养等。用关键词"新冠肺炎"对检索到的文献进行过滤，得到两篇文献，分别是《公共健康危机事件下健康信息素养文献综述》[229]和《全球性风险时代大数据技术之于突发公共事件的治理创新与变革启示——以新冠肺炎疫情防控为例》[230]。其中，前者梳理了健康信息意识与需求、健康信息的获取行为、健康信息的使用行为；后者分析大数据在突发公共事件治理中的变革与实践启示。

3）前沿演进

Citespace 的突现功能用以探测某一时段引用量有较大变化的情况，可以发现研究关注某个话题时间的情况。在控制面板上选择突现选项卡，得到 8 个引用量变化最大的关键词，如图 3.51 所示，关键词突现分析可以剖析该领域前沿演进情况。

突现强度最大的前8个关键词

| 关键词 | 年份 | 强度 | 开始 | 结束 | 2001~2021 |
|---|---|---|---|---|---|
| 马尔可夫链 | 2001 | 3.77 | **2001** | 2007 | |
| 随机petri网 | 2001 | 3.77 | **2001** | 2007 | |
| 危机管理 | 2001 | 3.64 | **2003** | 2011 | |
| 危机传播 | 2001 | 3.08 | **2008** | 2010 | |
| 公共危机事件 | 2001 | 3.06 | **2011** | 2014 | |
| 政务微博 | 2001 | 2.89 | **2013** | 2014 | |
| 突发事件 | 2001 | 3.54 | **2015** | 2016 | |
| 风险沟通 | 2001 | 4.08 | **2016** | 2021 | |

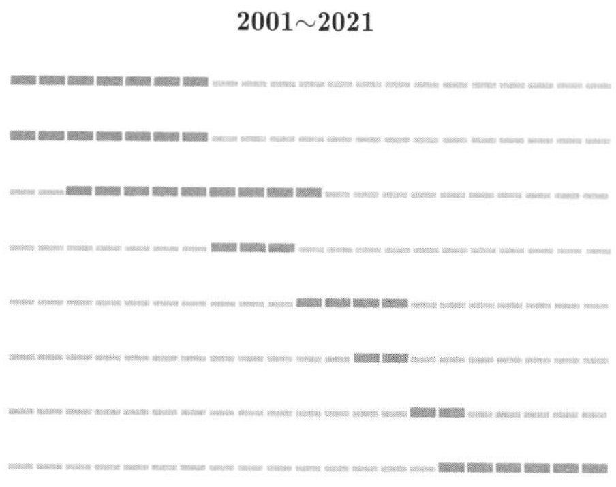

图 3.51　灾难信息风险 CNKI 文献关键词突现分析

从图中可以看出各个研究主题在 2001~2021 年的演进情况，也可以看出各个主题作为关键研究内容持续时间的长短。从研究内容演进情况来看，马尔可夫链和随机 petri 网两个关键词从 2001 年开始较多地被研究，2001~2007 年使用量较高，2007 年以后使用量大幅度降低；危机管理这一主题在

2003~2011 年备受关注；同时，2008~2010 年这段时间，危机传播研究也较为火热；自 2011 年开始，公共危机事件开始受到更多关注，于 2014 年渐渐回落；2016~2021 年，风险沟通是研究的重要前沿。从各个研究内容成为研究主流持续时间长短来看，马尔可夫链、随机 petri 网、危机管理的持续时间最长，达到 7~8 年，风险沟通持续时间第二，达到 5 年，其他研究主题作为当时研究前沿的持续时间仅仅 2~3 年。

## 3.4    研究现状述评

此处研究现状述评包括对研究现状进行总结、对研究现状进行评价和对未来研究的建议，具体如下所示。

### 3.4.1    现状总结

此处从文献数量、研究主体和研究热点三个层面对研究现状进行总结，其中研究主体包括国家合作、机构合作和作者合作三个方面。研究热点主要由关键词分析体现。

1）文献数量

从文献数量上看，不论是中文文献还是英文文献，自 2008 年起，灾难事件社会风险相关论文的数量都呈现明显的上升趋势，这体现出全球的灾害学专家、风险管理专家对灾难事件社会风险的关注持续上升。这种趋势与灾难事件发生的频次相关性并不明显。据 EM-DAT 数据库，发生在中国境内的灾难次数 2006~2020 年持续下降，这与灾难事件社会风险研究文献数量自 2006 年起持续上升恰恰相反。灾难信息风险研究方面也存在同样的时间节点和增长趋势。

2）研究主体

从国家合作角度分析，美国和中国的作者发表的灾难事件社会风险研究文献数量最多，其中美国作者与英国作者合作紧密，侧重于灾难事件社会风险管理，中国作者与荷兰、西班牙、葡萄牙作者合作较为紧密，侧重于减灾研究。然而，与他国合作最紧密的国家并非上述两国，而是肯尼亚、爱沙尼亚、葡萄牙和尼泊尔等国，其中，肯尼亚与日本的合作侧重于地震风险研究，葡萄牙与智利、巴西等的合作侧重于减灾研究。

从机构合作角度分析，中国的北京师范大学、中国科学院、中国科学院大学和南京信息工程大学等贡献的论文数量较多，在排名前 10 的机构中占据了四席席位；而美国的研究机构在发文数量排名前 10 的机构中只有一个，即哈佛大学，排名第九。从前面的国家合作分析我们知道，美国是发文数量最多的国家，而中国紧随其后。美国的高国家论文数量和低机构的论文数量说明灾难事件社会风险研究在该国是比较分散的；而中国恰恰相反，中国的灾难事件社会风险研究主要集中于排名靠前的几个机构。除此之外，仅中国科学院、中国科学院大学和南京信息工程大学在"防灾减灾"领域有较紧密的合作，中国的其他各个灾难事件社会风险相关研究机构之间的合作不是特别紧密。

从作者合作角度分析，中国北京师范大学的史培军教授和日本京都大学的 Rajib Shaw 具有较紧密的合作关系，他们的研究侧重于灾害风险评估；东北师范大学的张继权教授和英格兰公共卫生局的 Virginia Murray 教授的合作也较为紧密，他们的研究聚焦于综合灾害风险，特别是气候变化引起的极端事件风险的模拟、预测和评估。其他作者的合作网络并不明显。

3）研究热点

通过对文献关键词进行整理，并从触发事件、内涵细分等角度进行细分，可以比较国内外灾害风险研究的热点，具体如下。

从触发事件来看，英文文献中灾难事件社会风险的研究主要聚焦于两类，即自然灾害，包括地震、洪水、滑坡等和气候变化灾害两类；而中文文献可以细分为五类，包括自然灾害类、突发事件类（突发公共事件、突发公共卫生事件、突发环境事件等）、严重事故类（交通事故、爆炸事故、火灾事故）、群体性事件类和食品安全类。综合来看，自然灾难（洪水、滑坡、地震）、技术灾难（爆炸、火灾）、人因灾难（群体性事件、食品安全）三类研究中，自然灾难事件社会风险研究获得的研究者关注更多。

从内涵细分来看，中英文文献中灾难事件社会风险的研究都聚焦于四大类。第一类是风险管理，如英文关键词有 management，risk management， disaster risk management 等；第二类是风险评估，中文关键词包括风险评价、风险分析等，英文关键词主要是 assessment，risk assessment 等；第三类是风险感知，中文关键词包括风险识别、风险认知等，英文关键词包括 perception，risk perception 等；第四类是风险决策，中文关键词包括风险决策、应急决策等，英文关键词包括 governance，decision making 等。

除去上述两个方面以外，英文文献重点关注的对象是社区（community）、儿童（children）、教育（education）和保险（insurance），以及个体、社区、城市、区域和国家面对灾害风险的主要脆弱性（vulnerability），以及如何提升其应对灾害的韧性（resilience）和面对灾害威胁的适应性（adaptation）。中文文献方面，研究者所研究灾害的类型还可以进一步细分，一类为灾害风险、事故风险、灾难事件社会风险；另一类包括社会风险、环境风险、个人风险等，这两类风险中前者侧重于造成风险的"因"，后者侧重于给某个对象带来灾害风险的"果"。

从灾难信息风险英文文献时间轴图谱发现，该领域的研究以 2015 年为节点，节点时间之前主要聚焦于备灾研究、沿海灾害、国际框架和风险描述。节点时间之后主要聚焦于媒体报道、众包和风险评估。中文文献没有明显的时间节点区分，且主题更丰富，包括危机事件、危机管理、媒介融合、风险沟通、新冠肺炎等 15 个主题。

### 3.4.2　现状评价

整体来讲，现有研究存在灾难风险系统研究不足、不同灾难针对研究不够、灾难主体交互研究不全等问题，具体如下。

1. 灾难风险系统研究不足

现有文献对灾难系统、风险系统等单个系统的研究较为深入，但对于灾难事件社会风险整体系统的研究仍然不足，特别是系统的构成、各构成要素之间的关系，以及灾难系统与风险系统的对应关系等。

灾难系统构成及运行已经被广泛研究。一种在全球被广泛接受并采用的灾害系统观点认为，灾害的发生是孕灾环境、致灾因子和承灾体综合作用的结果[231]，其中，孕灾环境可以进一步细分为自然环境与人为环境，致灾因子包括自然、人为和环境三个子系统，而承灾体包括各种建筑物、构筑物、生命体、自然资源等。应用此类系统，文献[232]对冰川流域孕灾环境进行了差异分析与风险识别，文献[233]对山西省干旱灾害风险进行评估与区划，文献[234]对"一带一路"沿海城市风暴潮灾害进行了系统分析。文献[235]特别地对灾害系统中的"多灾种"情形进行了解构，将多灾种情形细分为灾害群、灾害链和灾害遭遇三大类；灾害群指的是灾害在空间上的群聚和时间上的群发，灾害链类似多米诺骨牌效应，灾害遭遇是多于两种极端气候事件的碰撞。

一些研究者也专门构建了特定灾难的风险系统。例如，文献[236]对气候变化背景下中国沿海地区灾害风险进行了系统思考，论文提出了气候变化背景下的灾害风险系统结构，包括孕灾环境、致灾因子危险性、承灾体暴露度、承灾体脆弱性和防灾减灾水平五个维度的要素，并借助情景模拟和上述框架对中国沿海地区气候变化灾害风险进行了识别、模拟、量化和评估。文献[237]对灾害发生导致的电力、供水等大型技术系统次生灾害风险的产生和传播进行了剖析，论文指出，尽管供能、供水等大型技术系统可以可靠地运行或高可靠性运行，但高可靠性依然有风险，而且，当灾难事件对系统造成破坏和冲击时，系统功能的破坏会导致更严重的灾难后果；通过对新冠疫情期间美国得克萨斯州大停电事件中事故的发生和风险的传播进行分析，他们呼吁应做出更多努力来投资于大型技术系统的韧性。

其他研究多侧重于构建灾害的风险评估系统，如论文[238]对高速铁路牵引供电系统雷电灾害风险进行了系统评估，论文[239]对光伏电站气象灾害风险进行可系统评估，论文[240]对广州城市文化遗产洪涝灾害风险进行了系统评估。

生态系统理论被广泛地用来解释自然和社会现象。传统的生态系统是指在一定地区内，生物和物理环境之间进行连续物质和功能交换形成的生态学功能单位，如海洋生态系统、森林生态系统、农田生态系统等。但近年来，该理论被应用于解释创新创业、产业发展、知识信息更新等新的社会业态和社会现象。文献[241]利用生态系统理论对区域一体化进行了系统研究，论文分析了区域一体化创新生态系统的系统构成、动力机制、演化机制和治理机制，并解释了系统协同演化规律和有效治理机制；文献[242]对创业生态系统的演化及治理结构进行了研究，通过构建物理模型，分析了创业生态系统不同生命周期阶段的知识治理结构，并提出了多主体协同的创业生态系统治理机理。产业发展方面，文献[243]对电影产业生态系统构建和运行机制进行了研究；文献[244]对数字文化产业生态系统进行解构分析，并探讨了数字文化生态系统面临的约束和优化路径；文献[245]对我国智能产业生态系统的结构性特征及发展路径进行了研究。知识信息系统方面，文献[246]、文献[247]、文献[248]利用生态系统理论探讨了智慧图书馆知识生态系统的运行机理和服务模式；文献[249]采用文献计量和内容分析等方法，对国内信息生态系统研究文献进行了研究，提出我国信息生态系统研究迄今大致经历了起步期（1995~2005年）、快速增长期（2006~2009年）、波动发展期（2010年至今）三个阶段。然而，鲜有研究者将生态系统理论与灾难事件社会风险研究结合起来。

综上所述，虽然关于灾害系统、风险系统已经有较丰富的研究，但灾害风险系统的研究仍然值得深化，特别是将在其他领域广泛应用的生态系统理论与灾难事件社会风险系统相结合的分析比较少有。因此，从生态系统理论对灾难事件社会风险系统进行全面剖析，厘清其框架结构、时空结构、运行结构，不仅可以丰富灾难事件社会风险系统研究的理论知识，也能为灾难事件社会风险感知、识别、评估、治理提供指导。

### 2. 不同灾难针对研究不够

红十字会与红新月会国际联合会将灾难分为自然因素引起的灾难（如台风、地震、干旱），人为因素引起的灾难（砍伐引起的水土流失、荒漠化）和人类直接引起的灾难（运输事故、工业事故、建筑物倒塌）等，这一分类与本书的自然灾难、技术灾难、人因灾难之分内涵相似。现有研究侧重于自然灾难、技术灾难、人因灾难某一特定子类灾难事件社会风险的识别、分析、评估和管理，对于该类灾难的普适性风险因素研究仍然不足。

自然灾难方面，对地震、滑坡、泥石流、台风、暴雨、洪涝、冰雪、霜冻、干旱等某一子类的自然灾难的风险研究较为丰富。例如，文献[250]对中国西南地区地震-滑坡-泥石流灾害链风险进行了系统解构。他们指出地震原生灾害会导致滑坡、泥石流等次生灾害，原生灾害与次生灾害逐级传递，将灾害损失风险延伸放大；他们识别了灾害链各个节点风险形成的过程，即灾害首先可能造成房屋倒塌、生命线系统阻塞、基础设施损坏，农田被淹没（减产绝收）、植被被冲毁、淤泥大范围沉积、水土流失、水利设施受损（河流阻塞）等，这些损害会进而导致人口伤亡、经济损失和生态破坏。在将风险形成关键路径识别后，进一步提出了对应的风险防范措施框架。

技术灾难方面，有较多学者对火灾、爆炸等灾难事件对经济、环境和社会造成的风险进行了研究。文献[251]分析了森林火灾对林业经济发展的影响，并识别出森林火灾影响林业经济发展的三方面风险因素。首先，火灾的发生破坏了当地的森林资源，为林木正常培育与种植带来风险；其次，火灾破坏林区周边交通、通信等基础设施，给第二产业正常发展带来风险；最后，火灾使得气候条件质量被破坏，当地环境资源、景观资源破坏，森林休闲等第三产业也会受到影响。文献[252]的研究侧重于事故、人为破坏和极端自然现象引起的危化品泄露，研究指出，灾难事件导致的危化品泄露会有造成水污染的风险，而水体污染引起的水质恶化不仅严重威胁生态环境，而且可能导致沿岸城市的供水危机，从而影响当地居民、工商业正常的生产生活，而且，此类风险如若处理不善，更可能演变为社会危机、公共安全事件。他们的研究通过实证发现，通过增强信息透明程度、提高污染处理技术、提升政府应急调度水平可以较好地应对此类风险。

人因灾难方面，有较多学者对人类因自身的疏忽、利益引发的踩踏、袭击、食物中毒、网络袭击等灾难事件对民众生命安全、社会稳定运行造成的风险进行了研究。随着信息和通信技术大量涌入现代关键基础设施的核心，信息与基础设施集成的"系统的系统"面临重大的网络威胁。2015 年底，黑客恶意攻击导致乌克兰全国一半地区的 140 万名居民遭遇了长达 6 小时的大规模停电；2017 年，WannaCry、"坏兔子"等勒索软件在全球大爆发，对政府、医院、能源、通信、制造业等众多关键信息基础设施领域造成重大损失，其中，仅 WannaCry 勒索软件就造成 150 多个国家、30 万名用户设备被感染，造成损失 80 亿美元。文献[253]研究了网络攻击对沿海国家双边贸易的影响，发现了网络攻击对进口国贸易发展的阻碍作用，文献[254]发现了网络攻击对联网和自动驾驶车辆交通流的负面影响，文献[255]提出了一种评估网络攻击对关键基础设施影响的系统动力学方法。奶制品污染事件、苏丹红非法添加剂事件等，都是因人类自身私利而对社会造成重大危害的事件。

然而，上述研究都是针对某一具体灾难案例的风险进行分析，较少有研究提炼某一类灾难事件的普适性风险，更少有研究系统地将灾难事件进行归类，并从类别出发对其内涵、特征、演化进行差异化剖析。

### 3. 灾难主体交互研究不全

灾难事件除了在物理上客观地给基础设施造成损坏，给民众生命安全带来威胁，政府在灾难事件处理过程中的速度、深度、程度也会给民众心理、民众行为带来影响，媒体在信息获取、传播过程中能否严把关、说真话、讲实话也对民众的行为带来影响，另外，民众的诉求、声音也反馈给政府、媒体，三者良性互动，不断交互，才能顺利度过灾难时段。现有研究对灾难事件中的主体进行了不同程度的研究，但主体之间的交互研究还可继续深化。

政府在灾难中扮演何种角色始终是灾难研究的关注焦点。作为最具权力的正式组织，政府在灾难降临时具有权威的灾难解释权和丰富的救灾资源，其积极、高效、专业性的信息发布与回应，影响公众对遭难损失、救灾部署、灾难原因、事故反思等众多问题的认知[256]，特别是在网络技术的助推之下，政府的处理若未满足或超出公众的预期，就会隐藏信任危机或更大的冲突。文献[256]认为，公民理性参与救灾和灾后重建过程，政府能积极、高效、专业回应，就能架通公民与国家之桥。文献[257]则认为，尽管回应性是现在责任政府的根本特征之一，且政府的快速回应在灾难发生时显得尤为迫切，但回应性不能从根本上替代政府的战略能力建设；在灾难应急中，政府应该从回应性政府走向预见性政府，回应性是政府对于公众诉求的基本责任，而预见性才是政府必备的战略能力，灾害预防政策在事前起到战略预防作用，比灾害发生时的响应速度和力度更重要。文献[258]则对政府在重大灾难事件中应扮演的角色提出了进一步的要求，论文指出，缺乏心理援助的救灾是不完整的救灾已经成为政府和社会的共识，在我国这样一个灾难与突发事件多发的国家，政府是危机管理的主体，在心理援助中承担着不可或缺的责任。

媒体在灾难信息传播中的角色与作用是传播学研究的热点。传统媒体利用电视、报刊、广播向大众定期发布信息，而随着网络技术的迅速发展，社交媒体也成了重要的传播工具，文献[259]等对自然灾难报道中传统媒体与社交媒体信任度进行了对比研究，他们发现，总体上来说，受众对传统媒体的信任度更高，但是面对不同类型的信息，受众对两类媒体的信任度不同。文献[260]指出，在长期的实践中，日本积累了大量的灾难报道经验和做法，制定了严格的规章制度、健全的法律体系、齐全的行业规范和完备的信息系统，值得中国从法律制度、行业自律、人才队伍等方面进行学习，从而构建更完善的灾难报道体系。文献[261]观察到，从汶川 8.0 级地震到四川芦山 7.0 级地震，我国新闻媒体对突发灾难事件的报道已经表现得更加专业化、更加成熟、更加体现出对人的尊重与关怀。文献[262]基于灾难报道中披露隐私、过度煽情、消费悲情等现实问题的反思，阐述了灾难报道的伦理原则并提出应提升媒体人的专业素养，谨慎引用社交媒体信息。文献[263]提出，媒体叙事能否引起灾难的现代性反思和学习值得深入研究，他们发现，媒体反身叙事能够引起社会对灾难持续、流动的反思，形成灾难的情感动力，促进灾难的社会启蒙。

公众对突发性灾难事件风险的感知既是应急管理的重要内容，又是事件演化的重要影响因素，因为在灾难事件发生时公众呈现的情绪、选择的应急行为将影响事件的演化。文献[264]剖析了影响突发事件中公众风险感知的因素，并将之归纳为情绪和个体特征、媒体报道和风险信息。乐观、自信的情绪将降低公众的风险感知，焦虑、恐慌则相反；与事件关系越紧密的群体，其风险感知和应急反应就越强烈；负面信息会引发较高的公众风险感知。文献[230]通过调查研究发现，威胁意识和对策意识能够显著提高公众的风险认知，政府等组织在与公众进行沟通时，如果能遵循这些特征，就能最大限度影响其健康保护意愿，论文还发现目前公众感知易感性普遍较低的现状，可能引发乐观偏差问题。

一些研究侧重于政府、媒体和公众在灾难事件演化过程中的交互机理。文献[265]构建了危机管理中政府、公众和媒体之间互动关系的概念图，并给出了危机发展曲线，从危机潜在期、突发期、延续期、评估期四个阶段分别论述了政府、公众、媒体在不同阶段的关系。文献[266]运用典型案例揭示了中国和美国在应对突发事件危机传播过程中存在的差异及存在差异的原因，并提出当下中国危机传播中，政府要建设"阳光政府"，媒体要促进信息流通，公众要有争取知情权利的自觉意识。文献[267]以汶川抗震救灾事件为例，讨论了突发公共事件中政府、媒体和公众联动模式的制度化，指出政府要柔性化、媒体要专业化、公众要深度参与。

然而，随着社交媒体逐渐成为人们生活的必需品和政府治理的必要工具，不同主体之间的交互研究仍可继续深化。

4. 灾难信息风险研究较少

灾难信息从被发布开始，经过多层多级多次转发到达最终用户的这一过程中，任何环节都有可能产生信息失真的风险。然而，现有研究较少对灾难信息源头失真、传播不确定、接收不充分等问题进行系统的研究，特别是从风险治理、社会治理的角度切入。

源头失真是灾难信息失真风险的首要成因，常常以谎言、谣言、不实炒作和虚假宣传为表现形式，其中，对谣言的传播、识别和治理研究最为深入。传播方面，文献[268]指出，互联网不仅为谣言提供了新的传播平台和管道，也构成了谣言传播的新的生存环境；文献[269]通过研究突发事件网络谣言的传播激励，构建突发事件网络谣言传播规律的宏观模型和微观模型；文献[270]对微博谣言传播模型与影响力评估进行了专门研究。识别方面，文献[271]提出了基于情感分析的网络谣言识别方法；文献[272]通过抽取谣言微博的用户特征、时间特征、微博文本结构特征等信息，对突发公共卫生事件中的谣言识别进行了专门研究；文献[273]指出，疫情暴发后，传统的谣言识别模型难以有效判别疫情谣言，他们提出了基于文本增强和生成对抗网络的疫情谣言识别方法。治理方面，文献[274]将谣言治理放在网络舆论生态系统中加以考量，探讨了如何通过谣言治理构建健康和谐的网络舆论生态；文献[275]利用系统动力学建模方法，从网民、媒体、政府三个维度展开对谣言热度的研究，并为政府部门应对突发事件网络谣言提出针对性的建议；文献[276]指出，谣言的网络化生存状态与网络空间的治理逻辑和机制紧密相关，他们系统研究了大数据驱动下的谣言治理逻辑、路径和范式。

传播失真是灾难信息失真风险的常见成因，常常由于传播者基于自身利益考虑，对灾难信息的"添枝加叶"，对不利己方信息的"自动过滤"，在逐次迭代过程中造成失真程度越来越大。文献[277]指出，网络信息的匿名发布和传播缺乏审核，是信息在传播过程中失真的重要原因，并提出了政府加强监管，网站加强自律，大众加强教育的解决措施；文献[278]指出，网络信息传播失真以片面信息、不实信息、不良信息充斥网络为表现，并从网络自身的高度开放性、网站单纯追求新闻的时效性、个体及盲目追求点击率、网络信息发布者身份的不确定性四个层面分析了网络新闻传播出现失真现象的原因；文献[279]指出，在信息的反映过程、传输过程和理解过程中，都有可能造成信息的失真，并从商家、媒体和用户三个角度分析出，商家的营销策略、媒体为博眼球、网民宣泄情绪都是导致微博信息传播失真的重要原因，并指出，为了解决信息失真的问题，微博需要加强管理和疏导，用户需要学习如何"对话"。文献[280]以微博为例，研究了受众盲目跟从失真信息的生成机制，并从传播主体、传播媒介、传播内容三个角度分析了信息传播失真的原因。

接收失真是灾难信息失真风险的重要成因，由于信息接收者的思维能力、生活经验和知识结构不同，同一条信息被不同的人接收后可能会有不同的理解，"仁者见仁智者见智"、"一千个读者就有一千个哈姆雷特"，造成对信息的错误理解或有意曲解，致使信息发生畸变[281]。接收失真风险不均衡地分布在人类生活的时空中，与信息接收者风险认知能力和风险认知条件紧密相关。文献[282]指出，风险认知既取决于物理的一面（认知条件），也取决于心理的一面（认知能力）；认知条件方面，感知路径是直接还是间接，风险信息的数量与质量，信息语境的状态等情况，都会影响受众对风险的认知；认知能力方面，不同主体在无法获得风险对象全局信息时，会根据自己的路径构建风险场景。文献[283]借助风险认知量表，使用实地调查方法，探索了新冠疫情期间公众风险认知与谣言传播行为的关系；文献[284]则利用同样的调查，探索了新冠疫情期间公众风险认知与有意、无意传播谣言行为的关系，他们的研究发现，风险认知会直接增加公众的无意传播谣言行为。文献[285]指出，数字媒体平台具有实时互动、双向联系和用户内容生成的特点，信息的发布者、传播者及接受者没有明显的界线，公众的风险认知、问题认知和涉入认知正向影响信息的传播。

灾难信息源头失真、传播失真、接收失真会带来社会失稳、社会失序、社会失衡等潜在风险，对其进行治理是需要政府、公众、媒体多方支持，需要顶层、中层、底层多级联动的系统工程，现有信息失真风险研究还远远跟不上，将灾难信息与上述过程联系起来的研究就更少，因此，对灾难信息风险进行系统研究特别是治理研究，已经刻不容缓。

### 3.4.3　价值意义

通过对前述内容进行梳理，绘制灾难社会信息风险治理系统工程理论起点示意图，如图 3.52 所示。此工作分为两个板块，即文献图谱分析和图谱信息归纳。文献图谱分析利用 Citespace 软件对来自 Web of Science 数据库和 CNKI 数据库的灾难综合风险文献、灾难信息风险文献进行系统的梳理，通过绘制可视化贡献、聚类和突现图谱，识别灾难综合风险清单、梳理灾难信息风险研究热点与前沿。以文献图谱分析为基础，从现状总结和现状评价两个维度对图谱信息进行归纳，汇总文献数量趋势，描述研究主体特征，比较不同类型研究热点。最后发现现有研究具有灾难事件社会风险系统研究不足、不同灾难针对研究不够、灾难主体交互研究不全和灾难信息风险研究较少几个短板。

通过文献图谱可以明晰，从灾难事件社会风险系统角度来说，从生态系统理论对灾难事件社会风险系统进行全面剖析，可以丰富灾难事件社会风险系统研究的理论知识，并为灾难事件社会风险感知、识别、评估、治理提供理论指导；从灾难事件社会风险类别角度来说，目前仍需要针对自然、技术和人因灾难事件的普适性风险的分门别类的系统研究；从灾难事件社会风险主体角度来说，灾难事件社会风险政府、媒体和公众之间的交互研究仍需要继续深化；从灾难事件社会风险信息角度来说，现有灾难信息源头失真、传播失真、接收失真风险研究还远远不足。从文献图谱归纳出的上述理论问题为后续建构灾难事件社会风险生态系统，剖析自然、技术、人因灾难治理模式，以及灾难事件社会风险治理案例实证提供理论基础。

图 3.52　灾难社会信息风险治理系统工程理论起点示意图

适 然 篇

以正治国，以奇用兵，以无事取天下。

——老子

《道德经》

灾难的忠实的姊妹——希望，正在阴暗的地底潜藏，她会唤起你们的勇气和欢乐，大家渴盼的时辰不久将会光降。

亚历山大·谢尔盖耶维奇·普希金

1827年《致西伯利亚的囚徒》

Несчастью верная сестра, Надежда в мрачном подземелье, Разбудит бодрость и веселье, Придёт желанная пора.

Александр Сергеевич Пушкин

Во глубине сибирских руд published in 1827

灾难事件社会风险治理，是一项涉及多主体、多领域、多层级、多阶段的复杂系统工程，事关社会稳定，攸关国家安全，需要系统分析，必须统筹应对。本篇在梳理社会风险治理的理论基础上，分析系统结构、建立整体框架、提出实践方略，为灾难事件社会风险治理构筑理论框架、设计实践路径。

1. 理论基础

社会风险是一种导致社会冲突、破坏社会秩序、危及社会稳定，直至引发社会危机的可能性。灾难事件往往引发社会广泛关注，危害社会稳定、危及国家安全，引发冲突、失序、失稳等社会风险状态。灾难事件社会风险治理的理论基础包括风险社会、风险感知、风险放大、风险沟通和群体极化等。

（1）风险社会理论。风险社会理论是研究社会风险问题的主导理论范式，是分析当代社会风险问题最直接的理论基础。灾难事件加快人类进入"全球风险社会"时代的步伐。灾难事件社会风险治理，是风险社会下人类普遍面临的重大挑战，是共同应对越发频繁的灾难事件的必然需求，是实现人类可持续发展的重要途径。

（2）风险感知理论。公众的风险感知水平是开展有效风险沟通和有力危机管理的前提条件。公众灾难事件社会风险感知包括对灾难事件的风险特征和严重程度的判断，这种不同风险相关者主观的风险评估与灾难事件带来的客观风险之间往往存在偏差，极易导致公众产生不适应心理和不理性行为，引发更大层面的社会风险。

（3）风险放大理论。公众对灾难事件社会风险感知的夸大，会加剧公众的恐慌心理，影响社会的和谐稳定。风险可以进一步放大甚至升级灾难事件的直接后果；一起小规模、小范围的突发灾难事件，经过信息传播的直接效应和信息放大的次级效应，事件引发的社会风险持续放大，可能酿成具有恶劣社会影响的风险事件。

（4）风险沟通理论。风险沟通是有效实施风险管理的前提条件和基础环节。在灾难事件的危机管理中，风险沟通是政府、专家等风险沟通主体通过媒体这一介质，与焦急等待权威信息的公众之间建立信息互通桥梁和平等对话纽带，可以降低信息不对称、保障公众知情权、维持彼此信任关系、共同推动风险治理。

（5）群体极化理论。一个群体中多数人的态度或意见会影响到其他成员的态度倾向，在外部刺激作用下极有可能产生群体性极端冒险言行，即所谓"多数人的暴力"。在网络环境下，灾难事件会成为人们争相讨论的热点，其引导性与极端化、非理性与情绪化、突发性与放大化等特点，极易形成群体极化现象，加大社会风险治理难度。

2. 系统结构

灾难事件社会风险是由相互联系的系统环境、风险信息、运行主体，在交互作用、协同演化中发展形成的人造社会生态系统。系统环境是社会风险产生、传播、扩散的环境因子总和；风险信息承载灾难事件的时间、范围、灾情等关键信息；运行主体包括政府、媒体、公众等活跃要素，在网络环境加速信息流转扩散。

（1）系统时间结构。灾难事件信息演变跨越集聚期、扩散期、平息期三个时期。集聚期，灾难事件信息被投放到网络空间，大量网民关注，海量信息喷涌；扩散期，灾难事件信息在网络空间膨胀，呈现议题分化、数据裂变的特征；平息期，灾难事件得到妥善处理，网络热度消退，议题信息趋零。

（2）系统空间结构。灾难事件社会风险空间包含社交、环境、观点三个子网。社交子网是以媒体、网民等为社交节点构成的网络空间，他们积极参与灾难事件的讨论扩散；环境子网是灾难事件信息演化形成的环境节点网络，不断有新的环境信息交换；观点子网是以网络主体讨论的主题关键词汇集成的观点节点网络，集结为事件的舆论场。

（3）系统运行结构。灾难事件社会风险运行串联政府、媒体、公众三类主体。灾难事件发生后造谣者制造虚假、误导信息，不明真相公众接收并传播信息，政府引导媒体遏制不实信息扩散势头，三者在交互作用中推动着社会风险的酝酿生成、扩散升级、集中爆发、消退转化。

3. 整体框架

整体按"总—分—总"思路，灾难事件社会风险治理划分为风险治理模型、风险治理模式、风险治理体系三个部分。风险治理模型在探究系统结构特征基础上，提出"三灾难—三主体—三阶段"治理模型；风险治理模式在解读三类灾难事件社会风险的演变机理及化解路径基础上，提出"引导性—回应性—干预性"治理模式；风险治理体系在理论分析和实例解析基础上，提出"多元多层多阶"治理体系。

（1）风险治理模型。探析自然、技术和人因三类灾难事件的信息数据本征和风险演化规律，政府、媒体、公众三类信息主体在风险治理中的协同表征和交互作用，事前、事中、事后三个阶段社会风险演化和治理的阶段特征。从三灾难、三主体、三阶段融合视角，解析灾难事件社会风险生态系统，提出"三三三"灾难事件社会风险治理模型。

（2）风险治理模式。针对自然、技术、人因三类灾难事件，在分类解析、比较分析后，提出差异化风险治理模式。探析自然灾难事件各阶段相关主体的行为方式及对应关系，构建引导性治理模式；分析技术灾难事件风险的大数据特点及演化规律，构建回应性治理模式；剖析人因灾难事件后多主体行为和交互关系，构建干预性治理模式。

（3）风险治理体系。基于风险治理范式和风险治理模式研究，分析典型案例，结合特殊国情，构建灾难事件社会风险的"多元多层多阶"治理体系。由政府、媒体、公众多元参与，上级、平级、下级多层联动，事前、事中、事后多阶贯通，构建综合性应对策略，提供体系化解决方案。

4. 实践方略

灾难事件是社会风险爆发的重要导火索，在实践应对中，若研判不准、处置不力、疏导不好，灾难事件与社会风险交互叠加，演化为次生风险灾难，可能诱发公共危机。突发灾难事件后，要按"属地管理、分级负责"的原则和"线上线下同步处置"的策略，抓住关键时间节点，及时发布权威信息，充分满足人民群众对灾难事件权威、真实信息的需求，把握网上舆论引导的时机、尺度和效力，掌握社会风险治理的话语权、主动权和主导权，提高灾难事件社会风险的应急处置水平。

（1）构建体系、协作联动。建立统一指挥、专常兼备、反应灵敏的灾难事件信息发布工作机制和舆论引导应急体系。宣传、网信、公安等部门要充分发挥联动优势，宣传部门规范新闻媒体采访报道，组织召开媒体通气会、新闻发布会；网信部门负责灾难事件网络信息管理，全网监测和研判虚假、失实、有害信息，与公安部门联动查处涉嫌传播有害信息的违法行为。

（2）依法有序、权威发布。强化法治思维、严格依法办事，保证灾难事件新闻宣传工作规范化、制度化；由获得授权的部门和人员统一对外发布灾难事件相关信息，确保其真实性和准确性。灾难事件的时间、地点、人员伤亡、财产损失等主要信息必须由权威部门统一口径，通过政务微博、微信公众号和官方网站等权威平台发布。

（3）及时回应、正面引导。尊重人民群众知情权，积极回应社会关切，根据事态发展，就群众关心的事件信息及时答疑解惑，避免延迟、片面、错误发布重要信息引发公众质疑；针对公众普遍关心的话题，精心策划报道主题，主动设置议题，适时调整报道重点，及时澄清事实真相，加大正面典型宣传力度，挤压负面信息炒作空间。

# 第4章

# 理论基础与框架建构

灾难本身不是社会风险，它只是一个诱因。其一方面可以导致新的社会矛盾和不和谐因素，直接产生社会风险；另一方面又极易激起各个领域积压的社会矛盾，从而引发社会风险。进入 21 世纪以来，不仅地震、洪水、飓风等各种自然灾害频繁侵袭人类社会，人类社会经济活动所造成的各类技术灾难和人因灾难也在不断增多，不仅造成人类生存环境的剧烈改变，也导致人类生命财产的严重损失，进一步触发新的社会风险，或催化原有积压的社会风险。网络社会下灾难事件社会风险是以灾难为源头、网络为载体、信息为内容，政府、媒体、公众等各类主体在网络上发布、传播和扩散灾难信息，信息传播失真和风险感知差异所导致的社会风险，具体表现为广大网民对灾难事件情感、态度、意见、观点的集聚与共振，以及公众对现实生活中某些热点、焦点问题的不满而激化的情绪表达。

## 4.1 理论研究基础

风险广泛存在于社会与文化领域中，因而社会风险理论具有极大的普适性与实用性。社会风险是客观存在的，害怕风险，不如面对风险，风险有大有小且可防可控。我们应正确认识与深刻理解网络社会情境下灾难事件社会风险的决定性因素，并为社会风险传统理论在风险社会与网络社会中构筑实践框架。

### 4.1.1 风险基本理论

自然科学家和经济学家试图通过对风险的客观把握，将风险具体量化、标准化、规范化，由此产生了诸如美国科学院提出的"风险评估四段法"等风险管理规范；社会学者则更多地从主观感知风险带给社会生活的变化，从制度、文化、价值观等领域展开系统性反思，从而产生了风险社会、风险文化等理论，使得风险管理不再仅仅局限于技术和财务领域，大大扩充了风险管理的内涵与外延。与社会风险相关的基本理论主要包括风险社会、风险感知、风险放大、风险沟通和群体极化等理论。

1. 风险社会理论

20 世纪后半期以来，随着全球化的纵深发展和资本主义结构矛盾的逐级显现，风险已渗入当代社会的方方面面。在众多研究风险问题的理论中，以乌尔里希·贝克（Ulrich Beck）、安东尼·吉登斯（Anthony Giddens）、斯科特·拉什（Scott Lash）为代表的风险社会理论，以"自反性现代化"为切入点[286]，将社会风险嵌入风险社会形成中进行分析，形成了独特的研究分析范式[287]。

1）贝克的风险社会理论

1986 年，贝克在《风险社会：迈向一种新的现代性》（*Risk Society: Towards A New Modernity*）一书中，首次提出"风险社会"（risk society）的概念[14]。贝克指出，"风险社会"建立在对如下问题的解决基础之上："作为现代化一部分的系统性地生产出来的风险和危害，怎样才能被避免、最小化或引导？"

几乎与贝克提出"风险社会"的概念同步，从 20 世纪 80 年代开始，一股全球化的力量迅猛发展并不断形塑着我们生活其间的世界，越来越多的事件和事实似乎表明：我们正在进入一个贝克所预设的"风险社会"。全球化不仅是经济全球化、金融全球化、文化全球化、技术全球化，同时也是一种风险的全球化。在全球化的大背景下，人类社会面临着比以往任何时候都更多的风险，如大规模失业的风险、贫富分化加剧的风险、生态风险等。

贝克认为，人类社会发展的各个时期都存在各自的社会风险，只是在近代之后随着人类成为风险的主要生产者，风险的结构和特征才发生了根本性的变化，出现了现代意义上的"风险社会"雏形[288]。这体现在两点：一是风险的"人化"。随着人类活动频率的增多、活动范围的扩大，其决策和行动对自然和人类社会本身的影响力也大大增强，从而风险结构从自然风险占主导逐渐演变成人为的不确定性占主导；二是风险的"制度化"和"制度化"风险。人类具有冒险的天性，但也有寻求安全的本能，而近代以来一系列制度的创建为这两种矛盾的取向提供了实现的环境及规范性的框架，推动风险"制度化"转变成"制度化"风险。

2）吉登斯的风险社会理论

在吉登斯看来，生活在高度现代性世界里，便是生活在一种机遇与风险并存的世界中。这个世界的风险与现代制度发展的早期阶段不同，是人为不确定性带来的问题。这种不同主要体现在三个方面：一是这种人为不确定性是现代制度长期成熟的结果，是人类对社会条件和自然干预的结果；二是风险的发生及影响更加无法预测，无法用旧的方法来解决；三是风险是全球性的，可以影响到全球几乎每一个人，甚至人类整体的存在。

变化了的风险环境带来了风险的个人化。一方面，每个人的任何一种选择都会产生风险，并且选择的数量不断增加；另一方面，每个人所遇到的风险又因自己的选择差别而不同。因此，对于个人来说，风险既是普遍的，也是独特的。风险的个人化是对风险制度化的一种弥补，因为个人风险意识提高后，在风险面前会更加主动地采取自我保护措施，并且积极参与改革现有的制度。风险意识是吉登斯等所说的反身性的现代性的核心。

风险社会不仅仅是一个认知概念，还是一种正在出现的秩序和公共空间。在后一种意义上，它更具有现实性和实践性。如吉登斯、贝克等所说，风险社会的秩序并不是等级式的、垂直的，而是网络型的、平面扩展，因为风险社会中的风险是"平等主义者"，不放过任何人。风险社会的结构不是由阶级、阶层等要素组成的，而是由个人作为主体组成的，有明确地理边界的民族国家不再是这种秩序的唯一治理主体，风险的跨边界特征要求更多的治理主体出现并达成合作关系。

3）拉什的风险社会理论

拉什对贝克和吉登斯的观点持有一种批判态度，把对风险的理解置于文化背景之中，他认为不同个体或群体都会对风险产生差异化的认知，风险社会理论并不能准确描述和解决无序的风险造成的社会现实。借助康德的反思性批判思想，拉什试图用"风险文化"这一概念取代"风险社会"概念，"风险文化时代目前似乎正在渐渐地浮现出来，并且似乎有希望在未来世界中人们能够通过风险文化对现代性进行认真的自省与反思"[289]。拉什相信风险社会的治理不能依靠制度，而更需要依靠价值和理念。他提出风险文化的核心在于美学性的反身性和日常生活的美学化，实质就是赋予风险以美学意蕴。

风险社会理论是研究风险问题的主导理论范式，是分析当代风险问题的最直接的理论基础。从主观和客观的角度，风险社会理论大致可以分为制度主义和文化主义两大派别。前者以贝克、吉登斯为代表，后者以拉什为代表。二者的分歧在于风险的增加是客观存在的还是人们主观感知到的，即客观现实主义与主观建构主义的区别。这种分歧也正好暗示了风险社会理论的研究对象"社会风险"的两个维度，即制度和文化。

从制度的视角研究社会风险，是将社会风险视作一种客观实在，回答的是社会风险是否客观存在这个基本问题，这种研究视角暗含了现实主义的前提。从文化的视角研究社会风险，是将社会风险视作一种主观的社会建构，回答的是主观上人们会将哪些社会事实认为是社会风险或者"认为"哪些社会风险对社会构成重大威胁的基本问题，这种研究视角通常隐含了主观建构主义的前提。

综上所述，风险社会是指在全球化发展背景下，人类实践所导致的全球性风险占据主导地位的社会发展阶段，在这样的社会里，各种全球性风险对人类的生存和发展存在着严重的威胁[290]。在风险社会中，风险具有以下几个特点。

（1）从根源上讲，风险是内生的，伴随着人类的决策与行为，是各种社会制度，尤其是工业制度、法律制度，以及技术和应用科学等正常运行的共同结果。

（2）从影响上讲，风险是延展性的。其空间影响是全球性的，超越了地理边界和社会文化边界的限制；其时间影响是持续的，可以影响到后代。

（3）从特征上讲，大部分风险后果严重，但发生的可能性低。因此可以说，尽管风险增加了，但并不意味着我们生活的世界不安全了。

（4）从应对上讲，现有的风险计算方法、经济补偿方法都难以从根本上解决问题。要通过提高现代性的反思能力来建构应对风险的新机制。

灾难事件加快人类进入"全球风险社会"时代的步伐。在风险社会的背景下，风险导致的危机和突发事件层出不穷，公共管理面临的情境更为复杂，驱动管理变革[291, 292]。灾难事件社会风险治理，是风险社会下人类普遍面临的重大挑战和实现持续发展的重要途径。在风险社会下，风险造成的灾难不再局限于发生地，而经常产生无法弥补的全球性破坏；风险的严重程度往往超出预警检测和事后处理的能力；由于风险发生的时空界限发生了变化，甚至无法确定，风险计算无法操作；灾难性事件产生的结果多样，使得风险计算使用的计算程序、常规标准等无法把握。

2. 风险感知理论

风险是指一种不确定性，感知是指作为主体的人对客观事物的主观反应。风险感知的概念由哈佛大学学者雷蒙德·鲍尔（Raymond Bauer）于 20 世纪 60 年代提出，并将其从心理学领域延伸到营销学领域[293]。他认为消费者没有办法对任何购物行为造成的结果进行正确的判断，但事实上个别结果有可能给消费者带来不好的购物体验并造成情绪上的不愉快。因此，消费者做出的决策存在着结果的未知，而这正是风险的内涵。

风险感知在各领域得到广泛研究和应用，由于不同领域的学科视角不同，对风险感知概念的界定也有差异。1987 年，Slovic 首次从决策支持的角度提出风险感知的概念[31]。Slovic 等通过多年对风险与决策领域的研究，将风险感知定义为人们对客观世界各种类型风险事件的主观感受和判断，着重于风险事件主观感受对个体认知的影响[294]。Savior 等认为风险感知是人们对风险事件直观感受的一种思维模式[295]。Sitkin 和 Weingart 认为灾难事件社会风险感知是指个体根据自己现有的知识及经历评估灾难情境的风险性，包括对情境的不确定、可控性及对自身抵抗灾难事件社会风险的信心度[296]。Zhang 等认为灾难事件社会风险感知是指人们对灾难事件社会风险的主观评定和判断，公众获取灾情信息及与外界进行风险沟通后，对灾难事件社会风险的感知、理解、记忆、评价、反应的整个认知过程[297]。

虽然风险感知定义存在差异，但学者普遍认为，风险感知是对风险事件带来的危险性、严重性的主观看法，是公众面对风险时基于自身心理因素和外部环境因素的一种态度和心理行为表现[298]。总体可将灾难风险感知概念界定分为三种类型：一是外在灾难事件对公众心理冲击的一种被动威胁；二是公众内在心理因素对心理感受的一种主动干扰；三是灾难事件被动威胁与主动干扰相结合的集合。

面对突发灾难事件，及时、全面地了解公众的风险感知水平对于实现有效的风险沟通和危机管理具有重要意义[298, 299]。梳理国内外关于灾难事件社会风险感知的研究，本书从三个视角出发，将灾难事件社会风险感知的定义概括如表 4.1 所示。

表 4.1  灾难事件社会风险感知的定义及侧重

| 视角 | 侧重 | 界定 |
|---|---|---|
| 外在灾难事件对公众心理冲击的一种被动威胁 | 强调灾难事件社会风险特征及公众在灾难事件中的被动地位 | 灾难事件造成后果的大小决定了公众对该事件的接受程度（风险感知）；事件后果越严重，公众越难以接受，风险感知越强 |
| 公众内在心理因素对心理感受的一种主动干扰 | 强调公众对灾难事件所造成后果的主观评估和判断 | 风险感知是公众对灾难事件的风险特征及其造成后果的主观评估、主观判断；事件后果越严重，则风险感知越强、心理越恐慌 |
| 灾难事件被动威胁与主动干扰相结合的集合 | 强调公众受到灾难事件和自身心理因素的双重影响 | 公众不仅会受到灾难客观风险的影响，还会受到自身心理因素的影响，两者相互作用共同影响公众的整体风险感知水平 |

通过对灾难事件社会风险感知定义的总结，大体可知公众灾难事件社会风险感知包括对灾难事件的风险特征和严重性的判断，这种主观的、不确定评估风险与灾难事件带来的客观风险之间常常存在偏差，极易导致公众产生一系列不理性心理和行为[299]。在灾难事件发生时，政府相关部门应该最大限度地修正公众对灾难认知的偏差，恢复公众理性，这是有效提高公众防灾减灾能力的重要途径之一，对有效处置灾难事件是相当重要的。

大部分公众的风险感知不足以对灾难事件的风险进行专业评估，仅能间接地通过社会媒体报道政府及专家对灾难事件社会风险的评估来判断灾难事件社会风险的大小。公众的风险感知不仅仅与灾难事件本身有关，还与在灾难演进和应对过程中，公众如何获取灾情信息和如何理解这些灾情信息有关[264]。Burn 等通过大量研究发现，公众风险感知水平随着灾难事件的激化而上升，随着公众对灾难事件新闻的适应而快速下降[300]。

3. 风险放大理论

"风险放大"指的就是一个风险事件的最终影响超过了它的初始效应。日常生活中常见的行为，往往由于人类的忽视而加剧了潜在的消极影响。例如，吸烟不仅会危害吸烟者本身，而且会对吸烟者周围的人群造成影响。其中，吸入二手烟的被动吸烟者往往比主动吸烟者遭受了更大的危害，尤其是对于儿童和孕妇而言，二手烟的危害极其严重。在家庭、办公室、会场、露天场所等，人们会吸入二手烟，对于这类人群来说，虽然他们没有直接吸烟，但是其吸入二手烟受到的伤害甚至高于吸烟者，这也是为什么人们对二手烟深恶痛绝的主要原因之一。

风险的社会放大（the social amplification of risk）理论，主要是将对个体的风险感知研究拓展到对社会群体的风险感知研究中[301]。该理论是由 Kasperson 等在 1988 年提出的，通过风险的社会放大范式对公众的灾难事件社会风险感知进行研究，发现社会媒体报道灾情信息对公众理解与应对灾难事件社会风险有着重要影响，特别是对于一部分对灾情信息较为敏感的群体的影响更为明显[302]。这一理论在灾难事件社会风险感知的研究中，重点阐述了公众在接受灾难事件信息和进行信息沟通时，对灾难事件感知到的风险随着事件的演变如何被放大或者减弱，公众通过对社交媒体报道的灾情信息进行过滤、储存和理解，不断更新自身对该灾难事件社会风险的感知水平[303]。

风险的社会放大，表现为公众对灾难事件社会风险感知的夸大或缩小，具有主观臆想性、不可预测性、成因复杂性和危害多元性的特征。它加剧了公众的恐慌心理，影响了社会的和谐稳定[304]。风险可以进一步放大，甚至升级灾难事件的直接后果。如果处理不当，即使是一起小规模、小范围的突发灾难事件，经过风险的放大，也可能会酿成一起更大规模、更大范围的突发事件。

　　决定风险性质及严重性的重要影响因素主要包括社会放大信息系统及公众的反应特征。通过网络搭建"场域"所形成的社会风险"放大站"，信息可能会被放大处理，进而严重失真[305]。"放大站"的构成元素通常包括舆论领袖、自媒体网站、技术评估专家及大众媒体等。通过沟通渠道的再次演绎与传播，信息逐渐被放大。

　　社会风险放大分为两个阶段：① 信息传播的直接效应。通过信息过滤与信息传递，信息所包含的各种社会价值为风险管理及政策制定提供参照资料，在社会站和个体站内激荡、叠加，形成社会认知，进而构成行为意图。② 信息放大的次级效应。信息的传播与放大，导致信息失真。次级效应所产生的影响包括对高新技术所产生的反抗情绪、社会冷漠及风险管理中存在的污名化等态度。次级效应的扩散模式类似于"涟漪效应"，事件发生后，中心部分首先受到损害，按照关联紧密程度，相互关联的部分依次受到影响。风险所引发的"涟漪效应"，在不同的环境中可能会引发不同的后果，从而造成不同的反应。风险的社会放大理论框架如图 4.1 所示。

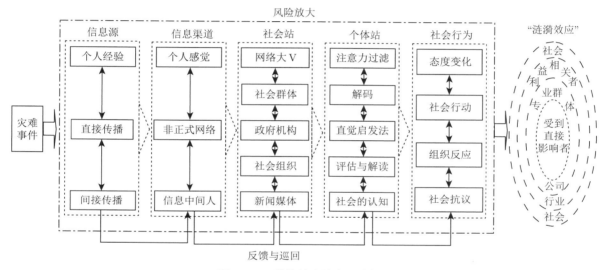

图 4.1　风险的社会放大理论框架

　　信息系统是人们进行风险事件认知所需要借助的重要手段，媒体等传播中介构成了社会风险建构的重要成分。媒体在风险放大过程中的作用机制，成为社会风险研究中的重要组成成分。媒体对于普通受众的风险感知程度具有重要影响。作为风险相关信息的传播者与分析评论者，媒体在某种程度上扮演着风险话语者的角色，其动向严重影响着人们对于风险的认知，这种影响力在人们缺乏相关风险的直接经验与理论知识储备时尤为明显。几乎掌控风险信息话语权的媒体，除了能够传播相关信息，也能够激发公众对于这些公布的风险进行思考。换言之，部分受众并非单纯的信息被动接受者，而是结合自身的经验阅历对信息进行分析整合。媒体与受众通过相互回应，形成信息交流。在媒体延展的风险社会放大框架中，大众媒介参与了各种不同的文化建构，它作为关键的符号制造机构对风险进行不同层面的建构，并在此基础上放大了风险[306]。媒体延展的风险社会放大框架如图 4.2 所示。

　　风险社会放大框架不仅为风险研究提供了全新的思路与广阔的视野，而且为风险研究提供了相应的规则。风险放大理论通过对风险演化机制进行分析，对影响因子间的相互作用进行评估，探究风险感知与行为抵制之间的关系，从而构建出社会风险分析工具。风险放大理论研究的主体包括个人、社会群体及社会制度等。在对风险中的个人因素进行分析时，分析不同文化背景与价值观念及居住地对于个人风险放大或衰减的影响。对于社会群体而言，面临风险事件时，其特点也会影响风险的反应机制。同时，污名化会降低民众认可度进而造成公众信任坍塌，从而使得风险应对成本增加，严重制约

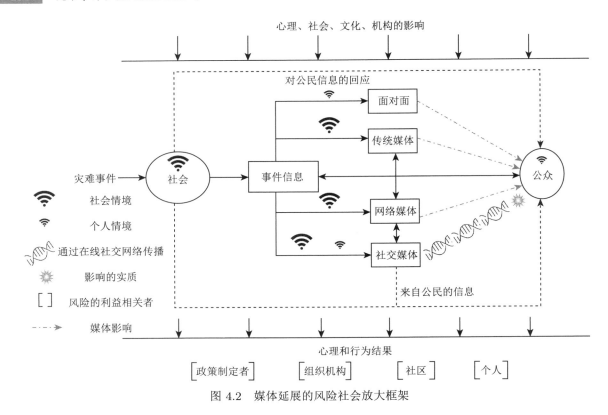

图 4.2　媒体延展的风险社会放大框架

社会风险应对效果，加剧社会风险放大程度。

　　自提出后，由于其重要的实用价值，风险放大理论不仅仅受到风险研究领域的关注，而且受到其他领域的关注。在复杂的社会环境中，风险极可能被放大也可能被低估，进而造成信息失真，这种状况会直接导致应对措施失当。对风险进行去强化与削弱化处理，使风险呈现出本来面貌，风险沟通政策显得尤为关键。

　　4. 风险沟通理论

　　风险沟通是有效实施风险管理的前提条件和基础环节，是相互协作、共享资源、促进政策制定和危机解决的重要途径[45]。Covello 等从决策者关注信息单向传递及风险控制的效果出发，将风险沟通定义为“在利益团体之间，传播健康环境风险的程度、风险的重要性，或管理、控制风险的决定、行为、政策的行动”[307]。1989 年，美国国家研究委员会（National Research Council, NRC）下属的风险认知与交流委员会出版了一本影响深远的著作——《改善风险交流》（*Improving Risk Communication*），将风险沟通定义为在个人、团体和机构之间交换信息和意见的互动过程[308]。美国国家科学院将风险沟通定义为个人、群体、机构之间交换风险信息、关注各方对风险的反应和发布管理政策等的互动过程。这一界定强调了在风险沟通中注重互动性，得到了学界的普遍认可。该定义着重强调多元主体之间的互动，可见，双向互动正是风险沟通的主要特征。也就是说，由政府或专家告知公民的单向模式早已不适用于风险治理全过程，此时公民不再被动地接受信息，而是主动参与风险治理全过程。

　　风险沟通理论最早由风险管理专家彼得·桑德曼（Peter Sandman）博士于 1993 年提出，强调不同的主体会做出不同的决策与行为，为了降低信息的不确定性，不同的主体之间应当加强互动与交流[309]。桑德曼认为，政府、专家学者等不同的主体对于风险的感知是不同的，风险沟通的作用主要在于通过信息交流、传递，推动政府机构与媒体、专家与公众之间关于风险的认知保持高度统一，维持相互之间的信任，从而有效地预防和降低风险[309]。专家与民众之间存在风险认知差异，有可能影响风险沟通中各主体间的相互信任。公共决策机构需要专家来协助处理突发公共危机中的新型风险，若民众对专家的管控逻辑认识不足或存在偏差，就容易降低对公共决策机构的信任[310]。Seeger 等提出风险沟通的内容涉及危机的三个时期——危机发生之前（传递风险的有关信息）、危机发生时（通告风险损害的控制）和危机发生之后（风险认知的改变），重点应是第一个时期[311]。

风险沟通是关于风险及其应对意见的交换过程，是一种双通道的互动。一方面，把可能的灾难事件的信息和拟定或现行的应对方案传达给目标群体；另一方面，把目标群体的反应及其提供的危害引发的实际损失情况汇集至政策制定者手中。在这一过程中，风险沟通的目的除了帮助公民掌握风险灾害分析和管控的最新进展，还要追求在沟通双方凝聚共识的基础上科学利用沟通成果抵御风险。另外，风险沟通理论通常运用于个人或群体对风险感受加深的社会情境中，主要关注的是社会关系建立等社会过程活动。沟通的内容主要涉及有关健康、安全、环境等领域的信息，沟通的作用在于告知、引导、咨询、消弭冲突和营造正面关系等。例如，政府疫情新闻发布是风险沟通的重要手段，在应对灾难事件中公开灾情信息、回应公众关切等方面发挥了重要作用[312]。

在灾难事件的危机管理中，风险沟通是政府及其相关部门、专家等风险沟通主体与受众之间沟通的桥梁与纽带，其作用具体表现在：① 降低信息不对称性。风险沟通能够为受众提供有效的风险信息，降低信息不对称性，避免信息不对称给受众带来恐慌。② 增强风险沟通主体的自信心。突发公共事件发生以后，通过风险沟通能够及时告知受众突发公共事件的危险，引导受众理性认知，增强受众信心，积极应对突发公共事件。③ 保障受众知情权。法律赋予受众平等的权利与义务，面对突发公共事件，风险沟通有利于保障受众的知情权。④ 增进沟通与交流。在应对突发公共事件的过程中，风险沟通主体与受众之间相互配合、有机协作，有利于增进风险沟通主体与受众之间的交流。

具体来讲，政府、媒体分别是风险沟通的轴心和桥梁，公众作为信息的接收者和反馈者，是风险沟通的对象。风险沟通不仅要通过灾情信息的告知、传播与引导，促进民众对灾难事件社会风险的"了解"与"同意"；还要通过交流来重塑政府、媒体与公众之间的社会关系，以达到维持彼此信任关系、共同推动风险治理的目的。

（1）政府是风险沟通的轴心。由于政府处于公共事务管理者的位置，不可避免地掌握社会上绝大多数的信息，特别是在灾难事件中，政府毫无疑问地成为信息的掌控者。信息发布与否、如何发布，都由政府决定，它是真正的风险沟通主导者。政府首先是风险的全局把控者。守护社会的正常秩序是政府的天职，政府掌握管理社会的资源，拥有强大的专家库，对风险的预警能力也最强。如果风险急剧爆发，第一时间采取大规模行动集中治理、应对的也是政府。一旦政府不履行职责，公共利益就会受到侵害，社会就会无序。政府是信源的最高发出者。就信息的流动和控制而言，现行体制旨在保障社会公众的认知和判断局限于以国家为中心的治理结构之内。但是，任何一种控制都无法从根本上阻碍信息的流动，因为流动是信息的本质。小道消息的盛行是现行体制下信息自发流动的特有形式。然而，随着网络信息技术的广泛应用，信息实现了即时性的流动和跨国界的流动，对信息的集中控制无法有效实现。即便如此，政府仍是信源的最高发出者，因其官方色彩而带有传统的权威性。

（2）媒体是风险沟通的桥梁。在应急管理中，仅靠政府单向发布公共信息并不能充分保障风险沟通的顺畅、及时与全面。媒体是实现风险沟通的渠道，是信息双向传播中的集散地，架起了政府与公众风险沟通的桥梁。一方面，政府必须借助媒体覆盖范围广、传播速度快、受众人数多的优势，通过媒体及时将风险信息、政府信息及政府应急管理工作进行全方位传播，以舒缓公众的紧张情绪，增强公众应对危机的信心，维护社会的和谐稳定。另一方面，媒体反映舆论，报道公众关注的问题，及时呈现公众对风险的认知、对政府应急措施的评价等信息，从而推进风险沟通中的信息流动，为政府完善风险沟通策略、提高风险沟通效果提供决策参考。在高度媒介化的社会里，大部分公众无法脱离媒介来认识什么是"风险"，因为正是媒介设定了议题，使风险从不可见变得可见。在媒介化社会里，任何显性的风险总会体现为一个媒介事件。

（3）公众是风险沟通的对象。在信息获取中，公众无疑处于相对弱势的地位，但公众是灾难事件最直接的受侵害对象，是风险信息传播链上至关重要的一环，也是数量最为广大的群体。风险沟通强调利益相关者平等、开放、公开地交流。作为风险沟通中数量最为广泛的主体，公众直接影响并检验着风险沟通的效果，在风险沟通中的作用不容忽视。一方面，公众是分散独立的个体，当风险爆发时，公众寄希望于社会公共秩序的管理者——政府尽快解决危机，恢复正常生活秩序，同时寄希望于媒体能够提供及时、充分、准确的事件信息；另一方面，公众也对政府、媒体的作为或者不作为进行评价、形成舆论压力，监督政府发布信息、解决问题，促进媒体及时报道、还原现场。公众希望通过风险沟通确保能控制与潜在威胁人的联系，或者要求高层在做决策之前及还有选择余地时能征求公众意见。

### 5. 群体极化理论

群体极化理论是一种研究个体态度因受群体态度引导而发生极端行为的理论[313]。网络社会中个体所具备的隐匿性，使得灾难事件易引起言论导向，在互联网的发酵中极易出现群体极化现象，而一旦出现严重的群体极化现象则会产生严重的社会后果[314]。互联网的不断普及带动网民数量不断增加，使得原先不会引起太多关注的灾难事件也成为人们争相讨论的热点。相关讨论中许多言论呈现出极端化和情绪化的特点，这就是一种群体极化现象。

美国学者 Stoner 于 1961 年提出群体极化的概念，即"风险转移"（risky shift）理论[315]。其通过运用实证分析法分析发现，在一个群体做出决策的条件下，群体内部的各种相互间的争议和利益讨论往往可能会直接性地影响个体决策和后续行为，久而久之在这种氛围下最终会在整个集群内部产生一个高度一致的决策结果，并且各成员之间的相互激励使得集群所产生的这一结果要远比个体决策结果更加冒险激进。Sunstein 在研究中指出，群体内个体与组织间就某事件的讨论都会存在一些偏向，然而经过大量的商议之后，个体和组织往往都会将自己的偏好推至某个偏激性的方向，最终可能导向具有极端意义的结论[316]。

目前，对群体极化现象的研究多集中于互联网领域。群体极化的过程和效应[317]如图 4.3 所示。图 4.3 中三角形、圆形、长方形、椭圆形分别代表网络上不同利益倾向的群体。可以看出，在群体极化之前，具有相同利益倾向的群体是分散的，不同利益倾向的群体之间可能还存在联系，然而，在群体极化之后，相同利益倾向的群体出现聚合，不同利益倾向的群体之间的分歧加大，这一现象在网络上表现得特别明显，网络起着放大的作用，在网络上各种利益倾向的群体都能找到"志同道合"的人。网络群体极化主要体现在网络世界中，但并未脱离现实世界，是从现实世界的一些群体特性转化到网络世界，是人们通过网络平台传播、网络组织之间交流互动，最终走向极端的一个过程，也是推动现实生活中群体极化的另一种表现。

除此之外，作为一个典型的开放性场域，互联网中的不同个体都倾向选择和自己情趣相投的人作为聊得来的"同类"进行交流沟通，进而在网络中产生了不同群体。这一演化过程并非处在完全开放的互联网络中，而是在一个相对封闭的空间内，这一空间是他们凭借个人喜好创造出的"朋友圈"。当相同观点的网民处在这个"朋友圈"中时间过久后，便会无意识地形成一种难以撼动的立场，并会不自觉地维护这种立场。一旦这种群体立场被激活后，群体内网民的个体意识便会逐渐模糊，让个体被集体"挟持"，形成集体"意识"。因此，不少学者将网络视为群体极化现象的"温床"[318~320]。

网络媒介只要利用一些技术优点，就能够很轻易地做到通过分众传播，乃至于做到个性化传播。当前，很多主流媒体和个人网站都致力于提供个性化网络服务，允许网民建立自己的个人网站和媒体页面，放进他们想要观看的东西，除去他们不想观看的那一部分，轻松获得"我的日报""我的电

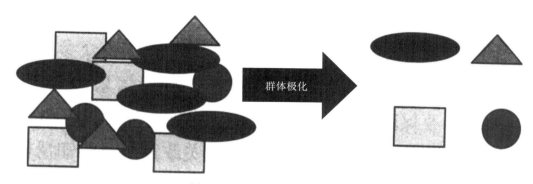

图 4.3　群体极化的过程和效应

台""我的电视"等专门为网民量身定制设计的个性化传播信息服务。微博更是很多网民"亲口说了算"的秘密花园。利用简易信息聚合（really simple syndication, RSS）技术，网络信息的自由传播已经远远脱离了传统信息媒介和服务承载的传播模式，网民已经能够自主进行选择和自由订阅所需要的网络信息和服务内容。网络上的各种链接通常都是直接指向志趣相同或者与自身利益相关的网站，回避异己的意见。互联网上不胜枚举的事实正深刻表明，"传播体系的个人化"已经逐渐成为现实。

普通的网络信息传播的接收者——网络受众，在传播信息的接收上是具有选择性的，对于风险的参与也有选择性。个体的职业、文化水平、民族风俗习惯、宗教信念、思想特质等各方面的差别，决定着他们在风险中的参与方式。他们只对自己感兴趣的，或者自己认为正确的，或者自己认为价值较多的风险表现出关注，而对其他同样具有价值的部分就很有可能忽视和拒绝。或许有人因为兴趣和爱好广泛而有可能参加许多组织，并主动探索寻求更多领域的资讯；但是很少有人主动涉足或者进入完全不感兴趣的领域，因而大家遇到一个相左看法的可能性就很小。不仅如此，网民还能够较容易地搜集和寻找有利于风险的小环境，在一个有利于自己的场所发表建议，免于担心和承受压力。

在网络风险产生和形成的过程中，"沉默的螺旋"理论也随之发生相互影响的变形。该基础理论提出的假设认为，人们更加倾向追求自我认同，害怕自己遭受孤立。如果一个网络用户已经预见到某种看法在某个网站将会遭到一定的排斥或强烈反对，而他仍然需要将自己的看法清楚地表达出来，要么他会接收被"拍砖"的压力，要么他就需要转而寻找其他一些宽容或者支持自己观点的网络空间。通常，网络上的意见发言人都会选择采取后一种做法，因为在网络空间里，几乎能够找到持有任何意见的群体。反对者的思想和态度在网络环境中并非相容，他们可以选择转向其他网络环境，在一个双方相互认同的网络环境中不必受迫于权威和势力比较大的一方的影响，也不必担心社会对群体的挑战和指责。信息屏蔽、甄别筛选技术和个性化人为选择地结合，在增加了人们的互动交往和沟通的目标性与实效度的同时，不可避免地也会增加群体的倾向。因为网民所能接收的任何信息，都是经过严格的过滤和甄别筛选出来的，这些信息仅仅会加深他们原有的看法，巩固他们固有的认识。如果缺乏了对立面的看法、多样性的思维，则难以深入他们的认识和视野，也就难以引起观念碰撞、换位思考和多元兴趣。

群体极化理论的核心内容是一个群体中多数人的态度或意见会影响到其他成员的态度倾向，在外部刺激作用下极有可能产生群体性极端冒险言行，其具备以下四个特点[314, 321]。

（1）引导性与极端化。少数人的态度倾向可能会对整个群体的态度倾向起到一定的引导作用，对于同一群体成员而言，其大多会拥有相同或类似的生活兴趣或背景，尽管各成员面对具体的外部事物时可能存在观点相左的情况，但一旦群体内部出现一个具有较强影响力或号召力的个体或小团体时则会对其他成员的态度或意见带来影响，进而在群体内部出现比个体更为冒险或极端的言行。在某些特殊情况下，团体内部产生了无法抑制的某种情绪后，很有可能出现大多数成员不受控制的情况，最终产生带有极端色彩的事件。值得一提的是，群体极化言行内的各参与者只有极少数个体是为了达到某种利益诉求，而大部分个体通常是为了宣泄情绪或释放怨恨。

（2）情绪化与非理性。当受到外部新闻事件刺激后，群体成员情绪与意识会先通过产生一种强烈共鸣，然后进入失控状态，在这一过程中部分极端主张的言行通常会占据主导支配地位，最终影响整个群体，此时该群体内通常会出现不冷静或不理性的观点，或者即便具有理性、冷静的话语和声音也会被这些群体敌视，从而表现为带着非理智的攻击性冲动与集体性冲动，进而实现群体性情感的爆发与宣泄。

（3）去个性化与匿名性。当群体内的非理性情绪成为主导情绪后，各成员的日常行为都会受到这种非理性情绪的影响，并且少数成员的个性化色彩也会因此被抹去或刻意隐藏起来，这也使得该群体内各个体不易被他人用特定特征识别或辨认出来，久而久之便会直接激发部分个体完全放弃自我约束行为，因为在群体匿名权利的保护下，这些个体极有可能做出有悖社会公序良俗的不合理行为，或发表非正常言论，而这些行为或言论往往是个体脱离群体后不会出现的。

（4）放大性与突发性。处于集群场景中，因从众心理的存在，群体内成员情绪会出现一定的波动，很多时候群体不理性情绪皆因其内部部分成员的不理性情绪被放大所致。群体极化现象的出现大多是突发性的，而且其发展也复杂多变，几乎无法被准确预测，尤其是部分群体极化事件当事人为了炮制新闻来达到利益诉求，常会煽动大量不知情人员参与到事件中来扩大影响力。

### 4.1.2　风险治理理论

贝克通过剖析风险结构和特征，提出了风险社会发展的两个阶段：第一阶段是指社会中存在的风险还在可控范围内，财富积累与分配是社会关注的核心问题；第二阶段是指社会中存在的风险早已超出原有处理能力的范畴，风险已转变成不容忽视的社会问题。各类风险连锁联动不仅会对人民生命财产造成巨大损失，而且会破坏国家安全、扰乱社会秩序，在此情况下，构建一种用于处理风险的规范化、常态化的社会运行机制迫在眉睫。尤其是各类风险不断叠加、扩散且呈现出集中爆发的态势，使得社会正常运行和公民日常生活受到巨大冲击，构建适应风险发展态势的风险治理方式正当其时。灾难事件社会风险治理所依托的理论包括危机管理、政府失灵、多元治理、网络理政、议程设置等理论。

#### 1. 危机管理理论

公共危机管理中所强调是对于公共危机重大事项进行动态治理的过程，是对于公共危机事件发生和演变的每个环节采取的有效控制性行为和运行机制[322]。公共危机管理就是为了有效地预防和消除各种危机事件给群众带来的风险，所制定的以公共危机管理部门和组织为治理主体、社会公众广泛参与的一系列危机管理和应对的策略和措施。关于公共危机管理的主体，学术界普遍认为是政府，它负责整个危机的应对及其处置工作的全过程[323]。因此，政府就是管理公共危机的主体，公共危机的管理和应对效果好坏归根结底由政府所采取的措施及应对及时与否所决定。通过梳理过往的公共危机事件不难发现，诸如食品安全、环保污染、恐怖行为、地质灾害等都是比较常见的公共危机事件，且这些公共危机事件都与政府相关，但是我们也不能忽略社会上还存在一些民间组织活动行为、私营企业之间的争端、富裕人群炫富、社会公德缺失所导致的与政府关联不太密切的公共危机事件，这些事件往往会在整体事态的变化和发展中习惯性地转向政府职能管理部门，从而酝酿出新的危机。面对此种情形，若仅仅以政府作为处理公共危机事件的主力，那么势必无法达到预期的治理效果，此时应该做的是团结企业、社区组织、公民的力量，形成治理合力，这样才能真正提升公共危机事件的监督管理效果和水平[324]。

网络社会下，面对灾难事件，处理和应对公共危机事件的主体不能过于单一，要尽可能地调动其他主体参与其中，因为这些主体很多都在事件发生的现场，他们目睹了整个事件的发生和发展，能够为事件的治理和应对献计献策[325]。由此可见，在处置和应对重大公共危机事件的过程中，政府除了要扮演好"领头羊"的角色之外，还应该主动对社会公共危机治理工作进行安排、统筹。尤其是在大数据时代背景下，公共危机的内容和呈现方式更为复杂，此时更应该汇聚更多有能力的主体参与到公共危机管理当中，群策群力，在政府的领导之下，共同应对和处理危机，将危机造成的影响降至最低。

公共危机管理工作有着不同于其他公共管理工作的特点，这是由其自身产生、发展和消亡的特殊性所决定的。我们可以从以下几个方面来理解和把握这种特殊性。

（1）及时性。公共危机管理以突发公共危机事件为客体，这类事件具有突然性和偶发性的特点，负责开展管理工作的主体很难预测何时何地会发生这种危机，而且一旦危机爆发，都会造成不堪设想的后果。正是这种后果的严重性和影响的广泛性使得人们在事件发生之后就会立即展开热烈的讨论，然后关于事件的信息就会迅速传播，导致事件迅速演变成一种焦点、热点话题，最终深远地影响着社会、公众、民族的发展。因此，公共危机管理的重中之重就是如何把握好治理的时机，具体而言，就是要在危机爆发后尽快给出应对之策，而且所选择的手段必须妥善、适当，最好在公共危机事件只在小范围内产生影响时着手处理，这样才能避免其影响进一步扩大，酿成更严重的后果。

（2）广泛性。公共危机事件的影响十分广泛，因此其管理决策也具有自己的特殊之处，最为突出的就是要针对很大的范围实施管理决策，政府是管理公共危机的"领头羊"，其间也需要其他社会主体的参与，故公共管理的目的归根结底就是将相应的公共产品或服务提供给社会公众，以降低公共危机事件造成的损失。不管是从哪个方面进行考虑，我们都应该以维护社会和公众的利益作为公共管理的主要目的，它必须贯穿社会的每一个层次，也就是我们不能只针对事件进行决策，而是要从全局进行统筹，制定具有广泛性的管理决策才能达到预期的管理效果；另外就是影响范围的广度，公共危机事件本身会产生极大的影响，我们管理时除了要对其本身进行管理，还要对基于其而衍生出来的其他影响予以关注。只要社会上出现了公共危机事件，就会在短时间内引爆公众的讨论热情，从而使得风险呈病毒式扩散，尤其是在互联网技术腾飞的当今，世界各个国家和地区的公众都能因为某件事情的爆发而立即展开讨论，而且相关的信息能够在极短的时间内被传播出去，故公共危机管理主体所采取的决策是否广泛，与危机影响的深度和广度也存在密切联系。

（3）不确定性。公共危机事件具有突发性，而且任何人都无法预料其会在何时何地发生，这无形中增加了制定公共危机应对决策的难度，也是基于公共危机事件的这些特征，要避免公共危机事件在更大的范围内产生影响和危害，就要保证决策的科学性和合理性，否则将得不偿失。在制定公共危机治理方案时，要运用有限的资源和信息，制定一种最优的应对和管理对策。不仅如此，公共危机事件的发生具有突发性，而且事件往往是独一无二不可重复的，因此政府只能结合以往处理和应对的对策和方案作为应对和处理新事件的参考，不可能完全照搬过去的做法，这也是公共危机管理不确定性的一种体现。

（4）系统性。在构建公共危机管理机制和配套体系的过程中需要投入大量的资源，因为公共危机造成的影响不是某一个方面，所以必须系统地调动各个方面和各个领域的力量，做好预防准备工作。各种工作糅合在一起就突显了公共危机管理的系统性，这要求我们必须从全局上应对好公共危机事件或者突发灾难事件，提前预警。

由于社会公共利益主体是多元的，社会上一旦出现公共危机事件，会对整个社会的公共利益造成危害和影响，任何利益主体都会不同程度地受到影响，为了保全自己的利益，他们会关注危机事件的产生、发展和未来发展方向，主动去搜集和传递相关的信息，并迫切地想知道危机事件管理主体未来会采取怎样的应对之策，这样就催生了信息传播带来的风险。分析各种事件的发生和处理不难发现，只要社会出现公共危机事件，都可能在很短的时间内引起大众讨论，进而升级成为一种焦点风险。而且，在大数据时代背景下，媒体为了流量和点击率会设置一些比较引人注目的标题和内容，尤其是公共危机事件爆发之后，媒体会争相搜集有关新闻的资料和信息，以保持受众对自己的热度，这种行为正好满足了广大社会公共利益主体对公共危机事件信息的需求，进而增加触发风险的概率。

由于网民高度重视公共危机演化，根据新闻风险和信息传播途径，我们可以把公共危机事件的发展及其演变过程分为四个阶段：第一，危机酝酿阶段。事件发生初期，官方公布的信息量有限，加上事件整体态势不明亮，故为各种谣言、小道消息的生长提供了温床，引起社会与公众对事件的高度关注。第二，危机震荡阶段。当社会上充斥着各种不实言论时，社会公众便会因为对真相的渴求而开始跟踪风险，此时他们会跟随大众媒介的脚步，慢慢了解整个事件的真相，此时小道消息和谣言对他们的影响会有所减弱。第三，危机爆发阶段。此时危机已经发展起来，而且造成了一定的影响，社会上充斥着大量的负面信息，风险话题转向频繁，官方应对危机的压力陡增。第四，危机消退时期。此时官方处理事件和应对危机的成效初显，加上事件真相在大众媒体的报道下已经被群众熟知，各种谣言已经无处遁形，社会风险也开始趋于理性，大众随波逐流的现象好转，并开始减少对事件的关注，危机开始进入消退时期。

基于上述四个阶段，管理公共危机事件的内容也划分为四个层次：第一，危机诊断，就是在没有明确事件真相的前提下，展开分析和研究，对其可能造成的后果进行明确；第二，危机预警，就是归纳危机产生的诱因，以及潜在的风险，如会形成何种焦点话题，会出现怎样的新闻事件等；第三，危机风控，就是采取行之有效的手段来应对和管理危机，将危机造成的影响降至最低；第四，危机恢复，就是归纳本次应对和处理危机的经验和教训，进行系统评价。

2. 政府失灵理论

政府失灵理论认为，政府在市场经济背景下主要是通过治理、立法、出台公共政策的方式来分配公共资源，提供公共服务，一旦这些资源和服务未发挥应有的作用，甚至还因此出现反作用，如发生决策失灵、沟通无效的情况，就属于政府失灵的情形。在管控突发事件社会风险的过程中，我国地方政府已经形成了一套自己的工作模式，而且成效显著。例如，现行的"互联网信息办公室"（简称网信办）的前身就是"网络文化管理办公室"，这种转变就实现了政府办公垂直化到扁平化的变化，这种模式在政府与个人之间加入了社会这个新的参与者。但是，因为一些因素的影响，我国政府管理和控制突发事件社会风险的结构和文化离真正的扁平化机构还有一些差距，必须通过改革解决政府治理和管控突发事件社会风险时的政府失灵问题。因此，引入政府失灵理论，对于突发事件社会风险治理具有理论支持与方法指导。

一是需要找出是何种原因导致突发事件社会风险治理效果不佳。突发事件社会风险管理目前暴露出低效或无效、被动僵硬的问题，这是政府部门、部门负责人或干部管理倾向不同、管理能力偏弱导致的。政府是管理突发事件社会风险的主体，政府一旦失灵，就会影响突发事件社会风险管理的效果，因此在治理突发事件社会风险时允许社会组织参与，动用社会公众的力量，可以有效引导和控制突发事件社会风险，而非一味地依靠政府的力量。

二是能够对社会组织参与突发事件社会风险治理的方案进行优化。在治理突发事件社会风险时允许社会组织参与其中，能够弥补政府失灵的缺陷，需要做到如下几点：① 分权，政府要下放一定的权力给外部社会组织，强化公众参与风险治理的积极性，以便形成治理合力；② 进行市场化改革，由市场利用现有技术开展预警监控工作，从而使得公众对于突发事件的信息需求得以满足；③ 职位雇员化，可以本着良性竞争的理念，设置一些风险治理岗位由社会组织成员担任，通过签订用工合同的方式甄选治理人才；④ 开展道德法治教育，用以规范和约束社会组织及行业参与风险治理的行为。

3. 治理理论

治理理论对传统模式下政府垄断公共事务的行政模式进行了改革，是一种全新的管理方式和过程，它主张拉近政府与社会之间的距离，认为要突出社会共识与社会认同的地位。毫无疑问，治理理论的诞生对于指导我们改革灾难事件社会风险治理模式意义重大，各种治理主体在灾难事件社会风险治理当中应该以治理理论作为指导，保证治理的协调性。在本书的研究当中，这一理论的作用主要体现在以下两个方面。

一是对灾难事件社会风险治理理念进行深化和革新。在治理灾难事件方面，治理理论对传统的灾难事件社会风险管理模式进行了变革，其突出了灾难事件中的社会风险治理，要求政府充分发挥自己在风险治理当中的职能，扮演好相关的角色，这是一种社会多元共同参与的治理模式，而非像过去那样，仅凭政府一己之力进行治理，这样一来，政府在灾难事件社会风险治理方面就不再具有排他性，也不享受特权，而且以政府牵头与其他社会团体共同形成治理合力。

二是鼓励多元主体参与塑造公共精神，维持好网络生态秩序。治理理论认为，要管理和控制好网络环境中的灾难事件，不但要重视制度的落实之外，还要强化政府、社会公民、社会组织的治理意识，避免政府与其他社群组织在互联网环境内发生冲突和矛盾，要对灾难事件社会风险的发展趋势进行准确的预测，鼓励社会组织参与其中，然后正确引导风险，使之朝着积极、正向的方向发展，同时要管控好负面风险，尤其是谣言，肃清不良的社会风险。

治理具有持续性和长期性，它是通过某种手段来调和各类利益及彼此间冲突的一种过程，这里所指的手段，可以是制度和法律这种强制性的手段，也可以仅仅是包括了各种他人同意或为了符合其利益而进行的非正式政策制度性的安排。它具有四个本质上的特征：治理不仅仅是一套法律和规则性的条例，也不仅仅是一种活动，而是一个过程；强调的是"调和"二字，而非强制支配；治理是一项需要由公、私部门密切配合才能开展的工作；治理需要体现出正式性、官方性。

20 世纪末，西方政治专家学者开始给予"治理"一种崭新的政治内涵，主张通过政府自主放权和对各类社会主体进行民主授权，实现多主体、多核心协同治理等现代治理的高度多元化，强调政府要弱化权力，有时候还要尽可能地减少政治上的干预，这样才能拉近政府与社会公众之间的距离，通过彼此协同、配合达到预期的治理效果。到现在，立足于社会中心主义，主张彻底去除或弱化政府的政治权威，取向多中心的自我治理，是治理理论的各类流派的基本政治理论主张。

在此基础上，西方的治理理论提出"善治"（good governance）的思想[326, 327]，为了调和政府与公民的矛盾，应该体现出治理的法制性、责任性、透明度、合法性，而且要依据某些标准对治理进行响应。因此，如今西方的学术理论中，"治理"代表着对政府的分权及其社会自治这一观点。相对于国外关于治理的多种看法，国内对于治理的看法和认识也比较统一，基本上认为治理实际上是一种权利的多向性、多样化，既有竞争又互相合作的统治模式。治理与统治的根本区别主要表现在两方面：一方面，二者的权威性不同，治理的权威包括了政府、公民、群众等多元主体，而统治的最高权威仅限于政府；另一方面，权力运作的向度各不相同，治理过程是上下相互作用的过程，而统治则是自上而下的单项作用过程。治理学说作为一种新兴的理论被广泛接受和认可，最主要的一点就是它已经成为一个国家与社会公民实现治理双赢的新渠道，也就是说，治理在其利益的最大化上，由一元、强制和垄断逐渐走向多元、民主和协商。

4. 网络理政理论

网络理政已经成为治理现代化的重要手段。当前我国已经迎来了"大众麦克风""传媒聚光灯"的时代，我国网民数量已超过 10 亿人，互联网已成为人们主要的交流渠道和沟通平台。在与政府沟通方面，也有越来越多的人借助互联网向政府提出意见或建议，将其作为参政议政的重要方式。适应这一新形势，政府必须善于进行网络理政。

网络理政主要是指政府利用互联网、新媒体与社会各界沟通，及时了解社会动态和公众利益诉求，宣传和解释自己的方针政策，主动征求公众意见或建议。网络理政并非把网络作为手段进行理政那么简单，而是强调以人民为中心，涉及政府信息公开、公众参与决策、多主体协同治理及个性化便民服务等一系列重大问题。它在理念上强调民主、开放、参与和协商，通过多方参与治理的方式来解决治理中遇到的问题，实现政府与公众的良性互动。网络理政要求建立服务型数字政府，使政府依托数字信息技术进行决策、管理和服务。建设开放、透明、负责任的数字政府，可以大幅度提高行政效率，为人民群众提供更好的服务。实践中，建设数字政府、进行网络理政，需要在机制上进行一系列创新。

（1）网络民意测量机制。今天的社情民意很大一部分是通过网络反映出来的，政府和相关机构应建立网络民意测量机制，对于网络民意的总体趋向、主要观点、网民情绪进行实时研判，并把网民的主要意见经过分类整合及时传递到决策部门。这一机制有助于精准把握公众诉求、有效防范社会安全事件。

（2）数据信息公开机制。许多数据和信息其实是公共产品，政府有责任和义务向社会公开权威数据和信息，以保障公众知情权。互联网成为重要的沟通平台后，在互联网上公布数据和信息可以节约很多行政资源，减少纸张印刷、交通、邮电等方面的成本。公众通过互联网获取信息也更方便，更容易了解政府法规、条例等各种信息。数据和信息在互联网上公开要及时、全面、客观和准确，时间上定时，机制上有保障。

（3）网络政务服务机制。建立网上政务办事大厅，利用网络对公众进行各类政务服务。公众对政府机关的服务范围、服务标准、服务质量等是否达到规定要求都可以在网上进行反馈，以督促政府提高政务服务水平。政府可以根据公众的不同需求提供个性化服务，并将需求者和服务提供者匹配起来，构建以用户为中心、以服务为导向的数字政府。

（4）政府回应机制。政府回应是指政府对公众提出的诉求及时做出反应，积极解决公众反映的问题，并定期主动向公民征询意见、解释政策和回答问题。实践中，一些地方政府网站开通了"留言板"，让公众可以在互联网上随时向政府问询相关事宜，为政府与网民交流提供了常态化平台。

（5）网络协商机制。互联网为民主协商提供了渠道和平台，但网络协商机制的设计应注重线上与线下互动。在互联网上，网民可以依法充分发表言论、进行交流。但同时也应注意到，互联网上发表的言论容易情绪化，有时甚至变成个人情绪的宣泄。在这种情况下，网络民主协商机制需要将线上协商和线下协商结合起来，努力达成共识。

（6）风险引导机制。具有权威性的新闻网站要肩负起引导正面言论的职责，充当好政府"喉舌"的角色，要将正确、完整、可靠的信息传递给政府网站，避免虚假信息扩散风险朝着更广的范围和更深的层次发展，同时还要最大限度地体现出网络媒介全民参与、传播效率高、信息互通便捷、热点话题多的特点。

（7）危机防控机制。完善政府部门披露信息的制度，认真、及时地将政府部门的热点、重点事项披露在各大主流传播媒体或其他重要门户网站。健全风险监测管理制度，打造风险人才班底，对风险的趋势进行分析和掌控，正确引导风险。构建监测管理社会风险的制度，系统地分析且准确地判断社会风险的发展趋势，归纳风险的成因及发展的动力，以权威的方式发布有关风险信息。制订应对和处理各类突发应急事件社会风险的方案，考虑适时通过组织召开相关工作新闻发布会、接受媒体专访等多种形式，做好事件相关的问题解答。

互联网理政工作应该朝着规范化、制度化、常态化的方向发展，要对各项工作任务和岗位职责进行明确，建立有利于开展网络信息管理工作的长效运行机制，通过组织和协调社会主体，有效聚焦、提炼、归纳、处理和反馈社会风险，真正发挥互联网连通干部与群众的作用。在网络问政体系当中，各级领导干部起到了主导作用，同时他们也肩负着建设和维护网络的重任，故其执政理念一定要开明公正，而且要将群众放在第一位，面对新闻事件，应该做到及时回应、从容承受，要活跃在博客、电子信箱、聊天室、论坛当中，保持自己与网民的互动，通过疏导风险，让媒体风险朝着积极、正向的方向发展。采用科学民主的手段，内化网民的思想和意志，使之成为一种牢不可破的执政观念和行动，充分发挥互联网在改善社会治理水平方面的价值，通过实际行动让广大网民看到政府为其排忧解难的决心，树立良好的政府形象，这样才能有效避免社会上出现各种不良的社会风险。

5. 议程设置理论

议程设置的基本思想最初来自美国新闻工作者和社会评论家沃特·李普曼（Walter Lippmann）。1921 年，李普曼在其经典著作 *Public Opinion* 中提出了他的观点："新闻媒介影响我们头脑中的图像"[328]，这成为议程设置理论的雏形。议程设置理论提出了这样一个假设：当社会上的某个事件被新闻媒体重点报道时，此事件就会迅速引起公众的重视，此时就算媒体难以直接控制人们的思想，但是可以通过议题管理的方式来左右人们的想法[329]。这一理论最初适用于传统媒体，如今也可以用于网络环境，各媒体通过设置议题来左右大众的想法，微博、微信、论坛等平台设置了各种应用功能，如"话题设置""投票""转发""点赞""评论"等，都是发起议题的主体设置的，"个人议题"会因为其本身引起了大众的关注而成为"公众议题"，这有利于网络用户传播新闻事件，也使得新闻从业人员利用这些素材更高效地设置议题。实践当中，为了引发公众对议题的关注和广泛讨论，新闻从业人员会对民众在意的内容予以关注，利用科学的新闻结构阐述媒体事件，并负责任、积极地开展新闻事件传播工作，以一种正确的风险观引导公众的整体思想和观点。

李普曼还明确表示，客观世界具有动态性，人们了解世界的方式不能只停留在接触、听、看三个层面上，也就是说，"伪环境"是客观世界的一个特点；风险就是利用社会、学校、家庭和大众传播媒体等途径，使得人们对某个物体或群体的成见、偏见、印象刻在大脑当中，这个过程实际上就是这些传播途径作用力和影响的表现，会影响人们对事件的看法和观点。这种"伪环境"的客观存在使得普通人无法从媒体渠道了解真实世界，他们就相当于是局外人一般的存在，这些局外人迫切地需要局内人来帮助他们了解真实世界，而该局内人往往介于一般人与外在世界之间。归纳起来，李普曼理论所要传达的意思就是，大众媒体对受众的影响是直接的、无条件的。

美国学者伯纳德·科恩（Bernard Cohen）于 1963 年提出"议程设置"的概念。他将大众传媒与公众认知的关系概括为，"新闻媒体在告诉人们怎么想这一方面可能并不成功，但在告诉人们想什么的方面却异常成功"[330]。他认为，对读者的思考方式进行引导时，媒体的作用比较小，但是对读者的思想内容进行引导时，媒体的作用却十分明显。科恩认为媒体具有告知功能，能够帮助读者"what to think"，其思想中的经验主义色彩十分显著。

美国传播学家麦克斯威尔·麦克姆斯（Maxwell McCombs）和唐纳德·肖（Donald Shaw）于 1972 年通过研究和讨论提出了"议程设置"的概念，并对其假设思想进行了研究[331]。我们可以从外显和内在过程来把握"议程设置"的内容，前者就是热点议题从媒体性议程传播到整个社会公众议程的过程；后者就是新闻媒体具有将这些话题和对象输入社会公众头脑中，成为其认知的功能。麦考姆斯和肖的研究结果显示，如果某个新闻事件被媒体不断报道，那么公众对于当天新闻报道的感知便会受到直接且严重的影响，这种现象引起了两位新闻学者的广泛关注，他们一致认为，媒体必然在某种程度上影响着公众议程，换言之，社区媒体公众能够对那些频繁且优先报道的新闻产生深刻的印象，而判断新闻议题是否优先和重要的依据就是新闻报道的篇幅和新闻媒体标题字号的大小、新闻是否刊登在头版上、标题是否足够具有吸引力等外部标志，通常而言，篇幅和标题字号越大，且标题设置较具吸引力的新闻事件都越重要。

议程设置在新媒介背景下遵循这样的流程：个体被某个事件（信息源）刺激之后，基于这种新媒介来设定个体议程；个体间的议程依托个体之间的传递完成，或是直接在网络上进行传播实现共享，进入社区通过各种新媒介平台反复进行讨论、博弈，议程不断发生变化，然后完成了该社区议程的设置；其极有可能会朝着另外一个社区发展，然后成为二者之间的共鸣，这样就建立了两个社区之间的联系；议程设置因为介入媒体数量的增多而从单一媒介转变为多媒介，然后为建立目标公众议程打下基础，从而形成决策者议程，实现议程在社会不同层面的融合，最终给个体带来实质性影响；这种治理流程不仅是闭合的，而且处于动态变化状态，也就是在设置某个单一议程时，当决策者议程在新媒介环境下对其他个体产生作用之后，所有决策者都能直接判断此议程，并依托这种新媒介平台来修正和判断各种决策者议程的设定，然后通过不断升级的机会来创造新的价值，从而实现社群议程新设定的进程的变化和进展，这就完成了议程设定形态上的一次性流程。

大众传播媒介分为媒体议程、社群议程、个体议程三个部分，并按这一流程对议程进行设置。实践中，可以从以下几个方面把握这一流程：在设置和修订议程的整个过程当中，社群扮演着极其重要的角色，是不可或缺的一个环节；个体议程的设置一直都位于激发点位置，它是一个非闭合且不断演进的过程，但我们并不清楚其影响究竟有多大；社交传播网络的价值会对媒介的媒体议程造成深远的影响；确认敏感性媒体议程需要对社会治理条件、社会规范、存在共识、社群价值观予以考虑，其可能会暂时性消失，但是在另外一个社群或时空内出现的可能性极高；整个设置过程中都可能出现新媒介，媒介环境就是在此背景下应运而生的；所有的开发流程都是环环相扣的，任何一环出现问题都会改变议程设置功能的变化，这种变化可能十分显著；所有的环节都可能再次出现；所有的环节都有可能是跳跃的，而且其开发方向可能有很多，也就是说，新环境不一定非要经过特定的环节；传统媒体议程设置会因为新旧媒介共存而受到深远的影响。Sung 和 Hwang 通过内容分析的方法，探究了危机情景下不同的媒体形式对于信息流动的影响程度，发现虽然社交媒体起到了重要的作用，但是传统媒体在议程设置上发挥着重要作用[332]。

议程设置理论认为，媒体议程会对公众议程有所影响，进而对政策议程也会产生影响。尽管公众对某个问题或某件事的观点和看法不会因为媒体传播信息这一举动而受到影响，但是媒体可以通过发布重要事件和问题的信息来设置一个议题，对公众就这些事件和问题的看法进行引导。

## 4.2 法律规章体系

根据依法治国的基本方略，灾难事件社会风险也必须依法治理。按"突发事件应急"和"网络信息安全"的主题，从中华人民共和国应急管理部、中共中央网络安全和信息化委员会办公室，以及四川大学图书馆购买的"北大法宝"数据库搜索相关法律规章。搜索范围为 2000～2020 年，共搜集相关基本法律 4 部、行政法规 20 部、部门规章 25 项。对法律规章做进一步精炼，删减的标准一是不构成灾难事件，二是没有涉及信息发布。最终保留基本法律 4 部、行政法规 11 部、部门规章 13 项。这些法律规章是我国灾难事件社会风险治理的法理依据和操作指南。

### 4.2.1 体系概述

我国灾难事件社会风险治理相关的法律规章体系如图 4.4 所示。基本法律是根本依据，行政法规是执行法则，部门规章是操作规则。从时间轴看，最早的一项行政法规是 2001 年实施的《国务院关于特大安全事故行政责任追究的规定》，规定"特大安全事故发生后，省、自治区、直辖市人民政府应当按照国家有关规定迅速、如实发布事故消息"，但 2010 年以前相关的法律规章较少，重视力度还不够。从法规内容看，2011～2015 年集中颁布了一批与灾难事件应急处置相关的法律规章，2016～2018 年集中颁布了一批与互联网信息服务管理相关的法律规章。但是，目前还没有一项法律规章将两者结合起来，提出针对各类灾难事件应急处置的互联网信息服务管理相关规定。

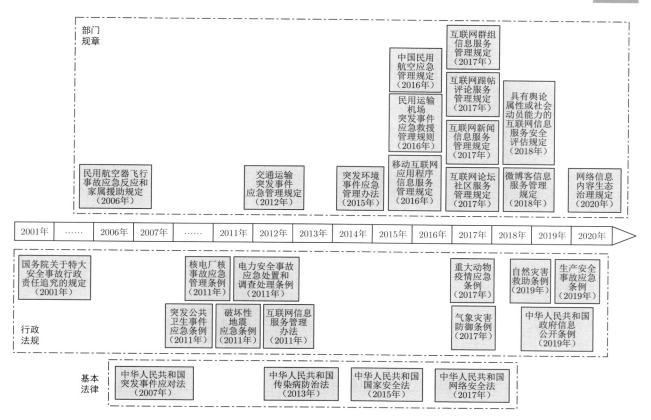

图 4.4 我国灾难事件社会风险治理相关的法律规章体系

### 4.2.2 基本法律

法律是由享有立法权的立法机关行使国家立法权，依照法定程序制定、修改并颁布，并由国家强制力保证实施的基本法律和普通法律的总称。我国最高权力机关全国人民代表大会和全国人民代表大会常务委员会行使国家立法权，立法通过后，由国家主席签署主席令予以公布。在法律规章体系中，法律的级别是最高的。经辨识，与灾难事件社会风险治理密切相关的法律有以下 4 部。

（1）2007 年实施的《中华人民共和国突发事件应对法》（中华人民共和国主席令第六十九号），第五十三条"履行统一领导职责或者组织处置突发事件的人民政府，应当按照有关规定统一、准确、及时发布有关突发事件事态发展和应急处置工作的信息"；第五十四条"任何单位和个人不得编造、传播有关突发事件事态发展或者应急处置工作的虚假信息"。

（2）2013 修正的《中华人民共和国传染病防治法》（中华人民共和国主席令第五号），第三十八条"传染病暴发、流行时，国务院卫生行政部门负责向社会公布传染病疫情信息，并可以授权省、自治区、直辖市人民政府卫生行政部门向社会公布本行政区域的传染病疫情信息。公布传染病疫情信息应当及时、准确"。

（3）2015 年实施的《中华人民共和国国家安全法》（中华人民共和国主席令第二十九号），第六十七条"国家安全危机事件发生后，履行国家安全危机管控职责的有关机关，应当按照规定准确、及时报告，并依法将有关国家安全危机事件发生、发展、管控处置及善后情况统一向社会发布"。

（4）2017 年实施的《中华人民共和国网络安全法》（中华人民共和国主席令第五十三号），第四十七条"网络运营者应当加强对其用户发布的信息的管理，发现法律、行政法规禁止发布或者传输的信息的，应当立即停止传输该信息，采取消除等处置措施，防止信息扩散，保存有关记录，并向有关主管部门报告"。

前三部法律规定，各级人民政府、卫生行政部门、国家安全机关等履行事件处置和管控职责的国家公权力机关应准确、及时向社会公布事件相关信息；其中，《中华人民共和国突发事件应对法》还规定，不允许编造、传播事件相关虚假信息。《中华人民共和国网络安全法》则对互联网这一信息传播重要渠道做出限定，要求网络运营者加强对网络用户发布信息的监管，禁止发布或传输违法信息，其中就包含了《中华人民共和国突发事件应对法》中所指的"虚假信息"。

从以上四部法律看，国家注重对灾难事件信息的社会发布，要求建立事件信息发布制度，信息要由权威部门发布，且要求及时、准确；同时禁止虚假信息的编造、传播、扩散，避免造成社会恐慌。

### 4.2.3 行政法规

行政法规是国务院为领导和管理国家各项行政工作，根据宪法和法律，按照《行政法规制定程序条例》的规定而制定的有关行使行政权力、履行行政职责的规范性文件的总称。行政法规的制定主体是国务院，必须经过法定程序制定、具有法的效力。行政法规一般以条例、办法、规定等形式组成。发布行政法规需要国务院总理签署国务院令。行政法规的效力仅次于宪法和法律，高于部门规章和地方性法规。经筛选，与灾难事件社会风险治理密切相关的行政法规有以下 11 部。

（1）2001 年实施的《国务院关于特大安全事故行政责任追究的规定》（中华人民共和国国务院令第 302 号），第十八条"特大安全事故发生后，省、自治区、直辖市人民政府应当按照国家有关规定迅速、如实发布事故消息"。

（2）2011 年修订的《突发公共卫生事件应急条例》（中华人民共和国国务院令第 376 号），第二十五条"国务院卫生行政主管部门负责向社会发布突发事件的信息。必要时，可以授权省、自治区、直辖市人民政府卫生行政主管部门向社会发布本行政区域内突发事件的信息。信息发布应当及时、准确、全面"。

（3）2011 年修订的《核电厂核事故应急管理条例》（中华人民共和国国务院令第 124 号），第二十三条"省级人民政府指定的部门在核事故应急响应过程中应当将必要的信息及时地告知当地公众"。

（4）2011 年修订的《破坏性地震应急条例》（中华人民共和国国务院令第 172 号），第三十二条"广播电台、电视台等新闻单位应当根据抗震救灾指挥部提供的情况，按照规定及时向公众发布震情、灾情等有关信息，并做好宣传、报道工作"。

（5）2011 年修订的《互联网信息服务管理办法》（中华人民共和国国务院令第 292 号），第十五条"互联网信息服务提供者不得制作、复制、发布、传播含有下列内容的信息：……（六）散布谣言，扰乱社会秩序，破坏社会稳定的"。

（6）2011 年实施的《电力安全事故应急处置和调查处理条例》（中华人民共和国国务院令第 599 号），第二十条"事故应急指挥机构或者电力监管机构应当按照有关规定，统一、准确、及时发布有关事故影响范围、处置工作进度、预计恢复供电时间等信息"。

（7）2017 年修订的《重大动物疫情应急条例》（中华人民共和国国务院令第 450 号），第二十条"重大动物疫情由国务院兽医主管部门按照国家规定的程序，及时准确公布；其他任何单位和个人不得公布重大动物疫情"。

（8）2017 年修订的《气象灾害防御条例》（中华人民共和国国务院令第 570 号），第四十条"广播、电视、报纸、电信等媒体应当及时、准确地向社会传播气象灾害的发生、发展和应急处置情况"。

（9）2019 年修订的《中华人民共和国政府信息公开条例》（中华人民共和国国务院令第 711 号），第十九条"对涉及公众利益调整、需要公众广泛知晓或者需要公众参与决策的政府信息，行政机关应当主动公开"；第二十条"行政机关应当依照本条例第十九条的规定，主动公开本行政机关的下列政府信息：……（十二）突发公共事件的应急预案、预警信息及应对情况"；第二十三条"行政机关应当建立健全政府信息发布机制，将主动公开的政府信息通过政府公报、政府网站或者其他互联网政务媒体、新闻发布会以及报刊、广播、电视等途径予以公开"。

（10）2019 年修正的《自然灾害救助条例》（中华人民共和国国务院令第 577 号），第二十六条"受灾地区人民政府应急管理、财政等部门和有关社会组织应当通过报刊、广播、电视、互联网，主动向社会公开所接受的自然灾害救助款物和捐赠款物的来源、数量及其使用情况"。

（11）2019 年实施的《生产安全事故应急条例》（中华人民共和国国务院令第 708 号），第十八条"依法发布有关事故情况和应急救援工作的信息"。

这些行政法规对灾难事件信息发布做出一系列明确规定：① 信息发布的主体。人民政府或授权的行政部门和社会组织等，其他组织和个人不能发布。② 信息发布的要求。依法、主动、及时、准确、全面。③ 信息发布的渠道。政府公报、网站或者其他互联网政务媒体、新闻发布会，以及报刊、广播、电视等传统媒体。④ 广播、电视、报纸、电信等新闻媒体要做好宣传、报道工作，及时、准确向社会传播事件相关信息。⑤ 散布谣言，扰乱社会秩序，破坏社会稳定，是违法行为。这些规定落实到位，将能有序引导灾难事件权威信息在社会传播，有效回应公众对事件信息的关切，有力干预虚假信息的滋生扩散，做好灾难事件社会风险治理工作。

### 4.2.4　部门规章

部门规章是国务院各部门、各委员会根据法律和行政法规的规定和国务院的决定，在本部门的权限范围内制定和发布的调整本部门范围内的行政管理关系的规范性文件。部门规章不得与宪法、法律和行政法规相抵触，主要形式是规定、规则、办法等。经甄别，与灾难事件社会风险治理密切相关的部门规章有以下 13 项。

（1）2006 年实施的《民用航空器飞行事故应急反应和家属援助规定》（中国民用航空总局令第 155 号），第五条"民用航空器飞行事故采取立即报告制度，公共航空运输企业为事故报告主体。事故报告应当及时、准确，不得隐瞒不报、谎报或者拖延不报"。

（2）2012 年实施的《交通运输突发事件应急管理规定》（中华人民共和国交通运输部令 2011 年第 9 号），第三十四条"交通运输突发事件发生后，负责或者参与应急处置的交通运输主管部门应当根据有关规定和实际需要，采取以下措施：……（七）建立新闻发言人制度，按照本级人民政府的委托或者授权及相关规定，统一、及时、准确的向社会和媒体发布应急处置信息"。

（3）2015 年施行的《突发环境事件应急管理办法》（环境保护部令第 34 号），第三十六条"县级以上地方环境保护主管部门应当对本行政区域内突发环境事件进行汇总分析，定期向社会公开突发环境事件的数量、级别，以及事件发生的时间、地点、应急处置概况等信息"。

（4）2016 年施行的《民用运输机场突发事件应急救援管理规则》（中华人民共和国交通运输部令 2016 年第 45 号），第三十七条"机场突发事件应急救援总指挥或者其授权的人应当及时准确地发布相关信息。突发事件的信息发布应当有利于救援工作的开展。其他参与应急救援的单位可以发布有关本单位工作情况的信息，但不得发布对应急救援工作可能产生妨碍的信息"。

（5）2016 年施行的《中国民用航空应急管理规定》（中国民用航空总局令第 196 号），第三十九条"任何单位和个人不得编造、传播有关突发事件或者民航应急处置工作的虚假信息。发布的信息应当避免干扰或者妨碍民航应急处置工作"。

（6）2016 年施行的《移动互联网应用程序信息服务管理规定》，第七条"移动互联网应用程序提供者应当严格落实信息安全管理责任，依法履行以下义务：……（三）建立健全信息内容审核管理机制，对发布违法违规信息内容的，视情采取警示、限制功能、暂停更新、关闭账号等处置措施，保存记录并向有关主管部门报告"。

（7）2017 年施行的《互联网新闻信息服务管理规定》（国家互联网信息办公室令第1号），第十二

条 "互联网新闻信息服务提供者应当健全信息发布审核、公共信息巡查、应急处置等信息安全管理制度，具有安全可控的技术保障措施"；第十六条 "互联网新闻信息服务提供者和用户不得制作、复制、发布、传播法律、行政法规禁止的信息内容"。

（8）2017 年施行的《互联网跟帖评论服务管理规定》，第五条 "跟帖评论服务提供者应当严格落实主体责任，依法履行以下义务：……（五）建立健全跟帖评论审核管理、实时巡查、应急处置等信息安全管理制度，及时发现和处置违法信息，并向有关主管部门报告"。

（9）2017 年施行的《互联网论坛社区服务管理规定》，第六条 "互联网论坛社区服务提供者不得利用互联网论坛社区服务发布、传播法律法规和国家有关规定禁止的信息"；第七条 "互联网论坛社区服务提供者应当加强对其用户发布信息的管理，发现含有法律法规和国家有关规定禁止的信息的，应当立即停止传输该信息，采取消除等处置措施，保存有关记录，并及时向国家或者地方互联网信息办公室报告"。

（10）2017 年施行的《互联网群组信息服务管理规定》，第十条 "互联网群组信息服务提供者和使用者不得利用互联网群组传播法律法规和国家有关规定禁止的信息内容"。

（11）2018 年施行的《微博客信息服务管理规定》，第十一条 "微博客服务提供者应当建立健全辟谣机制，发现微博客服务使用者发布、传播谣言或不实信息，应当主动采取辟谣措施"；第十二条 "微博客服务提供者和微博客服务使用者不得利用微博客发布、传播法律法规禁止的信息内容。微博客服务提供者发现微博客服务使用者发布、传播法律法规禁止的信息内容，应当依法立即停止传输该信息、采取消除等处置措施，保存有关记录，并向有关主管部门报告"。

（12）2018 年施行的《具有舆论属性或社会动员能力的互联网信息服务安全评估规定》，第十条 "对存在较大安全风险、可能影响国家安全、社会秩序和公共利益的互联网信息服务，省级以上网信部门和公安机关应当组织专家进行评审，必要时可以会同属地相关部门开展现场检查"。

（13）2020 年施行的《网络信息内容生态治理规定》（国家互联网信息办公室令第 5 号），第七条 "网络信息内容生产者应当采取措施，防范和抵制制作、复制、发布含有下列内容的不良信息：……（三）不当评述自然灾害、重大事故等灾难的"。

前 5 项由中国民用航空总局、交通运输部、环境保护部颁布的部门规章规定，主管部门应当及时、准确向社会发布突发事件相关信息，任何单位和个人不得编造、传播有关突发事件的虚假信息。第 6~11 项由国家互联网信息办公室发布的规定要求，互联网环境下新闻、群组、微博客、跟帖评论、论坛社区、移动互联网应用程序等信息服务的提供者严格落实主体责任，加强使用者发布信息内容的审核管理，要及时发现和处置违法信息，阻止不实信息传播。第 13 项则是完全针对网络信息内容治理的，明确提出网络信息内容生产者应当采取措施，防范和抵制制作、复制、发布含有不当评述灾难事件的不良信息。第 12 项明确了省级以上网信部门和公安机关对互联网信息服务的监管和执法职责。这些部门规章对灾难事件发生后权威信息的社会发布和不实信息的互联网传播做出了具体要求和操作说明，是社会风险治理的行动规则。

### 4.2.5　拓展强化

由国务院常务会议审议通过，于 2006 年实施的《国家突发公共事件总体应急预案》，专门对信息发布做出规定："突发公共事件的信息发布应当及时、准确、客观、全面。事件发生的第一时间要向社会发布简要信息，随后发布初步核实情况、政府应对措施和公众防范措施等，并根据事件处置情况做好后续发布工作。"

及时准确地向公众发布灾难事件信息，对于公众了解事件真相，避免误信谣传，从而防范社会风险，具有重要意义。现有法律规章对这项工作做了较为全面、细致的要求，在互联网时代，要加强互联网信息发布内容、公众账号信息服务的管理，以及对灾难事件网络信息的监测与引导。

一是加强互联网信息发布内容的管理。加强弹窗信息推送和应用算法推荐的监管，不能扎堆推送灾难事件信息，导致公众沉浸在灾难事件信息中；打击通过深度合成技术制作并发布虚假信息的行为，避免合成杜撰灾难事件的不实图像、视频信息，以免引发社会恐慌。通过鼓励推送正面消息、遏制传播虚假消息，保证在整个灾难事件处置过程中，始终有权威、准确、正面的舆论引导公众。

二是加强对公众账号信息服务的管理。除了做好私人跟帖评论、群组发言、论坛发布中的信息管理外，还要加强对公众账号信息发布的管理。公众账号往往是党政机关、企事业单位发布信息的平台，具有一定的信息权威性和公众覆盖度，由其发布的灾难事件信息如果为虚假不实信息，容易造成网络谣言。因此，要强化平台主体责任、生产运营者责任，保证公众账号信息的真实、客观、全面。

三是加强对灾难事件网络信息的监测与引导。虽然已有许多法律规章在一些款项中对气象灾害、破坏性地震、电力安全事故、核事故、突发环境事件、突发公共卫生事件、交通运输突发事件、重大动物疫情、生产安全事故等自然、技术、人因灾难事件发生后的信息发布做了明确规定，也对网络运营者、互联网新闻信息服务提供者和使用者的信息内容发布主体责任做了要求，但是目前还没有一项法规规章对灾难事件网络信息做出专项规定。建议可以由应急管理部、国家卫生健康委员会健委、国家互联网信息办公室等部门联合研究发布针对各类灾难事件发生后网络新闻发布、跟帖评论、群组讨论等的规范性文件，以防止与事件相关的虚假信息在互联网传播扩散，引起社会恐慌、造成社会风险。

## 4.3　实践运行框架

灾难事件社会风险可以通过人类的风险治理行为来抵御和消减，包括防灾、救灾制度的制定和实施。针对灾难事件的双重属性，可以衍生出两种灾难事件社会风险治理模式：针对自然属性，通过兴建防灾减灾设施防控灾害，如修建防洪堤等；针对社会属性，协调人与自然的关系，减少社会的脆弱性，提升社会的韧性。第三届世界减灾大会通过的《2015—2030 年仙台减少灾害风险框架》拟定四个优先事项，有三个关注灾难事件社会风险治理：一是了解灾害风险（understanding disaster risk），二是加强灾难事件社会风险治理以管理灾害风险（strengthening disaster risk governance to manage disaster risk），三是投资灾害风险消减以提高灾害韧性（investing in disaster risk reduction for resilience）。

### 4.3.1　治理原则

现如今，我国政府的日常工作范围已经覆盖了对社会风险的治理，在对社会风险进行监管和管理的过程中，要有相应的工作规划和原则，这样才能保证治理的效果和效率，这些规划和原则归纳起来主要有以下内容。

1. 坚持"以人为本"的基本理念

党的十九大报告明确提出"中国特色社会主义进入新时代，我国社会主要矛盾已经转化为人民日益增长的美好生活需要和不平衡不充分的发展之间的矛盾"，各个领域和行业的发展都必须遵循"以人为本"的理念，这也是体现党的科学发展观，以及体现党真心实意服务广大人民群众决心的一种表现。各级人民政府在对我国网络社会风险进行统筹规范和综合治理的过程中应该坚守"三同步"理念，具体而言，就是要同时做到全面管控、引导风险、依法处置，这样才能规范网络社会风险，使之朝着正向、积极的方向发展，创造一个干净的网络空间，其间还必须体现人性关怀，及时了解人民群众的利益诉求，将人民群众迫切实现的利益需求放在首位。以人为本，归根结底就是要引起政府、社会乃至整个国家对人民群众兴趣、尊严、自由的关注和重视。党和政府目前已经将社会风险治理纳入整体发展规划当中，还反复强调这项工作的开展必须要体现以人为本的意识，这显然是一种治理进步的表现。

2. 坚持解决实际问题的基本导向

我国某些地方政府在执行公共政策时存在态度敷衍、形式懒散的问题，这种治理状态所造成的结局就是难以在规定的时间内达成公共政策目标，甚至会引起公众对政府能力的质疑。因此，一定要改变敷衍式、象征式执行的行为，这样才能实现各种有关网络社会风险安全治理公共政策的制定、出台、落实，从根本上提升政府风险治理的能力和水平。

一方面，要完善公共政策的执行体系，减少政策实施失真等情况的发生，避免出现"上有政策、下有对策"的表面功夫政策；另一方面，要广泛听取广大群众的心声，了解风险事件中受众的困难和需求，以实际行动赢得网友的点赞和支持。有时，社会上发生了灾难事件之后，政府可能会出于"息事宁人"的考虑而对事件的真相进行隐瞒，就会导致群众对事件信息的需求无法得到满足，从而产生怀疑，这就是网络上各种社会风险危机频发的原因之一。正是因为如此，政府应该第一时间将有关事件的信息进行公布，满足社会公众的信息需求，要杜绝"表面功夫"和"作秀"，把风险治理落到实处，从风险早期阶段就采取切实措施。

3. 坚持依法治理与情感治理相结合

城市灾难事件形成的社会风险很容易造成网络暴力，尤其是人因灾难事件等极易被推到风口浪尖，网络暴力会对社会的安定造成深远的影响，还会引发一系列的连锁反应。为有效整治网络传播风险引发的社会危机事件，政府不仅需要依法依规进行网络治理，更需要依托强大的网络社会伦理道德与网络自律保护力量。首先，政府在处置各类风险事件时要遵循法制要求，严格管控各种不实言论和非法信息，从源头上对网络暴力的产生进行控制。例如，2021年2月，一位重庆网民在新浪微博发表言论，诋毁我国戍边英雄官兵。当地警方调查后，以涉嫌寻衅滋事对该网民进行刑事拘留，并表示：网络空间不是法外之地，对于公然侮辱英雄烈士事迹和精神的行为，公安机关将依法予以严厉打击。需重视的是，依法治理以我国的基本法律为准绳，明确网络谣言和公民正常的自由言论两者之间的区别。

政府应对社会风险也要注重运用情感治理的手段和方式。在风险面前，既要解决现实问题、反思问题的源头，还要考虑网民作为风险主体所具有的主观能动性。通过分析"网友为什么会这样想"，了解风险背后的情感，并通过人性化的感召对网民进行情感治理。既要讲情，又要讲理，消除广大群众对于某些事件的猜测和疑惑，化解公众的不满情绪，进而真正达到以一种情感关怀来主动软化其他人、以一种道理关怀来主动说服其他人的目标。

4. 坚持传统媒体与新型媒体相融合

电视台、图书、期刊、报纸等常被统称为传统媒体，其工作人员总是能及时出现在灾难事件现场，利用人员、资源和采访权限方面的优势了解当事人的想法和感受，在了解清楚事件的真相后进行报道，从而成为社会风险传播的首要环节。各种网络媒体此时就会根据传统媒体所公布的信息和资料进行适当的加工，然后发布在网络平台上，供公众了解，其间还会持续更新整个事件的进展，有了充足的风险信息作为支撑之后，公众就可以围绕事件展开相应的讨论，专业人士也能就此进行评述。

在传播风险信息方面，新型网络传播媒介具有数据海量、传播快捷的特点，而且容易被网民接触，因此，政府部门应该在各种新闻网络媒介上就灾难事件进行报道，同时更新相关的信息和进展，这样就可以通过新闻媒体来调动广大人民群众对社会风险事件的关注程度，再通过正确引导网民来使之真正了解整个事件的发生和进展，这样才能控制好社会风险事件的发展速度，避免其过快发酵而引起一连串的连锁反应，影响最终的风险治理效果。另外，政府还要第一时间出面查明充斥在网络媒体当中的各种谣言和小道消息，要依托网络传播媒体公布真实、客观、完整的信息，要就事件进行跟踪报道，利用自身的权威性来使得虚假信息不攻自破，将其作为满足网络媒体社会各个不同年龄段媒体人群的一种重要黏合剂，来有效推动我国网络媒体风险管理危机沿着更加合理性的发展方向继续前进。

新时代背景下，风险治理工作的开展除了要巧妙利用新媒体之外，还必须厘清中央媒体、新兴媒体、传统媒体、大众化媒体、主流媒体、专业性媒体、商业平台彼此的相关性，构建一个覆盖全媒体，差异发展、结构科学且资源充沛的媒体传播体系，这样才能为政府治理风险提供坚实的后盾。媒体融合是一个漫长且复杂的过程，不能急于求成，要在产业、制度、业务三个方面做文章，保证传统媒体无缝衔接新兴媒体，实现彼此的优势互补，这样才能形成风险信息传播合力，保证风险信息朝着积极、正向的方向发展。

5. 坚持软件建设与硬件建设同推进

政府部门在新时代背景下要及时疏导和预防互联网中的不良风险和不良情绪，要运用一定的人力、物力和财力来建设网络软件和硬件设施。在软件建设方面，要本着提高国民整体素质的目标来建设规范个体行为的制度，要在国家发展战略层面思考提高广大人民群众政治思想觉悟、法治理念和道德水平的问题，动员社会各界人士和组织参与到宣传网络知识的活动当中，使得网民在风险事件面前保持足够高的理性，同时肃清网络环境中不良的风险和思想；在硬件建设方面，要准备好各种物质和设备来供政府部门对社会风险进行治理，对不良风险情绪进行疏导。

这就要求政府重视网络基础设施的建设，推进社会风险的疏导及其预防工作的数字化、信息化及网络化，加快文化与科技的协同发展。总的来说，政府要做好社会风险的应对工作，要兼顾以上两个方面的建设，不能有所偏颇，以免出现不平衡的现象。

### 4.3.2　工作要求

习近平总书记在 2016 年 2 月 19 日党的新闻舆论工作座谈会上强调，做好新闻舆论工作"要抓住时机、把握节奏、讲究策略，从时度效着力，体现时度效要求"[①]。做好新形势下的突发事件风险回应，要树立快速回应理念，抢抓黄金第一时间，掌握信息分寸和火候，从最大社会公约数出发，及时发布真实信息，抓住关键时间节点，积极引导社会风险的走向，不断提高信息发布与事件应对水平。完善网络风险引导机制，要把握好网络信息失真引导的"时、度、效"。

1. 提高网络信息失真风险引导时效

**把握好网络信息失真风险引导的"时"：提高有效信息发布时效，获得社会风险话语权。**

移动互联网时代，快速反应是引导突发事件风险走向的基本前提，面对需要回应和引导的风险，要在合理范围内，力争抢第一时间，做"第一定义者"。网民对事件的认识存在着先入为主的效应，直接影响着网民对一件事情的主观判断。当灾难事件类城市突发事件爆发后，网民由于无法在第一时间对网络空间中存在的各种信息快速地做出正确的判断，那么面对海量信息时，先入为主的观念便会更加明显，所以说，官方迟缓发布信息便意味着放弃了社会风险话语的主动权，而在这之后被动地发布信息，由于首因效应的影响，又会陷入无休止的谣言洪流之中，给往后的社会风险引导工作带来极大不便。第一时间发布权威信息，先声夺人，才能做灾难事件类城市突发事件的"第一定义者"，赢得社会风险引导的先机。在桌面互联网时代，人民网风险数据中心根据当时的媒体环境，针对新闻发布的及时性提出"黄金 4 小时"的工作原则，此时的网络媒体，以博客、QQ 群、BBS 论坛等为代表，特点是每一个网络信息的接收者又可能成为信息的发布者，在数小时内，就可能将突发事件传播、发酵为有重大风险影响的事件。进入移动互联网时代后，城市突发事件的风险引导更加"分秒必争"，更加要求政府相关部门第一时间发声，占据主动权和制高点。

① 贾彦辉. 人民论坛网评|做好党的新闻舆论工作要把握好"时度效". https://www.chinanews.com.cn/ll/2021/02-20/9415 271.shtml, 2021-02-20

　　由于灾难事件类城市突发事件的特征，很容易快速引发广泛关注，网民客观上也会很强烈地希望官方第一时间做出回应。在突发事件发生伊始，通常整体形势和很多深层问题并不明朗，片面和不真实的信息充斥在网络空间，真假莫辨，也增强了公众对官方权威信息来源的渴望。官方发布平台也是一个城市的形象品牌，是政府公信力的体现和延伸，人们倾向在第一时间关注官方发布，就是基于对政府权威性的认可和高度信任；反之，如果没有及时看到官方信息，追求安全感的本能就会促使公众去其他渠道搜索相关信息，结果就很容易被谣言、传言乘虚而入，成为自己的认识，官方发布的迟到的消息，反而在信息市场的竞争中处于下风，甚至被逆淘汰。因此，政府及相关部门在灾难事件类城市突发事件爆发后，必须要在第一时间有效地向网民传播所掌握的准确信息，将网民关注的相关核心问题通过各种渠道予以回应，树立主动传播与沟通的负责任形象，从而维护政府公信力，获得各方的理解与支持，最大限度地避免风险撕裂或被裹挟所带来的不良后果。一般来说，城市突发灾难事件的信息会在很短时间内呈几何级数增长，需要实施精准有效的风险监测，掌握传统媒体和社交媒体对灾难事件的报道及处置工作的跟进。这一过程中，应在实践中加强风险研判能力，准确把握网民心理和思维方式，抓住核心问题，从实际出发确定发布内容、时机和节奏，使每次信息发布能够及时回应媒体和网民的关切，形成政府与网民良性互动的局面。

　　无论出于何种原因，面对公众关切的焦点问题，政府及官方部门都应该提高重视程度，及时且清晰地回应群众期许，正面回应网民的诉求，掌握风险引导主动权，提升回应和引导风险的时效性都是政府工作透明度的直接体现。

　　2. 提高网络信息失真风险引导温度

　　**把握好网络信息失真风险引导的"度"：提升灾难信息发布温度，占据社会风险主动权。**

　　重大灾难事件发生后，政府新闻发布部门应坚持人文关怀，纾解负面情绪。政府的风险导向既应尊重现实，顺应民意，又要激发起人们的爱心、善心，吸引和动员更多的个人和社会组织加入正能量传播和风险引导过程中，借此提高全社会对社会主义核心价值观的理解和践行。官方在通报情况和风险引导过程中，应重视人文关怀，在信息发布时，尽量多用网民容易接受的语言传递官方态度和事件信息，结合当时的风险环境，尽量避免过度渲染引发风险反感。城市突发事件爆发之后，官方发布的效果不尽如人意的直接原因，就是在信息发布和风险引导时缺乏对风险传播的客观规律的尊重和对人性化回应、人文关怀的重视，使得最终的效果出现较大的偏差，甚至引发次生风险。民众是城市突发事件爆发后官方信息的发布对象，也是发布成果的最终检验者，因此，发布者不能"以我为主"，而应该设身处地"以他者为主"，这就需要从安抚情绪、利益平衡等角度展现政府的作为和担当，将那些人们最关注的内容以适合的方式及时告知。

　　网络风险生态建设是一项系统工程，是网络综合治理体系的重要组成部分，必须在党的领导下依靠各级管理部门共同推进。目前，我国已有超10亿人的网民，党政部门和领导干部要主动关注网络风险，学会通过网络走群众路线，多从网络上了解老百姓所思、所想、所求，利用政务新媒体做好解疑释惑等工作，坚持以人民为中心推动实际工作，形成网上网下良性循环。网信办等社会风险管理部门对各类风险主体、不同传播平台进行积极引导、科学施策，让从事新闻信息服务、具有媒体属性和风险动员功能的网络传播平台切实履行信息管理主体责任，与主流媒体良性互动、积极合作，共建良好的网络风险生态。

　　3. 提高网络信息失真风险引导效率

　　**把握好网络信息失真风险引导的"效"：提高权威信息到达效率，掌握社会风险主导权。**

　　（1）主动设置议程，掌握风险治理主导权。要平息灾难事件社会风险，最根本的就是通过快速、合理、科学的现实处置措施和实际成效，第一时间设置传播议程，以获得议程设置的主动权，掌握社会风险的主导权。当灾难事件爆发后，官方的议程设置能力越好的时候，在正常情况下，往往其风险引导的效果也越好。在风险引导过程中，及时把握传播节点，适时捕捉机会，既要及时通报结论和结果，又要找准切入点，跟进做解释说明，重证据、逻辑，耐心细致，争取能够通过合适的议程设置而将网民的负面关注焦点尽可能地转移为正向或者中性的关注焦点，将负面社会风险尽可能地通过合理的议程设置，将其引导、转移为正面风险或者中性风险，争取可以为灾难事件类城市突发事件的处置创造更加有利的风险环境。政府及相关部门不断提高议题设置的能力，着重在网络空间提炼、概括和整合风险，强调上下级网络之间的互动，增强政府与网民的议题互动，从创新中拓展路径、把握方向、及时引导，积极响应网民的关注，并对其进行转换以实现解决用户问题的目标。

（2）加强媒体沟通，掌握风险治理主动权。媒体是政府与社会沟通的重要途径，与媒体沟通就是与社会公众沟通，政府营造良好的风险氛围，树立良好的社会形象离不开媒体的帮助和支持，做好新时期的媒体关系非常必要。在全媒体时代的当下，灾难事件类城市突发事件发生后，风险传播迅速、影响范围广泛，网民渴望获得权威信息，而媒体在新闻报道方面的专业性和传播技巧是政府所不具备的。因而，各级政府部门要不断提高突发事件的处理能力，要及时与媒体沟通，注意与媒体建立合作关系，利用好媒体渠道进行宣传，有助于拓宽政府的信息发布渠道，增强官方信息的影响力，特别是出现负面风险话题聚焦时，要善于借助媒体的风险影响力来引导风险，掌握主动权。5G 时代的到来，视频直播传播将成为大势所趋，面对风险聚焦的灾难事件类城市突发事件，各级干部可能经常会在镜头前接受采访、发布信息、回应关切，因此增强同媒体打交道的能力，通过媒体积极开展风险回应与风险引导工作，是新时代各级干部的一项重要技能。

（3）加强自身建设，避免治理主体污名化。随着网民队伍日渐壮大，在灾难事件出现后，网络关注度往往呈井喷式提升，各类虚假信息也会在互联网上呈现病毒式的传播扩散。从现实意义上讲，既然认识到问题信息传播格局的复杂性，那么也应该明确，处置和引导绝对不是单一力量能够完成的，必须从全方位、多角度入手，系统性、立体化地寻求灾难事件社会风险科学治理手段。首先，政府管理者要用好法律手段打好谣言歼灭战。在依法治国的大背景下，依法治理问题信息也是必然和有效的途径。近年来，我国的互联网管理法律法规已逐渐完善，面对恶意制造谣言和片面信息的违法行为，执法部门要果断出击，各级网信部门对传播谣言的网站和新媒体账号进行分级处理。其次，政府要加强与普通网民的互动和沟通，逐步引导网民理性参与，共同击溃不实信息。在灾难事件爆发后，政府及相关部门的工作者要以平等、真诚的态度与网民进行沟通交流，避免"居高临下"的告知式发言；要正面回答网民的质疑和提问，避免"遮遮掩掩"的"鸵鸟心态"式的回答。政府及相关部门应当将事件过程、处置流程及时向网民进行公布，增强事件处理过程的透明性。面对灾难事件，很多时候官方简短的一句调查结果往往难以让网民信服，反而还会引起网民情绪上的不满，因此还要关注网民在不同时期的社会风险中所表现出来的心理诉求和情绪变化，并且有针对性地发布信息和疏导风险。最后，政府和相关部门要引导网民提升新媒体素养和信息甄别能力，增强法律意识和道德意识，学会独立思考，在城市突发事件社会风险传播中起到积极的建设性而非破坏性作用。政务微博具有成本低、易操作、时效性强、传播效果好等特征，已经成为与网民交流沟通的重要途径之一，合理利用政务微博将是官方了解民意、传达信息、与网民互动的有效渠道。

大数据时代，网络已经成为无比广阔的"公共舆论场"，灾难事件所引发的社会风险，渠道多元化、信息海量化、数据异构化、议题碎片化、谣言与真相交织、谎话与事实并进，极易在网络上形成"风险风暴"，使得传统方法对风险信息的及时获取、组织与分析面临严峻的危机，激增了政府的决策风险。另外，大数据技术能够完整地记录灾后群众的关注点、兴趣区、归属地、移动途径、社会关系链等一系列的特征性数据，创建模型算法、解构海量数据、挖掘关键信息，将更加有利于寻找到社会矛盾爆发点、公众宣泄的出口点和政府的决策着力点。有效、精准、协同的应急风险管理，将在各级政府、传播媒体和社会公众之间搭建起一个交换、互动、流通的信息风险场，为进一步强化各级政府应急治理能力，加快治理制度现代化速度打下良好的基础。

大数据技术的日趋成熟，为基于多维度、多层次、多群体、多因素的海量异构数据分析提供了可能。根据过去发生的灾难事件社会风险来分析把握现在、预测未来成为可能，也为破解传统灾难事件社会风险治理的事后型、粗放式难题提供了契机。大数据背景下，有效、精准、协同的灾难事件社会风险治理，覆盖风险的辨识、预警、分析、评估和决策等全过程、多阶段，为提升政府应急管理能力、推进治理体系现代化提供了有利条件。大数据的海量数据和选择性传播，为灾难事件社会风险治理带来新的挑战、新的机遇，也提出新的要求。

（1）新的挑战。首先，源自海量数据的挑战。无数偶发性和相关性因素的客观存在使我们难以把握网络上的信息，这也是风险无时无刻不在变化的原因，传统监测和研判风险的手段存在局限，新的技术、方法、手段亟待使用。其次，信息选择性传播带来的挑战。对于网上数据和网民的关注能力，前者具有无限性，后者具有有限性，导致社会风险更加具有模糊性。媒体为人们提供了沟通交流的平台，增加了信息的开放性，但是网络上一些偏激的观点也因为个性化传播的存在而能够迅速引起共鸣，二者的融合，使得风险中的偏激情绪不断膨胀。最后，风险话语权分散带来的挑战。获取大数据时代下不同数据的方式很多，不少机构和个人会将基于数据挖掘技术得到的数据和信息以各种方式传播出去，使得风险管理门槛越来越高。

（2）新的机遇。首先，社会风险治理的领域得到拓展。在大数据背景下，所有信息都能被量化，网络世界可以说就是真实世界的缩影，网络社会与现实社会的边界越来越模糊，网络言论不再是社会风险管理的主要内容，而是要对风险的动向进行系统的把握，了解风险是如何影响现实社会的，这样才能通过网上和网下协同的方式达到管理目标。其次，社会风险管理手段越来越多元化。依托大数据技术手段，能够系统地对比分析各种不同的网上风险，从而了解网民的思想动态，对风险的发展方向进行把控，从而进行有目的的管理。最后，社会风险理论的空白将得到填补。大数据分析方法为我们提供了更多研究风险的方向和选择，有利于解决风险研究过分注重理论、缺乏实践经验的问题。

（3）新的要求。首先，要从对个案的关注转变为对整体的把控。过去人们管理社会风险时主要以重大风险事件个案作为对象，但是有了大数据技术的支撑，我们就能从整体上了解社会风险的发展。其次，要从被动预测相应转变为主动预测。"预测"是大数据的功能之一，即通过分析海量数据，可以挖掘并提炼出有用的信息，用以支撑我们对风险的未来发展情况进行预测，从而预先制订应对的方案。最后，要从定性管理转变为定量管理。也就是说，要将网民社会关系、网民情绪、网民评论等相关信息进行量化处理，使之成为标准数据，以便进行计算分析，之后用于建模，达到对风险方向进行预测的目的。

## 4.4 整体研究框架

研究框架由"治理范式—治理模式—治理体系"三个部分构成。从灾难事件、社会风险生态系统、社会风险管理等基本概念出发，研究灾难事件社会风险生态系统理论，提出灾难事件社会风险治理的"三灾难—三主体—三阶段"治理范式。进而，从自然、技术和人因三类灾难事件的不同维度，借助于大数据分析工具和微分动力学模型，进一步解读不同灾难事件社会风险发展的演变机理及其路径，基于风险演化过程各阶段数据特征和互联网新媒体下"政府—媒体—公众"三者的关系，建立不同类型灾难事件社会风险治理模式。最后，在上述理论分析的基础上，结合案例经验，提出一套"多元多层多阶"的灾难事件社会风险治理体系。

1. 灾难事件社会风险生态系统理论及治理范式研究

通过政策收集、新闻整理、文献梳理，对现有灾难事件社会风险生态系统相关理论进行研究。厘清灾难事件、风险主体、风险生命周期等重要概念，分析"政府—媒体—公众"在风险演化的集聚期、扩散期和平息期中的地位和作用，进而建立灾难事件社会风险治理的"三灾难—三主体—三阶段"治理范式，为灾难事件社会风险治理模式和体系提供理论支撑。灾难事件社会风险生态系统理论及治理范式研究框架如图 4.5 所示。

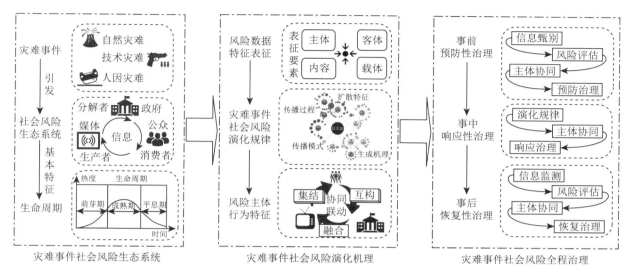

图 4.5  灾难事件社会风险生态系统理论及治理范式研究框架

2. 不同灾难事件社会风险演化规律及治理模式研究

基于理论研究，分析自然、技术、人因三类灾难事件的风险大数据表征、演化规律和"政府—媒体—公众"三方的关系，提出不同灾难事件社会风险差异化的治理模式。不同灾难事件社会风险演化规律及治理模式研究框架如图 4.6 所示。

（1）自然灾难事件社会风险引导性治理模式研究。厘清自然灾难事件的概念及分类；研究自然灾难中可预测和不可预测两类灾难事件社会风险大数据表征和风险演化规律；探明自然灾难各阶段相关主体的行为方式及对应关系，探究不同类型的自然灾难事件社会风险治理对策，通过分析真实案例，构建治理自然灾难事件社会风险的模式。

（2）技术灾难事件社会风险回应性治理模式研究。辨识技术灾难的概念，分析技术灾难的特点；以风险演化规律的不同，将技术灾难事件划分为技术失误灾难事件和技术缺陷灾难事件两种类型，随后以大数据表征方法分析风险；分析技术灾难事件社会风险的特点，探究不同类型的技术灾难事件社会风险治理对策，通过分析真实案例，构建治理技术灾难事件社会风险的模式。

（3）人因灾难事件社会风险干预性治理模式研究。识别人因灾难事件的分类；针对由人类蓄意和过失行为导致的两类人因灾难事件，通过大数据表征，分析风险演化特点和规律，分析"政府—媒体—公众"主体行为和交互关系；探究不同类型的人因灾难事件社会风险治理对策，通过分析真实案例，构建治理人因灾难事件社会风险的模式。

通过对不同灾难事件社会风险演化特征、规律、主体关系的分析，提出不同的治理模式，为进一步提出风险的"多元多层多阶"治理体系提供理论基础。

3. 灾难事件社会风险的"多元多层多阶"治理体系研究

结合不同灾难事件社会风险演化规律及治理模式的研究成果，借鉴国外社会风险治理方面的经验教训，针对目前我国社会风险治理的现状和存在的问题，结合"政府—媒体—公众"在不同灾难事件社会风险不同演化阶段中的地位的理论研究，提出适合我国国情的灾难事件社会风险的"多元多层多阶"治理体系，为治理主体提供一套富有针对性、实效性和操作性的综合应对决策。灾难事件社会风险的"多元多层多阶"治理体系研究框架如图 4.7 所示。

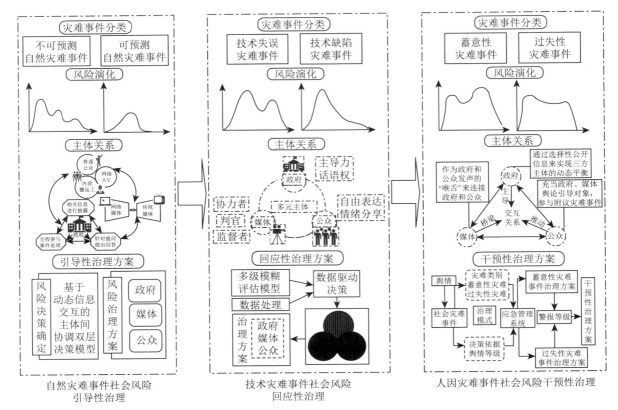

图 4.6　不同灾难事件社会风险演化规律及治理模式研究框架

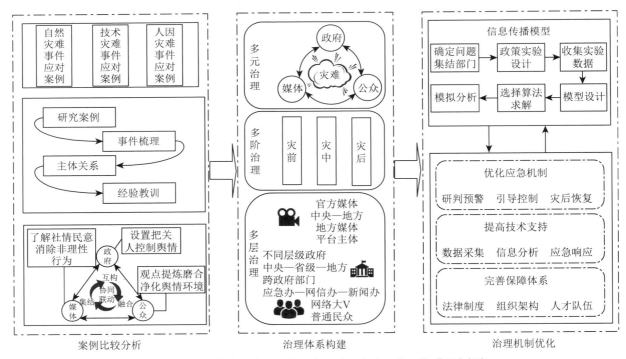

图 4.7　灾难事件社会风险的"多元多层多阶"治理体系研究框架

## 4.5　基础理论模型

灾难事件社会风险的生成演化和社会放大，关键在于失真信息的生成和传播。网络社会下，信息以网络为基础的媒介工具进行传播，传播媒介形式的改变并没有改变不实信息的本质，只是改变了不实信息的生命周期和传播方式。失真信息的生成和传播必须具备以下三个条件：第一，信息的缺乏。当灾难事件发生的时候，人们都有一种求真心理，如果与事件相关的信息很模糊，在这种严重缺乏确定、可靠信息的情况下，很容易产生不实信息来填补这种信息的空白，那么与事件相关的不实信息就很容易地散播开来。第二，焦虑。当人们处于焦虑状态的时候，就失去了平时的判断能力，因为不实信息作为一种信息可以帮助人们缓解焦虑，所以人们很容易相信不实信息。第三，危机。当大型的灾难事件发生的时候，社会处于一种危机状态，人们会产生恐惧和不安，这时只要有与事件相关的信息，人们都会很紧张，这时人们基本是"宁可信其有，不可信其无"。

在新媒体时代，如果信息的来源广泛，并且有公信力较强的信息发布作为参照，以及信息的接收者对信息能够积极理性地思考，那么信息就会具有自净的功能。但是，如果没有值得信任的信息来源，那么广泛的非正式渠道的信息就会误导信息接收者；如果信息接收者和传播者没有理智地思考，那么这些虚假的、有害的信息就可能被人们相信和传播。

仓室模型是研究疾病传播的单一群体方法[333]，它将人群看成一个整体，流行的过程表现为易感者、染病者等各个群体的数量变化。仓室模型的基本假设是，每个人都相同，人群是均匀混合的，接触是瞬时的，接触与历史无关，每个仓室的人口数量足够大，不考虑出生与自然死亡等种群动力学因素，成员的总数始终是一个常数 $N$，所处相同状态的人构成一个仓室，随着状态的变化，人员在仓室之间移动。常用的仓室有四类群体。

（1）易感者：记为 $S(t)$，表示 $t$ 时刻未感染但有可能被感染的个体数。

（2）潜伏者：记为 $E(t)$，表示 $t$ 时刻已感染但不具有传染力的个体数。

（3）染病者：记为 $I(t)$，表示 $t$ 时刻已感染且具有传染力的个体数。

（4）移出者：记为 $R(t)$，表示 $t$ 时刻从染病者类移出的个体数，也就是康复的个体数。

根据不同的传播规则，易感者和染病者接触后会变成潜伏者或者染病者，染病者康复之后就变成移出者。如果移出者不具备永久免疫力，会被重复感染变为易感者。根据这样的一个传播过程，传染病的基本模型就有 SI、SIS、SIR、SEIR 等类型，下面介绍几个基本模型。

1. SI 模型

这是疾病传播模型中最简单的情况，传播规则是，一个易感者和染病者接触被感染后，该个体会永远处于一个感染态，没有恢复。根据仓室模型的假设可以知道 $S(t)+I(t)=N$。当人群中有传染病开始流行的时候，已经被感染的个体处于 $I$ 状态，未被感染的个体处于 $S$ 状态，若未被感染的个体与已感染个体接触，就会以一定的概率被感染，并将长期保持 $I$ 状态。在数值仿真中，假设在单位时间内易感者个体与染病者个体接触并传染的概率为 $\beta$，则传染率为 $\beta SI$。对每一个仓室成员的变化率建立一个微分方程，可以得到以下 SI 模型：

$$\begin{cases} \dfrac{\mathrm{d}S(t)}{\mathrm{d}t} = -\beta S(t)I(t) \\ \dfrac{\mathrm{d}I(t)}{\mathrm{d}t} = \beta S(t)I(t) \\ S(0)=S_0>0, I(0)>0, S(0)+I(0)=N \end{cases}$$

其中，$\beta$ 表示疾病的感染率比例系数，由于初始状态下易感者个体较多，易感者个体很容易遇到染病者个体并且感染病毒，因此染病者个体数量迅速增长；随着时间的变化，易感者的数量减少，染病者的数量增长也会放缓，最后呈一个稳定状态。但是在现实生活中，染病者一般不可能永远处于感染状态，同时也会向其他状态转化，下面介绍另外几种更为常见的模型。

### 2. SIS 模型

与以上 SI 模型相同，SIS 模型的群体被分为两大类，$S(t)$ 和 $I(t)$，$S(t)+I(t)=1$。但是与 SI 模型相比，其传播规则不同的是，当人群中有传染病开始传播时，已被感染的个体处于 $I$ 状态，未被感染的个体处于 $S$ 状态，若一个易感者与一个染病者接触，就会以一定的概率变成染病者；而染病者 $I$ 经过治疗后恢复，又变成可以重新被感染的易感者个体 $S$，并有可能会再次被感染成为染病者。SIS 模型可以描述的是患病后可治愈，但无免疫力的疾病，传染率为 $\beta SI$，恢复率为 $\gamma I$。

$$
\begin{cases}
\dfrac{\mathrm{d}S(t)}{\mathrm{d}t} = -\beta S(t)I(t) + \gamma I(t) \\[2mm]
\dfrac{\mathrm{d}I(t)}{\mathrm{d}t} = \beta S(t)I(t) - \gamma I(t) \\[2mm]
S(0) = S_0 > 0, I(0) > 0, S(0) + I(0) = N
\end{cases}
$$

### 3. SIR 模型

SIR 模型是最经典的仓室模型，是由 Kermack 等在 1927 年提出的。在 SIR 模型中，群体被分为三类，即 $S(t)$、$I(t)$、$R(t)$，$S(t) + I(t) + R(t) = 1$。当人群中传染病开始传播的时候，已被感染的个体处于 $I$ 状态，未被感染的个体处于 $S$ 状态，若一个易感者与一个染病者接触，就会以一定的概率变成染病者；而染病者 $I$ 经过治疗恢复后具有终身免疫力，将长期保持 $R$ 状态。$\gamma$ 表示染病者康复的比例系数。第一阶段的模型构建和 SI 模型一样，即在单位时间内易感者与染病者接触以概率 $\beta S/N$ 变成染病者。第二阶段的模型，染病者个体以一定概率 $\gamma$ 变为免疫者，变为免疫者的个体不会再被感染或者感染别的个体。对每一个仓室成员的变化率建立一个微分方程，可以得到以下 SIR 模型：

$$
\begin{cases}
\dfrac{\mathrm{d}S(t)}{\mathrm{d}t} = -\beta S(t)I(t) \\[2mm]
\dfrac{\mathrm{d}I(t)}{\mathrm{d}t} = \beta S(t)I(t) - \gamma I(t) \\[2mm]
\dfrac{\mathrm{d}R(t)}{\mathrm{d}t} = \beta S(t)I(t) + \gamma I(t) \\[2mm]
S(0) = S_0 > 0, I(0) > 0, R(0) = 0, S(0) + I(0) = N
\end{cases}
$$

其中，$\gamma$ 为移出率系数或恢复率系数；$\dfrac{1}{\gamma}$ 为平均患病期。

### 4. SEIR 模型

有潜伏期的疾病，意思是个体在被染病者传染后不是直接变成染病者个体，而是先有一段病毒潜伏期，在潜伏期的个体是没有传染力的，个体疾病痊愈后获得终身免疫力变成移出者。记染病后的平均潜伏期为 $\dfrac{1}{\omega}$，SEIR 模型如下：

$$
\begin{cases}
\dfrac{\mathrm{d}S(t)}{\mathrm{d}t} = -\beta S(t)I(t) \\[2mm]
\dfrac{\mathrm{d}E(t)}{\mathrm{d}t} = \beta S(t)I(t) - \omega E(t) \\[2mm]
\dfrac{\mathrm{d}I(t)}{\mathrm{d}t} = \omega E(t) - \gamma I(t) \\[2mm]
\dfrac{\mathrm{d}R(t)}{\mathrm{d}t} = \gamma I(t) \\[2mm]
S(0) = S_0 > 0, I(0) > 0, E(0) = 0, R(0) = 0, S(0) + I(0) = N
\end{cases}
$$

在以上系统的基础上，如果个体治愈后可能会被再次传染，这时系统变成 SEIRS 模型。综合起来，SI、SIS、SIR、SEIR 四种模型的传播机制如图 4.8 所示。

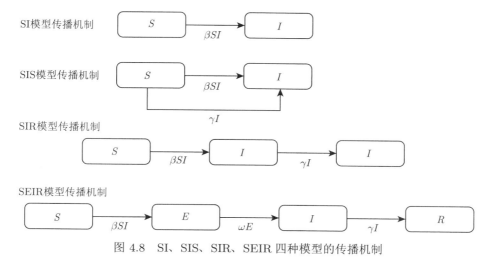

图 4.8　SI、SIS、SIR、SEIR 四种模型的传播机制

# 第 5 章

# 灾难风险的系统分析

社会风险是由各类风险主体在统一风险场域下，遵循一定的演化规律，在交互作用中发展形成的人造社会生态系统。在互联网环境下，社会风险呈现参与范围的大众化、信息来源的多样性、传播节奏的快捷化、涨落突变的复杂化等特征，传统的碎片化、被动式、临时性风险管理手段，已经难以适应灾难事件社会风险治理的新任务和新使命。对灾难事件社会风险演化进行系统分析和深入研究，有利于了解灾难事件社会风险，把握社会风险演化规律。基于灾难事件社会风险媒介传播的特征，综合运用管理学、传播学、灾害学、情报学等学科的理论与方法，建立风险生态系统，剖析系统框架结构、系统时空结构、系统运行结构，从而提出灾难事件社会风险"三灾难—三主体—三阶段"治理模型，实现对不同灾难事件下信息失真导致的社会风险的精准、协同、有效治理。

## 5.1 风险生态系统

本章通过梳理社会风险生态系统相关理论，厘清风险生态系统概念，剖析生态系统要素、环境构成，分析风险信息生产者、传递者和分解者在风险演化集聚期、扩散期和平息期中的地位和作用，对社会风险生态系统中的信息要素进行分析，探明灾难事件社会风险生态系统特征，为风险生态系统治理范式的提出奠定基础。

### 5.1.1 基本概念

生态系统原本是指一个微型生物种类的群落与其周围环境中的非微型生物构造组成部分之间相互作用，生物和非生物成分通过营养循环和能源流动相互联系在一起而发展形成的一个系统[334]。个体之间基于信息互通而孕育种群，种群之间同样基于信息互通孕育群落；当生物群落与其所生存的环境开始资源信息互换后，又将组成生态系统，如图 5.1 所示。生态系统包含如下几层含义：① 生态环境会对其中生存的个体产生选择和淘汰，形成"适者生存"的机制；② 不同的生物个体将组成不同的生物种群，每种生物种群各有不同的特征；③ 生态系统中的食物链客观地存在于生态系统的生物种群之间，群落包含了各种各样相对稳定的生物种群，生态群落经历生态种群改造与适应、优势种群的变迁与演化、群落内结构的稳定和种群关系的调整等环节之后完成了整个生态群落的演替。

在现代意义上，"生态"一词已经突破了生物学科范畴，被广泛应用于各个社会科学问题，用于描述一种有序运转与动态平衡的机理[335]，形成了政生态学、信息生态学、城市生态学、经济生态学等众多新兴学科方向为代表的综合性学科概念，为理解社会生产生活中人们之间的相互关系及其行为的彼此作用、行为与环境的内在联系指明了方向，提供了可行的分析工具。灾难是一个包含诸多因素的集成体系，灾难系统是由人类活动参与、人与自然统一的复合生态系统。以往对于灾难事件与社会风险的研究大多是局部零散、单一学科、缺少交叉的研究，没有上升到生态系统层面，没有形成清晰的理论脉络，影响对灾难事件社会风险的有效治理。我们有必要客观、系统、科学地认识各类灾难事件导

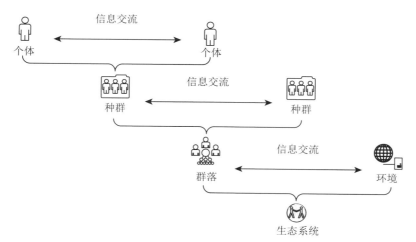

图 5.1　生态系统的构成

致不实信息的产生、发展及其引发的社会风险，从而最大限度降低其可能造成的损失。

基于生态系统理论对风险生态系统进行剖析发现，风险生态系统是一个有机的生态系统，它包含了各个种群组成的群落及网络生态环境，这些种群之间，种群与环境的联系都是基于信息互通所建立起来的。风险生态系统属于信息生态系统的范畴，具有自身的独特之处，其可以被理解为是在特定时间和空间中，风险信息、主题、环境等主体在风险信息流动中，三者互相影响、互相作用。从生态学的视角来看，风险生态系统中也包括风险的生产者、传递者、分解者等角色，各个主体通过互联网等工具作为信息交换和交流的媒介，参与网络互动和交流来发布信息。一旦发生灾难事件，随着灾难事件带来的影响加剧，各种风险意见汇集在网络上，可能因为群众关注点、价值观等差异，形成不同的风险意见群体。种群内部会呈现丰富的观点互动，种群与种群之间也会因为见解不同产生议论甚至争论，这样的种群形成关于该灾难事件的风险群落，杂乱的风险信息就在网络上快速传播。因此，这就形成了以灾难事件社会风险主题为纽带，风险主体之间通过风险主题进行信息流转，不断发展、融合、衍生的风险生态群落。随着信息的交换流转，生态系统内部的结构通过协调呈现出比较稳定的状态，系统内部的各个主体协调互补，生态系统最终达到平衡。

可以将灾难事件社会风险的发酵要素具体分为发酵母体、发酵菌株、发酵酶、发酵吧、发酵技术、发酵环境、发酵产物七个类别[336]。

（1）发酵母体：具体包括政府相关的企业、传统新兴媒体、普通网民等参与到灾难事件社会风险中的个人、群体和组织。他们是灾难事件社会风险诱发信息产生的来源，其公共卫生知识、网络素养、个人情绪、态度行为等，是影响灾难事件社会风险发酵的重要因素。发酵母体的影响力因其类型的不同而异，这种差异也影响着灾难事件社会风险的产生、发展。

（2）发酵菌株：我们可以将其看作风险发酵的一个触发器。人因灾难事件社会风险一般都来源于事件，但其往往都是因为网民讨论了一些涉及事件的冷门话题而不断发酵，原始菌株就是这些冷门话题，自然灾害事件当中的风险话题分门别类，各发酵母体会倾向相应的话题。

（3）发酵酶：具有对反应速率进行抑制和增强的作用，我们可以将之理解为化学反应中的催化剂。发酵酶对于灾难事件社会风险的发酵而言具有对其质量和速率进行影响的作用，灾难事件社会风险的发酵酶与其他类型的危机事件相比表现出更明显的复杂性、动态性，以及超强的联动性、专业性。

（4）发酵吧：为灾难事件社会风险发酵提供了空间，它是以网络技术、信息技术为基础形成的信息交流平台，其中以抖音、微信、微博、门户网站最具代表性。发酵吧当中的若干要素能够显著地影响灾难事件社会风险的发酵过程，这些要素包括但不限于传播形式、社会网络、影响力、规模等。例如，抖音平台的主要传播形式是短视频；微信、微博的主要传播方式为图片和文本。各类灾难事件社会风险的发酵速度、深度、广度因为信息传播形式的不同而异。

（5）发酵技术：主要包括网络技术和信息技术两类。例如，应用程序、通信设备、基础设施、数据库等。发酵吧依托相关技术体现出不一样的隐私安全性、使用简易度、信息充足性、系统易用性和界面友好性，这些不同之处会对发酵母体意愿和信息互动方式有所影响，从而左右其信息行为。

（6）发酵环境：包括内部环境和外部环境两个方面，也可从更细致的角度，分为六个方面，即生态、法律、文化、政治、经济、社会。外部环境特指历史事件、医患关系、行业发展、管理制度、管理体制、政府水平。例如，2020年中国率先控制住新冠疫情之后，社会风险发酵的重点就会因为疫情仍在欧美国家肆虐而从国内转到国外。公众的记忆会因为历史相关事件而被唤醒，如果没有采取适当的方式处理事件，那么一旦再出现类似的事件，就会使得发酵母体更迅速地聚到一起，导致风险预警周期缩短。

（7）发酵产物：社会风险发酵的最终结果即发酵产物，它有两种类型，一种是显性产物，另一种是隐性产物。前者是指风险信息的数量在发酵吧内不断变多，诸如群体化疫病知识、传染病传播知识、职业中毒知识、食物中毒知识等正面信息存量变多，而虚假信息、诱导信息等负面信息则会留存在发酵吧内。后者有两种结果，一种是激化社会矛盾、削弱政府和媒体公信力、引发公众恐慌焦虑、强化社会心理危机的负向结果；另外一种是消除公民恐慌情绪、提升公众信任水平、建设公共卫生系统、传播公共卫生知识、提高网民卫生知识素养、增强国家公共卫生治理能力的正向结果。

### 5.1.2　信息界定

遭遇灾难事件的时候，从事件爆发蔓延到应急处置全过程，公众都有对信息及时、充分、顺畅流通的需求。尤其是在灾难巨大且不明朗的时候，人们对事件相关信息极度饥渴、时刻关注。灾难事件社会风险客观存在，个体的风险感知却带有很强的主观性，个人通过社交媒体所接收的风险信息和风险感受并不相同，其中不免有夸大、不实的猜测和误传，需要人们去辨析和判断。一般情况下，谣言的产生是因为信息缺乏，当人们想知道事件的相关信息，却又无法获取信息时，便会转向一些非官方渠道获取相关信息。谣言的信息源是不确定的，传播渠道是非正式的，一般通过网络平台或者口耳传播等渠道进行传播。在传播过程中，由于谣言具有极强的迷惑性，加上其制造者的主观造假动机，谣言不断地发酵扭曲，极易煽动民众情绪，扰乱正常的社会秩序，对社会安定造成极大隐患。

这些与真实情况不符的信息，可以统称为"不实信息"。不实信息即通过非正式渠道流传的未经证实的信息，它具有信息分享和群体意见交换的双重属性，同时也是在信息暧昧不明、情况复杂急需解释的条件下由群体创造的"即时新闻"。随着科学技术的发展，不实信息的传播不再以口口传播或者文字传播，而主要以互联网为基础的微博、微信等各种新兴媒体方式来传播。这种新型的传播方式下的不实信息称为网络传播的信息失真。因此，不实信息不再局限于一个小的区域传播了，通过新媒体手段，它可以在陌生人之间传播，甚至可以跨国、跨语言传播，这种传播媒介大大地拓展了不实信息的生存空间。

#### 1. 网络信息传播

随着网络的飞速发展，网络传播已成为不实信息传播的重要方式。信息交流活动早已在网络社会中占据主导地位，逐渐发展演化成公众传播和获取信息、发表个人意见和相互讨论交流的核心阵地。互联网的出现为人们的社会交往提供了新的可能性，社交媒体的多元化发展打造了新的网络空间。在网络空间中，人们可以自由地表达自身观点、对他人观点进行点评，多种多样的信息传播方式推动新型社会关系的构建，社会群体也相应发生了新的变化，紧接着，网络社会作为一种新的、现实的社会存在方式适时兴起和发展。

在这个新媒体时代，个体和个体通过互联网直接连接的情况下，信息的传播进入前所未有的便捷时代，不实信息随时可能迅速泛滥。以新冠疫情等突发公共卫生事件为例，病毒的强致病性、未知性，以及大范围的"封城"等管控措施，都会引发公众的恐慌与焦虑，刺激公众的信息需求[337,338]。权威信息可以及时缓解公众焦虑，不实信息则可能加重焦虑情绪，甚至造成恐慌。因为在线社交网络的关系网络更复杂，互动性更强，不实信息在在线社交网络中传播得比传统媒体要快，所以网络不实信息更容易引起社会的恐慌和不稳定。因此，随着不实信息传播形式由人际交往中的口头传播发展到网络传播，其控制和引导的任务越来越艰巨。

网络不实信息能够在短时间内引发恐慌，影响群众正常生活，危及社会稳定。例如，2011 年 3 月，日本特大地震过后，我国和韩国的一些城市出现食盐抢购潮。出现抢购潮的原因，一是传言吃碘盐可防辐射；二是谣传核泄漏污染了海盐。先是我国沿海城市出现抢购潮，后来这一现象迅速地波及我国内陆城市，最后影响到全国。

目前，网络不实信息涉及的主要媒介方式有微博、微信、抖音等，随着科技的发展还在不断地演变。在网络社交媒体中，微博是一种使用很广泛的社交媒体。微博即微博客，是一种网络虚拟社区，用户随时随地都可以发布不超过 140 个字符的消息。这一理念最早是由 Twitter 创始人 Jack Dorsey 提出的。随着 Twitter 的广泛使用，我国开始出现和其类似的互联网平台。我国主要有四大门户平台，分别为新浪、搜狐、网易和腾讯推出的微博平台。随着市场的竞争，目前我国最大的微博平台是新浪微博。微博提供了一个普通公众也可以分享自己身边的事及关于自己的新闻的平台。在这种情况下，当人们传播微博消息时，个体本身就成为一个媒介体，微博将传统的媒体点对面的传播模式，变为点对点、点对面、面对点及面对面的形式。这一传播方式也决定了微博具有门槛低、时效强、互动快、参与度高等特点，而这些特点也恰恰成为不实信息滋生和传播的"培养皿"。在这些使用广泛的新媒体中，政府、网络媒介和公众共同构成不实信息传播与交流的三个重要支点，也是最直接的不实信息利益相关者，在不实信息传播中发挥各自的作用。政府制订方案与发布信息，网络传播与控制大众信息，公众接收与传递不实信息。网络不实信息传播模式如图 5.2 所示。

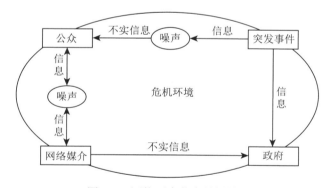

图 5.2　网络不实信息传播模式

### 2. 灾难网络信息

目前，我国正处于灾难事件的多发时期。灾难事件类型越来越多，频率越来越高，事件的关联度、衍生性越来越明显。当网络媒体或大量网民集中对灾难事件进行报道和关注时，灾难事件很快就会成为一个焦点话题，相关报道也会相继传播、转载，灾难事件社会风险就是在这样的过程中应运而生的，当社会发生了重大事件后，人们始终能够寻找到与其相适应的互联网风险。灾难事件过后出现的有关分析、评论事件的声音，以及基于此事件而出现的各种信息，都是互联网常态化的现象和重要现象。

由于网络信息的广泛传播特征，很多敏感信息难以得到有效控制。灾难事件往往是一些具有严重危害的突发性事件，而且目前仍有部分别有用心者隐藏在网络背后，因此一旦灾难事件爆发往往会伴随大量消极言论出现在各类网络社交平台和媒体中，通过误导和宣传来激发社会大众的消极情绪，一旦这些消极情绪出现群体极化，再加上互联网信息传播的广泛性和快速性，极可能出现较严重的社会风险，这些灾难事件可能引发社会风险危机。

自然灾难事件一般具有突发性、低概率、不可避免性、严重性等特性，可能对公众的生产生活造成严重的影响。在自然灾难事件发生后，公众往往会表现出紧张、焦虑、恐慌等负面情绪，从而产生一种自我保护性反应，进而由于刻板印象、晕轮效应、对比效应、初始效应、近因效应及从众心理效应等会迅速引起群体性的应激行为，短时间灾情信息爆发，造成诸如日本地震导致核泄漏而引发的食盐抢购、寿光洪涝灾害后引发的蔬菜抢购等事件。造成这种现象的主要原因在于自然灾难事件发生后，公众个体心理存在较大差异，政府组织及社交媒体与公众之间信息传递、信息沟通存在障碍，导致公众风险感知差异性较大。

随着信息技术不断进步，自然灾难事件社会风险不仅仅来源于事件本身，更多来自灾难事件社会风险信息的传播，而灾难事件社会风险信息的传播依赖于社交媒体，不同种类的自然灾难事件社会风险信息传播的方式不同，政府部门发布官方灾情信息的模式差异较大。灾情信息的释放模式可分为逐步释放式、急速倾泻式及无规律释放式三种方式。第一，逐步释放式发布灾情信息，即在自然灾难事件发生初期释放少量灾情信息，中期释放大量灾情信息，后期逐步减少灾情信息的发布量，适用于持续时间长、发生概率小、死亡率大的自然灾难事件，如青海玉树地震等；第二，急速倾泻式发布灾情信息，即相关部门在自然灾难事件害发生的初期将灾情信息集中收集后统一释放，适用于持续时间短、发生概率大、死亡率低的自然灾难事件，如"莫拉克"台风等；第三，无规律释放式发布灾情信息，即在自然灾难事件发生的不同阶段无规律地释放灾情信息，适用于持续时间长、发生概率小、死亡率不确定、易产生次生灾害及社会风险的自然灾难事件，如洪涝灾害等。

在灾难事件演变过程中，公众在每个阶段对灾情信息的需求各不相同，社交媒体释放灾情信息的精准性、有效性、科学性不够，难以形成固定模式的灾情信息传播模式。灾情信息发布面临的不确定性将升高，并且缺乏有序、合理、规范的管理模式与方法指导，使得灾难事件发生后，真实有效的灾情信息的公布不当，无法做到政府与公众之间的信息对称，增加了灾难事件应对的不确定性与复杂性。同时，灾区与非灾区的公众对灾难事件社会风险感知水平的不一致，导致其对灾情信息的需求不一致，不同地区政府采取的应急措施需要因地制宜。因此，通过对灾情信息的公布模式及公众对灾情信息需求两个方面进行研究，探讨公众对灾难事件社会风险感知的动态演化过程，不仅能为灾难事件应急管理决策者提供理论与技术支持，还有助于引导和修正公众对灾难事件的社会风险感知，同时对降低灾难事件带来的社会影响具有重要的现实意义。

3. 灾难信息特征

灾难信息是指与灾难事件应急管理有关的一类特殊信息，会给应对和解决灾难事件带来影响。灾难信息包括灾难事件经过、事件进展、政府措施、相关政策等方面的信息。灾难信息不仅仅来源于政府内部，还来自公众参与的社交媒体。范维澄等认为公共危机事件应急信息系统（应急平台体系）是实施应急预案的工具，是完善自然灾害综合管理的重要步骤之一[339]。学者对于发布灾难信息的研究多是站在管理者和传播者的角度，如信息发布的规则制定、模型构建和平台搭建，忽略了信息接收者对灾难应急信息的需求和感知。实际上，在灾难事件发生后，公众对发布的灾难信息是有偏好的，公众会因为灾难类别、灾害强度等风险性质的差异而产生不同的风险感知，并且随着灾难事件的演变，公众对信息的需求和对灾难信息的记忆度也会发生变化。

灾难事件社会风险信息传播呈被动性、碎片化，内容呈现多源异构、业态多样，且过程中不实信息大量存在，蔓延趋势显著。

（1）信息的传播是碎片化且被动的，技术灾难事件社会风险通常都爆发于灾难事件发生之后，这一点异于普通的突发公众事件，政府发表声明或是事件真正发生之后才会出现风险，换言之，风险信息因事件的进行而传播，而非事件随着风险传播而发展。

（2）信息内容具有业态多样性和多元异构性。与电视、杂志、传统报纸等大众媒体相比，当信息出现在社交媒体当中时已经是一种完全形态，其拥有流畅的逻辑、严谨的表述和规范的形式，用户可以直接以短视频、动图、图片、文字的方式将信息发布在社交媒体上，这些呈现方式既是理性的也是感性的，既是发散性的也是线性的，无论是哪一种方式，都对信息的传播起到了事半功倍的作用。

（3）不实信息大量存在和蔓延趋势显著的特征。当事件爆发之后 1~3 小时就会出现谣言，当风险开始传播时便会出现"谣言四起"的现象，而且会从广度和长度上延伸信息的传播；社交信息的总量会在谣言出现的 48 小时之后呈爆炸式增长态势，而后大概于第 4 天趋于停滞。

### 5.1.3  系统特征

与自然界中各种生物的种群和人类生态系统不同，风险的生态系统更加复杂，构成要素也有其特点，种群的角色也更加多重，如网民一方面是接收社会风险信息的主体，另一方面也可以生产和传播社会风险信息。不仅如此，自然界内的一般信息生态系统并不会频繁地发生变化，并且会受到地域、自然条件等的限制，而且风险生态系统具有其独特性。灾难信息引发社会风险并不是一个简单遵循单向发展路径的过程，而是由多因素相互作用甚至循环往复的复杂过程。灾难事件在对社会系统造成冲击时，往往产生多重因素在同一时空内的叠加效应，不仅增加了危机的严重性和影响，也可能在各种因素之间造成互动作用，提升风险演化的复杂程度和处置难度。我们在自然演变、人类活动、社会运行及信息传播的共同作用下的动态变化过程中，分析社会风险生态系统的各种群组织构成因子及其相互关系，以下是社会风险生态系统的显著特征[339, 340]。

1. 风险生成的随机性和突发性

风险本身就意味着未来的随机性。灾难事件可能引起社会风险，但是这种结果不是必然的，而是一种可能性，其发生具有一定的概率，可以采取措施将结果控制在不发生的范围之内。由于对大多数灾难事件进行完全精确的预测是非常困难的，并且灾难事件所引起的社会问题和事件包罗万象，变化莫测，在任何情况下都有可能发生，同时网络平台复杂，网民数量众多，价值观差别巨大，因此引起的社会风险也具有一定的随机性。任何信息主体都可以发布风险信息，这些主体来自一切社会群体和领域，使得风险从发生到发展都非常迅速。在自由开放的互联网环境下，自由表达的社会发展阶段中人人都有发言的平台和机会，使得风险信息更加随机和突发。

2. 风险过程的动态性和复杂性

风险系统要素由致灾因子、孕灾环境、承灾体构成，而这三个要素处于动态变化中。灾难爆发以后，其风险走向也是一个伴随风险要素变化而变化的过程。

风险系统的动态性。灾难事件社会风险系统具有一定的时空特性。灾难事件一般在特定的时间区间内发生，并且具有一定的周期性，而且在某些区域爆发的可能性还较高。例如，洪涝灾害主要集中在夏季，也就是北半球的雨季，其所引发的社会风险主要存在于洪涝灾害过后的一定时间区间内，过了这段时间，社会风险便渐渐减弱乃至消失。此外，风险具有时间的动态性，部分年份，南方涝灾、北方旱灾，而有些年份却相反，洪涝灾害引发的社会风险在不同地域的转移，具有空间的动态性。

承灾能力的动态性。社会风险伴随着承灾体能力的提升也会呈现出动态变化。当承灾体能力较低时，灾难事件所引发的社会风险具有强大的潜在破坏力。但是，随着对风险演化规律认识的提高，风险监测、预报、应对能力及抑制风险扩散、升级能力的提升，防护技术的改进和防护工程的加固，以及人类面对灾难的自救能力和心理调适能力的提高等，社会风险的演化也会发生一系列变化。

从生成过程来看，灾难事件造成巨大的人员伤亡和财产损失，在人的生存受到严重威胁时，就会增加爆发社会冲突的可能性。灾难事件引发的信息爆炸，潜藏着巨大的社会风险，危及社会的稳定和人们的生命财产安全。在这个过程中，如果处理方法不当，社会风险就可能逐步升级，积少成多，当其积累到一定的程度，突破临界点时，就会失去控制而爆发，从而产生社会危机。因此，灾难事件社会风险系统的演化过程十分复杂。

灾难的致灾因子本身具有复杂性，人类对其属性的探索和认识还不够深入。社会风险演化受到多种因素的干扰，如物理、生物、化学作用等自然力量，以及政治、经济、文化、心理等社会力量都会作用于社会风险演化，多种不规则的力量将社会风险向多个角度牵引，使得其演化的规律和方向难以被准确地把握。人类的活动在一定的时间内具有分散性、无序性的特点，尤其是灾难事件发生之后，沉浸在痛苦和绝望中的人们，其异常的行为对社会风险的演化也会造成难以预测的影响。

3. 风险信息质量参差不齐

互联网背景下的风险生态系统十分庞杂，其由各种知识层次和种类组成，信息主体可以贡献、传播这些信息，以建立彼此的联系，但在许多风险的发展中，由于社会公众的主体性较大，所处社会背景、所接受教育的程度各异，对同一个新闻事件所持有的看法与态度也各异。同时，媒体的质量，尤其是自媒体良莠不齐，可能会导致公众对于灾难事件进行错误或者扭曲性解读，导致信息质量参差不齐。普通公众难以鉴别风险信息质量，这也对风险治理带来挑战，要对风险信息进行深入研判。

4. 风险信息传播的迅速性

随着我国移动和互联网的普及，更多的风险主体能够通过固定的电脑终端或者是移动设备等各种形式直接参与到风险生产和传播活动中，如微博、微信、知乎、豆瓣等信息公开发布和交流的平台。网民可以不受时空限制，随时随地获取、传递风险资讯，这就使得风险资讯的产生和传递变得更加迅速快捷。另外，风险的传递呈现出线上、线下各种媒介、渠道之间的交互式传播。线下的人们往往通过口口相传或者是从传统报纸、广播等渠道获得各类热点新闻和消息，会更加有兴趣通过社交平台来对信息进行集中，进行互动和交流，社交平台的关注、点赞、转发等功能也就很好地实现了风险信息由点到面的传递，进而在线下吸引更多的社区和网民积极参与投入对事件的讨论中，形成巨大的"雪球效应"，使得风险信息的传播速度加快。

5. 种群的虚拟性

一方面，只要能联网，人们便可以在任何时间、地点使用交互性和开放性极强的网络技术，并且网民在网络世界中不会轻易表露自己的身份，这种极高的自由度是网络的隐匿性赋予的，并使得他们能够随心所欲地发表自己的观点和言论。尽管网络上也不乏一群理智的网民，他们的言论比较中肯，而且懂得分寸，但是实践显示，网络上充斥的更多是非理性言论和负面情绪。另一方面，社会风险事件当中所涉及的能够提供优质和高品位信息的管理媒介和种群，以及个别企业及其他组织，原本是整个社会风险生态系统的主体，但是其在生态系统中的存在感比较低，面对网络充斥的负面信息，他们未及时通过发布高品位和优质的信息，参与社会风险治理的能动性极低，个别还可能因为风险意识淡薄而发布一些会使得风险恶化的不负责或不实的言论。

6. 风险的价值性

一个风险事件对社会创造的有价值的信息即风险价值性的体现。近年来，移动互联网和工业大数据不断向各技术行业发展渗透，为多种技术领域的发展带来了一种变革性的社会影响，并且正在逐渐深入发展中，成为各技术行业开展技术创新的重要动力源和助推器。风险管理就是从业者对于网络新媒体的风险政策、网络风险环境，以及对于社交媒体风险的社交风险情绪、网络生态、网络媒体文化等的深入了解与充分掌握，客观上也是在不断扩大社会风险管理服务从业范围的良好基础上不断发展壮大起来的。各类社会风险信息服务平台都认为应该坚决摆脱"风险服务就是控制负面情绪"这种偏窄的基本观念，把推进风险信息服务平台工作绩效提升纳入国家经济社会发展管理的各个层面上再去深入调查研究，积极探索、明确风险信息服务的适用主体与服务边界。另外，若社会风险生态系统未传递正向、积极的信息，那么其就是一个毫无价值的社会风险生态系统。因此，如何充分管理和利用社会风险就是这一生态系统价值的体现。

## 5.2 系统框架结构

把握生态系统的内涵首先要对其内部结构、系统与环境之间的彼此关联和能量流动情况予以明确。在风险生态系统中，"种群"实际上就是主体，是生产和吸收风险生态系统信息的主体，主要指发起社会风险事件的主体，社会风险事件中所涉及的团体、个人，以及广泛参与的普通网民，通过信息的互通就某个风险事件表达自己的看法和观点，进而产生联系。风险生态系统内部各个要素并非一成不变，任何一个要素的变化、消亡都会引起其他要素的变化和消亡，这一点与其他自然生态系统并无二致，不同的是，风险生态系统与环境之间充满了信息流、能量流、数据流。

总体来说，灾难事件社会风险生态系统由环境、主体、信息三大部分组成，其框架结构如图 5.3 所示。

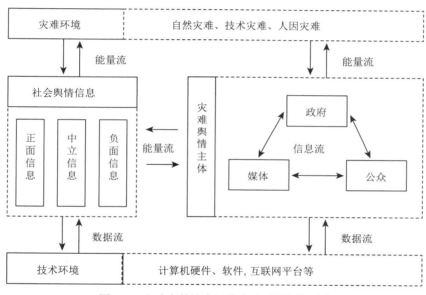

图 5.3 灾难事件社会风险生态系统框架结构

### 5.2.1 风险环境

在灾难事件中出现的会影响社会风险环境的各种因子的集合就是灾难事件中的社会风险环境，它有技术环境和灾难环境两方面。

灾难环境或称社会环境，是指灾难事件在社会上的发生环境。灾难环境为灾难事件社会风险的产生提供能量流，同时提供风险产生的政治、经济、文化等构成因素，并决定着风险的内容、风险主体的彼此联系、风险主体的倾向，是风险产生、发展的内驱力量。灾难事件对风险的产生也随着时代发生着变化。社会风险具有多种类型，而灾难事件所引发的风险是其中最为重要的一种风险类型。该类风险由于涉及政府、媒体、公众等多个主体，加上灾难事件自身的动态性、复杂性、风险性等特点，这类风险构成的环境非常复杂。进入 21 世纪后，网络和全球化进程发展迅速，我国也意识到管理城市突发灾难事件社会风险的重要性，风险治理制度、法治体系自 2003 年"非典"的暴发及 2008 年南方雪灾、汶川 8.0 级地震等重大灾难事件的发生而得到全面的发展。自从迎来新媒体时代，我国风险治理进入了一个重要转折期，网络成为群众讨论突发公共事件的主阵地，网络信息传播导致的社会风险成为风险治理的重点。

技术环境。技术环境为社会风险的产生、传播奠定了坚实的技术基础，它是不同网络媒介得以生存和发展的一切物质的总和，包括网络运营商、传播设施、网络媒介、政策、法律体系、计算机软件、计算机硬件等。其中能够形成风险传播媒介的信息技术终端大致可以划分为移动工具端和传统工具端。移动工具端是以平板、智能手机、智能化运动手表等各种能够穿戴或者手持的智能化信息传感器装置，它是依托智能化应用技术、移动互联技术发展起来的，这些移动工具端具有接收和传输信息、数据的功能，而且这种功能可以在任何时间和地点实现。例如，在自然灾难事件发生时，移动工具端对于灾区群众而言是获取和接收事件信息的最佳工具。利用传统 PC（personal computer，个人计算机）端口登录的媒介即传统工具端，其缺乏便携性，故而便捷程度不如移动工具端。发生自然灾害后，灾区人民连财物和人身安全都难以得到保障，更不用说通过非移动工具端进行信息互通了。因此，在灾难事件中，使用传统工具端的大多是关注事件的群体，而非受灾群体。

技术环境是风险的物理环境，具有相对稳定的特点。随着科学信息技术的发展，大数据等新兴技术已经可以有效地将客观上存在的大数据信息进行结构化和系统性的分析与整合，使其成为对于灾难事件社会风险决策和治理工作的思考能力和技术支撑[341]。因此，大数据的思维和技术也被认为是驱动我国灾难事件社会风险治理工作的重要物理环境。

### 5.2.2　风险主体

灾难事件社会风险主体是风险系统中的主导性要素，主体在信息中所充当的角色及承担的社会职能，能够反映风险主体在风险生态系统中的角色定位和权责定位。在灾难事件社会风险中，风险生态系统中包括的主体是政府、媒体、公众。

政府作为公共事件的主要监督和管理机构，其公共管理行为及对社会风险的态度，是灾难事件社会风险的关键主体。作为官方力量，政府在网络上传达的观点、发布的信息不属于风险范畴。然而，政府作为风险事件的处置主体，其在事件发生前后的话语、行为深受网民关注，是网民议论的焦点。面对灾难事件，我国地方政府在社会风险信息的传播中，既是风险事件信息的直接接收者，也是风险事件信息的采集者、组织者，还是风险事件应对策略的设计者、组织者、执行者。在多数情况下，政府部门是风险应对最重要的主体。当政府在突发灾难事件中不作为、乱作为，没有做出适当的行动，甚至政府自己成了这个事件的当事方，政府也就会成为灾难事件社会风险的诱发因素。另外，政府也是网络空间的监管力量。

媒体包括大众传播媒体、各类商业网站、社交网络平台等。媒体作为灾难事件社会风险的策源地和扩散器，其议程设置与报道方向，可以引导风险的发展；媒体的报道速度、报道质量、评论转发量、平台影响力等，也将引导甚至决定风险的传播。媒体主要内容包括各种大型传统媒体及其他大型电子化媒体的内容呈现，如各种报刊、电视、广播及其各种网络版，还包括一些大型网络媒介，如中国政府机关新闻网、商业新闻网、网络论坛、微信、即时通信工具（微信、QQ）等的内容呈现。我国的新闻机构牵头成立了新闻网站和独立运营的互联网信息服务单位，既拥有对传统媒体的管理权力，又可以采用传统网站的运营管理模式来进行市场化运营；而独立经营的移动互联网信息服务企业只拥有对新闻的转载和使用权，而没有对新闻的采访使用权，这保证了新闻质量的可靠性。在灾难事件中，政府通常要求媒体对事件进行滚动报道，与政府管理部门配合，有效地传达官方的消息。

公众包括具有领导者意见的社会公众和一般跟随公众，他们都是社会风险的传播者，前者往往是"活跃分子"，能够在风险的传播和分析过程中为他人提供有用的信息、意见、评述；而后者可能是社会风险的发出者、传播者、接收者，也可能是直接受到灾难事件影响的人。公众是灾难事件的重要影响因素，非理性的公众可能会导致风险危机，而理性的公众可以化解危机。尤其是大数据时代,公众可以在网络中获得话语空间和话语权利,并对不同类型的城市灾难产生不同的行为和反馈。例如,在自然灾害或事故灾难等突发社会事件中,公众对媒体报道的反应通常以支持、安慰、呼应、鼓励等为主;而在蓄意性灾难事件或过失性灾难事件中,公众更可能持非理性、负面、极端的态度[342]。

综上,风险生态系统框架结构三大主体包括:政府——灾难事件应对的主导者,风险的分解者,在灾难事件的不同时期发挥着重要作用;媒体——灾难信息的传递者,风险的生产者、引导者,同时肩负稳定公众情绪等作用;公众——社会的主体、风险的消费者,同时也直接或间接受到灾难事件的影响。三大主体在灾难事件社会风险传播中相互作用,形成一个相互影响、相互制约的动态系统。在不同的灾难事件中,三大主体之间的动态交互模式不尽相同。在自然灾难事件中,政府作为自然灾难事件情景应对的组织者、解决者,通过媒体平台了解民意、回应民声,三者之间协同联动,将风险控制到最小限度。在人因灾难事件中,政府连接媒体来平息公众的情绪、解答公众的疑惑,将真实的情况进行公告,而公众的任何诉求也会通过媒体作为桥梁连接政府,三者之间的信息呈现交互性流动。对于技术灾难事件,政府、媒体、公众三大主体交互作用,共同表达、共同治理。不同灾难事件下的主体互动关系如图 5.4 所示。

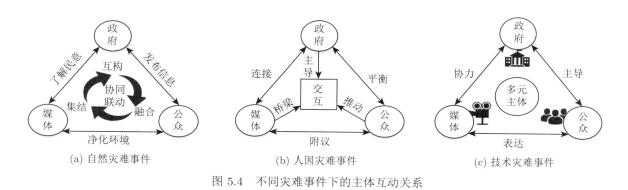

(a) 自然灾难事件　　　　　　　(b) 人因灾难事件　　　　　　　(c) 技术灾难事件

图 5.4　不同灾难事件下的主体互动关系

### 5.2.3　风险信息

风险信息是描述风险事件、具体内容、形成方式、传播路径等的信息。风险信息是风险传播的重要组成部分,是风险生态系统实现物质循环和能量流动的主要载体。根据信息的性质,将其分为正面信息、中立信息和负面信息三类。

(1) 正面信息。正面信息传递的是一种积极上进的精神内涵,也就是通常所说的正能量。正面信息对于社会和谐稳定具有重要意义。例如,自然灾害发生后,政府迅速凝聚力量采取救援,以人民生命安全为第一要义,不惜代价和成本挽救受灾者的生命,这会引发公众正面的评价和网络声援,以及转发、评论等,形成正面信息的积极流动。

(2) 中立信息。中立信息大多流动于主流话语和极端话语之间,传达的是一种喜怒哀乐式的个人情感,或者是对事件的客观描述。事件发生前,绝大多数网民发布的都是中立信息。

(3) 负面信息。负面信息多是个人对风险治理不满的宣泄,主要表现为谣言煽动、恶意诽谤、"人肉"搜索等网络行为,会给现实社会中的公民造成伤害,更可能酿成社会风险,是风险生态系统治理的重点工作。

在负面信息、中立信息、正面信息进入信息互通的过程中,人们通过传输和反馈信息资源,通过信息技术来获得所需的信息。信息风险生态系统的相互作用网络如图 5.5 所示。

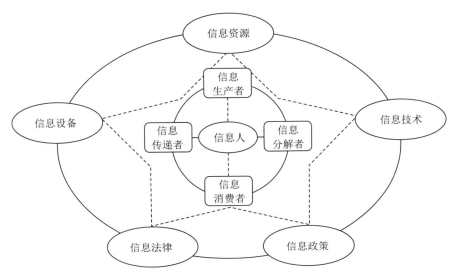

图 5.5　信息风险生态系统的相互作用网络

　　信息资源经由信息传递者提供给信息分解者，然后由其负责对信息进行删除、调整、加工等操作，其中的信息生态因子并非孤立存在，每一个信息生态因子也并非一成不变，它们之间相互影响、彼此作用，任何一个发生变化都会影响整个信息环境，这些相互作用就是信息生态链产生的土壤，信息生态链具有地域性、多样性、人为性、系统性的特点。信息人指的是分解、消费、传递、生产信息的人，在信息互通中，他们能够以社会群体的形式存在，也能以个体的形式存在。信息传递者在信息生态链中占据着举足轻重的地位，是生态链得以存续的基石，在风险所孕育的信息生态链当中，信息分解是最后一个环节，主要由政府主体完成。在信息流转过程中，信息生态链中存在多个信息人的互利关系，共同投入、参与和接受风险。

　　风险信息沟通是培养公众风险理性、降低公众风险恐惧感、提高行动一致性和社会凝聚力的重要渠道。无论在风险发生时还是风险发生后，有效的风险信息沟通都是很有必要的。在风险发生过程中，民众对险情信息及时、充分、客观的掌握，有助于制止谣传，保持社会理性，防止人为放大风险。风险发生后，及时、准确地了解受灾状况和民众的诉求等关键信息，对于灾后补偿和救助工作的开展非常必要。根据沟通主体的不同可以分为风险管理组织间的沟通、风险管理组织与公众的沟通，以及风险管理组织与媒体的沟通。要实现风险管理组织间的良好沟通就要在危机发生前做好沟通准备，在技术和资源管理方面达成协议，加强信息共享，解决职责权限的争端。风险管理组织与公众进行沟通之前需要对沟通的潜在挑战进行总体认识和把握，了解公众最为关注的问题，考虑其价值观和情感因素，获得公众的信任。风险管理组织制订媒体管理计划，建立与新闻媒体的积极关系，利用媒体向社会发布危机预警信息；借助媒体的力量，对危机事件进行客观、公正的报道，澄清事实，避免不实信息扩散造成的社会恐慌。

　　互联网这一信息源可以帮助社会大众获取外部对灾难的情绪表达，同时让大众基于自身利益参与到这种情绪表达中，而大量非理性的消极情绪在网络空间中的广泛传播极有可能造成风险信息的秩序崩坏，甚至引发社会风险。从风险管理的角度看，可以从技术层面对信息进行管理，进而有效地控制风险信息。信息沟通的方式可以分为正式沟通和非正式沟通。风险信息发布与反馈应该通过正规权威的渠道进行，掌握信息发布与传播尺度是进行有效风险沟通的理性根基。由于非正式沟通的小道消息、虚假信息等没有规则约束，随意性强，在传递过程中不断被歪曲误传，容易造成社会不安、焦虑、不满等负面影响，不利于风险管理。因此，要消除非正式沟通带来的消极影响，最根本的方法就是保证正规渠道的畅通，提高沟通效率，及时公布事件真相，加强正面引导。

## 5.3 系统时空结构

灾难事件是一个具有时空特征的事件，是一种"动态社会结果"，会对人类社会系统造成潜在威胁和实质损害。灾难事件社会风险就是灾难对社会产生损害的不确定性，这种损害包括社会资源的流失、社会结构的破坏及社会秩序的混乱等。由于灾难是自然环境与社会环境作用的结果，灾难发生原因具有社会性质，灾难的社会风险就是人为制造的不确定性。特别是不实信息的传播导致的社会风险，具有很强的时空不确定性。

### 5.3.1 时间结构

风险生态系统的时间结构包括两个含义：一是从总体来看，风险具有生命周期，即任一特定的风险，都会从开始萌发走向最终消亡；二是从局部来看，风险可以分为若干阶段，其演进具有一定的规律性。

1. 生命周期

生命周期是生物学范畴的概念，是客观生物从出现到衰亡的整个过程，这个过程与生物的生长、发展和死亡类似，是生物在生命演化过程中形态或功能不断变化的一系列经过。生命周期理论于 20 世纪 90 年代被广泛应用于多个领域，主要是社会学、管理学和经济学领域，是一个重要的研究课题，这种研究具有阶段性，它着眼于研究对象从出现到消亡的各个过程。生命周期理论在不同学科领域具有不同的理解和划分方法。风险信息在整个风险生态系统中也经历了从出现到消亡的一系列过程，其在生命周期的每个阶段都有自身的演化特点，从而形成了信息生命周期。

从灾难事件的发生进展来看，随着时间的推移和管理部门的介入，风险也会经历发生、变化、结束三个主要阶段，即事前、事中、事后。在灾难事件爆发前，情绪处于随机离散状态，并未形成风险。在灾难事件平息后，风险并不会马上衰退，会持续一段时间，最终以趋稳数据的状态平息下去。但是，当遇到新的类似事件时，相关情绪就会被唤起，从而形成周期性反复的特点。因此，对于灾情治理不应只是考虑到灾难事件发生前后到灾难事件平息这个阶段，还要把风险治理扩大到灾难事件发生前后，形成周期性的治理系统，使得政府、媒体、公众三者之间能够共同构建一个相互交流、相互影响的良性舆论场。本书从信息特征角度出发，分析社会风险的时间结构。关注到风险演变过程中，数据的离散、裂变和趋稳特性，灾难事件社会风险可以分为集聚期、扩散期、平息期三个阶段。其阶段划分、数据特点如图 5.6 所示。

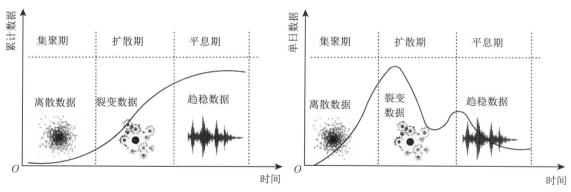

图 5.6 灾难事件社会风险治理阶段划分

（1）集聚期。在灾难事件爆发前，情绪处于随机离散状态，并未形成风险。民众可以自由表达、分享情绪。在此阶段，政府相关管理部门或者媒体可以对某一灾难的规律、基础知识进行官方报道，普及相应的知识。例如，在教科书、中央科教栏目等平台中，以记录文或纪录片的形式传播灾难的基础知识，让民众认识其规律、特点，在潜移默化中对灾难有正确客观的认识，及时纠正谣言和错误的观念。

（2）扩散期。灾难事件发生后的当下，立刻吸引随机离散的网民关注到灾难事件，形成集聚，但是很快就由于信息不对称而产生裂变，因此，在灾难事件中就形成风险裂变的态势。在这个阶段，网络上很可能会同时出现一些网民对于该类型事件的表述、判断等内容，以及含有强烈态度倾向性的信息，同时，在该类型事件的发生、变动过程中，网民不断地发布关于该类型事件的各种新意见、评论、建议、态度和看法等。从实际情况来看，风险的集聚期呈现出信息涌现的特征，如在同一个时段，各个媒体通过网站、论坛、博客等多种方式同时将焦点转移到一个新闻事件，数据信息上表现出聚焦的特征。这种风险的蔓延和扩散，就是风险通过互联网搬运者在社交媒介上进行复制、转载、评论、转发，导致某一种风险的传播范围、获知群体或弥漫空间不断扩大。同时，某个特定风险产生后，网民围绕该风险议题或风险诉求而呈现出更多的具有变异性的评论、观点、看法，既是原生风险的变异、发展，也属于风险扩散范畴，风险信息在扩散期呈现出数据裂变的特征。

（3）平息期。风险的平息是指随着时间的推移，灾难事件得到政府的妥善处理，不再有新的新闻报道出现，不再有新的议程设置型帖文，民众对灾难事件的担忧或受到的影响已经平息，网民的点击、跟帖、回复减少，新的风险信息不再涌现；大众网民的关注度、热议度、抗议性、冲突性显著弱化，风险中内含的情绪、诉求、态度等逐渐消退，并朝着理性化方向发展，同时，若有新的事件涌现并产生新的刺激，多数网民会自动转向新目标。

2. 演化规律

不同灾难事件社会风险集聚、扩散、平息的周期性演化规律不尽相同，因此本节分不同灾难事件对风险演化规律进行分析，以进一步了解经典风险案例中风险传播的模式及其演化特征，从而对城市灾难事件社会风险生成机理、传播过程、扩散特征予以明确，建立风险传播与演化的特征模型，研判风险走势。

自然灾难事件具有可预测自然灾难事件和不可预测自然灾难事件之分，这是以其爆发的急剧程度作为依据进行划分的，如果自然灾难事件无法被预测，那么风险就会同时出现长尾效应和爆炸式增长效应。举个例子，我们无法准确预测各种自然灾害和地质灾害，当灾害出现时，数小时内就会出现灾难事件社会风险，并且引发社会的广泛讨论，当政府开展救灾工作且实时发布和更新救援信息时，爆炸式增长的风险信息才会开始减弱。不可预测自然灾难事件所造成的影响是十分广泛的，这种影响不仅体现在经济上，更体现在其他精神层面，也正是因为如此，灾难事件社会风险会随着时间的推移而出现长尾效应及阶段性沉寂的特点，此时风险场域虽然未再出现明显变化，但是暗流涌动，极易复发[343]。可预测自然灾难事件，如暴雨、寒潮、台风，其风险具有"前缓后急、衰减急剧、延时爆发"的特点，其发展进程的耗时较长，而且具有可预测性，刚爆发时不一定会受到强烈关注，但是随着时间的推移及灾情的显现，风险事件会因为预警信息的不断更新、政府部门的高度关注，以及各种救援活动的开展而被推至高潮，此时才会出现风险量陡增的现象[344]。此时政府部门通常已经就这类自然灾害出台了有效的应对方案，灾情也得到了控制，随着救援和处置工作的收尾，公众也开始不再关注自然灾难事件社会风险，并被其他事件吸引。

技术灾难事件根据其发生的诱因或造成的原因，可以划分为技术失误灾难事件和技术缺陷灾难事件两种类型。技术失误灾难事件，如重大安全生产事故，爆发迅速，风险热点陡增；而在蔓延过程中，随着风险管理方、治理方介入，技术灾难事件得到控制和处理，风险蔓延期的热度开始下跌，在后续的发展过程中又可能继续引发关注直至平息[223]。技术缺陷灾难事件的形成和爆发阶段与技术失误灾难事件类似，但是因为技术缺陷灾难事件一般更容易得到公众的"原谅"，所以在后期风险的蔓延和平息阶段也会更平稳，一般较少波动回弹。

人因灾难事件分为蓄意性灾难事件和过失性灾难事件两种类型。过失性灾难事件是指因人为过失等因素而造成的非预谋的人因灾难，随着过失性灾难的及时治理，风险一般不会出现多个反复的周期。蓄意性灾难事件相对于过失性灾难事件而言，其性质一般更为恶劣，社会关注度高。例如，恐怖袭击事件在形成期时由于表面上风平浪静不为人知，基本是没有讨论热度的，但其爆发期迅速，风险信息在短期内迅速增长，引发人们热议，并在传播周期内出现多次波动、回落、反复，多次成为关注热点并经历衰亡，可能形成多个周期[345]。各类灾难事件常见的演化规律汇总对比如表 5.1 所示。

表 5.1　各类灾难事件常见的演化规律汇总对比

| 灾难类型 | | 前期 | 中期 | 后期 |
| --- | --- | --- | --- | --- |
| 自然灾难事件 | 不可预测自然灾难事件 | 急速爆发 | 爆炸式增长 | 长尾效应 |
| | 可预测自然灾难事件 | 延时爆发 | 急剧衰减 | 前缓后陡 |
| 技术灾难事件 | 技术失误灾难事件 | 急速爆发 | 爆炸式增长 | 快速平息 |
| | 技术缺陷灾难事件 | 延时爆发 | 平稳发展 | 逐渐平息 |
| 人因灾难事件 | 蓄意性灾难事件 | 急速爆发 | 多次反复 | 快速平息 |
| | 过失性灾难事件 | 延时爆发 | 平稳发展 | 快速平息 |

其中，可预测自然灾难事件、过失性灾难事件和技术缺陷灾难事件导致的社会风险的特点是延时爆发，急剧衰减或平稳发展。风险迅速爆发后，只要能及时发布权威消息，避免谣言产生，通常情况下，风险将顺利进入平息期。与之对应的另外三类灾难事件，信息不对称的问题容易引起风险的分化裂变，形成新的风险，在演化过程中呈现极化、反复、蔓延等特点。因此，不同灾难事件引发的社会风险应采用差异化治理模式。

### 5.3.2　空间结构

风险生态系统具有多层、多级、多维的空间结构，使用超网络模型能够直观、清晰地表现社会风险形成过程中错综复杂的关系。其一，超网络本身具有的中介中心度、点度中心度、聚类系数、凝聚子群、无标度网络、小世界效应、网络规模、网络密度等特点丰富了人们的研究视野，使得人们能够便捷地构建分析超网络个体属性的指标体系；其二，超网络结构由不同节点类型组成，能够对风险主题的特征进行系统的归纳和总结。超网络方法最早由美国学者 Nagurnery 等提出，是指高于而又超于现有网络的网络，可用来描述和表示网络之间的相互作用和影响，并依托可视化工具、变分不等式、博弈论、优化理论等适当的数学工具来分析和计算网络上的时间、流量等变量[346]。社会风险超网络模型由观点子网、环境子网、社交子网三个子网组成，这是以当前的超网络分析方法进行划分的。灾难事件社会风险生态系统的空间结构如图 5.7 所示。

（1）社交子网：以社会风险中参与讨论的风险主体为节点，既包括具有意向客户、发布信息的新闻媒体，也包括作为网民讨论载体的自媒体平台，更多的是网络推手、普通公众等网民主体。社交子网表示个体的交互关系，即网民之间的回复关系。一旦社交媒体网络中与网络大V相关的各种风险达到一定的阈值，那么整个网络事件就有机会以一种非常规、指数级的速度向社交媒体进行宣传和广泛的传播，并且在这样的宣传过程中网络大V往往可能会直接引发整个事件本身性质的分化和裂变，从而因为扩展和延伸了其他事件而成为一个庞大的社交媒体和公众新闻。

（2）环境子网：代表信息传播的过程，一条环境信息代表一个环境节点，社会风险的形成和演化基础便是环境信息的引入。环境子网作为其他子网动态演化的推手和驱动力，能够对风险主体的演化过程进行再现，前一阶段的风险主题是孕育下一阶段风险主体的基石，故而通过环境子网对风险主题

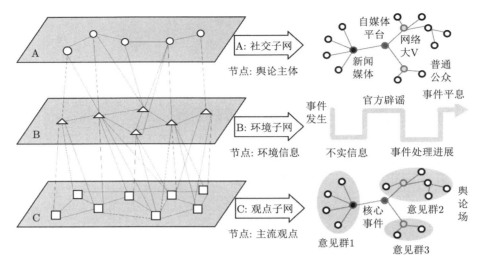

图 5.7　灾难事件社会风险生态系统的空间结构

进行的动态和演化分析也十分重要。

（3）观点子网：以风险主体所讨论的关键词为节点，对不同关键词、不同观点代表的态度和倾向进行分类，如正面、中立、负面的态度等；不同态度倾向、情绪汇集成核心事件的不同意见群，多个意见群共同作用，形成核心事件的舆论场。

## 5.4　系统运行结构

基于风险生态系统框架结构，不同的风险主体在信息活动中进行流动，以达到资源互补、共同化解危机和灾难的目的。在风险生态链中，生产动力、传播动力、分解动力对社会风险系统的演变产生决定性的作用，是十分重要的环节，政府、公众、媒体在其中占据着举足轻重的地位，扮演着分解者、传递者、生产者的角色，参与了风险的酝酿生成、扩散升级和消退转化等各个生命周期，灾难事件社会风险生态系统的运行结构如图 5.8 所示。

### 5.4.1　酝酿生成

风险的产生必须要有相应的动力源，其出现必须要经历一个扩散升级的过程，纵观那些比较典型的灾难事件不难发现，其一般都是引爆社会风险的关键。在灾难事件发生之前，大量历史灾难资料和社会变革导致的类似问题或矛盾已经存在，少量反映该风险信息或类似的信息已经存在于网络，但并没有引起大众的关注。当重大灾难事件再次发生时，网民在获取了有关风险信息后，就开始积极地聚集、热议、发言，并且表达自己的看法、态度、意见和感情，进而产生了社会风险。"杭州保姆纵火案""川航紧急迫降事件"等会引发人民群众广泛讨论、引起人们共鸣的事件往往极易成为风险事件，人们会在短时间内不停地讨论这些话题，成为引爆社会风险的内在动力。在人因灾难、技术灾难中，错综复杂的社会心态、案情背景、社会矛盾，会使得人民群众质疑政府机构的能力和公信力，此时社会上会出现各种不同的声音，这些声音就是引爆社会风险的"导火索"，当"导火索"被点燃之后，就可能引起一系列的连锁反应，进而酝酿出巨大的风险风浪。

风险的产生涉及灾难事件的发生、媒体平台的信息扩散等要素，人因灾难事件或技术灾难事件还涉及案件的当事人等主体。风险孕育阶段，媒体平台是主要载体。例如，人因灾难事件的直接当事人

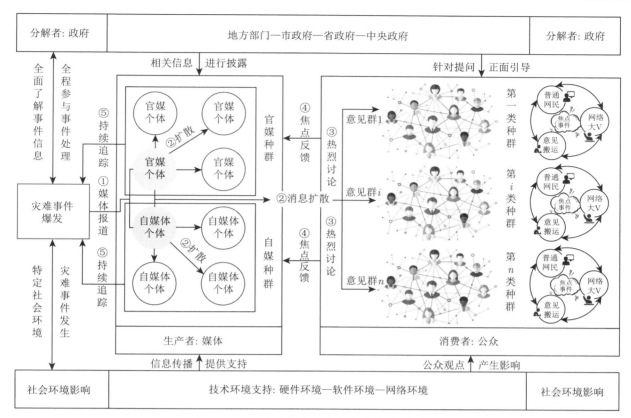

图 5.8  灾难事件社会风险生态系统的运行结构

可能在自媒体平台上披露刺激性事件信息，获取网络关注，成为风险爆发"导火索"；网民在上网浏览时，关注到事件信息，逐渐形成角色分工：网络大V运用阅历知识，解读事件要素，从而形成具有一定观点、态度的信息并传达给自己的关注者；网络推手整合各种各样的相关消息，撰写帖文、博文，并采取吸引人的标题，博取普通网民"眼球"，使得信息进一步扩散；普通网民作为信息受众，在接收到网络大 V、网络推手及事件当事人信息后，进行点击浏览关注，或者发帖、跟帖回复，从而形成风险热点。

根据突变理论，将系统内部状态整体性的急速变化称为"突变"，它强调了过程的连续性和结果的非连续性。灾难事件社会风险演化的"突变效应"主要分析灾难事件的发生是如何突然转化和跃迁为社会风险过程规律的。在灾难事件中，假定灾害损害状态是一个风险自变量函数 $x$，应对灾害主体行为是一个风险因变量函数 $y$，则社会风险值为 $R = f(x, y)$，如果社会风险值未突破风险临界点 $D$，即 $R \leqslant D$，为亚稳定均衡，即属于潜在风险；如果因某种内力或外力，社会风险值超过或突破风险临界点 $D$，即 $R > D$，则释放潜在能量，风险骤然变化或突然爆发，严重破坏均衡并形成现实风险，这种能量在环境介质中扩散，突变具有传染性，于是就会引起次生突变，最终导致灾难事件社会风险的形成。

灾难的社会情绪会持续沉淀，若积淀超过一定阈值，就可能发生突变。因灾难所具备的危害性与破坏性，特别是一旦出现和自身利益息息相关的灾难事件后，就容易引发网民情绪燃爆的现象，而依托互联网所营造的虚拟空间，这些高涨的情绪会逐渐朝着失控的地步发展，尤其是当部分偏激言论被网民广泛接受后，通常会出现难以平息的社会风险事件，它们给原本稳定的社会风险秩序带来严重破坏，甚至还会衍生出一些新的社会风险。

### 5.4.2　扩散升级

风险的扩散升级离不开传播动力的助力。孕育社会网络公共风险的"温床"毫无疑问是网络公共新媒体，这些媒体的出现为广大网民发表自己的观点、看法、意见、诉求，以及宣泄情绪提供了途径，是孕育社会网络公共风险的土壤，也是风险得以爆炸式传播的媒介。

当网络上的新媒体就某个重大灾难事件所引发的风险进行报道之后，便会立即引起社会群体的广泛关注，此时媒体会持续不断地更新重大灾难事件的信息和新闻，提供更多有价值的资料和信息，在各种信息的传播下，风险被推至风口浪尖，态势也较最初发生了显著的变化。在灾难事件社会风险的传播过程中，多个平台之间相互关联、叠加影响，各个主体通过信息互通实现了灾难事件社会风险信息的互动、传输和反馈，这无形中增加了信息的传播和流通率，使得灾难事件社会风险不断发展。在整个风险生态系统中，风险信息处于核心地位，关系到整个系统的良性循环。随着灾难事件社会风险信息的传播和扩散，风险中的意见流和信息流相互融合在一起，彼此影响，共同推动风险发展。

风险的传播涉及网民、新闻媒体、自媒体平台三大主体。风险扩散阶段，自媒体平台依旧是公众讨论、关注事件进展的载体，也是网民获取主要信息的主体，不同的是，风险热点的形成，会引起新闻媒体关注，新闻媒体将介入风险传播过程中，披露事件进展、设置专题访谈，从而将事件传播至更多公众视野内，进一步扩大风险的扩散范围[347]。随着关注人数的持续增多、讨论话题的持续增加，线上风险向线下转化，范围持续扩大。例如，"川航紧急迫降事件"，最初由川航官方微博@四川航空于2018年5月14日上午9时18分在新浪微博平台上进行通报，而后迅速点燃网络，@成都商报、@华西都市报、@微热点、@央视新闻等新闻媒体集聚关注，然后转变为央视新闻专访川航英雄机组，以及《成都商报》各类采访等。在新闻媒体、自媒体平台的交互作用下，风险迅速蹿升成为爆点，实现了风险的扩散升级。

### 5.4.3　消退转化

分解动力催动风险消退转化。通过分解动力让信息流动产生闭环，推动风险降温、消退和转化。分解者具有对不同信息进行筛选并就此得出相应结论的能力，他们在处理信息方面的能力强于普通人，而且善于使用各种工具，对风险的发展趋势产生着深远的影响，有时甚至能够缓解或消除风险危机。作为一个开放性有限的自组织系统，风险生态系统可能会经历一个从不平衡、无序、非理性到平衡、有序、理性的发展过程，其间各种意见和情绪在彼此的影响下慢慢趋于一致，这种变化趋势使得风险逐渐淡出人们的视野，人们转而关注新的风险。但是，风险信息被分解并不是说其完全不存在了，分解是其成为潜在风险因子的必由之路，只要风险领域一直都有新的议题产生，那么随时都会激活这一潜在的风险因子，使之重新被提及，实现风险的二次发酵。新一轮的社会风险就是在这种因子被激活时诞生的，其将拥有比原风险还要广泛的影响，因其而发展起来的话题也会更多，此时如果没有及时有效地控制风险，就会导致社会风险再次"卷土重来"。例如，2003年发生的"非典"事件，在2020年新冠疫情暴发之际，许多网民、自媒体平台又被激发了对当年"非典"的再议论，并与新冠感染进行比较。

风险的分解存在于风险的孕育、扩散、平息全过程，是政府、媒体、公众整合协调合作的结果，包括线下事件的处置、线上消息的跟进、谣言谣传的处理三个方面。政府部门一般是线下灾难事件处理的主体，针对自然灾难事件，政府会迅速展开救援，并官方通报灾难信息；对于技术灾难事件或人因灾难事件，存在某一具体当事人的情况，当事人也需配合事件或案件调查，从而促成风险分解第一步顺利进行。在线下处理过程中，新闻媒体会持续追踪事件信息，跟踪报道；同时，政府部门取得案件进展时，将对新闻媒体披露消息，或借助自媒体平台报告最新进展，从而促进风险分解的线上进展[348]。在事件处置、消息传递过程中，一方面，对于公众而言，因其自身具有一定的辨别意识、识别能力，能够在接触到事件信息时识别不实信息、屏蔽谣言谣传、举报不法行为，避免了负面不实信息的影响。另一方面，政府也会处置谣传谣言，通过权威发布等方式进行辟谣处理。

以技术灾难事件为例，其社会风险信息传播具有阶段性特征。总体而言，其可以分为开始阶段、发展阶段、爆发阶段、震荡阶段和消退阶段。

（1）开始阶段。技术灾难事件爆发不久后被一些网民知晓，并开始进行转发和评论，这是开始阶段的标志，此时往往只有事件的部分目击者、知情者和敏感公众会参与风险并进行讨论，而且讨论的范围比较窄，也不够深入，情感的表达比较情绪化，该阶段还未形成正式的议题。

（2）发展阶段。随着事件不断发酵和扩散，风险信息呈几何倍数传播，此时就进入了发展阶段，它紧随开始阶段，出现时间往往是事件发生后的2~5小时。该阶段的风险往往具有内容多样、感情丰富、用户多样的特点。在参与主体上，参与用户不再仅仅是普通群众，官方媒体、网络大V等也会相继参与并发声。

（3）爆发阶段。社会公众广泛参与风险，讨论内容的深度和广度有所增加、影响变广且事件影响最强烈的阶段即爆发阶段，爆发阶段是整个传播周期的高潮阶段，该阶段的风险具有信息爆炸式增长的特点。在爆发阶段中，用户会就事件展开广泛讨论，此时风险的发展深受社交媒体中网络大V的左右，普通用户跟随网络大V的步伐大肆评论、转发，为舆论危机的出现提供温床。

（4）震荡阶段。网民和媒体在无任何触发事件刺激下渐渐不再关注事件即标志着进入了震荡期，但是不关注不意味着风险永远不会反弹。社交媒体上用户的转发量、活跃账号的数量会因为事件风险进入震荡期而大幅度减少，点赞信息的用户也开始越来越少。此时若报道也有所减少，那么随着时间的推移，公众就会渐渐不再关注原始信息，或是被新的话题吸引，然而，一旦有新事件与此事件相关联，或源自该事件，那么又会直接刺激风险再次爆发、扩散。

（5）消退阶段。网民和媒体遗忘事件的阶段即消退阶段，也是突发事件信息传播在社交媒体监督下的最后阶段。

## 5.5 系统治理范式

灾难事件社会风险的产生是一个复杂的交互过程，致灾因子、孕灾环境和承灾客体之间相互作用、相互影响，形成一个具有一定结构、功能和特征的开放复杂巨系统，逐步将灾难事件的影响扩大到社会系统，演变为社会冲突、社会失序和社会失稳，甚至陷入社会危机。这可能是一个循序渐进的过程，也可能是一个突变跃迁的过程。灾难事件社会风险治理的任务，就是防范社会风险生成，阻断社会风险向社会冲突、社会失序和社会失稳演化的路径，以至遏止进一步向社会危机转化的趋势。本节以灾难事件社会风险传播特征为入手点，结合生态系统理论对风险构成要素进行归纳，构建由风险主体、风险信息、风险环境所组成的灾难事件社会风险生态系统框架结构，并对风险演化的时空特征进行明确，构建风险生态系统的时空结构，分析风险孕育—转化—平息情况，研究风险生态系统的运行结构，从而提出风险生态系统的治理范式。

### 5.5.1 治理主体

灾难事件社会风险治理是一个多方参与、共同治理的过程，需要建立政府主导、多方配合、全社会参与的工作格局，动员、引导社会力量、市场力量积极参与。治理是多方联动、民主协商的公共行为，通过风险治理多主体平等的合作、对话、沟通、疏导等方式，促使各主体之间相互让步、达成共识、形成合力。其中，政府公共部门需要发挥主导、协调作用，调和各主体间的分歧和矛盾，促进多元主体相互沟通、密切配合、协同应对风险。风险沟通是一个双向互动的沟通过程，在这个沟通过程中，个人、群体与机构就风险信息进行交流与互动。风险沟通强调双向互动，然而，在实际运作中，政府及相关部门、媒体、公众等各个主体间的地位是不平等的，公众地位较低，常常处于被动接收信息的一方；政府及相关部门作为信息发布方，掌握着第一手信息，地位相对较高。政府作为风险治理的责任主体，占据着举足轻重的地位，搜集和整理风险信息，并进行风险分析、研判和处置。

1. 政府在风险治理中的介入

政府介入风险治理，是政府的责任所在，但是风险涉及千千万万网民主体，社会介入也非常重要。风险治理的路径有以政府为主导的元治理，以合作为中心的网络治理，以自治为中心的社会中心治理三种路径，这是以政府和社会介入程度作为依据进行划分的，如图5.9所示。

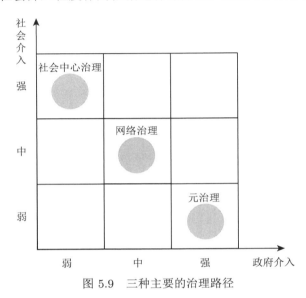

图 5.9    三种主要的治理路径

站在个体的立场上对政府统治实践进行分析和把握，即以自治为中心的社会中心治理路径。社会中心治理的治理主体和重点集中在公众身上，相信公众有自我管理、自我监督、自我教育的能力和觉悟，因此充分尊重公众的意愿，而政府介入程度较低。网络治理是以政府和社会的合作为中心，倡导多元主义，认为政府也是和社会组织平等的一种组织机构，双方可以互相协商，从而达成共识，这样的治理路径将原本垂直结构的体系转变成扁平网状，增加了治理的适应性、可调节性，但是风险控制也更难。当政府介入程度较强，成为话语体系的主导者和风险治理的中心时，可以减少风险治理过程中推脱责任、权责不清的情况，这就是元治理的基本理念。在我国，网络中心这些角色只能由政府承担，政府与行动者之间的距离被拉近。政府是制定政策和目标的主体，也需要就此负责[349]。

以上三种治理路径因为政府和社会力量介入程度的差异而对应不同的社会风险治理方案。值得一提的是，三种治理路径之间并非毫不相关，我们应该结合社会风险事件自身的属性、性质、特色来选择合适的治理路径，要创造条件让社会公众参与到政府管理当中，充分尊重网民发言的权利，而对于社会风险难以控制的空间，则要突出政府的主导地位和权威性，允许公共部门适当地介入，探索适合我国国情的治理路径。

2. 政府收集风险信息的主要方式

政府负有收集风险信息的责任，也是管理风险期间对人民群众思想动态进行了解的重要环节，政府部门应该按照相关原则，采取恰当的方式来对社会风险信息进行收集和整理。

对风险信息进行收集的过程中，政府要先了解风险信息具有哪些特点，遵守工作底线。一是有效性原则，也就是要懂得如何对有价值的风险信息进行甄别，而非任何信息都拿来使用。网络信息是一个非常复杂的信息领域，每分每秒都会诞生成千上万条信息，这对政府主体在收集信息时加以辨别的工作造成挑战，需要采用有效的技术手段精细化甄别和分析，做到去伪存真。二是连续性原则。风险信息总是动态变化的，公众会根据灾难事件的发展不断更新自己的态度和观点，甚至会出现与之前完全相反的立场。因此，政府需要对风险信息进行连续不断的管理，从全周期进行考察。三是详尽性原则，即保证风险信息的完整性，挖掘风险产生的源头和不同的表达方式，对网络中的表情、表情包、音频素材等进行加工归纳，分析研判风险的发展形势。

近年来，我国移动互联网信息科学技术取得了发展，社会经济生活等各个领域都已经体验了新一代网络信息处理技术的便利，尤其是大数据、云计算、物联网、区块链等先进信息技术的广泛运用，政府传统的工作格局正在被打破，在此种新形势下，政府收集风险信息的主要方式有如下几种：第一，从互联网收集、提取文本和声像资源技术。利用网页分析手段抓取网页中的文本信息，并以此为数据源。第二，信息分类技术。构建起风险信息的分类标准、分类模型，把海量的风险信息进行分类存储。第三，语义分析技术。根据详尽性原则，对各种不同形式的风险信息要充分考虑，因此语义分析技术就能发挥作用，将各种形式的风险进行转化分析，提取有价值的观点。第四，热点风险话题判断技术。针对文本分析进行统计，把人们热议的主题从海量的网络信息中分离出来，然后在此基础上深挖风险信息。毫无疑问，政府在收集和分析社会风险信息方面要巧妙利用各种互联网技术，以保证效率和效果，负责管理信息的政府机构要主动引入先进的技术，鼓励企业进行互联网创新，提高政府对包括互联网、社会媒体等信息的收集与处理能力。

3. 政府在风险治理中的行为失范

政府在风险治理中的行为失范是政府在面对危机处理或问题化解时失灵失效的直接表现，即政府及其公职人员因为未遵守相关法律法规和道德底线而未能真正落实公共政策的一种现象，其主要以政府错位、政府越位、政府缺位的方式体现出来。个别地方政府在防范、应对和处理网络信息传播导致的社会风险治理方面暴露出了"贬低""对立""封堵"的问题，其要么限制公众表达诉求，要么否定公众意见，要么态度和手段蛮横、强硬，有些还对互联网的社会力量嗤之以鼻。政府在管理社会风险的过程中过分侧重于堵的管理手段，风险爆发之后未能及时开展公关工作，导致风险朝着不可控的方向发展，这也是社会风险治理效果不佳的另外一种表现形式。政府应该第一时间回应社会风险，并对网民和社会公众的期待和诉求给予高度重视，了解网民的思想动向，及时、充分地公布权威信息，而且要保证信息的客观性，让公众了解整个风险事件的真相，任何隐瞒和消极对待的态度和行为都可能会再次刺激风险的出现和爆发[350]。

1）风险发生前

政府对公众行为的干预与社会风险传播的整个过程是相对应的[351]。我国涉及互联网公共信息网络安全的一个职业叫"网络警察"，负责监督管理计算机信息系统的安全保卫工作。网络警察一旦发现某些敏感的信息，可以采取相应的技术手段对其屏蔽。这样的措施虽然有利于快速维持安全健康的网络环境，但是也遭到许多网民不满甚至抵制。这种政府强制删除或屏蔽网络信息的行为，受到一些主张言论自由的人的质疑。毕竟我国目前缺乏相应的标准对网络信息进行分类划分，哪些信息可以保留，哪些信息应该屏蔽，本就是难以定量描述的事情。

不可否认的是，删帖、屏蔽等方式可以净化网络环境，把某些风险危机扼杀在摇篮里。但是，对网络信息进行屏蔽并没有真正从根本上消除潜在的风险危机，这些潜藏的矛盾和风险终有一天可能会以更为激烈的方式显现出来，就算暂时没有可以宣泄的渠道和途径，潜在的社会风险也是客观存在的，它会成为引爆某些公共事件和危机的"导火索"，风险好比洪水一样，我们不能单纯以堵的方式去治理，而是要积极疏通，这样才能避免风险堆积，同时这也是考验政府风险治理能力的一种方式。这样的政策工具可能有立竿见影的效果，使得灾难事件社会风险管理的主动权掌握在政府主体中，但并不意味着我们支持政府的删帖行为，政府之所以会出现某些删除帖子和屏蔽信息的行为，是因为我国尚不具备相应的社会风险监控制度化体系，这种强硬的态度和手段实际上是一种不尊重公众信息知情权与言论权的表现。

2）风险发生中

政府在爆发社会风险的第一时间要通过公关的方式来应对事件引发的各种社会风险和危机，这是政府疏导负面情绪、缓解风险危机，以及调和社会矛盾的一种有效行为策略。政府在社会风险领域内出现过不少回应不当的情形，回顾过往案例不难发现，政府普遍存在回应信度低、回应效度不足、回应不及时的情形。回应不及时的情形包括如下内容：一是没有任何回应，也就是政府在出现社会风险时未对风险进行主动了解，甚至刻意回避或无视，这实际上已经属于懒政的范畴，也是政策决策错误的一种表现。二是未及时回应，也就是政府在网络事件爆发并酝酿出严重风险时才出面发表声明，导致社会上充满了质疑之声。这一类似的失范行为主要发生在早期的公车私用、贪污腐败、权钱交易等案例中，或是急速发生的不可预测性自然灾害、蓄意性人因灾难事件、不受控制的技术灾难事件中。

回应效度主要是对于所回应的风险和事件本身的真实性进行评价，效度越高，就越加切合事实真相；反之，效度越低，披露的关键信息越少，越含糊其辞，越会引起公众的猜疑。例如，2021 年 1 月 10 日 14 时，山东省栖霞市西城镇建设的某金矿发生爆炸事故，冲击波将井通梯子间损坏，罐笼无法正常运行，然而，企业报告栖霞市应急管理局的时间却是 1 月 11 日 20 时 5 分，企业存在迟报问题，并且没有对现场的真实情况进行客观报告；1 月 12 日，新华网评论该事故瞒报，文章指出，涉事企业对生命的漠视，无异于草菅人命，就是与人民为敌，国法必不容；1 月 15 日，鉴于在该事故迟报中负有重要领导责任，栖霞市委书记、市长被免职；1 月 18 日，山东省应急管理厅牵头组成事故调查组；1 月 27 日，国务院安全生产委员会办公室约谈山东省人民政府，决定彻查事故原因，严查事故迟报瞒报过程，依法依规严肃追责，给遇难者家属和社会一个交代。官方所发布信息和资料的科学性与客观性是我们判断其回应效度的重要依据，同时也反映出公众对政府的信任程度。

回应信度是描述政府用于对风险事件进行披露的信息和资料是否足够客观、全面、真实，也就是对于同一事件而言，政府相关部门出面回应的内容是否足够令人信服。作为政治主体的官方媒体，其具有一定的政治话语权和权威性，其针对风险事件所发表的信息本身就关系到政治的稳定性，但是一些地方政府在管控社会风险的过程中存在政策意见或态度相左的现象，这极易引起人民群众的质疑和恐慌。例如，在表态和鉴定结论上，政府各部门之间存在差异：同一政府部门不同层级发布了不同的声明和鉴定结论；同一政府部门在前后声明中的态度和结论存在明显差异。

3）风险发生后

社会风险爆发后，有些政府部门想方设法掩盖事实、转移公众视线，而不是正确引导风险良性发展和收尾。第一，无任何回应。政府在灾难事件发生后没有积极介入，态度不明，未进行任何解释，任由公众进行讨论，就算有关方面已经要求政府出具意见或是进行介入，但是政府工作人员依然以事件影响暂时不大为由而未及时出面进行回应，或是延期回应。第二，冷处理，无限拖延事件治理时间。例如，某些丑闻曝光之后，相关部门虽然对外宣称已经开始调查，但需要时间处理案件，并未说明多久可以处理完毕，而且也没有及时报道处理的进展，随着时间的推移，事件淡出人们视野之后处理结果也迟迟未公布。第三，忽略事件性质，过分注重具体细节。有些部门面对公众对灾难事件的质疑会一味地追究工作人员的责任，企图通过推卸责任的方式来平息网络风险讨伐。第四，通过对其他事件进行炒作的方式来转移公众的关注点。个别政府为了降低公众对风险事件的关注度而利用其好奇心来报道一些新的事件，以达到转移媒体和公众注意力的目的。

### 5.5.2　治理路径

灾难事件社会风险治理是一个动态变化和持续发展的过程。从动态过程看，根据事件发展、灾害周期、研究重点等进行不同的阶段划分，如"事前—事中—事后"三阶段、"预防—准备—响应—恢复"四阶段、"征兆—显现—持续—减缓—解除"五阶段，均是以时间序列为依据开展全过程分析和控制的。具体来看，灾难事件社会风险治理包括接警预判、预案启动、指挥协调、信息发布、应急决策、媒体管理、危机公关、调查评估等内容，来减轻和消除突发灾难事件对社会的影响和冲击。

1. 风险治理环节

总体来说，可以从风险辨识、风险分析、风险度量、风险应对和风险监控五个环节，对灾难事件信息传播引起的冲突激化、秩序破坏、稳定失衡等社会风险进行系统治理，降低风险危害，维护社会和谐、有序、稳定。

（1）风险辨识。对灾难事件社会风险的科学认知、清晰分类、准确定位，是开展有效治理行动的前提。基于对风险的科学认知、判断和评价，对灾难事件可能造成的社会失序类型、情景、原因、社会要素进行识别，建立和完善风险特征库及分析识别模型，制定灾难事件引发社会冲突、失序、失稳风险清单。风险是灾难事件衍生的，灾难事件社会风险既有实在的、明面的、可计算的、可预测的风险，也有潜在的、暗藏的、不可计算的、不可预测的风险。借助于大数据技术的挖掘、分析、预判功能，对海量数据进行综合分析，辨识社会风险属性、探究风险演化规律、甄别潜在社会风险，既防"黑天鹅"，也防"灰犀牛"，对各类风险苗头不掉以轻心、不置若罔闻，从源头上防止决策不当引发灾后重大社会风险的可能。

（2）风险分析。由于灾难事件社会风险的许多表象、表现、表征错综复杂，在交互作用中表现出风险放大、风险消减、风险过滤、风险叠加等特征，只有做出科学的剥离与归类，才能从源头做具象的分析和研究。抓住灾难事件社会风险演化过程中呈现的弱均衡、次协调、亚稳定的特征，对"社会冲突激化、社会秩序破坏、社会稳定失衡"三种社会风险表现形式进行微观分析，并从该三个维度对灾难事件社会风险的纵向链式拓展、横向网状扩展、立体纵横发展进行综合系统研究，探究灾难事件社会风险和治理举措之间复杂的互构共变关系，找到风险生成演化的症结所在，才能采取针对性的策略与可操作的措施。

（3）风险度量。风险度量是对风险进行定量分析，获得量化结论，支撑科学决策的关键。在风险辨识和风险分析的基础上，对风险清单内各种风险发生的概率、损失的程度进行有效度量，准确评估灾难事件造成的社会冲突、社会失序、社会失稳风险，从而制定有针对性的风险应对策略，减少灾难事件可能给社会带来的巨大冲击。基于对风险的定量评估，需要判断灾难事件是否具有可控性，包括是否会引发较大的社会冲突、社会失序和社会失稳事件，是否会给灾区社会的整体和谐、有序、稳定造成较大冲击，是否有应对可能出现的冲突、失序、失稳问题的应急预案等。因此，灾难事件社会风险度量，不仅需要有厚实专业知识与精熟专业技术的风险计量专家，还需要精熟风险知识和社会事务的管理学家、社会学家等的通力合作。

（4）风险应对。风险应对是指辨识确定灾难事件可能引发的社会风险，并在分析风险类型及风险交互演化、度量风险概率及风险影响程度的基础上，考虑决策主体和承灾客体对风险的承受能力，并制定回避、承受、降低、分担风险等风险防控措施。灾难事件社会风险的高度复杂性和广泛影响性，以及众多的决策主体和承灾客体来自不同的社会阶层和群体，其社会地位、经济利益和政治诉求也呈现出多元化的特征，因此风险应对的决策与行动应由决策主体和承灾客体共同参与，将各参与主体的多元性优势融入灾难事件社会风险治理中。灾难事件社会风险不仅是挑战，也可能是机遇。按可规避性、可转移性、可缓解性、可接受性的判断准则，从风险中寻找、发现成功的机会，冷静应对、果断处理、转危为机，获得提升。

（5）风险监控。风险治理必须有贯穿风险预防、准备、响应、恢复全过程的监控制度加以约束，才能更好地提高工作效率、消解灾难事件社会风险。一方面，要建立及时透明的信息公开机制。灾难事件很可怕，但信息不透明、谣言满天飞造成的恐慌更能摧毁人的意志，导致社会的混乱。确保信息公开得及时、准确和全面，不仅有利于稳定民心、疏导焦虑情绪，也有利于矫正视听、提高治理成效。

政府的权威信息传播得越早、越多、越准确，就越有利于维持社会稳定、维护政府威信。另一方面，要建立严格规范的权力监督机制。实行执法责任制、过错追究制和行政赔偿制，规范政府的风险治理行为，对一些违法乱纪、损害人民利益的干部坚决查处，做到有权必有责、用权受监督、侵权要赔偿，尊重公民权利，维护政府信誉。

2. 风险治理手段

科技是一把双刃剑，既制造了风险，也可用于治理风险。以信息技术为代表的科技革命成果，不仅更新了人们认识世界的思维方法，也为灾难事件社会风险治理提供了新途径、新方法、新手段。通过信息平台建设，完善合成研判、合成侦查、合成防范等集约化运行模式，打破信息孤岛、实现数据共享，打造前后衔接、左右协调、上下联动，部门联动无缝隙、信息传递无延迟、数据应用无死角的综合治理体系，有效实现上下级之间的快速指挥和横向部门间的高效沟通，是治理格局与应急机制的创新进步。

社会风险测度的是风险带来的负面影响程度[352]。当前，由于我国社会环境正处于转型升级阶段，不少潜藏社会危机的事件就是在此过程当中慢慢酝酿扩大的，然后基于现代移动互联网信息传播技术和平台引爆社会风险，从而引发一系列社会问题，社会风险也愈加复杂，风险演化和所引发的风险也出现了一些新特点。因此，面对社会风险危机，政府需要及时采取有效的疏导对策，构建行之有效的风险预警机制，准确判断社会风险趋势，这样才能从源头上降低社会风险危机造成的影响，社会风险的产生如图 5.10 所示。

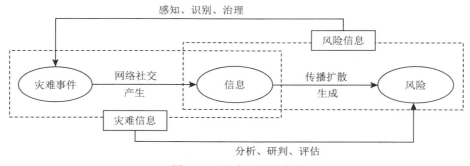

图 5.10　社会风险的产生

国务院安全生产委员会办公室 2016 年 10 月 9 日印发了《关于实施遏制重特大事故工作指南构建安全风险分级管控和隐患排查治理双重预防机制的意见》，其中要求企业科学评定安全风险等级、有效管控区域安全风险。根据国务院安全生产委员会办公室对风险颜色的划分、社会风险的性质及以往学者的风险等级评价研究，可以将灾难事件社会风险划分为"重度危险风险（Ⅳ级）（用红色标识）"、"中度危险风险（Ⅲ级）（用黄色标识）"、"轻度危险风险（Ⅱ级）（用蓝色标识）"、"敏感风险（Ⅰ级）（用绿色标识）"，级数越高说明风险越严重，相应的风险影响力、风险大小和信息量也越多，这时候政府的介入程度也有所不同，具体等级划分如表 5.2 所示。不同的颜色预警对应不同的社会风险等级，不同的社会风险等级对应着不同的政府介入方案。很多时候灾难事件会朝着不可控的方向发展，如人们会不约而同地关注自然灾难事件社会风险，这会使得其等级突然升到 Ⅳ 级，其风险不言而喻，此时广大网民可能并不知晓风险态势的演化情况，如果政府能够出面发出警示或进行回应，那么就可以从源头上杜绝社会风险的发生。

认识了社会风险，也就明白了政府对社会风险进行治理的必要性。社会风险的演变遵循着普通事

表 5.2　风险颜色等级划分和政府介入

| 序号 | 级别 | 影响程度 | 颜色预警 | 政府介入程度 |
| --- | --- | --- | --- | --- |
| 1 | IV | 重度危险风险 | 红色 | 高度 |
| 2 | III | 中度危险风险 | 黄色 | 中度 |
| 3 | II | 轻度危险风险 | 蓝色 | 轻度 |
| 4 | I | 敏感风险 | 绿色 | 不介入 |

物的发展规律，即有着其自身的生命周期，这一周期与风险生态系统时间结构相呼应，其信息流和关注度的表征也各有差异，每个阶段的风险也具有不同特征。国外学者通过研究提出了不同的看法，比较具有代表性的是六阶段论、五阶段论、四阶段论、三阶段论，风险在刚发生时难以被察觉，危险性也不强，但因为风险传播速度和路径具有动态性，风险满足某种条件后会发生变化，导致社会风险的危险程度从"轻量级"朝着"重量级"的方向发展[352]。总的来看，社会风险的生命周期有五个阶段，第一阶段是孕育与积累；第二阶段是成长与扩散；第三阶段是爆发与波动；第四阶段是管理与治理；第五阶段是消退与消亡，如图 5.11 所示。

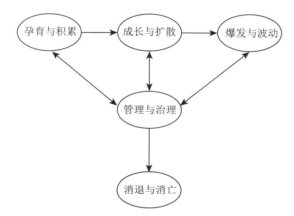

图 5.11　社会风险的生成与消退

各类社会风险会随着风险的孕育和扩大而在极短的时间内引起广大网民的讨论，使之被推到风口浪尖，网民也会将自己的看法和观点发布在网络空间内，同时表达自己的诉求，并寻求与自己有着一致观点和诉求的人群，在风险扩散期间，一些网络话题会因为能够引起广大网友的共鸣而被瞬间引爆，使得参与到话题讨论的网民呈几何倍数增长。

当某一特定的网络群体越来越具有主导性和共鸣性时，风险不断成长、扩散甚至爆发，会牵动政治道德观念薄弱受众的情绪。某些过激的观点和言论可能会对许多意志力不坚定、价值观不成熟、道德观不完善的网络群体产生不良影响，甚至可能产生社会危险行为，危及社会公共安全和经济秩序。因此政府要运用恰当的手段来干预和治理风险，各个地方政府要结合实际进行选择，不能盲目生搬硬套其他地方的管理、治理模式和手段。在治理方面，不管采用传统的、现代的，抑或是强制性的还是政治合作式的手段，政府的任何行为都会对风险的发展有所影响，使得风险消退或消亡，以保障网络环境的安全。

### 5.5.3　治理范式

灾难事件扰乱了社会正常发展秩序，风险也会因为自然与社会环境的不同而有所差异，因此政府部门在回应时要考虑事件发生时所处的时空背景，做到有的放矢[341]。在传统应急管理模式下，政府公共部门是应急管理工作的主体，政府往往大包大揽，社会参与明显不足。风险治理能最大限度地将利益相关者纳入治理范畴，治理主体不仅包括政府公共部门，还包括私人组织、社会团体和公民个人。在灾难事件社会风险治理中，应在政府、企业、学校、医院、社区、非政府组织、志愿者之间构筑起共同治理风险的网络联系和信任关系，建立起信息交流、资源共享的平台，共同应对未来各种可能的灾难事件引发的社会风险。

从灾难事件社会风险全生命周期看，灾前、灾中、灾后不同时期风险演化呈现不同规律；不同灾难下，"政府—媒体—公众"的互构和博弈过程也不尽相同。通过全方位梳理社会风险生态系统相关理论，厘清风险生态系统概念，剖析生态系统要素、环境构成，分析风险信息生产者、传递者和分解者在风险演化集聚期、扩散期和平息期中的地位和作用，本书提出灾难事件社会风险治理的"三灾难—三主体—三阶段"的"三三三"灾难事件社会风险治理模型。如图 5.12 所示，三阶段，即事前、事中、事后的全生命周期，根据风险"涨落—序变—冲突—衰退"的演变机理，探析全程风险治理的阶段性和有效衔接；三灾难，即自然、人因和技术三类灾难，通过研究风险数据表征和风险演化规律，从理论上研究引导性、回应性、干预性治理模式的可行性与实践路径；三主体，即政府、媒体、公众，从各主体行为模式和交互作用出发，剖析多主体共同参与风险治理的协同性和层级特征。

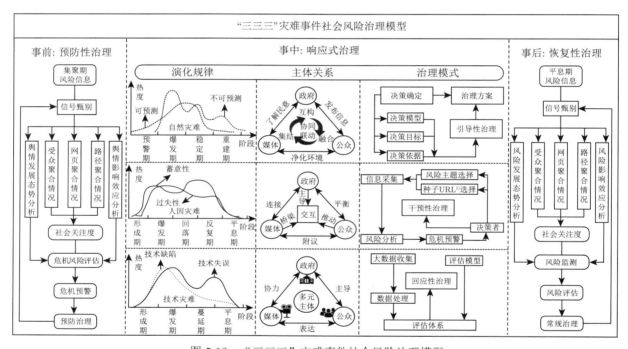

图 5.12　"三三三"灾难事件社会风险治理模型
1）URL: uniform resource locator，统一资源定位符

梳理风险生态系统的基本要素，从框架结构→时空结构→运行结构的逻辑，系统解读社会风险生态系统。在框架结构方面，社会风险生态系统是由环境、信息、主体（政府、媒体、公众）所组成的相互联系、协同发展的人造社会生态系统，系统内部各个要素并非孤立存在，任何一个要素的变化和消亡都可能引起系统的变化和消亡，而且数据流、信息流和能量流可以在系统内部和外部相互交换，这些特点和自然生态系统是一致的。在时空结构方面，本书关注到在风险演变过程中，数据的离散、裂变和趋稳特性，将社会风险分为风险的集聚期、扩散期、平息期三个阶段，对应灾难事件发生的事前、事中、事后，使用超网络模型能够直观、清晰地表现社会风险形成过程错综复杂多层、多级、多维的空间结构，并将之分别定义为社交子网、环境子网和观点子网。在运行结构方面，生产动力、传播动力、分解动力对社会风险系统的动态运行起着根本性、基础性、决定性的作用，本书解读了不同主体

在社会风险的生产、传递、分解中扮演的不同角色、功能，以及其协同推动着风险酝酿生成—扩散升级—集中爆发—消退转化的过程。基于风险生态系统的构成要素和基本特征，进而从不同城市灾难事件社会风险的不同传播演化机理出发，提出灾难事件社会风险新型治理范式，以期为大数据背景下灾难事件社会风险治理模式和体系提供理论支撑。

社交媒体可为公众提供应急响应中最重要的信息共享和行动协调问题。以自然灾难事件为例，借助互联网和移动互联网，专业应急机构响应和公众应急响应相结合，能有效地协调社区对重大自然灾害事前、事中、事后的全过程应急响应。社交媒体发布真实可靠的灾害应急信息及防灾减灾措施，让公众了解真实的灾区情况及采取适当的减灾措施，避免造成二次灾害，降低公众对自然灾难事件社会风险感知。目前，社交媒体作为灾情信息与救援信息的重要载体，在自然灾害发生后，做好及时的信息公开报道，引导正确的社会舆论，是有效控制公众风险感知水平的重要手段。在自然灾害发生初期，公众渴望了解有关灾情信息，人们往往对未知自然灾难事件感到恐惧，故对灾情信息的需求量较大，但是官方媒体公布关键信息具有时滞效应，非官方媒体公布小道信息会造成恐慌，导致公众对自然灾难事件社会风险感知水平较高。官方媒体及时公布灾区信息后，真实、可靠、有用的信息随之增加，加深公众对灾难事件的认识，完善公众对自然灾难事件的认知，最大限度地降低其社会风险感知水平。灾情信息的时滞缩短可以降低公众的社会风险感知水平。

### 5.5.4　治理体系

各种灾难事件的社会风险往往不是孤立出现的，而是相互交织形成一个风险综合体。如果防范不及、应对不力，就会传导、叠加、演变，从量变到质变，从小的风险发展成大的风险，从局部风险发展成系统风险，危及社会稳定、国家安全。对灾难事件社会风险的治理，一是政府治理与社会共治协同，要在保证政府不缺位、不错位、不越位的前提下，发挥市场、企业、公众社会、组织的积极作用，实现灾难事件社会风险的群防群治、共治善治；二是单灾种治理与多灾种共治协同，地震等重大灾害往往可能引发火灾、洪水、疫情等次生灾害，对其风险治理要做好系统谋划、综合应对和跨区域协同治理；三是应急应对与防灾减灾协同，对灾难事件社会风险的治理要树立全生命周期的系统治理思维，防灾胜于应急、减灾胜于应对，推进灾难事件社会风险治理体系和治理能力现代化建设。

政府应该先分析社会风险会造成何种负面影响，然后以此为切入点来对社会风险进行有效的管理。在应对社会风险的过程中应构建一个专门发布社会风险的平台，以起到疏导的作用，政府部门需要和社会公众一起互动。政府部门要注重与社会公众的互动，及时公开相关信息，正确履行自身的职能，以达到预期的效果。如果想要工作做到实际，引导好社会风险，就要尊重网民的诉求，以正确、积极的心态去治理社会风险，积极地与公众进行沟通，将社会风险处理引领向正确的发展方向。要尽快构建一个管控和应对网络社会风险的机制，以妥善处理社会风险，并建立专业管理团队，与其他部门进行配合。

针对当前社会风险治理问题，可以构建三层的社会风险治理体系。完整的社会风险治理体系主要包含管理机制、实务应用、技术方法三个层面，如图 5.13 所示。

技术方法层面主要包含风险资料搜集、热点话题发现、风险趋势追溯、规律探索等风险治理工作中需要涉及的监测技术与网络信息分析方法，为实务应用层面的风险调查研判工作提供信息化的手段和支撑，并及时、准确地获取数据来源。实务应用层面主要涵盖政府社会风险监测、分析、预警等事前和社会评估的实务性工作，为管理机制层面的社会风险在应对战略方面及其引导拟定与执行方面提供决策依据。科学的社会风险治理工作，必须把技术方法、实务应用、管理机制三个层面有机地结合，以技术手段和方法来保证风险数据资料源的精准性，采用基于社会风险特性的综合分析手段来提高实践中的研判水平，最终给予从管理机制层面出发制定相应的引导战略提供参考，实现政府社会风险治理能力的整体性提升。

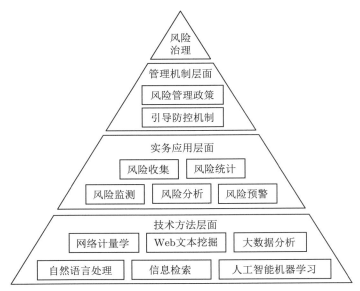

图 5.13　三层的社会风险治理体系

治理模式由政府主导型向多元主体协同治理转变，新媒体时代下社会风险的蔓延和传播扩散性明显加大，一元管控模式下的政府面临着资源不足、制度管理存在漏洞、监督机构职能缺位等复杂问题，往往难以治理好社会风险，面对系统庞杂的社会风险，政府有必要从单一的治理主体、全能全控型治理模式转变为多元、合作和可互动的网络治理工作模式。多元主体协同治理模式就是相对独立、相对平等的一种多元化主体，主要包括政府、社会力量、新闻媒体等，在相互信任的前提基础上，出于合作共赢的共同愿望，通过一定的规则建立互为导向的关系，以及信息沟通协调、资源的相互融合与治理职能上的互补等行为实现网络空间治理的系统性和整体性，从而最终使治理目标得以有效实现。政府部门之间要尽快形成合力，通过信息共享、彼此交流来应对危机，这样才能在不断的治理过程中积累丰富的网络风险危机应对经验，同时也要强化政府各个部门工作人员的综合能力，发挥个人在社会风险治理当中的作用和价值[353]。

传统的社会风险治理模式中往往侧重偏好严苛纪律法规的紧急处置效果，注重对危机事件发生的末端紧急治理，而往往忽略了源头的治理。社会风险综合治理的根本途径就是法治，要想真正有效地实现整个网络的法治化，源头治理势必是一个关键环节。加强源头整治，重点在于落实主体责任。因而，在社会风险孕育、演变和发展的各个关键时期，应当建立起"政府主导、社会协同、行业推进和个人参与"的多主体部门协同管治的社会风险监督体系。仔细地审视风险危机，其根源并不只是法律法规的缺失及监管制度的漏洞，对民众话语权的忽视、参与权的限制，都可能是导致网络负面风险危机爆发的重要原因。政府应当及时甄别网民利益诉求的真实性，及时有效地帮助群众排忧解难。同时，积极主动引导网民借助合法、公正的网络渠道来使得他们的诉求得到传达，从根本上粉碎谣言，妥善处置网络负面风险，从根本上有效遏制网络负面风险的广泛传播。总之，政府在对突发事件社会风险监控过程中，要始终树立源头治理理念及动态性管理理念，不能仅仅解决表面上的问题，要善于把握社会风险的传播和演化规律，透视风险背后社会治理领域中可能存在的深层次矛盾和问题难点，探索新的社会风险治理手段[354]。

当代社会背景下，政府处理突发公共事件社会风险的难度与日俱增，主要是因为新媒体风险传播呈现出草根化、开放化的特点，对各类网络突发公共事件社会风险进行处理时，过去自上而下的治理模式暴露出过分限制信息、应急能力短缺、主流传播媒介引导不足、检查分析手段陈旧的缺陷，针对这些问题，政府应该从立法、技术、行政等方面来对社会风险进行监督、分析、监测和防范。基于文献[355]对突发公共事件社会风险管理中政府基本能力的归纳，构建政府应对灾难事件社会风险能力的钻石指数模型，如图 5.14 所示。

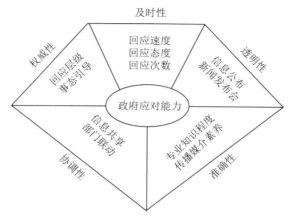

图 5.14　政府应对灾难事件社会风险能力的钻石指数模型

分析图 5.14 的内容可知，协调性、及时性、准确性、权威性、透明性是政府应对社会风险必须具备的五项基本能力。其中，回应次数、回应态度、回应速度是判断及时性的标准；信息公布和新闻发布会是反映透明性的指标，这要求政府应该在灾难事件爆发的第一时间向公众公布相关信息和资料，而且政府应该结合事件的实际情况，召开新闻发布会，用以消除公众的疑虑，减轻其恐慌情绪；事态引导和回应层级是判断权威性的依据，即政府应该在灾难事件爆发的第一时间出面，通过议题的方式对公众进行回应，以彰显权威性；传播媒介素养和专业知识程度则是判断准确性的重要依据，即政府相关工作人员要具有分析灾难事件发展趋势的专业能力和技术能力，还要在其中表现出优秀的洞察能力；各个部门应对期间的部门联动和信息共享是判断协调性的标准，即政府各个部门应该在灾难事件爆发时尽快联动起来，共享信息和资料，就风险治理达成共识，以防出现责任不明、口径不一的问题。

此外，要从思想上高度重视风险治理，从监督思维逐渐走向治理思维，把握灾难事件社会风险治理发展的特征，处理好与各方网络大V之间的关系，利用新媒体积极响应网络议题。可以通过立法规范、激励网络媒体与用户自律、通过技术手段屏蔽、阻断谣言的网络传播等措施加以治理。

灾难事件社会风险的治理是衡量政府应对突发公共事件社会风险能力的"标尺"，政府在社会治理工作当中应该本着"多措并举，有的放矢"的理念引导、回应、干预社会风险。风险生态系统的构建，需要发挥政府的主导作用，由其通过不断的探索和摸索形成一种多元主体协调治理模式，这种模式需要发挥行业自律的作用，同时依托行政监管和法律规范达到良好的效果。除此以外，社会大众、传播媒体行业、网络组织、电子政府也需要积极参与其中，形成治理合力，才能正确引导社会风险。

从持续发展看，各种灾难事件多发、频发、重发，且事件的传导性、耦合性及不确定性日益凸显，要求社会风险治理随着经济社会的发展、灾难事件形势的变化、防灾减灾模式的变革、人们防灾减灾意识的增强与能力的提升，因时制宜、因地制宜、因人制宜，持续不断地发展，以适应防灾减灾的现实客观需求。此外，要做好动态过程与静态系统的协调匹配、共同进化。其中，应急管理制度、组织机构、管理人员等静态系统应为风险治理动态过程的运行提供基础和保障。

实　然　篇

灾难是真理的第一程。

——乔治·戈登·拜伦

1923 年《唐璜》

Adversity is the first path to truth.

George Gordon Byron

*Don Juan*   published in 1923

人的思维是否具有客观的真理性，这并不是一个理论的问题，而是一个实践的问题。

——卡尔·海因里希·马克思

1845 年《关于费尔巴哈的提纲》

The question whether objective truth can be attributed to human thinking is not a question of theory but is a practical question.

Karl Heinrich Marx

*Theses on Feuerbach*   published in 1845

在新媒体时代，大数据加速灾难事件社会风险的生成、发展和演化，因此灾难事件极易引发负面社会影响，并唤起不良情绪、引起话题多头裂变、扩大事件本身影响，从而导致社会风险爆发。基于灾难事件这些难以管控的特征，社会风险在蔓延、转换、衍生及耦合中，各主体间存在利益博弈，政府希望控制传播趋势以降低社会风险影响。本篇基于传播动力学、管理学、情报学、社会学等理论知识，采用微分动力系统理论建模，以"演化机理探究—主体关系分析—治理模式创新—典型案例分析"为逻辑线索展开灾难事件社会风险的传播和治理模式研究。

1. 主要问题

灾难事件引发的社会风险问题已经成为政府高度关注的问题之一，如何有效地评估灾难事件可能引发的社会风险情况，降低社会风险对国家和社会的影响，实现对不同灾难事件社会风险的精准、协同、有效治理，已成了亟待解决的社会公共安全问题。

1）灾难事件下社会风险参与主体的行为规则

灾难事件下社会风险治理的主要特点之一就是参与主体众多，无论是事前预防、事中积极响应、事后恢复，都涉及多个具有不同利益诉求的参与主体，这些决策主体的意见偏差和行为偏差，会直接导致治理结果的不同，并且不同灾难类型的形成特点与演化机理有较大区别。因此，准确预测和判断参与主体在事件中的决策行为、厘清参与主体的交互关系，是构建社会风险监测和预测的关键。

2）大数据背景下灾难事件社会风险的预警与评估研究

随着大数据技术的兴起，在灾难事件发生后，互联网作为最大的讨论平台，将产生大量的言论与数据，面对庞大的数据信息，如何利用大数据技术对其定量计算，将其作为社会风险评估的依据，是进行治理的基础依据。预警与评估机制的建立涉及多学科的交叉合作，涉及计算机、传播学、社会学和管理学等多学科的知识体系。社会风险的预警与评估在治理过程将发挥巨大的作用。

3）灾难事件下社会风险的精准化、差异化治理研究

本书将灾难事件划分为自然灾难事件、技术灾难事件、人因灾难事件三类，针对各类灾难事件社会风险演化机理与阶段特征不同，提出"政府—媒体—公众"三方协同的个性化、精准化、差异化治理模式。研究结果能够为有效治理舆情、提高应对处置水平提供可行性科学治理方案。

2. 解决路径

本篇根据灾难事件社会风险定性理论分析，通过对不同类型灾难事件的特点进行分析，构建相应的动力学模型，利用常微分方程定性和稳定性理论，分别求出各模型社会风险传播阈值和平衡点，分别证明模型平衡点的稳定性。根据所得结论给出三类灾难事件社会风险治理的策略和建议。

1）主体分类及状态转移

本篇从社会风险的三大主体，即政府、媒体和公众出发，分析三类灾难事件下主体之间的集结、互构、融合的过程，厘清主体之间的关系、状态转移、行为心理特点，进而分析其对社会风险传播的影响。从根本上来讲，自然、技术和人因三类灾难事件都属于突发事件，具有突发性等一般特点，但不同灾难事件类型中社会风险的形成特点与演化机理有较大区别。因此，为了厘清不同灾难事件下社会风险演化规律，本篇对社会风险的承灾主体——公众按照状态的不同进行分类，并分析公众在不同类型灾难事件发生后的心理和行为特点，预测和判断参与主体在各状态间的转移和在社会风险中的决策行为。

2）传播动力学模型的建立

不同的灾难事件具有不同的特点，通过灾难事件社会风险的特征和交互特点，可以得出不同灾难事件中灾情信息扩散的影响因素，灾情信息的传播是形成社会风险的重要推动力。随着大数据技术的兴起，在灾难事件发生后，互联网作为最大的讨论平台，将产生大量的数据，通过爬取和定量计算各个状态的数量和转移的概率，作为社会风险传播和评估的依据。由于传染病传播和社会风险传播的相

似性，本篇基于传染病模型，针对各类灾难事件特点构建了社会风险传播模型，对政府、媒体和公众对社会风险传播的影响机制进行分析，模型不仅考虑了公众状态的不同，也考虑了媒体和政府对社会风险传播的影响。

3）传播阈值和参数敏感性分析

社会风险预警与评估机制在治理过程将发挥巨大的作用，是治理社会风险的关键。通过社会风险传播模型可计算出各类灾难事件下社会风险的传播阈值，同时对关键参数进行敏感性分析，由此可对社会风险传播的状态进行评估和治理，提出"政府—媒体—公众"三方协同的个性化、精准化、差异化治理模式。本篇选取典型案例分析，解读各类灾难事件引发的社会风险形成机理及其风险主体在信息传播过程中呈现的鲜明特性，重点探讨其社会风险的形成过程。从案例中汲取教训、总结经验，并结合模型分析的结果进行修正，提出政府主导、多方协同多、方参与的社会风险治理措施。

3. 主要结论

为了研究不同类型灾难事件社会风险，本篇根据三类灾难事件的不同特点建立了一系列社会风险传播模型——SEIR 模型，对这三类灾难事件模型分别进行动力学形态分析，得到社会风险在不同条件下是否流行的阈值，利用 Lyapunov 函数及 La Salle 不变性原理证明了三个模型平衡点的局部和全局渐近稳定性，并根据理论分析结果提出不同灾难事件的差异化社会风险治理措施。

1）自然灾难事件社会风险传播与治理

针对自然灾难事件本身的特点，通过自然灾难事件社会风险的特征和交互特点，本篇筛选出可能对灾情信息的扩散造成影响的一些因素，重点研究受灾程度、历史因素、前兆因素等影响因素，建立考虑以上因素的社会风险传播模型，通过对模型的平衡点及稳定性的讨论，对灾情信息的传播情况进行研究，计算社会风险产生的阈值，从而对自然灾难事件社会风险进行评估。由分析可知，通过公开信息和科普知识，提高公众对于自然灾难事件的认识及应对能力，能使更多的人在灾难事件发生前自觉地避防、在灾难事件发生时提高自救与互救的能力，从而使灾难事件发生后的社会风险引导治理工作更好地进行。

2）技术灾难事件社会风险传播与治理

技术灾难事件社会风险具有一般社会风险所具备的特点及影响因素，但是也具有独有的影响因素和特点。在技术灾难事件社会风险形成过程中，事件的严重程度、政府的处置水平，包括责任追究程度等对社会风险的传播起了重要的作用。当传播阈值大于 1 时，通过仿真模拟分析系统内部平衡点的全局渐近稳定性，此时社会风险传播者最终将仍然存在于系统中，并会对社会产生消极影响。通过分析可知，政府应对灾难事件及时反应，加大相关信息公开程度，持续公布救援结果和追责结果等。同时，政府应该积极采取措施，增加事件相关信息的正面报道，减少媒体对信息的负面报道，以此控制社会风险信息的传播，降低社会风险带来的危害。

3）人因灾难事件社会风险传播与治理

人因灾难事件会让公众更有卷入感，公众通常认为人因灾难事件有发生在每一个人身上的可能，故易产生从众行为和焦虑感。本篇考虑了对风险扩散造成影响的因素，如卷入感、公民责任感和从众行为。通过模型分析可知，从众心理函数系数的增加，使得传播者数量迅速增加，加快了灾难事件社会风险的传播速度，增大了传播规模，且传播者从众心理函数系数对社会风险传播的影响更大。由此，管理者应努力减小不知者从众心理向传播者转化的概率和增大传播者向抑制者的概率，采取有效的方式防止公众盲目从众，使其保持理性非常关键。让信息以理服人，引导公众从传播者变为抑制者。

# 第6章

# 自然灾难的风险治理

自然灾难事件具有可预见性低、可控性差、影响范围大、损失程度高的特点，经常会引发次生和衍生灾难。由于自然环境的复杂变化，自然灾难事件造成人员伤亡及财产损失的现象频现，引起社会广泛关注，一旦处置不当，极易造成公众恐慌。在新媒体时代，网络加速了信息传播，使得灾情信息呈现反应迅速、链状乃至网状群发的演化规律。这种演化方式促进风险的生成、发展和演化，使得自然灾难事件社会风险成为社会不稳定的因素，可能对国家层面造成负面影响，还会对企业的生产和运营、农产品销售等带来深刻影响。自然灾难事件的突发性导致信息不对称，且往往与公众生命安全或利益直接相关，容易造成观点、态度在短时间内迅速凝聚在各社交平台。为了避免风险主体在集结、互构、融合的过程中引发风险恶性分化裂变，系统分析自然灾难事件所具有的风险特征，有针对性地对自然灾难事件信息传播各阶段产生的风险因素进行分析研究，对风险进行正确、及时地化解和管控，对于积极处置和应对灾难事件带来的次生危机具有重要意义，从而加强自然灾难事件中政府应急管理能力建设。成功的社会风险化解和疏导不仅可以解决自然灾难事件次生危机，对社会风险进行有效的应急处置，还可对社会风险进行评估和预警，从而可以缓解灾难事件环境下公众的心理压力，维护政府的良好形象。

## 6.1 自然灾难风险

中国由于地域广阔、地形丰富多样，涵盖多种气候、地质、地貌等，因多样性与复杂性而易受自然灾难事件的侵犯，是世界上自然灾难事件发生频率较高的国家之一。国家统计局 2020 年的数据显示，2020 年全年农作物受灾面积 1 996 万公顷，其中绝收 271 万公顷；全年因洪涝和地质灾难造成直接经济损失 2 686 亿元，因旱灾造成直接经济损失 249 亿元，因低温冷冻和雪灾造成直接经济损失 154 亿元，因海洋灾难造成直接经济损失 8 亿元；全年大陆地区共发生 5.0 级以上地震 20 次，成灾 5 次，造成直接经济损失约 18 亿元；全年共发生森林火灾 1 153 起，受害森林面积约 0.9 万公顷[356]。自然灾难事件与其他类型灾难事件相比，具有独特性，并且自然灾难事件发生伴随而来的灾难事件社会风险也具有独特性。自然灾难事件对社会经济发展和人民生命财产安全造成极大危害，深入分析研究自然灾难事件社会风险的演化、应对过程存在的问题及其成因，提出防范自然灾难事件社会风险的对策具有十分重要的意义[357]。

### 6.1.1 概念及分类分级

自然灾难事件可能造成严重的社会危害，对自然灾难事件的治理措施和政策，均是建立在自然灾难事件的分类分级体系基础上的，下面介绍自然灾难事件的概念和分类分级体系。

1. 自然灾难事件基本概念

《现代汉语词典》认为自然灾难事件是自然现象（如霜冻、冰雹、台风、鸟兽、虫害、疾病、旱涝等）所引发的灾难，这种灾难会打破人类生活或生存环境的固有格局，造成十分严重的后果，需要引起重视。自然灾难事件在我国不同地区中形成的主要原因和形成过程各不相同，有的很快就会爆发，有些虽然进程缓慢，但会造成不可估量的损失。当致灾因素累积到一定数量时便会埋下灾难隐患，稍有一方面引爆，便会产生连锁反应，发生得十分迅速，如冰雹、风暴潮、飓风、洪水、地震等，正是因为其发展格外迅速，也被叫作突发自然灾难事件，这种自然灾难事件会威胁人类生命，而且难以预测，造成的损失也难以估量。与其他类型灾难事件相比，自然灾难事件的可预见性、可控性低，但其影响范围、损失程度更高。这种灾难事件导致的受灾人群广、影响程度大，不仅是受灾群众，许多灾难事件之外的人也会从道德层面牵挂、议论，伴随着自然灾难事件而来的灾难事件社会风险往往是链状群发甚至是网状群发，经常会引发次生和衍生灾难。自然灾难事件是指对人类生命财产与生存条件造成破坏性影响的事件或现象。自然灾难事件指的是由自然事件或者自然力量为主因，造成生命伤亡和人类社会财产损失的事件[358]。自然灾难事件的含义包括三个方面内容：第一，自然灾难事件是以自然事件或者自然力量作为主要诱发因素。造成灾难事件的原因是复杂的，既包括自然因素，也包括社会因素。在现代社会中，人类的活动深入自然界各个角落，有些灾难事件是在自然因素和社会因素的共同作用下发生的。第二，自然灾难事件对人类的生命财产与生存条件造成危害。如果没有给人类带来损失，只能称其为自然现象；只有当其给人类带来危害时，才能称其为自然灾难事件。第三，自然灾难事件具有一定的时空性。一方面，自然灾难事件发生在一定的地域。某些自然异变如果发生在荒无人烟的地域，不会对人类的生存和生命财产造成损害，则不构成自然灾难事件，只有当其发生在人类生存所依赖的环境中，并且带来损失时，才构成自然灾难事件[359]。

2. 自然灾难事件类型划分

对自然灾难事件的类型进行分析是一项非常必要的基础性工作，这涉及灾难科学理论、灾后科学治理、灾难管理措施、灾难评价体系等基础问题。自然灾难事件种类繁多，分类方法和标准并不统一。根据不同准则，可以对自然灾难事件进行分类。

1）根据灾难事件的范围进行分类

全球性灾难事件：这些灾难事件虽然集中在某些地区或国家发生，但产生的影响会蔓延到其他地区或国家。例如，海平面上升造成的致灾灾难、太阳黑子爆炸、气候自然灾难事件等。

区域性灾难事件：这些自然灾难事件在某些地区集中爆发，以沙漠化、台风、旱情、水灾最具代表性。

微域性灾难事件：这些灾难事件分布具有线性发展、点状发散的特点状，其中点状、线形的区域分布相对小。例如，地面的裂缝、地下凹陷、水土流失。

2）根据灾难事件持续的时间进行分类

突发性灾难事件：此种自然灾难事件会产生极强的自然能量，而且其发生源自某个骤然事件，如崩塌、火山、地震等。

持续性灾难事件：此种自然灾难事件所产生的影响往往是长远的，如沼泽化、盐碱化、沙漠化。

季节性灾难事件：此种自然灾难事件的出现通常都是气候变化引起的，而且多数具有季节性，如台风、洪涝、干旱等。

周期性灾难事件：此种自然灾难事件的发生通常呈现一定的周期性，且伴随跌落运动周期，如数年一次或一年一次的厄尔尼诺现象。

偶然性灾难事件：这是一种偶然出现的灾难事件，如陨石撞击，是非普遍性的灾难事件。

3）根据灾难事件发生的先后关系进行分类

原生灾难事件：此种灾难事件由一级致灾因子引发，出现时间较早。

次生灾难事件：属于从属灾难事件，由原生灾难事件引发。

4）根据灾难事件发生的地貌类型进行分类

沿海灾难事件：如海啸、台风等出现在沿海地带的灾难事件。

平原灾难事件：如地面沉陷、盐碱化等出现在盆地、平原的灾难事件。

山地灾难事件：如泥石流等因地形变化引起，出现在山地的灾难事件。

其他灾难事件：如水土流失、沙漠化等不包含在上述灾难事件内的灾难事件。

5）根据灾难事件形成和结束的速度进行分类

突发性灾难事件：当致灾因子的自然变化速度超过一定的灾难承受强度后，灾难事件的形成和结束快速、明显，如特大洪水、干旱、地震、暴风、火山、崩塌、滑坡、泥石流等。

缓发性灾难事件：灾难事件的出现是致灾因子逐渐扩散发展导致的，如淡水趋势性减少、气候的周期演变、盐渍化、土地沙漠化、水土流失等。

6）根据灾难事件的空间分布进行分类

天文灾难事件：宇宙灾难事件、太阳系灾难事件、月球灾难事件。

陆地灾难事件：地质灾难事件、气象灾难事件、土壤灾难事件、水文灾难事件、生物灾难事件。

海洋灾难事件：因地球气候、海面温度的变化而出现的灾难事件。

7）根据灾难事件的成因进行分类

海洋灾难事件：指赤潮、海冰、灾难性海浪、风暴潮、海啸等灾难事件。

气象灾难事件：指冰雹、冷冻灾难、热带气旋、雨涝、干旱、海潮与冷冻灾难事件。

洪水灾难事件：指雪融化洪水、地震水灾、凌汛灾难、降水洪水等灾难事件。

地震灾难事件：因地震出现的灾难事件。

森林生物灾难和森林火灾：指森林火灾、病害、虫害等灾难事件。

农作物生物灾难事件：指病害、虫害等灾难事件。

地质灾难事件：指矿山地质灾难事件、土壤盐碱化、土地沙漠化、水土流失、地裂缝、地面沉降、泥石流、滑坡、崩塌等灾难事件。

8）根据自然灾难事件形成的诱因进行分类

根据自然灾难事件成因中自然致灾因素的主次关系可以分为纯粹的自然灾难事件和人为的自然灾难事件。纯粹的自然灾难事件是地球物理圈发生的对人类社会和生存环境产生严重破坏的自然现象，人力不可控、不可挡。例如，在农业时代，干旱或洪涝等自然灾难事件的发生一般都是自然本身的因素导致的，而人类的影响作用导致的这种灾难程度是非常小的。人为的自然灾难事件，就是人类自身的不当行为所导致的对于人类具有破坏性的自然灾难事件，如人为的森林火灾、酸雨、臭氧层空洞等灾难事件。

3. 灾难事件分级

对灾难事件引发的灾难进行分级，可以反映灾难的强度、规模和可能造成的损失情况，这对灾难治理和灾难事件社会风险治理有重要意义。我们通常以灾难的破坏强度和运动强度来判断某个自然灾难事件的影响程度。国家减灾委员会、应急管理部、自然资源部提出以灾变强度、灾度两个具有普遍性的参数来界定自然灾难事件的等级。

灾变强度：指自然极端运动的强弱程度。以灾变强度来界定极端运动的强弱程度，将各种强度等级或类似的强度指标统称为灾变等级。例如，台风——用多少级或风速（米／每秒）来表达运动强度；地震——用震级或烈度表达运动强度。

灾度：指一次自然灾难事件或者其他因素导致的各种社会损失的严重程度。以自然灾难事件的灾度大小为依据划分自然灾难事件的损失程度等级，我们称之为自然灾难事件的灾难等级。

1）主要自然灾难灾变等级划分

（1）主要气候灾难灾变等级划分。

a. 洪水。按照某次洪水淹没的面积和时间，对其类型进行划分，具体如表 6.1 所示。

表 6.1　洪水灾变等级划分

| 等级 | 淹没面积/×10$^4$平方千米 | 淹没时间/天 |
| --- | --- | --- |
| I | <0.01 | <2 |
| II | 0.01~0.1 | 2~4 |
| III | 0.1~1 | 4~7 |
| IV | 1~10 | 7~12 |
| V | ≥10 | ≥12 |

根据洪水水情和防洪水平，洪水的类型如下。

重现期超过 100 年（含 100 年）为罕见特大洪水。

重现期 50~100 年属于特大洪水。

重现期 20~50 年属于大洪水。

重现期 10~20 年属于较大洪水。

重现期 2~10 年属于一般洪水。

b. 干旱。以降水距平百分率划分干旱灾变等级，如表 6.2 所示。

表 6.2　干旱灾变等级划分

| 旱期 | 一般旱灾降水距平百分率 | 重旱或大旱降水距平百分率 |
| --- | --- | --- |
| 连续3个月以上 | −20%~ −50% | −50%以上 |
| 连续2个月以上 | −50%~ −80% | −80%以上 |
| 连续1个月以上 | −80%以上 | |

根据式(6.1)求解降水距平百分率：

$$D = \frac{B - X}{X} \times 100\% \tag{6.1}$$

其中，$D$ 表示月降水距平百分率；$B$ 表示实际降水量；$X$ 表示同期多年平均降水量。降水量单位均为毫米。

c. 雨涝。雨涝灾难有两个灾变等级，即大涝（或重涝）、轻涝（或一般涝），这是按照各个区域旬降水量到 3 个月降水量进行划分的，如表 6.3 所示。

表 6.3　雨涝灾变等级划分

| 涝期 | 轻涝（或一般涝） | 大涝（或重涝） |
| --- | --- | --- |
| 1旬 | 降水量：东北地区 200~300 毫米；华南、川西地区 300~400 毫米；其他地区 250~350 毫米 | 降水量：川西、华南地区超过 400 毫米；东北地区 300 毫米；其他地区超过 350 毫米 |
| 2旬<br>1个月<br>2个月<br>3个月 | 月降水距平百分率：华南地区 75%~150%；其他地区 100%~200% | 月降水距平百分率：华南地区 150%以上；其他地区 200%以上 |

d. 台风。按照气旋中心最大平均风力划分为四个灾变等级。

台风：风速为每秒 32.6 米以上，即最大平均风力超过 12 级。

强热带风暴：风速在每秒 24.5～32.6 米，即最大平均风力为 10～12 级。

热带风暴：风速在每秒 17.2～24.4 米，即最大平均风力为 8～9 级。

热带低压：风速在每秒 10.8～17.1 米，即最大平均风力为 6～7 级。

e. 风暴潮。根据海面异常升高，分为四个灾变等级。

风暴增水：增水值小于 1 米。

弱风暴潮：增水值为 1～2 米。

强风暴潮：增水值为 2～3 米。

特强风暴潮：增水值大于等于 3 米。

（2）主要地质灾难灾变等级划分。

a. 地震。按照破坏能力划分为五个类别。

地震烈度：地震活动所造成的地面和建筑物的破坏程度。

大地震：破坏性极强，震级往往超过 7 级（包含 7 级）。

中震：造成不同程度的破坏，震级在 5～7 级。

小震：震级在 3～5 级，也叫弱震。

微震：震级在 1～3 级。

超微震：震级未超过 1 级。

b. 崩塌。崩塌规模的判断标准为一次崩落岩土体积，具体如下。

特大型崩塌：岩土崩落体积大于等于 100 万立方米。

大型崩塌：岩土崩落体积为 10 万～100 万立方米。

中型崩塌：岩土崩落体积为 1 万～10 万立方米。

小型崩塌：岩土崩落体积小于 1 万立方米。

c. 滑坡。滑坡坡体体积和滑坡的滑动速度共同决定了滑坡的破坏能力，按照滑坡坡体体积，其有四种灾变等级。

特大型滑坡（巨型滑坡）：滑坡体体积大于等于 1 000 万立方米。

大型滑坡：滑坡体体积为 100 万～1 000 万立方米。

中型滑坡：滑坡体体积为 10 万～100 万立方米。

小型滑坡：滑坡体体积小于 10 万立方米。

d. 泥石流。泥石流灾变等级的划分依据是一次泥石流冲出的固体物质总量。

特大型泥石流：固体物质总量大于等于 50 万立方米。

大型泥石流：固体物质总量为 10 万～50 万立方米。

中型泥石流：固体物质总量为 1 万～10 万立方米。

小型泥石流：固体物质总量小于 1 万立方米。

（3）主要海洋灾难灾变等级划分。

a. 海啸。根据波幅将海啸划分为四个灾变等级。

轻海啸：即 1 级海啸，波幅 2 米。

中等海啸：即 2 级海啸，波幅 4～6 米。

强海啸：即 3 级海啸，波幅 10 米。

极强海啸：即 4 级海啸，波幅大于等于 30 米。

b. 赤潮。根据赤潮出现范围,将赤潮分为四个灾变等级。

轻赤潮:面积小于 100 平方千米。

中等赤潮:面积为 100~1 000 平方千米。

严重赤潮:面积为 1 000~10 000 平方千米。

极严重赤潮:面积为 10 000 平方千米以上。

c. 海水入侵。根据地下水氯离子含量,将海水入侵划分为四个灾变等级。

非海水入侵区:地下水氯离子含量小于 250 毫克/升。

轻微海水入侵区:地下水氯离子含量为 250~500 毫克/升。

中等海水入侵区:地下水氯离子含量为 500~1 000 毫克/升。

严重海水入侵区:地下水氯离子含量大于 1 000 毫克/升。

(4)主要生物灾难灾变等级划分。

根据成灾面积、发病率等指标划分生物灾难灾变等级。

a. 农作物生物灾难,根据农作物病害、虫害的成灾面积大小,分为四个等级。

轻害:成灾面积达到 1~10 公顷。

中害:成灾面积达到 10~100 公顷。

重害:成灾面积达到 100~1 000 公顷。

特重害:成灾面积达到 1 000 公顷以上。

b. 根据牧畜病害比率多少,分为三个等级。

轻害:发病率达到 1%~5%。

中害:发病率达到 5%~20%。

重害:发病率达到 20%~50%。

2)主要自然灾难灾度等级划分

自然灾害危害程度主要体现在受灾体损毁程度和经济损失两个方面。

(1)受灾体类型和损毁等级划分。

a. 主要受灾体类型。主要受灾体包含4类:①人;②人类劳动创造物质财富;③人类生活、生产活动;④人类生存与发展的资源与环境。

b. 主要受灾体损毁等级划分。根据各种受灾体因灾价值损失比率划分如下。

基本完好:损毁率 <10%。

轻微损毁:损毁率 10%~30%。

中等损毁:损毁率 30%~50%。

严重损毁:损毁率 50%~80%。

毁坏:损毁率 ≥ 80%。

(2)受灾体灾度等级划分。

a. 单次自然灾害灾度等级。

单次自然灾害是指,在时间上具有连续过程,在空间上同一地区或同一区域,在动力方面属于同一动力来源的自然灾害。单次灾害经济损失指一次灾害造成的直接经济损失。

根据灾害死亡人数和直接经济损失绝对值分级,将单次自然灾害划分为 5 级,如表 6.4 所示。

表 6.4　单次自然灾害灾度等级划分

| 级别 | 死亡人数 | 直接经济损失 |
| --- | --- | --- |
| 特大灾害 | >10 000 人 | >100 亿元 |
| 大灾害 | 1 001~10 000 人 | 10 亿~100 亿元 |
| 中灾害 | 101~1 000 人 | 1 亿~10 亿元 |
| 小灾害 | 11~100 人 | 0.1 亿~1 亿元 |
| 微灾害 | ≤ 10 人 | ≤ 0.1 亿元 |

根据灾害事件所造成的破坏损失及分布，将灾度划分为 5 级。

特大灾害（Ⅰ级）：①成灾范围达几个或十几个省（区、市）的几十个或几百个县；②人口伤亡和经济损失特别巨大，对相当大区域乃至全国范围的人民生活、工农业生产和社会经济发展产生严重影响；③单纯依靠成灾地区能力难以进行有效的抗灾救灾，需要由党中央、国务院直接组织抗灾救灾工作。

大灾害（Ⅱ级）：①灾害范围一般为一省（区、市）或几省（区、市）的十几个或几十个县；②人口伤亡和经济损失巨大，对成灾范围内的人民生活和社会经济发展造成重要影响，对全国社会经济发展产生一定影响；③此级灾害得到国内和国外有关部门的关注，在中央有关部门和省领导下，由中央和外省（区、市）适当调剂人力、物力、财力进行抗灾救灾工作。

中灾害（Ⅲ级）：①成灾范围一般限于一省（区、市）或涉及邻省（区、市）几个或十几个县；②人口伤亡和经济损失比较严重，对成灾范围内的人民生活和地方社会经济发展造成严重影响，对全国社会经济略有影响；③此级灾害在中央和外地区适当支持下，由省（区、市）组织，基本依靠本地区力量进行抗灾救灾。

小灾害（Ⅳ级）：①成灾范围为省（区、市）内几个或十几个县；②灾害造成一定人口伤亡和财产损失，使灾区人民生活发生困难，对地区社会经济造成明显破坏，并对所在省（区、市）社会经济发展产生一定影响；③此级灾害除少数民族聚居区、政策扶贫地区、老革命根据地等特殊条件，中央予以财政补助扶持外，一般均由省（区、市）和地区组织当地力量进行抗灾救灾。

微灾（Ⅴ级）：①成灾范围基本局限于省（区、市）内一个地区（市）或更小范围；②人口伤亡和经济损失相对较少，灾害对人民生活和社会经济影响亦相应局限于一个地区（市）以内；③此级灾害在上级和外地区适当帮助下，由地区或者县组织当地力量进行抗灾救灾。

b. 地区年度自然灾害灾度等级划分。

划分地区年度自然灾害灾度等级的主要指标包含：人口伤亡、房屋破坏、受灾农作物、经济损失等。根据指标，把地区年度自然灾害划分为 4 个等级，如表 6.5 所示。

表 6.5　地区年度自然灾害灾度等级划分

| 各项定量指标 | 特重灾年 | 重灾年 | 中灾年 | 轻灾年 |
| --- | --- | --- | --- | --- |
| 受灾人口比 | >40% | 30% | 20% | <20% |
| 受灾农作物面积比 | >70% | 50% | 30% | <30% |
| 毁坏房屋比 | >20% | 20% | 10% | <5% |
| 直接经济损失与国民生产总值比 | >7% | 7% | 5% | <2% |

### 6.1.2　自然灾难事件社会风险的基本内涵

随着人类实践活动深入自然界的各个角落，自然灾难事件爆发的频率越来越高，造成的损失越来越大，造成的社会风险也越来越多。自然灾难事件社会风险指的是自然灾难事件系统自身演化导致的未来社会损失的不确定性。自然灾难事件系统由孕灾环境子系统、承灾体子系统和致灾因子子系统组成，自然灾难事件社会风险是自然灾难事件系统演化的结果，是自然灾难事件的孕育。自然灾难事件社会风险并不等同于前工业社会时期所面临的由自然力量带来的社会损失的可能性。随着科学技术的进步和人类改造自然能力的增强，自然灾难事件社会风险的生成和演化及社会损失的发生，越来越多地受到人类活动的影响，带上了一定的人为色彩。例如，人类过多地排放二氧化碳，导致大气结构的变化，造成温室效应，引起气候的异常，致使洪涝、干旱、冰冻、暴雪等气象灾难更为频繁且强度更大；一些大型工程建设改变了地质结构，为地震及滑坡、泥石流、崩塌等地质灾难埋下祸根；大量富含营养物质的生产、生活废水排入海洋，造成海水富营养化，改变了海洋生态环境，造成赤潮等海洋灾难。这些灾难可能造成人畜伤亡、农作物绝收、交通通信中断、水产养殖遭受损失等后果，进而影响社会经济的正常发展，引起社会失衡。

当自然灾难事件达到一定程度，尤其是重特大自然灾难事件，其本身会诱发社会风险，极有可能造成人类生存环境的剧烈改变，给人类生命财产造成严重损失，而且能够间接地产生社会风险，造成次生的突发事件，推动社会风险升级，导致规模更大的社会失序和社会动荡，甚至引发公共危机。例如，2008 年汶川 8.0 级地震导致了民众建筑物质量追责的社会问题，以及补助救济款和重建房屋的分配纠纷，而原有的一些矛盾也因为灾难事件的冲击而突显，最后激化为社会危机和冲突，威胁到灾后重建的顺利进行。

### 6.1.3 风险特点

自然灾难事件引发社会风险是由多种因素相互作用的一个复杂过程。在自然和社会运行及相互作用情况下的动态变化过程中，自然灾难事件社会风险有其自身的发展特点。在研究自然灾难事件社会风险特征时，通常要基于信息采集、处理分析、信息展示、预警引导的大数据背景下风险分析的研究框架，并且借助多样的数据分析方法。不同类型的自然灾难事件有着不同的风险演化机理。

1. 大数据表征自然灾难事件社会风险

互联网的迅速普及促使大数据时代的到来，数据已经成为一种重要的资源，数据中蕴含着许多不可见的非显性信息，这在互联网大数据时代环境的风险分析中得到凸现。如何在海量的数据中进行高精度的风险识别和防范，快速有效地对数据进行挖掘，发现各种非显性信息，分析风险演化进程，掌握防范先机，是管理人员对风险的化解和综合处理的风险战略决策的重要支撑。风险演化大数据分析系统需要通过传统的数据分析法、人工智能算法计数、机器学习方法等挖掘和分析数据与知识，评估事前、事中、事后各个阶段的社会风险，通过统计、计数、聚类、识别、回归、预测的分析流程，提供互动式查询、图像可视化和分析报表等服务，为决策者提供参考，其研究框架如图 6.1 所示。

自然灾难事件往往造成巨大的人员伤亡和财产损失，当人的生存受到严重威胁时，爆发社会冲突的可能性就大，可能潜藏巨大的社会风险，危及社会的稳定。在这个过程中，如果措施不当，社会风险可能会步步升级，由小变大，当其积累到一定程度，突破临界点时，就会失去控制，爆发社会危机。在大数据时代，自然灾难事件社会风险分析也就表现出其独有的特点。自然灾难事件爆发以后，其社会风险是动态变化的，也就是说自然灾难事件社会风险具有一定的时间特性和复杂性，其风险演化过程可以由大数据记录反映。社会风险分析需要搜集、存储、清理海量网络数据，并利用文本挖掘技术从数据中提炼出有利于风险治理的核心信息[360~362]；大数据本身具有真实性模糊、价值密度低、形态各异、流动快、数据容量大的特点[363~365]，也增加了社会风险的复杂性。

防范和治理社会风险必须以社交风险分析为前提，而大数据技术的应用则为人们分析、预测风险奠定了坚实的硬件基础。风险系统依托互联网大数据平台对非结构化数据进行存储，利用先进的算法，从每秒产生无数数据的互联网锁定网民对于热点、焦点议题的看法和观点，以此了解公众对热点事件的情绪和态度，能为企业了解竞争对手提供参考，也能为政府全面把控热点事件创造条件，进而使得

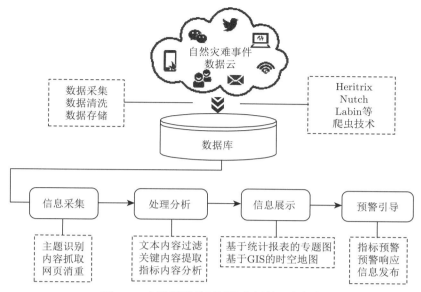

图 6.1 大数据背景下风险分析的研究框架

广大用户可以及时了解风险事件的真相，并保持对新闻的关注和追踪。怎样从庞杂且低价值的大数据当中提炼出有利于构建风险系统的信息和数据，以及如何准确判断数据分析的质量与数据分析方法的关系，是搜集和提炼出高价值风险信息的关键；能否真正通过数据分析，挖掘到优质且有价值的观点，使得受众对信息的多元需求得到真正满足，是大数据时代风险最难以确定之处；对涉及社会风险的数据进行分析、挖掘、利用是大数据技术的重要应用，提前挖掘其所监测到的风险热点，并基于此进行建模，对实际社会风险的演化过程进行模拟和仿真，从而实现预测社会风险演化的功能非常重要。

2. 自然灾难事件社会风险的显著特点

自然灾难事件社会风险的总体特征具有不确定性、交互性、延续性、多变性的特点。

（1）自然灾难事件社会风险的不确定性。重特大自然灾难事件可能引起社会失序和动荡，但是这种结果不是必然的，而是一种可能性，其发生具有一定的概率，可以采取措施将结果控制在不发生的范围之内[366]。例如，在地震过后，有可能社会治安急剧恶化，趁灾盗窃、强抢财物、欺凌弱小等行为剧增；可能引发疫病的流行，短期内流行病暴发，并且迅速蔓延，造成新的灾害甚至是灾难；可能引发市场的无序和失控，物资短缺、物价暴涨等现象难以遏制；可能造成民众心理失衡，面对灾难事件造成的亲属逝世、身体残缺、财物毁灭等突如其来的损失，以及面临无处安身的窘状，悲痛、恐慌、茫然、失落、绝望的情绪充斥灾民心中。如果不能迅速及时地采取有效措施应对，重特大自然灾难事件的损失就不仅仅限于灾难事件本身的直接损失，而会导致其他次生危机的爆发，后果不堪设想，但是，如果及时投入力量，科学引导，则可以控制住风险，阻止其演化成现实的危机和灾难。

（2）自然灾难事件社会风险的交互性。社会成员利用互联网的平等性、开放性、交互性、匿名性的特点，利用微博设置议题发布消息迅速占据传播高地，变成全民"围观"和参与讨论的话题，甚至转变为大规模的网络群体性事件。综观近些年发生的群体性事件，无一例外都有网络参与，一定程度上影响着社会舆论和事件走向。由此可见，互联网以其强大的影响力、渗透力和独特的交互性、扁平性，加剧了局部问题全局化、简单问题复杂化、个体问题公众化、一般问题复杂化，是风险再生产的场域，为政府的风险识别和风险防控带来挑战。这一特征以丰富的"内容交互"作为主要表现形式，以 2019~2020 年横跨数个国家、影响范围巨广的东非蝗虫灾难为例，新闻报道内容在事件爆发之后不断叠加、交错在一起，各种评论和质疑交错融合[367]。自然灾难事件信息的丰富性、多样化及评论主体的复杂性，导致社会风险的内容交互性。当自然灾难事件的热度慢慢冷却，与事件相关的信息不再频繁出现，其交互性也会开始减弱。

（3）自然灾难事件社会风险的延续性。与社会风险的延续性密切相关的是公众关注点的转移，以2019年7月上中旬长江中下游洪水灾难事件为例，公众对事件的关注点与事件所处阶段密切相关。灾难事件发生和产生影响时，人们的焦点都在受灾群众。随着事件接近尾声，人们的焦点则转移至灾后恢复重建及政府行为上。风险会根据事件发展而延续不断，囊括整个灾难周期。自然灾难事件造成的各种损害、损失和破坏需要很长时间才能恢复，灾后重建的工作任重而道远，这便是突发自然灾难事件社会风险最显著的特征之一。例如，虽然汶川8.0级地震已经过去十几年，城市灾后重建也已经完成，但是一旦遇到类似的灾难发生，人们又会提起关于汶川8.0级地震的点点滴滴，延续对以往事件的记忆和经历，导致风险的重复与深化。

（4）自然灾难事件社会风险的多变性。这一特征以公众讨论时所表现出来的情绪为外在形式，对受灾群众的关心是不同公众最能表达自己正向情绪的一个重要内容，此时他们并不太关注政府的行为；当人们将讨论的重心转移到政府身上时，则会相应减少对受灾群体的关注，此时人们对政府会表达出一些负面情绪。自然灾难事件社会风险的多变性通过公众这种明显的情绪表达变化体现得淋漓尽致。社会风险伴随着的承灾体能力的提升也会动态变化。当承灾体能力较低时，重特大自然灾难事件所引发的社会风险具有强大的潜在破坏力，但是，随着对风险演化规律认识的提高，风险监测、预报、应对能力及抑制风险扩散、升级能力的提升，防护技术的改进和防护工程的加固，人类面对灾难的自救能力和心理调适能力的提高等，社会风险的演化也会发生一系列变化。

3. 自然灾难事件社会风险演化机理

事物都有着自己的生命周期规律，风险的演化也一样，而自然灾难事件的社会风险演化，也有其独特的机理。任何一个灾难事件或者话题所可能引发的社会风险效果，都需要经历从无到有再至逐渐减弱和消失的整个生命周期。起源、发展、高峰、消失这些关键"节点"是每个自然灾难事件社会风险话题在网络上的必经之路[368, 369]。

从传播学的角度分析社会风险的演化机理，即探究自然灾难事件社会风险从预警、爆发到稳定和重建的演化路径、演化过程、演化规律、演化态势，具有指导意义。不同阶段风险发展态势不同，随着风险的发展，风险的主体和客体都会随之产生新的变化，每个阶段都会表现出不同的风险演化规律。自然灾难事件社会风险演化的基本过程可以分为四个阶段，即社会风险的起源、发展、高潮和衰退，分别对应形成期、扩散期、爆发期、终结期。自然灾难事件社会风险形成机制的传播学分析如图6.2所示。

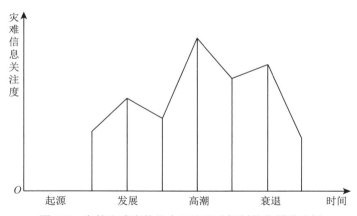

图 6.2    自然灾难事件社会风险形成机制的传播学分析

1）焦点事件或议题的出现是社会风险的起源

具有一定规模的自然灾难事件是社会风险诱发的导火索，其可以直接或间接地造成社会风险。自然灾难事件可直接带来人类生命财产安全受损、社会资源流失、社会秩序破坏的可能性，这些直接后果的受灾主体会产生一系列心理应激反应，影响受灾主体的行为，从而间接地产生社会风险。受灾主体的行为构成了社会风险的诱发动力，受灾主体在面对灾难时形成了特殊的利益诉求，他们的生活境遇、对灾难的态度、对风险的理解与认知影响了自身的行为，他们可能为了自身生存需要或者利益诉求而卷入社会冲突之中。在社交媒体如此发达的时代，人们在社交信息网络上自由地发表对灾难认识的观点、意见、建议，往往会不自觉地携带主观情感，这成为人们释放心理压力、实现心理平衡的一种手段。在舆论场中，个体表达自己的想法和观点，并与其他个体讨论和升华观点，这种演变是社会风险逐渐产生和不断形成的重要基础。受灾环境是社会风险孕育的温床，灾难事件发生后无论是自然环境还是社会环境都会发生巨大变化，被摧毁的环境需要一定的时间方能被重构而达到稳定，在重构的过程中，混乱与失序则成了社会风险的滋生条件。自然灾难事件社会风险形成期演化路径如图 6.3 所示。

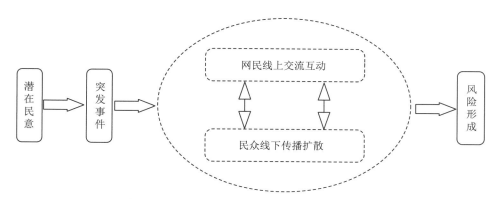

图 6.3　自然灾难事件社会风险形成期演化路径

2）社会风险的发展

　　自然灾难事件本身有爆发、扩张与升级、缓和、消亡的生命周期，以及在应对过程中的决策与动员、处置与救援、恢复和重建，是一个持续的过程，其所诱发的社会风险也相伴随地处在动态发展之中。灾难事件有突发性的，如地震、火山爆发、海啸等，也有渐变性的，如土地沙漠化、水土流失、旱灾、洪灾、台风与飓风，它们所诱发的社会风险会有不同的传播机制和蔓延方式。突发性灾难事件社会风险因素会在短时间内积累，往往表现得较明显和强烈，蔓延速度快，冲击力强，如果控制不及时，可能迅速转化为社会危机，导致严重的后果。渐变性灾难事件社会风险随着灾难事件的演变而相应地蔓延扩张，变化相对隐蔽和缓慢，容易被忽视，灾难事件持续的时间往往较长，可能隐藏着更大的危机。

　　灾难事件与社会、制度、心理和文化之间的相互作用会增强公众的风险感知度水平及其相关的言语行为，从而推动风险的传播扩散。无论是突发性灾难事件还是渐变性灾难事件，其所造成的社会风险的蔓延都与一些因素有关：①灾难事件处置不力可能埋下祸根；②沟通障碍导致信息缺乏，加之不实信息传播，引发社会公众心理压力或者社会恐慌；③各类主体的互动和相互影响导致群体效应。如果某些焦点性的事件或话题与人们的价值观念反差很大或高度一致，人们对这些事件或话题的重视程度就会大幅增加，使得其传播的时间变慢或延长。一些未经证实的信息或者错误的信息一旦获得了公众的普遍认可，就必然会迅速引起公众的关注，进而直接影响到公众的认识和判断。相应地，人们会更加积极地加速社会风险的传播和扩散，从而促进社会风险的产生、形成和发展。焦点性的事件或话题传播的范围越来越广，逐渐产生风险的漩涡，社会风险所形成的重要阶段到来了。自然灾难事件社会风险扩散期演化路径如图 6.4 所示。

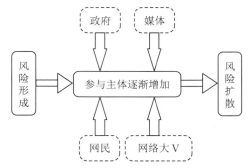

图 6.4 自然灾难事件社会风险扩散期演化路径

3）风险高潮的出现

自然灾难事件社会风险不仅会横向蔓延，还会纵向升级。灾难演化、社会舆情、主体行为等在社会风险演化过程中发挥着重要作用，是社会风险升级的催化剂。首先，自然灾难事件除了造成人员伤亡、设施毁坏、环境破坏等物理损害，还会带来经济损失、秩序破坏、社会心理的干扰。灾难事件特别是渐变性灾难事件本身就是一个持续的过程，在其具有特殊性的演变过程之中，在一些特定情况下，自然灾难事件升级后，与其相伴的社会风险也极有可能向更高的级别转变。例如，日本大地震就衍生出次生社会风险。其次，在 21 世纪，信息时代的到来，人们表达意见的工具和途径有了更多的选择，表达意见的方式也由传统走向现代化，不管是交流平台还是方式，都更加具有多样性，信息传播的速度十分快捷，影响范围非常广泛。然而，社会舆情不一定是真实的社会态度和情绪表达，通过互联网与手机等现代通信工具可以便捷、大规模和快速地形成包括不真实信息在内的社会舆情。

随着焦点性的事件或话题不断持续并立体化地传播，网民之间开始进行交流和互动，此时网络大 V 的评论和观点就开始迅速地聚集起来，并且逐渐地向外蔓延，引发更加广泛的观点和意见讨论，使得更多的网民参与到事件或话题的传播和讨论中。这种社会意见的碰撞积累而逐渐形成的社会风险已经开始吸引传统媒体的关注，使得人们对于事件或者话题的关注从基于互联网的虚拟世界转移至现实世界。随着新媒体和传统媒体的联动，那些满足绝大多数网民意见的话语就会迅速地形成一个统一的观点，并且逐渐产生强大的社会风险效应，社会风险的风暴节点也就随之涌现。事件或话题的转变和发展也已经从一个虚拟的网络世界扩展至整个社会和现实生活的各个方面，社会风险的风暴也由此形成。在强烈的民间风险形势下，政府开始介入社会风险之中，政府、媒体、公众三方之间开始一场激烈的拉力赛，在相互之间拉力的过程中，关于事件或话题的规模进一步被拓宽，社会风险的高峰节点真正形成。

灾难事件致使受灾主体在身心和财产等多个方面都受到巨大损害，受灾主体在心理受到刺激之后，更容易受到外界刺激而做出违背公序良俗的事情。决策主体限于逻辑意识、个人能力、信息经验等，可能会采取一部分不恰当的应急措施，从而扩大自然灾难事件的社会风险。不论对哪个国家而言，灾难事件都会带来巨大的影响，同时也可能削弱其控制社会暴力发生和升级的能力。这意味着，在灾难面前，对平时而言的小事也会变成重大事件。因此，决策者如果了解到自然灾难事件和社会冲突之间有关联，应当将冲突控制在小范围，预防社会风险升级。自然灾难事件社会风险爆发期演化路径如图 6.5 所示。

4）风险的衰退

社会风险具有相应的生命周期，在一定的条件下，社会风险将会衰退走向消亡。其衰退方式有自然衰退和人为衰退。本章主要讨论的是人为衰退，在自然或者人为因素的控制下，社会风险的威胁程度降低，由强变衰直至消亡。焦点性的事件或话题得到有效控制，社会风险所带来的影响也开始消失。

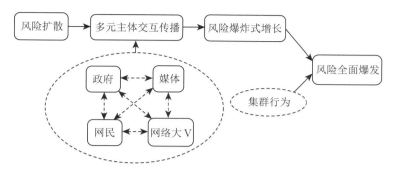

图 6.5　自然灾难事件社会风险爆发期演化路径

社会风险的衰减率与事件处理的速度及其信息公开率成正比，当地方政府针对事件的信息处理或者主流媒介对于信息的发布都能够充分满足社会公众对于信息的需要，或者主动为社会设置议题来进行风险防范时，新媒体对于风险的作用和效应将会随着时间发生变化，关注度也将会随着时间而衰减。如果管理者不能准确地掌握社会风险的传播机制，任由风险不断发展，或在其应对社会风险的过程中措施失当，将会导致公众无法相信政府的妥善处置能力。因此，即使聚焦的灾难事件已经结束，风险也没有办法被马上消解，可能还将持续很长一段时间，甚至会形成二次风险。这种二次风险还需要当事人进行额外的处理，通过其他途径为公众提供有效的信息来化解矛盾。自然灾难事件社会风险终结期演化路径如图 6.6 所示。

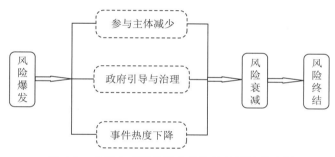

图 6.6　自然灾难事件社会风险终结期演化路径

## 6.2　风险主体交互

在自然灾难事件危机中，参与主体具有一定的复杂性，风险主体包括政府、媒体、公众，三者都是重要的参与方，三大主体在自然灾难事件下的交互如图 6.7 所示。从应急救助的角度来说，政府是组织、调动和指挥应急救助工作的主体；从灾情信息的发布方式上来看，媒体不仅是灾情信息的宣传者，也是连接政府和社会公众之间的桥梁，更是舆情引导的对象和主体；公众常常是被引导的对象和承灾主体。随着移动互联网的普及，公众也会通过微博、论坛等方式发布某些具体的事件或灾情消息，成为社会风险形成的助推者。

社会风险在各种条件具备的情况下不断积聚，一旦遇到某种突发事件就会发生质变，对社会安全造成本质上的危害。简言之，各种风险因素积聚到一定时期，通过典型事件的推动，风险就会显露，并开始作用于社会。这一个阶段是社会风险的质变阶段，也是关键性的环节，常常带有突发性。一般而言，社会风险的形成需要经过潜伏、积聚，迅速演变、升级，最终形成和爆发，会带来严重的社会后果。在社会风险的形成期，这个阶段时间最短，也是社会风险急速发展、社会危机严峻态势出现的时期。网络使得灾情信息迅速传播，网络受众成为信息源，事件发生到风险消退所用的时间更短。个体通过网络发表自己的观点，若表达的观点为众人所追捧，就能够影响他人的思想。一些网络大 V 具

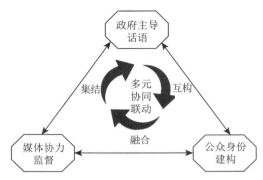

图 6.7　三大主体在自然灾难事件下的交互

有超强的分析能力、信息嗅觉和人格魅力，看待问题的眼光独特，能够深度剖析社会问题，流畅表达个人观点。互联网使得每种观点或态度可在短时间内迅速凝聚，犹如溪流最终汇聚成大江般浩荡。这种新型的交互传播在滋生大量信息的同时，也诱发一系列的矛盾和问题，若未进行及时有效的疏导和解决，将会引发社会公众的恐慌，会严重影响到地区甚至国家的安定与和谐。

### 6.2.1　多元协同联动

影响社会风险发展的变量除了自然灾难事件本身，还有对自然灾难事件影响深远的风险主体，包括公众、媒体、政府，三大主体在自然灾难事件社会风险演化过程中有着不一样的利益动机及基于这些利益动机而形成的行为模式，通过彼此影响促进突发事件社会风险的发展。

政府是典型的公共机关，肩负着维稳社会、维护国家利益的职责，其层级有中央和地方之分，同时政府也是行使公共权力和服务公共利益的主体，有消除社会不稳定因素、实现社会长治久安的职责。政府在突发事件社会风险的发展中要把好风险的关口，政府具有极强的公信力和权威性，这是其他风险主体所不具备的特点。政府在治理自然灾难事件社会风险的过程中要发挥好自己监督和管控其他风险主体的职能，如政府应该依托媒体适当屏蔽或删除网络上极端意见和具有煽动性的言论，由此，政府在风险治理中所起到的主要作用就是控制和防范风险持续发展，这些控制和防范措施在风险的爆发期、终结期都具有影响。

媒体在突发事件社会风险的形成与发展中起到了很大的作用，各级人民政府要将媒体培养成为自己的"发声者"，对新闻信息进行及时发布，使受众真正了解灾难事件的起因、发生、发展及影响程度，这样才能及时、正确地引导舆论，疏导人们产生的不良情绪。与传统网民相比，媒体的定位和角色都比较鲜明，而且肩负着某种社会使命，因此，媒体要尽可能地发布具有权威性和严肃感的内容和信息。媒体是群众了解一线灾情、得到关键资讯的重要途径；媒体对网民群众的影响力通常大于网络大 V，而且在一定程度上决定着社会风险的形成和演变。在信息化不断深入的社会，不同利益团体主动进入网络倾诉平台，在多个舆论场的相互作用之下，传播着代表各自利益的言论，其表现形式主要有对社会稳定的破坏、对当今政治的威胁，因此要提高网络媒体的社会责任意识、引导网络群体的共鸣方向，要加大政府对媒体的管控。

自然灾难事件往往造成巨大的经济和社会损失，极易大面积地引起公众的共鸣。近年来，公民素质不断提高，他们开始自觉关注国家发展和社会管理方面的问题，越来越多的公民利用网络发声，以此行使自己对政府的监督权。突发事件牵动着公众的神经，相比事件本身，人们很多时候更关心政府会如何应对，因此，当社会上出现突发事件之后，网民会将自己的看法和观点及时发表在网络上，通过采用向政府施压的方式来监督政府，迫使政府有所作为。网民大都不会表明自己的真实身份，这一点不同于现实生活中的民众，在他人不知道自己姓甚名谁的前提下，网民往往可以自由自在地发言，而且并不考虑自己的言论会造成怎样的后果，他们在表达观点的同时也会转发和传播他人的观点[370]。

网民队伍的组成十分复杂，任何文化水平、年龄、地区的人都可以成为网民，也正是这种原因，社会风险才呈现出复杂的特点，风险演变极易引发群体极化行为，萌生网络不实信息，进而使得社会风险朝着不可控的方向发展。

三大主体在自然灾难事件社会风险发生后参与协同治理过程中具有共享信息、互为导向、相互合作的关系，具体如下。

（1）共享信息。网络空间是孕育社会风险的温床，网络主体在开放的互联网环境内能够对各种灾情信息进行共享，当社会上出现突发事件之后，媒体会将事件的起因、经过、发展和细节以新闻报道的方式让大众了解整个事件真相，公众接收这些信息之后，会基于自己的认知表达看法和观点，然后将之通过各种网络途径发表出来，如移动客户端或门户网站。人们通过收集新闻资料和搜集相关的资料信息，来对新闻风险状况做出分析和评价，然后将观点表达出来，从而对风险演化发展方向造成影响。在社会风险发展进程中，政府部门对灾情信息数据的搜集可以说是没有任何难度的，这有利于政府对社会风险的变化进行监测、防范、管控和综合治理。

（2）互为导向。在社会风险监管过程中，网络大 V、媒体、政府和网民可以自由地交换自己所得到的数据和信息，而且通过分析和判断来决定自己的下一步监管工作。因此，任何社交媒体的言论和行为都会在网络上产生涟漪效应，深远地影响其他社交媒体，政府在这个彼此影响的过程中一直都占据着主导地位，肩负着正确指导社交媒体主体行为的责任。在灾情信息宣传过程中，网络大 V、网民和媒体彼此充当对方的向导，媒体可以通过不间断地报道同一新闻事件和某些主流观点来引起网民对媒体所设议题的关注，网民也可以根据自己的偏好选择关注怎样的议程议题，并将自己的看法、观点表达在网络上，大量的信息聚集之后便能驱使现有风险方向和程度发生变化。此时网络媒体继续获取新的资讯，设置相应的议题，从而对风险的发展趋势进行左右。在社交网络中心中，网络大 V 对网民的影响十分深远，具有较高的话语主动权，网民的思想和行为很容易因为网络大 V 的一个观点、态度而改变，风险最终会朝着怎样的方向发展与网民在网络大 V 的影响下所呈现出来的情绪、观点、态度有着莫大的关系。不仅如此，网络大 V 传播信息的行为也容易受到网络上主流观点的左右，网络大 V 对于网民思想和行为的影响程度在很大程度上是由跟随网络大 V 的网民数量决定的。

（3）相互合作。政府、媒体、网民和及时反映公众意见的社会领导者作为各种网络新闻的协同传递传播主体，在宣传治理发展方面表现出来的特征和优势各有差异。在治理社会风险及满足所有社会公众对于灾情信息需求方面，它们所起到的作用也存在显著差异，信息与其传播主体彼此的共同协调、优势互补的关系，是构建社会风险多元化和主体化治理模式的重要依据。各级政府、网民、媒体等不同的风险主体彼此交换信息、数据，发表言论和做出行为的总和，最终成为整个社会风险发展和演化的内生动力。网民、媒体和其他网络大 V 在风险充斥着整个网络时扮演着极其重要的角色，但是政府始终是治理一切突发事件社会风险的主体，其他风险主体起到配合和辅助的作用，这些主体共同行动，使得风险的程度逐渐降低，最终消亡。

### 6.2.2　政府主导话语

在社会风险演化进程中，政府的权力地位和政治职能决定了其必须承担治理和引导的责任。

（1）政治职能的角度。广大人民群众对于社会风险的态度、情绪、看法在很大程度上取决于政府处理、应对、治理突发事件的行为和态度，这是因为政府肩负着维稳社会，维护党和国家利益，实现社会长治久安，以及体现所有公共利益政治声誉及权力机关权威性的使命。社会上出现灾难事件时，如果政府没有第一时间出面有力地处理整个突发事件，就会导致广大群众质疑政府的能力和态度，他们会将自己对政府的不良情绪通过网络平台，如贴吧、微博等发泄出来，这显然会影响政府的公信力，动摇人民群众对政府的信任，甚至引发一连串的连锁反应。政府部门会通过实时动态监测和分析网络媒体的信息，来避免社会上出现影响较大的网络风险。与普通突发事件相比，自然灾难事件有着自己的特殊性，它只要爆发就会瞬间点燃风险导火索，引起全国性的广泛关注和议论，难以有效遏制网络风险的快速形成。政府部门在我国社会风险发生期间会采取多元的手段和方式来控制社会风险的传播和扩散速度。

（2）政府权力角度。在处理自然灾难事件引发的社会风险中，政府工作人员是行使公共权力的主体，具有权威性，当人们针对自然灾难事件在网络上广泛议论，且议论的热度达到一定程度并会危及社会秩序稳定时，政府工作人员就会通过行使手中的权力，同时依托媒体的力量来规制传播灾情信息的人员，如将政府具有权威性的新闻资料，或是政府对事件的态度及网络大 V 的观点通过各种主流媒体传达出来，用以引导和疏解社会风险，使之朝着正向、积极的方向发展。由此不难看出，社会风险会朝着怎样的方向演变，与政府行使权力的积极性和程度有着莫大的关系。政府在网络媒体引导突发事件社会风险时的地位是不容动摇的，其具有调控网络媒体传播新闻内容的权力和责任，这样才能避免社会上出现极端且不良的风险。在爆发灾难事件社会风险时，各级政府应该及时有效地治理各种社会风险，正确引导社会风险，使之朝着积极的方向发展，避免向极端和不良方向发展，这样才能对社会运行进行协调，避免社会风险扰乱正常的社会发展秩序，这也是维持国家和社会活力的有力之举。鉴于此，各级政府应该在治理社会风险的过程中做到事前布置准备、事中监控处理、事后反馈反思，要在动态调整中进行静态规划，既从宏观上布局又注重微观细节。

总之，政府要精准地把控路线导向，主动追求效益调整效能，充分发挥政府在灾难事件社会风险治理中的职能价值，不仅如此，政府部门也应该明白，灾难事件社会风险治理是一个系统且庞杂的过程，需要从长计议，只有将之当作一件艺术品来雕琢，才能从各个细节把握社会风险的发展和治理。

### 6.2.3 媒体协力监督

媒体有网络媒体和传统媒体之分，如今人类已经迎来了融媒体时代，网络媒体和传统媒体已基本融为一体。与网络大 V 和普通网民相比，媒体的传播受众更多，影响力更大，社会上出现突发事件之后，网络风险通常都是媒体报道了事件后才被全面引爆的，因此，在传播和扩散社会风险方面，媒体起到了"催化剂"的作用。

1. 传统媒体

传统媒体（如电视、广播、报纸等）无论是在传播渠道上还是在时效上都弱于网络媒体，而且缺乏互动性，在互联网尚未出现的早年间具有重要作用。现在，当自然灾难事件发生之后，传统媒体的报道往往滞后于网络媒体，故其在社会风险发生的初级阶段一般不会产生太明显的作用。然而，传统媒体拥有明确的单位和机构，所报道的信息通常比较权威，而且大部分媒体还属于政府的"喉舌"，因此传统媒体公布的信息比较能够赢得民众的信任，在灾情信息传播过程中，传统媒体可以基于这些优点来设置议程，引导网民的看法、观点，充当好网络大 V 的角色[371]。不仅如此，传统媒体大都是政府的"喉舌"，其必须为自己的报道负责，因此会以一种中立的态度对待突发事件，其所发布的具有较强真实性的新闻能够帮助公众提炼有用信息，避免公众出现不良情绪和社会风险的产生。

2. 网络媒体

网络媒体在新媒体背景下已经成为人们知晓国外、国内新闻，了解政府职能履行情况，获取新闻信息的关键途径，作为风险主体的网络媒体除了具有传播灾情信息的功能之外，还能设置将灾情信息传播给公众的议事日程。中国有大量的互联网用户，网络媒体对议事日程进行设置之后，引导网民就自己感兴趣的话题进行讨论，从而催生新的风险。灾难事件社会风险因为网络媒体的诞生而迅速传播，在网络媒体的媒介作用下，议程引导人们对某些话题进行关注，这样才便于控制风险。当某个信息广为人知之后，就会表现出"病毒式"传播的特点，由此可见，社会风险从扩散期演变到爆发期的关键就是网络媒体。

大众新闻的传播离不开社会观察的支撑，在引导灾难事件社会风险时，媒体工作人员对事件进行解释和宣传时要保持公正、客观，提前预警潜在的恐怖和威胁，要引起各个层面的广泛关注，并采取恰当的手段和措施来提升社会风险监督水平，这样才有利于公众认知和做出正确判断，加强风险防范意识、科学思维和理性识别。另外，要保证信息在政府内部互联网内有效传递，使政府依托这些及时、真实的信息制定正确、科学的决策，以体现出政府办事的决心和态度，这样才能增强自己的说服力，有效引导整个社会的信息传递和导向。

### 6.2.4　公众身份建构

自然灾难事件发生后，公众需要探求自然灾难事件的事实真相和宣泄相关情感。公众可以分为网络大 V 和普通公众两类。

1. 网络大 V

在发布和传播灾情信息的过程中，网络大 V 占据着举足轻重的地位，其言行在一定程度上左右着风险的走向。网络大 V 在灾情信息出现之后会立即开始系统地收集和分析事件发生之初的一切资料，然后得出结论，并二次传播这些带有个人观点的信息资料，使得网民在思想上与自己保持一致步调，由此可见，与一般网民相比，网络大 V 是具有一定权威性和地位的风险主体[372]。在网络传播社区当中，为了维持自己的地位和权威，网络大 V 在网络发布相关信息的过程中会更加注重信息的真实性、客观性、准确性，这种意识能够对风险发展起到一定的疏导和控制作用，但并非所有的网络大 V 都会将风险朝着正向、积极的方向引导。网络中充满了庞杂的信息，网络环境具有极大的不确定性，如果网络大 V 对灾难事件本身进行了错误的逻辑解读并发表了不实的言论信息，就可能会为不实信息的产生提供温床，使得灾情信息被扭曲和曲解，这显然不利于地方政府治理和监督灾难事件社会风险，也容易使网民站到政府的对立面，使他们产生一些消极、极端、不良的言论和观点，从而埋下社会风险隐患。

2. 普通公众

某个事件发生之后，网民所呈现出来的态度和情绪的总和即社会风险，由此可见，社会风险主要来源于网民，其无时无刻不在影响社会风险的演化。网民在灾难事件发生之后会展开热烈的讨论，要么产生一样的观点，要么产生不同的看法，不管属于哪一种，这些观点都会在一定程度上影响社会风险的演化。

（1）网民观点同化。自然灾难事件牵动着广大公众的神经，事件爆发之后，公众的心理会遭受巨大影响，引发的网络话题非常敏感，产生很强的冲击力。广大网民能够利用网络媒体信息传播的开放性、便捷性迅速了解事件的起因、经过和细节，然后将自己提炼出来的信息转发到各种网络媒体上，或是就此与其他网民展开讨论，这就孕育了灾难事件的网络话题。社会风险的不同倾向最终催生了形形色色的社会风险场，参与者人数最多、受到影响的社交媒体对于社会风险发展方向的影响是最深远的。网民会尽可能地选择与影响最大的社会风险场保持共识和意见，以免自己被其他网民孤立，这些观点一致的网民聚集起来之后，就会形成一个强大的风险场，社会风险社区群体就是这样应运而生的。

（2）网民观点异化。网民的群体结构复杂，自然灾难事件突发，可能会使各国网民之间产生各种看法。网民在网络空间内的身份具有隐匿性，其不会随意公开自己的身份信息，所以其发表言论时处于完全自由的状态，他们也不会考虑自己所发表的言论会造成怎样的后果。这也是近年来网络上总是出现各种恶意散布不实信息、进行人身攻击、恶意留言跟帖等现象的原因，这些现象很容易使得舆论朝着极端、不良的方向发展，引起社会风险的产生。随着现代中国网民民主思想言论和自主政治意识的逐步提高和不断增强，越来越多的网民开始希望自己能够在新媒体网络的发展大潮中保持己见，并尝试将自己的看法、观点传播到国外，发表与其他主流风险媒体所不同的观点和意见，这种表现扭转了传统网络言论沉默互动螺旋的风险传播格局。中国网民会因为各种话题和言论纵横交织在一起而受到深刻的影响，最终慢慢形成他们的风险特色。公众在全新的传播环境下主动对社会各界各个领域的信息进行接收，同时也将所收到的信息传播出去。

3. 群体划分

自然灾难事件爆发后，网络不实信息乘机大行其道，严重扰乱社会安定，成为社会风险传播的重要因素。

Vosoughi 等[373] 发表于 *Science* 的研究表明，人类自身才是不实信息病毒式传播的主要因素，即人们倾向阅读与他们的情感态度相符的推文，认为与他们先前存在的信念更一致的信息更有说服力。Lewandowsky 等[374] 认为应当针对不同人群的特点和思维模式，把同样的澄清信息换成不同的说法并在不同的角度进行交流，避开政治立场、世界观等敏感点。这就要求对网络不实信息参与者——公众，进行群体分类，提取特征，根据他们的特征进行分类澄清。不实信息的能量有多大，既取决于真实信息的透明度，也取决于人们的判断水平。理解澄清内容是一个再学习过程，具有极大的主观性和群体差异，因此，明确广大群众对澄清信息的接收困境是突破不实信息屏障的关键。

大数据分析及自然语言处理技术为网络不实信息参与者的群体划分提供了技术可行性。可对爬取的传播不实信息和澄清信息的评论和转发进行群体分类，若只是简单地利用词典或词袋分析情感的积极性与消极性，从而判断是否相信不实信息/传播不实信息/澄清不实信息，其判断效果并不好。例如，针对"流感转向攻击孩子脑部，广州已出现 5 例坏死性脑炎"的澄清微博，许多评论与转发都表达了"这种事太可怕了""太恐怖"之类，用传统的词典情感分析会非常消极，然而该消极情感表达的是对疾病的畏惧，并不是对于该微博表达消极情感，显然将这些评论或转发者并入相信不实信息者或传播不实信息者是不合理的；此外，网络用户日益年轻化，各种网络流行语、表情包、图片的引入，反语、讽刺也常见，使得评论的情感常常很难用字面上的意义来分类。

基于传统词典上构建"带属性标记的观点挖掘"（agreement disagreement views analysis marked with attributes, ADVMA）方法，包括如下几个步骤。

（1）提取不实信息观点（或澄清不实信息观点）。例如，对传播不实信息微博："抽烟对抵抗 2003 年的 SARS 起了作用，对这一次抵抗新冠肺炎也有用"，则提取不实信息观点为"抽烟对抵抗新冠肺炎有用。"

（2）标记观点表达属性。通过自然语言处理信息抽取，找出每处观点表达，并通过词库判断其赞同倾向，每个赞同观点得 +1，每个反对观点得 −1，每个观点表达可能包含一个或多个属性。例如，澄清不实信息微博评论"吸烟能预防新冠病毒[属性]太扯了 [−1]"，做评论属性与不实信息的文本相似度分析，得出 0~1 的相似度，此例相似度达 0.983。若无属性，如评论为"坐等打脸"，默认直接对不实信息本身评论，相似度为 1。若相似度低于 0.5，丢弃此条评论，避免对观点挖掘带来干扰，如单纯表达对疫情关注的评论"能不能把村里的麻将摊封了？"。

（3）处理情感转换词。情感转换词是能改变情感倾向的词或短语，如否定词词典"不（是/要）、没（有）、无、莫、非"等，直接出现在情感词前，情感打分反向。加深情感的副词词典"太、极（度）、非常、很、当然"等，也应该被考虑到，即将情感打分乘以每个副词预先给定的系数。

（4）处理讽刺句。通过数据实验，发现识别效果比较好的讽刺/反讽模式为：强烈（不）赞同情感+狗头保命（文本）[例如，"很科学的样子+狗头（表情）"]，强烈（不）赞同情感+ 狗头（表情），赞同情感 +问号（如"真有道理？"）。识别为反讽后，情感符号反向。

（5）处理转折词。转折常常改变情感倾向，如"但是、却、然而、可是、只是、不过、不料、竟然、偏偏、可惜、岂知"等，通过转折词可以进行情感的推断，转折词前后通常具有相反的情感倾向，如果转折词前（或后）的倾向还不确定，而后（或前）已确定，则可以推导出来，且以后面的情感倾向为主导。

（6）聚合情感打分。假设评论 $S$ 包含属性集合 $\{a_1, a_2, \cdots, a_m\}$、情感表达集合 $\{se_1, se_2, \cdots, se_n\}$ 及情感副词系数 $\{w_1, w_2, \cdots, w_n\}$，则评论 $S$ 中每个属性 $a_i$ 的情感倾向可以通过下面的聚合函数得到：

$$\mathrm{ADVMA}(S, a_i) = \sum_{se_j \in S} \frac{w_j se_j.ss}{\mathrm{dist}(se_j, a_i)}$$

其中，$\mathrm{dist}(se_j, a_i)$ 为评论 $S$ 中属性 $a_i$ 和情感表达 $se_j$ 的词距离；$w_j se_j.ss$ 为情感得分，分母表示距属性 $a_i$ 越远的情感表达对该属性的情感倾向贡献越低。如果最终得分为正值，表明评论 $S$ 表达了赞同原微博的观点；若最终得分为负值，表明评论 $S$ 表达了反对原微博的观点；若最终得分接近 0，表明观点中立。如图 6.8 所示，通过 ADVMA，最终将不实信息的参与者划分为相信不实信息者、不相信不实信息者、传播不实信息者、动摇者和澄清不实信息者。

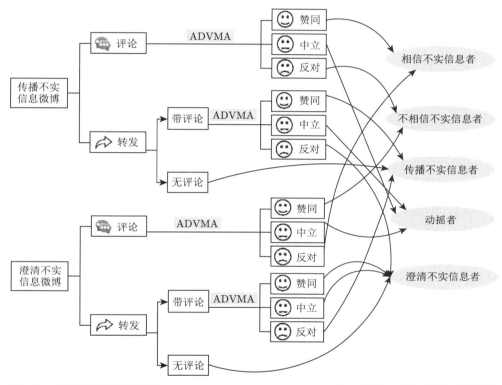

图 6.8　基于带属性标记的AD（agreement disagreement，一致和分歧）观点挖掘的群体分类

值得指出的是，对于评论的观点挖掘很复杂，特别是关于反讽、歧义、表情等，还需要在研究过程中进一步对 ADVMA 进行优化，事实上任何自然语言处理想要完美理解人的思想和观点是不可能的，除了对文字语言规律的充分总结外，还要用大量数据弥补少量错误，因此需要对不实信息数据库进行不断扩充。

## 6.3　风险传播模型

自然灾难事件发生后，事件的相关灾情信息和新闻报道在网络上快速传播，会引起公众的广泛关注，并促使他们在互联网平台上表达自己的意见和看法。这种新型的交互传播在滋生大量信息的同时，也诱发一系列的矛盾和问题，加剧自然灾难事件社会风险处理过程的波动，其中部分社会风险可能会迅速凸显，但也存在许多潜藏的系统性社会风险隐患。若未进行及时有效的疏导和解决，将会引发社会公众的恐慌，会严重影响到地区甚至国家的安定与和谐。灾情信息传播的参与者通过各种社交平台的获取信息、发布观点而相互接触，成为社会风险传播的渠道，公众对自然灾难事件的感知认同及风险信息的快速扩散使得社会风险具备大规模快速传染的基础。灾情信息传播的参与者依据自身实际情况呈现出相信、不相信等不同状态，这与传染病传播具有较高相似性。因此，本节借鉴传染病动力学的研究分析方法，对自然灾难事件社会风险传播进行分析，通过实证分析展现自然灾难事件社会风险的特征和传播趋势，这对深入了解社会风险的传播扩散机制，强化对系统性社会风险的认识，增强对自然灾难事件社会风险的防控能力具有重要意义。

### 6.3.1 风险的影响因素

在信息时代，自然灾难事件发生后，社会风险形成的重要推动力量是灾情信息，社会风险的评估和预警指标体系中灾情信息类指标应是核心指标，为社会风险的防范和治理提供重要导向。例如，信息传播发展状态的时间分布度、传播速度、扩散增长、信息拐点等是评估社会风险的重要指标。针对自然灾难事件本身的特点，通过自然灾难事件社会风险的特征和交互特点，本书筛选出可能对灾情信息的扩散造成影响的一些因素，重点研究灾情信息传播导致的社会风险传播，具体如下。

（1）受灾程度。自然灾难事件往往会造成不同程度的损失，造成的人员伤亡和经济损失越大，公众可能会越关注自然灾难事件的实时动态、当地的受灾情况及应急救援情况等。考虑受灾程度越高可能具有越高的风险数量，本章以自然灾难事件中直接经济损失和人员伤亡数量作为影响指标。

（2）历史因素。如果多年以来频繁发生某种自然灾难事件，公众可能具有更高的安全意识，养成了关注相关消息的习惯。因此，历史上某种自然灾难事件发生次数越多，人们对自然灾难事件的相关信息关注度越高。本章统计了近20年的自然灾难事件发生次数来衡量此因素。

（3）前兆因素。有的自然灾难事件发生之前，一些自然现象是其预警前兆。例如，频繁的降雨是水灾、泥石流或者台风降临的前兆，这些自然现象可能会增强网民对某种自然灾难事件的关注程度。针对具体的自然灾难事件，考虑相应的自然因素，如台风，可考虑年均气温、年降水量和年均相对湿度等。

基于上述影响因素，本章建立考虑以上因素的社会风险传播模型，通过对模型的平衡点及稳定性的讨论，对灾情信息的传播情况进行研究，计算社会风险产生的阈值，从而对自然灾难事件社会风险进行评估。

### 6.3.2 风险的演化模型

为了分析社会风险的演化，结合疾病传播方面学者的成果，假设社会网络中的个体为网络中的节点，若个体间有关联，如相互认识，则视为有连接。为了准确体现风险主体之间的互动和联系，类似地将灾情信息传播中的群体分为四个类型，分别是不知者、潜伏者、传播者和抑制者。

（1）不知者 $[S(t)]$：是指人群中从来没有接收过灾情信息的网民占网民总数的比例，其在灾情信息传播过程中，处于风险暴露状态，可能接收到灾情信息而被社会风险传染。

（2）潜伏者 $[E(t)]$：是指人群中知道灾情信息，但他们正试图去判断信息的风险，故没有决定是否传播此信息的网民所占的比例，其处于风险潜伏状态，已感染风险但风险未显现，具有传播风险的能力。

（3）传播者 $[I(t)]$：是指知道并且传播了灾情信息的网民所占的比例，其属于处于感染状态的灾情信息传播参与者，已感染风险且风险已显现，具有传播风险的能力。

（4）抑制者 $[R(t)]$：是指知道灾情信息但是没有兴趣传播的网民所占的比例，其已清楚风险且获得一定的抵御风险的能力。

灾情信息传播是通过和他人的联系进行的，在每一个时间点，每个人可能处于四种状态中的一种。同时假设在任意时刻 $S(t)$、$E(t)$、$I(t)$ 和 $R(t)$ 为连续可微的函数。

灾情信息的不知者在与知道并传播灾情信息的传播者接触中，单位时间内变为潜伏者的概率为 $b$。由于环境和自身的因素，潜伏者转化为传播者或者抑制者的概率为 $m$，潜伏者转化状态中传播者所占比例为 $g$，成为免疫状态的抑制者。同时，传播者以概率 $h$ 直接变为不相信、不传播灾情信息的抑制者。在社会风险传播的 SEIR 模型中，四类人群之间的转换关系如图 6.9 所示。系统中各参数的定义和含义如表 6.6 所示。

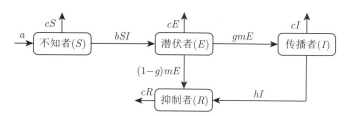

图 6.9　四类人群之间的转换关系

表 6.6　各参数的定义和含义

| 参数 | 参数定义 | 参数含义 |
| --- | --- | --- |
| $a$ | 移入率 | 单位时间内进入虚拟社区的人数所占比例 |
| $b$ | 接触率 | 单位时间内不知者与传播者接触到的概率 |
| $c$ | 移出率 | 单位时间内移出虚拟社区的人数所占比例 |
| $m$ | 潜伏者转化率 | 潜伏者转化为传播者或者抑制者的概率 |
| $g$ | 传播转化率 | 潜伏者转化状态中传播者所占比例 |
| $h$ | 直接免疫率 | 传播者能直接免疫的概率 |

根据系统动力学建模思想，可以建立如下的自然灾难事件社会风险传播模型：

$$\begin{cases} \dfrac{\mathrm{d}S}{\mathrm{d}t} = a - bSI - cS \\[2mm] \dfrac{\mathrm{d}E}{\mathrm{d}t} = bSI - mE - cE \\[2mm] \dfrac{\mathrm{d}I}{\mathrm{d}t} = gmE - hI - cI \\[2mm] \dfrac{\mathrm{d}R}{\mathrm{d}t} = (1-g)mE + hI - cR \end{cases} \tag{6.2}$$

根据上文分析，自然灾难事件社会风险的传播受到受灾程度、历史因素和前兆因素的影响，三个因素均影响公众对灾情信息的关注程度，从而影响社会风险的产生和发展。

受灾程度越严重、以往发生越频繁、前兆因素越明显，人们对与自然灾难事件相关的信息就越关注，这种高关注度会增加人们从潜伏者转换为传播者的概率 $g$，增加感染社会风险的概率，为了体现三个因素对此参数的影响，同时把这种影响程度规范化在 $[0,1]$，根据以上分析，建立函数表示出三个因素对传播转化率的影响，由此建立以下函数关系：

$$g = 1 - \mathrm{e}^{-(a_1 D + a_2 H + a_3 N)} \tag{6.3}$$

其中，e 表示自然底数；$D$ 表示受灾程度；$H$ 表示历史因素；$N$ 表示前兆因素；上述三个变量量化后均为非负数；$a_1$、$a_2$、$a_3$ 为影响因子权重且满足 $a_1 + a_2 + a_3 = 1$。

为了研究该函数的形态和参数关系，我们取定一些参数画出图像。函数中自变量 $D$、$H$ 和 $N$ 是对称关系，因此研究其中一个自变量便知其他两个自变量与因变量的关系。取 $a_1 = 0.5$，$a_2 H + a_3 N =$

0.1，当受灾程度不同时，描出传播转化率的图像，如图 6.10 所示。从图 6.10 可以看出受灾程度 $D$ 越大，人们从潜伏者转化为传播者的概率就越大，当受灾程度达到一定程度时传播转化率将恒为 1。同样的道理，历史因素 $H$ 和前兆因素 $N$ 越大，从潜伏者转化为传播者的概率就越大，达到一定程度时传播转化率也恒为 1。我们建议在量化参数 $D$、$H$、$N$ 时，均量化选在 $[0, 10]$。例如，在台风灾难中，考虑前兆因素时，选择年降水量作为一个指标，那么需要把这个指标规范化为 $[0, 10]$。

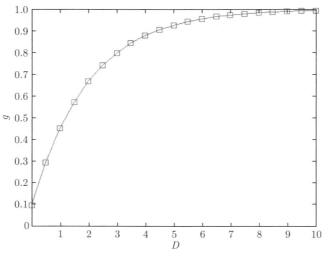

图 6.10　传播转化率函数($g = 1 - \mathrm{e}^{(-0.5 \times D - 0.1)}$)

系统（6.2）中参数 $a$、$b$、$c$、$m$、$g$、$h$ 均为非负参数，且小于等于 1。按照动力学相关性质，在 $t \to \infty$ 时对于微分方程的求解，考虑模型的实际意义，当 $t \to \infty$ 时，假设虚拟社区的总体人数移入率和移出率的关系是 $a \to c$，故以上系统满足 $S + E + I + R = 1$。

由于方程组（6.2）中的前三个方程中均不含有变量 $R$，仅考虑由前三个方程所构成的模型，即

$$\begin{cases} \dfrac{\mathrm{d}S}{\mathrm{d}t} = a - bSI - cS \\ \dfrac{\mathrm{d}E}{\mathrm{d}t} = bSI - mE - cE \\ \dfrac{\mathrm{d}I}{\mathrm{d}t} = gmE - hI - cI \end{cases} \tag{6.4}$$

我们建模的目的是研究社会风险的传播，因此下面我们将研究模型平衡点的稳定性，以及传播阈值，从而对社会风险的传播情况进行研究。

### 6.3.3　平衡点及稳定性

由传播动力学理论可知，传播系统中存在一个传播的关键值，它能决定传播与否及传播趋势，我们称之为传播阈值。下面求解系统的平衡点，计算传播阈值，分析系统平衡点的稳定性。

1. 模型平衡点

根据模型的实际背景，将在有界区域 $A = \{(S, E, I, R) | S, E, I, R \geqslant 0, S + E + I + R \leqslant 1\}$ 内考虑模型的平衡点。在传染病传播研究中，基本再生数 $R_0$ 是衡量传染病是否暴发的一个重要阈值。当 $R_0 > 1$ 时，传染病便会在一定范围内暴发；当 $R_0 \leqslant 1$ 时，传染病的传播便会随着时间自然消亡。与传染病模型类似，下面我们将讨论社会风险的传播阈值 $R_0$。

在系统（6.4）中令三个方程的右边等于零，可得

$$
\begin{cases}
a - bSI - cS = 0 \\
bSI - mE - cE = 0 \\
gmE - hI - cI = 0
\end{cases}
\tag{6.5}
$$

可得两类平衡点如下。

（1）零传播平衡点。当潜伏者和传播者都为 0 时，系统中就不存在风险传播。这样的点称为零传播平衡点，显然 $p_0 = (a/c, 0, 0)$，$p_1 = (0, 0, 0)$ 均为模型的零传播平衡点。由于假设当 $t \to \infty$ 时，假设虚拟社区的总体人数移入率和移出率的关系是 $a \to c$，故系统的平衡点 $p_0$ 可以记为 $(1, 0, 0)$。

（2）内部传播平衡点。零传播平衡点是一种理想的状态，此时灾情信息不会传播扩散，故不是我们所关心讨论的情况。从上述方程组可得一个平衡点 $p^*(S^*, E^*, I^*)$，其中，

$$
S^* = \frac{ch + cm + hm + c^2}{bgm}
$$

$$
E^* = \frac{abgm - c^2 h - c^2 m - c^3 - chm}{b(c+h)(c+m)}
\tag{6.6}
$$

$$
I^* = \frac{abgm - c^2 h - c^2 m - c^3 - chm}{bgm^2 + bcgm}
$$

该平衡点称为内部平衡点，是我们重点讨论的对象。

2. 传播阈值

模型主要考察自然灾难事件社会风险的传播趋势和特征，以及社会风险是否会逐步收敛；若风险收敛，那么社会风险到达峰值和稳态的时刻，以及在峰值和稳态时，整个社会体系中被感染公众的占比也是本章重点分析的问题。关于社会风险是否会收敛，本章根据传染病动力学模型，基本再生数 $R_0$ 表示一个感染状态的公众在平均感染期内传染的不知者个体数。当 $R_0 \leqslant 1$ 时，微分方程组存在无风险平衡点，即零传播平衡点 $p_0 = (1, 0, 0)$，即社会风险在系统内逐渐化解。当 $R_0 > 1$ 时，存在风险续存平衡点，即内部平衡点。由计算基本再生数的下一代矩阵方法，将系统（6.2）右边分成两个部分：

$$
\mathcal{F} = \begin{pmatrix} 0 \\ bSI \\ 0 \\ 0 \end{pmatrix} \qquad
\mathcal{V} = \begin{pmatrix} -a + bSI + cS \\ mE + cE \\ -gmE + hI + cI \\ -(1-g)mE - hI + cR \end{pmatrix}
$$

因为在此系统中听过灾情信息打算传播或者正在传播的人群是潜伏者和传播者，所以只取 $\mathcal{F}$ 和 $\mathcal{V}$ 中对应的这两个类的两行，分别对 $E$ 和 $I$ 求偏导，并将 $p_0 = (1, 0, 0)$ 代入，可得

$$
F = \begin{pmatrix} 0 & b \\ 0 & 0 \end{pmatrix} \qquad
V = \begin{pmatrix} m+c & 0 \\ -gm & h+c \end{pmatrix}
$$

$$
\begin{aligned}
FV^{-1} &= \frac{1}{(m+c)(h+c)} \begin{pmatrix} 0 & b \\ 0 & 0 \end{pmatrix} \begin{pmatrix} h+c & 0 \\ gm & m+c \end{pmatrix} \\
&= \frac{1}{(m+c)(h+c)} \begin{pmatrix} bgm & b(m+c) \\ 0 & 0 \end{pmatrix}
\end{aligned}
$$

故基本再生数 $R_0$ 为 $FV^{-1}$ 的迹 $\rho$，$R_0 = \rho(FV^{-1}) = \dfrac{bgm}{(m+c)(h+c)}$，称为传播阈值。当 $R_0 \leqslant 1$ 时，

系统只有零传播平衡点，此时系统中的灾情信息随着时间演化而淡化出网民的视野，社会风险消亡。当 $R_0 > 1$ 时，模型将存在内部传播平衡点，若不加以导控，任各种灾情信息传播发展，社会风险就会在系统中大面积爆发。从这一结果看出，动力学模型的传播阈值 $R_0$ 与状态间转化的概率密切相关，下文具体分析传播阈值的影响因素。

3. 稳定性分析

平衡点 $(0,0,0)$ 表明在整个系统中社会风险是完全不存在的，因此对该平衡点的稳定性不做讨论。通过以上模型的构建，为了解风险最终会在网络中消除还是持续存在，以及应如何控制风险的传播，下面对模型在平衡点 $p_0 = (1,0,0)$ 和 $p^*(S^*, E^*, I^*)$ 的稳定性做出分析。

**定理 6.1** 当 $R_0 \leqslant 1$ 时，系统（6.4）的平衡点在可行域 $A$ 内是全局渐近稳定的。

**定理 6.2** 当 $R_0 > 1$ 时，系统（6.4）唯一的非负平衡点 $p^*$ 是局部渐近稳定的。

定理 6.1 和定理 6.2 的具体证明见附录 B。由定理 6.1 和定理 6.2 可知，基本再生数 $R_0 = \dfrac{bgm}{(m+c)(h+c)}$ 是模型的传播阈值。

### 6.3.4　模型的仿真分析

在传播阈值的基础上，通过仿真分析影响传播阈值的因素，模拟风险传播过程，并据此给出干预传播的决策关键点。

1. 传播阈值内在机理

根据上述模型及其全局稳定性分析，可知风险传播的基本再生数决定了网络中社会风险传播是否会持续存在，当 $R_0 \leqslant 1$ 时，网络中的社会风险最终会消失，而当 $R_0 > 1$ 时，风险会在网络中持续存在，且最终使受风险感染的公众达到稳定值。因此，社会风险传播阈值 $R_0$ 直接决定着风险传播扩散的态势，同时 $R_0$ 越小灾情信息越不容易传播开来，也越有利于社会风险的控制。

由传播阈值表达式 $R_0 = \dfrac{bgm}{(m+c)(h+c)}$ 可以看出，随着 $h$ 和 $c$ 的增加，$R_0$ 将减小；随着 $b$ 和 $g$ 的增加，$R_0$ 将增大；对于参数 $m$，因为 $\dfrac{\partial R_0}{\partial m} = \dfrac{bgc}{(m+c)^2(h+c)} \geqslant 0$，所以随着 $m$ 的增加，$R_0$ 将增大。$R_0$ 中不含 $a$，说明种群的增长率对 $R_0$ 没有影响，即进入系统的个体对社会风险的态势没有造成任何影响。下面重点分析 $b$ 及 $g$ 对于 $R_0$ 的影响。

参数 $b$ 是单位时间内不知者与传播者接触到的概率，对于一个不知者，其接收传播者发布的信息而成为传播者参与到社会风险传播中。由图 6.11 可以看出，$R_0$ 对参数 $b$ 的变化较为敏感，在固定其他参数的情况下，两者成正比例关系，增大 $b$ 会导致 $R_0$ 增大。当 $b$ 增大到大概 0.45 的时候，$R_0$ 便接近 1，在 $R_0 < 1$ 的情况下，此时不采取任何措施，社会风险也会随着时间自然消失。当 $b$ 越来越大时，$R_0$ 将大于 1，说明控制社会风险可以通过降低 $b$ 的值以达到抑制的目的。在实际的风险控制中，减小 $b$ 的方式包括：改变社交网络的拓扑结构，对灾情信息进行拦截，减小不知者与传播者的接触机会。

参数 $D$ 描述的是自然灾难事件造成的损失程度，如果受灾程度高，公众可能会更关注自然灾难事件的实时动态、当地的受灾情况及应急救援情况等信息。基于这样的事实，从函数（6.3）可以看出，受灾程度高会加大潜伏者变成传播者的概率。由图 6.12 可以看出，当 $D$ 大概在 [0,5] 区间内变化时，曲线的斜率比较大，说明此时 $R_0$ 对于 $D$ 的变化是非常敏感的，适当增大一点 $D$，可以让 $R_0$ 增大很多。随着 $D$ 的增大，从斜率可以看出，$R_0$ 增长得越来越慢，最后 $R_0$ 趋于恒定值约 2.25。这说明，随着受灾程度 $D$ 不断增大，$R_0$ 对 $D$ 越来越不敏感。在实际情况中，当受灾程度很轻微时，人们不太关注相关的灾情信息；当受灾程度一般时，可能有一部分代入感比较强烈的人关注相关信息；当受灾程度严重时，很多人会关注相关信息；当受灾程度很严重时，在受灾严重很多人关注的基础上，不会有更多的新增关注者。

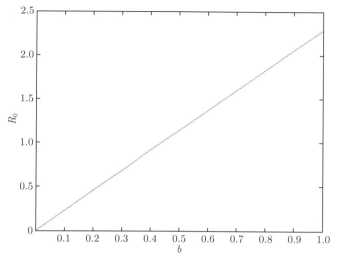

图 6.11 参数 $b$ 对传播阈值 $R_0$ 的影响（$m = 0.6$，$c = 0.1$，$h = 0.2$，$g = 0.8$）

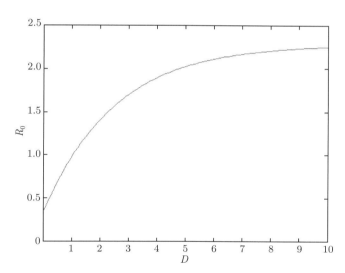

图 6.12 受灾程度 $D$ 对传播阈值 $R_0$ 的影响（$m = 0.6$，$c = 0.1$，$h = 0.2$，$g = 0.8$，
$a_1 = a_2 = 0.4$，$a_3 = 0.2$，$H = 0.3$，$N = 0.2$）

图 6.13 展示了当接触率 $b$ 和传播转化率 $g$ 同时变化时，传播阈值 $R_0$ 的变化情况。由图 6.13 可以看出，当接触率 $b$ 和传播转化率 $g$ 同时增大时，对 $R_0$ 影响的叠加效果非常明显，$R_0$ 增长得极快。同时可以看出，即使 $b$ 和 $g$ 仅仅在 [0,1] 之间变化，都可以让 $R_0$ 增加到 3，我们检验了当 $b$ 和 $g$ 在 [0,10] 区间变化时，$R_0$ 可以达到 300。因此，在控制风险的实际工作中，同时减小 $b$ 和 $g$ 可以非常有效地抑制风险扩散。也就是说，控制风险可以双管齐下，在改变社交网络的拓扑结构的同时，如治理社交网络中的网络大 V，也可通过主流媒体及时全面地披露灾情的真实情况，正确引导公众传播信息。

2. 传播模型仿真实验

为了验证模型及平衡点的稳定性等理论推导的正确性，本章运用 Matlab R2012a，对所建立的自然灾难事件社会风险传播模型进行仿真分析。实验主要针对模型中参数对风险传播和系统稳定性的影响进行模拟验证。在仿真中，取移入率 $a = 0.005$，初始时刻各状态网民的比例为 $S_0 = 0.98$，$E_0 = 0$，$I_0 = 0.02$，$R_0 = 0$。表 6.7 为模型参数设置方案，对社会风险传播进行数值仿真，从实验结果可以观测到各类网民比例在不同方案下随时间变化的轨线。

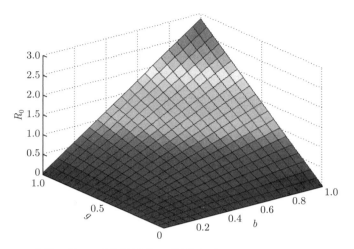

图 6.13　参数 $b$ 和 $g$ 对传播阈值 $R_0$ 的影响（$m = 0.6$，$c = 0.1$，$h = 0.2$）

表 6.7　模型参数设置方案

| 方案 | $b$ | $g$ | $m$ | $h$ | $c$ | $R_0$ |
|------|-----|-----|-----|-----|-----|-------|
| （一） | 0.9 | 0.8 | 0.6 | 0.1 | 0.1 | $3.08 > 1$ |
| （二） | 0.5 | 0.8 | 0.623 | 0.1 | 0.1 | $1.78 > 1$ |
| （三） | 0.2 | 0.3 | 0.6 | 0.1 | 0.1 | $0.29 < 1$ |

图 6.14 表示的是三种方案对传播者密度的影响。由图 6.14 可以看出，当 $R_0$ 大于 1 时，取 3.08 和 1.78 的时候，传播者的密度出现了一个高峰后开始减小，在时间足够长的情况下，传播者的密度随时间逐渐趋于 0。当 $R_0$ 小于 1 时，取 0.29 的时候，传播者的密度从一开始便急剧减小，最后也趋于 0。对比三种方案可以看出，传播阈值 $R_0$ 越大，传播者的密度有更高的峰值，且持续增长的时间也越长，而当 $R_0$ 小于 1 时，没有发生传播。这验证了传播阈值越大，社会风险扩散情况越严重。

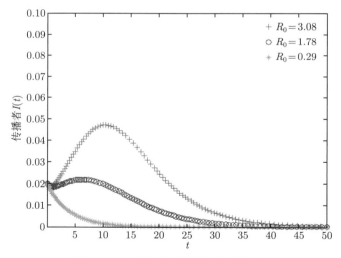

图 6.14　三种方案对传播者密度的影响

图 6.15 表示的是三种方案对潜伏者密度的影响。从图 6.15 可以看出，在初始时刻，潜伏者的密度为 0，随着不知者与传播者接触产生了潜伏者，潜伏者的密度开始增大。大多数人在接触了灾情信息后，不会犹豫很久，很快做出自己的判断，相信信息的网民会传播信息，从而变成传播者，不相信

信息的网民变成抑制者，故潜伏者的密度增大到峰值后又开始减少。当 $R_0$ 大于 1 时，潜伏者的密度曲线的波峰更明显，且在较长一段时间里潜伏者的密度依然保持增大的趋势，说明不断地有不知者和传播者接触。当 $R_0 = 0.29$ 时，潜伏者的密度曲线的波峰很小，通过图 6.15 可知，在这种情况下传播者的密度并没有增大。也就是说，虽然潜伏者的密度有所增大，但是潜伏者并没有转化为传播者，没有发生传播。如果传播阈值更小的话，潜伏者的密度也不会有所增大。对比三种方案可以看出，传播阈值 $R_0$ 越大，潜伏者的密度有更高的峰值，且持续增长的时间也越长。

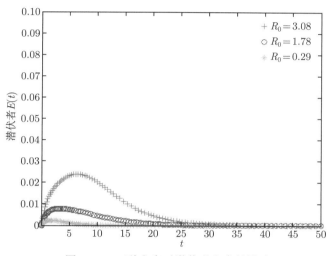

图 6.15　三种方案对潜伏者密度的影响

图 6.16 表示的是三种方案对抑制者密度的影响。从图 6.15 可以看出，抑制者的密度是先增大后减小的，抑制者增加是因为潜伏者转化为抑制者，以及传播者转化为抑制者，当抑制者增加的速度小于抑制者移出群体的速度，则表现为抑制者的减少。当阈值较小的时候，虽然有部分网民接触到信息变成了潜伏者，但是由于自然灾难事件社会风险传播影响因素的作用，潜伏者转化成抑制者，并没有引起风险的传播。可以看到，在传播终止的时候，当 $R_0 = 3.08$ 时，抑制者的密度是最大的。对比三种方案可以看出，传播阈值 $R_0$ 越大，抑制者的密度有更高的峰值，且在传播结束时，影响了系统中更多的人。

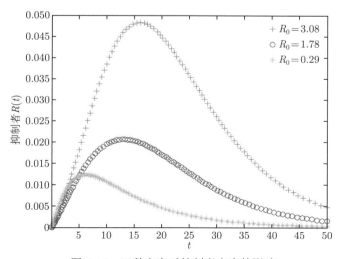

图 6.16　三种方案对抑制者密度的影响

### 6.3.5　案例仿真和分析

下面以"7·20河南郑州特大暴雨"作为案例来验证社会风险传播模型的可靠性，并设置不同情景来考察政府不同的干预对社会风险传播的影响。

1. 事件简述

2021年7月17日以来，河南省普降暴雨、大暴雨，局部特大暴雨。7月19日，河南强降雨达到鼎盛，全省遭遇大范围极端罕见强降雨。7月19日，河南省内有794个气象观测站出现大暴雨，截至7月20日连续3日监测显示（7月20日资料截至11时），嵩山等5个国家级气象观测站突破建站以来连续3日降水量历史极值[375]。7月20日8时至7月21日6时，河南中北部出现大暴雨，郑州、新乡、开封、周口、焦作等地的部分地区出现特大暴雨（250~350毫米），郑州城区局地降水量500~657毫米；上述部分地区最大小时降水量50~100毫米，郑州城区局地最大小时降水量达120~201.9毫米（7月20日16~17时）；河南郑州、新乡、开封、周口、洛阳等地共有10个国家级气象观测站日降水量突破有气象记录以来历史极值①。

河南省气象局发布了最高级别的暴雨红色预警，郑州市气象局则发布消息称，"7·20河南郑州特大暴雨"千年一遇，3天下了1年的雨。郑州市气象局对这次特大暴雨做了数据的梳理和统计：郑州7月20日16~17时，1小时的降水量达到了201.9毫米；7月19日20时到20日20时，单日降水量552.5毫米；7月17日20时到20日20时，3天的过程降水量617.1毫米；其中小时降水、单日降水均已突破自1951年郑州建站以来60年的历史记录②。

2021年7月20日，针对河南省防汛抢险救灾工作，国家防汛抗旱总指挥部启动防汛Ⅲ级应急响应。7月21日，根据《河南省防汛应急预案》，经会商研判并报河南省防汛抗旱指挥部指挥长批准，河南省防汛抗旱指挥部决定凌晨3时将防汛应急响应级别由Ⅱ级提升为Ⅰ级。针对河南郑州连降暴雨引发险情，应急管理部第一时间启动消防救援队伍跨区域增援预案，连夜调派河北、山西、江苏、安徽、江西、山东、湖北7省消防救援水上救援专业队伍1 800名指战员、250艘舟艇、7套"龙吸水"大功率排涝车、11套远程供水系统、1.85万余件（套）抗洪抢险救援装备紧急驰援河南防汛抢险救灾[376]。

国家自然灾难事件灾情管理系统统计，此轮强降雨造成河南省150个县（市、区）1 663个乡镇1 453.16万人受灾，因灾遇难302人，50人失踪。中国银行保险监督管理委员会发言人在答记者问中披露了河南郑州"7·20"特大暴雨的保险理赔情况，初步估损124亿元。河南强降雨发生后，相关信息迅速传遍整个网络，网民开始利用各类社交平台发布救灾信息，多家媒体奔赴现场报道、直播。本节选取案例立足河南强降雨，分析讨论舆论关注的焦点话题，挖掘灾难事件背后的细节，并从中总结社会风险传播规律和启示。

1) 受灾程度

2021年7月18日18时至21日0时，郑州出现罕见持续强降水天气过程，全市普降大暴雨、特大暴雨，累积平均降水量449毫米。73个气象观测站（占比约38%）累积降水量超过500毫米，最大降水站点新密白寨为875毫米，郑州的郑州、登封、新密、荥阳、巩义5个气象观测站日降水量超过有气象记录以来极值，20日16~17时郑州本站降水量达201.9毫米，超过我国陆地小时降雨量极值。由于遭遇罕见持续强降雨，郑州的常庄水库、郭家咀水库及贾鲁河等多处工程出现险情，郑州市区出现严重内涝，造成郑州的铁路、公路及民航交通受到严重影响。灾难中转移避险约10万人，截至2021年7月21日0时，暴雨已造成郑州市区12人死亡③。因此，模型中参数$D$设为8。

---

① 昨日河南中部出现极端降雨　河南多地降雨量破历史极值. https://baijiahao.baidu.com/s?id=1705853641175847328&wfr=spider&for=pc,2021-07-21

② 郑州三天下了一年的雨！降水突破建站60年记录. https://new.qq.com/rain/a/20210721A01VDV00，2021-07-21

③ 洪灾已造成郑州市区12人死亡　已转移避险约10万人. https://news.china.com/socialgd/10000169/20210721/39778995.html，2021-07-21

2）历史因素

"7·20 河南郑州特大暴雨"降水量非常大，可以说这场强降雨的规模是千年一遇的，郑州的郑州、登封、新密、荥阳、巩义 5 个气象观测站日降水量超过有气象记录以来的极值，引发严重洪涝灾害。虽然这不是河南第一次遭遇洪灾，但是在近 20 年来并没有类似的洪灾记录，最近的也是在 1975 年发生的。1975 年 8 月，河南驻马店石漫滩水库、田岗水库垮坝，澧河决口，老王坡蓄洪区相继决口。板桥水库漫溢垮坝，6 亿立方米洪水，5 丈①多高的洪峰咆哮而下，同期竹沟中型水库垮坝，薄山水库漫溢，58 座小型水库在短短数小时间相继垮坝溃决。河南、安徽 29 个县市、1 100 万人受灾，伤亡惨重，1 700 万亩②农田被淹，倒塌房屋 596 万间，冲走耕畜 30.23 万头，猪 72 万头，纵贯我国南北的京广线被冲毁 102 千米，中断行车 18 天，影响运输 48 天，直接经济损失近百亿元。因为近 20 年来在河南未有类似的洪灾记录，所以 $H = 0$。

3）前兆因素

这次特大暴雨及河南普遍强降雨的现象是西太平洋副热带高压和台风"烟花"共同作用造成的。在事件发生一个星期前（2021 年 7 月 10 日），中国气象局就已经监测到 2021 年第 6 号台风"烟花"的形成，并且预测它将会从我国东南方向袭来，最终在浙闽沿海一带登陆。"烟花"正式登陆前，它所形成的气旋范围已经扩散到我国内陆地区。我国西北地区原本就存在大陆高压系统，再加上来自西太平洋的"烟花"，它们共同导致西风系统在河南地区长时间持续。除了气象原因之外，河南遭遇普遍强降雨的另外一个原因是地形地势。河南的西北部和西部都被高山围绕，分别是太行山和伏牛山。在这两大高山的阻挡下，从海洋进来的水汽得到辐合抬升，进而形成云团，为强降雨做准备。根据气象专家的描述，此次河南暴雨具有出现范围广、持续时间长、降落区域集中等多个特点，这些特点一起作用导致了大范围的城市内涝和农田积涝。气象部门就造成此次特大暴雨进行过预测报道，且在洪灾之前有频繁的降雨，故设 $N = 5$。

2. 数据分析

由于"7·20 河南郑州特大暴雨"引起了公众的高度关注，在短短的几天内，人们通过微博发布了数千万条与事件相关的信息。同时，事件的发生也引发了公众对许多话题的激烈讨论，如解放军紧急驰援郑州、郑州希岸酒店暴雨后涨价、郑州地铁 5 号线、企业和个人捐款驰援河南等。这些话题引发了社会的高度关注和大量讨论，同时也使得相关风险迅速传播。本节通过搜集与事件相关的微博数据，与模型的仿真结果进行对比，来说明模型的有效性。为了研究"7·20 河南郑州特大暴雨"事件中社会风险在社交网络中传播的情况，本章搜集了该次事件中风险传播的样本数据。所搜集的数据来自我国最大的微博网站——新浪微博。通过分析事件的过程，选择 2021 年 7 月 18~25 日作为案例分析的时间范围。为了研究该事件社会风险的传播特点与传播规律，确定模型中的参数，我们通过在新浪微博上爬取网络数据，鉴于微博中数据文本繁多，我们以"郑州暴雨"作为关键词爬取 2021 年 7 月 18~25 日的微博数据，共收集到微博数据 86 850 条。2021 年 7 月 18 日至 8 月 16 日每天的微博数见表 6.8。收集的数据主要包括用户昵称、用户 ID、用户的转发时间及转发内容。根据数据统计出每天的社会风险信息的数量，最后以时间为横坐标，以每天的微博数为纵坐标，绘制"7·20 河南郑州特大暴雨"发生前后 7 月 18 日至 8 月 16 日每天的微博数随时间的变化情况，如图 6.17 所示。

7 月 17~20 日，河南地区出现持续性强降雨天气，河南郑州地区 3 天的降水量相当于当地以往1年的降水量，河南地区遭遇极端暴雨事件在网络上引发了巨大关注，几乎成为所有主流媒体和社交媒体的热点。通过爬虫的微博数据可见，7 月 20~24 日是社会风险高峰时期，尤其是 7 月 21 日的微博数据量最大。7 月 20 日晚，随着"郑州地铁 5 号线一车厢多人被困"事件的出现，社会风险对河南暴雨的

---

① 1 丈 ≈ 3.333 米

② 1 亩 ≈ 666.67 平方米

表 6.8　2021 年 7 月 18 日至 8 月 16 日每天的微博数

| 时间 | 微博数/条 | 时间 | 微博数/条 | 时间 | 微博数/条 |
|---|---|---|---|---|---|
| 7 月 18 日 | 2 200 | 7 月 28 日 | 4 259 | 8 月 7 日 | 1 285 |
| 7 月 19 日 | 724 | 7 月 29 日 | 4 288 | 8 月 8 日 | 583 |
| 7 月 20 日 | 1519 | 7 月 30 日 | 2 061 | 8 月 9 日 | 431 |
| 7 月 21 日 | 23 393 | 7 月 31 日 | 1 548 | 8 月 10 日 | 414 |
| 7 月 22 日 | 20 300 | 8 月 1 日 | 3 484 | 8 月 11 日 | 401 |
| 7 月 23 日 | 18 253 | 8 月 2 日 | 1 018 | 8 月 12 日 | 316 |
| 7 月 24 日 | 12 905 | 8 月 3 日 | 643 | 8 月 13 日 | 413 |
| 7 月 25 日 | 7 556 | 8 月 4 日 | 697 | 8 月 14 日 | 588 |
| 7 月 26 日 | 5 255 | 8 月 5 日 | 742 | 8 月 15 日 | 366 |
| 7 月 27 日 | 4 792 | 8 月 6 日 | 508 | 8 月 16 日 | 374 |

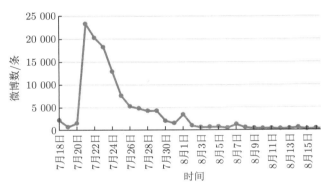

图 6.17　"7·20 河南郑州特大暴雨"发生前后微博数随时间变化图

关注度达到峰值。7 月 23 日，郑州地铁 5 号线失联者家属渴望地铁运营方能从速重启搜救。郑州地铁 5 号线的新闻一直处于较高的热度，通过各方的努力，7 月 24 日抽水完毕后进一步救援，26 日，救援人员再次对地铁 5 号线相关区间开展多轮拉网式搜寻，并进一步扩大搜寻范围，未发现新的伤亡人员，社会风险才有所缓解。

通过分析微博内容，关于明星捐助的报道也在 7 月 21 日开始大范围扩散，如"驰援河南水灾，××粉丝在路上！""和正能量艺人×××一同发起驰援河南水灾"等话题迅速在"粉丝"圈中激发"粉丝"行动力，促使社会风险热度不断叠加，使得自 7 月 21 日以来开始出现较高的数据信息量。7 月 20 日，自媒体博主最先发布 K599 次列车因水漫铁轨后停车被困的消息，7 月 21 日，因暴雨 K599 次列车在撤回途中，再次遭遇洪水被困在新乡北站附近。在微博上，关于 K599 次停车助乘客脱险、食物短缺和救援安置等相关信息大量传播。直到 7 月 23 日 12 时 34 分，@中国铁路发布微博称 K599 次列车到达终点站，有关列车的信息在社交网络中才趋于平缓。

为了获取案例中所对应模型的参数，需要对案例中风险传播过程进行实时追踪，并对系统区域内所有公众的状态及变化情况进行详细统计，这项工作具有高度复杂性。为降低复杂性，获取系统中参数的数据，我们通过在爬取的微博数据中抽样统计案例中微博用户的状态表现来计算。为了保证用户的连续性和活跃性，我们对爬取的微博数据进行了筛选，缩小了数据库。具体做法是，在爬取的微博数据中，筛选出发布了 3 次及 3 次以上微博的用户，从中随机抽取 315 个用户，截取其发布微博的内容、时间等，总共获得 1 868 条微博。通过抽出的样本数据，统计出每天的用户数和微博数，见表 6.9。将表 6.9 的统计数据与社会风险传播模型的参数进行匹配，得到如表 6.10 所示的数据。

表 6.9　抽样样本的用户数和微博数

| 时间 | 用户数 | 微博数/条 | 时间 | 用户数 | 微博数/条 |
|---|---|---|---|---|---|
| 7月18日 | 15 | 18 | 7月22日 | 206 | 434 |
| 7月19日 | 7 | 11 | 7月23日 | 226 | 612 |
| 7月20日 | 14 | 16 | 7月24日 | 161 | 238 |
| 7月21日 | 265 | 371 | 7月25日 | 137 | 168 |

表 6.10　案例中模型的参数

| 状态 | 初始人数 | 对应参数 | 状态改变人数 | 对应参数 |
|---|---|---|---|---|
| 不知者 | 300 | $S_0 = 0.95$ | 300 | $b = 1$ |
| 潜伏者 | 0 | $E_0 = 0$ | 225 | $m = 0.75$ |
| 传播者 | 15 | $I_0 = 0.05$ | 190 | $h = 0.16$ |
| 抑制者 | 0 | $R_0 = 0$ | | |

　　根据模型中参数 $g$ 的计算方式，$g = 1 - \mathrm{e}^{(-0.5 \times 8 - 0.5 \times 5)} = 0.998\,5$，将表 6.10 中的参数代入社会风险传播模型中，取 $a = c = 0.05$。在 Matlab R2012a 环境下，对自然灾难事件社会风险传播的 SEIR 模型进行仿真分析，可得到案例情景中不知者、潜伏者、传播者和抑制者的密度变化情况，仿真结果如图 6.18 所示。

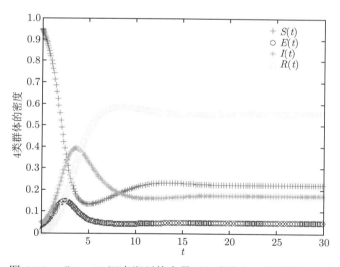

图 6.18　"7·20 河南郑州特大暴雨"事件中 4 类群体的密度

　　从图 6.18 可知，在"7·20 河南郑州特大暴雨"事件中，事件发生后的第 4 天灾情信息传播达到高峰状态，表现为传播者的密度达到最大值 0.4，这是最易产生社会风险的阶段。随着时间的推移，系统内不知者的密度从开始的陡然减小，然后稍有回升，最后趋于平稳。传播者的密度陡然增大，然后缓慢减小，到第 10 天开始趋于平稳，维持在 0.18 左右。这说明关于该事件的社会风险在短时间内进行了爆发式的传播，政府若想控制社会风险的发生和发展，在早期应采取相应的措施，否则迅速扩散后会增加风险治理的难度。潜伏者的密度先增大后迅速减小并在 5 天后逐渐平稳，相比其他 3 类群体，抑制者的密度缓慢地增大，最终在 0.55 处趋于平稳，说明系统中大约有 55% 的人受到了社会风险的影响。上述仿真结果与事实基本相符。可见，模型能够模拟重大自然灾难事件的社会风险传播过程。

　　以该事件为基础情景，根据参数间的逻辑关系和实际情况进行适度假设，设计 4 种情景构成实验组，模拟政府不同的干预方式对群众状态和行为的影响，考察政府干预风险应选择的方向，具体参数设置如表 6.11 所示。

表 6.11　各情景参数设置

| 情景 | $\bar{b}$ | $b$ | $\bar{m}$ | $m$ | $\bar{h}$ | $h$ | $\bar{g}$ | $g$ | 备注 |
|------|------|------|------|------|------|------|------|------|------|
| 基础场景 | 0 | 1 | 0 | 0.75 | 0 | 0.16 | 0 | 0.998 5 | 基准 |
| 情景 1 | −0.2 | 0.8 | 0 | 0.75 | 0 | 0.16 | 0 | 0.998 5 | 考察 $\bar{b}$ |
| 情景 2 | 0 | 1 | −0.2 | 0.55 | 0 | 0.16 | 0 | 0.998 5 | 考察 $\bar{m}$ |
| 情景 3 | 0 | 1 | 0 | 0.75 | 0.2 | 0.36 | 0 | 0.998 5 | 考察 $\bar{h}$ |
| 情景 4 | 0 | 1 | 0 | 0.75 | 0 | 0.16 | −0.2 | 0.798 5 | 考察 $\bar{g}$ |

将表 6.11 中的参数代入模型 (6.2)，对该事件中社会风险传播的 SEIR 模型进行仿真分析，可得到 5 种情景下不知者、潜伏者、传播者和抑制者的密度演化，如图 6.19～图 6.22 所示。

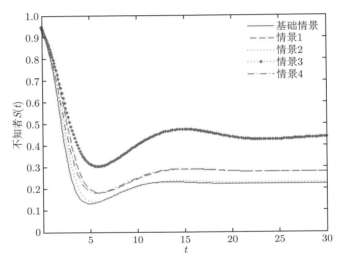

图 6.19　5 种情景下不知者的密度演化

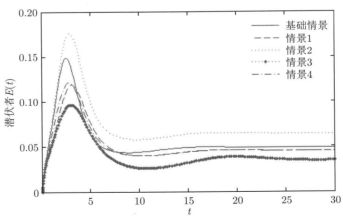

图 6.20　5 种情景下潜伏者的密度演化

由图 6.19 可知，与基础情景相比，其他 4 种情景分别代表有政府干预，这 4 种情景均对不知者的密度变化有影响。其中，不知者的密度在情景 3 中下降最慢，最后余下的不知者的密度也是最大的。情景 1 和情景 4 次之，但相比基础情景来说，余下的不知者的密度也有所增大。情景 2 对不知者的影

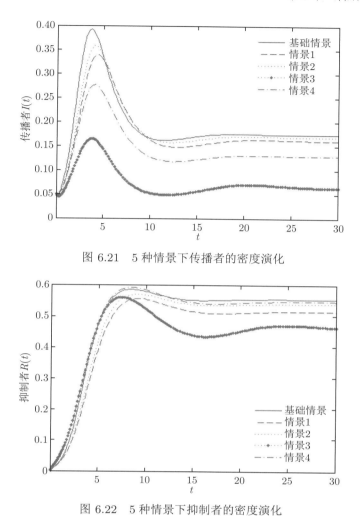

图 6.21　5 种情景下传播者的密度演化

图 6.22　5 种情景下抑制者的密度演化

响最小，几乎和基础情景是相重合的。这表明，在降低不知者的密度方面，情景 3 的效果最好，情景 2 效果最差。根据参数 $h$ 的含义，即通过促进传播者向抑制者的转化对阻碍不知者的密度减小效果最好；通过降低不知者与传播者接触到的概率，以及接触到风险的潜伏者转化为传播者的概率，对阻碍不知者的密度减小的效果次之；通过降低潜伏者转化为传播者的阻碍效果最差。通过分析，在情景 3 中，传播者转化为抑制者的原因可能是传播者对风险不感兴趣，或者改变了对风险的看法，往往让传播者产生变化的是官方有理有据、公开透明地公布与事件相关的信息，这样公众也就不想再去讨论了。产生情景 2 的原因是，在当前社交媒体高度发达的情况下，公众非常容易获取与自然灾难事件相关的新闻，有的个体可能很多次听到这个消息，想要阻止听到过相关消息的人变成信息传播者，不是一件容易的事。可见，重大自然灾难事件发生后，政府"堵住公众的耳朵"并不是好的策略，公布真相才是更好的策略。

由图 6.20 可知，与基础情景相比，其他情景均改变了潜伏者的密度演化曲线。情景 3 中潜伏者密度的峰值最小，增大速度最慢，情景 2 中潜伏者密度的峰值最大，增大速度最快。可见在减小潜伏者的密度方面情景 3 效果最好，情景 2 使得潜伏者的密度增大了，即增大风险传播者向抑制者的转化概率，能有效减小潜伏者的密度，减小不知者向潜伏者转化的概率和潜伏者向传播者的概率，对潜伏者的增长有一定的抑制效果。上述结果依然显示情景 3 是有效的抑制方式，通过上面的分析，进一步说明采用以理服人的信息来疏导人们心中的疑惑，引导公众从传播者变为抑制者，是一种非常有效的方法。阻碍群体间的接触，对社会风险的传播有一定的抑制作用。但是，相比以理服人的公开透明信息而言，阻碍群体接触并不是一个理想的应对方式。

由图 6.21 可知，与基础情景相比，情景 3 和情景 4 中传播者密度的峰值明显变小，情景 2 和情景 1 变化较小。情景 3 比情景 4 更早出现峰值，下降也较情景 4 迅速，说明对于传播者的密度减小的措施中，情景 3 效果最好，情景 4 次之，即促进传播者向抑制者转化比抑制潜伏者向传播者转化的效果更好。由图 6.22 可知，相比于基础情景，除了情景 3 和情景 1，其他两种情景对抑制者的密度改变不大，几乎没有很明显的差别。与传播者的变化一样，在减小抑制者的密度方面，情景 3 的效果非常显著，这依然说明增加传播者向抑制者的转化概率，会使得风险影响到更少的人。

根据上述分析，政府干预自然灾难事件社会风险应重点关注以下四点。

（1）降低不知者密度的减小速度，缩小社会风险的影响范围。由图 6.19 可知，应该优先考虑情景 3，即增大传播者向抑制者转化的概率，使得系统中没有足够的传播者与不知者接触。使用该策略的实际操作方法包括：公开与自然灾难事件相关的信息，保证信息的公开透明；发布官方信息，针对负面风险进行澄清，引导公众正视与自然灾难事件相关的信息。情景 1 和情景 4 次之，参数 $g$ 涉及的因素（受灾程度、历史因素和前兆因素）基本不可人为改变。因此，只有情景 1 才有采用的可能，即干预措施要能阻碍不知者向潜伏者的转化，以及潜伏者向传播者的转化。具体措施包括减少不知者与传播者接触的概率，如屏蔽一些网络大 V 账号。

（2）减少潜伏者的心理恐慌，降低潜伏者向传播者的转化比例。由图 6.20 可知，应该优先考虑情景 3。政府通过媒体让公众树立灾难意识，增强对自然灾难事件的认识，加强心理上对自然灾难事件的承受能力。公开信息和科普知识，提高广大公众对于自然灾难的认识及应对能力，才能使更多的人在灾难事件发生前就自觉地避防、在灾难事件发生时提高自救与互救的能力，从而使灾难事件发生后的社会风险引导治理工作更好地进行。

（3）减小传播者的密度，降低其在社会风险传播中的影响。由图 6.21 可知，同样是优先考虑情景 3。通过政府的信息发布和信息科普，让更多的传播者变成抑制者，从而有效地减小传播者的密度。

（4）减小最终抑制者的密度。最终抑制者的密度代表系统中受社会风险影响的人数，由图 6.21 可知，应该优先考虑情景 3，即干预措施要能促进传播者向抑制者的转化，让更多的人不再参与社会风险传播。

综上可知，所有群体的密度演化图显示情景 3 是最佳的控制方法，情景 1 和情景 4 次之。因此，为了消除社会风险或控制风险传播范围，政府应该增大 $\bar{h}$，减小 $\bar{b}$ 和 $\bar{g}$，即提高传播者向抑制者转化的概率，降低不知者向潜伏者及潜伏者向传播者转化的概率。其中，控制因子 $\bar{h}$ 效果最佳。

### 6.3.6　实际治理经验

对于中国城市而言，城市防洪实则是一个社会风险治理问题。面对人口聚集的特大城市，"7·20 河南郑州特大暴雨"极为考验当地政府的指挥能力，前文已经从理论上分析了突发事件的治理策略，下面具体分析在该次事件中政府的治理过程。

1. 加强风险引导，谨防次生风险

在灾难事件发生后，各种消息瞬间集聚，公众存在焦虑恐慌心理，极易助推网络不实信息的增长，导致公众焦虑恐慌。这个时候，正是各方关注、需要提供权威信息、引导网络舆情的时候。政府部门必须第一时间公布权威消息，并应加大对灾后网络不实信息的监管力度，及时澄清不实信息，并严肃处理部分网络自媒体恶意炒作、发表不当言论等恶劣行为。随着救灾救援工作的结束，问责、追责成为社会风险关注焦点，需防止负面议题在网民中发酵，以及引发的公众对政府的敌视情绪[377]。同时，政府应有效利用媒体引导热点话题和风险变化方向，消除网络次生舆情发展势头，以权威信息疏导民意，加强风险引导治理。

面对严峻复杂的汛情、雨情、灾情，河南省委、省政府主要领导做出明确指示、实地指挥督导。郑州市委、市政府迅速行动，2021 年 7 月 19 日、20 日接连召开全市防汛救灾紧急调度会议，7 月 20 日应急响应等级由IV级提升至 I 级，国家防汛抗旱总指挥部启动防汛III级应急响应，并紧急赶赴现场协助开展抗洪抢险工作。7 月 21 日凌晨，国家防汛抗旱总指挥部紧急召开专题会议，会商研判雨情汛情形势，进一步部署河南防汛救灾工作。7 月 21 日，中共河南省纪律检查委员会、河南省监察委员会印发《关于强化防汛救灾监督执纪工作的紧急通知》，严禁迟报、瞒报、漏报重要汛情灾情信息。7 月 21 日下午，河南省防汛应急新闻发布会召开，介绍河南防汛救援最新情况，河南省人民政府召开了多场防汛救灾新闻发布会，及时发布最新汛情和回应救灾情况。

在 " 7 · 20 河南郑州特大暴雨" 发生后，中央各级部门及时对防汛救灾下达工作指示，省、市各级均有响应动作，迅速组织抢险救灾。政府在救灾信息传播方面做到了公开透明和及时回应，在声势浩大的社会风险中获取了话语权和主导权。主流媒体也发挥了重要作用，积极承担社会责任，重点报道灾情进展、救援进度、正能量新闻并及时辟谣，如选取灾情中有温度的故事进行报道，唤起大众情感认同，稳定大众情绪，起到了凝聚人心的作用。相较于之前的重大自然灾难事件，该次事件中产生的负面舆情相对较少，但是依旧存在。面对质疑，媒体通过跟踪报道和深度报道及时解答了网民的质疑，逐渐消解了网民的负面情绪。

2. 消息及时公开，避免风险发酵

在该事件中，网民关注度主要集中于灾区一线、救援进展及灾情预警发布三方面。其中以 "K226 次列车请求紧急救援""郑州地铁 5 号线一车厢多人被困" 等事件为代表。郑州地铁集团有限公司（简称郑州地铁）多次被推上社会风险的风口浪尖。郑州市委宣传部官方微博 7 月 21 日通报，郑州地铁全面疏散群众 500 余人，其中 12 人经抢救无效死亡、5 人受伤。据澎湃新闻报道，多位网友向澎湃新闻记者反映，有亲友乘坐地铁 5 号线，截至 7 月 21 日下午仍失联。对此，郑州地铁工作人员表示，所有被困乘客均已转移到安全的地方。网友反映的实际情况与郑州地铁的情况通报相矛盾，在微博等社交媒体引发广泛讨论。郑州地铁回应称，预计 24 日抽水完毕后进一步救援，但对于地铁 5 号线中是否仍有失联人员，郑州市相关部门及郑州地铁均没有做出正面回应。"乘客已安全撤离、全面疏散等" 消息发布时均未被权威证实，这留下了较大的社会风险扩散空间。

"郑州地铁积水" 事件发生的一周后，山西省消防救援总队和四川省森林消防在微信公众号上率先披露积水情况，也就是说，并非郑州市相关部门及郑州地铁披露相关情况，而是外地支援郑州救援队伍的政务新媒体，对此郑州市相关部门及郑州地铁值得反思。救援队及时发布灾情信息凸显了其专业性，向公众展示公开透明的救援现场，压缩了不实信息及不确定性猜测产生的空间。面对灾情信息，第一时间不隐瞒，客观报道，官方的信息在自然灾难事件突发之后是最具权威性的，并且第一时间做出报道和反馈，能够避免谣言的产生与扩散，同时与公众沟通信息，可以掌握引导舆论的主动权。

3. 做好灾后问责工作，回应关注热点问题

在该事件中，公众对政府预警工作和被困人员救援不及时等问题，存在不满情绪，尤其是在郑州地铁被困事件引发了公众强烈不满，部分网民在得不到郑州地铁的解释后，将愤怒情绪转移到政府身上，质疑政府有包庇嫌疑。针对大雨预警和城市排水系统等热点问题的一系列质疑和不满情绪，政府应通过主流媒体给出专业的科学解释和问题的客观分析，同时真诚地自我反思。主流媒体的实时客观报道及政府的自我反思，能够展现其真诚与责任，可以使得消息和言论更具有说服力。随着灾情的逐渐缓解，网民要求政府问责、追责的期待越来越强烈，政府相关部门需针对该事件中的缺位失职情况进行全面调查，及时公布处理结果，有力回应关注热点，维护政府公信力。

救援后期，面对不实信息及群众建议，郑州市相关部门的社会风险应对明显提速。针对社交媒体流传的 "郑州地铁 5 号线空车运行、暴雨中浸泡过的地铁 5 号线车厢被托运走" 的传言，"郑州发布"

于 2021 年 7 月 28 日进行澄清，称其均为不实消息，并通报了郑州地铁各线的检修及恢复情况。 2021
年 7 月 27 日，针对"地铁入口被人为设置围墙无法祭奠"一事，郑州地铁通过郑州当地媒体表示，已
在沙口路站设置追思处，为市民祭奠提供便利，对此前"人为设置围墙"一事起到了一定的消弭作用。
对于灾后的重建复苏问题，河南省、郑州市两级政府做出了较为积极的响应。在后灾情阶段，各级政
府及相关部门对社会风险的关注度高于初期，及时地回应也能消弭公众的猜疑与不满。

## 6.4　引导性治理模式

　　通过社会风险传播模型的构建及社会风险传播影响因素分析，基于议程设置理论和善治理论，借
鉴"政府主导、多方引导、广泛响应"的治理思路，结合应急管理理论，提出相应自然灾难事件社会
风险引导性治理方案，为政府制定完善的风险防范、监控和管理制度提供基础，引导治理模式路径如
图 6.23 所示。下面从政府、媒体、公众的角度详细阐述治理思路。

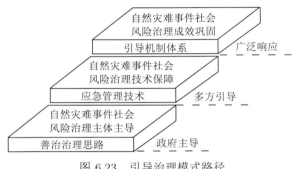

图 6.23　引导治理模式路径

### 6.4.1　善治治理思路

　　善治治理思路在自然灾难事件社会风险引导性治理模式中有着重要的意义。善治主要指的是对公
共行政管理理论不足之处进行纠偏，具有反应迅速、行之有效、参与积极、诚实守信、达成共识、公
正透明、法律规范、公平包容的特点。其中最基本的特征就是政府与现代公民对于公共生活的协同管
理，这种及时的协同管理对应对突发的自然灾难事件具有重要意义[378]。现代国家与公民之间的状态可
以归纳为"协同发展"四个字，这是一种全新的关系。从公民政治与社会经济学角度分析，只有在民
主与公平法治的社会环境下才能达到善治的境界。通过善治治理，降低不知者变为潜伏者或者传播者
的数量，减小风险的影响范围。图 6.24 是善治治理的十个必备要素。

　　1. 善治治理

　　正所谓"立善法于天下，则天下治；立善法于一国，则一国治"。善治，也是衡量社会治理成效的
标尺之一。

　　（1）有效性。有效性以管理效率为重头戏，具体由善治的程度所决定，只有具备科学、合理的管
理机制和程序，且拥有弹性的管理行为才能保持管理的效率；要懂得如何控制治理成本，针对自然灾
难事件风险，如果没有有效治理，将严重伤害受灾人民和其他牵挂群众的心理。

　　（2）责任性。在公共管理中，管理者要做到"心中有人民"，要主动承担相应的责任和义务，管
理者的工作态度与其社会责任感是一脉相承的，这两方面的要素又共同决定了善治的程度。

　　（3）回应性。责任性的内涵范围的衍伸就是回应性，强调竞争和法治先行。公民面临自然灾难可
能会提出一些诉求，管理者需要做出及时有效的回应，以彰显管理机构的责任感。

　　（4）稳定性。在社会环境足够稳定的情况下对秩序和安全予以关注，调和社会内部矛盾，连贯地
执行整个政策，真正做到"政策连贯、社会稳定、民众团结、国家安定"。

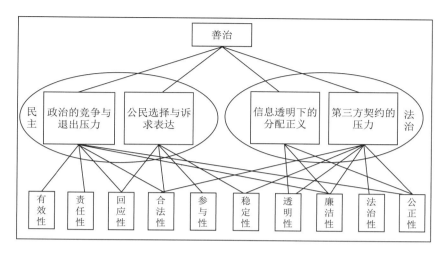

图 6.24　善治的基本要素

（5）合法性。即指确保合理的法律和政治程序。

（6）参与性。即指"公民参与公共生活和政治生活"，这种参与主要指政治层面和生活层面，国家权力回到社会的过程是善治的一项重要内容，当政府与社会、公民之间保持着密切合作关系时，就说明处于一种善治状态，离开社会和公民的支持和参与，善治就是空谈。

（7）法治性。善治的灵魂是法治，法律对任何人、任何事物而言都是平等的，法治也是公共管理必须遵循的准则。法律环境为善治提供了土壤，需要依靠法律建立社会程序，法治能够同时对政府和人民的行为进行规范，法治的价值就在于对社会事务和公民行为进行规范，使得公民的正当权利得以主张，最终实现社会的长治久安。

（8）廉洁性。信息透明度下的监督、法治下的惩罚及政治上的退出机制是实现廉洁性不可或缺的条件。

（9）透明性。也就是要公开政策信息，公众拥有利用不同媒介来获取政策及涉及自身利益信息的权利，行使这一权利也是对政府开展公共管理活动进行监督的一种表现。除了要及时公开政策信息之外，还要公开社会内部信息。

（10）公正性。公正性是善治实现的基础。善，表示擅长，或者愿意、能够，这些都以管理者的客观公正为基础。

善治的十个基本要素，应当以民主政治和公共治理法制化为基础。只有在公众高度承认权威和自愿合作的情况下才能达到善治的境界，离开公众的配合，善治就是空谈，得到公众支持和配合的基础就是要尊重他们的基本政治权利，允许其参与决策、管理、选举，主动告知其真实情况，这样才能稳步推进公共权力和程序。善治境界的形成意味着政府与公共高效、良好的互动与合作关系的形成。

2. 治理思路

在管理自然灾难事件社会风险的过程中，监测和处理风险本身显然不再是一种适合于社会要求的方式，要树立善治的理念和思想，明确治理灾难事件社会风险的意义，整合公众、社会、政府的力量，才能形成治理合力。政府要做好牵头作用，注重顶层设计，准确预判风险的发生，构建能够调和不同利益方矛盾的长效互动机制，及时准确地发布有关灾难事件的信息和资料，构建一个与社会期待相符且充满活力的新闻发布话语系统，同时打造一支治理社会风险的人才班底，才能使得社会风险治理朝着常态化、有效化的方向发展[379]，从而减小公众的心理恐慌，降低公众向传播者转化的概率。

1）有效性：提升风险预判能力，强化社会风险预警

治理自然灾难事件社会风险的基础是要准确预警社会风险，这也是抵御社会风险、改善风险治理能力的必由之路。准确预警社会风险是了解风险发展动态趋势的关键。首先，需要做好风险监督，当风险在爆发的边缘波动，群众表达欲望较强时，要对风险的走势进行准确判断，了解其可能会引发哪些不良后果，这样才能提前做好准备工作，避免社会上充满各种虚假言论和小道消息。其次，需要利用风险分析软件对风险信息数据进行收集和提炼，通过聚类敏感词，筛选和分析热点话题，出具完善的风险分析报告，为政府研判风险提供参考和依据。同时，相关部门要成立相应的工作小组，根据风险的发展评估其风险等级，然后制订相应的应急预案，再与相关部门共同筹备，从根本上阻止社会风险的出现。

2）参与性：构建多元治理主体，共同参与风险治理

善治境界的达成需要建立在多元治理主体之上，现如今，政府依然是自然灾难事件社会风险治理的主体，公众和社会组织的存在感比较薄弱，尚未形成一种多元治理主体的格局。善治社会的目的就是要发挥公民与政府等多主体的力量，使得国家权力顺利回归社会。因此，政府拉近自己与人民群众距离的过程实际上就是善治的过程。作为协调政府与公民关系的社会组织，应该积极参与社会治理，这也是达成善治目标必须要注意的一个环节。社会组织也能传达民意，将公众诉求顺利表达出来，这有利于政府科学制定决策。社会组织依托不同媒体对风险进行判断、分析、收集，桥接政府与网民的信息，消除网民的不良情绪，端正他们的态度，同时还能预防社会风险，从而实现社会长治久安，社会组织参与社会治理的主要路径之一就是公共利益的表达。

一方面，对公众意见进行搜集之后可以将他们的诉求传达给政府，使得政府基于这些诉求制定更为成熟的治理决策；另一方面，弱势群体一直都是社会治理的关键环节，社会组织要密切配合政府的行动，为弱势群体争取相应的社会资源，调和社会矛盾，维稳社会，抵御社会风险。政府还要主动联系网络大 V，与之在微博、微信等多渠道携手治理社会风险，从源头扼杀风险危机。除此之外，还要对公众不良网络行为进行监督，回应公众质疑，对煽动网民与政府对立的言论和行为进行规制。在治理突发的灾难事件社会风险过程中，社会组织就是一个缓冲地带，除了能够帮助政府传递政策思想之外，还能帮助广大人民群众发声，拉近政府与人民群众的距离。

3）回应性：积极开展情感沟通

善治的实现建立在情感的积极沟通之上。哈贝马斯的交往理论认为，真诚、正确、真实是交往行为得以维持的三大基本要素，这一理论也适用于社会风险危机的情感沟通，政府要设身处地为受害者考虑，确保自己发布的信息是群众关心的议题，而且要关怀群众利益，只有所发布的信息是群众真正想要的，才能赢得公众的信任和支持，规避社会风险。对于网络上充斥的各种小道消息和不实信息，政府部门应该及时出面澄清，并附上相应的背景材料和证据，这样才能维持政府的公信力，消除公众心中的疑虑[380]。在沟通方式上，从情感上安慰网民比强烈呼吁网民理智对待更容易被接受。就如同勒庞的作品《乌合之众：群体心理学》，当情感战胜了理智之后，激进的情绪就会扶摇直上取代正确的推理，导致不实信息四起。在网络空间内，网民的情感支配着自己的行为，政府以说教的方式与网民沟通，或是试图以权威的手段压制网民只会引起他们的不满。但是，采用共情式的换位思考与网民进行情感沟通和交流，那么就很容易感染网民，赢得他们的理解。因此，政府与网民沟通时要讲究方式和技巧，转换话语传播方式，利用媒体融合的趋势来对新媒体语境下的表达方式进行创新，以一种贴近公众的方式来呈现事件的真相，用公众能够接受的方式传递信息，解决问题，充分尊重公众的知情权。

4）责任性：构建多中心协同联动的善治模式

善治境界的达成有赖于多中心协同联动治理模式的构建。在网络世界内，公众有着各种各样的发

声方式，新媒体也成为政府部门对风险进行引导的主要工具，在这种情形下，各部门更要通过互动沟通、整合资源、共享信息的方式来正确引导风险。各部门要密切配合，从源头上扼杀社会风险，还要通过共享大数据来构建一个社会风险应急协同联动体系，利用不同的信息宣传渠道来对风险进行回应和引导，线上线下齐发力，不断挖掘新的治理主体，确保灾难事件社会风险的化解真正覆盖效率、程度、时间三个维度。

### 6.4.2　应急管理技术

随着新媒体的发展和普及，越来越多的网民在新媒体上进行信息传播及对社会现象和问题表达自己的态度等，新媒体在应用技术、传播渠道和媒介形式上与传统媒体都有所区别，这增强了媒体的传播力和影响力，极易迅速衍生出社会风险。因此，结合自然灾难事件社会风险具有"反应迅速"的特点，将应急管理思想引入自然灾难事件社会风险引导性治理模式中十分必要。

1. 应急管理理论

应急管理工作就是以运用先进的科学技术手段作为管理的核心，以一种全局性的眼光来计算和规划作为管理的重点，并且要在各个环节及时高效地应对突发事件，将危机所造成的影响降至最低，这样才能保障人民的生命财产安全，并避免整个社会陷入混乱[381]。关于应急管理的定义，我国相关研究人员认为，这是一种通过分析危机发生背景和成因，并对其发展趋势进行预测，然后借助权威力量，利用资源来应对、处理、控制危机的过程。

应急处理过程通常由预防、准备、应对和恢复四个方面的内容组成，尽管其步骤明确，但是具体到真正的事件当中，因为实际情况千差万别，所以不一定都是按照这一步骤进行的，需要各个应急处理部门进行灵活调整，才能保证自己按部就班地达到治理目标，并体现出各个阶段治理工作的内在联系[382]。表 6.12 为应急管理的四个阶段及任务。

**表 6.12　应急管理的四个阶段及任务**

| 阶段 | 任务 |
| --- | --- |
| 预防 | 纳税奖惩、立法、公共信息、公众教育、土地使用管理、奖惩、保险 |
| 准备 | 避难场所、应急计划、检测演练、预警机制、疏散计划、训练<br>资源储备、应急沟通、公众信息、互助合作、公众资源 |
| 应对 | 社会援助、搜救和支持、公共卫生措施、紧急状态宣布、搜救和支持、公众信息、疏散<br>协调中心协调、上级通报、注册与跟踪、评估、资源准备 |
| 恢复 | 启动灾难重建、恢复基本服务、制订计划、咨询设置、研究影响、临时住所、恢复公共财产<br>公众信息、提供物资、金融帮扶、临时住所、支持诉求、研究经济、评估发展 |

应急管理生命周期的四个阶段环环相扣，形成了一个闭合系统，基于表 6.12 的内容不难发现，进入第四阶段之后，就要针对应急管理出具相应的应对方案，这样才能将危机所造成的影响和损失降至最低[383]。

2. 风险管理技术

网络社会是智能的，这种智能属性自然也会映射在社会风险上，因此，如何灵活应用智能化的手段和方式处理、监控社会风险，消除社会风险中的不良因素，使之朝着积极、正向的方向发展就成为管理社会风险的重中之重[384]。

社会风险应急管理技术培训是我国风险应急管理技术的重要内容。只有真正熟练地学习和掌握技术，才能真正从根本上有效培养和不断提高我国社会风险应急服务业务能力，才能从全局角度做好社会风险管理工作，并体现出相关技术的地位。现阶段，我国的信息技术科研机构遍及各地，比较具有代表性的有北京中科院软件中心有限公司、中国科学技术信息研究所、天津社会科学院舆情研究所、中国传媒大学网络舆情研究所等，同时，各种媒体型信息产品也应有尽有，包括微博分析中心、腾讯大数据、人民日报社网络中心舆情监测室、新华网舆情在线、天涯舆情等。

### 6.4.3　引导机制体系

自然灾难事件社会风险引导机制体系遵循如下思路：为实现社会风险引导，首先基于社会风险传播模型的分析结果，从三大主体之间的关系出发，提出三种引导方式；其次，着重分析政府作为关键引导主体的角色，具体如图 6.25 所示。

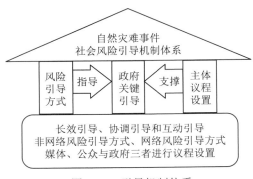

图 6.25　引导机制体系

1. 风险引导方式

社会风险引导方式有长效引导、协调引导和互动引导三种，如表 6.13 所示。

**表 6.13　社会风险引导方式（一）**

| 引导方式 | 主要内容 |
| --- | --- |
| 长效引导 | 各级政府领导认真履行职责<br>促进社会和谐，优化网络环境<br>加强组织自身建设，优化组织设置 |
| 协调引导 | 协调各主体的利益要求，进而有效引导<br>在灾难事件中，要密切配合，使各项工作紧密衔接，以此对社会风险整个过程进行正确引导 |
| 互动引导 | 政府要创造一个良好的环境，使得风险信息的发布朝着合法、合理的方向发展<br>要在信息公开方面主动与媒体进行合作，保证灾难事件社会风险信息的透明度<br>依托各种媒介进行互动，对灾难事件中的社会风险进行正确引导 |

（1）长效引导。网络风险引导长效机制告诉我们，任何机制都是动态的，需要不断更新，这就要求我们在实践中理智对待时代特征，坚持创新制度，及时更新升级各种机制，使之走在时代前沿。因此，有必要立足实际，本着效率精神开展常态化工作，体现出引导方式的可行性、系统性和科学性。首先，各级政府部门要正确行使职责，将中央有关突发灾难事件网络舆情的引导方针、政策落实到位，并且了解其治理思路，认真按照上级的指示完成各项任务。其次，肃清网络中的不良要素，为社会和谐做贡献，各级政府领导要充分把握群众的思想特点，有的放矢地进行引导。最后，要加大组织建设的力度，调整组织结构，使组织的工作范围有所拓宽；要对活动方式进行创新，为组织的发展提供更多可能；要引入精英人才，实现人才效用的最大化。在大数据时代背景下，构建引导自然灾难事件社会风险的长效机制是强化政府履责能力，改善政府执政水平的重要任务。

（2）协调引导。各级政府在大数据背景下管理社会风险的难度直线上升，政府既要正确引导灾难事件的网络风险，又要对政府、公众、媒体之间的关系进行协调，尊重群众的言论自由，这些内容都是人民群众判断政府和各级领导治理水平的依据。因此，自然灾难事件社会风险引导既要具有维稳社会的作用，又要展现民主性。鉴于这一点，如何对各主体的利益进行协调就成为引导灾难事件社会风险的重中之重，在引导过程中，各方面的配合、各环节的衔接异常关键。

（3）互动引导。风险引导机制中所有要素之间彼此作用、相互影响的过程就是其互动性的具体表现。社会公众应该积极参与到公共危机管理当中，这样才能保证公共服务的效果和水平，政府部门要及时公开相关信息，使信息暴露在阳光之下，面对公众不解之处，要第一时间出面进行澄清和说明，避免社会上出现不实信息，并要及时澄清不实信息，而且在世界信息、经济、政治一体化进程不断推进的当今，政府更要通过公开自然灾难事件的相关信息来对社会风险进行化解，使舆情朝着正向且积极的方向发展。

何时会出现自然灾难事件是难以预测的，事件的发生如此紧急、突然，使得政府对相关风险进行引导时因为信息差、信息量不足等问题的客观存在而面临重重挑战。从这一层面分析，信息俨然是政府能否正确引导自然灾难事件社会风险的核心内容，而媒介作为政府对社会风险进行引导的关键主体，更是应该努力为政府创造一个干净、健康的网络环境，使得政府能够在化解社会风险方面事半功倍，由此可见，在引导自然灾难事件社会风险方面，媒体和政府之间的配合与合作显得至关重要，双方应该基于不同的要素进行互动、沟通，发挥治理合力，使得舆情朝着积极向上的方向发展[385]。

2. 政府关键引导

政府是应对和管理自然灾难事件的主体，同时也是公开自然灾难事件信息最权威的一方，在引导自然灾难事件社会风险的过程中，政府占据着主导地位，当爆发自然灾难事件之后，政府应该尽快设置公众议程，同时不间断地对事件进行报道，及时把控风险方向，以免其朝着不可控的方向发展。政府议程属于管理行为和传播行为，管理行为基于传播行为得到扩展，传播行为是落实管理行为的前提条件。换言之，政府对议程进行有效的设置能够正确引导舆情，面对群众的不解之处，政府要以新闻发布会的方式公布事件的细节，澄清社会上的各种不实信息，并引导人民群众理智看待事件，使得社会风险朝着可控的方向发展。灾难事件一旦爆发，必然会引起人民群众的强烈关注，这是一种必然，越发要求政府尽可能消除各种不良且负面的灾情信息，发布正面、积极的灾情信息，带领公众理智对待灾情，以免社会和网络上出现不良风险、极端风险。政府应该利用网络风险引导机制来重新审视自己的职能，维持自身的公信力，消除民众对政府的负面情绪可以有效拉近政府与民众的距离，实现政府公信力的提升，这是有效引导的基础。政府应该走近群众，而非以高高在上的姿态对待群众。政府要主动了解群众的所感和所想，倾听民声和民意，真正想群众所想，基于群众的所感和所想进行及时回应和反馈，然后鼓励民众参与到公共事务及相关管理事项当中。

在这一时期，各种因素必然导致波折。如果引导结果偏离了某些群体的预期，就可能引起这部分群体的不满，此时政府应该出面进行澄清，解释这么做的道理，赢得各类群体的支持。网络引导机制也要求政府着力培养媒介素养和网民道德素质，要将之作为国民教育的一项内容，强化网民甄别信息的能力，使之能够独立判断哪些是不实信息，哪些是正确信息，这是治理社会风险的必由之路。不仅如此，政府还要打造一支人才班子，运用其深厚的文化底蕴来对灾难事件社会风险进行化解，体现治理工作的有效性。

政府可以通过非网络风险引导方式和网络风险引导方式来确保舆情朝着正向、积极的方向发展，而且要做到引导方式与风险情况相契合，条件允许也可以综合运用这两种方式（表 6.14）。

1）非网络风险引导方式

脱离互联网进行引导的方式即非网络风险引导方式，这种方式直接、有效，能够系统地呈现事件信息，且附带详细的解释，能够迅速打消公众的疑虑，这种引导方式包含三种子方法。

（1）新闻发布。第一时间将事件的起因、经过和细节告知民众是引导舆情的最佳方法，这些信息只要是公众所需要的，公众就会感到自己的知情权得到了尊重，从而充分信任政府，比较普遍的做法

表 6.14　社会风险引导方式（二）

| 引导方式 | 主要方法 |
| --- | --- |
| 非网络风险引导方式 | 新闻发布 |
| | 新闻评论 |
| | 新闻报道 |
| 网络风险引导方式 | 政府网站 |
| | 新闻网站 |
| | 微博、微信等新媒体 |

就是与媒体共同召开新闻发布会。突发自然灾难事件往往比较特殊，有时不可能事件一发生就能公布系统且详细的信息和资料，此时可能就会给人造成一种局势不明的错觉，导致社会和网络空间内出现各种不实信息和小道消息。因此，可以采用"阶段式发布新闻"的方式来召开新闻发布会，分阶段公布信息，以免因公布不当信息而影响政府的公信力，这种公布方式也有利于公众全程跟踪整个事件。

（2）新闻评论。突发自然灾难事件牵涉面很广，公众可能会对政府公布的信息中的一些专业词汇和术语一知半解，此时就需要由专业评论人员或专家出面解释这些专业词汇和术语，用一种能够被公众理解的方式转换这些内容，使得公众的知情权得到充分实现。政府可以针对自然灾难事件设置一个自然灾难事件学科专家库，由专家出面来分析和解释事件当中的一些现象和问题，保证公众充分理解，这样可以避免公众自行猜测，引起误会。

（3）新闻报道。风险引导效果与公布事实的渠道密切相关，渠道越多元，越能够在更大的范围内化解风险，利用不同的宣传渠道，如广播、报纸、电视报道新闻事件，可以在最大范围内传播信息，增加受众量，避免出现不实信息。目前，公众认知水平已经有所改善，看待问题也理智了很多，政府只需报道客观信息就能得到最佳的引导效果。

2）网络风险引导方式

微博、论坛、网站、微信是目前引导网络风险的主要工具，现实事件就是挖掘社会风险的对象，其在网络上传播，故传播渠道就是引导社会风险的关键。

（1）政府网站。政府的形象在某种程度上是可以通过政府网站体现出来的，故在引导社会风险的过程中，政府应该对新形势下引导社会风险的方式进行归纳和总结，在治理自然灾难事件社会风险过程中，政府要选择恰当的方式，将事件的真相进行公布，确保风险朝着科学、正向的方向发展。同时，政府网站还要主动监测社会风险事件，对其发展趋势进行预测，消除网络中的不良言论，降低风险事件的影响，这也不失为塑造政府良好形象的一种办法。政府应该在突发自然灾难事件出现之后将灾情细节、灾难影响、救援情况等信息以专题、板块的方式公布在政府网站上，并跟踪报道，做到实时更新，以满足公众对事件了解的诉求。公众通过汇总涉及自然灾难事件的信息，了解政府救灾情况，以免因为政府未能及时获取信息而引起误会，导致不实信息四起。

（2）新闻网站。目前，网民获取实时信息的渠道主要是各大新闻网站，这些网站每天都有无数网民浏览，发生突发自然灾难事件后，及时将信息发布在各大新闻网站上，一方面可以掌握风险主动权，使风险引导范围得以扩大；另一方面还能增加政府的公信力，打消人民群众对政府某些行为的疑虑，杜绝不实信息的出现。一些媒体在自然灾难事件发生之后为了点击率而传播虚假信息，进行不实报道，增加了政府引导社会风险的难度。因此，要构建网络信息规章制度，据此开展管理工作，还要主动联系媒体，使之全力配合政府引导突发自然灾难事件社会风险。

（3）微博、微信等新媒体。微博、微信等新媒体已经成为孕育社会风险的温床，这些新媒体具有便捷性和效率性的特点，微博、微信等新媒体通常都能掌握发布灾难事件信息的主动权，尤其是在政府也开通了官方微博和微信账号的当今，新媒体在传播突发自然灾难事件社会风险中的作用更加不言而喻。官方微博、微信应该在突发自然灾难事件发生之后利用自己的公信力对事件的真相进行报道，及时引导，使社会风险朝着积极、正向的方向发展。

3. 主体议程设置

要保持风险主体之间的良性互动关系，就必须对媒体、公众与政府这三者进行议程设置[386]，具体有三种方式：第一，媒体议程，即在特定事件内，媒体所聚焦的问题会被集中报道或是不断被提起，从而形成焦点话题。第二，公众议程，即公众在某个时间段内予以关注，且发展成社会风险中心，并借由其表达自身诉求的议题。媒体在上述两个议程当中所扮演的角色都是不可替代的[387]。第三，政策议程设置也属于议程设置的范畴。权利主体对某公共问题保持高度重视，且将之纳入政策层面开始着手解决，明确政府行动方式及行动所遵循政策的过程即政策议程。上述三种议程设置实际上就是媒体、公众、政府就其关注的某事件表达看法、观点的一种方式。这三种议程设置在社会和新闻媒体不断进步的当今彼此影响，互相循环，如图 6.26 所示。

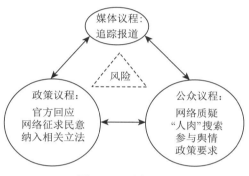

图 6.26　议程设置

不仅如此，这三个议程设置之间还存在显著的内在联系，它们在互联网背景之下更是环环相扣，而且具有双向影响的趋势，具体而言，媒体议程设置受政策议程设置的影响，而媒体议程设置则是政策议程设置对公众议程设置进行影响的中介因素，没有媒体议程设置作为纽带，其他两个议程设置的联系就不成立。政策议程设置也可以通过社会动员、法律规范的方式对公众议程设置造成影响。政策议程设置会在公众议程设置和媒体议程设置的共同影响下发展，在引导自然灾难事件社会风险的过程中，要主动厘清公众议程设置、媒体议程设置、政策议程设置三者的相关性，并对其策略和责任予以明确，在设置三种议程时，尽可能地使彼此保持一致步调，而且相互协调是引导自然灾难事件社会风险的关键，这样才能确保社会风险朝着某个方向发展。

媒体在自然灾难事件社会风险出现时虽然无法决定公众的思想动态，但是可以通过相关报道来对其进行影响，故在引导自然灾难事件社会风险方面，媒体议程的设置实际上作用很大：一是公众和受灾群众有设置议程的诉求。公众在互联网崛起的时代能够通过各种各样的途径获取灾情信息，但是灾情信息是庞杂的，大部分公众都缺乏甄别信息的能力，公众及受灾群众所面临的这种挑战为媒体议程设置创造了先天条件[388]。例如，媒体可以通过议程设置，向公众及受灾群众解释是否会发生次生灾难或群发性灾难，运用专业的解答来消除他们心中的疑虑。二是公众和受灾群众的从众心理。个体的行为或态度会因为真实的或想象的群体压力而发生变化，这就是社会心理学领域的"随大流"和"从众"现象。从众是十分常见的社会现象，是个体寻求安全感及消除自己与群体冲突的一种方式。发生重大自然灾难事件之后，随着灾难后果的显现，公众特别是受灾群众普遍会出现跟随及附和他人观点和想法的现象。此时媒体应该就公众和受灾群众的这种从众现象设置相应的议程，尽量报道灾后重建及政府作为方面的积极信息，疏导群众的情绪，以免群众从众心理异化进而引发各种社会风险。

新闻媒体在当代社会背景下起到了缓解社会矛盾，调和政府与各种社会力量的作用，扮演着"中间人"的角色，政府在对灾难事件社会风险进行引导的过程中，只要能够做到及时公布信息，并且回应公众的质疑，公众就能理智地看待灾难事件，从而为解决事件营造一个和谐的社会心理氛围。对于人民群众普遍关心的灾难事件，只要主流媒体主动介入，积极报道，就可以起到消除流言、抚平情绪的作用，这就要求媒体以真实的报道为基础，理智看待问题，主动承担其造福社会、服务公众的责任，这样才能为舆论朝着正向、积极的方向发展创造条件。

在社会风险引导机制下，媒体引导治理风险的能力是通过议程设置得以体现的，针对这一点，首先，媒体应该对某类新闻进行不间断的报道，使得公众高度关注此话题，进而起到引导公众的作用，保证该主题覆盖整个社会，这样才能充分调动社会各个层面的力量来应对事件。其次，媒体应该不断强化自己的可信度。基于这一点，媒体要具备新闻道德素养，保证所报道的信息都是真实、全面、可靠的，而且要主动维护法律秩序和道德准则，做到惩恶扬善。最后，媒体要采用科学的手段对公众进行引导，使之恢复正常的生活。媒体的报道要客观、公正、全面，这样才能消除公众心中的疑虑，增加公众对政府的信任，有了这样的信任基础，政府才能畅通无阻地开展各种管理工作。因此，事件发生之后，媒体要率先表态，再理性地进行报道，从而使得灾难事件社会风险朝着可控的方向发展。

### 6.4.4 不实信息精准治理

不实信息精准治理最终落地到区分不同人群的观点、信息表达偏好，进行针对性的信息推送和信息形式改造，突破澄清不实信息接收困境，实现澄清不实信息传播的有效性。不实信息最易导致社会风险，不实信息精准治理策略如下。

（1）有针对性地推送科普知识或政策普及。在群体预测模型的基础上，不实信息治理主体可根据过去不实信息参与者的群体分类结果，有针对性地向群体推送适合其观点与立场的信息，如对于曾作为传播不实信息者的群体，推送相应类别的科普信息，推送我国对危害严重的网络造谣者惩处的法律法规，对这一群体表现威慑力；对于曾作为不相信不实信息者，然而还没有成为主动澄清不实信息者的群体，推送平台激励政策，如澄清不实信息积分等；对于澄清不实信息者，平台也可推送激励政策，以及其感兴趣类别的其他不实信息，鼓励其继续成为网络上的主动科普者、净化者，若其转发信息造成一定影响力的，平台应及时兑现激励，如赠送积分、虚拟礼物、会员等级升级等，建立一个倡导民间澄清不实信息、奖励民间科普、科普人才不断涌现的长效激励机制；对于动摇者及相信不实信息者，平台应定时推送其易受迷惑的同类型科普信息，对其进行科普教育。

（2）通过不实信息参与者的关注、标签挖掘不同群体对不同媒体的偏好，尽量通过其感兴趣、信任的媒体推动针对性的信息。

（3）当一个不实信息出现或处于蔓延过程中时，根据群体预测模型，预测该类型的不实信息所面向公众中的哪些人可能会成为澄清不实信息者、传播不实信息者、相信不实信息者、不相信不实信息者、动摇者，提前给他们推送相关科普信息，尽量在不实信息到达他们之前，已多次科普或澄清不实信息，使其实现"免疫"。

（4）对于发布不实信息的群体，可通过对他们近期主动发布的信息和评论进行人格与个性分析，最广的分类是来自麻省理工学院的 The Big Five （大五类）人格特征来描述人的人格与个性，大五类因素包括严谨性、外向性、开放性、宜人性与神经质人格特质。最常见的方法是从预编译的词语类别列表中对词进行计数，称为语言查询和字数（linguistic inquiry and word count），将群体进一步细化为五类个性，对推送的信息做符合其个性的改编。

（5）多模态结合的信息形式。社会媒体网络上的信息由多种不同模态的内容组成，主要包括文字、图片、视频、语音等，多模态的内容表达增加了信息的表现力。澄清不实信息传播应充分利用群体对信息类型的偏好，设计该群体最容易接受的模态形式，使得澄清不实信息内容、科普内容、激励和惩罚政策最终被群众接收并形成正确的信息观念，提高信息的接受程度。

### 6.5　自然灾难事件案例

本节从 2013 年"四川芦山 7.0 级地震"和 2013 年"浙江余姚特大洪水"两个案例汲取教训、总结经验，掌握不同类型自然灾难事件社会风险的演化规律和特点及三大主体关系，对做好自然灾难事件社会风险发生后政府主导、多方协同、多方参与的引导性治理措施提供经验性参考。

#### 6.5.1　四川芦山 7.0 级地震

从实证的角度选取 2013 年"四川芦山 7.0 级地震"，基于对事件回顾、灾情信息传播趋势、传播路径、媒体报道、公众话题及社会风险治理方案的分析，总结出自然灾难事件社会风险的演化规律、三大主体关系及社会风险治理方案。

1. 案例背景

2013 年 4 月 20 日 8 时 2 分，位于北纬 30.3°、东经 103.0° 的四川雅安芦山县发生了震级为 7.0 的地震灾难。震中是芦山县，距离成都约为 100 千米，成都、重庆、宝鸡、汉中、安康等多地都有较强震感。根据雅安市人民政府应急管理办公室的情况通报，芦山县龙门乡因地震而垮塌的房屋多达 99%，镇卫生院门诊部和住院部全部瘫痪，无法提供相应服务。截至 2013 年 4 月 24 日 10 时，受灾人口 152 万人，受灾面积 12 500 平方千米。地震造成四川省直接经济损失 851.71 亿元，灾区的地貌、水利、生态、通信、电力、交通、铁路、航空、公路、文物古迹等也受到影响或破坏[①]。"四川芦山 7.0 级地震"发展情况如图 6.27 所示。

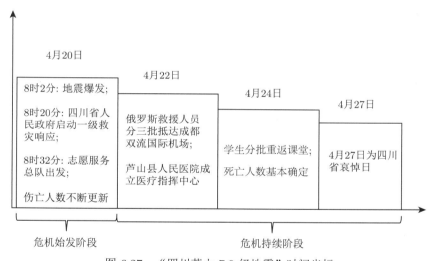

图 6.27　"四川芦山 7.0 级地震"时间坐标

"四川芦山 7.0 级地震"的消息最先经过微博社交平台进行曝光，2013 年 8 时 3 分时，微博"中国地震台网速报"（中国地震台网中心的官方微博）发布了第一条消息，称"测定到四川省雅安市雨城区附近发生 5.9 级左右地震，但最终结果以正式速报为准"，并 @ 了影响力较高的中央级媒体、地方媒体官方微博，以及关注人数较多的微博大 V，从而引起媒体和网民的关注。

2. 灾情信息传播趋势

"四川芦山 7.0 级地震"的灾情信息传播路径和公众、媒体关注百度指数走势，可以用图 6.28，以及图 6.29 和图 6.30 所示的过程进行简单示意。

图 6.29 是以"芦山地震"为关键词的公众关注百度指数走势。图 6.30 是以"芦山地震"为关键词的媒体关注百度指数走势。其中，2013 年 4 月 20 日，公众对该次地震的关注百度指数达到 58 581。

---

① https://www.cea.gov.cn/cea/dzpd/dzzt/20170516twtddz/index.html

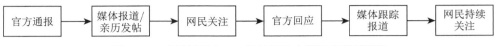

图 6.28    "四川芦山 7.0 级地震"灾情信息传播路径

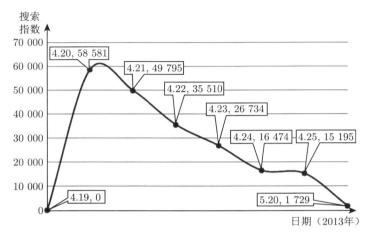

图 6.29    公众关注百度指数走势

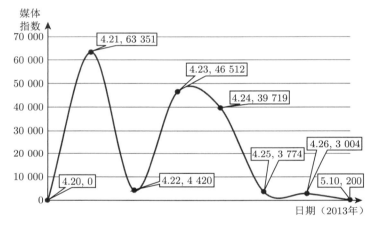

图 6.30    媒体关注百度指数走势

4 月21 日，公众关注百度指数降至 49 795，媒体关注百度指数升至 63 351。
4 月22 日，公众关注百度指数降至 35 510，媒体关注百度指数降至 4 420。
4 月23 日，公众关注百度指数降至 26 734，媒体关注百度指数升至 46 512。
4 月24 日，公众关注百度指数降至 16 474，媒体关注百度指数降至 39 719。
4 月25 日，公众关注百度指数降至 15 195，媒体关注百度指数骤降至 3 774。

"四川芦山 7.0 级地震"发生之后，与地震相关的各种议题和话题的风险热度在短时间内急剧增加。随后，电视媒体、广播媒体、网络媒体进行了全天候的播报。特别是"雅安地震"这一话题，在全社会得到了强烈关注[389]。整个事件的风险热度呈现出爆发性增长的态势，网络平台上关于该次地震的讨论持续不断。

2013 年 4 月 20 日中午，救援部队到达，灾情信息更多被披露，该话题关注度又到达一个新的高点，网络中关于"雅安地震"这一话题的各类新闻、帖文、博文开始大量涌现。两天之内，这一话题的媒体关注度和网络关注度呈现出持续上升的发展态势。截至 4 月 21 日 24 时，与这一话题相关的网络新闻数量已经远远超过 6 万篇，与之相关的微博数已超过 620 万条。无论是来自论坛的数据还是来自微博的数据，都显示该话题的风险热度处于持续升温阶段，并且，该话题的后势发展值得当地政府密切关注。

3. 治理经验

从"四川芦山 7.0 级地震"的数据展示可以看到，其社会风险演化是复杂的、动态的。下面从三大主体角度分析"四川芦山 7.0 级地震"社会风险的治理经验。

1）"四川芦山 7.0 级地震"社会风险应对

下面从政府、媒体和公众三个角度分析该事件社会风险应对。

（1）政府。及时发布灾情报道。政府第一时间发布了灾情报道，使得公众对权威信息的需求得到了满足。"中国地震台网速报"于地震发生后迅速发布了地震等级信息，信息来源于自动测定技术系统，准确、可靠，之后又陆续对地震的基本情况，如震级、震中位置进行了报道；该微博账号在震后 5 分钟又对人工测定所得的结果进行了跟踪报道，为政府、救援机构和民众把握灾情创造了条件[390]。作为发布第一手权威信息的平台，"中国地震台网速报"发布了"地震快讯"之后，仍不间断地播报灾情实况，确保公众能够及时获得灾情和震后余震方面的信息。

及时公布救援方面的信息。地震侵害了广大人民群众的生命财产安全，处于灾区的人民也会因为灾情而处于恐慌、担心之中，灾区之外的人民则迫切希望了解灾区人民的情况，尤其是政府救援工作的情况。政务微博及时地对救援信息进行播报，通过民众期望了解灾区救援情况的心理来消除他们的不安情绪。最先进入灾区开展救灾工作的是成都军区的救援队，他们将救援情况以"雅安芦山抗震救灾"这一官方微博进行报道，使得民众能够通过刷新微博了解救灾的实时情况，并进行留言。例如，该微博账号 20 日发布的涉及救灾的微博共计 8 条，这 8 条信息是在短短 15 分钟内发出的：第一条微博是应急响应，地震发生之后，成都军区率先进入抗震救灾状态，并表示该次指挥抗震救灾，彻夜坚守在军区作战值班室的领导为司令员；第二条微博披露救援团队组成，一共有 2 000 名官兵，分别来自中国人民解放军第四十二医院、中国人民解放军第三十七医院、某汽车团一个营、某步兵营、成都军区驻川某炮兵团，他们在第一时间进入灾区开展救援工作；第三条微博披露了新增的救援小组（成都军区驻夹江医院）派出了前往地震灾区救援的医疗小组（共 60 人）；第四条微博发布的信息为 77 159 部队向灾区派出了 500 名人员、38 台车辆。"雅安庐山抗震救灾"微博账号以这种不间断的报道方式，满足了灾区内外民众对于灾情救援信息的需求，同时也传达出成都军区、政府高度重视救援工作，不遗余力地保护人民群众生命财产安全的态度，这既能提升政府形象，又能缓解人民群众对于灾情信息的紧张情绪。

及时打击虚假信息和澄清不实信息。普通民众在"四川芦山 7.0 级地震"发生之后纷纷感到难受、震惊，并且久久无法释怀，当中不少人已经出现情绪失控的现象，此时如果去看那些真假难辨的信息，就容易失去正确的辨识能力，被虚假的信息蒙蔽。例如，地震发生之后，网络上开始充斥着各种各样虚假的灾区震情信息，这些信息会引起社会的强烈反响。政务微博应该在此时出面发声，运用自己的权威性调和政府与公众之间的关系，使之流畅对话，使得不实信息不攻自破，从而正确引导社会舆情，扼杀社会风险危机。震后曾出现"芦山又出现了一辆坠入山崖的救灾车辆"这样的报道，事实上这是不实信息，于是官方微博于 4 月 21 日明确澄清此为不实信息，成都军区前往调查之后发现并无此事，而真相则是，13 集团军某团向当地租用了一辆吊车，用吊车吊起翻入河中的运输车辆，却被有心之人悄悄拍下，经过人为剪辑之后发布到网络上，成为一则虚假消息。

政府在处置突发自然灾难事件社会风险时，需要遵循一定的原则来进行舆情的引导工作。目前，不论是国内还是国外的学者，都从各自所站的角度出发，阐释他们对风险引导原则的见解。其中以里杰斯特（英国危机公关专家）提出的危机沟通理论最具代表性，即"三 T 原则"较著名且被引用较广泛。这个原则要求所提供的情况必须做到及时、全面、真实三点，基于这样的危机沟通"三 T 原则"，将突发自然灾难事件信息传播特点结合起来，总结出以下六项基本原则。

第一时间反应原则。通常而言，"先入为主"可以说是信息传播过程中比较常见的一种现象，人们总是会选择相信自己最先接触到的信息，这就是"先入为主"最好的解释，这种现象对人们关于事件的判断结果有着深远的影响。国外学者就以此种现象进行了一次实验，结果显示，要改变公众最先接触到的信息对他的影响，就要用更多的信息量来稀释第一次接触的信息，之所以这么操作，是因为信息传播速度总是快于纠正信息的速度，发生突发自然灾难事件之后，人们最开始对事件的认知还处于空白，此时，若政府能及时公布灾情信息，就可以掌控风险主动权，从而有效引导治理风险[391]。若公众不再信任政府，就会引发政治危机，政府在发生突发事件之后第一时间化解风险，满足公众对事件真相进行了解的需求，就能拉近自己和公众的距离，体现政府公信力，减少公众对政府的质疑。若政府拥有较高的公信力，就能从容应对风险，而且能降低危机的发生概率，还可以团结群众，消除群众的不良情绪。不仅如此，政府及时出面澄清和解释也是对公众负责、尊重公众知情权的一种表现，可以使得公众充分信任政府，主动支持、配合、理解政府各项工作的开展。

信息公开透明原则。这一原则的根本要求就是要清楚公众需要哪些信息，在尊重公众知情权的基础上调和矛盾，根除不实信息、打消疑虑。在处理突发自然灾难事件的过程中，如果政府公布的信息透明度不够高，就会导致公众的猜疑，从而引发不满情绪，进一步造成公众对政府的不信任。突发自然灾难事件发生的时候，若政府在事件面前处于一种不管不问、一味澄清不实信息或是保持观望的态度，那么无疑会削弱自己的公信力。面对此种情形，若公众和媒体能够从相对权威的渠道迅速地获取重要消息，他们就会另辟蹊径满足自己的信息诉求，在这个过程中可能会接触到不实信息。当社会上充满了不实信息时，公众就会开始不断批评和质疑政府的能力和态度，从而站在政府对立面上，这会增加政府治理风险的难度，纵观过往的种种案例不难发现，只有保持事件信息的透明度，才能为顺畅处理风险奠定基础[392]。

坦诚原则。坦诚有三个层次的含义，即诚实、诚恳、诚意。诚实，就是不能说谎，如果一个组织不诚实且不愿意担责，那么公众会对其感到失望，相反，如果组织在工作上出现失误后立即澄清，并主动担责，那么公众就会对其抱有好感。诚恳，即理智、理性地对待自己的错误，并且承担起相应的责任，尤其要对负面信息保持理性。诚意，首先要将事件的原貌呈现在公众面前；其次要就事件处理不妥的地方向公众解释、澄清，赢得公众的理解。对于这三层意思而言，最关键的是诚实，当对突发灾难事件社会风险进行引导时，政府要将事件真相及事件可能引发的风险告知公众。诚然，政府不能夸大也不能隐瞒真相，若无法肯定某些信息是否真实，也应该附上说明和解释，这样才能让公众感到自己的知情权得到了尊重，从而政府在澄清不实信息时才会被信任。政府对突发自然灾难事件社会风险进行引导时的态度越诚恳，公众对政府的好感就越强。

尊重公众情感原则。自然灾难事件的发生是难以预测的，一旦发生，便会立即引起公众紧张、担忧的情绪，使得其失去理智或是处于一种消极状态。如果政府能够在此时出面给予回应，安抚和疏导群众的不良情绪，就能避免很多问题。这样的行为不但能够有效地缓解公众的恐慌情绪，还能调动群众参与救灾的积极性，发挥群众的个体力量。政府、媒体、公众在社会风险中所扮演的角色虽然不尽相同，但是缺一不可，三者彼此影响。发生自然灾难事件之后，灾难后果、灾难类型、救灾进展是公众、媒体最关心的内容。此时，政府在做社会风险引导时，就需要处理好与媒体、公众的交互关系，这样才能与媒体、公众站在同一战线上，拉近自己和公众的距离，树立良好的政府形象，此时公众会充分信任政府，愿意听从政府的指挥和安排，这一点对于政府开展抗争救灾工作、分配社会资源而言意义非凡。

口径保持一致原则。政府各个单位、部门在自然灾难事件发生之后一旦出现表达前后矛盾、不畅、无序的现象，就无法有效地引导公众、媒体的风险，甚至会引起其质疑和不信任，这种不信任被放大之后就会导致媒体和公众站在政府对立面上。这不仅会引发新危机，还会造成公众对政府的不信任，从而损害政府的形象。因此，口径保持一致是引导治理风险的重中之重，要尽量避免出现不一样的声音。不仅如此，还要把握好三个细节：首先，发生突发自然灾难事件之后，先由新闻发言人等特定人员对口径进行统一，再将已经达成共识的内容发布出去；其次，先做好充足的准备再对信息进行发布，表述要流畅且前后不能矛盾；最后，发布信息时口径、态度必须一致，并形成对应的脚本，从而避免产生混乱。

留有适当余地原则。政府在发布信息的过程中要谨记一点，表达要有一定的空间，不能过于肯定某些内容，也不能盲目地推诿责任，因为这样只会加剧公众对政府的不满和反感。另外，不能盲目进行承诺，面对治理风险的压力，有时政府为了平息事态会给出一些承诺，以赢得公众的支持和信任，但这种做法可能会使得公众期许过高，一旦承诺无法实现，便会使得风险朝着不可控的方向发展，甚至引发一系列不必要的问题和麻烦，政府就会面临比之前更大的风险压力。

（2）媒体。媒体可以及时地发布事件消息，制作事件对应的讨论专题。在"四川芦山7.0级地震"发生之后，包括人民网、新华网、央视网等权威的中央媒体，百度、搜狐、新浪、网易、腾讯、凤凰网等公众熟悉的企业媒体，都在第一时间对此进行了信息披露，许多网站都提供了网络直播服务，并制作了专门的报道和讨论专题。

分担电信行业的负担，利用新媒体方式与外界进行沟通和联系。相比以前依靠电话和短信等电信技术与外界联系，对于该次地震的报道，由于灾区的移动通信不通畅，在百度、360和必应搜索等平台进行"雅安地震"搜索时，平台都会给出如下温馨提示："请尽量使用网络或短信报平安，不要拨打四川电话！"当地震现场部分通信设备受损时，电话与短信无法接通，微博和微信等新媒体就变成重要的通信工具，不少人利用它们联系到震区的亲友，缓解了他们的担心。新媒体技术能够分担部分传统电信技术的压力和负担，并为信息的传播开辟新途径，利用多种方式进行信息传播，才可更好地为公众提供更多样的便捷服务[393]。

搭建各种有效的救急平台，参与救援工作。网络和手机等为"四川芦山7.0级地震"提供了新的援助平台，如微信平台就推出了"雅安地震救助"公众账号，这个账号是地震救助信息的集散平台，主要用于发布震区最新进展、实用救援信息、网友寻人咨询和网友报平安的资讯。

（3）公众。"四川芦山7.0级地震"发生之后，立刻成为全国网民关注的焦点。一些当地的网友通过网络平台发布最新情况，灾情通过网络短时间内在全国范围内迅速传播。一方有难八方支援，不在灾区的社会各界人士也采取不同的形式贡献着自己的力量，如大众纷纷通过QQ、微博等方式为灾区祈福，纷纷捐款捐物，并踊跃加入志愿者队伍亲赴灾区进行援助等。

2）合理运用新媒体进行有效的危机沟通

在应对社会风险的过程中，政府、媒体和公众有效地运用新媒体微博进行危机沟通。

（1）政府：加强管控，推进制度化改革。媒体不间断且密集地对自然灾难事件进行报道之后，可以引起公众对事件的关注，并就此形成一种公众风险，从而左右着整个风险的演化，公众风险实际上就是大部分观点和利益相同的人所发表言论的集合，其主导着整个社会风险的方向，是公众观点的代表，具有一定的引导作用。政府在公共危机沟通中应该充分了解整个风险的生成过程，经过监督与引导，使风险朝着积极、正向的方向发展，消除社会不良风险。在管理公共危机的过程中，政府占据着主导地位，其应该充分发挥在公共危机沟通中的媒介作用，并严格按照现行法律法规来规制媒体报道新闻的行为和态度，这样才能发挥风险对社会的推动作用，也能约束媒体，避免其为了流量和点击率而进行不实报道，同时这也是真正贯彻和落实相关风险政策的必由之路，是保证灾难事件社会风险处理效果的有效方法。在重大自然灾难事件风险发生之后，如果政府要充分了解民意，就必须科学、合理地配置媒体软资源。

在自然灾难事件社会风险管理中，政府主要通过以下三个方面来管理媒体：第一，赢得媒体的配合。政府在发布信息的过程中要自觉改变自己打压敌对、躲躲藏藏、置之不理的做法，若政府能够赢得媒体的配合，那么双方就能达成共识，一起面对危机，久而久之，这种模式就会演变成管理风险的有效手段和方式。第二，构建新闻发言人制度，健全新闻发布原则，引导媒体传播信息。政府与媒体的关系会因为存在信息差而有所恶化，媒体如果能够从新闻发言人处获得权威、全面且真实的信息，就会充分信任政府，并且主动对社会风险的演化进行引导，最终辅助政府管理好风险，若政府所公布的信息成为媒体发布新闻的依据时，媒体就在无形中成为协助政府的工具。因此，出于政府和媒体在发布新闻时互相依存关系的考虑，政府一定要本着一致、公开、准确、及时的原则发布新闻和风险信息。风险形成时，政府要出面对风险进行引导，确保公众了解事件的真相，而且所有部门都要在口径上保持一致，这样才能从源头上消除信任危机。第三，政府应该及时监督和管控媒体的行为，这么做并非对媒体的言论自由进行限制，而是规范其发布信息的行为，避免其发布不实消息，忽略对媒体的管控可能会使得媒体报道一些负面消息，影响风险控制效果。一旦媒体在报道事件方面出现问题，那么必然会引起一连串的连锁反应，而且会加深公民对事件及某些言论的印象，此时再管控风险就已经错失良机。因此，政府在治理风险的过程中应该监管好媒体的行为。

（2）媒体：扮演社会公器，及时设置事件议程。在自然灾难事件社会风险的应急处置工作中，媒体会给社会各个方面的人群带来不同层次的影响。媒体与政府进行良性互动的前提条件是实现自身沟通能效的最大化，这样才能辅助政府高效地传播信息，否则就会增加政府治理风险的难度。因此，在处理自然灾难事件社会风险的过程中，要对媒体的自我管控和伦理建设予以高度重视，要处罚和警告存在不实报道的媒体，纠正其不当行为，以免引起严重的后果。要利用思想教育工作，使得广大媒体自觉遵守道德操守、职业伦理，树立强烈的责任心，拒绝商业化运作模式，这也是媒体自我管控的首要准则。灾难事件社会风险牵动着千万民众的神经，治理过程中任何一个环节出现纰漏都会导致不可估量的损失，媒体为人们探索世界提供了一个"窗口"，其也是社会监督的重要组成部分，故在引导灾难事件社会风险的过程中，媒体要站在公众和社会的角度看待问题，自觉改善自己的素养水平，围绕群众和社会的利益提炼和整合有价值的信息，积极发挥自己的监督与控制功能，通过自身的努力使得灾难事件社会风险朝着可控且正向的方向发展。

（3）公众：增强危机意识，强化网络大 V 理性引导。微博是一个很好的信息获取工具，但是在使用微博进行信息沟通交流时，会有一些不怀好意的用户，为图一时高兴、博取他人眼球，故意发布虚假消息，编造不实信息。不管他们这么做的用意是什么，只要不实信息出现在政府引导和管理灾难事件社会风险的过程中，就会使得事件朝着不可控的方向发展，甚至威胁到社会的长治久安。在信息爆炸的年代，公众每天都会接触到形形色色的信息，也会将自己接触到的信息传播出去，因此，教会公众甄别信息是当代政府义不容辞的责任，应该通过宣传教育，让公众主动参与到社会风险事件处理当中，以一种理性的态度看待灾难事件，并发表恰当的言论，强化自身应对危机的科学意识，清楚哪些信息还原了事件原貌，哪些信息是不实信息，当通过判断得知某一消息属于不实信息时，要尽快举报，不再传播，以免引起更恶劣的后果。对不实信息进行抵制是公民应该具备的基本素养，也是政府处理灾难事件社会风险的前提条件。现阶段，最能影响灾难事件社会风险的群体依旧是社会公众，他们的诉求、意见和观点集合在一起，无形中增加了政府部门治理工作的压力，但并非每一位公众都会参与到自然灾难事件社会风险的讨论当中，他们当中的大部分更关注的是事件的发展和演化，容易凭借自己的个人情感来看待社会化问题，显得不理性，也正是因为如此，才体现出对网络大 V 进行培养的重要性，由其对一般公众进行动员和引导，使得社会风险朝着健康、正向、积极的方向转化[394]。严格来说，微博平台上的大部分网络大 V 都比较具有号召力和感染力，也正是因为如此，他们常常都会"为民发声"，公众在转发和评论网络大 V 所发表的言论时已经悄无声息地被动员和引导了。但值得注意的是，当出现了灾难事件社会风险之后，公众会陷入紧张和恐慌，有些甚至无法正常思考问题，此时其可能会对网络大 V 出现随波逐流的状态，这显然是一种不正常的现象。只有足够专业、冷静、客观、谨慎的人才有资格充当网络大 V，引导社会风险。

### 6.5.2 浙江余姚特大洪水

本小节选取 2013 年"浙江余姚特大洪水"事件，基于实地考察与资料整理，通过对社会风险的监测，总结出自然灾难事件社会风险的演化规律、三大主体关系及社会风险治理方案。

1. 案例背景

2013 年 10 月 6 日，浙江余姚遭遇了特大洪涝灾难，此洪涝灾难是大潮汛、"丹娜丝"冷空气、台风"菲特"共同作用下的结果，洪涝爆发之后 3 天，余姚降水量飙至 561 毫米，这种降水量百年一遇。余姚警戒水位为 3.77 米，洪涝灾难时达到了 5.33 米，是有史以来的最高水位。余姚 21 个乡镇因为暴雨和洪水而全面受灾，通信设施、道路设施、电力设施全面瘫痪，洪水困住了 145 个行政村和社区，城区内被淹没的地区占 70%，共计 80 万人受灾，造成直接经济损失 275.58 亿元①。

抗洪救灾期间，前往余姚进行采访的记者和媒体各有 300 名和 70 家，宁波市政府新闻发言人接受采访时表示，这个洪涝灾难的降水强度之大、范围之广，水库河网水位之、高受淹地区之多，受灾群众之广、损失之巨大可以说是前所未有的。据相关资料显示，2013 年 10 月 7~19 日，余姚洪灾的风险数据如下：有 3 200 余篇关于洪灾的报道，有 14.9 万条微博信息，转发和评论次数分别是 224 万次和 100 万次；其间产生了 1.6 万个重点论坛，有 467 万人浏览，18.7 万条跟帖；产生的相关视频和图片分别为 1 200 多条及 23 万张。

2. 灾情信息走势

在短短 7 天时间内，"浙江余姚特大洪水"一直都是社会热议话题，随着政府、媒体公布信息的增多，社会风险在相当长的时间内不断反复。该事件的风险发展情况如表 6.15 所示，图 6.31 为"浙江余姚特大洪水"公众关注百度指数走势，图 6.32 为"浙江余姚特大洪水"媒体关注百度指数走势。

表 6.15 "浙江余姚特大洪水"的风险发展情况

| 阶段 | 时间 | 发展情况 |
| --- | --- | --- |
| 初始阶段 | 2013 年 10 月 6~10 日 | 出现了一些危机先兆 |
| 攀升阶段 | 2013 年 10 月 11~16 日 | 事件快速发展，难以预测 |
| 稳定阶段 | 2013 年 10 月 17~21 日 | 事件开始逐渐平息，但仍暗流涌动 |
| 回落阶段 | 2013 年 10 月 22 日后 | 事件彻底平息 |

1）初始阶段：2013 年 10 月 6~10 日

媒体和网民在 2013 年 10 月 6~10 日以灾难事件本身及灾难损失问题为主要关注点，随着洪灾影响范围的扩大，网络上出现了大量关于洪灾的新闻报道、信息和数据，其中比较具有代表性的信息源当属"浙江在线"。10 月 7 日，央视新闻发布了一则新闻——《陆埠洪水已经基本消退》，有些网民表示陆埠积水尚未退去，何来基本消退一说，并对此新闻感到强烈不满，同时也有灾区网民表示，道路交通尚未恢复，城市积水还是很多，水电也未通。

① 王春. 浙江因洪涝灾害造成直接经济损失 275.58 亿元. http://politics.people.com.cn/n/2013/1010/c1001-23146355.html, 2013-10-10

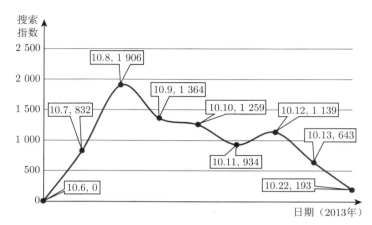

图 6.31　"浙江余姚特大洪水"公众关注百度指数走势

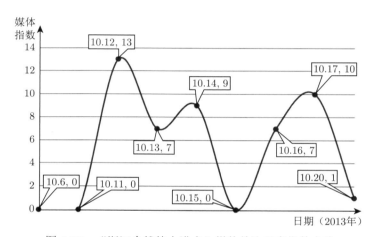

图 6.32　"浙江余姚特大洪水"媒体关注百度指数走势

媒体于 10 月 9 日开始继续对余姚特大洪水事件进行不间断的报道，其间产生了 8 000 多条报道，央视《新闻 1＋1》栏目还顺势推出了《台风下的"余姚样本"》专栏节目，新华社还将《网民三问余姚水灾救援》的文章发布在了"中国网事"版块上，在此期间相关部门还处罚了一批散布不实信息的网民。以"宁波"和"余姚"为关键词进行搜索，发现它们是当时新浪微博第一位和第二位的时事，由于积水迟迟未褪去，一些传统媒体和网民开始质疑当地政府的应急救援能力，社会上出现了社会风险负面情绪。面对质疑，当地政府立即召开新闻发布会，利用媒体和网络就社会热点问题进行解释、澄清、说明，切实满足了广大网民对官方救援信息的需求，除此以外，当时涌现出来的诸多集中对政府救灾工作进行报道的稿件，如《浙江余姚市长回应质疑：120 多小时一直在抗洪救灾》《余姚干部抗洪日记》《余姚市长强调救灾一视同仁 已设 289 个临时救助点》等，很好地打消了网民对当地政府的疑虑，使得风险态势得到很好的控制。

2）攀升阶段：2013 年 10 月 11~16 日

2013 年 10 月 11~16 日，关于突发事件处置的讨论开始取代关于抗洪救灾行动的新闻宣传和舆情引导，网络上话题转向极快，也渐渐出现了一些具有煽动性的信息。宁波电视台于 10 月 11 日晚在余姚进行现场连线报道时，现场出现了一群被小道消息误导的群众，他们聚集在一起对记者和工作车辆进行围堵，之后还将警车掀翻，现场的信息、视频和图片被散播出去之后，相关微博和微信转发量陡增，很多微信公众号、微博账号为了点击率也不停转发。据不完全统计，其间出现了 1 万多条评论、

10 万条微博。《新京报》在 10 月 13 日刊出的余姚市委书记专访中，一些内容被断章取义，如灾难期间有一口吃的就行、给自己打 60 分等反复被媒体和网站提及，导致风险一波未平一波又起。

微博、论坛、微信在 10 月 15 日 9 时发布了余姚市民围堵记者、掀翻警车的视频、图片和帖子，一时间热度又迅速升温，事件再次引起人们的关注，尤其是有群众在现场受伤流血的图片，极具视觉冲击力，其间还伴随着不少反动信息，如"余姚市自由军临时政府通告"、"余姚独立，市长普选"等，这些言论充满了煽动性，增加了政府治理社会风险的难度。10 月 15 日 21 时 30 分，新华社在中国政府网发布了文章——《第一集团军四千八百名官兵投入余姚地区灾后秩序恢复》，却被不怀好意的网民解读为"武力镇压"。最为过分的是，一些网民为了逃避风险监管不停地注册新的微博账号，或是将事件信息发布到境外网站上，导致香港《南华早报》、大公网等境外媒体不断转发，使得事件传播到境外，截至 10 月 16 日 7 时，微博数、转发数、评论数分别达到了 2 万条、30 万次、1.5 万条。

3）稳定阶段：2013 年 10 月 17~21 日

2013 年 10 月 17~21 日，灾后生产秩序的恢复和灾后自救成为网民最关心的话题，事件开始逐渐平息，宁波各地政府的灾后恢复情况、救灾举措、民间爱心援助也成为网络媒体的主要报道对象和报道内容。央视财经频道官方微博于 10 月 17 日 17 时发布了节目预告《余姚大水漫城真相浮出水面》，之后又火速删除了这条微博，将专题报告换为葡萄酒的历史，导致网民又展开了激烈的讨论，进而催生了新的风险。

10 月 19~21 日，舆情平息的趋势更加明显，其间再无新的舆情波峰出现，网络媒体集中报道了政府对网民疑虑的回应。中国青年网《余姚被背干部被免职 官方称处理此事为应付风险》、中国新闻网《浙江省水利厅：洪水期间余姚四座水库拦蓄量达 90%》、中广网《余姚回应水库未预排泄质疑：能承受无需预泄》等报道被相继转载。网络媒体和网络公众就如何构建成熟的应急救灾机制表达了自己的看法和观点，几乎人人都处于一种理智且反思的状态。

4）回落阶段：2013 年 10 月 22 日后

2013 年 10 月 22 日之后，宁波宣布台风应急响应正式结束，"浙江余姚特大洪水"事件舆情开始逐渐冷却直到最后平息，未再产生任何热点事件，社会风险得到化解。

3. 治理经验

在该自然灾难事件中，余姚及周边地区不仅承受了巨大的经济损失，也发生了民众攻击新闻媒体、群体性上访等社会公共危机事件，下面分析在该事件中，政府对社会风险治理的管理启示。

1）政府应对社会风险的基本做法

系统研判、及时发现。第一，要注重巡查工作，及时察觉敏感且影响甚广的社会风险，以 2013 年 10 月 6 日为起点，所有单位全天候值班，保持对社会风险的跟踪和关注，而且就实际情况调整巡查的频率和密度，确保救灾期间不遗漏任何敏感风险和重大风险。第二，以现有导控平台为依托，实时监测与分析风险数据，网信部门在事件爆发之后利用大数据技术全方位地跟踪监测海量数据，在最短时间内量化分析热点话题、转评情况、发布媒介、总体走势，并归纳整理分析所得结果，为政府处置和应对风险创造条件。第三，根据灾情动态，判断风险走势。网信部门的风险分析主体对灾前、灾时、灾后阶段的风险热点进行分析和关注，并通过"特报""专报"的方式将特定时段内的社会风险焦点、网民的关注重心等信息反映给相关责任人。按照灾情发展和社会风险情况，坚持每天报道 3 次，而且不遗漏任何信息，这样才能有利于上级领导做出正确的社会风险治理决策，保证决策的科学性。

强化联动，协同应对。第一，市级、县级网信部门在中央政府、省级部门的领导下主动进行纵向联动，宁波市网信办为了避免因为社会风险事件爆发而产生大量有害信息和负面言论而第一时间将情况上报给省网信办，得到了国家网信办在背后的引导和扶持，这也是其能够从容有效应对出现在属地外网站、微博、论坛等平台上不良信息、极端言论的原因所在。浙江省网信办曾反复强调，要求全省网管部门尽快管理和控制好属地网站，同时主动牵头实现市级、县级部门之间的合作，市级网信办先后发出的管理要求多达9条，在这一背景下，全网开始对不良信息进行全面肃清，争取对网络不实信息进行高效处理，以免风险朝着不可控的方向发展。第二，实现涉网管理部门的横向联动。市级网信办在信息上与余姚市通信管理局、余姚市公安局进行密切合作，携手余姚市公安局查处网络上出现的极端言论、不实信息，数据显示，一共惩处250多次，在一定程度上肃清了网络上的不实信息，同时与余姚市通信管理局就频频发布违规信息的属地网站进行约谈。第三，内外网联动。随着灾情的演化，余姚市委宣传部积极开展内宣、外宣和网宣等工作，并对社会风险走势进行预测，共同制订治理方案，形成社会风险治理合力，及时引导社会风险朝着正向、积极的方向发展，开展发现、应对、分析、整理、处置风险的工作，避免风险反复[395]。

积极发布，正确引导。第一，以新媒体平台为依托，保证发布信息的权威性。以"余姚发布""宁波发布"为代表的政务微博在该次救灾活动中构成了微博矩阵，保持着信息的刷新频率，使得公众的知情权得到了充分的尊重，让公众看到了政府治理风险的态度和决心，而且也及时疏导了不良情绪和言论。第二，携手涉事主体抵制网络不实信息。针对"特警打伤小女孩"、"自来水管网参与排水"、"水库泄洪牺牲镇海"和"陆埠水库倒塌，致死人数多达40"等各种不实报道，先联系涉事主体，然后借助新闻发布会、政务微博、新闻媒体报道的方式出面进行解释、说明，还原事件的真相，疏导社会风险。第三，市、县两级部门在浙江省网信办的带领下形成治理合力，根据浙江省的安排，组织网络评论，对网络舆情风险进行正确引导治理，针对余姚市委、市政府和余姚市"三防"指挥部出台了各种救灾抢险的方案，针对舆情热点统一了信息发布口径，同时协同公安部门的网评员，由其负责删除网上的不良言论、极端言论。有关资料显示，该次事件市、县两级组织发布的网络信息获得了1.8万多条评论，有2万多次转发次数，很好地疏导了负面舆情，平复了民众情绪，风险治理效果十分出众。

2）政府社会风险应对能力分析

目前，用于监测气象的技术大有进步，政府能够凭借各种现代通信技术预判未来可能出现的自然灾难事件，然后提前做好预防和准备工作，告知辖区内人民群众，让公众有足够的时间来进行应对，这样就可以提前预警和预防，降低灾难事件造成的损失。在台风席卷余姚的过程中，公众表示在2013年10月8日才收到灾难预警信息，此时积水已经比较严重，很多人已经无法出门购买日常生活用品，个别居民已经面临物资短缺的问题，当洪灾真正发生时，大部分公众出现了物资短缺的情况。政府应及时改进处理不实信息的方式方法。不实信息总是伴随着大型自然灾难事件出现，当台风席卷了余姚之后，第一个不实信息就是"水库崩塌"，当地政府发现不实信息之后立即联系相关部门拘留了散布不实信息的主体，在消除灾难不实信息的过程中，最为关键的就是平复民众的不良情绪，以免出现极端言论，而依法处置散布不实信息的主体，可以让公众看到政府对待风险的态度，也能证明这些信息都是虚假的，让公众放心。当地政府在余姚水库不实信息事件当中未以官方方式澄清水库的情况，更没有依靠媒体来还原事件的原貌，这种处理风险的态度使得整个风险治理效果差强人意，造谣者虽然被处置，但恐慌并未消除。干部个人素质有待加强。干部的一举一动容易被互联网平台关注、放大，在风险漩涡当中，官方发言人的表达技巧、表达途径和渠道至关重要，任何一个环节出现纰漏都可能造成麻烦，从而导致风险朝着不可控的方向发展。具体到"浙江余姚特大洪水"事件当中，网络上就流传着一张"60岁村书记背着官员避免其鞋子打湿"的图片，不管是否害怕湿鞋而让人背，照片的流出已经掀起了网络上的轩然大波，这就要求所有干部都要谨言慎行，以免自己的言行被不断放大，引起误会。

主流媒体的引导价值尚未充分体现。现阶段，管理地方频道并非易事，尤其是网媒、论坛、商业网站，具体到实践当中，"易发现、难处理"可以说是管理网媒、论坛、商业网站不良社会风险的主要特征，由于管理方法单一、落后，突发事件爆发之后才开始筹谋相关的工作，导致效率不佳，此时就需要中央对网络属地管理工作的办法和原则予以明确，使得各个地区有目的地开展工作[396]。目前，社会上充斥着各种各样的问题，群众有着不同的诉求和看法，有些问题能够被政府轻易解决，但同时也存在一些需要时间去消化和克服的问题，故媒体应该从旁进行引导、解释，帮助政府治理风险。

网评员整体队伍素质有待加强。就余姚抗洪救灾的经验而言，议事日程已经将网评员队伍建设纳入其中，设置网评员的呼声越来越强烈，然而，目前还是面临着网评员专业性缺失、重点网评文章少、网评员素质低的问题。各县级、区级、市级网信机构和网评员非同一个人，衡量标准也参差不齐，人员匹配程度低，随着网络用户的增加，网评员的工作压力会越来越大，这要求各县、市尽快建设网评员队伍，构建相应的考核机制，以打造一支专业能力极强的网评员人才班底，这样才能充分发挥其在引导和评论突发事件社会风险中的作用。另外，风险发现不够及时。社会风险在互联网背景下表现出空前的活跃度，微信平台与传统论坛和微博平台相比呈现出主体身份更加不明、传播速度更快的特征，就网信部门当前的技术水平和管理能力而言，要及时发现风险相对比较困难。

3）提升政府社会风险应对能力的对策

在应对自然灾难事件社会风险的过程中，政府要树立积极的心态，改变懒政庸政的态度，要巧妙地利用网络这个窗口来发现人民的诉求，倾听民意，通过多方面的博弈来制定处理社会事务的有效方针和政策。

及时收集、报送和反馈风险。社会风险事件的发展和演化不受时间和空间的限制，而且发展速度极快，稍不留意就会形成了巨大的风险。就"浙江余姚特大洪水事件"而言，政府全天候清查本地论坛、微博平台，摸排了黄金时间点的信息，第一时间上报重要风险，同时大力巡查和处置各种不实信息和极端言论。市委、市政府也十分关注群众的诉求和心声，第一时间进行统筹安排，出台有效的治理决策，很快控制了风险。政府利用各种信息和数据明确了风险治理工作的方向，赢得了广大网民的一致赞许，相关工作开展得十分顺利[397]。

保证所发布信息的权威性。依托新媒体平台对权威信息进行发布，拉近政府与民众的距离。在"浙江余姚特大洪水"事件当中，政府微博"余姚发布"设置了＃温馨提醒＃、＃抗灾正能量＃、＃抗灾资讯＃、＃天气播报＃、＃最美志愿者＃专栏，然后全天只要有新的信息出现就立即进行报道和更新，确保公众能够第一时间了解灾情和救灾的相关信息，即便救灾期间水电系统瘫痪，传统媒体也积极联系社交媒体，保持着信息的公布和更新。抗洪救灾进入决定性阶段时，公众更加想要了解事件的全貌，政府此时应该多次召开新闻发布会，以达到澄清不实信息的目的，比较可行的做法就是坚持每天早晚将所搜集到的信息和资料发布出来，主动披露事件的信息，既能消除网民对政府的误会，又能使得社会和网络上的不实信息不攻自破。

开展好引导治理风险的工作。要尽可能地强化责任主体应对风险的能力，相关部门、新闻媒体、宣传部门应该携手正确引导自然灾难事件社会风险，任何一方都不能推卸责任，否则就会导致工作效果大打折扣。彼此形成引导治理合力后还能加快民主化进程，若引导不力，可能会导致不实信息四起，各级领导干部要不遗余力地改善自身的媒介素养，主动联系媒体，发挥媒体作为政府"喉舌"的作用。回顾政府在整个"浙江余姚特大洪水"事件中的表现可知，发布新闻的责任主体是涉事部门，其掌控着风险的走势。第一时间发布消息，并给予适当的回应，再辅以相关的政策和方案，有利于平息风险，引导社会风险朝着正向的方向发展，各地政府部门面对风险时应该保持理智，要尽可能在风险尚未形成之前出台一系列的治理方案和模式。各地各部门应该在风险爆发时扮演好第一新闻发言责任主体的角色，主动应对，不推诿责任，通过发布权威的信息，保持一致的口径来疏导不良情绪、公众疑虑，实现信息的互通，这样才能控制好风险的演化方向，避免其变得越来越难以控制。要主动联系网络大

V，与之携手引导治理风险[398]。网络上充斥着各种碎片化乃至虚假的信息，一般网民甄别能力有限，加上突发事件的发生会使其理性下降，此时政府要联系网络大 V，向其发布地方政府部门的工作规划，利用网络大 V 的号召力和影响力实现真实信息的传播和转发，引导网民进行正确、客观的评论，以达到疏导网民不良情绪的目的。

不仅如此，网络大 V 还应该向政府部门上报网上的突发情况和不良言论，为政府对社会风险进行及时有效的处理提供帮助。网评员还应该肩负起引导网上风险的责任，将平民英雄为人民付出的事迹发布到微博、论坛上，塑造典型，让人民学习。网络大 V 在网络发布相关信息的工作过程中会更加注重这些相关信息的真实性、客观性及准确性，能够对于这些网络传播风险发展起到一定的市场疏导和风险防范控制作用，但也并非所有的网络大 V 都会将网络传播风险朝着正向、积极的方向引导。管理好新兴媒体。在"浙江余姚特大洪水"事件当中，传统舆论场的影响力弱于网络舆论场，两个舆论场互不干扰，没有任何重叠的地方，这使得网络报道和传统媒体报道处于一种"各自为政"的状态，导致风险导向模糊不清。因此，媒体要肩负起筛选网络空间内风险信息的责任，保证新闻质量。传统媒体要想办法巩固自己的主流地位，找到抵御碎片化内容影响的方法，要主动甄选网络中有价值的信息，对自己所发布的信息负责，如在选择和编辑信息的过程中，巧妙地运用那些能够彰显名义的碎片化网络信息，同时对传播方式进行创新，避免新兴网络舆论场凌驾于传统舆论场之上，这样才能从众多新媒体中脱颖而出，继续充当引领主流价值观的"主角"。

# 第7章
# 技术灾难的风险治理

目前，人类文明已经发展到一定的高度，科技为人类发展助力颇多。生活在21世纪的我们回望20世纪，可以发现人类在20世纪创造的巨大经济和科技成就超越任何一个世纪；这些成就深刻地、彻底地改变了并且正在继续改变着整个人类的生产、生活方式和人类对世界的认识，不仅极大地促进了经济社会的繁荣与发展，也空前地改善了全人类的日常生活。然而我们也要时刻保持警醒，任何时代的进步都伴随着各种各样的阵痛和灾难。2013年泰国海上原油泄漏事件、2014年马航M370客机失联事件、2015年天津滨海新区爆炸事故等，这些技术灾难事件对国家及公民的生命财产安全造成了极大的威胁，引起人们的广泛关注。可见，尽管技术进步对人类发展助力颇多，但其潜在风险也不容忽视；技术灾难事件时有发生，其网络舆情导致的社会风险同样值得我们关注，尤其是在信息技术日益先进、自媒体得到飞速发展的今天。与传统的纸媒、电视不同，自媒体的信息力量更多的是自下而上的汇集，拥有很强的信息传播感召力及广大的群众基础；一个新的事件、一些突发情况在网络上容易引起网民关注，情感、真相、谣言、背景等各种因素的不断交织会改变社会风险的发展路径，最终可能会对人类社会产生较大的影响，甚至导致社会不稳定。自媒体在灾情信息传播及社会风险引导治理中都是重要的工具，在这种信息实时、互动性强、传播扁平的传播特征下，社会组织、网络大V和网民等对于信息传播的推动作用日益增强，引发的社会风险更加凸显。

## 7.1 技术灾难风险

技术灾难事件社会风险是灾难事件社会风险治理的重要问题之一。厘清技术灾难事件的概念及其社会风险演变规律，可以更好地识别技术灾难事件及其社会风险的产生和发展方式，从而更好地对症下药，这也是提高灾难事件社会风险管理能力、构建应急管理体系的首要工作。

### 7.1.1 概念特点及分类

技术灾难事件具有整体性、复杂性、灾难性等一般突发灾难事件的特点，也有其自身的特点。技术灾难事件是人类所掌握技术的自身缺陷或管理失误造成的巨大破坏性影响，如火灾、爆炸、交通事故等，这一灾难事件的特征导致其对社会有着巨大的影响。对技术灾难事件进行类型划分，有利于认清技术灾难事件的产生原因和规律，提升对于不同类型技术灾难事件的应对能力。

1. 技术灾难事件基本概念

人们关于技术灾难事件的研究始于20世纪40年代，标志性的事件是美国在新墨西哥州沙漠中引爆了第一颗原子弹[399]，自此之后，人们对灾难的认知范畴明显扩大，从洪水、地震、龙卷风、飓风扩大到技术灾难上，这种转变说明技术灾难事件所产生的影响和危害与过去人类已知的灾难是不相上下的，也正是因为这种认知的转变，人们开始就此展开研究。技术灾难事件有着不同的形式，因此关于灾难事件的定义从未统一，但是可以肯定的是，大部分学者都认同技术灾难事件具有整体性、复杂性、灾难性的特点，它是人类所掌握技术的自身缺陷或管理失误造成的巨大破坏性影响。还需要指出的是，所有的技术灾难事件都要经历一个过程才能完成演化，而且它所造成的影响是方方面面的，这就是灾难链。灾难链是不同因素彼此影响下的产物，这些因素主要指社会矛盾的恶化、发展面临的挑战、自然环境的多变性、操作人员的主观失误、技术系统的瘫痪、技术的不健全等。关于技术灾难事件，还有一些事故、失败、错误的名称，这些叫法存在差异，研究重心也不尽相同，但一个共识是，技术发展到一定程度之后可能会威胁到人类的发展和生存[400]。

2. 技术灾难事件显著特点

技术灾难事件具有一般突发灾难事件的普遍特点，如突发性、广泛关注性、复杂性、延续性等，这是由其事件类型所决定的。同时，技术灾难也具有自身更加细微的特性。不同的学者对技术灾难事件的特点有不同的见解，大部分学者认为技术灾难事件具有社会性、综合性、普遍性、潜伏性和后果严重性等特点。

（1）社会性。这一特点是与自然灾难事件相区分的重要属性。在各种自然灾难事件中，自然灾难由自然事件或者自然力量作为主要诱发因素，而在技术灾难事件中，主要表现为掌握技术的自身缺陷或管理失误。例如，著名的 1986 年切尔诺贝利核电站爆炸事故，正是有关安全部门和技术人员违背了有关工艺法和技术规程引起的。1986 年 4 月 26 日，苏联在乌克兰加盟共和国境内投资建设的第一座大型核电站——切尔诺贝利核电站的核反应堆开始进行一项核试验时，4 号核反应堆上就突然发生了巨大爆炸，造成 30 人当场遇难，8 吨多的爆炸辐射物严重泄漏。此次核电站泄漏辐射事件直接使得该核电站周围 6 万余平方千米的农村土地全部遭到污染，320 多万人口受到了辐射的严重侵害。按照相关规定，核反应堆的各个安全反应区内至少要设置 15 根几乎可以同时控制一次反应的安全控制棒，但当时核反应区内只设置了 8 根。该核反应堆上产生的蒸汽将提供给两台涡轮机发电，当一个反应堆自动关闭或者停止正常运转时，自动防护系统将马上自动关闭核反应堆。但是，在事件发生当天，核电站的相关工作人员在对涡轮机进行一次试车自动实验之前先行切断了一个自动防护系统。另外，核电站的相关工作人员也关掉了核电站的安全保护控制系统，最终导致悲剧的发生。

（2）综合性。事件本身其实就是一个系统中相互关联、相互制约的多种不同影响因素共同互动产生的一种综合性结果，导致这种事件发生的影响因素多种多样，从系统整体上来看，我们可以大致将其划分成人的不安全心理行为、物的不安全行为状态和对于周围环境的不良刺激等的相互作用，它们之间往往相互影响、相互关联。一个技术灾难事件的发生往往有着多个深层原因，会衍生出多个次生事件。例如，每年春节期间，全国各地虽然都会出现多起燃放鞭炮导致的火灾，但是这些火灾的引发因素有管理失误，也有鞭炮质量不合格、废弃物乱堆杂放等多方面的原因。

（3）普遍性。由于人类社会经济在其生产生活的过程中始终都伴随着危险，人为灾难事件所导致的各种风险和可能性都普遍存在，只不过各种灾难事件发生的概率和规模大小、造成的人员伤亡多少及其他经济损失的严重性等均不同。

（4）潜伏性。技术灾难事件在发生之前都会存在一个从量变到质变的过程，累积到一定程度后便会一触即发。在技术灾难事件中，很多突发事件的发生都与生产设备的维护与更新不到位、安全保障设施不完善等因素有关。一些群体性事件的爆发往往由某些因素诱发出潜在的矛盾所致。因此，技术灾难事件具有一定的潜伏性，如果能够及时发现并有效解决这些潜伏性因素，那么大部分技术灾难事件是可以避免的。

（5）后果严重性。与自然灾难事件相同，技术灾难事件具有灾难后果严重而深远的特点。据世界卫生组织的统计数据，切尔诺贝利核电站爆炸事故最终估计有 4 000 多人因接触放射物而患甲状腺癌死亡。社会安全事件的后果更加严重、性质更加恶劣，尤其是一些群体性的社会突发事件，可能会扰乱、破坏社会公共秩序；事件突发后可能会直接诱发一系列新的灾难，导致社会事态的不断扩大或者社会冲突的不断加剧。

一些学者表示，灾难性、复杂性、整体性是技术灾难事件的主要特征。

灾难性就是只要灾难事件发生，就会伴随着物质财富损失和人员伤亡，甚至这种影响还会扩散到其他方面和领域，有些技术灾难事件甚至会出现跨地区、跨国家蔓延的现象，会对整个人类的发展和生存造成威胁，甚至冲击人类文明。某些技术灾难事件的后果还具有不可逆性，灾难一旦发生，便不可逆转。

复杂性是指技术灾难的出现是不同因素彼此作用的结果，而非某个因素单独引发，我们需要对其本身和外部因素进行探究，不能只着眼于某个方面。另外，大数据加速舆情的生成、发展和演化，使得技术灾难事件网络舆情呈现井喷状爆发、反应迅速、总量巨大、衰减急剧、易蔓延复发的演化规律。Xu 等[401]研究了网络舆情复发的影响因素，政府舆情热度的控制、网络大 V 等在传播中发挥了重要作用。另外，有的技术灾难事件发生过程是难以被发现的，等到发现时已经造成了严重的后果，故其还具有隐蔽性的特点，因此人们总是无法在第一时间察觉这种灾难，更不用说进行准确预测了，当意识到时往往已经变得比较棘手。

整体性是技术灾难事件的另外一个特征，它需要人类团结起来共同应对，不是哪个国家或地区单方面的责任，需要长远规划。以长期性的技术灾难事件为例，其演进是一个十分漫长的过程，就好比"沙堆效应"，沙堆上出现几粒新的沙子并不会发生明显的变化，但是如果长年累月地增加沙子，总有一天就会出现一个庞大的沙堆，长期性的技术灾难事件就是在这样悄无声息的过程中爆发的，而且这类灾难事件一旦出现，就会在全球范围内泛起涟漪，以臭氧层破坏、全球气候变暖为代表的灾难就是这样一个过程。

**3. 技术灾难事件类型划分**

从危险程度上划分。Kasperson 和 Pijawka[402]对技术灾难事件的类型进行了划分：第一种是广泛存在的技术危险事件，诸如从事染布行业的人员、农药厂的员工、橡胶轮胎厂的工人等长期处于充满化学污染的环境下，虽然这种污染的程度比较低，但是长年累月会有损健康；第二种是技术事故事件，需要通过技术措施来控制有害物质的释放，如化工厂有毒有害物质的泄漏、核电站因操作失误而爆炸等；第三种是技术灾害事件，即某个区域内的人长期生活在有毒有害的环境当中，从而出现了身体和健康上的严重问题，导致其只能通过离开长期生活的地方来规避这种灾难，进而引发社会秩序的混乱，如日本水俣市 20 世纪 50 年代化工厂排污后对河水生态造成了破坏，严重威胁到当地居民的生命健康安全。

从影响时间上划分。Couch 和 Kroll-Smith 认为技术灾难事件有长期技术灾难事件和短期技术灾难事件之分[403]。前者是会破坏生态系统中各种联系的具有扩展性、发展进程缓慢且人为产生的灾难事件，这种破坏达到一定程度时会被整个社会发现，进而损害人们的安全和财产，还会改变现有的社会和文化交流模式；后者是极端状态或急性状态下的具有激烈性、突发性的灾难事件。

技术灾难事件还有局部性技术灾难事件和全球性技术灾难事件之分，这是按照影响范围进行划分的，江河、大气、海水会成为致灾因子流动的纽带和载体，此时世界所有的角落都会成为灾难事件的源头和承受者，导致灾难覆盖整个世界，此时，制造灾难的主体和承受灾难的主体可能存在差异。例如，格陵兰岛的酸雨，尽管酸雨污染主要来源于英国，但是其中的铅长年累月沉积在冰块当中，导致格陵兰岛从 1940 年就开始不可避免地受到酸雨的影响。

技术灾难事件也有慢性技术灾难事件和急性技术灾难事件之分，这是以爆发的激烈程度进行划分的。前者是人们可能难以迅速应对，持续时间比较短，但是发生比较突然的灾难事件；后者是难以被人们发现，整个灾难演变进程较为缓慢的灾难事件。

技术灾难事件还有无毒性技术灾难事件和有毒性技术灾难事件之分，这是按照其有无毒性进行划分的。前者主要指能够对环境和自然进行破坏的且会引起严重损失的突发性灾难事件，如飞机失事、火灾等；后者主要指会长期影响社会生产、人类活动和生物环境的放射性污染、有毒化学品泄漏等灾难事件。

技术灾难事件分类见表 7.1。

**表 7.1　技术灾难事件分类**

| 分类标准 | 危险程度 | 影响时间 | 影响空间 | 激烈程度 | 有无毒性 |
|---|---|---|---|---|---|
| 类别 | 技术危险事件、技术事故事件和技术灾害事件 | 长期技术灾难事件、短期技术灾难事件 | 局部性技术灾难事件、全球性技术灾难事件 | 慢性技术灾难事件、急性技术灾难事件 | 无毒性技术灾难事件、有毒性技术灾难事件 |

4. 技术灾难事件分级

按照国家对公共安全事件的分级标准，根据技术灾难事件的危害性程度分类，可以将其分为特殊、重大、比较严重和普遍四级。其中，风险预警的级别通常根据各种突发事件中有关风险因素可能对受众造成的威胁程度、波及区域、影响力大小、人员及其他财产损失等具体情况，由高至低依次划分出特别重大（Ⅰ级）、重大（Ⅱ级）、较大（Ⅲ级）、一般（Ⅳ级）四个类型，并依次选择红色、橙色、黄色或蓝色作为风险预警标志。按照灾难事件的可控性、严重程度和影响范围，技术灾难事件从基本层面上可划分为普遍、较大、重要、特殊和重大五个级别。技术灾难事件分级标准见表 7.2。

**表 7.2　技术灾难事件分级标准**

| 分级 | 标准 |
|---|---|
| Ⅳ级 | Ⅳ级事件可能直接造成或者甚至可能直接导致 1~2 人意外死亡，或者可能危及 2 人以下的生命安全，或者甚至可能造成 30 人以下中毒、严重受伤，或者对其他人具有某种或社会性不良影响 |
| Ⅲ级 | Ⅲ级事件造成或有可能导致 3~9 人死亡，或严重威胁 3~9 人的生命安全，或者造成 30~49 人中毒、严重受伤，或者间接造成经济损失，有显著社会危害 |
| Ⅱ级 | 在 Ⅱ级事件中丧生的人数为 10~29 人，生命安全遭到威胁的人数为 10~29 人；严重受伤或中毒的人数为 50~100 人，直接财产和经济损失在 5 000 万~10 000 万元，还会严重影响社会生产 |
| Ⅰ级 | 在 Ⅰ级事件中丧生的人数为 30 人及以上（含失踪人口），生命遭到威胁的人数为 30 人及以上，中毒或受重伤的人数为 100 人以上，造成的直接经济损失为 1 亿元以上，或对社会影响特别大 |

另外，还能够通过伤亡情况、经济损失或者环境污染来进行评估。我国有关专家学者在研究中提出了一种灾难性事件的影响范围和分类办法，即按照其造成的严重性和造成的经济损失情况，可以划分为 10 级，见表 7.3。

针对表 7.3，应用时应注意以下几点。

（1）任何一个技术灾难事件等级均包含 3 个指标，但是根据就高不就低的基本原则，只要其中一个指标能够达到该级的标准，便可以被算作该级灾难。具体而言，各种技术灾难事件都可以按其所发生的灾情，达到特定等级的 1~2 个或 3 个指标，分别做出弱、中、强 3 个灾级的划分。

（2）根据各具体灾难的灾种及可能直接发生的实际灾害情况来确定灾难等级。我们需要特别注意的一个问题就是，灾难等级在一个相对稳定的时间和空间内得到确定，也就是说，不同的历史时期和不同的地区，测量灾难事件危险性程度和影响的标准都会存在一些差异。例如，在古代中国某些时段，由于社会财富并不多，即便遭受了同量级的灾害，其所带来的直接经济损失也一般比当代中国社会更低；所造成的生命伤害也很有可能由于防灾措施、防灾能力、减灾意识不够而比当代社会更严重。因此，随着时间的推移和社会政治经济的变化，灾难等级的划分标准也应该做一些相应的调整，这样调整的原理和规律说明：对人员伤亡要求标准将会相对趋低，而对直接经济损失要求标准会相对趋高。

表 7.3　技术灾难事件等级划分

| 等级（G） | 死亡人数/人 | 重伤人数/人 | 直接经济损失/万元 |
| --- | --- | --- | --- |
| 一级（G1） | ≥100 000 | ≥150 000 | ≥10 000 000 |
| 二级（G2） | 10 000～100 000 | 100 000～150 000 | 5 000 000～10 000 000 |
| 三级（G3） | 5 000～10 000 | 10 000～100 000 | 1 000 000～5 000 000 |
| 四级（G4） | 1 000～5 000 | 5 000～10 000 | 100 000～1 000 000 |
| 五级（G5） | 500～1 000 | 1 000～5 000 | 10 000～100 000 |
| 六级（G6） | 100～500 | 500～1 000 | 1 000～10 000 |
| 七级（G7） | 50～100 | 100～500 | 100～1 000 |
| 八级（G8） | 10～50 | 50～100 | 50～100 |
| 九级（G9） | 1～10 | 10～50 | 10～50 |
| 十级（G10） | 无 | <10 | <10 |

### 7.1.2　风险演化

发展新技术是对技术灾难事件进行控制的前提，在发展新技术及技术系统的同时，培养一批知识水平过硬的人才，才能更好地控制灾难链的长度；发生技术灾难事件后，要在第一时间展开救援工作，将损失控制在最小范围内；依托大数据表征技术分析技术灾难事件社会风险，根据灾情信息，理清社会风险的特点及其演化规律；通过模拟仿真社会风险演化过程实现对技术灾难事件社会风险的预测，帮助政府发现风险、跟踪风险、了解风险并协助政府制定风险治理决策是重要的。

1. 大数据表征的技术灾难事件社会风险

大数据分析技术泛指对海量信息数据进行获取、存储、分析、挖掘与可视化的技术，包含结构性的、半结构性的和非结构性的数据。社会共同治理是由人民政府、社会公益组织、企事业经营单位、社区及其他社会个人等各种治理行为主体通过平等的合作伙伴关系，依法制定规范和制度以加强对社会行为的监督管理。每一次科学技术革命本身就是对人类进行认知的革命。蒸汽机革命让我们第一次意识到机器的动力和能源，电力革命让我们第一次意识到电的动力，信息科学革命让我们第一次意识到网络的重要潜力。大数据这场认知革命的发生和进行是科学技术专家、社会组织、政府、企业和民众合力的结果，各个利益主体已经清楚地意识到应用大数据的意义和价值，但还应该充分意识到大数据技术在实现社会治理全过程中扮演的角色，科学技术革命建立在认知革命之上。大数据技术是技术革命的动力。众所周知，所有的技术革命都是一场突破科学理论局限、拓宽技术应用范围的过程。我们经历了蒸汽机工业革命之后就懂得了利用蒸汽机来改善工作效率；自从发电机诞生之后，人类就正式迎来了电力时代；人们发明和运用计算机科学技术开启了信息技术革命的大门，而如今人们发明和运用了用于挖掘、分析、存储社会中各种数据的技术之后，则步入了大数据技术革命时代，这项革命的进行是我们在现实社会中充分发挥大数据技术价值的必由之路。

基于信息技术的社会组织治理也是一个社会组织治理架构不断变化的过程。每一场科技性的革命都推动着社会治理的组织体制架构发生变化。在人类文明历史上的现代农业生产技术革命、蒸汽机制造技术革命、电力技术革命、信息网络技术革命及现代大数据技术革命等分别把我们带到了现代农业、工业和移动互联网时代。政府、组织和企业如果都按照自己的职责和利益目标开展相关的工作，在信息和数据的搜集、整理方面处于一种"各自为政"的状态是不可持续的，各个部门打破数据壁垒、整合数据资源，才能体现大数据技术的价值，才能顺利实现组织架构的变化。

目前，以大数据技术为核心的社会治理正在悄然改变着社会各个领域和行业，所有科学技术革命的进行都只有一个目的，就是改变当前的社会格局，实现社会进步。前三次的科技革命已经带领人类体会到了机械化、电气化和信息化的优势，而大数据决策系统作为互联网革命下的产物，在扶贫、医疗卫生、就业、教育和环境等方面发挥着至关重要的作用，将之引入社会治理中也是十分可行的一种做法。社会治理对数据的需求日益增加，这实际上就是社会治理共享化、开放性、透明化、法制化的过程。

　　社会风险可以利用大数据技术来获取海量的信息，解决过去信息获取不足的问题，但是，拥有海量的数据还远远不够，要对这些数据及其相关性进行分析才能对风险工作进行预测和指导。由此可见，大数据价值源自其本身。引导网络风险要先分析社交风险，这是十分重要的一个环节，大数据技术的应用使得我们能够高效且便捷地分析和挖掘社会风险，然后对敏感信息在网络上的传播时间进行准确的预测，依托相应的模型来对社会风险演化过程进行模拟和仿真，以便准确预测社会风险，这样才能避免社会风险演化成一种危机（图7.1）。

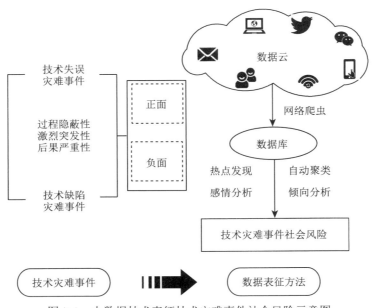

图 7.1　大数据技术表征技术灾难事件社会风险示意图

　　分析社会风险的前提条件是采集和加工相关数据，这样才能解读社会风险，同时了解风险会朝着怎样的方向发展。社交社会风险分析系统的原理就是依托平台来实时、准确、高效地采集分布在各大网络社交信息平台，如天涯、豆瓣、知乎、微信、微博、贴吧等的网络数据资源，基于数据分析，提炼观点，在凌乱纷繁的数据背后找到风险观点倾向和公众态度，并对风险发展进行预测，这是大数据表征技术灾难事件社会风险的最大价值所在。聚类、分类和识别风险相关信息，以及掌握群众倾向和意见的系统为风险综合分析信息系统，这个系统以计算机为依托，通过综合识别社交文本相关信息资料来满足客户的信息需求。系统的技术核心为数据挖掘分析技术，同时辅以各种分析算法，诸如异常信息检测、模糊信息聚类、神经元网络、序列关联模型、决策树信息分类、频繁关联序列、信息关联关系规则等，结合各种相应的相关数据模型建立各种可视化分析方法，实现对信息传播社交风险分析资料进行各种综合聚类分析的可预测。

　　2. 技术灾难事件社会风险的显著特点

　　通过分析和探究不同技术灾难事件不难发现，即时性、隐匿性、突发性仅仅是技术灾难事件的基本特点，除此之外，其在特定条件下还呈现出一些新的特点，具体如下。

　　其一，爆发性。技术灾难事件的出现往往就在数秒之间，一旦爆发，就会涌现出无数信息，其间风险会迅速形成，并且呈现出一种"病毒式"的扩散态势，引起人们的强烈反响。自然灾难事件是某种长年累月的自然现象被引爆而发生的，其从酝酿到爆发需要经历一个相对较长的过程，公共卫生事件亦如此，这就是二者不同于技术灾难事件的地方。相应地，技术灾难事件会经历一个从可控到不可控的过程，在此期间，人们从知晓事件到高度关注事件，其间会产生无数的风险，技术灾难事件的社会风险具有爆发性，而且无任何预兆说明事件会发生，当事件信息被人们知晓时也意味着事件已经发生且已经造成了一定程度的危害，这种事件特性使得其在爆发短短数秒内就会有无数的社会风险涌现，当事件引起人们的高度关注之后，参与讨论的民众会呈几何倍数增长，相关新闻报道也会蜂拥而至，事件也会因为不同声音交织在一起而呈现出一种爆发式的发展趋势。

其二，技术灾难事件所产生的社会风险会加剧人们对事件的关注，进而产生更多的风险。技术灾难事件是一类技术突发事件直接引起的，是某一个人故意或其他无意所为导致的，可能会造成自然生态环境的重大破坏，还会威胁到人民的生命健康安全，也会造成不可估量的经济损失，更严重的还会对国家和社会公共利益造成侵害，破坏社会的安定。技术突发事件泛指在化工企业、矿产、商品、交通运输、建筑物等技术领域内发生的突然事件或重大爆炸。由《中华人民共和国突发事件应对法》给出的解释不难发现，人为因素实际上是技术灾难事件是否会爆发的关键性因素，也可以说是灾难事件发生的根本性原因，可以这么解释，现在技术灾难事件通常都是人为失误或是技术操作不当造成的。因此，社会上出现技术灾难事件之后，人们的第一反应就是了解事件的真相，找出造成事件的原因，此时人们会思考究竟是相关部门监管不力还是某些人员操作不当导致了事件的发生，事故灾难类突发事件与其他类型突发事件相比的不同之处在于，人们除了关注事件的起因和结果之外，也对整个事件的演化表现出极大的兴趣，人们在事件发生后会立即通过收集信息和资料来了解事件的起因，并随时关注事件的发展，以判断相关部门有无对事件进行妥善处理，或是否承担起相应的责任等。

其三，技术灾难事件社会风险具有连锁反应效应。在互联网时代，突发事件好比病毒，传染性强、传播力快，有时不需要发酵便爆炸开来，而且借助互联网呈几何级发展，产生各种各样的连锁反应，出现轰动效应和辐射效应，一旦发生并且处置不当或不及时，则危害性大、杀伤力强，有时是大面积、大范围和爆炸式的影响。通过前文的分析可知，技术原因或者管理不当是技术灾难突发事件产生的主要原因，这使得人们会自发地反思整个事件，不但会追究相关负责人的责任，还会分析社会背景和行业背景与该次事件的关联，进而形成经验教训，避免类似事件的发生。

3. 技术灾难事件社会风险演化机理

技术灾难事件社会风险演化机理是一个动态演化的过程，但并非所有的事件都会按照一种路数演化，学者关于这类事件的演化也有着不同的看法和观点，但是也存在共识。他们普遍认为，技术灾难事件社会风险总体上会经历四个演化阶段，即潜伏期、爆发期、蔓延期和平息期。按照社会风险演化规律不同，技术灾难事件可分为技术失误灾难事件和技术缺陷灾难事件两种类型，如图 7.2 所示。

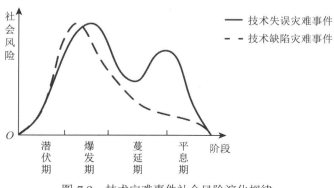

图 7.2 技术灾难事件社会风险演化规律

第一阶段为风险潜伏期，此时人们因为风险尚未爆发所以未展开激烈的讨论，我们可以从以下两个方面把握"潜伏"的内涵：一方面，事件的隐患尚未被人们察觉，事件还处于平静的状态，没有造成任何的影响和破坏。有关部门在此种情形下需要通过安全监察来发现事件的征兆，提前做好预防准备，及时监察能够有效察觉事件隐患，做到防患于未然，监察不力可能会使得隐患越来越大，此时任何诱因出现都有可能引爆事件。另一方面，事件发生到风险出现的期间也可以称为事件的潜伏期，此时事件刚刚发生但是还未被人们广泛热议，信息的传播并不是一蹴而就的，人们不可能在事件一爆发时就有所察觉，风险也会因为信息真正传递到终端而暂时处于潜伏期，此时也是考验政府应对能力的重要时期，政府应对得当，就可以及时疏导风险，否则可能会缩短风险的爆发期。网络空间内的原发信息具有零散性的特点，在没有组织和策划的情况下，网络信息无法引起网民的强烈反响，可以肯定的是，潜伏期的风险在没有利用具有影响力的媒介进行传播之前只是零散地存在于网络当中，这样的灾情信息离真正的社会风险还有一段距离，其需要有策划、有组织地集聚在一起才能形成引爆社会议题的社会风险。

此时风险还处于酝酿的状态，也正是因为如此，媒体传播灾情信息会呈现出分散性的特点，在传播灾难信息的过程中，这种分散性主要体现在信息主体和信息源上，其分散性主要表现在能够引爆新闻的信息在各种留言、博客、社区帖子、新闻专题评论、新闻文章转载中以零散的方式存在，或者体现在网友跟帖等各种传播方式的具体页面上，往往不太容易真正吸引人们的广泛关注；不仅如此，信息源在整个潜伏期也表现出明显的分散性，未被集中起来进行管理，也未出现任何一个专题、网页或网站能够对新闻事件进行集中报道，或是将分布在其他网站、网页中的信息汇聚起来，而是分散地通过传递而到达一些关联性较弱的网页当中，并且披露这些灾情信息的个人媒体或社交网络也缺乏影响力。

不仅如此，传递和传播网络媒体风险监测信息的主体也体现出明显的分散性，并没有迅速地发展形成群体集聚，即便有很多网友大量进行网络转载或跟帖，也无法做到大规模的集中。很多无关紧要的灾情信息无法造成社会轰动，真正引发人们普遍性重视的通常都是少数关键信息，这些信息是整个突发事件风险当中的精华，任何活跃在网络当中的主体和网站都可以在信息互通的过程中交换这些信息，最后基于自己感兴趣和重视的信息实现信息的集聚，进而慢慢形成风险。在传播灾难信息的过程中，若能够对当中的一些风险进行准确的预测，那么就可以控制好灾情信息的传播方向，产生显著的拉动效应，这也有利于相关部门从源头上干预和管理风险，通过疏导来避免网民过度讨论某个网络议题或事件，这样才能避免在社会和网络上产生社会风险，换言之，我们仍然可以尽量减少对我国社会舆情的过度关注，让其处于一个总体平稳、有序的发展状态。

第二阶段为风险爆发期，此时产生了大量的风险，整个灾难事件相关话题的热度被炒至最高，引起强烈的社会关注。风险的爆发并非某个因素诱发，当风险形成之后，人们的诉求、观点和意见的表达，以及对事件原貌进行还原的期盼都会加速社会风险的爆发，此时政府、公众和媒体开始不断互动，通过信息互通来共享信息，信息会在三方之间不断流动，任何主体的言行都会对社会风险演化造成深远的影响。此时还会孕育出风险风波，给相关部门治理风险增加难度，公众的各种观点、诉求都会集中在风险爆发期体现，这些不同的声音会加剧风险管理的复杂性，相关部门应该结合风险的实际情况出台治理风险的方案，厘清政府、公众、媒体的相关性，对其在舆论场内的定位予以明确，这样才能各司其职，尽快平息风险。

在传播因子的作用下，处于分散状态的灾情信息在此阶段也会被网民通过挖掘和收集汇集起来，并传播到更多的平台上，此时网页和网站的点击量和访问量都会呈几何倍数增长，关注人数会越来越多。不仅如此，网民的跟帖数量、留言数量，以及讨论相关议题的频率也会增加，即便网民观点和诉求不同，他们也会聚集在一起，共同就风险事件展开交流和沟通。在风险爆发期，网络媒体相关信息资讯的集聚和传播会经历如下几个阶段。

一是集聚阶段。网民互动频率增加，其访问相关网站的次数也有所提升，传播和发布信息的网站此时拥有极高的访问量和点击率，而且会成为网民获取信息的第一平台。二是有关风险的话题会频繁地出现在媒体网站上，此时主流媒体网站会在比较醒目的位置公布自己搜集和汇总的信息，有些还会专门开通网络专题新闻渠道，集纳各种大型社交网络媒体对该次论坛活动所需要提供的相关话题和新闻资讯，形成一个覆盖面极广的灾情信息链；网民也会利用网络将自己的诉求和观点表达出来，媒体此时会有计划地汇总网民在网站和论坛上的意见、评论和跟帖，然后通过某种方式将整理所得的各种观点公布出来，形成一个专题。对网络社会的信息传播全过程进行分析不难发现，从风险形成到网络群众、媒体开始传播灾情信息到信息开始不断集聚，整个过程可以说是十分迅速的，通常不超过 12 小时就能完成这个过程，如果事件比较特殊，那么这个阶段只需短短 2 小时。信息进入集聚阶段之后说明已经形成了关注效应，此时风险可能朝着任何一个方向发展，也就是说，此时发展方向可能会朝着消极、负面的方向发展，也可能朝着积极、正面的方向发展，这也说明此时就是引导和掌控风险的最佳时机，只要通过有效、合理的疏导，风险就能朝着可控的方向发展，从而避免社会和网络空间内出现风险，甚至极端风险。换言之，网络传播危机实际上就潜藏在社会风险的集聚阶段，此时考验的是风险责任主体的引导能力。

第三阶段为风险蔓延期，此时考验的是治理主体把握治理时机及选择治理手段的能力，人们会因为风险的全面爆发而展开广泛的讨论，责任主体需要在风险发展期采取科学、合理的手段治理风险，而且整个治理过程也备受人们的关注，任何方面做得不足都可能引起人们的反感和不满。此时政府、公众和媒体会主动共享信息，实现信息的互通，人们除了关注风险事件本身之外，还会主动去了解政府治理风险的态度和情况，只要应对不及时或是处理不当，政府就会遭到批评。此时风险治理的情况决定了风险的态势和持续时间，治理效果理想，那么风险会慢慢平息，相反地，则可能会产生二次风险。在此阶段内，传统网络媒体以热议的话题作为传播信息的主要内容，而且在传播社会焦点信息的过程中，会有更多的媒体和媒介参与其中，这样就会形成一种新旧媒体和各种媒介相互合作、交叉互动的格局，从而使得社会风险传播的速度有所加快，新旧媒体和相关媒介在传播社会风险的过程中将自己努力打造成为传播核心，以掌握风险传播的主动权。当民众开始广泛讨论和热议网络新闻信息时，网络新闻媒体议程设置政策引导、治理社会风险的功能开始得到体现，越来越多的网民开始表达自己对灾难事件的看法和观点，此时媒体需要加快处理社会风险，这样才能使得民众在事件当中的诉求得以体现和传达。就风险的表象分析，我们可以用"四个一点"来简单概括此阶段涉及的焦点话题及相关责任主体，即政府处理问题的难点、学者研究分析的热点、社会风险的焦点、媒体新闻报道的重点。

在出现网络热议话题及人们开始广泛讨论新闻信息时，媒体会在网络上加大信息的传播力度，这样才能利用风险事件来增加自己的影响力，同时通过综合运用各种网络信息资源来掌握传播灾情信息的主动权，此时网络媒体和新闻事件彼此影响，通过相互作用来放大整个事件灾情信息的传播范围，由此可见，在传播媒体和风险的作用下，分散在社会和网络各个角落的信息被汇聚到一起，形成备受人们关注的焦点话题，随着参与讨论和关注的权威人士的增加，以及各种权威解释和说明的出现，公共风险恶变的压力逐渐得到控制。

面对如同洪水般的公共舆情，不管是政府还是相关责任主体，都面临着舆情带来的风险管理压力，因为在公共舆情的热度达到一定程度时，事件的关注度会被推到风口浪尖，引发社会风险，此时政府和其他直接负责人的一言一行都会被民众捕捉和了解，任何一个环节出现纰漏，就会引起民众的不满，甚至酿成群众性行动，这显然不利于社会的长治久安，甚至可能会动摇我国社会稳定的根基。通过分析社会风险的产生原因可知，风险能否平息与政府和相关责任主体能否满足民众诉求，以及能否调和灾难事件中各方利益主体矛盾有着莫大的关系，也正是基于这样的考虑，在社会风险发展成为热议话题的过程中应该实现治理功能和媒体传播功能的最大化，这样才能对社会风险进行充分、正确的引导治理，仅凭某一方面的力量，或是采取单一方法都无法有效控制社会风险的传播，甚至会产生反作用，使得社会风险朝着不可控的方向发展。总之，政府处理社会风险的效果直接决定了人们对事件的关注时间和讨论时间会持续多久。

第四阶段为风险平息期，此时与灾难事件相关话题的热度逐渐冷却，具体表现为新事件的出现会对人们产生强烈的吸引力，人们对原事件的关注度有所下降，风险总量也开始锐减。新的热点事件开始逐渐取代媒体关于原事件的报道，直到不再出现有关的报道。整个事件随着社会风险的平息而画上句号，社会风险越来越微弱直到消失，人们充分了解了事件的起因、经过，也对治理主体的态度和作为情况有所判断，同时形成社会风险治理经验，为新的社会风险的治理提供指导。

当人们就网络传播的灾情信息展开讨论，并表达自己的诉求、观点之后，那些来自灾情信息且衍生出来的传播术语，发展成为这些网络媒介在社会传播甚至整个网络媒介的通用术语，这些术语将这些社会风险在传播过程中的每个主角、人物或故事情节都进行了系统符号形象化，尤其是负责治理社会风险的主体和相关责任人。在此基础上管理者可以构建影响模型，用以服务分析工作，这样才能在很长的一段时间内维持网络传播灾情信息等社会传播活动的效果，发挥媒介在传播知识、规范认知方面的作用，甚至运用媒介左右人们对于灾情信息传播的社会价值心态与人生价值观的正确判断。信息传播和流行是社会风险产生的前提条件，这个过程可长可短，具体要看网络媒体对于话题的传播速度、数量，能够引起人们广泛热议的社会风险往往具有较快的发展进程，这些风险通常充满了代表性，有着自身的特殊性，也正是因为如此，一旦在治理这类风险的过程中出现差池，就会引起广大人民群众和网民的不满，从而导致社会风险朝着消极的方向发展。而且，风险只要传播开来，就会造成持续性的影响，此时要平息事件就会格外困难，它会从各方面影响人们的思想观念和道德认知，也有可能会对风险传播涉及的责任主体、政府机关及当地相关部门造成不良影响，从而有损政府公信力。这些网络流行话语的出现可以看作网络社会灾情信息传播到一定阶段的产物，它实际上反映出社会公众和网民对于这一时期社会风险的看法和观点，属于社会文化心理的范畴，而且它会对这个时代背景下人们的意见和态度造成深远的影响，往往需要在相当长一段时期，持久性的逆向社会传播和文化积累到一定程度之后，这些网络流行话语才会渐渐淡出人们的视野[404]。因此，政府部门在引导网络社会风险的过程中还需要对其演化成为热点之后的信息传播会造成怎样的社会效果展开研究，要采取有效的手段和措施来消除那些会造成不良情绪或是引发谣言的流行用语，这样才能确保群众理智、冷静地分析社会风险并进行跟踪和关注，对政府和其他责任主体处置社会风险时的态度和所采取的措施进行客观的评价。

除此之外，在网络媒体社会风险研究调查工作理论框架当中应该突出分析网络媒体社会风险对于传播媒体认知的效果，然后引入真实的网络调查案例，通过研究这些案例，得出科学的结果和结论，为分析和预测新的网络媒体社会风险提供参考和依据，同时也能帮助政府部门从容治理灾难事件社会风险。

## 7.2    社会风险主体解析

理清技术灾难事件社会风险的主体及其交互关系，有利于梳理出社会风险发展规律，从而更好地处理社会风险。

### 7.2.1    主体利益动机

从技术灾难事件社会风险的潜伏期、爆发期、蔓延期和平息期分析技术灾难事件社会风险主体的利益关系(表 7.4)。

**表 7.4　技术灾难事件社会风险主体动机分析**

| 主体 | 潜伏期 | 爆发期 | 蔓延期 | 平息期 |
|---|---|---|---|---|
| 政府 | 发现潜在风险 | 保证事件平稳 | 控制事态趋势 | 防止事件复发 |
| 媒体 | 期待持续发展 | 扩大舆论影响 | 寻找独家新闻 | 进行焦点转换 |
| 公众 | 了解事件真相 | 宣泄个人情感 | 探求事件真相 | 获取完整信息 |

1. 技术灾难事件社会风险潜伏期

在技术灾难事件爆发后，社会风险逐渐形成。对于政府而言，因为尚在风险潜伏期，风险发展方向并不明晰，所以亟须发现潜在风险，并制止风险的发生。媒体作为风险产生过程中公布事件信息的重要一环，其主要目标是吸引公众关注，提升自身影响力，因此其期待事件持续发展并以此获得更多能引起风险的信息。对于公众而言，由于事件刚发生不久，各种信息尚不明朗，其主要动机是了解事件真相。

2. 技术灾难事件社会风险爆发期

经过风险潜伏期的发酵，风险逐渐步入爆发期。此时政府的主要目的是保证突发事件平稳解决，以此使得舆情朝着正向发展，防止恶性舆情爆发。这一阶段媒体参与信息传播的最主要动机是扩大风险的影响，使风险引起相关部门、相关单位或相关群体的注意[405]。公众在了解事件的真相后，会产生对事件的看法，因此该阶段公众主要的目的是发表自己的看法，宣泄个人情绪，引爆更多的社会风险。

3. 技术灾难事件社会风险蔓延期

技术灾难事件社会风险经过爆发期后，风险逐渐发展到蔓延期。在该阶段，政府的主要动机是控制事态的发展，平稳地处理完该事件，以此防止社会风险往不可控的方向发展。因为事件已经逐渐明晰，事件的大部分情况公众都已知晓，所以媒体为引起关注会急于寻找独家新闻。此时，公众对于事件本身已经有了一定的了解，其会迫切探索事件的真相和原因。

4. 技术灾难事件社会风险平息期

蔓延期过后，技术灾难事件社会风险逐渐进入平息期。政府此阶段的主要动机是通过调查追责和颁布相关法规等手段，警示相关单位和个人，以防止事件再次发生。进入平息期后，事件本身热度已经降低，事件本身的新闻价值已经不大，社会风险逐渐消失。媒体会进行焦点转换，以引起公众对其他事件的关注。对于公众而言，事件已经结束，他们渴望获取事件的完整信息，了解更多的真相。

### 7.2.2　主体行为方式

在涉及自身利益的灾难事件中，各个社会参与者和媒介群体在社会风险产生和形成阶段，都会以互联网作为其信息的一个集散点，尝试尽可能地放大其声音，控制风险，扩大其意见的范围和影响。本书基于现实环境分析理论，归纳了包含政府、媒体和公众三类社会风险参与者的主体行为方式。

1. 政府行为方式

在管理社会公共事务方面，政府的地位和作用无可取代，其是治理社会风险行为的主要力量，需要全程参与其中并对自己的言行负责。Zhang 和 Xu[406]指出，政府发布的官方信息与谣言是竞争关系，它们同时传播并争取公众的支持。在社会风险治理当中，政府既是提供官方信息的主体，又是制定和实施决策的主体，对于前者而言，政府拥有关于事件的第一手资料，此时其应该及时将事件的原貌呈现在公众面前，加上政府所公布的信息是客观、权威的，因此还能使得谣言不攻自破，也能打消社会公众的疑虑；对于后者而言，政府部门应该在灾难事件爆发之后尽快公布损失情况，判定责任主体，然后展开相应的救援工作，然后划分职责，指定相应的部门来开展风险治理工作[407]。

在技术灾难事件当中，政府既要处理事件又要治理风险，工作量之大可想而知，也正是因为如此，社会公众才会高度重视政府部门在此期间的种种表现，政府的言行也是社会风险产生的源头，一旦某个环节出现纰漏，就会引起公众的猜测，甚至会造成公众对政府的不信任，严重的甚至会导致公众站在政府的对立面，不利于政府与公众和谐关系的形成[407]。因此，政府要协调好这两项工作的关系，通过提供全面、可靠、及时的信息来满足社会公众了解灾难事件的诉求，同时还要积极应对事件，开展相关管理和救援工作，尽快平息事件。

### 2. 媒体行为方式

媒体在治理技术灾难事件社会风险的过程中相当于传输关键信息的纽带，在大数据时代背景下，信息呈爆炸式传播，报纸、广播、电视等传统媒体开始逐渐被新兴媒体，如社交媒介、新闻网站取代，这些传播媒体也具有大众媒体和传统媒体的一般功能，甚至在信息传播方面表现出极强的交互性与及时性。在科学技术日新月异的当今，媒体技术在传播信息方面的优势也逐渐体现出来，新闻媒体传递信息的方式也完全不同于往日，信息流向开始增多，而且不再遵循自上而下的模式，在信息互通的过程中，媒体既充当着政府的"喉舌"，满足了人们对事件原貌进行了解的需求，同时也扮演着"为民发声"的角色，可以向上反馈人民的诉求、观点，不仅如此，在多媒体环境下，公众也成为传播信息的主体。

在互联网和自媒体时代背景下，每个人都能传播信息，这种情境可以说是"人人都有麦克风"，人们不再单纯地依靠传统媒体来获取信息，各种互联网和自媒体的崛起为人们获取信息提供了便利。但是，政府等相关部门在监管自媒体方面还有很多不尽如人意的地方，一些媒体和公众号为了流量和点击率发布一些不实信息，或是夸大事件的过程和后果，这些信息被公众或媒介平台转载、发布之后会导致公众和政府之间出现信息偏差，导致事件真相被掩盖，公众的诉求被忽略，长此以往便会削弱媒体的公信力，导致社会公众质疑政府的态度和能力。因此，媒体在风险治理的过程中应该实现自身传递信息的纽带效应，畅通传递信息的渠道。

从网络媒体影响因素角度来看，网络传播媒体在新闻传播的各个阶段发挥重要作用，影响网络媒体主要参与初始资讯报道的因素，主要包括点击量的收益、广告传播成本、跟进传播成本、可能支付的政府处罚费、用户流失成本等多个影响网络媒体的净传播成本的因素。但是不同的因素对于网络媒体的收益都具有不同的影响权重，即在采取相应的报道费用和追加跟进成本两个固定条件的前提下，对于网络媒体传播行为影响比较显著的就是那些能够给其带来更高收益的用户点击、广告赞助及在不参加报道的情况下致使用户流失等因素。而且，政府给予罚金的不显著性影响则说明，对于那些具有自己的独立利益并做出诉求的互联网媒介，一旦辨认出可能给其带来丰厚经济收益的信息，不论这些信息是真还是假，或者该信息将给人带来什么样的负面效应，其都会不惜代价地对这些信息进行报道，因为它们深信这些报道的收益将远大于奖励和处罚成本。

### 3. 公众行为方式

在社会风险当中，公众是生产风险的主体，也是传递风险的纽带，是整个社会风险演化过程中的关键一环，更是治理社会风险时必须保持高度重视的客体。在社会风险演化和治理过程中，公众有网络大 V 和普通公众之分，其中规模最为庞大也最为常见的当属普通公众，他们是社会风险形成不可或缺的部分，主要起到接收风险的作用，其通常不具备言论主导权，而且自己的观点很容易受到他人左右，缺乏理性，政府在风险治理期间应该多多关注这一群体。拥有话语主动权的通常是网络大 V，其言论往往具有号召力和煽动性，在新时代的风险环境下，网络大 V 有一大批追随者，几乎拥有"一呼百应"的能力，能够左右热点事件社会风险的走向，因此政府在治理社会风险时要对网络大 V 的引导能力加以巧妙运用。

公众作为独立的个体，其思想各有不同，因此社会风险治理的关键就是如何引导公众的思想。社会公众普遍具备自我管理的能力，其观点和意见理性与否与其自身的科学文化素养水平和思想道德意识密切相关，管理社会风险的主体应该针对这一特点实现公众"自治"作用的最大化，从风险发生时就开始对公众的思想和观点进行引导，使得风险朝着可控、积极的方向发展。

### 7.2.3  主体交互关系

政府、公众、媒体三个主体在社会风险治理过程中是彼此影响、相互合作的关系，而非处于彼此独立的状态，只有三者主动配合、协调，形成治理合力，才能控制好社会风险[408]。

在社会风险治理过程中，政府处于主导地位，掌控着官方舆论场，在治理整个风险期间，政府依靠新闻媒体的力量将有关治理的信息和内容告知受众，实现官方舆论场与民间舆论场的结合，统一各种各样的言论、意见和诉求，使得不良风险得到很好的控制。

媒体则是政府连接官方舆论场和民间舆论场的纽带，一方面，媒体可以向公众传递政府需要公布的信息，满足公众对事件原貌进行了解的需求；另一方面，媒体还可以汇总一切信息，同时向政府部门反馈社会公众的诉求，发挥"为民发声"的作用，从而实现风险治理效果的最大化[415]。总体而言，官方舆论场和民间舆论场在媒体的"上传下达"下实现良性互动。

公众是生产社会风险的主体，也是承受社会风险治理行为的主体，公众对于政府来说是一个相当重要的信息源，也是出台治理措施的客体，公众能够帮助政府发现社会治理及社会生活的问题，然后进行有效的改进。公众对于媒体来说则是接收信息的终端，媒体的大部分信息实际上都是以公众为主要受众进行传播的。

媒体的存在使得政府和社会公众能够有效地实现信息的互通，其起到了连接官方舆论场和民间舆论场的作用，对社会风险演化起到了至关重要的作用[409]。

不同的参与者具有不同的利益和诉求，因此在社会风险的发展阶段，对应不同的风险参与主题，所涉及的参与者数量和类别都会有一些差异，社会风险是社会民意的一种反映，是公众探求事实真相和相关情感的一种宣泄，政府需要了解社情民意，消除非理性行为，净化舆情环境，以降低社会风险。图 7.3 可以直观地反映出社会风险主体之间的关系。

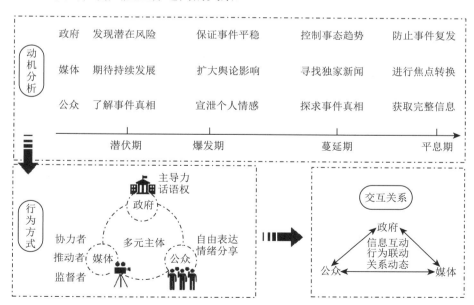

图 7.3  技术灾难事件社会风险主体及交互关系

### 7.2.4  主体能力评价

在新媒时代，谣言是引发社会风险的一个重要因素。在主体能力评价方面，以社会风险治理主体中的谣言治理主体为例，分析如何对主体能力进行评价。2013 年 8 月在北京市互联网信息办公室和首都互联网协会牵头下，北京地区网站联合辟谣平台成立，标志着我国谣言治理工作建设进入全新时代。如今，全国的、行业的、地方政府及互联网企业发起的辟谣平台非常多，既包括国家及地方政府官方平台、互联网企业发起的大平台，如中国互联网联合辟谣平台、安全联盟辟谣平台、科学辟谣平台、上海辟谣平台、全国辟谣平台、微信辟谣小助手、搜狐辟谣平台、新浪辟谣平台、百度辟谣平台等，也包含大量科教宣传媒体机构，是辟谣的中坚力量，如果壳、科普中国、人民网"求真"栏目、春雨医生、蝌蚪五线谱、中山大学大数据传播实验室等，一些网络自发的辟谣者也构成了辟谣主体。据《2019 年网络谣言治理报告》[410]，2019 年，微信平台共生产 17 881 篇辟谣文章，辟谣文章阅读量 1.14 亿次，对打造清朗的互联网空间和生态发挥了积极作用。然而，治理网络谣言无疑具有艰巨性和复杂性，经过辟谣，大范围的谣言依旧大行其道，甚至重复出现、愈演愈烈，辟谣平台的作用还需要进一步开发。对辟谣平台的谣言治理能力进行科学评价，有利于认清平台的优劣势，对提升平台治理水平、开展平台优势互补合作、协同应对有决策支持作用。

（1）根据指标体系建立原则、网信办和各平台调研结果，建立辟谣平台谣言治理能力的多属性动态评价指标体系，一个概念式框架如图7.4 所示。

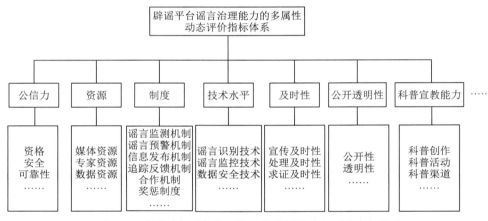

图 7.4　辟谣平台谣言治理能力的多属性动态评价指标体系

辟谣平台谣言治理能力的多属性动态评价指标体系主要包含如下方面。

公信力。谣言治理最大的困难在于受众对于辟谣信息和辟谣来源的不信任，辟谣平台要在平时维护好自己的形象，培养与公众相互信任的关系，避免因为缺乏公信力而陷入无论发表什么言论、做什么事都会被认为是说假话、做坏事的"塔西佗陷阱"。

资源。包含媒体资源、专家资源、数据资源等。

制度。要实现有效辟谣，必须完善包括谣言监测机制、谣言预警机制、信息发布机制及追踪反馈机制在内的一整套制度，同时，要建立跨平台、媒体、公众的合作机制和合适的奖惩制度等。

技术水平。包含谣言识别技术、谣言监控技术、数据安全技术等。

及时性。虽然谣言优先传播，但辟谣主体在辟谣过程中应及时，和谣言抢时间，不能动作迟缓。

公开透明性。辟谣主体要有理有据，用事实说话，降低事件的模糊性，而不能封锁消息、掩盖真相。

科普宣教能力。中国科学技术协会发布的第十次中国公民科学素质调查结果显示，我国具备基本科学素质的公民比例不足 9%。公民科学素养偏低，就不容易分辨谣言与辟谣信息孰真孰假，辟谣平台理应担负起科教宣传责任，给公众打好谣言"预防针"。

指标的表现除需由网信办专家打分的"制度""资源"外，其余从网络平台爬取，如公众对于平台发布信息的评价态度，显示了其公信力；爬取谣言处理及求证时间，显示了其及时性，对指标的动态爬取可获得动态评价结果。

（2）需要对指标重要性、评价专家进行赋权。由于主观评价来源于专家意见，对于犹豫模糊数表述，专家可以根据其经验、知识背景、洞察力给出评价，如面对问题"科普宣教能力对平台谣言治理能力的重要性如何？"，5 个专家分别给出这样的评价：一般；介于很不重要与不重要之间；重要性肯定比不重要性高；在一般和很重要之间，最大可能是重要；无法判断（缺失值）。此时，可用 0~1 中 7 个评价分，前 4 个专家的犹豫模糊数可表示为：$G_S^1 = (0.50), G_S^2 = (0.17, 0.33), G_S^3 = (0.50, 0.67, 0.83, 1), G_S^4 = (0.50, 0.67, 0.83)$，见图 7.5。专家 5 的评价是缺失的，强迫他打分是没有必要的，犹豫模糊理论假设专家 5 的打分为前 4 个专家的所有打分，即 $G_S^5 = (0.17, 0.33, 0.50, 0.67, 0.83, 1)$。由此，对于不确定程度高的问题，专家的自由评价得以灵活地定量表达。由于 $G_S^x$ 的长度可能不同，为了保证可比较性，必须将较短的 $G_S^x$ 的长度延长至所有的 $G_S^x$ 具有相同的长度。$h^+$ 和 $h^-$ 分别为 $G_S^x$ 中的最大值和最小值，则延长值为 $\overline{h} = \eta h^+ + (1 - \eta) h^-$，假设所有专家都是中立的，故取 $\eta$ 值为 1/2。

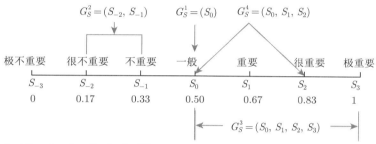

$$S = \{S_{-3}, S_{-2}, S_{-1}, S_0, S_1, S_2, S_3\}$$
$$= \{\text{极不重要, 很不重要, 不重要, 一般, 重要, 很重要, 极重要}\}$$
$$= \{0, 0.17, 0.33, 0.50, 0.67, 0.83, 1\}$$

图 7.5　犹豫模糊数表述示例

构建最大一致性–最小犹豫性赋权模型确定专家权重，保证赋权结果有最大一致性、最小模糊性：有 $n$ 个评价者，即 $V_m (m = 1, 2, \cdots, n)$；$p$ 个指标，即 $C_k (k = 1, 2, \cdots, p)$，专家不仅对辟谣平台的每个指标 $C_k$ 进行评价，还需对每个指标的重要性进行评价，需要求解的是专家意见的权重 $w_m^V (m = 1, 2, \cdots, n)$。专家之间取得最大一致性的评价结果，有助于得到分歧意见最小的评价结果，从而更容易在此评价基础上采取相应措施，因此可定义专家意见之间的欧氏距离来表示分歧，欧氏距离越小，说明分歧越小、评价结果的一致性越大，建立最小分歧权重求解模型，求解得到的最优解为信息集结所需权重。无论专家意见是清晰的、模糊语言的、双重不确定的还是犹豫模糊的，都可根据数学性质定义评价意见之间的欧氏距离。

首先，专家对谣言治理能力指标的重要性做出判断。用犹豫模糊语言集描述专家的判断，然后转换为对应的犹豫模糊数（并延长至相同的长度），表示如下：

$$h_{mk} = \{h_{mk}^l | l = 1, 2, \cdots, L; m = 1, 2, \cdots, n; k = 1, 2, \cdots, p\}$$

对于指标 $C_k$ 的重要性，也就是 $h_{mk}$ 和 $h_{uk}$ 之间的欧氏距离，即专家 $m$ 和专家 $u$ 之间的分歧程度，表示如下：

$$d(h_{mk}, h_{uk}) = \sqrt{\frac{1}{L} \sum_{l=1}^{L} \sum_{m=1}^{n} \sum_{u=1, u \neq m}^{n} \left(h_{mk}^l - h_{uk}^l\right)^2}$$

具有专家权重的犹豫模糊数为 $\{w_m^V h_{mk}^l | l = 1, 2, \cdots, L\}$，则专家 $m$ 与专家 $u$ 评价的欧氏距离的加权总和为

$$\overline{d}(h_{mk}, h_{uk}) = \sqrt{\frac{1}{L} \sum_{l=1}^{L} \sum_{m=1}^{n} \sum_{u=1, u \neq m}^{n} (w_m^V h_{mk}^l - w_u^V h_{uk}^l)^2}$$

其次，为了获得具有较高确定性的评价结果，对专家评价的犹豫模糊程度进行测量。犹豫模糊数 $h_{mk}$ 的平均值定义为 $\overline{h}_{mk} = \frac{1}{L} \sum_{l=1}^{L} h_{mk}^l$。

$h_{mk}$ 的犹豫模糊程度可定义为

$$\varphi_{h_{mk}} = \sqrt{\frac{1}{L} \sum_{l=1}^{L} [h_{mk}^l - (\overline{h}_{mk})]^2} = \sqrt{\frac{1}{L} \sum_{l=1}^{L} \left[ h_{mk}^l - \left( \frac{1}{L} \sum_{l=1}^{L} h_{mk}^l \right) \right]^2}$$

$\varphi_{h_{mk}}$ 和 $\varphi_{h_{uk}}$ 之间的欧氏距离，即专家 $m$ 和专家 $u$ 之间的犹豫模糊程度之差，可以表示为

$$f(\varphi_{h_{mk}}, \varphi_{h_{uk}}) = \sqrt{(\varphi_{h_{mk}} - \varphi_{h_{uk}})^2}$$

具有专家权重的犹豫模糊程度为 $w_m^V \varphi_{h_{mk}}$，$m = 1, 2, \cdots, n$，$k = 1, 2, \cdots, p$，则专家 $m$ 与专家 $u$ 评价的犹豫模糊程度加权总和为

$$\overline{f}(\varphi_{h_{mk}}, \varphi_{h_{uk}}) = \sqrt{(w_m^V \varphi_{h_{mk}} - w_u^V \varphi_{h_{uk}})^2}$$

为了确保加权后的犹豫模糊数之间的分歧度最小且犹豫模糊程度的总和也最小，建立如下多目标模型：

$$\min \sum_{k=1}^{p} \sum_{m=1}^{n} \sum_{u=1, u \neq m}^{n} \sqrt{\frac{1}{L} \sum_{l=1}^{L} \sum_{m=1}^{n} \sum_{u=1, u \neq m}^{n} (w_m^V h_{mk}^l - w_u^V h_{uk}^l)^2}$$

$$\min \sum_{k=1}^{p} \sum_{m=1}^{n} \sum_{u=1, u \neq m}^{n} \sqrt{(w_m^V \varphi_{h_{mk}} - w_u^V \varphi_{h_{uk}})^2}$$

$$\text{s.t.} \begin{cases} \varphi_{h_{mk}} = \sqrt{\frac{1}{L} \sum_{l=1}^{L} \left[ h_{mk}^l - \left( \frac{1}{L} \sum_{l=1}^{L} h_{mk}^l \right) \right]^2} \\ h_{mk} = \{h_{mk}^l | l = 1, 2, \cdots, L; \ m = 1, 2, \cdots, n; k = 1, 2, \cdots, p\} \\ h_{uk} = \{h_{uk}^l | l = 1, 2, \cdots, L; \ m = 1, 2, \cdots, n; k = 1, 2, \cdots, p; \ u \neq m\} \\ \sum_{m=1}^{n} w_m^V = 1 \\ w_m^V \geqslant 0, \ m = 1, 2, \cdots, n \end{cases}$$

对目标取权重，可求出最优的 $w_m^V(m = 1, 2, \cdots, n)$ 值。如果专家意见为其他类型的信息，只需重新定义信息之间的欧氏距离或分歧大小，就能重新建立相应的最小分歧权重求解模型。

（3）求得专家权重后，采用犹豫模糊加权平均算子确定指标权重 $w_k^C(k = 1, 2, \cdots, p)$，而后可采用逼近理想解排序法（technique order preference by similarity to ideal solution，TOPSIS）或其他信息集结方法集结所有信息，得出评价结果。

（4）在（3）评价结果的基础上，针对各辟谣平台提出改进辟谣效果的决策建议，重点提出重要程度高但表现差的指标的改进建议；结合不同平台的优劣势，提出多平台的辟谣协同应对机制和辟谣路径组合，具体包括以下方面。

　　a. 网络谣言的话题涉及领域广泛、涉及公众主体不同，应明确主体定位、优劣势，采取差异化的多主体组合策略。把官方辟谣力量和民间辟谣力量、团体辟谣力量和个人辟谣力量逐渐整合起来，集中优势，弥补劣势，缩短网络谣言的传播时间，形成快速的、有针对性的精准治理机制。

　　b. 政府力量融合媒介的渠道覆盖。报刊、新闻以官方正式报道、单向传播为主；全国的、行业的、地方政府及互联网企业发起的辟谣平台形成开放性评论的互动传播形式，微信朋友圈具有闭环传播效应，微信公众号和 App 形成兴趣部落群。借助官方报道的权威性、开放平台的民主性，实现辟谣信息全媒体融合、全渠道覆盖。根据群体的特点和媒体选择偏好，对不同类型的谣言及群体特征设计辟谣路径组合，更好地突破公众接收信息的困境。

　　考虑辟谣平台的"止谣""辟谣""受众的参与程度"三个方面，建立辟谣平台舆情治理能力的评价指标体系，指标选取的原则如下。

　　（1）系统性：评价指标体系是一个系统，其评价指标也应有系统性。各个指标之间应具有很强的逻辑关系。

　　（2）科学性：指标体系的设计必须建立在科学的基础上，指标的定义、内涵要明确，计算方法要简便，力求全面、客观地反映和描述被评价对象的状况。

　　（3）可比性：所选取的指标在同类评价对象间有完全一致的定义和内涵，保证同一指标在被评价对象间的可比性。

　　（4）可观测性：设计的指标具有可观测性，能够通过一定的途径得到真实可靠的数据，保证评价工作的可操作性。

　　（5）相互独立性：各个评价指标之间应该相互独立，尽量避免交叉。

　　止谣方面的指标主要评价辟谣平台需要长期建设部分的情况，包括公信力和制度两个方面。

　　（1）公信力。舆情治理最大的困难在于受众对于辟谣信息和辟谣来源的不信任。公信力包括平台知名度、专家资源、媒体资源等方面。

　　（2）制度。要实现有效辟谣，必须完善舆情监测、舆情预警、信息发布及追踪反馈在内的一整套制度，以及建立跨平台、媒体、公众合作机制和合适的奖惩制度等。制度包括谣言监测机制、谣言预警机制、信息发布机制、追踪反馈机制、合作机制、奖惩制度等方面。

　　辟谣方面的指标主要评价辟谣平台短期对特定舆情事件进行辟谣的效率等情况，包括及时性及公开透明性两个方面。

　　（1）及时性。虽然谣言先于辟谣信息传播，但辟谣主体在辟谣过程中仍应及时。及时性包括宣传及时性、处理及时性与求证及时性三个方面。

　　（2）公开透明性。公开透明性包括公开性、透明性两个方面。

　　受众参与程度方面的指标主要评价辟谣平台上的辟谣信息是否易于受众分享、有无提供辟谣线索或谣言举报的途径，包括易分享性和参与途径两个方面。

　　（1）易分享性。受众访问辟谣平台一般都带有较为强烈的信息搜寻和事件求证动机，当辟谣平台具有易于受众将辟谣内容共享到主流社交媒体的分享链接或一键生成易于转发的图片等功能时，受众更易将辟谣信息扩散至其关系网络中，有利于增强辟谣效果。

　　（2）参与途径。辟谣平台的交互功能更多地体现在其举报功能而不是与受众之间的交流。便捷的辟谣线索提供或谣言举报的参与途径可以鼓励受众参与到辟谣过程中。

　　因此，构建的辟谣平台舆情治理能力评价指标体系如图 7.6 所示。

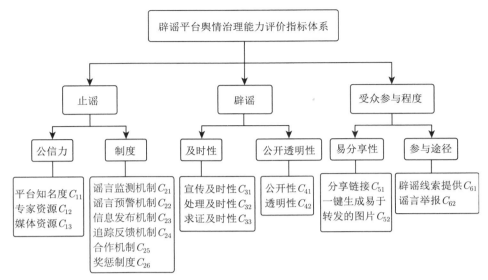

图 7.6　辟谣平台舆情治理能力评价指标体系

假设一共有 5 位专家，3 个辟谣平台，5 位专家对其中辟谣平台 A 舆情治理能力评价指标的具体内容如表 7.5 所示，并将其转换为对应的犹豫模糊数。

表 7.5　专家对辟谣平台 A 的舆情治理能力指标的评价

| 指标 | 专家1 | 专家2 | 专家3 | 专家4 | 专家5 |
|---|---|---|---|---|---|
| $C_{11}$ | (0.75) | (0.25,0.50) | (0.25,0.50) | (0.50) | (0.50,0.75) |
| $C_{12}$ | (0.25) | (0.50) | (0.25,0.50,0.75) | (0.25,0.50) | (0.25,0.50) |
| $C_{13}$ | (0.25,0.50) | (0.25,0.50,0.75) | (0.25) | (0.50,0.75) | (0.50) |
| $C_{21}$ | (0.25) | (0.75) | (0.25,0.50) | (0.50) | (0.50) |
| $C_{22}$ | (0.50,1) | (0.25,0.50) | (0.25,0.50,0.75) | (0.75,1) | (0.50,1) |
| $C_{23}$ | (0.75) | (0.50) | (0.50.1) | (0.25) | (0.75) |
| $C_{24}$ | (0.75,1) | (0.75) | (0.25) | (0.75,1) | (0.50) |
| $C_{25}$ | (0.25,0.5,0.75) | (0.50) | (0.50,0.75) | (0.50,1) | (0.25,0.50,0.75) |
| $C_{26}$ | (0.75) | (0.50,0.75) | (0.25,0.50) | (0.50,0.75) | (0.25,0.50) |
| $C_{31}$ | (0.50,0.75) | (0.50,0.75) | (0.50) | (0.50) | (0.50,1) |
| $C_{32}$ | (0.75,1) | (0.75) | (0.50,0.75) | (0.50,0.75) | (0.50,0.75) |
| $C_{33}$ | (0.25,0.50,0.75) | (0.75) | (0.25,0.50) | (0.75) | (0.25,0.50) |
| $C_{41}$ | (0.50,0.75) | (0.50) | (0.50,1) | (0.50,0.75) | (0.50) |
| $C_{42}$ | (0.25,0.50) | (0.50) | (0.25,0.50) | (0.25) | (0.50) |
| $C_{51}$ | (0.50,1) | (0.25,0.50,0.75) | (0.75) | (0.75,1) | (0.50,0.75) |
| $C_{52}$ | (0.25) | (0.25,0.50,0.75) | (0.50,1) | (0.75) | (0.50) |
| $C_{61}$ | (0.75,1) | (0.50,0.75) | (0.50) | (0.25,0.50,0.75) | (0.75,1) |
| $C_{62}$ | (0.75) | (0.50,1) | (0.50) | (0.50,0.75) | (0.50,0.75) |

根据分歧度最小且犹豫模糊程度总和也最小，模型得到 5 位专家的权重为：$w^V = 0.185\,0, 0.205\,7,$ $0.213\,2, 0.200\,4, 0.195\,7$，该群体加权分歧度之和为 $\sum_{k=1}^{p}\sum_{i=1}^{n}\bar{d}(h_{ik}, h_{i'k}) = 2.663\,7$，加权犹豫模糊程度为 $\sum_{k=1}^{p}\sum_{i=1}^{n}\bar{f}(\varphi_{h_{ik}}, \varphi_{h_{i'k}}) = 0.378\,9$；当直接赋予 5 位专家等权重 $w_i'^V = 0.2$（$i = 1, 2, \cdots, 5$）时，所得群体加

权分歧度之和为 $\sum_{k=1}^{p}\sum_{i=1}^{n}\bar{d}'(h_{ik},h_{i'k})=2.723\,0$，加权犹豫模糊程度为 $\sum_{k=1}^{p}\sum_{i=1}^{n}\bar{f}'(\varphi_{h_{ik}},\varphi_{h_{i'k}})=0.446\,1$。

可以得到以下结论：$\sum_{k=1}^{p}\sum_{i=1}^{n}\bar{d}(h_{ik},h_{i'k})<\sum_{k=1}^{p}\sum_{i=1}^{n}\bar{d}'(h_{ik},h_{i'k})$，$\sum_{k=1}^{p}\sum_{i=1}^{n}\bar{f}(\varphi_{h_{ik}},\varphi_{h_{i'k}})<\sum_{k=1}^{p}\sum_{i=1}^{n}\bar{f}'(\varphi_{h_{ik}},$ $\varphi_{h_{i'k}})$，由模型得到的结果具有更小的分歧度，因此通过该方法确定专家权重比直接赋予专家等权重更好。通过该方法，确定辟谣平台评价指标对应的权重分别如下：

$w^c$=0.051 3,0.037 2,0.042 2,0.050 0,0.056 7,0.061 4,0.066 4,0.051 2,0.052 7,0.060 9,0.069 2,0.053 5, 0.058 7,0.040 2,0.066 4,0.053 7,0.064 6,0.063 7

最后经 TOPSIS 集结后，得到辟谣平台 A、B、C 的评价分数分别为 $R_{jA}^{+}=0.542\,9$，$R_{jB}^{+}=0.562\,5$，$R_{jC}^{+}=0.554\,7$。由数据可知，辟谣平台 B 的舆情治理能力总体来说相对较强，由数据可得到表 7.6 的结论。

**表 7.6　辟谣平台的优势与劣势**

| 平台指标 | 优势 | 劣势 |
| --- | --- | --- |
| 辟谣平台 A | 舆情预警机制<br>处理及时性<br>分享链接 | 专家资源<br>透明性<br>一键生成转发图片功能 |
| 辟谣平台 B | 处理及时性<br>分享链接<br>辟谣线索提供 | 专家资源<br>舆情监测机制<br>透明性 |
| 辟谣平台 C | 追踪反馈机制<br>处理及时性<br>分享链接 | 专家资源<br>媒体资源<br>透明性 |

由表 7.6 可知，三个平台在分享链接和处理及时性方面表现良好，在专家资源和透明性方面表现为劣势，并且平台的风险预警和监测能力还有待提高。

在之后的平台优化工作中，应丰富专家资源，用事实说话，降低事件的模糊性，不封锁消息，有利于增强辟谣效果。另外，在新媒体时代为提高平台的预警和监测能力，应在社会风险爆发初期注重官方和权威信息的发布，从根源上遏制风险扩散，并通过广播、电视、网络等多种渠道发布权威信息，及时对社会风险进行预警和监测。

## 7.3　风险传播模型

在以上分析的基础上，通过分析技术灾难事件的特点，建立技术灾难事件社会风险传播模型。

### 7.3.1　风险影响因素及特点

在前面的章节中，对技术灾难事件的特点和技术灾难事件社会风险构成要素进行剖析后，本节对技术灾难事件社会风险的主要影响因素和特点进行深入分析。技术灾难事件社会风险具备一般社会风险所具备的特点及影响因素，但是其还具有独有的影响因素和特点。网络媒介环境、社会结构性压力、网民心理、触发性事件和政府控制等对社会风险的形成起到了不同程度的作用，但对于技术灾难事件社会风险的形成，众多影响因素中有三个因素作用尤其明显。

1. 事件的严重程度

技术灾难事件会直接或间接造成人员伤亡、财产损失等严重后果，扰乱人们正常的生活秩序，很可能会造成社会的动荡。灾难事件持续时间和受灾程度会影响社会风险的传播。

（1）灾难事件持续时间。灾难事件持续时间与事件的受灾程度呈正相关关系。例如，2019年澳大利亚山火持续时间长达4月有余，直接经济损失高达5 000万澳元，林火导致旅游业损失了近10亿澳元。被林火烧毁的面积，已经相当于德国面积的三分之一，造成33人死亡，烧毁3 000多所房屋，引发舆论风暴，造成极大的社会风险。相反，如果灾难事件持续时间较短，则不太容易引起广泛讨论，或者会在事件平息后快速消减。

（2）受灾程度。不同类型的灾难事件，如客运列车脱轨与城市交通事故，或者化工厂爆炸与居民区火灾，带来的社会、经济损失有异，与事件有直接关系、对事件关注度高的人群会有较大差异，对网民的冲击力度也有所不同，从而引起风险传播路径、信息传播热度的不同。例如，"8·12天津滨海新区爆炸事故"是一起发生在天津市滨海新区的特别重大安全事故，事故造成165人遇难、8人失踪、798人受伤，304幢建筑物、12 428辆商品汽车、7 533个集装箱受损。事件的受灾程度非常严重，引起了社会各界的关注。

2. 政府的处置水平

技术灾难事件发生后，政府对灾难事件的处理水平、对责任的追究程度、对信息传播的反应速度，在很大程度上会影响到事件的整体发展趋势和社会风险的传播。

（1）对灾难事件的处理水平。政府作为城市的管理者，是灾难事件处置的重要主体，其在事件发生后的处置态度、处置方式、处置效率和善后处理都会受到网民的极大关注，网民对政府及相关部门的期待值很高。如果政府在城市突发事件中处置不当或处置不及时，网民可以很容易地通过互联网表达出对政府或者对干部的不满，这便会加剧干部和群众的矛盾，网民会通过网络发泄情绪，造成社会风险的蔓延。

（2）对责任的追究程度。技术灾难事件往往是技术不完备或管理不当造成的。相关监管机制不完善，导致失当行为的发生，造成巨大的生命和财产损失，公众迫切想知道事件发生的原因，以及谁应该承担相应的责任。在事件具体责任人没有查明的情况下，与事件相关的政府监管部门成了主要的责任承担方，需要及时向公众公布事态进展。社会管理部门对事件的情况通报、干部问责和惩戒力度会成为社会风险形成的重要因素。

（3）对信息传播的反应速度。网络新媒体出现后，迅速成为各种意见的集散地。部分干部及政府部门对网络民意诉求缺乏足够的重视，反应不够及时，使得灾难事件一发生，网民便会"有罪推定"，给政府的公信力带来极大冲击。在政府对风险反应不够及时的情况下，网民的推测在很大程度上会影响到事件的整体发展趋势及整个舆论，从而引发网络社会风险。

3. 灾情信息的情绪倾向

信息传播引发的技术灾难事件社会风险有其独有的特点，技术灾难事件社会风险来自事件本身，网民根据媒体发布的灾情信息发表意见和看法，分析事件的进展情况，对事件受害者表示同情，对事件中的遇难者表示哀悼等。除此之外，网民还更加关注事件发生的前因后果、政府及相关部门在事件发生后的行为、处置态度及其在事件中是否应该承担责任等问题，网络中理性和非理性因素共存，出现大量宣泄情绪、尖锐而激进的言论。因此，根据网民的舆论立场和指向，技术灾难事件舆情明显地可以分为正面灾情信息和负面灾情信息。

（1）正面灾情信息。政府作为灾难事件处置的重要主体，应在灾难事件爆发之后开展积极的救援工作，尽快公布损失情况，判定责任主体，公布与事件相关的一手信息。由于官方信息的权威性，网民通过互联网转发官方信息，表达对政府救援工作、处理过程的肯定。

（2）负面灾情信息。由于技术灾难事件主要是个人或机构的行为不符正常合理的操作规范或法律法规而导致的灾难，社会风险多在声讨当事人的失当行为，充满着负面和激化言论，消极性更强。同时，在政府部门对事件通报滞后的情况下，公众往往会因为对伤亡情况不明、对救援工作开展不力等，对政府的不信任感增加，而不信任感则是社会风险感知的重要表征，这种社会风险感知引发的负面情绪在舆论场中蔓延，可能引起集体行为甚至群体极化现象。

根据以上分析，技术灾难事件、参与主体和影响因素间的相互关系如图 7.7 所示。

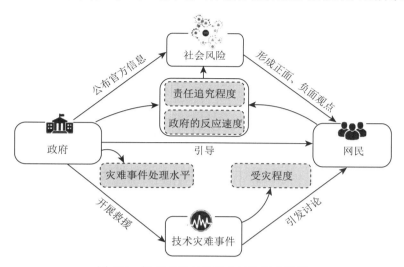

图 7.7　技术灾难事件社会风险影响因素

### 7.3.2　风险演化传染病模型

为了分析社会风险的演化，结合疾病传播方面学者的成果，类似地将谣言传播中的群体分为四个类型，分别为不知者 $S(t)$、潜伏者 $E(t)$、传播者 $I(t)$ 和抑制者 $R(t)$。首先对下述社会风险传播的 SEIR 模型做出以下假设。

（1）将进入社交网络的人群视为易感人群。

（2）灾情信息传播率受正面灾情信息和负面灾情信息的影响。

（3）随着时间的变化、社会认知的影响等会有一定概率 $c$ 的不知者、潜伏者、传播者及抑制者离开系统。

（4）由于自身意识等变化，会有一定概率 $g$ 的传播者变成抑制者。

灾情信息传播是通过与他人的联系进行的，在每一个时间点，每个人可能处于四类状态中的一类。同时假设在任意时刻 $S(t)$、$E(t)$、$I(t)$ 和 $R(t)$ 为连续可微的函数。在社会风险传播的 SEIR 模型中，各类网民之间的转换关系如图 7.8 所示。系统中的各参数的定义和含义如表 7.7 所示。

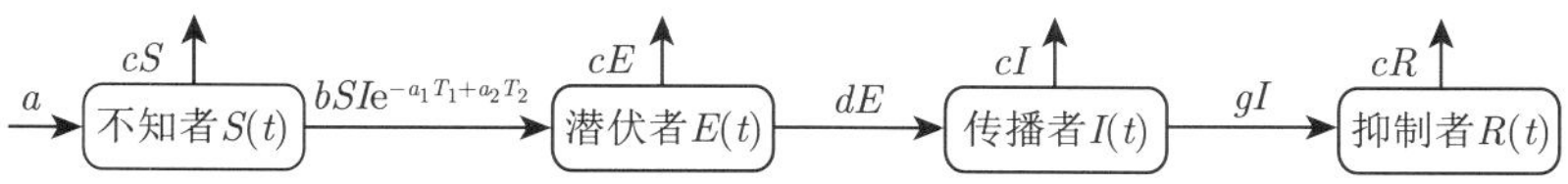

$$\xrightarrow{a} \boxed{\text{不知者}\,S(t)} \xrightarrow[\,]{bSIe^{-a_1T_1+a_2T_2}} \boxed{\text{潜伏者}\,E(t)} \xrightarrow{dE} \boxed{\text{传播者}\,I(t)} \xrightarrow{gI} \boxed{\text{抑制者}\,R(t)}$$

图 7.8　四类人群转换关系

根据系统动力学建模思想，可以建立如下的技术灾难事件社会风险传播模型：

$$\begin{cases} \dfrac{\mathrm{d}S}{\mathrm{d}t} = a - bSIe^{-a_1I+a_2I} - cS \\[2mm] \dfrac{\mathrm{d}E}{\mathrm{d}t} = bSIe^{-a_1I+a_2I} - dE - cE \\[2mm] \dfrac{\mathrm{d}I}{\mathrm{d}t} = dE - gI - cI \\[2mm] \dfrac{\mathrm{d}R}{\mathrm{d}t} = gI - cR \end{cases} \tag{7.1}$$

**表 7.7　各参数的定义和含义**

| 参数 | 参数定义 | 参数含义 |
|------|----------|----------|
| $a$ | 移入率 | 单位时间内进入虚拟社区的人数所占比例 |
| $b_1$ | 接触率 | 单位时间内不知者与传播者接触到的概率 |
| $D$ | 受灾程度系数 | 反映技术灾难事件的受灾程度，标准化在 $[0,1]$ |
| $c$ | 移出率 | 单位时间内移出虚拟社区的人数所占比例 |
| $d$ | 潜伏者转化率 | 接触到灾情信息的潜伏者转化为传播者或者抑制者的概率 |
| $g$ | 直接免疫率 | 传播信息的网民不相信、不传播该信息的概率，其受政府处置水平的影响 |
| $a_1$ | 正面信息系数 | 正面灾情信息减少传播系数的因子 |
| $a_2$ | 负面信息系数 | 负面灾情信息增加传播系数的因子 |

新的网民单位时间内以比例 $a$ 进入系统，处于不知者状态的人群，将会在接触到传播者之后，以一定的概率变成潜伏者，此概率可以用信息的基本传播率 $b$、$\mathrm{e}^{-a_1 I}$ 及 $\mathrm{e}^{a_2 I}$ 描述。$\mathrm{e}^{-a_1 I}$ 表示正面灾情信息使信息基本传播率减少，其中，$a_1$ 描述了正面灾情信息的报道对谣言基本传播率的影响程度；$\mathrm{e}^{a_2 I}$ 表示负面灾情信息使信息基本传播率增加，其中，$a_2$ 描述了负面灾情信息对信息基本传播率的影响程度。其中，$b = b_1 D$。

### 7.3.3　平衡点及传播阈值

传播系统都存在零传播平衡点和非零传播平衡点。下面求解系统的平衡点，计算系统的传播阈值。

1. 模型的平衡点

由于系统（7.1）满足 $S + E + I + R = 1$，方程组 (7.1) 中的前三个方程中均不含变量 $R$，计算平衡点时，可以只考虑由前三个方程所构成的模型。令前三个方程的右边等于零，

$$
\begin{cases}
a - bSIe^{-a_1 I + a_2 I} - cS = 0 \\
bSIe^{-a_1 I + a_2 I} - dE - cE = 0 \\
dE - gI - cI = 0
\end{cases}
\tag{7.2}
$$

可得两类平衡点：① 零传播平衡点。当潜伏者 $E$ 和传播者 $I$ 都为 0 时，系统中也就不存在风险传播，这样的点称为零传播平衡点，显然 $p_0 = \left(\dfrac{a}{c}, 0, 0\right)$、$p_1(0,0,0)$ 均为模型的零传播平衡点。② 内部传播平衡点。零传播平衡点是一种理想的状态，此时灾情信息不会传播扩散，故不是我们所关心讨论的情况。设上述方程组可得一个平衡点 $p^*(S^*, E^*, I^*)$，可得两个定理。

**定理 7.1**　当 $R_0 > 1$ 时，系统 (7.1) 存在唯一正平衡点 $p^*(S^*, E^*, I^*)$。

**定理 7.2**　集合 $A = \left\{(S, E, I, R)|S, E, I, R \geqslant 0,\ S + E + I + R \leqslant \dfrac{a}{c}\right\}$ 是系统 (7.1) 的正不变集，也是其吸引集。

定理的详细证明见附录 B。

2. 传播阈值

根据模型的实际背景，将在有界区域 $A = \{(S, E, I, R)|S, E, I, R \geqslant 0,\ S + E + I + R \leqslant 1\}$ 内考虑模型的平衡点。在传染病传播研究中，基本再生数 $R_0$ 是一个衡量传染病是否爆发的重要阈值。当 $R_0 > 1$ 时，传染病便会在一定范围内暴发，当 $R_0 \leqslant 1$ 时，传染病的传播便会随着时间自然消亡。与传染病模型类似，下面我们将讨论社会风险的传播阈值 $R_0$。

由计算基本再生数的下一代矩阵方法，将系统 (7.1) 右边分成两部分：

$$\mathcal{F} = \begin{pmatrix} 0 \\ bSIe^{(a_2-a_1)I} \\ 0 \\ 0 \end{pmatrix} \qquad \mathcal{V} = \begin{pmatrix} -a + bSIe^{(a_2-a_1)I} + cS \\ (c+d)E \\ -dE + (g+c)I \\ -gI + cR \end{pmatrix}$$

因为在此系统中听过灾情信息打算传播或者正在传播的人群是潜伏者和传播者，所以只取 $\mathcal{F}$ 和 $\mathcal{V}$ 中对应这两个类的两行，并分别对 $E$ 和 $I$ 求偏导，并将 $p_0 = \left(\dfrac{a}{c},0,0\right)$ 代入，可得

$$F = \begin{pmatrix} 0 & \dfrac{ab}{c} \\ 0 & 0 \end{pmatrix}, \quad V = \begin{pmatrix} d+c & 0 \\ -d & g+c \end{pmatrix}$$

$$FV^{-1} = \frac{1}{(d+c)(g+c)} \begin{pmatrix} 0 & \dfrac{ab}{c} \\ 0 & 0 \end{pmatrix} \begin{pmatrix} g+c & 0 \\ d & d+c \end{pmatrix} = \frac{1}{(d+c)(g+c)} \begin{pmatrix} \dfrac{abd}{c} & \dfrac{ab(d+c)}{c} \\ 0 & 0 \end{pmatrix}$$

(7.3)

故传播阈值 $R_0 = \rho(FV^{-1}) = \dfrac{abd}{c(d+c)(g+c)}$。当 $R_0 \leqslant 1$ 时，系统只有零传播平衡点，此时系统中的社会风险随着时间演化而淡化出社会环境。当 $R_0 > 1$ 时，模型将存在内部传播平衡点，若不加以导控，任由风险发展，风险就会在系统中大面积爆发。

### 7.3.4 平衡点的稳定性分析

通过以上的计算，可得出系统的零传播平衡点和内部传播平衡点，下面讨论模型在平衡点的稳定性。

**定理 7.3** 在 $a_2 < a_1$ 的条件下，当 $R_0 < 1$ 时，系统 (7.1) 的平衡点 $p_0 = \left(\dfrac{a}{c},0,0,0\right)$ 在可行域 $A$ 内是全局渐近稳定的。当 $R_0 > 1$ 时，系统的平衡点 $p_0$ 不稳定。

关于模型在平衡点 $p_0 = (1,0,0)$ 的稳定性讨论详见附录 B。

### 7.3.5 仿真分析及控制策略

为了对仿真模型进行理论分析和提出合理的社会风险导控措施，本节运用 Matlab R2012a 对所建立的技术灾难事件社会风险传播模型进行仿真分析。仿真实验主要针对模型的传播阈值对风险传播和系统稳定性的影响及参数敏感性进行分析验证。

首先对系统 (7.1) 的边界平衡点的全局渐近稳定性进行数值仿真，在系统中，取参数值 $a = 0.6$，$b = 0.1$，$c = 0.3$，$d = 0.1$，$g = 0.5$，$a_1 = 0.2$，$a_2 = 0.1$。通过计算，边界平衡点 $p_0 = (2,0,0,0)$，传播阈值 $R_0 = 0.08 < 1$，可知满足定理 7.3 的条件，因此系统 (7.1) 是全局渐进稳定的。使用 Matlab 软件进行仿真可得图 7.9，可以看到，取 $(S_0, E_0, I_0, R_0) = (0.6,0,0.4,0)$，在这种情况下，灾情信息最终将会消失，并不会对社会产生影响。尽管在传播者初值取值 0.4 比较大的情况下，社会风险依然没有进行传播。事实上，在这种情况下，无论初值取多少，灾情信息都不会传播。

当 $R_0 > 1$ 时，通过仿真模拟分析系统 (7.1) 内部平衡点的全局渐近稳定性，取参数值 $a=0.6$，$b=0.7$，$c=0.2$，$d=0.2$，$g=0.1$，$a_1 = 0.2$，$a_2 = 0.1$。此时，内部平衡点 $p^* = (0.92,1.04,0.69,0.52)$，传播阈值 $R_0 = 3.5 > 1$。取 $(S_0, E_0, I_0, R_0) = (0.6,0,0.4,0)$，通过仿真可得图 7.10，由于传播者的初始比例比较大，且接触率 $b$ 也比较大，不知者接触到传播者的机会比较大，故潜伏者的密度增大得比较快，且数值较大。由于传播者会转化为抑制者，传播者的密度在开始阶段有一点减小，但是由于 $R_0 > 1$，传播者的密度很快开始增大，同时在传播结束时抑制者的密度随之增大，最后四个群体的密度趋于内部平衡点。在这种情况下，社会风险传播者最终将仍然存在于系统中，并会对社会产生消极影响。如果放任不管，在将来的某个时刻，遇到某个突发事件后会重新导致社会风险的扩散。

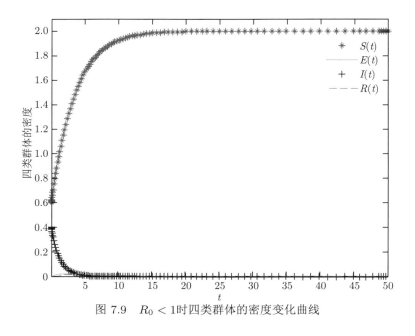

图 7.9　$R_0 < 1$ 时四类群体的密度变化曲线

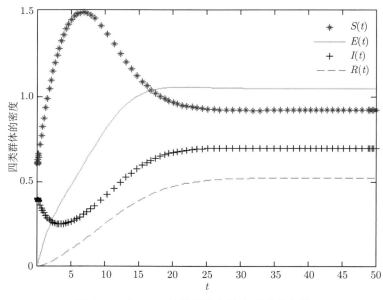

图 7.10　$R_0 > 1$ 时四类群体的密度变化曲线

参数 $b$ 描述了技术灾难事件造成的损失程度和单位时间内不知者与传播者接触到的概率，图 7.11 表示出随着 $b$ 的变化，$R_0$ 的变化图像。可以看出，$R_0$ 与参数 $b$ 是成正比的，在固定其他参数的情况下，增大 $b$ 会导致 $R_0$ 正比例增加。$R_0$ 对参数 $b$ 较为敏感，当 $b$ 增大到大概 0.2 的时候，$R_0$ 等于 1，当 $b$ 增大到 1 时，$R_0$ 变得很大，等于 5。在 $R_0 < 1$ 的情况下，社会风险会随着时间而自然消失。当 $b$ 越来越大时，$R_0$ 将大于 1，社会风险便不会消失，需要政府加以导控。因此，政府可以选择控制参数 $b$ 来控制社会风险，通过降低 $b$ 的值以达到控制社会风险传播的目的。

参数 $g$ 描述的是政府对技术灾难事件的处置水平，如果政府的处置水平高，会缩短网民对灾情信息的持续关注时间。在技术灾难事件中，政府与公众之间存在着信息不对称。技术灾难事件发生后，政府组织有序、有效的救援，缓解公众对事件后果的焦虑感。政府组织介入事件相关灾情信息管理中，

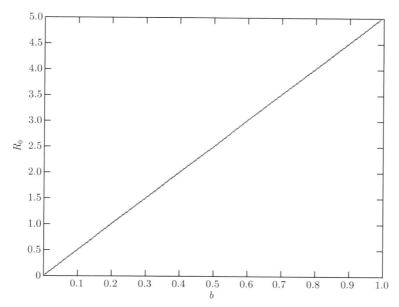

图 7.11　参数 $b$ 对传播阈值 $R_0$ 的影响（$a = 0.6$，$d = 0.2$，$c = 0.2$，$g = 0.1$）

依法追究事件产生的责任人，发布与事件相关的信息，保持信息透明，这样公众对灾难事件关注的持续时间会相应缩短。政府处置水平系数影响了传播者变成抑制者的概率，政府处置水平高，传播者便会对所传播的信息持怀疑态度，从而加大传播者转化为抑制者的概率。由图 7.12 可以看出，$g$ 在 0 的某一个较小的左侧范围内变化时，曲线的斜率变化非常大，说明此时传播阈值 $R_0$ 对于 $g$ 的变化是非常敏感的，适当增大一点 $g$，可以极大地降低传播阈值。当 $g$ 增大到接近于 1 时，传播阈值出现小于 1 的情况，此时社会风险会自然消失。在实际的社会风险控制中，增大 $g$ 的方式包括政府加大相关信息公开程度，保持事件的信息透明度，对事件及时反应，持续公布救援结果和追责结果，等等。

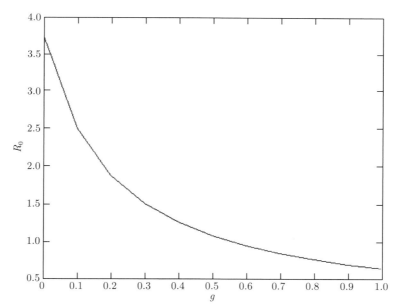

图 7.12　参数 $g$ 对传播阈值 $R_0$ 的影响（$a = 0.6$，$d = 0.2$，$c = 0.2$，$b = 0.5$）

在系统 (7.1) 中，考虑社会风险传播者数量受社会风险中正面灾情信息和负面灾情信息的影响。在系统 (7.1) 中，取参数值 $a=0.6$，$b=0.6$，$c=0.2$，$d=0.2$，$g=0.3$，$a_2=0.3$，$(S_0, E_0, I_0, R_0) = (0.98,$

$0, 0.02, 0$)。正面信息系数 $a_1$ 分别取0.000 5、0.05、0.01、0.2、0.5。在这 5 种情况下，系统的内部平衡点存在且是全局渐近稳定的。图 7.13 为这 5 种情况下不同 $a_1$ 取值对应的传播者数量随时间的变化图。从图 7.13 可以看出，随着正面信息系数的增加，社会风险传播系统中传播者密度的上升速度变慢，说明正面灾情信息使得风险传播得到缓解。取定正面信息系数 $a_1 = 0.2$，其他参数与图 7.13 的参数取值相同。负面信息系数分别取 0.005、0.05、0.1、0.4、0.7。在这 5 种情况下，系统的内部平衡点存在且是全局渐近稳定的。图 7.14 为这 5 种情况下不同 $a_2$ 取值对应的传播者密度随时间的变化图。根据图 7.14，可以看出，随着媒体负面信息系数的减小，社会风险传播者数量也逐渐减少，社会风险传播得到缓解。因此，政府应该积极采取措施，增加事件相关信息的正面报道，减少媒体对信息的负面报道，以此控制灾情信息的传播，降低社会风险带来的危害。

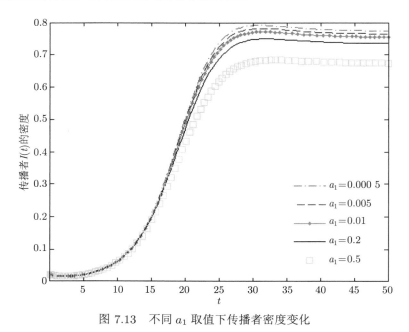

图 7.13　不同 $a_1$ 取值下传播者密度变化

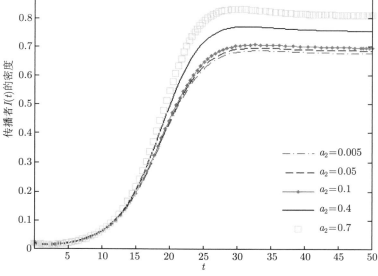

图 7.14　不同 $a_2$ 取值下传播者密度变化

### 7.3.6　案例模拟与实证分析

下面以真实案例来验证社会风险传播模型的可靠性，并考察政府不同的干预点对传播的影响。由于"6·13 湖北十堰燃气爆炸事故"发生在某集贸市场，在端午节第二天假期的早晨，吃早点和买菜的人比较多，可以说带来的影响还是非常大的。事件发生后，十堰立即成立"6·13"事故现场抢险救援指挥部开展救援和伤员救治工作，并且成立了事件调查小组。下面分析此事件的发生发展及处理过程。

1. 事件概述

2021 年 6 月 13 日 6 时 30 分许，湖北十堰某小区发生天然气爆炸事故，某菜市场被炸毁，爆炸造成多人受困。事件发生后，湖北省委、省政府迅速组织开展救援工作，投入各方救援力量超过 2 000 人。救援人员携带大型救援设备、生命探测仪、警犬等在现场展开搜救处置。应急管理部派工作组赴燃气爆炸事件现场指导救援。国家卫生健康委员会派出专家组现场指导卫生应急处置。13 日 11 时，十堰已成立"6·13"事故现场抢险救援指挥部，指挥部下设 8 个工作小组。6 月 14 日，国务院安全生产委员会决定对该事件进行挂牌督办。据 6 月 18 日的新闻报道，8 名犯罪嫌疑人被刑事拘留。该事故造成 25 人死亡、138 人受伤（其中 37 人重伤）[411]。

6 月 17 日下午，据青岛应急管理官微消息，召开的全国安全生产电视电话会议对湖北十堰燃气爆炸事故的原因做出初步分析，披露了关于事件的一些细节：事发建筑物在河道上，铺设在负一层河道中的燃气管道发生泄漏，因建筑物负一层两侧封堵不通风，泄漏天然气聚集，并向一楼和二楼扩散，达到爆炸极限后，遇火源引爆[412]。

1）事件的严重程度

从灾难事件持续时间看，湖北十堰燃气爆炸事故的持续时间与事件的严重程度呈正相关关系。从表 7.8 微博相关话题数据可以看到事件的严重性让人民群众对事件保持高关注度，使网民在社交媒体上热烈地讨论该事件。

表 7.8　前 10 个主要涉事微博话题数据

| 序号 | 微博话题 | 阅读量/次 | 讨论量/条 | 话题主持人 |
| --- | --- | --- | --- | --- |
| 1 | ＃十堰爆炸事故已致11人死亡＃ | 4.4亿 | 1.6万 | @时间视频[北京新媒体（集团）] |
| 2 | ＃十堰天然气爆炸＃ | 3.2亿 | 2.9万 | — |
| 3 | ＃十堰燃气爆炸已致25人死亡＃ | 2.6亿 | 2.1万 | @人民日报 |
| 4 | ＃湖北十堰燃气爆炸现场居民发声＃ | 9 813.7万 | 1.3万 | @头条新闻 |
| 5 | ＃十堰爆炸现场913户居民和商户已疏散＃ | 9 211.8万 | 1 956 | @头条新闻 |
| 6 | ＃国家级医疗专家组赴湖北十堰＃ | 9 216.9万 | 2 487 | @人民日报 |
| 7 | ＃十堰发生燃气爆炸事故＃ | 6 494.1万 | 1.5万 | @极目新闻（湖北本地媒体） |
| 8 | ＃十堰通报燃气爆炸事故＃ | 6 015.8万 | 3 222 | @新浪新闻客户端 |
| 9 | ＃十堰天然气爆炸的背后＃ | 5 972.8万 | 1 944 | @正观视频（郑州报业集团） |
| 10 | ＃十堰燃气爆炸现场事发前后对比＃ | 3 447.5万 | 1.3万 | @沸点视频（一点资讯） |

资料来源：清朗风险监测系统

2）政府的处置水平

事件发生后一小时左右，救援人员把伤者送往十堰各大医院，并对伤员进行积极救治，调集所有消防救援人员紧急抢救伤员，附近干部群众也主动投入救援工作中。十堰投入各方救援力量超过 2 000 人。据 2021 年 6 月 13 日 11 时的新闻报道，十堰成立了"6·13"事故现场抢险救援指挥部，下设 8 个工作小组，分别为综合组、抢救组、伤员救治组、安全稳定组、事故调查组、社会风险组、后勤保障组和危房鉴定组。同时，为了统筹做好该事件新闻信息及发布工作，特成立"张湾区 6·13 事故应急新闻中心"。为了避免次生灾害，事件现场 913 户居民和商户被紧急疏散，周边社区居民的疏散和有序安置工作也已完成。伤亡人员亲属 853 人被就近安置在 8 家酒店。指挥部指出，会妥善处理死亡人员善后工作，全力做好伤亡人员家属安抚工作。指挥部还要求抓紧调查事件发生原因和责任倒查追究，抓紧对周边房屋的安全鉴定，包括水、电、燃气等隐患排查，并及时通报最新进展。

责任追究程度。2021 年 6 月 18 日，据"十堰发布"消息，十堰市公安机关根据初步调查结果，对包括十堰东风中燃城市燃气发展有限公司总经理黄某在内的 8 名犯罪嫌疑人采取刑事拘留措施。2021 年 7 月，湖北省对该爆炸事件相关责任人进行严肃追责问责，包括 11 名省管干部在内的 34 名公职人员受到撤职、免职等处理。

政府对风险的反应速度。2021 年 6 月 13 日下午，十堰市人民政府新闻办公室召开第一场新闻发布会，通报"6·13"事件相关情况。2021 年 6 月 14 日晚，湖北省委、省政府成立十堰市某社区集贸市场燃气爆炸事故调查组，研究部署事件调查工作。2021 年 7 月 16 日，为深刻汲取该燃气爆炸事件教训，当地政府对负有监管责任的十堰市城市管理执法委员会和负有主体责任的中国燃气控股有限公司进行约谈。2021 年 7 月 27 日，根据《国务院安委会安全生产约谈实施办法（试行）》的相关规定，国务院安全生产委员会办公室约谈湖北省人民政府相关负责人和湖北省住房和城乡建设厅、十堰市人民政府相关主要负责人。

3）正负面灾情信息

通过查阅相关新闻和文献，清朗舆情监测系统爬取了全网信息情感倾向数据，数据显示，网络舆论对"十堰燃气爆炸事故"的评价较为负面。其中，负面灾情信息占比 78.3%，主要是网民对事件伤亡人员表达同情、伤心等，对事件发生原因的责问。图 7.15 为全网信息情感分布图，说明了正面、负面和中立灾情信息所占比例。

图 7.15　全网信息情感分布

资料来源：清朗舆情监测系统

2. 仿真分析

2021 年 6 月 13 日，该事件发生后，国家卫生健康委员会从北京、上海等地派遣医疗专家组赶赴十堰，对伤员进行全力救治。该燃气爆炸事件牵动当地居民及全国网友的心，当地居民纷纷前往献血，网友也发起了声援及捐助行动。在事件调查和救治工作开展中，由于针对事件发生原因需要时间调查，在没有官方声明前，事件的发生也引发了许多话题的激烈讨论，如事件发生的原因、搜救方式是否恰当、事件的追责问题、事件的赔偿条款和处理细节等。作为公共安全方面的突发灾难事件，风险发酵点、引爆点极多，使得事件相关的社会风险迅速扩散。

为了研究"6·13 湖北十堰燃气爆炸事故"的传播特点与传播规律，本书在新浪微博上爬取网络数据，以验证模型的有效性。我们以"十堰燃气爆炸"作为关键词爬取 2021 年 6 月 13 日至 7 月 31 日的微博数据，共收集到微博数据 18 632 条。收集的数据主要包括用户昵称、用户 ID、用户的转发时间及转发内容。根据数据统计出每天的微博数，见表 7.9。最后以时间为横坐标，以每天的微博数为纵坐标，绘制"6·13 湖北十堰燃气爆炸事故"发生后每天的微博数随时间的变化情况，如图 7.16 所示。

表 7.9  每天的微博数

| 时间 | 微博数/条 | 时间 | 微博数/条 | 时间 | 微博数/条 | 时间 | 微博数/条 | 时间 | 微博数/条 | 时间 | 微博数/条 |
|---|---|---|---|---|---|---|---|---|---|---|---|
| 6月13日 | 6 220 | 6月22日 | 125 | 7月1日 | 22 | 7月10日 | 4 | 7月19日 | 6 | 7月28日 | 22 |
| 6月14日 | 3 886 | 6月23日 | 110 | 7月2日 | 21 | 7月11日 | 10 | 7月20日 | 3 | 7月29日 | 7 |
| 6月15日 | 2 882 | 6月24日 | 71 | 7月3日 | 1 | 7月12日 | 6 | 7月21日 | 5 | 7月30日 | 12 |
| 6月16日 | 1 031 | 6月25日 | 75 | 7月4日 | 1 | 7月13日 | 9 | 7月22日 | 6 | 7月31日 | 2 |
| 6月17日 | 400 | 6月26日 | 28 | 7月5日 | 11 | 7月14日 | 6 | 7月23日 | 419 | | |
| 6月18日 | 2 264 | 6月27日 | 17 | 7月6日 | 10 | 7月15日 | 10 | 7月24日 | 105 | | |
| 6月19日 | 258 | 6月28日 | 41 | 7月7日 | 9 | 7月16日 | 16 | 7月25日 | 34 | | |
| 6月20日 | 154 | 6月29日 | 35 | 7月8日 | 10 | 7月17日 | 18 | 7月26日 | 20 | | |
| 6月21日 | 185 | 6月30日 | 29 | 7月9日 | 12 | 7月18日 | 4 | 7月27日 | 0 | | |

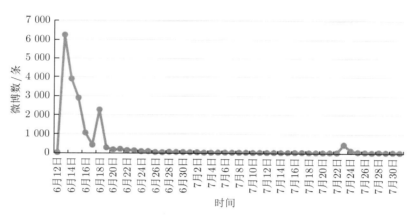

图 7.16  "6·13 湖北十堰燃气爆炸事故"微博数随时间的变化情况

2021 年 6 月 13 日，该事件的消息一经发出，便引发了公众的巨大关注。《中国应急管理报》大数据风险监测系统统计，与该事件相关的全网报道近 30 万篇。新华社、《人民日报》、央视新闻等共 1 065 家媒体对该事件进行报道或评论。"十堰燃气爆炸已致 25 人死亡"微博的阅读量达 2.8 亿次，讨论量 2.6 万条。因此，广泛的传播和关注导致了与该事件相关的微博数在 6 月 13 日陡然增加，同时达到传播的峰值。由图7.16 可知，6 月 13 日之后，该事件的微博数开始下降，公众对其的关注减少。6 月 18 日，据"十堰发布"消息，湖北省十堰市公安机关根据初步调查结果对包括十堰东风中燃城市燃气发展有限公司总经理黄某在内的 8 名犯罪嫌疑人采取刑事拘留措施。这则微博消息重新引起了公众的注意，让公众回忆起该事件，因此，微博数在 6 月 18 日出现攀升。在 6 月 18 日后，相关的微博数开始迅速下降，最后几乎降为 0。2021 年 7 月 23 日，湖北省对该事件相关责任人进行严肃追责问责，包括 11 名省管干部在内的 34 名公职人员受到撤职、免职等处理。7 月 23 日，相关微博数出现了一个小幅增长，随着事件处理的结束，公众也停止了对该事件的关注。

为了获取案例在模型中的参数，需对"6·13 湖北十堰燃气爆炸事故"案例中信息传播过程进行实时追踪，并对系统区域内所有公众的状态及变化情况进行详细统计，由于微博数据量大，且许多用户不具备连续性，为参数的获取增加了难度。因此，为了获取系统中的参数数据，我们在爬取的微博数据中抽样，统计样本中微博用户的状态。为了保证用户的连续性和活跃性，对爬取的微博数据中进行筛选，缩小了数据库。具体做法是，在爬取的微博中，筛选出发布了 3 次及 3 次以上微博的用户，从中随机抽取 315 个用户，截取其发布的微博内容时间等，总共获得 1 515 条微博。从图 7.16 可以看出大约在 6 月 20 日，关于该爆炸事件的社会风险几乎不再传播了。因此，通过抽出的样本数据，统计出 6 月 13~20 日的用户数和微博数，见表 7.10。将表 7.10 的统计数据与社会风险传播模型的参数进行匹配，得到如表 7.11 所示的数据。

**表 7.10 抽样样本的用户数和微博数**

| 时间 | 用户数/个 | 微博数/条 |
|---|---|---|
| 6 月 13 日 | 236 | 682 |
| 6 月 14 日 | 161 | 289 |
| 6 月 15 日 | 124 | 177 |
| 6 月 16 日 | 65 | 79 |
| 6 月 17 日 | 20 | 29 |
| 6 月 18 日 | 170 | 234 |
| 6 月 19 日 | 12 | 17 |
| 6 月 20 日 | 6 | 8 |

**表 7.11 案例中模型的参数**

| 状态 | 初始人数 | 对应参数 | 状态改变人数 | 对应参数 |
|---|---|---|---|---|
| 不知者 | 311 | $S_0 = 0.987$ | 311 | $b_1 = 0.759$ |
| 传播者 | 4 | $I_0 = 0.013$ | 236 | $g = 0.608$ |
| 抑制者 | 0 | $R_0 = 0$ | | |

通过爬虫数据分析，传播者数量非常迅速地到达顶峰，整个传播过程基本没有潜伏期，事件发生得非常突然，且发生在 6 月 13 日 6 时 30 分左右，因此，将 6 月 13 日 10 时以前的人数作为初始的传播者人数。从表 7.10 可以看出，本案例几乎没有潜伏期，传播者数量在 6 月 13 日达到顶峰，然后逐渐下降，那么我们把模型中的潜伏者项去掉，可得模型

$$\begin{cases} \dfrac{\mathrm{d}S}{\mathrm{d}t} = a - bSI\mathrm{e}^{-a_1 I + a_2 I} - cS \\ \dfrac{\mathrm{d}I}{\mathrm{d}t} = bSI\mathrm{e}^{-a_1 I + a_2 I} - gI - cI \\ \dfrac{\mathrm{d}R}{\mathrm{d}t} = gI - cR \end{cases}$$

因为在不知者中，6 月 13 日有 236 个用户变成了传播者，所以 $b_1 = 236/311 = 0.759$。在 6 月 14～17 日，传播者的数量均呈下降趋势，为了计算参数 $g$，计算出这几天的平均传播者数量为 92.5，故 $g = (236 - 92.5)/236 = 0.608$。

根据模型中参数 $b$ 的计算方式，由于死亡人数达到 25 人，故取受灾系数 $D = 1$，那么 $b = b_1 D = 0.759 \times 1 = 0.759$，根据上文的情感分析数据，$a_1 = 0.216$，$a_2 = 0.783$，将表 7.11 中的参数代入社会风险传播模型中，取 $a = 0.05$，因为在抽样微博内容时，发现许多参与的用户，均持续追踪该事件，退出系统的人数相对较少，故设 $c = 0.01$。

在 Matlab R2012a 环境下，对灾难事件后社会风险传播 SIR 模型进行仿真分析，可得到案例情景中不知者、传播者和抑制者的数量变化情况，仿真结果如图 7.17 所示。

图 7.17 展示了该事件中三类群体的密度变化，为了更清晰地看出传播者的密度变化，将传播者单独画在缩短了 $y$ 轴的小图中。由图 7.17 可知，在该爆炸事件中，事件发生后在 10 小时左右风险传播达到高峰状态，表现为传播者的密度达到最大值 0.18。之后传播者的密度开始减小，经过一些小的波动后在大约 $t = 120$ 时趋于平稳。这与该事件的微博数实际走势是相吻合的。随着时间的推移，由于有新的不知者进入系统，系统内不知者的密度从开始有一点缓慢的增大，然后陡然减小，最后趋于平稳。在系统中，由于新的不知者进入系统，抑制者的密度始终呈增大趋势。传播者的密度陡然增大，然后

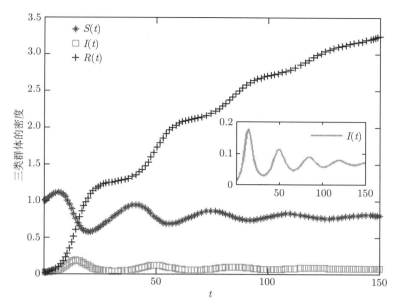

图 7.17 "6·13湖北十堰燃气爆炸事故"中三类群体的密度

缓慢减小，说明关于该爆炸事件的社会风险在短时间内进行了爆发式传播，这种爆发式传播增加了政府监控的难度。面对公共安全突发事件，人们总是希望能够尽快查明真相和事件发生原因，这也是相关调查小组应该做的，同时，回应民声、合理合情处置处罚、做好救治和赔偿工作，才能使技术灾难事件社会风险引爆点尽早得到控制。

为充分研究受灾程度和情感倾向等主要参数对模型的影响，本节设置了 3 组模型参数方案，如表 7.12 所示，模拟政府不同的干预方式对群众状态和行为的影响，考察政府干预风险应选择的方向，相应的仿真实验结果如图 7.18 ~图 7.20 所示。

表 7.12 各情景参数设置

| 情景 | $\bar{b}$ | $b$ | $\overline{a_2 - a_1}$ | $a_2 - a_1$ | $\bar{g}$ | $g$ | 备注 |
|---|---|---|---|---|---|---|---|
| 基础情景 | 0 | 0.759 | 0 | 0.567 | 0 | 0.608 | 基准 |
| 情景 1 | 0.380 | 0.380 | 0 | 0.567 | 0 | 0.608 | 考察$\bar{b}$ |
| 情景 2 | 0 | 0.759 | −0.767 | −0.200 | 0 | 0.608 | 考察$\overline{a_2 - a_1}$ |
| 情景 3 | 0 | 0.759 | 0 | 0.567 | 0.200 | 0.808 | 考察$\bar{g}$ |

将表 7.12 中的参数代入模型 (7.1)，对 "6·13湖北十堰燃气爆炸事故" 中社会风险传播模型进行仿真分析，可得到各情景中不知者、传播者和抑制者的密度变化情况。

在图 7.18 中，图7.20（a）代表当受灾程度 $D$ 变小时，3 个群体的密度变化。与基础情景相比，$D$ 由 1 变为 0.5，因此，$b$ 由 0.759 变为 0.380。随着时间的推移，由于 $b$ 的减小，系统内不知者转化为传播者的密度减小，不知者的密度从开始便缓慢地增大，然后减小，最后趋于平稳。在系统中，由于新的不知者进入系统，抑制者的密度始终呈增大趋势。由于图 7.19 坐标的原因，不能很好地看清传播者的密度变化趋势，因此，我们将坐标缩短后画出传播者密度变化的图像，并变化 $b$，观察传播者密度变化的趋势。令人意外的是，与基础情景相比，传播者密度的峰值不仅没有变小，反而增大了。但是，当 $D$ 变小的时候，传播者的密度增大的速度变慢了，经过缓慢的增长到达峰值。当我们继续缩小 $D$，$b$ 变为 0.1 时，传播者的密度很快就变为 0，也就是说风险没有进行传播。这个现象说明，并不是缩小 $D$ 便能使得传播速度变慢且峰值变大，而当 $D$ 缩小到一定程度的时候，风险不会进行传播。

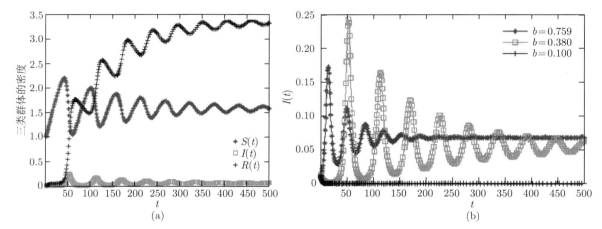

图 7.18　情景 1 中三类群体的密度变化及传播者的密度对比

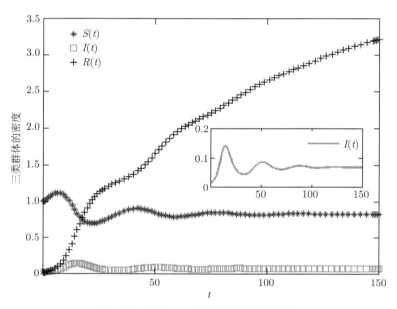

图 7.19　情景 2 中三类群体的密度变化

　　我们仔细分析可得其原因，在当前社交媒体高度发达的情况下，一旦发生技术灾难事件，公众很容易获得与灾难相关的信息。当技术灾难事件受灾程度严重时，会立刻引起人们的关注，且人们会传播相关信息，因此，在短时间内，信息量陡然上升。当受灾程度有所下降，不是非常严重时，人们会慢慢地关注此事件，如果事件持续事件较长，加上负面灾情信息的传播，使得社会风险缓慢增长达到峰值。当受灾程度很轻微时，人们几乎不会关注和传播相关信息，因此，社会风险也不会传播。总的来说，技术灾难受灾程度严重肯定会引发社会风险，受灾程度不严重时，应警惕会引发社会风险，受灾程度轻微时，不会引发社会风险。

　　图 7.19 考虑了社会风险传播者的密度受正面灾情信息和负面灾情信息的影响，与基准情景相比，图 7.19 中正面信息系数比负面信息系数大，$a_2 - a_1$ 由 0.567 变为 $-0.200$。图 7.19 表示社会风险传播过程中 3 个群体的密度随时间的变化曲线。在图 7.19 中，与基准情景相比，随着正面信息系数 $a_1$ 的增加，社会风险传播者的密度衰减速度加快，且峰值也变小，社会风险传播得到缓解。$a_2 - a_1$ 变小，也可以理解为负面信息系数 $a_2$ 减小，随着负面信息系数 $a_2$ 的减小，传播者的密度也将逐渐减小。因此，有关

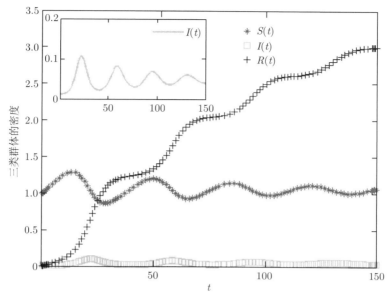

图 7.20  情景 3 中三类群体的密度变化

部门应该积极采取措施，增加媒体对信息的正面报道，减少媒体对信息的负面报道，最终使社会风险得到控制，降低社会风险带来的危害。也就是说，在社会风险未大范围扩散之前，加大媒体的正面报道力度并减少负面报道力度，社会风险将不会爆发，最终将消失。在社会风险爆发时加大媒体的正面报道力度，虽不能消除社会风险，但能缩减社会风险传播的最终规模。

图 7.20 表示当改变政府处置水平时，系统中三类群体的密度变化。政府处置水平影响传播风险的网民对风险的态度，影响网民不相信且不传播该灾情信息的概率。与基准情景相比，情景 3 中传播者的峰值变小，上升速度也变慢。不知者的密度迎来了一个较长的增大期然后再减小，说明系统中不知者受到社会风险的影响较小。由图 7.20 可知，优化政府对灾难事件的处置水平，可以增大风险传播者向抑制者转化的概率，能有效降低传播者数量，减小不知者转化为传播者的概率，对传播者的数量增长有很强的抑制效果。通过上面的分析，说明政府必须在不确知的状态下，及时做出反应，采取合理有效的应对措施，协调各种组织和机构，并根据现场情况，动态调整应对方案；增强信息公开化程度，及时传递真实信息，使信息沟通能力增强；重视信息发布和风险的引导，把握风险主动权，维护社会秩序的稳定；认真做好善后工作，把损失降到最低，让受灾人民尽快恢复生产生活。

根据上述分析，政府干预灾难事件社会风险应重点关注以下三点。

（1）在一定程度上，灾难事件受灾程度越低，社会风险并没有越小。灾难事件严重到一定程度时便会导致社会风险，在仿真中，当受灾程度 $D$ 在大于 0.1 的情况下变小时，传播者增长的速度变慢，但经过缓慢的增长依然到达相同的峰值。因此，政府对受灾情况进行评估，不能因为受灾情况不是特别严重而忽略通报事件进展。事件发生后，如果缺乏公开透明的信息发布，就容易产生舆论次生灾害，恶化事件处理的社会环境，引发社会风险，给善后工作带来麻烦。在该事件中，由于缺乏官方信息对事件发生原因的通报，有微博大 V 对爆炸原因进行猜测，指出爆炸原因是"燃气公司抢修人员和消防员"处理不到位引发的爆炸，将矛头明确指向了"违规操作""不专业"的"人为原因"。如果网民大量转发评论这些言论，那么势必会歪曲舆论方向，引发不实信息大范围传播。在这种复杂情况下，公众对这起事件的处理过程更为敏感，对事件处理的信息需求也更为强烈，因此，Zhang 等[413]的研究表明，政府应该尽快发布官方信息，并保证官方信息的持续传播，有效驱散谣言，让公众能第一时间了解事件的进展。

（2）注意对负面舆论的引导。在仿真中，随着正面信息系数的增加，传播者的密度峰值减小了，且衰减速度加快，说明对社会风险的传播有一定的抑制作用。因此，在事件发生后，公众会通过各种途径了解到关于事件的正负面灾情信息，在网络空间里，公众更易释放偏激的情感，对于新闻信息的解读具有负面偏好性，因此，事件的负面舆论将会得到更大范围的传播，若不及时加以管理和澄清的话，负面舆论将会爆发形成社会危机，对政府、媒体、公众都会产生巨大影响。政府必须加强对突发事件负面舆论的正面引导，可以运用议程设置理念，通过权威新闻发布和公布突发事件真实进展，疏导舆情；还可以灵活运用网络大 V 理念，让公众了解到政府的作为，一步步引导舆论，将负面舆论降低。在该事件中，有一条微博引发较大的关注，是"Mr涂先森"称事件已造成家中姨夫、姨母离世，母亲烧伤严重的情况。该博主的此条博文引发大量的评论和转载。利用这些底层群众的事迹、故事、感性描述，可能导致与有关调查部门形成"官与民"之间的对立，应利用网络大 V 的力量，引导公众舆论，将其转化为正面灾情信息。

（3）提高政府对事件的处置水平，注重事件的善后处理。从仿真结果看，政府对技术灾难事件的处置水平较高，降低了传播者的数量，减小了不知者转化为传播者的概率，增大了转化为抑制者的概率。因此，面对公共安全突发灾难事件，公众总是希望政府能够尽快公开真相和事故原因，政府回应民声、合理合情处置处罚、做好救治和赔偿工作，才能使社会风险引爆点被掐灭在星火之中。在事件发生后，政府应按照明确的事件分级标准和应对原则，依照信息报告、先期处置、分级响应、抢险救援、紧急医学救援、治安管理及公共安全防护、救援人员安全防护及信息发布等步骤，立即采取措施并组织开展处置工作。政府应注重技术灾难事件防控体系制度机制的建立、完善和落实，完善应急治理体系，提升应急治理能力，进而推进国家治理体系和治理能力现代化进程。

### 7.3.7 实际治理经验

"6·13 湖北十堰燃气爆炸事故"发生在全国安全生产月期间、端午节前夕，事件伤亡情况、事件现场画面被广泛传播，事件前后对比震撼人心，加上燃气使用普及广泛，安全问题关系千家万户，引发舆论场的高度关注和热议。在该事件的政府治理过程中有以下的经验总结。

1. 健全新闻发布制度

重大技术灾难事件中，按照"谁主管、谁负责，谁处置、谁发布"原则，随时举行新闻发布会，对引导舆情有序发展有重要作用。同时，政府不能失语，要抢占先机，争取主动及时地发布信息，避免社会风险的产生。在该事件中，从事件发生到央视新闻发出第一条简讯的时间差仅为 3 小时，在这个时间段舆论的发酵显然达不到强烈影响程度。通过建立健全新闻发布制度，做好风险引导，让媒体有责任、有义务及时地发布新闻信息，而相关职能部门面对突发性新闻时，同样应该按照"快报事实、慎报原因"的原则，及时发布正确的新闻信息，规范灾难事件新闻舆论工作，做好现场新闻报道和媒体服务管理，加大安全风险隐患和典型生产安全事故曝光力度，强化警示教育和舆论引导。

2. 掌握好发布时机，主动回应，及时关注风险动向治理风险

对技术灾难事件而言，新闻发布的时效性非常关键，但是此类事件往往发生原因复杂，需要一定的时间去调查。在该次事件中，随着伤亡人数的增加和处理结果的公布，网民对监管部门的不作为感到不满。为了缓解这种负面情绪，新闻报道的准确性和时宜性应该优于时效性，政府要掌握发布的时机，主动引导风险向正面方向发展。在新闻报道中，政府应主动回应公众关心的问题，做好风险的收集研判，发现并有效预警，这是做好突发事件社会风险引导的重要环节。相关部门需要完善大数据平台，加强对信息的过滤与判断能力，准确把握风险方向，及时做好相应风险评估。同时，要加强风险监测队伍的建设，深入不同的新媒体平台，认真研究采集与提取技巧、追踪技巧、倾向性分析等，做出一个科学准确的判断，在风险还未形成之前就采取有效的应对措施，有效防范风险的扩大。

3. 善于运用新兴媒体，及时澄清谣言

在新媒体时代，微博、微信、抖音、各类App都成为技术灾难事件报道的重要渠道，其传播方式加速了信息的传播，扩大了传播范围。同时，公众可以通过各种平台自由发表言论，表达自己对事件的看法，甚至成为网络大 V 引导风险态势。在该事件中，以微信为代表的自媒体是该事件舆情生成的起点，大多数网友对事态的感知是从网友发布的一段事件爆发后地面留下大量瓦砾的视频开始的。媒体可以通过大数据分析进一步了解用户的口味和偏好，从而为用户提供更有吸引力的新闻，增强自身的影响力。因此，相关部门要加强与新兴媒体的合作，从多渠道发声，让全民在切身参与中意识到事件的危害性和严重性，做好社会风险防范工作。该事件发生后，关于爆炸原因的谣言不断涌现，舆论将矛头明确指向了"违规操作""不专业"的"人为原因"。政府应通过各种渠道及时与公众沟通，统筹利用好微博等新媒体平台，积极、正面地回应质疑，及时澄清网络谣言。同时，在发布相关权威信息后，政府应引导各大媒体进行报道或转发，扩大权威信息的传播范围，提升政府引导效果。

## 7.4 回应性治理模式

回应性治理模式是指社会风险主体之间通过双向互动，共同实现技术灾难事件社会风险治理的过程。及时回应和治理技术灾难事件社会风险的第一项工作就是对技术灾难事件中各社会风险主体的动机予以明确，通过综合治理手段联动各风险主体，最终实现技术灾难事件社会风险的回应性治理。

### 7.4.1 多方协同理念

多方协同系统主要是指有多个主体参与，强调主体间互动合作的一种完全远离平衡态的一个开放系统，它是在与外界之间存在着某种自然物质或者某种能量可以相互交换的自然条件下，经由其内部的多方协同效应，在时间、空间及其他各种内在功能上产生的有序的整体结构。

1. 政府主导

加强重大突发事件的网络舆论引领意识，提升引领作用。重大突发灾难事件大多在历史上表现为一种灾难性的事件或者是危机事故，直接影响到国家和社会的安全和稳定，对社会造成的破坏程度很高。若是没有正面的舆论指导，容易滋生负面的舆论，产生极端的社会动乱。当技术灾难事件发生的时候，政府部门应重疏导而不是堵截，积极地引导互联网络传播媒体报道，把舆论引导转移到一个有利于危机处理和维护社会稳定的正确方向。及时掌握各类新闻事件可能发展的状况和最新信息，准确地发布消息，使得社会和公众深刻地了解事实的真相，了解党和政府高度重视和坚决解决问题的信心。建立健全全国网络社会舆情的研判和跟踪监测工作机制，组织人员开展科学有效和针对性的全国网络社会舆论监测指导管理工作，做到市场调控有力，社会平稳有序。将正确的舆论导向和提升网络媒体舆论引导价值与社会客观事实有机结合，提升重大突发灾难事件中我国网络媒体舆论价值引领引导能力，降低社会风险产生的概率。

在突发事件爆发之后，社会公众都渴求了解事件的真相与信息，表现为对于信息的强烈需要。此时，政府若不能够通过恰当的信息渠道把灾情信息及时披露于众，回应社会公众的关切，就无法满足公众对政府信息共享服务的迫切需求。政府应当维护广大人民群众的合法知情权，正确地处理、引导广大社会公众的积极情绪及处理社会舆情。同时，政府对于技术灾难事件舆情如果能够有效处理落实，就能够有效化解这种危机，使得地方政府和相关社会各界能够统一政治意识，集结大量人力和社会力量，采取措施，形成应急处置的强大合力，推动舆情事件快速地得到解决。因此，政府部门应当在出现舆情的第一时间主动出击，利用移动互联网及时回应新闻舆情中的热点，压缩谣言的整体传播持续时间，掌控好新闻舆情和社会风险的全局。

技术灾难事件引起的社会风险，往往会给政府和事件处理本身造成许多不利的影响，能否对此类事件进行合理有效的信息传播引导与情绪疏导，才是对政府和网络媒体关于社会风险应对处理能力的真正考验。

第一，应与传统的大众传播媒介紧密配合，相互协助。根据诺依曼的理论假说，意见气候的产生与以下几个条件有关：多数传播媒体报道了相似的内容，由此产生一种共鸣的效果；同类型的信息传递具有连续性和重复性，由此带来累积的效果。由此可以得出结论，网上的舆论最终产生的作用及影响，往往都是各种传统媒体的报道整合后诞生的。我国传统的大众媒体在人们的心目中仍然具备相当高的权威性，当人们在网上收集和获取一项资料信息后，仍习惯性地从其他传统媒体那里去寻求自己的正确意见，把这些传统媒体的思想和观点当作主要的参考乃至首先的选择。网上的争议毕竟较零散，当网络媒体和其他传统媒体一起关注某件事情时，就必定会对其产生强烈的争议和效果，使得舆论形势越发严峻。因此，要想达到一个更好的新闻舆论传播效果，应该充分考虑到立体化的新闻传播战略，让多种新闻媒体之间互相协调、紧密配合，通过报刊、广播、电视等传统媒体来将网络舆论进行概括并且集中报道，影响必定会被迅速放大，产生的新闻传播效果就会更为强劲。

第二，做到善于运用网络的网络大 V。网络大 V 的作用远远比在现实社会中更为强大，一个网站的发起者、版主、资深评论家，他们的看法往往能够获得多数受众的支持与赞同。由网络大 V 传递出来的信息，也就更加能够获得网站一般成员的认可。但现状是，一般网站的网络大 V 仍是普通的网民，他们的看法并不一定完全正确。如果由他们担任网络舆论的网络大 V，可能会使网络舆论的严重性、影响力和效应不能有效地控制与引导，从而引发严重的社会风险。虽然网络大 V 能引导舆论走向，但是并没有形成一种引导舆论的特殊专业化手段。传统的各种专业新闻机构在对新闻的采集、制造等各个环节上都有较为成熟的基本技术条件和较全面的技术保证，这是无法被普通网民乃至实力雄厚的互联网服务商超越的，因此政府应充分利用这些专业新闻机构引导舆论走向。

第三，及时公布事件相关信息，慎报原因。风险治理始终强调信息传播速度要快，甚至传播得越快越好，这里所强调的是不能失语，要抢占先机，争取主动。技术灾难事件一旦爆发就应该立即着手进行应对。稍有迟疑，很容易造成谣言传播和微博消息满天飞的情况，稍有疏忽，就很容易造成政府在工作上的被动。过去，政府总习惯"只处理，不报道"或"先处理，后报道"，如今已经不可取了，及时主动地发布舆论信息、引导舆论，才是正确的做法。但是，很多突发灾难事件比较复杂，一时很难弄明白到底是怎样一回事，因此，政府不要尝试开一次新闻发布会就能讲得很清楚，更别想匆匆忙忙地把事情做定性。同时，还需要注意准确地掌握问题处理的时机与节奏，有的人在第一时间做出了反应，有的人在仔细观察之后才开始做出相应的处理；有的人和风细雨、低调地淡化，有的人果断地处置、迅速地解决，做到积极而又稳妥。及时说明事件，慎报其中的原因，既坚持了第一时间发布信息，实事求是、客观真实地发布信息的基本原则，又给后面的事件处置和后续信息的发布留下了更大的空间和余地。

第四，不要为舆论预留有限的空间。舆论的有效引导，不要指望把话讲完就一劳永逸，需要政府继续加强跟踪和高度关注、适时地予以跟进，持续加强宣传，以有效引领网络舆论，同时，不要预先考虑预留太多的舆论空间，才能够有效地遏制、挤压网络谣言的传播空间。

第五，及时澄清事实，批驳谣言。自从 2010 年中国传统互联网博客开始大量诞生，尤其是新浪微博开始盛行以来，不时就有各种网络谣言四处扩散蔓延。这些网络谣言乘上了信息科技"东风"之后，上传得更加便捷，扩散得更加精准神速，一条条的新闻热点信息被快速传播出去，像一种勒索攻击病毒一样不断蔓延和快速传播，造成的社会影响更加强大，伤害更加直接，破坏更加严重。一条恶劣的谣言往往会导致某些人声名狼藉，使得相关团体难以生存下去，甚至可能引发整个社会的不安和动乱。因此，身处这个以微博、微信等作为典型互联网应用的即时互联网新媒体时代，应对谣言，最有效的途径之一就是及时、全面、响亮地向大家讲述事实，而且一定要在互联网上进行。谣言可以得到彻底瓦解，完全仰仗在事实背景下积极有效的应对，其间政府采取何种应对策略至关重要。谣言分为三种：

一是明显虚假的信息；二是有些部分是事实谣言，或者有些部分是真实性的传言；三是一时还没办法证明它们是否属于谣言。在进一步调查和核实事件中真相状况的同时，针对各自的不同判断，要采取具有针对性的处理和应对策略。对一些已经确定的新闻事实谣言，必须立即发布辟谣信息，用新闻事实调查方式及时告诉社会公众事实真相；对非确定新闻谣言中的事实谣言或者部分真实性的传言，本着实事求是、一分为二的基本处理原则，马上采取行动整改，向公众诚恳地道歉，并承诺彻底查清这些事件的原委，严肃处理，及时公开宣布；对一些没有办法及时核实内容是否确实的谣言，政府一定要传达给社会公众，认真核查这些属于新闻传播事件的事实真相，尽快公布给社会公众，并且随时视实际情况不间断地公开发布和及时加速新闻调查处理工作的开展进度，挤压发布谣言的媒体的舆论空间，降低产生社会风险的可能性。

第六，迅速切割，弃车保帅。迅速切割，既是一种创新型的思维模式，也可以说是一种有效的应对战术。事件发生后，管理者应该始终冷静地观察、科学地分析、正确地判断、沉着地应对，必须具体问题具体分析，认识问题后才能有效解决问题，认识范围不同，解决问题的方法就不同，效果也就不同。什么问题是迫切需要解决的，什么问题是关键的，这些都需要管理者从实际问题中识别出来。迅速切割，才能弃小存大，顾全大局。如果实际问题得到公正妥善解决，相关舆论事件会很快平息，社会风险也会随之消退。现实问题一时无法解决的，以公开承诺限期解决问题的方式，缓和公众情绪，平息舆论事态，并尽快兑现解决实际问题的承诺。

网络舆情实时监控系统要求对舆情做到实时、全方位和精准地监测。舆情分析信息系统主要需要三个重要因素：实时性，舆情获得越及时，对舆情的有效应对与及时处置就越及时，在预期中所留下的应对空间就越多，而现在网络上舆情的发展演变往往都是快速爆发式的，机会稍纵即逝，一旦错失了最佳的发展时机将追悔莫及；信息全面性，即面对网络上的各种舆情，管理者只能攻其一点，不及其余，信息量大，导致很多重要的舆情信息被忽视；理论准确性，即在现有海量舆情资料的收集条件下，准确地掌握这些重要问题的理论核心，不为各种复杂纷扰信息所困，是得出正确舆情结论的关键，也是正确判断舆情的关键。

网络社会风险的具体产生与传统的社会风险形成的方式和发展规律不同，它必须既具有一些共同点又具备不同的特质。从网络社会风险的不断产生及其持续发展的全过程，可以看出其发生和发展时间明显缩短。在手机移动端和信息技术发达的今天，网络已经将其传播话语权逐步扩展到普通公众，日益发展成为传播社会风险的一个主要途径。把握好网络社会风险的自然产生和发展规律，才能真正做到从根本上对我国网络社会风险的正确指导引领。"立体化"引领网络媒介是行之有效的导控传播策略，网络传播社会风险的演化过程是非常值得我们深入研究的。我们应该充分认识到，经过合理的引导之后，可以使网络不会发展成为广大公众参与的一个社会风险的爆发场所。

### 2. 媒体自治

从社会风险的形成及其发展的主要过程这个角度来看，个人意见往往需要通过其他网络媒介进行宣泄和将信息传播出去，以此不断积累而逐渐形成的意见旋涡将会引发较大规模的讨论，最终形成新的社会风险。这里需要特别指出的一点是，社会风险对整个社会的直接影响是必然的，但它需要通过各种新闻媒介等来起作用。在媒体发展历史中，媒体履行的最终目标仍然是，能够成为全体社会各界媒体成员的大众传播，其所具有的更为专业化的节目内容和节目制作、广泛传播的覆盖范围、极具强调性的动力等，均已是其他大众传播技术手段难以相提并论的。同时，它的市场宣传又是一种长期持续和不断大规模化的运作。一般公众很容易、也会非常顺其自然地选择通过一些新闻媒体直接发表言论和评论，而通常在一些新闻媒体上已经逐渐形成并且被公众广泛传播过的观点，最后会达成一致。在社会风险的整个发展过程中，媒体逐步发展衍生成一种专业化的风险传播工具，同时自然而然地开始承担着监督引导社会风险的重要责任。

　　"不回避、不遮掩、不说谎"的自治态度仍然是媒体言论自治的一个基本准则，也是我国媒体在正确处理舆论事件时最基本的一种自治态度。技术灾难事件发生后，尤其是突发性灾难，社会公众关注程度很高、影响范围也非常大，受众对事件发生瞬间的现象深入探索、对事件发生原因的深刻思考和分析总结、对事件未来发展趋势进行判断和预测，都可能成为技术灾难事件发生后民间舆论场上的焦点。面对强烈的民意，媒体工作人员应当积极与当地各级政府部门取得联系，做到"不回避、不遮掩、不说谎"，直接、坦诚、真实地主动面对公众，信息的及时披露也有利于调动和疏导群众的情绪，推动事件最终得以圆满地解决，降低社会风险的影响。

　　在媒介与传播相融合的时代，我国新媒体的快速成长使得传统和主流媒体的未来发展陷入困境。而且，面对以上各种新的、复杂、多变的舆论特点，主流传播媒体仍然需要承担起传媒、社会、民族等国家经济社会进步和发展的责任，因此如何提升这些主流传播媒体在社会风险引导方面的治理能力就显得尤为重要。

　　就传播渠道而言，必须进一步着力加强对国内主流信息传播媒体的移动互联网传播服务能力的综合建设。当网络舆论冲击技术灾难事件的现象持续发生后，主流社会传统媒体需要采取的最直接和有效的策略之一便是"网络发声"。因此，必须进一步深入着力于不断加强对国内主流网络媒体，包括微信公众号、微博公众账号、自媒体等媒体内容融合信息服务和相关产品的体系建设。一方面，在平日里，上述主流网络媒体舆论传播渠道和宣传渠道尽量地积累更多用户，使得网络媒体舆情一旦暴露，就有更多的民众愿意加入，去了解关注和倾听该网络媒体的真实声音；另一方面，我国主流网络媒体的主流互联网传播渠道需要及时采取各种技术手段，尽最大可能努力地保证它们所发声的具体内容信息能够被大量的主流社会主体民众接收，并及时分享、传播，形成微博、朋友圈、微信群等"刷屏"之势，以利于实现对主流网络媒体舆论的正向综合牵制和对社会风险的有效治理。

　　从其功能上看，必须提高对主流传播媒体舆情风险矫治方式的建设。当前我国各大主流新闻媒体除了有效地利用互联网络作为传播途径和渠道，还迫切地需要充分运用电视、报纸、广播、杂志等各种传统媒体的形态去反映和纠正网络舆情。主要有以下三种途径：一是通过网络媒体对舆论新闻事件做更多深度、全面、宽泛的报道，矫正互联网络资讯的碎片化、零散性；二是对互联网上的舆论新闻事件给予更为深度的评述，以公平、积极地看待网络舆论带来的负面影响为导向；三是对网络舆论事件进行信息核实，务求客观、公平，纠治网络舆论中的谣言散布及其他不公平的信息。在这一过程中，既需要主流新闻媒体把公正、客观、深刻的看法和观点竭尽所能地传递开来，也要有效地避免制造主流新闻媒体和网络舆论场看法的相互对立，避免那些可能会给网络舆论带来批驳、消费的"槽点"。

　　从时机上看，必须要加强对主流新闻媒体风险响应策略的建设。我国大多数主流传统媒体都需要认真研究其传播规律，提高自己选择"适当"传播方式和时机的意识。具体而言，根据新闻事件发生的不同，主流新闻媒体要么第一时间就进行信息的传播和舆论的引导，强调"快"；要么找准恰当的时点出重拳，强调"巧"。同时，其要在后续不同时期与节点相结合"巧"传播，跟踪各个传播阶段的社会舆论动向，主动地引导议程设置中的舆论走向，以期持续地巩固其传播效果，减少社会风险的产生。

　　从其主要内容上面来讲，必须不断提高主流媒体在传播过程中的核心艺术价值思想。各种传播形式艺术是指用来不断提升其他传播艺术效果的各种手段、策略与传播智慧。从新闻传播的艺术表面上来讲，舆论智慧引导可能是一种完全替代了其他主流新闻媒体的"硬新闻传播"，如果把"硬新闻"和"硬传播"共同结合运用到具有一定软性的新闻传播管理艺术和风险意识中，则可能会成为直接有效实现新闻传播艺术效果的一次重大飞跃。主流新闻媒体应该努力增强在进行舆论宣传引导时的"贴近性"，更加强调接地气、去掉宣教的俗气，切实把当代社会主义民众群体作为

"对话"的重要主体，使得新闻信息的舆论包装与信息传播更好地符合当代社会主义公众的政治精神并得到公众心理上的接受。因此，特别应该注意的是，要给广大公众提供丰富而可信的事件相关资料和信息，进行公正而客观的知识阐述和科学解读，引领公众积极而有益的自我认识、理性判断。

从机制上看，媒体监督管理部门急切需要给主流媒体工作者提供一个引导治理社会风险的空间。在新形势下的传播环境中，各级监管机构应以更加宽松的态度、更加开放的政策、更加包容的准则，监管和服务于主流媒体。首先，就进一步提升新闻传播的时效性而言，媒体监督等相关部门仍然急切地需要进一步提高新闻信息的审核速度，特别是在对重大舆论事件进行风险引导治理的过程中，避免层层把关造成传播时机的失误。其次，就进一步提升新闻传播的透明性而言，媒体和监管机构都需要进一步提高新闻传播内容的宽松程度，避免所传播的内容太过保守和有限，直接导致引导治理作用效果微弱。总之，政府媒体监管服务还需要逐步走向一种"自觉"，需要更清楚地意识到互联网+融媒时代下我国主流传统媒体社会作用角色的转变，勇于创造性地改革。

3. 公众参与

传播社会学中曾经提出过一种概念，叫"社会参与论"，也就是"受众介入论"，其主要观点包括以下方面：第一，大众传播媒体本身就应该是公众的讲坛，而不能只是少数普通人的传声筒；第二，时代正在进步，受众也在发生着巨大的变化，许多年轻人已经不满足持消极的心态去做一名受众，积极参加报纸、杂志的撰写及广播电视节目等的创意编写与演播这一类型的自我表达愿望正在逐渐增长；第三，让受众亲身参与网络上的传播，正是为了能够让他们接受网络的传播，因为人们接受他们亲身参与所形成的意识和观点，要比接受他们被动地从别人那里倾听到的意识和观点容易得多，且不难做出任何改变；第四，参与性的传播也是受众表达权利和言谈自由的一个具体体现。上述的这些观点已经得到了联合国国际传播问题研究委员会的一致认同，该委员会在 1980 年的一次研究报告中首次明确指出，"不要把媒体读者、社会听众和其他观察家在这种信息情报传播中同时当作一种媒体信息传播情报的被动者和接受者，大众传媒的主要负责人应该鼓励它们的媒体读者、社会听众和其他观察家在这种信息情报传播中发挥更加积极的主导作用，通过提高媒体文章的时效性和增加广播方式为其增加更多的媒体关注度，让整个社会公众或其他社会组织群体中的成员都能够及时发表自己的统一意见与不同看法"。社会风险引导治理让公众参与正是为了让公众通过亲身参与得到的观点被接受并被坚守下去，这种做法就要比让公众被动地接受从别人那里听到的观点更为有效。传播学认为，过程与结果同样重要，必须能够让社会公众感到他们对于产生该种思想的整个过程已经有过什么影响，虽然最终的选择未必能够代表他们的初始意愿，但他们也许会欣然接受。我国正在进入一个新的公众时代，人们的自我意识也在进一步增强，个体的利益也越来越多地被广泛重视和充分尊重，维护个体的独立，尊重个体自由正逐渐成为现代人们的普遍要求，社会风险引导使得公众积极参与逐渐成为一种个性化表达的必然需要和一种尊重其他个体的必然需要。如今的公众观点正在直接影响着社会的发展走向，而且公众所参与的社会风险治理也必将收到良好的实效。

技术灾难事件发生后，往往会引起公众的持续关注，随后各种媒体的不断传播，使得参与其中的公众呈几何倍数增加，他们的观点和结论因人而异，然后再利用不同的渠道将这些信息传递出去，从而形成了各种各样的社会风险，经过一段时间的发酵之后，这些舆论就开始冲击现实社会，继而造成更大范围的影响，其间就可能引起网民的注意和关注。社会风险就是在现实空间和网络空间的交织下形成的，只要信息传播热点出现拐点，或是因为政府出面干预，社会风险就会逐渐平息。

在此期间，尤其是产生社会风险期间，要对"塔西佗陷阱"保持警惕，如果政府不幸掉入"塔西佗陷阱"，就会增加处理各类问题的难度，所造成的影响可想而知[414]；在社会风险发酵过程中会出现一系列连锁反应，如公布信息的过程中如果政府部门运用了一些不恰当的描述和词汇，或是政府工作人员在新闻发布会上出现了耐人寻味的表情和动作，那么又会掀起一阵风险波浪，导致政府陷入新一轮的社会风险危机当中；"沉默的螺旋"是最容易出现的一种现象，此时需要政府等相关部门通过适当的宣传，合理引导网络大 V，发挥网络大 V 的感染力、号召力，使得风险朝着积极的方向发展，而且要对网络大 V 进行适当的约束，避免其传播一些不实信息，并使其做好带头作用，自觉抵制社会和网络中的谣言，与政府在风险治理方面保持同步；在社会风险平息阶段，要疏导网民的不良情绪，及时公开调查结果，这样才能为风险治理画上圆满的句号[415]。

### 7.4.2 综合治理手段

综合治理手段为风险的回应性治理提供了有力的帮助，GIS技术实现了风险监控、灾情信息分析，为政府制定决策提供了重要的信息支撑。通过对技术灾难事件社会风险的相关信息进行分析，总结出风险传播的演化机制，为政府制定决策提供重要的理论支撑。

1. GIS技术

GIS 又称地学信息系统，是一种特殊而又非常重要的空间信息系统。它在计算机软硬件系统的支持下，具有描述、显示、分析、存储、收集、计算、关联整个或部分地表（包括大气）空间内地理数据的功能，许多学科都受益于 GIS 技术。许多学科都是从 GIS 技术创新中获得利润。活跃的 GIS 市场导致 GIS 组件的硬件与软件具有较低的成本及持续性的改进。这些技术的发展反过来促使这项技术在科学、政府、企业和行为产业领域等得到更广泛、深入的应用，其中所涉及的领域主要有房地产、公共健康、犯罪地理学、国防、可持续发展、自然资源、风光景观、考古学、社会环境规划、交通运输及物流。一些地理定位信息服务系统甚至还可以通过分化而成为地理定位服务（location based services, LBS）。LBS 可以利用 GIS 通过所处的地点和固定的网络基站之间的相互关联性，以及一些移动设备功能来显示它们的所在位置（最佳的餐馆、加油站、消防栓）、移动设备，或者将它们回传发送到一个中央服务器显示或做其他处理。随着 GIS 的多种功能和日益不断增加的各种移动消费电子（包括智能手机、平板电脑、笔记本电脑）的快速整合，这些电子产品和技术服务也在不断优化发展。

利用 GIS 技术，依托开放且便捷的网络，针对用户的需求，构建一个能够分析和挖掘灾难事件社会风险信息且将信息可视化的模型，能使得决策者真正了解整个事件的始末，从而制定行之有效的应对和治理决策。突发灾难事件社会风险能够通过引入 GIS 技术达到可视化的效果，总体上看，就是依托空间定位技术，充分利用 GIS 的功能，顺利连接地理空间和网络空间，这样就可以在发生灾难事件社会风险的情况下，直接跟踪和挖掘特定时间段内有关社会风险的信息和数据，从而对风险当前所处的状态和未来变化趋势进行明确，在分析灾情信息的过程中，引入灾难事件社会风险预警模型和基于 GIS 空间分析工具能够获得各种对决策具有辅助作用的专题地图及统计分析图表[416]，如图 7.21所示。

可视化目标的实现以符号体系为基石，因此社会风险可视化体系的构建也必须由相应的符号体系作为支撑[417]。一方面，可以直接对上述领域的符号体系进行使用，因为它与数据分析、网络管理有众多共通之处；另一方面，通过对涉及灾难事件社会风险可视化表达的符号标准和编码规范进行研究，尤其是灾害风险、国内外公共安全方面的符号和变化，可以起到一定的指导作用，但是也不能生搬硬套，因为灾难事件社会风险处置、预测、演变、发生的可视化有着自身的特点。基于这些考虑，构建一套单独的符号体系是相当有必要的，这样才能用以实现社会风险处置方式、风险演化、风险等级、风险状态的可视化。具体而言，应该从类别和级别上细分灾情信息，然后针对不同的级别和类型设计可视化图形符号，赋予其编码，最后得到一整套灾难事件社会风险可视化符号体系。技术灾难事件社会风险的出现、发展和演化并不是一成不变的，传统技术只能对当中某个时刻的情况进行反映，无法窥其全貌，自然也就很难把握事态的发展趋势。此时要做到空间维度和时间维度的整合就只有应用静态与动态相结合的方法，模拟整个风险的发生和演化过程，然后用可视化的手段呈现出社会风险的处

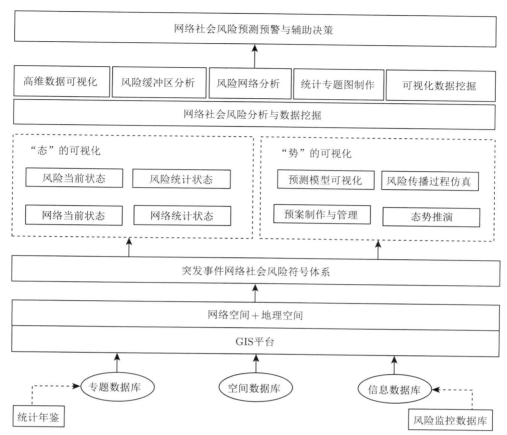

图 7.21 基于GIS的技术灾难事件社会风险可视化体系构架

理预案。由此可见,全过程的可视化应该包含四个方面的内容,分别是风险处理预案可视化、风险发展过程可视化、风险信息空间可视化、网络管理可视化[417](图7.22)。

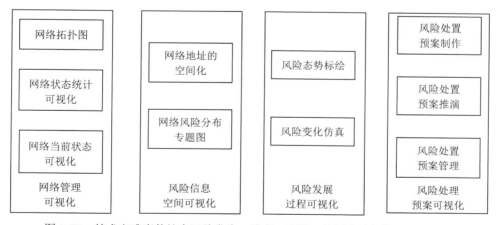

图 7.22 技术灾难事件社会风险发生、演变、预测、处置全过程的可视化结构

### 2. 风险传播演化机制

社会风险主体之间会在技术灾难事件出现之后依托各自的社会关系网络实现信息互通,这实际上就是一个传播灾情信息的过程,由此可见,传播灾情信息就是灾难事件得以传播的本质,但是不管是利用现代社交媒体来进行传播,还是用传统媒体来与网络相接,灾情信息的传播都是客观发生且存在

的，尤其是在大数据时代背景下，风险主体接收信息的渠道多元，其已经转被动为主动，能够利用各种各样的媒介来发布和传播灾情信息，扮演着既是信息接收者又是信息发布者的双重角色。灾情信息传播的研究侧重于对信息的覆盖范围和传播速度及二者的发展趋势进行分析。风险主体依托自己的社会关系网络来传播灾情信息，使各个风险主体接收并传播灾情信息[418]。换言之，风险主体之间通过不断的信息互通来实现风险的传播，这种互通信息有无的方式和举措使得网络中很快就充斥着各种各样的灾情信息。

人们关于某特定社会事件的态度、意见、观点的总和即风险，在社会网络实践当中，信息会引发人们的讨论，且人们给出的观点也各不一致，更重要的是，这种观点会随着风险的演变而变化。人们的观点可能在风险演化过程中渐渐趋于相同，但也可能有着相同观点的人会分化为不同的群体，抑或是出现一些有着各自观点的小群体，不管属于哪一种，实际上都是人们对灾难事件不同感受的结果，也是灾情信息演化必然会产生的一种现象。

当社会上出现了某特定风险事件之后，人们的态度和观点会因为自身经验和知识的不同而异，但是，随着社会风险讨论的不断升级、升温，这些行为主体会渐渐改变自己的固有观点，久而久之，要么出现不同类型的风险，要么就是各种风险开始归于统一。

灾情信息的传播及其观点的变化有时候是同时进行的，而且其间可能还会彼此影响，有时二者可能会在满足某种条件时相互融合，然后显著地推进风险的发展。总之，彼此影响、相互依存、同时产生是灾情信息传播和观点演化呈现出来的主要趋势。公众之所以会主动发表自己关于风险事件的看法，是因为突发事件发生后信息公布工作不到位，事件真相不明必然会引起公众的广泛讨论。风险往往都是不实信息的传播导致的，其埋下了许多风险隐患，公众不分时间、地点地加以讨论使得灾情信息量急剧增加且变得复杂，使得信息的传播更为广泛。不仅如此，公众传播灾情信息时也会将自己的诉求表达出来，当这些诉求得到满足时，风险就会平息。事件中的谣言会因为正向观点的出现而不攻自破，也就是说，正确引导信息传播是平息风险的关键。

### 7.4.3 回应机制体系

回应机制体系有赖于政府、媒体和公众三个风险主体之间的互动，共同构建起技术灾难事件社会风险的回应机制。在此机制内，政府应正视风险、主动回应，公开信息、及时辟谣；媒体应该正面引导社会风险，舆论场共鸣联动；公众应该提高涵养、辨别信息，合法表达、遵守规约（图7.23）。

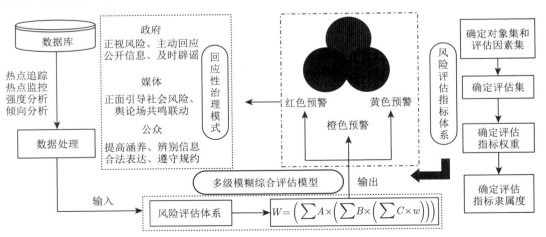

图 7.23　技术灾难事件社会风险评估模型及治理

1. 政府诉求回应机制

首先，建构对政务和风险响应的综合监测和预警机制。在对社会风险进行监测和预警的机制中，其中有两个组成部分至关重要，一是对风险资料进行搜查和收集，二是对风险的研判。在一些灾难事件被曝光后，与之密切相关的灾情信息往往铺天盖地而来，信息的收集就需要坚持质量和数量两位一体并重的基本原则，既要通过风险监控平台广泛搜索信息，也需要加大对信息的甄别力度，如按照时间、关注程度和风险趋势等多种方式对信息进行归类，将海量无序信息整理成有层次、有序信息。风险研判可以理解为全方位地分析灾情信息的准确性，依靠专业化的风险调查分析系统，梳理其中所呈现出的意见、倾向，预测当前风险的走向和未来的发展态势，形成调查研判报告并给出解决问题事件及消解当前政务风险的重大关键方法。

其次，建构政务风险响应的跟踪机制。政务风险虽然可能伴随着技术灾难事件的到来，但是它们并非会顺着突发事件所演变出来的脚步而发生演化，换句话说，政务风险一旦出现，很有可能就会脱离事件本身，按照自己的轨迹运行而产生衍生性的效应。因此，在灾难事件中政务风险逐渐减弱和消退的阶段，应该持续地关注政务风险的动态，做好对事件的跟踪，如果发现了风险的衍生势头，必须随即重新启动监测和预警机制，做好信息搜索和收集的研判，从而开展新一轮风险响应。同时，应当在各种事件发生后做好总结工作，主要围绕以下几个方面的内容来展开：一是依托专门的风险分析人员和团队通过数据库对各种风险事件的发生状况进行总结和形成报告，给地方政府部门及其治安管理人员提供政策参考，增长风险响应的经验，提高风险响应的能力。二是建立鼓励性约束机制，开展风险问责或奖惩表扬等工作。即对群众反映的造成社会严重危害的失责失职行为依法追究责任，对群众反映得力的给予奖惩，促进风险反映体量的升级。三是切实做好信息公开，把突发事件的来龙去脉都公之于世，避免该种类型的事件再一次发生。

因此，政府部门在负面灾情信息大量快速流出时，为了充分把握社会风险处置的准确时效性，应及时地主动介入对相关信息真实来源的跟踪调查，准确地及时掌握相关事实真相，并做到第一时间主动地实现与相关社会公众的直接对话，消除社会公众心中的顾虑和恐慌，之后就应该着力于及时进行这些危机问题的跟进与调查解决。

2. 媒体快速反应机制

面对新媒体快速发展的趋势，媒体工作者应该深刻认识和高度正视自身作为社会信息主要媒体传播者的主导地位和重要角色，提升其社会主体责任感，谨慎地报道那些可能具有社会负面影响和社会效应的虚假信息。针对媒体在信息传播中的作用，管理者应做到以下工作，才能及时发现和解决问题。

一是加强风险监督。主流新闻媒体要从更广阔的领域、较长的时期，也就是说，要有较广阔的视野来监控和比对风险。例如，国内一些主流新闻媒体已经运用大数据和云计算技术，为用户开发了专业化的风险监视和预警系统，可以通过用户社区群体图像和搜索指数、浏览网站页面、查找关键字信息等，进一步准确地识别、分析信息传播人员和受众的特点，提升风险监视和预警的效能。

二是切实做好社会风险监测评估。主流新闻媒体还需要比较准确地深入分析和准确把握被传播受众的具体情感心理特征，预判社会风险的发展趋势，提高主流新闻媒体社会风险分析评估的技术水平与风险准确度。例如，风险不断爆发后，生成的大数据可以自动地转化为当前风险不断爆发的实时地图，媒体可以通过其中的海量信息，来及时搜集和找到当前受众最为关心、热议的热点话题，针对这些热点话题可以进行靶向施策、强化宣传引导，还可以发现当前风险不断爆发的热点区域，并安排各级相关社会组织主流新闻媒体传播者及时进行相关议题的热点设定，合理化管控风险。

三是切实加强社会风险防范和紧急应对。主流新闻传统媒体机构可以充分运用现代人工智能图像技术将当时的重大新闻突发场景进行还原，通过短视频、H5、可视化的视频图表等多种方式全面位地展示当时灾难事件的来龙去脉,消除公众"盲人摸象"的不良效应,实现对公众正向灾情信息观的引领。国内一些主流新闻传统媒体可以充分借鉴和总结运用发达国家的一些主流新闻传统媒体的成功经验,通过运用VR、MR（mediated reality,介导现实）两种传播手段及时还原新闻现场,如定期举办各种大型活动或者介绍刑事案件等,让广大新闻受众深刻了解到真实新闻现场,并且更加深度地主动参与到新闻中来,使其主动地有效规避不实的新闻信息在网络上的传播。

3. 公众分析应对机制

以网络互动平台为工作重点,打造社会风险管理平台,创新社会风险管理服务体系。议程设置是调节社会风险对社会影响的重要途径和机制,在议程设置与风险管控之间,存在一种政策和信息的共性支点与理论上的关联[419]。所以说,要创新灾情信息管理的工作方式,重点更多地在于将其放在大家的讨论议程中。一般而言,议程设置主要包括媒体议程设置、公众议程设置和政策议程设置,它们分别是通过媒体、公众、政策对各自关心的热点议题客观分析、回答的全过程。在我国,社会风险问题的性质区别在于媒体、公众和政策的提议,其使得风险问题难以实现有效互动和深度融合。这样的意识分裂,不利于我国科普教育领域的健康建设,也难以真正实现相关社会各界意见和公众共识的广泛产生。因此,创新社会风险综合管理,特别是在现阶段需要加强传统媒体和地方新闻界的强强协同与紧密合作,传统媒体、公众和地方政府要用各种互动的手段共同努力实现创新和控制社会风险的全生命周期。沟通交流与风险互动的整个发展过程是媒体信息议程、公民信息议程、政策信息议程三类媒体问题和社会议程相互沟通交流的广泛对话和互动融合,可以使各类社会问题不断地产生共鸣和信息溢散,从而化解社会风险,推动我国朝着形成全民维护社会利益共识的正确方向不断前进。

在互动的基础上,可以充分利用移动互联网的传播资源优势,打造一个风险平台,从而构建新媒体时代下的风险管理体系。在新媒体传播科学和技术的驱使下,传统的新闻媒介产品和传播领域的行业壁垒正迅速地消退。通信、广播电视、新闻出版等原先界限分明的产业逐步凝聚在一起,统一的、多功能的信息平台迅速形成。在"全球化"传播模式格局下,平台化已经成为各类组织机构向企业转型和升级提供创新服务的重要战略。平台化的核心是打造一个全球资源开放和共享价值观,在此基础上,建立通过平等交流互动机制有效地激发各种潜力的平台,从而促进其创新我国的生态圈,以平台化的策略来促进风险管理。

根据技术灾难事件社会风险演化及治理的分析,基于"政府主导、媒体自治、公众参与"的多方协同理念,本书提出技术灾难事件社会风险回应性治理模式,尤其强调政府应及时回应风险生命周期各个阶段公众所关心的问题。结合应急管理理论,本书提出"快速反应、确认事实、妥善处理"技术灾难事件社会风险的应对机制,涉及诉求回应机制、沟通协调机制、分析应对机制、整体协调机制、应对预案机制等,如图7.24所示。

## 7.5 技术灾难事件案例

基于当前技术灾难事件社会风险的变化规律和具体应对性及回应性治理模式的基本原则,分析"8·12天津滨海新区爆炸事故"和"11·22青岛黄岛输油管道爆炸事故"两个典型事件案例,探究事件治理的具体成效和效果得失。

### 7.5.1 8·12天津滨海新区爆炸事故

天津一家重型危险品储存仓库于2015年8月12日22时51分突然发生重大火灾和爆炸,引起全国广大媒体和各地人民的热切关注,事件发生前期传播谣言不断,在当地的新媒体平台和互联网上充满了关于爆炸事故的不实资料和信息,造成了民众消极情绪出现,当地官方媒体反应迟钝、新闻发布会变成"摆设",极大地加剧了社会风险的恶性发展。

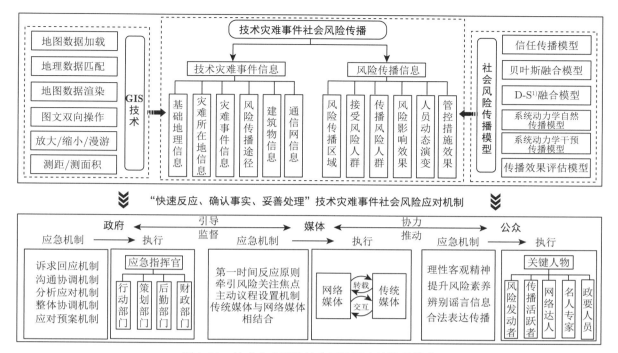

图 7.24　技术灾难事件社会风险回应性治理模式

1) D-S: Dempster-Shafer

**1. 案例背景**

"8·12 天津滨海新区爆炸事故"的事发地为天津市滨海新区的天津港，事故被定性为临港企业生产安全事故。港口内的瑞海公司于 2015 年 8 月 13 日 23 时左右出现了一次特大火警，起火地在储存区仓库内，消防人员接到报警的第一时间就抵达现场开展救火工作，消防龙头喷射出的水柱接触到仓库内存储的危险品后发生了明显的化学反应，随后产生爆炸。该事件的后果十分恶劣，相关资料显示，在事件中遇难者多达 165 人，包括附近居民、民警和消防人员，其中受伤人数多达 800 人，有 8 人失踪，受损的建筑物多达 304 栋，以楼房和厂房居多，爆炸还波及了港口内 7 533 个集装箱及 12 428 辆机动车辆，间接损失更是不计其数。天津港是环渤海的核心港口，属于综合性港口，位于天津市滨海新区海河入海口，拥有天然的地理优势，海运条件成熟，是北京、天津、河北开展对外贸易活动的主阵地，港口主要业务为仓储服务。瑞海公司是该事件的主角，其性质是一家民营仓储公司，从成立到事件发生已经存在8年，通过调查该公司的注册信息了解到，公司的总经理和法定代表人为只某，结合该事件之后的网络爆料，显示于某和董某才是瑞海公司真正意义上的实际控制人[419]。

事发前在该公司内部共有 72 名员工，2015 年 8 月 12 日晚上工厂内发生火灾后，有一名男子拨打 110 报警电话，22 时 52 分前后，当地天津港公安局指挥中心结合报警信息对爆炸事故的发生位置进行锁定，并向天津港公安局消防支队发送了定位和灾情，要求其尽快赶往现场进行抢险救援。火灾发生之后，仓库内的作业人员第一时间报警，周围的居民发现火情之后也迅速拨打了 119，天津市公安消防总队指挥中心接警之后立即向天津港公安局消防支队发出援助请求，两消防大队都在第一时间派出了专业的救援队伍。消防救援部门在第一次抢险救灾中先派出了一支消防四人组，他们离瑞海公司只有一条街的距离，后又派出了天津市开发区公安消防支队三大街中队赶赴增援，他们是赶赴现场进行抢险救援的主要消防力量。

消防部门于 8 月 12 日 23 时 34 分左右用水枪扑灭集装箱的火情，当水柱喷射到集装箱上时，水流渗透到箱内的危险品上，随后发生了剧烈的化学反应，这些易燃易爆化学物品发生了第一次爆炸，爆炸还引起了周围地区的地震，震级大约为 2.3 级，爆炸威力与 3 吨炸药相同，爆炸之后，集装箱上空出现了灰白色的巨大蘑菇状烟雾，高数十米，伴随爆炸产生的火花更是在黑暗的夜空中显得格外明亮，这一现象持续了有数秒之久，空气中弥漫着刺激性气体，能见度也有所下降。不久之后，第二次火灾发生，同样也引起了爆炸，这次爆炸的威力与 21 吨炸药相当，震感与 2.9 级地震相当，周围居民均表示感受到了震动。

8 月 12 日 23 时 40 分，救援现场已经出现了两次爆炸，火情十分恶劣，天津市公安消防总队指挥见状先后请求数个消防中队前来支援，以弥补现场消防力量的不足，至此火灾发生后的第二次救援行动开始。8 月 13 日 8 时许，火灾引发的爆炸事故已经过去了 8 个多小时，现场的火情依然不容乐观，现场随处可以看到消防人员忙碌的身影，瑞海公司仓库内的物品都是易燃易爆的危险品，故而火灾的扑灭只能用砂土实现，导致火灾扑灭效率不高，火势很长时间都没有得到控制。所有消防人员都在不遗余力地灭火，到了 8 月 14 日 16 时 40 分，经过全体消防人员的不懈努力之后，火势开始有转小的趋势，火灾范围也开始有所缩小，此时现场已经没有任何明火。

这次火灾引起的爆炸事故发展极为迅速，而且控制起来存在一定难度，整个救援工作耗费了大量的物力和人力，其间还调用了其他地区的人力和物力。火灾扑灭之后，天津市消防主管部门开展了相应的统计工作，最后显示，该次一共派出 1.6 万名消防人员前往应急救援天津市滨海新区火灾和爆炸事故，包括公安消防队、解放军、武警，同时派出了 2 000 多辆消防车和配套的消防设备。不仅如此，上海、湖北、山西、山东、辽宁、河北、北京、江苏等地区和国家重点城市的各级公安部门均在第一时间向该次救援工作提供了支援和帮助，向其派出相应的物资和人员，使得火灾得到了有效的控制。负责开展调查工作的领导小组就该事件展开了全面的调查，并按照国家法律规定和《企业职工伤亡事故经济损失统计标准》（GB 6721—1986）对该事件造成的经济损失进行统计和核算，最后显示该事件共造成 68.66 亿元的直接经济损失，其他经济损失尚未按照要求进行最终的核算。2016 年 11 月 7~9 日，该事件所涉27件刑事案件一审分别由天津市第二中级人民法院和9家基层法院进行公开开庭审理，对天津市交通运输委员会主任武某等 25 名国家机关工作人员分别被判处 3~7 年不等的有期徒刑，原因是滥用职权及玩忽职守，其中受贿罪成立的有 8 个人，以李某为代表。

2. 风险走势

该事件发生后出现了相应的社会风险，整个过程发展极快，分析图 7.25 不难发现，事件发生不久之后，人们就对其展开了热烈的讨论，整个事件被迅速推到风口浪尖，几乎没有反应的时间，风险发展进程极快。

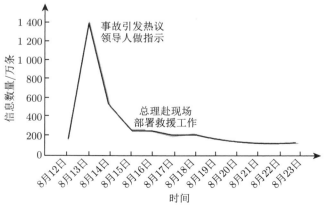

图 7.25    "8·12 天津滨海新区爆炸事故"灾情信息走势

该事件引发的社会风险在 8 月 12~15 日达到高潮，在百度搜索中输入关键词"天津爆炸"进行搜索发现，事件搜索量也呈几何倍数增长，说明事件引起了社会的强烈反响，该事件显然已经发展成为社会风险[420]（图7.26）。

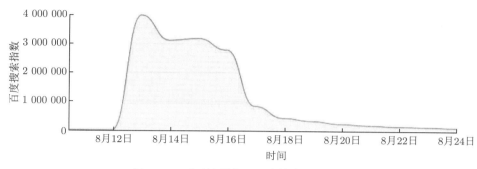

图 7.26 "天津爆炸"百度搜索指数趋势

相关资料显示，截至 8 月 14 日 15 时，距离该爆炸事故正式发生时间 2 天后，网络上已经出现了 4 万多条有关天津爆炸事故的微博及微博话题，有关天津爆炸事故的文章频频出现在微信公众号上，相关信息不断被刷新，新浪微博平台每天都会不间断地报道有关该事件的新闻和消息，事件在搜索排行榜也一直处于热门话题行列。当时"2014 年天津塘沽大路桥爆炸事件"和"2015 年天津港口区发生爆炸相关事故事件"为最热门的两个话题，大约有 25 亿人次浏览了这两个微博话题，一共产生了 460 万条关于天津爆炸事件的评论和跟帖，人们就天津爆炸事件发表自己不同的观点和看法，有些公众随后还转而开始关注事件本身，并发出质疑，这些质疑之声扩散之后给政府治理社会风险增加了难度[421]。

灾难事件的爆发，除了会引发人们的强烈关注之外，还会出现不同的声音；此时政府应该及时公开信息，还原事件原貌，以清除网络不良言论。随着事件不断发酵，主流媒体开始积极设置议程，发挥自己在引导治理社会风险方面的作用和能效。

8 月 13 日，《人民日报》在该爆炸事故发生后一天内就将名为《守住脚下的安全防线》的文章发表在"今日谈"版面上，其中有一段文字是这样的，"山阳滑坡问题还未解决，天津滨海新区又于12日发生了爆炸事件……公共安全问题令人堪忧①，政府应该树立强烈的安全意识，积极应对社会风险，把控好各个环节，将事件造成的影响和损失降至最低"。《解放日报》也在当天发表了《天津滨海新区危险品仓库爆炸》的文章，其中写道："事故地戒备森严，送医伤者多达 50 名。"

8 月 14 日，主流媒体，诸如《人民日报》《光明日报》《解放日报》《中国青年报》均先后将"天津火灾爆炸事故"以头版头条的方式进行了报道，《人民日报》不仅在头版进行了报道，还专门在第 4 版"要闻"开设了专题报道，报道有救援指示类文章、解答类专题文章《全力做好伤员救治工作》《科学有力做好救援救治和善后处置工作》《天津危险品仓库爆炸四问详解》，还有《网传有害气体或向北京扩散》《网友再称死亡人数"34""35"是"责任界线"》《境外记者采访被官员阻止？》3 篇针对网络传言的文章，第 5 版对人民时评文章《灾难从来都不只是假想敌》进行刊发。8 月 14 日还有《尽快控制消除火情全力救治伤员》《向火而行，他们随时待命》《天津，你一定要好好的》4 篇文章刊登在《中国青年报》头版。《光明日报》07 版整个版面对该爆炸事件进行了集中报道，版面标题为"救援救人"，《解放日报》的头版除了对"淞沪抗战纪念"进行宣传之外，还刊登了 5 篇关于该爆炸事件的报道（表 7.13）。

我们对四大领域主流媒体报道的新闻文章信息数量与媒体变化分布情况进行统计，发现报道数量最多的新闻文章为"事故救援类"，说明其对于事故灾难或消防事故相关新闻信息进行传播具有极强

---

① "令人堪忧"应为"堪忧"或"令人担忧"。

的现实意义。其中，天津本地媒体对该事件进行了大量报道，尤其是在 8 月 13 日和 8 月 14 日，如表7.13 所示。报道还以习近平针对重大火灾、爆炸事件的情况做出重要决策指示，以及李克强针对紧急支援救助和如何应对重大危险事故处置工作的批示为主要内容的"领导指示/批示类"专题报道（图7.27）。"信息辟谣类"也包含了多篇类似的报道，其就活跃在网上的各种新闻事件进行报道，如《人民日报》报道了 3 篇属于数字级的文章，依靠媒体求证者和两家杂志记者的力量就某些不实报道进行辟谣，而《中国青年报》则对"郑州晚报官微等一批微博微信账号因为在天津滨海新区爆炸事故中造谣而被关闭"的事件进行报道。

**表 7.13　主流媒体与天津本地媒体报道情况一览**

| 时间 | 《人民日报》 | 《光明日报》 | 《中国青年报》 | 《解放日报》 | 《天津日报》 | 《城市快报》 | 《每日新报》 |
|---|---|---|---|---|---|---|---|
| 8 月 13 日 | 1 | 0 | 0 | 1 | 10 | 3 | 7 |
| 8 月 14 日 | 9 | 10 | 10 | 5 | 18 | 23 | 64 |
| 文章总数 | 10 | 10 | 10 | 6 | 28 | 26 | 71 |

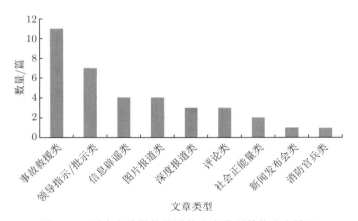

图 7.27　四大主流媒体报道的文章类型整体分布情况

总体而言，主流媒体比较愿意以事件本身进行报道，而且力求实事求是，不会过分渲染救援过程中的情绪，其中宣传社会正能量的文章有两篇，以消防救援人员为主要内容的报道只有 1 篇（"逆火而行"），需要指出的是，天津于 8 月 13 日 16 时 30 分召开了第一场新闻发布会，就该爆炸事件进行通报，转载此新闻的媒体只有《光明日报》。

8 月 15~23 日关注该爆炸事故的人数有所减少，但相关报道仍有所更新，此时人们已经知晓了事件的全貌，尤其是在信息透明度逐渐提升的过程中，风险焦点也在悄然变化，风险在发展期以问责为主要表现形式，偶尔会出现同情和批判的声音。问责的内容主要集中在以下方面：一方面，不满和质疑政府的工作能力，要求政府将涉事单位的责任主体公布出来。在此期间，网络上出现了"瑞海公司负责人只峰可能是某市领导的亲戚"的爆料，一时间公众纷纷要求政府予以回应，尽快公开只某的个人信息，并对此公司有无从业资质进行查明。另一方面，问责消防救援指导工作人员，要求还原二次爆炸事件的原貌，查明其间是否存在救援不及时的问题，并公布人员伤亡信息。实际早在风险爆发期就出现了一些同情和质疑政府和媒体的声音，这些声音直到蔓延期都未消失。

8 月 23 日之后，人们不再那么关注该事件，整个事件经过也被人们了解，政府也实施了后续处理方案，舆论开始回归平静，公众只在事件发生 30 天/ 100 天这样的特殊时间点予以关注。政府和媒体也就风险的回落不再展开其他的风险治理行为。

3. 治理经验

作为一个具有充分意识和积极主观能动性的利益主体，媒体、公众、政府之间既彼此独立也相互关联的行为共同决定了社会风险的产生与发展。就其行为动机而言，公众作为普通人，强烈的好奇心和积极参与的行为实际上就是在这种信息薄弱情况下的一种自我保护；政府作为一个公众性的服务组织来进行经营运作，必须依法履行其对社会监督管理的职责；作为信息传播人员的互联网媒体既是一个利益组织又担负起服务大众的使命。三者既有自私的利己性也带有利他性。因此，本书从地方政府、网络媒体及广大网民三个方面分别提出对风险监督的建议。

（1）从现代政府学的角度。灾情信息资料的模糊性成为引起广大网民的强烈兴趣和产生恐怖感的主要动因，我国网络媒体和网络"水军"从以前初级阶段发展到现阶段，已在各个知识层次上有了不同深度的信息曝光，更能充分有效地激发广大网民对事件强烈的好奇心。这些过于传统的"围""追""堵""截""压"的办法已经无法在当前的互联网环境下发挥积极的作用，反而可能会直接让政府失去解决问题的合适时机，导致事态进一步恶化，一旦有类似事件的再次发生，可能会促使社会矛盾迅速升级[422]。在该爆炸事件中，天津市人民政府召开了多次新闻发布会，但每次新闻发布会几乎都导致次生舆情，正向回应遭遇次生舆情覆盖，网络传播中不断出现新的质疑和吐槽，政府公信力受损。因此，政府为了充分把握这场危机处置的准确时效性，应及时地介入对这些信息流出来源的实时调查，准确地掌握相关事实真相，并在第一时间与公众真诚地对话，回应公众关心的核心问题，消除公众心中的顾虑和恐慌，之后要继续着力于进行这些突出问题的及时跟进与调查研究和及时解决。

网络媒体企业作为一个独立的利益群体，除了自己独立的市场经济目标外，其立场不能与政府的方针政策对立。在对网络事件进行调查和解决的过程中，一方面，政府部门可与各类网络媒体之间建立起合作、互利的关系，根据各类网络媒体的主体和营利特征，提供有力的权威资料供各类网络媒体进行参考和报道，既保障各类网络媒体之间相应的浏览量收益和相应的广告价值，又通过借助各类网络媒体进行实时、大量的新闻报道，从而达到澄清网络事实真相的良好效果[423]。另一方面，若是网络媒体人员不顾任何的社会责任，在对灾情信息报道中始终坚持错误的报道以牟取暴利，在给予其罚金或者沟通无结果的情况下，政府部门可以适当地应用行政职能对其采取诸如暂停歇业、吊销营业许可执照、屏蔽网站等更加彻底的措施。

（2）从文化传播媒介的发展角度。互联网信息空间推动了我国广大传统网络新闻传播行业的变革，网络媒体必须肩负起向广大群众传播最新新闻资讯的重要职责。但是，在谋求生存与拓展市场的双重需求推动之下，为了更好地迎合广大消费者的市场需求和消费偏好，网络媒体过度关心网络信息传播带来的即时性和营利经济效果，而对未来可能给人们生活带来的长期经济效益与带来长足健康发展的责任却视而不见。近几年，移动网络终端的不断迅猛发展让广大民众逐渐拥有了更多机会去深入了解线上网络，个体综合素质的不断提升也让广大网民面临诸多网络虚假信息的困扰，部分网民逐渐具备了分析信息真伪的能力，并积极地努力营造良好的全民网络生活环境。因此，面对这一发展趋势，网络媒体企业要深刻认识和高度正视自身作为信息主要媒体传播者的主导地位和重要角色，提升自身的政治国际观和社会主义责任感，谨慎地选择报道那些可能具有一定负面影响和不良效应的信息。

（3）从社会公众的角度。在首次接收到负面灾情信息时，公众要善于充分运用自己的理性思想和生活体验，密切地关注媒体和官方对这些信息的回复与反应，即便这些信息已形成了一定的媒体传播范围和规模，也不能盲目进行信息的转发或者在网络上起哄，学会从同质化的评论中去寻找异质的看法，从多方面来论证这些信息的准确性和真伪。

通过分析，梳理该事件的社会风险发展过程，主要发现如下几个问题。

一是政府干部对于社会风险的关切和对于核心层的资讯迟缓。天津当地政府干部在该事件当中并未第一时间就风险热点进行回应，导致事件信息的公布出现滞后性，引起人们的强烈不满。经过数天的持续热议，关于"天津港消防支队失联人数""是否存在大量高毒性氰化物"等疑问才得到正面回应，公众的疑虑才就此消散。

二是官方发布新闻的态度不够真切。回顾天津召开的六次新闻发布会不难发现，每一次干部回应问题时的态度都会掀起风险波浪，引起人们的不满。例如，官方就记者提出的"按照规定，危险品仓库应该与居民区相距多远？"问题时，给出了"还是蛮远的"这样的答案；第二场新闻发布会上记者发问"只某是谁？"未得到官方的正面回应；第三场新闻发布会上，官方称"我先与同事商量一下，专家也不在场"，另外官方还在记者招待会上反复使用"无法解答、不清楚、不掌握"等用语，导致公众开始质疑官方信息的专业性、权威性、完整性，以及官方媒体的基本素养，同时官方的这种态度也使得新闻发布会形同虚设。诚然，并不是说政府针对记者在新闻发布会上的"喊话"进行回应就是应对风险的表现，公众也能理解政府需要时间去查明真相，还原事件原貌，其所在意的是，整个新闻发布会应该以风险关注点、预测性问题的回答、准备材料、端正态度作为主要内容和要义。

三是官方回应滞后。该事件主要以新闻发布会的方式来对社会风险进行回应和反馈，未采用传统媒体的采访方式来打消公众疑虑，这样就为虚假信息和谣言的出现提供了温床。比较典型的有，"现场有无氰化物""应该怎样处置这些氰化物"披露主体本应该是网络媒体和现场指挥部门，但实际并非如此；而且，地方政府原本可以通过通报的方式对"3 000米之内的人均要进行疏散"的谣言进行消除和澄清，但也并未做到这一点，导致小道消息和谣言满天飞，这种寄希望于召开新闻发布会进行辟谣的做法在其操作上就略显僵化了。

四是在统筹兼顾、充分利用授权方面还存在着一些欠缺。纵观天津召开的六次新闻发布会，不仅历次新闻发布会的具体参会单位工作人员均没有发生明显的岗位变化，更因为参会工作人员的时间安排不合理，面对媒体的发问，现场干部出现了一些敷衍的言论，如"这非我职责范围""相关单位未参加本次新闻发布会"。统筹组织开展各类新闻信息发布会，兼顾各级政府和有关部门对于开展新闻信息发布会相关信息收集反馈的工作需要，通过充分研究获取相关许可文件来加快构建稳定的新闻发布会组织成员，对于保证新闻信息发布会的工作成功至关重要。

根据以上问题，提出以下两点风险治理倡议。

一是重视技术管理。该次技术灾难事件发生前的管理失职起到了促进社会风险发展的作用，也对后续阶段风险观点造成了深远的影响。涉事公司未按照规定选址是事前失职的重要表现，天津市滨海新区有很多与瑞海公司相似的企业，都属于天津港管辖范围，按照《南方都市报》的新闻报道，在天津港管辖区内，爆炸发生当天类似瑞海公司的危化品公司有很多家，当地居民小区离这些公司仅仅数百米。该爆炸事件因为后果十分恶劣而成为备受人们关注的话题和议题，涉事公司未按照要求存放危化品是事前工作失职的另外一个表现[422]。天津市滨海新区爆炸事件发生之后，距事件所在地较近的受波及的居民明确表示，事件发生之前，自己并不知晓危险品仓库就位于小区隔壁，平时出门散步也未见到有关危险品的警告标识，换言之，此仓库的存在无任何说明。不难发现，当地居民对于知晓居住区周围存在危化品的权利未得到尊重，这种隐瞒危化品存在的做法增加了政府治理风险的难度，会增加公众对政府有关部门的不信任。

二是及时公开灾情信息。在风险爆发期和发展期，公众好奇心驱使、新闻媒体报道不全面、政府信息公开滞后是风险形成的主要原因。当地政府部门在事发第二天早晨才开始回应，此时风险已经在事件发生的短短数个小时后形成了，政府错失了最佳解释和回应时机[424]。官方信息的不全面导致社会上充斥着大量谣言，风险治理工作也因为风险态势不明而难以为继。当地新闻媒体也未及时掌握风险主动权，发挥自身传播信息的优势，导致公众群体未能高效地获得官方的信息和资料，进而产生了质疑、不满的情绪，不良情绪的出现增加了风险治理的难度。在引导风险方面，国家权威媒体扮演着极其重要的角色，《人民日报》借助官方微博账号列出了牺牲的消防人员名单，并附上了致敬消防人员的图文内容，此微博之后被不断转载；之后一些主流媒体也开始通过微博、微信平台表态，其中以《新京报》、央视新闻最具代表性，它们的行动有效地解决了当地媒体报道滞后产生的问题。

### 7.5.2　11·22青岛黄岛输油管道爆炸事故

2013 年 11 月 22 日 12 时 25 分，青岛黄岛输油管道破裂处起火发生爆燃。爆燃事故发生后，青岛市人民政府新闻办公室的官方微博和青岛经济技术开发区（黄岛区）的宣传部门微博及青岛公安、环保等有关部门的官方微博都能够主动、及时地将爆炸事件的准确信息情况和动态信息公布给社会大众，透明化的信息杜绝了谣言的传播。

1. 案例背景

中石化输油储运公司潍坊分公司于 2013 年 11 月 22 日凌晨 3 时发生输油管线破裂事件，地点为青岛市黄岛区秦皇岛路与斋堂岛路交会处，事后该管道立即停止输油，时间为 3 时 15 分，但泄漏的原油还是污染了斋堂岛街 1 000 平方米的路面，一些原油还顺着雨水管线流入胶州湾，大约有 3 000 平方米海面被污染，青岛市黄岛区立即将两道围油栏布设在海面上，在处理事件的过程中，黄岛区海河路和斋堂岛路的交叉口发生了一次爆燃，时间为 10 时 30 分，同时在当日黄岛区入海口被大量石油废气污染的附近海面上也发生了一次爆燃。爆炸事故发生造成秦皇岛路桥涵以北至天津入海口、以南沿斋堂岛路至刘公岛路大街排水隧道暗渠的两侧预制钢筋混凝土结构盖板两侧绝大部分被炸开，与刘公岛路排水隧道暗渠西南端相连接的长兴岛街、唐岛路、舟山岛街排水隧道暗渠的两侧钢筋混凝土结构盖板全部拱起、开裂和坍塌，局部被强力炸开，全长波及 5 000 余米。爆炸事故发生后突然产生的各种突然性强烈冲击波和大量飞溅物造成现场抢修工人、行人、周围单位及附近社区的相关工作人员，以及青岛丽东化工有限公司下属厂区内的施工排水沟和暗渠上方的临时施工办公室及附近的施工作业者共 62 人死亡、136 人受伤。爆炸还造成小区周边多个主要地段的各种建筑物不同程度损坏，多台大型机动车辆及各种交通设备严重损毁，供水、给水、发电、供暖、供气等周边多条主要管线严重受损。泄漏的原油经地下排水沟或地下暗渠直接排放进入我国胶州湾附近的产油海域，造成海域局部环境污染。

2. 风险走势

在该爆炸事件发生后，最早公布爆炸信息的正是互联网，如"8·12 天津滨海新区爆炸事故"一样，"11·22 青岛黄岛输油管道爆炸事故"也属于一起突发性技术灾难事件，其社会风险形成期非常短，根据百度搜索指数分析，11 月 22 日该爆炸事件发生以后，"青岛爆炸"这一关键词的百度搜索指数直线上升，到 11 月 24 日达到了顶峰，随后百度搜索指数逐渐下降，在 11 月 26 日时又出现了一定幅度的上升，随后逐渐下降，如图7.28 所示。

结合图 7.29 可知，爆炸发生后随即引发了社会风险，相关灾情消息迅速上升至将近 1 400 万条。随着人员伤亡情况的公布，风险缓慢增长了一点，随后慢慢下降。直到事故责任认定消息公布时，才出现了一定的上升，随后进入风险平息阶段。

根据中国财经网所公布的"11·22 青岛黄岛输油管道爆炸事故"发生时间点脉络图和大数据，不难发现，青岛中国石化管道公司于 2013 年 11 月 22 日凌晨 2 时 40 分断裂了第一根输油管线，泄漏了多吨原油。10 时 30 分左右，在地下石油管线工程和雨水导管涵道抢修建设工程作业现场又先后发生了数次大火或气体爆炸事故，10 时 32 分，距离爆炸刚刚过去两分钟之后，一名微博主发布了"黄岛石油管道小区出现爆炸事故，爆炸威力之大，掀翻了数辆柴油汽车，现场烟雾弥漫，而且小区建筑物和大厦都发生了震动，还能闻到明显的刺鼻气体，水电系统陷入瘫痪，爆炸现场与此小区的保安室已经被夷为平地"。10 时 48 分，青岛市黄岛区公安局就这一微博主发布的内容进行了回应，"目前开发区管委正在不遗余力地处置，请事故周围的车辆听从交警的指挥和安排"，这是关于爆炸消息最早的官方

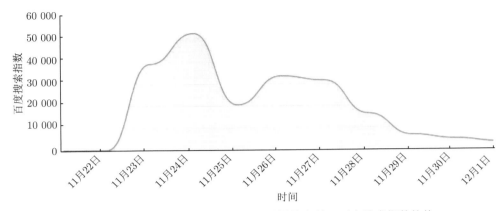

图 7.28　"11·22 青岛黄岛输油管道爆炸事故"百度搜索指数趋势

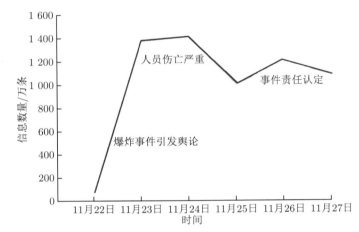

图 7.29　"11·22 青岛黄岛输油管道爆炸事故"灾情信息走势

回应。青岛市环保局官方微博于 11 时 25 分发布了这样的消息:"丽东化工未发生爆炸","是油气混合气体因为漏油事故而闪爆起火,并非化工厂爆炸起火",这是官方关于爆炸情况的两次回应,先后呈现了事件现场的情况及解释了事件发生的原因,这些信息都并非出自传统媒体。

在该事件发生之后,当地媒体没有在第一时间披露事情的进展,而外地媒体却将目光直接投向了黄岛。《新京报》头条首次刊登了新闻联播的报道,全国各地的地方报纸也在头版表达了对死者的哀悼,紧随其后的主要报道有各种对于监管部门进行的事件发生情况的现场采访调查、跟踪性的追问,以及一些评论性文章,其中以《新京报》和中国财新网的报道最具力度和代表性,它们通过 20 多种方式和传统新闻题材对其情况进行了详细报道,包括专题报道、专题采访、评论和即时消息等。

3. 治理经验

政府要树立创新意识,对大数据背景下的灾害和事故报告传播模式进行创新,对控制信息逻辑进行分析,找出事件发生的诱因。政府对社会风险进行有效管理,同时要尽量做到平等、公正。但是,稳定只是一个相对而言的概念,这种格局会因为社会风险的出现而发生变化,政府不能出于维稳的考虑而将灾情信息掩盖住,一旦事件真相被公之于众,产生的影响和危害会更大。

英国企业危机性管理公关学和管理学专家迈克尔·里杰斯特(Michal Regester)曾经就我国危机信息传播管理问题提出过著名的 3T 原则,强调在组织进行各类危机传播事件的应急处置时需要充分意识到以新闻的方式公开危机信息的意义。第一,以用户作为主要服务对象提供相应的信息,具体而言,就是通过新闻发布的方式,将自己收集和整理的信息进行公布,掌握风险传播主动权,也就是

"tell your own tale";第二,保持信息的刷新,在处理相关危机事件的过程中,负责人要保持信息的及时性,不断刷新信息,也就是"tell it fast";第三,要提供尽可能详细的内容,公开发表的信息应当是无任何遗漏而且客观的,要有利于还原事件的原貌,这就是"tell it all"[425]。

在"11·22 青岛黄岛输油管道爆炸事故"中,当地政府和新闻媒体主动屏蔽了部分信息或者是选择性地公开一些信息,这是未遵守3T原则的表现,因为未在网络上发布全面的、及时的、人性化的信息,导致网络上信息流通不畅,引起了社会公众的强烈质疑,此时就无法达到政府维稳社会的目的,而且还增加了风险治理的难度,这种现象的出现就是大数据时代背景下信息供给需求与传统意识形态宣传观念矛盾导致的,不难发现,治理风险最棘手的问题就是信息公开工作不到位。

由此,我们提出以下四点风险治理倡议。

第一,要科学、正确地认识当下新媒体发展时代网络市场言论风险及其发展规律。首先,与目前我国企业传统的和以报纸、杂志、记者、专家及发声机构人士等为载体主导的"专业生产内容"(professionally generated content,PGC)商业模式经营相比,新媒体经济时代我国企业网络信息服务生产的基本经营特点仍然主要以"用户生产内容"(user generated content,UGC)商业模式经营为主。2019 年,微信现在平均每日大约有 450 亿次的网络信息流量收集和数据发送,这已经完全超出了以前的许多传统媒体(其中包括广电)的覆盖范围。其次,不良分子言语管控专项工作的实施难度较高。我国已经通过了境外出版和编辑审批的制度,电影、电视、广播、报纸、杂志和各类图书的境外出版,都已经能够切实做到"一切尽在掌握之中",但现在的境外风险已经从"封闭环境"转化成"开放环境",一不小心就有可能导致再次出现境外"风险倒灌"。同时,网络媒体出版、社交网络媒体、自由化媒介使得言论的形式表达及途径更加多元,实现了公众无须"出版"便可以自由发表自己的言论,因而言论管控工作难度日益增大。

第二,灾难事件社会风险处理过程中的及早和时效更为重要。在当前的网络传统媒体下,发现风险及时反应往往有 24 小时、8 小时、6 小时的"黄金时间"之说,而在当前的网络新媒体发展环境下,对于风险及时反应不仅需要媒体能够真正做到即时主动响应,还需要注重风险反馈的及时质量。首先,"行动"和"态度"必须在及时得到反馈的基本前提下。如果仅仅把它们停留在"表态"上,那么社会风险将很难彻底平息,甚至很可能会形成二次风险。其次,线上线下的工作统筹性问题解决。有研究者通过对各类突发公共群体事件的研究,对推动风险发生、处置和治理发挥效果等重要因素关系进行综合分析,提出我国政府部门在处置各类突发公共群体事件中推动风险的"O2O 联动效应"(online to offline,线上到线下),即线上抓推动风险治理引导,线下抓风险问题的有效解决,线上推动风险引导与线下推动风险治理相互结合。再次,杜绝衍生风险的产生。在该方面,我们曾经有多次深刻的历史教训。2018 年 11 月 4 日,福建省泉州港内出现首例碳九烃类泄漏事故。当地的政府环保部门因为被当时的社会风险界普遍认为"不负责任"而没有进行任何一项正式的官方信息披露,导致当地政府整体公信力的"雪崩"。事件的持续进行过程中突然发生"女记者被精准查房"的小插曲,再一次严重牵动和引发了公众对当地"掩盖事实真相"行为进行高度批判的二次社会风险。直到最终的调查结果确认企业恶意串通瞒报泄漏数据量接近 10 倍,并严厉地追究了相关人员的责任,风险才逐渐消解。

第三,以高品质的资讯信息提供替换老套的思想说教。首先,要准确地认识到,经过中华人民共和国成立以来 70 多年的历史性发展,我国的识字率、高等教育的普及率和居民收入水平均有了很大的提高,人民群众对于美好生活的期望、对于高品质公共服务的需求更加旺盛,在这样的情况下进行风险反应就必须具备更完备的科学技术和知识,拖延欺骗更容易被揭露和识破。其次,凝聚共识远远超出单向监督的范围。在 4G 时代之前,对于各类网络有害或者不良信息,通过强化平台的责任及对各类网络信息内容平台进行移除和处置操作,可以在一定程度上达到治理的目标,但也会直接导致平台的责任负担太大、权限负担太小甚至是干预了信息的呈现等不良后果。在 5G 时代，由于"情绪""情感"在很大程度上侧重于消费者信息的"真实"，"后真相"效应更加突出。因此，生硬的思想观念灌输方式可能会使得风险治理很难达到良好的效果，国家必须增强社会凝聚力和共识，必须拥有更高的信息资源供给和服务质量，更深层次价值观的塑造和传播能力，由事后的监管转变为事前的预防和事中传播，才能使互联网信息的内容准确地贯彻整个国家的政策和核心价值，充满正能量。

第四，把新时期如何加快适应社会风险的巨大压力，纳入推进全党执政改革力度的重中之重盘点。首先，要深刻地认识到，在这样的一个新媒体大时代背景下，党和政府、党员干部，必须积极主动地适应社会风险的各种压力并在风险下认真开展宣传工作。其次，管理者必须认识到，只有多样化的公众声音才能推动整个社会上的积极性和集体创造力，产生丰富的信息数据，决策方案才能做到更周全。各种各样的声音究竟会不会影响"军心"，关键问题并非杂音到底有多么响亮，而在于"军心"是否足够稳定。最后，新媒体网络时代的政治思想监督无处不在，各级党员干部的自身清廉、担当就是社会必须具备的政治要求，我们仍然需要牢固树立一个刀口向内的决心，不能随意地试图让整个监督制度给某些自身存在腐败问题的领导班子"背黑锅"。

# 第8章

# 人因灾难的风险治理

不同于其他灾难事件，人因灾难事件主要由人的因素引发，具有难以预测、难以控制等特征。因此，人因灾难事件信息很容易产生异化，产生负面灾情信息，并唤起不良情绪。负面灾情信息通过社交网络迅速在公众之间传播，引起风险多头裂变、扩大事件本身影响，极易引发社会风险。社会风险的爆发将影响社会经济发展，甚至会演化为群体性事件，严重影响社会稳定[426]。分析社会风险传播涉及的主体间的关系，找出人因灾难事件中社会风险传播的重要影响因素，剖析其演化路径和传播规律，对于社会风险治理是十分重要的。本章针对人因灾难事件社会风险的传播特点，研究影响社会风险传播的因素，运用微分动力学分析社会风险传播的因果关系，利用仿真实验和案例分析验证模型的有效性，并提供人因灾难事件网络谣言的管理对策建议。

## 8.1 人因灾难风险

人因灾难事件社会风险治理是一个庞杂的公共工程，对与之有关的概念内涵进行解析和理解，尤其是社会风险、人因灾难事件，有利于我们认知事物的发展规律，从而构建行之有效的治理架构。

### 8.1.1 类型划分

对人因灾难事件的类型划分不仅是对人因灾难事件概念和特点的深入分析，也是对人因灾难事件社会风险进行研究的基础。

1. 概念和特点

人因灾难事件是指人类社会内部由于人的主/客观原因和社会行为失调而造成的灾难事件，包括行为过失灾难，如海难、空难、车祸、矿难、核泄漏等；认识灾难，如决策失误、思想僵化、忽视生态平衡、科技副作用等；社会失控灾难，如经济失控、人口失控、城市失控、环境失控、治安失控等；政治灾难，如政治动荡、战祸、骚乱、暴乱、社会腐败、道德沦丧等；生理灾难和犯罪灾难。

人因灾难事件主要由人的因素引发，是一种不可预料的情形，具体而言，我们无法知晓事件会在何时何地发生，也不清楚事件会带来怎样的后果和危害，主要表现为不可预测性强、可控性高、人为因素强。

人因灾难事件有着许多不同于其他灾难事件的特征，因此，总结人因灾难事件的特征，是我们对人因灾难事件社会风险进行科学引导的先决条件。其主要特点如下。

1）偶然性和必然性

无法准确预测是人因灾难事件的突出特征，我们无从知晓它会在何时何地发生，这使得人因灾难事件表现出明显的偶然性，其出现之前可能会表现出一些征兆，但我们很难预测事件发生的时间、形态、程度和后果。人因灾难事件实际上是诸多因素共同作用下的产物，一旦爆发，人们难以预测其会朝着怎样的方向演化，也无法准确、客观地把握其性质。因此，人因灾难事件的发生和发展归根结底就是一个量变到质变的过程，至于其何时会因为量变而引发质变，是我们难以预测和了解的，换言之，随着能量的不断膨胀，人因灾难事件可能在任何时间发生，其必然会发生，但我们无法知晓其何时会发生[427]。

2）爆发的突然性和难以预见性

人因灾难事件的生命周期并不长，回顾其从出现到平息的整个过程，任何一个环节都充满了不确定性，而且大部分时候都是人因灾难事件发生之后人们才有所察觉，事件发生之时，政府、媒体及公众均未掌握太多关于人因灾难事件的信息，而且很多信息的真伪也不确定，自然也不会贸然地做出反应。从心理层面分析，人们面对突发灾难事件往往会感到惊愕，显得束手无策，受众主体的应变能力会在这种情形下被弱化，从而出现慌乱的行为，人因灾难事件的后果也可能因为其难以预见性和突然性而变得恶劣，使得人们更加难以对人因灾难事件进行引导、应对和处理。

3）衍生发展的不确定性

人因灾难事件的整个发展过程及其他方面都表现出明显的不确定性，主要是事件发生地点、时间、方向、后果的不确定性，由此可见，人因灾难事件会不会转化成为危机事件的根本之处就是怎样看待其自身的不确定性，即将这种特性转化为一种治理的优势。在各种不确定性因素中，最能影响人因灾难事件衍生发展的是人因灾难事件信息的不确定性。在大数据时代背景下，信息跨越时间、空间障碍进行互通成为可能，也正因为如此，人因灾难事件一旦发生，便会严重影响社会的发展和安定。

4）后果危害性

从性质上看，人因灾难事件必然会造成许多不良影响，因此它属于负面事件，而非中性事件，人因灾难事件所引发的各种影响也是复杂的，它既会造成积极的影响也会造成不良影响，有时这种影响又是中性的，但还是以不良影响占主导。不管人因灾难事件有着怎样的规模和性质，其一旦发生，会不可避免地破坏生态环境、危害社会，导致公共安全和公共财产损失；进一步讲，它还可能危及个人和集体的损失，如精神、物质层面的损失。

2. 类型划分

人因灾难事件社会风险不同于一般的社会风险。人因灾难事件社会风险是指人因灾难事件发生后，网民就人因灾难事件所表现出来的态度、情绪、观点、意见的总和。人因灾难事件社会风险演化具有极强的不确定性，当某些因素的存在中断了社会风险的传播时，就会为各种谣言的出现提供温床，决策者通常会因为人因灾难事件发生得过于迅速而且影响严重而没有足够的时间进行思考，此时一旦公布的信息不够充分，那么社会公众就会产生猜疑，并开始质疑政府部门的公信力，整个风险也会朝着不可控的方向发展。

以不同人因灾难事件的特点为基础，本书将人因灾难事件社会风险划分为蓄意性人因灾难事件社会风险和过失性人因灾难事件社会风险两种类型。

### 8.1.2　特点规律

1. 人因灾难事件社会风险的显著特征

人因灾难事件社会风险是一个复合名词，它由"人因灾难事件+社会风险"组成，因此，要准确把握人因灾难事件社会风险的本质，就必须先理解其内涵。从广义角度分析，人因灾难事件就是突然之间发生、会产生严重后果，而且影响甚广的恶性事件，其在网络空间内的延伸就是人因灾难事件社会风险。人因灾难事件社会风险是数种因素共同作用下的产物，有着不同的危害程度，归纳起来，其具有如下显著特征。

1）突发性

这是人因灾难事件社会风险最基本的特征，"突发"二字意味着人因灾难事件社会风险一旦形成，就会引发极大范围的影响。如前文所述，我们无法知晓在何时何地会发生人因灾难事件，也无法预测其后果，灾情信息在网络中传播得极快，而且每个人都可能是传播主体，也可能是接收信息的主体，正是这种开放互通的环境，使得所有的受众都能自由地处置信息，故社会风险总是呈现出集中爆发的态势和特点。

2）随机性

各大媒体网站会在人因灾难事件发生后及时公布相关数据和资料，人们知晓事件发生之后，会迅速就此进行议论，他们可以将自己对事件的观点、看法、诉求通过论坛、贴吧、网站表达出来。人因灾难事件的任何环节都会改变风险趋势，进而引发一系列的连锁反应，导致人因灾难事件社会风险朝着不同的方向发展，这也是我们无法对风险效果进行预测的原因。随着人因灾难事件的发生和演化，社会风险也会呈现出不同的态势，这就是人因灾难事件社会风险的随机性。

3）影响的广泛性

每个人在自媒体时代都拥有发声的权利，信息的传播方式在大数据背景下从直线单向朝着网格交叉的方向发展，但是自媒体与生俱来的自我突出性、随意性和传播速度是严肃的传统媒体所不具备的，其在强调自由的过程中还会出现许多不同的声音，尤其是当出现人因灾难事件时，这种非理性的声音会越传越广，然后像病毒一样蔓延，其所产生的影响力可想而知。

4）表达的极端性与情绪性

人因灾难事件社会风险最具辨识度的特征当属其表达的极端性与情绪性。人因灾难事件牵动着广大社会公众的利益神经，如经济纠纷、公共安全问题、医药安全问题、医患矛盾等，这些问题只要有涉及某人或某个群体利益不公的现象，就会演变成负面危机事件，迅速发展成为社会焦点话题。此时，公众会不自觉地将自己代入危机事件当中，认为自己就是遭遇了不公对待的主体。由于情绪化的意见是社会风险的导向，公众会主动为受到不公对待的人群发声，并就引发危机的主体展开强烈的谴责，甚至会进行"人肉"搜索活动，这是社会风险表达的极端性与情绪性的一种表现。

站在人因灾难事件社会风险事件曝光者、受害者的立场而言，其对风险事件进行描述时处于弱势方，因此可能在主观因素的影响下夸大受害的程度，而且放大某些细节，以引起社会其他群体的共鸣和支持，才能在一定程度上避免自己受到不公对待，这是人因灾难事件社会风险表达的极端性与情绪性的另外一个表现。

2. 人因灾难事件社会风险的演化逻辑

对人因灾难事件的社会风险点不能仅停留在分析和认识层面，而要从实践层面出发科学规划、因势利导、循序渐进地将其风险点各个击破，社会风险的演化逻辑是治理风险点的基础。

1）"传言"阶段——群体意识唤醒时期

在《现代社会心理学》当中，我国学者时蓉华[428]明确表示，"人们在无任何实质性依据的情况下依然选择进行传播的信息就称为传言"。人因灾难事件本身能引起社会公众的强烈反响，并形成风险场，现场群众是突发事件的当事人，是信息的主要来源，由于他们经历了整个事件，而且大多都是事件的受害者或旁观者，他们的反应普遍都是愤怒的或是同情的，他们会带着这样的情绪与其他人沟通、交流，导致传播出去的信息也带有此种情绪基调。事件的危害范围、核心信息源的可信度、出现时间、民众的共鸣程度及相关权力部门的态度共同决定了这种情绪基调。事件通常会在受害者和加害者有了明确的态度之后迅速发酵。

2）"流言"阶段——群体意识形成时期

群体开始就事件产生丰富的联想，风险初显，此时的信息传播方式以演讲为主，激愤的情绪占主导，传言开始演变成流言，此时的消息具有非官方、非正式、口头的特点，而且难以查明信息源，信息具有较强的不确定性。流言属于传言，二者传播信息的真实性是我们对其进行区分的主要依据；流言中的信息毫无依据而且不正确，但是传言中的信息可能有依据或无依据，真假参半，这是群体意识形成与定型的阶段。

此时已经出现了主流风险，信息源被牢牢掌控在网络大 V 手中，个体通过文字、口头传播等方式彼此作用和影响，然后在观点和看法上达成一致，形成同质性的关系网络，此时信息传播具有"流言不断升级，以讹传讹"的特点。

3）"谣言"阶段——群体应激行为时期

此时群体开始迫切地想要了解事件的原貌，而且开始关心政府会怎样处理相关谣言，其间可能还会出现暴力行为，社会公众的情绪十分激动。故意制造的传言或主观臆测的传言就是谣言，事件的模糊性和重要性相融合孕育了谣言，由此也可以知道，打败谣言的最佳办法就是明确灾情信息，避免其模糊，只要来龙去脉清楚了，谣言也就不攻自破。

谣言的传播始于发布者，这与一般信息的传播是完全相同的，不过大部分的方式都是隐蔽的，很少有公开的方式，因此破除谣言的关键就是要在海量信息的基础上，由第三方补充、论证谣言本身的漏洞，然后使之朝着明确的方向发展。只要社会上出现了谣言，就会引起人们的不同反应，进而使得风险的传播朝着更多方向发展，甚至陷入"循环反应"的怪圈，从而导致群体情绪的显著变化[429]。

3. 人因灾难事件社会风险的传播模式

在新媒体时代，社会风险不再满足传统传播模式，转而采取线上线下相结合的方式，其危害性、破坏性、影响力更大，严重危害新时代我国社会稳定和安全。

1）议题性质：形成社会风险的前提条件

就以往的经验分析，网民不可能对一切人因灾难事件展开讨论，人因灾难事件必须满足一定的条件才会引起社会公众的广泛讨论。

人因灾难事件要能够引起社会公众的共鸣，而且具有某种象征意义，一般只有充满公共性、抗争性、争议性才能做到这一点，这些事件就是"触发性事件"和"符号性事件"。这类人因灾难事件一般都直指社会制度弊端或长期存在的社会现象。网民在人因灾难事件发生后除了会产生疑虑之外，还会对现有社会及相关制度展开思考，审视其对错。例如，2019年3月21日的江苏响水化工厂爆炸事件就直指地方经济与环保不协调的矛盾，而非简单的重大安全事故，需要引起人们的反思。

在政府未加以限制的领域，充满了"触发性"和"符号性"的人因灾难事件会不断发酵，此时社会风险的发展趋势会因为传统媒体的介入而发生变化，各方利益冲突对事件结果的出现有着深远的影响。

2）主流媒体和自媒体协作：扩大社会风险影响的主要路径

主流媒体在融合媒体语境下会因为人因灾难事件主/客观因素的影响而失去引导"符号性事件"和"触发性事件"，以及议程设置的主导地位，社交媒体和自媒体因为技术赋权而成为产生社会风险的阵地，但人因灾难事件社会风险仍然会因为主流媒体尚具权威性和影响力而不断向前发展。

第一，人因灾难事件社会风险的信息以自媒体和社交媒体为源头。回顾过去的人因灾难事件社会风险，其议题的形成和信息的传播扩散都是社交媒体和自媒体一手主导的，指导其成为社会风险后，才被主流媒体报道。社交媒体和自媒体在具有争议性的事件面前发挥着补充信息空缺的作用，这种功能是其互动性、即时性、去中心性、开放性的特点所赋予的。在传播信息的过程中，主流媒体一般不会表现得过于主动，否则稍有闪失就会影响自己的专业性，只有当网络风险成为一种焦点，它们才会开始大量报道，此时事件的社会影响力也较最初增加了许多，社会和网络上已经充斥着各种各样的信息甚至是流言，主流媒体此时开始对事件的原貌进行描述，但是这个过程往往比较漫长。也就是说，主流媒体在社交媒体和自媒体连续播报信息的过程中还处于立场摇摆、分辨信息真伪的阶段。媒体格局因技术革命发生了天翻地覆的变化，社会开始重新分配话语权，社交媒体和自媒体在社会风险传播过程中的技术优势格外显著，包括信息实时互动、传播具有移动性、传播呈裂变式发展、内容精准分发、使用门槛低等，在发布和扩散信息方面有着主流媒体无法比拟的优越性。

第二，社交媒体和自媒体具有纠错和辟谣的作用。在社交媒体和自媒体刚刚问世时，社会风险尚未形成规范的秩序，加上网民对什么都感到新奇，缺乏辨别信息真伪的能力，网络暴力、群体极化、网络谣言的现象十分普遍。近年来，有关部门出台了对网络环境进行整顿的法律法规，在一定程度上改善了网民的媒介素养，网民自发纠错和辟谣的积极性大幅度提升，很多谣言不攻自破。另外，主流媒体与地方政府拥有相同的报道立场和态度，公众借助网络表达自己的诉求，民主性得到体现，主流媒体和网络媒体舆论场因为角色、立场的不同而开始出现一些分歧，网络舆论在社会公众不满情绪的刺激下演变成为社会风险。

3）议题发掘及真相追寻：维系社会风险热度和恒度的保证

人因灾难事件社会风险的影响力会因为其从虚拟的网络空间向现实人际传播中延伸而有所增加，当社会风险在现实社会产生影响力时，应该采取何种方式来对其引起的社会关注度进行维持，这是值得思考的问题。过去的人因灾难事件社会风险有着自己的生命周期，网民在不同阶段讨论的议题存在显著差异，一开始的触发性事件或议题仅仅是催化剂，当事件发生之后，会出现一系列议题，也会涌现不少爆料信息，加上还原事件原貌并不是一蹴而就的，网民的疑虑和好奇心驱使其一直关注议题，并且会以谣传、调查、爆料、围观的方式来满足自己对信息的渴求。在人因灾难事件原貌未展现出来之前，网络舆情的热度会持续升高，产生社会风险的概率越来越大，只有当人因灾难事件原貌开始清晰，或是舆论回归平静时，社会风险才会慢慢平息下来。

不难发现，还原人因灾难事件原貌及延伸议题是维持社会风险事件热度和恒度的重要手段，需要指出的是，普通网民在融合媒体语境下会表现出探究真相和挖掘议题的强烈愿望。公众体验信息的方式会随着媒体融合的纵深发展而发生天翻地覆的变化，网民也会运用不同的方式来挖掘有用的信息，还原事件原貌，按照自己的偏好搜索信息。

不仅如此，根据李普曼的拟态环境理论，不难发现，媒体的发展使得社会公众过分依赖媒体，基于媒体而形成的拟态环境会对社会公众造成影响，使得公众模糊了虚拟的网络环境和真实的社会环境的界限。环境的这种拟态化因为融合媒体的发展而更为明显，面对此种情形，公众会因为网络拟态环境中的议题而产生强烈的同情心和同理心，这样公众就会在传媒的驱使下开始还原事件的原貌，并对政府、涉事方或媒体未报道出来的信息进行填补。不仅如此，在拟态环境中的事件达到一定程度之后，网络中的情绪也会对受众真实情感造成一定的影响，这些复杂的情绪交织在一起，无形中增加了人因灾难事件社会风险演变趋势的不确定性。

4）风险压力和抗争行动：促使政府或涉事方回应民意的主要动力

当政府、涉事方或媒体没有及时回应时，网民就会自发地对信息缺口进行补充，这是网民消除信息差、解决信息真空问题的一种手段。不少社会风险事件，特别是牵扯到政府与公众关系的事件，公众都会以社会风险的方式向政府施压，迫使其采取行动，保证信息的透明度。

一般而言，当人因灾难事件发生之后，其成为焦点议题后就会成为风险压力，不少地方政府迫于此种压力都会出面进行回应，但是无视民意的地方政府也存在，它们一般会消极应对。此时网民就会在网上进行动员，或是联合线下的民众不断提升舆论的热度，使之转变成为风险危机，为了使相关部门出面应对，他们可能会采取暴力打砸、散布流言、传播谣言、黑客攻击、曝光黑幕、"人肉"搜索等手段来表达自己的诉求，有时甚至会直接提供意见。以2016年的于欢案为例，网民的情绪因《刺死辱母者》文章的发表而被瞬间引爆，社会风险对司法审判造成了严重的影响，对法院判决造成了压力；2017年日本留学生江歌遇害案，网民对事件的目击者展开了"人肉"搜索[430]。

4. 人因灾难事件风险的演化规律

普列汉诺夫曾说过："社会公众意见和人类社会的意见发展都是有规律可循的，二者有许多相似之处。"在人人都能联网的当今，人因灾难事件发生之后，公众越来越喜欢将自己的诉求、意见和观点通过网络表达出来，这样一来，人因灾难事件社会风险就成为一种常态化的现象，随着时间的推移，这种事件当中的不确定性也会越来越明显。但是，从某种角度来看，人因灾难事件社会风险自出现到平息之日都是处于变化状态的，并非一成不变。

在自媒体传播信息的过程中，人因灾难事件社会风险是一个流动的过程，因为每时每刻都会有新的风险和信息出现。有学者认为社会风险的出现要经历八个阶段，即引发期、酝酿期、发展期、发生期、高潮期、平息期、处理期、反馈期；也有学者认为在"蝴蝶效应"的影响之下，社会风险会经历六个时期，即显现期、成长期、演变期、爆发期、降温器、长尾期，或者也可将六个时期合并，归结为社会风险会经历发展期、扩散期和平稳期三个时期[431]。

因此，人因灾难事件社会风险的形成主要经历如下阶段。

第一阶段，网络中会出现基于人因灾难事件社会风险的热点话题，可能传统媒体已经对这些人因灾难事件的焦点话题进行了报道，但是网络媒体会挖掘那些尚未被发现或是突然之间出现的灾情信息，并且呈现在广大网民面前。

第二阶段，网络意见和言论的整合。网民会就当前的人因灾难事件和网络焦点话题发表不同的观点、看法，通过转载、跟帖的方式来实现网络意见和言论的整合。

第三阶段，社会风险集中爆发。当网络上开始出现不同的言论之后，其汇聚在一起就会形成一个主流观点，此观点会覆盖少数人的观点，导致少数人的声音无法被听见。此时，如果人因灾难事件和热点话题朝着比较敏感的方向发展，最后就会酝酿成社会风险。

## 8.2　风险主体分析

在人因灾难事件社会风险传播过程中，政府、媒体和公众扮演着不同的角色，角色分工的不同导致其拥有不同的互动方式、话语权和合作方式。

### 8.2.1　主体特征分析

公众、媒体和政府是人因灾难事件社会风险传播系统中的三大主要利益主体，下面分析三大主体在人因灾难事件社会风险中的特征。

#### 1. 公众

在人因灾难事件社会风险当中，公众处于主体地位。从某种角度来看，在人因灾难事件当中，公众是直接利益相关者，他们渴望知道事件的真相，而且希望得到的信息都是自己所需的。在传统媒体背景下，政府发布的信息或媒体的报道是公众的主要信息来源。但是，随着网络技术的进步，公众因为网络传媒的特征而获得了更多话语空间，而且社会公众可以通过网络打破时间和空间的限制进行沟通，共享信息，这加速了人因灾难事件网络言论的传播速度。发生人因灾难事件之后，事件的当事人会将自己当时的所感、所想及所搜集到的信息通过网络媒体进行发布，就人因灾难事件传播的角度进行分析，具有草根化、分权化、多元化特点的公众将自己的想法和观点表达出来之后，增加了话题议程设置的难度，也给政府治理人因灾难事件社会风险增加了工作量。

在人因灾难事件社会风险中，公众的言行就相当于"催化剂"般的存在，公众是社会风险传播系统中最庞大的一个群体，风险的爆发很多时候都是由其催化产生的。当社会风险发生之后，公众会利用微信、QQ、微博等平台表达自己的诉求、意见和观点，社会公众利用网络平台的开放性畅所欲言，他们发表的观点和看法也因为自己知识、年龄、立场、专业性的不同而异，这些都会在潜移默化中影响社会风险的演化。这就越发凸显了政府和网络大V对社会风险进行治理和干预的重要性，否则社会风险可能会朝着无序的方向发展。

2. 媒体

作为传播信息的一种渠道，网络媒体与传统的广播、报纸、电视等媒体并无明显的不同，它们都是传播信息、交流信息的纽带，媒体则直接参与网络信息的产生与传递，是各种风险事件的主阵地，在治理社会风险方面，媒体发挥着无法替代的作用。

媒体在人因灾难事件社会风险中主要发挥传播作用。媒体报道能够催生社会话题，在孕育社会风险的过程中占据着举足轻重的地位，传统媒体与网络媒体在融媒体时代背景下起到了传播和发展风险的作用，互联网使得网络媒体成为大众获取信息的窗口，而且也加速了灾情信息的传播深度和广度。网络媒体对于传播和发展社会风险而言意义重大，这是传统媒体所不具备的优势，社会风险在传统媒体和网络媒体的双重作用下加速形成和发展。

3. 政府

人因灾难事件社会风险是一种特殊的风险形式。人因灾难事件社会风险会在人因灾难事件发生不久之后处于一种不受监管和引导的状态，这是信息不对称导致的，此时网民可以自由地在论坛、平台上表达自己的诉求、观点和意见，以达到宣泄情感、表达情绪的目的，也正是因为存在这样一个监管的真空期，一些别有用心的人就会诱导网民发表一些愤怒、敏感、激动的言论，使得政府难以按照预期的计划监控和管理人因灾难事件社会风险，导致事件朝着不可控的方向发展。社会风险监测单位没有处置权，需要层层上报。社会风险工作涉及当事部门与主管部门的协调联动，在当前行政主导的纵向机制下，社会风险处置必然滞后。这在一定程度下使得政府治理的反应远远落后于风险形势的发展。

在人因灾难事件社会风险当中，政府在公共危机沟通中应该充分了解社会风险的形成和发展过程，通过监督与引导，使之朝着积极、正向的方向发展，并最终消除社会风险。在管理公共危机的过程中，政府占据着主导地位，其应该充分发挥在公共危机沟通中的媒介作用，严格按照法律法规来规制媒体报道新闻的行为和态度，这样才能发挥风险对社会的推动作用，同时也能约束媒体，避免其为了流量和点击率而进行不实报道，这也是真正贯彻和落实相关风险政策的必由之路，是保证灾难事件社会风险处理效果的方法。在重大自然灾难事件社会风险发生之后，如果政府要充分了解民意，就必须科学、合理地配置媒体软资源[432]。

### 8.2.2 主体行为方式

公众的网络行为是人因灾难事件社会风险中催生民间舆论场的中坚力量，它能使人因灾难事件社会风险备受关注且朝着影响力更强的方向发展。公众舆论场通常基于如下三种方式形成：一是从众效应。从众心理是大部分公众都具备的一种特征，只要出现人因灾难事件，无论事件是何种类型、真相如何，社会公众都会不约而同地被吸引，主动去关注事件，并且还会附和某些言论，或是不假思索地发表自己的言论和看法，风险就是在此过程中产生的。二是眼球效应。人因灾难事件当中，能形成社会风险的人因灾难事件通常具有敏感性、吸睛的特点，否则无法吸引公众的注意。三是操纵效应。在网络舆论场当中，公众的风险导向与生活中的舆论场反应是两个概念，网络上的风险有"网络推手"和"网络领袖"在背后推波助澜，其观点很容易得到普通网民的支持和认可，这种意见集群化的现象很容易催生社会风险。

研究显示，现实社会和虚拟的网络空间并不是独立存在的，二者虽然有着清晰的界限，但是处于一种彼此影响、交错互动的状态。人因灾难事件出现之后，现实社会当中的社会风险和社会矛盾很容易引发网络上的社会风险。通常而言，社会公众和网民参与社会舆论的热度与人因灾难事件的影响力和危害呈正相关关系，换言之，如果人因灾难事件潜藏着巨大的社会矛盾，那么其引起热议并发展成为社会风险的可能性就大。结合现有资料分析，不少事件都是因为社会风险不断积累到一定程度之后才爆发出来的，其本身并不具备人因灾难事件的属性，如贫富差距过大、城乡地区不平衡、阶级矛盾等，这些矛盾长期潜藏在社会实践当中，一旦被媒体挖掘出来，成为公共突发事件之后，网民就会利用自媒体将自己对这些社会现象的不满表达出来，加上自媒体挖掘信息的能力出众，风险的形成十分迅速。

同时，网络"水军"和网络大 V 也会利用自己的影响力和号召力表达自己鲜明的观点和看法，引起网络受众的追随和热捧，利益相关者关于突发社会风险在自媒体中的传播演化的看法是构建现实深层矛盾和虚拟网络空间互动共振模型的重中之重，我们可以将之理解为网络社会风险和现实社会风险交织在一起共同作用下的结果，事件在虚拟和现实元素的双重影响下不断扩大，使得现实社会中矛盾的负面性显现得淋漓尽致，随着时间的推移，结构性差距、阶级固化、城乡差距、拜金主义等社会矛盾达到不可调和的地步之后，只要出现人因灾难事件，再经过媒体的不断传播，就会迅速形成虚拟网络社会事件，加上网络世界不受时间、空间因素的束缚，网民可以在其中畅所欲言，这样一来，人因灾难事件就会朝着越来越难以控制的方向发展，从而改变了人因灾难事件的属性，并会产生无限放大现实社会矛盾和社会风险的衍生效果[433]。

社会风险的非理性与政府公共秩序要求背道而驰，还会在无形中扰乱正常的社会秩序，这就要求政府有目的地干预和引导这些非理性的言论行为。一方面，政府应该减小控制舆论的力度，对社会公民的言行权利自由予以尊重，使得公众对言行权利自由的需求得以满足；另一方面，要监督和控制好非主流或非理性的风险，以彰显"媒介审判"的客观公正性，具体而言，就是要把握好干预的度。政府在对人因灾难事件社会风险进行应对的过程中应该懂得平衡言行权利自由与非理性风险的抑制，这样才能在体现政府风险管理主导权的同时满足公众利益需求。社会风险中各主体行为方式如图 8.1 所示。

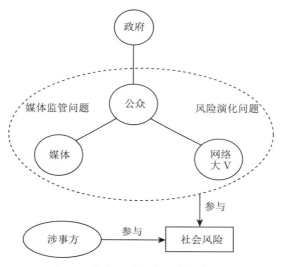

图 8.1　社会风险中各主体行为方式

### 8.2.3　主体交互关系

社会风险演化过程中，作为相关利益主体的涉事方先利用媒体的力量对社会风险进行引导，社会风险进入萌芽阶段后，会因为参与讨论的民众越来越多而进入发展期，此时政府必须通过发布权威信息来进行管控，引导风险，使得风险逐渐平息。

主流媒体与地方政府有着相同的报道立场和角度，网络信息传播反映出公众的真实想法，体现出民粹主义思想。主流媒体和网络媒体风险场因为角色、立场的不同而存在明显的分歧，网络风险会在公众对地方政府的质疑和不满下而不断发酵、升级。最后，主流媒体的报道倾向人际传播，使得社会风险扩散速度加快，放大了社会风险的影响力。尽管很多时候都是社会风险形成后主流媒体才着手调查和报道的，但主流媒体的地位仍然是不可撼动的，其报道的内容依旧具有极强的权威性。不仅如此，美国社会学家拉扎斯菲尔德认为，舆论领袖在大众媒体传播信息的过程中充当着中介人的角色，这是其"两级传播理论"和"多级传播理论"的主要内容，离开了舆论领袖的支撑，信息就无法朝下传播。在人因灾难事件处理中，一般都是先由主流媒体发布信息，然后社会风险在网络大 V 和公众人际网络的传播下拥有巨大的影响力，从而使得其升级成为社会公共事件。

政府、媒体、公众三者都是在社会风险治理中起到关键作用的主体。它们各自通过完成自身职责，并有效发挥对于其他主体的影响，让社会风险治理体系能够解决各类社会风险问题(图 8.2)。

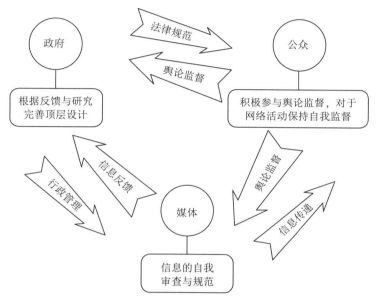

图 8.2　三大主体的职责及相关关系

社会风险治理的关键在于疏导，采取强制手段来压制人因灾难事件的信息传播会引起群众的不满和疑虑，使得社会风险朝着更加不稳定的方向发展，我国近年来发生的恶性群体事件几乎都存在这种现象。公众作为人因灾难事件的"受害者"，难免会产生一些非理性的负面情绪，如恐惧、焦虑、紧张。政府面对此种情形应该及时公开信息，加强媒体合作，平息公众的不良情绪，这样才能消除公众对政府的不满和排斥，社会风险才会慢慢平息。滥用公权力或是不考虑实际可能会导致社会风险朝着不可控的方向发展。风险主体关系如图 8.3 所示。

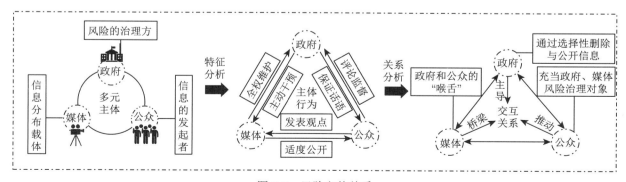

图 8.3　风险主体关系

## 8.3 动力系统建模

本节针对人因灾难事件社会风险的特点，分析其影响因素，运用微分动力系统进行建模分析。

通过人因灾难事件社会风险的特征和主体交互关系的分析可见，自然灾难事件可能会有一些预兆，技术灾难事件严格来说是可控的，而人因灾难事件是不可控且难以预见的。人因灾难事件会让公众更有卷入感，公众通常认为人因灾难事件有发生在每一个人身上的可能，公众易产生从众行为和焦虑感。本书筛选出可能对社会风险的扩散造成影响的一些因素，具体如下。

1. 卷入感

卷入感是指个体因他人所处情境而联想到如果自己身处同样的情境而产生的一种情绪。在这种情绪下，个体将自己代入灾难环境中，积极关注和传播与灾难事件有关的信息，以求得到心理的安慰，如温州动车事故中号召积极献血的微博在短时间内被不断阅读和转发。卷入感通常与灾难事件和个体自身利益的关联程度有关。

2. 公民责任感

社会安全关系到公民的日常生活，公民通常认为自己有责任为维护民生安全做出自己的贡献。因此，公民在符合应有身份和角色的条件下，对他人、社会、组织做出应答。突发事件一方面对受灾人群发生直接作用，另一方面也会对全社会公民产生影响，促使公民关注事件进展状况。

3. 从众心理

突发事件发生后，社会风险的传播速度非常快，网民往往在了解真相之前就被众多信息包围，因而在短时间做出的判断跟周围群体的观点有很大关系，在进行观点选择时会"随大流"，就像跟在羊群后面的一只"羊"。在人因灾难事件中，从众行为越发明显，因为社会安全关系到每一个人的日常生活，人们接收到信息后，往往采取"宁可信其有，不可信其无"的态度，从而使得信息得到广泛的转发和传播。

## 8.4 风险演化模型

为了分析人因灾难事件社会风险的演化，结合疾病传播方面学者的成果，类似地将社会风险传播中的群体分为四个类型，分别是不知者 $S(t)$、潜伏者 $E(t)$、传播者 $I(t)$ 和抑制者 $R(t)$。

根据上文分析，社会灾难事件社会风险的传播受到卷入感、公民责任感和从众心理的影响，下面分析在模型中上述三个因素对社会灾难事件社会风险影响的具体表达。

由于人因灾难事件往往关系到民生问题，越是与人们的日常生活密切相关，越能引起人们的共鸣和代入感，人们对与灾难事件相关的灾情信息就越关注，这种高关注度会增加人们获知信息的概率。同时，人因灾难事件能激发人们的公民责任感，使得人们更关注灾难事件并传播与之相关的信息。因此，网民获知到某一人因灾难事件灾情信息的概率主要受三个方面因素的影响，即网民间的接触率、卷入程度和公民责任感程度。

设个体从不知者转换为灾情信息传播者的概率，即获知灾情信息的概率为 $b$，为了体现接触率、卷入程度和公民责任感程度对此参数的影响，同时把这种影响程度规范化在 $[0,1]$，根据以上分析，建立函数表示出这三个因素对传播转化率的影响，由此建立以下函数关系：

$$b = \lambda(i + r)$$

其中，$\lambda$ 表示网民间的接触率；$i$ 表示卷入程度；$r$ 表示公民责任感程度。其量化后均为非负数。

关于从众心理对社会风险传播的影响，我们将采用以下方法描述这种现象。首先，对于尚不知道灾情信息的不知者，在接触到信息后，个体最终可能成为潜伏者、传播者或者抑制者。由于从众心理，新个体很可能会跟随有更多人的群体。这样的话，群体会因为本身有更多的人而产生更大的群体效应。因此群体本身拥有的人数影响到群体的发展强大。基于这一事实，群体 $x$ 中增加的个体数为 $f(x)x$，其中 $f(x)$ 是关于群体 $x$ 的函数。这个函数可以用来测量 $x$ 的影响。因此，在从众心理影响下，$f_1(E)E$ 反映了潜伏者组增加的个体数，$f_2(I)I$ 反映了传播者群体增加的个体数，$f_3(R)R$ 反映了抑制者群体增加的个体数。

基于以上分析，在人因灾难事件社会风险传播模型中，各类网民之间的转换关系如图 8.4 所示，系统中参数的定义和含义如表 8.1 所示。

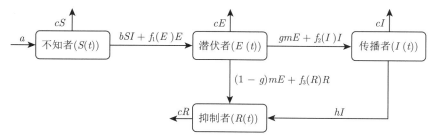

图 8.4　各类网民之间的转换关系

**表 8.1　参数的定义和含义**

| 参数 | 参数定义 | 参数含义 |
| --- | --- | --- |
| $a$ | 移入率 | 单位时间内进入虚拟社区的人数所占比例 |
| $\lambda$ | 接触率 | 单位时间内不知者与传播者接触到的概率 |
| $i$ | 卷入程度 | 人因灾难事件发生后，公众卷入感的量化值 |
| $r$ | 公民责任感程度 | 人因灾难事件发生后，公众公民责任感的量化值 |
| $b$ | 获知率 | 单位时间内不知者与传播者接触获得风险信息的概率 |
| $c$ | 移出率 | 单位时间内移出虚拟社区的人数所占比例 |
| $m$ | 潜伏者转化率 | 接触到风险的潜伏者转化状态中传播或者抑制该风险的概率 |
| $g$ | 传播转化率 | 接触到风险的潜伏者转化状态中相信并传播该风险的概率 |
| $h$ | 直接免疫率 | 传播风险的网民不相信、不传播该风险的概率 |

根据系统动力学建模思想，可以建立如下的人因灾难社会风险传播模型：

$$\begin{cases} \dfrac{\mathrm{d}S}{\mathrm{d}t} = a - \lambda(i+r)SI - cS \\[2mm] \dfrac{\mathrm{d}E}{\mathrm{d}t} = bSI + f_1(E)E - mE - cE \\[2mm] \dfrac{\mathrm{d}I}{\mathrm{d}t} = gmE + f_2(I)I - hI - cI \\[2mm] \dfrac{\mathrm{d}R}{\mathrm{d}t} = (1-g)mE + f_3(R)R + hI - cR \end{cases} \tag{8.1}$$

其中，参数 $a$、$b$、$c$、$m$、$g$、$h$ 均为非负参数，且小于等于 $1$。为了分析模型，我们需要知道函数 $f(\cdot)$ 的具体表达式，但 $f(\cdot)$ 是隐函数，因此我们考虑把它们放在点 $x=0$ 处做泰勒展开，有

$$f(x) = f(0) + f'(0)x + \cdots + \frac{f^{(n)}(0)}{n!}x^n + o(x^n)$$

为了简化运算，我们仅仅保留泰勒展开式的线性部分，故

$$f_1(E) = f_1(0) + f_1{}'(0)E = a_0 + a_1 E$$
$$f_2(I) = f_2(0) + f_2{}'(0)I = b_0 + b_1 I$$
$$f_3(R) = f_3(0) + f_3{}'(0)R = c_0 + c_1 R$$

因此，模型（8.1）改写为

$$
\begin{cases}
\dfrac{\mathrm{d}S}{\mathrm{d}t} = a - bSI - cS \\[2mm]
\dfrac{\mathrm{d}E}{\mathrm{d}t} = bSI + (a_0 + a_1 E)E - mE - cE \\[2mm]
\dfrac{\mathrm{d}I}{\mathrm{d}t} = gmE + (b_0 + b_1 I)I - hI - cI \\[2mm]
\dfrac{\mathrm{d}R}{\mathrm{d}t} = (1-g)mE + (c_0 + c_1 R)R + hI - cR
\end{cases}
\tag{8.2}
$$

根据参数的定义，参数 $a_0$、$b_0$、$c_0$、$a_1$、$b_1$、$c_1$ 均为非负参数。

### 8.4.1 系统的稳定性

下面计算系统的平衡点并证明其稳定性。

1. 系统的平衡点

在系统（8.2）中令四个方程的右边等于零，可得

$$
\begin{cases}
a - bSI - cS = 0 \\
bSI + (a_0 + a_1 E)E - mE - cE = 0 \\
gmE + (b_0 + b_1 I)I - hI - cI = 0 \\
(1-g)mE + (c_0 + c_1 R)R + hI - cR = 0
\end{cases}
$$

可得两类平衡点：

（1）零传播平衡点。当潜伏者和传播者都为 0 时，系统中也就不存在风险传播。这样的点称为零传播平衡点，显然 $p_0 = \left(\dfrac{a}{c}, 0, 0, 0\right)$ 均为模型的零传播平衡点。

（2）内部传播平衡点。对上述方程组可用Matlab软件解出非零传播平衡点 $p^*(S^*, E^*, I^*, R^*)$，由于其表达式较复杂，这里不一一列出。

2. 传播阈值

由计算传播阈值的下一代矩阵方法，将系统（8.2）右边分成两个部分：

$$
\mathcal{F} = \begin{pmatrix} 0 \\ bSI \\ 0 \\ 0 \end{pmatrix}
\qquad
\mathcal{V} = \begin{pmatrix} -a + bSI + cS \\ -(a_0 + a_1 E)E + mE + cE \\ -(b_0 + b_1 I)I - gmE + hI + cI \\ -(c_0 + c_1 R)R - (1-g)mE - hI + cR \end{pmatrix}
$$

因为在该系统中听过灾情信息打算传播或者正在传播的人群是潜伏者和传播者，所以只取 $\mathcal{F}$ 和 $\mathcal{V}$ 中对应于这两个类的两行，分别对 $E$ 和 $I$ 求偏导，并将 $p_0 = \left(\dfrac{a}{c}, 0, 0, 0\right)$ 代入，可得

$$
F = \begin{pmatrix} 0 & \dfrac{ab}{c} \\ 0 & 0 \end{pmatrix}
\qquad
V = \begin{pmatrix} -a_0 + m + c & 0 \\ -gm & -b_0 + h + c \end{pmatrix}
$$

$$
\begin{aligned}
FV^{-1} &= \frac{1}{(m + c - a_0)(h + c - b_0)} \begin{pmatrix} 0 & \dfrac{ab}{c} \\ 0 & 0 \end{pmatrix} \begin{pmatrix} h + c - b_0 & 0 \\ gm & m + c - a_0 \end{pmatrix} \\
&= \frac{1}{c(m + c - a_0)(h + c - b_0)} \begin{pmatrix} \dfrac{abgm}{c} & \dfrac{ab(m + c - a_0)}{c} \\ 0 & 0 \end{pmatrix}
\end{aligned}
$$

故传播阈值 $R_0 = \rho(FV^{-1}) = \dfrac{abgm}{c(m+c-a_0)(h+c-b_0)}$。当 $R_0 \leqslant 1$ 时，系统只有零传播平衡点，此时系统中的灾难信息随着时间演化而淡出网民的视野。当 $R_0 > 1$ 时，模型将存在内部传播平衡点，若不加以导控，任灾情信息传播发展，舆情就会在系统中大面积爆发，随之引发大量的社会风险。下面分析 $R_0$ 在不同范围时平衡点的稳定性。

**定理 8.1** 当 $0 < R_0 < 1$ 时，系统（8.2）的平衡点 $p_0 = \left(\dfrac{a}{c}, 0, 0, 0\right)$ 在可行域 $A$ 内是局部渐近稳定的。具体证明见附录 B。

当 $R_0 > 1$ 时，系统（8.2）存在的唯一正平衡点 $p^*(S^*, E^*, I^*)$ 是不稳定的。$p^*$ 的稳定性没有得到理论证明，但图 8.5 模拟了系统（8.2）的 $p^*$ 在 $R_0 > 1$ 时的情况。通过仿真分析可以看出，初值的微小变化，让对应的解产生了明显的变化，说明非零传播平衡点 $p^*$ 不稳定。因此，在一个给定的传播体系中，如果存在传播者，传播者的数量将永远不会处于一个稳定的状态，即使系统达到稳定，平衡系统也很容易被破坏。

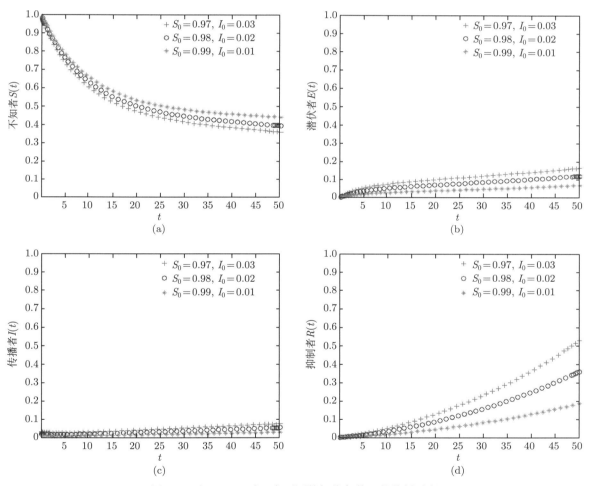

图 8.5 当 $R_0 > 1$ 时，在不同的初值条件下的传播过程

### 8.4.2 模型仿真分析

为了验证模型及平衡点的稳定性等理论推导的正确性，本章运用 Matlab R2012a，对所建立的人因灾难事件社会风险传播模型进行仿真分析。实验主要针对模型中参数对风险传播和系统稳定性的影响进行模拟验证。在仿真中，取种群移入率 $a = 0.05$，初始时刻各状态网民的比例为 $S_0 = 0.98$，

$E_0 = 0$，$I_0 = 0.02$，$R_0 = 0$。表 8.2 为模型参数设置方案，对灾情信息传播进行数值仿真，从实验结果可以观测到各类网民比例在不同方案下随时间变化的轨线。

**表 8.2　模型参数设置方案**

| 方案 | $b$ | $g$ | $m$ | $h$ | $c$ | $a_0$ | $b_0$ | $R_0$ |
|---|---|---|---|---|---|---|---|---|
| （一） | 0.5 | 0.5 | 0.6 | 0.1 | 0.1 | 0.1 | 0.1 | 2 > 1 |
| （二） | 0.6 | 0.5 | 0.1 | 0.1 | 0.1 | 0.1 | 0.1 | 1.5 > 1 |
| （三） | 0.2 | 0.3 | 0.6 | 0.1 | 0.1 | 0.1 | 0.1 | 0.3 < 1 |

　　图 8.6 表示的是三种方案对四类群体的影响对比。由图 8.6 可以看出，当 $R_0$ 小于 1 时，潜伏者的密度出现一个小高峰后开始减小，并随着时间的增加逐渐趋于 0；而传播者的密度从一开始就减小，慢慢减小逐渐趋于 0，没有出现任何增加；不知者的密度减小得很缓慢，最后逐渐趋于一个恒定的常数；抑制者的密度有很少的增加，这是因为系统中存在的传播者和潜伏者使得抑制者不再为 0。当 $R_0$ 大于 1 时，取 1.5 和 2.0 的时候，不知者的密度有明显的减小，潜伏者、传播者和抑制者有很明显的增加，尤其是 $R_0=2.0$ 时，在时间足够长的情况下，四类群体的密度随时间逐渐趋于平衡点 $p^*$。说明当 $R_0$ 大于 1 时，不受外力的影响下，信息传播是不会自然消亡的。对照方案（一）和方案（二），方案（二）中传播者的密度远大于方案（一）且影响的人更多，说明传播阈值越大，社会风险的影响力越大。

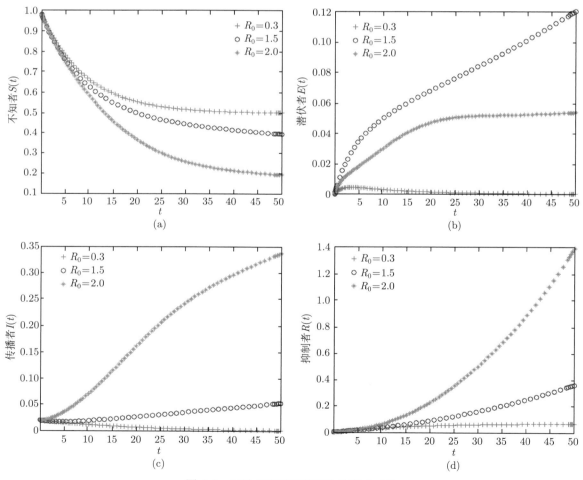

图 8.6　三种方案对四类群体的影响对比

图 8.7 反映了参数 $b$ 对灾情信息传播的影响，参数 $b$ 涉及网民间的接触率、卷入感、公民责任感，其中 $b$ 的取值分别为 0.1、0.3、0.6。随着参数 $b$ 值的增加，四类群体的密度都发生了显著的变化，不知者的密度减小得更快，潜伏者和传播者增加得很快。总的来说，随着参数 $b$ 值的增加，灾情信息的规模逐渐变大，四类群体的密度变化速度更快。这说明 $b$ 的变化能够直接影响社会风险的传播规模和传播速度。网民间的接触率高、卷入感高和公民责任感强会直接导致参数 $b$ 值的增加，也就增加了不知者获知灾情信息的概率，使得更多的不知者转化为潜伏者，从而也间接增加了传播者的数量。由于从众心理，群体本身数量大，那么也就会使得全体人员数量变得更大，传播者和潜伏者数量增长就会很大。因此，从现实的角度分析，网络社交媒体基于线上社会关系，形成前所未有的用户关系网，加上从众心理和公民责任感的影响，推动了灾难事件社会风险的扩散，新媒体信息时代的复杂性给社会风险的导控带来挑战，同时也提供机遇。

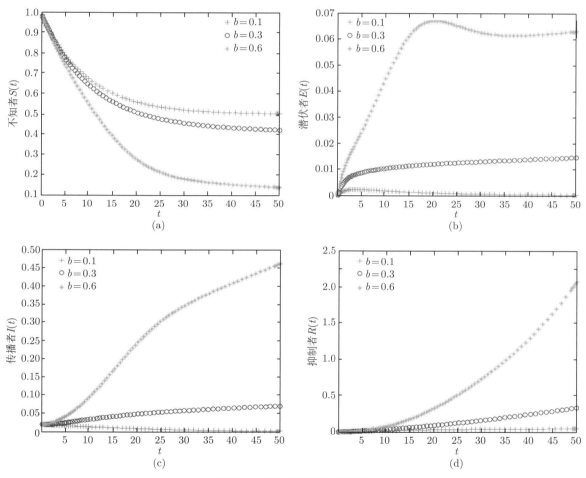

图 8.7　参数 $b$ 值变化的影响

图 8.8 反映了参数 $a_0$、$b_0$ 变化对传播者密度的影响，参数 $a_0$ 是潜伏者从众心理线性函数的系数。由传播阈值表达式可知，$a_0$ 增大会使得传播阈值增大，直接导致传播者的密度增大。传播阈值的增加使得传播概率增加，$a_0$ 越大，潜伏者从众心理函数系数越大，潜伏者的密度增大越迅速，从而转化为传播者和抑制者的密度也就越大，由于从众心理，更多的用户变为传播者和抑制者。参数 $b_0$ 是传播者从众心理线性函数的系数，同样地，由传播阈值表达式可知，$b_0$ 增大会使得传播阈值增大，直接导致传播者的密度增大。从图 8.8 可以看到，传播者的密度对 $b_0$ 的变化更敏感，这是因为 $b_0$ 直接增大了传

播者的从众心理的传播概率，使得传播者的密度呈直线增长，传播者密度的迅速增大使得不知者、潜伏者和抑制者的密度也迅速增大。因此，随着从众心理函数系数的增加，传播者的密度迅速增大，加快了风险的传播速度，增大了传播规模，且传播者从众心理函数系数 $b_0$ 对社会风险传播的影响更大。

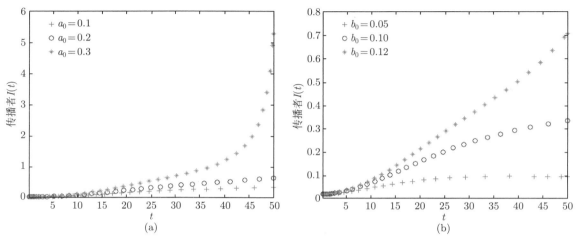

图 8.8　参数 $a_0$、$b_0$ 变化对传播者密度的影响

### 8.4.3　案例拟合分析

为了证明本章模型的现实意义，下面将模型应用到案例"5·22 大连轿车撞人逃逸事件"，并说明模型的有效性。

1. 事件概述

2021 年 5 月 22 日 12 时左右，辽宁大连劳动公园附近道路突发一起严重的交通事故，一辆黑色轿车撞击多人，造成 4 人当场死亡，1 人经送医抢救无效死亡，5 人受伤。2021 年 5 月 22 日 13 时，大连市公安局相关部门立即启动应急预案开展工作，肇事逃逸驾驶人刘某被抓获。2021 年 5 月 23 日，大连市人民政府新闻办公室举行发布会通报"5·22 大连轿车撞人逃逸事件"有关情况。大连市公安局副局长通报称，经检验鉴定，排除犯罪嫌疑人刘某酒驾醉驾、服用精神类药物和精神病史嫌疑，其作案时头脑清楚，思路清晰，选择作案地点目标明确；肇事者刘某因无法接受投资失败，对生活失去信心，从而产生报复社会行为。据大连检察微信公众号消息，2021 年 5 月 26 日，大连市检察机关依法以涉嫌以危险方法危害公共安全罪对犯罪嫌疑人刘某批准逮捕。

本章以"5·22 大连轿车撞人逃逸事件"为例，通过分析这一事件社会风险演化过程中呈现出的传播特点、社会风险的生成与表达等基本内容，来探究该类事件往往会导致怎样的风险危机，以期对该类事件所产生的风险问题形成具有一般规律性的认识及反思性的总结建议。

"5·22 大连轿车撞人逃逸事件"在网络中引发了极大的舆论震动，2021 年 5 月 22 日中午时分，多位网友视频爆料在大连劳动公园北门发生严重车祸，紧接着当地的一些自媒体大 V 纷纷转发传播，"大连劳动公园门前一车撞飞多人""大连劳动公园车祸"等热搜话题开始形成。整个舆情信息对肇事者表示愤怒情绪是主要基调，5 月 23 日"大连轿车撞人逃逸肇事者系报复社会"这一话题即时形成，网络传播热度呈现出井喷的爆发之势，推动着此次人因灾难事件社会风险向传播高峰发展。

通过对事件过程的梳理，对社会风险扩散造成影响的因素分析如下。

1）卷入感

该事件中肇事者的行为严重危害公共安全。网友用视频形式爆料了这场严重车祸的录像，视频给人带来了强烈的直观感受，且现场非常惨烈，场景冲击力很强，并且事发地段是大连市中心重要商圈，人们容易联想到如果自己外出遭遇随时可能发生的蓄意车祸而将自己代入灾难环境中，因此会积极关注和传播与灾难事件有关的信息。

2）公民责任感

该事件是典型的危害社会公共安全的事件，公共安全关系到公众的日常生活，因此通过该事件人们认为自己有责任为维护社会安全做出自己的贡献。因此，网民利用社交网络对肇事者进行声讨，呼吁从重处理肇事者，促使公众关注事件进展状况且参与灾情信息的讨论和传播。

3）从众心理

该事件为意外突发事件，在实际原因调查清楚前，容易引发网络舆论的各类猜想，对未知的好奇使得事件的网络传播热度高涨。在该事件中，案件未明朗之际，网络上对肇事者动机存在诸如酒驾、刹车失灵、毒驾、身体突发疾病等一系列猜想，许多人跟随这些观点，热烈地讨论并传播这种观点，成为羊群中的一只"羊"。

2. 仿真分析

为了研究"5·22 大连轿车撞人逃逸事件"社会风险的传播特点与传播规律，本书通过在新浪微博上爬取网络数据，以验证模型的有效性。我们以"大连车祸"和"大连撞人"作为关键词爬取 5 月 21 日至 6 月 10 日的微博数据，共收集到微博数据 26 357 条。收集的数据主要包括用户昵称、用户ID、用户的转发时间及转发内容。根据数据统计出每天的微博数，见表 8.3。最后以时间为横坐标，以每天的微博数为纵坐标，绘制该事件微博数随时间的变化情况，如图 8.9 所示。

表 8.3　2021年5月21至6月10日每天的微博数

| 时间 | 微博数/条 | 时间 | 微博数/条 | 时间 | 微博数/条 |
|---|---|---|---|---|---|
| 5 月 21 日 | 0 | 5 月 28 日 | 187 | 6 月 4 日 | 35 |
| 5 月 22 日 | 8 112 | 5 月 29 日 | 814 | 6 月 5 日 | 86 |
| 5 月 23 日 | 10 494 | 5 月 30 日 | 1 200 | 6 月 6 日 | 75 |
| 5 月 24 日 | 2 007 | 5 月 31 日 | 173 | 6 月 7 日 | 89 |
| 5 月 25 日 | 529 | 6 月 1 日 | 59 | 6 月 8 日 | 60 |
| 5 月 26 日 | 358 | 6 月 2 日 | 36 | 6 月 9 日 | 63 |
| 5 月 27 日 | 1 915 | 6 月 3 日 | 29 | 6 月 10 日 | 36 |

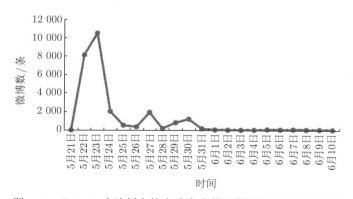

图 8.9　"5·22 大连轿车撞人逃逸事件"微博数随时间的变化

结合实际情况，图 8.9 的走势可以得到合理的解释。2021 年 5 月 22 日中午时分，多位网友视频爆料在大连劳动公园北门发生严重车祸，紧接着当地的一些自媒体大 V 纷纷转发传播，"大连劳动公园门前一车撞飞多人""大连劳动公园车祸"等热搜话题开始形成，但没有形成较大的热度峰值。5月23日早上，@大连发布的情况通报称"案件处置正全面有序展开，死者善后工作正在落实；伤者已得到全力救治，嫌疑人已排除毒驾、酒驾嫌疑，犯罪原因正在调查"，此时热度稍有提升。5月23日下午，@大连发布的情况通报表示"犯罪嫌疑人刘某因投资失败无法接受，失去生活信心，遂产生报复社会心理"。此时"大连轿车撞人逃逸肇事者系报复社会"这一话题即时形成，网络传播热度呈现出井喷的爆发之势，推动着此次社会风险事件向传播高峰发展。之后，该事件的热度有所下降，到5月26日，关注该事件的人已经非常少了。5月27日，大连检察微信公众号发布"2021年5月26日，大连市检察机关依法以涉嫌以危险方法危害公共安全罪对大连案件犯罪嫌疑人刘某批准逮捕。案件正在进一步办理中"。头条新闻和中国新闻网官方微博带话题"大连宝马撞行人致5死嫌疑人被批捕"进行转发，再次引发一波舆论热度。报复社会类公共安全事件的发生传播到网络中会形成较强的关注热度，而由于此类事件的破坏力强，需要一定的调查周期，再加上网络传播主体的复杂性、信息传播的即时性等种种因素，这类事件在网络传播过程中极易造成一定的社会风险危机。

为了获取案例模型中的参数，需对该事件中灾情信息传播过程进行实时追踪，并对系统区域内所有公众的状态及变化情况进行详细统计，由于微博数据量大，且许多用户不具备连续性，为参数的获取增加了难度。因此，为了获取系统中参数的数据，我们通过爬取的微博数据抽样统计案例中微博用户的状态表现来计算。为了保证用户的连续性和活跃性，我们对爬取的微博数据进行了筛选，缩小了数据库。具体做法是，在爬取的微博中，筛选出发布了3次及3次以上微博的用户，从中随机抽取315个用户，截取其发布微博内容的时间等，总共获得1 216条微博。从图8.9可以看出大约在6月1日，关于该事件的灾情信息几乎不再传播。因此，通过抽出的样本数据，统计出2021年5月22日至6月1日的用户数和微博数，见表8.4。将表8.4的统计数据与社会风险传播模型的参数进行匹配，得到如表8.5所示的数据。

表 8.4    抽样样本的用户数和微博数

| 时间 | 用户数/个 | 微博数/条 |
| --- | --- | --- |
| 5月22日 | 116 | 174 |
| 5月23日 | 227 | 470 |
| 5月24日 | 103 | 180 |
| 5月25日 | 27 | 46 |
| 5月26日 | 29 | 32 |
| 5月27日 | 148 | 217 |
| 5月28日 | 23 | 29 |
| 5月29日 | 25 | 34 |
| 5月30日 | 15 | 23 |
| 5月31日 | 9 | 10 |
| 6月1日 | 1 | 1 |

表 8.5    案例中模型的参数

| 状态 | 初始人数 | 对应参数 | 状态改变人数 | 对应参数 |
| --- | --- | --- | --- | --- |
| 不知者 | 311 | $S_0=0.987$ | 116 | $b=0.72$ |
| 传播者 | 4 | $I_0=0.013$ | 174 | $h=0.55$ |
| 抑制者 | 0 | $R_0=0$ | | |

从该事件社会风险演化趋势来看，总体上呈现出"生成—爆发—平息"的生命周期，由于政府部

门的介入调查和及时通报，事件变得相对简单明了，并没有复杂的趋势变化。尽管风险演化过程简单，但是风险爆发力强大，报复社会的作案动机被公之于众时所形成的风险影响威力却不容小觑。如此强大的风险爆发力也在一定程度上证明网民对于报复社会行为的震惊、愤怒程度并非一般。事件发生在 5 月 22 日 12 时左右，因此，将 5 月 22 日 13 时以前的人数作为初始的传播者人数，5 月 22 日 14 时以前的传播者人数为 4。从图 8.9 可以看出，该事件社会风险几乎没有潜伏期，事件在 5 月 22 日发生，传播者的数量在 5 月 23 日达到顶峰，然后逐渐下降，我们把模型中的潜伏者项去掉，可得简化后的模型：

$$
\begin{cases}
\dfrac{\mathrm{d}S}{\mathrm{d}t} = a - bSI - cS \\[2mm]
\dfrac{\mathrm{d}I}{\mathrm{d}t} = bSI + (b_0 + b_1 I)I - hI - cI \\[2mm]
\dfrac{\mathrm{d}R}{\mathrm{d}t} = (c_0 + c_1 R)R + hI - cR
\end{cases}
\tag{8.3}
$$

由于不知者中 5 月 22 日有 116 个用户变成了传播者，5 月 23 日有 227 个传播者，卷入感和公民责任感体现在不知者向传播者的转化，可直接通过数据计算出 $b = 227/315 = 0.72$。在 5 月 24 ~ 27 日，传播者的数量均呈下降趋势，为了计算参数 $h$，计算出这几天的平均传播者数量为 53，故 $h = (227 - 53)/315 = 0.55$。案例中模型的参数如表 8.5 所示。

首先，我们不考虑卷入感，模型简化如式 (8.3) 所示，观察是否能和实际情况一致。将表 8.5 中的参数代入传播模型 (8.3) 中，取 $a = 0.05$，因为在抽样微博内容时，发现许多参与用户均持续追踪该事件，退出系统的人数相对较少，故设 $c = 0.01$。在 Matlab R2012a 环境下，仿真可得到不知者、传播者和抑制者的密度变化情况，仿真结果如图 8.10 所示。

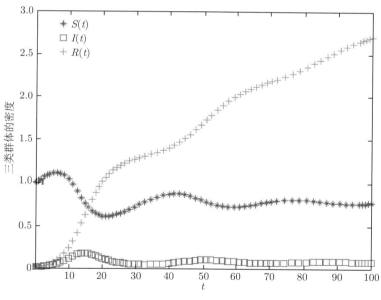

图 8.10  不考虑从众效应时三类群体的密度

从图 8.10 可以看出，传播者的密度大约在 $t = 15$ 时到达最高点，其密度的最大值大约为 0.2，与实际数据中传播者的走势和传播者的峰值相比，传播者的密度到达峰值更晚，峰值等于 $227/315 = 0.72$。这说明图 8.10 的仿真低估了传播的影响力和进程，原因在于没有考虑从众心理。

从事件的发展过程可知，在事件发生的原因调查清楚后，随着嫌疑人被抓捕，事件相关的风险热度很快下降，人们不再关注此事件。因此，本案例中，我们重点考察传播者的从众心理。5 月 22 ～ 23 日，传播者的数量增长了 124 人，这 124 人中有从模型 $\frac{\mathrm{d}I}{\mathrm{d}t}$ 项中第一项 $\lambda(i+r)SI$ 增长而来的（主要受接触率、卷入感和公民责任感影响），也有一部分是由于从众心理的作用而来的。在这里我们以简单的比例计算，假设 124 人中受从众心理影响的人占 1/3，这样估算 $b_0$、$b_1$ 两个参数满足 $\left(b_0 + b_1 \frac{116}{315}\right) \frac{116}{315} = \frac{42}{315}$，即 $b_0 + 0.368 b_1 = 0.36$，那么可得 $b_0 = 0.32$，$b_1 = 0.1$。由于不考虑抑制者的从众心理，令 $c_0 = 0$，$c_1 = 0$。

将所有参数代入模型（8.3），对灾难事件社会风险传播的 SIR 模型进行仿真分析，可得到案例情景中不知者、传播者和抑制者的密度变化情况，仿真结果如图 8.11 所示。

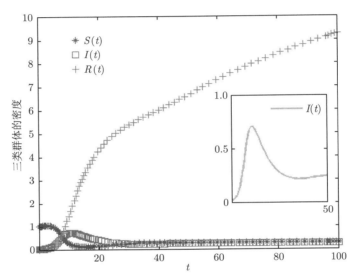

图 8.11　"5·22大连轿车撞人逃逸事件"中三类群体的密度

图 8.11 展示了该事件中三类群体的密度变化。由图8.11可知，在该事件中，事件发生后 12 小时左右信息传播达到高峰状态，表现为传播者的密度达到最大值 0.7 左右。之后传播者的密度开始减小，然后在大约 $t = 50$ 时趋于平稳。这与该事件的微博数据实际走势是相吻合的，该事件的灾情信息大约是在 3 天后趋于 0 的。随着时间的推移，由于有的不知者变成传播者，系统内不知者的密度迅速减小，最后趋于 0，说明该事件的灾情信息传播速度非常快，在短时间内影响了许多不知者。在系统中，不知者和传播者转化为抑制者，使得抑制者的密度始终呈增大趋势，但很快趋于平稳。在该次社会风险传播中，无论是不知者、传播者，还是抑制者，其密度变化速度都非常快，说明该事件社会风险在短时间内进行了爆发式传播，这种爆发式传播增加了政府监控的难度。在该事件中，公众出于对受害者的同情，在对肇事者的声讨中进行作案动机猜想；随着案情的披露，网络情绪也转向以对肇事者的声讨为主，辅之以对先前较为集中的不实舆论的抨击。因此，应该对报复社会类公共安全事件所形成的网络舆情给予高度关注，积极应对，做好风险处置工作。

为充分研究卷入感、公民责任感和从众心理等主要因素对模型的影响，本节设置了4组模型参数方案，具体参数设置如表 8.6 所示。

将表 8.6 中的参数代入模型（8.3），对该事件社会风险传播模型进行仿真分析，可得到各情景中不知者、传播者和抑制者的密度变化情况，模拟政府不同的干预方式对群众状态和行为的影响，考察政府干预人因灾难事件社会风险应选择的方向，相应的仿真实验结果如图 8.12 ～图 8.14 所示。

由图 8.12 可知，与基础情景相比，其他4种情景分别代表有政府干预，这4种情景下均对不知者的密度变化有影响。情景 1、情景 2、情景 4 对不知者都有显著的影响，能明显减少不知者密度的下降。

表 8.6 各情景参数设置

| 情景 | $\bar{b}$ | $b$ | $\bar{b}_0$ | $b_0$ | $\bar{b}_1$ | $b_1$ | $\bar{h}$ | $h$ | 备注 |
|------|------|------|------|------|------|------|------|------|------|
| 基础情景 | 0 | 0.72 | 0 | 0.32 | 0 | 0.1 | 0 | 0.55 | 基准 |
| 情景1 | −0.2 | 0.52 | 0 | 0.32 | 0 | 0.1 | 0 | 0.55 | 考察$\bar{b}$ |
| 情景2 | 0 | 0.72 | −0.2 | 0.12 | 0 | 0.1 | 0 | 0.55 | 考察$\bar{b}_0$ |
| 情景3 | 0 | 0.72 | 0 | 0.32 | −0.05 | 0.05 | 0 | 0.55 | 考察$\bar{b}_1$ |
| 情景4 | 0 | 0.72 | 0 | 0.32 | 0 | 0.1 | 0.2 | 0.75 | 考察$\bar{h}$ |

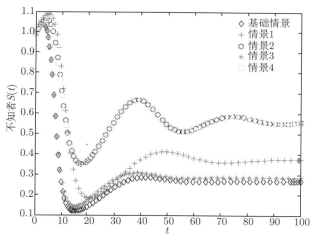

图 8.12 各情景中不知者的密度变化

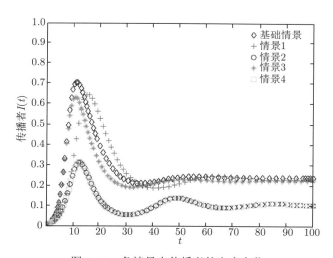

图 8.13 各情景中传播者的密度变化

其中，不知者的密度在情景 2 和情景 4 中下降程度减小，最后余下的不知者是最多的。情景 1 次之，与基础情景相比，余下的不知者的密度也有所增加。情景 3 对不知者的影响最小，对不知者的影响甚微。这表明，在减小不知者密度方面，情景 2、情景 4 的效果最好，情景 3 效果最差。根据参数 $b_0$ 和 $h$ 的含义，即通过传播者从众系数和促进传播者向抑制者的转化对阻碍不知者密度下降的效果最好；通过降低不知者与传播者接触到的概率，以及接触到风险的潜伏者转化为传播者的概率，对阻碍不知者密度下降的效果次之。通过分析，在情景 4 中，传播者转化为抑制者的原因可能是传播者对风险不感兴

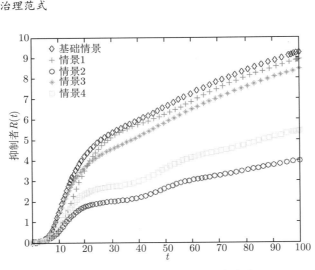

图 8.14　各情景中抑制者的密度变化

趣，或者改变了对灾情信息的看法，往往让传播者密度产生变化的是政府相关部门有理有据、公开透明地公布与事件相关的信息，这样公众也就不再去讨论了。产生情景 3 的原因是，在当前社交媒体高度发达的情况下，公众非常容易有从众心理，如果公众有很高的逻辑推理能力并保持理性，便不会轻易地"随大流"传播负面灾情信息。可见，灾难事件发生后，政府应公布真相，同时应注意提高公众的辨别能力。

由图 8.13 可知，与基础情景相比，其他情景均改变了传播者的密度演化曲线。情景 2、情景 4 中传播者的密度峰值最小，上升速度最慢，基础场景中传播者的密度峰值最大，上升速度最快。可见在减小传播者密度方面情景 2、情景 4 效果最好，传播者的密度减小了，即减小灾情信息不知者向传播者的转化概率，能有效降低系统中灾情信息影响的人数，从而减小社会风险产生的概率。上述结果显示情景 2、情景 4 是有效的抑制方式，减小不知者因从众心理向传播者转化的概率和增大传播者向抑制者转化的概率，对传播者密度的增大有一定的抑制效果。通过上面的分析，进一步说明采取有效的方式防止公众盲目从众，保持理性非常关键。让信息以理服人，引导公众从传播者变为抑制者，是一种非常有效的方法。

由图 8.14 可知，与基础情景相比，情景 2 和情景 4 中抑制者密度的最终值明显变小，情景 1 和情景 3 变化较小。同时，对于使抑制者密度减小的措施中，情景 2 的效果最好，情景 4 次之，即促进传播者向抑制者转化的效果更好，会使得风险影响到更少的人。

### 8.4.4　经验总结

由于"5·22 大连轿车撞人逃逸事件"是一场涉及多人伤亡的公共安全事件，政府相关部门在介入调查、通报事件进展、回应社会关切等方面总体上表现得较为及时，从事件调查结果的公布、犯罪嫌疑人的抓获、犯罪动机的说明等角度尽快通报了相关内容，当地政府官方微博和各大新闻媒体承担了传声筒的重要责任，第一时间跟进事件发生和发展的进程，依靠其自身传播的影响力在回应社会风险追问的同时在更大范围内引发了公众的关注。结合理论分析，在这个过程中，我们总结了治理人因灾难事件社会风险的经验。

1. 把握时机及时回应社会关切的问题

每当以报复社会为动机而引发的恶性公共安全事件发生时，公众渴望获得与事件相关的信息。因此，相关部门应尽早介入事件调查，同时要对事件后果进行积极处置，做好受害者的救治安抚工作，做到以人为本。同时，相关部门应迅速召开新闻发布会，披露详情、答疑解惑，既可满足公众知情权，也可瓦解谣言，更是履职尽责的体现。在召开新闻发布会时，及时、准确、全面地回应社会关切的问题，能够起到抚慰安定人心的效果。政府的引导能力乃至执政能力，说到底就是顺应民意和赢得民心的能力。相关部门要善于从社会舆论中倾听公众对事件的呼声，认真听取代表了民意的网络大 V 的意见，确保与网络大 V 对话渠道的畅通，在精准通报的前提下切实回应社会关切，阻断谣言消息的滋生和传播。在该事件中，大连相关方面在事实通报中总体上体现出较强的时效性，及时通报事件的每一步进展，有效地回应了公众质疑，在一定程度上规避了社会风险进一步向负面演化的可能性[434]。

2. 通过媒体有效疏解负面情绪

近些年，以报复社会为作案动机的人因灾难事件时有发生，且具有强大的危害性。2020 年，贵州公交车司机因个人生活不如意而驾驶公交车坠湖事件造成 21 人死亡、15 人受伤；2021 年，南阳一男子因生活失意而持棍行凶报复社会造成 14 人受伤事件……这些报复社会的恶性事件的发生往往伴随着极为严重的现实危害性，造成无辜的人死伤。报复社会恶性动机下的危害公共安全事件极易在网络中形成强大的关注热度，形成起伏的舆情演化态势，同时在事件通报之前形成众多原因性的猜想合集，导致谣言滋生与过分解读，进而导致风险矛盾错位激化。随着事件结果的调查公布，蓄意报复社会的结果又往往引发网络负面情绪的爆发与激化，在线上线下场域内产生强烈的舆情震荡，引发社会风险危机。新闻媒体尤其是主流媒体在此类事件的报道中具有其他传播主体不可比拟的影响力，但是在报道此类事件中除了跟进事实进展、满足公众知情权之外，还应在深度和广度上做好议程设置工作。政府要在相对开放的舆论格局中引领舆论，需要有较高的媒介素养，集中体现在善待、善用媒介上，应当重视对新闻传播规律和舆论运行规律的探讨，在理念层面和行动层面严格遵循新闻传播规律及舆论运行规律。

3. 治理自媒体舆论失焦问题

舆论失焦是指由于网络发展，公众知情权、话语权提升，事件中舆论难以被一方主导，舆情演变的主体脉络呈现多极化发展，以至逐渐偏离事件的中心议题。例如，2020 年发生的杭州女子失踪案，已被各条所谓的小道消息逐层"加工"，把案件的走向引向了猎奇，人们开始进行推测臆想，使舆论逐渐脱离正轨，产生失焦。在"5·22 大连轿车撞人逃逸事件"中，同样存在舆论失焦问题。网络造谣肇事者爱人出轨而引发的骂战，对肇事者进行何种投资的猜测中形成了对投资比特币、投资诈骗的戏谑和嘲讽，这些传播行为明显已经偏离了事件的主题，破坏了正常的舆论环境。在当下极其复杂多变的互联网环境下，如何使舆论回到健康发展的轨道，需要政府、媒体和公众合力解决。政府要加强网络治理和舆论调控；媒体要提高媒体公信力、传播力、影响力和引导力；公众要提高网络素养和保持自律。在突发灾难事件处置和舆论引导中，坚持事件处置与舆论引导统一，抢先发布权威信息，整合主流媒体与自媒体的舆论引导功能，才是避免舆情失范和误判，从而找到网络舆论失焦和失控的治理之道。

## 8.5　干预性治理模式

根据灾难事件社会风险的演化特点和主体分析，基于生命周期理论和协同治理理论，结合应急管理系统和干预机制体系，本书提出人因灾难事件社会风险干预性治理方案。

### 8.5.1　生命周期理论

客观世界中，任何物质的运动过程都具有动态性，其间要经历不同的阶段，每个阶段都有自己的特点，这个不同阶段形成的一个周期就是生命周期，一般分为四个阶段，即出生、成长、衰老、死亡，在现代科学研究中，引用此概念展开研究的学者越来越多。

生命周期理论认为，人因灾难事件的发展过程分为五个阶段，分别是潜伏期、爆发期、扩散期、衰退期和恢复期，这是基于其风险因素的变化进行划分的。人因灾难事件的活动过程也遵循这种从诞生到消亡的规律，而且各个阶段的特点和征兆各有不同，人因灾难事件从发生到平息就是其整个生命周期的全过程。人因灾难事件从爆发到被公众彻底淡忘需要一段时间，而在这段时间内人因灾难事件的整个生命过程有不同的表现形式，人因灾难事件的生命周期通常包含如下几个阶段，这种划分方法出自Crable 和 Vibbert[435]（图 8.15）。

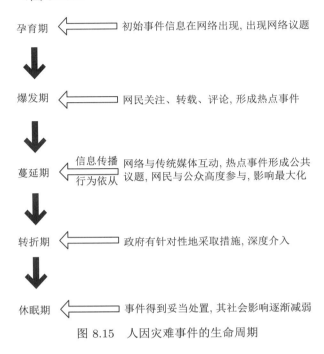

图 8.15   人因灾难事件的生命周期

（1）孕育期。当某社会事件或现象引起了某个或某些网民的注意，并且网民察觉到这一事件或现象与自己的认知存在偏差时，他们就会对事件保持持续的关注，并展开讨论，如干部腐败行为、弱势群体遭遇不公。

（2）爆发期。在这个时期，网络媒体密切关注或者传统媒体对事件进行了报道，关注问题事件的网民呈几何倍数增长，网民就事件展开激烈的讨论，形成了舆论大爆发。

（3）蔓延期。此时网民和媒体会大肆报道整个事件，事件热度前所未有，特别是网民的不断讨论使得风险形成周期缩短，介入其中的媒体越来越多。事件在大众媒体的炒作和互联网的传播下升级为公共议题，进入公共领域，造成极强的社会影响力，政府开始介入，并采取一些手段进行控制。

（4）转折期。事件的社会影响力会因为政府未及时进行干预，或是干预失效而不断被放大，从而倒逼政府相关部门出面采取相应的手段进行治理，此时事件的发展开始出现拐点。

（5）休眠期。事件因为有了政府的介入而开始逐渐平息，事件产生的社会影响也逐渐减弱，公众开始慢慢遗忘这一事件，或是被新事件吸引。

网络中谣言也具有生命周期，是指谣言从产生到扩散再到消逝的一个完整过程，包括形成期、高潮期和衰退期。传统社会的谣言往往有比较长的生命周期，从首次出现到停止传播会经历几个月甚至几年的时间跨度。网络空间中的谣言生命周期比较短，一般只有几天的传播期。谣言流传期的长短受到重要性和含糊性两个因素的影响。谣言在网络空间中的生命周期短往往与谣言扩散时重要性和含糊性两要素的迅速递减有关。

首先，网络空间中的谣言数量多，种类繁杂，很多是为了勾起人们的好奇心而故意编造的谣言，对大多数人而言谈不上重要性，人们开始会因有趣而转发，当这个类型的谣言出现的次数多了，人们的新奇感就会减退，人们的兴趣就会下降，甚至感到厌烦，于是很少会有人再转发类似的谣言，故谣言经常还没有扩散就中途消失了。

其次，网络空间是一个多元的舆论场，为人们提供了一个各种观点实时交流的平台，来自四面八方的不同声音在这里交汇。俗话说，真理越辩越明，而谣言更是在众多网友多角度、多层面地推敲中减少了含糊性。知情者可以提供线索，权威机构也可以针对谣言迅速展开调查，第一时间公布调查结果。甚至当事人也可以在微博中提供细节、澄清事实，做出最有力的辟谣行动。但值得一提的是，网络中谣言的生命周期短并不代表我们可以忽略它产生的负面影响，更不能因为谣言的生命周期短就采取不作为的消极态度任其自生自灭。虽然谣言从在网络中出现到消失的时间只有短短的几天，但由于裂变式的传播方式，单位时间内转发量巨大，短时间内就可以在大范围内产生影响。网络空间中谣言的生命周期短，从某种程度上说，对控制谣言的工作要求实际上更高，辟谣工作就是和谣言赛跑，为了防止更多的人被谣言蒙骗，必须在最短的时间内做出应对策略。

### 8.5.2　协同治理理论

协同治理是指在公共和社会事务的管理过程中，各级政府部门与社会多元主体基于共同的价值目标和制度逻辑进行的有序治理及其作用机制。在协同治理的视阈下，系统中的要素基于结构间非线性的协调和互动，产生子系统间的增益效应，从而实现治理效能最大化的功能和目标。协同治理理论是外来治理理论的重要组成部分，是协同学和现代治理学共同发展的产物。

20 世纪 60 年代，美国管理学家伊戈尔·安索夫（Igor Ansoff）将"协同"理念引入管理领域，分析阐述了运用协同原理优化提升管理效能的路径和方法，指出管理工作中存在着" 2+2 > 4 "的协同效应，且这一效应是推进管理系统全局功能最大化的关键。这一理论认为，系统内所有子系统都是独立存在的，满足特定条件后会发生质变，从无序转为有序。公共管理和治理理论领域的交叉发展孕育了协同治理理论，协同治理具有系统动态性、社会秩序稳定性、自组织协调性、子系统协作性、治理主体权威性和多元性的特点。政府主体是社会结构系统的重要组成部分，负责连接各个子系统，而非唯一主体，即各个机制在多样性和统一性的共同作用下形成一个有机整体。

协同治理具有以下特征：第一，治理主体多元性。这是我们区分协同治理理论与传统管理学理论的主要依据。第二，目标的统一性。协同治理涉及数个治理主体，这些主体都是在相同目标的驱使下参与治理活动的，而非每个主体都有自己的治理目标。第三，参与主体之间的系统性、协同性。换言之，各个参与主体各自功能的实现都是独立的，互不影响和约束，这也是我们区分协同治理理论与其他治理理论的一个关键标志。因此，协同治理是一种能够实现整体治理效果大于部分的治理方式，它要求各个组织行为主体彼此合作，并且相互之间进行良性竞争，从而使得治理结构朝着有序、稳定的方向发展。政府应该采用引导的方式对人因灾难事件社会风险进行治理，而非采取强制手段，政府要主动传播理性、正面的声音，向社会传递正能量。除此之外，政府还应该借助微博、微信等网络平台的力量，形成多元决策主体格局，利用公众人物的影响力来构建行之有效的管理模式，引导灾情信息朝着积极、正向的方向发展。

风险引导协同机制建构的目的，在于将风险引导纳入开放互动、主体多元的系统工程予以深入研究和分析，研究风险引导之"序"是如何通过系统各要素之间的协作建立的，以及各主体如何基于其功能定位和力量对比等因素形成自组织体系，从而推动风险引导工作实现动态的、系统的平衡和稳态。协同过程必然离不开信息的沟通，信息的沟通与监管机制是确保协同有序进行的催化剂，协同的规则与制度是确保多元协同主体有序协同及实现协同目标的规则保障。理顺协同治理多元主体之间的关系，强化协同治理主体的共同性、合作性、互动性与规制性，可以形成多元主体的协同合力，充分发挥多元主体的协同效应。

### 8.5.3 应急管理系统

我国的社会风险有着极大的规模，自 1994 年开始全方位普及互联网之后，我国网民数量激增，而且活跃于各种事件的讨论当中，其间产生了无数的网络风险，而且已经到了必须由政府部门出面治理的程度，我国政府也充分意识到引导和规范互联网、网络风险的重要性。因此，理性看待社会风险，依托现有技术和资源对社会风险应急管理模型进行构建，主动采集和分析社会风险，提前预警，才能高效引导和治理社会风险，真正发挥社会风险刺激经济增长、拉动社会进步的作用[436]。

1. 构建应急管理系统的目的

构建应急管理系统的目的是对社会风险进行预防，避免社会风险频繁出现，还能将社会风险造成的影响降至最低，实现社会长治久安。

事前环节有效地防范和监控社会风险。在大数据时代背景下，公众可以在极度开放的网络环境中畅所欲言，他们能够利用虚拟的网络环境来表达自己的观点和诉求，与其他群体产生共鸣，这就是社会风险趋同性特征的体现。只要网民在某个特殊的小环境内达成了共识，就会出现"回声室效应"，这种效应会引发"群体极化"现象的出现，从而出现某种主流思想，这种思想必须依托某个有着相同思想倾向的群体才会出现。在风险未发生时对这种倾向进行监测是社会风险应急管理的一项重要内容，这样才能控制和管理好风险。通过管理某一环境，从而把握当中任何细微的变化，并将这种变化的信号传递给其他系统和个人。

事中环节对社会风险的有效响应。新媒体和传统媒体各有自己的特点，大数据时代背景下的公众不再处于被动接收信息的地位，而且便捷高效的网络使得社会风险的传播更为迅速，任何人都能不受时间和空间限制地评价和讨论公共事件，甚至成为新闻的撰写和发布主体，如果能够第一时间应对社会风险，那么对于开展事后工作大有裨益。

事后阶段侧重于降低社会风险所造成的危害和影响，确保公众保持理性，正确判断风险走势，传播社会正能量。将社会风险造成的损失和危害降至最低的主要方式和手段就是控制风险，平息风险。要先分析社会风险可能造成的影响和危害再开展恢复工作，然后出台行之有效的恢复方案，使得社会不再受风险的干扰，使社会复原。

2. 应急管理系统的主体

从图 8.16 可知，社会风险应急管理系统由四个子系统组成，分别是事件子系统、媒体子系统、政府子系统、公众子系统。信息技术的进步使得公众可以依托全新的媒介来表达诉求、发表感想，使得公众传情达意的平台变得多元起来，也使得人们的言论变得更加自由，这一切的变化都对社会风险应急管理系统有着深远的影响。该系统具有发展、控制、稳定、分析、监控的功能，在环境的影响下，这些功能发挥作用的时期各不相同，当出现社会风险之后，通常都可以从其背后挖掘到相应的社会事件或问题。该系统的目的就是成功预防社会风险的出现，为政府开展应急管理工作奠定基础，将社会风险造成的影响和危害降至最低，实现社会的长治久安[437]。

社会风险可以理解为基于网络实现各种类型观点、情感、认知、信息的传递和推广，从而形成的一种信息传递趋势。其应急管理主体有四个类型，分别是事件、政府、媒体、公众。

1）事件

公众会在事件发生之后迅速发表自己的看法、观点，表达自己的诉求，并且跟踪关注事件的发展。在大数据时代背景下，信息有着极快的传播速度，公众可以高效地获取所需的信息，公众在网络上传情达意加速了社会风险事件的发展，再加上新媒体和传统媒体的不间断报道，使得社会风险的影响不断扩大。

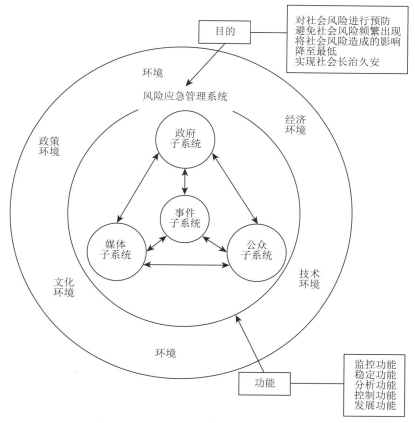

图 8.16　应急管理系统整体设计逻辑结构

2）政府

政府是国家政权机关的代言人，负责开展各种应急管理工作，是整个系统的重要组成部分，在管理社会风险的过程中，政府要对网络媒体造成的社会影响予以重视，通过网络对民情进行把握；还要正确地评论事件来对公众的言论进行正确的引导，使得社会风险朝着积极、正向、健康的方向发展，避免人因灾难事件中出现不公现象。

3）媒体

媒体是传递风险的纽带，其类型可以简单地划分为传统媒体和网络媒体两种类型，二者共同形成了整个社会风险的传递渠道和平台。我们在对社会风险进行关注的过程中也要重视传统媒体的影响力，一些传统媒体围绕网络焦点话题展开报道，然后客观地评述公众比较关心的网络议题，这主要以央视新闻频道的《24 小时》最具代表性，公众也会根据传统媒体的报道了解事件的起因和发展，并表达自己的观点和诉求，线上社会风险和线下社会风险就在这样相互交织的情况下不断发展，这也是信息时代信息传播便捷性的体现。

4）公众

公众是社会风险传播的主体。政府和相关部门应该对网民在网上分享信息、传播信息、交换想法和观点的行为给予高度重视，并且结合社会风险可能造成的后果，开展相应的管理和引导工作。但是，政府部门也必须清楚地意识到，公众的这些行为实际上也是其需求的真实写照：一方面，网络媒体使得公众的交流需求得到了充分满足，起到了交换、汇集、传播公众看法和观点的作用；另一方面，公众基于网络媒体将自己的诉求表达出来也是其参与性需求得到满足的一种体现。互联网具有匿名性和互动性的特点，其不受文化、阶级、地域的限制，公众可以在其中畅所欲言。

通过以上对事件、政府、媒体和公众的分析，应急管理系统的主体相互作用如图 8.17 所示。

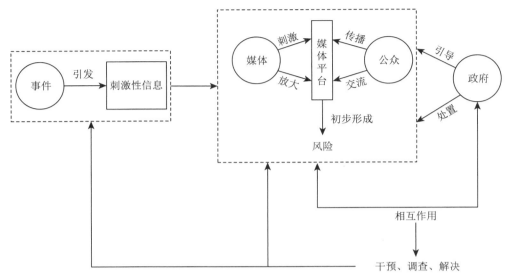

图 8.17　应急管理系统的主体相互作用

3. 应急管理系统的功能

如图 8.18 所示，在应急管理部下，一般设有事件调查组、新闻发布组、综合协调组、现场引导组和后勤保障组。在应用操作界面涉及实时监控、信息管理、应急指挥和回应反馈活动。系统活动的真实再现就是其功能性的体现，它能够将系统和环境的相关性体现得淋漓尽致，本节设计的面向人因灾难事件社会风险的应急管理系统包含监控、分析、稳定、控制、发展五项功能。

（1）监控功能。灾难事件的防范很大程度上是依靠该功能实现的，该功能还能对潜藏的社会风险进行监测，从而为相关部门提前预防提供依据。通常而言，预防和监控社会风险远比单纯地管理某个灾难事件更有意义，因为这才是将事件造成的影响控制在最小范围内的主要手段。

（2）分析功能。社会风险应急管理是一项庞杂的工程，因为整个风险的发展都是动态的。通过分析可知，我们应该从事前、事中、事后三个方面来开展社会风险应急管理工作，这些阶段对应的是整个社会风险的生命周期，而且通过研究和明确社会风险应急管理系统的功能，可以流畅地衔接各个应急管理环节，使之环环相扣，从而体现出应急管理的连续性和平稳性，进而畅通无阻地开展应急管理工作。

（3）稳定功能。实时地监控灾难事件发生后方方面面的状态即其稳定功能，对事件的发展进行不间断的跟踪了解，可以提前就可能出现的新危机和新问题进行处理，将事件造成的危害控制在最小范围，避免产生不良影响，这样才能真正治理好社会风险，维护公共网络的安全性，从而实现社会的长治久安。

（4）控制功能。灾难事件爆发之后，公众最关心的问题就是事件是否会危及自己的切身利益，如果会危及，那么相关利益主体就会表达自己的诉求，不同诉求的碰撞会引发一些矛盾。控制功能可以调用和分配各类资源，用以调和不同利益主体之间的矛盾，这样可以引导舆论朝着正向、积极的方向发展，避免社会风险朝着不可控的方向发展。

（5）发展功能。在治理社会风险的过程中应该体现出人文关怀，时刻关注和重视公众的切身利益，在发展功能的支撑下，可以针对事件的原貌制定操作性极强的控制策略，将事件所造成的影响控制在最小范围内，同时构建科学的章程体系，打造一支具有深厚应急管理知识水平的人才班子，保证应急管理工作的开展处处透露出以人为本的思想和理念。

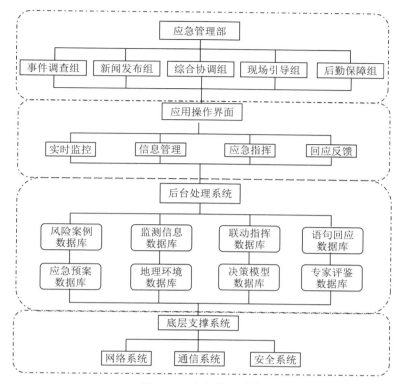

图 8.18    应急管理系统

4. 应急管理系统技术手段

在治理社会风险的过程中应该利用多元的技术作为支撑和保障，通过对海量网络信息的挖掘、整理，尤其是网民评论、论坛发言、新闻信息，从中提炼出涉及灾难事件的灾情信息，然后正确引导治理社会风险，这就体现出构建一套搜集、处理、分析、反馈灾情信息系统的意义。相关部门应该配合国家互联网信息办公室落实监管职能，及时关停和整改未采取任何管理措施的网站，再借着治理互联网的契机，直接关闭低端网站，肃清网络空间的不良因素，为社会风险朝着积极、正向的方向发展创造条件，利用优质网站来实现社会正能量的宣传，引导互联网健康发展。及时正确地处理应急预案，使得公众能够真正利用互联网平台来表达自己的正确观点、看法和诉求，是一种尊重公民监督权、言论权的表现，当社会风险信息进入高潮阶段时，更要提升信息的透明度，引导其与其他自媒体进行良性互动，构建行之有效的社会风险信息应急处理机制，准确地把控社会风险的发展趋势。

在人因灾难事件社会风险刚刚出现时依托大数据技术进行预告和警示，由政府部门出面对人因灾难事件中的信息进行引导，形成一套行之有效的大数据社会风险预警模式，然后以这种模式为基础，争取在尚未出现风险风暴时确保政府部门充分介入，通过有效的治理和引导，使得风险朝着可控的方向发展，在大数据时代背景下，如何对人因灾难事件社会风险预警分析系统进行优化是所有政府部门应该思考和解决的问题。

在监测社会风险的过程中，应该构建一个专门的数据库，用于存储与事件相关的信息、关键字、特性，在人因灾难事件社会风险尚未爆发时在数据库内检索关键词，查到与事件相匹配的信息和资料，通过对比来分析和处理数据，并结合过往的经验，制订应对和治理社会风险的方案。不仅如此，预警平台也需要分析和研究相应的灾难事件，系统地把握和归纳社会风险的来源、地区关注度、热度、类型，构建预警风险的中心或机构，加深政府对人因灾难事件的了解。

通过挖掘和分析海量的数据来实现预警平台功能的最大化，其间需要我们灵活运用各种大数据技术，大数据可以通过量化的方式以数据的形式将信息呈现出来，在数据信息量足够多的情况下，专业人员分析信息数据的难度会有所降低[438]。

### 8.5.4 干预机制体系

在治理人因灾难事件社会风险的过程中，最为关键的一环就是引导，它决定了整个社会风险发生的概率，党和政府在新形势下的一大执政目标就是要准确引导治理社会风险，使得社会在大数据时代背景下同样能够稳定、和谐发展。但是，目前社会风险正朝着常态化的方向发展，错误的决策会使得社会风险无序扩散，甚至出现极强的不确定性。因此，政府应该积极建设引导人因灾难事件社会风险常态化的机制。

政府应该在人因灾难事件爆发的第一时间肩负起维护社会和谐、保障人民生活稳定的责任，否则社会秩序可能会陷入混乱，人们为了自己的安全有可能会采用暴力手段，这显然是政府不愿意看到的情景。因此，政府要主动履行对人因灾难事件社会风险进行治理的职责。在介入社会风险的过程中，政府部门要从监测、预警、应急三个方面入手，三个方面环环相扣。

1. 风险监测机制

监测是政府对人因灾难事件社会风险进行治理的首要环节，政府应该实现这种监测工作的常态化，并定期收集和分析监测信息、数据。国务院应急管理办公室统一管理我国的人因灾难事件，负责对重大集体性社会案件、恐怖袭击案件进行治理。不仅如此，地方政府也设有专门负责对各个地区社会风险活动进行监测的应急管理办公室，地方应急管理办公室应该第一时间向上级汇报发生在本地区的社会风险事件。尽管人因灾难事件的出现难以预测，但是政府部门可以利用当前的各种科学技术手段来监测社会风险的发生，这样就可以从源头上治理人因灾难事件社会风险，避免其转化为风险危机。地方政府在开展社会风险监测日常工作时向上级传达风险信息的主要方式是自行编写部门期刊及送达风险材料，这样可以保证风险信息的独立性和准确性。另外，政府在挖掘社会风险的过程中要充分运用互联网和电话，这两种手段可以尽可能多地收集到有关风险方方面面的信息和资料，而且不用付出太多的成本。各级政府部门在收集日常社会风险的过程中还应该辅以问卷调查、问卷访问、群众调查等手段，利用这些手段调查社会风险可以对社会公众的诉求有一个准确的把握。

不仅如此，各级政府部门还要养成关注新闻报道的习惯，这样才能充分了解社会动态，以便在社会风险发生时做到从容应对；各级政府部门还要贯彻落实信访制度，以获取充足的风险信息和数据，可以通过设置信访热线的方式来为群众提供一个传递信息和进行举报的渠道，这些都能从根本上降低政府监测社会风险的难度。

社会风险具有极强的动态性，而且每时每刻都在产生数据，因此应该本着可行性和科学性等原则构建监测指标体系，具体如下。

1）可行性原则

采用定性和定量相结合的方式来对所监测的数据进行运算，客观、公正地评估社会风险态势，运用成熟的技术手段和方式来构建能够监测和预警社会风险的指标体系。

2）全面性原则

要设置一个能够体现社会风险全貌的指标体系，任何指标的缺失都可能引发监控问题，除此之外，指标还要能够反映社会风险的特征，并明确其权重。

3）动态性原则

不能只关注静态层面的指标，还要基于社会风险过去和当前的状态设计相应的指标，做到静态指标和动态指标的结合，保证每时每刻都能提取到风险的实时信息和数据，以便掌握风险的变化趋势。

4）科学性原则

所设计的监测指标，要能够将社会风险的实际情况和发展趋势体现出来，而非简单地收集和汇总所有挖掘到的数据，指标要既能对总体特征趋势进行反映，体现出综合性，又要能够反馈某个方面的情况，体现出一定的层次性。

5）相对稳定性原则

在选择指标的过程中，我们除了要考虑其动态性之外，还要对社会风险发展规律进行把握，同时肯定其稳定性，否则就无法准确地把握数据的变化，这样才能甄选出可以准确预警和高效监测风险的指标。

有学者在对社会风险发展规律进行归纳的过程中考虑了其本质特性，本书以前人的研究成果作为参考，将社会风险监测评估指标体系划分为风险受众、内容要素、发布主体、传播扩散四个维度，不仅如此，本书在对指标进行选择的过程中优先使用具有独立性的同一层次指标，这样有利于将社会风险的规律体现出来[439]，而且可以实现静态指标和动态指标的结合，这样就可以不间断地监测和预警社会风险，本书所构建的指标体系如表 8.7 所示。

**表 8.7　社会风险监测评估指标体系**

| 目标层 | 一级指标 | 二级指标 | 三级指标 |
|---|---|---|---|
| 社会风险监测评估指标体系 | 传播扩散 | 传播方式 | 交友平台、微博、论坛、BBS |
| | | 地理范围 | 集中度、地理跨度 |
| | | 持续时间 | 时间跨度 |
| | 发布主体 | 意见倾向 | 支持、中立、反对 |
| | | 活跃度 | 回复量、发帖量 |
| | | 影响力 | 普通网民、网络大 V |
| | | 主体身份 | 围观者、知情人、当事者 |
| | 内容要素 | 内容详略度 | 声像时长、图片连贯性、文本长度 |
| | | 主题敏感度 | 敏感词 |
| | | 视听化程度 | 声像资料数量 |
| | | 主题词热度 | 浏览量、评论量、转发量、搜索量 |
| | | 主题内容 | 宗教民族、个人隐私、政治经济、社会热点 |
| | 风险受众 | 关注人数 | 访问量、独立访问者 |
| | | 态度倾向 | 支持、中立、反对 |

在一级指标中，传播扩散是传输和分析信息不可或缺的环节。社会风险的形成需要由各种网络平台作为支撑，缺乏这个条件，就无法形成风险，而各种网络传输平台的影响力和使用率也是值得研究的一个课题。

发布主体是传播社会风险的主体，他们以声像、文字的方式将自己所挖掘到的信息发布出来，然后客观地评估整个事件的发生和发展。发布主体的活跃度决定了其发布内容的影响力，此时发布主体自身的想法和观点也会对其他网络受众造成一定的影响，从而形成主流思想和风险。

内容要素是对主要指标进行量化的关键，它对社会风险的基本情况进行反映，内容指标由内容详略度、主题敏感度、视听化程度、主题词热度、主题内容五个二级指标组成，其对风险的传播能力、影响力、吸引力的考察都是基于内容出发的。

风险受众即接受社会风险的主体，是参与社会风险的人群和行为主体，受众知识储备、生活环境、社会地位的差异导致其对风险的态度、观点和诉求也各有不同。我们无法采用定量分析的方法来量化受众主观性极强的心理活动，但是可以加权分析不同的态度倾向，通过评分登记来对某个区域和群体的总体认知方向予以呈现。

图 8.19 为社会风险传播与监测人工神经网络模型。该模型基于各自特征和一级指标设置二级指标，一共包含 14 个二级指标，然后对三级指标进行细化，得到最终数据，在二级指标中引入三级指标，使得二级指标的监测方式和三级指标的作用得以充分体现。

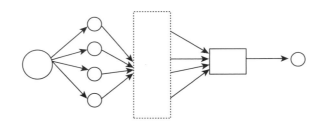

灾难信息　　传播主体　　传播受众　　风险监测　　　预警

图 8.19　社会风险传播与监测人工神经网络模型

在时空层面上，社会风险表现出显著的扩散性，"传播扩散"指标包含 3 个子指标，分别是传播方式、地理范围、持续时间。其中，社会风险发展各个阶段所持续的时间，以及对事件关注的时间跨度即持续时间，整个过程持续的时间从首条信息的出现到事件的平息；现实社会中社会风险影响范围的集中度和地理跨度即地理范围，社会风险的影响范围可以通过登记标记 ID 和 IP（Internet protocol，互联网协议）地址的方式明确。监测集中度的目的是了解各个区域网民关注事件的程度，明确哪些区域需要进行专门的治理；风险传输信息的媒介即其传播方式的体现。

通过信息总量中交友平台、微博、论坛、BBS 所传播信息的占比来对应当优先监测的网络媒体传播方式进行明确，在互联网时代背景下，人们越来越喜欢在网络上交流，对网络媒体予以关注，可以改善监测水平，也能提炼有用的数据。不少灾难事件都是通过微博或是论坛最先传播出去的，微博、人人网等交友平台用户众多，任何信息的出现和刷新都能引起大量的转载和传播，因此监测时如何甄选合适的网络媒体也很关键。发起和带动社会风险的主体即风险发布主体，通过研究其意见倾向、身份、地位、影响力来明确主体身份，并将之划分为围观者、知情人、当事人几种类型，发布主体言论的可信度因其身份的不同而异，所产生的风险影响也存在显著差距；通常有普通网民和网络大 V 之分，这是以其网络影响力为依据进行划分的，通过赋权展开加权分析。应该在抽取社会风险的过程中应用自动化抽取中文文本人名的技术，自动抽取新闻人物、焦点人物；有关灾难事件的回复量和跟帖量则是活跃度的直接表现，可以对特定时间段内的回复量、发帖量进行统计来明确活跃度，通常按照（回复量＋发帖量）/时间＝活跃度的方式来计算活跃度；意见倾向有支持、中立和反对三种。

风险关注的事项所属的领域即"内容要素"的体现，通常有宗教民族、个人隐私、政治经济、社会热点几个方面，对风险关键信息进行抽取，净化网页，将每一页无关风险主题的噪声去除，发现内容对应着不同的关注度和影响度，然后赋予权重；通过转发量、搜索量、浏览量、评论量来监测主题词热度指标，主题词热度与监测所得数值呈正相关关系。基于搜索引擎的关键词搜索次数来明确搜索量，然后利用各大网站自带的统计软件明确评论量、浏览量、转发量，主题词热度值就是这四个量的综合；在社会风险事件报道当中，风险主体发布的声像资料数量，包括音频、视频、图像等信息的占比即视听化程度的具体表现。

CNNIC 统计显示，较 2010 年而言，2011 年网络视频用户数为 3.25 亿人，增幅为 14.6％，使用率提升至 63.4％。视听资料能直观地反映灾难事件的真实情况，具有极强的影响力，能够充分调动人们评论、转发和观看的积极性。可以通过标题关键词和文件格式等对内容要素指标进行监测；添加内容详略度指标时应该对信息传输的来源予以明确，来源越是明确，传递出来的信息真实度就越高，那么其造成网络轰动的可能性就越强。这样的信息往往有着较低的预警等级，而且危害也不大。我们可以通过声像时长、图片连贯性、文本长度来明确内容详略度，以组图形式呈现的图片具有连贯性，其能够将事件流畅地反映出来。

"风险受众"具有支持、中立、反对三种态度倾向，基于框架技术抽取各个方面的敏感要素，获得敏感要素集，然后找出报道中带有这些要素的关键句，按照分句提供的立场概念、信息结构来明确风险受众的态度倾向；关注整个事件的受众数量为关注人数，通过对独立访问者的人数进行统计，明确访问人数，而访问人次可以通过测算访问量得到。访问人数与访问人次的比值即独立访问率。

社会风险指标体系中的每项指标都有着完全不一样的影响程度，应该在随机调查和专家讨论研究下对其权重予以明确，从而了解公众的心理情况，基于所得数据构建模型，然后通过定性和定量分析相结合的方式来得到所需结论。

2. 风险预警机制

人因灾难事件社会风险干预性治理主要针对的是潜伏期的社会风险管理。在人因灾难事件社会风险管控机制当中，预警是相当关键的一项内容，具有对社会风险状况进行感知、预测、识别，以及收集风险信息，监测和发出警报的功能。现阶段，社会上存在着不少风险监测网站，但是大部分风险监测网站因为社会风险数据隐蔽、多变、复杂而不得不通过人工手段分析数据，加上风险监测还没有建立起对应的数据库，无法实现信息和数据的整合。政府利用预警系统的警报功能，对其潜在问题进行明确，在人因灾难事件社会风险尚未出现前采取行动进行控制和消除，这种事前控制的效果显然要优于事后控制。

因此，对人因灾难事件社会风险知识体系、预案机制、推理演变规律进行研究时，构建相应的预案库和知识库是很有必要的，可以显著改善政府管控人因灾难事件社会风险的水平[440]。社会风险的研判关系到预警工作的成效，这项工作由两个环节组成：第一个环节就是追踪和搜索公众风险信息，通过汇集得到的风险信息构建日常风险信息库，这是日常工作深入性和系统全面性的真实体现；第二个环节就是判断需要进行深入和全方位分析监测的人因灾难事件，人因灾难事件的研判工作以人因灾难事件的完结为收尾标志，这一环节将人因灾难事件社会风险事件研判工作的专门性、迫切性和针对性体现得淋漓尽致。

如前文所述，政府应该在社会风险爆发初期就出台相应的应对和治理措施，这是由灾难事件本身的持续性、广泛性和爆发性特点决定的，具体而言，就是要准确地判断社会风险的成因、演化过程，总体而言，政府可以采用定量分析技术、定向分析技术、定点分析技术来研究社会风险。定性分析技术可以对社会风险的动机、发展趋势、基本属性予以明确，其原理就是结合社会风险的发展趋势、内容、等级来判定其危害和等级，明确应该从哪些方面治理和管控社会风险。政府部门在定性分析社会风险时要保持极强的政治嗅觉。

在我国当前的社会背景下，要准确地判断社会风险有无牵涉政治敏感话题，政府应该在灾难事件发生的第一时间出面回应，引导广大网民正确看待某些政治事件。诸如对于征地拆迁而发生的社会风险事件，政府应该及时对各利益相关者的利益进行调和，在保障弱势群体合法权益的同时实现社会的和谐发展。

一般而言，政府要按照如下流程来定性分析社会风险危机：要尽快对社会风险的性质和类型予以明确，了解其背后是否有网络"水军"及网络推手，查明风险出现的原因。只有找到这些问题的答案，才能科学、合理地分析和看待社会风险。

定量分析技术就是量化所收集到的有关社会风险的信息，然后结合网络上社会风险信息的转载量、点赞量、阅读量、点击量、发文量来对社会风险信息的集中程度进行明确。其中，态度倾向性、内容敏感度、民众关注度、传播扩散度是定量分析社会风险的重要指标。需要指出的是，社会风险信息包含了无数的信息元素，比较具有代表性的为周期、传播率、产生时间、文本信息，这些信息是社会风险信息基本特征和属性的体现，在构建社会风险动态传播模型的过程中要综合考虑多项指标参数，包括子话题嵌入度、聚集程度、群集系数、信息传播的节点数，以便对社会风险演化趋势进行判断。政府利用云计算平台和大数据收集技术来对社会风险的基本特征进行归纳和分析，并在此基础上制定相应的治理方案和对策，依托定量分析方法来治理刚刚发生的社会风险会有很好的效果，能够使得决策者对风险的走势有一个准确的判断，还能知晓其会出现哪些衍生效应，这样才能在最短的时间内给出回应，对风险进行引导和控制，避免风险扩大后造成不可估量的损失。

定向分析技术就是概括和总结社会风险的形成过程，了解网民关于风险事件的态度、看法，明确风险话题，这样才能对社会风险的演化方向有所掌握和了解，了解风险信息传播和评论的分流情况，梳理当中蕴含的各种相关性，然后明确是哪个群体在主导风险的发展。需要指出的是，只要传播了任何涉及社会事件的信息就会导致社会风险的形成，当社会风险主体在网络上进行信息共享、实现信息互通时，就会使得社会风险发酵成为严重的社会危机，因此，我们要认真比较、提炼、甄别、筛选充斥在网络上的各种风险信息，根据权威信息对社会风险的发展趋势进行判断，这是分析社会风险的一项重要内容。

定点分析技术的原理就是挖掘分析对象的关键点，具体到社会风险当中，就是对关键网民及事件演化的关键点进行明确。有学者认为，分析社会风险需要从四个关键点入手，分别是风险诱发点、风险重点、风险波动点、风险兴奋点，这是相当重要的一个环节。需要指出的是，社会风险的形成与发展并非一成不变，它是多种因素共同作用下的结果。例如，政府披露的有关灾难事件的任何信息都有可能会使得整个社会风险的发展方向发生变化，此时很有必要明确社会风险的关键点，唯有挖掘到这个关键点，才能对整个社会风险的演化有一个全面的了解。以于欢案为例，"辱母"的情节和重判之间的关系是社会风险的焦点，需要明确两个要点，一是现场催债人员对于欢的母亲进行了怎样的侮辱；二是民警有无存在渎职、失职、不作为的行为。政府应该就这两方面的内容展开事件分析工作，用以对社会风险的演化进行预判。再以四川会理悬浮照事件为例，该事件也可谓网络时代社会风险应对的典型案例，悬浮照事件发生后，会理县人民政府第一时间在天涯社区进行了解释，很好地疏导了事件发生的物理诱发点。因此，政府分析社会风险时要对关键人物的看法和观点进行梳理和把握，如网络大 V、媒体记者、新闻线人、网络版主，同时对社会风险的关键因素进行把握，这样才能从根本上把握整个社会风险的本质，及时进行疏导和控制。

总之，政府收集、筛选、甄别、分析社会风险相关信息的过程就是其研判社会风险的整个过程，分析来源、分析真伪、分析归类、分析指向、分析矫正是研判社会风险发展趋势的标准流程，在此期间，需要对社会风险信息的适用性、可靠性、真实性进行重点考察，利用科学的信息处理技术对信息进行提炼、处理，得到有价值的信息，进而科学研判社会风险。要以事件的真实性为入手点来研判社会风险，人因灾难事件发生之后，人们无法判断自己是否真正获得了客观、真实的信息，因为社会风险可能会脱离事件本身的真实性而存在，所以人们不一定就能从互联网上获得真实的人因灾难事件相关信息，经过人们的不断传播，真实的人因灾难事件信息会不断变异，这就要求政府部门做好判断事件真伪的工作。不仅如此，在研判社会风险的过程中，政府部门还要对事件中存在的各种社会关系网进行了解，因为身处社会中的人都有自己的价值观念、情感纽带和利益群体，处于社会关系网中的人会在人因灾难事件发生之后判断此事件是否会影响自身利益，换言之，事件当中存在的社会利益关系也是引起人因灾难事件社会风险的重要原因，分析风险时需要对人因灾难事件所包含的这些利益关系进行处理，政府工作人员需要结合事件发生的领域，特邀专家给出应对和解决事件的建议，同时还要结合以往的处理经验划分数据、存储资料，这样才能为解决灾难事件社会风险提供参考和依据，保证事件处理的效果。

网络研判还要求政府结合社会风险的演化情况进行科学判断，政府在分析社会风险的过程中要善于总结和归纳人因灾难事件的规律，科学预判社会风险的演化情况，这样既能从根本上阻止人因灾难事件社会风险的出现，也可以就已经出现的社会风险发展方向进行预测[441]。

政府在人因灾难事件发生后应该先判断人因灾难事件的预警等级，明确等级之后才能顺利地预警人因灾难事件，一般情况下，人因灾难事件的预警等级可以划分为红色、橙色、黄色、蓝色四个等级，分别对应特别重大、重大、较大、一般等级。社会风险发生初期的预警等级往往是一般等级，此时社会风险会以网络段子、事件新闻的方式呈现出来，社会风险的这种呈现情况会破坏整个社会的正常秩序，尽管这个级别的社会风险造成的社会危害并不大，但若放任不管，那么假以时日，公众的情绪就会慢慢积累，然后通过某个事件完全爆发出来，后果不堪设想。当发生突发公共事件或社会问题之后，普通公众所表达的意见和观点基本相同，而且形成了一种规模效应，那么人因灾难事件就上升到了较大级别，此时公众会将自己的观点和看法通过新闻媒体传递出来，并对政府部门的工作态度和效果进行指责，这种集中在某个平台上讨论事件的现象会严重地影响政府的公信力。政府等相关部门应该高度重视较大级别的人因灾难事件社会风险，早日对不良社会情绪进行疏导，且所选的处理方式应该随着事态的变化而调整。公众难以接受政府处理人因灾难事件的结果则说明风险预警级别属于重大级别，此时公众诉求被无视，在谣言的干扰和公共利益的趋势下，社会风险应运而生，以公众在街头聚众示威或游行作为预警级别的主要表现形式，更有甚者一些人会通过暴力武装对抗政府，使得国家安全遭到威胁，社会陷入动荡，甚至分裂为多个阵营，影响十分恶劣。

随着信息技术的不断发展，社会风险可以在线上线下同时演化。人因灾难事件社会风险的肆意发展，会对公民信息和财产安全造成恶劣的影响。通过对社会风险的发展趋势与治理难点的分析，本书形成了对人因灾难事件社会风险进行防控治理的治理流程，如图 8.20 所示。

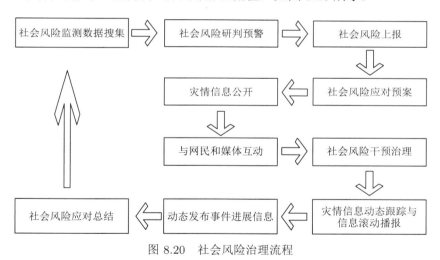

图 8.20　社会风险治理流程

### 3. 风险应急机制

对人因灾难事件的相关信息进行公开是人因灾难事件信息发布机制的基本要求，但是所披露的信息原则上是不包含工商企业秘密、国家机密、个人隐私的。《中华人民共和国政府信息公开条例》对县级以上各级人民政府及其部门应当公布的信息做出了详细的规定，其中第二十条就必须公布的内容进行了罗列，一共有 15 项，其中涉及政府应急管理的有两项，分别是其中的（十二）条和（十三）条，即主动公开行政机关对"突发公共事件的应急预案、预警信息及应对情况"和"环境保护、公共卫生、安全生产、食品药品、产品质量的监督检查情况"。《中华人民共和国政府信息公开条例》第二十三条和第二十四条规定，"行政机关应当建立健全政府信息发布机制，将主动公开的政府信息通过政府公报、政府网站或者其他互联网政务媒体、新闻发布会以及报刊、广播、电视等途径予以公开"和"各级人民政府应当加强依托政府门户网站公开政府信息的工作，利用统一的政府信息公开平台集中发布主动公开的政府信息。政府信息公开平台应当具备信息检索、查阅、下载等功能"。政府出台和落实该条例实际上是一种尊重和保障公民知情权的做法，同时政府也能够利用便捷且多元的突发公共事件信息发布渠道将自己的声音传递给广大群众，以免出现不良的人因灾难事件社会风险。

网络时代的民主监督以社会风险治理行政问责为主要形式，意味着中国民主政治建设取得了突破性的进展。互联网的普及使得公众拥有了全新的平台和空间进行参政议政，也标志着中国进入了虚拟社会治理时代。作为新型民主表现形式，社会风险治理行政问责机制的出现并不是一蹴而就的，社会风险就是其中不可或缺的一部分内容。在治理人因灾难事件的过程中，问责机制属于事后把控或反馈调节环节，它比事前、事中调控更能对责任主体之间的关系予以明确，也正是因为如此，其预防效果比较差，因此一般只用于对事后评估提供依据，这样可以降低相关部门的追责难度，同时也能保障所出台的治理方案更加科学、合理。健全人因灾难事件社会风险的应对体系，强化政府应对人因灾难事件社会风险的能力，才能有效地应对人因灾难事件社会风险。因此，要有效地对人因灾难事件社会风险治理体系进行"查缺补漏"，最为关键的一个步骤就是要有一个行之有效的问责机制作为支撑。

政府应该本着如下原则对社会风险进行处理：第一，责任原则。对人因灾难事件社会风险进行处理时，政府有时候会出现回应不及时、治理方案不合理，无法完全满足公众诉求的情况，此时公众会对政府充满负面情绪，面对这种情况，政府应该积极应对，主动承认和承担责任，用正面的态度应对公众的不满，采取科学的手段调和自己与公众之间的矛盾，只有用平和的心态和方式对待公众的不满，才能通过引导使之逐渐回归理智。不仅如此，政府还要处理出现的问题，以免不理性的言论不断发酵、膨胀，而且要摆明解决这些问题的态度，让公众看到政府为民着想的决心，提升政府形象，降低风险压力。此时如果政府拒不承认自己的工作存在失误，就会引起公众的猜测，导致社会上充斥各种不满的声音，从而使得社会风险变得更难治理。第二，重开议题原则。在网络时代，政府的话语垄断地位有所动摇，整个社会风险主要为掌握话语权主导地位的胜利者所左右，但是这也并不是绝对的，任何一个网络大V都无法在网络时代成为掌控话语权的唯一主体。人因灾难事件社会风险的出现实际上可以理解为众多非理性因素共同作用的结果，一些媒体会对人因灾难事件进行扭曲，以达到某种经济利益，这样一来，社会风险就会朝着不可控的方向发展。与一般公众相比，政府能够轻易地获得网络资源，若要对社会风险进行有效的处理，就必须重新设置议题，改变社会风险的走向，重新引导社会风险，形成一种政府媒体良性互动的格局。第三，积极引导原则。作为人因灾难事件社会风险主体的政府和媒体应该本着疏导为先的理念来治理风险，如哈尔滨某工厂在水体排污事件发生之后未对事件细节进行及时披露，导致市民就供水系统的瘫痪充满了不满和疑惑，有些市民认为是水体不干净引发的，当社会上充斥着各种谣言时，政府才出面澄清事件。因此，政府应该改变过去控制社会风险的做法，第一时间将事件的相关信息披露出来，满足公众对事件信息的需求。第四，风险和谐原则。社会个体和群体的互动加速了社会风险的发展，事件经过人们的热议之后会形成极具影响力的风险。人们通过信息互通来获得一般理性，中国春秋时期就提出了"和同论"，该理论认为，重复且简单的言论有碍社会发展，要表达不同的言论。现代政府治理人因灾难事件社会风险也应该本着稳定的目的来引导社会风险，但这并不意味要将一切不同的声音都消除，而是要在消除不良言论的基础上达到一种言论"和"的境界。

（1）建立政府权威信息发布机制。"谣言止于公开。"谣言往往都是主流信息未充分传播引起的，网络媒体传播速度与范围千差万别，只有第一时间公布权威信息，才能避免社会风险引发各种谣言，这就要求政府把握好主动权，利用网络媒体的力量及时公布权威信息，这样可以有效扼杀谣言，减轻公众对政府的不满和猜疑。

（2）建立"疏"与"堵"的有效结合机制。在处置和疏导社会风险期间，要平衡好"堵"与"疏"的关系，保证二者都有所兼顾，对于网络中带有诱导性、煽动性的谣言和信息，要及时采取手段封堵，如对关键词进行屏蔽，或是严厉打击谣言散布者。诚然，仅以"堵"的方式治理风险是远远不够的，而且过分依赖这种手段可能会引起公众的猜忌和不满，更不能用"堵"的方式来干扰和封杀客观的批评和曝光。在治理互联网风险的过程中，要在"疏"和"堵"之间找到一个平衡点，不能一味地进行压制，而是要适当地引导，通过科学、合理的引导，实现网络大 V、传统媒体信息和观点的整合，以便更加高效地引导社会风险。

（3）建立主动出击机制。政府还要指定相关人员来回应网络上的投诉、质疑、询问之声，通过正确的引导，让各种声音都能传达，且得到应有的回应。不仅如此，还要利用政府网站信息平台来抢占话语主动权，这样才能及时发声，对社会风险进行有效、及时的疏导。我们应该着手对以下两个网络信息平台进行精心打造：一是"信息发布平台"，这个平台能够有效地封堵各种网络谣言，提升政府重大信息和政策的透明度；二是"信息交流平台"，要发挥网络平台供政府和群众进行沟通交流的作用，使得群众的观点、意见能够上传，政府的政策可以下达，而且这样的平台也是实现群众监督权的一个渠道，这样可以很好地消除政府和公众之间的误会，使得公众无处提意见的格局得到改变。

社会风险影响深远、危害大且扩散快，若任由其发展，那么势必会引起强烈的社会矛盾。因此，应对社会风险最有效的方式之一就是构建一个完善的风险联动机制。

一是建立同一级政府不同部门之间的相互协作联动。协作联动在调和矛盾方面具有至关重要的作用，能够发挥各方治理力量的聪明才智，避免社会风险朝着不可控的方向发展，其中最为可行的一种措施就是成立一个社会风险应急处理中心，由各级党委宣传部门负责管理，然后再构建一个社会风险应急联动信息平台，实现政务协同，动员和组织各方力量来治理社会风险，而相关职能部门可以设置一个专门应对社会风险的网信办。社会风险应急处理中心的任务是对互联网中涉及本行政辖区的一切热点社会风险进行收集和监测，尤其是与政府、公众、干部有关的信息，要定期根据信息涉及的不同职能部门来分类整理风险信息，然后向相应的职能部门分发。不仅如此，要及时同相关部门就某些重点风险进行跟踪，并出具相应的分析报告，及时反馈风险信息给职能部门，指导决策的制定。社会风险应急处理中心应该在发生重大危机事件或社会风险时及时将风险信息汇报给政府应急管理办公室，并将危机风险警示信息发送给各个职能部门，由政府应急管理办公室对各个职能部门进行协调，落实突发社会风险应急预案。

二是建立异地政府之间的相互协作联动机制。本书认为，除了要构建一个实现连接异地政府的合作联动机制之外，还要基于提升社会风险传播速度的考虑构建一个社会风险应对综合协调管理部门，该管理部门可分为四级，即"中央–省–市–县"，管理工作的开展要遵循自上而下的原则，如果出现任由负面灾情信息传播，不作为、通报不及时的现象，该管理部门需要立即追究相关机构的责任，唯有如此才能最大限度地实现政府之间的联动作用，从而对社会风险进行控制。

三是建立健全社会风险处置问责机制。公众在灾难事件社会风险中除了对过程予以关注之外，还比较重视事件的处理结果，对社会风险处置结果进行评估时除了要考虑政府开展的工作内容和方式之外，还要考察其处理的效果，以及公众的反馈。效果好的，要及时进行肯定，相反则要尽快追责、问责。只有做到这一点，才能有效地警示和告诫相关部门单位和责任人，通过这种激励方式来保证其在社会风险治理工作上各司其职。社会风险信息监控部门要设置相应的工作人员负责开展责任管理工作，要保证在事件发生后2~3小时内对监控到的风险信息进行上报，若其部门工作人员在上报社会风险时出现了漏报、瞒报、迟报的现象，且导致产生恶劣后果的，除了要对当事人进行责任追究之外，还要对其领导者进行责任追究。相关风险处置管理条文还应该规定，在应对社会风险期间，若社会风险回应部门出现推诿责任、诚意不足、不负责任、拒不回应且无法出具正当理由的现象，那么应该对相关责任部门和负责人进行责任追究，且其考核成果应该与社会风险处理效果相挂钩，实行社会风险问责制。

## 8.6 人因灾难事件案例

从 2014 年"12·31 上海外滩踩踏事件"和 2017 年"6·22 杭州保姆纵火事件"两个案例汲取教训、总结经验，掌握人因灾难事件社会风险演化规律、主体关系，为人因灾难事件社会风险干预性治理模式提供经验性参考。

### 8.6.1    12·31 上海外滩踩踏事件

下面从案例背景、社会风险走势和治理经验三个方面分析"12·31 上海外滩踩踏事件"。

1. 案例背景

2014 年 12 月 31 日 23 时 35 分左右，正值新年来临之际，与平时无异，无数市民和游客涌向上海街头等待跨年。大量行人聚集在上海外滩陈毅广场东南角同向黄浦江观景平台的人行道阶梯处，随着人流的前进，突然有人摔倒，进而形成了连锁反应，无数人摔倒、叠加，进而酿成了踩踏事件，有关资料显示，在该次事件中有 49 人受伤，36 人死亡。尽管政府部门在事件发生的第一时间就进行了救援，然而还是无法阻止网络上的各种胡乱猜测和谣言，一些公众在谣言的引导之下不停地转发各种消息，导致社会上充斥着各种谣言和小道消息。上海市人民政府于 2015 年 1 月 21 日公布了"12·31 外滩拥挤踩踏事件"调查报告，将这起造成了重大伤亡和严重后果的公共安全责任事件的起因归纳为群众性活动应对处置不及时、现场管理缺失、预防准备不充分。

2. 社会风险走势

通过对新浪微博、网络媒体、微信公众号在事件发生之后发布的信息、材料和数据进行整理之后，可以大致将该事件的社会风险演化划分为如下五个阶段，同时对应于灾情信息传播过程中的孕育期、爆发期、蔓延期、转折期和休眠期，整个事件的社会风险进程如图 8.21 所示。

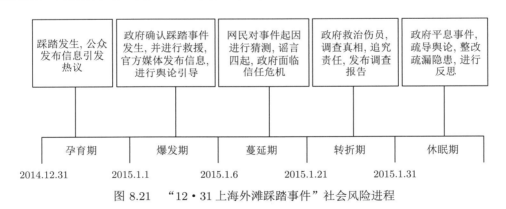

图 8.21    "12·31 上海外滩踩踏事件"社会风险进程

1）事件发生期

上海地区公众十分期待该次外滩跨年的活动，接近凌晨时，大量人群聚集在外滩上，而且年轻群体是这次活动的主要群体，这个群体中又有很多是网络用户，这就是为何事件发生之后互联网上很快就出现了相关的灾情信息，政府管理者所掌握的第一手资料显然没有公众那么多，加上事件发生得十分突然，更加突显了政府在掌握信息方面的短板，也正是因为如此，事件社会风险并未在潜伏期和萌动期有所停留，而是几乎以跳过这两个环节的速度进入了爆发期状态，这也是该事件与其他人因灾难事件有所不同的一点。政府管理者没有足够的时间筛选和把关信息，导致社会上很快出现了各种小道消息和流言，风险局势一直都不明朗，公众猜疑不断。

2）救援处置期

上海市人民政府在事件发生后的第一时间就成立了工作小组，并迅速投入抢救、善后工作当中，但是因为没有及时公布死者名单，加上未详细报道伤员情况，死者和伤者家属情绪异常波动，不少参加跨年活动的公众还处于恐慌当中，于是网络上开始出现各种质疑上海市人民政府、上海市卫生局、上海市公安局、上海市交通管理局的声音，政府公信力每况愈下。

3）原因调查期

社会风险的蔓延很大程度上是网民的胡乱猜想导致的，如外滩某酒吧抛洒美金、当晚地铁南京路站未限行、执行保安只有 700 名等，在各种谣言的刺激下，公众越来越不满政府的表现和作为，于是催生了各种极端话题。但随着政府开始逐步公布事件的细节和原貌，加上正能量的传播，公众不良情绪得到疏导，风险回归平静。

4）话题衍生期

由于是在跨年夜这一敏感的时间点发生了灾难事件，加上事件发生在国际化大都市上海，很多外来旅游的人都是事件的当事人，种种特殊因素作用在一起，使得网民激烈的情绪掩盖了事件的真相，本来开始回归平静的社会风险又因为新社会矛盾话题的出现而重新被推到风口浪尖，甚至衍生出仇富心态、干部腐败、地域歧视等新的热点，如果无法及时控制风险，公众的情绪和态度就会渐渐失控。

5）危机平息期

灾难事件在此期间逐渐回归平静，微信、微博上的话题热度也有所下降，上海市人民政府官方微博在此期间发布了传播社会正能量、做好大型活动安全应急准备、伤员救助情况的三条微博。上海市黄浦区外滩拥挤踩踏事件善后处置工作组公布了伤员救助情况和抚恤金标准，政府在此期间依旧高度重视危机影响的平复，为了疏导遇难者家属的情绪而专门公布了抚恤金标准，同时引导社会风险朝着正向、积极的方向发展，降低受伤公众的社会心理伤害。除此之外，政府还总结了该事件的经验和教训，表达了今后积极应对和准备大型活动的决心。

根据搜集的微博和其他新闻的每日总数量，绘制的"12·31上海外滩踩踏事件"信息关注度走势如图 8.22 所示。

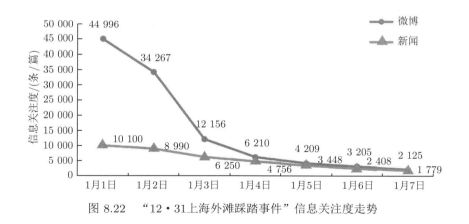

图 8.22　"12·31上海外滩踩踏事件"信息关注度走势

3. 治理经验

在"12·31 上海外滩踩踏事件"中，通过媒体报道与政府后续总结，可以发现在该事件中暴露出以下不足。

1）风险评估研判严重失误

政府在该事件当中不遗余力地控制社会风险，但是未能及时公布准确的信息，导致社会上出现了一些谣言和极端言论。具体表现为，政府未在该事件发生之后对发布在微信、微博上的信息予以回应，也未对公开信息进行核实。上海市公安局官方微博于2015年1月1日0时31分发布消息称："执勤民警接到游客摔倒的信息后火速赶往围成环岛，对客流进行引导。"该官方消息并不全面，只公布了游客摔倒的事实，并未预见事件可能造成的后果，直到事件发生且网络上已经充斥着各种谣言之后，政府才对整个踩踏事件进行公开，此时已经错失了引导社会风险的最佳时机。及时公布真实信息是消除公共危机事件中各种谣言的有效举措。谣言伴随着事件的发生而出现，很多未在现场的群众为此也陷入了一种"宁可信其有，不可信其无"的怪圈，成为散布谣言的一分子，接收了错误的信息，产生了错误的看法，导致谣言更加肆虐。以"撒钱"谣言为例，政府未及时出面攻破谣言，导致谣言存在了数十个小时，尽管政府后来通过微博、微信澄清并无此事发生，以控制事态发展，但是因为网络传言存在时间过长，已经为时已晚。总体而言，政府利用新媒体来治理外滩踩踏事件社会风险是正确的做法，但是部分环节处理不得当导致应对不及时，社会风险曾一度陷入失控的地步，这是值得政府反思的地方。

现代应急管理从事后应对转为事前预防的关键就是进行风险评估，要系统、客观地预估风险类型、可能性、强度、持续时间、演化途径，进而制定行之有效的应对、预警、监测、预防策略。具体到该事件当中，社会风险评估几乎处于空白状态，上海市黄浦区公安分局在分析上海市黄浦区人民政府允许在外滩开展新年倒计时活动决定时未对外滩源安全风险进行评估，导致安保方案存在漏洞，这种未能对外滩风景区整体风险进行评估的表现实际上也是其缺乏风险意识的一种表现。上海市黄浦区公安局指挥中心副队长蔡某在踩踏事件的发布会上明确表示"当晚外滩并无活动，故而未限制人流也未管制交通"，这充分说明相关部门风险意识淡薄；事发之时，一些游客赶往外滩参加新年倒计时活动，政府也如往年一样未专门重视此类大型活动潜藏的风险隐患，未及时评估风险等级，导致安全风险研判出现了重大失误[442]。

2）风险预警传递明显不足

成功识别社会风险之后，应该向利益相关者传递预警信息，这是应急管理的基础，也是最起码的要求。该次踩踏事件的发生充分说明，风险预警信息传递不畅，从而酿成了灾祸。上海新民网等网站于2014年12月23日发布了《提醒！上海外滩跨年4D灯光秀今年停办》的文章，东方网和《东方早报》于12月25日刊登了《"跨年灯光秀"今年移师外滩源：让路少封些，让交通影响小些》等文章，《上海商报》于12月31日发表了《2015上海新年倒计时外滩源将上演灯光秀》的文章，这些文章都已经通知活动在外滩源举办，公众入场需要出示票据。

极其不幸的是，这些媒体缺乏权威性，故发布的信息未能引起社会公众的广泛关注，而且更加令人感到遗憾的是，上海市黄浦区旅游局在活动即将开始时才将场地已经变更的信息发布出去，而且并未标注清楚"外滩源"和"外滩"是两个地方，就连本地市民也无法判断到底是何处，就更不用说是前来上海旅游的非本地人了，预警信息公布不及时、信息传递不畅的现象一目了然。

通过以上分析，该事件的经验总结如下。

政府及相关部门要及时介入，选择性地公布和删除信息，采取积极、真诚的风险应对态度，要管控全局，避免风险升华到新阶段，媒体要凸显桥梁作用，做好政府和公众的"喉舌"，既要维护政府权威，又要支持公众发声，公众要对政府行为进行监督，为风险治理献计献策。

第一，风险初期要保证事件信息被完全披露出来，将谣言扼杀在摇篮之中，对于网民的质疑，要主动回应、及时回应，使得政府的态度和公信力得到充分彰显。从政府的角度来看，要积极对相关信息进行披露，不能采用强制手段压制消息，政府要本着保障公众正当权益的考虑来披露相关信息，消除公众对某些问题和看法的误会，增加公众向心力。从立法体系的角度分析，这是一种尊重公众知情权的表现，政府要构建一个搜集和回馈网络热点信息的机制，配合监测社会风险的权威平台，采用科学的监测手段来跟踪社会风险的发展。

第二，要引导多方机构正确设置议程，充分发挥媒体和政府在社会风险生命周期阶段引导情绪和应对信息传播的作用，逐步消除传统媒体和政务媒体之间的界限，调动传统媒体发布权威信息的能动性，使之以一种客观、公正的态度报道事件，从而对网民情绪进行疏导。

第三，要充分应用各类新媒体平台，尤其是微博与微信，对社交媒体的多样特征予以肯定，注册政府公众账号，借助各种新媒体的力量来有效治理社会风险。传统媒体和网络媒体在应对和治理社会风险当中扮演着极其重要的角色，在引导风险方面，传统媒体经验丰富，网络媒体则不受时间和空间的限制，若能实现二者的结合，则可以起到"1＋1＞2"的效果。因此，网络媒体对人因灾难事件社会风险进行治理的过程中要巧用传统媒体的力量，引导网络大 V 将能够宣传社会正能量且充满说服力的言论发布到网络上，利用其号召力和影响力来疏导网民的不良情绪，消除网民的质疑，使得风险朝着正向、积极的方向发展，这样才能构建一个能够真正有效管控危机的社会风险应急管理系统[443]。

第四，与网民进行全方位的互动，引导网络大 V 掌握风险主动权。就拿微博平台来说，政务微博中拥有众多"粉丝"的博主可以向其他博主提供帮助，以"互粉"的方式来增加微博影响力，通过对网络大 V 的思想动态进行掌握来对社会风险进行疏导。

第五，在处理社会风险时要善于利用技术手段。为了避免社会网络化所造成的各种风险和问题，应该提前运用各种技术对一切未知风险进行防范，这也是避免社会风险发展过快的一种手段。除了要运用这些技术手段对负面灾情信息、非法信息进行筛选之外，还要封锁网页地址，以免其流出，同时结合风险焦点信息对虚假消息进行删除，如果删除信息前这些信息已经被网民接触，那么要告知其删除的缘由，以免引起误会。

第六，改变政务媒体平台运作中暴露出来的官僚主义思想，打破传统"自上而下"的传播观念。新媒体的"新"更多地体现在精神和思维两个层面，而不只是传播手段的"新"，这一点必须得到社会风险治理主体的重视[444]。

### 8.6.2　6·22 杭州保姆纵火事件

"6·22 杭州保姆纵火事件"造成一名成年女性和三名儿童身亡，该事件引起了全国公众的热烈讨论，迅速轰动全国，造成了严重的社会影响。

1. 案例背景

2017 年 6 月 22 日，杭州高档小区"蓝色钱江"住宅楼发生火灾，女主人及三个孩子遇难不幸身亡。杭州市公安局上城区分局经过调查之后发出通报，火灾疑似事主家保姆故意纵火引起，经过一系列调查之后，保姆莫某对自己蓄意纵火的事实供认不讳。6 月 24 日，受害者家属林某在微博上发声，要求小区物业还受害者与公众真相，出面进行交代。绿城物业服务集团有限公司（简称绿城物业）官方微博"绿城中国"于 6 月 29 日发出了公开声明——《致哀·回答》，该次事件发生之后，网民对绿城物业的救援能力持怀疑的态度，并要求相关部门严查，同时也有不少网民向受害者家属送上慰问，一时间，社会公众在线上线下就该事件展开了激烈的讨论。

2. 社会风险走势

荆楚网络大数据舆情系统监测的结果显示，该事件在2017年6月21日至7月21日期间酝酿了两次风险，如图 8.23 所示，6 月 22～29 日社会公众对救援情况和嫌疑人被捕归案保持高度的关注和热切的讨论，这是第一次风险的出现，之后绿城物业第一次出面回应，至此绿城物业成为风险的焦点，这是第二次风险的出现，这8天内风险呈现出一种双峰值形态的走势（图 8.24）。

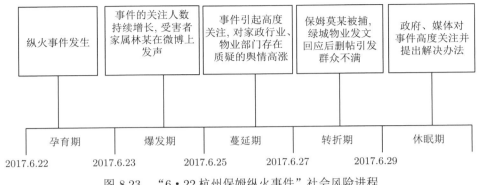

图 8.23　"6·22 杭州保姆纵火事件"社会风险进程

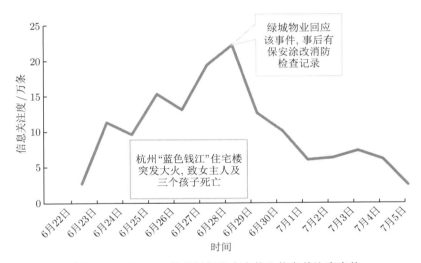

图 8.24　"6·22 杭州保姆纵火事件"信息关注度走势

对事件发生后微信转帖、新浪微博、网络媒体的相关信息和资料进行整理后发现，该事件的社会风险经历了以下几个演化过程。

1）风险酝酿阶段

在该事件中，风险酝酿阶段持续时间较短，2017 年 6 月 22 日该事件首先在微博上被曝光后，备受社会公众关注，短短几小时就登上了微博热搜榜首[445]。

2）风险爆发阶段

微博热搜引起重大关注后，多家媒体对该事件进行了报道，如《今日头条》《新闻晨报》《央视新闻》，加上社会公众的讨论，6 月 24 日，该事件正式进入舆论爆发期，自风险酝酿阶段以来，公众情感呈现出强烈的负面情绪。犯罪嫌疑人莫某被捕的时间是 6 月 27 日，网民对绿城物业发布的声明处于一种"不买账"的状态，而受害者家属林某本人对于绿城物业无关痛痒的声明也感到十分不满，并在微博表达了谴责，要求相关部门对火情真相进行调查，以保障自己的权利，至此，社会风险达到高位[446]。

3）风险交互阶段

杭州市中级人民法院于 2017 年 12 月 21 日对该纵火案件进行了公开审理，线上线下媒体和微博大 V 对于该事件的关注焦点也从最初的"保姆""消防部门"转变为"失职""追责"，而且十分不满政府部门的态度。12 月 26 日，网民对于杭州市公安消防局关于受害者家属的回应持不满意的态度，消极情绪持续蔓延，风险也因为这种负面情绪的积累而进入第二阶段，加上一审判处犯罪嫌疑人莫某死刑，各种舆论交织在一起，形成了风险二次爆发，风险显得极不稳定。

风险再次爆发与官方媒体"失声"有着莫大的关系，如杭州市公安消防局微博自该事件发生就很少更新，信息量极少，而且基本不配图，回应滞后导致线上线下媒体缺乏互动，话语主导权也被其他媒介掌握，使得网民对该事件的关注逐渐失控，最后在各种小道消息和谣言的影响下公众越来越不满政府的态度和做法。

4）风险消解阶段

时间的推移及新的社会热点发生导致公众的注意力转移，网民渐渐不再关注该事件，这一阶段会持续较长时间，而且具有反复性。评论数量的锐减是导致风险波动的根本原因，长期用户的规模变大，极端评论文本越来越能够影响情感倾向，但因为消防部门的及时回应及官方信息发布角度与网民质疑点的契合度很高，消解阶段的风险并未出现明显波动。

3. 治理经验

在对该事件社会风险发展各阶段的特征进行分析后，总结出如下应对策略。

（1）衍生风险发展初始阶段的风险应对强调"快"。网民自 2017 年 7 月 11 日至 12 月 21 日发表的评论数开始呈下滑的趋势，消防部门考虑到该事件综合关注度不高，加上负面情绪得到了有效疏导而开始积极回应，与政府部门一起将事件原貌通过主流媒体发表出来，以一种积极、正面的状态引导风险朝着可控的方向发展，并掌握了舆论话语权，使得其演化成衍生风险的可能性大幅度下降。

（2）应对二次波动的风险需突出"准"的特点。网民情感极性强度在 2017 年 12 月 21 日至 2018 年 2 月 12 日显著下滑，达到情感值谷值的时间为 2017 年 12 月 26 日，通过对 12 月 26 日的微博事件进行回顾不难发现，其是杭州市公安消防局未能及时回应家属质疑及回应内容不充分导致的，这在一定程度上激化了风险。因此，消防部门在风险二次发散期应该对网民关注的问题进行梳理，如该事件的评论主题就在最初的基础上发生了一些变化，开始以"权责一致""政务公开"为主要内容，若能够从这方面切入，发布一些图文并茂的信息，然后附上链接，就能做到充分回应，更能使谣言不攻自破。除了要做到这一点之外，还要合理地设置议题，淡化该次衍生风险中的恶性因素，合理转移网民的关注角度，这样才能对风险矛盾点进行有效的化解，以免风险恶化。

（3）风险衰减期应对风险突出一个"全"字。该事件自 2018 年 2 月 12 日开始就未再发布新的热点信息，此时的评论数与情感值呈反相关关系。消防部门在此阶段应该坚持对网络评论文本进行监督，保持对网络大 V 的高度关注，引导线上线下主流媒体传播社会正能量，使得信息得以充分、流畅地发布。不仅如此，由于此阶段已经拥有了充足的信息，发布过程中一定要做到系统、完善，以免风险反复。以杭州市公安消防局为代表的风险涉事主体应该对风险发展态势保持高度关注，了解网民情感变化趋势，利用计算机技术对情感变化进行检测，以掌握网民的情感动态，从而为风险管理创造良好条件。

公众议程内容的传播深远地影响着社会风险的发展态势，该事件引起了网民的各种负面情绪，包括悲痛、惋惜、质疑、谩骂、心酸，议题内容呈现的视角和关注属性与议题属性密切相关，二者共同决定了公众关于事件的态度、看法和观点。例如，对涉案保姆的过错、罪行和过往进行深挖，网民就更加不齿这种纵火行为；对受害者家庭过往的日常生活进行报道，那么会使得网民感到悲痛和心酸；对事件原貌进行还原，那么会引起人们对救援程序和方式的反思。因此，在引导社会风险的过程中，一方面，要及时预警和分析处理自媒体的监测信息，为风险引导工作的进行扫清障碍，把握风险的主导权；另一方面，要改善自媒体用户的媒体素养，通过引导，使其理性地看待风险事件。政府是治理社会公共事务及疏导突发危机事件社会风险的主体，其所拥有的权威和资源是其他任何个人与组织所不具备的，这就要求相关部门形成合力，共同引导、监测和监管风险，具体而言：一是要构建联动反应机制。构建畅通的信息互动平台和渠道，在信息互通的过程中共享资源、信息和数据，以免信息不全面而出现风险发展失控、信息反馈不到位的现象。二是构建专门用于研判和监测社会风险的系统，及时预警社会风险。利用有效的信息监测手段来对风险动态保持了解和关注，避免谣言信息、有害信息、非法信息充斥在社会和网络空间上，而且要在科学分析监测数据的前提下，合理引导和推送网络信息内容。三是构建能够及时反馈风险的机制。人因灾难事件的发生是非常突然的，要以一种正面的态度对事件的发生、经过和结果进行关注和了解，第一时间回应公众的质疑，这样才能避免出现误会，从而主导整个风险的发展。

# 释　然　篇

知之愈明，则行之愈笃；行之愈笃，则知之益明。

——朱熹

《朱子语类》卷十四·大学一

一定是实践和实际的人生经验教给了他这么些高深的理论。

——威廉·莎士比亚

《亨利五世》

Must be the practical and practical life experience that taught him such profound theories.

——William Shakespeare

*Henry V*

行动生困难，困难生疑问，疑问生假设，假设生试验，试验生断语，断语又生了行动，如此演进于无穷。

——陶行知

《思想的母亲》

知之愈明，则行之愈笃；行之愈笃，则知之益明。通过应然篇、适然篇、实然篇的研究，一套创新型的从现实问题出发、基于学术研究前沿的灾难事件社会风险治理方法体系已经构建。释然篇作为本书所构建的灾难事件社会风险治理系统的实践应用部分，共包含三章内容，分别利用自然灾难事件、技术灾难事件和人因灾难事件的典型案例对所构建的方法体系进行应用分析。

1. 理论意义

灾难事件社会风险治理是一个具有多层次主体参与、多阶段动态演化、多渠道数据异构等特性的复杂开放系统工程。以系统工程思想为指导、管理科学方法为依托、典型案例为背景，以科学高效、及时精准为宗旨，针对"三位一体"的灾难事件社会风险治理系统特性，本书构建了基于开源社交平台信息的多阶段渐进型灾难事件社会风险治理方法体系，有效助力灾难事件社会风险治理能力的提升和改善；运用所构建的灾难事件社会风险治理系统，分别对自然灾难、技术灾难和人因灾难事件的典型案例进行研究，研究方法一脉相承、研究思路一以贯之。然而，由于三类灾难事件社会风险的自然属性和社会属性的差异，研究结论不尽相同。从研究结论出发，针对灾难事件社会风险治理中的主要参与者，即政府、媒体和公众，分别提出系统的对策建议和改进措施，为灾难事件社会风险治理能力的持续提升提供扎实的理论基础和鲜明的发展方向。

2. 实现路径

1) 典型性—时效性—重要性兼顾的案例研究对象选择

释然篇作为所构建的灾难事件社会风险治理系统的实践应用研究，如何选择案例研究对象是首要问题。作为被重点研究的灾难事件案例应具备典型性、时效性和重要性。其中，典型性是指个体代表总体的能力和程度。由于灾难事件层出不穷，无法逐一进行系统的案例研究，需要选择具备典型性的案例，通过对典型案例的全面研究，并通过典型案例对普适案例的代表性进行推演与模拟，从而得出适用范围广泛的灾难事件社会风险治理方法体系。时效性是指灾难事件信息的新旧程度、行情最新动态和进展。恰当地选择具备较好时效性的灾难事件作为案例研究对象，紧紧把握其时效性特点、充分发挥其时效性功能是灾难事件社会风险治理方法体系得以切实助力我国灾难事件社会风险治理能力持续提升的关键问题。选择过于陈旧的灾难事件案例，虽然具有较为详细的案例背景信息和数据，但在灾情信息传播媒介和渠道日新月异的今天，陈旧的案例往往无法切实为当下的灾难事件社会风险治理提供可靠经验；选择过于新生的灾难事件作为研究对象，虽然其相关信息的发生和传播符合最新的媒体技术和渠道，但往往难以全面准确地掌握相关情况，导致难以系统地对其进行研究。综上所述，均衡考量事件信息的全面性和事件发生的时间节点是选择具备时效性灾难事件案例研究对象的核心思路。重要性是指具有较大影响的灾难事件，这种影响可概括为三个方面：一是灾难事件直接后果影响严重；二是灾难事件信息传播持续时间跨度长；三是灾难事件社会风险治理过程中出现不尽如人意的情况。统筹兼顾上述三个方面是选择具备重要性灾难事件作为案例研究对象的关键要素。综合考虑典型性、时效性与重要性，分别选择"8·8九寨沟地震"、"8·12天津滨海新区爆炸事故"和"3·1昆明火车站暴力恐怖案"作为自然灾难事件、技术灾难事件和人因灾难事件的案例研究对象。

2) 数据挖掘—角色识别—系统分析集成社会风险治理

对灾难事件的信息进行精准挖掘与科学处理已成为提升灾难事件社会风险治理能力的前提保证，运用数据驱动的多主体参与的灾难事件社会风险治理系统中的关键决策主体进行有效识别是系统治理灾难事件社会风险的重要支撑，从全局角度出发对灾难事件社会风险进行系统分析是践行灾难事件社会风险科学高效治理的根本途径。以"精准挖掘—异构融合—异常甄别—多重判断"作为核心脉络，以微博平台的开源信息作为主要抓手，综合运用语义模糊处理方法与关键词聚类算法实现对灾难事件社会风险信息检索的精准化表达，运用网络信息爬虫技术对其进行挖掘，而后以信息产生时间与灾难事件发生时间相匹配为原则，采用基于特征值提取的模糊信息处理方法，对挖掘所得的文本、图片及视频等结构互异的灾难事件社会风险信息进行有效融合，以实现异构信息的结构化与半结构化表达。政府、媒体和公众是灾难事件社会风险信息传播的核心主体，也是灾难事件社会风险治理的主要参与者，刻画三者之间的行为交互方式、构建三者之间的决策结构框架是构建灾难事件社会风险治理系统的重要支撑。运用所构建的传染病模型将政府、媒体和公众三类参与者划分为不知者、潜伏者、传播者和抑制者四种状态，利用实际案例背景与数据分别仿真和模拟四种状态下参与者的行为对于灾难事件社会风险传播的作用。在充分分析政府、媒体和公众三类参与者的交互作用与协同效应的基础上，运用系统动力学方法对仿真结果进行灵敏度测试，梳理与分析差异参数条件下三类参与者之间的交互结构是否发生显著性变化，以实现对三者系统架构的准确表达。从全局优化角度出发，在精确的数据获取和准确的系统结构的支撑下，以系统论思想为指导，对灾难事件社会风险治理系统进行充分分析，进一步评估持续时间和传播热度对于灾难事件社会风险传播的影响。本书通过设置差异化灾难事件信息持续时间及传播频次，挖掘了多维度的初始数据集，通过进一步的模拟仿真，测算了差异时间及频次条件下，四种状态的参与者对于灾难事件社会风险传播与治理的不同表现，为提高灾难事件社会风险治理能力提供了有效的决策支撑。

3) 引导监管—规范及时—正向参与三位一体治理范式

政府、媒体和公众是灾难事件社会风险治理系统中的三类参与主体，其行为将显著影响灾难事件社会风险的传播、扩散和治理，同时，三类参与主体之间的交互作用和协同效应又进一步加剧了灾难事件社会风险治理的复杂性。本篇基于数据挖掘—角色识别—系统分析集成的社会风险治理方法体系，在对微博开源信息的收集处理并利用所构建的传染病模型进行仿真模拟结果的基础上，提出了引导监管—规范及时—正向参与三位一体治理范式。其中，政府作为整个系统的主导，需要以完善网络信息传播工作制度化、及时监管信息风险扩散、加强信息风险扩散的引导控制及提升信息风险扩散的善后恢复能力四个角度为主要改善方向。媒体是新闻报道和信息传播的重要参与人，在对灾难事件信息报道和传播时，应以真实性、准确性为前提，做到在报道前全面细致地考察事件实情，对报道的内容字斟句酌，避免歧义报道的发生。职业道德的坚守、职业素养的改善和职业技能的提升是媒体作为重要参与角色提升自身灾难事件社会风险治理能力的核心方向。作为公众，在参与灾难事件信息传播及社会风险治理时，应以信息真实性为基础、以公共价值观为准则、以相关法律为准绳。真实是灾难事件信息传播中公众参与的基础，符合公众价值观的灾难事件信息发布和传播是公众参与的必要前提，此外，公众在参与灾难事件信息的发布和传播过程中必须遵守各项相关法律法规，严守底线。

3. 关键发现

网络已成为灾难事件社会风险治理需要重点关注的载体。随着互联网技术的发展和大数据时代的到来，灾难事件的信息传播载体已由传统的媒介转变为社交平台，对社交平台上关于灾难事件的信息进行精准挖掘与科学处理已成为提升灾难事件社会风险治理能力的前提保证。

政府、媒体和公众应充分发挥协同治理效应。政府、媒体和公众是灾难事件信息传播的核心主体，也是灾难事件社会风险治理的主要参与者，刻画三者之间的行为交互方式、构建三者之间的决策结构框架是构建灾难事件社会风险治理系统的重要支撑。

及时预警、规范操作和自主意识是治理灾难事件社会风险的关键点。加强灾难事件应对的全民风险意识建设、专业力量体系建设、大数据信息体系建设，构建以政府、媒体、公众为核心三位一体的，以共同参与、加强预警、规范操作为工作重心的灾难事件社会风险治理系统是全面提升灾难事件社会风险治理能力的关键点。

# 第 9 章

# 自然灾难的实证分析

自然灾难事件与其他灾难事件相比，具有许多独特性，并且自然灾难事件伴随而来的社会风险也具有独特性。对自然灾难事件进行辨识及对自然灾难事件发生后的社会风险演化研究具有重要意义。自然灾难事件具有可预见性低、可控性差、影响范围大、损失程度高的特点，经常会引发次生和衍生灾难。由于气候变化，极端天气、自然灾难事件造成人员伤亡及财产损失的现象频现，引起社会广泛关注，一旦处置不当，极易造成公众恐慌。大数据加速信息传播，也促进风险的生成、发展和演化，使得自然灾难事件社会风险呈现反应迅速、链状乃至网状群发、衰减急剧的演化规律。自然灾难事件的突发性导致信息不对称，为了避免风险主体在集结、互构、融合的过程中引发风险恶性分化裂变，政府应第一时间进行权威发布，把握风险发生后的黄金 4 小时，对风险进行正确及时的引导，采取"引导为主、干预和回应为辅"的引导性治理模式。成功的社会风险引导不仅可以解决自然灾害次生危机，减少谣言传播，还可以缓解公众的心理压力，维护政府的良好形象。以"8·8九寨沟地震"为例，通过案例背景介绍、风险演化分析、应对管理措施和优化对策建议，充分分析自然灾难事件社会风险治理。

## 9.1 灾难治理系统

自然灾难事件是一种以自然现象为原动力，对人类生存环境及社会结构产生了超出其极限承受力的破坏性突发事件。实际上，自然现象并不等同于自然灾害，只有当自然现象给人类社会带来破坏或损害并且严重超出了人类生存环境的承受力时，才会形成自然灾害。自然灾害形成的过程不同，有的很久，有的很快，有的突发。当致灾因子的变化超过一定强度时，很短时间内表现为灾害行为，有时甚至是几秒钟。随着人类实践活动深入自然界的各个角落，自然灾难事件爆发的频率越来越高，造成的损失也越来越大，造成的社会风险也越来越多。自然灾难事件社会风险是指自然灾难事件系统自身演化而导致未来社会损失的不确定性。自然灾难事件系统由孕灾环境子系统、承灾体子系统和致灾因子子系统组成。自然灾难事件社会风险是自然灾难系统演化的结果，是自然灾难事件的孕育。自然灾难事件社会风险并不等同于前工业社会时期所面临的由自然力量带来的社会损失的可能性。随着科学技术的进步和人类改造自然的能力增强，自然灾难事件社会风险的生成和演化及社会损失的发生，越来越多地受到人类活动的影响，带上了一定的人为色彩。

### 9.1.1 灾难显著特征

自然灾难事件具有可预见性低、可控性差、影响范围大、损失程度高的特点，经常会引发次生和衍生灾难。自然灾难事件造成人员伤亡及财产损失的现象频现，引起社会关注，易造成公众恐慌。一般来讲，自然灾难事件的显著特征如下：普遍性，即自然灾害的分布范围很广，不管是海洋还是陆地，地上还是地下，城市还是农村，平原、丘陵还是山地、高原，只要有人类活动，自然灾害就有可能发生；区域性，即自然灾害会因区域而异，自然地理环境的区域性又决定了自然灾害的区域性，沿海地区的台风，山区、盆地的地震，平原的风暴、沙尘暴，雪山的雪崩等都是因地形不同而异的；非重复性，即自然灾害的过程和损伤结果都是唯一的，何种过程导致了何种结果是不可能重复的；周期性，这是所有自然灾害的特性，人们往往会用"十年一遇、百年一遇的洪水、干旱、地震灾害"来形容，这实际上就是自然灾害周期性的一种民间表述，其每隔一段时间便会发生；不确定性，即人们无法预测何时何地会出现自然灾害，也正是因为如此，人们在自然灾害面前往往措手不及。此外，频繁性、联系性、严重危害性、不可避免性等也是自然灾难事件的显著特征。

### 9.1.2    灾难治理主体

在自然灾难事件社会风险中，参与主体具有一定的复杂性，风险主体包括政府、媒体、公众，三者都是重要的参与方。从应急救助的角度来说，政府是组织、调动和指挥应急救助工作的主体；从灾情信息的发布方式上来看，媒体不仅仅是灾情信息的宣传者，也是连接政府和公众之间的桥梁，更是灾情信息传播的对象和主体；公众常常是被引导的对象和承灾主体，随着移动互联网的普及，公众也会通过微博、论坛等发布某些具体的事件或灾情消息，成为风险形成的助推者。

在自然灾难社会风险演化进程中，政府的权力地位和政治职能决定了其必须承担治理和引导责任。社会上出现灾难事件时，如果政府没有第一时间出面有力地处理整个突发事件，就会导致广大群众质疑政府的能力和态度，他们会将自己对政府的不良情绪通过网络平台，如贴吧、微博等发泄出来，这显然会影响政府的公信力，动摇群众对政府的信任，甚至引发一连串的反应。政府部门会通过实时动态监测和分析网络媒体的信息，来避免社会上出现影响较大的网络媒体风险突发危机事件。但是，与普通突发事件相比，自然灾难事件有着自己的特殊性，它只要爆发就会瞬间点燃风险导火索，引起社会公众全国性的广泛关注和议论，难以有效遏制网络风险的快速形成。政府部门在社会风险发生期间会采取多元的手段和方式来控制社会风险的传播和扩散速度。

媒体有网络媒体和传统媒体之分，如今人类已经迎来了融媒体时代，网络媒体和传统媒体已基本融为一体。与网络大 V 和普通网民相比，媒体的传播受众更多，影响力更大，社会上出现突发事件之后，网络风险通常都是媒体报道了事件后才被全面引爆的，因此，在传播和扩散社会风险方面，媒体起到了"催化剂"的作用。大众新闻的传播离不开社会观察的支撑，在引导突发公共事件的网络风险时，媒体工作人员对事件进行解释和宣传时要保持公正、客观，提前预警潜在的恐怖和威胁，以引起各个层面的广泛关注，并采取恰当的手段和措施来提升风险监督水平，这样才有利于公众认知和做出正确判断，加强风险防范意识、科学思维和理性识别能力。另外，要保证信息在政府内部互联网中有效传递，使政府依托这些及时、真实的信息制定正确、科学的决策，以体现出政府办事的决心和态度，这样才能增强自己的说服力，有效引导整个社会的信息传递和导向。

公众是自然灾难社会风险治理系统中生产风险的主体，也是传递风险的纽带，是整个风险演化过程中的关键一环，更是治理风险时必须保持高度重视的客体。在风险演化和治理过程中，公众有普通公众和网络大 V 之分，其中规模最为庞大也最为常见的当属普通公众，他们是社会风险形成不可或缺的部分，主要起到接收风险的作用，其通常不具备言论主导权，而且自己的观点很容易受到他人左右，缺乏理性，政府在风险治理期间应该多多关注这一群体。拥有话语主动权的通常是网络大 V，其言论往往具有号召力和煽动性，在新时代的风险环境下，网络大 V 有一大批追随者，几乎拥有"一呼百应"的能力，能够左右热点事件风险的走向，因此政府在治理社会风险时要对网络大 V 的引导能力进行巧妙运用。公众作为独立的个体，其思想各有不同，因此社会风险治理的关键就是如何引导公众的思想。社会公众普遍具备自我管理的能力，其观点和意见理性与否与其自身的科学文化素养水平和思想道德意识密切相关，管理风险的主体应该针对这一特点实现公众"自治"作用的最大化，从风险发生时就开始对公众的思想和观点进行引导，使得风险朝着可控、健康的方向发展。

## 9.2　案例背景介绍

中国地震台网正式测定：2017 年 8 月 8 日 21 时 19 分 46 秒在四川阿坝藏族羌族自治州（简称阿坝州）九寨沟县发生 7.0 级地震，震源深度 20 千米[447]。"8·8 九寨沟地震"震中位于北纬 33.20 度，东经 103.82 度，九寨沟核心景区西部 5 千米处比芒村。震中东距九寨沟县永乐镇 39 千米、南距松潘县 66 千米、东北距舟曲县 83 千米、东南距文县 85 千米、西北距若尔盖县 90 千米、东偏北距陇南市 105 千米、南距成都市 285 千米[448]。截至 2017 年 8 月 13 日 20 时，地震造成 25 人死亡（其中 24 个遇难者身份已确认），525 人受伤，6 人失联，176 492 人（含游客）受灾，73 671 间房屋不同程度受损（其中倒塌 76 间）[449]。九寨沟县隶属于四川省北部阿坝州，与甘肃省文县、舟曲县、迭部县三县连界。地势西高东低，海拔在 1 000~4 500 米。矿产资源较丰富，地处中国六大金成矿带之一的川西北金三角区内。九寨沟县面积 5 286 平方千米，下辖 5 镇 7 乡。

### 9.2.1　人员伤亡

截至 2017 年 8 月 9 日 13 时 10 分，"8·8 九寨沟地震"事件已致 19 人死亡，343 人受伤，其中重伤 13 人，较重 21 人，轻伤 309 人，已转院 19 人。省道 301 线 3 处断道均已抢通便道；17 个乡（镇）已恢复供电；50 000 余个游客（含 126 个外国游客）全部转移至安全区域妥善安置或已转运至绵阳、成都等地；务工人员转运工作抓紧展开；九寨沟县全县范围内排查复核原有隐患点 227 处，有变形加剧隐患点 9 处，发现新增隐患点 33 处，巡排查工作加快推进，漳扎镇及相关乡镇转移安置群众 9 000 余人[447]。截至 2017 年 8 月 10 日 12 时，九寨沟地震已致 20 人死亡（其中游客 6 人，本地群众 2 人，未查明身份 12 人，新增 1 人未查明身份），431 人受伤（重伤 18 人，其中 17 个重症伤员已转移至成都、绵阳救治，1 个重伤员暂在松潘县人民医院救治。需要声明的是，在 431 个受伤人员中，369 个为九寨沟县境内受伤人员，其中重伤 13 人（危重 2 人），较重 21 人，轻伤 33 人，已转院 53 人。另 62 个伤员为松潘等县出现的伤员，主要在松潘县人民医院治疗。截至 2017 年 8 月 10 日 22 时，九寨沟地震已致 20 人死亡（其中游客 6 人，本地群众 2 人，未查明身份 12 人，新增 1 人未查明身份），493 人受伤（其中重伤 45 人，较重 56 人，轻伤 392）[447]。截至 2017 年 8 月 11 日 13 时，九寨沟地震已造成 23 人死亡、493 人受伤（其中重伤 45 人，较重 56 人，轻伤 392 人）。截至2017年 8 月 12 日 16 时 50 分，死亡的 24 人中，已有 20 人确定身份，其余 4 人正在核实身份；493 人受伤（其中重伤 45 人，较重 56 人，轻伤 392 人）。截至 2017 年 8 月 13 日，地震已致 25 人死亡（其中 21 人确定身份，4 人未确定身份）；493 人受伤（其中重伤 45 人，较重 56 人，轻伤 392 人）。截至 2017 年 8 月 13 日 20 时，地震造成 25 人死亡（其中 24 个遇难者身份已确认），525 人受伤，6 人失联，176 492 人受灾，73 671 间房屋不同程度受损[447]。

### 9.2.2　房屋破坏

受灾房屋中，由泥浆、生土砌筑围护墙的木结构房屋占绝大多数。这些木结构房屋中，有部分在地震中遭到损坏，但主体结构基本完好，主要是非主体结构部位受损，如土石围护墙体开裂、倾斜、局部垮塌等[450]。这反映出当地传统的木结构房屋有较强的抗震能力。有 44.7% 发生中等破坏，29.4% 发生严重破坏，集中在砌体填充墙的破坏上，而木板填充墙保持完好，木构架自身破坏并不严重。受灾房屋中，有部分为泥浆砌筑毛片石墙承重的石结构房屋。该类房屋遭受地震的主要破坏情况为屋架变形、局部垮塌、墙体裂缝变形等，该类房屋的抗震能力较低。其中，有 14.6% 发生轻微破坏，56.4% 发生中等破坏，这是由于该结构大多设有圈梁、构造柱等抗震措施，提高了抗震能力，而 23.6% 严重破坏与约 5% 毁坏是由于未设置抗震措施，承重墙在地震作用下很快产生裂缝并贯通，失去了承载能力[451]。受灾的砌体结构房屋中，也有部分出现震损破坏，破坏情况主要为墙体裂缝、变形等。其中，未按标准规范建造的无圈梁、无构造柱的砖混结构房屋，受损情况相对较重。有 45.9% 的结构发生轻微破坏，有 32.8% 的结构发生中等破坏。该次地震对房屋建筑总体破坏程度一般，局部地区破坏程度较重，主要集中在震中附近的 IX 度、VIII 度高烈度区域。在相关调查中，没有发现农房整体结构倒塌的情况；受损较重的砌体房屋，多为无圈梁、无构造柱的砖混结构房屋；木结构房屋主要是非主体结构部位受损，主体结构基本完好，反映出当地传统木结构房屋较强的抗震能力；多数木结构农房经受地震后，安全性没有明显降低[452]。

### 9.2.3　震中灾损

漳扎镇处于 IX 度烈度区，是"8·8九寨沟地震"的震中地区，受灾最严重。酒店、景点破坏严重，大部分停业，全镇有 10 余个帐篷临时安置点[453]。受地震影响，漳扎镇酒店从爆满到空置，全镇旅游业损失较重。九寨天堂洲际大饭店和甲蕃古城，是漳扎镇规模最大、受损最重的企业。据了解，其每年利税在 1 800 万元左右。上报损失中，九寨天堂洲际大饭店为 6.7 亿元，甲蕃古城为 3.3 亿元，共 10 亿元。九寨天堂洲际大饭店主体未受损，但墙体开裂垮塌、非结构性构件掉落，致使 4 人死亡，其中 2 个游客、2 个工作人员。九寨沟县经济支柱主要靠旅游，5 个乡镇的产业经济基本都围绕景区的吃、住、行、游、购、娱展开。"8·8九寨沟地震"景区受灾严重，诺日朗瀑布、火花海等景点被毁；遇难人员大部分为游客。预计未来一段时间，消费者对九寨沟旅游的信心难以恢复。地震对灾区的深远影响将逐渐显现，可能使一些依靠景区生活的村寨和家庭遭遇生存危机。灾区受多次地震冲击，灾害叠加，影响深重[454]。九寨沟县、平武县是汶川 8.0 级地震极重灾区，地震曾对这些地区的地质环境、居民住房造成严重破坏。"8·8九寨沟地震"后，一些山体地质状况愈加脆弱，一些修复房屋再遭新创，给灾后恢复重建带来不小挑战。例如，平武县是"8·8九寨沟地震"VI 度低烈度区，未被纳入重灾区，但多次地震叠加引起的地质灾害尤为明显，调查发现几处房屋也因叠加震伤而受损[455]。

### 9.2.4　村寨产业

农业方面，据村民反映，此次地震造成的损失主要为部分房屋墙壁倒塌，农田基本未受损，牛、羊等牲畜在山上放牧，损失不明。在平武县，当地因震后冰雹，造成大量家畜死亡。据统计，灾区村寨收入来源主要包括旅游住宿、景区务工、畜牧、药材、水果等，基本是以九寨沟景区为终端的服务业、种养业，收入在 1万~3 万元/（人·年）。地震打断产业链，破坏收入源。例如，上四寨村组建乡村旅游公司，企业化运作，规范化服务。其中，一组主要修建民宿酒店。房子刚修好，未正式营业，便遭遇地震，产业收入中断。九寨沟县多年来坚持以九寨沟景区为核心，打造全域旅游经济；漳扎镇以至全县各乡镇村寨的经济收入，均随九寨沟景区经济指数而波动[456]。"8·8九寨沟地震"使得九寨沟主要景点严重损坏并发生人员伤亡，九寨沟景区首次因灾全面停业，影响震区群众收入以至全县经济发展。基于震灾"系统性破坏"的基本判断，未来灾区市场可能会有一段较长的沉寂期，不利于地区经济成长、财政收入，也会削弱灾区群众参与灾后重建的经济承受能力[457]。

### 9.2.5　生态环境

九寨沟是国家地质公园，有丰富的古生物化石、冰川地貌、高原森林等，在生态保护研究方面有很高的地位和科研价值，同时九寨沟还是世界生物圈保护区网络，共计有 74 种国家保护珍稀植物和 18 种国家保护动物，在保护生物多样性方面有重要地位。但数年内四川省西部地区接连强震，地质灾害隐患更加突出、威胁明显加重，次生灾害风险大增，呈高发易发态势，对景区的生态环境造成严重威胁[458]。近年来，随着九寨沟地区旅游产业的发展，游客数量逐年递增，对钙化景观及其所处的整个生态环境系统产生不利影响，使钙化景观退化变黑、沙化严重，水中沉积物增多，水体富营养化并导致藻类增多，生物多样性面临威胁，部分湖泊水体硝态氮含量变化显著。景区内外大量汽车频繁过往，道路灰尘中重金属含量超标，明显高于表面土壤的背景值含量水平。2016 年九寨沟县有 24.8% 的面积生态环境质量状况优，2017 年震后则下降到 19.84%；2017 年生态环境质量状况较差和中等的面积占比呈增加趋势，分别占 17.99％ 和 33.93％；震中 15.5 千米缓冲区内生态环境质量状况优的面积占比下降最多，为 5.01％；"8·8 九寨沟地震"对震中 15.5 千米缓冲区的生态环境质量状况有较明显的影响，县界内的三个自然保护区中九寨沟国家级自然保护区受到的冲击最大[459]。

## 9.3　灾害风险传播

自然灾难事件发生后，相关灾情信息和新闻报道在网络上快速传播，引起民众的广泛关注，并促使他们在互联网平台上表达自己的意见和看法。这种新型的交互传播在滋生了大量信息的同时，也诱发了一系列的矛盾和问题，加剧了自然灾难事件处理过程的波动，其中部分社会风险可能会迅速凸显，但也存在许多潜藏的系统性社会风险隐患。若未进行及时有效的疏导和解决，将会引发社会公众的恐慌，会严重影响到地区甚至国家的安定与和谐。社会风险传播与传染病传播颇为相似。灾情信息传播的参与者通过各种社交平台获取信息、发布观点而相互接触，成为社会风险传播的渠道，对个体自然灾难的感知认同及风险信息的快速扩散使得社会风险具备大规模快速传播的基础[460]。灾情信息传播的参与主体依据自身实际情况呈现出相信、不相信等不同状态，这与传染病具有较高相似度。因此，借鉴传染病动力学的研究分析方法，对自然灾难事件社会风险传播进行分析，通过实证分析展现自然灾难事件社会风险的特征和传播趋势，这对深入了解社会风险的传播扩散机制、强化对系统性社会风险的认识、增强对自然灾难事件社会风险的防控能力具有重要意义[461]。

### 9.3.1　风险传播模型

自然灾难事件发生后，社会风险形成的重要推动力量是信息传播，因此，控制并引导信息传播是控制自然灾难事件社会风险最重要的手段之一。在信息时代，社会风险的评估和预警指标体系中社会信息传播类指标是核心指标，为社会风险的防范和治理提供重要信息。三类关键因素显著影响自然灾难事件相关信息传播状态：一是受灾程度。一般而言，公众参与的信息传播状态往往与受灾程度成正比，即受灾程度越高，公众参与的信息传播状态越活跃[462]。考虑受灾程度越高可能具有越高的风险数量，在所构建的风险传播模型中以自然灾害中的直接经济损失和人员伤亡数量作为受灾程度的刻画指标。二是历史因素。频繁发生的自然灾害会潜移默化地培养公众关注和传播灾情信息的习惯，因此，历史上某种自然灾害受灾次数越多，人们对这种自然灾害的相关信息关注度越高，基于此，本书通过统计近 20 年的自然灾害发生的次数来衡量此因素。三是前兆因素。自然灾害发生之前，往往会伴随着一些先发自然现象，这些自然现象可能会增强网民对某种自然灾害的关注程度。针对具体的自然灾难事件，考虑相应的自然因素，如台风可考虑年均气温、年降雨量和年均相对湿度。

在所构建的自然灾难事件社会风险传播模型中，共有四类参与者的行为将显著影响灾情信息的扩散和传播状态，分别是不知者、潜伏者、传播者和抑制者，为方便数学模型构建和增强可读性，分别以 $S(t)$、$E(t)$、$I(t)$ 和 $R(t)$ 对其进行变量声明。其中，不知者 $S(t)$ 是指公众中从来没有接收过灾情信息的网民占网民总数的比例；潜伏者 $E(t)$ 是指公众中知道灾情信息，因正试图去判断信息的风险，所以没有决定是否传播此信息的比例；传播者 $I(t)$ 是指知道并且传播了灾情信息的公众比例；抑制者 $R(t)$ 是指知道灾情信息但是没有兴趣传播的公众比例。

模型中共有六项客观存在的参数，分别是移入率 $a$，表示单位时间内进入虚拟社区的人数所占比例；接触率 $b$，表示单位时间内不知者与传播者接触到的概率；移出率 $c$，表示单位时间内移出虚拟社区的人数所占比例；潜伏者转化率 $m$，表示接触到风险的潜伏者网民转化为传播者或者抑制者的概率；传播转化率 $g$，表示接触到风险的潜伏者网民转化状态中感染风险的概率；直接免疫率 $h$，表示传播风险的网民能抵御风险的概率。客观参数的变量声明如表 9.1 所示。

**表 9.1　案例中模型的计算参数**

| 参数 | 名称 | 参数含义 |
|------|------|----------|
| $a$ | 移入率 | 单位时间内进入虚拟社区的人数所占比例 |
| $b$ | 接触率 | 单位时间内不知者与传播者接触到的概率 |
| $c$ | 移出率 | 单位时间内移出虚拟社区的人数所占比例 |
| $m$ | 潜伏者转化率 | 接触到风险的潜伏者网民转化为传播者或者抑制者的概率 |
| $g$ | 传播转化率 | 接触到风险的潜伏者网民转化状态中感染风险的概率 |
| $h$ | 直接免疫率 | 传播风险的网民能抵御风险的概率 |

运用上述显著影响自然灾难信息传播状态的变量及相关参数，根据系统动力学建模思想，可以建立如下的自然灾难事件社会风险传播模型：

$$\begin{cases} \dfrac{\mathrm{d}S}{\mathrm{d}t} = a - bSI - cS \\[2mm] \dfrac{\mathrm{d}E}{\mathrm{d}t} = bSI - mE - cE \\[2mm] \dfrac{\mathrm{d}I}{\mathrm{d}t} = gmE - hI - cI \\[2mm] \dfrac{\mathrm{d}R}{\mathrm{d}t} = (1-g)mE + hI - cR \end{cases} \tag{9.1}$$

其中，第一个公式表达不知者 $S(t)$ 的状态转移和扩散方程；第二个公式表达潜伏者 $E(t)$ 的状态转移和扩散方程；第三个公式表达传播者 $I(t)$ 的状态转移和扩散方程；第四个公式表达抑制者 $R(t)$ 的状态转移和扩散方程。由前文讨论可知，显著影响自然灾难事件社会风险传播状态的三个关键因素，即受灾程度、历史因素和前兆因素。灾害越严重、以往发生越频繁、前兆因素越明显，人们对自然灾害相关的信息就越关注，这种高关注度会增加人们从潜伏者转换为信息传播者的概率 $g$，增加感染社会风险的概率。

### 9.3.2　案例数据获取

为了研究"8·8 九寨沟地震"的灾难信息传播特点与传播规律，在新浪微博上爬取网络数据，以验证模型的有效性。以"九寨沟地震"作为关键词爬取 2017 年 8 月 8 日至 2018 年 8 月 8 日的微博数据，共收集到微博数据 19 765 条。经预处理发现，在所爬取时间范围内只有前 51 天，即 2017 年 8 月 8 日至 2017 年 9 月 28 日之间的微博数据较大，2017 年 9 月 28 日之后虽仍有数据出现，但数据容量有限、数据分布稀松。为了更加精确地分析"8·8 九寨沟地震"的灾难信息传播特点和规律，将初始爬取的数据剔除稀松分布后，共获得 16 452 条相关数据。每一条数据均包括用户昵称、用户 ID、微博内容、转发次数、评论次数和微博数（原创或转发）等关键信息。

截至 2017 年 8 月 13 日 20 时，"8·8 九寨沟地震"造成 25 人死亡（其中 24 个遇难者身份已确认），525 人受伤，6 人失联，176 492 人受灾，73 671 间房屋不同程度受损（其中倒塌 76 间）。"8·8 九寨沟地震"震级高、破坏范围大，造成了相当程度的人员伤亡和财产损失，产生了巨大的破坏效果，对当地及周边受灾区域造成了短时间内难以恢复的恶劣影响。基于此，对于受灾程度（$D$）这一指标的确定，本书采用了最高等级自然灾害来定义，即 $D = 5$。在历史因素方面，"8·8 九寨沟地震"的震中发生在我国四川省境内，从历史上看，四川省是我国地震发生最为频繁的地区之一。有明确文字记载、震级在 7.0 级及以上的地震有 14 次之多。进入 21 世纪以来，更是在短时间内连续发生了两次特大地震——汶川 8.0 级地震和四川芦山 7.0 级地震。因此，"8·8 九寨沟地震"所发生区域历史上地震灾害频发，故在进行数据的收集和预处理过程中，将历史因素参数设定为 5，即 $H = 5$。在前兆因素方面，"8·8 九寨沟地震"发生前的 24 小时之内，在地震震中范围内曾出现过 3 次较大规模的山体滑坡，以及 1 次大型湖啸。这些前兆自然信息的存在使得本书将前兆因素设定为 5 进行计算，即 $N=5$。

### 9.3.3　基准情景设置

为了对仿真模型进行理论分析和提出合理的自然灾害信息风险导控措施，本书运用 Matlab R2012a 对所建立的自然灾难事件社会风险传播模型进行仿真分析。仿真实验主要针对模型的基本再生数对言论传播和系统稳定性的影响及参数敏感性进行分析验证。结合"8·8九寨沟地震"的网络信息爬取数据特征，共设计 9 个情景，其中包括 1 个基准情景和 8 个用于灵敏度分析的参照情景。各情景的基础参数设置如表 9.2 所示。

表 9.2　各情景的基础参数设置

| 情景 | 时间范围 | 用户总言论次数 |
| --- | --- | --- |
| 基准情景 | 2017年8月8日至9月8日 | 大于或等于3次 |
| 情景1 | 2017年8月8日至9月8日 | 大于或等于4次 |
| 情景2 | 2017年8月8日至9月8日 | 大于或等于5次 |
| 情景3 | 2017年8月8日至9月18日 | 大于或等于3次 |
| 情景4 | 2017年8月8日至9月18日 | 大于或等于4次 |
| 情景5 | 2017年8月8日至9月18日 | 大于或等于5次 |
| 情景6 | 2017年8月8日至9月28日 | 大于或等于3次 |
| 情景7 | 2017年8月8日至9月28日 | 大于或等于4次 |
| 情景8 | 2017年8月8日至9月28日 | 大于或等于5次 |

在时间范围的选择上，为了更好地探明四类参与者随自然灾难事件发生时间与灾难信息传播扩散之间的状态变化，以 31 天为基准、10 天为步长，共设计了 3 项灵敏度分析的尺度，即时间跨度分别为 31 天、41 天和 51 天；同时，为了厘清四类参与者的参与程度对于自然灾难信息传播和扩散的影响，以参与次数大于或等于 3 次为基准情景，并以参与次数一次为步长，设计了 3 项灵敏度分析的尺度，即参与次数大于或等于 3 次、参与次数大于或等于 4 次及参与次数大于或等于 5 次。综合上面两种灵敏度分析的设定方法，共可以获得 9 个典型场景，其中将时间跨度为 31 天且参与者参与次数大于或等于 3 次作为基准情景，将其他 8 个情景作为参照情景进行综合分析。

对基准情景进行计算的微博数据通过上文所述预处理方法进行处理后统计可知，在"8·8九寨沟地震"发生后的 31 天内，共有 268 个用户参与了 3 次或 3 次以上以"九寨沟地震"为关键词的微博讨论，共原创或转发微博 418 条。其中，2017 年 8 月 9 日为最高峰期，共有 25 个用户参与和 44 条微博被原创或转发超过 3 次。31 天内参与 3 次或 3 次以上的用户为 9 个，平均微博数为 13 条。基准情景的详细微博数据如表 9.3 所示。

从表 9.3 不难发现，参与用户数和微博数在"8·8九寨沟地震"发生后的 30 天内均呈现出先升后降再略微升高，再次显著下降，最后趋近于 0 的趋势。这在一定程度上说明，"8·8九寨沟地震"在发生的第一时间就引起了公众的广泛关注，并有一定数量的公众通过微博参与了"8·8九寨沟地震"灾难信息的浏览、编辑和传播活动。这一热度在地震发生后的 3~5 天内持续保持，在官方说明发布后出现短期下降趋势；地震后的 10 天左右微博再一次出现讨论热潮，这次热潮随着一些较有说服力的媒体等单位的发言和声明出现了下降趋势，并最终使"8·8九寨沟地震"的灾难信息传播趋近于 0。相关的参与用户数变化和涉及的微博数变化趋势如图 9.1 所示。

将基准情景的相关参数代入所构建的自然灾难事件社会风险传播模型中，并在 Matlab R2012a 上运行程序，计算后可得到如图 9.2 所示的结果示意图，不知者 $S(t)$、潜伏者 $E(t)$、传播者 $I(t)$ 和抑制者 $R(t)$ 参与"8·8九寨沟地震"微博信息传播和扩散趋势分别以四种不同的图例标记。分析图 9.2 可

表 9.3　"8·8 九寨沟地震" 31 天内参与次数大于或等于 3 次的微博用户数据

| 时间 | 用户数/个 | 微博数/条 | 时间 | 用户数/个 | 微博数/条 |
|---|---|---|---|---|---|
| 2017年8月9日 | 25 | 44 | 2017年8月25日 | 1 | 1 |
| 2017年8月10日 | 20 | 31 | 2017年8月26日 | 2 | 2 |
| 2017年8月11日 | 5 | 5 | 2017年8月27日 | 0 | 0 |
| 2017年8月12日 | 36 | 72 | 2017年8月28日 | 0 | 0 |
| 2017年8月13日 | 6 | 7 | 2017年8月29日 | 15 | 33 |
| 2017年8月14日 | 35 | 47 | 2017年8月30日 | 1 | 1 |
| 2017年8月15日 | 15 | 27 | 2017年8月31日 | 9 | 12 |
| 2017年8月16日 | 5 | 5 | 2017年9月1日 | 17 | 17 |
| 2017年8月17日 | 0 | 0 | 2017年9月2日 | 4 | 5 |
| 2017年8月18日 | 23 | 43 | 2017年9月3日 | 5 | 6 |
| 2017年8月19日 | 1 | 1 | 2017年9月4日 | 0 | 0 |
| 2017年8月20日 | 8 | 10 | 2017年9月5日 | 8 | 12 |
| 2017年8月21日 | 2 | 3 | 2017年9月6日 | 12 | 17 |
| 2017年8月22日 | 0 | 0 | 2017年9月7日 | 0 | 0 |
| 2017年8月23日 | 2 | 2 | 2017年9月8日 | 11 | 15 |
| 2017年8月24日 | 0 | 0 | | | |

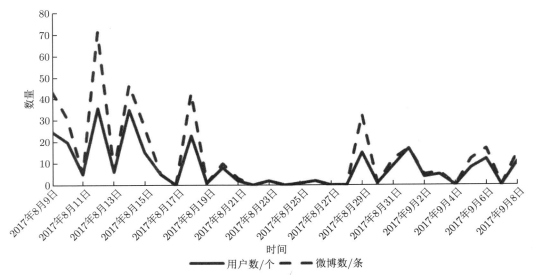

图 9.1　基准情景下 "8·8 九寨沟地震" 微博信息统计

知，不知者 $S(t)$ 的参与情况随着时间的推移逐渐减少，最终趋近于平稳，即不知者 $S(t)$ 参与 "8·8 九寨沟地震" 微博信息传播和扩散的程度与时间的发展近似成反比；潜伏者 $E(t)$ 的参与情况随着时间的推移逐渐增加并最终趋近于平稳，即潜伏者 $E(t)$ 参与 "8·8 九寨沟地震" 微博信息传播和扩散的程度与时间的发展近似成正比；传播者 $I(t)$ 的参与情况随着时间的推移略有增加，但总体变化并不显著；抑制者 $R(t)$ 与潜伏者 $E(t)$ 的状态类似，均呈现出与 "8·8 九寨沟地震" 微博信息传播和扩散的程度与时间的发展近似成正比的态势。

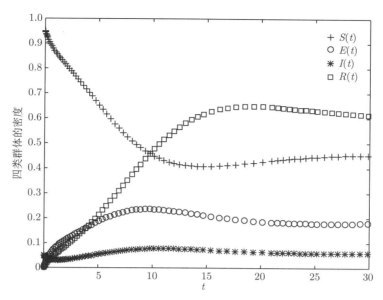

图 9.2  基准情景下"8·8 九寨沟地震"微博信息传播和扩散趋势

## 9.4  多重情景模拟

为了更加清晰地分析"8·8 九寨沟地震"的灾难信息传播与扩散状态，通过对基准情景中关键参数进行调整分别构建了 8 个用以进行灵敏度分析的参照情景，见表 9.2。

1. 情景 1：参与次数大于或等于 4 次，时间跨度为震后 31 天

在此情景中，参与"8·8 九寨沟地震"的灾难信息传播与扩散的次数大于或等于 4 次的公众被设定为研究对象，同时保持研究的时间跨度不变，即 2017 年 8 月 8 日至 2017 年 9 月 8 日。将数据筛选和预处理的参数设置为上述情景后，经统计分析发现，在此情景中共有 172 个用户参与，原创或转发微博 271 条。其中，参与用户数最多的是 2017 年 8 月 12 日，即震后的第四天，共有 20 名用户参与了至少 4 次微博的灾难信息传播与扩散；原创或转发微博数最多的也是 2017 年 8 月 12 日，共有 45 条。相关的详细数据如表 9.4 所示。

通过对表 9.4 的分析可知，在情景 1 中，用户数和微博数随着时间的变化情况与基准情景产生了高度的类似情况。参与用户数和微博数在"8·8 九寨沟地震"发生后的 31 天内均呈现出先升后降再略微升高，再次显著下降，最后趋近于 0 的趋势。这在一定程度上说明，"8·8 九寨沟地震"在发生的第一时间就引起了公众的广泛关注，并有一定数量的公众通过微博参与了"8·8 九寨沟地震"灾难信息的浏览、编辑和传播活动。这一热度在地震发生后的 3~5 天内持续保持，在官方说明发布后出现短期下降趋势；地震后的 10 天左右时间微博再一次出现讨论热潮，这次热潮随着一些较有说服力的媒体等单位的发言和声明出现了下降趋势，并最终使"8·8 九寨沟地震"的灾难信息传播趋近于0。相关的参与用户数变化和涉及的微博数变化趋势如图 9.3 所示。

将情景 1 的相关参数代入所构建的自然灾难事件社会风险传播模型中，并在 Matlab R2012a 上运行程序，计算后可得到如图 9.4 所示的结果示意图，不知者 $S(t)$、潜伏者 $E(t)$、传播者 $I(t)$ 和抑制者 $R(t)$ 参与"8·8 九寨沟地震"微博信息传播和扩散趋势分别以四种不同的图例标记。分析图 9.4 可知，不知者 $S(t)$ 的参与情况随着时间的推移逐渐减少，最终趋近于平稳，即不知者 $S(t)$ 参与九寨沟地震微博信息传播和扩散的程度与时间的发展近似成反比；对比情景 1 与基准情景可以发现，不知者 $S(t)$ 的状态变化情况高度相似，说明公众的参与程度对于不知者 $S(t)$ 的状态变化影响并不显著。潜伏者 $E(t)$ 的参与情况随着时间的推移逐渐增加并最终趋近于平稳，即潜伏者 $E(t)$ 参与"8·8 九寨

**表 9.4    "8·8九寨沟地震" 31 天内参与次数大于或等于 4 次的微博用户数据**

| 时间 | 用户数/个 | 微博数/条 | 时间 | 用户数/个 | 微博数/条 |
|---|---|---|---|---|---|
| 2017年8月9日 | 14 | 27 | 2017年8月25日 | 1 | 1 |
| 2017年8月10日 | 14 | 21 | 2017年8月26日 | 2 | 2 |
| 2017年8月11日 | 3 | 3 | 2017年8月27日 | 0 | 0 |
| 2017年8月12日 | 20 | 45 | 2017年8月28日 | 0 | 0 |
| 2017年8月13日 | 6 | 7 | 2017年8月29日 | 9 | 27 |
| 2017年8月14日 | 17 | 20 | 2017年8月30日 | 1 | 1 |
| 2017年8月15日 | 12 | 23 | 2017年8月31日 | 4 | 5 |
| 2017年8月16日 | 4 | 4 | 2017年9月1日 | 11 | 11 |
| 2017年8月17日 | 0 | 0 | 2017年9月2日 | 4 | 5 |
| 2017年8月18日 | 12 | 20 | 2017年9月3日 | 4 | 5 |
| 2017年8月19日 | 0 | 0 | 2017年9月4日 | 0 | 0 |
| 2017年8月20日 | 6 | 6 | 2017年9月5日 | 7 | 9 |
| 2017年8月21日 | 2 | 3 | 2017年9月6日 | 10 | 15 |
| 2017年8月22日 | 0 | 0 | 2017年9月7日 | 0 | 0 |
| 2017年8月23日 | 0 | 0 | 2017年9月8日 | 9 | 11 |
| 2017年8月24日 | 0 | 0 | | | |

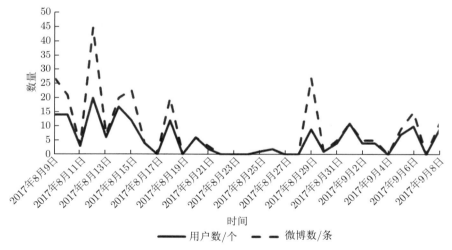

图 9.3    情景 1 "8·8九寨沟地震" 微博信息统计

沟地震" 微博信息传播和扩散的程度与时间的发展近似成正比；对比情景 1 与基准情景可以发现，潜伏者 $E(t)$ 的状态变化趋势虽然大体一致，但变化幅度方面出现了较大差异，在情景 1 中，潜伏者 $E(t)$ 最终状态相比于基准情景中要高，说明当公众的参与要求提高至最少4次时，潜伏者 $E(t)$ 的最终状态活跃程度有所上升。传播者 $I(t)$ 的参与情况随着时间的推移略有增加，但总体变化并不特别显著；对比情景 1 与基准情景可以发现，传播者 $I(t)$ 的状态变化并没有显著受到参与条件判定变化的影响。抑制者 $R(t)$ 与潜伏者 $E(t)$ 的状态类似，均呈现出与 "8·8九寨沟地震" 微博信息传播和扩散的程度与时间的发展近似成正比的态势；对比情景 1 与基准情景可以发现，抑制者 $R(t)$ 在情景 1 中的活跃程度相比于在基准情景中有了十分显著的下降，说明当公众参与条件的判定要求提升时，抑制者 $R(t)$ 的活跃程度受到了严重影响。

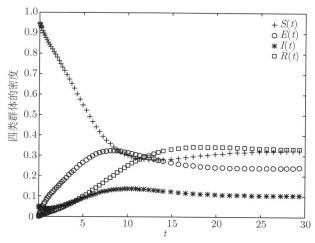

图 9.4　情景 1 "8·8 九寨沟地震" 微博信息传播和扩散趋势

2. 情景 2：参与次数大于或等于 5 次，时间跨度为震后 31 天

在此情景中，参与九寨沟地震的灾难信息传播与扩散的次数大于或等于 5 次的公众被设定为研究对象，同时保持研究的时间跨度不变，即 2017 年 8 月 8 日至 2017 年 9 月 8 日。将数据筛选和预处理的参数设置为上述情景后，经统计分析发现，在此情景中共有 140 个用户参与，原创或转发微博 231 条。其中，参与用户数最多的是 2017 年 8 月 12 日，即震后的第四天，共有 16 个用户参与了至少 5 次微博的灾难信息传播与扩散；原创或转发微博数最多的也是 2017 年 8 月 12 日，共有 38 条。相关的详细数据如表 9.5 所示。

表 9.5　"8·8 九寨沟地震" 31 天内参与次数大于或等于 5 次的微博用户数据

| 时间 | 用户数/个 | 微博数/条 | 时间 | 用户数/个 | 微博数/条 |
|---|---|---|---|---|---|
| 2017年8月9日 | 10 | 20 | 2017年8月25日 | 1 | 1 |
| 2017年8月10日 | 11 | 18 | 2017年8月26日 | 2 | 2 |
| 2017年8月11日 | 2 | 2 | 2017年8月27日 | 0 | 0 |
| 2017年8月12日 | 16 | 38 | 2017年8月28日 | 0 | 0 |
| 2017年8月13日 | 5 | 6 | 2017年8月29日 | 8 | 25 |
| 2017年8月14日 | 13 | 16 | 2017年8月30日 | 1 | 1 |
| 2017年8月15日 | 11 | 21 | 2017年8月31日 | 3 | 4 |
| 2017年8月16日 | 3 | 3 | 2017年9月1日 | 10 | 10 |
| 2017年8月17日 | 0 | 0 | 2017年9月2日 | 3 | 4 |
| 2017年8月18日 | 10 | 17 | 2017年9月3日 | 4 | 5 |
| 2017年8月19日 | 0 | 0 | 2017年9月4日 | 0 | 0 |
| 2017年8月20日 | 4 | 4 | 2017年9月5日 | 5 | 8 |
| 2017年8月21日 | 2 | 3 | 2017年9月6日 | 8 | 13 |
| 2017年8月22日 | 0 | 0 | 2017年9月7日 | 0 | 0 |
| 2017年8月23日 | 0 | 0 | 2017年9月8日 | 8 | 10 |
| 2017年8月24日 | 0 | 0 | | | |

通过对表9.5的分析可知，在情景2中，参与用户数和微博数随着时间的变化情况与基准情景产生了高度的类似情况。参与用户数和微博数在"8·8九寨沟地震"发生后的31天内均呈现出先升后降再略微升高，再次显著下降，最后趋近于0的趋势。这在一定程度上说明，"8·8九寨沟地震"在发生的第一时间就引起了公众的广泛关注，并有一定数量的公众通过微博参与了"8·8九寨沟地震"灾难信息的浏览、编辑和传播活动。这一热度在地震发生后的3~5天内持续保持，在官方说明发布后出现短期下降趋势；地震后的10天左右微博再一次出现讨论热潮，这次热潮随着一些较有说服力的媒体等单位的发言和声明出现了下降趋势，并最终使"8·8九寨沟地震"的灾难信息传播趋近于0。相关的参与用户数变化和涉及的微博数变化趋势如图9.5所示。

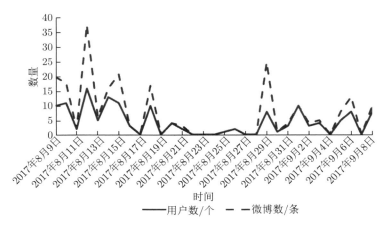

图9.5 情景2 "8·8九寨沟地震"微博信息统计

将情景2的相关参数代入所构建的自然灾难事件社会风险传播模型中，并在 Matlab R2012a上运行程序，计算后可得到如图9.6所示的结果示意图，不知者 $S(t)$、潜伏者 $E(t)$、传播者 $I(t)$ 和抑制者 $R(t)$ 参与"8·8九寨沟地震"微博信息传播和扩散趋势分别以四种不同的图例标记。分析图9.6可知，不知者 $S(t)$ 参与"8·8九寨沟地震"微博信息传播和扩散的程度与时间的发展近似成反比；对比基准情景可以发现，不知者 $S(t)$ 的状态变化情况高度相似，说明公众的参与程度对于不知者 $S(t)$ 的状态变化影响并不显著。潜伏者 $E(t)$ 参与九寨沟地震微博信息传播和扩散的程度与时间的发展近似成正比；对比情景2与基准情景可以发现，潜伏者 $E(t)$ 的状态变化趋势虽然大体一致，但变化幅度方面出现了较大差异，在情景2中，潜伏者 $E(t)$ 最终状态相比于基准情景中要低，说明当公众的参与要求提高至最少5次时，潜伏者 $E(t)$ 的最终状态活跃程度有所下降。传播者 $I(t)$ 的参与情况随着时间的推移略有增加，但总体变化并不显著。抑制者 $R(t)$ 与潜伏者 $E(t)$ 的状态类似，均呈现出与"8·8九寨沟地震"微博信息传播和扩散的程度与时间的发展近似成正比的态势。

3. 情景3：参与次数大于或等于3次，时间跨度为震后41天

在此情景中，参与"8·8九寨沟地震"的灾难信息传播与扩散的次数大于或等于3次的公众被设定为研究对象，同时保持研究的时间跨度由基础情景的31天增加至41天，即2017年8月8日至2017年9月18日。将数据筛选和预处理的参数设置为上述情景后，经统计分析发现，在此情景中共有406个用户参与，原创或转发微博592条。其中，参与用户数最多的是2017年8月12日，即震后的第四天，共有36个用户参与了至少3次微博的灾难信息传播与扩散；原创或转发微博数最多的也是2017年8月12日，共有72条。相关的详细数据如表9.6所示。

通过对表9.6的分析可知，在情景3中，参与用户数和微博数随着时间的变化情况与基准情景产生了高度的类似情况。参与用户数和微博数在"8·8九寨沟地震"发生后的40天内均呈现出先升后降再

略微升高，再次显著下降，最后趋近于 0 的趋势。这在一定程度上说明，"8·8九寨沟地震"在发生的第一时间就引起了公众的广泛关注，并有一定数量的公众通过微博参与了"8·8九寨沟地震"灾难信

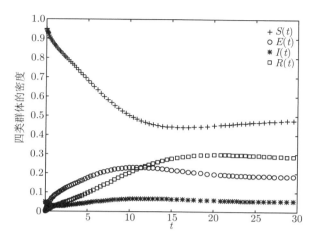

图 9.6 情景 2 "8·8九寨沟地震"微博信息传播和扩散趋势

**表 9.6 "8·8九寨沟地震" 41 天内参与次数大于或等于 3 次的微博用户数据**

| 时间 | 用户数/个 | 微博数/条 | 时间 | 用户数/个 | 微博数/条 |
|---|---|---|---|---|---|
| 2017年8月9日 | 25 | 44 | 2017年8月30日 | 1 | 1 |
| 2017年8月10日 | 20 | 31 | 2017年8月31日 | 9 | 12 |
| 2017年8月11日 | 5 | 5 | 2017年9月1日 | 17 | 17 |
| 2017年8月12日 | 36 | 72 | 2017年9月2日 | 4 | 5 |
| 2017年8月13日 | 6 | 7 | 2017年9月3日 | 5 | 6 |
| 2017年8月14日 | 35 | 47 | 2017年9月4日 | 0 | 0 |
| 2017年8月15日 | 15 | 27 | 2017年9月5日 | 8 | 12 |
| 2017年8月16日 | 5 | 5 | 2017年9月6日 | 12 | 17 |
| 2017年8月17日 | 0 | 0 | 2017年9月7日 | 0 | 0 |
| 2017年8月18日 | 23 | 43 | 2017年9月8日 | 11 | 15 |
| 2017年8月19日 | 1 | 1 | 2017年9月9日 | 1 | 1 |
| 2017年8月20日 | 8 | 10 | 2017年9月10日 | 22 | 23 |
| 2017年8月21日 | 2 | 3 | 2017年9月11日 | 9 | 10 |
| 2017年8月22日 | 0 | 0 | 2017年9月12日 | 0 | 0 |
| 2017年8月23日 | 2 | 2 | 2017年9月13日 | 36 | 51 |
| 2017年8月24日 | 0 | 0 | 2017年9月14日 | 1 | 1 |
| 2017年8月25日 | 1 | 1 | 2017年9月15日 | 8 | 8 |
| 2017年8月26日 | 2 | 2 | 2017年9月16日 | 22 | 25 |
| 2017年8月27日 | 0 | 0 | 2017年9月17日 | 11 | 11 |
| 2017年8月28日 | 0 | 0 | 2017年9月18日 | 28 | 44 |
| 2017年8月29日 | 15 | 33 | | | |

息的浏览、编辑和传播活动。这一热度在地震发生后的 8~10 天内持续保持，在官方说明发布后出现短期下降趋势；地震后的10天左右微博再一次出现讨论热潮，这次热潮随着一些较有说服力的媒体等单位的发言和声明出现了下降趋势，并最终使"8·8九寨沟地震"的灾害信息传播趋近于 0 。相关的参与用户数变化和涉及的微博数变化趋势如图 9.7 所示。

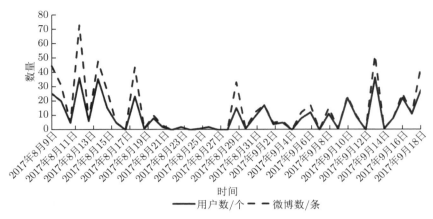

图 9.7 情景 3 "8·8九寨沟地震"微博信息统计

将情景 3 的相关参数代入所构建的自然灾难事件社会风险传播模型中，并在Matlab R2012a上运行程序，计算后可得到如图 9.8 所示的结果示意图，不知者 $S(t)$、潜伏者 $E(t)$、传播者 $I(t)$ 和抑制者 $R(t)$ 参与"8·8九寨沟地震"微博信息传播和扩散趋势分别以四种不同的图例标记。分析图 9.8 可知，不知者 $S(t)$ 参与"8·8九寨沟地震"微博信息传播和扩散的程度与时间的发展近似成反比；对比基准情景可以发现，不知者 $S(t)$ 的状态变化情况高度相似，说明公众的参与程度对于不知者 $S(t)$ 的状态变化影响并不显著。潜伏者 $E(t)$ 参与"8·8九寨沟地震"微博信息传播和扩散的程度与时间的发展近似成正比；对比情景 3 与基准情景可以发现，潜伏者 $E(t)$ 的状态变化趋势虽然大体一致，但变化幅度方面出现了较大差异，在情景 3 中，潜伏者 $E(t)$ 最终状态相比于基准情景中要高，说明当公众的参与要求提高至最少 3 次时，潜伏者 $E(t)$ 的最终状态活跃程度有所上升。传播者 $I(t)$ 的参与情况随着时间的推移略有增加，但总体变化显著。抑制者 $R(t)$ 与潜伏者 $E(t)$ 的状态类似，均呈现出与"8·8九寨沟地震"微博信息传播和扩散的程度与时间的发展近似成正比的态势，说明当公众参与条件的判定要求提升时，抑制者 $R(t)$ 的活跃程度受到了严重影响。

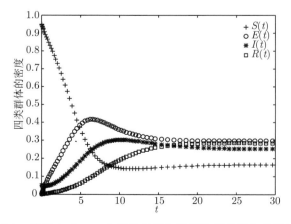

图 9.8 情景 3 "8·8九寨沟地震"微博信息传播和扩散趋势

4.情景 4：参与次数大于或等于 4 次，时间跨度为震后 41 天

在此情景中，参与"8·8 九寨沟地震"的灾难信息传播与扩散的次数大于或等于 4 次的公众被设定为研究对象，同时保持研究的时间跨度由基础情景的 31 天增加至 41 天，即 2017 年 8 月 8 日至 2017 年 9 月 18 日。将数据筛选和预处理的参数设置为上述情景后，经统计分析发现，在此情景中共有 248 个用户参与，原创或转发微博 379 条。其中，参与用户数最多的是 2017 年 9 月 13 日，共有 22 个用户参与了至少 4 次微博的灾难信息传播与扩散；原创或转发微博数最多的是 2017 年 8 月 12 日，共有 45 条。相关的详细数据如表 9.7 所示。

**表 9.7  "8·8 九寨沟地震" 41 天内参与次数大于或等于 4 次的微博用户数据**

| 时间 | 用户数/个 | 微博数/条 | 时间 | 用户数/个 | 微博数/条 |
| --- | --- | --- | --- | --- | --- |
| 2017年8月9日 | 14 | 27 | 2017年8月30日 | 1 | 1 |
| 2017年8月10日 | 14 | 21 | 2017年8月31日 | 4 | 5 |
| 2017年8月11日 | 3 | 3 | 2017年9月1日 | 11 | 11 |
| 2017年8月12日 | 20 | 45 | 2017年9月2日 | 4 | 5 |
| 2017年8月13日 | 6 | 7 | 2017年9月3日 | 4 | 5 |
| 2017年8月14日 | 17 | 20 | 2017年9月4日 | 0 | 0 |
| 2017年8月15日 | 12 | 23 | 2017年9月5日 | 7 | 9 |
| 2017年8月16日 | 4 | 4 | 2017年9月6日 | 10 | 15 |
| 2017年8月17日 | 0 | 0 | 2017年9月7日 | 0 | 0 |
| 2017年8月18日 | 12 | 20 | 2017年9月8日 | 9 | 11 |
| 2017年8月19日 | 0 | 0 | 2017年9月9日 | 0 | 0 |
| 2017年8月20日 | 6 | 6 | 2017年9月10日 | 16 | 17 |
| 2017年8月21日 | 2 | 3 | 2017年9月11日 | 4 | 5 |
| 2017年8月22日 | 0 | 0 | 2017年9月12日 | 0 | 0 |
| 2017年8月23日 | 0 | 0 | 2017年9月13日 | 22 | 36 |
| 2017年8月24日 | 0 | 0 | 2017年9月14日 | 1 | 1 |
| 2017年8月25日 | 1 | 1 | 2017年9月15日 | 8 | 8 |
| 2017年8月26日 | 2 | 2 | 2017年9月16日 | 6 | 8 |
| 2017年8月27日 | 0 | 0 | 2017年9月17日 | 1 | 1 |
| 2017年8月28日 | 0 | 0 | 2017年9月18日 | 18 | 32 |
| 2017年8月29日 | 9 | 27 | | | |

通过对表 9.7 的分析可知，在情景 4 中，参与用户数和微博数随着时间的变化情况与基准情景产生了高度的类似情况。参与用户数和微博数在"8·8 九寨沟地震"发生后的 40 天内均呈现出先升后降再略微升高，再次显著下降，最后趋近于 0 的趋势。这在一定程度上说明，"8·8 九寨沟地震"在发生的第一时间就引起了公众的广泛关注，并有一定数量的公众通过微博参与了"8·8 九寨沟地震"灾难信息的浏览、编辑和传播活动。这一热度在地震发生后的 7~9 天内持续保持，在官方说明发布后出现短期下降趋势；地震后的 11 天左右微博再一次出现讨论热潮，这次热潮随着一些较有说服力的媒体等单位的发言和声明出现了下降趋势，并最终使"8·8 九寨沟地震"的灾难信息传播趋近于 0。相关的参与用户数变化和涉及的微博数变化趋势如图 9.9 所示。

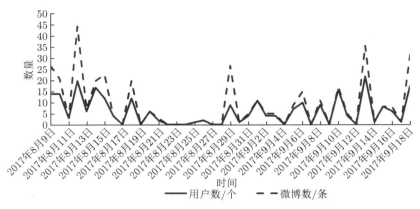

图 9.9　情景 4 "8·8 九寨沟地震" 微博信息统计

　　将情景 4 的相关参数代入所构建的自然灾难事件社会风险传播模型中，并在 Matlab R2012a 上运行程序，计算后可得到如图 9.10 所示的结果示意图，不知者 $S(t)$、潜伏者 $E(t)$、传播者 $I(t)$ 和抑制者 $R(t)$ 参与 "8·8 九寨沟地震" 微博信息传播和扩散趋势分别以四种不同的图例标记。分析图 9.10 可知，不知者 $S(t)$ 的参与情况随着时间的推移逐渐减少，最终趋近于平稳，即不知者 $S(t)$ 参与 "8·8 九寨沟地震" 微博信息传播和扩散的程度与时间的发展近似成反比；对比情景 4 与基准情景可以发现，不知者 $S(t)$ 的状态变化情况高度相似，说明公众的参与程度对于不知者 $S(t)$ 的状态变化影响并不显著。潜伏者 $E(t)$ 的参与情况随着时间的推移逐渐增加并最终趋近于平稳，即潜伏者 $E(t)$ 参与 "8·8 九寨沟地震" 微博信息传播和扩散的程度与时间的发展近似成正比；对比情景 4 与基准情景可以发现，潜伏者 $E(t)$ 的状态变化趋势虽然大体一致，但变化幅度方面出现了较大差异，在情景 4 中，潜伏者 $E(t)$ 最终状态相比于基准情景中要高，这说明当研究时间跨度和公众参与判定条件均被提高时，潜伏者 $E(t)$ 的最终状态活跃程度有所上升。传播者 $I(t)$ 的参与情况随着时间的推移略有增加，但总体变化显著；对比情景 4 与基准情景可以发现，传播者 $I(t)$ 的状态变化并没有显著受到研究时间跨度变化的影响。抑制者 $R(t)$ 与潜伏者 $E(t)$ 的状态类似，均呈现出与 "8·8 九寨沟地震" 微博信息传播和扩散的程度与时间的发展近似成正比的态势，对比情景 4 与基准情景可以发现，抑制者 $R(t)$ 在情景 4 中的活跃程度相比于在基准情景中有了十分显著的下降，说明当研究时间跨度和公众参与条件的判定要求提升时，抑制者 $R(t)$ 的活跃程度受到了严重影响。

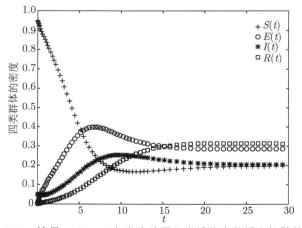

图 9.10　情景 4 "8·8 九寨沟地震" 微博信息传播和扩散趋势

5. 情景 5：参与次数大于或等于 5 次，时间跨度为震后 41 天

在此情景中，参与 "8·8 九寨沟地震" 的灾难信息传播与扩散的次数大于或等于 5 次的公众被设定为研究对象，同时保持研究的时间跨度由基础情景的 31 天增加至 41 天，即 2017 年 8 月 8 日至 2017 年 9 月 18 日。将数据筛选和预处理的参数设置为上述情景后，经统计分析发现，在此情景中共有 205 个用户参与，原创或转发微博 329 条。其中，参与用户数最多的是 2017 年 9 月 13 日，共有 21 个用户参与了至少 5 次微博的灾难信息传播与扩散；原创或转发微博数最多的是 2017 年 8 月 12 日，共有 38 条。相关的详细数据如表 9.8 所示。

表 9.8 "8·8 九寨沟地震" 41 天内参与次数大于或等于 5 次的微博用户数据

| 时间 | 用户数/个 | 微博数/条 | 时间 | 用户数/个 | 微博数/条 |
|---|---|---|---|---|---|
| 2017年8月9日 | 10 | 20 | 2017年8月30日 | 1 | 1 |
| 2017年8月10日 | 11 | 18 | 2017年8月31日 | 3 | 4 |
| 2017年8月11日 | 2 | 2 | 2017年9月1日 | 10 | 10 |
| 2017年8月12日 | 16 | 38 | 2017年9月2日 | 3 | 4 |
| 2017年8月13日 | 5 | 6 | 2017年9月3日 | 4 | 5 |
| 2017年8月14日 | 13 | 16 | 2017年9月4日 | 0 | 0 |
| 2017年8月15日 | 11 | 21 | 2017年9月5日 | 5 | 8 |
| 2017年8月16日 | 3 | 3 | 2017年9月6日 | 8 | 13 |
| 2017年8月17日 | 0 | 0 | 2017年9月7日 | 0 | 0 |
| 2017年8月18日 | 10 | 17 | 2017年9月8日 | 8 | 10 |
| 2017年8月19日 | 0 | 0 | 2017年9月9日 | 0 | 0 |
| 2017年8月20日 | 4 | 4 | 2017年9月10日 | 16 | 17 |
| 2017年8月21日 | 2 | 3 | 2017年9月11日 | 4 | 5 |
| 2017年8月22日 | 0 | 0 | 2017年9月12日 | 0 | 0 |
| 2017年8月23日 | 0 | 0 | 2017年9月13日 | 21 | 36 |
| 2017年8月24日 | 0 | 0 | 2017年9月14日 | 1 | 1 |
| 2017年8月25日 | 1 | 1 | 2017年9月15日 | 3 | 3 |
| 2017年8月26日 | 2 | 2 | 2017年9月16日 | 5 | 7 |
| 2017年8月27日 | 0 | 0 | 2017年9月17日 | 1 | 1 |
| 2017年8月28日 | 0 | 0 | 2017年9月18日 | 14 | 28 |
| 2017年8月29日 | 8 | 25 | | | |

通过对表 9.8 的分析可知，在情景 5 中，参与用户数和微博数随着时间的变化情况与基准情景产生了高度的类似情况。参与用户数和微博数在 "8·8 九寨沟地震" 发生后的 41 天内均呈现出先升后降再略微升高，再次显著下降，最后趋近于 0 的趋势。这在一定程度上说明，"8·8 九寨沟地震" 在发生的第一时间就引起了公众的广泛关注，并有一定数量的公众通过微博参与了 "8·8 九寨沟地震" 灾难信息的浏览、编辑和传播活动。这一热度在地震发生后的 7~9 天内持续保持，在官方说明发布后出现短期下降趋势；地震后的 11 天左右微博再一次出现讨论热潮，这次热潮随着一些较有说服力的媒体等单位的发言和声明出现了下降趋势，并最终使 "8·8 九寨沟地震" 的灾难信息传播趋近于 0。相关的参与用户数变化和涉及的微博数变化趋势如图 9.11 所示。

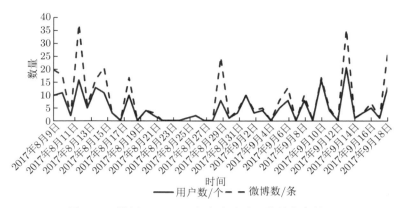

图 9.11 情景 5 "8·8 九寨沟地震" 微博信息统计

将情景 5 的相关参数代入所构建的自然灾难事件社会风险传播模型中，并在 Matlab R2012a 上运行程序，计算后可得到如图 9.12 所示的结果示意图，不知者 $S(t)$、潜伏者 $E(t)$、传播者 $I(t)$ 和抑制者 $R(t)$ 参与 "8·8 九寨沟地震" 微博信息传播和扩散趋势分别以四种不同的图例标记。分析图 9.12 可知，不知者 $S(t)$ 参与 "8·8 九寨沟地震" 微博信息传播和扩散的程度与时间的发展近似成反比；对比基准情景可以发现，不知者 $S(t)$ 的状态变化情况高度相似，说明公众的参与程度对于不知者 $S(t)$ 的状态变化影响并不显著。潜伏者 $E(t)$ 参与 "8·8 九寨沟地震" 微博信息传播和扩散的程度与时间的发展近似成正比；对比情景 5 与基准情景可以发现，潜伏者 $E(t)$ 的状态变化趋势虽然大体一致，但变化幅度方面出现了一些差异，在情景 5 中，潜伏者 $E(t)$ 最终状态相比于基准情景中要略高，说明当公众的参与要求提高至最少 5 次时，潜伏者 $E(t)$ 的最终状态活跃程度略有下降。传播者 $I(t)$ 的参与情况随着时间的推移略有增加，但总体变化并不显著。抑制者 $R(t)$ 与潜伏者 $E(t)$ 的状态类似，均呈现出与 "8·8 九寨沟地震" 微博信息传播和扩散的程度与时间的发展近似成正比的态势。

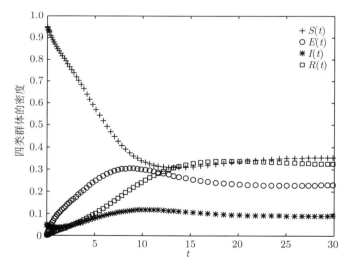

图 9.12 情景 5 "8·8 九寨沟地震" 微博信息传播和扩散趋势

6. 情景 6：参与次数大于或等于 3 次，时间跨度为震后 51 天

在此情景中，参与 "8·8 九寨沟地震" 的灾难信息传播与扩散的次数大于或等于 3 次的公众被设定为研究对象，同时保持研究的时间跨度由基础情景的 31 天进一步增加至 51 天，即 2017 年 8 月 8 日至 2017 年 9 月 28 日。将数据筛选和预处理的参数设置为上述情景后，经统计分析发现，在此情景中

共有 455 个用户参与，原创或转发微博 682 条。其中，参与用户数最多的是 2017 年 8 月 12 日和 2017 年 9 月 13 日，均有 36 个用户参与了至少 3 次微博的灾难信息传播与扩散；原创或转发微博数最多的是 2017 年 8 月 12 日，共有 72 条。相关的详细数据如表 9.9 所示。

表 9.9　"8·8 九寨沟地震" 51 天内参与次数大于或等于 3 次的微博用户数据

| 时间 | 用户数/个 | 微博数/条 | 时间 | 用户数/个 | 微博数/条 |
|---|---|---|---|---|---|
| 2017年8月9日 | 25 | 44 | 2017年9月4日 | 0 | 0 |
| 2017年8月10日 | 20 | 31 | 2017年9月5日 | 8 | 12 |
| 2017年8月11日 | 5 | 5 | 2017年9月6日 | 12 | 17 |
| 2017年8月12日 | 36 | 72 | 2017年9月7日 | 0 | 0 |
| 2017年8月13日 | 6 | 7 | 2017年9月8日 | 11 | 15 |
| 2017年8月14日 | 35 | 47 | 2017年9月9日 | 1 | 1 |
| 2017年8月15日 | 15 | 27 | 2017年9月10日 | 22 | 23 |
| 2017年8月16日 | 5 | 5 | 2017年9月11日 | 9 | 10 |
| 2017年8月17日 | 0 | 0 | 2017年9月12日 | 0 | 0 |
| 2017年8月18日 | 23 | 43 | 2017年9月13日 | 36 | 51 |
| 2017年8月19日 | 1 | 1 | 2017年9月14日 | 1 | 1 |
| 2017年8月20日 | 8 | 10 | 2017年9月15日 | 8 | 8 |
| 2017年8月21日 | 2 | 3 | 2017年9月16日 | 22 | 25 |
| 2017年8月22日 | 0 | 0 | 2017年9月17日 | 11 | 11 |
| 2017年8月23日 | 2 | 2 | 2017年9月18日 | 28 | 44 |
| 2017年8月24日 | 0 | 0 | 2017年9月19日 | 9 | 14 |
| 2017年8月25日 | 1 | 1 | 2017年9月20日 | 5 | 5 |
| 2017年8月26日 | 2 | 2 | 2017年9月21日 | 1 | 1 |
| 2017年8月27日 | 0 | 0 | 2017年9月22日 | 5 | 6 |
| 2017年8月28日 | 0 | 0 | 2017年9月23日 | 1 | 1 |
| 2017年8月29日 | 15 | 33 | 2017年9月24日 | 7 | 10 |
| 2017年8月30日 | 1 | 1 | 2017年9月25日 | 2 | 2 |
| 2017年8月31日 | 9 | 12 | 2017年9月26日 | 10 | 38 |
| 2017年9月1日 | 17 | 17 | 2017年9月27日 | 4 | 6 |
| 2017年9月2日 | 4 | 5 | 2017年9月28日 | 5 | 7 |
| 2017年9月3日 | 5 | 6 | | | |

　　通过对表 9.9 的分析可知，在情景 6 中，参与用户数和微博数随着时间的变化情况与基准情景产生了高度的类似情况。参与用户数和微博数在 "8·8 九寨沟地震" 发生后的 51 天内均呈现出先升后降再略微升高，再次显著下降，最后趋近于 0 的趋势。这在一定程度上说明，"8·8 九寨沟地震" 在发生的第一时间就引起了公众的广泛关注，并有一定数量的公众通过微博参与了 "8·8 九寨沟地震" 灾难信息的浏览、编辑和传播活动。这一热度在地震发生后的 9~13 天内持续保持，在官方说明发布后出现短期下降趋势；地震后的 10 天左右微博再一次出现讨论热潮，这次热潮随着一些较有说服力的媒体等单位的发言和声明出现了下降趋势，并最终使 "8·8 九寨沟地震" 的灾难信息传播趋近于 0。相关的参与用户数变化和涉及的微博数变化趋势如图 9.13 所示。

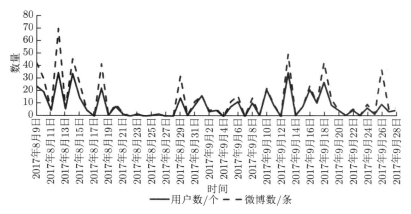

图 9.13　情景 6 "8·8 九寨沟地震" 微博信息统计

　　将情景 6 的相关参数代入所构建的自然灾难事件社会风险传播模型中，并在 Matlab R2012a 上运行程序，计算后可得到如图 9.14 所示的结果示意图，不知者 $S(t)$、潜伏者 $E(t)$、传播者 $I(t)$ 和抑制者 $R(t)$ 参与 "8·8 九寨沟地震" 微博信息传播和扩散趋势分别以四种不同的图例标记。分析图 9.14 可知，不知者 $S(t)$ 的参与情况随着时间的推移逐渐减少，最终趋近于平稳，即不知者 $S(t)$ 参与 "8·8 九寨沟地震" 微博信息传播和扩散的程度与时间的发展近似成反比；对比情景 6 与基准情景可以发现，不知者 $S(t)$ 的状态变化情况很相似，说明公众的参与程度对于不知者 $S(t)$ 的状态变化影响并不显著。潜伏者 $E(t)$ 的参与情况随着时间的推移逐渐增加并最终趋近于平稳，即潜伏者 $E(t)$ 参与 "8·8 九寨沟地震" 微博信息传播和扩散的程度与时间的发展近似成正比；对比情景 6 与基准情景可以发现，潜伏者 $E(t)$ 的状态变化趋势虽然大体一致，但变化幅度方面出现了较大差异，在情景 6 中，潜伏者 $E(t)$ 最终状态相比于基准情景中要低很多，说明当研究时间跨度提升至 50 天时，潜伏者 $E(t)$ 的最终状态活跃程度显著下降。传播者 $I(t)$ 的参与情况随着时间的推移略有增加，但总体变化并不十分显著；对比情景 6 与基准情景可以发现，传播者 $I(t)$ 的状态变化并没有显著受到参与条件判定变化的影响。抑制者 $R(t)$ 与潜伏者 $E(t)$ 的状态类似，均呈现出与 "8·8 九寨沟地震" 微博信息传播和扩散的程度与时间的发展近似成正比的态势，对比情景 6 与基准情景可以发现，抑制者 $R(t)$ 在情景 6 中的活跃程度相比于在基准情景中没有显著下降，说明当研究时间跨度提升时，抑制者 $R(t)$ 的活跃程度受到的影响并不显著。

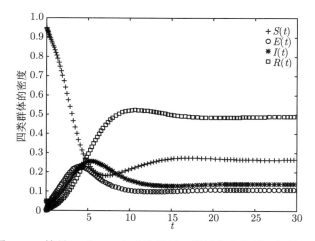

图 9.14　情景 6 "8·8 九寨沟地震" 微博信息传播和扩散趋势

7. 情景 7：参与次数大于或等于 4 次，时间跨度为震后 51 天

在此情景中，参与"8·8 九寨沟地震"的灾难信息传播与扩散的次数大于或等于 4 次的公众被设定为研究对象，同时保持研究的时间跨度由基础情景的 31 天进一步增加至 51 天，即 2017 年 8 月 8 日至 2017 年 9 月 28 日。将数据筛选和预处理的参数设置为上述情景后，经统计分析发现，在此情景中共有 285 个用户参与，原创或转发微博 454 条。其中，参与用户数最多的是 2017 年 9 月 13 日，有 22 个用户参与了至少 4 次微博的灾害信息传播与扩散；原创或转发微博数最多的是 2017 年 8 月 12 日，共有 45 条。相关的详细数据如表 9.10 所示。

表 9.10　"8·8 九寨沟地震" 51 天内参与次数大于或等于 4 次的微博用户数据

| 时间 | 用户数/个 | 微博数/条 | 时间 | 用户数/个 | 微博数/条 |
| --- | --- | --- | --- | --- | --- |
| 2017年8月9日 | 14 | 27 | 2017年9月4日 | 0 | 0 |
| 2017年8月10日 | 14 | 21 | 2017年9月5日 | 7 | 9 |
| 2017年8月11日 | 3 | 3 | 2017年9月6日 | 10 | 15 |
| 2017年8月12日 | 20 | 45 | 2017年9月7日 | 0 | 0 |
| 2017年8月13日 | 6 | 7 | 2017年9月8日 | 9 | 11 |
| 2017年8月14日 | 17 | 20 | 2017年9月9日 | 0 | 0 |
| 2017年8月15日 | 12 | 23 | 2017年9月10日 | 16 | 17 |
| 2017年8月16日 | 4 | 4 | 2017年9月11日 | 4 | 5 |
| 2017年8月17日 | 0 | 0 | 2017年9月12日 | 0 | 0 |
| 2017年8月18日 | 12 | 20 | 2017年9月13日 | 22 | 36 |
| 2017年8月19日 | 0 | 0 | 2017年9月14日 | 1 | 1 |
| 2017年8月20日 | 6 | 6 | 2017年9月15日 | 8 | 8 |
| 2017年8月21日 | 2 | 3 | 2017年9月16日 | 6 | 8 |
| 2017年8月22日 | 0 | 0 | 2017年9月17日 | 1 | 1 |
| 2017年8月23日 | 0 | 0 | 2017年9月18日 | 18 | 32 |
| 2017年8月24日 | 0 | 0 | 2017年9月19日 | 6 | 11 |
| 2017年8月25日 | 1 | 1 | 2017年9月20日 | 3 | 3 |
| 2017年8月26日 | 2 | 2 | 2017年9月21日 | 1 | 1 |
| 2017年8月27日 | 0 | 0 | 2017年9月22日 | 5 | 6 |
| 2017年8月28日 | 0 | 0 | 2017年9月23日 | 0 | 0 |
| 2017年8月29日 | 9 | 27 | 2017年9月24日 | 6 | 9 |
| 2017年8月30日 | 1 | 1 | 2017年9月25日 | 2 | 2 |
| 2017年8月31日 | 4 | 5 | 2017年9月26日 | 9 | 35 |
| 2017年9月1日 | 11 | 11 | 2017年9月27日 | 1 | 2 |
| 2017年9月2日 | 4 | 5 | 2017年9月28日 | 4 | 6 |
| 2017年9月3日 | 4 | 5 | | | |

通过对表 9.10 的分析可知，在情景 7 中，参与用户数和微博数随着时间的变化情况与基准情景产生了高度的类似情况。参与用户数和微博数在"8·8 九寨沟地震"发生后的 51 天内均呈现出先升后降再略微升高，再次显著下降，最后趋近于 0 的趋势。这在一定程度上说明，"8·8 九寨沟地震"在发生

的第一时间就引起了公众的广泛关注，并有一定数量的公众通过微博参与了"8·8九寨沟地震"灾难信息的浏览、编辑和传播活动。这一热度在地震发生后的9~13天内持续保持，在官方说明发布后出现短期下降趋势；地震后的10天左右微博再一次出现讨论热潮，这次热潮随着一些较有说服力的媒体等单位的发言和声明出现了下降趋势，并最终使"8·8九寨沟地震"的灾难信息传播趋近于0。相关的参与用户数变化和涉及的微博数变化趋势如图9.15所示。

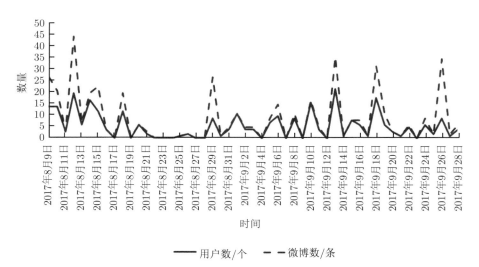

图 9.15　情景 7 "8·8 九寨沟地震" 微博信息统计

　　将情景 7 的相关参数代入所构建的自然灾难事件社会风险传播模型中，并在 Matlab R2012a上运行程序，计算后可得到如图 9.16 所示的结果示意图，不知者 $S(t)$、潜伏者 $E(t)$、传播者 $I(t)$ 和抑制者 $R(t)$ 参与 "8·8 九寨沟地震" 微博信息传播和扩散趋势分别以四种不同的图例标记。分析图 9.16 可知，不知者 $S(t)$ 的参与情况随着时间的推移逐渐减少，最终趋近于平稳，即不知者 $S(t)$ 参与 "8·8 九寨沟地震" 微博信息传播和扩散的程度与时间的发展近似成反比；对比情景 7 与基准情景可以发现，不知者 $S(t)$ 的状态变化情况呈较大差异，说明公众的参与程度对于不知者 $S(t)$ 的状态变化影响显著。潜伏者 $E(t)$ 的参与情况随着时间的推移逐渐增加并最终趋近于平稳，即潜伏者 $E(t)$ 参与 "8·8 九寨沟地震" 微博信息传播和扩散的程度与时间的发展近似成正比；对比情景 7 与基准情景可以发现，潜伏者 $E(t)$ 的状态变化趋势和变化幅度方面均出现了较大差异，在情景 7 中，潜伏者 $E(t)$ 最终状态相比于基准情景中要低很多，说明当研究时间跨度和公众参与判定条件均被提高时，潜伏者 $E(t)$ 的最终状态活跃程度显著下降。传播者 $I(t)$ 参与情况随着时间的推移略有增加，但总体变化并不显著；对比情景 7 与基准情景可以发现，传播者 $I(t)$ 的状态变化并没有十分显著受到研究时间跨度变化的影响。抑制者 $R(t)$ 与潜伏者 $E(t)$ 的状态类似，均呈现出与九寨沟地震微博信息传播和扩散的程度与时间的发展近似成正比的态势，对比情景 7 与基准情景可以发现，抑制者 $R(t)$ 在情景 7 中的活跃程度相比于在基准情景中略有下降，说明当研究时间跨度和公众参与条件的判定要求提升时，抑制者 $R(t)$ 的活跃程度受到了一些影响。

　　8. 情景 8：参与次数大于或等于 5 次，时间跨度为震后 51 天

　　在此情景中，参与九寨沟地震的灾难信息传播与扩散的次数大于或等于 5 次的公众被设定为研究对象，同时保持研究的时间跨度由基础情景的 31 天进一步增加至 51 天，即 2017 年 8 月 8 日至 2017 年 9 月 28 日。将数据筛选和预处理的参数设置为上述情景后，经统计分析发现，在此情景中共有 237 个用户参与，原创或转发微博 395 条。其中，参与用户数最多的是 2017 年 9 月 13 日，有 21 个用户参与

了至少 5 次微博的灾难信息传播与扩散；原创或转发微博数最多的是 2017 年 8 月 12 日，共有 38 条。相关的详细数据如表 9.11 所示。

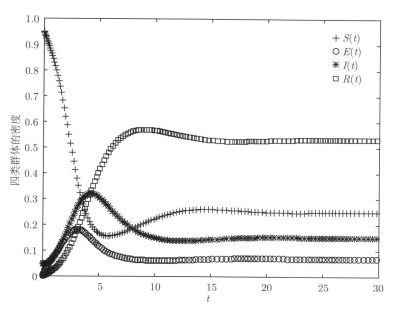

图 9.16　情景 7 "8·8 九寨沟地震" 微博信息传播和扩散趋势

通过对表 9.11 的分析可知，在情景 8 中，参与用户数和微博数随着时间的变化情况与基准情景产生了高度的类似情况。参与用户数和微博数在 "8·8 九寨沟地震" 发生后的 51 天内均呈现出先升后降、再略微升高、再次显著下降，最后趋近于 0 的趋势。这在一定程度上说明，"8·8 九寨沟地震" 在发生的第一时间就引起了公众的广泛关注，并有一定数量的公众通过微博参与了 "8·8 九寨沟地震" 灾难信息的浏览、编辑和传播活动。这一热度在地震发生后的 9~13 天内持续保持，在官方说明发布后出现短期下降趋势；地震后的 10 天左右微博再一次出现讨论热潮，这次热潮随着一些较有说服力的媒体等单位的发言和声明出现了下降趋势，并最终使 "8·8 九寨沟地震" 的灾难信息传播趋近于 0。相关的参与用户数变化和涉及的微博数变化趋势如图 9.17 所示。

将情景 8 的相关参数代入所构建的自然灾难事件社会风险传播模型中，并在 Matlab R2012a 上运行程序，计算后可得到如图 9.18 所示的结果示意图，不知者 $S(t)$、潜伏者 $E(t)$、传播者 $I(t)$ 和抑制者 $R(t)$ 参与 "8·8 九寨沟地震" 微博信息传播和扩散趋势分别以四种不同的图例标记。分析图 9.18 可知，不知者 $S(t)$ 参与 "8·8 九寨沟地震" 微博信息传播和扩散的程度与时间的发展近似成反比；对比基准情景可以发现，不知者 $S(t)$ 的状态变化情况比较相似，说明公众的参与程度对于不知者 $S(t)$ 的状态变化影响并不显著。潜伏者 $E(t)$ 参与 "8·8 九寨沟地震" 微博信息传播和扩散的程度与时间的发展近似成正比；对比情景 8 与基准情景可以发现，潜伏者 $E(t)$ 的状态变化趋势略有不同，同时，变化幅度方面出现了较大差异，在情景 8 中，潜伏者 $E(t)$ 最终状态相比于基准情景中要低很多，说明当公众的参与要求提高至最少 5 次时，潜伏者 $E(t)$ 的最终状态活跃程度显著下降。传播者 $I(t)$ 的参与情况随着时间的推移明显增加，但总体变化并不十分显著。抑制者 $R(t)$ 与潜伏者 $E(t)$ 的状态类似，均呈现出与 "8·8 九寨沟地震" 微博信息传播和扩散的程度与时间的发展近似成正比的态势。

### 表 9.11    "8·8 九寨沟地震" 51 天内参与次数大于或等于 5 次的微博用户数据

| 时间 | 用户数/个 | 微博数/条 | 时间 | 用户数/个 | 微博数/条 |
|---|---|---|---|---|---|
| 2017年8月9日 | 10 | 20 | 2017年9月4日 | 0 | 0 |
| 2017年8月10日 | 11 | 18 | 2017年9月5日 | 5 | 8 |
| 2017年8月11日 | 2 | 2 | 2017年9月6日 | 8 | 13 |
| 2017年8月12日 | 16 | 38 | 2017年9月7日 | 0 | 0 |
| 2017年8月13日 | 5 | 6 | 2017年9月8日 | 8 | 10 |
| 2017年8月14日 | 13 | 16 | 2017年9月9日 | 0 | 0 |
| 2017年8月15日 | 11 | 21 | 2017年9月10日 | 16 | 17 |
| 2017年8月16日 | 3 | 3 | 2017年9月11日 | 4 | 5 |
| 2017年8月17日 | 0 | 0 | 2017年9月12日 | 0 | 0 |
| 2017年8月18日 | 10 | 17 | 2017年9月13日 | 21 | 36 |
| 2017年8月19日 | 0 | 0 | 2017年9月14日 | 1 | 1 |
| 2017年8月20日 | 4 | 4 | 2017年9月15日 | 3 | 3 |
| 2017年8月21日 | 2 | 3 | 2017年9月16日 | 5 | 7 |
| 2017年8月22日 | 0 | 0 | 2017年9月17日 | 1 | 1 |
| 2017年8月23日 | 0 | 0 | 2017年9月18日 | 14 | 28 |
| 2017年8月24日 | 0 | 0 | 2017年9月19日 | 6 | 11 |
| 2017年8月25日 | 1 | 1 | 2017年9月20日 | 3 | 3 |
| 2017年8月26日 | 2 | 2 | 2017年9月21日 | 1 | 1 |
| 2017年8月27日 | 0 | 0 | 2017年9月22日 | 4 | 5 |
| 2017年8月28日 | 0 | 0 | 2017年9月23日 | 0 | 0 |
| 2017年8月29日 | 8 | 25 | 2017年9月24日 | 5 | 5 |
| 2017年8月30日 | 1 | 1 | 2017年9月25日 | 1 | 1 |
| 2017年8月31日 | 3 | 4 | 2017年9月26日 | 7 | 32 |
| 2017年9月1日 | 10 | 10 | 2017年9月27日 | 1 | 2 |
| 2017年9月2日 | 3 | 4 | 2017年9月28日 | 4 | 6 |
| 2017年9月3日 | 4 | 5 | | | |

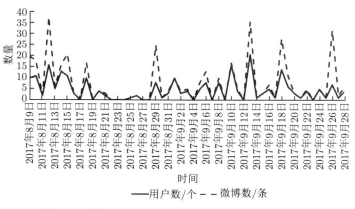

图 9.17    情景 8 "8·8 九寨沟地震" 微博信息统计

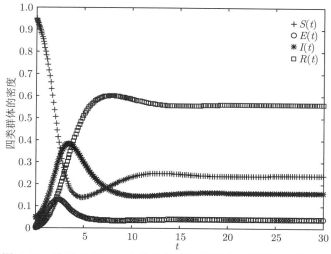

图 9.18　情景 8 "8·8 九寨沟地震" 微博信息传播和扩散趋势

## 9.5　优化对策建议

基于上文讨论与分析,从政府、媒体和公众三个层面给出相应的治理自然灾难事件社会风险的对策建议。

政府层面应加强管控,推进制度化改革。媒体不间断且密集地对自然灾难事件进行报道之后,可以引起公众对事件的关注,并就此形成一种风险,从而左右着整个风险的演化,公众风险实际上就是大部分观点和利益相同的人所发表言论的集合,其主导着整个社会风险的方向,是公众观点的代表,具有一定的引导作用。政府在公共危机沟通中应该充分了解整个风险的生成过程,通过监督与引导,使之朝着积极、正向的方向发展,消除社会不良风险。在管理公共危机的过程中,政府占据着主导地位,其应该充分发挥在公共危机沟通中的媒介作用,严格按照现行法律法规来规制媒体报道新闻的行为和态度,这样才能发挥风险对社会的推动作用,同时也能约束媒体,避免媒体为了流量和点击率而进行不实的报道,这也是真正贯彻和落实相关风险政策的必由之路,是保证灾难事件社会风险处理效果的方法。在重大自然灾难风险事件发生之后,政府如果要充分了解民意,就必须科学、合理地配置媒体软资源。

在自然灾难事件社会风险管理中,政府主要通过以下三个方面来管理媒体:第一,赢得媒体的配合。政府在发布信息的过程中要自觉改变打压敌对、躲躲藏藏、置之不理的表现,若政府能够赢得媒体的配合,那么双方就能达成共识,一起面对危机,久而久之,这种模式就会演变成管理风险的有效手段和方式。第二,构建新闻发言人制度,健全新闻发布原则,引导媒体传播信息。政府与媒体的关系会因为存在信息差而有所恶化,媒体如果能够从新闻发言人处获得权威、全面且真实的信息,他们就会充分信任政府,并且主动对社会风险的演化进行引导,最终辅助政府管理好风险,若政府公布的信息成为媒体发布新闻的依据时,媒体就会在无形中成为协助政府的工具。因此,出于政府和媒体在发布新闻时互相依存关系的考虑,政府一定要本着一致、公开、准确、及时的原则发布新闻和风险信息。在风险形成时,政府要出面对风险进行引导,确保公众了解事件的真相,而且所有部门都要在口径上保持一致,这样才能从源头上消除信任危机。第三,政府应该及时监督和管控媒体的行为,这样做并非对媒体的言论自由进行限制,而是规范其发布信息的行为,避免其发布不实消息,忽略对媒体的管控可能会使得媒体报道一些负面消息,影响风险控制效果。一旦媒体在报道事件方面出现问题,那么必然会引起一连串的反应,而且会加深公众对事件及某些言论的印象,此时再管控风险就错失了时机。因此,政府在治理风险的过程中应该监管好媒体的行为。

　　媒体层面应扮演社会公器，及时设置事件议程。在自然灾难事件社会风险的应急处置工作中，媒体会给社会各个方面的人群带来不同层次的影响。媒体与政府进行良性互动的前提条件是实现自身沟通能效的最大化，这样才能辅助政府高效地传播信息，否则就会增加政府治理风险的难度。因此，在处理自然灾难事件社会风险的过程中，要对媒体的自我管控和伦理建设予以高度重视，要处罚和警告存在不实报道的媒体，纠正其不当行为，以免引起严重的后果。广大媒体要通过思想教育工作，自觉遵守道德操守、职业伦理，树立强烈的责任心，拒绝商业化运作模式，这是媒体自我管控的首要准则。灾难事件社会风险牵动着千万民众的神经，治理过程中任何一个环节出现纰漏都会导致不可估量的损失，媒体为人们探索世界提供了一个"窗口"，因此，在引导灾难事件社会风险的过程中，媒体要站在公众和社会的角度看待问题，自觉改善自己的素养水平，围绕群众和社会的利益提炼与整合有价值的信息，积极发挥自己的监督与控制功能，使得灾难事件社会风险朝着可控且正向的方向发展。

　　公众层面要增强危机意识，强化网络大 V 理性引导。微博是一个很好的信息获取工具，但是在使用微博进行信息沟通交流时，会有一些不怀好意的用户，为图一时高兴、博取他人眼球，故意发布虚假消息，编造谣言。不管他们这么做的用意是什么，只要谣言出现在政府引导和管理灾难事件社会风险的过程中，就会使得事件朝着不可控的方向发展，甚至威胁到社会的长治久安。在信息爆炸的时代，公众每天都会接触到形形色色的信息，也会将自己接触到的信息传播出去，因此，教会公众甄别信息是当代政府义不容辞的责任，应该加强宣传教育，使得公众主动参与到风险事件处理中，以一种理性的态度看待危机事件，并发表恰当的言论，强化自身应对危机的科学意识，清楚哪些信息还原了事件原貌，哪些信息是谣言，当通过判断得知某一消息属于谣言时，要尽快举报，不再传播，以免引起更恶劣的后果。对谣言进行抵制是公民应该具备的基本素养，也是政府处理公共危机事件的前提条件。现阶段，最能影响灾难事件社会风险的群体依旧是社会公众，他们的诉求、意见和观点集合在一起，无形中增加了政府部门治理工作的压力，但并非每一位公众都会参与到自然灾难社会风险的讨论中，他们当中的大部分更关注的是事件的发展和演化，容易凭借自己的个人情感来看待社会化问题，显得不理性，也正是因为如此，才体现出对网络大 V 进行培养的重要性，由其对一般公众进行动员和引导，使得社会风险朝着健康、正向、积极的方向发展。严格来说，微博平台上的大部分网络大 V 都具有号召力和感染力，也正是因为如此，他们常常都会"为民发声"，民众在转发和评论网络大 V 所发表的言论时已经悄无声息地被动员和引导了。但值得注意的是，当发生了灾难事件社会风险之后，民众会陷入紧张和恐慌的情绪中，有些甚至无法正常思考问题，此时其可能会对网络大 V 出现随波逐流的状态，这显然是一种不正常的现象。只有足够专业、冷静、客观、谨慎的人才有资格充当网络大 V，引导社会风险。

第 10 章

# 技术灾难的实证研究

技术灾难是直接或间接地由技术问题造成的，并给人类及社会带来负面影响的人为事故，它源于系统故障，又进一步破坏系统的正常运行并造成损失，具有灾难性、复杂性和整体性。每一次技术灾难的演化都有一个过程，都有一条无形的灾难链贯穿其中，链条一旦铸就，灾难就在所难免。人类技术发展的历史也同时是人类与技术灾难抗争的历史。即使在科技高度发达的今天，人们仍不能避免技术灾难事件的发生，甚至要遭遇那些比前现代时期更严重、更恶劣的灾难事件。因此，我们需要对技术灾难事件的发生、风险演化、应对措施做进一步的研究和反思。本章通过介绍"8·12 天津滨海新区爆炸事故"，来对技术灾难事件社会风险的演化和治理进行深入的分析。

## 10.1 灾难治理系统

技术灾难主要是指一种由技术体系的缺陷或技术操作中的失误所引发重大危机的技术事故，随着科学技术的不断发展，随之而来的是愈加频发的技术灾难。正是由于技术对人类及生物圈产生重要影响，当技术开始成为人类乃至生物圈不可或缺的部分之后，技术灾难也悄然而至，所有的技术灾难事件都会不断发展、演化，每次灾难都会威胁着人类的生存和发展，表 10.1 列举了国内外典型的技术灾难事件①。

表 10.1　国内外典型的技术灾难事件

| 灾难事件名称 | 年份 | 死亡人数 | 受伤人数 |
|---|---|---|---|
| 印度博帕尔毒气泄漏案 | 1984 | 25 000 | 550 000 |
| 切尔诺贝利事件 | 1986 | 31 | 多人 |
| 8·16 黑龙江伊春烟花厂爆炸事件 | 2010 | 20 | 153 |
| 8·24 黑龙江伊春坠机事故 | 2010 | 44 | 52 |
| 8·29 肖家湾煤矿瓦斯爆炸事件 | 2012 | 45 | 54 |
| 8·2 昆山工厂爆炸事故 | 2014 | 75 | 185 |
| 8·12 天津滨海新区爆炸事故 | 2015 | 165 | 798 |

### 10.1.1　灾难关键特点

技术灾难事件在发生之前都会存在一个从量变到质变的过程，累积到一定程度后便会一触即发[463]。在技术灾难事件中，很多突发事件的产生都与生产设备的维护和更新不到位、安全保障设施不完善、安全意识不够强等因素有关，一些严重事件的爆发往往是某些因素诱发出潜在的矛盾所致。

---

① 孝金波. 应急管理部发布近十年8月份重特大事故分析. http://society.people.com.cn/n1/2019/0801/c1008-31270983.html, 2019-08-01

因此，技术灾难事件具有一定的潜伏性，如果能够及时发现并有效解决这些潜在性因素，那么大部分技术灾难事件是可以避免的。总体而言，技术灾难事件主要具有以下关键特点。

（1）社会性。这一特点是与自然灾难事件相区分的重要属性。在各种技术灾难事件中，不管是有意的行为或者是无意的举动，这些人为因素均是它们的主要性质。在技术灾难事件中，主要表现为人为过失；社会安全事件主要由人类社会矛盾引发，与特定的社会环境相结合，且其行为主体为人类。

（2）综合性。事件本身其实就是一个系统中相互关联、相互制约的多种不同影响因素共同互动产生的一种综合性结果，导致这类事件发生的影响因素多种多样，从系统整体上看，我们大致可以将其划分成人的不安全心理行为、物的不安全行为状态和对于周围环境的不良刺激等的相互作用，它们之间往往相互影响、相互关联。一个技术灾难事件的发生往往有着多个深层原因，会衍生出多个次生事件。

（3）普遍性。由于人类社会经济在其生产、生活的过程中始终都会伴随着危险，技术灾难事件所导致的各种风险和可能性都普遍存在，只不过各种风险事件发生的概率和规模大小、造成的人员伤亡多少及其他经济损失的严重性等不同[464]。

（4）复杂性。技术灾难事件的出现是不同因素彼此作用的结果，而非某个因素单独引发，需要对其本身和外部因素进行探究，不能只着眼于某个方面[465]。大数据加速信息的生成、发展和演化，使得技术灾难事件社会信息呈现井喷状爆发、反应迅速、总量巨大、衰减急剧、易蔓延复发的演化规律。另外，有的技术灾难事件过程是难以被发现的，等到发现时已经造成了严重的后果，故其还具有隐蔽性的特点，因此人们总是无法在第一时间察觉这种灾难，更不用说进行准确预测了，当意识到时往往已经变得比较棘手。

（5）整体性。技术灾难事件需要人类团结起来共同应对，不是某个地区或国家单方面的责任[466]。以长期技术灾难事件为例，其演进是一个十分漫长的过程，就好比"沙堆效应"，沙堆上出现几粒新的沙子并不会发生明显的变化，但是如果长年累月地增加沙子，那么总有一天会出现一个庞大的沙堆，长期性的技术灾难事件就是在这样悄无声息的过程中爆发的，而且这类灾难一旦出现，就会在全球范围内泛起涟漪，以臭氧层破坏、全球气候变暖为代表的灾难事件就是这样的一个过程。

### 10.1.2　传播影响因素

除此以外，技术灾难事件发生后，大量言论会在网络上传播，网络媒介环境、社会结构性压力、网民心理、触发性事件和政府控制等对网络言论的形成起到了不同程度的作用，但对于技术灾难事件发生后网络信息的传播，众多影响因素中有两个因素作用尤其明显，分别是事件的严重程度、政府的处置水平[467]。

### 10.1.3　灾难演化阶段

技术灾难事件的演化主要包括灾难事件发生、灾难事件的直接后果、灾难事件后的社会风险演化及灾难事件后的社会风险治理四个阶段，这四个阶段由灾难链贯穿其中。灾难链是不同因素彼此影响下的产物，这些因素主要是指社会矛盾的恶化、自然环境的多变性、操作人员的主观失误、技术系统的瘫痪、技术的不健全等。技术灾难事件导致的社会风险演化路径如图10.1所示，实线箭头表示该后果一定会导致社会冲突的爆发，黑色虚线箭头表示该后果可能导致社会失序，而灰色虚线箭头表示该后果小概率会导致社会失稳。因此，对技术灾难事件社会风险演化过程的深入分析，对于预防技术灾难事件、化解技术灾难事件可能引发的社会风险极具指导意义。

在灾情信息传播方面，技术灾难事件的相关信息传播呈被动性、碎片化，内容呈现多源异构、业态多样，且过程中不实信息大量存在，蔓延趋势显著。首先，信息传播是碎片化且被动的，技术灾难事件信息的产生与传播通常都爆发于灾难事件发生之后，这一点异于普通的突发公共事件，政府发表声明或是事件真正发生之后才会出现相关信息，换言之，信息因事件的进行而传播，而非事件随着信

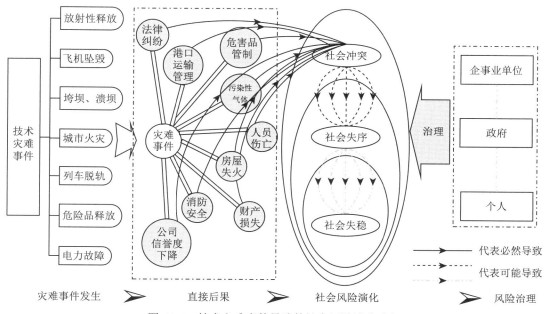

图 10.1 技术灾难事件导致的社会风险演化路径

息传播而发展[468]。其次,内容具有业态多样性和多元异构性。与传统媒体相比,大众可以直接通过短视频、动图、图片、文字的方式将信息发布在社交媒体上,这些呈现方式既是理性的也是感性的,能够让信息接收方真实地了解现场,对信息传播起到事半功倍的作用。最后,不实信息的大量存在和呈蔓延趋势是技术灾难事件信息传播的显著特征[466]。当灾难事件爆发之后,1~3 小时就会出现不实信息,当信息开始传播时便会出现"谣言四起"的现象,而且会从广度和长度上延伸信息的传播;社交信息的总量会在技术灾难事件发生 48 小时之后呈爆炸性增长态势,而后大概于第四天趋于停滞。

作为社会风险演化过程的一部分,技术灾难事件发生后的信息传播具有阶段性,总体而言,可以分为开始阶段、发展阶段、爆发阶段和震荡阶段[467]。

(1)开始阶段。灾难事件发生不久后被一些网民知晓,他们开始进行转发和评论即开始阶段的标志,此时往往只有事件的部分目击者、知情者和敏感公众会参与信息并进行讨论,而且讨论的范围比较窄,也不够深入,情感的表达比较情绪化,该阶段还未形成正式的议题。

(2)发展阶段。随着事件不断发酵和扩散,灾情信息呈几何倍数传播,越来越多的公众通过先前的报道了解到现场发生的事情,此时就进入发展阶段,该阶段的信息往往具有内容多样、感情丰富、参与用户多样的特点。在参与主体上,参与用户不再仅仅是普通群众,官方媒体、网络大 V 等也会相继参与并发声。

(3)爆发阶段。社会公众广泛参与灾情信息传播,讨论内容的深度和广度有所增加、影响变广且事件影响最强烈的阶段为爆发阶段。

(4)震荡阶段。网民和媒体在无任何突发事件刺激下渐渐不再关注该事件即标志着进入震荡阶段,但是不关注不意味着信息的总量永远不会反弹。随着时间的推移,公众就会渐渐不再关注原始信息,或是被新的话题吸引;然而,一旦有新事件与此事件关联,或源自此事件,那么又会直接刺激信息再次爆发、扩散。

## 10.2 案例背景介绍

"8·12 天津滨海新区爆炸事故"是一起发生在天津市滨海新区的特别重大安全事故。事故发生的时间线如图 10.2 所示。2015 年 8 月 12 日晚，位于天津市滨海新区天津港的瑞海公司的危险品仓库发生火灾爆炸事故，事故中爆炸总能量约为 450 吨 TNT 当量[469]。该事故共造成 165 人遇难，8 人失踪，798 人受伤，304 幢建筑物、12 428 辆商品汽车、7 533 个集装箱受损[470]。截至 2015 年 12 月 10 日，依据《企业职工伤亡事故经济损失统计标准》等标准和规定统计，事故已核定的直接经济损失达 68.66 亿元[471]。经国务院调查组认定，"8·12 天津滨海新区爆炸事故"是一起特别重大的生产安全责任事故[472]。

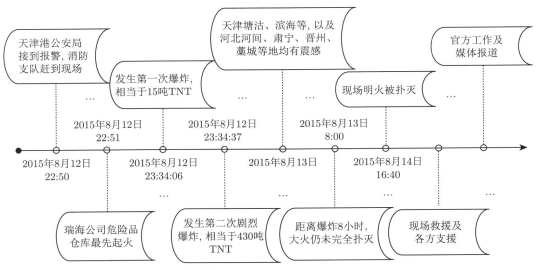

图 10.2　"8·12 天津滨海新区爆炸事故"时间线

在"8·12 天津滨海新区爆炸事故"中，最先起火的是存放危险品的仓库，该仓库首次爆炸近震震级约 2.3 级，约 30 秒后，发生第二次爆炸，这一次近震震级约 2.9 级，两次爆炸的威力足以摧毁数百个足球场。8 月 12 日 22 时 50 分，有关部门接到群众报案，最先到达现场的是天津港公安局消防支队，支队 23 个消防大队共出动消防车 93 辆，现场出动消防救援人员 600 余人；一小时后，天津消防总队全勤指挥部出动，共派消防车 35 台、消防中队 9 个队赶赴增援；截至 13 日 11 时，天津消防总队共派遣 143 辆消防车、上千名消防人员赶赴现场支援[473]；到 16 日上午，北京军区抽调国家级核生化应急救援力量、工程抢险人员和医疗专业救治队伍共计 1 909 人，专业装备和指挥保障设备 201 台投入搜救。

事故发生后，至 9 月 11 日 15 时，共 165 人在该次事故中遇难，其中包括 24 名公安现役消防人员、75 名天津港消防人员、11 名公安民警、55 名企业职工和住户等①；5 名该港消防人员、3 名企业职工及该港消防队员家属等 8 人失踪，798 人均不同程度受伤，58 人伤情严重，受到轻伤等其他伤害的共有 740 人；同时，该次爆炸事件对周边居民建筑等造成不同程度的损伤，对空气、土壤、用水等产生了较大影响，共造成已知经济损失达 68.66 亿元[474]。

2015 年 8 月 18 日，经国务院批准，成立了由公安部、国家安全生产监督管理总局等有关方面组成的国务院天津港"8·12"瑞海公司危险品仓库特别重大火灾爆炸事故调查组，邀请最高人民检察院派员参加，并聘请爆炸、消防、刑侦、化工、环保等方面专家参与调查工作[475]。

事故调查组坚持"科学严谨、实事求是、依法依规、安全高质"的原则，先后调阅文字资料 600 多万字，调取监控视频 10 万小时，开展模拟实验 8 次，召开专家论证会 56 场，对 600 余名相关人员

---

① http://china.newssc.org/system/topic/2756/index.shtml

逐一调查取证①，通过反复现场勘验、检测鉴定、调查取证、模拟实验、专家论证，查明了事故经过、原因、人员伤亡情况和直接经济损失，认定了事故性质和责任，提出了对有关责任单位和责任人员的处理建议，分析了事故暴露出的突出问题和教训，提出了加强和改进工作的意见建议[476]，事故相关单位责任示意图如图 10.3 所示。

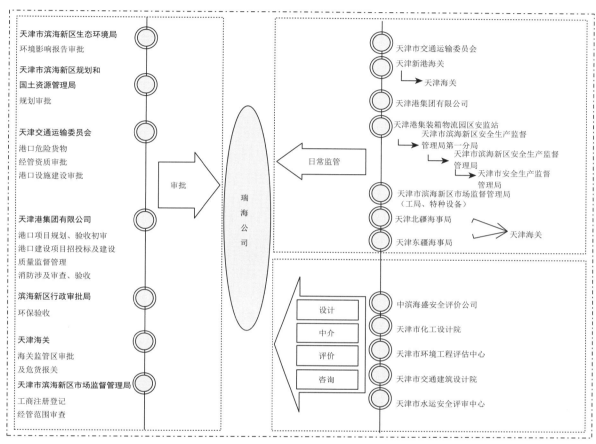

图 10.3　"8·12 天津滨海新区爆炸事故"相关单位责任示意图

经过事故调查组的查证，"8·12 天津滨海新区爆炸事故"发生的直接原因是瑞海公司危险品仓库内的硝化棉在天气作用下自燃，引起周围的化学品大范围燃烧，火灾导致堆放的硝酸铵等危险品发生了剧烈爆炸[477]，最终酿成恶果。根据调查结果，该事故的发生符合典型的技术灾难特征，瑞海公司作为事故发生的主体责任单位，违法储存危险货物，平时的安全管理极其混乱，长期存在安全隐患，达到某一临界点后，灾难爆发，造成了恶劣的社会影响。2016 年 2 月 5 日，根据国务院的批复，对相关企业的负责人进行逮捕，并对行政监察人员做出行政处分，对当地政府进行通报批评[478]。同时，对爆炸事件中的受害群众进行妥善安置，将参与救灾而壮烈牺牲的消防队员评为烈士，并进行不同程度的救助和安抚。

## 10.3　风险演化分析

灾难是对社会常规的破坏，首先带来的是死亡和损失，其次造成社会的失序和经济发展的中断。灾难事件社会风险呈现"一生成（灾难生成社会风险）、三状态（社会冲突、社会失序和社会失稳）、

① http://news.sohu.com/s2016/tjbzbg/

一演化（社会风险演化成社会危机）"的系统特征，是一个集冲突、失序、失稳于一体的开放复杂系统。

### 10.3.1　灾难直接后果

"8·12天津滨海新区爆炸事故"是一次突发的技术灾难事件，在灾难事件发生和后续救援中，共造成165人遇难、8人失踪，798人受伤，304幢建筑物、12 428辆商品汽车、7 533个集装箱受损[470]，该事件造成了重大的人员伤亡和财产损失，给全国人民心里蒙上了一层阴影。

人员伤亡。天津港危险品仓库发生的火灾爆炸事故，除了爆炸直接造成的人员伤亡外，后续化学品燃烧引发的严重火灾也给参与救援的消防人员造成了伤害，该事故中共有165人遇难，其中大部分为参与救援的公安现役消防队员、消防人员和公安民警，同时有798人受伤，大部分为轻伤[479]。

残留的污染气体。危险化学品燃烧爆炸后，会产生多种有毒化合物，如甲苯和硫化氢，其中甲苯是一种有机化合物，有毒，会伤害人的中枢神经，而硫化氢则会引起头昏、乏力、恶心等症状，严重时可危及生命。在该爆炸事故发生后，产生的有毒气体对救援实施造成了相当大阻碍，同时，天津市人民政府对周边环境进行了应急监测，结果显示周边环境空气的常规指标无异常状况，但是甲苯和挥发性有机物的含量超标。

爆炸造成的财产损失。该爆炸事故，直接导致了17 000多户居民的门窗被破坏，779家商户遭到不同程度的损失，同时还有304幢周边建筑物、12 428辆汽车、7 533个港口的集装箱受损。截至2015年12月10日，依据《企业职工伤亡事故经济损失统计标准》等标准和规定统计，该爆炸事故所造成的已核定的直接经济损失达68.66亿元，同时还有商户停止经营、后续善后安抚等间接经济损失，是中国近年来损失最高的灾难事件[471]。

事后调查组认定，事故还暴露出有关地方政府和部门存在有法不依、执法不严、监管不力等问题。相关单位未认真贯彻落实有关法律法规，未认真履行职责，违法违规进行行政许可和项目审查，日常监管严重缺失；该爆炸事故属于严重的技术灾难事件，造成了人员大量伤亡、财产大量损失等恶劣后果，引起了公众的强烈关注，各种与灾难事件相关的不实信息在网络上流传，逐步演化成为社会风险。

### 10.3.2　风险演化过程

灾难事件的恶劣后果会导致社会风险，即社会冲突、社会失序和社会失稳。如图10.4所示，社会冲突是三者中最基本的表现形式，如果社会冲突未能得以解决，则有可能演变为社会失序，而社会失序在未得到妥善处理的情况下，就有可能进一步恶化，最终演变为社会失稳。

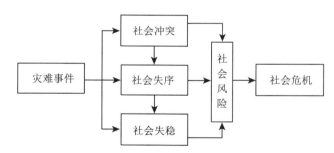

图 10.4　灾难事件导致社会危机的路径

一般意义上的社会冲突是指不同利益群体之间因社会利益的差异和对立而产生的外部对抗行为；社会失序是指在灾难事件发生前、发生中和发生后出现的对社会主要规范和运行规则的违反行为和现象，表现为那些反常规的、违反常理的、不道德的、罪恶的、违反法律的行为，其共同的性质就是这些行为超越了人们认可的、惯常的行为方式和社会运行方式；社会失稳，既是重大的社会问题，也是重大的政治问题，不仅关系到人民群众的安居乐业，而且关系到国家的长治久安。

"8·12 天津滨海新区爆炸事故"的后果更加严重、性质更加恶劣，尤其是一些灾难性的社会突发安全事件，可能会扰乱、破坏社会公共秩序；事件突发形成后往往又可能会直接诱发一系列新的灾害，导致事件不断朝着负面方向发展，社会冲突不断加剧。

该事件震惊全国，不仅造成惨重的人员伤亡和大量的财产损失，而且事故导致的余波不断发酵，冲击了地区经济和行业发展，引发了社会冲突。该事件发生后，政府及时组织消防队员进行救援，但由于污染性气体的大量排放，对救援人员造成了二次伤害，进一步造成了社会失序。随后关于灾难事件的相关信息在网络上的爆炸式传播，如"用水扑灭爆炸现场是否正确"，"消防人员安危应该由谁来负责"，"消防人员家属诉求未得到及时回应"，"相关部门拒绝媒体采访或在采访中表达过于模糊"等进一步放大了事件的影响，政府对于相关灾情信息处理不力，未及时公开事件的真相，使得公众的基本信息诉求无法得到满足，其负面情绪被激化，微博、微信等平台上的不实信息传播进一步引发了公众热议和社会恐慌，最终造成了一定程度的社会失稳。

该事件发生后，网民根据媒体发布的事件信息发表意见和看法，分析事件的进展情况，对事件受害者表示同情，对事件中的遇难者表示哀悼等[480]。除此之外，网民还更加关注爆炸发生的前因后果、政府及相关部门在该事件发生后的行为和处置态度及其在该事件中是否应该承担责任等问题，网络言论中理性和非理性因素共存，出现大量宣泄情绪、尖锐而激进的言论[481]。由于缺乏规范的新闻发布会及专业的"信息回复"，公众产生了失望、愤怒的消极情绪，且引发了"次生信息"。从总体来看，这些"次生信息"主要体现在以下四个维度：其一，公众由新闻发言人及现场干部的个人言行产生了对其个体的关注，如对于含糊其辞、一问三不知的干部产生了质疑和愤怒；其二，公众产生了对政府干部乃至政府部门的审视；其三，指向了与事故相关的各方，如失联消防人员家属冲击新闻发布会引发了公众对"编外消防员"这一特殊群体的关注；其四，新闻发布会不规范，"意外情况"中断直播等引发了公众对信息是否被刻意隐瞒的猜测。干部个人的不当言论、举止是引发"次生信息"的关键。例如，在第六场新闻发布会上，发言人以"很高兴在这里和大家见面"作为开场白；直到第九场新闻发布会，天津港集团有限公司代表人才首次现身。这些言行在令公众感到不舒服的同时，也让公众将关注点从灾难事件本身转向干部的无知与漠然上。此外，在面对记者提问时，部分干部回答欠缺逻辑、答非所问或者一味地推卸责任，激起了相关言论的进一步演化，使得公众开始怀疑政府是否刻意隐瞒信息，而干部间的推诿也表明政府部门之间缺乏协调与合作，应对危机时欠缺专业性，更加激发了群众的负面情绪。

根据前文提出的灾难事件社会风险传播的 SEIR 模型，代入该事件的数据，以分析"8·12 天津滨海新区爆炸事故"后网络信息传播的演化，详情如图 10.5 所示。

结合在疾病传播方面学者的成果，类似地将技术灾难事件社会风险传播中的群体分为四个类型，分别是不知者 $S(t)$、潜伏者 $E(t)$、传播者 $I(t)$ 和抑制者 $R(t)$。不知者 $S(t)$ 是指人群中从来没有接收过言论信息的网民占网民总数的比例，不知者对网络言论信息的传播没有抑制能力；潜伏者 $E(t)$ 是指人群中知道网络言论信息，但是没有决定是否传播此信息的网民所占的比例，因为他们正试图去辨别信息的真假；传播者 $I(t)$ 是指知道并且传播了言论信息的网民比例；抑制者 $R(t)$ 是指知道言论信息但是没有兴趣传播的网民比例。

系统中不知者的数量受到三个因素影响，分别是移入率、移出率、不知者与传播者的接触率[464]。移入率的增加可以使得不知者数量增加，移出率和接触率的增加使得不知者数量减少。系统中潜伏者的数量受到三个因素影响，分别是接触率、移出率和潜伏者转化率，接触率的增加会使得潜伏者数量增加，这无疑对言论控制是不利的，因为潜伏者有可能会转化为传播者，因此，控制言论可以从控制

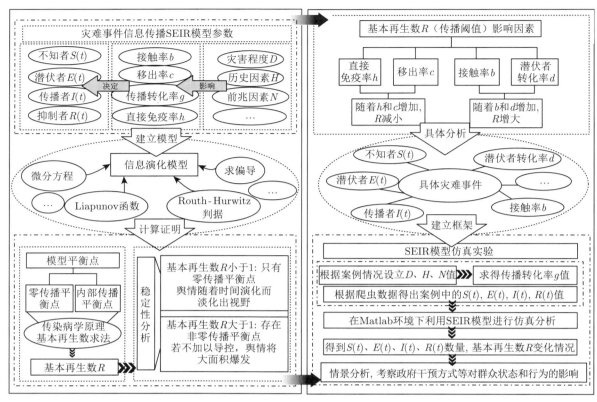

图 10.5 灾难事件社会风险传播的SEIR模型仿真分析

接触率角度入手提出对策。移出率和潜伏者转化率使得潜伏者减少。潜伏者转化率即潜伏者转化为传播者或抑制者的概率，即接触到言论的潜伏者网民转化为传播者或者抑制者的概率，由此可见，潜伏者转化率越高，传播者数量越多。想要抑制传播者数量的增长，有两种途径，分别是增大移出率和增大传播者转化率，即接触到言论的网民中不相信且不传播的概率，这就需要媒体的正确引导及真实信息的公布，以稳定人心[482]。

由各类群体及影响因素的关系，结合传染病学模型的原理，根据系统动力学建模思想，可以建立如下的技术灾难事件社会风险传播模型：

$$
\begin{cases}
\dfrac{\mathrm{d}S}{\mathrm{d}t} = a - bSI\mathrm{e}^{-a_1 I + a_2 I} - cS \\[2mm]
\dfrac{\mathrm{d}E}{\mathrm{d}t} = bSI\mathrm{e}^{-a_1 I + a_2 I} - dE - cE \\[2mm]
\dfrac{\mathrm{d}I}{\mathrm{d}t} = dE - gI - cI \\[2mm]
\dfrac{\mathrm{d}R}{\mathrm{d}t} = gI - cR
\end{cases}
\tag{10.1}
$$

信息传播是通过和他人的联系进行的，在每一个时间点，每个人可能处于四种状态中的一种。同时假设在任意时刻 $S(t)$、$E(t)$、$I(t)$ 和 $R(t)$ 是连续可微的函数。在灾难事件社会风险传播的 SEIR 模型中，系统中各参数的定义和含义如表 10.2所示。

2015 年 8 月 12 日 22 时 50 分左右，天津港瑞海公司的危险化学品集装箱失火；23 时 34 分，火灾引起仓库内易燃易爆品的第一次爆炸，30 秒后引发了第二次更大范围的爆炸，多名工作人员受伤，附近建筑遭到破坏。8 月 13 日 0 时 45 分《新京报》官方微博首次更新相关消息"天津塘沽开发区深夜突

**表 10.2　案例中模型的计算参数**

| 参数及其定义 | 参数含义 | 取值 |
|---|---|---|
| $a$ 移入率 | 单位时间内进入虚拟社区的人数所占比例 | 0.05 |
| $b$ 接触率 | 单位时间内不知者与传播者接触到的概率 | 1 |
| $D$ 受灾程度系数 | 反映技术灾难的受灾程度，标准化在 [0,1] | 1 |
| $c$ 移出率 | 单位时间内移出虚拟社区的人数所占比例 | 0.01 |
| $d$ 潜伏者转化率 | 接触到言论的潜伏者网民转化为传播者或者抑制者的概率 | 0.166 |
| $h$ 直接免疫率 | 传播言论的网民不相信不传播该言论的概率，其受到政府处置水平的影响 | 0.57 |
| $a_1$ 正面信息系数 | 正面灾情信息减少传播系数的因子 | 0.17 |
| $a_2$ 负面信息系数 | 负面灾情信息增加传播系数的因子 | 0.44 |

发爆炸数公里外可见蘑菇云"；自媒体转发的信息源头主要来源于 0 时 48 分澎湃新闻网推出的关于天津港爆炸的专题报道。随后，主流媒体，如《人民日报》、新华网等开始跟进报道，各媒体的记者深入一线现场带来第一手的消息，巨大范围的爆炸和猛烈的火灾，伴随着自媒体信息的扩散，使得该事件迅速传播，在网络上掀起了大范围的讨论，各种网络言论层出不穷，事件的热点急剧攀升，如表 10.3 所示，其中颜色深度代表频次，颜色越深表示出现频次越高。

**表 10.3　该爆炸事故微博相关言论发表数统计**

| 时间 | 用户数/个(≥3) | 微博数/条(≥3) | 用户数/个(≥4) | 微博数/条(≥4) | 用户数/个(≥5) | 微博数/条(≥5) | 时间 | 用户数/个(≥3) | 微博数/条(≥3) | 用户数/个(≥4) | 微博数/条(≥4) | 用户数/个(≥5) | 微博数/条(≥5) |
|---|---|---|---|---|---|---|---|---|---|---|---|---|---|
| 8月13日 | 1 | 1 | 1 | 1 | 1 | 1 | 8月28日 | 1 | 1 | 1 | 1 | 1 | 1 |
| 8月14日 | 7 | 8 | 5 | 7 | 5 | 7 | 8月29日 | 70 | 143 | 56 | 127 | 49 | 119 |
| 8月15日 | 0 | 0 | 0 | 0 | 0 | 0 | 8月30日 | 75 | 146 | 66 | 136 | 58 | 125 |
| 8月16日 | 3 | 3 | 3 | 3 | 3 | 3 | 8月31日 | 101 | 143 | 72 | 105 | 60 | 92 |
| 8月17日 | 11 | 12 | 10 | 11 | 9 | 10 | 9月1日 | 117 | 174 | 97 | 152 | 77 | 126 |
| 8月18日 | 1 | 1 | 1 | 1 | 1 | 1 | 9月2日 | 88 | 161 | 74 | 153 | 65 | 144 |
| 8月19日 | 7 | 8 | 6 | 7 | 6 | 7 | 9月3日 | 41 | 79 | 40 | 77 | 37 | 75 |
| 8月20日 | 1 | 1 | 1 | 1 | 1 | 1 | 9月4日 | 49 | 106 | 45 | 102 | 42 | 98 |
| 8月21日 | 63 | 117 | 46 | 104 | 38 | 94 | 9月5日 | 78 | 121 | 68 | 111 | 61 | 104 |
| 8月22日 | 62 | 95 | 49 | 81 | 42 | 73 | 9月6日 | 92 | 161 | 76 | 143 | 68 | 133 |
| 8月23日 | 71 | 74 | 53 | 57 | 53 | 57 | 9月7日 | 67 | 111 | 56 | 99 | 45 | 88 |
| 8月24日 | 110 | 163 | 89 | 140 | 48 | 50 | 9月8日 | 33 | 38 | 28 | 33 | 26 | 31 |
| 8月25日 | 92 | 188 | 88 | 169 | 79 | 154 | 9月9日 | 96 | 122 | 79 | 102 | 67 | 90 |
| 8月26日 | 93 | 152 | 67 | 133 | 58 | 124 | 9月10日 | 0 | 0 | 0 | 0 | 0 | 0 |
| 8月27日 | 109 | 126 | 72 | 113 | 72 | 113 | 9月11日 | 0 | 0 | 0 | 0 | 0 | 0 |

　　为了研究"8·12 天津滨海新区爆炸事故"的传播特点与传播规律，本书采用在新浪微博上爬取到的网络数据，以验证模型的有效性。具体而言，以"天津港爆炸"作为关键词爬取 2015 年 8 月 10 日至 2016 年 8 月 12 日的微博数据，共收集到有效微博数据 9 129 条。收集的数据主要包括用户昵称、用户 ID、用户的转发时间及转发内容。鉴于微博中数据文本的繁多，我们以"天津港爆炸"作为关键词爬取 8 月 13 日至 9 月 11 日，用户发表言论次数大于或等于 3 次的微博数据，见图 10.6。8 月 13 日至 9 月 11 日每天的用户数和微博数见表 10.4。

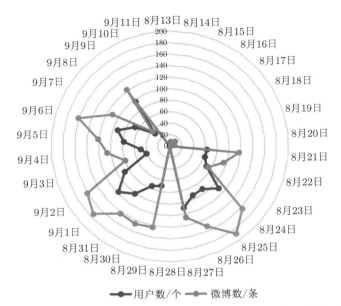

图 10.6　8 月 13 日至 9 月 11 日每天的微博用户数及微博数变化示意图（用户发表言论次数 ≥ 3 次）

表 10.4　8 月 13 日至 9 月 11 日每天的用户数和微博数（用户发表言论次数 ≥ 3 次）

| 时间 | 用户数/个 | 微博数/条 | 时间 | 用户数/个 | 微博数/条 |
|---|---|---|---|---|---|
| 8月13日 | 1 | 1 | 8月28日 | 1 | 1 |
| 8月14日 | 7 | 8 | 8月29日 | 70 | 143 |
| 8月15日 | 0 | 0 | 8月30日 | 75 | 146 |
| 8月16日 | 3 | 3 | 8月31日 | 101 | 143 |
| 8月17日 | 11 | 12 | 9月1日 | 117 | 174 |
| 8月18日 | 1 | 1 | 9月2日 | 88 | 161 |
| 8月19日 | 7 | 8 | 9月3日 | 41 | 79 |
| 8月20日 | 1 | 1 | 9月4日 | 49 | 106 |
| 8月21日 | 63 | 117 | 9月5日 | 78 | 121 |
| 8月22日 | 62 | 95 | 9月6日 | 92 | 161 |
| 8月23日 | 71 | 74 | 9月7日 | 67 | 111 |
| 8月24日 | 110 | 163 | 9月8日 | 33 | 38 |
| 8月25日 | 92 | 188 | 9月9日 | 96 | 122 |
| 8月26日 | 93 | 152 | 9月10日 | 0 | 0 |
| 8月27日 | 109 | 126 | 9月11日 | 0 | 0 |

　　"8·12 天津滨海新区爆炸事故"造成重大人员伤亡和财产损失。该爆炸事故造成 165 人遇难，8 人失踪，798 人受伤，304 幢建筑物、12 428 辆商品汽车、7 533 个集装箱受损。消息一经发出，引起公众的巨大关注，"天津港爆炸"微博阅读量达 178 亿次，讨论量达 319.5 万次。因此，广泛的传播和关注导致与该事件相关的微博数在 8 月 21 日陡然增加，在 9 月 1 日达到传播的峰值。由图 10.6 可知，该事件的微博信息数量随时间变化此起彼伏，其间不断有对该事件增加和减少关注的人。在 9 月 9 日，微博相关言论的数量出现了一个小幅增长，随着事件处理结束，公众也逐渐停止对该事件的关注。

为了获取案例在模型中的参数，需对"8·12 天津滨海新区爆炸事故"案例中言论传播过程进行实时追踪，并对系统区域内所有公众的状态及变化情况进行详细统计。微博数据量大，且许多用户不具备连续性，为参数的获取增加了难度。为了对仿真模型进行理论分析和提出合理的网络言论导控措施，本章运用 Matlab R2012a 对所建立的技术灾难事件社会风险传播模型进行仿真分析。仿真实验主要针对模型的基本再生数对言论传播和系统稳定性的影响及参数敏感性进行分析验证。

本章通过在爬取的微博数据中抽样统计微博用户的状态表现来计算系统中参数的数据。为了保证用户的连续性和活跃性，需要对爬取的微博数据进行筛选，缩小数据库。具体做法是，在爬取的微博中，筛选出发布了 3 次及以上微博的用户，总共获得 2 455 条微博。通过抽样得出的样本数据，统计出 8 月 13 日至 9 月 11 日的用户数和微博数，见表 10.4。将表 10.4 的统计数据与技术灾难事件社会风险传播模型的参数进行匹配，得到如表 10.5所示的数据。

**表 10.5 案例中模型的用户参数**

| 状态 | 初始人数 | 对应参数 | 状态改变人数 | 对应参数 |
|---|---|---|---|---|
| 不知者 | 468−4=464 | $S_0 = 464/468 = 0.99$ | 464（全部变为潜伏者） | $b=1$ |
| 潜伏者 | 0 | $E_0 = 0$ | 8 月 21 日至 9 月 7 日 用户平均数为 77 人 | $d = 77/464 = 0.166$ |
| 传播者 | 8 月 12 日至 8 月 20 日 的用户平均数为 4 人 | $I_0 = 4/468 = 0.01$ | 9 月 8 日至 9 月 11 日 用户平均数为 33 人 | $h = (77-33)/77 = 0.57$ |
| 抑制者 | 0 | $R_0 = 0$ | | |

由表 10.5 可知，初始进入系统成为不知者的人数有 464 人，成为传播者的人数为 4 人，通过筛选不重复的用户得到系统中总人数为 468 人，因此对应的不知者比例为 464 人除以系统中总人数 468 人。状态改变人数即不知者全部转变为潜伏者的人数为 464 人，转化率为 1。在发展阶段中，潜伏者比例为 0，从 8 月 21 日到 9 月 7 日的状态改变用户平均数为 77 人，占比为 0.166，即潜伏者转化率参数值为 0.166。爆发阶段中初始状态传播者人数为 4 人，因此传播者比例为 0.01，从 9 月 8 日到 9 月 11 日的状态改变用户平均数为 33 人，因此可以计算得到直接免疫率为 0.57，抑制者初始人数为 0 人，因此抑制者比例参数为 0。

由于事件没有任何的征兆，发生得非常突然，且发生在 8 月 12 日 22 时 50 分左右，因此，将 8 月 13 日 10 时以前的人数作为初始的传播者人数。从图 10.6 可以看出，本案例几乎没有潜伏期，传播者在 8 月 21 日达到顶峰，然后逐渐下降，因此得到模型：

$$\begin{cases} a - bSIe^{-a_1I+a_2I} - cS = 0 \\ bSIe^{-a_1I+a_2I} - dE - cE = 0 \\ dE - hI - cI = 0 \\ gI - cR = 0 \end{cases} \tag{10.2}$$

因为不知者全部变成了潜伏者，所以 $b_1 = 1$，$S_0 = 464/468 = 0.99$，$E_0 = 0$。状态改变人数中，计算出潜伏者从 8 月 21 日至 9 月 7 日的状态改变用户平均数为 77 人，传播者从 9 月 8 日至 9 月 11 日的状态改变用户平均数为 33 人，所以 $d = 77/464 = 0.166$，$h = (77-33)/77 = 0.57$。8 月 12 日至 8 月 20 日的用户平均数为 4 人，故 $I_0 = 4/468 = 0.01$。

根据模型中参数的计算方式，取接触率 $b=1$，由于死亡人数较多，故标准化后取受灾系数 $D=1$，由上文得到的数据知，$d = 0.166$，$h = 0.57$。将表 10.2 中的参数代入技术灾难事件社会风险传播模型中，取 $a = 0.05$，由于在抽样微博内容时发现许多参与的用户均持续追踪该事件，退出系统的人数相对较少，故设 $c = 0.01$。

在 Matlab R2012a 环境下，对技术灾难事件社会风险传播的 SEIR 模型进行仿真分析，可得到"8·12 天津滨海新区爆炸事故"中不知者、潜伏者、传播者和抑制者的密度变化情况，仿真结果如图 10.7 所示。

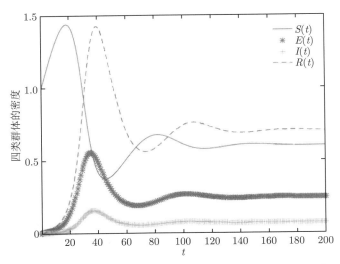

| 8月12日至8月15日 | 开始 |
| 8月16日至8月20日 | 潜伏期 |
| 8月21日至9月7日 | 传播期 |
| 9月8日至9月11日 | 衰减期 |

图 10.7   "8·12 天津滨海新区爆炸事故"中四类群体的密度变化

图 10.7 展示了"8·12 天津滨海新区爆炸事故"中四类群体的密度变化，不知者、潜伏者、传播者和抑制者的密度变化清晰可见。由图 10.7 可知，在"8·12 天津滨海新区爆炸事故"中，事件发生后在 $t=40$ 左右时言论传播达到高峰状态，表现为传播者的密度达到最大值，在 0.18 左右。之后传播者的密度开始减小，经过一些小的波动后在大约 $t=160$ 时趋于平稳。这与该事件的微博数据实际走势是相吻合的。随着时间的推移，由于有新的不知者进入系统，系统内不知者的密度从开始有一点缓慢地增大，然后陡然减小，最后趋于平稳。在系统中，新的不知者进入系统，使得抑制者的密度在前 40 小时呈增大趋势，随着不知者的密度变动，抑制者的密度变动呈相似的增减趋势，抑制者在时间上稍滞后于不知者。在 $t=40$ 时传播者的密度陡然增大，然后缓慢减小，这说明关于该事件中网络言论在短时间内进行了爆发式传播，这种爆发式传播增加了政府监控的难度。相比其他三类群体，抑制者的密度缓慢地增大，最终在 0.55 处趋于平稳，说明系统中大约有 55% 的人受到了言论的影响。上述仿真结果与事实基本相符。

可见，模型能够模拟重大技术灾难事件社会风险传播过程。面对"8·12 天津滨海新区爆炸事故"这类严重的技术灾难事件，网络上的关注会在短时间内达到顶峰，各种不实言论出现，需要政府集中相关调查小组、专家的努力，尽快查明并公开真相和事故原因，随着明晰事件真相的民众数量的上升，事件的传播速度就会减缓。同时，回应民声，做好事后的处罚、救治和赔偿工作，能使技术灾难事件引爆的社会风险尽早得到控制。

以"8·12 天津滨海新区爆炸事故"后 8 月 13 日至 9 月 11 日在微博上发表言论大于或等于 3 次的用户样本数据为基准情景，根据参数间的逻辑关系和实际情况进行适度假设，本章设计了 4 个情景构成实验组，模拟时间选取范围及用户发表言论次数对公众状态和行为的影响，以进一步考察灾难事件发生后社会风险传播的变化情况及应采取的相应措施，具体参数设置如表 10.6 所示。

1. 情景 1

根据表 10.6 设定的参数更改相应抽样条件来构建情景 1，选取 8 月 13 日至 9 月 11 日发表言论次数大于或等于 4 次的微博用户数据作为样本，并计算对应参数，具体数据如图 10.8 所示。

**表 10.6　各情景变化情况**

| 情景 | 时间范围 | 用户发表言论次数 |
|---|---|---|
| 基准场景 | 8 月 13 日至 9 月 11 日 | 大于或等于 3 次 |
| 情景 1 | 8 月 13 日至 9 月 11 日 | 大于或等于 4 次 |
| 情景 2 | 8 月 13 日至 9 月 11 日 | 大于或等于 5 次 |
| 情景 3 | 8 月 13 日至 9 月 21 日 | 大于或等于 3 次 |
| 情景 4 | 8 月 13 日至 9 月 30 日 | 大于或等于 3 次 |

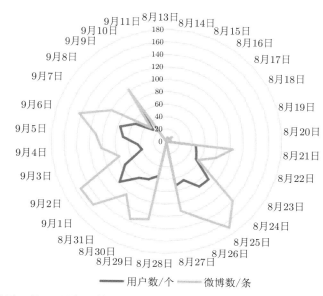

图 10.8　8 月 13 日至 9 月 11 日每天的微博用户数及微博数变化示意图（用户发表言论次数 ≥ 4 次）

　　将表 10.6 中的情景 1（表 10.7）代入模型（10.1），对该事件中社会风险传播模型进行仿真分析，可得到不知者、传播者和抑制者的密度变化情况。从表 10.8 中可知，因为不知者全部变成了潜伏者，所以 $b = 1$，$S_0 = 311/314 = 0.99$，$E_0 = 0$。状态改变人数中，计算出潜伏者从 8 月 21 日至 9 月 9 日的状态改变用户平均数为 61 人，传播者从 9 月 10 日至 9 月 11 日用户平均数为 0 人，所以 $d = 61/311 = 0.196$，$h = (61 - 0)/61 = 1$。8 月 12 日至 8 月 20 日的状态改变用户平均数为 3 人，故 $I_0 = 3/314 = 0.01$。根据模型中参数的计算方式，取接触率 $b = 1$，由于死亡人数较多，故标准化后取受灾系数 $D = 1$，那么，根据上文中的情感分析数据，$d = 0.196$，$h = 1$。将表 10.9 中的参数代入社会风险传播模型中，取 $a = 0.05$，因为在抽样微博内容时，发现许多参与的用户均持续追踪该事件，退出系统的人数相对较少，故设 $c = 0.01$。

　　由表 10.8 可知，初始进入系统成为不知者的人数有 311 人，成为传播者的人数为 3 人，通过筛选不重复的用户得到系统中总人数为 313 人，因此对应的不知者比例为 311 人除以系统中总人数 313 人。状态改变人数即不知者全部转变为潜伏者的人数为 311 人，转化率为 1。在发展阶段中，潜伏者比例为 0，8 月 21 日至 9 月 9 日的状态改变用户平均数为 61 人，占比为 0.196，即潜伏者转化率参数值为 0.196，可见比基准情景有所上升。爆发阶段中初始状态传播者人数为 3 人，因此传播者比例为 0.01，9 月 10 日至 9 月 11 日的状态改变用户平均数为 0 人，因此可以计算得到直接免疫率为 1，抑制者初始人数为 0 人，因此抑制者比例参数为 0。

表 10.7　8 月 13 日至 9 月 11 日每天的用户数和微博数（用户发表言论次数≥4 次）

| 时间 | 用户数/个 | 微博数/条 | 时间 | 用户数/个 | 微博数/条 |
|---|---|---|---|---|---|
| 8月13日 | 1 | 1 | 8月28日 | 1 | 1 |
| 8月14日 | 5 | 7 | 8月29日 | 56 | 127 |
| 8月15日 | 0 | 0 | 8月30日 | 66 | 136 |
| 8月16日 | 3 | 3 | 8月31日 | 72 | 105 |
| 8月17日 | 10 | 11 | 9月1日 | 97 | 152 |
| 8月18日 | 1 | 1 | 9月2日 | 74 | 153 |
| 8月19日 | 6 | 7 | 9月3日 | 40 | 77 |
| 8月20日 | 1 | 1 | 9月4日 | 45 | 102 |
| 8月21日 | 46 | 104 | 9月5日 | 68 | 111 |
| 8月22日 | 49 | 81 | 9月6日 | 76 | 143 |
| 8月23日 | 53 | 57 | 9月7日 | 56 | 99 |
| 8月24日 | 89 | 140 | 9月8日 | 28 | 33 |
| 8月25日 | 88 | 169 | 9月9日 | 79 | 102 |
| 8月26日 | 67 | 133 | 9月10日 | 0 | 0 |
| 8月27日 | 72 | 113 | 9月11日 | 0 | 0 |

表 10.8　情景 1 中模型的用户参数

| 状态 | 初始人数 | 对应参数 | 状态改变人数 | 对应参数 |
|---|---|---|---|---|
| 不知者 | $314 - 3 = 311$ | $S_0 = 311/314 = 0.99$ | 311（全部变为潜伏者） | $b = 1$ |
| 潜伏者 | 0 | $E_0 = 0$ | 8 月 21 日至 9 月 9 日 用户平均数为 61 人 | $d = 61/311 = 0.196$ |
| 传播者 | 8 月 12 日至 8 月 20 日 的用户平均数为 3 人 | $I_0 = 3/314 = 0.01$ | 9 月 10 日至 9 月 11 日 用户平均数为 0 人 | $h = (61 - 0)/61 = 1$ |
| 抑制者 | 0 | $R_0 = 0$ | | |

表 10.9　情景 1 中模型的计算参数

| 参数及其定义 | 参数含义 | 取值 |
|---|---|---|
| $a$ 移入率 | 单位时间内进入虚拟社区的人数所占比例 | 0.05 |
| $b$ 接触率 | 单位时间内不知者与传播者接触到的概率 | 1 |
| $D$ 受灾程度系数 | 反映技术灾难的受灾程度，标准化在 [0,1] | 1 |
| $c$ 移出率 | 单位时间内移出虚拟社区的人数所占比例 | 0.01 |
| $d$ 潜伏者转化率 | 接触到言论的潜伏者网民转化为传播者或者抑制者的概率 | 0.196 |
| $h$ 直接免疫率 | 传播言论的网民不相信不传播该言论的概率，其受政府处置水平的影响 | 1 |
| $a_1$ 正面信息系数 | 正面灾情信息减少传播系数的因子 | 0.17 |
| $a_2$ 负面信息系数 | 负面灾情信息增加传播系数的因子 | 0.44 |

　　在 Matlab R2012a 环境下，对灾难事件社会风险传播的 SEIR 模型进行仿真分析，可得到案例情景中不知者、潜伏者、传播者和抑制者的密度变化情况，仿真结果如图 10.9 所示。

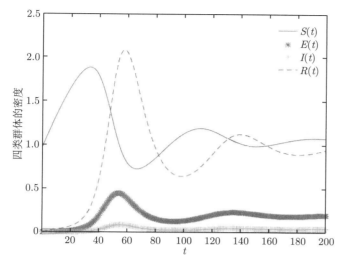

| 8月12日至8月15日 | 开始 |
| --- | --- |
| 8月16日至8月20日 | 潜伏期 |
| 8月21日至9月9日 | 传播期 |
| 9月10日至9月11日 | 衰减期 |

图 10.9　情景 1 中四类群体的密度变化

图 10.9 展示了当用户在微博发表评论大于等于 4 次时，四类群体的密度变化。事件发生后在 $t = 50$ 左右时社会风险传播达到高峰状态，表现为传播者的密度达到最大值，在 0.10 左右。之后传播者的密度开始减小，经过一些小的波动后在大约 $t = 180$ 时趋于平稳。这与该事件的微博数据实际走势即表 10.7 是相吻合的。随着时间的推移，由于有新的不知者进入系统，系统内不知者的密度从开始有一点缓慢地增大，然后陡然减小，最后趋于平稳。在系统中，由于新的不知者进入系统，抑制者的密度在前 40 小时呈增大趋势，随着不知者的密度变动，抑制者的密度变动呈相似的增减趋势，抑制者在时间上稍滞后于不知者。在 $t = 60$ 时潜伏者的密度陡然增大，然后缓慢减小，而传播者的密度在 $t = 60$ 时与基准情景相比增大较缓慢。与基准情景相比，$d$ 由 0.166 变为 0.196，$h$ 由 0.57 变为 1。

随着时间的推移，由于 $d$ 的增大，系统内不知者的密度变小，原因是转化为潜伏者及传播者，不知者的密度从开始便缓慢增大，然后降低，最后趋于平稳。在系统中，由于新的不知者进入系统，抑制者的密度始终呈增大趋势。与基准情景相比，由于直接免疫率变大，潜伏者和传播者密度的峰值变小。不知者和抑制者的密度增大，衰落点延后，这两类群体的密度在相当一段时间内一直处于较高水平，能够传播更多的信息。

仔细分析可得其原因，在当前社交媒体高度发达的情况下，一旦发生技术灾难事件，公众很容易获得与灾难事件相关的信息。当技术灾难事件影响的人群偏向于传播言论时，会立刻引起人们的关注，且引发更多的人群传播相关信息，因此，在短时间内，网络言论陡然上升。当其受到政府处置水平的影响较大时，技术灾难事件引发的社会风险传播峰值会降低，因此，政府适当干预对减轻社会风险传播有一定的积极作用。此外，实际情况与可再生数公式的计算结果是一致的，接触率和潜伏者转化率越高，灾难信息的传播就越容易失控，提高免疫率和抑制率将有助于控制灾情信息的传播。因此，对灾难信息传播进行控制可以从接触率和潜伏者转化率的角度来看。例如，改变社会网络的拓扑结构，媒体可以及时地披露灾难事件的真实情况，全面通过主流媒体正确引导公众传播灾难信息。

2. 情景 2

根据表 10.6 设定的参数更改相应抽样条件来构建情景 2，选取 8 月 13 日至 9 月 11 日发表言论次数大于或等于 5 次的微博用户作为样本，并计算对应参数，具体数据如图 10.10 所示。

将表 10.6 中的情景 2（表 10.10）代入模型（10.1），对 "8·12 天津滨海新区爆炸事故" 中社会风险传播模型进行仿真分析，可得到不知者、传播者和抑制者的数量变化情况。从表 10.11 中可知，因为不知者全部变成潜伏者，所以 $b = 1$，$S_0 = 227/230 = 0.98$，$E_0 = 0$。状态改变人数中，计算出 8 月 21

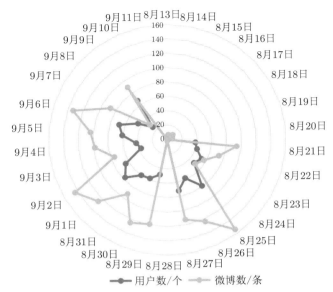

图 10.10　8 月 13 日至 9 月 11 日每天的微博用户数及微博数变化示意图（用户发表言论次数 ⩾ 5 次）

日至 9 月 9 日用户平均数为 52 人，9 月 10 日至 9 月 11 日用户平均数为 0 人，所以 $d = 52/227 = 0.229$，$h = (52 - 0)/52 = 1$。8 月 12 日至 8 月 20 日的用户平均数为 3 人，故 $I_0 = 3/227 = 0.02$。根据模型中参数的计算方式，取接触率 $b = 1$，由于死亡人数较多，故标准化后取受灾系数 $D = 1$，那么，根据上文中的情感分析数据，$d = 0.229$，$h = 1$。将表 10.12 中的参数代入社会风险传播模型中，取 $a = 0.05$，因为在抽样微博内容时，发现许多参与的用户均持续追踪该事件，退出系统的人数相对较少，故设 $c = 0.01$。

表 10.10　8 月 13 日至 9 月 11 日每天的用户数和微博数（用户发表言论次数 ⩾ 5 次）

| 时间 | 用户数/个 | 微博数/条 | 时间 | 用户数/个 | 微博数/条 |
| --- | --- | --- | --- | --- | --- |
| 8 月 13 日 | 1 | 1 | 8 月 28 日 | 1 | 1 |
| 8 月 14 日 | 5 | 7 | 8 月 29 日 | 49 | 119 |
| 8 月 15 日 | 0 | 0 | 8 月 30 日 | 58 | 125 |
| 8 月 16 日 | 3 | 3 | 8 月 31 日 | 60 | 92 |
| 8 月 17 日 | 9 | 10 | 9 月 1 日 | 77 | 126 |
| 8 月 18 日 | 1 | 1 | 9 月 2 日 | 65 | 144 |
| 8 月 19 日 | 6 | 7 | 9 月 3 日 | 37 | 75 |
| 8 月 20 日 | 1 | 1 | 9 月 4 日 | 42 | 98 |
| 8 月 21 日 | 38 | 94 | 9 月 5 日 | 61 | 104 |
| 8 月 22 日 | 42 | 73 | 9 月 6 日 | 68 | 133 |
| 8 月 23 日 | 53 | 57 | 9 月 7 日 | 45 | 88 |
| 8 月 24 日 | 48 | 50 | 9 月 8 日 | 26 | 31 |
| 8 月 25 日 | 79 | 154 | 9 月 9 日 | 67 | 90 |
| 8 月 26 日 | 58 | 124 | 9 月 10 日 | 0 | 0 |
| 8 月 27 日 | 72 | 113 | 9 月 11 日 | 0 | 0 |

表 10.11　情景 2 中模型的用户参数

| 状态 | 初始人数 | 对应参数 | 状态改变人数 | 对应参数 |
|---|---|---|---|---|
| 不知者 | $230 - 3 = 227$ | $S_0 = 227/230 = 0.98$ | 227（全部变为潜伏者） | $b = 1$ |
| 潜伏者 | 0 | $E_0 = 0$ | 8月21日至9月9日 用户平均数为52人 | $d = 52/227 = 0.229$ |
| 传播者 | 8月12日至8月20日 的用户平均数为 3 人 | $I_0 = 3/227 = 0.02$ | 9月10日至9月11日 用户平均数为0人 | $h = (52 - 0)/52 = 1$ |
| 抑制者 | 0 | $R_0 = 0$ | | |

表 10.12　情景 2 中模型的计算参数

| 参数及其定义 | 参数含义 | 取值 |
|---|---|---|
| $a$ 移入率 | 单位时间内进入虚拟社区的人数所占比例 | 0.05 |
| $b$ 接触率 | 单位时间内不知者与传播者接触到的概率 | 1 |
| $D$ 受灾程度系数 | 反映技术灾难的受灾程度，标准化在 $[0,1]$ | 1 |
| $c$ 移出率 | 单位时间内移出虚拟社区的人数所占比例 | 0.01 |
| $d$ 潜伏者转化率 | 接触到言论的潜伏者网民转化为传播者或者抑制者的概率 | 0.229 |
| $h$ 直接免疫率 | 传播言论的网民不相信不传播该言论的概率，其受政府处置水平的影响 | 1 |
| $a_1$ 正面信息系数 | 正面灾情信息减少传播系数的因子 | 0.17 |
| $a_2$ 负面信息系数 | 负面灾情信息增加传播系数的因子 | 0.44 |

　　由表 10.12 可知，初始进入系统成为不知者的人数有 227 人，成为传播者的人数为 3 人，通过筛选不重复的用户得到系统中总人数为 230 人，因此对应的不知者比例为 227 人除以系统中总人数 230 人。状态改变人数即不知者全部转变为潜伏者的人数为 227 人，转化率为 1。在发展阶段中，潜伏者比例为 0，从 8 月 21 日到 9 月 9 日的状态改变用户平均数为 52 人，占比为 0.229，即潜伏者转化率参数值为 0.229。爆发阶段中初始状态传播者人数为 3 人，因此传播者比例为 0.02，从 9 月 10 日到 9 月 11 日的状态改变用户平均数为 0 人，因此可以计算得到直接免疫率为 1，抑制者初始人数为 0 人，因此抑制者比例参数为 0。

　　在 Matlab R2012a 环境下，对灾难事件社会风险传播的 SEIR 模型进行仿真分析，可得到案例情景中不知者、潜伏者、传播者和抑制者的密度变化情况，仿真结果如图 10.11 所示。

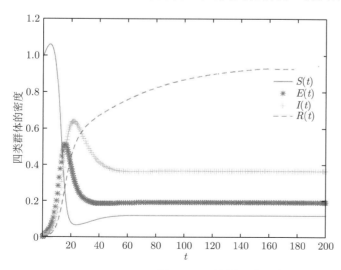

| 8月12日至 8月15日 | 开始 |
|---|---|
| 8月16日至8月20日 | 潜伏期 |
| 8月21日至9月9日 | 传播期 |
| 9月10日至9月11日 | 衰减期 |

图 10.11　情景 2 中四类群体的密度变化

当用户在微博发表言论次数大于或等于 5 次时，四类群体的密度变化如图 10.11 所示。事件发生后在 $t = 20$ 左右时言论传播达到高峰状态，表现为传播者的密度达到最大值，在 0.70 左右。之后传播者的密度开始减小，经过一些小的波动后在大约 $t = 100$ 时趋于平稳。随着时间的推移，由于有新的不知者进入系统，系统内不知者的密度从开始有一点缓慢增大，然后陡然减小，最后趋于平稳。在系统中，由于新的不知者进入系统，抑制者的密度在 $t = 40$ 时呈增大趋势，其增大趋势逐渐趋于平稳。在 $t = 20$ 左右时潜伏者的密度陡然增大，然后缓慢减小，在 $t = 60$ 后逐渐平稳。传播者的密度在 $t = 30$ 时与基准情景相比增大较快，且峰值较高。与基准情景相比，$d$ 由 0.166 变为 0.229，$h$ 由 0.57 变为 1。随着时间的推移，由于 $d$ 的增大，系统内不知者的密度变小，原因是转化为潜伏者及传播者，不知者的密度从开始便缓慢增大，然后减小，最后趋于平稳。在系统中，由于新的不知者进入系统，抑制者的密度始终呈增大趋势。

与基准情景相比，由于潜伏者转化率变大，潜伏者和传播者密度的峰值也变大，同时直接免疫率的增大，使得抑制者的密度迅速增大，在 $t = 20$ 时，不知者的密度便迅速下降，随后维持在一个较低的水平，事件的关注度降低，灾难事件发生后的信息传播风险得到及时的处理。由仿真结果可知，对于发表言论次数较多的热心网民和关键网络大 V，应当加强引导教育，让其转发、发表积极真实的言论，同时政府需进行适当干预，有效降低事件的热度，以及不实言论传播导致的负面影响。

3. 情景 3

根据表 10.6 设定的参数更改相应抽样条件来构建情景 3，选取 8 月 13 日至 9 月 21 日发表言论次数大于或等于 3 次的微博用户作为样本，并计算对应参数，具体数据如图 10.12 所示。

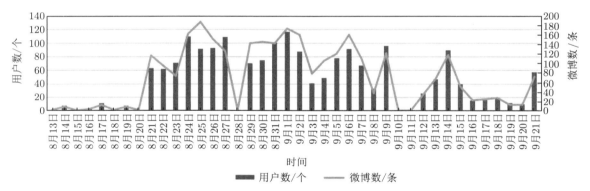

图 10.12　8 月 13 日至 9 月 21 日每天的微博用户数及微博数变化示意图（用户发表言论次数 ≥ 3 次）

将表 10.6 中的情景 3（表 10.13）代入模型（10.1），对"8·12天津滨海新区爆炸事故"中社会风险传播模型进行仿真分析，可得到不知者、传播者和抑制者的密度变化情况。从表 10.14 中可知，因为不知者全部变成潜伏者，所以 $b = 1$，$S_0 = 486/490 = 0.99$，$E_0 = 0$。

状态改变人数中，计算出 8 月 21 日至 9 月 9 日用户平均数为 75 人，9 月 10 日至 9 月 21 日用户平均数为 28 人，所以 $d = 75/486 = 0.154$，$h = (75 - 28)/75 = 0.63$。8 月 12 日至 8 月 20 日用户平均数为 4 人，故 $I_0 = 4/486 = 0.01$。根据模型中参数的计算方式，取接触率 $b = 1$，由于死亡人数较多，故标准化后取受灾系数 $D = 1$，那么，根据上文中的情感分析数据，$d = 0.154$，$h = 0.63$。将表 10.15 中的参数代入社会风险传播模型中，取 $a = 0.05$，因为在抽样微博内容时，发现许多参与的用户均持续追踪该事件，退出系统的人数相对较少，故设 $c = 0.01$。

由表 10.15 可知，初始进入系统成为不知者的人数有 490 人，成为传播者的人数为 4 人，因此对应的不知者比例为 486 除以系统中总人数 490 人，230 人无法从表 10.13 中直接获得，而是通过筛选不重复的用户得到的。状态改变人数即不知者全部转变为潜伏者的人数为 486 人，转化率为 1。在发展阶

表 10.13　8 月 13 日至 9 月 21 日每天的用户数和微博数（用户发表言论次数≥ 3 次）

| 时间 | 用户数/个 | 微博数/条 | 时间 | 用户数/个 | 微博数/条 |
|---|---|---|---|---|---|
| 8月13日 | 1 | 1 | 9月2日 | 88 | 161 |
| 8月14日 | 7 | 8 | 9月3日 | 41 | 79 |
| 8月15日 | 0 | 0 | 9月4日 | 49 | 106 |
| 8月16日 | 3 | 3 | 9月5日 | 78 | 121 |
| 8月17日 | 11 | 12 | 9月6日 | 92 | 161 |
| 8月18日 | 1 | 1 | 9月7日 | 67 | 111 |
| 8月19日 | 7 | 8 | 9月8日 | 33 | 38 |
| 8月20日 | 1 | 1 | 9月9日 | 96 | 122 |
| 8月21日 | 63 | 117 | 9月10日 | 0 | 0 |
| 8月22日 | 62 | 95 | 9月11日 | 0 | 0 |
| 8月23日 | 71 | 74 | 9月12日 | 26 | 35 |
| 8月24日 | 110 | 163 | 9月13日 | 47 | 68 |
| 8月25日 | 92 | 188 | 9月14日 | 90 | 118 |
| 8月26日 | 93 | 152 | 9月15日 | 40 | 52 |
| 8月27日 | 109 | 126 | 9月16日 | 16 | 23 |
| 8月28日 | 1 | 1 | 9月17日 | 17 | 25 |
| 8月29日 | 70 | 143 | 9月18日 | 18 | 28 |
| 8月30日 | 75 | 146 | 9月19日 | 12 | 13 |
| 8月31日 | 101 | 143 | 9月20日 | 10 | 13 |
| 9月1日 | 117 | 174 | 9月21日 | 57 | 72 |

表 10.14　情景 3 中模型的用户参数

| 状态 | 初始人数 | 对应参数 | 状态改变人数 | 对应参数 |
|---|---|---|---|---|
| 不知者 | $490 - 4 = 486$ | $S_0 = 486/490 = 0.99$ | 486（全部变为潜伏者） | $b = 1$ |
| 潜伏者 | 0 | $E_0 = 0$ | 8 月 21 日至 9 月 9 日 用户平均为 75 人 | $d = 75/486 = 0.154$ |
| 传播者 | 8 月 12 日至 8 月 20 日 的用户平均数为 4 人 | $I_0 = 4/486 = 0.01$ | 9 月 10 日至 9 月 21 日 用户平均数为 28 人 | $h = (75 - 28)/75 = 0.63$ |
| 抑制者 | 0 | $R_0 = 0$ | | |

表 10.15　情景 3 中模型的计算参数

| 参数及其定义 | 参数含义 | 取值 |
|---|---|---|
| $a$ 移入率 | 单位时间内进入虚拟社区的人数所占比例 | 0.05 |
| $b$ 接触率 | 单位时间内未知者与传播者接触到的概率 | 1 |
| $D$ 受灾程度系数 | 反映技术灾难的受灾程度，标准化在 [0,1] | 1 |
| $c$ 移出率 | 单位时间内移出虚拟社区的人数所占比例 | 0.01 |
| $d$ 潜伏者转化率 | 接触到言论的潜伏者网民转化为传播者或者抑制者的概率 | 0.154 |
| $h$ 直接免疫率 | 传播言论的网民不相信不传播该言论的概率，其受政府处置水平的影响 | 0.63 |
| $a_1$ 正面信息系数 | 正面言论信息减少传播系数的因子 | 0.17 |
| $a_2$ 负面信息系数 | 负面言论信息增加传播系数的因子 | 0.44 |

段中，潜伏者比例为 0，从 8 月 21 日到 9 月 9 日的状态改变用户平均数为 75 人，占比为 0.154，即潜伏者转化率参数值为 0.154。爆发阶段中初始状态传播者人数为 4 人，因此传播者比例为 0.01，9 月 10 日至 9 月 21 日的状态改变用户平均数为 28 人，因此可以计算得到直接免疫率为 0.63，抑制者初始人

数为 0 人，因此抑制者比例参数为 0。

图10.13展示了天津滨海新区爆炸事故中选取 8 月 13 日至 9 月 21 日 40 天内发表言论次数在 3 次及以上的用户进行分析后，四类群体的密度变化。由图 10.13 可知，在该爆炸事件发生后，不知者的密度从 $t=0$ 时开始逐渐增大，$t=20$ 时开始减小，此时正好是社会风险传播的高峰期，不知者转化为潜伏者或传播者，从 $t=80$ 后趋于平稳，事件发生后在 $t=40$ 左右时社会风险传播达到高峰状态，表现为传播者的密度达到最大值，在 0.1 左右。

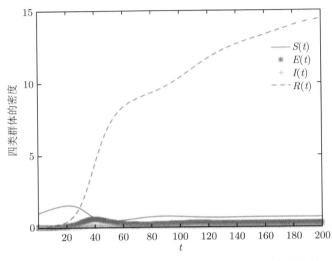

| 8月12日至8月15日 | 开始 |
| --- | --- |
| 8月16日至8月20日 | 潜伏期 |
| 8月21日至9月9日 | 传播期 |
| 9月10日至9月21日 | 衰减期 |

图 10.13　情景 3 中四类群体的密度变化

之后传播者的密度开始减小，经过一些小的波动后在大约 $t=120$ 时趋于平稳。这与该事件的微博数据实际走势是相吻合的。随着时间的推移，由于有新的不知者进入系统，系统内不知者的密度从开始有一点缓慢增大，然后陡然减小，最后趋于平稳。在系统中，由于新的不知者进入系统，抑制者的密度始终呈增大趋势。与图 10.7 相比，情景 3 中潜伏者转化率 $d$ 从 0.166 下降到 0.154，直接免疫率 $h$ 从 0.57 上升到 0.63，从基本再生数公式看，$d$ 的降低和 $h$ 的升高对于可再生数的降低都是有帮助的，由图 10.13 也可以反映出来。直接免疫率的提高使得抑制者的密度不断增大，而潜伏者转化率是由潜伏者转化为传播者的关键因素，它的降低使得社会风险传播的峰值也大大降低，从原来的 0.18 降低到 0.10 左右，这无疑对抑制社会风险的传播是有利的。

4. 情景 4

根据表 10.6 设定的参数更改相应抽样条件来构建情景 4，选取 8 月 13 日至 9 月 30 日发表言论次数大于或等于 3 次的微博用户作为样本，并计算对应参数，具体数据如表 10.16 所示。

将表 10.6 中的情景 4（表 10.16）代入模型（10.1），对天津滨海新区爆炸事故中社会风险传播模型进行仿真分析，可得到不知者、传播者和抑制者的密度变化情况。从表 10.17 可知，因为不知者全部变成了潜伏者，所以 $b=1$，$S_0=496/500=0.99$，$E_0=0$。状态改变人数中，计算出 8 月 21 日至 9 月 21 日用户平均数为 58 人，9 月 22 日至 9 月 30 日用户平均数为 20 人，所以 $d=58/496=0.116$，$h=(58-20)/58=0.66$。8 月 12 日至 8 月 20 日的用户平均数为 4 人，故 $I_0=4/500=0.01$。根据模型中参数的计算方式，取接触率 $b=1$，由于死亡人数较多，故标准化后取受灾系数 $D=1$，那么，根据上文中的情感分析数据，$d=0.116$，$h=0.66$。将表 10.18 中的参数代入社会风险传播模型中，取 $a=0.05$，因为在抽样微博内容时，发现许多参与的用户均持续追踪该事件，退出系统的人数相对较少，故设 $c=0.01$。

表 10.16　8 月 13 日至 9 月 30 日每天的用户数和微博数（用户发表言论次数 ≥ 3 次）

| 时间 | 用户数/个 | 微博数/条 | 时间 | 用户数/个 | 微博数/条 | 时间 | 用户数/个 | 微博数/条 |
|---|---|---|---|---|---|---|---|---|
| 8月13日 | 1 | 1 | 8月30日 | 75 | 146 | 9月16日 | 16 | 23 |
| 8月14日 | 7 | 8 | 8月31日 | 101 | 143 | 9月17日 | 17 | 25 |
| 8月15日 | 0 | 0 | 9月1日 | 117 | 174 | 9月18日 | 18 | 28 |
| 8月16日 | 3 | 3 | 9月2日 | 88 | 161 | 9月19日 | 12 | 13 |
| 8月17日 | 11 | 12 | 9月3日 | 41 | 79 | 9月20日 | 10 | 13 |
| 8月18日 | 1 | 1 | 9月4日 | 49 | 106 | 9月21日 | 57 | 72 |
| 8月19日 | 7 | 8 | 9月5日 | 78 | 121 | 9月22日 | 0 | 0 |
| 8月20日 | 1 | 1 | 9月6日 | 92 | 161 | 9月23日 | 31 | 39 |
| 8月21日 | 63 | 117 | 9月7日 | 67 | 111 | 9月24日 | 12 | 20 |
| 8月22日 | 62 | 95 | 9月8日 | 33 | 38 | 9月25日 | 28 | 32 |
| 8月23日 | 71 | 74 | 9月9日 | 96 | 122 | 9月26日 | 49 | 51 |
| 8月24日 | 110 | 163 | 9月10日 | 0 | 0 | 9月27日 | 27 | 37 |
| 8月25日 | 92 | 188 | 9月11日 | 0 | 0 | 9月28日 | 11 | 19 |
| 8月26日 | 93 | 152 | 9月12日 | 26 | 35 | 9月29日 | 2 | 0 |
| 8月27日 | 109 | 126 | 9月13日 | 47 | 68 | 9月30日 | 15 | 16 |
| 8月28日 | 1 | 1 | 9月14日 | 90 | 118 | | | |
| 8月29日 | 70 | 143 | 9月15日 | 40 | 52 | | | |

表 10.17　情景 4 中模型的用户参数

| 状态 | 初始人数 | 对应参数 | 状态改变人数 | 对应参数 |
|---|---|---|---|---|
| 不知者 | $500 - 4 = 496$ | $S_0 = 496/500 = 0.99$ | 496（全部变为潜伏者） | $b = 1$ |
| 潜伏者 | 0 | $E_0 = 0$ | 8 月 21 日至 9 月 21 日<br>用户平均数为 58 人 | $d = 58/496 = 0.116$ |
| 传播者 | 8 月 12 日至 8 月 20 日<br>的用户平均数为 4 人 | $I_0 = 4/500 = 0.01$ | 9 月 22 日至 9 月 30 日<br>用户平均数为 20 人 | $h = (58 - 20)/58 = 0.66$ |
| 抑制者 | 0 | $R_0 = 0$ | | |

表 10.18　情景 4 中模型的计算参数

| 参数及其定义 | 参数含义 | 取值 |
|---|---|---|
| $a$ 移入率 | 单位时间内进入虚拟社区的人数所占比例 | 0.05 |
| $b$ 接触率 | 单位时间内未知者与传播者接触到的概率 | 1 |
| $D$ 受灾程度系数 | 反映技术灾难的受灾程度，标准化在 $[0,1]$ | 1 |
| $c$ 移出率 | 单位时间内移出虚拟社区的人数所占比例 | 0.01 |
| $d$ 潜伏者转化率 | 接触到言论的潜伏者网民转化为传播者或者抑制者的概率 | 0.116 |
| $h$ 直接免疫率 | 传播言论的网民不相信不传播该言论的概率，其受政府处置水平的影响 | 0.66 |
| $a_1$ 正面信息系数 | 正面灾情信息减少传播系数的因子 | 0.17 |
| $a_2$ 负面信息系数 | 负面灾情信息增加传播系数的因子 | 0.44 |

由表 10.17 可知，初始进入系统成为不知者的人数有 500 人，成为传播者的人数为 4 人，因此对应的不知者比例为 496 除以系统中总人数 500 人，500 人无法从表 10.16 中直接获得，而是通过筛选不重

复的用户得到的。状态改变人数即不知者全部转变为潜伏者的人数为496人，转化率为1。在发展阶段中，潜伏者比例为0，8月21日至9月21日的状态改变用户平均数为58人，占比为0.116，即潜伏者转化率参数值为0.116，相比前面情景有所下降。爆发阶段中初始状态传播者人数为4人，因此传播者比例为0.01，9月22日至9月30日的状态改变用户平均数为20人，因此可以计算得到直接免疫率为0.66，抑制者初始人数为0人，因此抑制者比例参数为0。

在Matlab R2012a环境下，对灾难事件社会风险传播的SEIR模型进行仿真分析，可得到案例情景中不知者、潜伏者、传播者和抑制者的密度变化情况，仿真结果如图10.14所示。

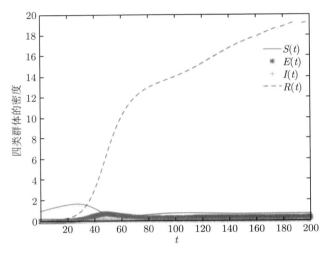

| 8月12日至8月15日 | 开始 |
| 8月16日至8月20日 | 潜伏期 |
| 8月21日至9月21日 | 传播期 |
| 9月22日至9月30日 | 衰减期 |

图 10.14    情景4中四类群体的密度变化

图10.14展示了天津滨海新区爆炸事故中选取8月13日至9月30日50天内发言次数3次及以上的用户进行分析后，四类群体的密度变化。由图10.14可知，在该事件发生后，不知者的密度从 $t=0$ 时开始逐渐增大，$t=30$ 时开始减小，此时正好是社会风险传播的高峰期，不知者转化为潜伏者或传播者，从 $t=60$ 后趋于平稳，事件发生后在 $t=50$ 左右时社会风险传播达到高峰状态，表现为传播者的密度达到最大值，为0.1左右。之后传播者的密度开始减小，经过一些小的波动后在大约 $t=120$ 时趋于平稳。这与该事件的微博数据实际走势是相吻合的。随着时间的推移，由于有新的不知者进入系统，系统内不知者的密度从开始有一点缓慢增大，然后陡然减小，最后趋于平稳。在系统中，由于新的不知者进入系统，抑制者的密度始终呈增大趋势。

与图10.7相比，情景4中潜伏者转化率 $d$ 从0.166下降到0.116，直接免疫率 $h$ 从0.57上升到0.66。直接免疫率的提高使得抑制者的密度不断增加，随着时间推移接近20，数量众多的抑制者使得仿真过程中该灾难事件的传播者数量极少，而潜伏者转化率的进一步降低，使得传播者的数量更少，与事件相关的言论信息得以被有效控制，情景4在增加样本选取的时间范围后，事件前期的关注度高，但是通过政府的合理控制后，热度迅速平息。因此，根据以上分析，容易得出控制灾难事件发生后信息传播的方式主要有两种：一是提高直接免疫率，需要政府及时发布权威的事件报道，公开相关的调查流程、调查结果，提高处置水平；二是降低潜伏者转化率，需要对公众、关键网络大V进行教育引导，增强网民的信息传播意识，鼓励不信谣不传谣，适当干预不实信息的传播。

## 10.4    优化对策建议

随着经济全球化的不断深入，技术灾难、自然灾难、人因灾难等重特大突发事件带来的社会风险日益增加。我们更加需要了解风险演化的过程，做出系统性、战略性的应对措施。在"8·12天津滨海新区爆炸事故"的应对过程中,不仅反映了技术灾难事件发生后一系列社会风险演化的复杂与挑战性,也反映了一系列有关应急救援机制等需要完善的地方,以及不同社会团体在应对灾难事件时需要加强合作的必要性和迫切性。因此,本节内容分别从政府的社会风险演化应对、媒体及个人应对方面给出优化对策建议。

微时代的到来,包括以微博、微信等社交媒体为代表的新兴媒体的兴起,使得信息传播更加方便,传播手段更加多样化,信息更加流通,资源得到充分的利用和开发。不可否认,微时代改变了信息传播生态,给政府的应急管理带来了许多机遇。但是,由于网络信息传播的新特点,虚拟网络空间的性质和很难区分舆论真假,舆论信息的传播从报纸时代可控制的常量演化为新媒体时代不可控制的变量。各种问题在网络平台上不断发展、传播、演变,甚至转化为更加复杂的网络舆论,给政府的应急管理带来了诸多挑战。因此,开展有效的网络舆论治理是十分必要的,10.3 节已对社会风险信息传播演化的特征做出研究,提出一种传染病学模型,研究技术灾难事件发生后不知者、潜伏者、传播者和抑制者的密度变化,并利用动力学原理将提出的模型转化为待解决的问题。经过分析和讨论,社会风险信息传播特点基本符合实际情况,从而得出结论,即要想有效抑制舆论的传播,需要实施一系列措施,如改变社会网络的拓扑结构,通过主流媒体及时、全面地揭示灾难事件的真实情况,正确引导公众传播信息等。本节会对如何正确地应对灾难事件社会风险提出相应对策。

1. 政府层面

目前,我国在重大突发事件社会风险引导工作方面面临的系列挑战和困境迫切要求将其制度化。重大突发事件产生的社会风险影响要远大于普通事件的社会风险影响,但是在现实中不少社会风险引导者无法对重大突发事件做出准确的判断,对其产生的负面舆论影响缺乏足够的认识和应有的重视。面对重大突发事件,不少社会风险引导工作者本能地延续一般事件的社会风险引导方式,对突发事件产生的不和谐声音"一封了之"或者"不闻不问"。不少社会风险引导工作者因担心引起网民恐慌,对于重大突发事件的关键细节,以及重大突发事件引发的社会问题不能及时准确地发布权威信息。这不仅无法很好地引导社会风险的走向,而且容易导致重大突发事件的社会风险危机,进而影响国家和政府的公信力。此外,重大突发事件具有突发性和多变性,加之社会风险瞬息万变、错综复杂,更容易导致社会风险处于无序、失序状态。目前,我国在重大突发事件社会风险方面存在的这些问题和挑战,都要求我们需以制度的形式完善重大突发事件社会风险引导工作,以制度形式避免社会风险走向混乱。这种制度的完善能为社会风险引导工作的开展提供基本遵循,避免社会风险引导工作的人为性和主观随意性。社会舆论背后往往都同意识形态密切关联。重大突发事件一般都关涉重大的社会现实利益问题,重大突发事件的走向及处置,关乎相关群体的切身利益。面对重大突发事件时,不同的意识形态善于借助社会舆论的力量维护自身利益,因此社会舆论之争往往夹杂着意识形态之争。特别是在现代社会,互联网已成为意识形态斗争的主战场之一,而"网络舆论又处在这个主战场的最前沿"。西方敌对势力善于借助重大突发事件在国际网络媒体中大肆渲染突发事件的危害,质疑我国处理重大突发事件的能力和方式方法,借机对党和国家进行"妖魔化""污名化",他们的错误意识形态和错误社会思潮都会通过社会风险表现出来,因此,在严峻的意识形态斗争的时代,重大突发事件社会风险引导工作直接关乎意识形态安全、社会稳定和国之大计,这就要求我国从制度建设的高度做好社会风险引导工作,通过完善的社会风险引导制度以保证重大突发事件的社会风险不偏离主流意识形态的基本方向。国家治理体系和治理能力现代化对于我国现代化建设至关重要,而重大突发事件社会风险引导毫无疑问是国家治理的重要组成部分,它是检验国家治理成效的重要具体指标,也是对国家治理能力的大考。大多数重大突发事件都具有高度不确定性,它牵涉到多方面的社会问题,能够激起广大网民的广泛关注并形成重大社会风险。因此,引导这类社会风险必然极具挑战性,必然是一个庞大的系统性工程,它极大地考验着国家治理能力和治理水准。完善重大突发事件社会风险的制度建设,有利于实现社会风险治理现代化，有利于体现国家"善治"理念，从而展示我国社会主义的治理优势，树立党和政府的良好形象，提升公众的认同感、自信心。因此，要完善国家治理就必须重视重大突发事件社会风险引导的制度化建设[483]。社会风险工作制度化具体措施如表 10.19 所示。

**表 10.19　社会风险工作制度化具体措施**

| 建立机制 | 具体描述 |
| --- | --- |
| 建立健全重大突发事件社会风险综合治理机制 | 由于重大突发事件事发突然并且影响严重，事件本身容易对公众心理产生较大的冲击，公众对此保持高度关注。一旦政府在信息公开方面存在故意隐瞒和信息虚假问题，或者政府无法及时发布权威信息，不但可能导致公众对官方消息的无视、对抗或拒绝真相，而且可能严重损害政府权威。因此，各级党政单位要不断促进突发事件信息透明公开的制度化、长期化、常态化，坚持定期召开网络新闻发布会。相关部门在公开突发事件信息过程中要加强同网民互动，要积极利用网络回应公众关切的问题，了解公众呼声。在回应公众关切的问题时既要注重时效性，要在第一时间利用网络媒体发布相关信息；也要注重有效性，真正发布公众关心的信息，满足公众的知情权。要落实重大突发事件社会风险引导主体责任制度，强化社会风险引导阵地意识。各级党委要落实重大突发事件社会风险引导主体责任，坚守社会风险主阵地，充分发挥自身的阵地优势，不断巩固和强化主流思想和主流舆论的话语权与引导力。要建立和完善相关的评价机制与问责机制，对于社会风险引导失职失范的人员，要启动追责机制，实现压力层层传导，从而使得重大突发事件社会风险引导责任真正落实到个人。要完善重大突发事件社会风险引导的法律制度。法律是社会风险治理的重要手段，相关部门要加快制定和完善重大突发事件社会风险应急管理法等法律制度，坚持运用法律制度管理、治理和引导社会风险。对于假借重大突发事件在网络中恶意散布谣言、扰乱网络秩序，试图"浑水摸鱼"或"趁火打劫"的不法分子要依法惩处，从而为健康的网络舆论环境提供法律保障 |
| 坚持以正面宣传为主的方针 | 正面宣传就是要在宣传报道过程中传递正能量，把握事情的积极进取方面，为整个舆论环境营造团结向上的良好氛围。重大突发事件本身具有很强的新闻报道和爆料价值，个别网络媒体为了追求自身的点击率和影响力而乱设议程，在网络中传播一些浮夸或"捕风捉影"的信息以误导公众。坚持以正面宣传为主的方针有利于营造风清气正的网络环境，从而有利于凝聚公众的精神力量，有利于向公众传递战胜突发事件的信心和勇气。这要求各级宣传部门把握舆论主导权，壮大网上正能量，为突发事件的网络舆论融入更多暖色调。相关部门在引导社会风险过程中要坚持马克思主义，不断壮大主流意识形态的主导地位。在宣传报道突发事件时要符合社会主义核心价值观要求，坚持以典型优秀事迹引导公众，充分发挥正面宣传鼓舞人、激励人的作用。社会风险引导工作者要多从正面入手，化解由重大突发事件引发的社会矛盾，努力站在人民的立场上进行正面宣传报道。在引导社会风险过程中要时刻把握主流，坚持弘扬社会主义核心价值观等社会主旋律，努力营造风清气正的网络环境。在宣传报道过程中要把握"时效度"，掌握社会风险引导规律，把握社会风险发展态势。同时，在坚持以正面宣传为主的过程中做好舆论斗争准备。面对社会风险中出现的错误思想和言论，面对网络谣言和网络"水军"对舆论的干扰，国家相关部门要积极发声、先声夺人，把握斗争的最新方向，牢牢掌握舆论话语权，坚持同错误思想斗争到底。特别是对于重大突发事件发展过程中一些别有用心的网络错误舆论，在大是大非面前决不退让，要敢于斗争、善于斗争，坚决抵制错误思潮对主流价值观的侵蚀与冲击，提高对错误思潮的"免疫能力" |

在突发事件社会风险生成后，形成了具有指向性和传播性的现实网络舆论，并开始进入扩散阶段。在此阶段，社会风险将借助媒介向外以直线、曲线或螺旋方式不断演化、传播和扩散。如果政府对突发事件社会风险的引导和控制科学、有效，则社会风险向着政府所期待的方向发展，并随着突发事件的处理完成而逐渐消减，但是，如果政府在此阶段引导控制不当，则可能导致社会风险更加高涨，其

至造成社会风险失控，严重影响社会和谐与稳定。因此，在突发事件社会风险传播扩散阶段，政府的社会风险引导控制是关键环节。一般来说，在突发事件网络言论"扩散期"的社会风险引导中，应该从社会风险生成条件和社会风险演变规律入手，根据信息传播不同阶段的演化规律，分级响应，并针对性地进行引导，扩大社会风险正面效应，降低社会风险负面效应，从而使突发事件社会风险信息沿着健康、有序方向发展，最大化降低社会风险演化风险，具体措施如表 10.20 所示。

**表 10.20　启动信息风险扩散的引导控制机制具体措施**

| 措施 | 具体描述 |
| --- | --- |
| 分级响应机制 | 对突发事件社会风险政府监控实施分级响应是在社会风险扩散期科学、有效引导和控制社会风险的关键。政府部门根据已经收集的网络信息进行认真的会商、研判，并根据社会风险性质、影响程度及涉及范围等相关因素，将突发事件社会风险划分为普通的网络民意、负面的社会风险和重大紧急的社会风险三种等级，并分别启动相应的社会风险应对级别，实现政府应对社会风险的差异化策略，以有效引导和控制突发事件社会风险 |
| 公开发布机制 | 政府信息公开是社会风险引导的前提和关键。突发事件社会风险政府引导的作用，很大程度上在于对突发事件的信息公开上。互联网之所以能够成为网络利益表达和情感宣泄的场所，是因为除了其本身的自由性、交互性和便捷性，还有一个重要原因就是信息不公开。现实中，在处理突发事件过程中，政府对突发事件的任何"噤声""失声"都会给谣言的传播提供空间和可能性。例如，四川成都"6·5"公交车自燃事件等，由于政府的信息公开滞后，网络舆论影响极坏。因此，在突发事件社会风险传播扩散阶段，政府部门一定要在信息公开制度下，本着实事求是的态度对突发事件社会风险信息进行公开发布。"流言止于真相，透明赢得人心"，只有这样，才能实现政府信息公开发布与政府对突发事件社会风险的引导互相协调、互相呼应 |
| 调控疏导机制 | 研究表明，突发事件社会风险的传播和扩散效果并不是单个网民或网络所能完成的，而是在网络中的一种信息交流互动、整合、集聚的结果，并且其传播扩散具有一定的规律性。因此，政府在突发事件社会风险的调控疏导过程中，要善于分析和把握其演化规律，并根据规律进行有效疏导。一般来说，政府调控疏导社会风险的目的就是要将网络言论引向正面发展，要求方向正确、导向正确，符合政府期望和社会发展主流。可以从以下方面加强：其一，对于突发事件的报道，要以篇幅报道的多少、信息更新的频率、报道的时间长短和时间区域等，来实现突发事件社会风险的主流导向。在重视网络媒体信息导向功能的同时，还要在传统媒体上下功夫。因为，与网络媒体相比，传统媒体的"权威声音""官方形象"更容易被受众接受，在权威发布、辟谣等方面的主流性和权威有着网络媒体不可替代的作用。其二，通过对突发事件稿件集合的合力来引导社会风险走向。政府可以鼓励媒体关注事件，集中报道，形成多层次、多角度和多领域的新闻报道，形成舆论合力，从而引导社会舆论 |

### 2. 媒体层面

随着互联网的兴起和飞速发展，新闻的传播形态逐渐由集中到分散，传播方式由报纸、电视、收音机传播扩增了互联网传播[484]。在互联网时代，自媒体如雨后春笋般涌现，人人都可以是新闻热点的搬运者和传播者。人们获得信息的速度日益加快，获得信息的数量也逐渐增加，伴随着言论发表的愈加便利，社会舆论导向更易受影响。媒体作为信息传播的主力军，在对社会舆论的引导中扮演着极其重要的角色。在如何积极正确引导网络舆论方面，政府干预基于国家法律法规的强制力，固然有效，但面对错综复杂的互联网环境和基数庞大的自媒体时无法全面管控，与之相辅相成的还需要有媒体工作者的专业素质和自觉性。由此结合实际情况，对媒体在引导和应对社会风险时提出以下建议。

培养职业的媒体素养。新闻报道应该要以真实性、准确性为前提，媒体应该做到在报道前全面细致地考察事件实情，对报道的内容字斟句酌。作为媒体，应提高专业素养，客观公正准确地报道新闻，尊重被报道新闻的客观价值，不能为了哗众取宠，采用过多的不和谐、消极言论来影响甚至引导读者片面地看待问题。相较于自媒体，主流媒体的报道更具话题讨论度，因此更要避免舍本逐末，不能因为追求热度而对内容不负责任，要尊重新闻报道的客观性和完整性。媒体在追求新闻报道及时性的同时，也不能忽视内容的延续性、完整性，持续跟进能使受众完整了解情况，新闻的持续报道也是其价值之一[485]。

承担媒体的社会责任。媒体报道新闻不能只顾经济效益而不顾社会效益。媒体人不能被利益蒙蔽双眼，盲目追求关注度和流量而不顾虑所带来的后果。倘若盲目追求经济效益而不顾社会效益，受众就会对媒体产生不信任感，特别是对于主流媒体来说，其相较自媒体的最大优势——公信力会逐步削弱[486]。因此，在媒体运营时，客观有效的内容、正确的价值观和强烈的社会责任感缺一不可，媒体需要对发布的内容负责，从而提高自身公信力。

注重特色的个性发展。注重个性化发展，发表独特的观点，明确自己的价值定位，从而提高核心竞争力，只有这样自媒体才能在发展的道路上越走越远。在内容创业的时代，只有创新才能脱颖而出，不仅是品牌定位上的创新，内容的创新也要同步发展[487]。通过不断学习和探索，提升报道内容的专业度和层次，向业界资深人士多加学习，不为了迎合观众而"复制粘贴"。自媒体人还需探索多领域的知识，掌握其他领域的技能，善于观察生活，多思考，为创作积累素材。总之，想要在众多自媒体中脱颖而出，就要避免内容同质化，不断提升自身的能力，注重个性化发展，打造自己的品牌。

### 3. 个人层面

由与日俱增的案例和实践结果发现，个人策略在社交媒体舆论传播过程中的作用不容忽视。如今，社交媒体舆论传播在目的和使用方法层面，对使用者的媒介素养、价值观等方面提出了要求[488]。以下具体阐述社交媒体舆论传播中个人策略的应用原则。

以事件真实性为基础原则。真实性是社交媒体舆论传播中个人策略应用的根本。每条信息的制作、完善、发布都能映射出作者的写作目的，反映着作者的诉求。需要强调的是，无论作者的目的和诉求是什么，呈现内容都要以真实性为基础。如果社交媒体舆论传播失去真实性这一基础要素，个人策略中的创意、技巧、包装、渲染就显得毫无价值[489]。也就是说，无论使用哪种类型的个人策略，无论事件多么吸引公众的眼球，无论初期影响范围多大，在社会大众检视、真相大白后，不以真实性为基础的信息就会变得毫无价值。

以公共价值观为准则。构成社会大众公共价值观的道德、伦理、良知，是人们和谐相处的基础。违背这一基础的个人策略势必引起社会公众的反感和声讨。如果发布的信息与社会现有的公共价值观相违背，必然会引起社会公众的反感和不满，进而促使公众对其开展"敌对式"搜索。这种与社会公共价值相悖的个体最终会引火烧身。

以相关法律为准绳。在社交媒体舆论传播中，信息的生产、制作、发布、传播必须遵守各项法律法规。法律是维护社会公平和正义的有效途径，无论社交媒体给个人提供多大程度的自由发表信息的环境，个人在制作及后续发布信息时，都不得侵犯他人的权益。也就是说，遵守相关的法律法规是信息发布的前提。

在互联网发达的当今社会，运用个人策略使得舆论关注度达到"十亿量级"的水平是可以预料和实现的。在民间舆论场日益扩展的今天，作为普通网民，首先要提高自身媒介素养。在社交媒体中适当地使用个人策略，就可以引起公众的关注，进而最大化自身舆论传播的效果，满足合法诉求。需要强调和重视的是，社交媒体不是法外之地，我们仍要在社交媒体的信息使用中遵守相关的法律法规，通过合法、正当的方式维护自身及他人的权益。

# 第11章
# 人因灾难的案例分析

不同于其他灾难事件，人因灾难事件主要由人的因素引发，具有爆发的突然性、发展的不确定性和难以预见性等特征，因此人因灾难事件极易引发负面网络言论，并唤起不良情绪、引起风险传播多头裂变、扩大事件本身影响，从而导致各种谣言和负面情绪爆发。本章为人因灾难事件社会风险治理的案例分析。近年来，在国内发生的大大小小的人因灾难事件中，"3·1昆明火车站暴力恐怖案"造成的伤亡、损失较大，产生了巨大的社会风险，事件发生后，政府、各社会团体及某些个人采取的措施大大缓解了风险的严重性，具有一定的启示性，故本章选取"3·1昆明火车站暴力恐怖案"作为案例，阐述人因灾难事件社会风险治理的系统工程在实际中的运用。

## 11.1  灾难治理系统

人因灾难事件是指主要由人为因素引发的灾害事件，主要包括暴乱、交通灾难、恐怖袭击灾难、火灾、核污染灾难事件等。例如，2001年发生的美国"9·11"恐怖袭击事件、1995年发生的日本东京沙林事件及2021年11月发生在非洲塞拉利昂的油罐车泄漏哄抢爆炸事件等均属于人因灾难事件。表11.1列举了国内外近年发生的人因灾难事件①。人因灾难事件产生的原因多种多样，但往往与人的主动行为相关。相比于自然灾难事件和技术灾难事件，人因灾难事件能够产生更严重的社会风险，尤其是在社会心理危机方面，人因灾难事件所产生的沟通和信任的缺失及对意识形态的冲击，使得人因灾难事件的治理相当重要。

表 11.1  国内外近年发生的人因灾难事件

| 发生地点 | 灾难事件名称 | 年份 | 死亡人数 | 受伤人数 |
|---|---|---|---|---|
| 国内 | 新疆喀什巴楚县恐怖袭击事件 | 2013 | 16 | 多名 |
| | 新疆叶城县暴力杀人案 | 2012 | 20 | 多名 |
| | 北京天安门恐怖袭击事件 | 2013 | 5 | 40 |
| | 新疆喀什地区暴力恐怖袭击事件 | 2013 | 16 | 多名 |
| | 乌鲁木齐爆炸案 | 2014 | 31 | 90余 |
| | 3·1昆明火车站暴力恐怖案 | 2014 | 31 | 143 |
| | 新疆吐鲁番地区暴力恐怖案 | 2013 | 35 | 21 |
| 国外 | 西班牙马德里地铁连环爆炸 | 2004 | 191 | 1 500多 |
| | 巴基斯坦排球场爆炸 | 2010 | 96 | 多名 |
| | 北奥塞梯别斯兰人质事件 | 2004 | 338 | 1 000多 |
| | 挪威奥斯陆爆炸枪击事件 | 2011 | 77 | 242 |
| | 埃及沙姆沙伊赫连环爆炸 | 2005 | 90 | 200 |
| | 俄罗斯莫斯科机场爆炸 | 2011 | 35 | 180 |

---

① 央视网. http://news.cntv.cn/illustration/291/index.shtml, 2014-03-02

### 11.1.1 灾难显著特征

人因灾难事件主要由人的因素引发，是一种不可预料的情形，无法知晓事件会在何时何地发生，也不清楚事件会带来怎样的后果和危害，主要表现为偶然性强、后续发展不可控、危害大。

人因灾难事件有着许多不同于其他灾难事件的特征，因此，总结人因灾难事件的特征，是对人因灾难事件社会风险进行科学治理的先决条件，其特征主要如下。

1. 偶然性和必然性

无法准确预测是人因灾难事件的突出特征，人们无法知晓它何时何地发生，这使得人因灾难事件表现出明显的偶然性，其出现之前可能会表现出一些征兆，但人们很难预测事件发生的时间、形态、程度和后果。人因灾难事件实际上是诸多因素共同作用下的产物，一旦爆发，人们难以预测其会朝着怎样的方向演化，也无法准确、客观地把握其性质。因此，人因灾难事件的发生和发展归根结底就是一个从量变到质变的过程，至于其何时会因为量变而引发质变，是难以预测和了解的。

2. 突发性

人因灾难事件的生命周期并不是很长，回顾其从出现到平息的整个过程，任何一个环节都充满了不确定性，而且大部分都是人因灾难事件发生之后人们才有所察觉，事件发生之时，政府、媒体及社会公众均未掌握太多关于人因灾难事件的信息，而且很多信息的真伪也不确定，自然也就不会贸然做出反应。从心理层面分析，人们面对突发事件时往往都会感到惊愕，显得束手无策，受众主体的应变能力会在这种情形下被弱化，从而出现慌乱的行为，人因灾难事件的后果也可能因为其难以预见性和突然性而变得恶劣，使得人们更加难以对人因灾难事件进行引导、应对和处理[490]。

3. 后续发展的不确定性

人因灾难事件的整个发展过程及其方方面面都表现出明显的不确定性，主要是事件发生地点、时间、方向、后果的不确定性，由此可见，人因灾难事件会不会转化成为危机事件的根本之处就是怎样看待其自身的不确定性，即将这种特性转化为一种治理的优势。在各种不确定性因素中，最能影响人因灾难事件衍生发展的当属发现的不确定性，在大数据时代背景下，信息跨越时间、空间障碍进行互通成为可能，也正是因为如此，人因灾难事件一旦发生，便会严重影响整个社会的发展和安定。

4. 后果危害性

从性质上看，人因灾难事件必然会造成许多不良影响，因此它属于负面性质事件，而非中性事件。人因灾难事件所引发的各种影响也是复杂的，它既可能会造成积极的影响也可能造成不良影响，有时这种影响又是中性的，但是仍以不良影响占主导。不管人因灾难事件有着怎样的规模和性质，其一旦发生，就会不可避免地破坏生态环境、危害社会，导致公共安全和公共财产有所损失；进一步讲，它还可能会危及个人和集体的利益，如精神、物质层面的损失。

### 11.1.2 灾难治理主体

在人因灾难事件发生后的灾情信息传播过程中，政府、媒体和公众扮演着不同的角色，角色分工的不同导致其拥有不同的互动方式、话语权和合作方式。

1. 公众

在人因灾难事件发生后，公众可能作为直接受害者，也可能是灾难事件的间接影响对象，因此，灾难事件的处理及人因灾难事件社会风险的化解与公众息息相关[25]。

灾难事件造成的人员伤亡、公共财产受损等后果给部分群众带来了直接伤害，而灾难事件引发的经济受损、社会恐慌则容易给公众带来二次伤害，危害公众的心理健康。

在灾情信息传播中，公众处于主体地位。在人因灾难事件当中，公众是直接利益相关者，因此公众渴望知道事件的真相，而且希望所得到的信息都是自己所需的。发生人因灾难事件之后，事件的当事人会将自己当时的所感所想及所搜集到的信息通过网络媒介进行发布，具有草根化、分权化、多元化特点的公众将自己的想法和观点表达出来之后，增加了议程设置的难度，也给政府引导人因灾难的信息传播增加了工作量[491]。

2. 政府

政府作为灾难事件的治理者，需要及时对灾难事件进行处理，组织人员进行营救，救治伤员，规避后续可能造成的二次伤害，安抚受害者家属和公众情绪，查清事件真相。

人因灾难事件发生后的信息传播是一种特殊的信息演变形式。相关言论会在人因灾难事件发生不久之后处于一种不受监管和引导的状态，这是信息不对称所导致的，政府在公共危机沟通中应该充分了解社会风险传播的整个过程，通过监督与引导，使之朝着积极、正向的方向发展，消除社会不良言论。

3. 媒体

媒体在人因灾难事件发生后的社会风险治理中主要发挥传播作用。媒体报道能够催生社会话题，在孕育各种网络言论的过程中占据着举足轻重的地位，传统媒体与网络媒体在融媒体时代背景下起到了传播和发展灾情信息的作用，互联网使得网络媒体成为大众获取信息的窗口，而且也加速了信息的传播深度和广度。

### 11.1.3　灾难治理流程

总体而言，人因灾难事件社会风险呈现"一生成、三状态、一演化"的系统特征，是一个集冲突、失序、失稳于一体的开放复杂系统。灾难事件的发生会造成一系列的直接后果，如人员伤亡、经济损失、通信中断等，进而引起社会问题的爆发，即社会冲突、社会失序和社会失稳。社会冲突是三者中最基本的表现形式，如果社会冲突未能得以解决，则有可能演变为社会失序，而社会失序在未得到妥善处理的情况下，就有可能进一步恶化，最终演变为社会失稳。社会问题的爆发会产生各种各样的社会风险，如社会矛盾激化的风险、社会运行停摆的风险、政府威信降低的风险等。

按照"一生成、三状态、一演化"的系统特征，人因灾难事件在造成了大量的人员伤亡、经济财产损失的同时，会掀起社会对恐怖主义的恐慌及留下各种创伤后遗症等直接后果，这些后果导致了不同程度的社会问题的爆发，具体流程如图 11.1 所示。实线箭头表示该后果必然导致社会冲突的爆

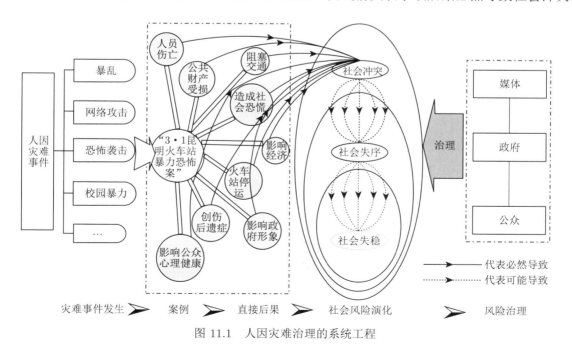

图 11.1　人因灾难治理的系统工程

发，虚线箭头表示该后果可能导致社会失序或该后果小概率会导致社会失稳。这些社会问题，在一定的条件下，就会演化为社会风险，如社会冲突会带来社会矛盾激化、法律道德风险、风险感知迟钝等社会风险，社会失序会导致社会运行停摆、灾后救援受阻、市场机制失灵等社会风险，而社会失稳会产生心理问题普遍、政府威信降低、灾后重建缓慢等社会风险，这些人因灾难事件社会风险导致的社会冲突、社会失序和社会失稳会使社会处于一个不正常的状态，影响经济的发展、人民的安居乐业。人因灾难事件造成的不同的社会风险，政府、媒体及公众需共同参与，采取不同的措施来治理。

## ■11.2  案例背景介绍

"3·1昆明火车站暴力恐怖案"发生于2014年3月1日21时20分左右，是在云南省昆明市昆明火车站发生的一起有组织、有策划的严重暴力恐怖事件。该犯罪团伙共有8人（6男2女），其中4人在现场被特警击毙、1个女暴徒被击伤抓获，其余3人第二天被抓捕落网。该事件共造成31人死亡、143人受伤①，给人民群众的生命财产造成了重大损失，造成了恶劣的社会影响。

该暴力恐怖袭击是恐怖分子早就计划好的。2013年12月以来，不法分子纠集形成恐怖组织，该组织成员共同策划在昆明火车站进行暴力恐怖活动。在2014年3月1日暴力恐怖袭击发生的当晚，5个恐怖分子携带着武器，打车到达昆明火车站。21时12分许，5人持长刀，从火车站临时候车区开始，经站前广场、第二售票区、售票大厅、小件寄存处等地，打出暴恐、反动旗帜，对无辜的群众进行砍杀，导致31人死亡，143人受伤，其中40人系重伤，在特警赶到现场后，4个恐怖分子被当场击毙，1个恐怖分子被击伤并被抓获[492]。

随后，经过公安部组织，云南、新疆、铁路等公安机关和其他政法力量紧急连续工作40余小时，使得该暴力恐怖案件最终告破。作案动机、经过等均被查明，恐怖分子的剩余3人同伙被抓获。2014年9月12日，"3·1昆明火车站暴力恐怖案"一审宣判，3个被告人被判处死刑，剥夺政治权利终身；此外，现场被抓捕的恐怖分子因为怀孕而被判处无期徒刑，剥夺政治权利终身②。

该事件的发生引起了各方的广泛关注，作为一次恶劣的暴力恐怖袭击事件，"3·1昆明火车站暴力恐怖案"中，暴徒有组织、有预谋，统一着装，蒙面持刀，滥杀无辜，丧心病狂，作案极其迅速，手段极其残忍，平民、警察均伤亡较大，恐慌情绪在人群中蔓延，网上各种不实言论层出不穷，同时由于恐慌，各地均发生了不同程度的混乱现象。

"3·1昆明火车站暴力恐怖案"是一次反社会、反人类、反文明的恐怖主义事件，事件发生后，世界各国均谴责了恐怖分子的暴行，一时间激起了国内的反恐情绪。它的发生严重干扰了社会秩序，进而造成了巨大的社会风险。

## ■11.3  风险演化分析

"3·1昆明火车站暴力恐怖案"的爆发造成了灾难性的后果，平民的大量伤亡给公众造成了巨大的恐慌，几十个家庭一瞬间支离破碎，歹徒持刀肆意砍杀给予公众视觉和心理上的双重冲击，该事件在网络上引起了强烈的争论，各种言论甚嚣尘上，导致了一定的社会冲突，激烈的社会冲突打破了原有的社会秩序，随后逐渐演化成社会失稳。

### 11.3.1  灾难直接后果

社会冲突是指不同利益群体之间因社会利益的差异和对立而产生的外部对抗行为；社会失序是指

---

① 王长山，侯文坤，王研，等.昆明火车站暴力恐怖事件直击.http://politics.people.com.cn/n/2014/0302/c1001-24502831.html,2014-03-02

② 马学玲.昆明火车站暴恐案二审当庭宣判 庭审现场曝光（图）.http://politics.people.com.cn/n/2014/1031/c70731-25947458.html,2014-10-31

在灾难事件发生前、发生中和发生后出现的违反社会主要规范和运行规则的行为和现象，表现为那些反常规的、违反常理的、不道德的、罪恶的、违反法律的行为[493]，其共同的性质就是这些行为超越了人们认可的行为方式和社会运行方式；社会失稳的情况更加恶劣，是指正常的社会秩序被破坏，经济发展受阻，影响国家的长治久安。

**1. 人员直接伤亡**

此次恐怖袭击案共造成 31 人死亡，141 人受伤，其中 40 人系重伤，另有 4 名歹徒被击毙。在遇害者中包括两名车站保安员，伤者中包括 7 名民警。5 个歹徒打着恐怖组织的旗帜，拿着两尺长的刀，突然暴起发难，专挑要害部位下手，从临时售票区到站前广场再到售票大厅，无数无辜的平民倒在血泊之中。英勇的警察为了保护人民群众，对歹徒喊道："来砍我！"①

案件发生后，为了医治伤员，2014 年 3 月 2 日凌晨，国家卫生和计划生育委员会派遣北京协和医院、北京大学第三医院、北京天坛医院和四川大学华西医院的 9 名医疗专家赴昆明指导当地开展伤员救治工作，并从北京和成都紧急调派了 4 批医疗队、共 27 名专家，于 3 月 2 日全部抵达昆明，指导开展救援工作②，100 多名伤员分别被收治在昆明的 12 家医院。

在伤员中，有的是外出务工的，有的是来昆明旅游的，该恐怖袭击事件的爆发，出乎所有人的意料，缺乏反恐意识、灾难躲避意识的群众在突如其来的恐怖事件面前束手无措，仅仅十多分钟后，几十条鲜活的生命就离开了人世，上百名民众被紧急送往医院救治，几千名受惊吓的民众被紧急疏散。"3•1 昆明火车站暴力恐怖案"是一次危害公共安全的恐怖袭击事件，该事件严重损害了人民群众的生命财产安全，造成了极其严重的社会影响。

在中国近年发生的恐怖袭击事件中，"3•1 昆明火车站暴力恐怖案"发生于人流量较大的昆明火车站，造成的人员伤亡大，其作案手段血腥残忍，袭击爆发毫无征兆且目击者众多，情节相当恶劣，社会影响范围广[494]。

**2. 影响经济发展**

在该恐怖袭击案发生后，原本应于昆明站停靠的列车被暂时安排到其他站点临时停靠，等到警察确认安全后，2014 年 3 月 1 日 23 时起，昆明火车站的秩序才陆续恢复，但惊恐的人群不敢再轻易坐火车了。为保障安全，昆明长水国际机场紧急提升了安保级别，中国其他地区的机场也提升了安防等级，增加了防爆检查，加强了民警巡逻。北京、海南、四川、广州等地也对重要场所、交通枢纽、学校等公共场所加强警戒。时值全国两会，北京召开紧急会议，通报昆明发生的暴力恐怖事件，并要求进一步加强首都安保③。

"3•1 昆明火车站暴力恐怖案"对昆明的旅游业也造成了影响，有学者研究发现，在该暴恐事件发生后的 2014~2016 年，到昆明旅游的游客数量骤减，3 年来减少了共计 84.6 万人次，损失率高达 19.3%。随之而来的是旅游外汇收入的降低，统计显示，昆明在 2014~2016 年入境旅游外汇收入减少了 43 688.6 万美元，损失率达到了 26.2%，并且，这些数据不断扩大，如表 11.2 所示[495]。

该暴恐事件对昆明经济发展的影响是长期的，一方面，暴恐事件让游客对到昆明旅游产生了迟疑，媒体的报道渲染使得人们心理上对昆明产生了畏惧，从而大大减少了游客的数量，进一步影响了旅游收入，给昆明带来了严重的经济损失；另一方面，暴恐事件破坏了昆明的城市形象，游客数量的减少，旅游行业的不景气，使得很多旅游景点、商家难以维持，从而进一步影响了昆明旅游业的未来发展。

---

① 严惩昆明暴力恐怖袭击群众等一切暴力恐怖犯罪. http://politics.people.com.cn/n/2014/0310/c70731-24592553.html, 2014-03-10

② 史广林. 昆明暴恐事件 12 名伤员出院 心理援助同步展开. http://politics.people.com.cn/n/2014/0303/c70731-24516453.html, 2014-03-03

③ 和晓莹. 昆明全市学校加强戒备 特警荷枪实弹武装巡逻. https://www.chinanews.com.cn/gn/2014/03-03/5902747.shtml, 2014-03-03

表 11.2 "3·1昆明火车站暴力恐怖案"后昆明旅游业的损失

| 年份 | 客流量/万人次 | | | | 旅游外汇收入/万美元 | | | |
|---|---|---|---|---|---|---|---|---|
| | 本底值 | 统计值 | 损失 | 损失率 | 本底值 | 统计值 | 损失 | 损失率 |
| 2014 | 126.4 | 116.9 | 9.5 | 7.5% | 43 795.1 | 38 282.3 | 5 512.8 | 12.6% |
| 2015 | 151.4 | 114.5 | 36.9 | 24.4% | 56 843.7 | 44 000.0 | 12 843.7 | 22.6% |
| 2016 | 160.3 | 122.1 | 38.2 | 23.8% | 66 059.6 | 40 727.5 | 25 332.1 | 38.3% |

3. 创伤后遗症

在恐怖袭击中，施暴者往往会抱着报复社会的心理针对无辜的民众进行暴力活动，目标具有一定的随机性，且发生的时间具有一定的不确定性。歹徒手持器械在火车站广场、售票厅等人流量密集的公共场合滥砍一气，受害的无辜民众在没有任何心理预警的情况下，被砍伤或者杀害，此类暴恐事件发生后，往往对社会造成的影响极其恶劣，容易引起社会的极度恐慌[496]。

该事件发生在交通枢纽，除了伤亡人员外，还有上千人目睹了惨剧的发生，同时现场的视频和相关报道在网上快速传播，尽管政府已经呼吁不要转发现场视频，但还是在民众中引起了恐慌，不少群众在亲身经历或者观看视频后遭受到心灵上的打击，产生一定的心理问题。在暴恐事件中，伤者的心理创伤表现不一样[497]，有的患者会反复回忆当时发生的情景，从而感到悲痛、焦虑和抑郁；有的患者会选择忘掉过去，拒绝回想；有人情绪迟钝，而有人则会紧张易怒，对周围过度警觉，尤其是亲身经历暴恐事件的民众[498]。

根据学者对搜索到的新浪微博 2014 年 3 月 18 日 21 时至 4 月 18 日 21 时的 965 827 条微博心情进行的分析[499]，排除转发现场实况、祈福等内容的微博，仅保留原创且描述暴恐事件发生后自身心理状态的微博 274 条，经过统计后，发现这些博主的心理反应如表 11.3 所示。

表 11.3 "3·1昆明火车站暴力恐怖案"后网民微博心情中的心理反应

| 心理反应 | 占比 |
|---|---|
| 恐惧及伴随的逃避行为（对昆明火车站的恐惧、对火车站有阴影、对交通工具的恐惧、不敢去旅游、不敢出门逛街、不敢去人多的地方） | 44% |
| 不适感（看完新闻和图片后落泪、心悸、睡不着觉、浑身发冷、发抖） | 13% |
| 感慨（感到生命脆弱、无常，珍惜生命） | 10% |
| 愤怒（感到愤怒、谴责暴徒） | 9% |
| 抱怨（对"3·1昆明火车站暴力恐怖案"的淡化太快、治安管理工作差） | 8% |
| 悲观（自己无能为力、这个世界很糟、未来很灰暗） | 6% |
| 伤痛（对这件事情、逝者、伤者感到哀伤、伤痛） | 4% |
| 变得敏感（害怕生人靠近、对外界事物更加警惕） | 4% |
| 害怕过周末、无心工作 | 2% |
| 合计 | 100% |

可见，该暴恐事件过去一个月后，不少网友、博主回想起来仍然会感到恐惧，并对火车站有心理阴影，从而不敢去逛街、不敢出门或者去人多的地方，13% 的网友表示看到该暴恐事件相关新闻和图片后仍然会出现落泪、浑身发冷等一系列的后遗症，6% 的网友在该暴恐事件后感觉自己对未来很悲观，产生了无能为力的感觉，还有小部分人对该事件的发生感到愤怒和伤痛，这些都是典型的创伤事件后急性精神障碍，会使人处于一种非正常的精神状态，从而扰乱人们的生活[500]。

### 11.3.2 风险演化过程

人因灾难事件爆发产生的社会矛盾会导致社会冲突，社会冲突可以演化成社会失序，进而引起社会失稳，影响社会运行、经济发展，造成严重后果[501]。

　　"3·1 昆明火车站暴力恐怖案"中，恐怖分子肆意地砍杀，造成人员大量伤亡、交通堵塞等灾难后果。根据事后调查[492]，受调查者比较同意该暴恐事件造成了公共财产受损的占 58.7%，非常同意的占 37.3%；比较同意该暴恐事件阻塞了交通的占 45.0%，非常同意的占 42.7%；89.1% 的人比较同意或非常同意昆明的经济发展受到了影响；有 94.1% 的人比较同意或非常同意该暴恐事件的发生使社会产生了对恐怖主义的恐慌；并且，有 88.6% 的人比较同意或非常同意该暴恐事件的发生影响了政府形象这样的说法，如图 11.2 所示。该暴恐事件的发生造成的众多后果，直接引起了民众的强烈恐慌，一时间，新闻媒体的大量报道充斥着民众的眼球，社会冲突不断激化，演变成社会秩序的错乱，最终导致了一定程度的社会失稳。

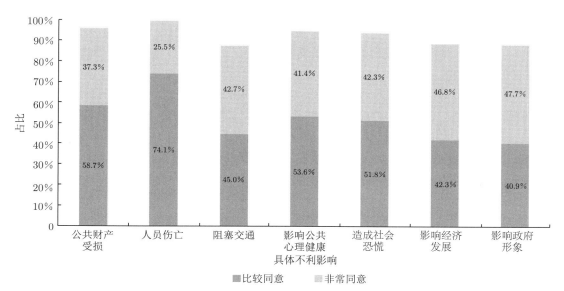

图 11.2　公众对"3·1 昆明火车站暴力恐怖案"造成具体不利影响的认知

　　1. 社会冲突

　　"3·1 昆明火车站暴力恐怖案"发生后，国内外社会反响强烈。媒体、群众纷纷通过电视、报纸、新兴的网络平台等各种方式对事件进行报道，通报事件的最新进展、谴责暴徒、关心伤员的救治情况、对受害者表示哀悼等[502]。

　　通过对事件过程的梳理，对该事件的言论广泛扩散造成影响的因素分析如下。

　　1）卷入感

　　"3·1 昆明火车站暴力恐怖案"中歹徒的手段恶劣，其行为严重危害公共安全。事件发生时不少现场的视频流出，这些视频清晰地揭露了歹徒的暴行，给人带来强烈的直观感受，且现场非常惨烈，场景冲击力很强[503]。事发地段是昆明市的火车站，人流量巨大，火车站、汽车站作为公共场所，是大多数人出行必经之地，因此该事件很容易给人们一种代入感，将自己代入灾难事件环境中，因此人们会积极关注和传播与灾难事件有关的信息[504]。

　　2）公民责任感

　　"3·1 昆明火车站暴力恐怖案"是典型的恐怖分子危害社会公共安全的事件。每个公民都有一定程度的公民责任感，而公共安全关系到每个公民的日常生活，为了维护安全的公共环境，人们往往会认为自己应该通过在网络上发声来做出一点贡献[505]。因此，网民利用社交网络对歹徒进行声讨，对案件进行分析，促使公众关注事件进展且参与案情讨论和传播。

3）从众心理

该事件为意外突发事件，在实际原因调查清楚前，容易引发网络上各类猜想，对未知的好奇使得事件的网络传播热度高涨[506]。在此事件中，案件未明朗之际，网络上对歹徒作案动机进行了一系列猜想，许多人跟随这些观点，热烈地讨论并传播这些观点，成为羊群中的一只"羊"。

2. 社会失序

社会失序是指在灾难事件发生过程中及灾难事件发生后，出现的违反社会道德规范、社会秩序的行为和现象，它的具体表现包括违规行为、违法行为、违背道德和伦理的行为，其共同点在于这些行为与人们的普遍认知相悖[507]。

不实言论传播。"3·1昆明火车站暴力恐怖案"发生后，在网络上引起了巨大的反响。人因灾难事件灾情信息传播的演化具有极强的不确定性，当某些因素的存在中断了信息的传播时，就会为各种不实言论的传播提供温床，由于人因灾难事件发生得相当迅速而且影响严重，相关信息往往公布得不够充分，社会民众容易就此产生猜疑，并开始质疑政府部门的公信力，整个灾情信息的传播也会朝着不可控的方向发展[508]。

该事件发生后，公众内心深处的恐惧、担心和焦虑强度较高，但已公开的信息无法满足公众的需求，如暴恐事件的真相、恐怖分子的意图、嫌疑犯的去向都仍然未知。当客观现实很模糊的时候，大众的行为就会成为信息源[509]，因此，不实信息出现的频率会更高。

该暴恐事件最终造成31人死亡、143人受伤，对人民的生命安全带来了重大威胁，如此严重的后果也给广大人民敲醒警钟，因此在灾情信息传播的过程中，谴责暴力恐怖主义，以及要求严惩恐怖分子成为主要观点，但同时社交媒体上也出现了一些极端声音，如要求暴力分子被"凌迟处死""诛灭九族""游街示众"等不妥行为，也从某种意义上反映了我国民众的现代公民意识和法制理念还有欠缺，仍然需要加强法治建设。

该暴恐事件也被迅速传播到国外，在国际社会上引起了不小的震动，不少国外民众对于恐怖分子的暴行进行了谴责，并且对无辜受难群众表示了同情。但由于西方媒体的长期扭曲宣传，尤其是在CNN（Cable News Network，美国有线电视新闻网）、《纽约时报》等媒体的误导下，大量的西方民众未能充分认清该暴力袭击的恐怖主义真相，对实施恐怖主义行为的恐怖分子表达了"同情"[510]。

"3·1昆明火车站暴力恐怖案"作为一个举世震惊的恐怖事件，在国际上掀起了反恐怖主义热潮，由于该事件发生于火车站这类民众常去的公共场所，民众的代入感较强，同时，由于该事件血腥残忍，且事先没有预兆，尽管政府和媒体均采取了及时有效的措施，但是仍然引起了民众的广泛讨论，各种不实言论在网络上流传，信息失真、失实现象严重，最终造成了社会失序。

3. 社会失稳

恐怖主义恐慌。"3·1昆明火车站暴力恐怖案"的发生，掀起了社会各地的反恐浪潮，在反恐意识提高的同时，群众的神经也变得更加脆弱，更容易受到谣言的影响，引发了不良社会情绪。各种虚假信息，如"恐怖分子来了""砍人"层出不穷，一次次牵动民众紧绷的神经，恐慌的情绪在社会中弥漫，各种造谣、乌龙事件不断发生，如2014年3月4日上午，广州地铁5号线发生踩踏事件。两名少年在地铁车厢内玩防狼喷雾剂时，释放的刺激性气味传到其他车厢，引起未了解真正情况的乘客恐慌，人们误以为是有毒气体，在争相走避逃跑过程中，发生了踩踏事故，多名乘客受轻伤①。

2014年3月14日下午，成都市锦江区上东大街某商场部分员工因误信火灾险情涌出商场奔逃，引发春熙路上数百人狂奔，"砍人""地震""火灾"等各种不实说法四处传播，不少商场选择临时关门。当日下午5时许，警方核实，春熙路及周边地区未发生任何危害公共安全的案件，也无人员伤亡。警

① 广州地铁5号线发生踩踏事件.http://auto.people.com.cn/n/2014/0305/c1005-24531218.html, 2014-03-05

方于事后逮捕了造谣者李某，另有两人受到治安处罚①。

2014 年 3 月 15 日上午 8 时 30 分许，广州市天河区沙河街道某服装城保安员在擒拿一名小偷时，该小偷为了脱身，突然大喊一句："有人砍人！"这致使服装城内的民众误认为出现了恐怖暴力袭击，争相走避拥上沙河路，警方接报立即派出防暴队到场查看，所幸该事件中无人伤亡②。

"3·1 昆明火车站暴力恐怖案"的发生造成了大量人员伤亡，社会影响极其恶劣，政府迅速采取措施进行了紧急处理，并且在短时间内抓捕了歹徒，在该事件引发了广泛的网络关注后，政府和媒体第一时间发布了官方信息控制群众的情绪，但对恐怖主义的恐慌仍然引起了社会秩序的混乱，并最终发展演化，造成了一定程度的社会失稳。

为研究"3·1 昆明火车站暴力恐怖案"的传播特点与传播规律，本书通过在新浪微博上爬取网络数据，以验证模型的有效性[511]。以"昆明火车站暴力袭击"作为关键词爬取 2014 年 3 月 2 日至 3 月 31 日的微博数据，共收集到微博数据 815 条。收集的数据主要包括用户昵称、用户 ID、用户的转发时间及转发内容。根据数据统计出每天的灾情信息数量，见表 11.4。从表 11.4 中可以清楚地看到，昆明暴恐事件发生后的第二天，灾情信息在互联网上广泛传播，相关微博数达到 49 条，而在第三天关于该事件的讨论在互联网上达到了最高峰，相关微博数达到 68 条，随后在 3 月 4 日，随着案件的侦破和歹徒的落网，民众对于该事件的讨论逐渐减少，相关微博数只有 34 条。最后以时间为横坐标，以每天的用户数和微博数为纵坐标，绘制该事件发生后每天的微博数和用户数随时间的变化情况，如图 11.3 所示。可见，灾情信息的传播趋势也是先爆发，随后到达顶点，然后降低，最后趋于稳定。

**表 11.4　"3·1 昆明火车站暴力恐怖案"相关微博数**

| 时间 | 微博数/条 | 时间 | 微博数/条 |
| --- | --- | --- | --- |
| 2014年3月1日 | 1 | 2014年3月16日 | 1 |
| 2014年3月2日 | 49 | 2014年3月17日 | 4 |
| 2014年3月3日 | 68 | 2014年3月18日 | 1 |
| 2014年3月4日 | 34 | 2014年3月20日 | 5 |
| 2014年3月5日 | 15 | 2014年3月22日 | 3 |
| 2014年3月6日 | 4 | 2014年3月25日 | 4 |
| 2014年3月7日 | 16 | 2014年3月26日 | 32 |
| 2014年3月8日 | 20 | 2014年3月27日 | 1 |
| 2014年3月9日 | 15 | 2014年3月28日 | 1 |
| 2014年3月10日 | 24 | 2014年3月29日 | 1 |
| 2014年3月11日 | 15 | 2014年3月30日 | 5 |
| 2014年3月13日 | 8 | 2014年3月31日 | 7 |
| 2014年3月14日 | 10 | 2014年4月1日 | 1 |
| 2014年3月15日 | 3 | 2014年4月2日 | 1 |

具体来看，中央政府和地方政府高度重视该事件，要求政法机关迅速、全力侦破案件，并立即派出相关领导赴昆明指导工作，云南省委书记第一时间到达现场，要求全力打击恐怖势力，绝不允许恐怖主义抬头。

---

① 成都警方依法严惩"春熙路恐慌事件"传播者. https://www.chinanews.com.cn/sh/2014/03-16/5955067.shtml, 2014-03-16
② 广州：小偷被抓后喊"有人砍人"引起群众恐跑散. https://www.chinanews.com.cn/fz/2014/03-15/5954288.shtml, 2014-03-15

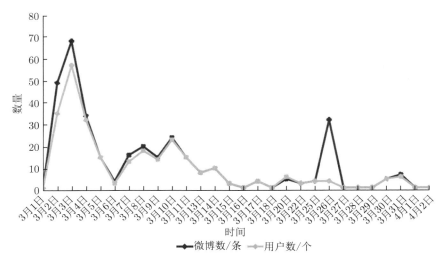

图 11.3　"3·1昆明火车站暴力恐怖案"微博数和用户数随时间变化图

　　国际方面，时任联合国秘书长潘基文对恐怖分子的行为予以强烈谴责，并向受害者家属表示关切；俄罗斯总统普京就该事件致电慰问；此外，美国驻华使馆和美国国务院、日本驻华使馆和日本外务省、法国外交部等纷纷表达了对该事件的震惊、对恐怖分子的谴责和对遇难人员的哀悼。

　　通过对相关资料的整理[512]，"3·1昆明火车站暴力恐怖案"的灾情信息国内传播趋势见表 11.5。该人因灾难事件的信息传播共分为三个阶段，即爆发期、发展期和回落期。爆发期在 3 月 1 日至 3 月 2 日，该时期的主要相关言论为：描述暴恐现场的情况，政府对该事件的定性，对该暴恐事件中的受害者治疗情况、挺身而出的警察等进行报道。发展期在 3 月 3 日至 3 月 10 日，该时期的主要相关言论为：对该暴恐事件后续发展的相关报道、对案件已经侦破的报道，宣传市民悼念、为受害者家属送温暖等正能量行为，国内开展了不同形式的祭奠，关于民族的话题引起了热议，部分民众对外媒选择性报道的态度表示愤慨。回落期在 3 月 11 日至 3 月 31 日，该时期的主要相关言论为：事件细节披露、歹徒落网的细节报道，其中暴恐事件发生时如何防身保命的话题引起了热议，与 3 月 8 日马航 MH370 失联事件的关联猜想，而有关恐怖袭击的造谣案件报道也占了一定比例，还有则是对云南代表团开放日代表们谈暴恐事件的相关讨论。

表 11.5　灾难事件发生后相关信息的发展脉络

| 阶段 | 时间 | 主要内容 |
| --- | --- | --- |
| 爆发期 | 3 月 1 日至 3 月 2 日 | （1）描述暴恐现场的情况；<br>（2）政府对该事件的定性；<br>（3）对该暴恐事件中的受害者治疗情况、挺身而出的警察等进行报道 |
| 发展期 | 3 月 3 日至 3 月 10 日 | （1）对该暴恐事件后续发展的相关报道、对案件已经侦破的报道；<br>（2）宣传市民悼念、为受害者家属送温暖等正能量行为；<br>（3）国内开展了不同形式的祭奠；<br>（4）关于民族的话题引起了热议；<br>（5）部分民众对外媒选择性报道的态度表示愤慨 |
| 回落期 | 3 月 11 日至 3 月 31 日 | （1）事件细节披露、歹徒落网的细节报道；<br>（2）暴恐事件发生时如何防身保命话题引起了热议；<br>（3）与 3 月 8 日马航 MH370 失联事件的关联猜想；<br>（4）有关恐怖袭击的造谣案件报道；<br>（5）云南代表团开放日代表们谈暴恐事件的相关讨论 |

根据蚁坊软件的灾情信息报告，2014 年 3 月 1 日至 3 月 3 日，网民关于"昆明暴力事件"的言论有 638.5 万条[①]。通过对这些信息进行关键词提取、主题聚类分析，可知其倾向性如下（图 11.4）。

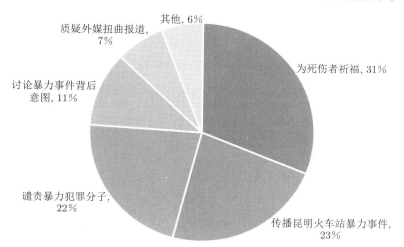

图 11.4　"3·1昆明火车站暴力恐怖案"各言论占比

为死伤者祈福的言论占比达 31%，如微博用户"人民日报"在 2014 年 3 月 2 日发表微博："昆明，我们与你同在，今晚，昆明火车站站前广场，市民自发悼念恐怖袭击事件中的逝者。让我们与昆明市民一道，为无辜离去的生命点燃。暴力制造了恐怖与血腥，更激发起不屈的意志。昆明挺住，我们与你在一起！"传播昆明火车站暴力事件的言论占比达 23%，如微博用户"人民网"在 3 月 2 日发表微博：【俄罗斯坚决谴责昆明火车站暴力恐怖案件犯罪行为】俄总统普京致慰问电，表示俄方对这种令人发指的犯罪行为予以坚决谴责。谴责暴力犯罪分子的言论占比达 22%，如微博用户"新华社"在 3 月 3 日发表微博：【新华微评：坚决打击暴力恐怖犯罪】云南昆明火车站暴力恐怖案件突如其来，现场伤亡之惨烈令人震惊，这是赤裸裸的恐怖犯罪行径，必须坚决果断打击。任何人心中无论有多大不满，对普通群众施以暴行，绝对不可以被原谅。我们坚信，正义必将战胜邪恶，暴徒终将被全部绳之以法；愿生者坚强，逝者安息。另外，在网友的其他言论中，讨论暴力事件背后意图的言论占比达 11%；质疑外媒扭曲报道的言论占比达 7%。

为了分析网络上该事件灾情信息传播过程的演化，结合在疾病传播方面学者的成果，将灾情信息传播中的群体分为四类，分别是不知者、潜伏者、传播者和抑制者[472]，如图 11.5 所示。

$S$ 是指不知者的比例，即人群中从来没有接收过灾情信息的网民占网民总数的比例，不知者对网络灾情信息的传播没有抑制能力。

$E$ 是指潜伏者的比例，即人群中知道网络灾情信息，但是没有决定是否传播此信息的网民所占的比例，因为他们正试图去辨别信息的真假。

$I$ 是指传播者的比例，即知道并且传播了灾情信息的网民比例。

$R$ 是指抑制者的比例，即知道灾情信息但是没有兴趣传播的网民比例。灾情信息传播是通过和他人的联系进行的，在每一个时间点，每个人可能处于以上四种状态中的一种。

设个体从不知者转换为传播者的概率，即获知相关事件信息的概率为 $b$，为了体现网民间的接触率、卷入程度、公民责任感程度三个因素对此参数的影响，同时把这种影响程度规范化在 [0, 1]，根据以上分析，建立函数表示三个因素对传播转化率的影响，由此建立以下函数关系：

$$b = \lambda(i + r)$$

① 鹰眼舆情观察室.【热点舆情】昆明暴力事件.https://www.eefung.com/hot-report/13962489304453902, 2014-03-31

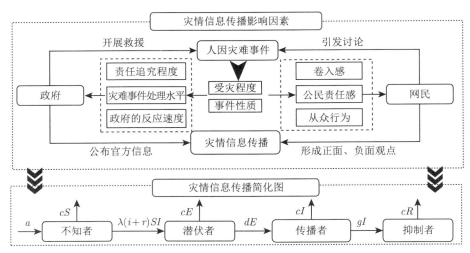

图 11.5　灾情信息传播流程

其中，$\lambda$ 表示网民间的接触率；$i$ 表示卷入程度；$r$ 表示公民责任感程度，量化后均为非负数。

　　基于前文的分析，在人因灾难事件社会风险传播模型中，各类网民之间的转换关系如图 11.5 所示，根据系统动力学建模思想[513]，可以建立如式 (11.1) 所示的传播模型：

$$
\begin{cases}
\dfrac{\mathrm{d}S}{\mathrm{d}t} = a - \lambda(i+r)SI - cS \\[2mm]
\dfrac{\mathrm{d}E}{\mathrm{d}t} = bSI + f_1(E)E - mE - cE \\[2mm]
\dfrac{\mathrm{d}I}{\mathrm{d}t} = gmE + f_2(I)I - hI - cI \\[2mm]
\dfrac{\mathrm{d}R}{\mathrm{d}t} = (1-g)mE + f_3(R)R + hI - cR
\end{cases}
\tag{11.1}
$$

其中，$\dfrac{\mathrm{d}S}{\mathrm{d}t}$、$\dfrac{\mathrm{d}E}{\mathrm{d}t}$、$\dfrac{\mathrm{d}I}{\mathrm{d}t}$、$\dfrac{\mathrm{d}R}{\mathrm{d}t}$ 表示各类群体比例的变化率；$a$ 为移入率，表示单位时间内进入虚拟社区的人数所占比例；参数 $b$ 为接触率，涉及网民间的接触率、卷入程度、公民责任感程度；参数 $c$ 为移出率，表示单位时间内移出虚拟社区的人数所占比例；参数 $g$ 为潜伏者转化率，表示接触到灾情信息的潜伏者网民转化为传播或者抑制该灾情信息的概率；参数 $h$ 为直接免疫率，传播灾情信息的网民不相信不传播该灾情信息的概率，其大小受到政府处置水平的影响。

　　如图 11.6 所示，为了获取案例在模型中的参数，需对"3·1昆明火车站暴力恐怖案"中社会风险传播过程进行实时追踪，并对系统区域内所有公众的状态及变化情况进行详细统计，由于微博数据量大，且许多用户不具备连续性，为参数的获取增加了难度。因此，为了获取系统中参数的数据，我们通过在爬取的微博数据中抽样统计案例中微博用户的状态表现来计算。为了保证用户的连续性和活跃性，我们对爬取的微博数据进行了筛选，缩小了数据库[514]。具体做法是，在爬取的微博中，筛选出发布了两次及两次以上微博的用户，从中随机抽取 49 名用户，截取发布的微博内容、时间等，总共获得 166 条微博。其中，3 月 2 日，言论的数量开始爆发，参与讨论的用户达到 32 人，相关微博数达到 32 条，3 月 3 日，灾情信息的数量到达顶峰，参与讨论的用户达到 34 人，相关微博数达到 43 条，随后事件的热度才开始逐渐下降，可以看出大约在 2014 年 4 月 3 日，关于"3·1昆明火车站暴力恐怖案"的网络言论几乎不再传播。因此，通过抽出的样本数据，统计出 3 月 2 日至 4 月 3 日的用户数和微博数，见表 11.6。将表 11.6 的统计数据与社会风险传播模型的参数进行匹配，得到如表 11.7 所示的数据。

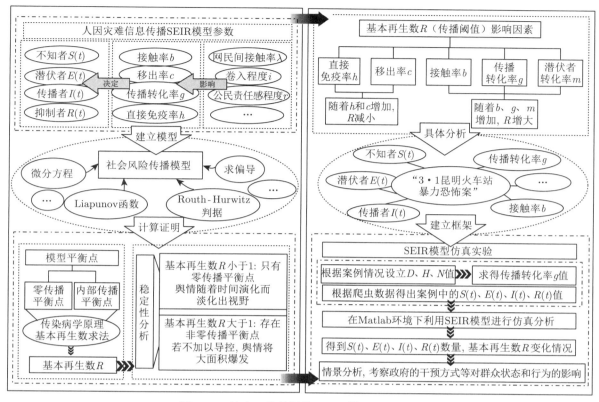

图 11.6 社会风险传播的 SEIR 模型仿真流程

**表 11.6 抽样样本的用户数和微博数**

| 时间 | 用户数/个 | 微博数/条 | 时间 | 用户数/个 | 微博数/条 |
|---|---|---|---|---|---|
| 2014年3月2日 | 18 | 32 | 2014年3月13日 | 1 | 1 |
| 2014年3月3日 | 34 | 43 | 2014年3月15日 | 1 | 1 |
| 2014年3月4日 | 11 | 13 | 2014年3月22日 | 1 | 1 |
| 2014年3月5日 | 12 | 12 | 2014年3月25日 | 1 | 1 |
| 2014年3月6日 | 3 | 4 | 2014年3月26日 | 1 | 29 |
| 2014年3月7日 | 6 | 9 | 2014年3月29日 | 1 | 1 |
| 2014年3月8日 | 3 | 5 | 2014年3月30日 | 1 | 1 |
| 2014年3月9日 | 5 | 6 | 2014年3月31日 | 1 | 2 |
| 2014年3月10日 | 3 | 4 | 2014年4月3日 | 1 | 3 |
| 2014年3月11日 | 1 | 1 | | | |

**表 11.7 案例中模型的状态**

| 状态 | 初始人数 | 对应参数 | 状态改变人数 | 对应参数 |
|---|---|---|---|---|
| 不知者 | 48 | $S_0 = 0.98$ | 48 | $b = 0.69$ |
| 潜伏者 | 0 | $E_0 = 0$ | 3月2日至3月10日用户平均数为10 | $m = 0.208$ |
| 传播者 | 1 | $I_0 = 0.02$ | 3月11日至3月31日用户平均数为1 | $h = 0.9$ |
| 抑制者 | 0 | $R_0 = 0$ | | |

该事件是突发事件，发生在 3 月 2 日 21 时 20 分左右，因此，将 3 月 2 日 24 时以前的人数作为

初始的传播者人数，3 月 2 日 24 时以前传播者人数为 1。从表 11.7 可以看出，本案例几乎没有潜伏期，事件在 3 月 2 日发生，传播者的数量在 3 月 3 日达到顶峰，然后逐渐下降。

在不知者中，3 月 3 日有 18 个用户变成传播者，3 月 4 日有 34 个传播者，因为卷入程度和公民责任感程度体现在不知者向传播者的转化中，所以直接通过数据计算出 $b = 34/49 = 0.69$。在 3 月 3 日至 3 月 10 日，传播者均呈下降的趋势，为了计算参数 $h$，计算出这几天的平均传播者数量为 10，所以 $h = (10-1)/10 = 0.9$。案例中参数如表 11.7 所示。

首先，我们不考虑卷入程度，模型简化如式 (11.2)，观察是否能和实际情况一致。将表 11.8 中的参数代入如式 (11.2) 所示的传播模型中，取 $a = 0.05$，因为在抽样微博内容时，发现许多参与的用户均持续追踪该事件，退出系统的人数相对较少，故设 $c = 0.01$。

$$\begin{cases} \dfrac{\mathrm{d}S}{\mathrm{d}t} = a - bSI - cS \\[2mm] \dfrac{\mathrm{d}I}{\mathrm{d}t} = bSI - hI - cI \\[2mm] \dfrac{\mathrm{d}R}{\mathrm{d}t} = hI - cR \end{cases} \tag{11.2}$$

**表 11.8　案例中模型的参数**

| 参数及其定义 | 参数含义 | 取值 |
| --- | --- | --- |
| $a$ 移入率 | 单位时间内进入虚拟社区的人数所占比例 | 0.05 |
| $b$ 接触率 | 单位时间内不知者与传播者接触的概率 | 1 |
| $c$ 移出率 | 单位时间内移出虚拟社区的人数所占比例 | 0.01 |
| $d$ 潜伏者转化率 | 接触到灾情信息的潜伏者网民转化为传播者或者抑制者的概率 | 0.208 |
| $g$ 直接免疫率 | 传播灾情信息的网民不相信不传播该灾情信息的概率 | 0.9 |
| $a_1$ 正面信息系数 | 正面灾情信息减少传播系的因子 | 0.53 |
| $a_2$ 负面信息系数 | 负面灾情信息增加传播系数的因子 | 0.24 |

资料来源：数据计算整理

根据蚁坊软件关于"3·1 昆明火车站暴力恐怖案"的灾情信息分析报告，将正面信息系数即正面灾情信息减少传播系数的因子设置为 0.53，将负面信息系数即负面灾情信息增加传播系数的因子设置为 0.24，各参数的含义如表 11.8 所示。

在 Matlab R2012a 环境下，对灾难事件社会风险传播的 SEIR 模型进行仿真分析，可得到案例情景中不知者、潜伏者、传播者和抑制者的密度变化情况，仿真结果如图 11.7 所示。

图 11.7 展示了"3·1 昆明火车站暴力恐怖案"中四类群体的密度变化。由图 11.7 可知，在"3·1 昆明火车站暴力恐怖案"中，事件发生后在 $t = 50$ 小时左右灾情信息传播达到高峰状态，表现为传播者的密度达到最大值，在 0.5 左右。之后传播者的密度开始下降，然后在大约 $t = 100$ 时趋于平稳。这与该事件的微博数据实际走势是相吻合的，该事件的网络灾情信息大约是在 5 天后趋于 0 的。随着时间的推移，由于有的不知者变成传播者，系统内不知者的密度迅速减小，最后趋于 0，说明该事件的网络灾情信息传播速度非常快，在短时间内许多不知者被影响后变成传播者。

在系统中，不知者和传播者转化为抑制者，使得抑制者的密度始终呈增大趋势。在此次灾情信息传播中，无论是不知者、传播者，还是抑制者的密度，变化速度都非常快，说明关于"3·1 昆明火车站暴力恐怖案"中网络灾情信息在短时间内进行了爆发式传播，这种爆发式传播增加了政府监控的难度[515]。

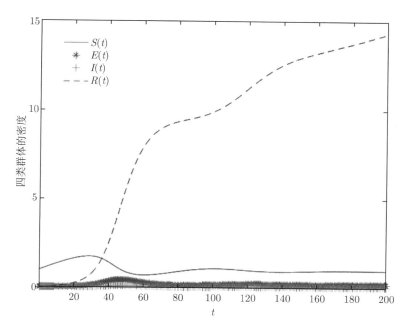

图 11.7　"3·1 昆明火车站暴力恐怖案"中四类群体的密度变化

　　但是，在此事件中，一开始公众主要表示了对受害者的同情，并且在对歹徒的声讨中加以对作案动机的猜想；随着案情的发展，政府采取果断措施抓捕剩余的犯罪人员，并对伤者进行医治，媒体也及时披露案件的最新真实信息，并第一时间对案件定性，网络情绪也转向以对歹徒的声讨为主，辅之以对先前较为集中的不实信息的抨击，因此该事件正面信息系数大于负面信息系数，抑制者的密度增大得非常快速，有效地阻断了不实言论的传播。因此，应该对报复社会类公共安全事件所形成的网络信息传播失真、失实给予高度关注，积极应对，及时披露案件办理过程，还原案件真相，做好处置工作。

## 11.4　治理优化对策

　　恐怖袭击、暴乱等人因灾难事件治理的难点，在于它的突发性，恐怖分子行事往往没有任何预兆，以报复社会为目的，会对社会安全造成重大影响。同时，在言论传播方面，人因灾难事件从发生到消解，可视为一个完整的生命周期[516]，灾情信息凭借互联网能够在某一项公共突发事件中以爆炸式的速度进行传播，进而通过网络传播演变成极具社会影响力的事件，随着智能手机、社交媒体、短视频等的发展，网络言论传播过程中失真和失实的形成与演变也将会以更迅猛的速度发展[517]。

　　对于"3·1 昆明火车站暴力恐怖案"的处理，主要包括两个方面，如图 11.8 所示。一是现实中的反恐怖主义行动，在该事件发生后，政府各部门迅速联合行动，控制现场，对伤者进行医治，抓捕了剩余歹徒，将案件侦破，并在各地加强安保。二是网络中的灾情信息传播治理，对于网络上出现的各种言论，官方媒体联合自媒体进行有效引导，及时公开案件相关真实信息。尽管该事件对社会造成了严重的不良影响，但在政府的积极处理下，该事件的不良影响被降到了最低。

### 11.4.1　现实行动上的治理

　　政府部门是社会管理的核心和主导，社会公众对人因灾难事件社会风险的认知在很大程度上由政府对该事件的反应能力和反应速度决定[518]。如果政府部门能够对人因灾难事件做出快速的响应，并且采取正确的策略去应对，那么公众就会产生一定的安全感，对于该事件的恐惧和害怕就会减少。如

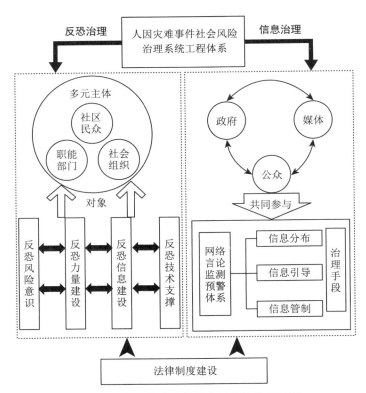

图 11.8　人因灾难事件社会风险的治理体系

果政府部门没有采取合理的措施，那么公众就会对事件发展持悲观态度，同时对政府失去信心，这样就必然会导致恐慌和不安情绪在社会上蔓延，同时对社会稳定造成一定的负面影响。

2014 年，"3·1 昆明火车站暴力恐怖案"最终导致了 31 人死亡，143 人受伤，其情节恶劣程度在近几年的公共突发安全事件中是非常严重的。在该事件发生后，政府各部门快速做出反应，启动了日常演习的预案，联合开展了案件的控制、侦破、后续处理，迅速控制了事件的发展。

1. 快速反应

由于人因灾难事件通常具有突发性和紧急性，要求政府和主管应急管理的相关部门必须具备快速反应的能力，在该事件中，政府各部门各组织均及时采取了措施进行应对。

铁路派出所：3 月 1 日 21 时 12 分，铁路派出所工作人员在接到报警后，立刻派民警赶赴昆明火车站控制情况，在现场保安的配合下对恐怖分子进行围堵，并保护和疏散群众，但因为防暴装备不足，围堵失败，随后立即上报昆明市公安局官渡分局请求支援。

昆明市公安局官渡分局：3 月 1 日 21 时 20 分，昆明市公安局官渡分局接到来自昆明火车站铁路派出所的求援电话，立即上报昆明市公安局 110 指挥中心，指令北京路派出所的民警迅速赶往昆明火车站增援，几位民警和协警立即携带伸缩警棍等武器赶往现场控制形势，同时官渡分局派遣反恐处突机动警务作战单元的特警前往现场处置突发事件。

反恐处突机动警务作战单元：3 月 1 日 21 时 20 分许，在接到指示后，该单元迅速赶赴昆明火车站现场，与现场其他民警和协警一边控制恐怖分子，一边疏散群众、保护现场。很快，暴徒被特警制服，现场的 5 位恐怖分子中 4 人被仅有的一支 81-1 式长枪当场击毙，另一人被击伤并抓获[519]。

卫生部门：在该事件发生后，云南省、昆明市卫生部门迅速开展了医疗急救工作，云南省急救中心在接到呼救电话后，立即出动了大量的救护车辆、救护人员前往事发火车站现场救治、运送伤亡人员；收治伤员的 10 多家医院的医护人员对受伤群众迅速开展应急采血、急诊手术等急救措施。同时，国家卫生和计划生育委员会从北京、上海、成都等地 12 家医院紧急调派了 27 名医疗专家赴昆明指导开展伤员的救治工作。

## 2. 启动预案

人因灾难事件属于非常规的突发事件，在其发生后，紧急启动应急预案对高效率地处理这类事件的社会风险有着不可替代的作用。事件发生当晚，公安部迅速启动突发公共事件的应急预案，党中央立即做出重要指示，要求政法机关全力侦破案件，依法从严惩处暴恐分子，并指派中国共产党中央委员会政法委员会书记、公安部部长及有关人员连夜赶往云南指导事件的处置工作；云南省委书记、昆明市委书记、昆明市市长等领导第一时间赶赴事发现场，指挥现场工作[519]。在事故现场处置阶段性结束后，昆明市全部警力全城戒备，提高警惕，保护群众，防止恐怖分子的其他同伙继续作案。

## 3. 部门联动

各部门综合系统的协调和处理是非常规人因灾难事件高效处理的有力保证。在该事件发生后，公安部门、消防部门、卫生部门、交通运输部门等通力合作，在完成自身职能的情况下，与其他部门协同对事件进行处理。当晚，公安部门立即派出大量的警力，追捕剩余的恐怖分子、疏散现场群众，调查取证以侦破案件，加强全城的治安戒备。同时，卫生部门迅速开展了医疗急救工作，大量的救护人员赶往现场对受伤群众进行救治。消防部门也迅速出动，积极配合警察和医生抢救受伤人员，安置遇难者、保护群众，对现场进行控制。交通运输部门积极做好安检工作，对火车站、地铁站、公交车站等公共场所和人员密集的地方进行严防死守，杜绝危险人员入站。

## 4. 善后安抚

在非常规的突发人因灾难事件处理完成后，妥善做好善后安抚工作是稳定公众情绪的必要手段。"3·1 昆明火车站暴力恐怖案"发生后，昆明市成立了善后处置维稳工作领导小组，该事件中的伤员都被妥善安置在各个医院接受治疗，治疗费用及家属看护的吃饭、住宿等基本费用都由政府负责。政府不仅以一次性救助金的形式对无辜遇难者家属进行了人道主义救助，对遇难者的基本丧葬费用也全免，同时还组织工作人员对遇难者家属进行一对一的帮扶，全力做好善后处置维稳工作，将暴恐事件造成的后果降到最低。此外，云南省红十字会开通了心理咨询热线，昆明市的多家心理咨询机构针对该事件成立了专门的心理援助小组，为遇难者家属及伤员提供心理辅导，安抚群众，减少创伤后遗症，维护社会情绪稳定。

人因灾难事件往往是极其恶劣的违法行为导致的，犯罪分子受到各种不轨的企图驱使，从而采取极端的方式，导致灾难的爆发，造成社会恐慌和恶劣后果[520]。人因灾难事件的治理将是一场持久战，并非一劳永逸，同时，也是一场人民战争，能否获胜的关键在于能否发动人民群众，找到灾难事件治理中的薄弱环节，这就需要从思想意识和行动上展开思考并探究对策，按照"预防为主、源头治理、专群结合、整体防控"的基本思路，系统地治理灾难事件社会风险。

加强灾难事件应对的全民风险意识建设。对于相关灾难应急管理部门而言，面对越发频繁的各类人因灾难事件，要进行充分的调查研究，鼓励理论指导实践，探索灾难事件发生的前因后果。随着社会的不断发展，不可避免地会出现社会矛盾，灾难事件应对形势愈发严峻，对于有应对经验的新疆、云南等省（区）的保卫部门，要将本地区的灾难事件应对的有效做法进行仔细分析对比，总结反思，形成经验，推广到其他省（区、市）[521]。在恐怖活动比较猖獗的重点地区，要有意识地对其进行防范治理，结合相关预案，有效开展多部门、多系统联动的灾难事件应对综合演练，提高灾难事件应对实战能力和协作水平，将以演促学、以学促防机制常态化[505]。

"3·1 昆明火车站暴力恐怖案"是敲响我国民众反恐怖主义意识的一个警钟。根据案发现场的监控记录，大部分候车乘客面对恐怖分子的突然行凶完全不知所措，一是由于恐怖行为发生的偶然性，民众难以躲避和抵抗凶恶残忍的暴徒，二是由于民众完全没有意识到这是一次严重的人因灾难事件，而误以为是普通的斗殴，以为无须躲避，甚至有群众抱着看热闹的心理[522]。可以说，在恐怖袭击这种人因灾难事件面前，社会公众的风险防范意识与技能几乎是完全缺失的。

人因灾难事件在发生之前，仅仅是以一种风险的形式存在的，但这种风险会在多大程度上转化为现实，公众自身的防范意识是决定性的因素[523]。灾难事件的风险防范意识是指社会公众对于风险的认知、识别和防范的观念，公众从对人因灾难事件的认知，到识别出眼前的灾难，再到进行防御的意识过程，是整个人因灾难事件治理的个体基础[524]。作为一场人民战争，对人因灾难事件的应对，需要加强对广大民众的意识教育，从灾难事件应对的常识入手，一步步培养民众应对人因灾难事件的基本技能，这样，才能通过加强自我保护来化风险于无形之中。

加强灾难事件应对的专业力量体系建设。面对"3·1昆明火车站暴力恐怖案"这类突发的人因灾难，仅仅依靠现场民众的自我防范和自救是远远不够的，需要更加专业的、强有力的灾难事件应对力量。目前，警察队伍作为灾难事件应对力量中的中流砥柱，其专业化的应对措施、应对能力的建设是重中之重。

在以恐怖袭击、暴乱等类型为主的人因灾难事件中，警察作为灾难事件应对的核心力量，第一，必须配备先进的、充分的警用装备，只有先保护好警察，警察才有力量去保护民众，打击恐怖分子。第二，需要对应对灾难事件的人员进行专业的培训以增强人因灾难事件应对的紧迫感与专业技能。警察需要将人应灾难事件的应对纳入日常警务的工作目标中来，在灾难事件发生时能够从容不迫地去应对。第三，灾难事件应对的专业力量建设还包括灾难事件相关信息的搜集意识，搜集灾难事件相关信息不仅仅是安全保卫部门的职责，为了防止信息意识的缺失成为灾难事件应对斗争的软肋，必须将其提升至专业建设的高度。

加强灾难事件应对的大数据信息体系建设。在人因灾难事件发生之前就将其终结，是应对灾难事件的最高境界。随着大数据、数据挖掘等技术的介入，信息的处理变得更加高效，灾难事件的发生逐渐有迹可循。在恐怖分子的个人信息变动、交通出行、住宿等日常信息中，均可以发现一些端倪，成为重要的信息来源，是当前人因灾难事件应对取得胜利的关键[525]。因此，对于人因灾难事件，要依靠先进互联网技术建立健全纵向、横向的情报体系，形成可靠的情报制度，明确各级、各部门情报机构和情报人员的职责。充分发挥网络监管、技术侦察、情报收集在灾难事件应对中的作用，加强对可疑人员、事件、资金、物品等的监察，通过信息整理，公安机关能够及时发现线索以提前应对灾难事件[494]。

除此以外，要充分利用公安机关内部和社会的信息资源，在国内的金融、交通等行业成立针对灾难事件应对的情报部门，对各行各业保存的海量信息进行挖掘、梳理，建立起灾难事件应对情报数据库。突破信息壁垒，充分交流，防止部门间各自为战的局面出现，同时，还应该与国际接轨，建立情报交流机制。在国内还要建立起全民参与的情报网平台，发挥群众的力量，形成大数据侦查格局[526]。

加强灾难事件应对的国际合作体系建设。在人因灾难事件治理的领域，中国作为联合国的常任理事国，有义务担负起促进国际合作的责任，提高与各国之间共同打击恐怖主义、暴乱、跨国金融攻击等人因灾难事件的协同作战能力，促进和平发展。中国既要与大国进行灾难事件应对合作，也要重视与东南亚、中亚等地区的灾难事件应对交流，包括灾情信息的共享，灾难事件治理经验的交流，恐怖分子的联合抓捕等多方面[500]。2001年6月，上海合作组织在中国上海正式成立，为打击恐怖主义、分裂主义和极端主义，中国与俄罗斯、吉尔吉斯斯坦等六个国家签署了《打击恐怖主义、分裂主义和极端主义上海公约》，以加强区域间各国之间的合作，共同维护和平与安全，联合各方力量共同打击恐怖分子。

转变灾难事件治理理念，加强社会共同治理效度。人因灾难事件的治理是一项综合工程，需要社会公众和专业治理力量的共同参与。人因灾难事件的突发性，意味着其对象具有不确定性，同时相比自然灾难事件，人因灾难事件由人导致，犯罪分子在灾难事件爆发之前能够很好地潜藏在社会中，因此这类事件更能够在社会上产生蔓延性更强的恐慌情绪。人因灾难事件的这些特点决定了其治理必须是以政府为主导，媒体和公众共同参与，专业应对力量、社会组织、社区民众"三合一"的多元治理主体，立体全方位地共同治理灾难事件[527]。

治理是一个系统化、影响全局的过程，需要由共同的目标来驱动实现。面对人因灾难事件的威胁，只有把公共安全作为目标，调动各方的共同参与意识和作为治理主体的自觉性，才能有效地实现对人因灾难事件的治理[528]。

### 11.4.2 信息传播上的治理

人因灾难事件的发展会通过媒体进行传播，社会公众也会通过媒体来了解和认识该事件，媒体对于突发人因灾难事件的报道在很大程度上影响着社会公众对整个事件的看法[529]。但是，随着媒体发展的多样化，电视、报纸、杂志等传统媒体及以互联网、自媒体为代表的新兴媒体由于其媒体属性和受众需求，在人因灾难事件的报道中，可能会为了追求利益和更好的传播效果，对事件进行反复的报道，尤其是监管不太严格的互联网媒体，为了博人眼球，甚至会发布一些与事实不吻合的消息，这些消息往往比真实信息更具吸引力，通过互联网进行裂变式的传播，从而引起社会公众的猜测与不安[530]。

"3·1昆明火车站暴力恐怖案"引发了大众的广泛关注，如果处理不好，可能引发各种不实言论传播，造成民众恐慌，在该事件中，各官方媒体通过微博、电视、报纸等多种渠道在案件发生后第一时间主动揭露相关信息，对事件进行定性[531]，案件告破后全面分析调查，让民众知道真相，案件结束后总结反思教训，安抚民众，取得了良好的效果。

1. 案件发生后第一时间主动揭露相关信息

突发人因灾难事件的爆发期通常时间短暂，但影响力大、传播速度极快，很容易引起公众的注意，因此媒体必须第一时间掌握主动权，快速准确地发布信息，在事件爆发后迅速传递灾难事件现场的情况和起因、经过的权威报道，可以在一定程度上防止其他不实信息的传播[532]。"3·1昆明火车站暴力恐怖案"发生在2014年3月1日21时20分，22时33分央广网率先发布消息。在3月1日至3月7日这7天里，@央视新闻的微博作为官方媒体的代表之一，发布的关于昆明火车站暴力袭击事件的微博总数达89条，其中，事件发生当晚的第二条微博引起了公众的热议，共被评论8 000多次，转发数达40 000多条，如表11.9所示[533]。

表 11.9 @央视新闻关于该事件的报道议题数量统计

| 议题 | 数量 | 占比 |
| --- | --- | --- |
| 反对任何形式的恐怖主义、分裂主义 | 19 | 21.3% |
| 刻画典型人物、报道英雄行为 | 17 | 19.1% |
| 对事件现场状况进行报道 | 14 | 15.7% |
| 逝者安息、生者珍惜生命 | 10 | 11.2% |
| 阐释政府各部门处理事件的应对措施 | 8 | 8.9% |
| 呼吁不要地域攻击 | 5 | 5.6% |
| 呼吁大家积极献血 | 4 | 4.5% |
| 逃生贴士 | 4 | 4.5% |
| 呼吁媒体采用正确的传播方式 | 3 | 3.4% |
| 辟谣 | 2 | 2.2% |
| 其他 | 3 | 3.4% |

2014 年 3 月 2 日，《人民日报》配发评论员文章《严惩暴恐犯罪，保障人民安全》，要求严惩暴恐分子，不允许恐怖主义抬头，表明了对该事件的态度。有学者认为，官方媒体在该事件中的及时发声，明确对事件进行定性，扶正了言论的走向，减少了负面灾情信息的传播，同时赢得了国际主流社会的广泛同情，相比于之前"10·28"暴力恐怖袭击案的缓慢反应和暧昧定性，在处理灾难事件后的信息传播和言论治理方面有了很大的进步[534]。

2. 案件告破后全面分析调查

在案件告破之后，此时的灾情信息传播不再聚焦在对案件经过的描述，而是更多地关注案件的起因、背景及受害者的安置，对整个事件进行全面深入的分析调查。2014 年 3 月 3 日，"3·1昆明火车站暴力恐怖案"成功告破，当日，《人民日报》发表《国际社会强烈谴责云南昆明"3·1"严重暴力恐怖事件》的综合消息，报道了时任联合国秘书长潘基文、俄罗斯总统、法国和日本外交部及其他国家对该事件恐怖分子的谴责，以及支持我国反恐的表态[508]。

在新兴互联网媒体方面，@央视新闻作为官方媒体，事发后既对案件信息进行详细的传递，又对灾情信息传播进行了合理的引导，在@央视新闻发布的微博中，"反对任何形式的恐怖主义、分裂主义"的内容占 21.3%，对事件现场状况进行报道的占 15.7%，刻画典型人物、报道英雄行为的占 19.1%，阐释政府各部门处理事件的应对措施占 8.9%，呼吁不要地域攻击的占 5.6%，呼吁媒体采用正确的传播方式、辟谣的内容分别占 3.4% 和 2.2%，如表 11.9 所示[533]。

在"3·1昆明火车站暴力恐怖案"中，政府及官方媒体发挥了信息传播的主体作用，第一时间发布了案件现场的情况，案件侦破后及时完整地报道了事件的起因、经过、结果，掌握了灾情信息传播的主动权，帮助民众了解事件的真相，对民众关心的问题做出了及时回应，减少不实言论的传播，随后采取了善后措施，安抚了民众的情绪，将暴恐事件的后续影响降到了最低[535]。

3. 案件结束后总结反思教训

该事件成功告破后，云南省红十字会开通了专门的心理咨询热线针对该事件为受害者、遇难者家属及公众提供心理服务。2014 年 3 月 5 日，第十二届全国人民代表大会第二次会议在北京人民大会堂开幕。随即，新闻界及时将报道的重心转移到两会大局，及时降温，避免重复性的恐怖主义信息造成的社会恐慌，同时进行一些正能量的报道，如昆明市民在 3 月 8 日自发走上街头，对暴恐事件中的死难者进行悼念活动[536]。

3 月 9 日下午，云南省领导就该事件发表总结，认为该事件反映出的问题，一是反恐意识不强，二是情报信息工作存在缺陷，事先没有得到相关信息，三是铁路系统的整个保卫体制存在漏洞，自成系统的铁路公安缺少防暴武器、警力不够是事件扩大的主要原因。政府在灾难事件结束后总结经验和教训，从中发现存在的漏洞和问题，对灾难事件的过程、影响进行分析，对灾难事件的应对工作和灾情信息传播控制工作进行评估，敢于反思，改正问题，有利于树立政府部门的正面形象。

人因灾难事件发生后，除了要加强现实生活中的治理外，还应该加强灾情信息传播的治理。根据 2007 年实施的《中华人民共和国突发事件应对法》（中华人民共和国主席令第六十九号），第五十三条"履行统一领导职责或者组织处置突发事件的人民政府，应当按照有关规定统一、准确、及时发布有关突发事件事态发展和应急处置工作的信息"；2011 年修订的《突发公共卫生事件应急条例》（中华人民共和国国务院令第 376 号），第二十五条"国务院卫生行政主管部门负责向社会发布突发事件的信息。必要时，可以授权省、自治区、直辖市人民政府卫生行政主管部门向社会发布本行政区域内突发事件的信息。信息发布应当及时、准确、全面"。可见，国家注重对灾情信息的社会发布，要求建立突发事件的信息发布制度，信息要由权威部门发布，且要求及时、准确。

2017 年实施的《中华人民共和国网络安全法》（中华人民共和国主席令第五十三号）第四十七条指出，"网络运营者应当加强对其用户发布的信息的管理，发现法律、行政法规禁止发布或者传输的信息的，应当立即停止传输该信息，采取消除等处置措施，防止信息扩散，保存有关记录，并向有关主管部门报告"。网络媒体运营商作为传播者，也需要在灾情信息传播中负责，政府、媒体、公众共同参与，政府主导，媒体作为中介，将真实、可靠的灾情信息传递给公众，以避免灾情信息失真、失实带来的各种谣言和虚假信息所引起的社会风险。

增强政府、媒体、公众的信息互动，提高政府执政水平和治理能力。灾情信息的治理需要推进政府、媒体、公众"三位一体"共同参与。一方面，政府通过媒体向公众传播灾情信息，公众也通过媒体来对政府进行监督；另一方面，通过微博、短视频、微信公众号等新兴媒体，政府广泛听取公众的诉求和心声，也可通过媒体向公众反馈落实情况。在"3·1昆明火车站暴力恐怖案"发生后，许多媒体网站设置了虚拟灵堂并举办了网上纪念活动，来自全国各地的网友纷纷参与，云南省和昆明市人民政府也顺应民意，及时主动地通过官方媒体与全国网友一起参加了悼念活动。政府与公众的互动提高了政府的亲和性，增加了公众对政府的信任，体现了政府为人民服务的宗旨。

在人因灾难事件中，政府要在灾情信息传播过程中取得主动权，就必须具备正确的认识：一是政府需要先发制人，及时将准确、权威的灾情信息发布出去，防止错误信息流传；二是政府应意识到其与媒体、公众之间应该是平等、透明、充分的双向沟通，对灾情信息及时发布、及时反馈，达到政府与公众互动、互信的目的，从而提高政府的治理能力和执政水平。

积极引入权威信源，消除公众信任危机。信源是指信息的来源。信息的来源越权威，公众的信任程度就会越高。随着互联网技术的快速发展，微博、微信群、短视频等新兴媒体、社交平台成为更加流行、日常化的信息传播途径。相比传统媒体，互联网使得公众能够自由地表达意见，人人可以成为信源，但同时其匿名性也产生了各种失真、失实信息，成为政府部门灾难事件发生后信息传播管理的最大困难。因此，如何平衡人因灾难事件后的信息发布与信息管制，也是政府必须考虑的。

在"3·1昆明火车站暴力恐怖案"中，一方面，政府部门通过传统的权威新闻发布会和电视、报纸等方式发布了权威信息，公布了事件的经过和处理过程；另一方面，政府在互联网上通过官方媒体发表了真实、及时、有说服力的消息，并且建设和团结了一批关心国家大事、有影响力、观点正确、贴近网民的网络帖主或者网络博主，积极引入权威的信源，强化主流言论，消除了民众的信任危机，减少了失实信息的传播[537]。

重视议程设置，加强言论引导。大众传媒具备设置"议事日程"的功能，媒体在报道时通过给予不同议题不同的显著性，能够影响公众对于其重要性的判断[538]，如被置于新闻头条的往往会被人认为是重要紧急的事情。因此，对待人因灾难事件要有一套灾难管理的办法，政府根据灾难事件的走向，设置一些合理的议题，组织媒体报道，并重视通过媒体与公众的互动实现对灾难事件发生后信息传播的引导，提高政府的号召能力。

另外，互联网的匿名性也是灾情信息负面情绪传播的主要原因，有一部分人认为别人不知道其真实身份，就在互联网上随意发布不实言论，或者挑起事端。因此，为打击这种现象，网络媒体运营者应当加强言论引导，需要进一步强化网络监管，倡导网络实名制。网络实名制为网络空间的治理提供了一个重要途径，能够有效消除灾情信息传播过程中的恶意造谣、挑起事端行为，起到净化网络环境的作用。

发挥传媒预警职能，防患于未然。预警是指在灾难事件发生之前，通过各种信息发现灾难事件可能发生的征兆，及时地汇报给有关部门并向社会公众发出警报，以更好地应对灾难事件，减少灾难事件带来的不利后果[539]。2019年修订的《中华人民共和国政府信息公开条例》（中华人民共和国国务院令第711号），第十九条指出，"对涉及公众利益调整、需要公众广泛知晓或者需要公众参与决策的政府信息，行政机关应当主动公开"；第二十条指出，"行政机关应当依照本条例第十九条的规定，主动公开本行政机关的下列政府信息：（十二）突发公共事件的应急预案、预警信息及应对情况"。具备社会预警监测功能的大众传媒每天会接收到无数条信息，其中就有可能包含灾难事件发生的相关前兆，故需要及时把灾难预警信息汇报给有关政府部门，经过批准后，再将预警信息传递给社会公众，并收集相关反馈，政府根据反馈及时地调整应对策略，将灾难事件的损失降到最小。

同时，政府还应该加强灾难事件发生后识别社会心理危机的意识，政府部门需要具备"大安全观"的整体思维，必须意识到，社会心理安全也是社会稳定的一个方面，从而在人因灾难事件发生后更好地制定策略去安抚、稳定社会公众的情绪，同时去防范敌对势力可能发动的心理战、宣传战，为此，政府也应该加强在心理学、传媒学、社会学方面的合作研究，重视心理战、宣传战和应对机构建设，制定相应的政策，防患于未然[540]。

# 尾　论

在科学上没有平坦的大道，只有不畏苦沿着陡峭山路攀登的人，才有希望到达光辉的顶点。

——卡尔·马克思

1894 年《资本论》

Es gibt nur eine Landstraße der Wissenschaft, und nur diejenigen haben Aussicht ihren hellen Gipfel zu erreichen, die die Ermüdung beim Erklettern ihrer steilen Pfade nicht scheuen.

——Karl Heinrich Marx

*Das Kapital* published in 1894

# 第 12 章

# 灾难风险的应对策略

与一般突发公共事件相较而言，重大灾难事件多为"黑天鹅"小概率事件，往往与公众切身利益更加息息相关，从而导致灾情信息极易引发全网持续关注，且关注热度消散较慢。在灾难事件应对中，政府不应、也难以充当风险防控全能角色，政府不应忽视媒体、公众在社会风险治理中的关键作用，政府应利用社交媒体积极引导广大网民自发参与网络社会风险治理，从而形成政府、媒体、公众交互协同的风险防控共同体[541]。本章通过构建网络社会环境下灾难事件后政府、媒体、公众三类主体交互模型，开展治理思路变化和治理策略优化的论述，提出"多元多层多阶"的灾难事件社会风险治理体系，多元治理、多层治理、多阶治理，以有效治理灾难事件社会风险。

## 12.1 主体交互模型

网络社会下，政府、媒体、公众都是灾难事件信息的核心相关方，政府发布和监管信息，媒体传播和扩散信息，公众接收和反馈信息。灾难事件发生后，三类主体围绕灾难事件相关信息的发布、传播、接收、扩散、消逝发生交互作用。风险源于灾情信息，成于多方交互，导致信息传播不确定的客观风险、信息认知不全面的主观风险。类比来看，生物种群间的相互作用已得到广泛研究，种群间有多种相互关系，其中竞争和捕食是群体之间最重要的关系[542]。从灾难事件信息引导中的政府、媒体、公众的角色和关系出发，借用生物种群模型的思想来建立混合捕食和竞争模型，构建三方关系的交互模型，分析信息传播各主体间的作用机制，为构建灾难事件社会风险多元治理体系提供参考依据。

### 12.1.1 主体定义及关系

三类主体中，政府是主动主体，公众是被动主体，媒体是政府和公众之间的中介。灾难事件发生后，政府用好官方媒体、管好自媒体，对可能造成社会风险的不实信息扩散进行有效治理，能够引导公众对事件的讨论朝着积极、正面的方向发展，有利于增加政府的公信力、消除社会的质疑声，维持好公共秩序，拉近政府与民众之间的距离，共同防范和遏制不实信息可能导致的社会风险。

1. 主体的定义

与生物种群类似，可以定义政府、媒体（主要为网络媒体）和公众（主要指网民）。政府通过官方媒体发布的信息对风险产生积极影响。网络媒体特指微博、微信等，其通过网络传播未经证实的信息，可能产生社会风险。网民是指在社交媒体上参与网络活动的公民，受政府官方媒体信息和网络媒体庞杂信息的"夹击"。

（1）政府。政府作为社会风险治理的核心主体，是指为了维护党和国家的利益与社会稳定，可以依法行使党和国家权力的一切公共组织或机构的总称，包括中央政府和各级地方政府。作为公共利益服务者和公共权力执法者，政府拥有维持社会秩序的义务和治理社会风险的责任。与其他社会风险主体相比，政府是最具权威性、公信力和影响力的主体，在各类灾难事件社会风险的管控和防治中始终扮演着把关人的重要角色，借助对其他社会风险主体实施监督和管控的职能来防范、控制和阻止风险持续演化，从而实现对社会风险的有效治理。例如，借助新闻媒介力量，对于网络上存在的具有煽动性和极端意见的言论实施删帖、屏蔽等操作，以管控风险、降低威胁。

（2）媒体。媒体作为社会风险治理的关键主体，主要由网络传播媒体和其他传统媒体组成，在灾难事件社会风险的形成与发展中也起到了很大的作用。专业的网络媒体往往是风险信息资源传递的重要枢纽，可以利用自身的优势资源和先进技术，对社会风险相关海量信息资源进行实时搜索、收集整合，形成自己的"风险数据库"，并及时向公众传播扩散。因此，媒体可以作为各级政府的"发声者"，通过及时准确发布信息、对重大灾难事件进行真实还原和公开澄清，有效抑制社会风险的演化蔓延。相比于政府，媒体对网民群体产生的社会影响力往往更大，对稳步推动我国网络社会风险的防范和治理具有重要作用。

（3）公众。公众是社会风险治理的另一主体，对关系到社会民生的灾难事件往往非常敏感，其中一些活跃群体会积极在网上表达自己的看法，给政府施加压力。我国有庞大的网民群体，从年龄结构看，20~29岁网民占比最高，达21.5%；从职业结构看，学生群体占比最高，达26.9%；从学历结构看，初中及以下学历占比最高，达58.3%；从个人月收入结构看，有72.4%的人群月收入不足5 000元，约有6.5亿人①。从网络社会学的角度进行分析，这些"主流"网民，属于在网络社会发展和转型中仍然处于相对弱势和边缘地位的群体，而这个群体却是构成社会风险的诱发者和生力军，构成社会风险的压力群体。网民数量日益增多，其掌握的话语权也日益增强，当发生灾难事件时，关注事件的群体人数最多的就是网民，他们的态度与言论集合起来会在很大程度上影响到事件的后续发展。

2. 群体之间的关系

根据生物种群间的竞争捕食模型，政府、媒体、公众三类群体之间既有竞争关系，也有捕食关系。从社会风险出现到终止，政府和媒体同时存在于灾难事件信息传播系统中，其竞争关系体现在政府和媒体竞争网络中潜在的网民支持者。网民群体是政府信息和媒体信息的共享资源，政府和媒体通过争取更多的网民来扩大自己的影响力，也就是两者竞争同一种资源——网民。政府和媒体通过竞争来遏制对方对信息的主导权，在政府公信力较好的情况下，由于官方信息的权威性，网民会更多地关注和相信政府公布的信息。反之，网民会倾向接受非官方媒体制造、传播、扩散的各类信息，其中不乏杜撰、缺失的信息。政府和媒体对网民是捕食关系，政府为传播官方信息而捕食网民，媒体通过传播热点信息来捕食网民，网民相当于风险信息发展壮大的资源。因此，三类群体的关系可以看作一种混合捕食和竞争关系，它们之间的关系如图12.1所示。

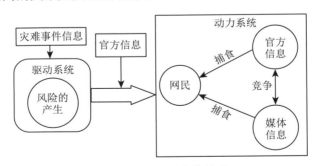

图12.1　三类群体的关系

由于官方信息和媒体信息在系统中并存且同时传播，对于广大网民群体，可能首先接受并传播任一主体发布的信息，这取决于政府权威发布和媒体信息扩散的吸引力[543]。官方信息的吸引力受到众多

①2020年4月28日，中国互联网络信息中心发布了《第45次中国互联网络发展状况统计报告》，从性别结构、年龄结构、学历结构、职业结构、收入结构等层面对我国网民进行了分析。

因素的共同影响，这些影响包括直接影响和间接影响，如民众满意度对于官方信息吸引力起到直接影响作用，而政府应对灾难事件社会风险的能力及响应速度则对官方信息吸引力起到间接影响作用[544]。网民关注度与媒体活跃度对媒体吸引力有着直接影响，其影响到社交媒体上的网络大 V 关注度、风险感知度，对社会风险危机起到间接的影响作用[545]。古斯塔夫·勒庞在其经典著作《乌合之众：群体心理学》中提到，"群体内部成员容易被其他人的态度倾向影响，从而置于某种集体无意识当中"。当灾难事件等突发外部因素将这种集体无意识激活，在政府官方信息和媒体纷繁信息共同作用下，广大网民群体就可能产生群体极化、沉默螺旋和两极分化等多种效应，形成各种极端观点，造成群体态势失衡，引发网络社会风险。

### 12.1.2　三类主体交互模型

为了分析三类主体之间的相互影响机制，结合种群生态学方面学者的研究，定义灾难事件网络社会风险系统中的三类主体分别是政府、媒体和网民。考虑三类主体之间的竞争和捕捉关系，将网民设定为食饵群体，不考虑密度制约；政府、媒体为捕获者群体，有密度制约，两者为竞争关系，均依靠网民传播扩散信息。

设 $x$ 表示网民的密度，$y$ 表示传播官方信息群体的密度，$z$ 表示传播社交媒体风险信息群体的密度，$\frac{\mathrm{d}(\cdot)}{\mathrm{d}t}$ 表示风险信息的增长速度。由此，这个系统的 Volterra 模型为

$$\begin{cases} \dfrac{\mathrm{d}x}{\mathrm{d}t} = x\left(a_{10} - a_{12}y - a_{13}z\right) \\[2mm] \dfrac{\mathrm{d}y}{\mathrm{d}t} = y\left(-a_{20} + a_{21}x - a_{22}y - a_{23}z\right) \\[2mm] \dfrac{\mathrm{d}z}{\mathrm{d}t} = z\left(-a_{30} + a_{31}x - a_{32}y - a_{33}z\right) \end{cases} \tag{12.1}$$

其中，$a_{ij}$ 表示一个群体对另一个群体的影响，具体为 $a_{10}$ 表示网民的内生增长速度；$a_{12}$ 表示媒体对网民的影响；$a_{13}$ 表示政府对网民的影响；$a_{20}$ 表示政府的内在减少速度；$a_{21}$ 表示网民对政府的影响；$a_{22}$ 表示政府对自身的影响；$a_{23}$ 表示政府对媒体的影响；$a_{30}$ 表示媒体的内在减少速度；$a_{31}$ 表示网民对社交媒体的影响；$a_{32}$ 表示政府对媒体的影响；$a_{33}$ 表示媒体对自身的影响。参数前的符号是由两者的关系决定的，如果 $a_{jj}$ 和 $a_{ji}$ 前的符号相反，那么说明是捕捉关系，如果 $a_{jj}$ 和 $a_{ji}$ 前的符号均为负号，那么说明是竞争关系。

通过计算，模型（12.1）有七个平衡点。

三群体平衡点 $E^* = (x^*y^*z^*)$，这里 $x^* = \dfrac{\bar{x}}{|A|} y^* = \dfrac{\bar{y}}{|A|} z^* = \dfrac{\bar{z}}{|A|}$，其中，

$$\begin{aligned} \bar{x} &= a_{10}a_{22}a_{33} - a_{10}a_{23}a_{32} + a_{12}a_{20}a_{33} - a_{12}a_{23}a_{30} - a_{13}a_{20}a_{32} + a_{13}a_{22}a_{30} \\ \bar{y} &= a_{10}a_{21}a_{33} - a_{10}a_{23}a_{31} - a_{13}a_{20}a_{31} + a_{13}a_{21}a_{30} \\ \bar{z} &= -\left(a_{10}a_{21}a_{32} - a_{10}a_{22}a_{31} - a_{12}a_{20}a_{31} + a_{12}a_{21}a_{30}\right) \\ |A| &= a_{12}a_{21}a_{33} - a_{12}a_{23}a_{31} - a_{13}a_{21}a_{32} + a_{13}a_{22}a_{31} \end{aligned} \tag{12.2}$$

两群体平衡点：

$$\begin{aligned} E_{110} &= \left((a_{10}a_{22} + a_{12}a_{20})/a_{12}a_{21}, a_{10}/a_{12}, 0\right) \\ E_{101} &= \left((a_{10}a_{33} + a_{13}a_{30})/a_{13}a_{31}, 0, a_{10}/a_{13}\right) \\ E_{011} &= \left(0, -(a_{20}a_{33} - a_{23}a_{30})/(a_{22}a_{33} - a_{23}a_{32}), (a_{20}a_{32} - a_{22}a_{30})/(a_{22}a_{33} - a_{23}a_{32})\right) \end{aligned} \tag{12.3}$$

一群体平衡点：

$$
\begin{aligned}
&E_{010} = (0, -a_{20}/a_{22}, 0) \\
&E_{001} = (0, 0, -a_{30}/a_{33}) \\
&E_{000} = (0, 0, 0)
\end{aligned}
\tag{12.4}
$$

下面讨论系统平衡点的全局稳定性。

**定理 12.1**　若 $a_{21} - a_{12} < 0$，$a_{31} - a_{13} < 0$，模型（12.1）有正平衡点 $E^* = (x^* y^* z^*)$，则 $E^*$ 是全局稳定的。

证明：取

$$
A = \begin{pmatrix}
0 & -a_{12} & -a_{13} \\
a_{21} & -a_{22} & -a_{23} \\
a_{31} & -a_{32} & -a_{33}
\end{pmatrix}
$$

$$
P = \begin{pmatrix}
p_1 & 0 & 0 \\
0 & p_2 & 0 \\
0 & 0 & p_3
\end{pmatrix}
\tag{12.5}
$$

容易算得

$$
PA + A^{\mathrm{T}}P = \begin{pmatrix}
0 & a_{21}p_2 - a_{12}p_1 & a_{31}p_3 - a_{13}p_1 \\
a_{21}p_2 - a_{12}p_1 & -2a_{22}p_2 & -a_{23}p_2 - a_{32}p_3 \\
a_{31}p_3 - a_{13}p_1 & -a_{32}p_3 - a_{23}p_2 & -2a_{33}p_3
\end{pmatrix}
\tag{12.6}
$$

现选择正常数 $p_1, p_2, p_3$，令 $P = (1, d, d), d > 0$ 使得矩阵 $PA + A^{\mathrm{T}}P$ 是负定的。因此，$a_{21} - a_{12} < 0, a_{31} - a_{13} < 0$，满足条件。

设系统的正平衡点为 $(x^* y^* z^*)$，由定理 12.1 得，沿系统的轨线有

$$
\begin{aligned}
\frac{\mathrm{d}V}{\mathrm{d}t} = &-da_{22}(y - y^*)^2 - d(a_{32} + a_{23})(y - y^*)(z - z^*) - da_{33}(z - z^*)^2 \\
&+ d(a_{21} - a_{12})(x - x^*)(y - y^*) + d(a_{31} - a_{13})(x - x^*)(z - z^*) \leqslant 0
\end{aligned}
$$

而且，当且仅当 $(xyz) = (x^* y^* z^*)$ 时，$\dfrac{\mathrm{d}V}{\mathrm{d}t} = 0$。考察系统的不变集：

$$
S = \{(xyz) \mid y = y^* z = z^* x > 0\}
$$

$$
\begin{cases}
\dfrac{\mathrm{d}x}{\mathrm{d}t} = x\left[-a_{12}(y - y^*) - a_{13}(z - z^*)\right] \\[2mm]
\dfrac{\mathrm{d}y}{\mathrm{d}t} = y\left[a_{21}(x - x^*) - a_{22}(y - y^*) - a_{23}(z - z^*)\right] \\[2mm]
\dfrac{\mathrm{d}z}{\mathrm{d}t} = z\left[a_{31}(x - x^*) - a_{32}(y - y^*) - a_{33}(z - z^*)\right]
\end{cases}
$$

当 $y = y^*, z = z^*$ 时，有 $\dfrac{\mathrm{d}y}{\mathrm{d}t} = 0$，从而 $x = x^*$，因此，当 $y = y^*, z = z^*$ 时，必有 $x = x^*$，也就是说不变集 $S$ 只含有正平衡点 $(x^*, y^*, z^*)$，根据定理 12.1 可知，此正平衡点在 $R_+^3$ 内是全局稳定的。

### 12.1.3　数值模拟及分析

基于上文对网络社会风险生态系统三类主体交互模型的稳定性分析，为探究主体的影响力等对社会风险主体及其互动演化的影响，下文通过数值分析，进一步揭示社会风险生态系统三类主体演化模式。通过 Matlab 软件进行数值模拟，验证该系统正平衡点具有全局渐近稳定性，以及模型在现实生活中存在的各种情况。

## 1. 系统稳定性模拟

利用系统稳定性模拟分析，能研究如何更好地管控社会风险传播[546]。基于微分方程稳定性理论对系统稳态传播平衡的理论分析，下面验证理论分析的正确性，在此取定相应系数值：$a_{10} = 1$，$a_{12} = 1$，$a_{13} = 0.8$，$a_{20} = 0.2$，$a_{21} = 0.6$，$a_{22} = 0.08$，$a_{23} = 0.08$，$a_{30} = 0.2$，$a_{31} = 0.6$，$a_{32} = 0.16$，$a_{33} = 0.08$。取初值为 $(2.5, 5, 5), (2.4, 4.8, 4.8), (3, 5.1, 5.1)$，易知 $a_{21} - a_{12} < 0$，$a_{31} - a_{13} < 0$，满足定理 12.1 条件。图 12.2 表示当 $a_{23} < a_{32}$ 时，种群 $x, y, z$ 的种群密度的时间序列，可以看出，初值的微小变化，其对应的解几乎未产生任何变化。图 12.3 展示了种群 $x, y, z$ 的三维空间相图，相图是由外往内的螺旋线，说明了非零传播平衡点是稳定的，与定理结论一致。

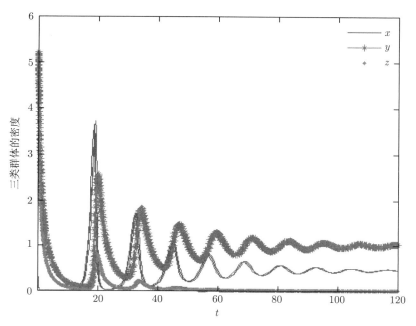

图 12.2　当 $a_{23} < a_{32}$ 时，三类群体密度的时间序列

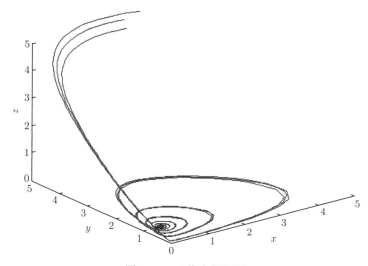

图 12.3　三维空间相图

## 2. 模型仿真的求解

为更加具体地说明三类主体种群在网络环境下生态演化的结果，我们对模型的方程组进行数值模拟，并结合实践案例将各参数赋予实际意义。对于模型（12.1），利用 Matlab 软件提供的龙格–库塔法求解其数值解，通过观察其演化波形图来表现其演变结果。

### 1）竞争群体的关系

下面分析两个竞争群体的关系，主要考虑竞争系数 $a_{23}$ 和 $a_{32}$ 的关系。在上述参数的情况下，$a_{23} < a_{32}$，在其他参数不变的情况下，分别取 $a_{23} = 0.16$，$a_{32} = 0.08$，以及 $a_{23} = 0.08$，$a_{32} = 0.08$，取初值为 $(2.5, 5, 5)$。

对比图 12.2、图 12.4 和图 12.5 可以看出，当 $a_{23} < a_{32}$ 时，传播媒体信息的群体最终消失了，说明在竞争中政府获得了胜利；相反，当 $a_{23} < a_{32}$ 时，传播官方信息的群体最终消失了，那么说明政府并没有控制住信息传播；在其他参数恒定的情况下，当 $a_{23} = a_{32}$ 时，官方信息和媒体信息共存。因

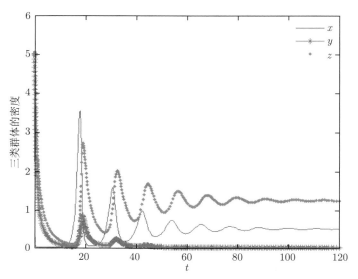

图 12.4　当 $a_{23} > a_{32}$ 时，三类群体密度的时间序列

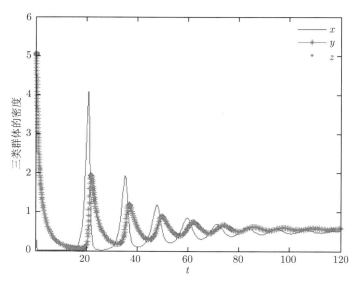

图 12.5　当 $a_{23} = a_{32}$ 时，三类群体密度的时间序列

此，政府在应对社会风险时应提高政府对媒体、网民的影响，可以通过提高政府公信力，争取渠道广泛地扩散官方信息等来提高模型中相应值。

考虑到社交网络平台容易产生和传播风险信息的特点，一般情况下，在社会风险传播的开始阶段，在社交网络中两种群竞争影响力为媒体信息大于官方信息，在竞争中媒体较政府具有较大的优势，这个优势主要体现在初值上，媒体的初值比政府的大。因此，取 $(6,1,8)$，为了纯粹比较初始阶段影响力对传播的影响，取 $a_{23} = 0.08$，$a_{32} = 0.08$，其他参数取值和第一部分相同。

从图 12.6 的仿真结果看，与图 12.5 比较，其他条件相同的情况下，只要初始政府信息的影响力小于媒体信息的影响力，最终媒体具有较大的影响力，政府在竞争的过程中完全输给了媒体。在竞争过程中，虽然假设政府和媒体相互竞争程度是一样的，但是媒体仍能在演化过程中迅速占据优势。当然，如果政府比媒体的竞争能力更强，那么便能有效地抑制媒体群体的发展。

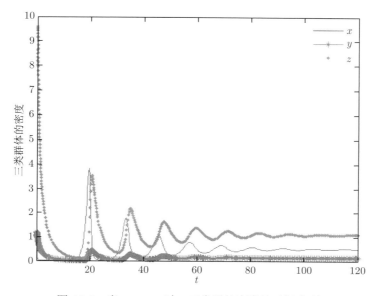

图 12.6　当 $y_0 < z_0$ 时，三类群体密度的时间序列

因此，政府部门有责任做好自身信息发布建设，随着近几年"政务微博"的建设，截至 2020 年 12 月 31 日，经过微博平台认证的政务机构官方微博达 14 万个，政务微博的年度发文量也创新高，政务微博发展越来越趋于常态化，在突发社会风险中占有越来越大的话语权。在新冠疫情期间，政务微博协同联动，搭建信息发布矩阵，通过微博平台的扩散效应，积极主动地对网络信息进行引导和治理，极大程度保障了网民的知情权，对助力疫情防控和维护社会稳定起到了重要作用。可见，政府正在加强风险管理，提高自身的正面风险影响力，以有效防控风险。

2）捕获群体的关系

图 12.7 为当网民数量变化时，政府对网民群体的捕捉关系，$a_{10}$ 分别取 1、3、6，其他参数与图 12.5 的取值是相同的。如图 12.7 所示，政府捕获网民，希望网民传播官方信息，最终的平衡状态下，$a_{10}$ 越大，政府影响的人数越多。很显然，$a_{10}$ 代表了网民自身增长率，$a_{10}$ 越大表示网民的基数越大，那么政府影响的人数越多。

同时，在相同的条件下，考察媒体对网民群体的捕获关系，结果和图 12.7 是一样的，且最后影响的网民数也一致。这说明当所有的相互影响参数设置相同时，政府和媒体对网民的信息捕获能力是一样的。也就是说，考察政府是否占优势，与网民的变化无关，但与网民、媒体和政府的关系有关。

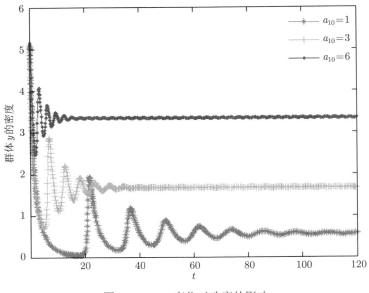

图 12.7　$a_{10}$ 变化对政府的影响

### 3. 治理方式的探讨

社交媒体的特点，可使得在短期内形成的公众极端意见的汇聚爆发，容易导致风险生态失衡，往往造成比较大的损失。造成这种爆发的原因是媒体群体的增长，现引入变化的媒体增长因子来改变媒体群体的增长。

假设在 $[0, T_{\max}]$ 时间内，媒体的风险传播能力呈线性下降，设最大的捕获增长率 $a_{31\max} = 2a_{31}$，最小的捕获增长率为 0，那么捕获增长率与时间 $t$ 的关系为

$$a_{31}(t) = a_{31\max} - \frac{a_{31\max}}{T_{\max}} \times t \tag{12.7}$$

按照图 12.5 相应参数情况，引入变化的捕获增长率进行仿真，得到图 12.8。

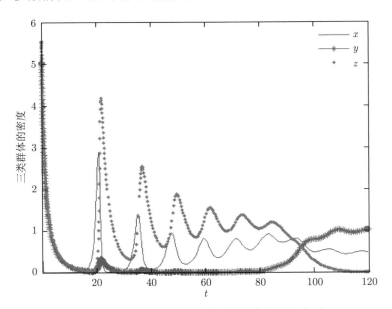

图 12.8　变参数情况下三类群体密度的时间序列

从图 12.8 仿真结果来看，在媒体和政府初值相同的情况下，社会风险极化时媒体迅速占据风险优势并造成持续影响，危害较大。在图 12.8 中，参数 $a_{31}$ 捕获增长率为一个线性递减函数，也代表媒体的信息捕获能力越来越差，而政府的信息捕获能力一直未变。当时间处于 $t = 95$ 左右时官方媒体群体出现了一个新的增长，媒体群体的密度迅速下降，这种增长出现在社交信息捕获能力降低之后，即负面风险影响逐渐消退之后官方风险才能重新得到认可。

## 12.2　治理思路变化

有效治理灾难事件社会风险，首先要从治理政策上对治理思维和治理路径进行优化[547]。治理思路为先树立治理目标，再寻找破题对策，解放思维，借鉴经验，创新方法，通过转变治理思路、融合治理手段和创新治理机制等方式，来推动灾难事件社会风险得到有效治理。

### 12.2.1　转变治理思路

信息治理是防控社会风险的关键。在风险识别、评估、决策，以及风险处置、风险修复等每一个环节，信息传递、沟通与协商都是风险治理的核心难题。治理思路需要由封闭转向开放、压制转向协商、救火转向引导。

1. 封闭转向开放

研究表明，灾难事件发生后，公众信息需求量显著增加，且表现出高度的敏感性，即信息需求随着灾难事件爆发而爆发，随着事件得到控制而逐渐消减[548]。现代信息科技建立了政府与公众的信息沟通机制，政府相关部门通过权威发布等方式，及时在网上公布事件进展信息，使得公众在最关注灾情、最渴求信息时，能更快速、更准确地接收到官方信息，了解灾难事件的客观实情和发展动态，从而避免被网络媒体释放的庞杂信息冲击、牵引，形成网络社会风险。

政府利用网络技术构建与公众沟通的平台，开拓公众与政府的沟通渠道，公众可以通过网络平台参与公共事务讨论，政府与公众的互动可更加便利，信息互通就更加频繁。基于平等的互联网环境，所有社会成员都能参与到公共事务中来，积极表达意见和诉求，这对于网络风险防范和疏导起到积极的影响。在网络社会风险治理过程中，政府不应该光靠删帖、禁言、封号等传统方式进行"硬管控"，这会激起网民更加强烈的不满，引发更大的网络危机，而应利用网络平台主动开放信息，以"法治"和"善治"的思维，综合开展"软约束"。

根据《中华人民共和国网络安全法》等法律规定，主动拓宽网民表达意见的渠道，营造宽松自由的网络环境，构建健康、有序、规范的互联网法治体系。然而，对于灾难事件发生后某些自媒体在网上造谣、传谣的行为，甚至散播危害社会稳定发展的言论，必须追究其法律责任，予以严厉惩处，引导普通网民通过理性的方式参与网络活动、表达个人诉求，而不会成为不良媒体、不法分子造谣传谣的"无知帮凶"。同时，公众网络素养的高低决定了其网络参与行为的质量高低。通过普及网络知识，延展网络到达空间，增加网民数量，提高公众网络素质水平，从而加强公众通过网络参与公共事务管理的能力，降低参与制造和加剧网络社会风险的可能。

2. 压制转向协商

我国社会风险治理更是承接了"网络工具说"的理念，即普遍认为网络是一种媒体和工具，其主要职责之一就是进行信息传递，人们在网络中所表现的行为都是对于现实社会的一种延伸和拓宽，政府是单一的行政管理主体。这种强烈的传播媒介意识认为，信息一旦传播了就被扩散，信息一旦消除了就被化解，故在实践中大量地采用删、堵、封、瞒、拖等方式开展治理。

改变过去压制的惯用思维方式，对风险采取压制手段，是网络空间未形成气候之前，以及目前一些偏远地区治理风险采取的手段，同时也是激化和扩大风险的一种手段。当公众利益诉求遭到压制得不到满足时，网络就为公众提供了宣泄的平台。这种诉求一旦通过网络平台被表达，势必会以网络风险的形式让风险治理者重新审视公众诉求。在网络社会和大数据背景下，通过权力施威不再是一种治理风险的手段，虽然它从来都不是。因此，需要风险治理者转变观念和态度，从自上而下的管制模式转换为平等交互的协商模式。

建立协商模式以后，突破现有理念中"重应对、轻管理"的误区和"重权利、轻技术"的倾向[549]，运用大数据手段分析风险公众行为数据、风险主体关系网络等，为处理社会风险提供条件。风险治理应是各利益主体之间的博弈，通过协商建立一项各利益方满意的解决策略。通过大数据风险研究，一方面，可以帮助政府更好地把握社情民意和社会心态；另一方面，促进企业、社会组织、公众、媒体等多元主体更好地利用数据进行科学决策、理性参与[550]。只有这样，基于互联网的大数据才可以为公共政策议程提供新的问题，也为政策制定、政策执行和政策评价提供新的方法。

3. 救火转向引导

目前，政府和媒体等应对风险采用的都是救火的手段，风险出现以后，采用各种手段平复、消解风险，但是很多时候适得其反，并没有达到很好的治理效果。究其原因是救火的方向有可能并不是应对风险所追求的。随着互联网的发展，网络等新媒体成为公众意见表达和利益诉求的主要手段之一，对于一些事件更是形成了"大闹大解决、小闹小解决、不闹不解决"的错误认知，也出现过以牺牲生命换取关注等悲剧事件。

主动互动取代消极回避。要想从根本上化解突发事件中的网络社会风险，最终还必须依赖于构建公共权力机构与社会公众之间的良性沟通渠道。英国学者迈克尔·里杰斯特曾经指出，"只有进行有效的传播管理，才能进行有效的危机管理"，强调良性的沟通渠道是化解社会危机的基础。良性沟通渠道有利于政府及时倾听公众的呼声，了解公众的需求和对各种事件、决策的认识和评价，提高决策的合理性和可行性，还能够消除社会公众与权力机构之间的隔阂，增进社会公众对权力机构的理解和信任，有利于社会风险的化解[551]。构建良好的沟通平台，是化解突发事件社会风险的根本途径[552]。

在大数据时代，大数据是风险生产的信息环境。当灾难事件发生以后，大量的言论汇集在一起，为风险的生成提供了沃土。随着言论不断积聚，慢慢发酵，风险得以形成。社会风险一旦演变成群体性危机，使群体性危机呈现"互联网＋"特点，就会加剧潜在的社会问题和矛盾的发生。同时，人们应对风险的能力也已经发生质的变化，大数据为治理风险提供了数据。当风险的数量不断增加，我们可以利用数据挖掘手段对这些风险信息进行挖掘、处理，从大量的风险信息中找到隐含的、未知的、有价值的信息，通过数据可视化手段，将每一个数据项作为单元元素进行成像，从数据图像中进行观察和分析风险的重点及所要表达的诉求等，进而从中找到治理风险的方法和策略。因此，政府需要积极探索对社会风险信息与危机的分析和研判，创新收集社会风险信息的方法，遵循有效性、连续性和详尽性的原则，不断创新和完善互联网信息处理技术，为政府收集社会风险信息提供坚实的技术条件[553]。通过大数据分析风险，及时有效感知社会心理态势，确定公众需求，从而能够及时确定政策制定和服务方向，然后根据公众诉求进行有针对性的引导。从风险诉求出发的引导，能够有效解决风险的焦点和核心问题，减少风险诉求者的抵触情绪。

### 12.2.2　融合治理手段

大数据、云计算、移动互联网技术深刻影响着生产方式的变革和人们的社会生活，也为灾难事件信息传播开辟了新的空间。灾难事件新闻传播的实时网络化、迅速扩散化，要求采取传统媒体融合新型媒体、依法治理结合情感治理、规范权力兼顾保护权利等融合治理手段。

1. 传统媒体融合新型媒体

目前，社会风险新闻媒介已经发展成为直接催生我国网络新闻风险和各类新闻灾难事件的重要传播渠道和传播载体，并且已经发展成为我国网络新闻风险的传播发酵主阵地。2019 年 1 月 25 日，中共中央政治局在人民日报社就全媒体时代和媒体融合发展举行第十二次集体学习。中共中央总书记习近平主持学习并发表重要讲话。他指出，"推动媒体融合发展、建设全媒体就成为我们面临的一项紧迫课题"，"要统筹处理好传统媒体和新兴媒体、中央媒体和地方媒体、主流媒体和商业平台、大众化媒体和专业性媒体的关系，不能搞'一刀切'、'一个样'。要形成资源集约、结构合理、差异发展、协同高效的全媒体传播体系"①。这无疑为新媒体传播时代我们治理社会风险提供了一剂良方。

社交媒体成为公众获取实时信息、政府展开危机沟通的重要工具和主要渠道[554]。由于社交媒体的可接近性、低成本，任何人都可以借由社交媒体获得危机事件信息。社交媒体还可以通过风险信息交换、权威信息发布，有效缓解公众的紧张、恐慌情绪，减少社会的不稳定因素。政府本身也是社交媒体上的活跃主体。在重大灾难事件发生后，我国中央和地方政府、主流媒体充分利用客户端、官方微信公众号和微博、短视频号等渠道及时向公众发布权威信息，使社交媒体成为政府与公众进行沟通的主渠道。这种借由社交媒体的沟通，拉近了政府与公众的距离，为政府及时澄清各种虚假、错误信息，与公众展开友好、开放的交流提供了重要条件，公众的恐慌情绪得以缓解，政府的公信力也不断得以提升。

社交媒体的兴起为社会风险治理带来了新的契机。经过十几年的迅猛发展，社交媒体在全球很多国家拥有极高的普及率和渗透率，大型平台动辄上亿用户，甚至是十几亿、二十几亿用户。社交媒体的本质是用户创作内容，最初仅是普通公众相互之间交流信息、分享日常、表达意见的一个园地，随着社交媒体用户规模和影响力的不断扩大，各种机构和不同背景的人士开始入驻社交平台。现在的社交媒体已经聚集起包括政府机构、专业媒体、商业公司、民间团体、普通个人等在内的形形色色的用户，社交媒体也已经成为各类主体信息发布、沟通交流、协商合作、平等竞争的平台。因此，社交媒体本身就是多元主体参与风险治理的重要渠道。社交媒体本身的传播特点也为参与社会风险治理提供了新的机遇。与传统媒体相比，社交媒体具备低廉、快捷、强互动、个性化的特点，已经成为普通公众日常交流和信息获取最直接、最便利的途径。人们已经习惯于将所闻、所见、所经历的事件第一时间发表于社交媒体，遇到紧急、突发情况，人们也常常在第一时间通过社交媒体进行求助。随着社交应用的广泛普及，社交媒体的信息触角可以触及社会每一个细微的角落，又由于时时在线，各类信息可以随时公布、发表，不受时间所限。现代社会风险的发生往往具有突发性和分散性，风险信息也总是掌握在分散的、不特定的个体手中，社交媒体的传播特点为人们报告风险、沟通信息，进而采取风险防控行动提供了极大的便利。

媒体融合不能是简单的"1+1=2"，而必须在制度融合、产业融合与业务融合上下功夫，最大限度地发挥传统媒体和新兴媒体各自优势，发扬优势，补齐短板，联合共振，相得益彰[553]。媒体融合不是传统媒体和新兴媒体简单的量的叠加，而是质的升华，是建立在新的理念、机制基础上的内容、渠道、平台、经营、管理等方面的深度融合，只有发生"化学反应"，才能实现内容生产效率和媒体影响力的双重提升[555]。

2. 依法治理结合情感治理

要化解社会风险带来的各种危害，政府要依法治理。依法治国是党领导人民治理国家的基本方略，也是政府治理社会风险的底线和根本原则。由于网络社会充斥着各种虚假信息，具有十分强大的社会危害性，如果不及时控制将会不可避免地导致网络暴力的发生，冲击正常的社会生活秩序。只有通过法律手段依法对谣言的制造者和散播者进行惩戒，才能有效地维持正常的网络秩序。值得注意的是，依法治理原则意味着要以国家法律法规为依据和准绳，厘清惩戒网络谣言和保护公民言论自由、风险

---

① 习近平：加快推动媒体融合发展　构建全媒体传播格局. http://www.gov.cn/xinwen/2019-03/15/content_5374027.htm，2019-03-15

监督权之间的边界。既要及时和有针对性地惩罚那些恶意散布谣言、发布虚假信息、诬陷他人、危害国家公共安全和公共利益的行为，也要切实保障公众合法的言论自由权、知情权和监督权。

另外，政府应对社会风险也要注重应用情感治理的手段和方式。积极的情感是公众参与危机治理的先决条件。较高的风险认知可以激发积极主动的行为，但沮丧、恐慌等情感因素则会影响信息的传播，对风险沟通和建议行动产生阻力，这时就需要危机沟通[556]。一方面，政府通过社交媒体挖掘并满足公众的信息需求可以化解公众的恐慌和焦虑情绪；另一方面，政府、媒体通过舆论的积极引导也能显著改善公众情绪。政府对网络不实信息干预的方式表现为通过摆事实、讲道理、列数据实现对群情、民情的回应。这种属于"晓之以理"范畴的治理方式虽有其合理性，但从实际成效来看，应然和实然之间却并未实现统一。政府正是因为把过多的治理重心放在"晓之以理"上，忽略了"动之以情"的同等重要性，缺乏沟通和引导的舆情治理，故无法实现公众的"参与感"与"被尊重感"。

政府应把情感建设引入灾难事件社会风险治理。情感建设是指政府部门通过与公众之间的沟通、交流等方式，建立一种以感情为基础的良好互动关系，这种关系是信任产生的基础。舆情建设以"要以人民群众利益为重、以人民群众期盼为念，着力解决好人民最关心最直接最现实的利益问题"为主要任务和着力点，这就意味着公众是影响社交媒体舆情治理效果的关键因素之一。对社交媒体舆情的治理过程实质上是对公众诉求的满足过程。公众诉求的满足与否，直接决定了舆情风险的发展趋势和风险强弱。由于舆情本就是公众情感的一种符号叙事体现，而"情感是人类行为的调整器"，正是这种情感动力对人的行为产生着显性或是隐性的影响，即人们依赖于自身情绪所提供的信息做出快速的判断，同时也根据对他人流露出的情绪进行解码获得信息。

### 3. 规范权力兼顾保护权利

亨廷顿提出了"政治参与/政治制度化=政治动乱"的著名公式[557]。他认为，政治参与意愿和政治制度化程度之间的相对关系决定了政治稳定与否。社交媒体使公众参与具有媒体驱动型的鲜明特点，公众可以多渠道、多平台发声，与政府形成互动，从而实现对政治行为的影响，自此围观式政治参与热情高涨。但其弊端也逐渐凸显，零成本准入门槛和把关人制度的缺失，使得重大公共事件突发时，众声齐发，谣言四起，"劣币驱逐良币"，真相扑朔迷离，这就对社交媒体舆情治理提出了更大的挑战。

大众传媒通过议程设置影响着公众"想什么"和"怎么想"，并形成"媒介议程→公众议程→政府议程"的议程流向。具体而言就是公众早已对通过社交媒体获取信息产生了极大依赖，那么在某种特定目的的支配下，平台就会对所传递的信息进行针对性取舍，把经过目的性加工的信息传递给公众，所传递的信息中，尤其是负面信息特别容易被公众接收，因为负面信息可以激发恐惧、厌恶、惊奇等情绪，人们更乐意分享和传播负面信息[379]。一旦这些消息成为公众热烈讨论的议题，公众的议程就会影响政府的议程。

遵循效率优先原则，在政府力量主导性强化之下，采取诸如技术屏蔽、封号、删帖、降热搜等舆情干预手段直接抑制社交媒体舆情快速升温成为首选，但相应带来的难题就是如何把握"过"与"不及"之间的平衡。过度删帖、过度强调监管和人治、参与治理人员素质参差等问题难以避免，也易激发公众的对立情绪，从而使得政府的公正性和客观性大打折扣。

政府在引导社会风险的过程中要尊重社会风险传播的规律和特征，丰富传播载体和途径，如依托各种媒体和政府网站来优化社会风险传播效果，要灵活地运用官方网站与公众进行沟通和交流，还要及时披露和公布信息，打造官方风险场，理性地对待各种社会难点、热点问题，保证所发布信息的权威性。防范社会风险需要充分发挥传统媒体（如电视、广播、报刊等）的作用，可以尝试连接其他网络媒体，打造多元化的新媒体服务，如微博、社交网站、博客、论坛、网站，拉近政府、网民之间的距离；围绕网络热点话题，设置相应的议程，或是精心策划新闻内容，保证报告的深度，这样才能避免社会风险朝着不可控的方向发展。

### 12.2.3 创新治理机制

多元主体参与灾难事件社会风险治理，既是面对灾难事件公共性和扩散性的现实要求，也是未来社会治理的发展方向，这同样意味着危机状态需要重塑社会治理格局及各主体间的关系。协同理念的树立有助于危机状态下实现对社会秩序的引导，减少灾难事件引发的混乱对正常社会秩序的干扰，缩短社会秩序恢复正常化的时间。

1. 建立合作互动治理机制

建立政府、媒体、网民之间的合作互动关系，加快主体间资源整合和信息共享，促进整体功能的发挥。第一，促进政府与媒体的合作。建立"官方网站—主流媒体—新兴媒体"的传播格局。优化政府官方网站，第一时间通过官方网站公布舆情事件相关信息，并根据事态发展分阶段连续发布，最大限度挤压谣言空间。政府要联合主流媒体和新兴媒体，对关注度较高的问题提前做好内容选题策划，回应民众关切。第二，加强政府与网民的对话互动。培育一批素质高的网络大 V 和网评员，他们对事件的理性思考与积极发声，可以使正面声音占据主导地位、负面声音陷入沉默。政府自身也应加强与网民的对话和协商，主动充当网络大 V，科学巧妙地设置议题，以政府议程引导网民议程。第三，加强媒体与网民的互动交流。媒体要主动发声，积极介入，避免"失语"和"缺位"。抓住社会公众的聚焦点，通过专业分析引导网民理性看待事件及事件背后的社会问题。媒体在与网民互动时，应掌握沟通技巧，采用网民听得懂的语言，增强网民的情感认同和对信息的接收能力。同时，媒体有义务监督网民言行，把好审核关口，积极引导网民文明理性地参与讨论。

2. 构建风险信息传播机制

通过积聚海量用户，社交媒体已经成为政府、企业、民间社团及普通个人交换信息、展示观点、协商对话的重要平台，是多元治理的重要载体。网络对于上达民意、公开投诉、风险监管、参政议政等方面的作用日益明显、愈发重要。应规范社交媒体上的网络言论，构建一套公开、透明的风险信息传播机制。政府应当及时发布权威信息，快速、准确地回应民众对真实信息的需求。主流媒体应当利用专业优势，对风险进行客观、真实、准确、深入的报道和解读。更重要的是，平台应当主动承担起辟谣、打击网络暴力的社会责任，借助数据、资源、技术等方面的管理优势，严格审查信息，建立起有效的辟谣机制，利用算法重点推送权威、科学的风险治理信息，做好平台信息内容管理。这一整套机制既能够保障公民的知情权、表达权，也可以从根本上满足公众对风险信息的需求，清除网络谣言、网络暴力生存的土壤。

3. 构建善后考核评估机制

风险的善后工作关系到社会公众对政府部门的信任度，良好的善后能够在很大程度上避免风险危机的反复。风险事件发生之后，要系统地分析和评估事件的起因、经过，以及相关的预案和处理对策，还要挖掘事件潜藏的原因，从能力、法律、机制、政策等角度去探究问题，这样才能降低同类事件出现的概率。社会风险管理是一个漫长且复杂的过程，随着经济社会条件的变化，其各个方面也会悄然发生变化，这就要求我们时刻谨记科学治理的重要性，以建立完善的法治体系和政策为基础，以建立权责明确的职能部门和组织为依托、以整合社会力量为辅助，以多元的信息技术手段和方式为依托来开展互联网风险治理工作，充分发挥大数据技术的价值，在治理期间实现法、理、情的高度融合，把大数据的分析与社会风险治理主体的各种自身实践和经验融入整个社区治理过程中，既要广泛运用网络大数据服务于社会风险治理，又要始终维护好大数据在社会风险治理的使用和决策中所存在的必然张力，这样才能引导风险朝着公正、客观、积极、向上的方向发展，肃清网络中的不良因素。

## 12.3 治理策略优化

灾难事件社会风险治理需要由政府、媒体、公众等治理主体通过合作互动来共同完成。建立协同治理主体合作关系网络，充分整合各方力量，形成以政府为主导、多主体交互的模式，实现各主体之间资源共享，达到"1＋1＞2"的协同治理效果。从风险治理主体看，"政府—媒体—公众"博弈过程不尽相同，不同层级政府、不同属性媒体、不同类型公众扮演不同角色；从风险治理阶段看，灾前、灾中、灾后风险治理要素不同。从"多元多层多阶"融合视角搭建风险治理体系，如图12.9所示。"多元多层多阶"治理，探究国家和地区、跨地区、跨部门联动治理机制，中央、地方等官方媒体和非官方媒体协同配合机制，网络大V与普通公众协调参与机制，以精准治理风险。

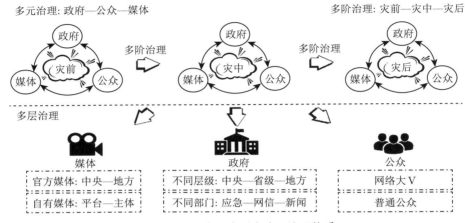

图 12.9    "多元多层多阶"治理体系

### 12.3.1    多元主体协同治理

多元治理，是"政府—媒体—公众"多主体共同参与。现代社会中的灾难事件社会风险具有高度分散性、突发性，不可知、不可控，行政机构无法预测和控制风险，也无法单独有效处理风险。政府需考虑到风险信息的传播效果，构建行之有效的信息沟通渠道；媒体应真实、公允地进行新闻报道，成为在风险传播中的重要信息源；公众要提升个人数字化能力，主动筛取信息获取渠道，从多种路径理性地辨识和采纳信息，避免在风险社会中处于信息弱势地位。在互联网和大数据的新时代环境下，探索三大主体协同联动、共同参与的风险治理模式，构建"政府主导—媒体自治—公众参与"的灾难事件社会风险治理新机制，达到"政府勤辟谣、媒体不传谣、公众不信谣"的目的。

1. 协同治理的主体契合

实现协同效应的有效多元组织结构不是各个主体的简单线性加总，而是各部门实现多主体、多目标、多层级、多环节的有效协同，实现各个主体行动目标和行动资源的有机契合，促进内外部资源的融合共生协作，从而使各主体行动资源更好地支持协同行动目标的实现。

（1）沟通：契合的前提。风险治理工作本质上就是政府与媒体、公众以网络渠道作为传播载体和媒介而开展的社会性沟通活动。网络媒体风险中的协同治理必须能够具有一定的主体契合性。风险主体在其具有相对契合的意志和共同治理目标后，通过与风险主体之间的相互交流和沟通，发挥各自优势，采取积极行动，实现对灾难事件社会风险的综合治理。政府、媒体和公众之间唯有增强双向、对称的沟通，才能够有效地化解社会风险危机，真正地解决社会风险的问题。

（2）共识：契合的基础。有效的风险治理有赖于风险共识的达成。风险防控需要形成风险共识，采取共同的风险防治行动。在灾难事件社会风险的形成、发展和应对过程中，社交平台为各方提供了充分展示不同意见、诉求、态度的机会，构建了不同主体平等对话、交流，甚至是竞争、辩论的平台，使不同信息、观点得以充分呈现，有助于促成风险共识的达成，并带动共同的风险防控行动。政府也可以通过及时关注社交媒体上的言论动向，正确引导网民，促成风险共识。

（3）伙伴：契合的达成。协同治理应该是在平等地位上开展的协商共建、协同行动的合作伙伴关系，达成这种关系的关键在于参与危机协同的各方有着清晰一致的治理目标，即消弭社会危机，维护和发展公共利益。主体间合作伙伴关系的达成是危机协同集体行动持续正向开展的基础和保障，良好的伙伴关系可以在很大程度上防范、消解主体间的冲突，保障集体行动的持续进行。同时，清晰有效的协同目标也是对参与各方功能效用的界定，有助于危机协同治理体系内部结构的有序化。

2. 治理主体的协同行动

行动是多元协同治理的核心环节，是多元主体达成风险治理目标的关键一步。结合协同机理和行动实践的双重角度，以资源为行动支撑、信任为行动基础、规则为行动保障、信息为行动依据，协同治理灾难事件社会风险[558]。

（1）资源：行动的支撑。公共危机事件给社会带来的严重影响多数是源于短时间内的物资挤兑，风险社会中的危机相较以往更具突然性和严重性，短时间内消耗的资源数量相较于传统社会也呈指数型增长，保证应急资源的持续有效供给和区域均衡调配就成了决定危机治理效果的关键要素。资源的本质是一切可利用的物质形态的总和，但公共危机治理中需要的资源围于危机类型和特征呈现出更细致的专业导向，如公共卫生危机中更需要医疗资源，经济危机中更依赖金融资源等。在高度专业化的现代社会，精细的社会分工使得不同主体掌握了不同类型的资源，呈现出明显的技术化和知识化特征，这就形成了资源的两个维度——通用性物质资源和专业化、知识化的特定资源。当具有强烈外部性的公共危机显现时资源就成为集体行动的基础，掌握不同资源的主体就结成了协同治理的行动架构。同时，自身所拥有的资源数量和资源类型也在一定程度上决定了各主体在危机协同治理的行动架构中的地位和角色。

（2）信任：行动的基础。从实践角度来看，公共危机协同治理就是在危机状态下基于相互信任的多元主体之间开展的集体行动的总和。在多元主体的集体行动中任何一方都无法达成或保持绝对的理性公共利益的实现，也极易受到情感、文化和个体利益的影响。因此，主体间信任网络的存在就成为集体行动达成的决定因素。信任是基于共同价值认知的双方或多方间相信而敢于托付的关系，是协同治理的行动架构中权力让渡和资源整合得以实现的基础。当主体间的信任关系交叉形成网络时，信任就成为协同治理体系的精神支撑和行为驱动力。当然这种信任关系并非一成不变，它会随着治理进程的深入而动态变化，协同体系中的权威分布和社会运行中的舆论引导就是信任关系动态变化的推手。

（3）规则：行动的保障。公共危机事件造成社会紧急状态的原因是短时间内风险的大量转化破坏了原有的社会秩序和社会结构，即常态治理的规则被打破了。因此，在危机状态下我们需要一个新的且为大家所公认的社会治理规则。协同治理是一种集体行为，在某种程度上说，协同治理过程也就是各种行为主体都认可的行动规则的制定过程。从协同治理理论出发，集体行动的规则是利益相关主体在平等基础上共同制定、共同认可和共同遵守的行为规范，这种规范一经推出就会成为协同行动的原则和导向。从具体形式上看，这种规则具有协议、组织、法律等多个层次，在不同维度上对协同治理的行动做出了规定。同时，协同规则的制定不仅是对多元主体协作关系的保障，更是公共危机治理中集体行动合法性、正当性的保证。

（4）信息：行动的依据。公共危机事件的一个主要特征就是强烈的不确定性，要想更快速、有效地管控危机，最关键的因素就是获取和共享信息，因为信息的增多意味着确定性的增加。在风险社会中正确识别风险和风险转化是危机预警的关键，而信息的充分程度则决定了这种识别成功的概率。在危机协同治理的行动架构中，信息要素具有知识共享、信息公开和沟通交流三大功能。首先，危机的多样性使得具备专业知识的群体能够更准确地识别和获取信息，但限于资源和能力，知识群体并不总是具体行动的制定者，要影响其他主体的行为以达成共识，就需要通过知识共享的媒介；其次，社会公众的恐慌是加剧危机状态的主要原因，而信息公开是最好的镇静剂，同时在行动层面信息的公开更有利于加强全社会对危机协同治理行动的理解和支持；最后，协同治理体系内部各主体间同样需要以信息交换、传递的方式进行沟通、交流来达成对公共危机事件的共同认识以寻求行动层面的协调一致。

### 12.3.2　多层联动精准治理

灾难事件社会风险多元协同治理机制框架是政府、媒体和公众等多元异质性主体，基于大数据、区块链等现代信息技术形成的结构有序、富有弹性的自组织网络系统。多层治理，在政府角度，是中央、地方和基层等不同层级政府在治理中的联动机制；在媒体角度，是权威的中央、地方等官方媒体和门户网站、社交网络等非官方媒体的协同配合；在公众角度，是网络推手和普通公众的影响协调。网络空间易滋生和放大社会风险，需要政府、媒体和公众一体化协同应对。在这个协同治理机制框架中，政府是核心主体和中心节点，居于统筹协调的主导地位，先理顺各级政府之间的关系，再整合媒体和公众的力量。在灾难事件社会风险治理中，中央、地方和基层三级政府发挥各自不同的功能，做到职责明晰化、应对差异化。中央政府要对风险实行前瞻性把控，地方政府要对风险推行主动型化解，基层政府要对风险进行顶压式回应。

（1）中央政府：前瞻性把控。一是完善社会风险立法。我国社会风险治理相关法律法规体系不完善是多种原因导致的，因而需要从中央政府到地方政府层面都做出一定的回应并采取措施。在依法治国的基本方略下，利用法律规制社会风险是基本手段，运用规章治理网络空间是有效方法。针对网络虚假信息传播导致的社会风险，在国家网络安全战略上加强顶层设计，在社会风险法律体系上构建完善专门法律，通过健全制度加强舆论引导和风险规制。二是构建统一的信息化管理体制机制。由于一些管理机构缺乏权威及政府内部建构的信息系统具有分散、碎片化等特征，一些信息的输入需要耗费大量的人力，有些信息又涉及政府机密，我国在电子政务实践方面仍处于摸索阶段。近年来，国家加快研究制定大数据国家发展战略，尤其是2017年以来国家加快推进政务信息系统整合共享，促进中央部委各部门之间信息系统的互联互通，取得了突破性进展。三是建构社会风险监管标准。目前，社会风险监管工作中还不同程度地存在应对程序启动速度慢、信息采集分析效率低、监管部门协调难等问题，社会风险治理需要一套统一、科学、合理的操作标准。

（2）地方政府：主动型化解。一是夯实风险治理基础。社会风险治理是一项庞大的社会工程，需要大量的资金和人才进行配套，地方政府需要拓展资金来源和加大人才储备来保障社会风险治理力量。二是强化风险治理机制。社会风险从产生到爆发、扩散、消亡的生命周期中，是有规律可循的，地方政府作为社会风险治理的主要责任主体，需要建构一套完整的社会风险信息监控、研判、预警及应对联动机制，在社会风险发生之前、之时和之后，采取有针对性的处置措施。这种联动是建立在政府、媒体、公众三方对话基础上的，包括政府部门之间、政府和媒体之间、政府与公众之间、媒体与公众之间的联动等在内的风险引导体系。

（3）基层政府：顶压式回应。一是重视基层群众的利益诉求。一方面，要畅通基层群众的利益诉求表达渠道，尊重群众的意见和建议，积极搭建电子信箱、热线电话、网络留言等各种表达平台；另一方面，在日常的工作中，也要把维护基层群众的切身、合法权益作为出发点，要将维护群众的利益与促进当地经济社会发展结合起来。二是提高应对社会风险的敏感性。许多社会风险的爆发，都是基层政府工作人员的业务水平不高、风险意识不强导致的，在日常的群众工作中，深入了解群众的利益诉求，可以对社会风险养成敏锐的识别能力，防止社会风险的进一步演变、激化。三是完善社会风险信息的传达机制。需要改变基层政府工作人员的思想观念，不要认为隐瞒了社会风险信息有助于问题的解决，问题的解决恰恰需要上下级政府之间形成共同合作的协作机制。四是健全基层政府社会风险监管和问责机制。鼓励基层政府及时将辖区内的社会风险相关信息进行收集和分析，及时将社会风险报告传达给上级政府的相关部门，一旦出现基层政府传达社会风险信息不及时导致危机扩大和蔓延的情形，需要对相关负责人进行行政问责。

### 12.3.3　多阶衔接有效治理

多阶治理是在灾难事件发生全过程中，从事前、事中、事后的全生命周期，对自然、技术、人因三类灾难事件社会风险进行有效疏导。具体治理中，可以按风险的潜伏期、形成期、爆发期和消退期四个阶段，进行风险监测与预警、分析与研判、引导与回应、评估与问责。

1. 潜伏期：监测与预警

潜伏期的网络信息通常是零散性的内容，网民的关注度还比较低。如果能及时消解尚未形成的不实信息热点，平息速度会较快；如果应对不当，可能会起到相反的效果，使灾难事件社会风险进入形成期。提前建立监测预警机制，做好研判分析和正确引导，可以将灾难事件社会风险限制在可控范围内。

完善灾难信息监测和预警机制，第一时间发现和预警是做好后面每一步工作的前提。运用相关数据对灾难信息发酵的时间、地点、热度、网民关注点等进行收集并做好预警，可以为实体处置打开良好局面。灾难信息监测由政府部门联合媒体等专业机构，运用人工智能、大数据等技术，采用系统自动监测与人工监测相结合的方式，从大量的网络信息中筛选出有价值的信息。由于互联网存在许多不实信息，为确保信息正确，要加强分析鉴别，保证下一步风险分析的科学性。政府各系统之间、政府与媒体之间要加强信息资源的交流与共享，防止设置信息壁垒。同时，为保证灾难信息能够及时反馈预警，需建立全方位多功能的监测预警网络，使灾难信息治理变事发处置为事前预警。监测预警网络应由信息站、监测点、信息员组成，由信息员上报灾难信息，经过风险监测点整理，根据危害程度和影响程度以信息专报的形式分类向信息站进行反馈，信息站对灾难信息进行整体分析，及时掌握灾难信息动态并对危机进行预警。

2. 形成期：分析与研判

形成期的灾难信息关注者开始增多，媒体不断跟进报道，灾难事件的曝光度不断增加，更多专业信息出现，事件的全貌开始为公众所知。这一时期需要建立科学、规范、有力的分析与研判机制，制定科学合理的研判标准，及时准确把握灾难信息风险发展动向。

加强灾难信息风险分析研判是做好风险治理工作的重要保证。灾难信息分析主要是内容分析与比较分析，拥有第一手的材料非常重要。由于网络上的信息大都是经过加工的二手资料，这就需要有专门从事信息分析的机构进行分析与研判，政府也要寻求其他机构和组织的合作与帮助。灾难信息分析不能满足于粗浅层面的表象分析，要从全局出发进行整体把握，做到全面分析概括，在数量众多的灾难信息中进行对比，对灾难信息涉及领域的信息、网民反应进行整体研判分析，从单一的问题中找出具有共性的问题，挖掘出深层次的具有根本性的原因，提出应对灾难事件社会风险的建设性思路。同时，要从时间、地点、主体、报道、舆论反应等多重要素出发，建立完备精确的灾难事件社会风险研判分析系统，制定相应的研判分析标准。灾难信息研判不能只关注目前的信息状况，更为关键的是要能预判出灾难事件未来的发展方向，把握事件的核心内容，在风险传播演化周期中，找出风险信息的变化发展规律，及时采取应对措施。

3. 爆发期：引导与回应

爆发期的灾难信息传播热度通常很高，议题也更加多样，网民的意愿和诉求更加明朗。此时应以引导和回应为主，不可盲目进行堵截。灾难信息引导的效果往往会对实体处置效果产生直接作用。灾难信息如果能够被合理引导，网络舆论环境和氛围就会更好，线下处置才能得到社会公众的认可；反之，如果灾难信息引导不及时甚至出现失误，网上的批评就会增多，线下处置的进程也会受到很大影响，甚至爆发更大范围的事件。

完善灾难信息引导机制，需要完善网络传播议程，利用传统媒体优势，分阶段、分批次用权威、正面的议题主导舆论，主动并科学设置相关议题，把握灾难信息传播节奏。引入"互动–回应"机制，在政府与网民之间加强互动对话交流，对灾难事件反映的社情民意，从回应态度、时效、内容等方面实现与网民的零距离沟通。在回应过程中，要处理好传统媒体和新兴媒体的关系。传统媒体的权威性往往成为重大突发公共事件中政府回应的首要选择，但新兴媒体具有更高时效性，在具体回应工作中，可以发挥新兴媒体的灵活性，保证回应的时效性。灾难信息的回应媒体要根据灾难事件的影响范围进行选择，优先选择同级别的媒体，并根据传播范围进行调整，一旦在全国范围造成负面影响，就需要借助人民网、新华网等中央媒体进行回应，实现最大范围的传播，消解负面影响。

4. 消退期：评估与问责

消退期的灾难信息热度逐渐降低，风险程度也较小，但并不意味着事件本身的结束。如果问题未得到有效解决，仍有再次爆发的可能性。这一时期应加强评估与问责，进行形象修复与再塑造。完善评估与问责机制是灾难事件社会风险治理的必要步骤，不仅可以为政府部门提供决策依据，适时调整方向，还能发挥激励约束作用，让其他治理主体感受到灾难事件社会风险传播治理的重要性，引导责任主体提高实战能力。

（1）完善评估指标体系。指标体系应该关注灾难事件社会风险治理的方方面面，贯穿各个阶段，覆盖各类主体，将灾难信息的监测、收集、预警、研判、处置、反馈、总结等各环节都纳入指标体系。可以从传播热度和处置力度两个维度进行综合评价，传播热度主要评估灾难信息的传播演化态势；处置力度包括应对力、行动力和修复力，主要评估治理主体应对处置是否正确和有效。

（2）邀请第三方机构开展评估。引入第三方机构对各协同治理主体的表现情况进行评估，不仅可以缓解政府部门的风险治理工作压力，还可以充分发挥专业评估机构的资源与优势，保证评估效果的公平性和合理性，更具有说服力，便于相关工作的顺利推进。

（3）加强问责与总结。在对相关涉事部门应对能力进行评估后，要做到赏罚分明，对处置不力的要严肃问责，并公布处理情况，降低新的网络意见表达热度，恢复正常网络舆论秩序，避免灾难信息再生和社会矛盾激化。除了对政府部门进行问责外，对造谣生事的媒体和网民也要加大打击力度，以严厉打击杜绝此类行为。同时，总结应对策略和经验，建立专门的灾难信息应对案例数据库，为以后灾难信息风险协同治理提供参考。

## 12.4　风险智慧治理

智慧治理依托大数据、互联网、物联网、虚拟技术等现代信息技术，通过多元主体参与提升治理效能，是推进国家治理体系和治理能力现代化的有效路径，也是全面建设社会主义现代化国家的重要方面。

大数据时代灾难事件社会风险治理在上述几个维度的使命体现在：① 基于大数据技术，认识风险形成、发展、衰退、转移/转化/转换，到突变致灾的演化机理、传播路径及其产生的作用；② 借助大数据技术，监测和认识承险载体在风险产生的物质、能量和信息等作用下的实时状态及变化趋势导致的本体和功能性破坏，以及可能诱发的次生衍生风险和事件；③ 运用大数据技术，掌握如何有效地识别管控介入点、工具、方法、路径和方案，从而减少/预防风险和公共安全事件的发生，弱化其影响后果。增强承险系统的韧性，阻断或破坏风险链/网，进而减少经济、社会和环境损失。

灾难事件社会风险的智慧治理框架如图12.10所示。该框架的主要理念为：基于物联网和大数据等技术将客体进行物化或数字特征化，将风险治理客体端积累的作业大数据传送至智慧大数据平台，以期辅助治理主体制定决策。政府、媒体、公众等灾难事件社会风险治理主体运用智慧大数据服务于平台和治理客体。风险智慧治理的环境是智慧社会、技术用数字技术、动力靠多维驱动。

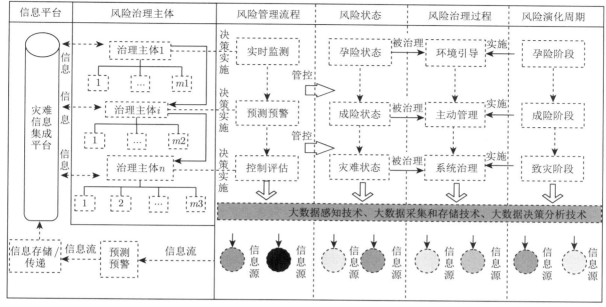

图 12.10　灾难事件社会风险的智慧治理框架[559]

### 12.4.1　智慧社会

2018 年 12 月,《人民日报》邀请多位智慧城市领域学者、专家探讨"如何建设智慧社会"。大家指出智慧社会是对我国信息社会发展前景的前瞻性概括, 智慧社会建设是我国在新时代以信息化推动经济社会发展的战略性部署, 其出发点和落脚点都是更好地满足人民群众日益增长的美好生活需要。《中华人民共和国国民经济和社会发展第十四个五年规划和 2035 年远景目标纲要》提到"信息化""数字化""人工智能"等多个与智慧社会密切相关的领域, 表明"十四五"期间我国将向智慧社会全面转型迈出切实的步伐。智慧社会下智能化风险防控体系将大幅提升风险治理效能, 消除或降低地质灾害、消防灭火、安全生产等现有安全风险源的危险性, 但其建设过程也面临着系统脆弱、制度缺位、人机脱节等全新安全风险。极端情况下的系统瘫痪乃至崩溃, 更可能危害政治稳定、危及社会安定, 甚至威胁国家安全。研究构建智慧社会安全风险治理体系, 是高质量建设智慧社会的强力支撑和重要保障。

依据马克思社会有机体理论, 智慧社会可被视为一个善感知、会思考、可进化的社会有机类人体, 以大数据、区块链、物联网、人工智能等前沿技术为骨骼, 以市场规则、标准体系、政策法规体系等制度环境为神经, 以智慧政务、智慧医疗、智慧教育等应用场景为器官, 数据作为血液在其中循环流动、协同联通。重大技术革新势必推动社会形态变革, 对人类社会安全的挑战是根本性的、深层次的、颠覆性的, 传统的预防式、碎片化、经验性的风险治理范式已然失效, 治理范式变革成为智慧社会建设亟须完成的重要任务。基于马克思社会有机体理论、贝克和吉登斯的风险社会理论, 综合运用管理学、社会学等学科理论与方法, 研究智慧社会有机体的系统形构, 剖析安全风险在有机系统中的演化机理, 提出智慧社会有机体安全风险"合和式"治理范式, 通过社会治理共同体实现对智慧社会有机体的社会风险治理。智慧社会有机体结构如图 12.11 所示。

智慧治理在给社会治理提质升级的同时, 也面临诸多风险挑战[560]。

"系统脆弱"的风险, 主要指智慧治理网络系统存在不确定性的风险。规避"系统脆弱"的风险需要加强智慧治理的顶层设计, 增强系统抵抗风险的敏感度, 加大共生"系统"治理弹性, 特别是要不断探寻更加有效、迅捷的智慧治理网络"系统"应急管控机制。

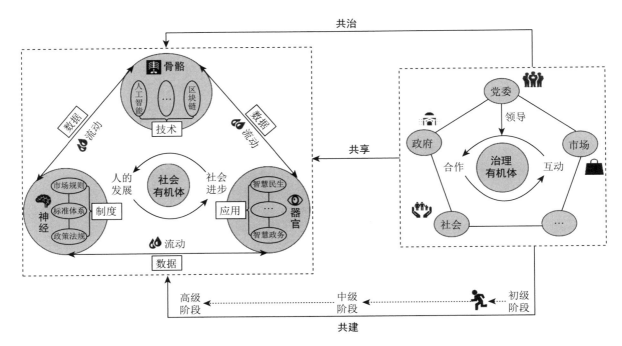

图 12.11　智慧社会有机体结构

　　"信息安全"的风险，主要指智慧治理仍然存在数据泄露的风险。大数据时代，保障"信息安全"更重要的是靠制度、法律的逐步健全，特别是人的自我约束。为此，要设立并完善数据使用的技术安全屏障，以保障数据使用的安全性；要建立并不断完善信息搜集、使用、挖掘等相关信息安全制度与法规；要不断提高人的素质，从根本上保障信息安全。

　　"数字鸿沟"的风险，主要指智慧治理可能使未曾拥有信息技术工具的人既不能享受智慧治理的便捷，也不能参与智慧治理活动。规避"数字鸿沟"的风险，一是要创新多元主体参与的网络平台，建立一个总体完备、彼此兼容的网络系统；二是要循序渐进地推进智慧治理的数字化进程，用传统的治理方式服务特殊人群，用现代的治理方式推进智慧治理进程，实现"线上"与"线下"联动、传统与现代互补的治理模式；三是要以多种形式提升公务人员"执网能力"，提升公民网络素养，从根本上填平"数字鸿沟"。

　　"算法至上"的风险，主要指智慧治理网络可能形成对一系列计算机算法的过度依赖。"算法至上"是一种思维定式，即将所有问题都归为数据逻辑问题，从数据分析到问题预测，都追求"算法至上"，使人沦为数据的工具。规避"算法至上"的风险需要增加多个分析与预测的方法和维度，增强数据使用、分析的准确性和科学性。

　　"伦理缺位"的风险，主要指智慧治理过程中可能出现价值理性弱化、缺少人文关怀的风险。规避"伦理缺位"的风险，需要坚守治理的核心是人。在道德、法律、技术等方面不断提升治理水平，坚守"以人为本"才可能处理好由复杂人群组成的社会有机体中出现的问题，实现"善智"与"善治"的统一。

　　"舆情波动"的风险，主要指智慧治理的信息公开与共享可能会引起社会舆情变化，甚至引发"蝴蝶效应"，影响社会和谐。规避"舆情波动"的风险，需要对网络评论者展开必要的数据挖掘并加以情感分类和计算，建立网络舆情波动监控机制，以有效引导网络舆情，促进社会和谐发展，提高治理效能。

### 12.4.2　数字技术

随着移动互联网、物联网、云计算等信息技术的飞速发展，人类悄然进入了大数据时代。在这一时代背景下，要建立健全大数据辅助科学决策和社会治理的机制，推进政府管理和社会治理模式创新，实现政府决策科学化、社会治理精准化、公共服务高效化[561]。在风险大数据的各个领域，掌握并运用好这些大数据，可以为灾难事件社会风险治理工作提供保障，防范并化解各个领域的重大风险，而且还可以提高社会服务的水平和效率，促进国家治理体系和社会治理功能的现代化。

政府部门在日常运行中，存在着大量将数字技术应用于国家治理的需求。例如，构建网络空间命运共同体，推动网络空间国际治理朝着更加公正合理的方向发展；推动城市治理的科学化、精细化、智能化；让信息成为国家治理的重要依据；进一步完善和健全大数据辅助科学决策和社会治理的机制；推进政府管理和社会治理模式创新，实现决策科学化、社会治理精准化、公共服务高效化。同时，互联网、移动应用程序、社交媒体、技术和组织网络、物联网等数字空间已经成为政府治理的重要场景，数据、算力、算法更是成为政府治理的关键要素。因此，政府迫切需要解决内部和外部治理体系不协调、治理精细化水平不高等问题，建设全面合理、互相协调的智慧治理体系。

面对这种情况，政府必须积极运用数字技术，建设智慧治理平台，通过智慧大脑实现多重数字治理体系的联通与协作，通过智慧政府云实现数据的高效安全传输和算力支持，通过智慧媒体实现治理单元在智慧治理平台上的公共服务生产与提供、公共服务使用与反馈及各个单元的交流互动，从而推进国家治理体系和治理能力现代化。

具体来说，一方面，作为智慧治理平台操作控制枢纽的智慧大脑，将基于 5G、物联网、传感器等获得超大规模神经元网络和云反射弧，通过海量接入设备实现声音、图像、压力、湿度、定位信息等物理数据的收集与基本处理，以及情绪、态度、表情、倾向、兴趣等情感行为数据的识别、收集，将人、物、系统的活动高度信息化、数字化，实现各个系统之间的配合协作。另一方面，作为智慧治理平台动力支持的政府智慧云，将通过人工智能、云计算、大数据、区块链等技术，实现对人、物、系统活动数据的传输、存储、运算和分析，挖掘数据中的价值、信息和知识，完成从数据向信息、知识的转化，赋能政府治理，为政府治理活动提供信息的存储、提取、传输支持、算力支持、连接支持和智力支持。同时，智慧媒体起着沟通国家治理各个单元的作用。智慧媒体建立在全程媒体、全息媒体、全员媒体、全效媒体的全媒体基础上，它是接触智慧治理平台的入口，一切服务内容都将搭载在智慧媒体上，通过一系列先进技术方案实现政府治理能力、公共服务、政务服务等的全面立体提供和使用。同时，它将促进治理主体之间的沟通、治理主体和治理对象的沟通及治理对象间的沟通。

### 12.4.3　多维驱动

智慧治理作为一项时代命题，必然有着深刻的动力因素支撑。政府驱动、技术驱动、市场驱动、社会驱动等，是当前建设智慧治理的几种主要的动力机制。

1. 政府驱动

政府在智慧治理中发挥着引导和协调作用，除了投入大量的人力、物力之外，更是从顶层设计的制度保障层面构建智慧治理运作的基本环境，从而有效地促进智慧治理的绩效提升。在制度设计方面，2015 年国务院发布《关于积极推进"互联网＋"行动的指导意见》，强调推行互联网＋社会治理的实践行动，切实提升政府数据治理绩效①。2017 年，《信息通信行业发展规划》《新一代人工智能发展规划》《推进互联网协议第六版（IPv6）规模部署行动计划》等政策文件陆续出台，引导新一代信息技术与经济社会各领域深度融合，加快网络基础设施改造，加强网络安全能力建设。2017 年以来，工业和

---

① 国务院关于积极推进"互联网＋"行动的指导意见. http://www.gov.cn/zhengce/content/2015-07/04/content_10002.htm, 2015-07-04

信息化部每年持续发布的《全国数据中心应用发展指引》，对全国各区域数据中心合理布局、有序发展，起到了积极引导作用。通过完善制度体系，形成有利于"互联网＋"嵌入国家治理、政府治理和社会治理等的配套制度环境，提升政府智慧治理的效率和管理服务水平。

### 2. 技术驱动

自西方启蒙运动开始，技术就被人们认为是驱动所有事业的进步工具。到了 19 世纪，技术与进步二者之间的相等关系已经在世界范围内坚定地树立起来了。及至当代，从 1988 年邓小平同志率先提出"科学技术是第一生产力"，到习近平总书记在 2016 年全国科技创新大会、两院院士大会、中国科协第九次全国代表大会上的讲话中强调："科技是国之利器，国家赖之以强，企业赖之以赢，人民生活赖之以好。中国要强，中国人民生活要好，必须有强大科技。"① 由此可见，技术在政府治理变迁中扮演着重要的作用。在智慧治理中，技术被嵌入政府治理的大框架下，技术在实现自我推进的过程中使政府的组织结构更趋合理，使治理行为受到效率准则的支配而得到控制。各级政府部门以信息网络为运行平台，综合运用信息技术，实现政府组织机构和工作流程的优化组合。智慧治理通过技术驱动，不仅有利于打破政府在管理和服务上的时间、空间界限，也有助于政府部门全方位向社会提供优质、规范、透明的管理和服务，实现政府业务的一体化管理。

### 3. 市场驱动

党的十九大报告指出，"坚持社会主义市场经济改革方向"，"加快完善社会主义市场经济体制"。中国推行了以市场经济为导向的经济改革，当前，中国正处于重要的战略机遇期，市场在资源配置中起决定性作用。其中，作为市场主体的现代企业，是推进智慧治理的主力军，其推动作用主要体现在智慧产业和智慧基础设施两方面。在智慧产业方面，现代企业通过自身的信息优势，能够准确把握智慧产业的未来发展趋势，帮助政府开发事关民生事业的各项智慧化产业设施，促进政府智慧治理的产业链升级。在智慧基础设施方面，现代企业在政府部门规划与指导下，通过积极投资地方基础设施与公共服务建设，如城乡互联网宽带业务、有线电视、无线电话等，并在通信基础设施的基础上，创新智慧服务平台的应用，从而既满足经济增长的需要，又提供智慧治理的硬件保障。因此，市场驱动是目前智慧治理的重要推手，尤其在市场经济进入新常态时代，现代企业在智慧治理中扮演着重要角色和发挥着重要功能。

### 4. 社会驱动

目前，我国正处于现代化转型时期，居民日益增长的公共服务需求及对美好生活的期待，都需要与之相配套的智慧治理来保障和支撑。社会驱动作用的实现就是在有效的互联网技术框架下，社会成员能最大限度地发挥自己的主观能动性，通过充分协调个人与集体、公民与社会、公民与政府之间的利益关系，最终促进社会的发展。尤其在当前社会治理创新时代，社会的发展对于智慧治理产生了重要的影响，它主要通过社会分工、专业化、组织效率提升等途径来实现。另外，社会驱动塑造了智慧治理领域的新职业，在这样的环境下，智慧治理成为社会发展的内在要求。现阶段政府智慧治理的构建应该将改善民生为重点的社会保障体系纳入制度框架之中，通过加强技术治理的社会经济保障制度配套，为社会弱势群体提供均衡的公共资源配置，从而克服科学技术治理风险带来的各种问题。换言之，智慧治理存在的逻辑前提就是要保障每位社会成员生存所必需的权利，给予每个人共享社会发展的机会，从而有利于人类个体实现自由全面发展。

---

① 习近平：为建设世界科技强国而奋斗——在全国科技创新大会、两院院士大会、中国科协第九次全国代表大会上的讲话（2016年5月30日）．http://cpc.people.com.cn/n1/2016/0601/c64094-28400179.html, 2016-06-01

# 参 考 文 献

[1] Quarantelli E L, Dynes R R. Response to social crisis and disaster. Annual review of sociology, 1977, 3(1): 23-49

[2] World Health Organization. Disaster and emergency definitions.https://apps.who.int/disasters/repo/7656.pdf, 2006

[3] United Nations Office for Disaster Risk Reduction.Hazard definition and classification review.https://www. undrr.org/publication/hazard-definition-and-classification-review, 2006

[4] The Johns Hopkins, the International Federation of Red Cross and Red Crescent Societies. Disaster definitions. http://bvsper.paho.org/share/ETRAS/AyS/texcom/desastres/ficrphge/cap1.pdf, 2006

[5] Parker D, Handmer J. Hazard Management and Emergency Planning: Perspectives in Britain. London: Routledge, 1992

[6] Hood C, Jackson M. The new public management: a recipe for disaster//Parker D, Handmer J. Hazard Management and Emergency Planning. London: James and James, 1992: 109-125

[7] Richardson B. Socio-technical disasters: profile and prevalence. Disaster Prevention and Management: An International Journal, 1994, 3(4): 41-69

[8] Shaluf I M, Ahmadun F, Said A M. A review of disaster and crisis. Disaster Prevention and Management: An International Journal, 2003, 12(1): 24-32

[9] Federal Emergency Management Agency. Comprehensive Preparedness Guide 101. FEMA, 2010

[10] Schiermeier Q. Droughts, heatwaves and floods: how to tell when climate change is to blame. Nature, 2018, 560(7717): 20-22

[11] United Nations Office for Disaster Risk Reduction (UNDRR) Centre for Research on the Epidemiology of Disasters. Human cost of disasters: an overview of the last 20 years 2000-2019, 2020

[12] Hewitt K. Interpretations of Calamity: From the Viewpoint of Human Ecology. New York: Routledge, 2019

[13] Blaikie P, Cannon T, Davis I, et al. At Risk: Natural Hazards, People's Vulnerability and Disasters. London: Routledge, 1994

[14] Beck U, Lash S, Wynne B. Risk Society: Towards A New Modernity. Thousand Oaks: SAGE Publications, 1992

[15] Beck U, Deng Z, Shen G. Risk society and china: a dialogue with ulrich beck. Sociological Studies, 2010, 5: 208-231

[16] 杨雪冬. 风险社会与秩序重建. 北京：社会科学文献出版社, 2006

[17] Jarvis D S L. Risk, globalisation and the state: a critical appraisal of ulrich beck and the world risk society thesis. Global society, 2007, 21(1): 23-46

[18] 冯必扬. 社会风险:视角,内涵与成因. 天津社会科学, 2004, (2): 73-77

[19] 赵子祥. 论灾难与风险的社会风险特征分析及预判. 社会科学辑刊, 2017, (6): 144-146

[20] 张明新. 网络信息的可信度研究：网民的视角. 新闻与传播研究, 2005, 12(2): 17-27, 95

[21] 江根源, 季靖. 网络社区中的身份认同与网民社会结构间的关联性. 新闻大学, 2014, (2): 83-92, 105

[22] 胡百精, 黄河, 刘琳琳, 等. 网络评论传播的用户分析报告. 网络传播, 2018, 12: 87-89

[23] 沈国麟, 李良荣. 网络理政: 中国的挑战, 目标和理念. 新闻大学, 2018, (3): 107-113, 151

[24] 中国社会科学院新闻与传播研究所. 新媒体蓝皮书: 中国新媒体发展报告（2020）. 北京: 社会科学文献出版社, 2020

[25] 徐玖平. 灾害社会风险治理系统工程. 北京: 科学出版社, 2020

[26] World Bank. Sub-Saharan Africa: From Crisis to Sustainable Growth. Washington: The World Bank, 1989

[27] Commission on Global Governance. Our Global Neighbourhood: the Report of the Commission on Global Governance. New York: Oxford University Press, 1995

[28] Pierre J, Peters B G. Governance, Politics and the State. London: Red Globe Press, 2019

[29] Donsbach W, Salmon C T, Tsfati Y. The Spiral of Silence: New Perspectives on Communication and Public Opinion. New York: Routledge, 2014

[30] Kinateder M T, Kuligowski E D, Reneke P A, et al. Risk perception in fire evacuation behavior revisited: definitions, related concepts, and empirical evidence. Fire Science Reviews, 2015, 4(1): 1

[31] Slovic P. Perception of risk. Science, 1987, 236(4799): 280-285

[32] 中国互联网络信息中心. 第47次中国互联网络发展状况统计报告, 2021

[33] 王怡婉. 城市居民风险感知、信任度和应灾行为意向关系研究. 暨南大学硕士学位论文, 2017

[34] Türkan A H, Kilic I, Tiryakioglu M. Development of a disaster attitude scale and assessment of university students' attitudes towards disasters. Ege Akademik Bakis (Ege Academic Review), 2019, 19(4): 457-467

[35] Fischhoff B, Slovic P, Lichtenstein S, et al. How safe is safe enough? A psychometric study of attitudes towards technological risks and benefits. Policy Sciences, 1978, 9(2): 127-152

[36] 贾宁. 公众对地震灾害风险感知的影响因素研究. 西北大学硕士学位论文, 2017

[37] 苏筠, 刘南江, 林晓梅. 社会减灾能力信任及水灾风险感知的区域对比——基于江西九江和宜春公众的调查. 长江流域资源与环境, 2009, 18(1): 92-96

[38] 范春梅, 贾建民, 李华强. 食品安全事件中的公众风险感知及应对行为研究——以问题奶粉事件为例. 管理评论, 2012, 24(1): 163-168, 176

[39] 朱建华. 汶川地震后九寨沟旅游者的风险感知研究. 南京大学硕士学位论文, 2013

[40] Barua A. Methods for decision-making in survey questionnaires based on likert scale. Journal of Asian Scientific Research, 2013, 3(1): 35-38

[41] 周忻, 徐伟, 袁艺, 等. 灾害风险感知研究方法与应用综述. 灾害学, 2012, 27(2): 5

[42] Fishbein M, Ajzen I. Belief, attitude, intention and behavior: an introduction to theory and research. Contemporary Sociology, 1977, 6(2): 244-245

[43] Krohne H W. The concept of coping modes: relating cognitive person variables to actual coping behavior. Advances in Behaviour Research and Therapy, 1989, 11(4): 235-248

[44] 李华强, 王顺洪. 突发性灾害中的公众需求与风险感知,心理行为关系研究. 大家, 2011, (12): 2

[45] Peters R G, Covello V T, Mccallum D B. The determinants of trust and credibility in environmental risk communication: an empirical study. Risk Analysis, 1997, 17(1): 43-54

[46] Pavot W, Diener E. Review of the satisfaction with life scale. Psychological Assessment, 1993, (5): 164-172

[47] DeVellis R F. 量表编制: 理论与应用. 席仲恩, 杜珏译. 重庆: 重庆大学出版社, 2016

[48] 于洋, 戴俊明, 李晓梅, 等. 健康安全氛围量表的信度与效度研究. 环境与职业医学, 2021, 38(11): 1214-1218

[49] 喻平. 如何做实证: 测量研究. 数学通报, 2017, 56(10): 13-17, 27

[50] 王重鸣. 心理学研究方法. 北京: 人民教育出版社, 1990

[51] Riad J K, Norris F H, Ruback R B. Predicting evacuation in two major disasters: risk perception, social influence, and access to resources. Journal of Applied Social Psychology, 2006, 29(5): 918-934

[52] Matyas C, Srinivasan S, Cahyanto I, et al. Risk perception and evacuation decisions of Florida tourists under hurricane threats: a stated preference analysis. Natural Hazards, 2011, 59(2): 871-890

[53] 李盈霞. 公众对台风灾害的风险感知和应对行为研究. 西南交通大学硕士学位论文, 2015

[54] 颜鑫, 孙悦, 孙芸, 等. 基于文献计量学方法的我国知识图谱研究的回顾与展望. 济宁医学院学报, 2017, 40(6): 453-456

[55] Gaillard J C, Mercer J. From knowledge to action: bridging gaps in disaster risk reduction. Progress in Human

Geography, 2013, 37(1): 93-114

[56] Kelman I, Gaillard J C, Mercer J. Climate change's role in disaster risk reduction's future: beyond vulnerability and resilience. International Journal of Disaster Risk Science, 2015, 6(1): 21-27

[57] Fang J, Liu W, Yang S, et al. Spatial-temporal changes of coastal and marine disasters risks and impacts in Mainland China. Ocean & Coastal Management, 2017, 139: 125-140

[58] Ye T, Shi P, Wang J, et al. China's drought disaster risk management: perspective of severe droughts in 2009-2010. International Journal of Disaster Risk Science, 2012, 3(2): 84-97

[59] Jia H, Wang J, Cao C, et al. Maize drought disaster risk assessment of China based on EPIC model. International Journal of Digital Earth, 2012, 5(6): 488-515

[60] Shi P, Li N, Ye Q, et al. Research on integrated disaster risk governance in the context of global environmental change. International Journal of Disaster Risk Science, 2010, 1(1): 17-23

[61] Shi P. On the role of government in integrated disaster risk governance—based on practices in China. International Journal of Disaster Risk Science, 2012, 3(3): 139-146

[62] Shaw R, Sakurai A, Oikawa Y. New realization of disaster risk reduction education in the context of a global pandemic: lessons from Japan. International Journal of Disaster Risk Science, 2021, 12: 568-580

[63] Bajwa S, Dabral A, Chatterjee R, et al. Co-producing knowledge innovation through thematic incubators for disaster risk reduction and sustainable development in India. Sustainability, 2021, 13(4): 2044

[64] Shaw R. Thirty years of science, technology, and academia in disaster risk reduction and emerging responsibilities. International Journal of Disaster Risk Science, 2020, 11(4): 414-425

[65] Han L, Ma Q, Zhang F, et al. Risk assessment of an earthquake-collapse-landslide disaster chain by bayesian network and newmark models. International Journal of Environmental Research and Public Health, 2019, 16(18): 3330

[66] Li S, Ju H, Zhang J, et al. Occurrence and distribution of selected antibiotics in the surface waters and ecological risk assessment based on the theory of natural disaster. Environmental Science and Pollution Research, 2019, 26(27): 28384-28400

[67] Liu J, Li S, Wu J, et al. Research of influence of sample size on normal information diffusion based on the Monte Carlo method: risk assessment for natural disasters. Environmental Earth Sciences, 2018, 77(13): 1-8

[68] Wright N, Fagan L, Lapitan J M, et al. Health emergency and disaster risk management: five years into implementation of the Sendai framework. International Journal of Disaster Risk Science, 2020, 11(2): 206-217

[69] Aung M N, Murray V, Kayano R. Research methods and ethics in health emergency and disaster risk management: the result of the Kobe expert meeting. International Journal of Environmental Research and Public Health, 2019, 16(5): 770

[70] Li G, Zhao J, Murray V, et al. Gap analysis on open data interconnectivity for disaster risk research. Geo-Spatial Information Science, 2019, 22(1): 45-58

[71] Tseng C P, Chen C W, Tu Y P. A new viewpoint on risk control decision models for natural disasters. Natural Hazards, 2011, 59(3): 1715-1733

[72] Tsai C H, Chen C W. The establishment of a rapid natural disaster risk assessment model for the tourism industry. Tourism management, 2011, 32(1): 158-171

[73] Chen C W, Liu K F R, Tseng C P, et al. Hazard management and risk design by optimal statistical analysis. Natural Hazards, 2012, 64(2): 1707-1716

[74] Yin Q, Amo G N, Ran R, et al. Flood disaster risk perception and urban households' flood disaster preparedness: the case of Accra Metropolis in Ghana. Water, 2021, 13(17): 2328

[75] Zeng X, Guo S, Deng X, et al. Livelihood risk and adaptation strategies of farmers in earthquake hazard threatened areas: evidence from Sichuan province, China. International Journal of Disaster Risk Reduction, 2021, 53: 101971

[76] Tachiiri K, Shinoda M. Quantitative risk assessment for future meteorological disasters reduced livestock mortality in Mongolia. Climatic Change, 2012, 113(3): 867-882

[77] Ye T, Liu W, Wu J, et al. Event-based probabilistic risk assessment of livestock snow disasters in the Qinghai-

Tibetan Plateau. Natural Hazards and Earth System Sciences, 2019, 19(3): 697-713

[78] Treves A, Martin K A, Wydeven A P, et al. Forecasting environmental hazards and the application of risk maps to predator attacks on livestock. BioScience, 2011, 61(6): 451-458

[79] Parekh F K, Yeh K B, Olinger G, et al. Infectious disease risks and vulnerabilities in the aftermath of an environmental disaster in Minas Gerais, Brazil. Vector-Borne and Zoonotic Diseases, 2020, 20(5): 387-389

[80] Imamura K, Takano K T, Mori N, et al. Attitudes toward disaster-prevention risk in Japanese coastal areas: analysis of civil preference. Natural Hazards, 2016, 82(1): 209-226

[81] Shi C, Zhang Y L, Xu W Y, et al. Risk analysis of building damage induced by landslide impact disaster. European Journal of Environmental and Civil Engineering, 2013, 17(sup1): s126-s143

[82] Pakdamar F, İlknur Kara F, Eryılmaz Y, et al. Seismic risk assessment using updated hazard and building inventory data. Gradevinar, 2019, 71(5): 375-387

[83] Noshadravan A, Miller T R, Gregory J G. A lifecycle cost analysis of residential buildings including natural hazard risk. Journal of Construction Engineering and Management, 2017, 143(7): 04017017

[84] Bosher L, Dainty A. Disaster risk reduction and "built-in" resilience: towards overarching principles for construction practice. Disasters, 2011, 35(1): 1-18

[85] Dabbeek J, Silva V. Modeling the residential building stock in the middle east for multi-hazard risk assessment. Natural Hazards, 2020, 100(2): 781-810

[86] Kwag S, Gupta A, Baugh J, et al. Significance of multi-hazard risk in design of buildings under earthquake and wind loads. Engineering Structures, 2021, 243: 112623

[87] Dargin J S, Mostafavi A. Human-centric infrastructure resilience: uncovering well-being risk disparity due to infrastructure disruptions in disasters. PloS one, 2020, 15(6): e0234381

[88] Eidsvig U M K, Kristensen K, Vangelsten B V. Assessing the risk posed by natural hazards to infrastructures. Natural Hazards and Earth System Sciences, 2017, 17(3): 481-504

[89] Koks E E, Rozenberg J, Zorn C, et al. A global multi-hazard risk analysis of road and railway infrastructure assets. Nature communications, 2019, 10(1): 1-11

[90] Janius R, Abdan K, Zulkaflli Z A. Development of a disaster action plan for hospitals in Malaysia pertaining to critical engineering infrastructure risk analysis. International Journal of Disaster Risk Reduction, 2017, 21: 168-175

[91] Gourio F. Disaster risk and business cycles. American Economic Review, 2012, 102(6): 2734-2766

[92] Ahmad D, Afzal M. Flood hazards and agricultural production risks management practices in flood-prone areas of Punjab, Pakistan. Environmental Science and Pollution Research, 2021, 29: 20768-20783

[93] Hsieh C H. Disaster risk assessment of ports based on the perspective of vulnerability. Natural Hazards, 2014, 74(2): 851-864

[94] Khan R U, Yin J, Mustafa F S. Accident and pollution risk assessment for hazardous cargo in a port environment. PLoS one, 2021, 16(6): e0252732

[95] Belousova A P, Proskurina I V. Principles of zoning a territory by the hazard and risks of groundwater pollution. Water Resources, 2008, 35(1): 108-119

[96] Ebrahimi B, Ahmadi S, Chapi K, et al. Risk assessment of water resources pollution from transporting of oil hazardous materials (Sanandaj-Marivan road, Kurdistan Province, Iran). Environmental Science and Pollution Research, 2020, 27(28): 35814-35827

[97] Cameira M, Rolim J, Valente F, et al. Translating the agricultural N surplus hazard into groundwater pollution risk: implications for effectiveness of mitigation measures in nitrate vulnerable zones. Agriculture, Ecosystems and Environment, 2021. Http://hdl.handle.net/10400.5/21842

[98] 朱良峰, 殷坤龙, 张梁, 等. 地质灾害风险分析与GIS技术应用研究. 地理与地理信息科学, 2002, 18(4): 10-13

[99] 朱良峰, 吴信才, 殷坤龙, 等. 基于GIS的中国滑坡灾害风险分析. 岩土力学, 2003, (S2): 221-224, 230

[100] 吴益平, 唐辉明, 殷坤龙. 物元模型在滑坡灾害风险预测中的应用. 地质科技情报, 2003, 22(4): 96-100

[101] 范春梅, 李华强, 贾建民. 食品安全事件中公众感知风险的动态变化——以问题奶粉为例. 管理工程学报, 2013, (2): 17-22

[102] 范春梅, 贾建民, 李华强. 重大灾害情境下感知风险对消费者信心的影响研究. 管理学报, 2012, 9(6): 900-907

[103] 袁靖, 陈国进. 灾难风险与中国股市波动性之谜. 上海经济研究, 2014, (4): 53-66

[104] 陈国进, 晁江锋, 武晓利, 等. 罕见灾难风险和中国宏观经济波动. 经济研究, 2014, (8): 54-66

[105] 陈国进, 晁江锋, 赵向琴. 灾难风险、习惯形成和含高阶矩的资产定价模型. 管理科学学报, 2015, 18(4): 1-17, 72

[106] 袁靖, 陈国进. 罕见灾难、不确定性冲击和国债风险溢价——基于非线性DSGE模型. 统计与信息论坛, 2015, 30(5): 50-56

[107] 陈国进, 许秀, 赵向琴. 罕见灾难风险和股市收益——基于我国个股横截面尾部风险的实证分析. 系统工程理论与实践, 2015, 35(9): 2186-2199

[108] 兰月新, 董希琳, 邓新元, 等. 基于HHM的公共危机事件网络舆情风险管理研究. 情报杂志, 2014, 33(10): 33-38, 77

[109] 夏一雪, 兰月新, 曾润喜, 等. 全媒体语境下突发事件舆情信息风险管理模式研究. 图书与情报, 2016, (3): 11-18

[110] 夏一雪, 兰月新. 大数据环境下群体性事件舆情信息风险管理研究. 电子政务, 2016, (11): 31-39

[111] 蒋宇, 兰月新, 刘冰月, 等. 面向舆情预测的突发事件首发信息风险评估研究. 图书与情报, 2016, (3): 19-27

[112] 刘星星, 杨青, 杨帆, 等. 基于分类基因的非常规突发事件免疫风险识别模型. 系统工程, 2014, 32(7): 115-123

[113] 杨青, 刘星星, 陈瑞青, 等. 基于免疫系统的非常规突发事件风险识别模型. 管理科学学报, 2015, 18(4): 49-61

[114] 杨青, 刘星星, 杨帆, 等. 基于免疫危险理论的非常规突发事件风险识别双信号方法. 系统工程理论与实践, 2015, 35(10): 2667-2674

[115] 张珂, 刘仁志, 张志娇, 等. 流域突发性水污染事故风险评价方法及其应用. 应用基础与工程科学学报, 2014, 22(4): 675-684

[116] 刘仁志, 董蕾, 刘静, 等. 滨海地区突发性水污染事故风险评估. 应用基础与工程科学学报, 2015, 23(S1): 41-49

[117] 张志娇, 刘仁志, 杜茜. 区域突发性大气污染事件风险评价方法及其应用. 应用基础与工程科学学报, 2015, 23(S1): 50-58

[118] 杜茜, 张志娇, 武海俊, 等. 公众对区域突发环境风险的可接受水平及影响因素研究. 环境保护, 2017, 45(5): 29-36

[119] 徐选华, 罗心彤, 陈晓红, 等. 基于权利分布风险测度的工程建设重大突发事件大群体应急决策方法. 科技进步与对策, 2017, 34(9): 101-107

[120] 徐选华, 杨玉珊. 基于累积前景理论的大群体风险型动态应急决策方法. 控制与决策, 2017, 32(11): 1957-1965

[121] 徐选华, 杨玉珊, 陈晓红. 基于决策者风险偏好大数据分析的大群体应急决策方法. 运筹与管理, 2019, 28(7): 1-10

[122] 徐选华, 余艳粉, 陈晓红. 基于属性关联的不完全风险偏好信息大群体应急决策方法. 运筹与管理, 2021, 30(9): 1-8

[123] 曹静, 徐选华, 陈晓红. 极端偏好影响的大群体应急决策风险演化模型. 系统工程理论与实践, 2019, 39(3): 596-614

[124] 尹偿鹏, 徐选华, 陈晓红. 基于多主体仿真的大群体应急决策风险致因分析. 中国管理科学, 2020, 28(2): 208-219

[125] 尹偿鹏, 徐选华, 陈晓红. 风险视域下的大群体应急决策策略选择研究. 系统工程理论与实践, 2021, 41(3): 678-690

[126] 徐选华, 马志鹏, 陈晓红. 大群体冲突、风险感知与应急决策质量的关系研究: 决策犹豫度的调节作用. 管理工程学报, 2020, 34(6): 90-99

[127] 鲍宁海, 李国平, 冉琴, 等. 应对灾难风险的多虚拟机快速协同撤离机制研究. 电子与信息学报, 2021, 43(10): 2886-2893

[128] 徐铖铖, 刘攀, 王炜, 等. 恶劣天气下高速公路实时事故风险预测模型. 吉林大学学报(工学版), 2013, 43(1): 68-73

[129] 崔伟, 李武璟, 牛拴保, 等. 自然灾害下高风险多重故障集快速生成方法. 电力自动化设备, 2021, 41(4): 197-203

[130] 龙日尚, 张建华, 蒙园, 等. 严重灾害下特高压交直流电网风险评估方法. 电网技术, 2017, 41(9): 2939-2946

[131] 晏鸣宇, 周志宇, 文劲宇, 等. 基于短期覆冰预测的电网覆冰灾害风险评估方法. 电力系统自动化, 2016, 40(21): 168-175

[132] 李卫江, 温家洪, 吴燕娟. 基于pgis的社区洪涝灾害概率风险评估——以福建省泰宁县城区为例. 地理研究, 2014, 33(1): 31-42

[133] 丁烈云, 陈兴海. 从汶川地震灾害看我国建筑质量风险分担机制. 科技进步与对策, 2009, 26(21): 113-117

[134] 马亚明, 王若涵, 胡春阳. 地方政府债务风险对金融压力的溢出效应——兼论重大突发事件冲击的影响. 经济与管理研究, 2021, 42(9): 77-92

[135] 欧阳资生, 陈世丽, 杨希特. 突发公共卫生事件、经济政策不确定性与系统性金融风险. 云南财经大学学报, 2021, 37(8): 57-67

[136] 杨子晖, 陈雨恬, 张平淼. 重大突发公共事件下的宏观经济冲击,金融风险传导与治理应对. 管理世界, 2020, 36(5): 13-35, 7

[137] 古志辉, 张睿. 台风灾害与股价崩盘风险. 中国管理科学, 2021. Https://doi.org/10.16381/j.cnki.issn1003-207x.2020.2220

[138] 宋玉臣, 李洋. 突发事件与资本市场系统性风险:制度解释与实证证据. 上海经济研究, 2021, (4): 100-113

[139] 宋玉臣, 李洋. 突发事件背景下资本市场系统性风险的识别: 典型事实、理论机制与区制特征. 云南财经大学学报, 2021, 37(4): 28-42

[140] 史本叶, 杨善然. BGG-DSGE模型下罕见灾难风险宏观经济效应研究——兼论新冠肺炎疫情的宏观经济影响. 吉林大学社会科学学报, 2021, 61(2): 116-127, 237

[141] 麻吉亮, 孔维升, 朱铁辉. 农业灾害的特征、影响以及防灾减灾抗灾机制——基于文献综述视角. 中国农业大学学报(社会科学版), 2020, 37(5): 122-129

[142] 徐用兵, 雷秋良, 周脚根, 等. 1960—2015年云南省极端气候指数变化特征研究. 中国农业资源与区划, 2020, 41(11): 15-27

[143] 丁宇刚, 孙祁祥. 农业保险可以减轻自然灾害对农业经济的负面影响吗? 财经理论与实践, 2021, 42(2): 43-49

[144] 杨燕绥. 国家公共安全和公民知情权——"非典"事件引起的法律思考. 清华大学学报(哲学社会科学版), 2003, 18(4): 19-24

[145] 张富强. 公共卫生应急法律制度的构建和完善. 学术研究, 2003, (12): 81-84

[146] 曾珊. 松花江污染事件是否存在行政赔偿的法律空间——从行政不作为违法的角度看. 法学, 2006, (2): 30-36

[147] 竺效. 反思松花江水污染事故行政罚款的法律尴尬——以生态损害填补责任制为视角. 法学, 2007, (3): 6-15

[148] 赵微, 陈敏. 从大连海域溢油事故的处理看我国海洋环境的法律保护. 环境保护, 2006, (20): 48-52

[149] 马晶钰. 重大突发事件中的几个民商法律问题. 山西财经大学学报, 2007, (S1): 194, 206

[150] 张琪, 王磊. 自然灾害中毁损, 灭失房屋按揭贷款问题的法律思考. 中央财经大学学报, 2008, (11): 43-48

[151] 齐萌. 构建我国的缺陷产品召回法律制度——由"三鹿奶粉事件"引发的法律思考. 江西财经大学学报, 2009, (2): 96-100

[152] 杜仪方. 从"三鹿事件"看我国行政不作为赔偿的法律空间——兼论《国家赔偿法 (修正案草案)》的相关规定. 现代法学, 2009, 31(3): 156-162

[153] 蒙晓阳, 李华. 名人代言虚假广告的法律责任——兼评三鹿奶粉事件与《食品安全法》第 55 条. 河北法学, 2009, 27(6): 2-7

[154] 王全兴, 汤云龙. 我国食品安全事故的法律责任分析框架新探——以"三鹿奶粉事件"为切入点. 中州学刊, 2009, (6): 83-90

[155] 曾海若. 群体性事件:从政治概念到法律概念. 中国人民公安大学学报(社会科学版), 2010, 26(6): 105-109

[156] 曹务坤, 梁宏志.民族地区农村群体性突发事件的法律思考——以贵州为个案研究.云南行政学院学报, 2010, 12(5): 138-140

[157] 侯健. 群体性表达事件的法律治理. 法商研究, 2010, 27(3): 16-22

[158] 曹明德, 王琬璐. 渤海油田漏油事故法律问题分析. 法学杂志, 2012, 33(3): 71-76

[159] 陈庆, 孙力. 有关污染环境罪的法律思考——兼论《刑法修正案 (八)》对重大环境污染事故罪的修改. 理论探索, 2011, (3): 136-138

[160] 宋旭明. 论我国海洋环境保护法律责任制度的缺陷及其完善——以渤海湾油田溢油事件为例.云南师范大学学报(哲学社会科学版), 2011, 43(6): 46-53

[161] 白佳玉. 船舶溢油海洋环境损害赔偿法律问题研究——以"塔斯曼海"轮溢油事故为视角. 中国海洋大学学报(社会科学版), 2011, (6): 12-17

[162] 刘丹, 夏霁. 渤海溢油事故海洋生态损害赔偿法律问题研究. 河北法学, 2012, 30(4): 113-120

[163] 王冶英, 任以顺. 法律视角下的海洋环境责任强制保险制度——墨西哥湾原油泄漏事件对我国海洋环境责任保险制度的启示. 太平洋学报, 2012, 20(3): 21-29

[164] 郝少英. 国际河流洪水灾害防治的法律制度构建. 云南师范大学学报(哲学社会科学版), 2013, 45(6): 56-62

[165] 张炜达, 乔少磊. 食品安全事故补偿基金法律制度论析. 西北大学学报(哲学社会科学版), 2013, 43(4): 107-112

[166] 周珂, 张卉聪. 我国大气污染应急管理法律制度的完善. 环境保护, 2013, 41(22): 21-23

[167] 翟业虎. 论国际航空事故赔偿的法律适用. 法学杂志, 2014, 35(7): 91-96

[168] 朱子勤. 航空器失联后的搜寻与事故调查法律责任研究——兼谈马航客机失联后的搜寻与事故调查. 政法论坛, 2014, 32(5): 159-166

[169] 王建平, 冯林玉. 地震灾害中"二次伤害"心理危机的法律干预条件——以《心理救援条例》制定与颁行的障碍为视角. 当代法学, 2015, 29(4): 60-67

[170] 王建平, 李军辰. 灾害应急预案供给与启动的法律效用提升——以"余姚水灾"中三个应急预案效用总叠加为视角. 南京大学学报(哲学·人文科学·社会科学), 2015, (4): 70-75

[171] 陈伟伟, 杨胜果, 刘毅. 人体胚胎基因编辑的伦理及法律问题研究——以"基因编辑婴儿"事件为分析对象. 科技与法律, 2019, (2): 61-65, 73

[172] 杨建军, 李姝卉. Crispr/Cas9 人体基因编辑技术运用的法律规制——以基因编辑婴儿事件为例. 河北法学, 2019, 37(9): 44-57

[173] 张弓长, 于海纯. 洪水灾害保险的法律制度构建. 保险研究, 2016, (11): 107-115

[174] 黄锡生, 张真源. 中国突发环境事件预警法律制度的困境与出路. 甘肃政法学院学报, 2017, (2): 27-33

[175] 赖虹宇. 雾霾应急法律机制的定位更新与制度矫正. 中国行政管理, 2017, (5): 134-138

[176] 谢惠加, 陈柳汐. 突发公共卫生事件网络谣言的法律规制. 当代传播, 2021, (1): 82-84, 92

[177] 陈文. 论重大灾害事件中的网络谣言传播及法律应对——以新型冠状病毒肺炎疫情为例. 北方法学, 2020, 14(5): 80-90

[178] 龙俊. 重大突发公共事件中价格管制的正当性及其法律规制. 中国政法大学学报, 2020, (3): 186-205, 209

[179] 张瑞萍, 周嘉会. 突发公共卫生事件中哄抬物价行为的执法分析与法律完善建议. 甘肃政法大学学报, 2020, (6): 101-114

[180] 林鸿潮, 赵艺绚. 突发事件应对中的个人信息利用与法律规制——以新冠肺炎疫情应对为切入点. 华南师范大学学报(社会科学版), 2020, (3): 120-133, 192

[181] 周维栋. 论突发公共卫生事件中信息公开的法律规制——兼论《传染病防治法》第 38 条的修改建议. 行政法学研究, 2021, (4): 147-161

[182] 沈岿. 论突发传染病信息发布的法律设置. 当代法学, 2020, 34(4): 27-36

[183] 周孜予, 杨鑫. "1+4"全过程:我国应急管理法律体系的构建. 行政论坛, 2021, 28(3): 102-106

[184] 李玫, 刘雅婷. 突发传染病应急管理法律制度的完善路径——以风险治理为视角. 齐鲁学刊, 2021, (1): 97-107

[185] 金晓伟. 我国应急法律体系的冲突与弥合——以紧急状态的多重逻辑为切入点. 河南社会科学, 2021, 29(4): 1-8

[186] Guikema S D. Natural disaster risk analysis for critical infrastructure systems: an approach based on statistical learning theory. Reliability Engineering & System Safety, 2009, 94(4): 855-860

[187] Kawprasert A, Barkan C P L. Communication and interpretation of results of route risk analyses of hazardous materials transportation by railroad. Transportation Research Record, 2009, 2097(1): 125-135

[188] Ardalan A, Linkov F, Shubnikov E, et al. Public awareness and disaster risk reduction: just-in-time networks and learning. Prehospital and Disaster Medicine, 2008, 23(3): 286-288

[189] Västfjäll D, Peters E, Slovic P. Affect, risk perception and future optimism after the tsunami disaster. Judgment and Decision making, 2008, 3(1): 64-72

[190] Fekete A, Tzavella K, Armas I, et al. Critical data source; tool or even infrastructure? Challenges of geographic information systems and remote sensing for disaster risk governance. ISPRS International Journal of Geo-Information, 2015, 4(4): 1848-1869

[191] Spiekermann R, Kienberger S, Norton J, et al. The disaster-knowledge matrix-reframing and evaluating the knowledge challenges in disaster risk reduction. International Journal of Disaster Risk Reduction, 2015, 13: 96-108

[192] Tenerelli P, Gallego J F, Ehrlich D. Population density modelling in support of disaster risk assessment. International Journal of Disaster Risk Reduction, 2015, 13: 334-341

[193] Lin J W, Chen C W, Peng C Y. Potential hazard analysis and risk assessment of debris flow by fuzzy modeling. Natural hazards, 2012, 64(1): 273-282

[194] Tsai C H, Chen C W. An earthquake disaster management mechanism based on risk assessment information for the tourism industry—a case study from the island of Taiwan. Tourism management, 2010, 31(4): 470-481

[195] Tsai C H, Chen C W. Development of a mechanism for typhoon-and flood-risk assessment and disaster

management in the hotel industry—A case study of the Hualien area. Scandinavian Journal of Hospitality and Tourism, 2011, 11(3): 324-341

[196] Miceli R, Sotgiu I, Settanni M. Disaster preparedness and perception of flood risk: a study in an alpine valley in Italy. Journal of Environmental Psychology, 2008, 28(2): 164-173

[197] Xu D, Peng L, Liu S, et al. Influences of risk perception and sense of place on landslide disaster preparedness in southwestern China. International Journal of Disaster Risk Science, 2018, 9(2): 167-180

[198] El-Kholei A O. Are Arab cities prepared to face disaster risks? Challenges and opportunities. Alexandria Engineering Journal, 2019, 58(2): 479-486

[199] Canyon D V, Burkle F M, Speare R. Managing community resilience to climate extremes, rapid unsustainable urbanization, emergencies of scarcity, and biodiversity crises by use of a disaster risk reduction bank. Disaster Medicine and Public Health Preparedness, 2015, 9(6): 619-624

[200] de Vet E, Eriksen C. When insurance and goodwill are not enough: bushfire attack level (BAL) ratings, risk calculations and disaster resilience in Australia. Australian Geographer, 2020, 51(1): 35-51

[201] Le Cozannet G, Kervyn M, Russo S, et al. Space-based earth observations for disaster risk management. Surveys in Geophysics, 2020, 41(6): 1209-1235

[202] Phongsapan K, Chishtie F, Poortinga A, et al. Operational flood risk index mapping for disaster risk reduction using earth observations and cloud computing technologies: a case study on Myanmar. Frontiers in Environmental Science, 2019, 7: 191

[203] Ahsan M N. Can strategies to cope with hazard shocks be explained by at-risk households' socioeconomic asset profile? Evidence from tropical cyclone-prone coastal Bangladesh. International Journal of Disaster Risk Science, 2017, 8(1): 46-63

[204] Pile J, Gouramanis C, Switzer A D, et al. Can the risk of coastal hazards be better communicated? International Journal of Disaster Risk Reduction, 2018, 27: 439-450

[205] Tozier de la Poterie A, Baudoin M A. From Yokohama to Sendai: approaches to participation in international disaster risk reduction frameworks. International Journal of Disaster Risk Science, 2015, 6(2): 128-139

[206] Lin L, Nilsson A, Sjölin J, et al. On the perceived usefulness of risk descriptions for decision-making in disaster risk management. Reliability Engineering & System Safety, 2015, 142: 48-55

[207] Xu D, Zhuang L, Deng X, et al. Media exposure, disaster experience, and risk perception of rural households in earthquake-stricken areas: evidence from rural China. International Journal of Environmental Research and Public Health, 2020, 17(9): 3246

[208] Xu D, Zhou W, Deng X, et al. Information credibility, disaster risk perception and evacuation willingness of rural households in China. Natural Hazards, 2020, 103(3): 2865-2882

[209] 林素芬, 林峰. 众包定义、模式研究发展及展望. 科技管理研究, 2015, 35(4): 212-217

[210] Kankanamge N, Yigitcanlar T, Goonetilleke A, et al. Can volunteer crowdsourcing reduce disaster risk? A systematic review of the literature. International Journal of Disaster Risk Reduction, 2019, 35: 101097

[211] Alves P B R, de Sousa Cordão M J, Djordjević S, et al. Place-based citizen science for assessing risk perception and coping capacity of households affected by multiple hazards. Sustainability, 2021, 13(1): 302

[212] Galderisi A, Limongi G. A comprehensive assessment of exposure and vulnerabilities in multi-hazard urban environments: a key tool for risk-informed planning strategies. Sustainability, 2021, 13(16): 9055

[213] Han X, Yin Y, Wu Y, et al. Risk assessment of population loss posed by earthquake-landslide-debris flow disaster chain: a case study in Wenchuan, China. ISPRS International Journal of Geo-Information, 2021, 10(6): 363

[214] 王乐夫, 马骏, 郭正林. 公共部门危机管理体制:以非典型肺炎事件为例. 中国行政管理, 2003, 7: 23-27

[215] 史波. 公共危机事件网络舆情内在演变机理研究. 情报杂志, 2010, 29(4): 41-45

[216] 史波. 公共危机事件网络舆情应对机制及策略研究. 情报理论与实践, 2010, 33(7): 93-96

[217] 薛澜, 张强. SARS事件与中国危机管理体系建设. 清华大学学报(哲学社会科学版), 2003, (4): 1-6, 18

[218] 薛澜, 张强, 钟开斌. 防范与重构:从SARS事件看转型期中国的危机管理. 改革, 2003, (3): 5-20

[219] 王国华, 魏程瑞, 杨腾飞, 等. 突发事件中政务微博的网络舆论危机应对研究——以上海踩踏事件中的@上海发布

为例. 情报杂志, 2015, 34(4): 65-70, 53

[220] 邓建国. 美国灾害和危机新闻报道中新媒体的应用. 国际新闻界, 2008, (4): 86-90

[221] 陈文敏. 媒介融合语境下主流媒体的危机传播探析——从突发公共事件报道的当下转型说起. 新闻界, 2010, (4): 57-59

[222] 田世海, 王春梦, 杨文蕊. 基于 ANP 和随机 Petri 网的突发事件网络舆情危机预警机制研究. 中国管理科学. Https://doi.org/10.16381/j.cnki.issn1003-207x.2020.2433

[223] 刘勇, 王雅琪. 公共危机中"次生舆情"的生成与演化——基于对"8·12天津港爆炸事故"的考察. 国际新闻界, 2017, 39(9): 116-133

[224] 刘冰. 疫苗事件中风险放大的心理机制和社会机制及其交互作用. 北京师范大学学报(社会科学版), 2016, (6): 120-131

[225] 胡文静, 王怀诗. 公共危机中的信息公开问题初探——基于对 2008 年南方雪灾事件的思考. 情报杂志, 2008, 27(11): 141-144

[226] 赖诗攀. 问责、惯性与公开: 基于 97 个公共危机事件的地方政府行为研究. 公共管理学报, 2013, 10(2): 18-27, 138

[227] 李华强, 范春梅, 贾建民, 等. 突发性灾害中的公众风险感知与应急管理——以 5·12 汶川地震为例. 管理世界, 2009, (6): 52-60, 127-188

[228] 何永秀, 朱茳, 罗涛, 等. 城市电网规划自然灾害风险评价研究. 电工技术学报, 2011, 26(12): 205-210

[229] 黄崑, 郭淼, 郝希嘉, 等. 公共健康危机事件下健康信息素养文献综述. 图书馆杂志, 2020, 39(7): 59-69, 82

[230] 徐辉. 全球性风险时代大数据技术之于突发公共事件的治理创新与变革启示——以新冠肺炎疫情防控为例. 科学管理研究, 2020, 38(5): 27-37

[231] 卢文刚, 张雨荷. 中美雾霾应急治理比较研究-基于灾害系统结构体系理论的视角. 广州大学学报(社会科学版), 2015, 14(10): 18-28

[232] 吴立新, 李佳, 苗则朗, 等. 冰川流域孕灾环境及灾害的天空地协同智能监测模式与方向. 测绘学报, 2021, 50(8): 1109-1121

[233] 李娜, 霍治国, 钱锦霞, 等. 山西省干旱灾害风险评估与区划. 中国农业资源与区划, 2021, 42(5): 100-107

[234] 张鑫, 凌敏, 张玥. "一带一路"沿海城市风暴潮灾害综合防灾减灾研究. 河海大学学报(哲学社会科学版), 2017, 19(1): 81-87, 91

[235] 史培军, 吕丽莉, 汪明, 等. 灾害系统: 灾害群、灾害链、灾害遭遇. 自然灾害学报, 2014, 23(6): 1-12

[236] 王军, 谭金凯. 气候变化背景下中国沿海地区灾害风险研究与应对思考. 地理科学进展, 2021, 40(5): 870-882

[237] Clark-Ginsberg A, DeSmet D, Rueda I A, et al. Disaster risk creation and cascading disasters within large technological systems: COVID-19 and the 2021 Texas blackouts. Journal of Contingencies and Crisis Management, 2021, 29(4): 445-449

[238] 程宏波, 何正友, 胡海涛, 等. 高速铁路牵引供电系统雷电灾害风险评估及预警. 铁道学报, 2013, 35(5): 21-26

[239] 孟丹, 陈正洪, 严国刚, 等. 光伏电站气象灾害风险评估研究——以湖北省为例. 太阳能学报, 2020, 41(5): 359-364

[240] 乔文慧, 王强. 城市文化遗产洪涝灾害风险评估模型构建——以广州市为例. 地域研究与开发, 2020, 39(2): 127-131, 150

[241] 王庆金, 王焕良, 周键. 区域一体化创新生态系统演化及治理机制研究. 东岳论丛, 2021, 42(9): 51-62

[242] 吕佳, 林樾, 马鸿佳. 创业生态系统演化及其多主体知识治理结构协同研究. 情报科学, 2021, 39(10): 152-157

[243] 杨秀云, 李敏, 李扬子. 数字文化产业生态系统优化研究. 西安交通大学学报(社会科学版), 2021, 41(5): 127-135

[244] 李泽华, 林燕, 邵明华. 电影产业生态系统构建及其运行机制研究. 东岳论丛, 2021, 42(7): 166-173

[245] 杜爽. 智能产业生态系统的结构性特征及发展路径. 经济纵横, 2021, (4): 79-86

[246] 陈茳, 张庆普, 陈洁. "知识生态系统"带来图书馆知识创新的新机遇. 图书馆, 2016, (5): 15-20

[247] 李通. 智慧图书馆微观知识生态系统运行机理研究. 情报科学, 2019, 37(11): 133-137

[248] 刘健, 王小菲. 基于知识生态系统的智慧图书馆知识服务模式研究. 情报科学, 2021, 39(9): 18-24

[249] 康蠡, 曾荣. 我国信息生态系统研究现状与展望. 图书情报工作, 2020, 64(4): 113-124

[250] 尹云鹤, 韩项, 邓浩宇, 等. 中国西南地区地震-滑坡-泥石流灾害链风险防范措施框架研究. 灾害学, 2021, 36(3): 77-84

[251] 周雪, 张颖. 森林火灾风险对林业经济发展的影响研究. 资源开发与市场, 2014, 30(10): 1198-1202

[252] 武佳倩, 汤铃, 李玲, 等. 基于系统动力学的危险化学品水污染事件中城市供水危机应急策略研究——以2005年吉

化爆炸引发哈尔滨水危机为例. 系统工程理论与实践, 2015, 35(3): 677-686

[253] Hu G, Li B, Xiu Y. Impact of cyber attacks on trade between coastal countries: an empirical study. Journal of Coastal Research, 2019, 94: 976-982

[254] Dong C, Wang H, Ni D, et al. Impact evaluation of cyber-attacks on traffic flow of connected and automated vehicles. IEEE Access, 2020, 8: 86824-86835

[255] Genge B, Kiss I, Haller P. A system dynamics approach for assessing the impact of cyber attacks on critical infrastructures. International Journal of Critical Infrastructure Protection, 2015, 10: 3-17

[256] 闵学勤. 架通公民与国家之桥:灾难事件中的公民参与和政府回应. 河南师范大学学报(哲学社会科学版), 2011, 38(4): 99-103

[257] 江永清. 从回应性政府走向预见性政府:论政府灾难预防政策多维矫正. 湖北社会科学, 2008, (11): 32-34

[258] 王丽莉. 论政府在重大灾难事件心理援助中的责任. 理论与改革, 2009, (5): 22-25

[259] 薛可, 王丽丽, 余明阳. 自然灾难报道中传统媒体与社交媒体信任度对比研究. 上海交通大学学报（哲学社会科学版）, 2014, 22(4): 88-95

[260] 陈怡, 董佳. 向日本媒体灾难报道学习什么. 新闻与写作, 2013, (6): 27-29

[261] 靖鸣, 马丹晨. 从汶川地震到芦山地震我国媒体对地震灾难报道的变化与进步. 新闻与写作, 2013, (6): 23-26

[262] 王军, 张爽. 灾难报道的伦理原则及社交媒体的引用规范. 现代传播(中国传媒大学学报), 2015, 37(6): 66-69

[263] 张梅兰, 陈先红. 灾难的社会想象:媒体反身叙事与灾难的现代性反思——基于新冠肺炎事件的报道. 现代传播(中国传媒大学学报), 2021, 43(1): 53-60

[264] 王治莹, 梁敬, 刘小弟. 突发事件情境中公众的风险感知研究综述. 情报杂志, 2018, 37(10): 161-166

[265] 林龙. 政府、公众、媒体关系与新时期政府危机管理——由非典型性肺炎事件引发的思考. 政治学研究, 2003, (3): 107-112

[266] 贺文发. 危机传播中的政府、媒体与公众——兼论中美突发事件应对的差异.山西大学学报(哲学社会科学版), 2010, 33(3): 117-121

[267] 陈健强, 刘师健. 论突发公共事件中政府-媒体-公众联动模式的制度化——以汶川抗震救灾为例. 国际新闻界, 2010, (12): 53-58

[268] 陈红梅. 网络谣言传播的特点及其应对. 编辑学刊, 2009, (6): 37-41

[269] 兰月新. 突发事件网络谣言传播规律模型研究. 图书情报工作, 2012, 56(14): 57-61

[270] 向卓元, 陈宇玲. 微博谣言传播模型与影响力评估研究. 科研管理, 2016, 37(1): 39-47

[271] 首欢容, 邓淑卿, 徐健. 基于情感分析的网络谣言识别方法. 数据分析与知识发现, 2017, 1(7): 44-51

[272] 孙冉, 安璐. 突发公共卫生事件中谣言识别研究. 情报资料工作, 2021, 42(5): 42-49

[273] 刘勘, 黄哲英. 重大突发疫情事件中的谣言识别. 华南理工大学学报(自然科学版), 2021, 49(1): 18-28

[274] 刘泾. 网络舆论生态视域中的谣言治理研究. 情报科学, 2014, 32(5): 42-46

[275] 殷飞, 张鹏, 兰月新, 等. 基于系统动力学的突发事件网络谣言治理研究. 情报科学, 2018, 36(4): 57-63

[276] 郑玄, 熊澄宇. 大数据驱动下的谣言治理逻辑,路径和范式——以2020年新冠肺炎疫情中的谣言治理为例. 传媒观察, 2021, (4): 34-43

[277] 胡小浪. 网络新闻传播中的失真原因剖析. 新闻研究导刊, 2015, 6(23): 164

[278] 惠延琴. 对网络新闻传播失真现象的思考. 新闻研究导刊, 2014, 5(14): 31, 33

[279] 黄瑾. 浅析微博传播中的信息失真现象. 今传媒, 2014, 22(5): 62-64

[280] 崔娜. 受众盲目跟从失真信息的生成机制的研究——以微博为例. 传媒论坛, 2019, 2(21): 100-101

[281] 苏云, 张庆来. 公共事件中的双微信息传播失真及防范对策. 甘肃社会科学, 2016, (5): 250-255

[282] 张涛甫, 姜华. 风险认知偏差与风险语境中的媒体. 学术月刊, 2020, 52(9): 150-158

[283] 王琼, 陈慧玲, 胡伟, 等. 新冠肺炎疫情期间公众风险认知和谣言传播行为的关系:焦虑和信息搜集成瘾的序列中介作用. 中国临床心理学杂志, 2021, 29(4): 794-798

[284] 胡伟, 王琼, 陈慧玲, 等. 新冠肺炎疫情中公众风险认知和无意/有意传谣行为的关系:负性情绪的中介作用. 中国临床心理学杂志, 2020, 28(4): 734-738

[285] 郭路生, 廖丽芳, 胡佳琪. 社交媒体用户健康信息传播行为的影响机制研究——基于风险认知与问题解决情境理论. 现代情报, 2020, 40(3): 148-156

[286] 贝克 U, 吉登斯 A, 拉什 S. 自反性现代化: 现代社会秩序中的政治、传统与美学. 赵文书译. 北京: 商务印书馆,

2001

[287] 杨永伟, 夏玉珍. 风险社会的理论阐释——兼论风险治理. 学习与探索, 2016, (5): 35-40

[288] 刘秦民. 返观风险社会：理论、现代性与秩序重建. 广东社会科学, 2016, (5): 79-84

[289] 拉什 S, 王武龙. 风险社会与风险文化. 马克思主义与现实, 2002, (4): 52-63

[290] 贝克 U, 邓正来, 沈国麟. 风险社会与中国——与德国社会学家乌尔里希·贝克的对话. 社会学研究, 2010, 25(5): 208-231

[291] 郭骅, 苏新宁. 面向风险社会的应急管理决策支持体系研究. 南京社会科学, 2017, (7): 79-89

[292] 张海波. 风险社会视野中的公共管理变革. 南京大学学报(哲学·人文科学·社会科学), 2017, 54(4): 57-65

[293] Bauer R A. The obstinate audience: the influence process from the point of view of social communication. American Psychologist, 1964, 19(5): 319-328

[294] Slovic P, Finucane M, Peters E, et al. Rational actors or rational fools: implications of the affect heuristic for behavioral economics. The Journal of Socio-Economics, 2002, 31(4): 329-342

[295] Savadori L, Savio S, Nicotra E, et al. Expert and public perception of risk from biotechnology. Risk Analysis: An International Journal, 2004, 24(5): 1289-1299

[296] Sitkin S B, Weingart L R. Determinants of risky decision-making behavior: a test of the mediating role of risk perceptions and propensity. Academy of Management Journal, 1995, 38(6): 1573-1592

[297] Zhang L, Peng T Q, Zhang Y P, et al. Content or context: which matters more in information processing on microblogging sites. Computers in Human Behavior, 2014, 31: 242-249

[298] 王炼, 贾建民. 突发性灾害事件风险感知的动态特征——来自网络搜索的证据. 管理评论, 2014, (5): 169-176

[299] 李华强, 范春梅, 贾建民, 等. 突发性灾害中的公众风险感知与应急管理——以 5·12 汶川地震为例. 管理世界, 2009, (6): 52-60

[300] Burns W J, Peters E, Slovic P. Risk perception and the economic crisis: a longitudinal study of the trajectory of perceived risk. Risk Analysis: An International Journal, 2012, 32(4): 659-677

[301] 皮金 N, 卡斯帕森 R E, 斯洛维奇 P. 风险的社会放大. 谭宏凯译. 北京: 中国劳动社会保障出版社, 2010

[302] Kasperson R E, Renn O, Slovic P, et al. The social amplification of risk: a conceptual framework. Risk Analysis, 1988, 8(2): 177-187

[303] 王京京. 国外社会风险理论研究的进展及启示. 国外理论动态, 2014, (9): 95-103

[304] 常硕峰, 伍麟. 风险的社会放大: 特征、危害及规避措施. 学术交流, 2013, (12): 141-145

[305] 祝阳, 雷莹. 网络的社会风险放大效应研究——基于公共卫生事件. 现代情报, 2016, 36(8): 14-20

[306] Vijaykumar S, Jin Y, Nowak G. Social media and the virality of risk: the risk amplification through media spread (rams) model. Journal of Homeland Security and Emergency Management, 2015, 12(3): 653-677

[307] Covello V T, Slovic P, von Winterfeldt D. Risk communication: a review of the literature. Journal of Homeland Security and Emergency Management, 1986, 3: 171-182

[308] National Research Council, et al. Committee on Risk Perception and Communication–Improving Risk Communication. Washington: The National Academies Press, 1989

[309] Sandman P M. Responding to Community Outrage: Strategies for Effective Risk Communication. Fairfax: AIHA Press, 1993

[310] 肖梦黎, 陈肇新. 突发公共危机治理中的风险沟通模式——基于专家知识与民众认知差异的视角. 武汉大学学报(哲学社会科学版), 2021, 74(6): 115-125

[311] Seeger M W, Sellnow T L, Ulmer R R. Communication, organization, and crisis. Annals of the International Communication Association, 1998, 21(1): 231-276

[312] 张志安, 冉桢. "风险的社会放大"视角下危机事件的风险沟通研究——以新冠疫情中的政府新闻发布为例. 新闻界, 2020, (6): 12-19

[313] Moscovici S, Zavalloni M. The group as a polarizer of attitudes. Journal of Personality and Social Psychology, 1969, 12(2): 125-135

[314] Yardi S, Boyd D. Dynamic debates: an analysis of group polarization over time on twitter. Bulletin of Science, Technology & Society, 2010, 30(5): 316-327

[315] Stoner J A F. A comparison of individual and group decisions involving risk. Ph.D. Thesis, Massachusetts

Institute of Technology, 1961

[316] Sunstein C. Democracy and the problem of free speech. Publishing Research Quarterly, 1995, 11(4): 58-72

[317] 唐玉青, 王卓君. 论网络公民利益表达的三重困境及其消解. 学术界, 2013, (12): 83-92

[318] 张爱军, 梁赛. 网络群体极化的负面影响和规避措施. 学术界, 2019, (4): 75-83

[319] 蒋忠波. "群体极化"之考辨. 新闻与传播研究, 2019, 26(3): 7-27

[320] 夏倩芳, 原永涛. 从群体极化到公众极化: 极化研究的进路与转向. 新闻与传播研究, 2017, (6): 5-32

[321] Roux N, Sobel J. Group polarization in a model of information aggregation. American Economic Journal: Microeconomics, 2015, 7(4): 202-232

[322] 张成福. 公共危机管理: 全面整合的模式与中国的战略选择. 中国行政管理, 2003, (7): 6-11

[323] 吕孝礼, 张海波, 钟开斌. 公共管理视角下的中国危机管理研究——现状、趋势和未来方向. 公共管理学报, 2012, 9(3): 112-121

[324] 吕孝礼, 朱宪, 徐浩. 公共管理视角下的中国危机管理研究 (2012—2016): 进展与反思. 公共行政评论, 2019, 12(1): 169-196

[325] 王娟丽. 网络社会公共危机影响因素的实证分析. 图书馆, 2017, (5): 40-46

[326] Nanda V P. The "good governance" concept revisited. The Annals of the American Academy of Political and Social Science, 2006, 603(1): 269-283

[327] van Doeveren V. Rethinking good governance: identifying common principles. Public Integrity, 2011, 13(4): 301-318

[328] Lippmann W. Public Opinion. New York: Hartcourt Brace, 1921

[329] McCombs M. A look at agenda-setting: past, present and future. Journalism Studies, 2005, 6(4): 543-557

[330] 史安斌, 王沛楠. 议程设置理论与研究 50 年: 溯源·演进·前景. 新闻与传播研究, 2017, (10): 13-28

[331] McCombs M E, Shaw D L. The agenda-setting function of mass media. Public Opinion Quarterly, 1972, 36(2): 176-187

[332] Sung M, Hwang J S. Who drives a crisis? The diffusion of an issue through social networks. Computers in Human Behavior, 2014, 36: 246-257

[333] 孙翎, 迟嘉昱. 基于仓室模型的危机蔓延建模与演化分析. 管理学报, 2010, 7(12): 1878-1883

[334] Fu B J, Su C H, Wei Y P, et al. Double counting in ecosystem services valuation: causes and countermeasures. Ecological Research, 2011, 26(1): 1-14

[335] 谢金林. 网络舆论生态系统内在机理及其治理研究——以网络政治舆论为分析视角. 上海行政学院学报, 2013, (4): 90-101

[336] 张蒙. 突发公共卫生事件网络舆情发酵机理研究. 现代情报, 2020, 40(9): 20-31

[337] 贾哲敏, 孟天广. 信息为轴: 新冠病毒疫情期间的媒介使用, 信息需求及媒介信任度. 电子政务, 2020, (5): 14-27

[338] Pan S L, Cui M, Qian J F. Information resource orchestration during the covid-19 pandemic: a study of community lockdowns in China. International Journal of Information Management, 2020, 54: 102143

[339] 范维澄, 闪淳昌, 等. 公共安全与应急管理. 北京: 科学出版社, 2017

[340] 王建亚, 宇文姝丽. 网络舆情生态系统的构成及运行机制研究. 情报理论与实践, 2014, 37(1): 55-58

[341] 潘玉, 陈虹. 基于大数据的城市灾难事件舆情治理研究与路径转向. 新闻大学, 2019, (5): 87-98,119-120

[342] Bai H, Yu G. A weibo-based approach to disaster informatics: incidents monitor in post-disaster situation via Weibo text negative sentiment analysis. Natural Hazards, 2016, 83(2): 1177-1196

[343] 姚乐野, 孟群. 重特大自然灾害舆情演化机理: 构成要素, 运行逻辑与动力因素. 情报资料工作, 2020, 41(5): 49-57

[344] Cao D L, Ji R R, Lin D Z, et al. A cross-media public sentiment analysis system for microblog. Multimedia Systems, 2016, 22(4): 479-486

[345] 李丽华, 韩思宁. 暴恐事件网络舆情传播机制及预防研究——英国典型案例的实证分析. 情报杂志, 2019, 38(11): 102-111

[346] 刘怡君. 社会舆情的网络分析方法与建模仿真. 北京: 科学出版社, 2016

[347] Alexander D E. Social media in disaster risk reduction and crisis management. Science and Engineering Ethics, 2014, 20(3): 717-733

[348] Ragini J R, Anand P M R, Bhaskar V. Big data analytics for disaster response and recovery through sentiment analysis. International Journal of Information Management, 2018, 42: 13-24

[349] 熊节春, 陶学荣. 公共事务管理中政府"元治理"的内涵及其启示. 江西社会科学, 2011, (8): 232-236

[350] 赖胜强, 唐雪梅, 张旭辉. 政府部门网络舆情回应能力的构建. 电子政务, 2017, (7): 2-9

[351] 王治莹, 李勇建. 政府干预下突发事件舆情传播规律与控制决策. 管理科学学报, 2017, 20(2): 43-52

[352] 张鑫, 田雪灿, 刘鑫雅. 反复性视角下网络舆情风险评估指标体系研究. 图书与情报, 2020, (6): 123-135

[353] 郭庆光. 传播学教程. 北京：中国人民大学出版社, 2005

[354] Greer C F, Moreland K D. United airlines' and american airlines' online crisis communication following the september 11 terrorist attacks. Public Relations Review, 2003, 29(4): 427-441

[355] 崔鹏. 面向突发公共事件网络舆情的政府应对能力研究. 中央财经大学博士学位论文, 2016

[356] 国家统计局. 中华人民共和国2020年国民经济和社会发展统计公报. 国家统计局, 2021

[357] 张继权, 冈田宪夫, 多多纳裕一. 综合自然灾害风险管理——全面整合的模式与中国的战略选择. 自然灾害学报, 2006, 15(1): 29-37

[358] 黄崇福. 自然灾害基本定义的探讨. International Energy Agency, 2009, 18(5): 41-50

[359] 宋娟. 重特大自然灾害社会风险的演化及防范对策研究. 湘潭大学硕士学位论文, 2014

[360] Signorini A, Segre A M, Polgreen P M. The use of twitter to track levels of disease activity and public concern in the U.S. PLoS One, 2011, 6(5): e19467

[361] Tien J M. Big data: unleashing information. Journal Systems Science and Systems Engineering, 2013, 22(2): 127-151

[362] Agrawal D, Budak C, Abbadi A E, et al. Study on the relationship between coal properties and characteristics of CWM. Proceedings of International Workshop on Databases in Networked Information Systems, 2014: 433-444.

[363] Ji C Q, Li Y, Qiu W M, et al. Big data processing: big challenges and opportunities. Journal of Interconnection Networks, 2012, 13(3/4): 1250009

[364] Chen H, Chiang R H L, Storey V C. Business intelligence and analytics: from big data to big impact. MIS Quarterly, 2012, 36(4): 1165-1188

[365] Bechini A, Conte T M, Prete C A. Guest editors' introduction: opportunities and challenges in embedded systems. IEEE Micro, 2014, 24(4): 8-9

[366] Keating A, Mechler R, Mochizuki J, et al. Operationalizing resilience against natural disaster risk: opportunities, barriers, and a way forward. Zurich Flood Resilience Alliance, 2014

[367] Langevin S, Bethune C, Horne P, et al. Useable machine learning for sentinel-2 multispectral satellite imagery. Image and Signal Processing for Remote Sensing XXVII, 2021, 11862: 97-114.

[368] Slamet C, Rahman A, Sutedi A, et al. Social media-based identifier for natural disaster. IOP Conference Series: Materials Science and Engineering, 2018, 288: 012039.

[369] Skidmore M. Risk, natural disasters, and household savings in a life cycle model. Japan and the World Economy, 2001, 13(1): 15-34

[370] Kusumasari B, Alam Q. Bridging the gaps: the role of local government capability and the management of a natural disaster in bantul, indonesia. Natural Hazards, 2012, 60(2): 761-779

[371] Nurjanah A, Iswanto, Mutiarin D. The importance of opinion leader in disaster communication. 4th International Conference on Sustainable Innovation 2020-Social, Humanity, and Education (ICoSIHESS 2020). Paris: Atlantis Press, 2021

[372] Taylor K, Priest S, Sisco H F, et al. Reading hurricane katrina: information sources and decision-making in response to a natural disaster. Social Epistemology, 2009, 23(3/4): 361-380

[373] Vosoughi S, Roy D, Aral S. The spread of true and false news online. Science, 2018, 359(6380): 1146-1151

[374] Lewandowsky S, Ecker U, Seifert C M, et al. Misinformation and its correction: continued influence and successful debiasing. Psychological Science in the Public Interest: A Journal of the American Psychological, 2012, 13(3): 106-131

[375] 陈文龙, 杨芳, 宋利祥, 等. 高密度城市暴雨洪涝防御对策——郑州"7·20"特大暴雨启示. 中国水利, 2021, 15:

18-20

[376] 卢文刚, 廖泽舜. 基于危机成因模型框架物业企业应急管理研究——以河南郑州"7·20"暴雨为例. 城市开发, 2021, 15: 14-17

[377] 刘昌军, 吕娟, 翟晓燕, 等. 河南"21·7"暴雨洪水风险模拟及对比分析. 水利水电快报, 2021, 42(9): 8-12

[378] 高恩新. 同舟共济: 突发事件受害人救助政策研究. 北京: 北京大学出版社, 2021

[379] 曾钰诚, 成立文. 党内法规执行责任制: 制度构成、理论逻辑与实践意义. 中共天津市委党校学报, 2021, 23(2): 23-32

[380] 王诗宗. 治理理论及其中国适用性. 杭州: 浙江大学出版社, 2009

[381] Zhang Z, Hu H, Yin D, et al. A cybergis-enabled multi-criteria spatial decision support system: a case study on flood emergency management. International Journal of Digital Earth, 2018, 12: 1364-1381

[382] 赵一归. 应急管理的若干理论视角及启示. 中国应急管理, 2021, (8): 38-39

[383] 康静雯. 突发公共事件应急管理机制研究. 西北师范大学硕士学位论文, 2015

[384] Wang X Z, Liu Y, Zhang H, et al. Public health emergency management and multi-source data technology in China. Intelligent Automation & Soft Computing, 2018, 24: 89-96

[385] 马广惠, 安小米. 政府大数据共享交换情境下的大数据治理路径研究. 情报资料工作, 2019, 40(2): 62-70

[386] Birkland T A. After Disaster: Agenda Setting, Public Policy, and Focusing Events. Washington: Georgetown University Press, 1997

[387] Valenzuela S, Puente S, Flores P M. Comparing disaster news on twitter and television: an intermedia agenda setting perspective. Journal of Broadcasting & Electronic Media, 2017, 61(4): 615-637

[388] Anderson S E, DeLeo R A, Taylor K. Policy entrepreneurs, legislators, and agenda setting: information and influence. Policy Studies Journal, 2020, 48(3): 587-611

[389] 曹彦波. 基于社交媒体的地震灾区民众情绪反应分析. 地震研究, 2019, 42(2): 245-256

[390] 曹璐. 自媒介时代如何靠近真相——以芦山地震网络谣言为例. 传播与版权, 2014, (9): 149-150

[391] 毛振江, 吕佳丽, 曹彦波, 等. 四川九寨沟7.0级地震微博灾情信息特征分析. 华南地震, 2019, 39(2): 51-57

[392] 苏晓慧, 张晓东, 胡春蕾, 等. 基于改进TF-PDF算法的地震微博热门主题词提取研究. 地理与地理信息科学, 2018, 34(4): 90-95

[393] 赵金楼, 成俊会. 基于sna的突发事件微博舆情传播网络结构分析——以"4.20四川雅安地震"为例. 管理评论, 2015, (1): 148-157

[394] 王磊, 叶利亚, 张瑞淇, 等. 公共危机事件中微博信息可信度研究. 新闻文化建设, 2020, (3): 109-111

[395] 黄锦仪. 防范灾害救助转化为网络公共事件的对策建议——以余姚"菲特"台风特重大自然灾害救助为切入点. 四川理工学院学报(社会科学版), 2014, (2): 1-8

[396] 贾炳霞. 网络公共领域的形成及监督研究——以"余姚官员让人背"事件为例. 赤峰学院学报(汉文哲学社会科学版), 2014, 35(4): 66-67

[397] 孙骅宣. 公共危机的协同治理研究. 中央民族大学硕士学位论文, 2012

[398] 王怡琳. 自然灾害群体性事件的演化机理研究. 重庆大学硕士学位论文, 2016

[399] 张开善. 美国第一颗原子弹爆炸试验中鲜为人知的趣闻. 军事史林, 2007, (10): 39-41

[400] 朱丽娅. 政府应对突发自然灾害舆论引导研究. 云南财经大学硕士学位论文, 2017

[401] Xu J, Tang W, Zhang Y, et al. A dynamic dissemination model for recurring online public opinion. Nonlinear Dynamics, 2020, 99(2): 1269-1293

[402] Kasperson R E, Pijawka K D. Societal response to hazards and major hazard events: comparing natural and technological hazards. Public Administration Review, 1985, 45: 7-18

[403] Couch S R, Kroll-Smith J S. The chronic technical disaster: toward a social scientific perspective. Social Science Quarterly, 1985, 66(3): 564-575

[404] 胡钰, 薛静. 网络热词此消彼长的背后——从网络流行语看当代文化心态与文化传播. 人民论坛, 2019, (10): 127-129

[405] 赵鹭, 何云峰. 谣言与辟谣较量: 辟谣的难点分析及破解. 西南交通大学学报(社会科学版), 2019, 20(1): 90-95

[406] Zhang Y, Xu J P. A Dynamic competition and predation model for rumor and rumor-refutation. IEEE Access, 2021, 9: 9117-9129

[407] 唐钧. 政府风险管理：改革的规律与创新的趋势. 新视野, 2008, 2008(5): 56-58

[408] 孔建华. 当代中国网络舆情治理：行动逻辑,现实困境与路径选择. 吉林大学博士学位论文, 2019

[409] 宋乾坤, 赵敏, 陈文霞, 等. 考虑媒体报道效应的谣言传播模型研究. 应用数学和力学, 2018, 39(12): 1400-1409

[410] 李金波, 赖晨璐. 《2019 年网络谣言治理报告》揭秘三大谣言高发领域. http://py.fjsen.com/2019-12/27/content_30110205.htm, 2019-12-27

[411] 张展. 湖北十堰集贸市场燃气爆炸事故习近平作出重要指示. 现代职业安全, 2021, (7): 8

[412] 佚名. 国务院安委会对湖北十堰燃气爆炸事故查处进行挂牌督办. 中国消防, 2021, (6): 6

[413] Zhang Y, Xu J, Wu Y. A rumor control competition model considering intervention of the official rumor-refuting information. International Journal of Modern Physics C, 2020, 31(9): 1-24

[414] 温志强, 李永俊, 高静. 跨越塔西佗陷阱：全媒体时代网络群体性事件中的政府官微话语权建构. 管理学刊, 2019, 32(5): 56-62

[415] 白淑英, 王丽敏. 突发事件中网民负面情感的影响因素及引导问题研究——以新冠疫情初期阶段为例. 东南传播, 2021, (7): 122-127

[416] 扈翔. 探究基于arcgis的突发事件紧急疏散救援系统. 通讯世界, 2015, (12): 72

[417] 纪雪梅. 特定事件情境下中文微博用户情感挖掘与传播研究. 南开大学博士学位论文, 2014

[418] Meldrum M, Mcdonald M. Key marketing concepts——diffusion of innovation. http://www.onacademic.com/detail/journal_1000037980599710_1a21.html, 1995

[419] 徐翔. 从"议程设置"到"情绪设置"：媒介传播"情绪设置"效果与机理. 暨南学报(哲学社会科学版), 2018, 40(3): 86-93

[420] 孙晓韵. 重大突发事件的新浪微博传播研究——以8·12天津港爆炸事故为例. 东南传播, 2019, (8): 121-124

[421] 彭小兵, 王霄鹤. 环境公共危机演化的信息博弈机理与治理路径——以"8·12天津港爆炸事件"为例. 内蒙古科技与经济, 2019, (1): 29-33

[422] 赖秋红. 探究新媒体环境下传统媒体的危机报道策略——以天津港爆炸案中媒体表现为例. 新闻研究导刊, 2017, 8(21): 82, 92

[423] 邓婕. 外媒涉华报道的批评性话语分析——以天津港爆炸事故的新闻语篇为例. 牡丹江大学学报, 2017, 26(11): 112-114

[424] 包蕾, 王雪玉. 危机语境下的政府身份构建：基于语用身份视角的草根话语分析. 东南传播, 2017, (11): 69-72

[425] Regester M. Crisis management-science direct//Pat Bowman. Handbook of Financial Public Relations. Amsterdam: Elsevier, 1989: 99-109

[426] Suleyman B, Alexander S. Value-at-risk based risk management: optimal policies and asset prices. Review of Financial Studies, 2001, (2): 371-405

[427] Gottfried R S. The black death: natural and human disaster in medieval europe. The American Historical Review, 1984, 89(5): 94-95

[428] 时蓉华. 现代社会心理学. 2版. 上海：上海人民出版社, 2007

[429] 闫育周, 樊琳, 寇晓东, 等. 系统理论视野下的突发事件信息传播与干预机制分析. 西北工业大学学报(社会科学版), 2013, 33(2): 21-23

[430] 展江, 刘亚娟. 江歌命案何以成隔海打牛的"舆论审判"? 新闻界, 2018, (1): 18-27

[431] 朱力. 中国社会风险解析——群体性事件的社会冲突性质. 学海, 2009, (1): 69-78

[432] Dilley M, Mundial B. Natural disaster hotspots: a global risk analysis. The World Bank Group, No.7376, 2005

[433] Cassar A, Healy A, von Kessler C. Trust, risk, and time preferences after a natural disaster: experimental evidence from thailand. World Development, 2017, 94: 90-105

[434] Hong-Xian M O. Types and preventions of the revenge-on-society crimes in China. Journal of Shandong University(Philosophy and Social Sciences), 2015, 2: 1-10

[435] Crable R E, Vibbert S L. Managing issues and influencing public policy. Public Relations Review, 1985, 11(2): 3-16

[436] 李汉卿. 协同治理理论探析. 理论月刊, 2014, (1): 138-142

[437] Hochrainer-Stigler S, Pflug G. Natural disaster risk bearing ability of governments: consequences of kinked

utility. Journal of Natural Disaster Science, 2010, 31(1): 11-21

[438] 孙厚权, 万黎明. 基于大数据的社会风险治理探微. 理论月刊, 2016, (12): 106-109

[439] 唐钧. 学校安全的社会风险评估与防治建议. 中国减灾, 2016, (2X): 38-41

[440] 黄新华. 风险规制研究：构建社会风险治理的知识体系. 行政论坛, 2016, 23(2): 73-80

[441] 刘小红. 困境与突围：大数据时代的社会风险管理创新. 科技管理研究, 2016, 36(18): 213-217

[442] 卢文刚, 蔡裕岚. 城市大型群众性活动应急管理研究——以上海外滩"12.31"特大踩踏事件为例. 城市发展研究, 2015, (5): 118-124

[443] 韩新华. 社交媒体参与社会风险治理：契机,路径与规范. 中国广播, 2020, (8): 10-14

[444] 赵祥彬. 新媒体视域下党的群众工作的路径选择. 晋中学院学报, 2013, 30(6): 5-7

[445] 张焱, 刘沐潇, 张学骞, 等. 危机事件中社交媒体传播动力分析——以微博热议"保姆纵火案"为例. 西华大学学报(哲学社会科学版), 2019, 38(4): 68-75

[446] 陈秋霖. 试论新闻框架对于新媒介事件传播的构建和问题——以"杭州保姆纵火案"为例. 视听, 2018, (7): 177-178

[447] 解全才, 马强, 王丽艳, 等. 2017年九寨沟7.0级地震强震动记录处理与分析. 地震工程与工程振动, 2018, (5): 111-119

[448] 于凤娥. 自然灾害事故微博舆情传播网络特征研究——以"8·8九寨沟地震"为例. 辽宁工程技术大学硕士学位论文, 2018

[449] 陈子翰, 窦爱霞, 王晓青, 等. 基于高分辨率影像的九寨沟7.0级地震道路震害评估. 中国地震, 2017, 33(4): 590-601

[450] 杨植, 熊峰, 余明玖, 等. 九寨沟地震灾区调研及重建模式的思考. 土木工程学报, 2018, (S2): 41-47

[451] 王晓鸥. 九寨沟地震,谣言没跑赢真相. 青年记者, 2017, (25): 64

[452] 陈华明, 周丽. 从汶川地震到九寨沟地震：灾难新闻报道变化分析. 新闻界, 2017, (11): 35-38, 57

[453] 袁小祥, 王晓青, 丁香, 等. 基于无人机影像的九寨沟地震建筑物震害定量评估. 中国地震, 2017, 33(4): 582-589

[454] 吴体, 王磊, 肖承波, 等. 九寨沟地震震后房屋安全性应急评估与探讨. 四川建筑科学研究, 2018, 44(1): 37-42

[455] 张令心, 朱柏洁, 陶正如, 等. 九寨沟7.0级地震房屋震害现场调查及其破坏特征. 地震工程学报, 2019, 41(4): 1053-1059

[456] 吴艾凌, 吕兴洋, 谭慧敏. 灾后自媒体负面报道偏差对潜在旅游者到访意愿的影响——以九寨沟"8·8"地震为例. 旅游学刊, 2019, 34(4): 40-50

[457] 石波, 刘刚, 李琳, 等. "8·8"九寨沟地震伤员伤情特点分析和救治策略简. 中国修复重建外科杂志, 2018, 32(3): 358-362

[458] 李强强. 四川九寨沟7.0级地震抗震救灾工作情况. 中国应急管理, 2017, (8): 40-44

[459] 高曙德. 四川九寨沟7.0级地震前震情跟踪概述及震后总结. 地球物理学进展, 2020, (4): 1250-1260

[460] 周舸, 牛凌云. 从九寨沟地震看地震谣言的应对策略. 新闻研究导刊, 2018, (9): 139-140, 177

[461] Xia C X, Nie G Z, Fan X W, et al. Research on the application of mobile phone location signal data in earthquake emergency work: a case study of jiuzhaigou earthquake. PLoS One, 2019, 14(4): e0215361

[462] Chen X Q, Chen J G, Cui P, et al. Assessment of prospective hazards resulting from the 2017 earthquake at the world heritage site jiuzhaigou valley, Sichuan, China. Journal of Mountain Science, 2018, 15: 779-792

[463] Liu Y F, Wang P Y. China network public opinion guidance research hotspots and development situation analysis-quantitative analysis based on citespace knowledge map. IOP Conference Series: Materials Science and Engineering. Bristol: IOP Publishing, 2020, 735(1): 012009

[464] Xu J P, Zhang Y. Event ambiguity fuels the effective spread of rumors. International Journal of Modern Physics C, 2015, 26(3): 1550033

[465] Li J Y, Song B W, Luo C K, et al. Considering self-media influence network rumor propagation model and control strategy. 2020 IEEE 4th Information Technology, Networking, Electronic and Automation Control Conference (ITNEC). Piscataway: IEEE, 2020, 1: 1407-1411

[466] Cheng Y. The social-mediated crisis communication research: revisiting dialogue between organizations and publics in crises of China. Public Relations Review, 2020, 46(1): 101769

[467] Yang Y Q, Zhao J W, Yu B D, et al. Analysis on development status and existing problems for government micro blog. 2015 3rd International Conference on Education, Management, Arts, Economics and Social Science. Dordrecht: Atlantis Press, 2015: 1051-1056

[468] 余秀才. 网络舆论传播的行为与动因. 华中科技大学博士学位论文, 2010

[469] 王亚茹.《中国青年报》"8·12"天津港爆炸报道框架理论分析. 东南传播, 2016, (2): 121-123

[470] 李毅, 胡雯, 崔烜, 等. 反思天津大爆炸. 环境教育, 2015, (9): 4-15

[471] 张妮妮. "走, 我们一起去!"——深入天津港"8·12"爆炸点核心区. 青年记者, 2015, (25): 38

[472] 刘怡君, 陈思佳, 黄远, 等. 重大生产安全事故的网络舆情传播分析及其政策建议——以"8·12天津港爆炸事故"为例. 管理评论, 2016, 28(3): 221-229

[473] 魏永征, 代雅静. 融合媒体时代突发事件的信息传播模式嬗变——以天津港"8·12"爆炸事故为例的分析. 新闻界, 2015, (18): 19-25

[474] 徐敏. 天津港8·12特别重大火灾爆炸事故现场特点. 城市与减灾, 2015, (5): 9-12

[475] 金霞, 于静静, 赵晓丽. 天津港 8·12 特大火灾爆炸事故紧急医疗救援的实施与体会. 解放军预防医学杂志, 2016, 34(2): 237-238

[476] 李安楠, 邓修权, 赵秋红. 分形视角下的非常规突发事件应急组织动态重构——以8·12天津港爆炸事件为例. 管理评论, 2016, 28(8): 193-206

[477] 方秦, 杨石刚, 陈力, 等. 天津港"8·12"特大火灾爆炸事故建筑物和人员损伤破坏情况及其爆炸威力分析. 土木工程学报, 2017, 50(3): 12-18

[478] 王超, 张成良, 刘磊, 等. 天津港"8·12"特大火灾爆炸事故的工程伦理教育缺位探析. 中国水运 (下半月), 2018, 18(12): 26-27

[479] 天津港"8·12"特大爆炸致 114 人遇难 65 人失踪. 广东交通, 2015, (4): 56-57

[480] Shaluf I M. Technological disaster stages and management. Disaster Prevention & Management, 2008, 17(1): 114-126

[481] Xu Z, Lachlan K, Ellis L, et al. Understanding public opinion in different disaster stages: a case study of hurricane irma. Internet Research, 2019, 30(2): 695-709

[482] Zhang Y, Xu J P. A rumor spreading model considering the cumulative effects of memory. Discrete Dynamics in Nature and Society, 2015, 2015(2): 1-11

[483] 李玉才. 重大突发事件网络舆论引导的制度建设. 重庆交通大学学报 (社会科学版), 2021, 21(5): 7-14

[484] 陈长, 黄华龙, 曹渝. 大数据治理视角下网络舆论传播生态治理研究. 出版发行研究, 2018, 9(15): 21-24

[485] 林凌. 智能网络舆论传播机制及引导策略. 当代传播, 2019, (6): 39-42

[486] 李习文. 提高新闻舆论传播力引导力影响力公信力. 人民周刊, 2019, (3): 66-67

[487] 张亚楠, 何建佳. 基于网民心理的微博舆论传播模型及仿真研究. 计算机应用研究, 2018, 35(5): 1298-1319

[488] 庞曼盈. 社交媒体舆情传播中的个人策略. 海南师范大学硕士学位论文, 2017

[489] 丁柏铨. 论新闻舆论传播力、引导力、影响力、公信力. 新闻爱好者, 2018, (1): 4-8

[490] 希斯 R. 危机管理. 王成, 等译. 北京: 中信出版社, 2004

[491] Pearce L. Disaster management and community planning, and public participation: how to achieve sustainable hazard mitigation. Natural Hazards, 2003, 28(2): 211-228

[492] 王晓鹏. 突发社会安全事件公众风险认知的研究. 南京大学硕士学位论文, 2015

[493] Donaldson L. Coping with crises: the management of disasters, riots and terrorism. Australian Journal of Management, 1991, 16(1): 99-102

[494] 王松枝. 论中国恐怖主义保险制度的构建. 辽宁大学硕士学位论文, 2015

[495] 李中建, 罗芳, 孙根年. "3·01"暴恐事件对昆明入境旅游的影响. 资源开发与市场, 2018, (10): 1466-1469

[496] Howie L. Terrorism, the Worker and the City: Simulations and Security in a Time of Terror. London: Routledge, 2017

[497] McKinnon R. Promoting the concept of prevention in social security: issues and challenges for the international social security association. International Journal of Social Welfare, 2010, 19(4): 455-462

[498] 徐建芬. 基于社会心理视角的我国群体性事件研究. 苏州大学博士学位论文, 2011

[499] 林玲敏, 冯江平. 网络舆情心理分析——以昆明"3·01"暴恐事件为例. 衡阳师范学院学报, 2015, 36(5): 145-147

[500] 戴维民, 刘轶. 我国网络舆情信息工作现状及对策思考. 图书情报工作, 2014, 58(1): 23-29

[501] Millar D P, Heath R L. A rhetorical approach to crisis communication: management, communication processes, and strategic responses//Coombs W T. Responding to Crisis: A rhetorical Approach to Crisis Communication.

New York: Routledge, 2003: 9-26.

[502] 钟智群. 公共场所治安防控体系的构建——以昆明火车站暴力恐怖事件为例. 理论观察, 2014, (7): 42-43

[503] Jaques T. Issue and crisis management: quicksand in the definitional landscape. Public Relations Review, 2009, 35(3): 280-286

[504] 朱志萍. 公共安全危机管理视阈下反对恐怖主义袭击的思考——再谈昆明"3·01"暴恐袭击案的教训与反思. 公安教育, 2016, (12): 45-48

[505] Nicholson-Crotty S, Theobald N A, Nicholson-Crotty J. Disparate measures: public managers and performance-measurement strategies. Public Administration Review, 2006, 66(1): 101-113

[506] Holzer M, Kloby K. Public performance measurement: an assessment of the state-of-the-art and models for citizen participation. International Journal of Productivity and Performance Management, 2005, 54(7): 517-532

[507] Perry R W, Lindell M K, Greene M R. Crisis communications: ethnic differentials in interpreting and acting on disaster warnings. Social Behavior and Personality: An International Journal, 1982, 10(1): 97-104

[508] 樊倩妮. 从"昆明暴恐事件"的报道看传统媒体与媒体微博的联动传播. 内蒙古大学博士学位论文, 2014

[509] 赵洁. 论社交媒体. 武汉理工大学博士学位论文, 2010

[510] 徐振荣. 国际反对恐怖主义策略研究. 青岛大学硕士学位论文, 2006

[511] Yates D, Paquette S. Emergency knowledge management and social media technologies: a case study of the 2010 haitian earthquake. International Journal of Information Management, 2011, 31(1): 6-13

[512] 郑珊. 昆明"3·01"暴恐事件中网络舆情应急处置案例研究. 电子科技大学硕士学位论文, 2017

[513] Zhang Y, Xu J P, Wu Y. A fuzzy rumor spreading model based on transmission capacity. International Journal of Modern Physics C, 2018, 29(2): 1850012

[514] 程新雅. 公共事件中微博与微信传播比较研究. 郑州大学博士学位论文, 2014

[515] 刘鹏飞. 媒体微博发展中的问题与规范化管理. 新闻与写作, 2013, (8): 17-19

[516] Kamel S. Using DSS for crisis management//Khosrow-Pour M. Pitfalls and Triumphs of Information Technology Management. Pennsylvania: IGI Global, 2001: 292-304

[517] Esrock S L, Leichty G B. Corporate world wide web pages: serving the news media and other publics. Journalism & Mass Communication Quarterly, 1999, 76(3): 456-467

[518] 刘玉雁, 刘彤. 我国政府防范恐怖危机管理机制的缺失与构建. 东北师大学报(哲学社会科学版), 2007, (6): 39-42

[519] 宋斌. 深化警务技能实训内涵提高暴恐事件处置能力——对昆明"3·01"严重暴力恐怖事件的分析与思考. 公安教育, 2014, (11): 41-45

[520] 早明光. 推进社会治安防控体系建设探析. 公安研究, 2011, (8): 48-52

[521] 谢卫东, 王亚丽. "东突"的恐怖主义实质. 外交学院博士学位论文, 2002

[522] 熊一新. 论社会治安防控体系建设. 中国人民公安大学学报: 社会科学版, 2004, 20(4): 1-9

[523] Cuaresma J C, Slacik T. An almost-too-late warning mechanism for currency crises. Economics of Transition, 2010, 18(1): 123-141

[524] 杨斌. 反恐怖与国家安全和边疆稳定——云南反恐怖斗争形势分析及对策研究. 云南警官学院学报, 2008, (4): 78-80

[525] Sheaffer Z, Mano-Negrin R. Executives' orientations as indicators of crisis management policies and practices. Journal of Management Studies, 2003, 40(2): 573-606

[526] 瞿希贤, 刘林昌. 后"3·01"时代云南省暴恐事件对策研究 (二). 云南警官学院学报, 2015, (4): 49-53

[527] 卢文刚, 蔡裕岚. 新加坡的全民反恐及其启示. 中国应急管理, 2015, (5): 43-47

[528] 王新婷, 张可. 当前社会暴力恐怖活动特点及对策探析. 人民论坛, 2014, (A07): 170-172

[529] 肖峰, 石露, 龚超. 危机传播与媒体执政的中国经验——危机传播视角下的"昆明火车站暴恐事件"分析. 西部学刊, 2014, (9): 64-68

[530] 郑保卫, 杨柳. 论风险社会与危机传播. 新闻记者, 2010, (8): 4-8

[531] 徐敬宏, 蒋秋兰. 党政机构微博在网络舆情引导中的问题与对策. 当代传播, 2012, 4: 82-84

[532] 李明德, 王蓓. 危机传播在风险社会中的作用. 延安大学学报: 社会科学版, 2008, 30(5): 122-125

[533] 邹昀瑾, 俞欣辰. 媒体微博在重大突发事件中的舆论引导——以"3·01 昆明事件"中"@ 央视新闻"的传播为

例. 新闻世界, 2014, (6): 128-130

[534] 喻安纳. 新媒体环境下舆论场形成研究. 云南大学硕士学位论文, 2015

[535] 袁志坚, 李凤. 突发事件中媒体微博引导舆论的原则与方法. 中国编辑, 2013, (5): 65-70

[536] 卢文刚, 方冰. 基于危机生命周期视角的城市公共场所暴恐事件应急治理研究——以昆明火车站"3·01"事件为例. 信访与社会矛盾问题研究, 2017, (3): 116-133

[537] 易臣何. 突发事件网络舆情的演化规律与政府监控. 湘潭大学博士学位论文, 2014

[538] 何菲. 试论我国政府防范恐怖主义危机管理机制的缺失与构建——以"3·01"昆明暴力恐怖袭击事件为例. 特区经济, 2018, 2(1): 26-28

[539] 苑丰. 从"公关管控"走向舆情引导——政府应对网络事件的实证剖析与反思. 理论与改革, 2012, (3): 84-87

[540] 石晋杰. 网络舆情与社会稳定的关系研究. 复旦大学硕士学位论文, 2011

[541] Ge S D, Zhang J, Hu C Y. Time to form a balanced risk prevention and control community between the government and individuals. Science, 2020, 369(6503): eletter

[542] 陆秋琴, 黄光球. 捕食−被食动力学优化算法. 系统仿真学报, 2018, 30(10): 3975-3984

[543] 卞清. 民间话语与政府话语的互动与博弈. 复旦大学博士学位论文, 2012

[544] 兰月新, 王芳, 张秋波, 等. 大数据背景下网络舆情主体交互机理与对策研究. 图书与情报, 2016, (3): 28-37

[545] 胡珑瑛, 董靖巍. 网络舆情演进过程参与主体策略行为仿真和政府引导. 中国软科学, 2016, (10): 50-61

[546] 洪亮, 石立艳, 李明. 基于系统动力学的多主体回应网络舆情影响因素研究. 情报科学, 2017, 35(1): 133-138

[547] 童星, 张海波. 群体性突发事件及其治理——社会风险与公共危机综合分析框架下的再考量. 学术界, 2008, (2): 35-45

[548] 杨康, 杨超, 朱庆华. 基于社交媒体的突发公共卫生事件公众信息需求与危机治理研究. 情报理论与实践, 2021, 44(3): 59-68

[549] 祝兴平. 大数据与风险社会的危机管理创新. 光明日报, 2015-09-05

[550] 曾润喜, 杨腾飞, 徐晓林. 重视网络社会风险保障国家政治安全——2016"国家政治安全与网络社会风险治理"研讨会综述. 中国行政管理, 2016, (6): 158-159

[551] 张海涛. 多维视角的重大突发事件演变机理及应对策略研究. 吉林大学博士学位论文, 2021

[552] 俞丰. 基于公共危机视角的政府公共关系沟通路径探析. 改革与开放, 2018, (19): 88-91

[553] 邓伟志. 关于社会风险预警机制问题的思考. 社会科学, 2003, (7): 65-71

[554] Graham M W, Avery E J, Park S. The role of social media in local government crisis communications. Public Relations Review, 2015, 41(3): 386-394

[555] 王莉英. 融媒体的发展模式探析. 中国传媒科技, 2019, (4): 51-53

[556] Glik D C. Risk communication for public health emergencies. Annual Review of Public Health, 2007, 28(1): 33-54

[557] 亨廷顿 S P. 变化社会中的政治秩序. 王冠华, 刘为译. 上海: 上海人民出版社, 2014

[558] 孙哲, 李宝怀. 风险社会视阈下的公共危机协同治理: 关键要素及实现路径. 内蒙古电大学刊, 2021, (4): 3-7

[559] 曹策俊, 李从东, 王玉, 等. 大数据时代城市公共安全风险治理模式研究. 城市发展研究, 2017, 24(11): 76-82

[560] 付秀荣. 智慧治理的主要风险及其化解对策. 国家治理, 2021, (14): 31-34

[561] 陈加友, 吴大华. 运用大数据提升国家治理现代化水平. 光明日报, 2018-02-01

# 附录 A    田野调查问卷

## 城市灾难情绪反应和应对问卷

一、您的基本信息

1. 您目前居住地（如四川省简阳市）_____[填空题]

2. 您的性别_____ [单选题]

（1）男  （2）女

3. 您的职业 _____[填空题]

4. 您的学历_____[单选题]

（1）博士研究生  （2）硕士研究生  （3）本科

（4）专科  （5）中专或高中  （6）初中及以下

5. 您的年龄（岁）_____[填空题]

6. 您的婚姻状况_____[单选题]

（1）已婚  （2）未婚  （3）离异再婚  （4）离异单身

7. 指导语：请您想象一下这个梯子代表了中国不同的家庭所处的不同的社会阶层，等级越高，表示其所处的阶层地位越高。例如，01 代表社会最底层，来自这些家庭的人的生活境况是最糟糕的，教育水平最低、工作最不体面、收入最低下；10 代表社会最高层，来自这些家庭的人的生活境况是最优越的，他们受教育程度高、工作最体面、收入最高。现在，请结合您的状况，思考一下您觉得自己出身的家庭位于梯子的哪一级？_____[填空题]

8. 您的工作年限（年）_____（没有就填0）[填空题]

9. 您的月收入_____[单选题]

（1）3 000元（含）以下  （2）3 000~5 000元（含）  （3）5 000~7 000元（含）

（4）7 000~10 000元（含）  （5）10 000~15 000元（含）  （6）15 000~20 000元（含）

（7）20 000~30 000元（含）  （8）30 000元以上

10. 您的手机号码后四位 _____ [填空题]

二、我们调查您对未来可能发生的任何一种灾难事件的认知、态度和倾向。我们将灾难事件划分为三类：自然灾难、技术灾难和人因灾难。自然灾难事件：强烈的破坏性自然事件，如地震、洪水、飓风等；技术灾难事件：人类所掌握技术的自身缺陷或管理失误造成的巨大破坏性影响事件，如火灾、爆炸、交通事故等；人因灾难事件：人类故意或非故意行为导致的灾难事件，如网络袭击、暴力事件、恐怖主义、新冠疫情等公共卫生事件。

11. 关于对自然灾难事件（地震、洪水、飓风、泥石流等）的风险感知。[单选题]（请对同意情况1~5 打分，1 表示完全不同意，2 表示不同意，3 表示不确定，4 表示同意，5 表示完全同意）

（1）[ZRGZ1]由于我（和我的家人）对自然灾难事件的高度关注，我认为我和家人受到影响的概率非常低

（2）[ZRGZ2]由于我（和我的家人）有良好的生活方式，我认为受自然灾难事件影响的概率很低

（3）[ZRGZ3]由于我（和我的家人）了解专业的防护知识，我认为受自然灾难事件影响的概率很低

（4）[ZRGZ4]由于我（和我的家人）身体健康，我认为受自然灾难事件影响的概率很低

（5）[ZRXL1]我很焦虑和担忧受自然灾难事件影响可能带来的后果

（6）[ZRXL2]我很恐惧和害怕受自然灾难事件影响可能带来的后果

（7）[ZRXL3]我非常痛恨受自然灾难事件影响可能带来的后果

（8）[ZRXL4]我对受自然灾难事件影响可能造成的后果坐立不安和感到不满

（9）[ZRXL5]我对受自然灾难事件影响可能造成的后果感到非常愤怒

12. 关于对技术灾难事件（如火灾、爆炸和交通事故）的风险感知。[单选题]（请对同意情况1~5 打分，1 表示完全不同意，2 表示不同意，3 表示不确定，4 表示同意，5 表示完全同意）

（1）[JSGZ1]由于我（和我的家人）对技术灾难事件的高度关注，我认为我和家人受到影响的概率非常低

（2）[JSGZ2]由于我（和我的家人）有良好的生活方式，我认为受技术灾难事件影响的概率很低

（3）[JSGZ3]由于我（和我的家人）了解专业的防护知识，我认为受技术灾难事件影响的概率很低

（4）[JSGZ4]由于我（和我的家人）身体健康，我认为受技术灾难事件影响的概率很低

（5）[JSXL1]我很焦虑和担忧受技术灾难事件影响可能带来的后果

（6）[JSXL2]我很恐惧和害怕受技术灾难事件影响可能带来的后果

（7）[JSXL3]我非常痛恨受技术灾难事件影响可能带来的后果

（8）[JSXL4]我对受技术灾难事件影响可能造成的后果坐立不安和感到不满

（9）[JSXL5]我对受技术灾难事件影响可能造成的后果感到非常愤怒

13. 关于对人因灾难事件（如网络袭击、恐怖袭击、社会群体、重大疫情等）的风险感知。[单选题]（请对同意情况1~5打分，1 表示完全不同意，2 表示不同意，3 表示不确定，4 表示同意，5 表示完全同意）

（1）[RYGZ1]由于我（和我的家人）对人因灾难事件的高度关注，我认为我和家人受到影响的概率非常低

（2）[RYGZ2]由于我（和我的家人）有良好的生活方式，我认为受人因灾难事件影响的概率很低

（3）[RYGZ3]由于我（和我的家人）了解专业的防护知识，我认为受人因灾难事件影响的概率很低

（4）[RYGZ4]由于我（和我的家人）身体健康，我认为受人因灾难事件影响的概率很低

（5）[RYXL1]我很焦虑和担忧受人因灾难事件影响可能带来的后果

（6）[RYXL2]我很恐惧和害怕受人因灾难事件影响可能带来的后果

（7）[RYXL3]我非常痛恨受人因灾难事件影响可能带来的后果

（8）[RYXL4]我对受人因灾难事件影响可能造成的后果坐立不安和感到不满

（9）[RYXL5]我对受人因灾难事件影响可能造成的后果感到非常愤怒

14. 关于对各种灾难事件的关注态度和倾向调查（结构性风险是相对固定的，很难改变；非结构性风险是人为的，相对容易改变）。[单选题]（请对同意情况1~5打分，1表示完全不同意，2表示不同意，3表示不确定，4表示同意，5表示完全同意）

（1）[RZ1]我对各类灾难事件有基本的了解

（2）[RZ2]我知道如何减少和/或消除与灾难事件相关的风险因素

（3）[RZ3]我有足够的关于家庭灾难计划的信息

（4）[RZ4]关于我住的房子/宿舍的安全，我有足够的信息

（5）[RZ5]我知道住在家里/宿舍的非结构性风险因素是什么

（6）[RZ6]我知道我需要做什么来减少我住的房子/宿舍的非结构性风险因素

（7）[RZ7]我知道在人潮拥挤的地方（购物中心、学校、公共交通、社会活动区等），灾难事件发生时该如何表现

（8）[QG1]在我生活的城市里，经历灾难事件的风险让我害怕

（9）[QG2]在我生活的国家里，经历灾难事件的风险让我感到害怕

（10）[QG3]对潜在的灾难事件没有采取必要的措施，这使我感到不安

（11）[QG4]在灾难事件发生时，身处人群密集的地方（购物中心、学校、公共交通、社会活动区等）让我很担心

（12）[QG5]我担心在可能发生的灾难事件中，我可能会暂时失联，别人无法在短时间内联系到我

（13）[QG6]一场可能发生的灾难事件发生后，搜索和救援队伍可能无法进入，这让我很担心

（14）[QG7]一想到在可能发生的灾难事件发生后无法得到足够的支持（身体上的、心理上的、住房上的），我就担心

（15）[QG8]我害怕在一场潜在的灾难事件之后，与亲戚之间会出现沟通问题

（16）[QG9]社会意识只有在自然灾难事件发生时才会提高，这一事实令人担忧

（17）[XW1]我想我已经为潜在的自然灾难事件做好了准备

（18）[XW2]我备份了我的个人信息和文件，以防万一出现自然灾难事件

（19）[XW3]我们为可能发生的自然灾难事件准备了家庭防灾计划

（20）[XW4]我有一个灾难应急包

（21）[XW5]在我和家人居住的家里，我们准备了灭火器等

（22）[XW6]我有必要的知识在自然灾难事件中保护自己

（23）[XW7]在紧急情况下，我能正确、准确地沟通

15. 您对媒体面对危机所发布信息的态度。[单选题]（请对同意情况1~5打分，1表示完全不同意，2表示不同意，3表示不确定，4表示同意，5表示完全同意）

（1）[MT1]我十分信任媒体对于危机事件的报道能力

（2）[MT2]我十分信任媒体对于危机事件的报道没有过度和夸张

（3）[MT3]我十分信任媒体出于对公众健康关心的角度来报道危机事件

16. 您一般对这些灾难事件进行网络传播的动机是什么？[单选题]（请对同意情况1~5打分，1表示非常不符，2表示有点不符，3表示不确定，4表示有点符合，5表示非常符合）

（1）[DJ1]成为论坛或者其他发帖的领袖，或者获得朋友圈的大量点赞使我很骄傲和有成就感

（2）[DJ2]这样做可以提高我的知名度，打造我的人设

（3）[DJ3]这样做可以获得别人的关注，使我产生满足感

（4）[DJ4]我觉得无聊，为了打发时间

（5）[DJ5]全民参与是解决不公平事件的关键

（6）[DJ6]出于良心

（7）[DJ7]出于社会责任心

（8）[DJ8]大规模传播能有效打击滥用职权的行为，或让更多人关注给政府相关部门压力才能解决问题

（9）[DJ9]在网络热门讨论过程中，我想怎么说就怎么说

（10）[DJ10]标新立异的表现会让人对我刮目相看

（11）[DJ11]出于对自己生活的不满产生泄愤心理

（12）[DJ12]出于从众心理，大家都这么认为我也觉得有道理

（13）[DJ13]我想借此出名，可能会名利双收

17. 您对自己生活的满意度。　[单选题]（请对同意情况 1~5 打分，1 表示完全不同意，2 表示不同意，3 表示不确定，4 表示同意，5 表示完全同意）

（1）[MY1]我的生活大致符合我的理想

（2）[MY2]我的生活状况非常圆满

（3）[MY3]我满意自己的生活

（4）[MY4]直到现在为止，我都能够得到我在生活上希望拥有的重要东西

（5）[MY5]如果我能重新活过，差不多没有东西我想要改变

# 附录 B 平衡点的存在性及稳定性分析

因为在本书中会用到一些重要的动力学相关定义，如基本再生数等，以及一些经典的数学定理，如 LaSalle 不变集原理、Routh-Hurwitz 稳定判据等，用来作为论证各模型性态的重要工具，所以我们将给出相关的定义并将有关定理不加论证地叙述如下。

1. 极限方程理论与LaSalle不变集原理

**定义 1**[①]    考虑自治系统

$$\frac{\mathrm{d}x}{\mathrm{d}t} = f(x),\ f(0) = 0 \tag{1}$$

其中，$f \in C(D \subset R^n, R^n)$。

设 $\Omega \subset D$ 是一开子集，$V \in C^1(\Omega, R)$。若系统（1）的轨线有全导数

$$\frac{\mathrm{d}V}{\mathrm{d}t}\Big| = \mathrm{grad}V(x) \cdot f(x) \leqslant 0,\ x \in \Omega$$

则称$V$是系统（1）的Lyapunov函数。

**定理 1**[②]    若有原点的邻域和一个正定（负定）函数 $V(x)$，使得 $\dot{V}(x)$ 是半负定（半正定）的，则系统（1）的零解是稳定的；且使得 $\dot{V}(x)$ 负定（正定）时，系统（1）的零解是渐近稳定的。

**定理 2**[②]    设在原点的邻域内有函数 $V(x)$，它沿着系统（1）轨线的全导数 $\dot{V}(x)$ 是正定（负定）的，而 $\dot{V}(x)$ 本身不是半负定（半正定）的，则系统（1）的零解是不稳定的。

**定义 2**[③]    设系统（1）的零解是渐近稳定的，且其吸引域是 $R^n$，则称系统（1）的零解是全局渐近稳定的。若$\forall r > 0$，有$M = M(r) > 0$，使当$\| x^0 \| | < r$ 和$t \geqslant t_0$时，有$\| x(t, t_0, x^0) \| < M(r)$，则称系统（1）的解一致有界；若系统（1）的解一致有界，零解一致稳定和全局一致吸引，则称系统（1）的零解全局一致渐近稳定。

**定理 3**[③]    （不变集原理）设 $V$ 是系统（1）的定义在开子集 $\Omega \subset D$ 内的一个 Lyapunov 函数，$V$ 在 $\bar{\Omega}$ 上连续，令

$$E = x \in \bar{\Omega}|V'(x) = 0$$

$M$ 是系统（1）在 $E$ 中的最大不变子集，从 $\Omega$ 内出发的任一正半轨 $\Gamma_+(x_0)(x_0 \in \Omega)$，则轨线 $\Gamma_+(x_0)$的$\omega$ 极限集 $\omega(\Gamma_+(x_0)) \subset M$，且有

$$\lim_{T \to \infty}\mathrm{dist}(x(t, x_0), M) = 0$$

① 马知恩. 传染病动力学的数学建模与研究. 北京: 科学出版社, 2004
② 马知恩. 常微分方程定性与稳定性方法. 北京: 北京大学出版社, 2001
③ 丁同仁, 张芷芬. 微分方程定性理论. 北京: 北京大学出版社, 2006

**推论 1** 在定理 3 的条件下，若 $M = x^*$，这里 $f(x^*) = 0$，则系统（1）的平衡点 $x^*$ 在 $\Omega$ 内是全局吸引的。

**定义 3**[①]（极限方程）设有非自治系统

$$\frac{\mathrm{d}x}{\mathrm{d}t} = f(x,t),\, f: R \times D \subseteq R \times R^n \to R^n \tag{2}$$

与自治系统

$$\frac{\mathrm{d}y}{\mathrm{d}t} = g(y),\, g: R^n \to R^n \tag{3}$$

且设解的存在满足唯一性条件，解的存在区间为 $(a, +\infty)$。

若当 $t \to +\infty$ 时，对于 $\forall x \in D$，$f(t, x)$ 一致地趋向于 $g(x)$，则称系统（3）是系统（2）的极限系统；而系统（2）称为具有极限系统（3）的渐近自治系统。

在一定条件下，渐近自治系统的解与其极限系统的解之间有密切关系。

**定理 4**[②] 设 $f \in C(R \times R^n), g \in C(R^n)$ 均满足局部 Lipschitz 条件，若系统（2）的任一解均正向有界，且其极限系统（3）的平衡点 $E$ 全局渐近稳定，则系统（3）的任一解 $x(t)$ 都有

$$\lim_{t \to \infty} x(t) = E$$

**2. Routh-Hurwitz 判据**[③]

本书对风险传播动力学模型的稳定性判定使用的是 Routh-Hurwitz 稳定判据，线性系统稳定的充分必要条件是它的特征方程式的所有根均为负数或具有负的实数部分；或者说，特征方程式的所有根均在复数平面的左半部分。

**定理 5** 线性系统稳定的充要条件：闭环特征方程式的根须都位于 $S$ 的左半平面。令系统的闭环特征方程为

$$a_0 s^n + a_1 s^{n-1} + a_2 s^{n-2} + \cdots + a_{n-1}s + a_n = 0, a_0 > 0$$

如果方程式的根部都是负实部，或实部为负的负实根，则其特征方程式的各项系数均为正值，且无零系数。

将特征方程的各项系数按下面的格式排成 Routh 表：

$$
\begin{pmatrix}
S^n & a_0 & a_2 & a_4 & a_6 & \ldots \\
S^{n-1} & a_1 & a_3 & a_5 & a_7 & \ldots \\
S^{n-2} & b_1 & b_2 & b_3 & a_4 & \ldots \\
S^{n-3} & c_1 & c_2 & c_3 & \ldots & \ldots \\
\vdots & \vdots & \vdots & \vdots & \vdots & \vdots \\
S^2 & d_1 & d_2 & d_3 & \ldots & \ldots \\
S^1 & e_1 & e_2 & \ldots & \ldots & \ldots \\
S^0 & f_1 & \ldots & \ldots & \ldots & \ldots
\end{pmatrix} \tag{4}
$$

其中，$b_1 = \dfrac{a_1 a_2 - a_0 a_3}{a_1}, b_2 = \dfrac{a_1 a_4 - a_0 a_5}{a_1}, b_3 = \dfrac{a_1 a_6 - a_0 a_6}{a_1}, \ldots;\ c_1 = \dfrac{b_1 a_3 - a_1 b_2}{b_1}, c_2 = \dfrac{b_1 a_5 - a_1 b_3}{b_1},$

$c_3 = \dfrac{b_1 a_7 - a_1 b_4}{b_1};\ f_1 = \dfrac{e_1 d_2 - d_1 e_2}{e_1}$。

---

① 马知恩. 传染病动力学的数学建模与研究. 北京: 科学出版社, 2004

② 马知恩. 常微分方程定性与稳定性方法. 北京: 北京大学出版社, 2001

③ Chebotarev N G, Meiman N N. The Routh-Hurwitz problem for polynomials and entire functions. Trudy Mat. Inst. Steklov, Acad. Sci. USSR, Moscow‑Leningrad, 1949, 26: 3-331

求得$n+1$行系数后，进行检验：

(1) 如果 Routh 表中第一列的系数均为正值，则其特征方程式的根都在 $S$ 的左半平面，相应的系统是稳定的；

(2) 如果 Routh 表中第一列系数的符号有变化，其变化的次数等于该特征方程式的根在 $S$ 的右半平面上的个数，相应的系统是不稳定的。

分析 6 阶以下系统的稳定性时，可以应用 Hurwitz 判据。

**定理 6**　将系统的特征方程写成如下标准形式：$a_0 s^k + a_1 s^{k-1} + \cdots + a_{k-1} s + a_k = 0, a_0 > 0$。

现以它的各项系数写出如下行列式：

$$\Delta = \begin{vmatrix} a_1 & a_0 & 0 & 0 & 0 & \cdots \\ a_3 & a_2 & a_1 & a_0 & 0 & \cdots \\ a_5 & a_4 & a_3 & a_2 & a_1 & \cdots \\ a_7 & a_6 & a_5 & a_4 & a_3 & \cdots \\ a_9 & a_8 & a_7 & a_6 & a_5 & \cdots \\ \vdots & \vdots & \vdots & \vdots & \vdots & \vdots \\ 0 & 0 & 0 & 0 & 0 & a_k \end{vmatrix} \tag{5}$$

其中，$k = 1, 2, 3, \cdots, n$。行列式中，对角线上各元为特征方程中自第二项开始的各项系数。每行以对角线上各元为准，写对角线左方各元时，系数 $a$ 的脚标递增；写对角线右方各元时，系数 $a$ 的脚标递减。当写到在特征方程中不存在系数时，则以零来代替。

系统稳定的充分必要条件在 $a_0 > 0$ 的情况下是，上述各行列式的各阶主子或均大于零，即对稳定系统来说要求

$\Delta_1 = a_1 > 0$,

$$\Delta_2 = \begin{vmatrix} a_1 & a_0 \\ a_3 & a_2 \end{vmatrix} \tag{6}$$

$$\Delta_3 = \begin{vmatrix} a_1 & a_0 & 0 \\ a_3 & a_2 & a_1 \\ a_5 & a_4 & a_3 \end{vmatrix} \tag{7}$$

$\Delta_k > 0$。

利用以上理论，下面对文中的定理进行证明。

**定理 6.1**　当 $R_0 \leqslant 1$ 时，系统（6.4）的平衡点在可行域 $A$ 内是全局渐近稳定的。

证明：取 Liapunov 函数

$$L = \frac{g}{m+c} E + \frac{1}{m} I \tag{8}$$

则当 $R_0 \leqslant 1$ 时，沿着系统（6.4）的 $L$ 的导数是

$$\frac{\mathrm{d}L}{\mathrm{d}t} = \frac{g}{m+c} \frac{\mathrm{d}E}{\mathrm{d}t} + \frac{1}{m} \frac{\mathrm{d}I}{\mathrm{d}t}$$

$$= \frac{g}{m+c}(bSI - mE - cE) + \frac{1}{m}(gmE - hI - cI)$$

$$= \frac{gmbSI - (m+c)(h+c)I}{m(m+c)}$$

$$\leqslant \frac{gmbI - (m+c)(h+c)I}{m(m+c)} \tag{9}$$

$$= \frac{(h+c)(R_0-1)I}{m} \leqslant 0$$

当且仅当 $I = 0$ 时，集合 $\{(S,E,I)|\frac{\mathrm{d}L}{\mathrm{d}t} = 0\}$ 的最大正向不变集为单点集 $p_0$，故由 LaSalle 不变集原理可知当 $R_0 \leqslant 1$ 时，平衡点 $p_0 = (1,0,0)$ 是全局渐近稳定的。

**定理 6.2**　当 $R_0 > 1$ 时，系统（6.4）唯一的非负平衡点 $p_*$ 是局部渐近稳定的。

证明：系统（6.4）在 $p_*(S_*, E_*, I_*)$ 处的 Jacobian 矩阵为

$$J(p^*) = \begin{pmatrix} -bI^*-c & 0 & -bS^* \\ bI^* & -(m+c) & bS^* \\ 0 & gm & -(h+c) \end{pmatrix} \tag{10}$$

其特征方程为 $|\lambda e - J(p^*)| = 0$，其中 $e$ 为单位矩阵，特征方程为

$$\lambda^3 + C_1\lambda^2 + C_2\lambda + C_3 = 0 \tag{11}$$

其中，

$$\begin{aligned} C_1 &= 2m + 2c + h + bI^* \\ C_2 &= (m+c)(h+c) + (2m+c+h)(bI^*+c) - bgmS^* \\ C_3 &= b(m+c)(h+c)I^* + c(m+c)(h+c) - bgmcS^* \end{aligned} \tag{12}$$

$$\begin{aligned} C_2 &= (m+c)(h+c) + (2m+c+h)(bI^*+c) - bgmS^* \\ &< (m+c)(h+c) + (2m+c+h)(bI^*+c) - bgm \\ &= (2m+c+h)(bI^*+c) - (m+c)(h+c)(R_0-1) \end{aligned} \tag{13}$$

$$\begin{aligned} C_3 &= b(m+c)(h+c)I^* + c(m+c)(h+c) - bgmcS^* \\ &> b(m+c)(h+c)I^* + c(m+c)(h+c) - bgmc \\ &= c(m+c)(h+c)(1-R_0) + b(m+c)(h+c)I^* \\ &= (m+c)(h+c)[bI^* - c(R_0-1)] \end{aligned} \tag{14}$$

由于 $S^* + E^* + I^* \leqslant 1$，可以得出当 $R_0 > 1$ 时 $C_1 > 0$，$C_3 > 0$，且 $C_1C_2 - C_3 > 0$，由 Routh-Hurwitz 判据可知，系统（6.4）在非负平衡点 $p_*$ 是局部渐近稳定的。

由定理1和定理2可知，基本再生数 $R_0 = \frac{bgm}{(m+c)(h+c)}$ 是模型的传播阈值。

**定理 7.1**　当 $R_0 > 1$ 时，系统 (7.1) 存在唯一正平衡点 $p^*(S^*, E^*, I^*)$。

证明：由方程组 (7.2) 第二个等式可得

$$E = \frac{b}{d+c}SI\mathrm{e}^{(a_2-a_1)I} \tag{15}$$

将式 (15) 代入方程组 (7.2) 第三个等式可得

$$S = \frac{(c+d)(g+c)}{bd}\mathrm{e}^{(a_1-a_2)I} \tag{16}$$

将式 (16) 代入式 (7.2) 第一个等式可得

$$F(I) = a - \frac{(c+d)(g+c)}{d}I - \frac{c(c+d)(g+c)}{bd}\mathrm{e}^{(a_1-a_2)I} = 0 \tag{17}$$

通过计算可得

$$F(0) = a - \frac{c(c+d)(g+c)}{bd} = \frac{c(c+d)(g+c)}{bd}(R_0 - 1)$$

$$F'(I) = -\frac{(c+d)(g+c)}{d} - \frac{c(c+d)(g+c)(a_1-a_2)}{bd}\mathrm{e}^{(a_1-a_2)I} \tag{18}$$

$$F''(I) = -\frac{c(c+d)(g+c)(a_1-a_2)^2}{bd}\mathrm{e}^{(a_1-a_2)I} \leqslant 0$$

下面分情况讨论:

（1）当 $a_1 - a_2 > 0$ 时，易得 $F'(I) < 0$，即 $F(I)$ 是一个单减函数。当 $R_0 > 1$ 时，$F(0) > 0$，因此方程（18）有唯一的正根 $p^*$。

（2）当 $a_1 - a_2 < 0$ 时，

（a）若 $0 < a_2 - a_1 \leqslant \frac{b}{c}$，则 $F'(I) < 0$，当 $R_0 > 1$ 时，$F(0) > 0$，因此方程（18）有唯一的正根 $p^*$。

（b）若 $a_2 - a_1 > \frac{b}{c}$，由 $F'(I) = 0$ 可得出驻点，

$$F'(I) = -\frac{(c+d)(g+c)}{d} - \frac{c(c+d)(g+c)(a_1-a_2)}{bd}\mathrm{e}^{(a_1-a_2)I} = 0$$
$$I_0 = \frac{1}{a_1 - a_2}\ln\frac{b}{c(a_2-a_1)} \tag{19}$$

因为 $F''(I) < 0$，所以 $F'(I)$ 是一个单减函数。（i）当 $0 < I \leqslant I_0$ 时，$F'(I) > F'(I_0) = 0$，当 $R_0 > 1$ 时，$F(0) > 0$，所以方程（18）有唯一的正根。（ii）当 $I > I_0$ 时，$F'(I) < F'(I_0) = 0$，即 $F(I)$ 是一个单减函数，且当 $I \to +\infty$ 时，$F(I) \to -\infty$，故当 $R_0 > 1$ 时，方程（18）有唯一的正根 $p^*$。

综上分析，证明了当 $R_0 > 1$ 时，系统 (7.1) 存在唯一正平衡点 $p^*(S^*, E^*, I^*)$。

**定理 7.2**　集合 $A = \{(S, E, I, R)|S, E, I, R \geqslant 0, S + E + I + R \leqslant \frac{a}{c}\}$ 是系统 (7.1) 的正向不变集，也是其吸引集。

证明：记 $N = S + E + I + R$，将其对时间 $t$ 求导，由系统 (7.1) 可得

$$\frac{\mathrm{d}N}{\mathrm{d}t} = a - cN \tag{20}$$

因此，$N = \mathrm{e}^{-ct}\left(N(0) - \frac{a}{c}\right) + \frac{a}{c}$。故对任意的 $N(0) \in A$，有

$$0 \leqslant N \leqslant \frac{a}{c} \tag{21}$$

故 $A$ 是系统 (7.1) 的正向不变集。

如果 $N(0) \in A$，由 $A$ 是系统 (7.1) 的正向不变集知 $0 \leqslant N \leqslant \frac{a}{c}$。

如果 $N(0) \notin A$，由前面的分析知，当 $t \to +\infty$ 时，有 $0 \leqslant N \leqslant \frac{a}{c}$。

因此，$A$ 是系统 (7.1) 的吸引集。综上，$A$ 是系统 (7.1) 的正向不变集，也是其吸引集。

**定理 7.3**　在 $a_2 < a_1$ 的条件下，当 $R_0 < 1$ 时，系统 (7.1) 的平衡点 $p_0 = \left(\frac{a}{c}, 0, 0, 0\right)$ 在可行域 $A$ 内是全局渐近稳定的。而当 $R_0 > 1$ 时，系统的平衡点 $p_0$ 不稳定。

证明：构造 Liapunov 函数

$$L = \frac{1}{2}\left(S - \frac{a}{c}\right)^2 + \frac{a}{c}E + \frac{a(c+d)}{dc}I + \theta R \tag{22}$$

其中，$\theta = \frac{a(c+d)(g+c)}{gdc}(1 - R_0) - \varepsilon$，$\varepsilon$ 为一个任意小的正数。当 $R_0 < 1$ 时，函数 $L$ 是一个正定函数。

函数 $L$ 沿着系统 (7.1) 关于时间 $t$ 求导，得

$$\frac{\mathrm{d}L}{\mathrm{d}t} = (S - \frac{a}{c})[a - bSIe^{(a_2-a_1)I} - cS] + \frac{a}{c}[bSIe^{(a_2-a_1)I} - dE - cE]$$

$$+ \frac{a(c+d)}{dc}(dE - gI - cI) + \theta(gI - cR)$$

$$= -(S - \frac{a}{c})^2(c + bIe^{(a_2-a_1)I}) + [\frac{a^2be^{(a_2-a_1)I}}{c^2} - \frac{a(c+d)(g+c) - \theta gdc}{dc}]I - \theta cR \tag{23}$$

当 $a_2 < a_1$ 时，

$$\frac{a^2be^{(a_2-a_1)I}}{c^2} - \frac{a(c+d)(g+c) - \theta gdc}{dc} = \frac{a^2bd - [ac(c+d)(g+c) - \theta gdc]e^{(a_1-a_2)I}}{dc^2e^{(a_1-a_2)I}} \tag{24}$$

将 $\theta = \frac{a(c+d)(g+c)}{gdc}(1 - R_0) - \varepsilon$ 代入式 (24)，可得

$$a^2bd - [ac(c+d)(g+c) - \theta gdc]e^{(a_1-a_2)I} = a^2bd - [ac(c+d)(g+c)R_0 + \varepsilon gd]e^{(a_1-a_2)I}$$
$$\leqslant a^2bd - ac(c+d)(g+c)R_0 = 0$$

因此，

$$\frac{\mathrm{d}L}{\mathrm{d}t} = -\left(S - \frac{a}{c}\right)^2(c + bIe^{(a_2-a_1)I}) + \left[\frac{a^2be^{(a_2-a_1)I}}{c^2} - \frac{a(c+d)(g+c) - \theta gdc}{dc}\right]I - \theta cR \leqslant 0$$

显然 $\frac{\mathrm{d}L}{\mathrm{d}t} = 0$ 当且仅当 $(S, E, I, R) = \left(\frac{a}{c}, 0, 0, 0\right)$。根据 LaSalle 不变集原理，边界平衡点 $p_0$ 全局吸引。由 $V(t)$ 为正定无穷大函数，故 $p_0$ 是全局渐近稳定的。

下证当 $R_0 > 1$ 时，边界平衡点 $p_0$ 不稳定。

系统 (7.1) 在边界平衡点处的 Jacobi 矩阵为

$$\begin{pmatrix} -c & 0 & -\frac{ab}{c} & 0 \\ 0 & -(c+d) & \frac{ab}{c} & 0 \\ 0 & d & -(c+g) & 0 \\ 0 & 0 & g & -c \end{pmatrix}$$

其对应的特征根为

$$\lambda_1 = \lambda_2 = -c, \quad \lambda_3 = -c - \frac{d}{2} - \frac{g}{2} - \frac{1}{2}\sqrt{\frac{(cd^2 - 2cdg + 4abd + cg^2)}{c}},$$

$$\lambda_4 = \frac{1}{2}\sqrt{\frac{(cd^2 - 2cdg + 4abd + cg^2)}{c}} - c - \frac{d}{2} - \frac{g}{2}$$

显然，$\lambda_1$、$\lambda_2$、$\lambda_3$ 均小于0。当$R_0 > 1$ 时，有 $R_0 - 1 > 0$，即

$$abd - (c^3 + dc^2 + gc^2 + dgc) > 0, \quad \lambda_4 = \frac{\sqrt{d^2 - 2dg + \dfrac{4abd}{c} + g^2} - (2c + d + g)}{2}$$ 的分子是大于0 的，

$\lambda_4 > 0$，故零传播平衡点 $p_0$ 不稳定。

**定理 8.1**　当 $0 < R_0 < 1$ 时，系统（8.2）的平衡点 $p_0 = \left(\dfrac{a}{c}, 0, 0, 0\right)$ 在可行域 $A$ 内是局部渐近稳定的。

证明：由于系统（8.2）的前三个等式均未含有$R$，故考虑前三个等式组成的系统在 $\left(\dfrac{a}{c}, 0, 0\right)$ 处的 Jacobian 矩阵为

$$J(p_0) = \begin{pmatrix} -c & 0 & -\dfrac{ab}{c} \\ 0 & a_0 - (m+c) & \dfrac{ab}{c} \\ 0 & gm & b_0 - (h+c) \end{pmatrix}$$

其特征方程为 $|\lambda e - J(p_0)| = 0$，其中 $e$ 为单位矩阵，特征方程为

$$\lambda^3 + C_1\lambda^2 + C_2\lambda + C_3 = 0$$

其中，

$C_1 = 3c - b_0 - a_0 + h + m$

$C_2 = a_0 b_0 - 2a_0 c - 2b_0 c - a_0 h + 2ch - b_0 m + 2cm + hm + 3c^2 - \dfrac{abgm}{c}$

$C_3 = c^2 h - b_0 c^2 - a_0 c^2 + c^2 m + c^3 + a_0 b_0 c - a_0 ch - b_0 cm + chm - abgmcS^*$

当 $0 < R_0 < 1$ 时 $C_1 > 0$，且 $C_1 C_2 - C_3 = (1 - R_0) + \dfrac{c(c + m - a_0 + c + h - b_0)}{(c + m - a_0)(c + h - b_0)} > 0$，由 Routh-Hurwitz 判据可知，系统（8.2）在平衡点 $p_0$ 是局部渐近稳定的。

# 索 引

# 跋

百年变局和世纪疫情交织叠加，灾难事件频发，社会风险凸现，灾难事件社会风险治理是棘手问题、有强烈需求。以问题为导向、需求为引领，自2008年以来，我率领重大灾害应急管理科研团队，沿着灾害社会风险治理的主线，紧扣地震灾后恢复重建、灾害社会风险应对、灾难社会舆情治理的选题，获得三项国家社会科学基金重大招标项目的持续资助。习近平总书记在哲学社会科学工作座谈会上的讲话中强调，"坚持马克思主义在我国哲学社会科学领域的指导地位"①。国家社会科学基金重大招标项目是我国哲学社会科学领域最高层级、最具权威性的研究项目，在加快构建中国特色哲学社会科学的战略任务中肩负重要使命。我们始终坚持马克思主义基本原理和贯穿其中的立场、观点、方法，在深入剖析灾害社会属性的基础上，探明灾难事件社会风险的系统结构、逻辑框架及演化机理，理清社会风险生成、传导、演化路径，构建灾难事件社会风险治理范式，经实践检验，具有很强的现实针对性和实践指导性。

## 一、破题：创新方法

破题是研究的成功基点，重在创新。课题成果不是写出来的，而是干出来的。基于应对灾难事件社会风险治理的国家需求，依系统分析、建模仿真、情景模拟等研究方法，据国际化、前瞻性、系统性的研究视野，对灾难事件社会风险的实施框架、运行模式、政策体系等进行多角度、多层面的研究，建立灾难事件社会风险治理的基础理论，探究演化机理，构筑应对决策框架。

### 1. 动力系统

自然、技术和人因三类灾难事件社会风险影响机理与演化规律有较大区别，政府、媒体和公众三类主体在风险信息传播中扮演不同角色，且相互交织，增加了风险演化的不确定性和治理的复杂性。以系统动力学为主的建模仿真方法，从多元、分时、动态的视角，探究不同灾难事件社会风险信息传导扩散规律，提出治理策略。

（1）社会风险参与主体的行为规则。灾难事件下社会风险治理的主要特点之一就是参与主体众多，能否准确预测和判断参与主体在灾难事件社会风险信息传播中的决策行为、厘清参与主体的交互关系，是构建社会风险治理体系的关键，需要系统地分析三类主体的利益动机、行为方式和交互结构。按照对待风险的态度和应对风险状态的不同，将公众进行分类，并分析不同类型公众在不同类型灾难事件发生后的心理特征和行为特点，建立系统动力学仿真模型，模拟预测参与主体在社会风险中的决策行为、状态间的转移方式。

（2）灾难事件社会风险预警与评估。社会风险预警与评估是灾难事件社会风险治理的关键技术；个体状态的占比、风险影响因素和风险爆发阈值，是灾难事件社会风险预警和评估的核心问题。以微

① （授权发布）习近平总书记在哲学社会科学工作座谈会上的讲话（全文）.http://www.xinhuanet.com/politics/2016-05/18/c_1118891128.htm, 2016-05-18

分动力系统中的扩散模型为基础构建灾难事件社会风险传播模型，推演出灾难信息传播诱发社会风险的阈值，对社会风险量化预警。利用实际案例与仿真数据分别模拟多阶段中个体状态的占比变化，测算政府引导、回应和干预对灾难事件社会风险治理的不同作用。通过个体的状态占比和参与的行为结果，评估灾难事件社会风险的影响力。

2. 传播模型

针对具有多层次主体参与、多阶段动态演化、多渠道数据异构等特性的灾难事件社会风险治理系统工程，构建基于开源社交平台信息的多阶段渐进型灾难事件社会风险治理方法，有效助力灾难事件社会风险治理能力的提升和改善。

（1）开源社交平台信息的挖掘与处理。针对网络社交平台上灾难事件信息的精准挖掘与科学处理需要，构建以"精准挖掘–异构融合–异常甄别"为核心脉络的方法体系。首先，集成语义模糊处理方法与关键词聚类算法实现对灾难事件社会风险信息检索的精准化表达，以信息产生时间与灾难事件发生时间相匹配为原则，运用网络爬虫技术挖掘开源社交平台信息；其次，采用基于特征值提取的模糊信息处理方法，对挖掘所得的文本、图片及视频等结构互异的灾难事件社会风险信息进行有效融合，以实现异构信息的结构化与半结构化表达；最后，以信息传播次数、频率及波长为关键指标，利用不确定信息的多重比较技术，甄别极端信息、剔除个别现象，确保用于定量计算与模拟的初始数据的可靠性。

（2）多阶段多频次信息传播风险度量。科学精准的风险感知度量是灾难事件社会风险治理的关键技术，公众状态判断、风险传播阶段及趋势测算是风险感知度量的核心问题。将社交平台中灾难事件社会风险信息交互的最大群体"公众"，划分成为不知者、潜伏者、传播者和抑制者四种状态；构建社会风险传播模型，利用开源社交平台信息，仿真模拟四种状态下公众行为对于灾难事件社会风险传播的作用。通过设置差异化定义灾难事件社会风险信息持续时间及传播频次，挖掘多维度的初始数据集；通过进一步的模拟仿真，测算差异时间及频次条件下，四种状态下公众在社会风险传播与治理中的不同表现，评估持续时间和传播热度对于灾难事件社会风险扩散的影响，为提高社会风险治理能力提供有效的决策支撑。

3. 国际影响

课题组开展了许多基础性、开创性研究工作，为检验研究方法和阶段成果的前沿性和创新性，撰写论文投稿。国际同行评价、一流杂志评审是最好的检验方法。我和课题组成员张益、卢毅、李宗敏、吴志彬、董玉成、唐伟瑶、王凤娟、徐吨等，分别在 *International Journal of Modern Physics C*，*International Journal of Modern Physics A*，*Nonlinear Dynamics*，*Information Sciences*，*Information Processing & Management*，*International Journal of Disaster Risk Reduction*，*Environmental Hazards Journal of Systems Science and Systems Engineering IEEE Transactions on Computational Social Systems*，《情报杂志》等计算物理、信息科学、系统科学、灾害管理、情报科学等国际、国内高水平期刊发表学术论文40余篇，构建以社会风险传播模型为核心的灾难事件社会风险治理方法体系，对灾难事件社会风险的机理规律、治理模式等做了深入系统的研究，受到相关领域学者的积极引用和肯定评价，引领国际学术界开展灾难事件社会风险治理、应急管理及其他相关领域的交叉学科研究工作，产生了广泛的国际影响。

我们通过组办系列国际会议、国际学术研讨会等方式，邀请世界知名专家学者，就灾难事件社会风险治理的相关前沿问题开展学术研讨。2018年，我作为常任主席的管理科学与工程管理国际会议第十二届年会（12 th ICMSEM）在澳大利亚墨尔本举办。会上我组织召开了"Governance on Disaster-induced Internet Public Opinion"专题研讨会，与管理学国际权威期刊 *International Journal of Management Science* 主编、美国德雷塞尔大学 Benjamin Lev 教授，世界著名智能计算专家、日本模糊逻辑系统研究所 Mitsuo Gen 教授，加拿大布鲁克大学教授 S. Ejaz Ahmed，西班牙卡斯提亚–拉曼彻大学 F. P. G. Marquez 教授，阿塞拜疆科学院院士 Asaf Hajiyev 等十余名学者一起，就灾难事件引发的网络公共舆论治理问题进行了深入交流。外国专家充分肯定了我们的研究工作，并表达强烈的合作研究兴趣。课题组成员李宗敏、徐吨、卢毅等，分别以访问学者身份，赴德雷塞尔大学（Drexel University）、加州大学河滨分校（UC Riverside）、伦敦国王学院（King's College London）进行学术交流、访问调研。

我和卢毅受 SSCI 期刊 *Environmental Hazards* 主编、牛津大学 Edmund Penning-Rowsell 教授之邀，作为客座编辑，以 "Earthquake Disasters: Prevention and Reconstruction" 为主题，于 2018 年 8 月组织出版一期正刊专辑，并撰写评论文章 "Towards an earthquake-resilient world: from post-disaster reconstruction to pre-disaster prevention"，为灾害治理范式转型指明新方向。我和吴志彬、李宗敏受 SCI 期刊 *International Journal of Disaster Risk Reduction* 主编、伦敦大学学院 David Alexander 教授之邀，作为客座编辑，以 "Decision Making for Disaster Risk Reduction" 为主题，于 2020 年 2 月组织出版一期正刊专辑。来自十余个国家 60 余位专家学者的 23 篇高水平论文，为防灾减灾和风险治理提供了前沿视角和丰富案例，提升我国在灾害治理领域的国际话语权，占领防灾、减灾、救灾领域的国际前沿学术阵地。

## 二、解题：不断实践

解题是研究的现实锚点，贵在实效。立足灾害多发区域，发挥学科交叉优势，我们的研究工作不仅在学术上获得同行关注、产生国际影响，而且在实践中取得显著效果、产生重大影响。依托接续承担的三项国家社会科学基金重大招标项目，我们构筑了协同攻关的高水平研究团队，创立了国家级科研培育基地平台——四川大学应急管理研究中心，完成了大量的调查和研究工作，就灾难事件社会风险治理范式做出了有益探索，总结提出了一系列理论认知、路径规律和有效模式，为政府决策部门提供了一系列有针对、可操作的政策建议，为地震灾情、网络舆情、新冠疫情等重大灾难事件社会风险应对提供了决策参考。

### 1. 地震灾情

我国处在环太平洋和喜马拉雅地震带，地震活动频度高、强度大、震源浅、分布广，是世界上地震灾害最严重的国家之一。四川域内龙门山断裂带、岷江断裂带和东昆仑断裂带等强烈地震带纵横交错，是近年来我国地震灾害最活跃的地区之一。身处四川，责无旁贷。2008 年汶川 8.0 级地震、2013 年芦山 7.0 级地震、2017 年九寨沟 7.0 级地震爆发后，我均在第一时间奔赴灾区一线，调查研究、建言献策、辅助决策。

受聘为"四川省灾后恢复重建专家服务团"成员，为推动汶川 8.0 级地震灾后过渡安置与恢复重建提交 30 余份调查报告和对策建议，为推动芦山 7.0 级地震科学恢复重建和社会风险防控提交 20 余份研究报告和政策建议，受到四川省委主要领导的高度肯定，被四川省委省政府相关部门吸收、采纳，并运用在灾后重建的相关政策中。受托为四川省减灾委专家委员会灾损调查专家组组长，对九寨沟 7.0 级地震灾区开展实地调查，提出九寨沟重建探索世界自然遗产抢救、修复、恢复、保护的新模式，被四川省人民政府采纳，成为制定科学重建规划的重要依据。

在此期间，就地震灾难事件社会风险综合应对决策开展研究，从社会风险综合应对决策主旨、应对决策支撑、全过程控制和动态评估优化等方面，围绕地震灾难事件社会风险潜伏、触发、发展、消亡全过程，为中央和四川省人民政府提出了系列对策建议。例如，《关于控制地震灾害社会亚稳定问题的建议》刊登在四川省社会科学联合会《重要成果专报》2010 年第 16 期（总第 175 期），提示要加强防控震后灾区社会风险。针对四川芦山 7.0 级地震灾区社会亚稳定的特征及可能出现的风险状况，提出"从社会亚稳定状态控制入手防范灾区社会风险"的观点,相关文章刊登于 2013 年 5 月 10 日的《中国社会科学报》。政策建议《提高地震应急通信能力减少人员伤亡》,被政协全国委员会办公厅的《政协信息专报》2013 年第 23 期(总第 1567 期)刊发,为减小救援失序风险,避免震后陷入混乱提出了思路方案。

2. 网络舆情

我带领团队,通过主持完成的前两个国家社会科学基金重大招标项目("汶川大地震灾后'经济–社会–生态'统筹恢复重建研究""重特大灾害社会风险演化机理及应对决策研究"),对重特大地震灾害开展了系统深入研究。2017 年 11 月获批的第三个重大招标项目"大数据背景下城市灾难事件社会舆情治理研究",则聚焦城市灾难事件社会舆情治理研究。2018 年 1 月,由四川省社会科学联合会组织召开开题报告会,进而课题组内部组织召开项目启动会,拟定了详细的研究计划和工作方案。

2018~2019 年,课题组六次赴四川省、重庆市、成都市网络舆情中心,调研访谈网络舆论安全管理状况。根据专家团队拟定的调研提纲,调查访谈,学习网络舆情治理方面的经验,针对调研过程中发现的舆情监测、分析、研判、应对难题,开展深入研究,撰写专题报告,为政府舆情治理提供较好的决策支持。

撰写建议《加快建设网络舆情数据库全面提高四川省网络舆情治理能力》,获四川省委主要领导批示,并被省委常委、宣传部部长批示要求,"加快推进舆情监测和处置能力建设,尽快拿出'升级版'具体方案"。建议《系统建设网络舆情数据库加强成都市网络舆情分析武库装备》和《打造网络舆情分析师队伍提升成都市舆情疏导能力》,均获成都市委主要领导肯定性批示,要求"专题研究""研究落实"。三份建议被四川省委、成都市委宣传和网信部门研究采纳,并运用于实际工作,对推进网络舆情智慧监测和处置能力建设,以及专业化、现代化的网络舆情分析师队伍建设起到重要推动作用。

3. 新冠疫情

新冠疫情是百年一遇的人类重大灾难事件。在疫情暴发之初,我就组织团队从灾难事件社会风险治理角度,分析研判了疫情可能引发的一系列社会冲突、社会失序、社会失稳风险,提出疫情防控是一项安民心、控传播、保稳定的复杂系统工程。我们运用灾难事件社会风险治理的思路和方法,对疫情形势和防控举措做出系统研究,撰写《关于对新型冠状病毒肺炎疫情系统性防控的建议》。2020 年 1 月 30 日,武汉封城刚好一周,在疫情演化危急时刻、疫情防控关键节点,我们通过中国工程院将该建议呈送中共中央,获领导人批示。科学排班调配、加强过程激励、实行分类管理等建议被吸收采纳,为中央疫情防控工作提供了重要决策参考,助力打赢疫情防控阻击战。《以疫情为警示加强学生生命教育》的建议,被中共中央办公厅单篇采用,有益于推动学校把握疫情时机、创新生命教育方式,帮助学生树立正确的生命观,降低校园安全风险。《加精设计应用抗击新冠肺炎疫情对外援助的国家形象统一标识》的建议,被中共中央办公厅单篇采用,有益于在疫情防控行动中展现负责任国家形象,提升中国的国际影响力,降低国家安全风险。《专家对我国应急医疗物资战略储备提出建议》被中央办公厅信息综合室综合采用,有益于优化全国各地应急物资种类、产能、布局,强化突发灾难事件的应急处置能力。《关于疫情常态化防控背景下加强成都市社区工作者队伍建设的建议》获得成都市委主要领导肯定性批示,要求"社区工作者职业化规划要尽快落实",对提高社区治理能力、降低社区治理风险具有重要作用。

2020 年全国两会期间,作为全国人大代表,我提交了三份建议——《关于进一步加强与完善我国公共卫生防疫体系的建议》《关于加强民营医院传染病防治工作的建议》《关于突发公共卫生事件应急期间保障公民普通疾病及时诊治的建议》,就公众舆论关心的公共卫生防疫、突发公共卫生事件治理问题做了深入分析,并提出了对策建议,得到了国家卫生健康委员会的回复和采纳。2020 年 2~6 月,卢毅针对民营企业受新冠疫情影响进行广泛调查研究,主笔撰写了《新冠肺炎疫情对四川民营企业影响的调查研究及对策建议》系列调研报告，获得四川省委、成都市委主要领导的肯定性批示，为科学决策助力民营企业纾危解困提供重要决策参考。2021年全国两会期间，结合网络舆情和风险治理，我又提交了三份建议——《关于运用大数据做好城市灾害舆情治理的建议》《关于加强灾害社会风险治理的建议》《关于发挥中医独特优势建立疫病防治长效机制的建议》，得到应急管理部和国家中医药管理局的回复和采纳。

此外，根据研究工作，我们还将就灾难事件网络谣言有效治理、公民应急素养教育、公共卫生事件应对等问题做深入研究，为政府决策提供政策建议。

## ■ 三、答题：持续进化

答题是研究的成果看点，落在成稿。一项完整的研究工作，不仅要以坚实的成功基点破题、厚实的现实锚点解题，还要以务实的成果看点答题。只有将所有的研究发现、创新方法、独到观点、学术成果、实践成效等，按照一定的原理和特定的规则，结集成书，融会为稿，才能将整个研究工作完整记录下来，汇聚成集体智慧的结晶，为人类应对灾难、治理风险提供一些可资借鉴的文献资料。这就是答题需要做的工作，实际上就是书稿的写作过程。归纳起来，纵贯国家社会科学重大招标项目研究的时间轴，书稿的写作从2017年8月到2021年11月，从谋划到撰写、再修订，最终定稿，历经四个春秋、跋涉三个节点：顶层设计打框架，统筹协调写初稿，精益迭代终成稿。

### 1. 系统设计

2018年1月14日，在国家社会科学基金重大招标项目"大数据背景下城市灾难事件社会舆情治理研究"的开题报告会上，我代表课题组郑重提出，要基于研究工作出版一部高质量专著。在此之前，2017年8～9月，在重大招标项目申请书写作过程中，我们就开始谋划设计专著的框架思路、篇章结构。开题报告会上，来自四川省委宣传部、四川省社会科学院、西南财经大学、西南交通大学、西南民族大学、成都理工大学、西华大学的专家学者，与项目组成员就城市灾难社会舆情治理的相关问题进行了讨论，对课题研究工作提出了许多中肯的意见和切实的建议，对专著撰写工作具有很强的指导意义。

会后，课题组召开项目启动会，就与会专家提出的意见和建议，进行了认真学习和充分讨论，特别对书稿撰写做了顶层设计和整体谋划。按照"总—分—总"的框架思路，依据三类城市灾难事件，将课题划分为五部分：第一部分是"总"，研究城市灾难事件社会舆情生态系统及治理范式；第二至第四部分是"分"，分别研究自然灾难事件社会舆情的引导性治理模式、技术灾难事件社会舆情的回应性治理模式、社会灾难事件社会舆情的干预性治理模式；第五部分是"总"，研究城市灾难事件社会舆情"多元多层多阶"治理体系。

我们提出，要运用最优化原理来指导书稿撰写工作。最优化原理，简单说就是，整体最优一定局部最优、局部最优不一定整体最优。工业时代认为，只有每个部件最优，整体才能最优；而系统论认为，局部最优未必实现整体最优。我们希望达到的效果是，基于最优化原理的最优适配——整体最优，每个部分也最优；部分最优，组合起来也最优。也即，全面最优和局部最优兼得，这对书稿的写作也提出了很高的要求。

在立项开题之初，我们就明确提出了一系列鲜明的观点。第一，数据要新解，大数据的本征是多元、多维、多阶、多层、多目标、不确定等；第二，灾难需分类，城市灾难事件具有社会性，分三类，即自然、社会和技术；第三，演化有规律，依据不同的类别和属性，灾难事件舆情演化规律有差异；第四，模式应精准，对不同灾难事件舆情分别采取引导性、回应性、干预性治理；第五，治理多主体，不单由政府管控，还需要政府、媒体、公众多方联动；第六，应对须系统，灾难事件社会风险治理是一项复杂云系统工程，需构建"多元多层多阶"治理体系。这些观点不仅落实在课题研究的全过程，还影响到书稿撰写的各部分。

2. 统筹协调

2018~2020年，在课题研究的同时，我确定主题、设定思路、拟定框架，组织青年教师和博/硕士研究生，搜集积累素材，起草整理初稿。具体地讲，整体框架和篇章结构，由我和卢毅商量敲定。初稿起草整理工作，由我总体部署，卢毅居中统筹，王凤娟和黄茜分头协调，起草组分工协作。为加强统筹管理，构建科研协作平台，课题研究与书稿写作全程同步，课题大组与写作小组统筹协同。为加强过程管理，按"月度一小会、季度一大会"的频次召开内部研讨会，对课题组的研究进度和写作组的起草进度做对照，对各自阅读的文献、遇到的难点、完成的案例做分享，有效推动最新研究成果融入书稿，最新系统思考指导研究。此举既能统筹协调、相得益彰，又可保证进度、把控质量。2020年底，课题如期完成预期目标任务，书稿也形成体系完整的初稿。

在书稿框架修改前，按照"总—分—总"的框架思路，将全书分为九章。第1章为"引论"，第2~4章为"总"，第5~7章为"分"，第8~9章为"总"。其中，第1章"引论"，由王凤娟起草整理；第2章"城市灾难舆情"，由舒珂敬、杨国灿起草整理；第3章"理论基础与研究框架"，由杨国灿起草整理；第4章"灾难事件舆情生态系统"，由赵传档起草整理；第5章"自然灾难事件舆情治理"，由蒋佳欣、赵传档起草整理；第6章"技术灾难事件舆情治理"，由陈星宇起草整理；第7章"社会灾难事件舆情治理"，由范珂如、杨国灿起草整理；第8章"灾难事件舆情治理体系"由舒珂敬起草整理；第9章"灾难事件舆情应对政策"由陈星宇、黄茜起草整理。

基于系统分析和建模仿真，结合具体灾难事件引发的社会风险，进行案例实证研究。对于自然灾难事件，选择2013年"四川芦山7.0级地震"和2013年"浙江余姚特大洪水"两个案例，探析社会风险走势，归纳政府、媒体、公众多方参与下的引导性治理措施；对于技术灾难事件，选择2015年"8·12天津滨海新区爆炸事故"和2013年"11·22青岛黄岛输油管道爆炸事故"两个案例，分析舆论变化规律，提炼响应网民诉求的回应性治理策略；对于社会灾难事件，选择2014年"12·31上海外滩踩踏事件"和2017年"6·22杭州保姆纵火事件"两个案例，解析舆情演化周期，从干预性治理角度提供应对策略。

3. 精益迭代

2021年初，社会科学重大招标项目提交结题评审，因高质量、高水平完成科研任务，所提政策建议受到中央和四川省委领导同志的重视和批示，为灾难事件应对、社会舆情防控提供了重要决策参考，免于鉴定结题。结题不等于结束，书稿还要继续。于是，我精选在课题研究和书稿写作中表现突出、能打硬仗的青年教师卢毅、吕程炜、张益、李宗敏和博士研究生王凤娟，组成精干的攻坚小组，以精益管理的工作方法、精益求精的工作态度、精益生产的工作流程，以"周报告、旬研讨、月合稿、季迭代"的螺旋递进式工作机制，对书稿做深度修改、回炉再造。我们对书稿主要做了以下三点改造。

一是对研究主题提炼进化，从社会舆情具化为网络舆情，转化为社会风险，细化为不实信息引起的社会风险，认识不断深刻、写作更加聚焦。这一演替进程是随着重大招标项目课题研究不断深入而逐步推进的，从2018年起始，到2021年达成。研究之初，我们判断，网络社会下的社会舆情，最显像的就是网络舆情，于是将研究聚焦网络舆情，并到四川省、重庆市、成都市网络舆情中心开展系列调研，初稿也以网络舆情为主要对象。在书稿修订中，我们认识到，网络舆情的实质就是灾难事件后不实信息在网络传播引发的社会风险。社会风险内涵与外延比网络舆情更深刻、宽广，且我们有更深厚的研究积淀，故在修订中我们统一使用"社会风险"，且重点关注不实信息传播引发的社会风险。此外，深入思考后，我们将"社会灾难"改为"人因灾难"，因为社会灾难含义不明，可以是自然灾难和技术灾难引发的灾难，而人因灾难表意更为清晰，是由于人为因素造成的灾难，更符合现实。

二是将"总—分—总"的框架思路，调整为"应然、适然、实然、释然"的研究新范式，从体例上做出突破。引论，第 1 章"灾难事件的社会风险"，介绍灾难事件分类、概述灾难事件社会风险，由卢毅精炼整合；应然篇，第 2 章"灾难风险的田野调查"、第 3 章"灾难风险的文献图谱"，基于课题研究成果，从现实和理论两个相互验证和支持的维度，探析灾难事件社会风险治理的现实需要和研究不足，构成书稿的逻辑起点，由李宗敏和王凤娟分头起草和修订完善；适然篇，第 4 章"理论基础与框架建构"、第 5 章"灾难风险的系统分析"，梳理研究框架、构建理论模型，分析风险生态系统的框架、时空和运行结构，奠定书稿的基本架构，由卢毅系统重塑；实然篇，第 6 章"自然灾难的风险治理"、第 7 章"技术灾难的风险治理"、第 8 章"人因灾难的风险治理"，在解析政府、媒体、公众三类主体在三种类型灾难事件中的表现，建立社会风险传播模型进行系统仿真的基础上，提出引导性、回应性、干预性治理模式，并进行灾难事件案例分析，由张益深化拓展；释然篇，第 9 章"自然灾难的实证分析"、第 10 章"技术灾难的实证研究"、第 11 章"人因灾难的案例分析"，以 2017 年"8·8九寨沟地震"、2015 年"8·12 天津滨海新区爆炸事故"、2014 年"3·1 昆明火车站暴力恐怖案"三个案例做深度解析，由吕程炜带领杨国灿、舒珂敬、赵传档完成；尾论，第 12 章"灾难风险的应对策略"，基于主体交互模型，优化治理策略，提出风险智慧治理的方向，由卢毅修订拓展。

三是增加了最新爆发的灾难事件作为案例。自然灾难事件增加了 2021 年"7·20 郑州特大暴雨"，技术灾难事件增加了 2021 年"6·13 湖北十堰燃气爆炸事故"，人因灾难事件增加了 2021 年"5·22 大连轿车撞人逃逸事件"。这些灾难事件都非常典型，且灾难信息在网上广泛发酵扩散，在一段时间内引发了众多网民的讨论。由于是新案例，更能引起读者的共鸣，故我们又对这些实例做了深度解析。此外，我们曾经还专门增加了一章"新冠肺炎疫情的社会风险治理"，由黄茜起草整理，全面梳理了疫情从突发到遏制，再到常态化防控等不同阶段社会风险演化特点及政府的引导策略，开展疫情防控风险分析。但因话题的敏感度、研究的尺度等问题，在多轮内部讨论及与编辑沟通后，决定删去该章，仅在项目研究报告中保留。

专著写出来不是终点，研究还得继续。第一个社会科学重大招标项目结题，我们在科学出版社出版了《地震救援·恢复·重建系统工程》；第二个社会科学重大招标项目结题，我们在科学出版社出版了《灾害社会风险治理系统工程》；第三个社会科学重大招标项目结题，我们再次在科学出版社出版《灾难事件社会风险治理范式》。至此，我们完成了灾害应急管理研究的三部曲，构建了中国在这个领域的话语体系。然而，当今世界正经历百年未有之大变局，科学技术日新月异，社会环境剧烈变革，处在这样一个伟大的时代，我们团队将以服务国家重大应急管理需求为宗旨，聚焦重大公共突发事件，瞄准国际学术前沿，以解决重大理论和现实问题为使命，致力于应急管理领域的学术研究与实践服务，推出代表国家水准、具有世界影响、经得起实践和历史检验的精品力作。

## 四、结题：价值意义

结题是研究的最终落点，成在价值。本书立足我国社会全面加速转型、各类灾难事件频发、灾难事件社会风险凸显的特殊国情，在界定、识别和分析灾难事件社会风险的基本概念、内涵和特征的基础上，构建理论框架，建立传播模型，解析演化机理，归纳治理模式，创建了灾难事件社会风险治理范式，对推进我国应急管理体系和能力现代化，具有重大理论意义和实践价值。经理论推演和实践检验，可以说，这一国家社会科学基金重大招标项目的最终成果，体现了中国特色哲学社会科学应该具有的继承性与民族性、原创性与时代性、系统性与专业性。

1. 学术价值

在网络社会情境下，灾难事件社会风险信息裂变的速度呈几何倍数增加①，网络信息爆炸挑战社会风险治理，要求立足互联网时代的信息传播特征，对灾难事件信息扩散导致的社会风险开展理论研究。本书运用大数据分析工具，通过融合灾害学、管理学、传播学、情报学等多学科理论与方法，构建社会风险传播模型，开拓跨学科的灾难事件社会风险研究新领域。学术价值体现在探明机理、提出理论、创建范式三个方面。

（1）探明灾难事件社会风险演化机理。互联网时代，灾难类型不仅限于传统的地震、洪水、瘟疫、战争等灾难，还包括网络攻击、金融风暴等新型灾难。本书在解析灾难事件社会属性的基础上②，综合传统和新型灾难事件的共同特点，深入探析灾难事件社会风险的生成、激化机理与传播、扩散路径，发掘灾难事件社会风险的系统特征与演化规律，为科学治理灾难事件社会风险提供理论支持和决策依据。

（2）提出灾难事件社会风险治理理论。互联网时代，灾难事件风险信息一旦产生，即刻呈波状扩散，在现实世界和网络空间中交叠激荡、快速扩散，需要建立专门的治理理论。灾难事件社会风险是人造社会生态系统，由环境、信息、主体在统一风险场域下交互作用中发展形成的。本书基于系统特征刻画与演化规律探析，建立了灾难事件社会风险生态系统理论，从生态系统角度对灾难事件社会风险演化机理进行理论诠释。

（3）创建灾难事件社会风险治理范式。针对灾难事件这类典型的黑天鹅事件，就其社会风险治理问题，基于经验归纳和逻辑演绎，提出"应然—适然—实然—释然"的基本框架。"应然"发现风险机理、探明演化规律，指向"怎么看"；"适然"构建整体框架、设计行动路线，明确"怎么办"；"实然"推动具体实施、取得防控实效，回答"怎么干"；"释然"总结案例经验、推广应用示范，体现"怎么范"。四维一体，逐次递进，构成灾难事件社会风险治理范式。

2. 社会效益

灾难事件社会风险治理事关城市发展，攸关社会稳定。深入剖析灾难事件的社会属性和灾情传播的信息属性，创建灾难事件社会风险演化与治理的基础理论，探究其系统特征及传播路径，具有鲜明的需求导向，有利于净化网络空间、改善网络环境，对于新时代推进灾难事件社会风险的科学有效治理具有重要意义。

（1）推进风险治理能力精细化。大数据、云计算、人工智能等先进信息技术，是推动社会治理能力现代化、精细化的动力之源③。灾难事件社会风险治理正是依托这类现代技术，改变传统治理的思维模式和运作方式，为灾难事件爆发后的信息公开、民意表达、精准导控等提供技术支撑，为多方主体参与社会风险治理提供有效平台，为化解灾难事件社会风险提供更加精细、高效的信息通道。

（2）促进风险治理主体协调化。灾难事件爆发后政府、媒体、公众存在信息不对称、应对不协调的问题，多方参与的协商治理结构，是提升治理能力现代化的内在要求。从政府、媒体和公众三者的辩证关系出发，根据多中心治理理论④，统筹调动三类主体的积极性、创造力，共治灾难事件社会风

---

① 根据信息论创始人克劳德·艾尔弗雷德·香农（Claude Elwood Shannon）引用热力学"熵"（entropy）的概念，提出了"信息熵"（information entropy）概念，意指信息流混乱程度的物理量。一个系统越是有序，信息熵就越低；反之，一个系统越是混乱，信息熵就越高。灾难事件后网络舆论纷繁混乱，信息熵值高，治理难度大。参见：Shannon C E. A mathematical theory of communication. Bell System Technical Journal, 1948, 27: 379-423, 623-656

② 灾害具有自然属性和社会属性，其中社会属性由灾害发生原因的社会性和造成危害的社会性组成，是灾害的客观属性。详见：徐玖平. 灾害社会风险治理系统工程. 北京：科学出版社, 2019

③ da Cruz N F, Rode P, McQuarrie M. New urban governance: a review of current themes and future priorities. Journal of Urban Affairs, 2019, 41(1): 1-19

④ 多中心治理理论（polycentric governance theory）由2009年诺贝尔经济学奖得主埃莉诺·奥斯特罗姆（Elinor Ostrom）提出，她推崇在公共领域采用分级、分层、分段的多样性制度安排，主张政府、市场和社区间的协调与合作。参见：Ostrom E. Governing the Commons: The Evolution of Institutions for Collective Action[M]. New York: Cambridge University Press, 1990

险。政府引导舆论走向，牢牢把握灾难信息发布和解释的主动权；主流媒体引导公众不信谣、不传谣，共同营造良好的网络舆论环境，为高效处置灾难事件和尽快恢复社会秩序创造有利条件。

（3）助力风险治理体系现代化。有效治理灾难事件社会风险，是谋划城市工作、建设智慧社会的重要内容。基于社会风险治理的三类主体、多个层级、三个阶段，整合"政府引导—媒体自治—公众参与"主体协同[1]，"统一指挥—分级负责—属地管理"科层结构[2]，"事前预防—事中响应—事后恢复"阶段循环，构建起"多元多层多阶"风险治理体系，广泛凝聚社会共识，保障城市运行秩序，完善灾难事件应急管理体系和风险防范机制。

### 3. 应用场景

立足于提升风险治理效果与能力，在灾难事件社会风险科学、高效、精准治理的问题导向和需求驱动下，基于大数据分析手段、多属性决策方法，从事前、事中、事后的全生命周期，探究灾难事件社会风险的有效疏导路径，为支撑灾难事件社会风险实时监控研判、指导灾难事件社会风险科学治理，提供一般性社会风险综合治理模式及思路。

（1）支撑灾难事件社会风险高效研判。灾难事件相关信息在传播扩散过程中会产生海量、异构、实时数据，加之政府、媒体、公众在信息扩散中的频繁交互，致使社会风险演化具有极强的不确定性。运用数据挖掘方法，抓取灾难事件相关微博数据，获取社会风险前兆信息、预测风险的扩散范围和延续时间，能够及时、有效、准确地收集、研判、处置和引导社会风险信息，为社会风险治理提供科学的决策依据。

（2）指导灾难事件社会风险科学治理。在灾难事件社会风险治理体系中，公众为信息需求方，政府为风险防范主体，媒体为信息传播和风险放大的介质。清晰界定不同利益相关主体在风险治理中的角色和功能，针对不同类型灾难事件社会风险信息传播的特点和规律，提出政府、媒体和公众三方协同的个性化、精准化、差异化治理模式，为有效应对社会风险、提高应急处置水平，提供可行性科学治理方案。

（3）提供社会风险综合治理可行思路。针对复杂特殊而难以防控的灾难事件社会风险，提出精细化、协同化治理思路，并据此设计灾难事件社会风险治理的实践方式和操作模式，从中总结社会风险监控、研判、引导、应对的有效策略。从各类灾难事件中总结的社会风险演化机理和治理方略，可为政府应对一般突发事件社会风险，提供更有针对性、时效性、操作性的决策参考和治理思路。

### 4. 历史影响

人类文明的发展史，从某程度上说，就是人类与灾难的抗争史[3]。城市是人类文明的坐标，从古希腊的雅典城邦，到中世纪的西欧城市，以至当下伦敦、巴黎、纽约、上海、香港等国际大都会，城市进程折射着人类的文明进化轨迹。面对灾害风险挑战，联合国将"建设韧性城市"列入2030年可持续发展目标（sustainable development goals）[4]。恩格斯断言："没有哪一次巨大的历史灾难，不是以历史的进步作为补偿的。"[5]

---

[1] 协同学创立者赫尔曼·哈肯（Hermann Haken）认为，不同属性的子系统在整体系统环境中，存在着相互影响又相互合作的关系，推动系统运行从无序变为有序。参见：Haken H. Synergetics: An Introduction[M]. Berlin: Springer, 1977

[2] 根据马克斯·韦伯（Max Weber）的官僚制理论，现代社会实施合法统治的行政组织制度，就应该是以"分部—分层""集权—统一""指挥—服从"等为特征的科层制组织形态。在科层制组织中，信息有效、及时和准确的传递是组织运行的重要基础，但信息在上下级传递过程中的失真又是科层组织普遍面临的挑战。"统一指挥—分级负责—属地管理"在突发事件应对中能有效克服这一难题

[3] 徐玖平. 地震救援·恢复·重建[M]. 北京：科学出版社，2011

[4] 2015年在联合国可持续发展峰会上通过的《2030年可持续发展议程》（The 2030 Agenda for Sustainable Development）涵盖17个可持续发展目标。其中目标11是，使城市包容、安全、韧性和可持续（Goal 11: Make cities inclusive, safe, resilient and sustainable）。详见联合国网站：https://www.un.org/sustainabledevelopment/cities/

[5] 马克思恩格斯全集（第39卷）.中共中央马克思恩格斯列宁斯大林著作编译局译.北京：人民出版社，1974

（1）在历史方位下进行风险治理谋划。互联网时代，网络成为无比广阔的"公共舆论场"，灾难事件引发的社会风险，渠道多元化、信息海量化、数据异构化、议题碎片化，谣言与真相交织、谎话与事实并进，极易形成"网络风暴"，激增政府决策风险。在这一历史方位下，运用大数据方法研究破解灾难事件社会风险治理问题，实现对海量异构风险信息的实时获取、动态解析，能够掌握风险控制的主动权。

（2）在历史机遇中赢得风险治理主动。大数据技术可完整记录灾后公众的关注点、兴趣点、归属地、移动路径、社会关系链等一系列特征数据，创建模型算法、解构海量数据、挖掘关键信息，有利于找出灾难事件后社会矛盾的引爆点、公众不满的宣泄点和政府决策的着力点。本书所推行的数据驱动的精准治理，在多元主体间建起一个互动流通的信息舆论场，为提升政府应急管理能力、推进治理体系现代化，提供前所未有的有利条件。

（3）从历史经验中挖掘风险治理参考。以近年来发生的典型灾难事件为素材，梳理理论框架，构筑方法体系，网罗历史资料，剖析现实案例，总结应对经验，从经济、社会、管理、技术、政策等角度，系统提出灾难事件社会风险治理的科学路径和有效模式，开发普适的操作模式和通用的方法技术，对世界各国及地区的灾难事件社会风险治理都有很强的参考价值，为防灾减灾事业和社会风险防治活动提供许多可供借鉴的对策、建议和模式。

专著承载思想，思想影响未来。我始终认为，工作的长度、研究的深度，决定了专著的厚度，专著的厚度反映了著者思想的深广度和厚重度。在一版一版的修订、拓展中，任一轮一轮的调整、优化中，书稿从近百万字拓展到两百万字，再精炼到百万字，也折射出我们对灾难事件社会风险治理认识的不断更新、研究的不断深化。我们有责任、有义务把研究所思、所想书写下来，供有志于此道的研究者踩在我们的肩膀上，继续做出更多有价值的研究工作。然而，这项工作涉及面广、参与者多，组织要求高、难度大，不妥、疏漏之处，实恐难免，作为项目负责人、成果完成人，我应负主责。

本专著得到国家社会科学基金重大招标项目（编号：17ZDA286）、中共中央宣传部"四个一批"人才工程专项（编号：2016zybw03）、国家自然科学基金项目（编号：71704124、72174134）的择优资助，在此对中共中央宣传部、全国哲学社会科学工作办公室、国家自然科学基金委员会管理科学部，以及在项目推进中给予指导和支持的四川省社会科学界联合会表示感谢！在科学出版社编辑团队与课题组、写作组的共同努力下，书稿得以如期出版。在此，感谢这个伟大的时代，我们能从事伟大的工作；感谢这一群优秀的人，我们共同创造了优秀的作品。

徐玖平
2021年11月
于四川大学诚懿楼